임석재 서양건축사 4—인간과 인간

초판인쇄 2007년 6월 20일 | 초판발행 2007년 6월 27일

지은이 임석재 | 펴낸이 김정순 | 책임편집 이주엽 | 펴낸곳 (주)북하우스

출판등록 1997년 9월 23일 제406-2003-055호 | 주소 413-756 경기도 파주시 교하읍 문발리 파주출판도시 513-8

전자메일 editor@bookhouse.co.kr | 홈페이지 www.bookhouse.co.kr | 블로그 blog.naver.com/bookhouse1

전화번호 031-955-2555 | 팩스 031-955-3555

ISBN 978-89-5605-195-6 978-89-5605-082-9 (세트)

이 도서의 국립중앙도서관 출판도서목록(CIP)은 e-CIP 홈페이지(http://www.nl.go.kr/cip.php)에서
이용하실 수 있습니다. (CIP제어번호 : CIP2007001872)

* 이 책은 학술진흥재단 2003년 선도자 연구 지원을 받아 이루어진 것임

인간과 인간

북하우스

차례

2장 초기 르네상스(1420~1500)

3장 성기 르네상스(1490~1530)

4장 매너리즘(1520~1600)

5장 16세기 베네치아 르네상스

6장 프랑스 · 영국 · 독일 르네상스

7장 바로크의 성립

8장 초기 바로크(1570~1630)

9장 성기 바로크(1630~1670)

10장 후기 바로크(1670~1750)

서문

이 책은 다섯 권으로 구성되는 서양건축사 가운데 4권으로 15~17세기에 이르는 르네상스-매너리즘-바로크를 다루고 있다. 일반 정치문화사에서는 초기근대Early Modern에 해당되는 시기이다. 4권의 큰 주제는 '인간과 인간'으로 잡았다. 2천5백여 년간 문명을 일구어온 서양이 정작 인간 스스로에 대해서는 잘 알지 못한 상태에서 깨어나 인간에 대한 탐구를 시작했다는 의미이다. 땅을 알고 하늘을 알았지만 정작 스스로에 대해서는 모르던 인간이 자신에 대해서 알기 시작한 시기였다. 이전까지 인간에 대한 서양의 입장은 헬레니즘의 이데아와 견주어 불완전한 존재로 보거나, 기독교의 입장에서 유일신의 피조물로 보는 두 시각이 주류를 이루어왔다.

초기근대는 이전까지의 이런 한계를 뛰어넘으려는 운동이 처음 일어난 시기였다. 이 기간 동안 서양에서는 인간이 인간 스스로를 탐구하면서 이전에는 없던 다양한 시도와 실험들이 나타나게 되었다. 스스로를 세계의 중심에 놓으면서 인간이 가치 척도의 기준이 되는 중요한 발전이 있었다. 이것을 뒷받침한 큰 문명운동 혹은 사상문화 운동이 휴머니즘이었다. 휴머니즘은 건축에도 중요한 영향을 끼쳐 초기근대 고전주의라는 서양건축사의 네번째 완성을 이루었다. 이 책에서는 이 내용을 정밀하게 추적, 해석했다.

이 책의 편제는 연대기 진행에 따른 전형적인 양식 사조를 가장 상위의 분류 기준으로 잡았다. 15, 16, 17세기를 각각 대표하는 르네상스, 매너리즘, 바로크를 가장 큰 골격으로 잡고 그 속에서 양식발전론에 따라 '초기-성기-후기'로 기본 분류하고 지역, 나라별 분류를 하위 구조로 잡았다. 마지막으로 그 항목들 밑에 건축가들을 배치시켰다.

가장 상위 주제인 르네상스, 매너리즘, 바로크에 대한 문화사 차원의 개론적 설명은 별도의 장으로 앞에서 먼저 다루었다. 이런 내용들이 건축에 반영된 구체적 양식운동에 대해서는 각 건축가와 건물 분석에서 상세하게 밝혔다.

문화사적 설명을 별도로 모은 이런 편제와 달리 문화사 주제와 건축양식을 하나로 묶는 것도 좋은 방법이겠으나 두 방식 모두 장단점이 있다. 이 책의 편제는 문화사 주제와 건축 현상을 분리했지만 문화사 주제를 한눈에 통괄해서 볼 수 있는 장점도 있다. 문화사 주제와 건축양식을 하나로 묶는 방식의 장단점은 이와 반대로 볼 수 있다. 이 책의 편제가 갖는 단점을 극복하는 방법은 문화사 설명 가운데 건축양식과 관계가 있는 주제를 선별하여 함께 읽는 것과 건축가와 건물 분석 속에 문화사의 주제를 녹여내는 것이다.

르네상스는 전문 예술가로서 건축가라는 직업이 처음 나타나 정착한 시기였다. 따라서 이 책의 최대 주안점은 개별 건축가들의 작품 세계에 대한 고찰이다. 이 책에서는 70여 명의 르네상스-매너리즘-바로크 건축가들과 그들의 대표작 6백여 채를 다루었다. 그 이전까지 서양건축에서 건축가는 자신의 독창적 이름을 갖지 못한 장인이었다. 건축교육과 창작의 출처는 개인 장인들 사이에서 비전秘傳이나 구전을 통해 배운 것이 전부였다. 개인이 창작의지나 예술성을 발휘하지 못하고 문명과 지배 권력에 종속되어 관습적 반복에 의해 건축행위를 했다. 이것이 르네상스에 들어오면서 근대적 의미의 전문 직업인 혹은 예술가로 바뀌게 되었다.

이에 따라 이번 책은 기본 방향과 편제에서 앞의 3권까지와 차별화된 내용이 나타났다. 개별 건축가들에 대한 종합적 고찰을 새로 첨가했다. 전기적 관찰을 중심으로 학파와 인맥 등 주변상황, 가문-도시-나라 등 환경적 요소, 시대 상황, 작품 경향, 대표작 등을 종합적으로 정리했다. 지금까지 르네상스 건축은 주로 작품 중심으로만 연구되어 왔다. 개별 작품의 해석은 물론 중요하며 이 책에서도 이 부분에 가장 큰 중점을 두었다. 그러나 이것만으로는 부족하다. 르네상스는 지금 우리가 접하는 근현대 유럽건축의 초창기 토대가 닦인 시대였다. 이 과정에서 유럽 건축가들 특유의 직업행태, 예술관, 역사관 등이 처음 나타나 형성되었다. 이것을 모르고는 르네상스 건축, 나아가 근현대 유럽건축을 알 수 없다. 건축사 연구에서는 작품 해석이 가장 핵심적인 내용임에 틀림없으나 여기에 전기적 내용을 더하면 그 내용과 깊이가 더욱 풍부해질 수 있다.

기존에 정리가 잘 되어 있는 이론이나 내용은 가급적 동일하게 반복하지 않으려 했다. 비례론이나 투시도 이론 등은 대표적인 예이다. 이런 내용들은 서양 학자들이 잘 정리해놓은 내용들을 각자 공부하면 된다. 이제 나는 나만의 사관과 시각으로 서양건축사를 해석하고 기술할 단계에 접어들었다고 자부한다.

시각자료에 대해서도 신경을 썼다. 각 건물에 대해서는 기본 시각자료를 세트로 제공했다. 여유가 있을 때에는 작품해석에 도움을 주는 시각자료를 추가로 사용했다. 평면도과 외관 전경이 가장 기본적인 시각자료이고 여기에 더해 실내 사진, 입면도, 단면도, 입면사진 등을 다음으로 중요한 자료로 첨부했다. 앞의 3권까지는 시각자료가 너무 많다는 의견이 있어서 매수를 조정해서 적정선을 넘지 않도록 지켰다.

서양건축사가 3권까지 나오면서 모습을 조금씩 드러내자 책을 읽은 여러 분에게서 건축역사 연구, 혹은 서양건축사 연구를 어떻게 하면 잘 할 수 있는가, 혹은 어떤 능력이 요구되는가에 대한 질문을 많이 받는다. 좀더 일반화하자면 건축에 대한 인문학적 접근방법에 요구되는 능력이 무엇인가라는 질문이기도 하다. 이에 대해서는 건축역사 연구 일반과 통사 연구 둘로 나누어 다음과 같이 대답할 수 있다.

건축역사 연구에서 가장 기본적이고 핵심적인 경향은 당연히 작품 분석이다. 이것은 건축이라는 장르의 궁극적 목적이 창작인 것과 같은 이치이다. 건축에서는 어떤 이론이나 기타 행위도 창작을 우선하거나 창작보다 중요하지 않다. 이와 마찬가지로 이런 창작품을 역사의 관점에서 해석하는 작업이 건축역사 연구의 핵심이 되어야 한다. 문제는 역사의 관점에서 해석하는 작업 가운데 어떤 것이 좋은지의 여부이다.

일단 출발은 각 건물에 대해 기본적으로 통용되는 기초적 내용을 습득하는 일부터 시작해야 한다. 이것은 이를테면 태권도에서 기본자세를 배우는 것과 동일하며 우리가 흔히 "기초가 튼튼하다, 기본기가 잘 되어 있다"라고 말하는 것에 해당되는 내용이다. 교과서적 내용이라 할 기본 연구들이 그동안 주요 건축물에 대해서 축적되어 왔다. 이것을 습득하는 것은 자신만의 역사해석을 하기 위한 필수불가결한 기초이자 전제조건이다. 그러나 이것은 습득만으로 끝나야지 이것을 자신의 연구 결과물에 반복하는 것은 무의미하다. 심하면 표절이 되고 잘해야 짜깁기나 서양 연구를 반복하는 일에 지나지 않게 된다. 관건은 이런 기초 연구를 출발점으로 삼아 자신만의 역사해석을 이루어내야 한다는 것이다. 그 방법은 다음의 네 단계를 거쳐야 한다.

첫째, 직관력이다. 이 단계는 개개 건물 자체의 특징을 파악하는 단계이다. 일차적으로는 본능적으로 심미성을 포착해내는 능력이 필요하다. 여기에 더해 많은 책을 읽고 많은 건물을 보고 감상하고 생각을 많이 하다 보면 직관력이 발전할 수 있다. 각 건물로부터 예술적 의미, 심미성, 장단점, 대표적 특징 등을 드러낼 수 있어야 한다. 여기까지는 전통적인 예술적 분석의 단계이다. 이것이 안 되면 건축역사 연구는 시작을 하지 말아야 한다. 건축역사 연구는 건축물이라는 구체적 대상이 있는 학문이기 때문에 역사책만 읽는다고 되는 일이 아니다.

둘째, 직관으로 파악한 개개 건물의 특징을 학술이론으로 증명, 정당화, 합리화하는 단계이다. 이 단계에서는 공부를 많이 한 학자, 즉 기존의 여러 이론을 많이 알고 있는 사람이 일단은 유리하다. 그러나 문자로 되어 있는 이론을 물리적 유구체이자 예술작품인 건물의 해석과 분석에 적용하는 데에는 단순히 지식의 과다만이 기준이 되는 것은 아니다. 적재적소에 적용하는 판단력과 순발력, 건물의 심미성을 한눈에 파악해내는 조형감각, 건물의 특징을 스케일에 따라 읽어내는 균형감각, 이론 자체를 자신만의 논리구조에 따라 재구성하는 종합화 능력, 이것을 건물의 세세한 요소까지 적용하는 분석력 등이 요구된다. 여기까지는 인문학적 분석을 적용하는 작업 가운데 미시적 단계에 해당된다.

셋째, 인문학적 분석을 적용하는 작업 가운데 거시적 단계이다. 이 단계에서는 이상의 분석을 역사라는 긴 시간의 끈 속에서 파악하게 된다. 시간의 앞뒤 관계 사이에 하나의 법칙을 발견할 수 있어야 한다. 법칙이란 공통점이나 반대되는 내용 등이 일정한 규칙성을 가지며 반복, 변형되는 정형적 전개방식을 의미한다. 법칙은 일차적으로는 좁은 의미의 건축적 특징이다. 그 다음에는 건축가의 유형, 건축주와의 관계, 건축가들 사이의 영향관계, 도시 속에서의 위치 등 스케일을 확장할 수 있다. 마지막으로 각 시대의 문화상황과 관계 지어 해석할 수 있어야 한다. 문화상황이란 종교, 정치, 경제, 사회, 군사 등 문명을 이루는 다양한 법제, 제도, 권력, 인프라 등을 문화적 현상으로 환원시킨 내용을 의미한다. 이것이 각 시대와 각 건축가의 작품과 예술적 경향에 끼친 영향을 추적할 수 있어야 한다. 추적의 궁극적 목적은 건물에 대한 심미적, 역사적 판단을 더 잘 하기 위해서이다. 단순히 역사지식을 나열하는 것만으로는 절대 부족하다. 문화상황과의 연계 없이 행한 분석이나 찾아내지 못하는 특별한 관점과 해석을 제시함으로써 건축 역사 연구 자체를 풍부하게 하고 한 단계 발전시킬 수 있어야 한다.

마지막으로 이상의 내용을 자신만의 애기로 풀어내는 글쓰기 능력이다. 반드시 문체가 화려하거나 미려할 필요는 없다. 학술적 글쓰기는 문학적 글쓰기와는 다르다. 기본적으로 논리적이어야 한다. 일관성 있게 자신의 사관과 해석 내용을 정확하게 전달할 수 있는 정확한 글쓰기가 기본이다. 여기에 더해 문장이 아름답거나 매끄럽거나 힘이 있는 등 수사학적 장점을 가질 수 있으면 더 바랄 나위가 없다. 한국 사람으로서 서양 학문을 할 때에는 문체나 문투도 중요하다. 다루는 자료가 서양 언어이기 때문에 자칫 어색한 번역투가 되기 쉽다. 서양 언어 자료를 읽고 접하다 보면 머릿속에서 늘 그것을 해석하고 있어야 하며 다시 이것을 학문연구에 인용하다 보면 자신이 쓰는 글도 번역문체가 되기 쉽다. 이것을 극복하는 길은 자신만의 시각과 사관과 감성으로 분석하고 쓰는 것이다. 서양 언어 자료를 일차 자료로 읽고 참고하는 것은 필수불가결이나 이것을 받아들여 녹여서 완전히 새로운 이론과 시각과 연구로 재탄생시킬 수 있는 큰 학문적 용광로를 머리와 가슴에 각각 하나씩 가지고 있어야 한다. 머릿속 용광로에서는 논리적이고 정확하게 학문적으로 구성해야 한다. 가슴속 용광로에서는 이것을 한국적 감성과 글로 풀어낼 수 있어야 한다. 이 두 가지가 합해지면 건물, 건축현상, 역사발전 등 모든 스케일의 분석 대상에 감정을 이입할 수 있게 된다. 이 단계에 이르면 대상이 서양 것이건 한국 것이건 차이가 없게 된다. 대상에 대해 자신이 경험하고 느낀 바를 매우 자연스럽게 자신만의 생각과 사관과 이론으로 풀어놓아 전개시킬 수 있게 된다.

가장 기초적 자료를 다루는 것에서 시작해서 이상의 네 단계를 합한 총 다섯 단계를 모두 거쳐 하나로 통합해낸 것이 바로 건축역사 연구이다. 이 가운데 어느 하나만 부족해도 좋은 연구가 될 수 없다. 기초자료가 부족하면 지나친 자기 독단에 치우쳐 정확성이 결여된다. 반대로 직관력과 독창성이 부족하면 남의 연구나 우려먹는 수준에서 못 벗어난다. 모든 사람이 공유할 수 있는 공통의 틀을 지키는 범위 내에서 그것을 초월할 수 있는 독창성을 확보해야 한다.

통사 연구를 어렵게 만드는 일 가운데 하나가 사료를 어느 선까지 다룰 것인가 하는 문제이다. 사료를 많이 다룰수록 좋을 것 같지만 적어도 통사 연구에서는 반드시 그렇지만은 않다. 통사라는 것이 긴 역사를 한정된 양으로 농축시켜내는 작업이기 때문에 사료의 양이 너무 많을 경우 자칫 혼란스러워지기 쉽다. 일종의 소화불량 같은 것이다.

반면 사료가 너무 적을 경우 역사 해석의 독창성과 학문적 독립성이 확보되기 어렵다. 중요 서적 몇 권을 편집한 수준 이상을 벗어나기 어려워진다. 대표 서적 한두 권에 심하게 종속되는 경우도 다반사로 일어난다. 이렇게 쓴 통사는 그 대표 서적의 내용을 반복 전달하는 것 이상의 의미를 갖지 못한다. 통사로서의 존재 이유를 잃은 경우로, 서양학자들 사이에서도 종종 발견되는 현상이며 우리나라에서는 더 말할 필요도 없는 형편이다. 역사 해석은 사료의 단순 차용을 넘어서는 창조적 작업이기 때문에 이를 위해서는 반드시 풍부한 사료가 전제되어야 한다. 중요한 것은 이런 풍부한 사료들을 단순 반복하지 않고 창조적으로 재해석해내는 안목과 역사적 의지인 것이다.

통사 연구는 일정 부분 기존 연구에 의존할 수밖에 없다. 수천 년 역사를 흘러온 수많은 양식 사조 전체를 자신이 처음부터 개척한다는 것은 물리적으로 불가능하다. 더 기본적으로 수백 개 혹은 수천 개에 달하는 건물들의 기본 정보는 이전 연구를 참고, 인용해야 한다. 그렇기 때문에 각 시대를 대표하는 기존 연구를 참고할 수밖에 없게 된다. 그러나 이러한 의존성의 한계는 거꾸로 그만큼 강한 독창성을 요구한다. 그렇지 못할 경우 참고하는 기존 연구를 짜깁기하는 수준을 못 벗어나기 때문이다. 이상을 종합해볼 때 통사 연구에는 다음의 세 가지 학문적 능력이 요구된다.

첫째는 공신력 있는 기본 사료를 엄선할 수 있는 기초 실력이다. 이를 뒷받침할 수 있는 충분한 양의 자료 또한 필수적이다. 사료를 직접 가지고 있으면 가장 좋고 그렇지 못할 경우 어디에 무슨 사료가 있는지, 즉 '노웨어know where'가 필수적이다. 이런 사료들을 필요할 때면 언제든지 수시로 쓸 수 있는 접근성을 확보하는 일도 상식이다.

연구 대상이 서양건축이라면 외국어 해독 능력은 필수이다. 영어는 기본이다. 최근에 고등학교 영어교육이 듣기와 말하기 중심으로 바뀌고 인터넷 활용도가 높아지면서 영어 독해력을 갖춘 연구 인력이 거의 전무한 실정이다. 영어 해독능력이 없으면 서양건축사 연구는 시작하지 말아야 한다. 이것은 100미터를 1분에 뛰는 사람이 축구를 하겠다고 하는 것과 같은 이치이다. 영어만으로는 부족하다. 각 시대를 대표하는 문명에 따라 대표 언어가 바뀐다. 르네상스 연구에는 이탈리아어가 필수이고 계몽주의 연구에는 프랑스어가 필수인 식이다. 최근에는 시대를 불문하고 영어권에서 연구 성과물이 많이 나오고 있지만 이것은 2차 자료secondary source에 국한된 얘기이다. 1차 자료primary source를 다루려면 유럽 언어도 해독할 수 있어야 한다.

둘째는 시대별로 이슈가 되고 있는 주제를 정확히 뽑아내어 각 주제의 핵심 논쟁을 파악하는 요점 정리 능력이다. 이를 위해서 기본적으로는 각 시대를 대표하는 기존의 연구를 많이 읽어야 한다. 그러나 시간적 한계도 있고, 또 너무 기존의 이론을 많이 읽으면 의존도가 심해져서 반드시 좋은 것만은 아니다. 적당한 선에서 끊고 그 내용을 자신만의 생각과 사관으로 발전시키는 단계로 넘어가야 한다. 그러면서도 각 시대의 연구에서 논쟁거리와 이슈가 되는 핵심적 내용을 놓쳐서는 안 된다. 각 논쟁에 대해 가장 잘 정리된 대표 문헌도 확보해야 한다. 대표성도 포괄적인지, 핵심적인지, 논쟁적인지 등으로 구별해서 파악해야 한다. 예를 들어 브라만테의 건축 가운데에서도 오더 구사에 대한 연구에서는 프로멜Frommel의 연구가 가장 포괄적이며 광범위하다는 식이다. 소위 말하는 자료의 힘, 혹은 책의 힘이란 것이다. 반드시 책일 필요는 없다. 논문도 포함되는 넓은 범위의 문헌 자료여야 한다.

셋째는 이것들을 해석해내는 자신만의 사관을 가져야 한다. 여기에는 타고난 소질과 직관력이 일정 부분 요구되지만 궁극적으로는 많이 생각하고 끝없는 시행착오와 연습만이 왕도이다. 사물과 현상을 비판적으로 보는 반골기질이 유용할 수는 있으나 이것은 출발점에 불과하다. 여기에만 의존하다 보면 불평분자밖에 되지 않는다. 비판은 더 좋은 긍정을 얻기 위한 수단이지 그 자체가 목적이 되면 모든 것이 부정으로 끝나버리게 된다. 더 좋은 긍정을 얻어내는 것은 비판이나 불평이 아니라 긍정과 포괄력이다. 비판정신에 의해 세세한 내용을 날카롭게 분석하는 능력이 기초가 되어야 하며 이것을 하나의 큰 역사관으로 묶어내는 종합화 능력이 그 위에서 작동해야 한다.

건축역사 연구 일반과 통사 연구에 대한 이상의 기준들은 물론 나의 경험에 기초한 것이다. 다른 사가는 다른 기준을 제시할 수 있을 것이다. 이번 서양건축 통사 시리즈는 이런 나만의 경험과 기준에 의해 '종합화에 의한 재세분화+사회 미학적 해석+중층 변증법+개념주제에 의한 3차원 구조+역사적 해석 및 응용의 확장'의 경향과 사관을 대표적 특징으로 갖는다. 이것의 구체적 내용에 대해서는 5권의 서문에서 설명을 드리도록 하겠다.

이제 5권 가운데 4권을 마쳤다. 팔부능선을 넘은 셈이다. 4권도 많이 늦어졌다. 원고 집필은 오래전에 끝냈으나 워낙 방대한 작업이라 출판에 시간이 많이 소요되었다. 개인적으로 4권과 5권의 출판을 독촉하는 말을 가끔 듣고 있다. 그분들에게 드린 대답은 "한 권당 답사에 일 년, 집필에 일 년, 제작에 일 년 걸린다"였다. 실제로 그렇다. 3권 서문에서도 밝혔지만 답사와 집필 과정은 말할 것도 없거니와 제작 과정도 대단히 힘들고 어려운 작업이다. 원고지 3천 매에 육박하는 본문과 5천 매의 부록을 쓰는 일과 3,4만 장의 슬라이드를 만든 뒤 1천여 장을 가려내는 일은 무척 힘든 일이다. 단순히 양의 문제만이 아니다. 나만의 사관으로 70여 명의 건축가와 6백여 채의 건물을 분석하고 해석하는 일은 고도의 집중력과 끈기를 요하는 일이다.

이런 방대한 내용을 책으로 출판 제작하는 일도 결코 쉽지 않다. 슬라이드 사진을 스캔 받아 본문과 하나로 합쳐 한 권의 책으로 묶어낸다는 것은 일단 양적인 측면에서 상상을 초월하는 힘든 일이다. 부록 작업까지 더하면 더욱 그러하며 오탈자를 잡아내고 수천 개의 서양어 명칭의 한글 표기법을 통일시켜 수정하는 일을 생각하면 더더욱 그렇다. 모든 여건이 허락하는 한도 내에서 최대한 서둘러 진행 중에 있으니 독자 여러분들의 양해를 바란다. 4권의 출판을 눈앞에 두고 그 서문을 쓰고 있는 지금, 5권도 집필을 끝내고 제작에 들어가 있는 상태이다. 2008년 상반기에는 출판할 것으로 약속드린다. 마지막으로, 어렵고 두꺼운 전문학술서를 출판해주시고 까다롭기 그지없는 편집 작업을 잘 해주신 북하우스에 감사드린다. 어려울 때 힘이 된 사랑하는 가족과 소중한 분들께도 감사드린다.

1장 르네상스의 성립

1 고전과 인간

2 도시와 상업 가문

3 인간과 경험주의

1 고전과 인간

르네상스 정의의 네 가지 기준

르네상스의 내용과 의미는 매우 넓으며, 여러 층위에서 정의될 수 있다. 가장 포괄적이고 일반적인 정의는 '중세를 대체한, 혹은 중세 이후 유럽의 새로운 문명'이다. 가장 좁게는 '1350년에서 1600년 사이에 이탈리아를 중심으로 유럽에서 있었던 예술 운동'으로 정의된다. 이 두 정의 사이의 차이로부터 르네상스를 정의하는 네 가지 기준을 도출할 수 있다.

첫째, 르네상스를 예술 양식 혹은 예술 운동으로만 볼 것인지, 아니면 문명 현상으로 볼 것인지의 여부이다. 1960년대까지는 후자, 즉 르네상스를 새 시대 전체를 대표하는 문명 현상 개념으로 보았다. 중세를 대체하는 극적인 새로움에 중점을 두면서 이 시대 문명 전체도 그렇게 새로울 것이라는 선입견이 개입된 시각이다. 반면 1970년대 이후에는 예술 운동에 국한시켜 보는 쪽으로 변화되고 있다. 르네상스를 이렇게 정의할 때 이 시기 문명 활동은 별도의 명칭이 붙지 않고 연도에 따라 주제와 내용별로 분류된다. 르네상스라는 말은 이 시기를 구성하는 여러 주제 가운데 예술 운동을 지칭하는 명칭이자 개념에 국한되는 것이다.

둘째, 르네상스 시기의 시작과 끝 기점을 어떻게 잡느냐의 문제이다. 이것은 지역과 분야에 따라 차이가 난다. 르네상스는 이탈리아 중북부지역을 중심으로 시작되었다. 인본주의와 문학 분야는 1300년, 미술은 1350년, 건축은 1420년을 시작 기점으로 잡는다. 서북유럽의 경우 인본주의는 1400년, 미술은 1450~1500년, 건축은 1500~1600년이 시작 연도이다. 이에 비해 끝나는 시기는 편차가 작다. 통상적으로 매너리즘을 포함했을 때 이탈리아 르네상스는 거의 모든 분야가 1600년을 기점으로 끝났으며, 서북유럽은 1600~1650년에 끝났다.

셋째, 이탈리아와 서북유럽 사이의 영향 관계이다. 바꿔 말하면 이

1 1560년경 유럽 지도

시기 이탈리아의 중요성을 어느 정도로 볼 것인가의 문제이다. 예술 운동과 인본주의에 국한시킬 경우 이탈리아의 중요성은 절대적이다. 특히 14~15세기는 이탈리아의 독주 시기라고 할 수 있다. 16세기가 되어서야 인본주의, 회화, 문학 등 몇몇 분야에서 서북유럽이 이탈리아와 동등한 수준에 올랐다. 건축은 15~16세기 내내 이탈리아가 절대적 우위를 보였다. 문명 전체로 보면 상황은 달라진다. 서북유럽도 오스트리아, 영국, 프랑스, 신성로마제국 등을 중심으로 이탈리아를 능가하는 정치, 종교, 경제, 군사, 해상 등의 다양한 활동이 있었다(그림 1).

넷째, 중세와의 단절과 연속을 어느 정도로 볼 것인가의 문제이다. 일반적으로는 르네상스라는 단어의 신선함 때문에 중세와의 완전 단절을 생각하기 쉽다. 특히 중세를 '암흑기'로 보던 18~19세기의 반反기독교 역사관 아래에서는 더욱 그러하다. 르네상스는 부패가 극에 달했던 중세 기독교 문명을 고전과 인본주의로 대체한 개혁적 성격의 새로운 문명으로 보려는 시각이다. 르네상스가 갖는 '부활'이라는 의미를 극단적으로 드러낸 것이다.

이런 정의는 16세기 조르조 바사리에 의해 제기된 이래 17세기 가톨

2 피렌체의 산타마리아델피오레(Santa Maria del Fiore) 앞에서 자신의 신곡을 읽고 있는 단테(Dante)

릭 부활기에 잠시 주춤하다가 18~19세기에 완전히 정착되었다. 그러나 이것은 역사 연구에 수반되는 인위적 분류와 대표성의 이름붙이기에 가깝다. 분야별로 구체적인 내용을 살펴보면 르네상스와 중세 사이에는 단절과 연속이 비슷한 비율로 혼재했다고 보는 게 옳을 것이다. 정치문화사나 예술사 모두에서 중세는 14~15세기까지 계속되었으므로 이 두 세기는 중첩기로 보는 것이 더 정확하다. 단테Alighieri Dante의 존재는 이런 상황을 잘 설명해준다(그림 2). 『신곡*La Divina Commedia*』1304~21으로 대표되는 단테의 연구는 중세의 산물로 볼 수도 있고 르네상스의 새로운 기독교관으로 볼 수도 있다. 이런 양면성은 중세와 르네상스의 중첩과 연속에 대한 좋은 증거이다.

이상과 같이 '르네상스'라는 개념과 명칭은 그 내용이 매우 복잡하며 여러 층위에서 정의될 수 있다. 위에서 설명한 네 가지 기준은 가장 기초적이고 간단한 규정 방식이다. 이 기준들은 서로 연관성을 가지고 얽혀 르네상스의 기준을 더 복잡하게 만든다. 간단한 한 가지 예를 들어보면 넷째 기준은 첫째 기준과 연관성을 갖는다. 중세와의 단절을 강조하는 입장은 이 시대 문명 전체가 새로울 것이라는, 즉 중세와 단절되었을 것이라는 가정 아래 르네상스를 문명 전체를 지칭하는 개념으로 정의한다. 반면 예술 운동에 국한시키는 입장은 예술을 제외한 다른 문명 활동에서는 중세의 자연스러운 연속이 있었다는 가정을 전제한다. 최근에는 심지어 예술 양식에서조차도 르네상스와 중세 사이에 강한 연속성이 있었다고 보는 것이 대세이다.

중세와 초기 근대

네 가지의 정의 기준을 모두 논하는 것은 이 책의 범위를 벗어난다. 여기에서는 두 가지로 정리해서 살펴보고자 한다. 르네상스는 두 단계로 정의될 수 있다. 넓게는 1300~1650년 사이에 이탈리아를 중심으로 유럽에서 있었던 문명 운동 전체를 의미한다(그림 3). 이것은 르네상스를 문명 전체 차원에서 중세와의 단절로 보려는 시각이다. 좁게는 1400~1650년 사이의 예술 운동을 일컫는다. 이것은 새로운 운동의 범위를 예술에 한정한 것으로, 문명 차원에서는 중세와의 단절뿐 아니라

3 르네상스 시대의 이탈리아 도시국가

연속성도 함께 보려는 시각이다. 건축에서는 1420년에 시작되어 1580~1600년경까지 계속된 것으로 보는 시각이 가장 보편적이다.

두 정의 사이의 차이에도 불구하고 르네상스가 중세와 다른 새로운 가치 체계와 문명 원리를 추구했던 것은 틀림없다. 그 내용은 인본주의humanism, 중상주의mercantilism, 신교Protestantism, 고전주의 등으로 요약될 수 있다. 문제는 새로움의 정도, 즉 중세와 얼마나 단절되었는가이다. 이것은 시기, 지역, 분야, 사관 등에 따라서 다르게 해석될 수 있다.

1300년이라는 시기는 르네상스의 시작을 최소한의 단서가 처음 싹튼 때까지 올려 잡는 정의이다. 가장 중요한 단서는 페트라르카Petrarca의 존재이다. 페트라르카는 중세 기독교의 한계를 비판하고 그 대안으로 고전 연구를 통해 인간의 가치를 새롭게 정의하려 했다. 바로 이러한 점에서 페트라르카는 흔히 르네상스의 효시로 평가되는데, 그 스스로도 자신의 새로운 작업이 갖는 핵심적 의미를 이전 시기와의 단절로 정의했다. 이밖에도 상업 가문과 금융 가문이 등장하는 등 자본주의가 싹튼 것은 중상주의의 시작으로 볼 수 있다. 종교 분쟁과 대학의 발전 등 가톨릭에 대한 도전이 본격화된 것도 중세 기독교 체제의 붕괴를 알리는 단서로 이해될 수 있다.

4 한스 홀바인(Hans Holbein), 〈외교관*The Ambassadors*〉, 1553

이런 내용들은 중세에는 없던 새로운 문명 현상이라 할 수 있다. 이에 따르면 르네상스는 분명 중세를 완전히 대체하는 문명 전체 차원의 새로운 변혁 운동으로 정의된다. 이런 시각은 르네상스에 대한 가장 보편적 정의이다. 여기에는 긍정적 평가가 내포되어 있다. 특히 인간의 독립적 존엄성에 대한 자각이 일어난 점을 중시한 태도이다. 르네상스는 긍정적 의미에서 초기 근대라는 개념으로 정의된다. 초기 근대라는 말 속에는 근대의 씨앗이 최초로 뿌려진 시기, 근대를 포괄하는 새로운 문명이 시작된 시기, 인간의 승리를 상징하는 시기, 인간 중심의 밀레니엄이 시작된 시기 등이 포함된다(그림 4).

반면 1400년을 시작 기점으로 보는 시각은 14세기를 중세와의 단절이라기보다 연속성이 더 강한 시기로 보려는 정의이다. 이런 시각에 따르면 시작 기점이 15~16세기까지로 확장되기도 한다. 이것은 르네상스의 범위를 예술 분야에만 국한하겠다는 태도이다. 문명 전체 차원에서는 중세와의 연속성이 더 강했고 단절은 예술에 국한되어 일어났다는 시각이다. 14세기에는 아직 르네상스 예술 운동이 본격화되지 않았기 때문에 르네상스의 시작은 15세기부터라는 것이다.

이런 사관에 따르면 르네상스는 문명과 예술의 분리가 시작된 시기로 정의된다. 위의 긍정적 정의와 반대되는 부정적 평가이다. 르네상스는 건축이 사회적 일체성과 예술적 독립성을 잃기 시작한 시기일 수 있다. 이런 점에서 부정적 의미인 것이다. 이 시기에는 근대 건축이 갖는 두 가지 분리 문제인 사회와의 분리, 기술과의 분리 가운데 전자의 현상이 일어났다. 분리는 과거 문명의 부활 양식이 갖는 근원적 한계로 이해될 수 있다.

르네상스는 근대 건축의 예술적 한계가 가장 처음 집약적으로 표출된 시기였다. 고전주의와 기독교 이후의 새로운 건축 양식을 창출하지 못한 서양 사회의 한계가 처음 드러난 것이다. 인본주의를 통한 인간의 독립에도 불구하고 그에 합당한 완전히 새로운 양식을 창출하지 못하고, 고전 양식을 다시 꺼내 건축가 개인의 각색 능력에만 지나치게 의존하였다(그림 5). 문명에서 분리된 건축은 정치, 경제, 산업 등 현실 이익에 가장 민감한 하부 실용 분야에 강하게 종속되어 갔다. 예술적 독립성은 상실되었다. 산업혁명 이후 가속화된 종속 현상의 서막이었다. 인간이 독립성을 확보하면서 치러야 했던 대가 같은 것이었다.

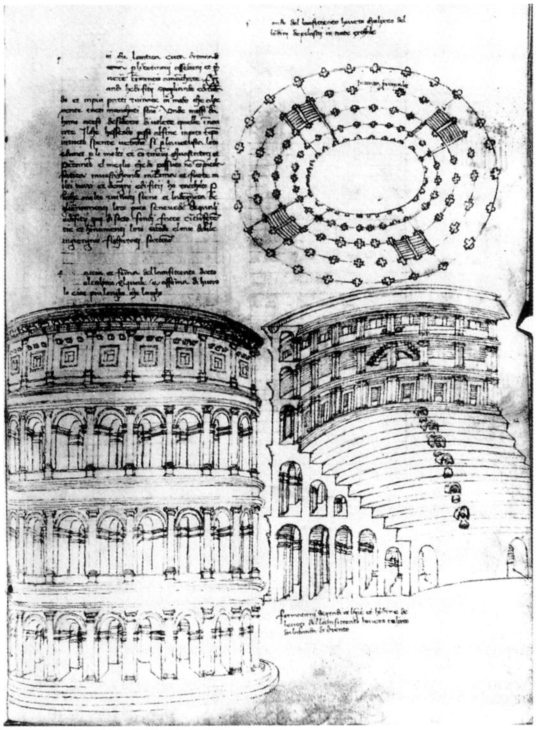

5 프란체스코 디조르조 마르티니(Francesco di Giorgio Martini)의 콜로세움 스케치

이러한 분리와 한계의 이면에는 기독교와 고전이 놓여 있었다. 그리스 시대와 로마 시대에는 문명 전체와 예술 양식이 모두 고전이었다. 중세 때에는 기독교가 고전을 대신했다. 르네상스 이전에는 문명과 건축 사이에 확실한 일체가 있었던 것이다. 르네상스에 들어와서 기독교의 연속과 고전 부활이 혼재했다. 그러면서 정작 문명 전체는 과학기술의 발전, 경험주의, 중상주의, 절대왕정, 시민 정신 등 기독교도 고전도 아닌 새로운 움직임이 이끌었다. 물론 이 가운데 일부는 고전 정신과 부합되는 내용도 있었다. 부합의 정도를 강하게 보면, 르네상스는 고전 부활이라는 한 가지 큰 역사적 현상에 의해 정의될 수 있다. 그러나 그레코로만 시대와 르네상스 사이에는 1~2천 년의 시차가 존재한다. 이런 시차를 고전 부활 한 가지로 메우는 것은 무리였을 수 있다. 르네상스는 기독교와 고전 사이의 불일치, 문명과 건축 사이의 불일치, 새로운 인본주의의 등장 등이 혼재하던 혼란기였다.

단절과 연속

르네상스는 서양예술사에서 문명의 전환을 가장 단적으로 보여준 시기이다. 예술을 중심에 놓을 때 르네상스에 대한 일반적 인식은 '중세의 완전 대체'이다. 이 말 속에는 세 가지 뜻이 담겨 있다. 중세가 한계에 이르렀다는 것, 중세와 완전히 다른 새로운 문명이 등장했다는 것, 그 등장이 매우 전격적이었다는 것 등이다. 이런 이유로 인해 르네상스는 흔히 양식발전론[style evolution]의 가장 전형적인 문명으로 간주된다.

이런 시각은 양면적이다. 중세를 완전 대체한 것으로 볼 수 있는 측면도 많은 부분 사실이다. 중세 말기에 서양 사회, 특히 문명 전체를 지탱하던 기독교의 부패상은 심각했다. 복상사한 교황이 여럿이었고 돈을 받고 면죄부를 파는 등 교회의 물욕은 극에 달했다. 적어도 표면적으로 중세와 르네상스 사이에는 '기독교 대 고전' '교황청 대 절대왕정' '하늘 대 인간' '가톨릭 대 신교' '포인티드 아치 대 반원 아치' '2차원 대 3차원' 등 서양의 문화예술사를 통틀어 가장 대표적인 쌍개념들의 대립 구도가 형성되어 있다(그림 6). 중세에서 르네상스로의 전환도 비교적 짧은 기간에 중첩을 최소화하며 일어난 것으로 볼 수 있는 측면이 있다. 이런 시각은 19세기까지 르네상스를 정의하는 가장 대표적인 사관이었다. 페트라르카에서 바사리에 이르는 동시대 이론가들에 의해 르네상스의 탈중세적 의미가 처음부터 완성도 높게 제시되었던 것도 중요한 요소였다.

6 로렌초 기베르티(Lorenzo Ghiberti), 〈성 요셉의 역사*History of St. Joseph*〉

그러나 이와는 반대로 완전 대체로 볼 수 없는 측면도 두 가지 들 수 있다. 한 가지는 중세 때에도 고전적 연속성이 존재했다는 사실이다. 12세기에 있었던 고전 지성 혁명은 그 대표적인 예이다. 스콜라 철학 등 중요한 중세 기독교 사상은 헬레니즘 철학을 뿌리를 두고 형성되었다. 건축에서도 고딕 고전주의라 부를 수 있는 고전 경향이 하나의 흐름을 이루고 있었다. 로마네스크 건축은 로마 건축에의 의존도가 더 심해서 절대적이라 볼 수 있을 정도이다. 이런 관점에서 보면 르네상스와 중세 사이에는 고전을 공통 매개로 한 연속성이 있었다. 토스카나의 중세 건축

7 산제노 성당(Cathedral of San Zeno), 피스토이아(Pistoia), 이탈리아, 13세기

8 필리포 브루넬레스키(Filippo Brunelleschi), 피렌체 고아원(Ospedale degli Innocenti), 피렌체, 1419~27

은 '프로토-르네상스proto-Renaissance'를 중요한 경향으로 가진다는 점에서 특히 그러했다. 독립된 원형 기둥이 떠받치는 아케이드와 기하주의적 장식은 이것을 대표하는 구체적인 기법들이다(그림 7). 이 가운데 전자는 브루넬레스키의 건축물에서, 후자는 알베르티의 건축물에서 주요 소재로 차용되었다(그림 8). 르네상스가 중세를 완전 대체한 것이기 위해서는 중세가 고전과 완전히 다른 것이어야 하는데 그렇지 않은 것이다.

다른 한 가지는 르네상스에 나타난 중세적 연속성의 측면이다. 신플라톤주의Neoplatonism는 명칭과는 다르게 여전히 절대자의 존재를 증명하는 것이 최종 목적이었다. 중세 기독교 사상을 플라톤의 사상으로 재해석한 것이었다. 건축에서는 브루넬레스키가 대표적인 예이다. 그가 처음 도입했다는 반원형 아치는 피렌체를 중심으로 한 토스카나 지방에서는 로마네스크 때부터 쓰여오던 매우 친숙한 지역 건축 어휘였다. 브루넬레스키에서 시작되어 많은 르네상스 건축가들이 유지했던 '현장성'이란 건축 개념은 건축을 공예 개념으로 정의하던 중세적 전통의 연장인 측면이 강하다(그림 9). 구조사나 기술사에서는 르네상스의 시작을 1490년으로 잡는다. 양식사와 70년의 시차가 있는데 이 시차가 바로 르네상스와 중세 사이의 연속성에 대한 증거이다. 실

9 르네상스 시공기술

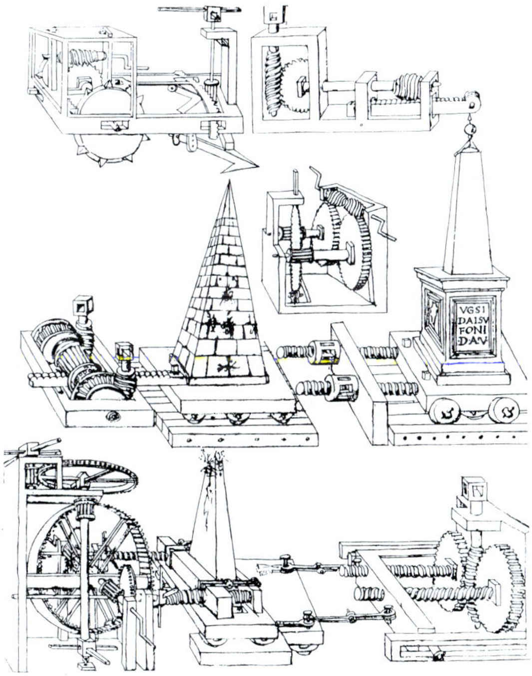

제 지어지는 건물의 전체 숫자를 기준으로 하면 르네상스의 발원지 이탈리아에서조차 피렌체 이외의 대부분의 다른 도시들에서는 16세기까지도 중세 건축이 대표 양식이었다.

이런 관점에 의하면 중세와 르네상스를 가르는 쌍개념들은 다소 인위적인 것일 수 있다. 르네상스의 탄생을 전격적인 것으로 단정짓는 태도는 이것을 몇몇 개인의 창조물로 보려는 시각의 산물이다. 소위 말하는 천재론이나 전인상全人像 개념이다. 알베르티는 인간이 할 수 있는 모든 분야에 정통한 전형적인 르네상스적 전인상이었다. 레오나르도 다빈치, 라파엘로, 미켈란젤로 등 3대 거장은 시각예술의 전 분야에서 하늘이 내린 천재성을 발휘했다. 팔라디오는 앞 시기의 모든 유형을 하나로 합친 마지막 결정판이었다. 르네상스 예술은 이런 식의 전인상이나 천재들 몇 명에 의해 주도된 것으로 볼 수 있는 측면이 있는 것이 사실이다.

그러나 그 이면에는 전략적인 측면 또한 존재한다. 한 문명의 탄생을 사회 전체의 차원보다 한 개인의 천재성에 의존할 경우 그 전격성은 배가되기 마련이다. 또한 인본주의의 승리를 가장 극적으로 상징할 수 있는 것도 전인상이나 천재론이다. 여기에는 르네상스를 이끌었던 후원자 그룹의 정치적 목적이 중요한 배경으로 작동했다. 상업 가문들은 자신들의 주도권을 공고하기 위해 신비주의 전략을 펼쳤다. 하늘의 권위를 대신하는 새로운 초월적 매개로 천재 개념을 들고 나왔던 것이다.

이상을 종합해볼 때 르네상스가 중세에 대해 갖는 관계는 다른 시기의 시대 전환과 유사하게 변화, 발전, 중첩, 연속 등으로 복합적으로 보는 것이 가장 정확하다. 르네상스 때 일어났던 새로운 변화들은 중세에 대한 복합적 관계의 관점에서 보아야 가장 잘 이해될 수 있다. 기독교와 고전주의 사이의 관계는 교대나 양자택일 같은 불연속과 교대의 문제가 아니라 공존 관계 혹은 공존 방식의 문제이다. 르네상스 시대에도 기독교는 여전히 중심적 종교이자 세계관이었다. 르네상스의 진정한 의미는 기독교를 대체한 데에 있는 것이 아니라 기독교를 인간의 관점에서 재해석한 데에 있다. 확장하자면 르네상스는 기독교를 포함한 서양문명의 모든 방식과 세계관을 고전 부활과 인본주의라는 새로운 시각에서 종합적으로 재해석한 문명 운동으로 정의될 수 있다.

고전과 기독교

르네상스가 갖는 양면성의 중심에는 고전이 존재한다. 고전 자체가 르네상스만의 정체성을 정의하는 핵심 개념인 동시에 중세적 연속성의 증거라는 양면성을 가졌다. 르네상스 시대가 갖는 고전의 의미는 문화 각 분야의 스케일에 따라 다음의 일곱 가지로 정의될 수 있다.

첫째는 가장 넓은 범위로, 르네상스 문화 전반이 중세에 비해 세속화하는 현상이다. 인본주의, 도시국가, 금융 가문, 절대왕정 등 르네상스를 대표하는 현상들은 모두 세속적 성격을 기본 특징으로 하는데 그 배경에는 고전이 있다. 고전적 지성으로 무장한 전인상은 인본주의를 이루는 핵심 개념이었다. 각 도시국가가 갖고 있던 고전적 전통은 르네상스의 정체성을 정의하는 핵심 요소였다. 금융 가문은 고전 예술을 후원하는 형식을 통해 자신들을 대표하는 문화 매개로 고전을 선택했다. 절대왕정도 마찬가지였다. 각국의 왕들은 고전주의를 자신들의 대표 양식으로 선정하여 고대 로마의 상징성을 과시함으로써 권력기반을 다지려 했다. 고전주의는 교황권을 상징하는 고딕 양식에 맞설 수 있는 유일한 양식이기도 했다.

둘째는 기독교와의 관계 내에서 정의되는 의미이다. 중세 때에는 기독교가 상위 매개로서 고전을 포괄했다. 르네상스 시대에는 이것이 역전되거나 적어도 동등한 관계로 변화했다(그림 10). 사상적 측면에서도 중세 때에는 고전 사상이 기독교 사상을 형성하는 모태로 작용하기는 했지만, 그 최종 목적은 신의 존재를 증명하는 데에 맞추어졌다. 반면 르네상스 때에는 고전 사상으로부터 독자적 고전주의가 창조되었으며, 심지어 고전 사상이 기독교를 이끌기도 했다.

셋째는 로마 유적이 갖는 초기 근대적 의미이다. 게르만족의 침입 이후 파괴되고 방치되어 있던 로마 유적이 발굴된 것은 서양사의 진행 과정에서 중대한 사건이었다. 이것은 단순한 유적 발굴을 넘어서서 고대 지중해권 고전주의의 전면적인 부활을 의미했다(그림 11). 그 정신까지 함께 부활된 것이다. 로마 문명에 담겨 있던 시민 정신과 실용주의는

10 마사초(Masaccio), 〈삼위일체*Trinity*〉, 1426~28

11 헤르마누스 포스트후무스(Hermannus Posthumus), 〈폐허가 있는 환상적 풍경*Fantastic Landscape with Ruins*〉, 1538

IO. FROBENIVS POlitioris literaturæ cultoribus, s.

Adnisi sumus æditione proxima, ut hoc opus cum primis frugiferũ, quàm emendatissimũ prodiret in lucem. nec arbitror quenq; inficiaturũ, id nos infeliciter fuisse conatos: nunc quicquid in arte mea possunt promittere curæ, id totũ expromptũ est. Accessit & autoris opera, qui multa uel auxit, uel reddidit meliora. Atq; utinã hoc diu illi liceat, in studiorum lucrum potius quàm meũ. Sed uereor ne hãc recognitionem ab illo simus habituri postremã. Qui literario gaudẽt lucro, habent hic lucrũ nõ aspernandũ: quibus res est angustior domi, quàm ut identidẽ idem opus mercent', habẽt postremã, ni fallor, autoris recognitionẽ, simul & locupletationẽ. Bene ualete, & nostræ industriæ, si promereor, fauete.

BASILEAE, AN. M. D. XXIII.

Ex autoris recognitione postrema.

12 데시데리우스 에라스무스(Desiderius Erasmus)의 〈알레지아*Alegia*〉, 1523. 타이틀 페이지

13 세바스티아노 세를리오(Sebastiano Serlio), 다섯 오더(Five Orders)

인간이 중심이 된 근대 문명의 탄생에 중요한 초석 역할을 했다. 이런 관점에서 르네상스는 초기 근대 개념으로 정의될 수 있다.

넷째는 고전 사상 및 문헌의 부활이다. 고전 문헌의 번역 작업은 중세 때에도 있었지만 르네상스에 들어와 그 대상과 내용이 대폭 확대되었다. 단순한 번역을 넘어서 플라톤과 아리스토텔레스를 필두로 한 헬레니즘 사상과 문학 전반에 대한 새로운 연구가 대대적으로 이루어졌다. 고대 그리스어를 직접 해독할 수 있는 학자들도 많아졌다. 중세 때까지 그리스 문헌 번역은 7~9세기 때 이슬람 학자들이 아랍어로 해놓았던 것을 중역하는 데 그쳤다. 르네상스 시대에는 이것을 직접 번역할 수 있는 사상가들이 등장했다(그림 12). 터키와 그리스의 정세가 불안해지면서 이 지역의 주요 학자들이 유럽으로 이주한 것도 중요한 요인이다. 번역의 수준도 발전되었다. 번역은 단순한 문자 해독이 아니라 내용에 대한 주석이 추가되는 해석 작업이었으며, 이것은 하나의 새로운 사상 체계를 세우는 것에 근접했다. 이에 따라 미세 분야별로 고전 연구가 세분화된 것도 중요한 발전이었다. 비트루비우스의 『건축십서』에 대한 연구는 그 좋은 예이다. 정통 인문학의 관점에서 보면 건축서는 소수 분야에 속했다. 르네상스 시기에는 고전 문헌에 대한 대대적인 연구가 있었기에 이것이 연구 대상이 될 수 있었다.

다섯째는 건축이나 미술 같은 예술 분야에서 고전의 역할, 즉 예술적 소재로서의 고전이다. 기독교 주제가 주류를 이루던 중세 미술에서 신화와 역사 같은 고전주의 모티프로의 전환이 일어났다. 기독교도 여전히 중요한 주제였지만 해석과 표현이 달라졌다. 건물이라는 물리적 매개를 갖는 건축은 이런 현상이 더욱 두드러졌다. 오더로 대표되는 고전 건축 어휘는 신화나 역사 같은 소재보다 더 직접적이고 구체적이었다(그림 13).

여섯째는 그리스 고전주의와 로마 고전주의 사이의 구별 문제이다. 르네상스는 크게 보면 로마 고전주의의 부활이었

다. 로마 고전주의에 대한 원본 문화로서의 그리스 고전주의가 르네상스에서 가졌던 위치는 다소 복잡했다. 요약하자면 지리적, 정치적, 예술적 측면에서 큰 관심을 받지 못한 가운데 분야에 따라 선별적으로 중요한 연구 대상이 되었다고 할 수 있다. 그리스 고전으로의 확대가 가장 두드러진 분야는 사상과 문학이었다. 건축은 로마 고전에 한정된 편이었다. 이런 가운데 로마로의 여행은 학자와 예술가들 사이에 필수 과정으로 크게 유행했다. 그리스로의 발굴과 답사 여행도 그리스가 오토만제국에 의해 정복되기 전까지는 제한적이긴 하지만 있었다. 그러나 그리스 건축에 대한 진정한 이해와 창조적 재해석은 계몽주의 시대가 되어서야 가능했다. 르네상스 때에는 어휘를 차용하는 수준에 머물렀다.

14 조르조 바사리(Giorgio Vasari), 〈예술가들로 둘러싸인 코시모 드 메디치*Cosimo de'Medici among the Artists*〉

일곱째는 후원자와의 관계이다. 고전을 발굴하여 학문적으로 분석하고 예술적으로 재해석하는 과정을 후원한 것은 상업 가문과 교황청이었다. 두 집단은 공통 목적을 가졌다. 상업 가문은 고전 후원을 통해 스스로를 고전 전통 계승자로 자리매김하고자 했다(그림 14). 고전 문화 자체에 대한 애정도 컸지만 궁극적 목적은 고대 고전 제국의 영광이 갖는 상징성을 차지하여 권력 기반으로 삼으려는 데에 있었다. 교황청은 자신의 정체성을 중세와 구별되는 초기 근대 기독교의 대표자로 정의하려는 목적을 가졌다. 프랑스와 독일 중심의 중세 기독교와 차별화할 수 있는 매개는 고전, 즉 고딕 양식에 대비된 고전 기독교의 전면 부활밖에 없었다.

르네상스 고전주의의 성립

이상과 같은 과정을 거쳐 고전은 새로운 시대를 대표하는 문명 매개로 자리 잡았다. 고대 문명의 유구 잔재였던 고전이 새 시대를 상징하고 이끌어가게 된 것은 역설일 수도 있고 서양건축사의 중요한 전개 유형 가운데 하나일 수도 있다. 르네상스 고전주의가 성립되면서 고전은 문명 전체를 유지하는 근간으로 다시 등장했다. 대대적인 고전 발굴 작업이 있었다. 고전 발굴은 중세를 거치며 왜곡되어 있던 고전주의 전체를 바로 세우는 작업이었다.

12~13세기에 소개된 아리스토텔레스를 제외하면 중세 때까지 고전 문헌들에 대한 인식은 낮은 편이었다. 플라톤의 사상들은 아직 라틴어로 번역되지 않고 있었다. 다른 철학자나 문학가들은 더 말할 나위도 없었다. 호메로스Homeros의 경우 작품은 전혀 알려지지 않은 채 그의 이름만 전설 형식으로 전해 내려오고 있었으며, 전기적 오류도 많았다. 베르길리우스Vergilius는 마법사나 기독교의 예언자로 알려져 있었다. 실용적인 분야의 경우 고전 문헌에 등장하는 내용들은 중세를 거치면서 사라져 당시 실생활에서 쓰이지 않던 것들이 대부분이었다. 비트루비우스의 『건축십서』는 좋은 예였다. 이 책에 기록된 현장 기술 가운데 대부분은 중세 때부터 전혀 쓰이지 않던 것들로 사전 속 단순 지식에 불과했다.

플라톤 사상이 이탈리아에 본격적으로 소개되기 시작한 것도 이때였다. 이것은 신플라톤주의1450~1600로 발전했다. 처음에는 플라톤의 그리스 원본을 라틴어로 번역하는 작업의 일환으로 시작되었고 16세기 이후 플라톤 사상을 중세 기독교 사상의 관점에서 재해석하는 철학 사조로 인식하게 되었다. 피렌체의 플라톤 아카데미Academia Platonica는 그 집결지였고, 메디치 가는 이것의 후원자였다(그림 15).

아리스토텔레스의 사상은 중세 때 이미 비교적 넓게 보급되어 있었다. 르네상스 시기 아리스토텔레스에 대한 연구는 중세 때 해석된 내용에 대한 비판적, 수정적 재해석이 주류를 이루는 가운데 시대 상황에 맞게 다양하게 재해석되는 방식이었다. 플라톤의 경우와 마찬가지로 라틴어 번역은 중요한 작업으로 계속되었다. 이런 것들이 합쳐져 아리스토텔레스주의Aristotelianism라 불릴 만한 경향이 형성되었다. 이렇게 플라톤과 아리스토텔레스라는 두 거장이 부활하면서 르네상스 고전주의의 사상적 기반이 성립되었다.

15 코시모 로젤리(Cosimo Rosselli)의 프레스코에 등장하는 신플라톤주의 학자들(1486). 왼쪽부터 피코 델라미란돌라(Pico della Mirandola), 마르실리오 피치노(Marsilio Ficino), 안젤로 폴리치아노(Angelo Poliziano)

비트루비우스의 『건축십서』는 알베르티를 필두로 르네상스 건축가들에게 필독서가 되었다. 알베르티, 체사리아노, 필라레테, 세를리오, 팔라디오 등 이탈리아 건축

가들이 집필한 대부분의 이론서들은 이 책에 대한 해석서 혹은 해설서로 볼 수 있을 정도이다(그림 16). 이 책에 소개된 실용적 기술도 상당 부분 복원되어 현장에서 쓰이기 시작했다. 중세를 대표하는 시공술이 데가주망degagement 공법이었다면, 르네상스 고전주의는 로마의 조적술 복원을 바탕으로 새로운 과학 발전에 의해 개량한 공법이 이끌었다.

르네상스에서 고전이 갖는 양면성과 복합성은 기독교와의 관계에서도 유사하게 나타났다. 르네상스 때에 고전과 기독교 사이의 관계를 한마디로 단정짓기는 어렵다. 그 관계는 다분히 복합적이었다. 교과서적으로 정의하자면 르네상스는 중세 기독교가 끝나고 초기 근대 인본주의가 이것을 대체하며 시작된 새로운 변혁 운동이다. 이 말이 전적으로 틀린 것은 아니지만, 기독교가 르네상스 때에도 여전히 계속된 것 또한 사실이다. 르네상스를 결정짓는 인본주의 활동 가운데 많은 부분은 여전히 기독교와 관련된 것들이었다. 여기서 '대체'라는 개념은 기독교 자체가 없어졌다는 의미가 아니라, 기독교를 인본주의로 새롭게 정의했다는 뜻으로 이해해야 한다. 르네상스에서 기독교는 중세 때의 유일한 초월성으로서의 권위를 잃고, 다양한 인간 매개 방식의 하나로 편입되었다(그림 17). 기독교는 이제 선험적 절대 존재에서 경험적 창조의 산물로 변모된 것이다. 기독교 내부에서 일어난 개혁 운동도 이것의 일환으로 볼 수 있다. 신교는 인본주의로 기독교를 새롭게 해석하는 과정에서 파생된 반성적 현상이었다.

이런 해석은 르네상스 때 형성된 기독교와 고전 사이의 복합적 관계를 단순화하여 이해하는 가장 좋은 시각일 수 있다. 르네상스의 사상가, 학자, 예술가 들은 기독교를 부정하지 않았지만, 기독교를 정의하는 형식의 파격성으로 인해 전통적 기준에서는 기독교를 부정한 것으로 볼 수 있는 측면이 있다. 그러나 객관적 입장에서 더 엄밀히 말하자면, 이들은 기독교를 부정할 것이냐 말 것이냐 하는 이분법적 대립 구도에는 관심이 없었다. 그보다는 어떻게 하면 기독교를 더 인간적 매개로 정의함으로써 신의 존재를 경험적으로 느낄 수 있는가가 이들의

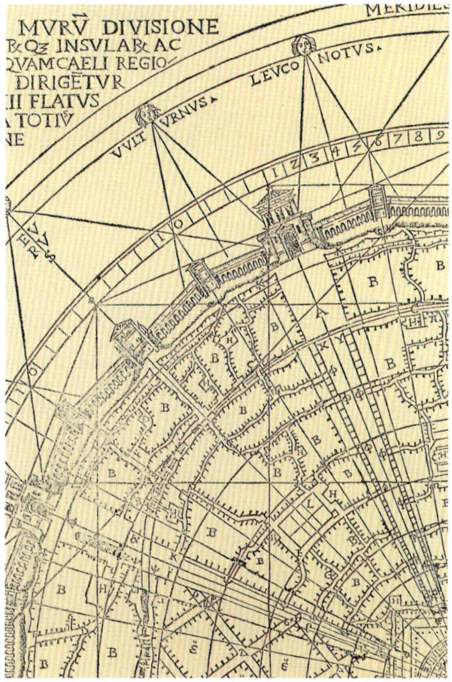

16 체사레 체사리아노(Cesare Cesariano). 비트루비우스 플랜(Vitruvius plan)

17 15세기 후반 피렌체 필사본에 등장하는 '지식의 언덕(Hill of Knowledge)'

관심사였다. 인간을 중심에 두고 고전 사상을 통해 기독교를 새롭게 해석함으로써 궁극적으로 고전주의와 기독교 사이의 화해적 통합을 시도한 것이었다.

건축에서도 이와 유사한 정의가 가능하다. 중세 때 건축 활동은 인간적 간섭을 최소화하는 구도 행위의 일환으로 정의되었다. 초월 세계에 도달하는 중간 과정 혹은 하위 매개의 의미였다. 중세 기독교 공간은 목적, 성격, 축조 모두가 초월성이란 개념 하나에 집중되었다. 르네상스의 건축 활동에서는 중세적 개념에 대해 연속과 단절의 양면적 상황이 나타났다. 르네상스 시대에도 기독교 공간은 여전히 가장 중요한 기능 유형의 자리를 지켰다. 목적도 초월성을 표현하는 것이었다. 그러나 성격과 축조에서 인간적 매개에 의한 정의와 방식이 도입되면서 르네상스만의 건축양식이 성립되었다(그림 18, 19).

고전과 기독교 사이의 복합적 관계는 지리적 측면에서 확인할 수 있

18 필리포 브루넬레스키(Filippo Brunelleschi), 피렌체 세례당(Battistero di Firenze) 투시도 연구

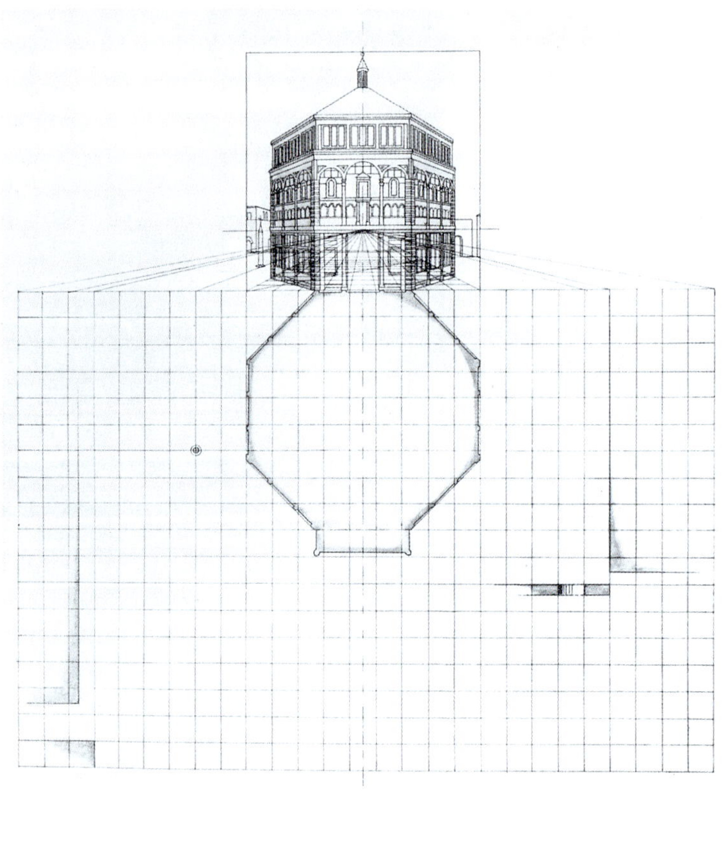

19 크리스토포로 솔라리(Cristoforo Solari), 코모 성당(Duomo di Como) 모델

다. 고전의 부활이 문명을 이끄는 요체로 등장하면서 유럽의 판도에 지리적 변화가 일어났다. 이탈리아로 힘의 이동이 일어난 것이다. 로마 고전주의가 전면 부활하면서 그 뿌리였던 이탈리아 반도는 다시 유럽의 중심지로 떠올랐다. 그러나 그 부활은 제한적이었다. 과거 로마제국과 같은 전면적 중심지로까지 확대되지는 못했다. 이탈리아는 고전이 가장 큰 힘을 발휘할 수 있는 문화예술 분야에서 절대적 위치를 되찾았다. 그러나 정치적으로는 여전히 서북유럽이 중심지였다. 기독교의 경우는 다소 복잡하다. 서북유럽 각국의 기독교가 독립을 강화하고 종교개혁으로 대표되는 반(反) 가톨릭 개혁이 큰 흐름을 이루는 가운데 이탈리아는 가톨릭의 본산으로서의 위치를 지켰다.

인간과 인본주의

인본주의는 1300~1600년에 유럽에서 인간 중심적 세계관에 기초하여 일어났던 새로운 문명 운동을 일컫는다. 인본주의를 한마디로 정의하기는 힘들다. 넓게 보면 르네상스 때 일어났던 새로운 움직임 전반을 인본주의라고 할 수 있다. 범위도 문명 활동의 전 분야가 해당될 수 있다. 또한 인본주의는 기독교, 고전주의, 경험주의, 도시 운동 등 르네상스를 이끌었던 다른 개념들과 깊게 연관되어 있다.

인문학 분야에 국한할 때 인본주의는 논리와 형이상학이 주도하던 중세의 기독교-스콜라주의를 언어, 문학, 역사, 윤리학 등으로 대체한 새로운 경향을 일컫는다. 중세 때에는 내용과 매개의 구체성을 다스리는 더 높은 차원의 형식과 규범이 선험적으로 정의되었다. 인간 활동의 각 분야는 이것들에 종속되는 낮은 차원에 속했다. 르네상스에서는 이것이 역전되어, 경험과 창조에 의거한 인간 활동이 가장 우선하였다.

이것은 비단 기독교와의 관계에서만의 문제는 아니었다. 철학이나 사상과의 관계에서도 마찬가지였다. 르네상스 문화는 이렇다 할 철학이나 사상을 창출하지 못했다. 고전 사상을 경험적으로 해석한 '네오' 사조들이 주류를 이루었다. 주요 관심은 직접 손으로 만들고 몸으로 부딪치고 현장에서 제작하는 경험 활동에 모아졌다. 사상이 부진했던 데 비해 예술이 융성했던 현상은 이를 뒷받침한다. 이것은 선험적 규범성을 거부한다는 의미였다. 이런 인본주의는 인간 탐구를 목적으로 삼았다. 중세 때 인간은 신의 피조물로 정의되었으며, 인간 자체로는 독립적 가치를 가지지 못했다. 이것이 회의론을 거치면서 인간의 존엄성에 대한 자각으로 이어졌다.

르네상스 건축과 인본주의의 관계는 복합적이다. 문화 예술 분야의 인본주의는 주로 문학, 철학, 정치학 등 인문 사회학에 집중되었다. 건축은 다소 애매했다. 르네상스 시기 건축은 넓게 보면 인본주의에 속했지만, 그렇지 않은 건축가들도 적지 않았다. 이것은 르네상스 인본주의 건축을 어떻게 정의하느냐의 문제이기도 하다. 이것에 연관된 주제는 고전주의 건축, 고전 인문학적 배경, 휴먼 스케일, 기하주의, 비례, 현장주의, 세속 기능 유형 등이다. 이 모든 것을 만족시키는 경우는 가장 좁고 엄격한 의미의 인본주의 건축이다. 여기에 딱 맞는 건축가는 그리 많지 않다. 이 가운데 일부만 적용할 경우 인본주의 건축가들은 유형별 분류가 가능해진다. 이것은 결국 건축에서 보는 인간의 의미, 인간 중심의 건축의 의미, 인간을 위한 건축의 의미 등을 어떻게 정의하느냐의 문제이다. 르네상스 인본주의 건축은 다음의 다섯 가지로 요약될 수 있다.

첫째는 고전 해석을 주로 하되 인문학적 배경에 의존하는 경향이다. 이 경향에서 추구했던 인간을 위한 건축은 '조화로운 종합화'로 고전적 인본주의의 전형이라 할 수 있다. 비례는 이것에 도달하기 위한 대표적 매개였다. 건축가로는 알베르티, 스카모치, 팔라디오 등을 들 수 있다. 이들도 현장 유구에 대한 실증적, 경험적 접근을 하기는 했지만, 고전에 대한 주된 입장은 라틴어 해독 능력을 바탕으로 인문학적 지성에 의존한 특징을 보였다(그림 20).

둘째는 고전 해석을 주로 하되 현장 유구에 대한 경험에 의존하는 경향이다. 이 경향에서 추구했던 인간을 위한 건축은 '단순화와 정형화에 의한 정리된 질서'였다. 줄리아노 다상갈로 일조반네, 프란체스코 디조르조 마르티니, 필라레테 등은 기하주의에 기초한 유형 개념으로, 라파엘로는 예술적 재능에 의해 각각 이것을 창출했다(그림 21). 이들은 고전에 의존한 점에서는 첫번째 경향과 공통점을 갖지만 그것을 재해석하는 관점에서 반대되는 입장을 가졌다.

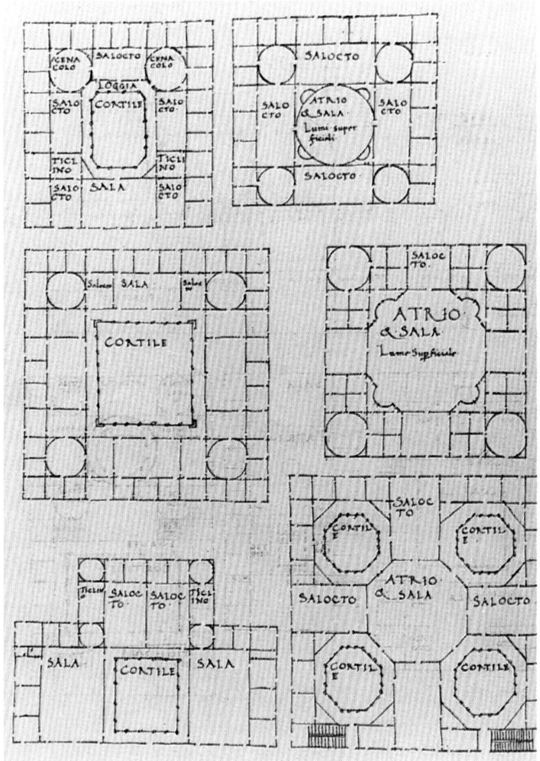

셋째는 중세적 연속성의 범위 내에서 인간을 위한 건축을 정의하는 경향으로, '기독교적 의미를 포함하는 확장된 로마다움의 범위와 개념의 한 형식'으로 요약될 수 있다. 로마다움을 확장하려는 인식을 르네상스가 남긴 중요한 업적으로 보고 이것이 가시적으로 집약된 산물로 인본주의를 정의한다는 의미이다. 구체적인 건축 방식으로는 중세에 남아 있던 고전적 연속성의 요소를 전면에 등장시키는 경향을 들 수 있다. 기능 유형에서는 주로 교회 건물에 집중되었다. 브루넬레스키는 로마네스크 건축의 반원형 아치를 다시 사용함으로써 중세에 남아 있던 로마의 뿌리를 이어받았다. 브라만테는 로마다움을 기독교와의 관계에서 찾았으며 장식과 은유적 해석을 주요 건축 기법으로 사용했다(그림 22).

넷째는 고전이나 기독교 같은 거시적 문명 요소로부터 자유로운 상태에서 현장경험에 의존하는 경향이다. 이 경향이 추구했던 인간을 위

20 빈첸초 스카모치(Vincenzo Scamozzi). 비례 연구

21 프란체스코 디조르조 마르티니(Franncesco di Giorgio Martini). 중앙집중형 안마당을 가진 개인주택 연구

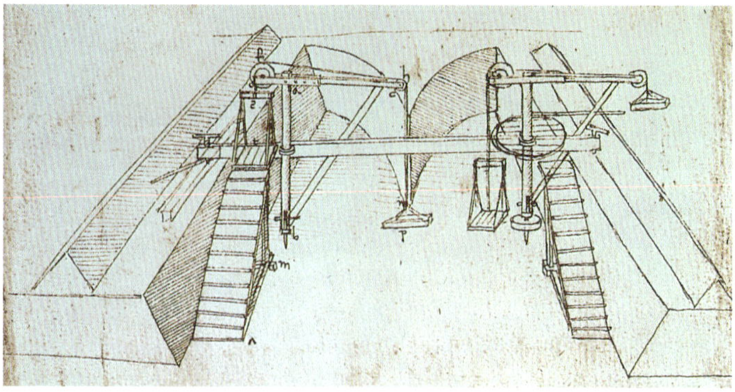

22 스포르체스코 성채(Castel Sforzesco)의 아구스 프레스코(Argus Fresco), 밀라노
23 레오나르도 다빈치(Leonardo da Vinci), 계단 축조용 도르래

한 건축은 '현실 세계에서 실용적 이로움을 줌으로써 인간을 돕는다'는 것이었다(그림 23). 구체적 내용으로는 세속 권력에의 봉사, 기능적 효율성, 새로운 과학기술의 발명 등을 들 수 있다. 기능 유형별로는 세속 기능 창출에 집중되었다. 특히 건축을 도시 계획과 토목 인프라와 연계하여 정의한 점에서 르네상스의 실용주의를 대표하는 경향으로 볼 수 있다. 미켈로초, 레오나르도 다빈치, 안토니오 다상갈로, 산소비노, 산미켈리, 프란체스코 디조로즈 마르티니 등이 대표적 건축가들이었다.

다섯째는 인간의 의미와 위치에 대한 고민으로부터 인간을 위한 건축을 정의하는 경향이다. 이 경향은 대표적 내용으로 정의될 만한 개념을 남기지 않았다. 통시적 포괄성이 결여되었다는 의미이다. 그 대신 공시적 생생함에 집중함으로써 일정한 당위성을 갖는 해석의 개별적 예들을 창출했다. 인간을 위한 건축의 의미는 이런 각 예들에서 개별적으로 찾을 수 있다. 그 성격도 긍정적 대안보다는 부정적 파격이 주류를 이룬다. 기독교가 남긴 절대적 초월성이 붕괴되어가는 과정에서 인간이 겪는 갈등에 주된 초점을 맞추었다. 그 대안을 고전에서도 찾지 않고 스스로 새로운 규범을 만들어내지도 않았다. 갈등과 고민 속에서 개별적 상황이 표출하는 일탈과 반전의 가능성의 가치에 충실하게 집중했다.

미켈란젤로와 줄리오 로마노를 대표적 건축가로 들 수 있다. 이들은 구체적 대안을 창출하지 못한 점에서 인본주의 건축가로 보기 어려울 수도 있다. 그러나 이들의 부정적 냉소의 밑바탕에는 인간에 대한 사랑이 깔려 있다는 점에서 여전히 인본주의 건축가로 볼 수 있다. 미켈란젤로에서는 인간의 생물학적 존재에 대한 유추가, 줄리오 로마노에서는 일상적 인간사가 각각 그것이다(그림 24). 이들이 제기했던 인간의 진정한 가치에 대한 끊임없는 물음은 인간이 가치 있는 존재라는 사실에 대한 고뇌에 찬 주장으로 이해될 수 있다. 이런 물음을 제기함으로써 관찰자 개개인이 인간의 가치를 조금이라도 느끼고 그 의미를 스스로 정의하게 하는 고도의 수사학적 기법을 구사한 것이다.

24 줄리오 로마노(Giulio Romano), 테 팔라초(Palazzo del Te, 1525~34), 만토바, 이탈리아

고전과 인본주의

고전 발굴은 인본주의의 발전과 밀접한 연관성을 갖는다. 좁은 의미의 발굴 자체는 작은 시작에 불과했지만, 해독이라는 더 큰 단계가 기다리고 있었다. 해독 과정이 곧 인본주의의 발전 과정이었다. 고전 해독을 위해서는 광범위한 지식이 필요하다. 이를 위해 고전에 대한 본격적인 연구가 시작되었다. 고전 해독의 목적도 인본주의의 궁극적 목적과 일치했다. 고전 속에 담긴 여러 의미 가운데 현실 속 인간을 중심으로 한 세계관에 초점이 맞추어져 그 의미를 초기 근대에 맞게 해석하는 일이 주요 목적이었다. 이로써 고대의 인간 중심적 세계관을 바탕으로 한 르네상스 인본주의가 성립되었다(그림 25).

25 체사레 체사리아노(Cesare Cesariano), 프로스틸 신전(prostyle temple) 복원안

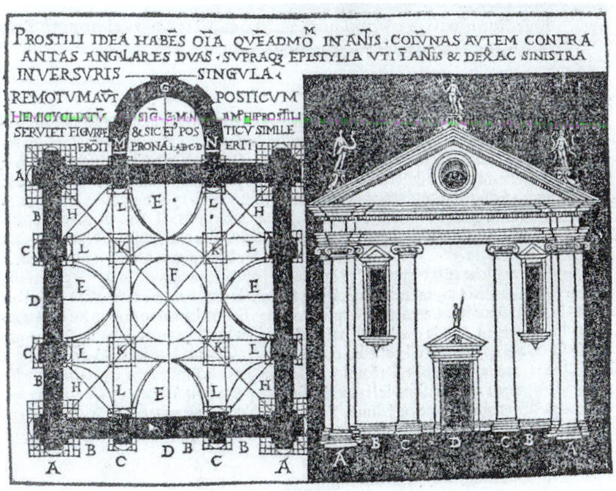

건축도 마찬가지였다. 르네상스 건축의 모델이었던 고전은 비트루비우스의 저서와 로마 유적 두 가지였다. 사상이나 문학과 마찬가지로 이 둘도 해독 과정을 거쳐야 새로운 창작 모티프로 쓸 수 있었다. 비트루비우스의 저서에는 낯선 내용들이 많았는데 이것을 15~16세기에 사용 가능하게 실용화하는 과정에서 르네상스 건축술이 발전되었다. 고전 유적도 르네상스의 상황에 맞게 각색했다. 로마는 고대의 제국이었기 때문에 르네상스와 상황이 달랐다. 도시

26 주세페 초키(Giuseppe Zocchi), 〈산티시마 눈치아타 광장 전경*Veduta della Piazza della SS. Nunziata*〉, 1744

의 스케일은 훨씬 컸으며, 건축을 낳은 정치적, 경제적 기반은 전쟁과 농업이었다. 건물은 기념비적 거석 구조로 정의되었다. 건축물의 스케일이 큰 만큼 건축 전개의 시간 개념도 10년 단위로 비교적 느린 편이었다.

이것이 르네상스에 들어와서 도시 국가 단위로 작아지면서 도시 스케일도 작아졌다(그림 26). 사회의 권력 기반도 총독, 기독교, 상업 가문, 교역 등으로 다변화되었다. 이에 따라 공간, 평면 구성, 기능 유형, 축조술 등 건축의 제반 기법들이 모두 바뀌었다. 시간 개념도 연 단위로 짧아졌다. 로마 고전주의를 받아들여 기본 매개로 삼되 새롭게 바뀐 상황에 맞는 재해석과 각색이 필요했던 것이다. 이것이 곧 르네상스 건축의 발전 과정이었다.

이 과정에서 인간 중심의 스케일과 공간 구성이라는 르네상스의 건축적 특징이 형성되었다. 고전에 대한 재해석과 각색은 르네상스 건축가들에게는 필수 과정이었다. 르네상스 건축의 문을 연 브루넬레스키와 알베르티가 그 효시였다. 이들은 로마에 체류하면서 대부분의 로마 유적을 답사했다. 치수를 측량하고 규모를 판단했으며, 구조와 기능을 분석하고 공간구성을 해석했다. 이렇게 찾아낸 로마 고전 건축의 기법과 의미를 르네상스 인본주의에 맞게 재해석하고 각색함으로써 자신들만의 건축 기법과 의미를 재창출했다.

27 자신의 서재에 앉아 있는 페트라르카(Petrarch)

르네상스 인본주의는 프란체스코 페트라르카, 레오나르도 브루니 Leonardo Bruni, 로렌초 발라 Lorenzo Valla의 3인이 대표한다. 페트라르카 1304~74년는 흔히 르네상스의 문을 연 대표적 인본주의자로 평가된다(그림 27). 그는 인문학자이자 시인이었다. 그는 스콜라 철학이 지나치게 사변적이어서 비현실적이라 비판하면서 그 대안으로 두 가지 경향을 추구했다. 한 가지는 고전주의 문학 작품의 발굴, 번역, 소개였다. 잘 알려진 작품들은 물론이고 미 발굴된 작품도 주요 대상이었다. 이것을 바탕으로 고전주의에 기초한 새로운 문학 양식을 창출하기도 했다. 특히 그의 시는 이후 르네상스 시의 전형이 되었다. 그는 고전 언어 자체에도 관심이 많아, 고전 언어로 자신의 사상을 집필하는 작업을 병행했다. 이런 고전 지성을 바탕으로 인본주의 연구를 본격화했다.

다른 한 가지는 이탈리아의 토속 소재와 지역 언어를 활성화시킨 일이다. 중세까지 사상이나 문학 작품의 소재는 주로 기독교, 철학, 역사 등에 한정되어 있었으며, 언어도 라틴어로 되어 있었다. 보편성의 가치를 추종한다는 의미였다. 페트라르카는 이것을 깨고 이탈리아의 토속 요소를 소재로 삼아 지역 언어로 쓴 시를 남겼다. 이런 경향은 페트라르카주의Petrarchism라 불리는 이탈리아 르네상스의 한 흐름을 형성했다. 이상의 두 작업을 바탕으로 페트라르카는 르네상스의 정체성을 확립했다. 그는 르네상스를 중세 기독교 문명과 대비시켜 인간 중심의 새로운 문명으로 정의한 장본인이었다.

인본주의는 빠르게 서북유럽으로 전파되었다. 1500년을 넘기면서 서북유럽에 중요한 인본주의자들이 등장했다. 『유토피아*Utopia*』1518의 저자였던 토머스 모어 경Sir Thomas More과 『아다지아*Adagia*』1523의 저자였던 데시데리우스 에라스무스Desiderius Erasmus를 필두로 존 콜레John Colet, 기욤 뷔데Guillaume Bude, 피에르 질Pierre Gilles 등이 대표적인 예들이다. 건축에서도 필리베르 들로름은 독자적인 저서를 출간하여 건축 활동의 범위를 이탈리아 르네상스에 근접시켰다(그림 28). 그러나 서북유럽의 인본주의는 종교혁명에 휩쓸리면서 단명했다. 인본주의자들은 가톨릭과 신교 사이에서 선택을 강요받았다. 그들 가운데 개종을 거부하며 가톨릭으로 남은 경우 많은 수가 죽음을 당하였다.

28 필리베르 들로름(Philibert de L'Orme). 좋은 건축가

29 토머스 모어(Thomas More)의 『유토피아』를 그린 목판화

서북유럽 인본주의자들의 활동은 다양했다. 모어는 『유토피아』에서 인간과 신이 협력하는 새로운 이상향을 제시했다(그림 29). 반면 에라스무스의 『아다지아』는 고전 선집anthology으로서 철저하게 고전의 권위에 의존했다(그림 12). 서북유럽 인본주의자들은 대부분 왕의 스승, 대학교수, 저술가, 고전학자 등의 활동을 통해 인간 지성의 지평을 넓혔다. 넓게 보면 서북유럽 인본주의는 르네상스 건축을 받아들이는 데 안내자나 조력자 역할을 했다. 특히 중세 고딕 양식이 지배하던 서북유럽 건축에 고전의 의미를 새롭게 인식시킴으로써 이 지역에 르네상스 건축이 전파되는 기틀을 닦았다. 지식인, 건축가, 예술가 그리고 이들을 후원하는 권력 계층은 인본주의자들의 활동을 증거로 고전의 시대가 도래했음을 확신하고 르네상스 활동에 전념할 수 있었다.

피렌체와 시민 인본주의

페트라르카의 영향은 피렌체 인본주의의 성립을 가져왔는데 이것의 대표적인 예로 시민 인본주의Civic Humanism를 들 수 있다. 인본주의는 내용, 시기, 지역, 분야에 따라 다양하게 분류된다. 이 가운데 가장 보편적이고 포괄적 개념을 갖는 것이 1400~50년에 형성된 시민 인본주의이다. 시민 인본주의는 넓은 의미로는 인간사의 각 분야에 대한 인간 자신의 책임과 권리를 주장한 문화 운동을 가리킨다. 좁은 의미로는 엄격한 공화정의 이상에 기초한 도시국가의 새로운 정치 윤리를 일컫는다. 공화 자유주의, 시민 참여, 봉사와 희생, 공공성의 추구 등이 주요 이데올로기였으며, 이것이 가장 먼저 형성된 지역은 피렌체였다.

시민 인본주의는 구체적으로 실행되는 과정에서 두 가지 경향을 나타냈다. 한 가지는 정치적 전략의 성격을 띠는 경향으로, 이것은 16세기 초 니콜로 마키아벨리Niccolo Machiavelli로 이어졌다. 다른 하나는 충실한 가족 생활, 상업 활동에 의한 부의 축적, 세속 활동의 활성화, 충실한 군복무 등 바람직한 시민 생활과 의무를 강조한 시민 운동이었다(그림 30). 특히 이것을 앞장서 이끌어야 하는 지성인들의 역할을 강조했다. 이 모든 것의 모델로 고대 로마의 공화정이 선택되었다. 로마의 시민 정신을 이끌었던 키케로Cicero가 이상적인 예로 평가되었다. 15세기의

피렌체는 이것을 동시대에 맞게 구현해낸 총본산이었다. 시민 인본주의는 15세기 피렌체가 주체가 되었던 로마 공화 정신의 대대적 부활로 정의될 수 있다(그림 31).

30 조르조 바사리(Giorgio Vasari), 피렌체의 구시장(Meercato Vecchio), 16세기 중반
31 1472년경 피렌체 전경

브루니1370년경~1444년와 알베르티는 시민 인본주의를 대표한다. 브루니의 주요 활동은 그리스 작품의 번역과 역사 저술이었다. 그는 플라톤과 소크라테스를 비롯하여 수많은 그리스 철학과 문학 작품을 라틴어로 번역했다. 이런 작업의 정신적 근거로 이교도 문학의 독립적 중요성을 주장했다. 번역에서도 중세 기독교 사상가들의 경향이었던 직역이나 기독교에 치우친 해석에서 벗어나 그리스 당시의 상황에 기초한 다양하고 풍부한 의역을 새롭게 선보였다. 단어 중심의 직역보다는 정확한 고전 지식을 바탕으로 원본의 의도에 충실한 의역적 해석을 시도했던 것이다. 또한 이러한 번역 작업을 바탕으로 중요한 역사서를 저술했다. 중세 때 이단으로 금기시 되던 그리스와 로마의 정치사와 전쟁사 등이 대표적인 예이다. 이와 함께 피렌체 역사 등 이탈리아의 도시사와 최근사도 저술했다.

브루니의 활동은 탁발승 수도회를 중심으로 한 기독교 사상가들로부터 기독교 정신에 어긋난 것으로 공격을 받았다. 이 과정에서 그는 기존의 기독교적 세계관과 충돌했지만 이를 극복하고 인본주의적 대안을 제시하는 데 성공했다. 브루니를 거치면서 인간사를 다스리고 이끌어가는 것은 인간 자신이라는 믿음이 이탈리아 지성인들 사이에 확실히 뿌리내렸다. 브루니의 번역과 저술은 시민 인본주의의 형성에 모

32 레온 바티스타 알베르티(Leon Battista Alberti). 산타마리아노벨라(Santa Maria Novella, 1458~71), 피렌체

태로 작용했다. 브루니는 예술 운동에도 관여했는데, 특히 로렌초 기베르티Lorenzo Ghiberti 등의 조각 활동에서 그러했다.

브루니는 시민 인본주의에 맞는 조형 예술의 경향으로 '시각적 장식illustri=visually ornate'과 '역사적 중요성significanti=historically important'을 제시했다. 이것을 건축에 적용시키면 '역사적 중요성을 갖는 로마 고전주의를 소재로 삼아 이것을 시각적으로 적절하게 각색, 장식 처리하는 경향'으로 정의될 수 있다. 브루넬레스키와 알베르티는 시민 인본주의의 건축을 대표하였으며, 인본주의 건축의 초기 기틀을 닦았다(그림 7, 32).

인본주의는 1450년 이후에 신플라톤주의와 결합된 학문, 사상, 예술, 종교 등의 분야로 주요 활동이 옮겨갔다. 이것의 바탕에는 르네상스 전인상의 개념으로서 '진정한 젠틀맨true gentleman'에 대한 탐구가 깔려 있었다. 젠틀맨이란 단순히 '신사'라는 의미가 아니라, 르네상스 때 형성된 새로운 계층으로서 귀족과 평민의 중간 계층이었다. 이들은 인문학적 지성, 고전적 정체성, 경제적 마인드 등으로 무장하고 도시를 배경 삼아 금융, 교역, 산업 등의 상업 활동과 공화국 이상에 충실한 정치 활동과 시민 운동을 영위했다. 또한 예술 운동의 중요한 후원자가 되었으며, 예술가들 가운데에는 이들 계층 출신이 많았다.

전인상 개념은 건축에도 적용되었다. 르네상스의 이상적 건축가상, 혹은 건축에서의 이상적인 르네상스 인간형은 건축의 세속성인 예술, 공학, 인문학 모두에 두루 정통한 포괄적 전문가상이었다. 예술에 국한하자면 시각예술 전 분야를 골고루 다룰 수 있는 능력이 요구되었다. 이것을 뒷받침해주는 인문학적 지성은 필수 덕목이었다. 공학 분야와 연관해서도 건설 현장에서 요구되는 실용 기술과 경험을 갖추어야 했다.

예술에서는 수학 인본주의Mathematical Humanism가 중요한 역할을 했다. 기하주의, 투시도, 비례론 등의 새로운 수학적 방법론이 예술에 도입되면서 중세와 완전히 다른 양식이 탄생했다. 중세의 2차원적 구도에 대비되어 원근법에 기초한 3차원 공간 개념이 형성되었다(그림 33). 비례에서도 음계 비례 등 정밀한 복합 체계가 쓰였다. 넓게 보면 레오나르도 다빈치의 과학적 접근 방식도 이 경향에 든다고 할 수 있다. 새로운 수학적 방법론은 인간 중심의 예술관과 기법이 형성되는 데 토대를 제공했다. 이런 경향은 건축에서도 르네상스 초기부터 중요한 발전을 이끌었다. 브루넬레스키의 투시도와 공학적 접근법을 필두로 알베르티의 비례론, 필라레테와 상갈로의 기하주의, 프란체스코 디조르조 마르티니와 체사리아노의 기하주의는 물론이려니와 비례론의 통합이론, 레오나르도 다빈치의 중앙집중형 이론, 팔라디오의 비례종합론 등을 수학 인본주의에 속하는 대표적인 건축 경향으로 분류할 수 있다.

한편 '르네상스'라는 단어를 처음 만들어낸 사람은 바사리이다. 그는 1550년에 발간된 『거장 건축가, 화가, 조각가……의 생애*Le vite de piu eccelenti architetti, pittori, et scultori……*』라는 책에서 '리나시타'란 단어를 처음 사용했다. 14~16세기의 동시대 건축가들의 생애를 다룬 이 책에서 바사리는 이들의 새로운 예술 경향에 숨어있는 공통점으로 '고전 부활'을 찾아내어 리나시타란 개념으로 명명했다. 이 개념은 이후 르네상스 예술을 대표하는 명칭으로 자리 잡았다.

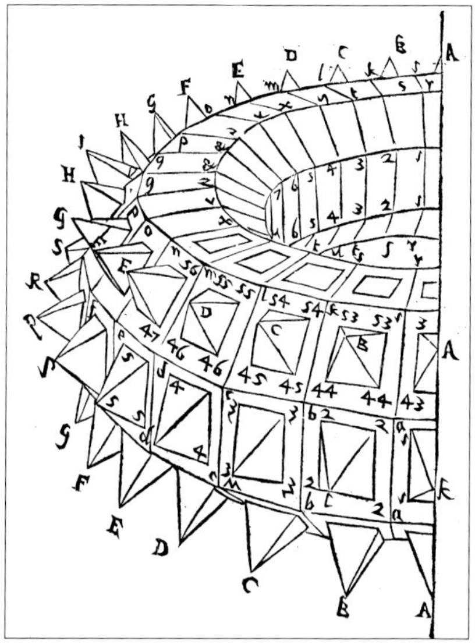

33 샛기둥으로 축조한 32면체

2 도시와 상업 가문

도시주의, 고전주의, 상업 자본

이탈리아의 도시 상황은 르네상스 문화가 자리 잡는 데 중요한 배경으로 작용했다. 르네상스를 일으킨 주체들의 관심은 '도시 정치의 성공을 기반으로 새로운 문명체계를 세우고 자신들의 권력을 공고히 하며 궁극적으로 새로운 인간상과 세계관을 정의함으로써 인간을 이롭게 하는 것'이었다. 도시는 르네상스의 가치관이 구현되기에 가장 적합한 물리적 배경이었다. 르네상스 시기에 추구했던 가치들은 기본적으로 도시적 가치들이었다.

특히 이탈리아 도시들이 가지고 있던 고전 전통을 함께 고려하면 더욱 그러했다. 르네상스에서 고전과 도시는 밀접하게 결부되어 정의되었다. 고전은 도시 고전이었으며, 도시는 고전 도시였다. 도시 고전이란 자연에서 도시에 이르기까지 폭넓게 존재했던 고전 가운데 도시에 세워졌던 고전을 의미한다. 또 고전 도시란 고전으로 골격이 짜인 도시를 의미한다. 이런 개념은 르네상스 때 처음 나타난 것은 아니었다. 로마 시대에 세워졌던 고전 도시들 자체가 이미 고대 시대부터 이같은 목적을 상당 부분 공유하고 있었다. 로마의 고전 도시들 역시 시민 정신, 현세주의, 실용주의 등 르네상스를 구성했던 주요 가치들을 기반으로 삼았다(그림 34). 르네상스의 주체들은 이것을 부활시켜 새로운 시대에 맞게 발전시킴으로써 자신들의 목적에 맞는 모델을 어렵지 않게 세울 수 있었다. 르네상스는 도시의 물리적 인프라를 공간적 배경으로, 도시적 자부

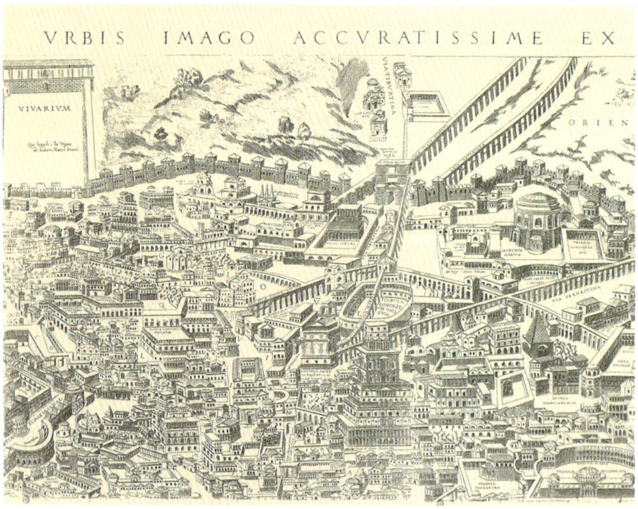

34 피로 리고리오(Pirro Ligorio) 1552년 로마 지도

35 젠틸레 벨리니(Gentile Bellini), 〈진성 십자가 성물함의 행렬*Procession of the Reliquary of the True Cross*〉, 1496

심을 심리적 원동력으로 삼아 추진되었다. 고전주의는 현세성과 실용성이라는 정신적 가치를 제공했다.

여기에 상업 자본이 가세했다. 상업 자본은 도시주의와 고전주의를 하나로 묶는 것을 가능하게 해준 실행 주체였다. 이것 역시 로마적 전통이었다. 도시 내 포룸과 바실리카에서 벌어지던 상행위는 로마제국을 지탱했던 한 축이었다. 르네상스는 결국 도시주의, 고전주의, 상업 자본이라는 세 요소의 합작품이었다. 르네상스에서 이 세 가치는 함께 정의되었다. 다시 말해 도시주의는 고전주의나 상업 자본과의 관계 속에서만 정의가 가능했다. 또한 도시주의 속에는 고전주의와 상업 자본의 개념이 필연적으로 내재했다.

르네상스를 낳았던 이탈리아의 도시 상황은 기능적 측면과 상징적 측면으로 나누어 살펴볼 수 있다. 기능적 측면에서는 생산 활동의 산업 중심지, 교역과 금융의 경제 중심지, 도시국가의 정치-행정 중심지, 로마 가톨릭의 종교 중심지 등의 역할을 했다(그림 30, 35). 상징적 측면으로는 각 도시를 대표하는 상업 가문들의 세력과 정체성, 나아가 중세 기독교에 대비되는 인간 중심의 새로운 세계관을 표현하는 역할을 했다(그림 36). 이 두 측면을 동시에 만족시킬 수 있는 것이 인본주의적 가치관과 방법론에 따른 도시 계획이었다.

건축과 마찬가지로 도시 설계에서도 로마 시대의 고전주의 전통과 기법을 부활시켜 사용했다. 이것은 중세의 귀납적이고 비정형적인 미

36 주세페 초키(Giuseppe Zocchi), 〈피렌체의 스트로치 팔라초*Palazzo Strozzi*〉, 18세기

로 구도와 대비되는 르네상스만의 새로운 도시 골격을 만들어냈다. 르네상스 도시 설계 기법도 건축과 유사했다. 비례, 기하주의, 조화, 통일성, 짜임새, 기능적 효율성 등과 같은 전형적인 인본주의 조형 가치를 추구했다(그림 37). 이렇게 형성된 르네상스 도시들은 연역적이고 정형적 구도로 짜였으며 격자, 방사선, 선형, 원형 등 기본 기하 형태를 골격으로 가졌다. 이런 형태를 기능적 측면에서 효율이 높고 보기에도 아름다운 것으로 판단했다. 효율적이면서도 아름다운 것은 인본주의적 질서의 핵심 개념이었다.

이런 과정에서 중세 때에는 없었던 새로운 도시 공간들이 생겨났다. 광장과 가로가 넓어지면서 도시 부르주아들을 위한 공간이 형성되었다. 중세 때에는 성당을 중심으로 한 광장이 유일한 공간이었다. 가로는 몹시 좁았을 뿐 아니라 통로 이외의 다른 역할은 하지 못했다. 르네상스 시대에는 이 두 가지가 모두 바뀌었다. 광장에서 성당의 지분은 급격히 축소되었다. 성당이 완전히 배제된 세속 활동만을 위한 광장들

37 피에트로 델라프란체스카(Pietro della Francesca), 〈이상 도시*Citta Ideale*〉, 15세기 중반

38 조르조 바사리(Giorgio Vasari), 〈산타크로체 광장의 마상 창시합*Joust in the Piazza S. Croce*〉, 1555~56

도 새로이 조성되었다. 이런 광장의 주체는 팔라초, 시청, 총독궁, 사회 센터, 일반 주거 등이었다(그림 38). 가로도 넓어지면서 이동 이외에 다른 활동들을 위한 물리적 틀을 제공했다.

이런 새로운 공간들은 '젠틀맨'과 도시 부르주아의 등장과 맞물린 건축적, 도시적 현상으로 이해될 수 있다. 이들이 스스로를 위해 새롭게 만들어 확보한 공간이었던 것이다. 새로운 공간은 이들의 경제 활동을 위한 기능적 공간인 동시에 시민 정신, 공공성, 공화정 이상 등의 인본주의적 가치들을 위한 상징적 공간이기도 했다.

새로운 도시 질서는 권력 주체로 떠오른 상업 가문들의 정체성을 상징했다. 이 상징성은 다시 이들의 도시 지배를 돕는 힘으로 작용했다. 상업 가문은 새롭게 짜인 기하학적, 정형적 질서 구도의 주요 결절점에 자신들 소유의 건물들을 세웠다. 그들의 본거지였던 팔라초를 필두로 자신들이 공사비를 댄 교회 등이 그것이었다. 이들의 도시 계획은 치밀했다. 공적 영역 대 사적 영역, 건물 대 오픈 스페이스, 가로 대 광장, 세속 건물 대 종교 건물 등 도시를 구성하는 쌍개념 요소들 사이의 적절한 조절을 통해 인본주의적 가치를 도시 차원으로 구현시켰다.

이제 인간은 중세의 초월적 도시로부터 해방되었다. 중세에는 도시의 가장 높은 지점에 성당을 세워서 절대자에게 인간을 복종시켰으며, 복잡한 미로 구도로 인간을 얽어매었다. 길은 복잡했지만 도시 내에서

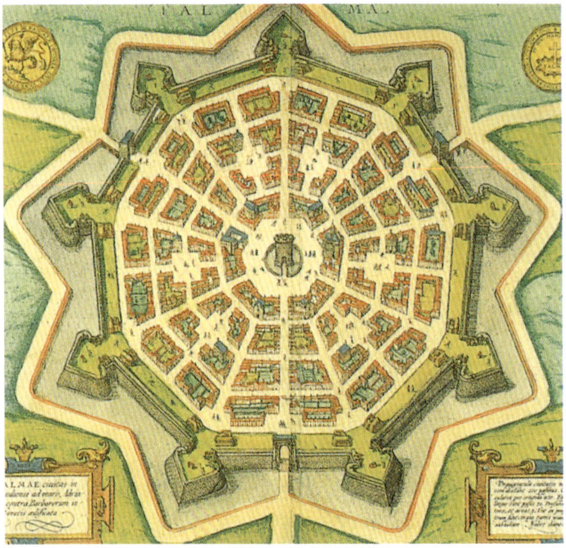

39 팔마노바(Palmanova), 이탈리아. 1598

시선의 방향은 성당을 향해 집중되는 단일 편집 구도였다. 또한 가로나 주거 등 단위 건물들 사이에서 시선은 끊임없이 차단되고 단절되었다. 어느 한 곳에서도 명확하고 분명하게 드러나는 시선은 없었다. 모든 것은 가려지고 꺾이고 분산되었다. 인간의 자각적, 주체적 인식을 차단함으로써 절대자에로의 복종을 강화하려는 도시 구도였던 것이다. 인간적 차원은 모든 것이 예측 불가능했다. 신에게 자신을 내맡길 때에만 비로소 도시는 인간에게 의미를 가졌다. 저 높은 곳에 '하늘의 예루살렘Heavenly Jerusalem' 개념으로 우뚝 서 있는 성당에 의존해야만 가로망이 막히지 않고 이어졌다.

르네상스 도시는 인간이 중심이 되고 나아가 스스로 주인이 되는 구도였다. 시선은 일직선으로 뻗어 명쾌했고, 도시 전체는 예측 가능한 질서로 짜였다. 도시는 이제 정신 공간과 직능 공간으로 다원화되었다. 도시 부르주아와 상업 가문의 정체적 상징성의 최종 완결인 동시에 도시 운영의 효율성을 구체화하는 구조였던 것이다. 새로운 시대를 알리는 인공 질서와 현실 세계의 창출이었다(그림 39).

피렌체와 메디치

로마와 피렌체는 르네상스를 이끈 쌍두마차 격이었다. 로마는 도시 고전주의를 대표했고 피렌체는 상업 자본을 대표했다. 이 두 도시 사이에는 적절한 역할 분담이 있었다. 피렌체는 르네상스의 발상지였다. 확장해서 보자면 피렌체는 중세 때부터 로마를 대신한 도시 가운데 하나였으며, 중세에도 이탈리아 반도, 넓게는 유럽 전체에서 가장 발달했던 도시 가운데 하나였다. 그러나 대외적으로는 교황청, 신성로마제국, 밀라노 등과 경쟁하며 기력을 쇠진했고 대내적으로는 계층 사이에 심각한 갈등을 겪는 등 어두운 면도 있었다.

피렌체는 이런 상황을 극복하고 르네상스의 문을 여는 데 성공했다. 14세기는 단테 알리기에리, 프란체스코 페트라르카, 조토 디 본도네Giotto di Bondone 등이 이끄는 중세 말기의 황금기를 구가했다. 이들의 개인적 삶은 갈등에 의한 시대의 희생양이었지만, 결과적으로 피렌체에 개인주의individualism에 대한 확신을 심는 데 성공했다. 계층 간 갈등을 긍정적 의미의 개인주의로 승화시켜 창조력의 근원으로 돌린 것이다. 이들의 지적 유산을 이어받아 피렌체는 15세기에 브루넬레스키, 도나텔로Donatello, 마사초Masaccio의 3인방을 낳으며 르네상스를 탄생시켰다. 르네상스 중심지로서 피렌체는 15세기 유럽에서 가장 활기찬 도시가 되었다(그림 40).

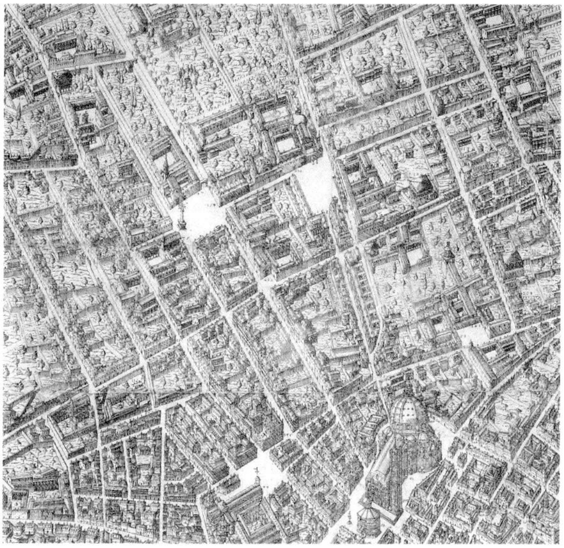

40 스테파노 본시뇨리(Stefano Bonsignori). 피렌체 지도. 1584

피렌체는 시민 인본주의의 정신과 공화정 이상이 가장 잘 살아 있던 곳이었다. 이것을 가능하게 해준 조직 단위가 길드guild였다. 길드는 개인주의를 직능의 세분화와 전문성으로 전환시켜 도시 단위의 공공 이익으로 환원시키는 역할을 했다. 대내적으로는 시민들의 편의와 경제적 여유를 제공하는 원천이었고, 대외적으로는 피렌체를 방어하고 대표하는 힘이었다. 13세기 전반부에 피렌체에는 이미 21개의 전문직 길드 조직이 있었다. 조합원 수는 많지 않았지만 이들은 경제 활동, 세금 납부, 노동 시장과 대외 무역의 장악, 전문 기술의 독점 등을 통해 피렌체를 유지하는 주요 세력을 형성했다. 은행 길드는 가장 영향력 있는 조직 가운데 하나였다. 은행 길드가 주요 세력으로 떠오르면서 다른 전문가 집단을 후원하는 양상을 띠었는데 전문성이 강한 길드인 프리메이슨Freemason도 이 가운데 하나였다. 경제적 이익도 걸려 있었다. 질 좋은 경석hardstone은 피렌체의 대표적 생산물 가운데 하나였다.

메디치 가는 1340년대의 은행 위기를 극복하고 14세기에 들어오면서 피렌체를 대표하는 가장 강력한 세력으로 부상했다. 1434~94년은 메디치 가의 집정기였다. 메디치 가문의 역사에서 가장 강력한 지도자였던 코시모Cosimo가 이것을 이끌었다. 코시모는 금융 자본을 무기 삼아 교황 선출에 간여하는가 하면 총독의 정책을 결정하는 등 가장 강력한 현실 권력을 구사했다. 또한 많은 예술가와 학자를 후원하여 르네상스 문화를 꽃피웠다(그림 14).

도시국가의 상업 자본이 문화 예술 활동의 후원자 역할을 하기 시작한 현상은 이미 1250년경부터 있었는데, 서북유럽과 구별되는 이탈리아만의 상황이기도 했다. 문화예술 후원은 이때부터 싹트기 시작했던 이탈리아 도시국가의 공화정 이상을 찬양하기 위한 것이었으며 1400년경까지 지속적으로 증가했다. 이 과정에서 르네상스의 씨앗이 뿌려졌던 것이다. 페트라르카 같은 사람은 이에 힘입어 르네상스의 문을 연 대표적인 예가 되었다.

메디치 가는 피렌체 개발을 통해 르네상스의 탄생을 이끌었지만, 역으로 보면 이탈리아의 도시적 상황이 메디치 가의 부상을 도운 측면도 있었다. 이탈리아는 중세 말기에 세속적 의미의 도시 문명이 가장 발달한 지역이었다. 중세의 도시 문명은 두 갈래로 나뉘었다. 기독교가 중심이 된 메트로폴리스와 교역, 금융, 산업 등이 중심이 된 상업 도시가 그것이었다. 전자는 서북유럽이, 후자는 이탈리아가 중심지로 그 대표적 도시가 피렌체였다.

상업 도시는 새로운 주인을 필요로 했다. 귀족과 부르주아가 그들이었다. 부르주아는 상업자본을 기반으로 한 금융 가문으로 대표되었고, 메디치 가는 다시 이것을 대표했다(그림 41). 새로운 주인이 필요한 상황은 권력 주체의 인위적 부상을 돕는 배경으로 작용했다. 모든 권력 주체가 그러하듯 이들 역시 자신들의 세계관과 정체성을 상징할 문화 매개를 필요로 했다. 이들이 선택한 것은 실용 학문과 새로운 예술이었다. 이들의 목적은 넓게는 인본주의를 바탕으로 인간의 의미를 새롭게 정의하여 인간을 이롭게 하는 것이었고 좁게는 기독교와 정치권력의 전통적 권력 체계에 맞서 자신들의 이익을 지키는 것이었다.

41 산드로 보티첼리(Sandro Botticelli), 〈동방박사의 경배*Adoration of the Magi*〉(1475년경)에 등장한 메디치 가족

피렌체에는 메디치 가 이외에도 다른 중요한 상업 가문들이 많이 있었다. 루첼라이Rucellai, 피티Pitti, 스트로치Strozzi, 우피치Uffizi 등의 후원은 두 방향으로 이루어졌다. 한편으로는 교회 등 전통적인 공공건물에 투자하였다. 르네상스의

성립을 이끌었던 15세기 피렌체의 주요 교회는 대부분 상업 가문들의 경제적 도움으로 지어졌다. 이것은 교황청을 매개로 하여 기독교에 대한 영향력을 키우려는 목적의 일환이기도 했다.

다른 한편으로는 자신들의 사적 건물을 개발하였다. 자신들의 본거지를 요새화하고 자신들의 권위에 맞는 건축적 상징성을 창출하려는 시도였다. 이로써 공적 영역에 대비되는 사적 영역이 중요한 건축 시장으로 등장했다. 팔라초나 개인 채플 등으로 대표되는 사적 영역의 새로운 기능 유형들이 창출되었다(그림 42). 각 가문은 대표 건축가들을 거느리며 이런 작업을 맡겼다. 메디치 가는 브루넬레스키와 미켈로초를, 루첼라이 가는 알베르티를 각각 선택했다.

42 조르조 바사리(Giorgio Vasari). 우피치 팔라초(Palazzo Uffizi, 1560~74/80년대 사후 완공), 피렌체

로마 재건과 인본주의 교황

로마는 교황을 중심으로 르네상스 문명을 총괄 지원하는 본부 역할을 했다. 중세를 거치면서 로마는 후진 도시로 쇠퇴해 있었다. 여러 차례의 크고 작은 침략과 약탈을 겪었으며, 서북유럽의 지역 기독교 및 세속 권력과의 투쟁에서 밀리면서 종교적, 정치적 주도권을 점차 상실해 왔다. 14~15세기에 가톨릭은 교황의 아비뇽Avignon 유폐와 교회의 대분리Great Schism 등 종교 분쟁을 겪으면서 내부 분열이 일어나 세력이 크게 위축되었다. 이탈리아 내부적으로는 베네치아, 피렌체, 밀라노 등 북부 지역 도시 국가들의 세력이 커지면서 로마를 압박했다.

15세기 초반 로마 인구는 1만 7천 명, 면적은 13.66제곱킬로미터에 불과했다. 도시라고 부르기도 힘든 작은 읍 규모였다. 과거 로마제국의 수도이자 세계의 배꼽이었던 영광의 흔적은 하나도 남지 않았다. 시민들은 티베르 강을 따라 옛 로마 시내 주변에 모여 살았다. 도시 인프라는 대부분 붕괴되어 남아 있는 것이 거의 없었다. 산업, 금융, 교역 같은 경제 기반도 없었다. 도시의 혜택을 전혀 받지 못한 상태에서 단조로운 일상만이 무기력하게 진행되고 있었다. 시대의 변화로부터

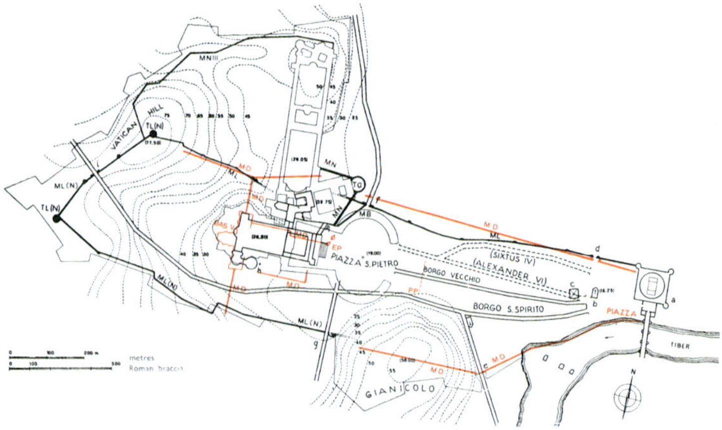

43 니콜라오 5세(Nicholas V) 때 거행된 바티칸 구역 재개발 계획

단절된 채 중세의 지루한 생활이 당연한 듯 반복되고 있었다.

15세기에 들어오면서 인본주의의 영향을 받은 교황들이 먼저 자각하기 시작했다. 이들은 로마가 갖는 역사적, 문화적, 정신적 뿌리에 주목했다. 로마적 전통은 상업 자본과 인본주의를 중심으로 르네상스를 진행시키던 피렌체와는 전혀 다른 상황이었다. 차별적 우위일 수도 있었고 상호 보완적일 수도 있었다. 피렌체의 르네상스가 다소 가볍고 즉흥적이고 지나치게 경험적이었다면, 로마의 르네상스는 역사와 문화와 정신의 뿌리에서 나오는 장중하고 진지하다는 차별성이 있다.

교황들은 로마를 그대로 내버려둘 수 없었다. 15세기 초반부터 인본주의 교황들은 로마 재건 사업을 주도했다. 로마 근교로 나갔던 교황청이 바티칸으로 귀환했다. 1417년 마르티노 5세Martinus V를 필두로 니콜라오 5세Nicholaus V, 비오 2세Pius II, 식스토 4세Sixtus IV, 알렉산드로 6세Alexandrus VI 등을 거치면서 15세기의 로마 재건 사업이 진행되었다(그림 43). 유적 발굴, 교회 복원 및 신축, 가로 정비, 도시 확장, 인프라 건설, 수로 정비 등이 주요 사업이었다. 건축 활동과 도시 개발 사업은 로마에 활기를 불어넣었다. 심리적 활기뿐 아니라 일자리가 생기는 등의 경제적 효과도 컸다. 수로를 통해 물이 안정적으로 공급되면서 인구 증가에 기여했다. 각 도시의 상업 가문과 연대를 통해 경제적 지원을 이끌어내면서 재원도 안정적으로 확보되었다.

15세기의 재건 사업을 바탕으로 로마는 옛 전성기의 힘을 조금씩 되찾아갔다. 16세기에 로마는 성기 르네상스를 이끌며 전성기를 누렸다.

44 조반니 안토니오 카날레토(Giovanni Antonio Canaletto). 〈퀴리날레 팔라초*Palazzo del Quirinale*〉, 1574~. 교황 그레고리오 13세(Gregorius XIII) 때 개발된 것이다.

율리오 2세Julius II, 레오 10세Leo X, 클레멘스 7세Clemente VII, 바오로 3세Paulus III, 그레고리오 13세Gregorius XIII, 식스토 5세Sixtus V 등이 이를 이끈 교황들이었다(그림 44). 15세기의 재건사업이 도시 기반을 조성하는 쪽이었다면 16세기에는 건물 축조가 활발히 이루어졌다. 성 베드로 성당을 필두로 구체적이고 세밀한 건축 양식이 창출되면서 에너지가 집중되었다. 교황은 거장들을 거느리며 주요 건축 사업을 진행했다.

인본주의 교황들은 브라만테, 레오나르도 다빈치, 라파엘로, 미켈란젤로 등 거장들을 등용하여 로마 재건 사업을 벌였다. 이들이 벌인 재건 사업을 분류하면 다음과 같다. 라테란 바실리카Lateran Basilica, 밀비오 교Ponte Milvio, 베르지네 수로Acqua Vergine 등을 복원했다. 베네치아 광장Palazzo Venezia=당시의 산마르코 광장Piazza S. Marco, 코르소 거리Via del Corso=당시의 플라미니아 거리Via Flaminia, 줄리아 거리Via Giulia, 캄피돌리오 광장Piazza del Campidoglio 등을 정비하여 확장했다. 칸첼레리아 팔라초Palazzo Cancelleria, 알레산드리나 거리Via Alessandrina, 파르네세 팔라초Palazzo Farnese, 파르네세 광장Piazza Farnese 등을 신축했다(그림 45). 무엇보다도 로마 가톨릭의 본거지였던 성 베드로 성당(바티칸 교황청)과 산피에트로 광장을 신축했다.

45 교황 식스토 5세(Sixtus V) 재위기간 업적

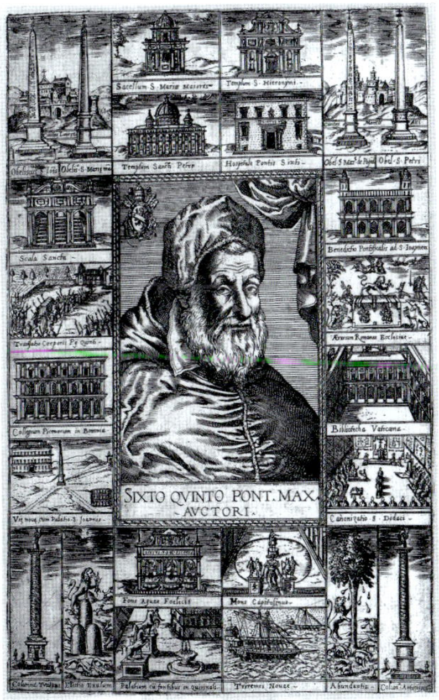

로마와 기독교 고전주의

르네상스에서 로마가 갖는 의미는 네 가지로 정리할 수 있다. 첫째, 고전 건축 유구의 총본산으로서의 의미이다. 로마는 고대 로마제국 시대 건축술의 살아 있는 백과사전이었다. 유구의 보존 상태는 매우 열악했다. 침략으로 파괴되었거나 병영이나 성 등으로 용도가 변경되었거나 혹은 일반인들이 무단 점유하는 등 온전하게 남아 있는 것이 거의 없었다. 심지어 다른 건물을 짓는 데 필요한 재료의 주요 공급처로 쓰이기도 했다. 르네상스 시대 건축가들은 로마로 향했다. 그들은 대부분 로마에서 보통은 십수 년, 길게는 수십 년씩을 보내며 고전 답사를 하고 관측을 했다. 건축가들의 노력은 유구 복원과 정리에 중요한 기틀이 되었다(그림 46). 건축가들은 유구로부터 필요한 영감과 정보를 얻었지만 반대로 이것을 기회로 유구가 복원, 정리되기 시작했다. 로마 유적이 본격적으로 복원, 정리된 것은 이때가 처음이었다. 교황청과 상업 자본의 도움은 절대적이었다. 이들은 건축가들의 전문성을 뒷받침하여 이 일을 체계적으로 추진할 수 있는 행정력과 경제력을 제공했다.

46 타데오 디바로톨로(Taddeo di Bartolo). 1406~14년 로마 지도

둘째, 가톨릭과 결합된 기독교 고전주의의 총본산이 될 수 있는 가능성이다. 로마는 서양 문명의 두 뿌리이자 르네상스를 이끈 두 동력인 헬레니즘과 헤브라이즘이 교차하는 유일한 도시이다. 또한 교황이라는 르네상스 문명의 가장 강력한 후원자가 있었다. 교황 자신들의 근거지였던 로마 가톨릭은 이 둘을 하나로 합쳐놓은 최고의 집결체였다. 교황들은 로마의 자산이 갖는 중요성을 정확히 깨달았다. 로마는 기독교를 중심으로 르네상스 시대를 이끌어갈 새로운 중심지였다. 피렌체가 상업 자본, 인본주의, 실용 학문 등 새로운 원동력으로 르네상스를 이끌었다면, 로마는 고전과 가톨릭이라는 르네상스 문명의 주요 소재가 된 과거 요소의 총본산이었다. 로마는 고전에 대한 기독교적 재해석, 혹은 기독교에 대한 고전적

재해석을 통해 르네상스를 완전히 다른 차원으로 진입시킬 수 있는 잠재력을 가지고 있었다. 피렌체만으로는 설익은 듯 불안했던 르네상스가 로마를 거치면서 비로소 유럽을 대표하는 성숙한 문명의 면모를 갖추며 궤도에 오를 수 있었다.

셋째, 르네상스 후원자의 대표 역할이다. 르네상스를 이끌었던 상업 가문들의 영향력과 활동 범위는 그들이 대표했던 도시 내에 머물렀다. 이들이 자신들의 근거지 도시를 넘어선 이탈리아 반도, 더 넓게는 유럽 전체의 역사와 판도를 보는 데에는 한계가 있었다. 이들을 하나로 묶어줄 현실적 구심체가 필요했다. 이 역할을 할 수 있는 유일한 실력자는 로마를 배경으로 가지고 있던 교황이었다.

넷째, 서북유럽의 중세에 맞서 르네상스를 대표하는 역할이다. 이것은 '이탈리아 대 프랑스' 혹은 '이탈리아 대 독일'의 대결 구도에서 잘 파악된다. 이탈리아가 갖는 르네상스의 대표성은 프랑스가 갖고 있던 중세의 대표성과 충돌하며 새로운 문명의 출현을 이끌었다. 혹은 독일이 주도했던 지역 가톨릭과 대비되는 중앙 가톨릭을 대표하기도 했다. 르네상스의 등장은 이탈리아 대 서북유럽의 대결 구도로 단순화시킬 수 있다. 이탈리아의 고전 전통을 개입시키지 않고 가톨릭 내부 상황만 보더라도 이것을 잘 보여주는 예들이 많이 있다. 14~15세기의 종교 분쟁 등으로 이어지는 일련의 사건들은 중세적 기득권을 지키려던 프랑스와 새로운 권력을 만들려는 이탈리아와의 대립이었다(그림 47). 16세기 종교개혁은 중앙 가톨릭의 권력에 대한 독일 지역 가톨릭의 도전이었다.

47 소(小) 루카스 크라나흐(Lucas Cranach the Younger), 〈최후의 만찬*The Last Supper*〉, 1565. 세속 인물들이 12사도의 자리를 차지하고 있다.

이런 대립 구도는 다소 복합적일 수 있다. 왜냐하면 가톨릭의 총본산은 로마였기 때문에 보는 각도에 따라서는 로마가 중세적 기득권을 지키려는 입장이었을 수도 있기 때문이다. 그러나 로마는 말 그대로 고대 로마 가톨릭의 중심지로 서북유럽의 중세 가톨릭과는 달랐다. 여기에는 다분히 로마의 고전주의적 배경이 내포되어 있다. 특히 르네상스가 이탈리아 반도를 중심으로 한 지중해 헬레니즘 문명의 새로운 자각인 측면이 있음을 볼 때 그 중심지

48 안드레아 만테냐(Andrea Mantegna), 〈시르쿰시지온*Circumcision*〉

였던 로마가 고대 가톨릭을 바탕으로 자존심 회복 운동을 벌인 것은 당연한 일이었다.

이렇게 볼 때 로마를 포함한 확장된 의미의 르네상스는 중세 기독교에 대한 고대 기독교 혹은 고전 기독교의 전면 부활로 정의될 수 있다. 지역과 시대에 따른 기독교 내부의 분화 현상인 셈이었다. 중세를 거치면서 '서북유럽의 중세 기독교 대 이탈리아 반도의 고대 가톨릭'이란 이분법적 대립 구도가 형성되어 있었다. 요약하자면 르네상스는 인본주의, 고전, 종교개혁 등이 개입되면서 고대 가톨릭이 분화되는 과정, 혹은 그 과정에서 나타난 여러 문화 현상으로 정의될 수 있다(그림 48).

만토바, 베네치아

1450년경 르네상스는 인본주의를 매개로 이탈리아의 다른 도시들로 확산되었다. 나폴리, 베네치아, 만토바, 페라라, 리미니, 우르비노 등이 대표적인 예이다(그림 3). 피렌체가 인본주의의 종합적 총본산이었던 것과 달리 이들 도시의 르네상스는 단편적으로 일어났다. 이 가운데 만토바와 리미니는 알베르티의 활동을 기반으로 한 건축 중심의 르네상스 운동이 전개된 곳이었다.

만토바의 양상은 피렌체의 축소판이라 할 수 있다. 곤차가Gonzaga 가문이 피렌체의 메디치와 같은 역할을 했다(그림 49). 곤차가는 경제력을 바탕으로 교황 비오 2세를 직접 상대하는 등 정치와 기독교를 장악했다. 만토바의 르네상스는 베네치아와 밀라노 등 주변의 강대 도시국가들로부터 독립하는 과정이기도 했다. 단순한 예술 운동을 넘어서 도시 전체가 독립적으로 정체성을 찾아가는 정치문화사의 큰 변화와 궤를 같이 했다. 이것을 이끌었던 곤차가는 만토바가 독립에 성공하면서 영향력이 극에 달했다.

만토바의 르네상스는 교육, 회화, 건축에 집중되었으며, 다른 도시들보다 특히 건축의 비중이 큰 편이었다. 15세기 중반부터 가로 정비, 교회와 팔라초 축조 등 도시 개발이 본격화되었다. 만토바에는 그 도시에서 오랫동안 활동해오던 판첼리Luca Fancelli가 있었다. 거기에 거장

49 도메니코 모로네(Domenico Morone). 〈곤차가에 의한 보나콜시의 추방*Expulsion of the Bonacolsi by the Gonzaga*〉, 1494

알베르티가 초청되어 왔다. 알베르티는 도시 개발을 주도하면서 자신의 주요 작품을 남기는 등 만토바의 르네상스를 이끌었다. 알베르티의 작품들이 초기 르네상스의 성립에 결정적 역할을 했던 만큼 만토바의 건축적 중요성은 크다고 할 수 있다.

베네치아는 피렌체와 다른 독자성을 가졌다. 14세기 후반에 제노바와 해상 무역권을 놓고 벌인 경쟁에서 승리하고, 15~16세기에는 오토만제국의 침략을 막아내는 등 활동 범위가 국제적이었다. 베네치아 르네상스는 이 두 사건의 중간에 해당하는 시기에 시작되었다. 이런 점에서는 만토바와 마찬가지로 독립을 지켜내며 정체성을 찾아가는 과정과 일치한다.

베네치아에서 중세 때부터 이어져오던 해상 무역 도시로서의 전통은 르네상스의 중상주의, 실용정신, 경험주의 등과 잘 맞는 측면이 있었다(그림 50). 베네치아는 동방과 인접하고 있는 특성에 따라 그들과 교류를 하는 이탈리아 반도 내에서는 독특한 독립성을 지닌 도시 국가였다. 교황청에 거의 종속되지 않았으며 주교도 없었다. 주변의 주교를 베네치아 상원이 임명하는 등 대외적으로 강한 독립성을 유지했다. 그러나 다른 도시들에 비해 교회가 많아 가톨릭은 시민들의 일상생활 속에 깊숙이 자리 잡으며 단결된 힘을 가졌다.

50 에르하르트 레우비치(Erhard Reuwich), 〈운하에서 바라본 총독궁과 산마르코 광장*View of the Doge's Palace and San Marco from the Canal*〉, 1486

51 비토르 카르파치오(Vittor Carpaccio), 〈외교관들의 출발*Departure of the Ambassadors*〉, 1486~88

외부의 영향이 유입되는 것을 반기지 않는 베네치아만의 전통은 베네치아 르네상스의 특징을 결정지었다. 동시대의 보편 문명으로서 르네상스는 받아들이되 자국의 역사와 전통을 이어가려는 지역주의 경향이 가미되었다. 인본주의도 자국의 역사에 강하게 결부된 특징을 보였다. 이런 특징을 보이는 데에는 정치의 개입이 있었다. 피렌체의 인본주의는 인간의 존엄성, 공화정 이상, 정치적 자유, 인본적 기독교 정신 등을 놓고 고민했던 독립적인 학문, 예술 운동이었다. 이와 달리 베네치아 인본주의는 정치가가 겸하는 아마추어주의 형태로 진행되었다. 이런 경향은 예술 운동의 관점에서 보면 부정적인 현상일 수 있다.

그러나 베네치아 르네상스는 지역주의 운동이 활발했던 긍정적 측면도 있다. 지역의 다양한 문화 전통을 지역 언어로 가르치는 중하급 교육기관이 많았던 배경이 중요한 요인으로 작용했다. 이런 배경 아래 베네치아의 르네상스 예술 운동은 다른 도시가 인본주의에 얽매였던 것과 다르게 문학, 음악, 시각예술 등 각 장르가 독립적으로 활발한 진행을 보이며 융성했다. 예술 경향도 다른 도시가 역사, 신화, 성경 등 무거운 인문학적 주제를 다루었던 데 반해 베네치아에서는 동시대 자신들의 얘기를 밝고 화려한 색채와 중세의 장식 전통으로 다루는 차이를 보였다(그림 51). 예술의 주제에서도 자국의 역사, 정치, 문화 등을 많이 차용했다.

베네치아의 르네상스 건축은 다른 도시들에 비해 비교적 일찍 시작된 편이었다. 베네치아공화국이 14세기 말 이래 서진 정책을 통해 서쪽으로 확장되면서 피렌체와 정치적 연합을 했기 때문에 일찌기 피렌체의 영향을 받아들였다. 건축적 완성도나 어휘의 비율 등에 따라 이견이 있기는 하지만 베네치아 르네상스는 15세기 전반부에 시작되었다는 것이 통설이다. 부온Buon 부자가 베네치아에 르네상스 건축을 최초로 들여온 건축가들이다.

베네치아의 르네상스 건축은 앞에 언급한 문화적 특징의 일환으로 이해될 수 있다. 최신 보편 양식으로서 피렌체의 르네상스 건축을 받아들이되 자국의 중세 지역 전통을 혼합하는 형식으로 나타났다. 르네상스 건축 내에서 지역주의 양식이라 부를 만했다. 이상적인 건축가 모델도 피렌체의 인본주의 건축가가 아닌 장인을 겸한 현장형이었으며, 건축술의 습득도 장인 가문 단위의 비전秘傳 형식이 주를 이루었다. 인문학 지식, 과학 지식, 고전 해석 등으로 무장한 신지식인 유형의 피렌체 건축가 모델과는 완전히 다른 것이었다. 베네치아 르네상스 건축의 초창기는 고딕의 포인티드 아치와 고전 오더가 혼용되는 형식의 지역주의 양식으로 시작되었다(그림 52). 15세기 중반을 넘어서야 비로소 고전 어휘가 본격적으로 사용되기 시작했다. 그러나 완전한 고전주의 양식으로만 지어진 건물은 15세기 후반부에 피렌체 개념의 건축가들이 등장하면서부터 지어졌다.

52 총독궁(Palazzo Ducale), 베네치아

3 인간과 경험주의

경험주의, 연역성, 귀납성

르네상스 인본주의로부터 파생된 중요한 세계관으로 '인간이 중심이 된 경험주의'를 들 수 있다. 이때 경험주의란 18세기 영국의 경험주의와는 다르다. 르네상스 경험주의는 철학 사조는 아니었다. 그보다는 기독교가 중심이 된 중세의 초월주의로부터 탈피한 보편적 의미의 일상 활동을 의미한다. 르네상스 경험주의는 인간이 중심이 된 현세적 문화 활동을 통칭하는 말로 현실, 현장, 직능, 효율 등의 개념을 포함한다. 더 확장하자면 이때부터 본격적으로 발전하기 시작한 관찰, 실험, 측정 등의 근대적 과학 방법론까지를 포함한 개념이다.

53 〈데스페라 필사본*De Sphaera manuscript*〉, 1450~60에 등장한 예술가와 장인 생활

'인간이 중심이 된 경험주의'를 건축적으로 해석하면 지상 인간 세계에 대한 총체적 질서를 인간 스스로 세울 수 있다는 의미이다(그림 53). 기본 개념을 가정하고 그것의 이상적 안을 계획하고 다시 이것을 실행하는 전 단계를 처음부터 끝까지 인간의 자각적 인식 아래 인간적 매개에 의해 진행, 관리한다는 의미이다. 그리고 그 목적을 인간을 위하는 데 둔다는 의미이다. 이런 총체적 질서를 다스릴 줄 아는 능력을 가졌음에도 중세 때에는 신의 피조물이라는 부차적 존재로서만 정의된 인간을 살려내 존엄성 혹은 땅 위 주인으로서의 권위를 회복하는 것이었다. '총체적 질서의 전 단계를 인간 스스로 다스린다'는 말은 연역성과 귀납성이라는 양면성을 갖는다.

연역성을 건축적으로 해석하면 안티테제antithesis를 처음부터 만들지 않는 것을 의미한다. 고

딕 건축에서는 수직적 앙천성이라는 테제가 있었고, 이것을 구체적으로 추구하는 과정에서 구조적 안정성이라는 안티테제가 발생했다. 고딕 양식의 데가주망 공법은 안티테제를 해결하기 위한 귀납적 해결의 결과물이었다(그림 54). 고딕 양식의 안티테제는 데가주망이라는 기술 발전을 이끌어낸 동인이기도 했지만 르네상스 건축의 관점에서 보면 바람직하지 않거나 쓸데없이 생긴 불필요한 현상이었다. 총체적 연역성이 결여된 데에서 발생한 무책임한 불완전성인 것이다.

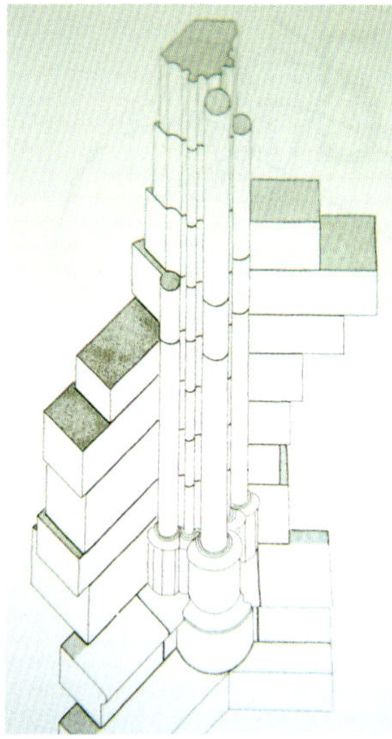

54 쾰른 성당 네이브 월 및 기둥 조적

르네상스의 건축관에 의하면 안티테제가 기술적으로 해결 가능한 것이라 할지라도 처음부터 총체적 계획에 따라 그것을 예견하여 발생하지 않도록 해야 했다. 안티테제는 끊임없는 시행착오와 수정을 요구함으로써 인간의 수고를 유발하는 불필요하고 위험하기까지 한 불완전 요소로 받아들여졌다. 시행착오의 과정에서 발생하는 붕괴와 실수 등의 위험 요소는 인본주의의 가치관에서 보면 인간을 해치는 부정적 요소였던 것이다. 데가주망이라는 해결책을 얻어내긴 했지만 르네상스 건축가들의 눈에는 고딕 건축에 나타났던 안티테제의 부정적 측면이 완전히 가려지지 않았다. 고딕 석조술의 절묘한 짜 맞추기와 봉합에도 불구하고 고딕 건축의 수직성에서는 신비로움보다 구조적 불안정성과 산만하고 과도한 조적 등의 문제점이 더 크게 부각되었다. 이런 문제점들은 모두 처음부터 인간이 배제된 채 초월성에만 의존했기 때문에 생긴 현상이었다.

르네상스 건축의 경험적 연역성이란 이런 상황이 진행되기 전에 문제점을 예상해서 그것이 생기지 않도록 목표를 잡는 계획력을 의미한다. 안티테제의 발생 가능성을 가능한 한 최소화한다는 것이다. 이를 위해 가정과 결과를 동일한 논리 구조 속에 묶어 하나로 작동하게 한다. 다시 말해 이 둘 사이에 모순과 불일치가 발생하지 않게 하는 것으로, 결과에 일정한 한계를 설정하고 그 한계를 넘어설 경우 가정을 수정하는 피드백 논리 체계를 말한다. 이때 가정은 인간 중심의 가치이고, 결과는 인간적 척도로 짜는 정형적 질서이다. 계획을 실행하는 과정에서는 경험적 관찰을 통한 점검과 수정이 가해진다. 기하주의, 비례, 투시도, 과학기술의 도입 등은 이것을 가능하게 해준 인간 중심의 건축 방법론이었다(그림 55).

귀납성은 두 가지 측면에서 파악된다. 한 가지는 건축적 목적이 기

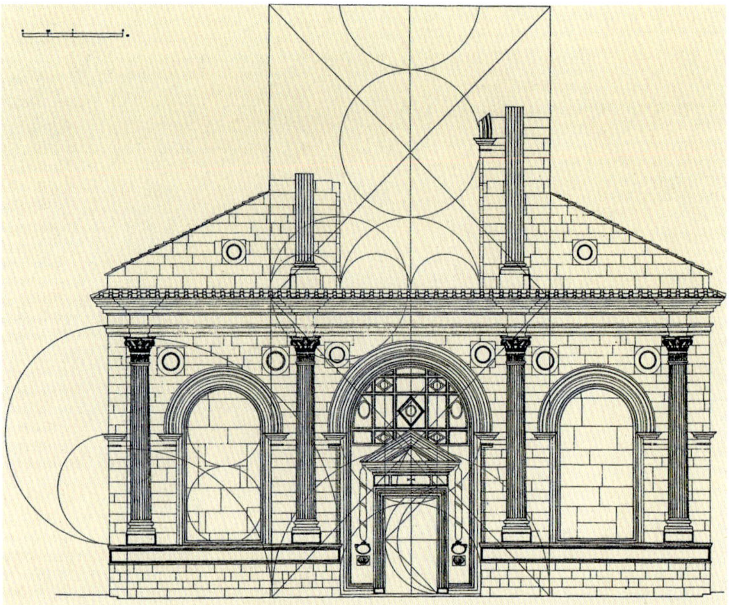

55 레온 바티스타 알베르티(Leon Battista Alberti), 성 프란치스코(San Francesco=Tempio Malatesta), 리미니(Rimini), 1450년경~60년경

독교적 신비주의가 아닌 세속적 경험에 있는 점이다. 다른 한 가지는 총체적 계획과 현장 경험 사이의 보완적 통합 노력이다. 현장 경험은 선험적 계획을 정확하게 실행될 수 있게 해주는 보완 기능을 갖는다. 인간이 신의 피조물로 인식되었던 고딕 시대에는 건축 공간에서도 목적과 주체가 분리되었다. 목적은 신의 존재를 증명하는 것이고 이것을 실행하고 경험하는 주체는 인간이었다. 후자가 전자에 종속됨으로써 둘 사이에는 위계적 분리가 일어났다. 이것이 중세 철학의 이중적 경험double experience 개념이다. 인간적 차원에서 느끼고 파악되는 것들은 모두 하늘의 섭리로 환원하여 재해석되거나 하늘의 섭리에 의해 점검을 받고 인증을 받을 때에만 인정되었다. 목적과 주체 사이에는 메울 수 없는 간극이 존재했다. 이런 불일치는 때때로 인간적 갈등과 회의를 야기했는데, 이를 무마하기 위해 기독교적 가치에 모든 우선권을 주는 명분주의nominalism가 도입되었던 것이다.

반면 르네상스 건축에서는 창조의 목적과 실행-경험의 주체가 일치되었다. 교회 이외에 팔라초와 빌라 등 현세적 기능 건축물이 대표 유형으로 등장한 점은 말할 것도 없거니와 교회 자체의 개념도 고딕과는 완전히 달랐다. 교회 공간은 인간적 사고와 인식에 의해 정의했고 가정과 결론을 모두 처음부터 연역적으로 계획했다. 교회 공간의 목적과 실천 수단 모두는 인간의 경험 활동에 의존했다. 이런 개념은 르네상스 시대에 들어와 인본주의에 의해 기독교를 재해석하면서 그 개념과 가치 체계가 달라진 것과 같은 현상일 수 있다.

경험주의는 비례 개념에도 변화를 가져왔다. 비트루비우스와 중세 시대의 비례는 한 가지 대표 체계가 쓰인 점에서 다분히 이상주의적 성격을 가졌다. 비트루비우스는 한 가지 비율 체계에 고정된 인체 비례를 이상적 비례로 제시했다. 또한 삼위일체의 '3'이란 숫자에 근거한 정수 비례가 주도적으로 쓰였다. 이런 이상주의 비례 체계는 개별적 현장에서는 맞지 않았다. 그럼에도 비트루비우스와 중세는 불일치에 대한 해결책을 제시하지 않았다. 그럴 필요가 없었던 것이다. 르네상스 시대에도 인체 비례는 계속 쓰였지만 불일치를 극복하기 위해 철저하게 실제 사람을 측정하는 쪽으로 변화되었다. 현장에서의 다양한 개별 상황에 맞추기 위해 비례 체계는 세분화되었고 이를 통해 응용 가능성을 높였다.

과학과 실용 기술의 발전

르네상스 시대에는 중요한 과학 발전이 있었다. 이것은 르네상스의 인본주의적 경험주의가 가져온 당연한 산물이었다. 이에 따라 지성적 가치관 전반에 중요한 변화가 나타났다. 이전까지 지성적 가치를 갖는 것은 철학이나 기독교 사상 같은 순수 사상 분야에 한정되었다. 르네상스 시대에 들어와 과학을 필두로 기술, 산업 등 실용 분야의 발전이 진행되면서 가치관에 변화가 일어났다. 중세까지 철학이나 신학보다 열등한 것으로 여겨지던 예술, 공예, 기술 공학, 과학, 심지어 정식 학문으로 인정받지 못하던 실용 분야들의 방법론, 논리 구조, 이론 체계 등이 각각 하나의 독립된 가치를 갖는 분야로 인정받게 되었다(그림 56).

이런 새로운 경향은 인문적 분위기가 강하게 지배하던 르네상스 건축에서 고전주의가 자리 잡는 데 중요한 역할을 했다. 장인들의 현장 기술이 인문학 이론과 동등한 독립적 가치를 획득함으로써 고전주의

56 조반니 스트라다노(Giovanni Stradano), 〈연금술사*The Alchemist*〉, 16세기

를 구성하는 양대 축인 이론과 실무가 하나로 합쳐질 수 있게 된 것이다. 중세 때에도 현장 기술은 건축을 지탱하던 거의 유일한 구성 요소였지만 독립적 중요성을 갖지 못한 채 기독교에 종속된 하위 분야로 취급되었다. 그 자체를 독립적 인간 활동으로 인정하지 않고 구도 행위의 한 형태로 인식했던 것이다. 가치를 부여받는 것은 오직 하늘의 섭리를 땅 위에 구현한다는 전제 아래에서만 가능했다. 이 때문에 중세에는 건축이론이 형성되지 못했다. 이런 사정은 르네상스에 들어와서 바뀌었다. 실용 기술이 독립적 가치를 갖게 된 현상은 결과적으로 건축 이론의 형성에도 기여했다. 이런 새로운 변화는 건축의 궁극적 목적, 혹은 건축을 주관하는 최종 주체가 하늘에서 인간으로 옮겨온 것을 의미했다.

실용 기술 발전의 배경에는 피렌체의 역할이 컸다. 14~15세기를 거치면서 피렌체는 이탈리아 반도 내에서 롬바르디아, 베네치아, 제노바, 로마 교황청, 시에나, 나폴리, 시칠리아 등 다른 도시 국가들과 경쟁하고 있었다. 이런 상황은 무기, 군사시설, 선박, 성채 등에 대한 수요를 급증시켰고, 이를 뒷받침할 공학기술력이 강하게 요구되었다(그림 57). 내부적으로는 14세기에 들어와 중상주의의 발전에 따른 인구 증가가 있었는데, 피렌체는 이에 합당한 도시 인프라가 부족한 상태에 있었다. 이 문제를 해결하기 위해 토목 기술이 요구되었다.

두 상황이 합쳐지면서 피렌체에서는 공학, 과학, 행정, 경영 등 다양한 분야의 실용 기술이 중요한 위치를 차지하게 되었다. 1382~1434년 사이에 피렌체에서는 보수 정부가 집권했다. 이 정부는 주변 경쟁국들에 대해 전향적 화해보다는 방어적 대립을 주요 전략으로 삼았다. 이 과정에서 군사와 관련된 수요가 지속적으로 증가했다. 피렌체의 이런 정치적 상황은 실용 기술의 발전을 부추겼다(그림 58).

르네상스의 과학 발전은 세 가지 경향으로 나타났다. 첫째는 신플라톤주의의 범위에 속하는 경향으로, 니콜라우스 코페르니쿠스Nicolaus Copernicus, 1473~1543년가 대표적인 예이다. 이 경향에서는 선험적 존재를 어느 정도 인정하였으며 이를 뒷받침하기 위한 이론 연구가 주요 방법론으로 사용되었다. 둘째는 우주의 작동 원리에 대한 기계론적 해석 경향으로, 갈릴레오 갈릴레이Galileo Galilei, 1564~1642년가 대표적인 예이다. 이 경향에서는 관찰과 실험이 주요 방법론으로 사용되었다. 셋째는 이론과 실

57 레오나르도 다빈치(Leonardo da Vinci). 군사 크레인. 1499~1505
58 타콜라(Taccola). 〈기계 개론*De Machinis*〉

험의 통합 경향으로, 주로 공학과 예술 분야에서 나타났다. 공학적 방법론이 도입된 예술 경향이 대표적인 예이다. 예술가들은 과학 이론을 받아들여 경험적, 실용적으로 해석해냈고, 이를 새로운 양식의 밑바탕으로 삼았다. 반대로 예술이 새로운 과학과 공학기술의 실험장을 제공함으로써 그 발전에 중요한 역할을 했다. 브루넬레스키와 레오나르도 다빈치가 대표적인 인물이었다.

이 세 경향은 건축에서도 동일하게 나타났다. 건축에서의 경향은 건축가상과 관련된 측면에서 생각할 수 있다. 르네상스 건축가는 이론형, 현장형, 통합형으로 분류할 수 있는데 이 각각은 앞의 세 경향에 차례대로 대응될 수 있다. 알베르티, 필라레테, 프란체스코 디 조르조 마르티니 등은 이론형을 대표한다. 르네상스 건축은 다른 어느 시대보다 이론 연구가 활발했던 시대였다. 중세 때에는 건축이 공예술의 개념으로 정의되던 것에 반해 르네상스 때에는 정신적 상징성을 다루는 인문학의 한 분야로 새롭게 정의되었다.

반면 브루넬레스키와 브라만테는 현장형을 대표한다. 이들은 인문학적 지성보다는 공학, 석조술, 장인 전통 등의 실용 기술로 무장했다 (그림 59). 브루넬레스키는 치수가 기입된 도면을 처음 도입했으며, 이에 따라 정확하게 시공하도록 장인들을 훈련시켰다. 이런 방법론을 통해 설계와 시공을 하나로 묶는 체계화가 자리 잡을 수 있었다. 체계화는 기본적으로 정밀도, 간결함, 정확도 등을 통해 조형 환경에서의

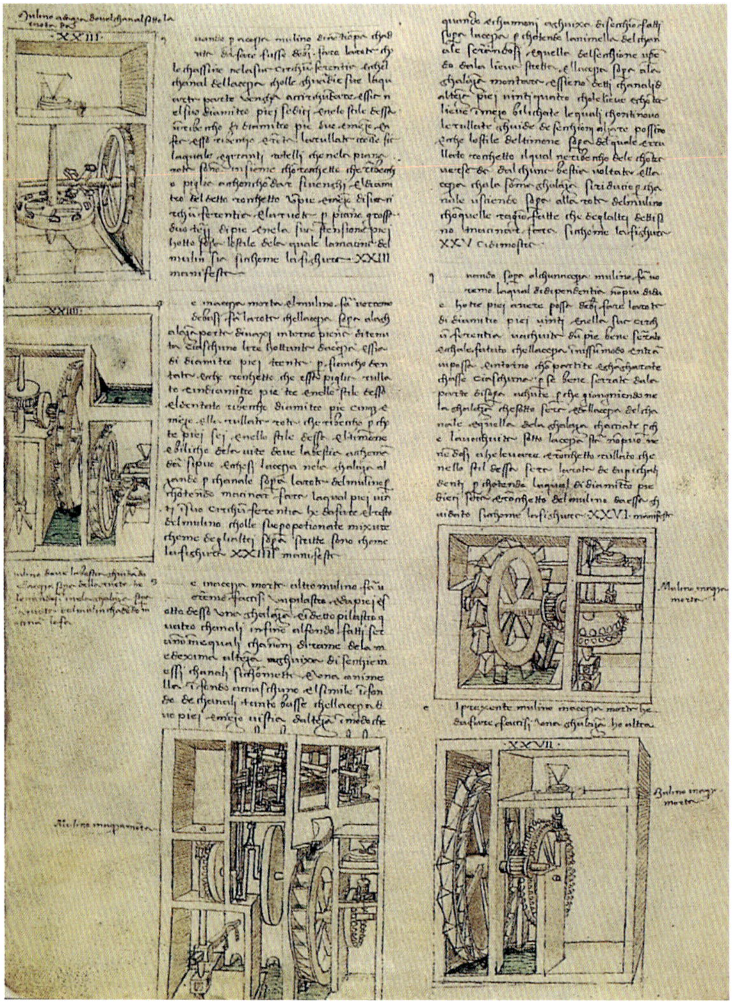

59 프란체스코 디조르조 마르티니(Francesco di Giorgio Martini), 문헌 I(Trattato I)에 나오는 기계들

인본주의적 가치를 높임으로써 인간에게 이로움을 주자는 것이었다. 확장하면 표준화 개념이 최초로 도입된 것으로 볼 수 있다. 표준화는 기본 어휘와 구성을 시간과 장소와 상관없이 동일하게 반복함으로써 일정 수준 이상의 조형 환경을 제공하려는 목적을 가졌다.

통합형은 다시 두 유형으로 분류된다. 한 유형은 예술적 접근 경향으로 레오나르도 다빈치, 라파엘로, 미켈란젤로의 3대 거장이 이를 대표한다. 이들의 예술은 성경, 신화, 역사 등 인문학적 내용을 소재로 삼아 출발했지만, 구체적 표현 기법은 손 끝 감각에 의존한 점에서 통합형으로 분류될 수 있다. 다른 유형은 알베르티의 인문적 지성과 브루넬레스키의 현장 경험을 하나로 합친 경향으로 팔라디오가 그 전형이다. 팔라디오는 석공으로 출발했지만 중간에 인문학을 공부하여 라틴어 해독 능력을 갖추고 고전 문헌을 해석하며 스스로 이론서를 집필하는 등 전형적인 통합형을 대표했다.

중앙집중형(1)-신플라톤주의와 로마 전통

르네상스는 서양의 건축 역사에서 비잔틴 및 바로크와 함께 중앙집중형 공간이 가장 활성화된 시기이다. 지어진 건물의 숫자만 보면 비잔틴보다 적을 수 있다. 그러나 비잔틴이나 바로크에 비해 이론 연구, 실무 연구, 실제 지어진 건물 모두에서 중앙집중형 공간 작업이 활발했다. 이런 점에서 르네상스는 중앙집중형 공간의 또다른 전성기라 부를 만했다. 르네상스의 중앙집중형 공간은 다섯 가지 배경을 가졌다.

첫째는 신플라톤주의의 '일자[One]' 개념이다. 신플라톤주의는 기독교적 의미의 신의 존재를 플라톤의 철학적 논리에 의해 증명한 사조였다. 이때 차용된 플라톤의 철학 개념이 일자였다. 일자는 플라톤의 철학에 일관적으로 등장하는 절대성 개념의 한 형식으로 만물의 근원적 존재에 일치하는 개념이다. 중앙집중형 공간은 이런 존재 상태를 건축적으로 표현한 것으로 해석될 수 있다. 신플라톤주의가 가장 번성했던 15세기 말에서 16세기 초는 건축에서도 레오나르도 다빈치, 브라만테, 프란체스코디조르조마르티니 등에 의해 중앙집중형 공간 연구와 실험이 가장 활발하게 진행되던 때였다.

이것은 중세적 의미의 초월적 공간과는 구별되는 개념이다. 르네상스의 신플라톤주의에는 인본주의적 개념이 일정 부분 들어 있다. 기독교 인본주의에 해당되는 개념으로 볼 수 있다. 하느님의 존재를 인본주의적 이상 혹은 인본주의의 최고 존재 상태와 일치시킨다는 의미이다. 이를 건축적으로 증명해 보일 필요가 있었는데, 중앙집중형 공간은 이것의 가장 적합한 표현 형식이자 상징 매개였다. 구체적으로는 완결성과 이상성을 상징하는 원과, 균형과 절대성을 상징하는 정사각형의 형태로 나타났다.

60 프라 조반니 조콘도 다베로나(Fra Giovanni Giocondo da Verona). 〈원에 따른 인간*Homo ad Circulum*〉, 1511

마르실리오 피치노Marsilio Ficino의 신플라톤주의는 좋은 예이다. 피치노는 플라톤을 재해석하면서 기독교와 이교 사상의 통합을 시도했다. 이런 통합 시도는 중세 스콜라 철학에서 먼저 있었다. 이때는 하느님의 존재에 의해 이교 사상이 포괄되는 경향으로 나타났다. 반면 피치노는 고전주의의 이교 사상을 확장시킴으로써 그 속에 담겨 있는 기독교적 요소를 찾는 작업을 벌였다. 르네상스적 통합의 의미였다.

피치노의 통합은 중앙집중형이라는 이교적 조형 요소를 통해 건축에서 하느님의 존재를 증명하려던 시도에 대응시킬 수 있다. 기독교적 의미의 신의 존재를 증명하는 전통적인 공간 형식은 선형 공간이었다. 중세 때까지 중앙집중형 공간은 로마의 전통을 갖는 이교적 공간이거나 적어도 동방 기독교를 대표하는 공간 형식이었다. 르네상스에 들어와 이런 중앙집중형 공간이 가톨릭을 대표하는 공간 형식으로 자리 잡아가는 과정은 피치노의 신플라톤주의에 대응될 수 있다(그림 60). 피치노는 또한 미의 개념을 하느님의 존재를 증명하는 현상의 하나로 정의함으로써 플라톤적 기독교 해석을 조형 예술에 응용할 수 있는 가능성을 열었다.

61 안드레아 팔라디오(Andrea Palladio). 미네르바 메디치 신전(Temple of Minerva Medici) 유적 측정 도면

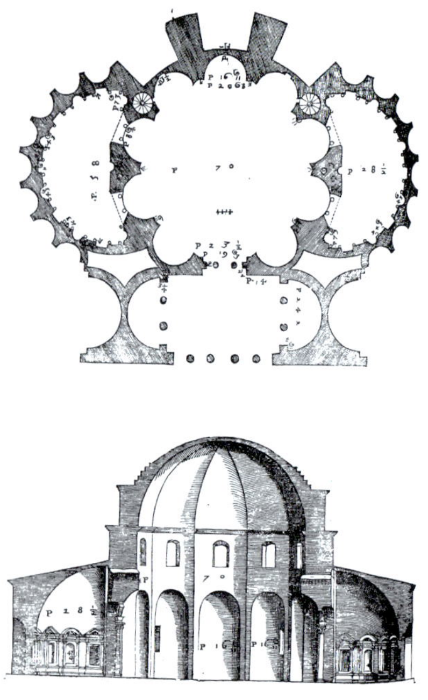

둘째는 로마 고전주의 공간 모델의 부활이다. 로마 시대에는 중앙집중형 공간이 최초로 완성되었을 뿐 아니라 그 종류도 다양하게 개발해서 사용했다. 기능 유형도 목욕탕, 신전, 바실리카, 교회, 무덤 등 다양하게 응용했다. 기능 유형이 다양하다는 것은 공간 처리와 기능 대응이 다양하게 나타날 수 있다는 의미였다. 르네상스의 중앙집중형 공간을 이끌었던 건축가들은 모두 로마 유적으로부터 중앙집중형의 기본 구성을 찾아내어 이것들을 유형적으로 복합, 분화, 발전시켰다(그림 61).

중앙집중형(2)–신교와 비잔틴

셋째는 종교적 배경이다. 거시적으로 보면 가톨릭이 선형 바실리카를, 신교는 중앙집중형을 기본 유형으로 삼는 쌍개념

적 대별이 가능하다. 가톨릭에서는 사제단 행렬이 중요한 제식이었고, 이때 성직자들과 신도들 사이에 위계적 구별이 필요했기 때문에 선형 바실리카 유형이 적합했다. 반면 신교에서는 이 둘을 모두 중요하게 생각하지 않거나 거부했다. 신교에서는 제식보다는 설교와 믿음 자체를 중요하게 여겼기 때문에 성직자들은 신도들과 가급적 가까이 위치하고 싶어했다.

62 리옹의 칼뱅주의 교회

신교에 맞는 중앙집중형 교회가 정식으로 창출되기 이전에는 신교도 선형 바실리카 유형을 사용했다. 연단의 위치만 가톨릭과 달랐다. 신교에서는 연단을 크로싱에서 네이브 쪽으로 더 가까이 옮겨 위치시켰다. 루터는 이런 배치를 즐겨 사용했던 대표적인 예이다. 칼뱅Calvin은 한 걸음 더 나아가 연단만 부분적으로 중앙집중형으로 만드는 변형을 가해 사용했다(그림 62).

세부적으로 보면 이런 이분법적 구별은 맞지 않는 부분도 많았다. 15~16세기 이탈리아 르네상스를 대표하는 중앙집중형 교회들은 대부분 신교가 아닌 가톨릭이었다. 선형 공간을 선호했던 가톨릭에서 중앙집중형 교회를 지은 것은 종교적 이유보다는 다분히 건축가들의 창작 욕구의 결과였다. 당시 첨단 경향이었던 로마 유적의 부활 가운데 중앙집중형의 도입은 건축가들에게는 가장 매력적인 유혹 가운데 하나였다. 그러나 성직자들 편에서는 제식과의 불일치 때문에 그다지 탐탁지 않게 받아들이는 분위기였다. 이를 위해 15~16세기 가톨릭의 중앙집중형 교회에서는 선형 요소를 섞어 쓰는 절충형이 유행했다. 내접형 그릭 크로스격자형, 라틴 크로스의 크로싱을 돔으로 처리한 유형, 돔식 바실리카 등이 가장 대표적인 예이다. 이런 절충형들은 결국 '초기 기독교-비잔틴-로마네스크-고딕'을 거치면서 쓰여왔던 이전의 예들이 반복된 형태였다.

신교의 상황은 가톨릭과 반대였다. 종교개혁이 일어난 1520년대 이후에 신교는 독립된 기독교로서 종교적 골격을 갖춰갔지만 이에 따른 별도의 중앙집중형 교회는 따로 창출되지 못하고 있었다. 진정한 의미의 중앙집중형 신교 교회는 17세기 후반부 영국에서 크리스토퍼 렌에 의해서 처음 창출되었다. 16세기에 신교는 자신들만의 교회를 따로 짓지 않고 가톨릭에서 사용하던 선형 바실리카를 빼앗아 쓰는 형식으로 교회를 소유했다. 별도의 교회 유형을 차분하게 창출할 만한 시간적 여유가 없었던 점, 실력 있는 건축가를 고용할 만큼 큰 세력으로 자리잡지 못한 점, 새로운 건축 양식을 형성할 정도로 교회를 축조할 경제력, 정치력, 종교력 등을 아직 갖지 못한 점, 유럽 주요 나라의 국교는 여전히 가톨릭인 상태에서 국가의 지원을 받지 못한 점 등이 주요 원인이었다. 이런 원인들이 해소된 최초의 예가 17세기 후반부 영국이었다. 가톨릭과 혼합된 애매한 상태의 신교가 영국 국교Anglican Church=성공회로 선택되면서 국가의 지원을 받을 수 있게 된 것이었다.

넷째는 비잔틴 건축의 영향이다. 르네상스의 중앙집중형 공간은 평면만 보면 로마의 선례에 가깝지만 실제 세워진 3차원 공간을 보면 비잔틴의 펜던티브 돔 구조가 주류를 이룬다. 르네상스 건축에 대한 비잔틴 건축의 영향은 문명 전체 차원의 관점에서 이해될 수 있다. 중세 전반에 걸쳐 비잔틴 문명은 서양 문명보다 앞서 있었으며, 두 문명 사이에는 일정한 영향 관계가 형성되어 있었다. 그 통로는 기독교, 학문, 예술 등 포괄적이었다. 동방 기독교는 시간이 지나면서 서양과 분리되며 대립하는 양상을 띠었지만 사상과 같은 영역에서는 서양에 영향을 끼쳤다. 학문에서는 고대 그리스 철학을 서양으로 전파하는 중간 연결자 역할을 했다. 기하학과 수학 등 비잔틴이 특히 발전했던 분야는 그 자체로 서양에 영향을 끼쳤다. 예술은 도상학, 모자이크 성화, 건축, 세금공예 등에서 영향을 끼쳤다.

중세 때부터 이어져오던 이러한 영향 관계는 1453년 콘스탄티노플의 함락으로 오히려 가속화되었다. 비잔틴제국으로 밀려들어간 서양인들은 대대적으로 비잔틴 문화를 접하면서 자신들의 중세 문명과 다른 새로운 내용들을 흡수했다. 고대 그리스어를 해독할 수 있는 학자들이 대거 서양으로 이주한 것도 중요한 현상이었다. 이들은 서양으로 건너와 르네상스의 아리스토텔레스주의와 신플라톤주의의 형성에 결정적 기여를 했다.

건축에서의 영향 관계도 이런 큰 흐름의 일환으로 볼 수 있다. 건축은 현장에서 직접 건물을 봐야 되는데 콘스탄티노플의 함락은 그 계기를 제공했다. 중앙집중형 공간의 종합판이라고 할 수 있는 비잔틴 건축은 이 과정에서 영향을 끼쳤을 것이다. 물론 대부분의 르네상스 건축가들은 비잔틴까지는 가지 않고 주로 로마를 답사했지만 비잔틴 장인들의 서양 유입은 어떤 식으로든지 비잔틴 건축의 중앙집중형 공간에 대한 인식을 서양에 불어넣었을 것이다. 실제로 르네상스 건축에서 중앙집중형 공간에 대한 본격적인 탐구는 콘스탄티노플의 함락과 때를 같이하여 시작되었다(그림 63).

63 줄리아노 다상갈로(Giuliano da Sangallo). 하기아 소피아(Hagia Sophia). 콘스탄티노플(Constantinople). 유적 측정 도면

중앙집중형(3)–투시도와 시간–공간의 일치

다섯째는 중앙집중형 공간을 구체화시키는 인간적 매개로서 투시도와 기하주의를 들 수 있다. 투시도는 인간 중심의 르네상스 세계관을 잘 보여주는 예이다. 투시도는 회화에서 발명된 새로운 공간 표현 기법으로, 이것이 바로 우리가 잘 알고 있는 원근법이다. 이 기법은 건축에도 적지 않은 영향을 끼쳤는데, 건축에서는 일소점 투시도가 특히 중요했다. 관찰자가 주인이 된 초점을 제공했기 때문이다. 이것은 인간이 공간 세계의 주인이 되는 것을 의미했다.

초점을 중심으로 시간과 공간 사이의 일치가 일어났다(그림 64). 선형 공간에서 시간과 공간 사이의 분리가 일어났던 중세 공간에 대비되는 르네상스 건축만의 중요한 특징이다. 중세의 공간은 여러 단계의 시간 차이에 의해 순서적으로 파악됨으로써 시간과 공간 사이의 불일치를 나타냈다. 그러나 르네상스 건축은 선형 공간조차도 규모와 구성에서 한눈에 파악이 가능했다. 시간과 공간이 일치한다는 것은 공간 전체를 한 번에 인식한다는 의미이다. 건축가는 한 번에 공간 전체를 계획, 구성, 축조할 수 있게 되었다. 또한 관찰자 쪽에서는 공간을 파악하고 해석하는

64 필리포 브루넬레스키(Filippo Brunelleschi). 두오모 광장(Piazza del Duomo) 투시도 연구

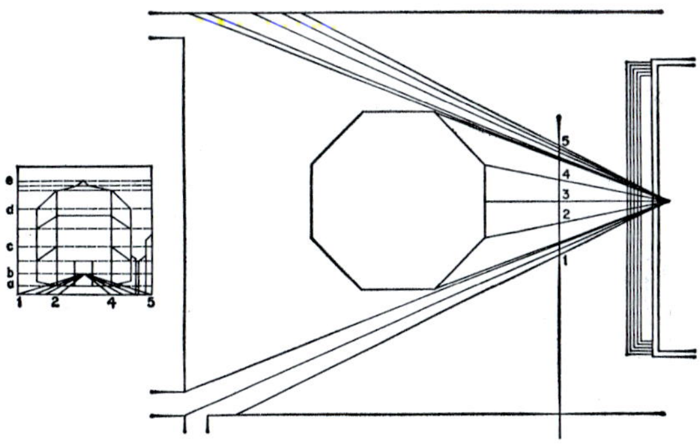

순서를 스스로 결정할 수 있게 되었다. 관찰자 스스로의 개념적 해석에 의해 공간을 파악한다는 것이다. 인간이 중심이 되고 시간과 공간이 일치한다는 것은 앞에서 언급한 총체적 질서의 연역성과 같은 의미로 이해될 수 있다. 3차원적 깊이감을 창출하되, 고딕 공간에서처럼 귀납적 축적이 아니라 한 번에 계획하고 이것을 개념적 해석에 의해 파악하는 것은 총체적 질서의 연역성에 해당된다.

투시도에 의한 르네상스 건축 공간의 특징들은 '개연성the probable' 개념으로 정의할 수 있다. 이 개념은 르네상스적 리얼리즘을 대표하는 것으로 추측 가능성, 믿을 만함 등의 의미를 갖는다. 총체적 질서의 연역성에 귀납성이 더해지면서 나타난 특징이다. 이것은 르네상스의 건축 공간이 갖는 상징성에서 기인한다. 르네상스의 건축 공간은 천상의 질서를 비례, 기하, 중앙집중형 등의 정신적 매개로 번안했다. 이것들 자체가 강한 상징성을 갖는 매개들이다. 르네상스 건축 공간에서 상징성은 계획하는 건축가 쪽에서는 연역성을 의미하지만 해석하는 관찰자 쪽에서는 귀납성을 의미한다. 공간의 모든 것을 있는 그대로 보거나 표현하지 않고 인간의 인식 체계로 해석하되 느끼고 경험하라는 의미이다.

'개연성' 개념은 투시도 없이 창출되었던 중세의 건축 공간과 대비된다. 중세의 건축 공간은 '불가사의성the marvelous'을 특징으로 갖는다. 이것은 중세적 리얼리즘을 대표하는 것으로 기적, 믿기 어려움 등의 의미를 갖는다(그림 65). 이것은 중세의 건축 공간이 갖는 도상성에서 기인한다. 중세의 건축 공간은 하느님의 존재를 구조 축조성, 조각, 공예 등의 직설적 매개로 표현했다. 이것들은 인간의 손을 통해 하느님의 존재를 직접 표현하는 도상성이 강한 매개들이다. 중세의 건축 공간에서 해석적 측면은 희박했다. 직접 그 안을 걸어 다니면서 느끼는 도상적 공간이었다. 공간의 모든 것이 있는 그대로 보이고 표현된 반면, 그 대상은 인간에 대한 초월적 절대자로서의 하느님이었다. 인간적 해석의 여지가 남아 있지 않았다.

65 르망 성당(Le Mans Cathedral), 프랑스, 1217~54

투시도의 의미를 가장 잘 표현할 수 있는 공간 구조가 중앙집중형이다. 르네상스의 중앙집중형 공간은 '현세적 극장secular theater'의 의미로서 '인공 무대artificial stage' 개념으로

정의할 수 있다(그림 66). 원형 공간은 인간이 중심이 되는 집중성을 인위적으로 만들어 올린다는 의미를 갖는다. 정사각형 공간은 윤곽이 갖는 한계 설정 기능을 의미한다. 이것은 신교의 영향을 받은 결과로 볼 수 있다. 신교는 가톨릭의 신비주의적 신권 신봉에 반대하여 인간 중심의 기독교관을 펼쳤는데, 그 영향이 흘러들어간 것이다. 중앙집중형 공간은 또한 동방적 전통을 함께 갖는데 이것 역시 가톨릭적 선형 공간이 서양에 뿌리를 둔 데 대한 대비적 성격을 띤다.

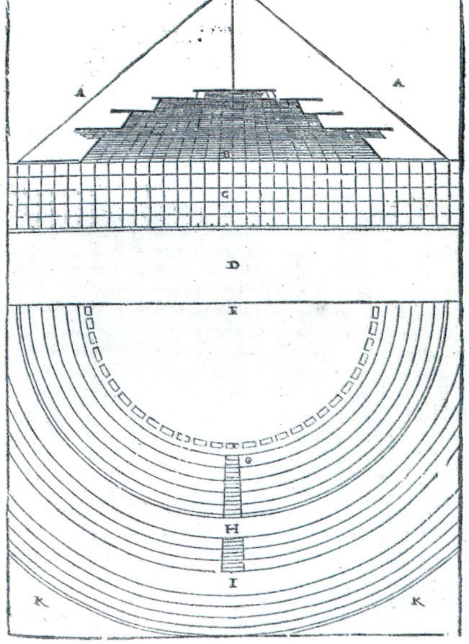

66 세바스티아노 세를리오(Sebastiano Serlio). 극장 평면 연구

중앙집중형(4)-기하주의와 인간 해석

르네상스 건축에서 기하 혹은 기하주의가 갖는 의미는 세 가지이다. 첫째는 신플라톤주의와 중앙집중형 공간을 이어주는 매개이다. 초월적 존재의 상징성과 인간적 매개 사이의 연결 역할을 의미한다. 이것은 비트루비우스가 생각했던 인간의 기하학적 의미이기도 하다. 비트루비우스는 인간이 자신의 존재적 의미를 공간 속에서 자각할 때 형성되는 기하적 경계로 원과 정사각형을 들었다. 그는 인간을 '원에 따른 인간homo ad circulum' 과 '정사각형에 따른 인간homo ad quadratum' 으로 분류하였다. 이것은 레오나르도 다빈치로 이어지면서 르네상스 기하주의의 토대가 되었다(그림 67).

67 레오나르도 다빈치(Leonardo da Vinci). 비트루비우스 맨(Vitruvius Man)에 근거한 비례 연구

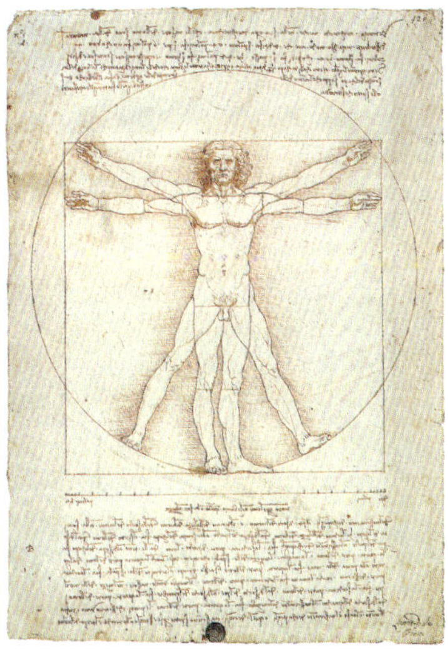

건축적으로 볼 때 르네상스 기하주의는 인간의 인식 구도와 신체 구도로부터 유추한 것이다. 중앙집중형 공간은 이것을 대표하는 건축 형식으로서 인간이 중심이 된 인공 세계를 상징한다. 원과 정사각형은 인간의 인식이 한정하는 외부적 한계를 상정했는데, 이것은 1차적으로 인간의 팔과 발이 뻗는 공간적 한계와 일치한다. 이 한계는 인간이 세워서 다스릴 수 있는 현실 세계의 범위를 상징한다.

이런 한계는 내부적으로 '천상-현실-인간-건축 공간' 으로 이어지는 중층의 상징 구도를 가졌다. 이것 역시 '심장-몸통-사지' 로 퍼져나가는 인간의 신체 구조에서 유추되었다(그림 68). 인

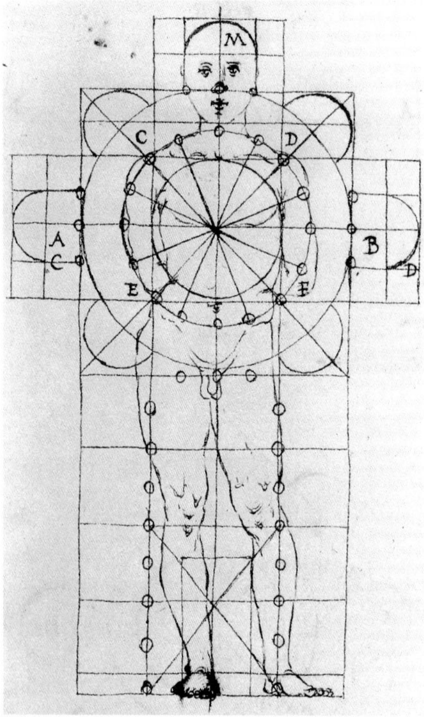

68 프란체스코 디조르조 마르티니(Francesco di Giorgio Martini), 인체에 비유한 바실리카 평면, 1482년 이후

69 필라레테(Filarete), 스포르친다 평면(Plan of Sforzinda)

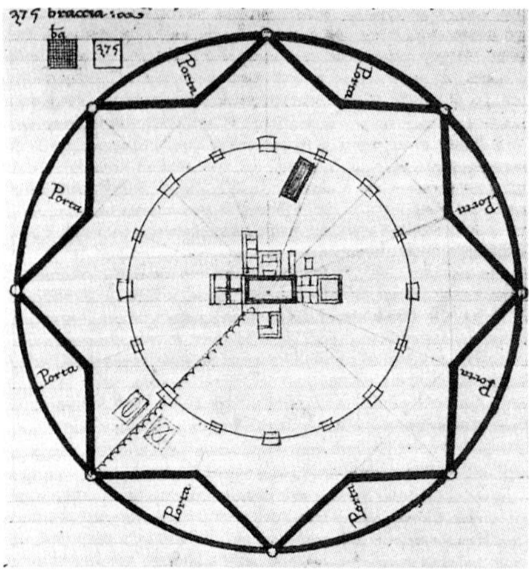

간 스스로의 자각적 중심 의식 혹은 이것의 구체적 결과로서 인간의 육체 자체는 1차 형태라 할 수 있다. 여기에서 파생되는 원과 정사각형, 그리고 이것을 조형 형식으로 옮긴 중앙집중형 공간은 2차 형태라 할 수 있다. 이런 식의 중층 해석은 중세 때에도 있었지만 중요한 차이는 르네상스 때에는 인간이 그 중심에 있다는 점이었다. 중층 구도를 인간의 손이 잡을 수 있는 범위 내에 두고 인간 육체 활동의 결과로 표현함으로써 인간 중심적 세계관을 표출했던 것이다.

이런 해석은 플라톤의 『티마이오스』에 나오는 '창조를 지배하는 비례 법칙proportional laws governing creation'이라는 내용에 대한 신플라톤주의의 해석과 일맥상통한다. 플라톤은 우주는 다양한 다각형의 복중 구도로 이루어진다고 주장했다. 우주 자체는 완벽한 구형이며 여기에서 만물을 생성하는 세계정신world-soul이 뻗어 나온다고 보았다. 르네상스 기하주의는 경험주의적 현실성을 통해 이런 다각형의 복층 구도를 단순화시켜 인간 세계 혹은 지상의 질서로 재표현하는 작업으로 이해될 수 있다(그림 69). 인간 존재를 한정하는 최상위의 경계인 우주론적 차원을 지상 위 건축적 질서로 표현했던 것이다. 이런 점에서 기하주의로 표현되는 중앙집중형 공간은 인체 비례의 의미를 거시적 차원에서 총괄하는 포괄적 상징성을 갖는 것으로 이해할 수 있다.

르네상스의 기하주의는 이상과 같은 상징성에 더해 경험성을 함께 가졌다. 이것은 총체적 계획이 연역성과 귀납성의 양면성을 가진 것에 대응될 수 있는 또다른 양면성이다. 르네상스 기하주의의 특징을 경험성으로 정의할 경우 중세 기하주의는 반대로 상징주의적 특징으로 정의된다. 상징성과 경험성이라는 쌍개념적 특징이 중세와 르네상스라는 또 다른 쌍개념적 이분 요소를 오르내리며 교차적으로 형성된 것이다.

중세 때에는 기하가 숨은 질서로 내재했다. 인간적 각색에 의한 단순화 과정 없이 겉으로 드러나는 자연주의적 사실성에 부속되는 하위 개념이었다(그림 70). 이때 자연주의적 사실성은 그 자체로 신의 섭리이자 피조물이었다. 신의 피조물로서 자연 세계는 원, 정삼각형, 사각형으로 구성된다고 믿었다. 원은 절대적 완전함을, 정삼각형은 삼위일체를, 사각형은 직각을 통해 보편적 정형 질서를 각각 상징했다. 이것이 중세적 의미의 기하 상징주의이다.

르네상스 시대에는 기하 자체가 상위 매개로서 밖으로 드러나면서 독립적 질서 형성 기능을 가졌다. 기하는 이론, 계획, 도면, 실제 지어진 건물 등 여러 단계에 걸쳐 형상을 추적할 수 있을 만큼 구체적으로 표현되었다. 르네상스의 기하도 초월적 상태에 대한 상징성을 가졌지만, 숨은 질서가 아닌 인간의 감각으로 파악될 수 있는 구체적 공간 형식을 통해 표현되었다. 기하학적 공간 골격은 이것의 대표적 형식이다(그림 71). 인간 매개를 통한 단순화를 의미하는 것으로, 이것이 기하 경험주의이다.

70 비야르 드 온쿠르(Villard de Honnecourt)의 스케치집에 나오는 자연 형체

둘째는 유형을 대표하는 핵심 구성 체계였다. 유형은 건축 구성 원리의 경험적 다양성을 주요 매개로 삼아 이것을 규칙화, 단순화시킨 정형적 질서 체계이다. 르네상스 건축에서는 기하가 그 대표적 매개였다. 르네상스의 유형은 기하 유형으로 대표된다. 기하는 평면 질서와 공간 구성의 규칙성을 확보하는 대표적 매개였다. 이는 또한 고전을 해석하는 인간적 매개, 즉 인본주의적 매개이기도 했다. 브루넬레스키에서 팔라디오에 이르는 르네상스 건축가들의 작품은 기하 유형에 의해 규칙화할 수 있다. 이들은 대부분 로마 유적을 기하 유형에 따라 분류한 연구를 자신들의 창작 원천으로 삼았다(그림 72).

71 콜라 다카프라롤라(Cola da Caprarola). 산타마리아델라콘솔라조네(Santa Maria della Consolazione). 토디(Todi), 이탈리아. 1508~1607

셋째는 리얼리즘을 돕는 정형성이었다. 르네상스 건축에서 기하학적 정형성은 경험주의적 질서 기능을 갖는데 이것은 리얼리즘을 지향한다. 리얼리즘이란 비례가 갖는 추상성의 한계와 건물과의 불일치를 해소시켜 구체적 심미 효과로 표출하는 경향을 의미한다. 혹은 이것을 돕는 시공적 정밀성과 공간적 짜임새를 의미한다. 이런 개념은 회화에서의 리얼리즘 개념에 비유할 수 있다. 르네상스 회화는

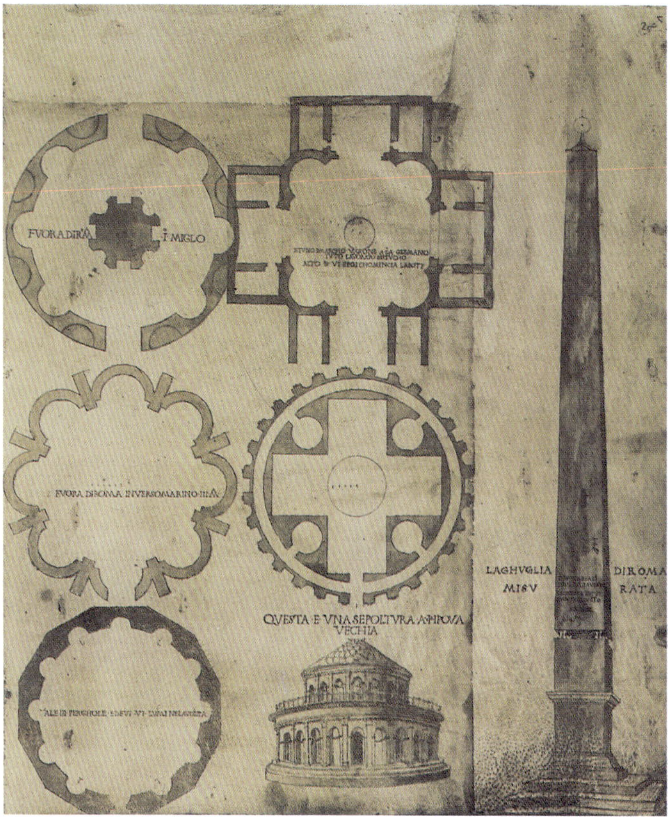

72 줄리아노 다상갈로(Giuliano da Sangallo). 중앙집중형 평면 연구

73 레오나르도 다빈치(Leonardo da Vinci). 교회 건축 연구(1508~13)

투시도법, 명암법, 해부학, 인체 비례 등을 통한 사실적 모사를 리얼리즘의 주요 특징으로 가졌는데 이것에 대응되는 건축적 현상이다.

르네상스의 리얼리즘 역시 중세의 그것과 대비된다. 중세의 사실성은 주로 자연물에 국한되었다. 인간을 자연물과 대비시킨 뒤 인간을 배제함으로써 초월성을 표현하려는 목적에서였다. 르네상스 시대에는 사실성이 인체는 물론 인간을 둘러싼 조형 환경과 인간적 상황으로 확장되었다. 건축에서는 현장에서의 경험적 정확성에 기초한 현실성이 이에 대응되는 현상이다. 이로써 중세의 초월적 신비주의 공간에서 탈피하여 인간적 스케일이 지배하는 정형적 공간으로 옮겨갔다. 기하주의에 기초한 중앙집중형은 이것을 대표한다(그림73).

조화와 비례

르네상스 건축에서 조화는 총체적 질서를 의미하는 통일성 개념으로 정의되었다. 르네상스 시대에는 초월적 가치를 지상의 인간 척도로 표현할 수 있는 미의 공통 법칙이 있다고 믿었다. 통일성은 그러한 미를 대표하는 상태였다. 초월적 가치는 신의 존재일 수도 있고 자연의 구성 법칙일 수도 있고 더욱 포괄적 의미로서 천상의 질서일 수도 있다. 인간의 손을 통해 표현된 미는 창조의 영역에 속했다. 이런 미의 공통 법칙으로 비례와 기하를 들 수 있다.

르네상스 건축에서 비례는 기하와 고전, 연역과 경험, 형태와 표현, 인간과 개념, 공간과 축조, 구성과 장식 등 여러 쌍개념을 하나로 묶어주는 통합 기능을 했다. 주변 환경, 즉 지상의 질서를 인간 매개의 여러 쌍으로 단순화한 뒤 질서 창출 기능을 갖는 비례를 통해 하나로 통일시키는 방식이다. 비례는 이렇듯 단순한 수치가 아니라 그 뒤에 숨어 있는 의미로서, 인간을 둘러싼 환경의 총체적 재구성 기능을 의미했다.

르네상스 건축에서 비례는 수학 비례와 인체 비례로 나누어 생각할 수 있다. 수학 비례는 건축 행위와 관련된 매우 구체적인 차원에 사용되었다. 가장 대표적인 예로 음계 비례를 들 수 있다. 음계 비례는 알베르티와 팔라디오가 즐겨 쓰던 비례 체계로, 음악의 화음을 이루는 비례 체계를 말한다. 화음이 듣기 좋은 이유는 음계 사이에 특정한 비례, 즉 조화로운 비례 관계가 성립되기 때문이다. 이런 비례를 건축에 응용하면 건물도 시각적 차원의 조화미를 획득한다는 논리이다.

음계 비례는 주로 정수 비례로 표현되었다. 옥타브 관계는 1대 2, 단음정은 1대 1, 3도 음정은 4대 5나 5대 6, 4도 음정은 3대 4, 5도 음정은 2대 3, 6도 음정은 5대 8, 12도 음정은 1대 3으로 각각 표현했다. 알베르티가 음계 비례를 건축에 응용했던 방법은 두 가지로 요약될 수 있다. 하나는 한 가지 비례를 직접 차용하는 것이었다. 예를 들어 산세바스티아노의 입면에는 단음정의 1대 1을, 성 안드레아의 채플 입면에는 4도 음정인 3대 4를 각각 차용했다(그림 74). 다른 하나는 여러 종류의 음계 비례를 정리하여 4대 6대 8(산술 비례), 4대 6대 9(기하 비례), 3대 4대 6(조화 비례) 등의 새로운 체계를 만들어 쓰는 방법이었

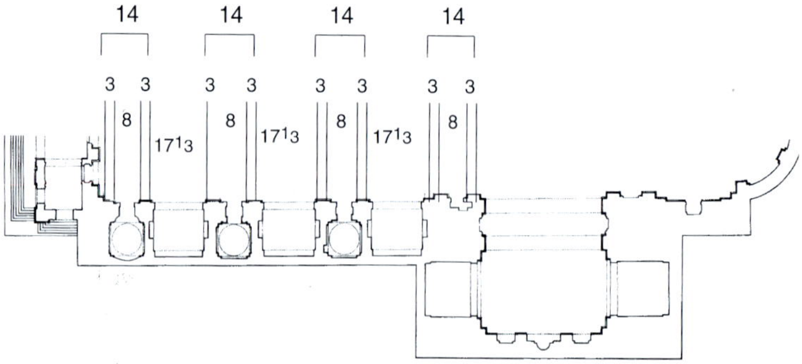

74 레온 바티스타 알베르티(Loen Battista Alberti), 성 안드레아(Sant'Andrea), 만토바, 이탈리아, 1470~72

다. 이때 맨 앞과 끝 숫자 사이의 비례는 건물의 전체 윤곽을 결정했고, 중간 숫자는 주요 부재의 위치를 결정했다.

인체 비례는 예술적, 상징적 차원에서 사용되었다. 르네상스 건축에서 인체 비례의 의미는 다음의 네 가지로 정리될 수 있다.

첫째는 앞에서 언급한 경험주의의 일환이었다. 비트루비우스와 중세 시대의 이상적 비례는 실제 세계에서 관찰되는 다양한 비례 체계와 일치하지 않는다. 그럼에도 불구하고 그 차이를 무시한 채 특정한 대표 체계를 세상을 구성하는 절대 법칙으로 받아들여 사용했다.

75 다니엘 바르바로(Daniel Barbaro)의 『비트루비우스*Vitruvius*』(1567)에 나오는 안드레아 팔라디오(Andrea Palladio)의 인체 비례 연구

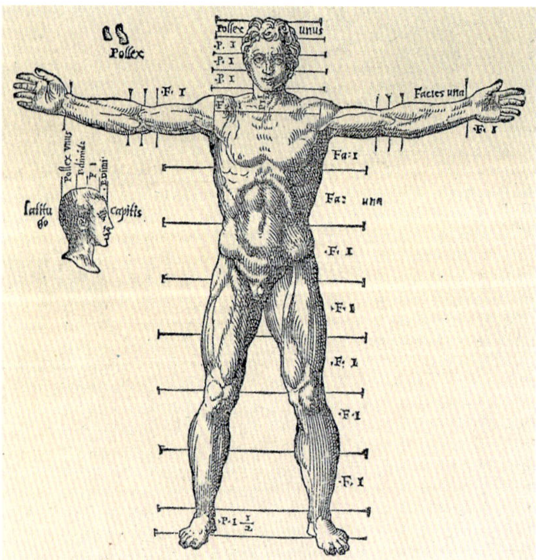

절대 법칙은 예술 세계도 지배했다. 비트루비우스의 인체 비례론과 중세 시대의 정수 비례론은 이것을 대표했다. 예술 세계와 현실 세계 사이의 불일치였다. 불일치는 테제의 이상적 목적 때문에 안티테제가 발생한 것으로 이해될 수 있다. 이에 반해 르네상스 시대의 비례는 경험적이고 구체적이며 사실적이었다. 이를 위해 관찰과 확인과 측량을 가장 믿을 만한 방법론으로 사용했다. 이런 특징은 알베르티, 레오나르도 다빈치, 뒤러, 팔라디오 등 르네상스를 대표하는 비례론자들 모두에게서 공통적으로 관찰된다. 이들은 수많은 사람을 실제 측량하는 방법으로 자신들만의 인체비례론을 확립시켰다(그림 75).

둘째는 비트루비우스 비례 체계의 세분화였다. 비트루비우스의 인체 비례는 손가락, 발, 팔, 머리 등 인체를 구성하는 주요 부위들 사이의 관

계를 3, 6, 8, 10 등의 비율을 사용하여 법칙화한 것이다. 알베르티는 이것을 6백 단위로 세분화했다. 레오나르도 다빈치는 실제 측량을 해본 결과 인체의 비례는 법칙화할 수 없다는 결론에 이르고 중간에 포기했다. 건축에서도 고전주의를 구성하는 부재들 사이의 비례 관계가 세분화되었다(그림 76). 비트루비우스의 건축 비례는 인체 비례와 마찬가지로 오더 종류별로 큰 부재들 사이의 비율만 대표 체계로 정의했다. 주신의 반지름을 모듈 단위로 삼아 주신의 높이, 엔태블러처의 높이, 기단의 높이 등을 결정했다. 이것이 르네상스 시대에는 메토프, 트리글리프, 아바커스, 에키너스, 토러스 등 수많은 작은 부재 사이의 비례 체계로 세분화되었다. 세분화는 비트루비우스의 비례 구성 이론을 바탕으로, 실증적으로 고증하고 그에 따라 수정한 결과로 이해될 수 있다.

셋째는 유형의 기본 바탕이었다. 뒤러는 이것을 대표하는 예이다. 뒤러는 비례에서 관찰되는 공통점에 따라 인간 체형을 유형화했다. 그는 체형마다 한 가지 공통 비례를 대표로 갖는다고 생각했다. 비례는 다양성을 단순화시킨 뒤 다시 몇 개의 분류 체계로 묶어주는 매개 역할을 하는 것이다. 플라톤의 『티마이오스』에 나오는 기하와 비례 개념은 이것을 잘 보여준다. 플라톤에 따르면 우주는 다양한 다각형의 복합 구성으로 이루어져 있으며, 이것들을 이어주는 연결체가 있다. 그는 이 모든 연결체 가운데 가장 아름다운 것으로 비례의 통일성 기능을 들었다. 이것의 역할과 기능에 의해 우주가 분해되지 않고 질서를 유지한다는 것이다. 인간의 몸은 이런 질서 체계가 단순화된 좋은 예였다. 인체가 기능적으로 잘 작동하고 시각적으로 아름다운 것은 모두 비례 덕분이었다. 건물 혹은 건축 비례는 다시 이런 인체 비례를 차용, 건축적 질서에 맞게 유추한 것이었다(그림 77). 르네상스 건축에서 비례는 기하 유형과 함께 쓰임으로써 이런 기능을 발휘할 수 있었다.

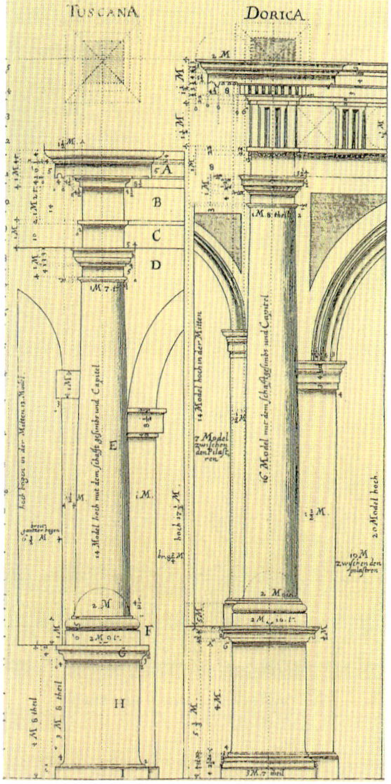

76 게오르그 카스파르 에라스무스(Georg Caspar Erasmus) 토스카나식과 도리스식 오더

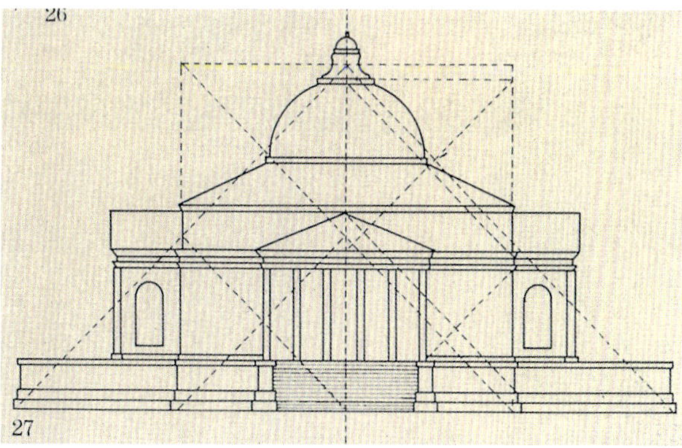

77 안드레아 팔라디오(Andrea Palladio), 『건축 사서 I *Quattro Libri dell'Architettura*』(1570)에 나오는 빌라 로톤다(Villa Rotonda) 비례 연구

넷째는 의인화였다. 이것은 비례에 대한 강한 은유적 재해석을 의미한다. 비트루비우스의 인체비례론에 대한 르네상스적 재

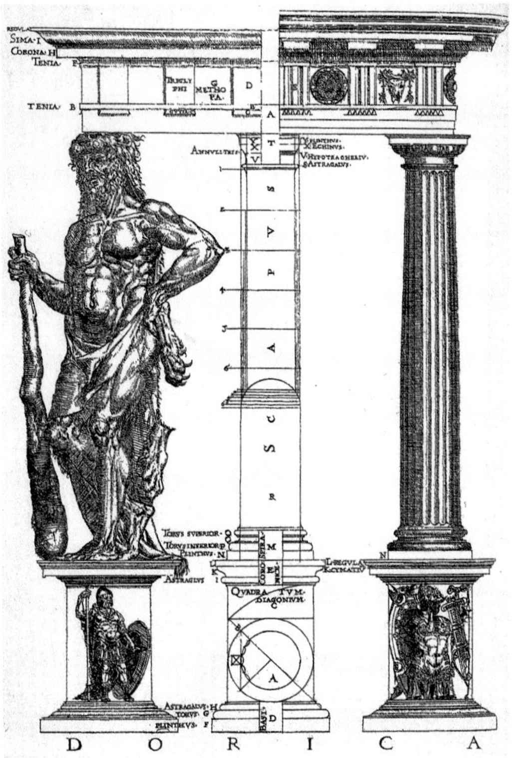

78 존 슈트(John shute). 도리스식 오더와 헤라클레스

해석으로서, 교회를 인체 구성에 비유한 것이다. 사람의 머리에 해당되는 앱스는 원으로, 팔에 해당되는 트랜셉트는 직사각형으로, 심장에 해당되는 제단은 정사각형으로, 몸통과 발에 해당되는 네이브는 직사각형으로 각각 상징되었다(그림 68). 비트루비우스가 언급한 오더의 캐릭터 표현 기능도 중요한 요소였다. 이것이 르네상스를 거치면서 이미지와 인상론으로 발전되었다.

비트루비우스는 도리스식 오더를 남성에, 이오니아식 오더를 여성에 각각 비유했다. 르네상스에서는 이것을 발전시켜 도리스식은 근육질 체형에 비유되었으며, 얼굴 폭의 9배를 전체 높이로 가졌다(그림 78). 이오니아식은 여성의 곡선 체형에 비유되었으며, 얼굴 폭의 7배를 전체 높이로 가졌다. 코린트식은 이 둘의 중간 상태로, 얼굴 폭의 8배를 전체 높이로 가졌다. 그리고 주두와 엔태블러처의 구성은 얼굴, 특히 옆모습의 윤곽에 비유되었다. 비례는 둘의 유추를 이어주는 중요한 공통 매개였다. 더 나아가 음영 등을 통한 인상에도 영향을 주는 요소였다. 도리스식 오더는 음영이 깊게 지면서 강한 인상을 갖는데 이것은 남성적 비례와 근육질 이미지에 대응되었다. 이때 깊은 음영은 디테일 부재 사이의 비례 관계가 높은 숫자로 나타나는 것을 의미한다.

2장 초기 르네상스 (1420~1500)

1 필리포 브루넬레스키

2 레온 바티스타 알베르티

3 미켈로초 디바르톨로메오

4 베네치아 지역 양식

1 필리포 브루넬레스키

피렌체와 실용정신

필리포 브루넬레스키Filippo Brunelleschi, 1377~1446는 르네상스 건축의 문을 연 건축가이다. 한 양식의 문을 연 건축가는 여럿인 경우가 보통이지만 르네상스의 경우 브루넬레스키 한 명에 대한 집중도는 절대적이다. 그는 고딕 양식만이 유일한 건축 방식이던 때에 거의 독자적으로 르네상스 건축의 기본 개념을 선보이며 그 시작을 알렸다. 건축에서 브루넬레스키가 정의한 르네상스의 기본 개념은 건축에만 머물지 않고 문명 전체 차원에서 르네상스가 형성되는 데에도 중요한 기여를 했다. 브루넬레스키는 피렌체 르네상스를 만든 개척자 가운데 한 사람이다(그림 79).

브루넬레스키의 활약은 피렌체의 산물이었다. 가계부터 그러했다. 아버지는 피렌체공화국의 중간 관리였다. 이런 배경 때문에 그는 일찍부터 공화정 이상과 시민 정신에 친숙해졌다. 이것은 그가 시민 인본주의의 기틀을 닦은 건축가로 성장하는 밑바탕이 되었다. 성인이 되어 건축가로 활동하면서 그는 시의회 의원을 겸했다. 그는 시의 건축 자문위원으로서 시가 발주하는 중요한 건물들을 설계할 기회를 가졌다. 이 경험은 인본주의 정신에 따라 공화국 공공건물의 이상적 유형을 창출하는 데 큰 도움이 되었다.

어머니는 전통 귀족이면서 금융 가문이었던 스피니Spini 가 출신이었다. 귀족 가문에서 성장한 덕에 고전 문화에 대한 기본 인식을 가질 수

79 피렌체 학파(Florentine School), 〈다섯 명의 유명인사*Five Famous Men*〉(1500년경~65)에 등장하는 인물. 오른쪽 맨 끝이 브루넬레스키이다.

있었는데 이것은 고전주의를 통한 르네상스 건축의 형성에 중요한 바탕이 되었다. 가업인 금융업에서는 중상주의에 대해 배울 수 있었다. 이것은 실용주의 정신을 키워주었으며, 메디치 가 등의 금융 가문을 건축주로 갖는 데에도 도움이 되었다.

80 조르조 바사리(Giorgio Vasari). 성령 교회(San Spirito) 모델을 코시모 일베키오(Cosimo il Vecchio)에게 보여주고 있는 브루넬레스키.

메디치 가와의 인연은 양면적이었다. 1420년대에는 메디치 가로부터 중요한 작품들을 수주했다. 그의 대표작들은 대부분 이때 나왔다. 그러나 그의 어머니 집안은 같은 금융 가문들 내에서도 메디치 가와 경쟁 관계에 있었다. 브루넬레스키와 메디치 가와의 인연은 20년대에 메디치 가의 가장이었던 조반니와의 개인적인 친분 관계에 의존한 측면이 많았다. 조반니가 죽고 코시모가 가장이 된 1429년 이후에는 메디치 가와의 인연은 끊어져 단 한 건도 작품 수주를 하지 못했다(그림 80).

유복한 가정 배경 덕분에 브루넬레스키는 자라면서 라틴문학 등 정통 인본주의 교육을 받을 수 있었다. 10대에는 6년간 로마 등으로 고전 여행을 다녀왔다. 그러나 본격적인 활동 경력에서 인문학적 경향은 거의 나타나지 않았다. 오히려 전형적인 현장 실무형이었다. 비단 길드의 회원으로서 일찍부터 금세공 작품을 남기는 등 그의 타고난 소질이 중요한 요인이었다. 여기에 더해 15세기 초 피렌체 상황으로부터 영향을 받은 바가 컸다. 영향은 두 가지 방향으로 나누어 볼 수 있다.

81 타콜라(Taccola). 브루넬레스키가 발명한 말이 끄는 크랭크

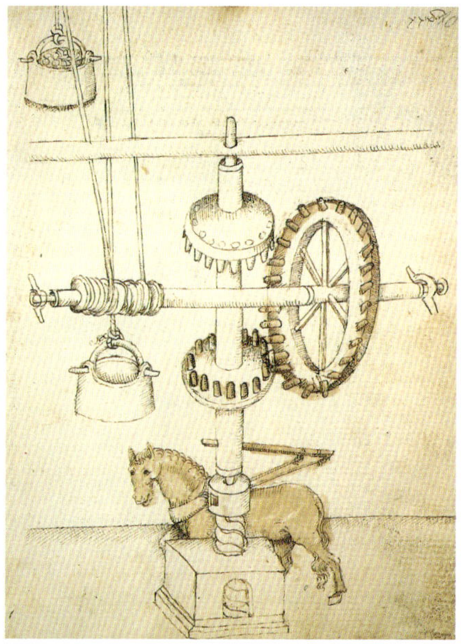

한 가지는 앞에서 언급했듯이 실용 기술이 요구되던 당시 피렌체의 정치적 상황이었다. 당시에는 전쟁이 잦았기 때문에 기술자를 중요하게 여기는 사회 분위기가 팽배해 있었다. 브루넬레스키는 이런 요구에 부응하여 자신의 경력을 공학기술과 현장 쪽에 맞추었다(그림 81). 자신이 설계한 건물은 시공 감리도 직접 했다. 루카, 밀라노, 피사, 리미니 등에서는 군사시설도 남겼다. 이외에도 무대장치와 관련된 기계 시설도 설계했다.

다른 한 가지는 메디치 가의 존재였다. 새로운 권력 주체로 떠오른 메디치 가는 자신들의 현실적 요구를 만족시켜줄 건축가를 필요로 했다. 단순한 건축가가 아니었다. 르네상스의 의미 전반을 꿰뚫어보며 이것을 건축으로 풀어낼 신문명인이 필요했다. 금융 가문의 분위기에 익숙하고 실용정신으로 무장한 브루넬레스키는 이것을 만족시켜줄 가장 적임자였으며, 메디치 가가 발주했던 주요 건물들은 그의 작품 활동에 중요한 기회로 작용했다.

고전적 중세성과 중세적 고전성

브루넬레스키의 일생은 피렌체 르네상스를 둘러싼 시대 상황의 집결판이었다. 이런 요소들은 작품 경향에도 그대로 반영되어 그만의 체험성 짙은 특징을 형성했다. 이런 점에서 그는 시민 인본주의를 건축을 통해 구현한 최초의 건축가로 평가할 수 있다. 그의 작품 경향은 종합화로 요약할 수 있다. 종합화는 대립되는 쌍개념 요소들의 다단계적 통합을 의미한다. 예술과 공학, 논리와 조화, 합리성과 심미성, 추상과 장식, 형태와 비례, 기하와 축조, 중세와 고전 등의 쌍개념들이 그것이다. 종합화를 구현하는 매개는 고전이었다. 고전에 대한 브루넬레스키의 입장은 네 가지로 요약된다.

첫째는 종합화이다. 위에서 설명한 종합화 경향은 고전에 대한 입장에 잘 나타나 있다. 고전은 종합화를 구현하는 최상위 매개였다. 로마 고전주의 자체가 이미 종합화의 전형이다. 종합화에 요구되던 가치가 공학적 실용성인 점도 같다. 로마 고전주의는 공학 건축을 기본 속성으로 가졌다. 브루넬레스키는 이 속에 숨어 있던 합리적 심미성을 찾아내어 새로운 학문과 기술로 정리하여 체계화시켰다(그림 82). 합리적 심미성을 담고 있던 고전 어휘를 각색하여 새로운 양식으로 제시했던 것이다.

당시 피렌체 사회는 고전이 가지고 있던 포괄적 가능성에 대해 무지했다. 피렌체는 이탈리아 반도 내에서 로마 시대 건축 유구가 빈약한 편에 속했다. 문헌 연구를 중심으로 시작된 피렌체 르네상스가 갖는 약점일 수 있었다. 피렌체에 건축 유적의 존재와 가치에 대한 인식을

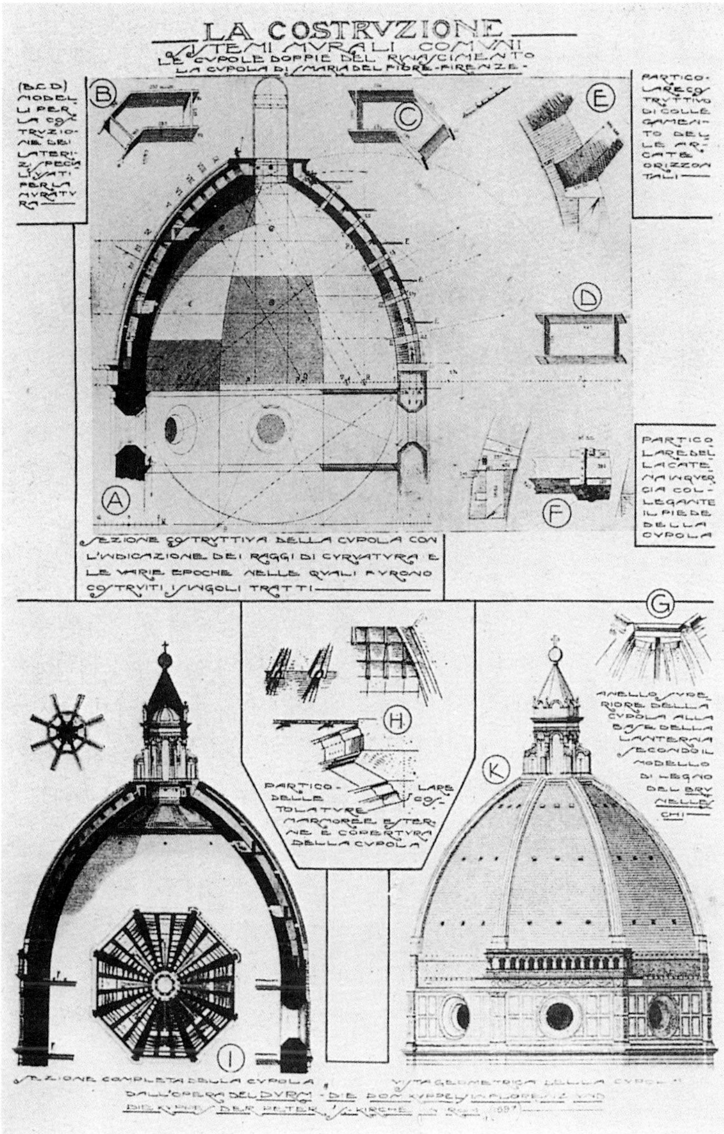

82 G. B. 밀라니(Milani). 브루넬레스키(Brunelleschi)의 피렌체 돔(Duomo di Firenze) 벽체 골격

처음 갖게 한 이가 브루넬레스키이다. 14세기를 거치면서 페트라르카에 의해 고전 문헌의 중요성에 대한 인식은 확보되어 있었다. 이에 대응되는 건축 유구의 중요성을 깨우친 것이다.

둘째는 중세적 연속성이다. 브루넬레스키는 르네상스를 중세와 단절된 새로운 문명의 출현으로 보지 않고, 중세 때부터 축적되어온 문

83 필리포 브루넬레스키(Filippo Brunelleschi). 피렌체 고아원(Ospedale degli Innocenti). 피렌체, 이탈리아. 1419~27

명 활동이 다소 급한 변화를 겪는 단계로 보았다. 그에게 토스카나 로마네스크는 로마 고전주의보다 더 중요한 부활의 소재이자 대상이었다. 이것은 고딕보다는 로마네스크가 더 융성했던 토스카나 지방의 특수 상황 때문일 수 있다. 로마네스크에 담겨 있는 의미는 '로마 고전주의를 기초로 한 중세성의 확보'였다. 로마네스크로 대표되는 토스카나의 중세는 고전 시대의 연장이었고, 르네상스는 다시 이것의 연장이었다. 로마네스크를 중간 매개로 고전적 중세성 혹은 중세적 고전성의 연속으로 르네상스를 정의한 것이다. 브루넬레스키의 대표적인 건축 어휘였던 반원 아치나 독립 원형 기둥이 받치는 아케이드는 이것의 좋은 예이다(그림 7, 8, 83). 이런 어휘들은 토스카나 중세 건축의 프로토-르네상스를 결정짓는 어휘들이었다.

브루넬레스키의 이런 입장은 그를 둘러싸고 있던 보수적 분위기로부터 영향을 받은 바가 크다. 브루넬레스키의 생애는 피렌체의 보수 정부 집권기와 일치한다. 게다가 그의 아버지는 이 정부의 관리였다. 브루넬레스키에게 요구되었던 역할은 후원자 집단의 보수적인 정치 상황에 대해 과격하지 않으면서 최대한 이로운 해결책을 만들어주는 것이었다. 브루넬레스키의 르네상스 건축은 이런 요구에 대해 시대 상황을 벗어나지 않는 범위 내에서 가용 자원을 잘 조합하여 현실적 대안을 제시한 것으로 정의될 수 있다.

84 안드레아 부온탈렌티(Andrea Buontalenti). 〈밀리턴트 교회, 산타 마리아 델 피오레*La Chiesa Militante, Santa Maria del Fiore*〉

셋째는 역사적 포괄성이다. 브루넬레스키의 건축이 갖는 포괄성은 공시성과 통시성 모두를 의미한다. 앞의 종합화는 동시대를 구성하던 요소들의 통합이란 점에서 공시적 종합화로 볼 수 있다. 여기에 더해 중세까지 포함한 다양한 역사적 선례들의 조합으로부터 자신만의 어휘, 나아가 하나의 새로운 건축양식을 창출한 점에서 통시적 종합화도 함께 나타났다(그림 84). 그에게서 다양성을 담아낼 수 있는 포괄적 매개는 고전이었다. 브루넬레스키는 중세까지도 그 뿌리를 고전에 두고 있다고 생각했던 것이다.

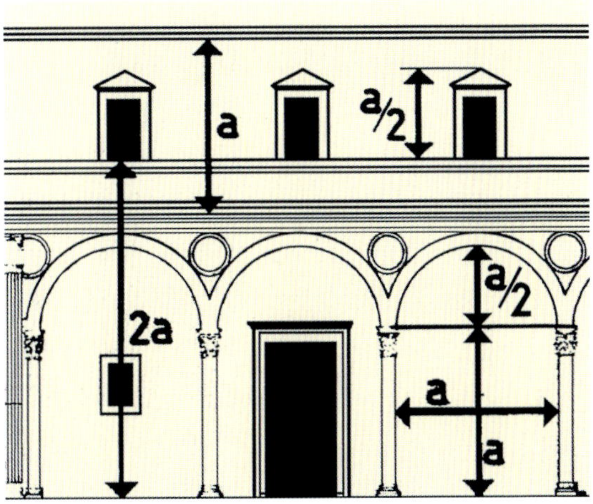

85 필리포 브루넬레스키(Filippo Brunelleschi). 피렌체 고아원(Ospedale degli Innocenti). 피렌체, 이탈리아. 1419~27

넷째는 창작의 소재이다. 브루넬레스키의 고전 어휘에서는 선례로 차용된 고전 건축물이 드러나지 않는다. 특정 구조물을 직접 차용하지는 않았다는 의미이다. 그의 작품과 선례 사이에는 어쩔 수 없는 시차가 관찰되는데 이것은 복원적 정확성이 그의 주된 관심사가 아니었음을 의미한다. 그는 오히려 고전 오더를 이용한 비례와 조화미의 표현에 치중했다(그림 85). 고전 어휘를 이용한 짜임새 있는 구성적 정리, 기술력을 바탕으로 한 시공의 명쾌함, 과학적 합리성, 세공 기술에서 나온 깔끔한 디테일 처리 등이 고전 건축을 다루는 그의 기본 태도였다. 이런 복합적 요소들을 통해 고전에 대해 자신만의 권위 있는 재해석을 할 수 있었다. 르네상스 시대에는 이것이 곧 창조였다.

86 필리포 브루넬레스키(Filippo Brunelleschi). 피렌체 고아원(Ospedale degli Innocenti). 피렌체, 이탈리아. 1419~27

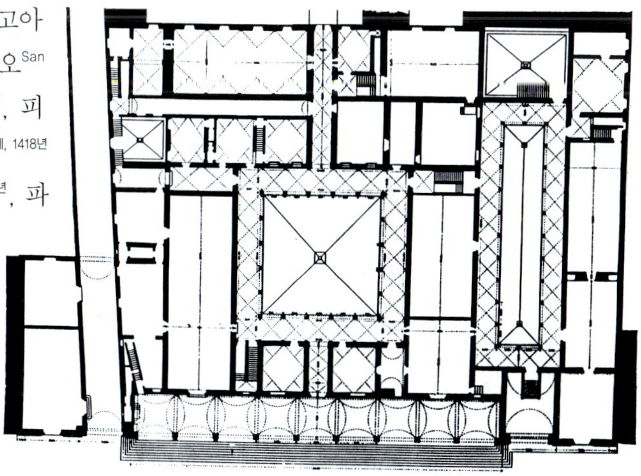

브루넬레스키의 대표작으로 피렌체 고아원 Ospedale degli Innocenti, 1419~27년, 성 라우렌시오 San Lorenzo, 피렌체, 1419년경~29년경, 70년대에 치아케리Ciaccheri에 의해 완성, 피렌체 돔 Duomo di Firenze=Santa Maria del Fiore, 산타마리아델피오레, 1418년 시작, 구 성물안치소 Sagrestia Vecchia, 피렌체, 1419년경~29년, 파치 예배당 Pazzi Chapel, 피렌체, 1425년경~28 설계, 1465년경 완공, 산타마리아델리안젤리 Santa Maria degli Angeli, 피렌체, 1434~37년, 1503년 부분 완공, 1934년 완공, 성령교회 Santo Spirito, 피렌체, 1436년, 사후 완공 등을 들 수 있다.

피렌체 고아원: 아케이드와 고전적 중세성

1420년경 르네상스의 문을 연 브루넬레스키의 대표작으로 피렌체 고아원을 들 수 있다. 1419년에 비단 길드는 고아원 건물 축조를 결정했고 길드 회원이었던 브루넬레스키가 설계를 맡았다. 이 건물은 후에 변형이 가해지긴 했지만 대체적으로 브루넬레스키의 원안이 보존된 편이다. 탁아소, 기숙사제 학교, 직업 학교, 병원, 사회 회관, 고아원 등으로 구성된 프로그램부터 인본주의적 자비심을 잘 보여준다. 플라톤의 『공화국』 이상을 구현하려는 의지로 이해될 수 있다.

이 건물은 평면과 입면 모두에서 브루넬레스키의 건축관이 잘 나타나 있다. 평면은 수도원의 회랑형 안뜰cloister로 이루어졌다(그림 86). 입면은 독립 원형 기둥이 받치는 아치열로 처리했다. 아치열은 아케이드를 이루며 건물 전면의 로지아와 안뜰의 로지아를 각각 담당한다(그림 87, 88). 주두는 코린트식이다. 평면과 입면은 모두 로마네스크에 뿌리를 두었다. 수도원은 로마네스크 때 가장 융성했다. 회랑형 안뜰의 평면 구성이 자리 잡은 것도 로마네스크 때였다. 독립 원형 기둥이 반원 아치를 받치는 구성도 로마네스크 때 가장 많이 쓰이던 기법이었다(그림 7). 로마네스크를 뿌리로 갖는다는 것은 로마의 전통과 중세의 전통을 동시에 갖는다는 것을 의미한다. 앞에서 언급한 고전적 중세성의 좋은 예인 것이다.

이 건물에서는 고전적 중세성을 부활시켜 르네상스의 새로운 방식

87 필리포 브루넬레스키(Filippo Brunelleschi). 피렌체 고아원(Ospedale degli Innocenti). 피렌체, 이탈리아. 1419~27

88 필리포 브루넬레스키(Filippo Brunelleschi). 피렌체 고아원(Ospedale degli Innocenti). 피렌체, 이탈리아. 1419~27

으로 재해석하고 있다. 로마의 전통은 반원 아치와 코린트식 주두에서 나타났다. 그러나 이것을 독립 원형 기둥이 받치도록 한 것은 중세 기독교 건축의 어휘이다. 물론 하드리아누스의 빌라 등 로마 시대에도 이 어휘를 쓰긴 했지만 로마 시대의 아치는 기본적으로 벽체 구조였다. 혹은 쓰더라도 아케이드의 구조적 날렵함이나 물성적 간결함과는 거리가 먼 거석 구조의 일환인 경우가 많았다. 간결함을 보이더라도 여기에서처럼 아치의 반복은 없는 편이었다.

아케이드는 중세 기독교 건축에서 본격적으로 쓰기 시작했다. 이 건물에 가장 가까운 예로 초기 기독교의 바실리카나 토스카나 지방의 로마네스크 성당 등을 들 수 있다. 이것은 중세 내에 존재했던 로마 전통에 해당된다. 중세 건축의 양대 축 가운데 지중해의 고대 가톨릭 건축이라는 의미이다. 반면 서북유럽의 로마네스크에서는 반원 아치를 사용하되 벽기둥이나 벽체가 받치는 콜로네이드 방식이었다. 이후의 발전 과정에서도 서북유럽은 고딕의 수직성으로 이어지는 구조 효율성이나 석재의 물성에 초점이 맞추어졌다. 반면 토스카나 로마네스크는 로마적 전통의 계승이 더 중요했기 때문에 아케이드를 사용했다. 중세 건축이긴 하되 로마에 뿌리를 두었다는, 혹은 로마 건축으로 이루어졌다는 의미에서 로마적 중세성으로 정의될 수 있다.

표준형 코린트식 오더가 정확하게 쓰인 처리 역시 로마적 중세성의 좋은 예이다(그림 89). 서북유럽의 로마네스크 건축에서도 코린트식 주두가 쓰였지만 수가 많지 않았고 대부분의 경우 조각이 새겨지는 바탕면으로 쓰였다. 정확도의 측면에서 볼 때 표준형과는 상당히 거리가 멀었다. 그 대신 조각과 합쳐지면서 도상적 의미를 더 강하게 추구했다. 반면 이탈리아의 로마적 중세 건축, 예를 들어 토스카나 로마네스크 건축에서는 로마 시대에 쓰던 것과 같은 정확한 표준형 코린트식 주두를 썼다. 피렌체 고아원은 이런 전통의 끝자락에 서 있는 것이다.

이 건물과 선례들 사이에는 중요한 차이도 있다. 아케이드의 방향성 문제이다. 바실리카의 아케이드는 로마 건축의 장점인 공간 효율성을 이어받으려는 목적을 가졌다. 토스카나의 로마네스크 성당은 다시 이것을 이어받아 로마의 뿌리를 표현했다. 두 경우 모두에서 아케이드는 네이브의 선형 공간을 이루는 구조 요소였다. 아케이드는 정면으로 보

89 필리포 브루넬레스키(Filippo Brunelleschi). 피렌체 고아원(Ospedale degli Innocenti). 피렌체, 이탈리아. 1419~27

이지 않고 직각으로 틀어서 측면에서 보였다. 한눈에 들어오지 않는 대신 일소점 투시도 형식으로 공간의 깊이감을 형성했다. 이 때문에 비례나 구성미 같은 총체성은 결여되었다. 반면에 이 건물에서는 아케이드가 정면에서 한눈에 보인다. 이를 위해서는 총체적 틀이 필요한데, 브루넬레스키는 비례를 이용한 조화와 정리감을 통해 이것을 성취하였다.

이 건물에는 르네상스의 새로운 건축 방식도 나타난다. 이것은 확연히 드러나지는 않지만 앞 시대의 선례를 재해석하는 구성 기법으로 건물 전체를 지배한다. 아치를 이용한 반원형 기하주의, 비례에 의한 총체적 구성미, 추상적 간결함, 인간적 스케일, 시공의 정밀함, 오차 없는 동일 부재의 반복 등이다. 이런 방식들이 어우러져 브루넬레스키 특유의 간결한 짜임새를 만들어냈다(그림 85). 이 건물은 시선 위치를 정면에서 보이게 함으로써 단순 기하 형태의 반복에서 오는 환원성과 비례에 의한 조화미가 돋보인다. 아치의 높이가 높지 않기 때문에 구조적 효율성보다 환원성과 조화미가 강조된다. 이상과 같은 방식은 앞 시대 선례에 대한 직설적 모방도 아니며 완전한 창작도 아닌, '원형 유지와 일정한 변형 사이의 균형과 종합화'의 입장을 갖는다. 이런 특징들은 이후 여러 건축가들에 의해 반복되면서 르네상스 건축의 한 유형이 되었다.

성 라우렌시오: 로마적 중세성과 통일성

성 라우렌시오 성당은 정치적 부침에 연루되면서 브루넬레스키가 중간에 손을 떼는 등 우여곡절이 많은 작품이다. 브루넬레스키의 원안과 다르게 지어진 부분도 적지 않지만 도면과 현재 상태로부터 브루넬레스키의 건축적 의도는 충분히 찾아낼 수 있다. 성 라우렌시오는 성 삼위일체Santa Trinita 구성을 이어받았다. 성 삼위일체는 피렌체의 중세 바실리카를 대표하는 건물이었다. 아일 천장을 볼트로 처리하고 그 밖으로 다시 예배당을 갖는 라틴 크로스형이었다. 이런 바실리카 구성은 앞에 언급한 로마적 중세성의 좋은 예이다.

성 라우렌시오는 성 삼위일체의 구성을 반복하면서 이것을 정사각형 비례를 이용하여 정형적이고 체계적으로 정리했다(그림 90). 네이브는 깊이와 폭이 1대 2의 비례를 가지면서 정사각형 단위 두 개로 구성되었다. 아일은 하나의 정사각형 단위로 구성했다. 그 밖으로 폭과 깊이가 1대 2인 예배당이 더했다. 균제를 상징하는 정사각형을 모듈 단위로 사용한 것은 통일성을 얻기 위해서였다. 이것은 동일성에 의한 인공 질서를 강하게 지향했음을 의미한다. 이런 의도는 균등한 실내 조도에서 반복된다. 바닥에 가까울수록 창을 넓게 하고 위로 올라갈수록 좁게 처리함으로써 실내 조도는 위아래가 균등하게 나타났다.

예배당을 모두 동일한 평면과 입면으로 처리한 것과 크로싱 천장을 돔으로 처리한 것은 중세와 다른 점이었다. 네이브와 아일 사이는 고아원에 쓰인 것과 같은 부재인 독립 원형 기둥에 의한 아케이드로 구획했다. 다른 점도 있다. 고아원에서는 주두가 바로 아치를 받쳤지만 여기에서는 엔태블러처 조각이 들어감으로써 높이를 확대했다(그림 98). 또한 아일과 예배당 사이는 콜로네이드로 구획했다.

통일성에의 지나친 집착은 문제를 만들기도 했다. 브루넬레스키는 같은 종류의 부재는 크기와 디테일 등에서 동일하게 처리하는 경향이

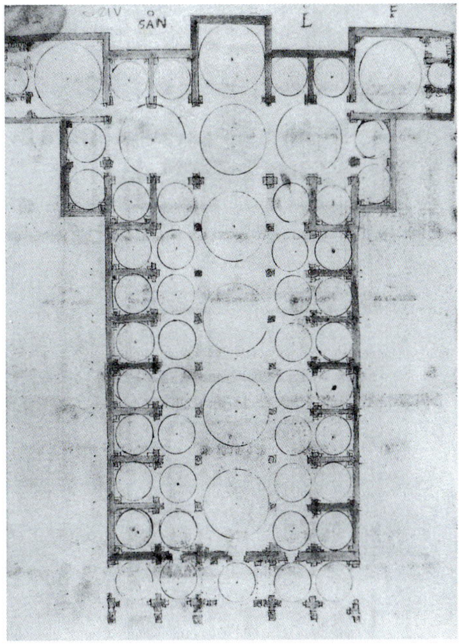

90 필리포 브루넬레스키(Filippo Brunelleschi). 성 라우렌시오(San Lorenzo). 피렌체. 1419년경~29년경/70년대에 치아케리(Ciaccheri)에 의해 완성

91 필리포 브루넬레스키(Filippo Brunelleschi). 성 라우렌시오(San Lorenzo). 피렌체. 1419년경~29년경/70년대에 치아케리(Ciaccheri)에 의해 완성

92 필리포 브루넬레스키(Filippo Brunelleschi), 성 라우렌시오(San Lorenzo), 피렌체, 1419년경~29년경/70년대에 치아케리(Ciaccheri)에 의해 완성

있었다. 이 건물에서는 크로싱을 받치는 벽 기둥과 예배당의 콜로네이드를 구성하는 벽 기둥을 같은 크기와 구성으로 했다(그림 90). 그러나 요구되는 하중은 크로싱이 더 컸다. 이 때문에 크로싱은 구조적 안정성을 충분히 확보하지 못했다.

그 결과 돔은 드럼을 갖지 못하고 펜던티브에서 바로 올라갔다. 돔이 높이 솟아오르지 못하고 주변 지붕 속에 묻혀버리면서 의도했던 조도가 나오지 않았다. 하늘에서 내려오는 광원을 가지면서도 바닥 쪽이 더 밝아졌다. 하늘 쪽에서의 광원은 교회 공간에 영향을 거의 미치지 못하면서 오쿨루스oculus의 작은 원으로만 남았다(그림 92). 이런 현상은 반드시 부정적인 것만은 아닐 수 있다. 하늘을 향하던 중세 기독교에서 땅 위의 인간으로 향하는 인본주의의 변화에 대응되는 현상으로 해석될 수도 있기 때문이다.

평면 구성에서 아직 통일성이 완벽하게 구현되지 못한 측면도 있었다. 아일과 예배당을 배열하는 문제에서 네이브와 트랜셉트 사이에 불일치가 발생했다. 네이브에서 트랜셉트로 넘어간 뒤 트랜셉트를 한 번 돌아 다시 앱스로 넘어가는 여러 번의 꺾임 과정에서 연속성이 두 번 깨지는 불일치가 일어났다. 트랜셉트에까지 아일을 두기는 했지만 트랜셉트의 단부에서 아일 끝 부분이 어긋났다(그림 90). 이런 불일치는 트랜셉트 부분에 특히 심한 비대칭 구도를 만들어냈다. 네이브와 트랜셉트가 만나는 지점의 아일은 네이브 쪽으로만 열리고 트랜셉트 쪽으로는 닫히도록 처리했다. 예배당의 경우는 더 심해서 네이브까지만 만들어지고 트랜셉트 부분에서는 만들어지지 못 했다. 예배당에 봉헌될 상업 가문 출신의 후원자가 충분하지 못해서 예배당 숫자가 줄어든 것도 주요 원인이었다. 이런 현상들은 네이브에 우위를 줌으로써 네이브와 트랜셉트 사이의 규제와 통일성을 해치는 결과로 작용했다.

피렌체 돔: 공학기술과 실용정신

브루넬레스키는 공학기술로 무장한 현장형 건축가였다. 그는 고전 인문학과 라틴어 교육을 받았지만 활동 성향과 작품 경향을 보면 전형적인 실용주의자였다. 이런 특징은 피렌체가 처했던 상황의 산물이기도

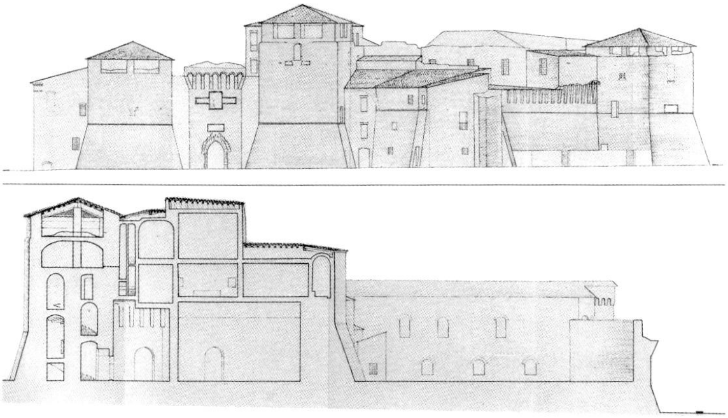

93 필리포 브루넬레스키(Filippo Brunelleschi), 시스몬도 성채(Castello Sismondo), 리미니(Rimini), 이탈리아.

했다. 브루넬레스키의 아버지는 피렌체 정부의 관리였다. 대외적 대립이 많던 시기였기 때문에 브루넬레스키의 집안은 전쟁에 대한 인식이 늘 지배하고 있었다. 남달리 공학기술에 소질을 보였던 브루넬레스키는 이런 집안 분위기 아래에서 일찍부터 아버지의 권유를 좇아 피렌체의 군사시설 산업에 관여했다.

공학기술의 전문성은 브루넬레스키가 정치에 관여하는 통로로 작용하기도 했다. 그는 피렌체공화국의 주요 성채 축조를 책임지고 토목기술을 동원한 군사 작전에까지 깊숙이 관여했다(그림 93). 당시 상황에서는 이것 자체가 강한 정치 활동이었다. 루카 프로젝트Lucca Project는 대표적인 예였다. 1430년 전쟁에서 루카로 흘러 들어가는 강을 막아 물줄기를 바꾸는 작전을 제안하고 그 시공 책임을 맡은 것이다.

건축가의 범위를 넘어선 정체 참여는 다소 위험할 수도 있었는데 그 결과는 양면적으로 작용했다. 대형 설계를 수주하는 데 도움을 준 점, 중세적 전통이 강하게 남아 있던 시대적 상황에서 새로운 건축 가치를 추진 가능하게 해준 점 등은 긍정적 측면이다. 반면 거의 모든 작품이 정치적 스캔들에 휩싸이며 순조롭게 진행되지 못한 점, 진행 중간이나 나중에 변형이 많이 가해진 점, 건축 이력 전체를 위협한 점 등은 부정적 측면이다. 루카 프로젝트의 실패는 그 좋은 예이다. 실패가 계기가 되어 1430년을 기점으로 그의 작품들은 중단되거나 다른 사람의 손에 넘어가 완공되는 등 시련이 증폭되었다. 이 과정에서 그의 건축적 이상이 훼손당하는 등 작품적 측면에서 큰 손실을 입었다.

그의 주요 건축주였던 금융 가문의 성향도 중요한 요인이었다. 메디

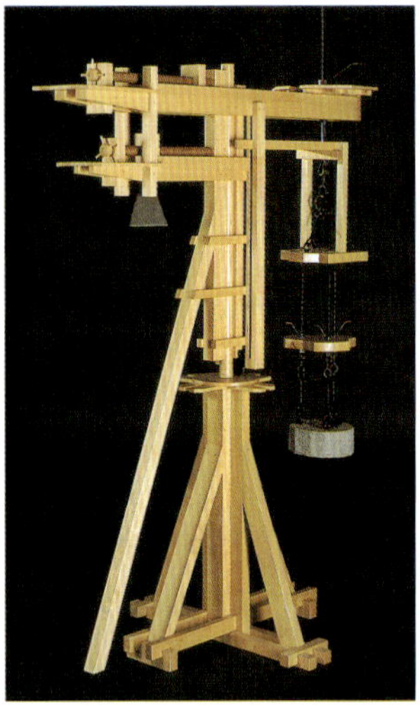

94 레오나르도 다빈치(Leonardo da vinci). 브루넬레스키(Brunelleschi)의 회전 크레인
95 필리포 브루넬레스키(Filippo Brunelleschi). 피렌체 돔(Duomo di Firenze=Santa Maria del Fiore). 피렌체. 1418~. P. 산파올레시(P. Sanpaolesi)의 구조 골격
96 필리포 브루넬레스키(Filippo Brunelleschi). 피렌체 돔(Duomo di Firenze=Santa Maria del Fiore). 피렌체. 1418~. G. B. 넬리(Nelli)의 구조 골격

치 가와 파치 가는 돈과 예술 사이의 관계에 대해서 이중적 입장을 가졌다. 고전의 발굴과 연구, 그리고 이로부터 예술법칙을 새롭게 창조하는 작업 등에서 이들 금융 가문은 가장 중요한 후원자였다. 반면 절약할 수 있는 비용에 대한 인식 또한 철두철미했다. 건물 공사가 이것의 좋은 예였다. 브루넬레스키에게 허용된 공사비는 항상 빠듯했다. 이런 조건 아래에서 만족할 만한 작품의 질을 얻기 위해 시공 현장에서의 절약은 중요한 문제였다.

이를 위해 브루넬레스키 스스로가 먼저 실용 기술로 무장해야 했다(그림 94). 당시 현장에서 쓰이던 기술은 낭비적 요소가 많은 중세 시공술이었다. 노력 여하에 따라서 비용 절약의 여지가 매우 컸다. 정밀한 시공 상태와 깔끔한 마무리는 브루넬레스키의 건축 철학이기도 했지만 공사비 절감이라는 급박한 현실에서 나온 것이기도 했다. 실제로 브루넬레스키는 장인들을 신공법으로 교육하고 시공 방식을 체계화하는 데 많은 기여를 했다. 개개 건물의 절약에 머물지 않고 표준화를 통한 체계화까지 이룬 것이다. 이것은 두 가지를 통해 얻어졌다.

한 가지는 도면의 작성이었다. 브루넬레스키는 서양건축사 전체에서 도면을 처음 도입한 건축가이다. 중세까지 건축 시공은 도면 없이 현장에서 경험을 통해 시행했다. 기술은 장인들 사이에서 구전 등 비전을 통해 세습되었다. 브루넬레스키는 도면 작성을 통해 이 관습을 바꾸어놓았다. 특히 수치가 기입된 도면은 당시로서는 초유의 파격이었다.

다른 한 가지는 정밀한 시공이었다. 중세 시공술에서는 부재 치수와 시공에 나타나는 오차의 범위가 매우 넓었다. 센티미터 단위의 오차는 문제가 되지도 않았으며 몇십 센티미터까지 오차가 나는 경우도 많았다. 브루넬레스키는 센티미터 단위의 오차도 허용하지 않으려 했다. 이를 위해 장인들을 처음부터 새로 교육시켰다. 수치가 기입된 도면은 이것을 도왔다. 장인들은 처음에 반발도 많았지만 차츰 적응하면서 도면에 따라 오차 없이 시공하는 습관을 익히게 되었다.

공학기술과 실용정신이 실제로 반영된 브루넬레스키의 대표작으로 피렌체 돔을 들 수 있다(그림 31). 이 건물의 역사는 중세까지 올라간다. 1296년에 첫 공사가 시작되었으며, 1367년에 돔을 덮기로 하고 그 안을 프란체스코 탈렌티Francesco Talenti의 팔각형 큐폴라로 확정지었다. 지름은 42미터, 높이는 바닥에서 천장까지 84미터였다. 이 크기의 큐폴라는 당시 기술력으로는 건축이 불가능했다. 문제는 2만 5천 톤에 달하는 하중의 지지와 홍예틀centering의 축조였다. 큐폴라의 내곡면이 완전 반구가 아닌 점과 외관 윤곽이 팔각형인 점도 어려움을 더했다. 완전 반구의 돔을 축조하는 기술은 이미 있었지만 이것을 이 크기의 타원형 윤곽의 팔각형 돔에 적용하는 것은 처음이었다. 당시 건축가들과 엔지니어들은 이것을 불가능하다고 판단했다. 특히 문제가 된 것은 42미터 거리의 홍예틀 축조였다.

처음에는 플라잉 버트레스의 사용을 검토했으나 정치적 이유로 거부되었다. 플라잉 버트레스 자체가 프랑스를 대표하는 어휘였기 때문에 이탈리아의 고딕 건축에서는 거부감이 심했다. 이탈리아에서는 밀라노 성당에 쓰였는데 당시 밀라노는 신성로마제국이 지배하면서 피렌체와 대립하는 상황이었다. 이런 이유들로 인해 플라잉 버트레스는 사용할 수 없었다. 장인들은 중세의 목구조 방식으로는 이 크기의 돔 골격을 세울 수 없다며 포기했다. 1418년까지 돔만 남겨두고 나머지 부분은 완공되어 있었다. 돔 공사에 대한 설계 경기가 개최되었다. 기베르티와의 경쟁 끝에 브루넬레스키가 공사를 이어받았다.

브루넬레스키는 이중 표피doubld-shell 구조로 이 문제를 해결했다(그림 95). 두 개의 표피 사이에는 그것들을 연결하는 중간 벽을 수평 방향으로 여러 단 쌓았다. 이것은 판테온과 성 요한 세례당Baptistery of San Giovanni의 구조 방식을 혼합한 것이었다. 안과 밖의 표피 자체의 축조는 판테온의 돔에서와 같이 층층이 켜를 쌓는 방식으로 해결했다. 이 방식으로 축조하면 홍예틀이 필요없게 된다(그림 96). 이중 표피를 중간의 이음 벽으로 연결하는 방식은 버트레스로 그것을 연결했던 성 요한 세례당에서 얻은 아이디어였다. 고전

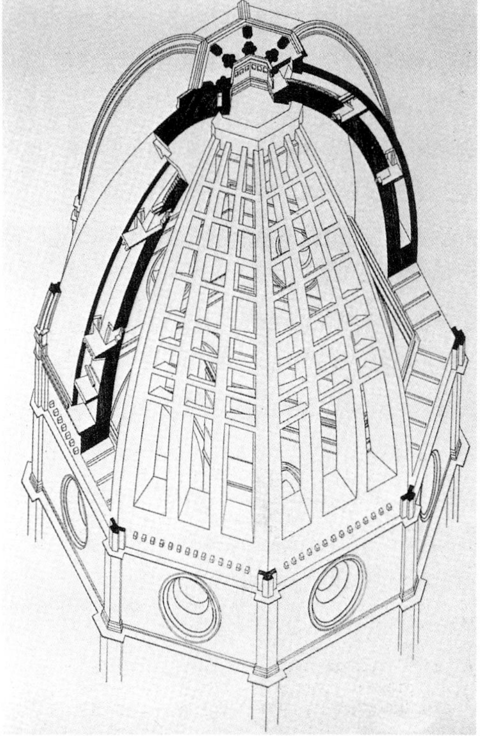

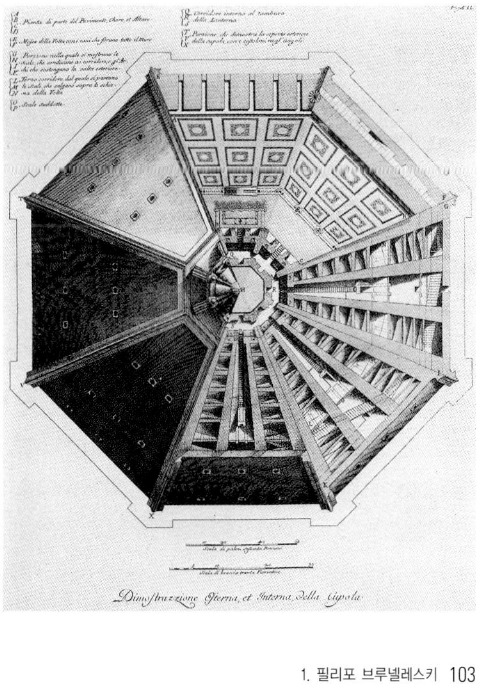

양식의 부활에서와 마찬가지로 이번에도 특정 선례를 답습하지 않고 종합화를 통한 새로운 창조를 이룬 것이다.

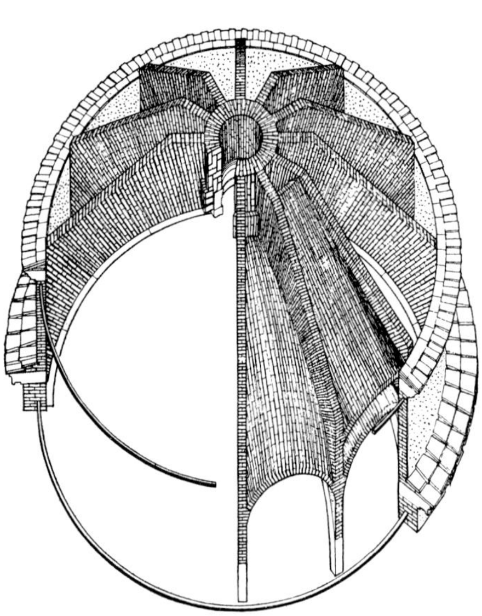

97 알베르티 로시(Alberti Rossi). 브루넬레스키(Brunelleschi)의 리브-앤-웹(rib-and-web) 구조 골격

공학기술과 실용 역사주의

브루넬레스키의 주요 어휘들 가운데에는 시공 기술의 상징적 해석이나 심미적 응용을 바탕으로 창출된 것들이 많았다. 리브-앤-웹rib-and-web 체계와 아케이드의 오더 체계는 좋은 예들이다. 리브-앤-웹 체계는 중세 때 앱스 천장, 즉 1/4구형 천장의 골격을 짜던 구조 방식으로 밀라노 성당 등에 사용했다. 이 방식은 플라잉 버트레스 형식의 리브를 중앙 초점을 중심으로 방사선 방향으로 배열한 뒤 각 리브 사이의 천장을 웹으로 덮는 구조이다(그림 97). 이때 천장의 웹은 볼트로 이해할 수 있다. 웹의 실제 축조도 볼트와 동일하다. 리브가 구조적 역할을 전담하기 때문에 웹은 내력 부담에서 해방되었다. 이로써 창을 자유롭게 낼 수 있을 뿐 아니라 속이 빈 항아리로 시공하여 경량화를 꾀하는 등의 추가적 응용이 가능해진다. 리브의 윤곽을 살려 큐폴라 내곡면을 분할함으로써 펌프킨 돔pumpkin dome을 형성하였다.

리브-앤-웹 체계는 고딕 시대 기술이다. 돔은 비잔틴 유형이지만 골격을 짜는 구조 방식은 고딕 시대의 것이었다. 불일치로도 볼 수 있지만 다른 중요한 목적이 있었다. 고딕 시대의 골격을 사용함으로써 큐폴라의 내곡면에 창을 낼 수 있었던 것이다. 이것을 통해 균등한 조도를 확보할 수 있었고, 펌프킨 돔의 장식적 효과는 추가로 얻을 수 있었다. 또한 브루넬레스키가 즐겨 사용했던 중소형 돔에 가장 적합한 구조 방식이기도 했다. 중소형 돔은 정사각형의 모듈 단위를 강조함으로써 공간의 통일감을 높이거나 휴먼 스케일의 표현을 돕는 등의 역할을 했다.

아케이드의 오더 체계는 반원 아치를 주두에서 바로 받칠 것인지 아니면 사이에 엔태블러처를 넣을 것인지의 문제였다. 이것은 순수한 구조적 문제이기보다는 구조 방식을 통해 비례, 시각적 안정성, 고전 오더의 구성 체계 등의 심미적 주제들을 어떻게 상징적으로 해석하고 표현할 것인가의 문제였다. 고아원에서는 엔태블러처 없이 주두가 곧바로 반원 아치를 받치고 있다(그림 89). 이것은 로마네스크 때 주로 쓰이던 방식이었다.

이후 성 라우렌시오와 성령 교회의 네이브 월에서는 엔태블러처가 추가되었다(그림 98). 이런 방식은 브루넬레스키가 새로 창출한 것으로 볼 수 있다. 로마 시대에 쓰이던 방식은 다소 애매했다. 원래 아치는 벽체식 구조였기 때문에 독립 원형 기둥이 단독으로 받치는 경우는 많지 않았다. 그러나 하드리아누스의 빌라 등 부분적으로 이런 예들이 나타나기 시작했다. 이때 엔태블러처가 들어가긴 했지만 그 방식은 브루넬레스키의 것과는 차이가 있었다. 아치가 열을 이루는 아케이드 방식이 아니고 엔태블러처가 수평 보 형식으로 길게 이어지다 중간에 하나만 들어가는 방식이었다.

초기 기독교 건축과 로마네스크의 바실리카에서는 엔태블러처가 사라졌다. 주두가 수직으로 두 개 중첩되는 경우는 있었지만, 이것은 조각상을 새겨넣기 위한 바탕면이었지 엔태블러처와는 무관한 것이었다. 브루넬레스키도 첫 작품에서는 이런 로마네스크의 전통을 반복했다. 그러나 바로 그 다음 건물에서 엔태블러처를 집어넣는 자신만의 독특한 처리 방식을 선보였다.

이 방식은 비례를 조절하고 지상 면 위의 조도를 향상시키는 등 여러 가지 목적을 가졌다. 뿐만 아니라 공학기술을 이용한 건축 구성의 단순화라는 브루넬레스키의 건축철학을 잘 보여주는 내용이라 할 수 있다. 브루넬레스키는 고전 아케이드의 표준 구성은 엔태블러처를 갖는 것이어야 한다고 보았다. 이것은 다분히 구성적 관점에서의 판단이었다. 아케이드를 오더 구조의 파생물로 보았던 것인데 오더는 엔태블러처를 가졌기 때문이다. 이 판단에 의하면 엔태블러처를 없애는 것은 고전 오더의 순도를 해치는 변질로 볼 수 있다. 실제로 엔태블러처가 없어지는 예들에서는 장식이 증가하는 경우가 대부분이었다. 로마 건축이 그러했으며 로마네스크 건축은 더욱 심했다. 브루넬레스키는 이것을 정리하여 장식을 떼어내는 대신 고전 오더의 핵심 구조 방식으로 회귀함으로써 건축적 순도를 살렸다. 공학기술의 실용정신이 건축 어휘에 영향을 끼친 좋은 예이다.

98 필리포 브루넬레스키(Filippo Brunelleschi), 성 라우렌시오(San Lorenzo), 피렌체, 1419년경~29년경/70년대에 치아케리(Ciaccheri)에 의해 완성

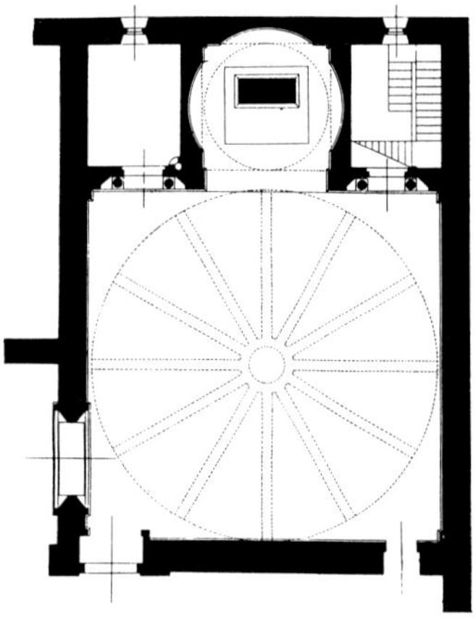

99 필리포 브루넬레스키(Filippo Brunelleschi). 구 성물안치소(Sagrestia Vecchia). 피렌체. 1419년경~29

시공 기술에 대한 이런 입장은 실용 역사주의로 부를 수 있다. 브루넬레스키는 시공 기술에 대해 유리한 방식을 선별적으로 사용하려는 입장을 가지고 있었다. 그는 역사적 선례, 군사 기술, 토목 기술, 공학기술 등 다양한 자료로부터 필요한 것을 채택해서 사용하였다. 실용주의로 무장한 현장감에서 나온 이런 입장은 공학기술에 밝아야 할 뿐 아니라 이것을 건축적 목적과 일치시키는 응용력도 갖추어야 가능한 일이었다. 공학기술을 그 자체로 궁극적 목적으로 본 것이 아니라 형태와 공간을 돕는 보조 역할로 보았다는 의미이다. 이 점에서 브루넬레스키는 기술자가 아닌 건축가였다. 뿐만 아니라 브루넬레스키에게 고전은 이상의 실용적, 공학적 목적을 갖는 다양한 역사적 선례 가운데 하나에 불과했다. 브루넬레스키에게는 교조화된 규범처럼 지켜야 할 고전 양식이나 법칙이 없었다. 그는 고전을 포함한 역사 전체에 대해 포괄적 입장을 가지고 실용정신과 포괄적 역사 정신을 통합한 실용역사주의를 자신의 고전관으로 삼았다.

구 성물안치소, 파치 예배당: 이중 초점 중앙집중형

100 필리포 브루넬레스키(Filippo Brunelleschi). 구 성물안치소(Sagrestia Vecchia). 피렌체. 1419년경~29

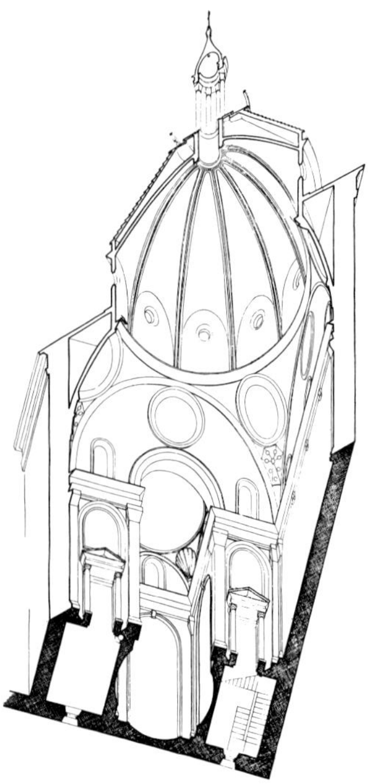

성 라우렌시오의 구 성물안치소는 메디치 가의 가족 예배당 개념으로 설계되었다. 더 구체적으로는 조반니 디비치Giovanni di Bicci 부부의 원형 무덤이다. 유력 가문이 원형 무덤을 갖던 로마 시대의 전통을 이어받은 것이다. 공간 구성도 로마 시대의 원형 무덤을 차용했다. 전체 구성은 정사각형이 본당을 이루고 그 한 변에 긴 직사각형 공간을 더하는 형식이다(그림 99). 본당은 '무덤-제단-돔'으로 이어지는 강한 초점을 중심에 갖는 단겹의 중앙집중형 공간이다(그림 100). 돔은 비잔틴의 펜던티브형으로 처리했다. 가깝게는 토스카나 세례당의 펌프킨 돔을 선례로 삼았다. 직사각형 공간은 삼등분되었다. 중앙이 제단 예배당이었고 양옆은 계단과 부속실로 처리했다. 제단 예배당은 다시 작은 돔으로 천장을 마감했다. 작은 돔은 중앙의 큰 돔과 함께 이중 초점을 형성한다.

건물 전체는 중앙집중형에 축을 갖는 선형구성을 혼합했다. 그러나 선형 축은 약했고 이중 초점은 이것을 더욱 약화시켰다. 작은 초점의 천장을 앱스형이 아닌 돔으로 처리한 것도 선형성을 끊는 작용을 했다. 원을 이용한 기하주의는 중앙집중형을 강화시켰다. 원은 중앙집중형 이미지를 통해, 기하주의는 공간 골격을 정리하는 기능을 통해서였다. 펜던티브 돔은 여러 겹의 원형 어휘를 수직적으로 중첩한 것이기 때문에 기하주의를 이용한 중앙집중형 강화와 잘 어울렸다. 여기에 창을 중심으로 원형 어휘들을 집중적으로 추가했다.

종합적으로 볼 때 이 건물에서는 수평-수직 양방향의 꺾임, 분절, 연속 등의 변화가 균형과 긴장을 만들어낸다. 스케일, 공간 골격, 공간 깊이 등이 정형성과 율동감, 안정감과 변화 사이에서 적절히 교대되며 흥을 돋운다. 휴먼 스케일의 범위 내에서 정사각형과 원의 기하주의를 이용하여 고전주의의 공간 골격을 새롭게 재해석했다. 인간을 위하고 인간이 중심이 되는 인본주의 건축의 한 방식인 것이다.

중앙집중형의 공간 골격에 고전 어휘를 이용한 장식을 더했다. 이것은 도나텔로가 나중에 더한 것이다(그림 101). 고전의 장식적 차용은 브루넬레스키의 건축 이상과는 거리가 멀었다. 돋을새김 같은 건축을 벗어난 장식 어휘는 물론이고 구조 골격 위에 더해진 건축 어휘도 구조적 기능이나 건축적 의미보다는 장식 어휘에 가깝다. 대리석을 이용한 채색주의는 장식 효과를 배가시켰다. 브루넬레스키의 원안은 장식이 거의 없는 순수 구조체였으며, 색조에서도 색상이 극도로 자제된 무채색이었다. 브루넬레스키 자신도 도나텔로의 추가 작업에 대해서 화를 냈던 것으로 알려진다.

한편 도나텔로의 장식을 단순히 2차적인 추가물로만 볼 것인가에 대해서는 논란이 있다. 일부 사가들은 원안의 공간 특성을 돕는 효과를 갖는다고 해석하기도 한다. 이것은 장식의 종류와 처리 내용에 따라 차별적으로 생각해야 될 문제이다. 코린트식 벽기둥, 신전 파사드, 엔태블러처, 반원 아치 등은 구조 골격의 분절이 일어나는 모서리 꺾임을 강조하는 기능을 갖는다. 공간 골격의 구성을 명확하게 해준다는 의미이다. 공간 비례가 정사각형인 경우 더욱 그러하다. 그러나 펜던티브와 원형 수직벽에 새겨진 원형 돋을새김 장식이나 벽기둥 사이의 낮은 감실에 새겨진 돋을새김 장식은 공간 골격의 단순함과 통일성을 해치는 2차적 추가 요소라고 할 수 있다.

파치 예배당은 구 성물안치소와 유사한 구성을 가졌다. 내막적으로

101 필리포 브루넬레스키(Filippo Brunelleschi). 구 성물안치소(Sagrestia Vecchia). 피렌체. 1419년경~29

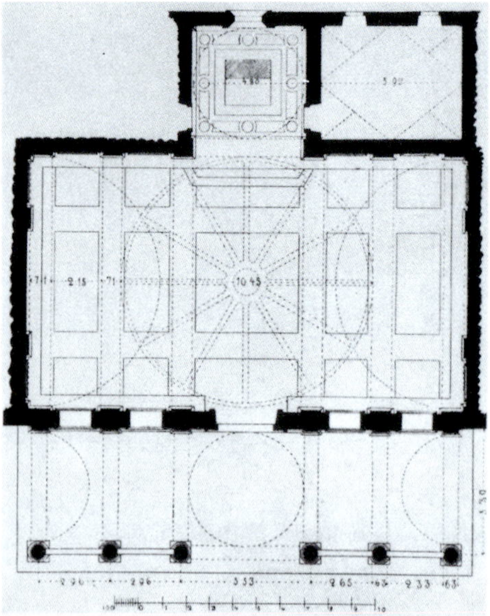

102 필리포 브루넬레스키(Filippo Brunelleschi). 파치 채플(Pazzi Chapel). 피렌체. 1425년경~28 설계. 1465년경 완공

도 연관성을 갖는다. 파치 예배당의 후원자였던 안드레아 데파치Andrea de' Pazzi는 메디치 가와 가까운 정치적 동지였다. 때문에 이 건물은 설계부터 구 성물안치소와 세트 개념이었으며. 두 건물 모두 개인의 원형 무덤이었던 점도 유사성을 만드는 요소였다.

파치 예배당은 기능적으로는 성 십자가Santa Croce 수도원에 소속된 챕터하우스Chapter House=수도원 총회실로 정의된다. 제단 예배당을 갖는 직사각형 평면은 챕터하우스의 표준형인데 여기에 열주 현관을 덧붙였다. 내용적으로는 파치의 가족 원형 무덤으로 정의된다. 평면은 본당을 중심으로 양옆에 열주 현관과 제단 예배당을 추가로 갖는 구성이다(그림 102). 이것은 내접형 그릭 크로스를 기본형으로 삼아 변형시킨 구성으로 볼 수 있다. 구 성물안치소와 비교했을 때 이런 구성은 선형성과 중앙집중성 모두를 강화시키는 차이를 갖는다.

평면 전체의 윤곽은 직사각형이다. 그 안에 '출입구–본당–제단 예배당'으로 이어지는 확실한 선형 축이 형성되어 있다. 구 성물안치소에서는 두 개였던 선형 요소가 여기에서는 세 개로 늘었다. 본당이 정사각형이 아닌 직사각형인 점은 선형성을 강화시켰다. 챕터하우스의 기능을 수행하기 위해 무덤을 중심 초점에서 벗어나게 한 점도 중앙집중성을 약화시킴으로써 궁극적으로 선형성을 강조했다.

103 필리포 브루넬레스키(Filippo Brunelleschi). 파치 채플(Pazzi Chapel). 피렌체. 1425년경~28 설계. 1465년경 완공

열주 출입구를 세 개의 정사각형 베이로 분할한 뒤 중앙 베이를 돔천장으로 처리함으로써 중앙집중성도 함께 강화했다. 선형 요소와 마찬가지로 중앙집중형 요소도 구 성물안치소의 두 개에서 세 개로 증가했다. 이런 차이에도 불구하고 크로싱 천장을 12등분의 펌프킨 돔으로 처리한 점, 원형 기하주의를 이용하여 중앙집중성을 강화한 점, 수직 구성에서 다단계의 중앙집중성이 나타난 점, 기하주의를 이용하여 공간 골격을 정리한 점, 고전 어휘를 대리석을 이용한 장식주의로 처리한 점 등은 구 성물안치소와 동일한 내용이었다(그림 103).

산타마리아델리안젤리, 성령 교회: 대칭형 중앙집중형

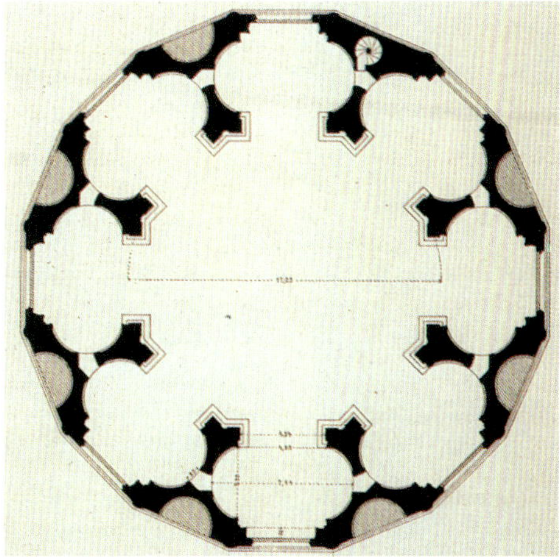

104 필리포 브루넬레스키(Filippo Brunelleschi). 산타마리아델리안젤리(Santa Maria degli Angeli). 피렌체. 1434~37, 1503년 부분 완공, 1934년 완공

산타마리아델리안젤리는 앞의 예들보다 더 우여곡절이 많았던 건물이다. 이 건물은 관련 기록도 충분하지 않은 데다 공사 시작 3년 만에 중단된 뒤 수백 년이 지나 로돌포 사바티니Rodolfo Sabatini에 의해 완공되었기 때문에 브루넬레스키의 건축적 의도를 정확히 알기가 어렵다. 그러나 3년 동안 건물의 기본 골격이 세워졌기 때문에 여기에 나타난 그의 중앙집중형 개념은 추적이 가능하다.

이 건물은 중심 공간은 팔각형으로, 외관은 십육각형으로 이루어졌다(그림 104). 중심공간과 외벽 사이에는 여덟 개의 2차 공간을 만들었다. 2차 공간은 윤곽이 옆으로 길게 누운 타원형이다. 십육각형으로 된 외관 가운데 한 변은 출입구로 쓰였으며 이것과 마주보는 반대편 변에는 작은 2차 출입구를 만들었다. 2차 출입구를 추가함으로써 기능적으로 선형 축을 형성하고 있지만 축성은 강하지 않다. 기능적 측면을 제외하고 공간의 물리적, 기하학적 윤곽만 생각하면 여덟 개의 대칭축을 갖는 방사형이다.

이 건물의 중앙집중형 구성에 대한 선례는 여러 곳에서 찾을 수 있다. 중심 공간과 외벽 사이에 감실 형식의 2차 공간을 둔 방식은 로마 시대의 원형 무덤에 많이 쓰였다. 초기 기독교 건축에서는 순례자 기념 시설이나 무덤 교회에 많이 쓰였으며, 비잔틴과 로마네스크의 중세 건축에서는 세례당에서 많이 쓰였다.

방사형은 브루넬레스키가 전반기 작품에서 일관적으로 추구했던 동일성 개념을 중앙집중형 공간에 적용한 것이다. 이 건물에서는 방사형을 통해 완전 대칭형을 추구했다. 완전 대칭형은 동일성 개념을 극단적으로 발전시킨 것으로 볼 수 있다. 이것은 르네상스의 정체성을 결정짓는 요소이다. 선형 공간에 나타난 차별성과 위계성을 극복해야 할 중세의 잔재로 보고 그 대안을 찾은 것이다.

성령 교회는 브루넬레스키의 건축 이상을 가장 잘 구현한 예이다. 브루넬레스키의 작품들은 그의 계획대로 순조롭게 진행된 경우가 매우 드물었고, 나중에 변형된 것들도 많았다. 이런 상황에서 그의 건축

105 필리포 브루넬레스키(Filippo Brunelleschi). 성령 교회(Santo Spirito). 피렌체. 1436/사후 완공

이상을 가장 잘 보여주는 예가 성령 교회이다. 이 건물은 성 라우렌시오를 모델로 삼아 발전시킨 예이다. 성 라우렌시오에서 통일성을 해쳤던 문제점들을 대부분 해결했다. 해결은 완전 대칭 개념을 통해 이루어졌다. 물론 성령 교회는 선형 공간을 기본 골격으로 가졌기 때문에 엄밀한 의미에서는 완전 대칭이란 맞지 않을 수도 있다. 그러나 선형 공간을 이루는 기본 요소들의 상징적 해석과 중앙집중형 공간을 더하는 처리 방식 등으로 완전 대칭 개념들을 잘 구현했다.

선형 공간을 이루는 요소들에서는 아일과 예배당 모두가 네이브에서 트랜셉트를 거쳐 앱스에 이르기까지 균등하게 반복되었다(그림 105). 네이브와 트랜셉트가 만나는 지점의 아일은 양쪽 방향으로 열렸다. 예배당도 마찬가지이다. 아일의 마지막에 더해진 예배당은 아일 쪽으로, 첫째 트랜셉트에 더해진 예배당은 트랜셉트 쪽으로 열리게 처리했다. 두 예배당이 만나는 지점에는 4분의 3 벽기둥을 세워 두 예배당 모두를 담당하게 했다. 두 예배당 사이에는 45도 방향으로 하나의 벽을 공유하고 있다.

이런 처리들은 네이브와 트랜셉트 사이에 완벽한 동등함을 확보했다. 균등한 통일성을 성취하고 있는 것이다. 예배당 수가 많아진 것은 봉헌될 상업 가문 출신 후원자들이 충분해진 덕분이었다. 르네상스 이상이 사회적으로 안정기에 접어든 상황이 반영된 결과로 볼 수 있다.

106 필리포 브루넬레스키(Filippo Brunelleschi). 성령 교회(Santo Spirito). 피렌체. 1436/사후 완공
107 필리포 브루넬레스키(Filippo Brunelleschi). 성령 교회(Santo Spirito). 피렌체. 1436/사후 완공

조도 조절을 통해 성聖의 공간과 속俗의 공간 사이에도 균등한 통일감을 확보했다. 크로싱 돔을 받치는 벽기둥에 충분한 두께를 주어 큐폴라에 창을 뚫음으로써 바닥 쪽과 하늘 쪽 사이에 균등한 조도를 얻었다(그림 106). 이런 것들을 통해 교회 실내 전반에 강한 통일성이 만들어졌다(그림 107). 또한 정사각형을 모듈 단위로 사용함으로써 통일성이 한층 강화되었다.

다음으로 중앙집중형 공간을 이루는 요소들로, 네이브의 출입구 방향 여섯 베이를 떼어낸 위쪽의 나머지 부분이 완전 대칭으로 중앙집중형을 구성하고 있는 점을 들 수 있다. 위에서 살펴보았듯이 선형 공간에서 완전 대칭을 이루는 아일과 예배당 처리는 중앙집중형 공간의 완전 대칭을 크게 돕는다. 대칭성은 십자축의 네 방향으로 '크로싱 돔-2베이의 트랜셉트-아일-예배당'의 연속 공간을 이루며 강한 정형성을 띠고 있다. 또한 45도 방향으로 하나의 벽을 공유한 처리는 사선 방향의 대칭축을 추가하는 요소로 작용한다.

이상의 둘이 합쳐지면서 완전 대칭의 라틴 크로스 구성에 완전 대칭의 중앙집중형 구성을 결합한 두 겹의 구성이 만들어졌다. 선형 평면임에도 불구하고 중앙집중형을 더 강조한 구성이다. 네이브, 아일, 트랜셉트, 예배당, 모듈 등은 모두 선형 평면을 구성하고 강조하는 요소들인데 이 건물에서는 이것들이 완전 대칭 개념을 통해 중앙집중형을 강화하는 방향으로 작용했다. 라틴 크로스에 그릭 크로스를 더한 것이라기보다 그릭 크로스의 한쪽 팔을 늘어트린 것에 가깝다.

선형 공간에 중앙집중형 공간을 더하는 문제는 브루넬레스키의 건축 활동 초창기부터 제기되었다. 초창기 작품들에서는 선형성을 더 강하게 지켰지만, 후반기의 이 두 작품에서는 완전 대칭이라는 개념을 통해 중앙집중성이 선형성을 능가하는 변화가 나타났다. 이런 변화는 르네상스 건축 전체에서 중앙집중성이 강화되어가는 흐름의 일환으로 볼 수 있다. 초기 르네상스에서는 브루넬레스키의 뒤를 이은 알베르티에서 더욱 강화되었고, 이것은 다시 성기 르네상스로 이어지며 중앙집중형의 전성기를 맞게 된다.

2 레온 바티스타 알베르티

전인상과 르네상스의 확장

레온 바티스타 알베르티Leon Battista Alberti, 1404~72년는 인문학적 지성으로 무장한 르네상스 전인상의 대표적 인물이었다. 건축가들 사이에서는 말할 것도 없거니와 르네상스 시대 전체를 통틀어서도 그러하다. 그는 인문학의 거의 전 분야에 정통했으며 미술, 문학, 승마 등 여러 분야에서 다재다능했다. 알베르티는 건축조차도 인문학적 관점으로 정의했다. 건축이 갖는 인문학적 특성을 가장 모범적으로 완성시킨 건축가였다.

알베르티는 여러 면에서 브루넬레스키와 좋은 비교 대상이다. 인문학을 바탕으로 한 전인상은 브루넬레스키의 공학기술을 바탕으로 한 현장형과 대비된다. 나이에서는 브루넬레스키보다 한 세대 늦다. 브루넬레스키가 르네상스의 문을 열었다면 알베르티는 이것을 이어받아 첫번째 완성을 이루었다. 피렌체에서의 입장도 차이가 있다. 알베르티는 피렌체에서 권력 투쟁에 패해 1387년 촘피 반란Ciompi Revolt 때 제노바로 망명한 집안의 자손이었다. 피렌체 르네상스 상황의 산물이었던 브루넬레스키와는 매우 다른 차이점이었다.

활동 무대에서도 브루넬레스키가 철저하게 피렌체 중심이었던 데 반해 알베르티는 피렌체를 위시하여 로마, 리미니Rimini, 만토바, 우르비노Urbino 등으로 범위를 넓혔다. 알베르티를 기점으로 르네상스 건축은 피렌체만의 현상에서 이탈리아 반도 전체로 확산되었으며, 로마가 본격적으로 등장하기 시작했다(그림 108). 이 두 가지 현상은 르네상스 건축이 성립하는 데 중요한 배경으로 작용했다. 그 중심에 알베르티가 있었다. 특히 로마의 등장은 알베르티의 중요한 기여였다. 이러한 사실은 지리적 확장뿐 아니라 고전에 대한 기본 인식에서도 중요한 의미를 가진다. 브루넬레스키가 모델로 삼았던 고전이 토스카나 로마네스크였던 데 반해 알베르티는 로마의 정통 고전주의를 선례로 삼은 것이다(그림 109).

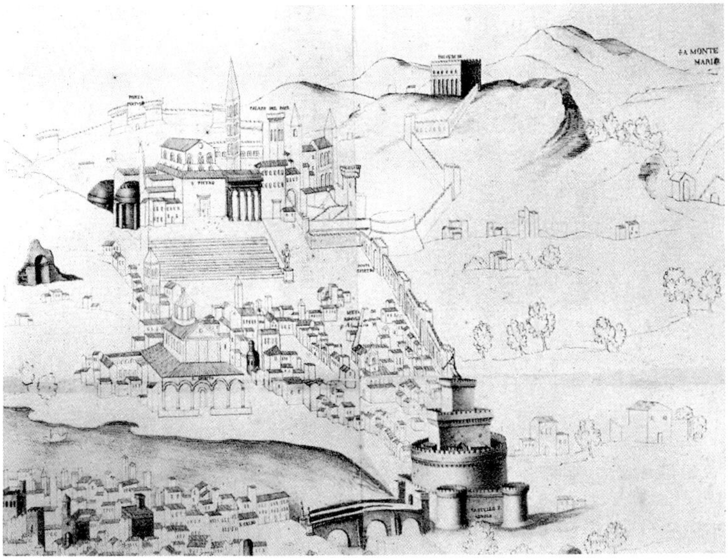

108 알베르티의 만토바 플랜. 보르고 레오니노(Borgo Leonino) 일대와 바티칸 개발 계획
109 레온 바티스타 알베르티(Leon Battista Alberti). 성 안드레아(Sant'Andrea). 만토바. 1470~72

이런 차이점들에도 불구하고 알베르티가 피렌체와 적대적이거나 브루넬레스키와 대립관계였던 것은 아니다. 1428년에 그의 가문은 피렌체에서 복권되었고 망명이 해제되었다. 알베르티는 1432년에 피렌체를 방문했는데, 이때는 아직 건축 경력이 시작되기 이전으로 인문학자로서 방문했던 것이며 그런대로 환영을 받았다. 이를 계기로 피렌체의 인본주의 학자들과 교류하면서 주요 저술 업적을 남겼다. 1460~70년대에는 피렌체가 알베르티의 건축 활동 무대가 되면서 루첼라이 가로부터 주요 작품을 네 개나 수주받았다.

알베르티는 브루넬레스키에게 자신의 저서를 헌정하고 피렌체 돔을 극찬하는 등 상당한 존경심을 표시했다. 공학기술을 단순한 하급 기술에 머물게 하지 않고 인문학적 지성을 통해 인본주의적 가치로 승격시킨 브루넬레스키의 능력과 작품 경향을 높이 산 것이었다. 알베르티는 이것을 자신의 인본주의적 이상에 대한 모범적 형식의 하나로 보았던 것 같다. 혹은 자신에게 결여되었던 공학과 건축에서의 업적에 대해 보완적 의미로서 평가한 것일 수 있다.

건축주와 관련해서 두 사람은 본의 아니게 대립적 위치에 서기도 했다. 메디치 가와 경쟁 관계에 있던 루첼라이 가에서 1460~70년대에 알베르티를 주 건축가로 삼았던 것이다. 그러나 이때는 이미 브루넬레스키의 사후였으므로 직접적인 대립은 없었다. 이와 함께 알베르티의 또다른 중요한 건축주로 만토바의 곤차가 가문을 들 수 있다. 곤차가 가문으로부터는 두 개의 주요 작품을 수주했는데 이 가운데 하나가 그의 대표작인 성 안드레아였다.

알베르티의 생애는 1450년경을 기점으로 전반부, 중간기, 후반부의 셋으로 나눌 수 있다. 전반부의 활동은 인본주의 저술에 집중되었다. 그는 라틴어, 그리스어, 법학을 정식으로 교육받았으며, 수학과 물리학을 독학으로 공부했다. 알베르티는 인문학과 관련된 거의 모든 분야에서 탁월한 재능을 보이며 많은 업적을 남겼다. 희극, 대담집, 시, 수필, 이탈리아어 문법, 윤리학, 사회학, 역사, 지도 제작법, 농업 등에 관해 저술했다. 회화, 조각, 건축 등 예술 분야에 대해서도 주요 저서를 남겼다. 이런 저작들은 라틴어와 이탈리아어로 썼다. 그의 문체는 수려해서 문장력만으로도 중요하게 평가된다. 예술 분야에 관한 저술은 르네상스를 대표하는 이론서가 되었다. 1435년에 쓴 『회화에 관하여*De pictura*』가 그것이다. 그는 이 책의 이탈리아어 판을 브루넬레스키에게 헌정했는데, 15년 전에 브루넬레스키가 발명했던 투시도법을 발전시켜 법칙화했다.

110 레온 바티스타 알베르티(Leon Battista Alberti). 『건축십서*De re aedificatoria*』(1452)에 나오는 〈큰 하중을 어떻게 끌어올리고 옮기고 밀 것인가〉라는 그림.

전반부에서 후반부로 넘어가는 중간기에는 로마 복원 사업과 재건 사업에 활발하게 참여했다. 니콜라오 5세의 재위 기간이었던 1447~55년에 해당된다. 후반부의 활동은 건축에 집중되었다. 그가 본격적으로 설계를 시작한 것은 1450년경부터였다. 1452년에는 『건축십서*De re aedificatoria*』의 집필을 완료했다. 같은 해에 『회화의 요소*Elementa picturae*』도 집필했다. 이후 피렌체와 만토바를 배경으로 늦은 나이에 20여 년의 짧은 기간 동안 6~7개 정도의 주요 작품을 남겼다.

알베르티는 정식 건축가는 아니었다. 알베르티의 건축 경력은 전적으로 인문학적 지식에 기초했다. 건축의 기본 개념과 법칙은 모두 인문학의 관점에서 정의되고 세워졌다(그림 110). 당시의 건축 관습에서 건축가의 경력은 대가 장인의 도제로 들어가서 수습 기간을 거치며 비전으로 배우는 것이 통례였다. 알베르티는 이런 전통을 완전히 벗어난 방식에 의해서 자신만의 건축을 탄생시켰다. 현장 중심의 공학기술과 공예 기술로만 정의되어 오던 건축에 지성 학문의 특성을 새롭게 추가했던 것이다. 이것은 건축을 고급 예술로 정의하는 밑바탕이 되었다.

알베르티의 대표작으로 리미니의 성 프란치스코San Francesco=Tempio Malatesta, Rimini, 1450년경~60년경, 피렌체의 루첼라이 팔라초Palazzo Rucellai, 1452년경~70년경와 산타마리아노벨라Santa Maria Novella, 1458~71년, 만토바의 산세바스티아노San Sebastiano, 1460~72년와 성 안드레아Sant' Andrea, 1470~72년 등을 들 수 있다.

르네상스 고전주의와 시민 인본주의

고전에 대한 알베르티의 생각은 인문학적 해석에 기초한 것이었다. 브루넬레스키는 고전에 대해 유구 물리체를 중심으로 주로 공학적, 조형적, 양식적으로 접근했다. 알베르티는 여기에 결여되어 있던 나머지 반쪽을 더함으로써 르네상스 고전주의를 완성시켰다. 알베르티의 고전이 갖는 의미는 다음의 여섯 가지로 정리될 수 있다.

첫째는 인문학적 종합화의 핵심 매개이다. 고전 문헌에 대한 인문학적 접근을 통해 알베르티는 고전의 순도나 대표성을 찾는 작업에 강하게 집중할 수 있었다. 작업은 인문학적 방법론에 의한 종합화로 나타났다. 『건축십서』는 그 좋은 예이다. 이 책은 비트루비우스를 모델로 삼아 씌어졌지만 연관성이 그리 크지 않은 독창적 저서이다. 제목을 비트루비우스의 『건축십서*De architectura*』와 비슷하게 붙인 점, 10권으로 구성한 점, 건축의 세 요소를 기능, 구조, 디자인으로 정의한 점만이 비트루비우스로부터 직접 영향받은 내용이다.

이 책의 정수는 비트루비우스를 포함하여 모든 건축적 선례에 대한 총집대성에 있다. 구전으로만 전해져오던 선대의 여러 지역 건축물에 얽힌 내용들을 일일이 찾아다니며 자료를 수집하고 확인한 성과였다. 이렇게 수집한 방대한 자료들을 르네상스 이상에 맞는 기준에 따라 이론으로 법칙화했다. 비례, 기능 유형, 종교 건물, 로마 시대의 시공 기술 등 비트루비우스가 제시했던 주제들을 다루기는 했지만, 훨씬 자세히 나누어 설명했을 뿐 아니라 이것을 이론으로 법칙화한 점에서 완전히 다른 책이라 할 수 있다.

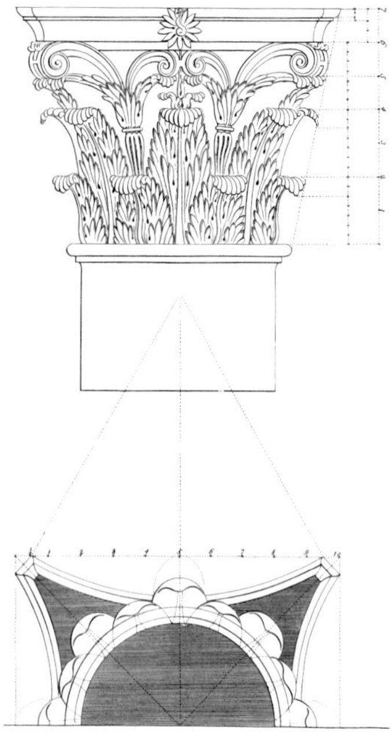

111 레온 바티스타 알베르티(Leon Battista Alberti), 『건축십서*De re aedificatoria*』(1452)에 나오는 콤포지트 주두

앞에서 언급한 인체 비례는 좋은 예이다. 비트루비우스가 이상적 비율 한 가지만 언급하고 말았던 데 반해, 알베르티는 수십 배 더 많은 실례의 관찰을 통해 상황에 따라 적용 가능한 이론으로 법칙화했다. 이밖에도 알베르티 저작의 주제를 보면 '인상lineaments' '재료' '건설' '장식' '종교 건물의 장식' '공공 세속 건물의 장식' '건물의 복원' 등으로 비트루비우스보다 훨씬 다양해졌다(그림 111). 시공 기술에서 장식 일반론을 거쳐 종교 건물과 공공건물의 장식에 이르기까지 폭넓은 주제를 포괄하고 있다. 이 모든 내용은 인문학적 지성의 그늘 아래 모아졌다.

둘째는 시민 인본주의의 구현 매개이다. 알베르티는 건축 이론을 건축에 국한하지 않고 사회 전반의 주제들로 확장했다. 예를 들어 개인 주택에 관한 내용은 가족의 건강성이란 관점과 연결시켜 법칙화했다. 건강한 가족이 유지되기 위해 필요한 물리적 환경 조건인 편리성, 쾌적성, 장식의 절제 등을 기준으로 제시한 것이다. 건강한 가족이란 르네상스 인본주의의 이상 가운데 하나인 시민정신이나 공화정 이상을 윤리학의 관점에서 정의한 사회적 주제였다. 알베르티 스스로도 1441년경에 사회윤리학 이론서인 『가족에 관하여Della Famiglia』란 책을 저술했다.

이런 작업들은 시민 인본주의의 전형적인 학문 방식이었다. 발품을 팔아 뛰어다니며 현장에서 자료를 수집하고, 이것을 인문학적 지성에 따라 재해석, 분류, 법칙화함으로써 건축을 지성 학문의 한 분야로 승격시켰다. 역사적 선례들도 이런 자료의 하나이다(그림 61). 역사적 선례와 현장 기술을 하나로 묶어주는 종합화 작업의 연결 매개는 고전이다. 방치되어 있던 고전 유적들을 발굴하고 그 가치를 정의함으로써 건축 분야에 편입시켰다. 시공 기술에서 이론과 예술적 가치에 이르는 큰 스펙트럼을 종합화한 것이다(그림 112). 이 모든 것의 궁극적 목적은 인간에게 이로운 건축 환경을 제공하여 인간을 도움으로써 인간의 가치를 새롭게 정의하고자 하는 것이었다.

112 레온 바티스타 알베르티(Leon Battista Alberti), 『건축십서*De re aedificatoria*』(1452)에 나오는 분절 엔태블러처를 갖는 벽기둥

로마, 로마 고전주의, 첨단성

셋째는 고전 부활의 대상과 중심지로서 로마 고전주의이다. 이것은 확장일 수도 있고 집중일 수도 있는 양면성을 가진다. 피렌체의 한계를 넘어 로마에 다가간 점에서는 확장이다. 반면 브루넬레스키의 로마적 중세성에서 로마 고전주의로 좁힌 점에서는 집중이다. 알베르티의 로마 고전주의는 로마 재건 사업에 직접 참여, 『건축십서』 저술, 창작요소로 작품에 활용, 이렇게 세 방향에서 이루어졌다. 로마에 대한 인식은 브루넬레스키까지는 무엇인가를 얻어오는 대상이기만 했다. 알베르티는 이 한계를 뛰어넘어 로마 재건 사업에 일조하고 학문적 연구의 대상으로 삼았으며 창작 소재로 활용함으로써 잠자는 로마를 깨워 르네상스의 중심지로 끌어냈다(그림 109, 113).

넷째는 르네상스를 대표하는 첨단성이다. 알베르티의 정통 로마 고전주의는 당시 이탈리아에서 브루넬레스키의 로마네스크 모델보다 더 강한 호소력을 가졌다. 중세적 연속성을 포함한 종합화로 고전을 정의했던 브루넬레스키와 대비되었다. 이것은 브루넬레스키의 보수성에 대비되어 르네상스의 첨단성을 처음 정의한 것으로 해석될 수 있다(그림 114). 고전이라는 전통 요소가 특수한 시대 상황에 따라서는 오히려 더 신선한 첨단 요소일 수 있다는 건축사의 비밀을 구현해낸 것이다. 부활이 문명의 요체이자 원동력인 시대였기 때문에 가능했다. 첨단성은 알베르티의 방법론에 잘 나타나 있다. 알베르티는 주어진 문제와 그에 대한 해답을 단순화, 유형화한 뒤 역사적 선례에서 모델을 찾아냄으로써 동시대 사람들이 듣보지 못했던 새로운 차원의 유형과 방향을 제시했다. 이런 이유로 알베르티는 르네상스의 진보성을 대표하는 건축가로 평가된다.

다섯째는 로마 재건 계획에의 참여이다. 시민 인본주의를 향한 알베르티의 열정은 인본주의 교황들의 이상과 부합했다. 알베르티는 교황 니콜라오 5세의 로마 복원 사업에 활발히 참여했다. 그 내용은 정확하게 밝혀진 것이 없지만 이 시기에 행해진 대부분의 복원 사업에 깊숙이 관여했을 것이라는 게 통설이

113 레온 바티스타 알베르티(Leon Battista Alberti), 『건축십서*De re aedificatoria*』(1452)에 나오는 개선 아치

114 레온 바티스타 알베르티(Leon Battista Alberti), 성 프란치스코(San Francesco=Tempio Malatesta), 리미니(Rimini), 이탈리아, 1450년경~60년경

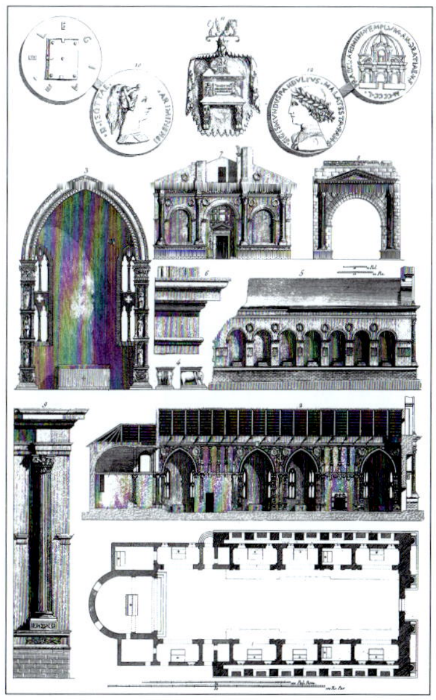

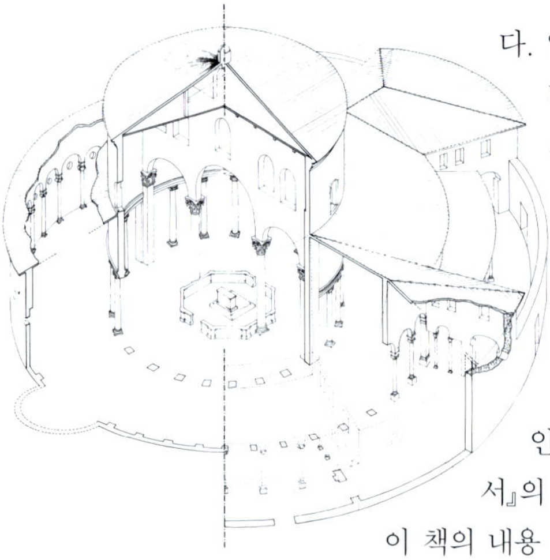

115 성 스테파노(St. Stefano). 로마. 왼쪽이 원래 상태이고 오른쪽이 알베르티(Alberti)의 개축안이다.

다. 알베르티는 베르지네 수로, 성 테오도로San Teodoro, 구 성 베드로Old St. Peter's, 산탄젤로 다리Ponte Sant'Angelo, 성 스테파노 로톤도St. Stefano Rotondo 등의 구체적인 복원 사업을 주도한 것으로 알려졌다(그림 115).

이런 경험들은 알베르티에게 소중한 건축 학습이었다. 공사 현장에서 공예 기술 중심으로 배우는 것을 대신했다는 의미이다. 고전을 소재로 삼아 인문 해석을 추구했던 그의 건축 경향에 가장 적합한 건축 수업인 셈이다. 또한 40년대 초반부터 쓰기 시작한 『건축십서』의 내용을 검증하고 자료를 수집하는 긴요한 과정이었다. 이 책의 내용 가운데 로마 유적의 선례에 대한 것들은 이 시기 복원 사업 때 정리한 내용을 기초로 삼았다. 거꾸로 복원 사업이 『건축십서』로부터 영향을 받기도 했다. 건물의 기능 유형, 역사적 배경, 축조 방식 등에 따라 비트루비우스의 세 가지 기준인 기능, 구조, 디자인 가운데 하나에 중점을 두어 특성을 파악하여 복원의 방향을 결정한 것이 그러했다.

여섯째는 초기 근대 로마의 아버지 역할이었다. 알베르티는 복원 사업 이외에도 좀더 넓은 범위에서 로마 재건 계획 입안에 핵심 아이디어를 제공했다(그림 108). 더 넓게는 도시와 건축이라는 물리적 환경과 실용적 인프라를 통해 인본주의의 이상을 실현하고 르네상스의 정체성을 정의하는 작업이 왜, 그리고 얼마나 중요한지를 교황에게 인식시키는 역할을 했다(그림 116). 니콜라오 5세의 로마 재건 사업이 야심에 찬 대대적 작업이었던 점에서 그의 역할은 더욱 중요했을 것이다. 니콜라오 5세가 입안한 계획은 2백 년 후인 바로크 시기까지 이어졌다.

116 레온 바티스타 알베르티(Leon Battista Alberti). 트레비 분수(Fountain of Trevi) 수반. 로마

이때 계획되고 실행된 내용들은 로마에 '르네상스-바로크' 구역을 형성함으로써 로마를 이루는 핵심 골격 가운데 하나가 되었다. 그 중심에 알베르티가 있었다. 이로써 알베르티는 로마의 르네상스-바로크 구역의 아버지로 불릴 만한 기여를 했다. 알베르티가 창출한 고전 건축은 르네상스 고전주의와 바로크 고전주의의 모델이 됨으로써 이 지역에 세

워진 건물들의 골격을 제공했다. 여기에 더해 도시 골격의 토대까지 함께 닦음으로써 명실공히 초기 근대 로마의 아버지가 된 것이다.

벽체 구조와 기하 장식주의

이상이 포괄적 의미에서 고전에 대한 알베르티의 기본 입장이라면, 이것과는 별도로 건축가 알베르티의 작품에 나타난 고전 처리 경향은 다음의 세 가지로 정리될 수 있다.

첫째, 고전을 로마의 정통 고전주의에 국한시켰다. 이것은 르네상스를 이탈리아의 정체성과 로마의 전통을 합친 것으로 정의했음을 의미한다. 이런 시각은 피렌체라는 도시국가의 동시대적 상황에 얽매였던 브루넬레스키와 대비를 이룬다. 알베르티는 브루넬레스키의 지리적, 시간적 한계를 벗어나 르네상스의 의미와 범위를 확장시켰다. 대표적인 건축 어휘도 브루넬레스키가 단독 원형 기둥, 아케이드, 펜던티브 돔 등 중세적 특징이 많았던 데 반해 알베르티는 벽체, 벽기둥, 콜로네이드, 볼트, 개선 아치 등 로마 고전주의를 대표하던 어휘들이 주류를 이루었다(그림 117). 비트루비우스를 모델로 삼은 『건축십서』의 저술도 좋은 예이다. 로마 고전주의에의 집중은 로마 재건 사업에의 참여와 함께 로마를 르네상스의 중심으로 등장시킨 창작 분야에서의 통로였다.

117 알베르티(Alberti)의 성 프란치스코(San Francesco=Tempio Malatesta) 공사 장면. 조반니 베티니 다파노(Giovanni Bettini da Fano)의 그림(1457~68)이다.

둘째, 벽체 구조를 고전 건축 구성의 핵심으로 보았다. 이것은 로마 고전주의의 정수를 구조 효율성이 아닌 3차원 덩어리 느낌이나 2차원 면성面性으로 본다는 의미이다. 3차원 덩어리 느낌은 다시 거석 기념비성으로, 2차원 면성은 기하 장식주의로 이어졌다. 이런 시각은 시민 인본주의의 관점에서 브루넬레스키와 비교된다. 알베르티가 정의한 벽체 구조의 특징들은 위계를 표현하는 기능들이다. 이것은 시민 인본주의의 공화정 이상에 합당한 조형적, 건축적 권위를 통해 정치사회적 권위를 돕는다는 의미이다. 고전주의의 기능을 정신적 가치의 각색으로 보았던 것이다. 브루넬레스키가 실용정신을 바탕으로 물리적 환경의 향상을 추

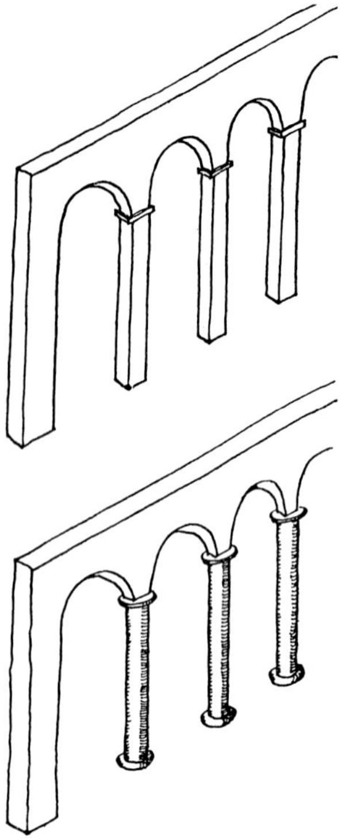

118 알베르티(Alberti)의 벽체구조론을 보여주는 그림

구했던 것과는 다른 점이다.

알베르티는 건물에서 내력 기능을 모두 벽체의 몫으로 보았다. 그에게 기둥은 독립 부재가 아니라 벽체에 구멍을 뚫고 남은 잔재였다(그림 118, 123). 건축의 1차 요소를 벽체로 보고 기둥은 여기에 종속되는 2차 요소로 본 것이다. 내력 기능 여하에 따라 기둥을 한 번 더 분류했다. 내력 기능을 갖는 기둥을 사각 기둥에 국한시켜 원형 기둥이나 벽기둥은 단순 장식 요소 혹은 부가 요소로 정의했다(그림 109, 112). 원형 기둥과 벽기둥은 벽체의 잔재조차도 못 되기 때문에 내력 기능을 전혀 못 갖는 것으로 보았다. 이런 점에서 3차 요소라 부를 수 있다. 알베르티의 고전주의에서는 '벽체-사각 기둥-원형 기둥 혹은 벽기둥'이 위계를 이루었다. 아치열을 받치는 구조에서도 아케이드보다 콜로네이드를 상위 위계로 보았다.

이상은 구조적 측면에서의 위계이다. 장식적 측면에서 보면 원형 기둥과 벽기둥은 주요 장식 요소이다(그림 113). 내력 기능은 벽체가 담당하고 미적 가치는 비례와 장식에 의해 얻어지는 것으로 분리한 것이다. 벽체는 내력 기능에 더해 장식이 놓이는 바탕면을 제공했다. 벽체는 알베르티가 가장 상위에 놓았던 '비례에 의한 심미성의 표현'을 가능하게 해주는 물리적 골격이었다. 원형 기둥과 벽기둥은 비례를 구체적으로 표현하는 선형 어휘인 동시에 기하 장식주의로 각색됨으로써 실질적인 장식 기능도 함께 가졌다.

셋째, 로마 고전주의를 각색하는 대표적인 건축 기법인 기하 장식주의이다. 만토바에 세워진 말년 작품을 제외한 대부분의 작품들에서 알베르티는 로마 고전주의를 3차원 공간보다는 2차원 면 요소로 다루었다. 이것은 물론 알베르티에게 주어진 조건이 파사드 디자인에 국한되었기 때문이기도 하다. 그러나 현재 남겨진 실례들을 기준으로 삼을 때 알베르티 건축의 특징은 2차원 기하 장식주의에 크게 쏠려 있는 것이 사실이다. 아치를 이용한 원형, 신전 파사드를 이용한 삼각형, 오더와 벽체에 의한 분할을 이용한 사각형, 개선 아치의 삼분법을 이용한 구성 처리, 오더 체계를 이용한 선형 요소 등이 대표적 어휘들이다(그림 32, 55). 3차원 공간에서의 새로운 유형 창출이 적었던 것은 건축적 배경을 못 가졌던 한계일 수 있다. 2차원 면 장식 요소로 환원해내는 능력은 화가 경력의 산물이었고, 이것을 비례로 구성 처리하는 능력은 인문학적 배경의 산물이었다.

성 프란치스코: 로마 고전주의와 벽체 구조

건축가 알베르티의 첫 대형 공공건물은 리미니의 성 프란치스코이다. 이 작품은 중세부터 있던 건물에 외관을 씌우는 작업으로 이루어졌다. 리미니 영주였던 말라테스타는 중세 교회의 증축 사업을 단행했다. 1450년경부터 공사가 시작되었지만 60년경 말라테스타가 정치적으로 패퇴하면서 공사가 중단되어 현재까지 미완성 상태로 남아 있다.

119 레온 바티스타 알베르티(Leon Battista Alberti), 성 프란치스코(San Francesco=Tempio 신전), 리미니(Rimini), 이탈리아, 1450년경~60년경. 입면을 보여주는 당시 메달

알베르티의 원안은 메달로 보관되어 있다(그림 119). 원안에서는 파사드만 보여준다. 1층은 4개의 반원형 벽기둥에 의해 3개의 베이로 구획했다. 중앙에는 출입문, 양옆에는 감실을 두었다. 출입문은 작은 소품 형식으로 처리한 신전 파사드로 한 겹을 더 씌웠다. 출입문과 감실 모두 반원형 아치로 위쪽을 처리했다. 2층은 네이브와 아일 사이의 높이 차이를 반영한 구성으로 이루어졌다. 네이브 부분은 1층 출입구와 유사한 구성이 반복되었다. 아일 부분은 곡면으로 처리했다.

파사드 뒤로 그려진 돔은 파사드의 전면과 같은 폭을 갖는 대형이었다. 돔이 덮는 면적은 크로싱을 훨씬 넘어서 성의 영역 전체로 확장되었다. 속의 공간에 대해 성의 공간에 압도적인 우위의 위계를 주려는 의도였다. 『건축십서』에서 주장한 대로 종교 공간인 교회는 그에 걸맞는 상징적 권위를 가져야 한다는 건축적 처리였다. 이런 주장을 입면에도 표현했다. 출입구에서 돔에 이르는 중심선을 양옆에 비해 크게 강조한 것이다. 중앙 출입구의 강조는 교회의 권위를 상징하는 또다른 표현 기법이다. 교회에서 중앙 출입구를 강조하는 처리는 이후 알베르티의 다른 작품들, 나아가 르네상스와 바로크 건축 전반을 대표하는 기법으로 자리 잡았다.

대형 돔의 의미는 다르게 해석할 수도 있다. 앞에서 언급한 바와 같이 르네상스가 진행되어갈수록 중앙집중성이 강조되는 현상의 일환으로 이해할 수 있다. 혹은 건축적 배경이 없었던 알베르티의 한계에서

120 레온 바티스타 알베르티(Leon Battista Alberti), 성 프란치스코(San Francesco=Tempio Malatesta), 리미니(Rimini), 이탈리아, 1450~60년경

121 레온 바티스타 알베르티(Leon Battista Alberti), 성 프란치스코(San Francesco=Tempio Malatesta), 리미니(Rimini), 이탈리아, 1450~60년경

나온 비현실성으로 볼 수도 있다. 이 건물의 평면 골격은 트랜셉트가 없는 바실리카형이었다. 바실리카에 돔을 더하는 처리에는 일정한 건축적 조건과 규범이 있었다. 알베르티의 안은 여기에서 크게 벗어났다. 특히 이런 크기의 돔을 받치는 데 필요한 구조부가 들어가면 아래쪽 평면은 심하게 변형되기가 쉬웠다. 이것이 진보주의자의 성공적 파격이었는지 인문학자의 미숙함이었는지는 섣불리 판단하기 어렵다.

실제 축조된 결과는 원안과 달랐다. 파사드의 1층 부분은 스케일, 크기, 디테일 등에서 부분적 차이는 있지만 큰 구성은 원안이 지켜진 편이다. 2층은 아일 쪽 곡선이 직선으로 바뀐 것 외에는 미완성 상태로 남았다. 돔도 축조되지 못했으며, 평면은 중세 상태 그대로였다. 자신의 본격적인 첫 작품에 해당하는 이 건물에서부터 알베르티는 로마 고전주의에 집중하는 경향을 잘 보여줬다. 그 내용은 세 가지로 요약할 수 있다.

우선 파사드 구성에 개선 아치와 바실리카 모티프를 사용했다(그림 120). 개선 아치 모티프는 삼분법 구성을 통해 세 베이를 만들고 각 베이에 아치를 뚫으며 원형 벽기둥을 장식 요소로 덧붙인 점이다. 선례는 주변에 있는 아우구스투스의 아치Arch of Augustus이다. 바실리카 모티프는 네이브와 아일 사이의 높이 차이를 경사 지붕으로 반영한 처리이다.

둘째로 오더에 비해 벽체를 우위에 두었다. 개선 아치 모티프를 사용한 파사드에서는 벽체가 주 구조가 되고 오더는 장식 요소로 더해지는 로마 고전주의의 표준형을 정확하게 구사했다. 남쪽 측면에서는 아치를 아케이드가 아닌 콜로네이드가 받치도록 처리했다(그림 121). 콜로네이드는 정사각형의 사각 기둥열로 이루어졌다. 사각 기둥은 기둥이기보다는 폭이 좁은 벽체에 가깝다. 이 처리 역시 로마적 선례를 갖는다. 리미니에서 가까운 라벤나의 초기 기독교 건축에서 많이 쓰이던 기법으로, 동방정교회 세례당Orthodox Baptistery이나 테오도릭 원형 무덤Mausoleum of Theodoric 등이 대표적인 예이다.

셋째로 출입구 처리를 통해 로마 고전주의를 상징적으로 강조했다.

출입구에서 로마를 대표하는 아치가 그리스를 대표하는 신전 파사드를 포괄하도록 처리했다. 이 과정에서 오더는 여러 겹에 걸쳐 벽체에 종속되면서 첫째 처리를 강조적으로 보강한다. 그리스 선례와 로마 고전주의 사이의 정체성 갈등은 로마 시대에도 중요한 문제였다. 신전과 오더가 쇠퇴하면서 그 자리를 아치와 볼트가 대체하던 현상이 르네상스 때에 부활한 것이다. 신전 파사드를 소품화해서 출입구나 창에 쓰는 처리는 이후 르네상스와 바로크를 거치며 가장 빈번한 기법으로 자리 잡았다.

루첼라이 팔라초: 고전 어휘와 주거 기능 유형

루첼라이 팔라초도 파사드만 알베르티의 작품이다. 조반니 루첼라이가 오래된 저택을 구입하여 실내 리모델링을 끝낸 뒤 알베르티에게 파사드 설계를 주문했다. 이 건물의 정확한 연도에 대해서는 통일된 설이 없다. 이 건물에 나타난 알베르티의 고전관은 다섯 가지로 요약된다.

첫째, 삼분법을 통해 위계를 표현했다. 삼분법은 알베르티가 즐겨 사용하던 분할 구성이다. 성 프란치스코에서는 수평 방향의 삼분법을 통해 중앙 출입구에 높은 위계를 부여했다. 루첼라이 팔라초에서는 수직 층쌓기를 통한 삼분법을 구사했다(그림 122). 아래층으로 갈수록 튼튼한 이미지로 보이게 처리했는데, 이것은 각 층의 기능에 따른 위계를 표현한 것이다. 1층은 위층을 받침과 동시에 거리로부터 내부를 보호하는 기능을 한다. 창은 최소한으로만 뚫고 벽기둥은 도리스식을 변형한 가장 튼튼한 종류로 처리했다. 위층으로 올라갈수록 창의 면적이 넓어지고 코린트식 벽기둥이 쓰이는 등 연성의 이미지로 처리했다. 벽기둥의 비례도 1층이 8과 1/2모듈, 2층이 9모듈, 3층이 9와 1/2모듈로 위로 올라갈수록 날씬해져서 이런 이미지를 돕는다.

둘째, 세속 기능에 맞는 로마적 선례로 '튼튼한 축조성'을 활용했다. 이것은 비트루비우스의 건축 3요소 가운데 '구조'에 해당되는 것으로, 튼실하고 깔끔한 시공 자체가 건축적 가치를 갖는다는 의미이다. 이것은 시민 인본주의와 관련하여 브루넬레스키와 알베르티 사이의 공통점이기도 하다. 루첼라이 팔라초는 이런 내용을 잘 보여준다. 여러 개

122 레온 바티스타 알베르티(Leon Battista Alberti), 루첼라이 팔라초(Palazzo Rucellai), 피렌체, 1452~70년경

의 자잘한 부재가 쓰였음에도 불구하고 재료는 사암 한 종류로 통일되었다. 표면도 모두 정밀하게 다듬어져 있다. 조적 쌓기는 로마 시대의 조적법 가운데 정형성과 내구성을 가장 잘 보여주는 '오푸스 레티클라툼opus reticulatum'으로 처리했다(그림 123). 벽기둥도 조적 쌓기의 이음새를 가리는 데 활용함으로써 튼튼한 축조성을 강조했다.

셋째, 선례 차용에서 기능 유형 사이의 대응을 중요하게 여겼다. 이것은 이 건물에만 국한된 것이 아니라 알베르티 건축 전반에 걸쳐서 나타난 경향이다. 기능 유형 개념은 건물이 건축주, 기능, 계급 등 사회성을 표현한다는 믿음에서 기인한다. 그런데 이 건물에 쓰인 수직 층쌓기에 의한 삼분법은 기능 유형 개념에서 어긋나 있다. 주거용 건물이 아닌 콜로세움을 선례로 삼았기 때문이다. 개인 주택에 원형극장 같은 공공건물을 선례로 차용하는 것은 무리이다. 이미지 차용이라면 어느 정도 타당성을 가질 수 있었을 것이다. 팔라초에 요구되는 방어적 이미지가 콜로세움과 연관성을 가질 수 있기 때문이다. 다른 선례로 언급되는 것은 에트루리아 건축에서 주택 모양으로 만들어진 옹관묘이다. 옹관묘에서는 벽기둥을 이용하여 주택의 모습을 새긴 처리가 루첼라이 팔라초의 경우와 유사성을 보인다.

123 레온 바티스타 알베르티(Leon Battista Alberti), 루첼라이 팔라초(Palazzo Rucellai), 피렌체, 이탈리아, 1452~70년경

124 레온 바티스타 알베르티(Leon Battista Alberti), 루첼라이 팔라초(Palazzo Rucellai), 피렌체, 이탈리아, 1452~70년경

넷째, 벽기둥, 아치, 콜로네트, 오푸스 레티큘라툼 등의 로마 고전 어휘를 면 분할 요소로 활용했다(그림 118, 124). 이를 통해 구성 효과를 얻어냈다. 고전 어휘가 갖는 축조성은 시공적 정밀함으로 확보하고, 나머지는 구성 분할에 집중했다. 구성 분할은 고전 어휘를 수직선-수평선의 선형 어휘로 활용하는 방식으로 이루어졌다. 선형 어휘는 다시 굵은 선과 가는 선의 두 종류로 세분화했다. 엔태블러처가 굵은 수평선을, 코니스cornice, 조적 쌓기, 창의 상인방 등이 가는 수평선을, 벽기둥이 굵은 수직선을, 콜로네트가 가는 수직선을 각각 이루었다. 아치도 큰 것과 작은 것으로 이원화되어 큰 반원과 작은 반원으로 표현되었다.

다섯째, 이상과 같은 처리들을 통해 팔라초라는 피렌체의 세속 기능에 고전 어휘를 성공적으로 정착시켰다. 이것은 건물의 사회적, 기능적 성격과 건축주의 정치적 위상에 맞게 고전 어휘를 구사해야 한다는 자신의 이론을 구현한 좋은 예이다. 이 건물에서는 알베르티의 교회 건물에서 지속적으로 등장하는 중앙 출입구의 강조가 나타나지 않았다. 출입구의 강조는 성의 공간에만 합당한 방식이며 속의 공간에는 과하다고 판단한 것으로 해석된다. 브루넬레스키도 파르테겔파 팔라초Palazzo di Parte Guelfa를 설계했지만 고전 어휘를 이용한 법칙화에는 이르지 못 했다. 알베르티는 미켈로초와 함께 팔라초 고전주의를 정착시켰다.

산타마리아노벨라: 기하 장식주의와 프로토-로마네스크

산타마리아노벨라 역시 알베르티가 고딕 건물에 파사드만 더한 작품이다. 이번에는 실내 뿐 아니라 파사드의 일부까지 지어져 있었기 때문에 알베르티에게는 더 불리한 조건이었다. 왼쪽 아래의 포인티드 아치 부분이 중세에 지은 부분이다. 현재의 완공 상태에서 일부 어휘는 확실히 알베르티의 작품인지도 불명확하다. 이 건물에 나타난 알베르티의 고전 개념은 네 가지로 요약될 수 있다.

첫째는 기하 장식주의이다. 설계 조건은 중세에 지은 포인티드 아치 4베이를 지키는 것이었다. 알베르티는 이 조건으로부터 원, 정사각형, 선, 얼룩말 무늬 등의 일반화된 기하 장식 어휘를 추출한 뒤, 로

125 레온 바티스타 알베르티(Leon Battista Alberti), 산타마리아노벨라(Santa Maria Novella), 피렌체, 이탈리아, 1458~71

126 산미니아토알몬테(San Miniato al Monte), 피렌체, 이탈리아, 11세기 중반~12세기

마 고전 어휘를 다시 이 어휘에 맞춰 기하 장식 어휘로 환원했다(그림 32, 125, 127). 아치는 반원으로, 벽체 패널은 사각형으로, 벽기둥은 선으로, 페디먼트는 삼각형으로, 로즈 윈도는 원으로, 이오니아식 오더의 소용돌이 부재는 곡선으로 각각 환원했다. 실제 이 건물의 장식은 판테온이나 빌라 등 로마 시대 건축물에 쓰인 기하 장식주의와 유사하다.

둘째는 프로토-르네상스이다. 기하 장식주의는 로마 시대뿐 아니라 프로토-르네상스라는 중세적 배경도 함께 갖는다. 프로토-르네상스는 독립 원형 기둥이 받치는 아케이드와 기하 장식주의를 두 가지 대표적 특징으로 가졌다. 이 가운데 전자는 브루넬레스키의 어휘였고, 알베르티는 후자를 사용했다. 대리석의 색채를 이용하여 건물 외관에 기하 문양을 장식하는 방식이다. 알베르티 스스로도 프로토-르네상스를 대표하는 산미니아토알몬테San Miniato al Monte를 좋아한다고 밝혔다(그림 7, 126).

차이는 장식의 정도이다. 알베르티는 장식을 과감히 정리했다. 어휘의 종류와 크기를 줄이고 기하 형태도 정사각형, 삼각형, 원과 같은 기본 형태로 단순화했다. 이것은 도상적 성격이 강한 중세의 기하주의에서 순수 기하학적 성격이 강한 로마 기하주의로 돌아갔음을 의미한다. 중세의 기하주의는 자연주의적 장식 어휘의 일환이었다. 정리 기능보다는 예술 분야 전반에 걸쳐 나타나는 자연주의적 사실성을 기하 어휘

127 레온 바티스타 알베르티(Leon Battista Alberti), 산타마리아노벨라(Santa Maria Novella), 피렌체, 1458~71

로 번안한 것이다. 반면 로마 기하주의는 현세성을 구현하는 매개로서 정리 기능을 가졌다. 알베르티는 이것을 부활시켜 르네상스에 맞게 추상화시킨 것이다(그림 127).

셋째는 비례를 이용한 고전 이상의 구현이다. 정사각형의 배수를 이용한 정수비례는 기하학적 단순함을 구체화한 중요한 매개이다. 개개 장식 어휘에 더해 전체 구성에서도 정사각형 중심의 균형과 간결함이 형성되었다. 정사각형을 기본 단위로 한 정수 비례는 알베르티가 즐겨 사용하던 체계였다. 그러나 실제로 이 건물에 적용하는 데에는 어려움이 따랐다. 초기 조건으로 주어진 아래쪽 포인티드 아치의 높이와 폭이 정수 비례를 적용하는 데 맞지 않았기 때문이다. 이를 극복하기 위해 고전 어휘를 더하여 인위적으로 높이와 폭을 조절했다. 이때 사용한 고전 어휘는 먼저 정해진 기하 장식 어휘와 조형적으로 잘 어울리는 통일감을 유지했다.

알베르티는 고딕의 무질서한 기하주의를 로마의 기하주의로 환원시켜 정리해냈다(그림 127). 초기조건으로 주어진 작은 포인티드 아치 4베이 및 건물의 폭과 높이를 기준으로 했을 때 원래 건물에는 정수 비례가 내재되어 있지 않았다. 중세 건물임을 고려하면 당연한 결과였다 .여기에 정수 비례를 구현하기 위해서는 조절이 필요했다. 이를

128 레온 바티스타 알베르티(Leon Battista Alberti), 산타마리아노벨라(Santa Maria Novella), 피렌체, 1458~71

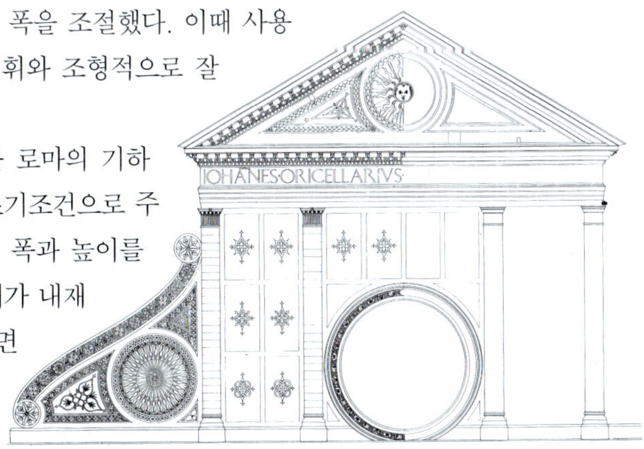

위해 두 베이 반을 정사각형 모듈로 삼았다. 조절에도 유리하면서 초기조건으로 주어진 고딕 어휘와도 일정한 연관성을 유지하는 양면적 이득이 있었기 때문으로 추측된다. 두 베이를 모듈로 삼으면 1층에서는 더 유리했으나 2층을 포함한 건물 전체의 비례에서는 불리했기 때문에 두 베이 반을 모듈로 삼은 것이었다. 중앙 출입구를 제외한 양 옆 측면은 폭이 1.6모듈, 높이가 1.3모듈 정도였다. 높이부터 조절해서 프리즈와 코니스를 아키트레이브와 동일하게 높였다. 그래도 부족하자 1층과 2층 사이에 별도의 수평 띠를 첨가했다. 건축 형식은 애틱attic=장식 벽 혹은 낮은 이층으로 처리하고 애틱 속 중간에 작은 정사각형 문양을 넣음으로써 정수비례와 장식주의 효과를 모두 만족시켰다. 1층의 폭도 마찬가지였다. 주어진 조건은 정수 비례에 조금 부족했다. 이를 만회하기 위해 양끝에 벽기둥을 추가했다. 2층은 하나의 정사각형 윤곽으로 구성했다. 1층의 절반 길이여서 두 층 사이에 1대 2의 정수 비례가 성립되었다.

이상의 과정을 통해 기하주의가 비례로 구현되었다. 혹은 그 반대로 비례가 기하주의로 구현된 것일 수도 있다. 결국 비례와 기하가 하나로 일치된 것이었다. 알베르티의 통일성 개념을 잘 보여주는 예이다. 한 가지 비례가 건물의 전체 윤곽에서 개별 부재에 이르기까지 스케일을 달리하며 동일하고 일관되게 사용되었다는 의미이다.

넷째로 네이브와 아일 사이의 높이 차이를 입면에 반영하는 문제이다. 성 프란치스코에서 미완성으로 남았던 문제가 이 건물에서 해결된 것이었다. 신전 파사드의 양옆에 이디큘라aedicula라는 소용돌이 문양을 더해서 경사를 주는 방식이다. 이 방식은 이후 르네상스에서 바로크를 거쳐 이 문제를 해결하는 가장 대표적인 기법으로 자리 잡았다. 이것은 네이브 쪽에 확실한 우위를 두는 처리이다. 이를 위한 추가 처리들이 더해졌다. 네이브와 아일의 입면 높이를 2대 1의 비율로 하였으며, 중앙 출입구 선을 수직적으로 강조했다. 중앙 출입구의 강조는 알베르티의 교회 작품에 공통적으로 나타나는 방식인데 교회의 위계, 즉 성의 공간을 강조하기 위해 사용했다. 이것이 여기에서는 아일에 대한 네이브의 위계를 강조하는 방식으로 나타났다.

산세바스티아노: 중앙집중형과 개선 아치

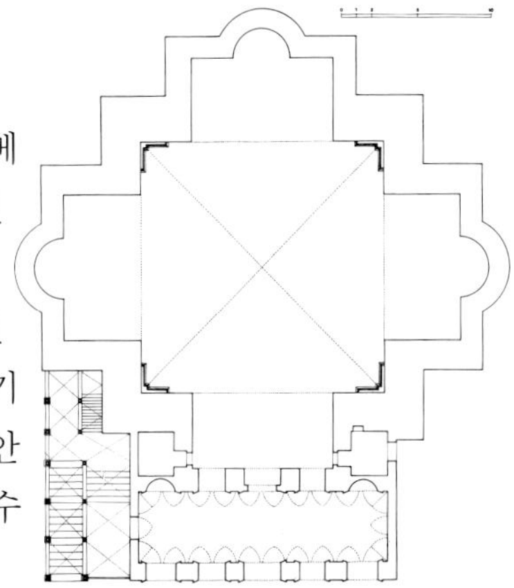

129 레온 바티스타 알베르티(Leon Battista Alberti), 산세바스티아노(San Sebastiano), 만토바, 1460~72

1430년대부터 만토바와 곤차가 가문과 좋은 관계를 유지하던 알베르티가 이들로부터 수주한 첫 작품이 산세바스티아노였다. 이 건물은 알베르티 개인으로 보면 만토바에 교두보를 마련한 것인 동시에 건물 하나를 통째로 설계한 최초의 작품이었다. 르네상스 전체로 보면 피렌체를 벗어나 이탈리아 반도 전역으로 확산하는 기폭제였다. 평면은 나중에 많이 변형되어 원래 상태를 잃었다. 원안은 16세기에 안토니오 라바코Antonio Labacco가 그린 도면을 통해 알 수 있다.

평면은 강한 중앙집중형으로 구성했다(그림 129). 분리형 그릭 크로스를 기본형으로 삼아 네 모퉁이에 작은 정사각형 공간을 혹처럼 튀어나오게 덧붙였다. 중앙의 크로싱에는 돔을 얹었던 것으로 추측된다. 네 개의 팔 가운데 세 개의 끝은 반원 앱스로 마감했고, 나머지 하나에는 출입구 전실을 더했다. 전실은 외벽을 기준으로 삼등분했다. 중앙 베이는 팔의 단부 폭과 거의 같게 잡았고 양옆으로 중앙 베이와 동일한 크기의 베이를 하나씩 더했다. 내벽을 기준으로 볼 때는 네 개의 정사각형으로 분할되어 있다. 건물 전체는 아래층의 납골당과 위층의 본당으로 이루어졌다. 본당은 토대석podium 위에 올라앉았다.

산세바스티아노의 중앙집중형 구성은 두가지 방향으로 해석이 가능하다. 하나는 순수 기하학적 해석이다. 작은 정사각형 위에 그 두 배 크기의 정사각형을 방사선 방향으로 겹친 구성으로 보는 것이다. 다른 하나는 로마 건축의 선례에 유추한 해석이다. 선례는 다시 원형 무덤과 헤로움heroum으로 나뉜다. 산세바스티아노의 구성은 방사선 방향의 돌출 팔을 갖는 정사각형으로 볼 수 있는데, 이것은 로마 시대 무덤에서 자주 쓰이던 공간 유형이었다. 혹은 돔을 갖는 원형 평면에 신전 파사드를 더한 것으로 볼 수도 있는데, 이것은 헤로움의 전형적인 구성 방식이었다. 특히 토대석에 얹힌 점에서 더욱 그러하다.

이상을 종합해보면 이 건물은 로마 시대의 중앙집중형 유형을 기하주의로 번안함으로써 중앙집중성을 강화한 것으로 해석할 수도 있다. 정사각형 두 개를 방사형과 동심원이라는 두 겹의 형식으로 중첩함으로써 중앙집중성을 배가시킨 것이다. 출입구 전실을 제외한 본당이 갖

130 레온 바티스타 알베르티(Leon Battista Alberti), 산세바스티아노(San Sebastiano), 만토바, 1460~72

는 완전 대칭성은 이러한 특성을 돕는 역할을 한다.

입면에는 개선 아치와 신전 파사드를 혼합한 모티프를 사용했다(그림 130). 사각형 본체에 페디먼트를 얹은 처리와 기단이 높아서 토대석처럼 느껴지는 처리는 로마 신전의 파사드를 단순화한 방식이다. 본체에 첨가한 네 개의 벽기둥은 오더를 상징적으로 표현했다. 양끝을 마감하는 벽기둥은 거대기둥giant order 혹은 colossal order에 근접한다. 본체는 개선 아치를 응용한 기하 구성 모티프로 분할했다. 다섯 개의 출입문은 개선 아치에 나타난 삼분법 구성을 두 번 적용한 것으로 볼 수 있다. 이것은 중심을 향한 위계가 두 겹임을 나타낸다.

개선 아치의 이미지는 강하게 차용하지 않고 기하 구성으로 발전시켰다. 정사각형 본체, 출입문의 사각형과 반원, 페디먼트의 삼각형, 박공 속의 반원 패널, 벽기둥의 선 등이 기하 어휘를 이루며 추상적 분위기의 구성 효과를 연출하고 있다. 장식이 절제된 넓은 단순 벽면은 이런 효과를 배가시킨다. 본체와 페디먼트 사이에 애틱을 넣은 처리 역시 정사각형 비례를 유지하기 위한 것으로 보인다.

이상의 처리는 신전 파사드와 개선 아치라는 두 선례 각각에 대한 창조적 재해석으로 이해된다. 삼분법에 의한 중앙 위계를 갖지 않는 신전 파사드에 개선 아치 모티프를 섞어서 적절히 변형한 처리이다. 반대로 보면 단순 사각형 윤곽을 가질 뿐 열주 이미지가 결여된 개선 아치에 신전 파사드 모티프를 적절히 섞어 변형한 처리이다. 두 선례 유형이 각각의 건축적 특징을 유지함과 동시에 서로 상대방에 대해 창조적 재해석의 단서를 제공한 것이다. 르네상스의 고전 부활을 단순 복사가 아닌 창조적 재해석, 즉 또 하나의 새로운 창조로 보려는 알베르티의 철학이 잘 나타난 처리로 볼 수 있다.

이 건물에 나타난 중앙집중성의 강조는 종교개혁의 기운이 거세지던 시대 상황과 맥을 같이한다. 중앙집중형은 성의 공간을 속의 공간과 섞겠다는 의지를 상징했기 때문에 신교에서 가톨릭의 선형 라틴 크로스에 대한 개혁적 대안으로 선호되었다. 브루넬레스키의 후반부로 오면서 강화되기 시작했던 중앙집중성이 알베르티로 넘어오면서 그릭 크로스를 사용하는 등 더 강화된 형식으로 발전했다.

입면에서는 중심 출입구를 강조했다. 입면의 중심선 강조는 '중심의 주 출입구-아치형 감실-좁고 긴 창-페디먼트' 순서의 수직 중첩을 통해 표현되었다. 이것은 아직 교회의 권위와 관련된 가톨릭의 상징적 표현기법으로 볼 수 있다. 이것이 중앙집중성과 함께 쓰임으로써 이 건물은 가톨릭 전통과 개혁의 기운 사이에 화해적 통합을 모색한 것으로 해석될 수 있다. 이 건물에서 표현하고자 했던 것은 인본주의적으로 재해석된 하늘 이미지였다.

성 안드레아: 르네상스 기독교 고전주의의 완성

성 안드레아는 알베르티의 대표작이다. 그러나 알베르티의 사후에 완공되었기 때문에 현재 남아 있는 모습 가운데 어디까지가 알베르티의 안인지에 대해서는 정확한 설이 없는 상태이다. 그럼에도 불구하고 전반적으로 보아 이전까지 진행되어오던 알베르티의 경향과 사상을 종합적으로 잘 구현한 것으로 볼 수 있다. 특히 실내 공간과 입면 구성이 일치한 점에서 중요하다. 이를 통해 내외를 세트로 갖춘 르네상스 기독교 고전주의의 대표 유형이 완성되었다.

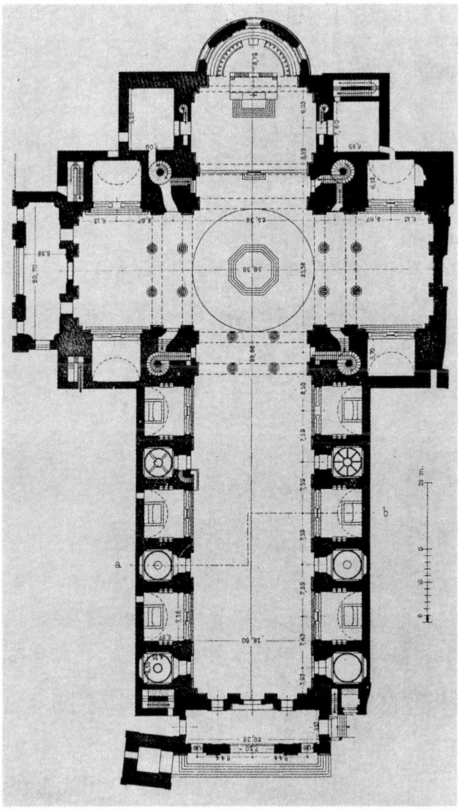

131 레온 바티스타 알베르티(Leon Battista Alberti), 성 안드레아(Sant'Andrea), 만토바, 1470~72

평면은 라틴 크로스의 선형 공간에 중앙집중형을 더하는 구성으로 이루어졌다(그림 131). 이 문제는 브루넬레스키 때부터 시작된 르네상스 건축의 중요한 숙제 가운데 하나였다. 중앙집중형 단독 구성에서 탈가톨릭의 상징성은 강화되지만 실제 사용이라는 기능적 측면에서는 불리했다. 알베르티에게 요구된 조건은 선형성을 유지하여 기능적 측면을 만족시킴과 동시에 중앙집중성의 강화를 통해 르네상스다운 상징성도 확보하는 것이었다. 선형성을 유지하기는 쉬웠다. 네이브와 아일의 바실리카 구성을 계속 사용하면 되었다. 문제는 이런 몸통에 중앙집중성을 강화시키는 일이었다. 크로

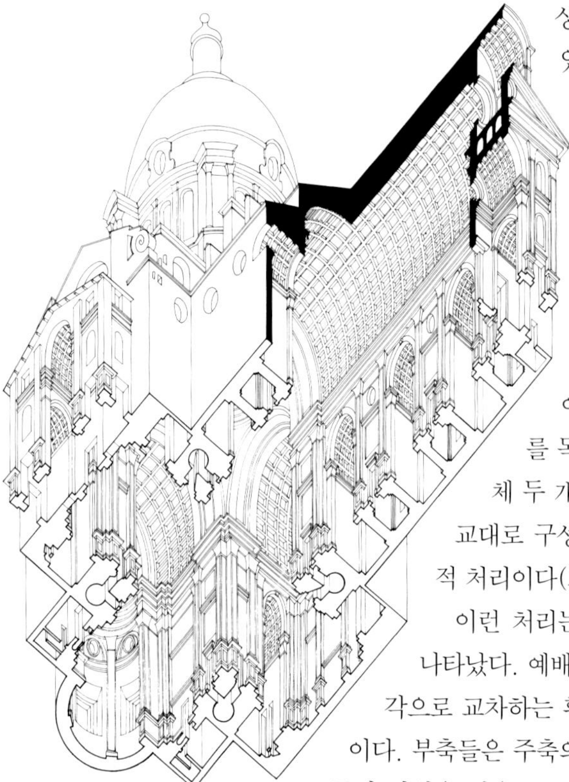

132 레온 바티스타 알베르티(Leon Battista Alberti), 성 안드레아(Sant'Andrea), 만토바, 1470~72

싱에 돔 천장을 얹는 처리는 너무 오래된 방식이었고 건축적 효과도 약했다.

해결책은 중앙집중성을 강화하는 쪽과 선형성을 약화시키는 쪽 가운데 하나였다. 전자는 공간이 복잡해지거나 구조 처리에 어려움이 생기는 등의 문제가 따라다녔다. 알베르티는 선형성을 약화시키는 쪽을 선택했다. 네이브 월을 아케이드나 벽기둥이 아닌 벽체로 처리하는 방식이다. 벽체의 양옆에는 거대 기둥이 벽기둥 형식으로 더해졌다. 아일은 각 베이를 독립된 방으로 바꾼 뒤 예배당으로 처리했다. 벽체 두 개를 한 세트로 모아 큰 예배당과 작은 예배당을 교대로 구성했다. 역사적 선례가 없는 알베르티만의 독창적 처리이다(그림 132).

이런 처리는 네이브의 선형성을 크게 약화시키는 결과로 나타났다. 예배당들이 부심을 형성함으로써 종방향 주축에 직각으로 교차하는 횡방향의 작은 부축들이 여러 개 생겨났기 때문이다. 부축들은 주축의 선형성을 분산시켰다. 아일을 예배당으로 만들어 아일을 지움으로써 아일이 만들어내는 2차 선형성도 함께 지웠다. 돔을 향해 가는 속도감을 조절할 수 있는 선택권이 없어졌다. 네이브 월을 아케이드로 처리한 브루넬레스키의 실내에서는 돔을 향해 상당히 빠른 속도 한 가지만을 유지해야 했다. 반면 여기에서는 큰 예배당과 작은 예배당이 교대로 형성됨에 따라 속도도 빠름과 느림 사이에서 선택할 수 있게 되었다. 마지막으로 중앙집중성 자체를 강화시키는 처리를 더했다. '크로싱-트랜셉트-성가대석-앱스'로 이루어지는 성의 공간을 네이브에 비해 상당히 크게 처리한 것이다. 그릭 크로스의 한 변을 늘려서 네이브를 만든 것으로 해석될 수 있는 구성이다.

네이브 월의 벽면에는 두 가지의 로마 선례가 쓰였다. 하나는 웅장한 스케일감을 위한 배럴 볼트 모티프로, 예배당 천장과 네이브 천장을 모두 이것으로 처리했다. 카라칼라 목욕탕Baths of Caracalla이나 막센티우스 바실리카Basilica of Maxentius가 모델이다. 다른 하나는 형태적 구성을 위한 개선 아치 모티프이다. 이전에는 외관에 사용되던 것을 실내에까지 확

133 레온 바티스타 알베르티(Leon Battista Alberti). 성 안드레아(Sant'Andrea). 만토바. 1470~72

134 레온 바티스타 알베르티(Leon Battista Alberti). 성 안드레아(Sant'Andrea). 만토바. 1470~72

장했다. 개선 아치가 배럴 볼트와 함께 쓰이면서 로마 고전주의에 대한 집중이 배가되었다(그림 133).

파사드에서는 평소 즐겨 사용하던 '신전 파사드+개선 아치'의 모티프를 반복해서 사용했다(그림 109, 134). 건물 윤곽을 신전 파사드로 삼고 본체 속을 개선 아치 모티프로 처리한 점, 정사각형 비례를 적용한 점, 중앙 출입구를 중심으로 수직적 강조를 가한 점 등 기본 개념은 산세바스티아노와 유사하다. 차이는 대리석의 색채를 이용한 기하 장식주의를 첨가한 점이다. 또 한 가지 새로운 점은 거대 기둥이 처음 등장한 사실이다. 거대 기둥이란 두 개 층 이상을 담당하는 대형 오더를 말한다. 실내 네이브 월에 사용한 것을 외관에서 다시 쓴 것이다. 이것은 내외 일체를 얻어내는 중요한 기준 가운데 하나이다.

이상의 내용들이 르네상스 기독교 고전주의의 대표 유형을 이루었다. '네이브 월의 벽체 구조+배럴 볼트+크로싱의 돔+신전 파사드와 개선 아치 모티프의 입면'의 세트로 구성되는 교회 유형은 이후 르네상스와 바로크를 거치면서 표준형으로 자리 잡았다. 알베르티가 이것을 창출한 것이다. 표준형 창출은 르네상스 건축과 기독교 건축 양쪽 모두에서 매우 중요한 의미를 갖는다. 로마 고전주의의 부활은 르네상스 건축 전반을 정의하는 보편적 개념이었다. 이것을 기독교라는 특수 상황에 구체적으로 적용해야 할 과제가 남아 있었다. 기독교 쪽에서 보면 르네상스 시대에 들어와서 급변하기 시작한 시대 상황에 맞는 새로운 교회 유형이 요구되었다. 알베르티는 이 둘 모두를 만족시키는 해답을 제시했다. 르네상스 고전주의이되 기독교의 유형으로 응용된, 로마 기독교 고전주의를 뛰어넘는 르네상스 기독교 고전주의의 창출이었다.

이 건물은 알베르티 개인의 대표작일 뿐 아니라 초기 르네상스의 완성을 상징하는 건물이기도 하다. 이전까지 모색, 사용해왔던 알베르티의 건축 어휘들이 이 건물에서 집대성되었다. 선형 공간과 중앙집중형 공간의 혼용, 정사각형을 기본으로 한 정수비례, '신전 파사드+개선 아치', 벽기둥과 벽체 구조, 삼분법과 중심성, 위계의 표현, 중앙집중형과 돔, 토대석과 본체, 기하 장식주의, 거대 기둥 등이다. 이런 어휘들이 종합적으로 잘 어울리며 통일성과 다양성, 심미성과 축조성, 인본주의적 가치와 기념비성, 기독교 정신과 인간 중심의 세계관 등 르네상스를 둘러싸고 벌어졌던 갈등의 쌍개념들을 하나로 잘 통합했다. 이것은 또한 고전주의를 이용하여 이루어진 점에서 르네상스 고전주의의 첫번째 완성이었다.

이 건물에서 완성된 르네상스 고전주의는 향후 성기 르네상스와 매너리즘을 거치며 표준형으로 정착되었다. 16~17세기를 살았던 대부분의 건축가들은 알베르티가 창출한 표준형의 영향에서 벗어날 수 없었다. 미켈란젤로, 팔라디오, 마데르노, 베르니니 같은 거장들도 예외는 아니었다. 개별 어휘의 사용은 물론이려니와 고전을 통한 시대적 고민의 표출과 쌍개념의 화해에서도 그러했다.

3 미켈로초 디바르톨로메오

브루넬레스키와 알베르티 사이

미켈로초 디바르톨로메오Michelozzo di Bartolomeo, 1396~1472년는 브루넬레스키, 알베르티와 함께 초기 르네상스 건축의 삼인방 가운데 한 명이다. 미켈로초의 의미는 양면적이다. 작품의 숫자나 비중 등으로 보면 두 거장보다 많이 부족한 것이 사실이다. 특히 르네상스가 자리 잡아가는 과정에서 시대적 정체성과 역사적 의미를 새롭게 정의하는 능력에서는 더욱 그러하다. 그러나 실제 지어진 크고 작은 많은 건물에 직간접으로 관여하며 르네상스의 정착에 적지 않은 기여를 한 것 또한 사실이다.

미켈로초는 대형 건물에 치중하던 두 거장이 미처 돌보지 못한 틈새에 기여했다. 두 거장이 각각의 분명한 색깔로 거대 담론을 이끌었다면, 미켈로초는 이것을 실핏줄까지 전파시켰다. 브루넬레스키와 알베르티는 교회 중심의 대형 고급 공공건물에 르네상스 건축의 인본주의 이상을 구현시켰다. 그러나 아직 실생활까지 전파하지는 못했다. 이것을 한 것이 미켈로초이다. 하나의 새로운 양식이 정착하기 위해서는 양면적 측면이 함께 발전해야 한다.

미켈로초는 조각적 소질을 배경으로 삼았다. 이를 통해 두 거장에 결여된 부분을 보강하며 건축가 유형을 다원화시켰다. 조각을 배경으로 삼아 예술적 소질로 접근했기 때문에 손끝에서 나오는 즉흥성, 응용력, 다원성 등을 주요 특징으로 가졌다(그림 135). 브루넬레스키의 공학기술 그리고 알베르티의 인문적 지성과 함께 르네상스 건축을 이끌었던 셋째 유형이었다. 초기 르네상스는 세 가지 건축가 유형을 두루 갖추며 균형 잡힌 전개 과정을 거칠 수 있었다.

미켈로초는 가능한 한 크고 작은 모든 작품에 관여했다. 건물 설계부터 건물에 부속되는 예술 작품, 제단, 출입문 등의 세세한 부분에 이르기까지 다양했다. 관여한 정도도 전체 담당에서 부분 참여에 이르기까지 다양했으며, 방식에 있어서도 남이 설계한 작품의 공사를 감리만

135 미켈로초 디바르톨로메오((Michelozzo di Bartolomeo). 성 아우구스티노(Santo Agostino). 몬테풀치아노(Montepulciano), 이탈리아. 1437년경

한 경우, 자신은 설계만 해서 넘기고 완공은 다른 사람이 한 경우, 자신이 설계와 감리까지 한 경우 등 다양했다. 건물의 종류에서도 종교, 주거, 군사시설 등 다양했다. 이런 문어발식 관여가 가능했던 것은 건축 설계, 공사, 감리 등에서 어느 정도 표준화된 체계가 자리 잡았기 때문이었다. 이를 통해 미켈로초는 건축 운영의 체계화에 기여했다. 이것은 브루넬레스키가 추구했던 것이기도 했다.

미켈로초는 브루넬레스키와 마찬가지로 피렌체를 주요 배경으로 삼아 활동했다. 특히 메디치 가를 같은 건축주로 가졌다. 두 사람 사이에는 30년가량의 시간 차이가 나기 때문에 직접 경쟁한 경우는 적었다. 미켈로초는 젊은 시절 브루넬레스키 밑에서 일하며 공학기술을 습득했다. 그러나 코시모가 브루넬레스키 대신 미켈로초를 발탁한 점과 이때부터 브루넬레스키의 이력이 어려워진 점 등으로 볼 때 일정한 경쟁 관계에도 있었음을 알 수 있다. 메디치 가 이외에 피렌체 전체를 볼 때에도 그러했다. 미켈로초는 1420년대부터 1470년경까지 피렌체에 지어진 대부분의 주요 건물들에 직간접으로 관여했는데, 이 가운데 특히 브루넬레스키의 후반부 경력과 겹쳤다.

알베르티와는 동년배로서 서로 영향을 주고받는 라이벌 관계였다. 르네상스 건축 전반이나 고전 어휘의 구사 등 총체적인 면에서는 미켈로초가 알베르티의 영향을 받았다. 미켈로초는 알베르티와 달리 역사의식이 없었고 새로운 양식을 창출하지도 못했다. 그러나 팔라초 양식에서는 사정이 달랐다. 메디치 팔라초는 루첼라이 팔라초보다 10년 정도 먼저 지어지며 영향을 끼쳤다.

르네상스에 대한 미켈로초의 입장은 '포괄적이고 동시대적인 적응'으로 요약할 수 있다. 미켈로초는 다른 두 거장이 창출한 어휘를 풍부하게 각색해서 쓰는 일에 뛰어났는데 이것은 그의 예술가적 기질에서 기인한 것으로 볼 수 있다. 미켈로초에게 르네상스의 새로운 건축 어휘는 시대를 바꾸는 새로운 양식이기보다는 신기한 창작 소재에 가까웠다. 역사성 같은 거대 담론보다는 개별 소재로 받아들였다는 의미이다. 중세 어휘도 많이 혼용했다. 그에게는 중세와 르네상스의 구별이 무의미했다. 그러나 브루넬레스키처럼 의도적으로 중세적 연속성을 도입한 것은 아니었다. 그보다는 어휘의 확장과 소재의 다양화의 일환에 가까웠다(그림 136).

136 미켈로초 디바르톨로메오(Michelozzo di Bartolomeo), 코무날레 팔라초(Palazzo Communale) 파사드, 몬테풀치아노(Montepulciano), 이탈리아, 1440

미켈로초는 화폐제조국의 조판공으로 초기 이력을 시작했다. 이후 기베르티의 보조 조각가가 되면서 두각을 나타냈고 다시 도나텔로와 함께 작업실을 열어 파트너로 활동했다. 1430년경부터 메디치 가와 가까워지면서 피렌체를 중심으로 인근의 여러 건축 사업에 관여했다. 미켈로초에 대한 역사적 기록은 열악한 편이다. 현재 알려진 중요한 내용의 대부분은 바사리의 정리에 의존한다. 메디치 팔라초를 제외하고는 한 채를 완전히 설계한 작품이 없는 것도 이유이다. 나머지 건물들에서는 일부분만이 그의 작품이다.

이런 가운데 무젤로의 보스코아이프라티 수도원Monastero di Bosco ai Frati, Mugello, 1420년대, 피렌체의 성 마르코 수도원Monastero di San Marco, 1436년경 시작, 몬테풀치아노의 코무날레 팔라초Palazzo Communale, Montepulciano, 1440년 파사드와 성 아우구스티노Santo Agostino, 1437년경, 피렌체의 메디치 팔라초Palazzo Medici, 1444~59년와 산티시마아눈치아타Santissima Annunziata, 1444~의 성단소 등을 대표작으로 들 수 있다. 이밖에도 성 라우렌시오 공사 감리, 성 십자가 증축, 피렌체 돔의 부분 설계와 감리 등에 부분적으로 참여했다. 이후 50년대 들어 활동이 급격히 위축된 가운데 말년을 보냈다.

메디치 팔라초와 르네상스 팔라초

미켈로초의 첫째 주요 작품은 성 마르코 수도원이었다. 여기에서는 독립 원형 기둥이 받치는 아케이드라는 브루넬레스키의 대표 어휘를 완성도 높게 구사했다. 단순 모방은 아니었다. 천장 처리에서 개성을 표현함으로써 자신만의 정체성을 정의했다. 브루넬레스키는 아케이드의 천장을 돔식 볼토로 처리했던 데 반해 미켈로초는 배럴 볼트로 처리했다. 배럴 볼트를 벽체 구조로 받치는 로마 기법과 달리 독립 원형 기둥으로 받치는 중세 기법을 선택한 것은 브루넬레스키의 고전관을 이어받은 것으로 볼 수 있다.

둘째 대표작은 산티시마아눈치아타이다. 미켈로초는 이 건물의 동쪽에 성단소를 설계했다. 큰 원형 평면에 작은 원형의 예배당을 더한 극단적

137 미켈로초 디바르톨로메오(Michelozzo di Bartolomeo), 산티시마아눈치아타(Santissima Annunziata), 피렌체, 1444~

138 작가미상, 〈지롤라모 사보나롤라의 화형*The Burning of Girolamo Savonarola*〉에 나오는 피렌체의 시뇨리아 광장(Piazza della Signoria). 초 베키오 팔라초(Palazzo Vecchio)가 중심 건물이다.

인 중앙집중형 구성이다(그림 137). 선례는 로마 시대의 미네르바 메디카Minerva Medica이다. 극단적인 중앙집중성은 다소 어색해 보이는데, 이것은 역사의식이 결여된 미켈로초의 한계로 볼 수 있다. 시기적으로 보아 이 정도의 극단적인 중앙집중형이 요구되던 때가 아니었던 점, 공간 구성 처리에서 네이브의 선형 구성과 조화를 이루지 못하고 단순 병렬로 머문 점, 특정 선례를 직접 모방한 점 등에서 그러하다.

미켈로초의 대표작은 메디치 팔라초이다. 이 건물은 개인적인 대표작일 뿐 아니라 르네상스 팔라초라는 새로운 세속 기능 유형을 정착시킨 시대적 중요성도 함께 갖는다. 팔라초는 미켈로초의 창작품이 아니라, 대형 도시 주거 혹은 시민회관 형식으로 중세 시대부터 있어왔다. 미켈로초는 중세 팔라초를 이어받아 자신만의 르네상스 어휘로 재해석해냄으로써 르네상스 팔라초라는 새로운 기능 유형을 창출했다.

팔라초는 도시의 산물이다. 더 좁게 보면 피렌체의 산물이기도 하다. 팔라초는 피렌체의 중세 도시형 주거였던 타워하우스tower house가 발전한 형태이다. 이것은 도시 부르주아들의 근거지이거나 시청사Palazzo della Signoria, 시민회관Palazzo Pubblico 혹은 Palazzo Communale 등 세속 권력의 중심지였다(그림 136, 138). 중세 때에는 특별히 형식화된 특징 없이 3~4층 정도의 비교적 자유로운 구성이었다. 르네상스에 들어와서 상업 가문에 의해 고전주의 구성이 더해지는 등 형식화되었다.

139 스트로치 팔라초(Palazzo Strozzi), 피렌체.

팔라초는 도시 내 상업 가문의 근거지였기 때문에 폐쇄성을 주요 특징으로 했다. 외관은 방어적 이미지로 표현되었다. 창 면적을 줄여서 접근을 어렵게 했고, 석재를 둔탁하게 가공하여 사용함으로써 성채 이미지를 가졌다(그림 139). 방어의 목적은 돈 다루는 직업을 가진 사람들이 1차적으로 찾는 기능이다. 옥외 활동 공간을 건물 내부에 두어야 했기 때문에 전체 구성은 'ㅁ'자형이 되었다. 건물 내부는 각 방이 중정을 향해서 열린 개방적 구성이다(그림 140).

팔라초는 개인 가문의 근거지가 가져야 하는 기능적 특징뿐 아니라 도시 전체를 대표하는 권위의 상징성도 함께 지녔다. 석재의 둔탁한 처리는 도시형 성채의 이미지를 통해 강인한 인상을 부여했다. 폐쇄성이 나타난 또다른 배경으로 당시 피렌체에 프란체스코 수도회Franciscan Order가 유행하던 점을 들 수 있다. 이 수도회는 검소와 극기를 강조했기 때문에 상업 가문의 속성과 대립될 수도 있었다. 장식을 절제하고 거친 돌 처리를 사용함으로써 수도회 강령과 적절한 타협을 이루었다.

고전주의의 삼분법은 파사드를 이루는 기본 법칙이었다. 삼분법은 수직과 수평 양방향에 모두 적용되었다. 수직적으로는 3층 구성을 이루었다. 각 층은 상황에 맞게 특징적으로 처리되었다. 가로를 면한 1층은 방어적 이미지를 위해 혹두기rustication로 처리했다. 2층은 중심층이었기 때문에 건축적 처리에 신경을 가장 많이 썼다. 고전 어휘는 가장 격이 높은 종류가 사용되었으며 장식도 집중되었다. 3층은 마지막 층의 특징을 살렸다. 애틱 형식으로 처리했으며 지붕과의 관계에 신경을 썼다(그림 141).

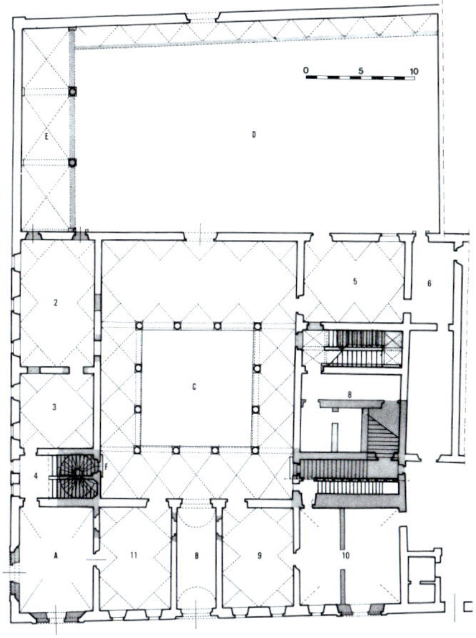

140 미켈로초 디바르톨로메오(Michelozzo di Bartolomeo). 메디치 팔라초(Palazzo Medici). 피렌체. 1444~59

141 미켈로초 디바르톨로메오(Michelozzo di Bartolomeo). 메디치 팔라초(Palazzo Medici). 피렌체. 1444~59

수평 방향의 삼분법은 중심성 개념을 통해 나타났다. 1층의 중심에는 출입문이 위치한다. 2층의 중심은 피아노 노빌레piano nobile로서 집주인의 집무실과 침실이 위치하는 것이 보통이다. 피아노 노빌레는 양방향의 삼등분이 교차하는 정중앙으로 건물의 핵심부에 해당된다. 3층은 그 자체로는 특별한 중심성은 없지만 아래층에서 형성된 중심성의 연장에 놓여 있다. 피아노 노빌레에 특별한 처리가 가해진 것은 16세기부터였다. 알베르티와 미켈로초까지는 2층 전면을 특별한 강조 없이 동일하게 처리했다.

이상이 르네상스 팔라초의 기본 구성이다. 메디치 팔라초는 평면과 입면 모두에서 표준형을 처음으로 정착시킨 건물이다(그림 142). 평면은 중앙의 안마당을 중심으로 네 면에 방들을 배치하는 'ㅁ'자형 구성을 했다. 안마당의 네 면은 회랑으로 이루어졌다(그림 140). 회랑은 독립 원형 기둥이 받치는 아케이드로 처리되었다(그림 143). 그 뒤로 로지아를 갖는 후원이 부속되었다. 로지아도 같은 아케이드로 처리되었다. 아케이드는 내부를 향한 개방성이라는 조건을 잘 만족시켜주었다.

입면은 수직 층쌓기에 의한 삼분법 구성으로 분할했다(그림 141). 1층

142 미켈로초 디바르톨로메오(Michelozzo di Bartolomeo), 메디치 팔라초(Palazzo Medici), 피렌체, 1444~59

외벽은 혹두기로 처리했고, 위로 올라갈수록 거친 정도가 약화되었다. 축조성과 방어라는 두 가지 이미지에 의한 점증 구성이다. 1층 창은 소품화된 신전 파사드로 프레임을 처리했다. 2~3층의 창은 좌우로 이등분하여 상부는 반원 아치로 마감했다. 이런 창 처리는 이후 팔라초, 나아가 르네상스 건축 전반을 통틀어 가장 많이 사용되는 표준형으로 자리 잡았다. 이등분 프레임은 코린트식 콜로네트로 처리했다. 지붕은 두꺼운 코니스로 마감했다.

이런 처리들은 여러 선례를 종합한 것이다. 거친 외벽을 통해 1층에 방어적 이미지를 주는 처리와 창에 원형 아치를 사용하는 처리는 토스카나 지방의 중세 팔라초에서부터 사용하던 기법이었다. 혹두기 자체는 에트루리아에서 로마에 이르는 시기에 토목 인프라나 성벽에 쓰던 벽체 구조의 전형적 모습이었다. 안마당에 사용한 아케이드는 브루넬레스키의 대표 어휘였다. 지붕으로 사용한 두꺼운 코니스는 로마 고전주의의 어휘였다. 1층 창의 프레임으로 사용된 소품화된 신전 파사드는 알베르티의 초기 작품부터 나타나던 어휘였다.

메디치 팔라초는 당시 팔라초에 요구되던 기능적 조건들을 만족시키고 이것을 적합한 건축 선례로 각색하는 데 성공함으로써 팔라초의 유형으로 자리 잡았다. 이후 루첼라이 팔라초에 영향을 끼친 것을 시작으로 르네상스 팔라초의 전형으로 차용되었다. 그러나 아직 부족한 점도 많았다. 가장 큰 한계는 고전 어휘의 본격적 구사가 부족하다는 점이다. 역사의식과 새로운 어휘의 창조 모두에서 미흡했던 미켈로초의 한계를 잘 보여주는 현상이다.

143 미켈로초 디바르톨로메오(Michelozzo di Bartolomeo), 메디치 팔라초(Palazzo Medici), 피렌체, 1444~59

비례적 짜임새도 부족했다. 특별히 적용된 비례 체계가 없었을 뿐 아니라 가로를 면한 넓은 벽면을 수직 부재 없이 수직 층쌓기만으로 분할했다. 기둥과 보에 의한 격자 구성으로 정수비례를 분할했던 루첼라이 팔라초 같은 짜임새와 균형감은 아직 나타나지 않았다. 벽기둥이라는 고전 어휘를 구사하는 능력이 부족한 것으로 볼 수도 있고, 비례가 갖는 구성적 짜임새의 가능성에 무지한 것으로 볼 수도 있다. 이런 문제점들은 인문학적 배경이 부족한 미켈로초의 한계에서 기인했다. 이상을 종합하면 메디치 팔라초는 팔라초 구성의 초기 완성 단계로 정의될 수 있다. 알베르티는 이것을 이어받아 루첼라이 팔라초에서 로마 고전주의와 비례를 이용한 조화 구성으로 완성시켰다.

4 베네치아 지역 양식

피에트로 롬바르도-산타마리아데이미라콜리와 장식 공예주의

이탈리아의 초기 르네상스는 15세기 중반을 넘기면서 각 지역의 중심지로 전파되기 시작했다(그림 3). 피렌체와 토스카나 지방에 브루넬레스키와 알베르티의 추종자들이 등장하면서 르네상스는 15세기 후반부의 대표 경향으로 자리 잡았다. 피엔차[Pienza]는 그 대표적인 도시였다. 베르나르도 로셀리노[Bernardo Rossellino, 1409~64년]는 피엔차 재개발의 일환으로 비오 2세 광장[Piazza Pio II, 1459~64년]과 그 주변에 두오모[Pienza Duomo, 1459~64년], 피콜로미니 팔라초[Palazzo Piccolomini, 1459~64년] 등을 설계했다(그림 144, 145). 이 작품들에서 로셀리노는 브루넬레스키와 알베르티의 어휘를 적절히 구사하며 안정된 르네상스 양식을 선보였다.

로마에도 초기 르네상스 건축물들이 들어서기 시작했다. 아직 정식 건축가가 등장하거나 주요 공공건물 한 채를 통째로 담당하는 단계까지는 못 나아갔지만, 로마 재건 계획의 일환으로 르네상스 건축이 도입되기 시작했다. 캄피돌리오, 라테라노[Lateran], 바티칸 등의 정비, 확장이 대표적인 예이다. 스포르차체사리니 팔라초[Palazzo Sforza-Cesarini]와 같은 팔라초들과 소규모 교회들도 지어지기 시작했다. 이외에 롬바르디아[Lombardia]의 만토바와 밀라노, 베네토[Veneto]의 베네치아, 에밀리아로마냐

144 베르나르도 로셀리노(Bernardo Rossellino). 비오 2세 광장(Piazza Pio II). 피엔차(Pienza), 이탈리아. 1459~64

145 베르나르도 로셀리노(Bernardo Rossellino). 피엔차 두오모(Pienza Duomo). 1459~64

Emilia-Romagna의 볼로냐Bologha와 페라라Ferrara, 피에몬테Piemonte의 토리노Torino, 리구리아Liguria의 제노바Genova, 마르셰Marche의 우르비노 등이 지역 양식의 대표적인 중심지들이었다.

초기 르네상스의 지역 양식을 대표했던 도시는 베네치아이다. 베네치아에 르네상스 건축이 전파된 것은 1460년경부터이다. 건축적 특징은 베네치아의 일반적 예술 경향의 범위 내에서 이해될 수 있다. 베네치아는 이탈리아 내에서 독특한 전통을 가진 지역이었다. 동방과의 인접성에서 오는 장식적, 이국적 특징이 두드러졌다(그림 35, 51, 52). 자연 환경과 낙천적 국민성에 따른 혼성과 자유 경향 등을 대표적 특징으로 가졌다.

베네치아의 초기 르네상스는 토스카나의 표준형을 받아들여 이런 특징으로 각색한 지역주의 경향으로 요약된다. 혹은 토스카나의 표준형을 거치지 않고 이 지역의 로마 선례를 직접 받아들여 활용한 경향도 있었다. 선례는 북부이탈리아, 롬바르디아, 이스트리아 해변Istrian Coast 등에 남아 있는 로마 유적들이었다. 이런 유적들은 이미 로마 시대부터 로마의 정통 고전주의와는 다른 베네치아 특유의 동방성과 장식성을 보였다. 베네치아 초기 르네상스는 피에트로 롬바르도Pietro Lombardo, 1435년경~1515년와 마우로 코두치가 대표적 건축가이다.

롬바르도 가는 베네치아의 르네상스 예술 전반을 이끈 예술가 집안이었다. 이 가운데 피에트로는 조각가를 겸하면서 베네치아의 초기 르네상스 건축이 정착하는 데 핵심적 역할을 했다. 이미 20대인 1450년대부터 작은 작품들을 통해 브루넬레스키의 구 성물안치소에 나타난 르네상스의 구성 기법을 모방하며 습작 기간을 거쳤다.

산타마리아데이미라콜리Santa Maria dei Miracoli, 1485~89년는 그의 대표작이다. 이 교회는 수녀원 교회로 지어졌다. 평면은 아일 없는 1랑식 바실리카로 이루어졌다(그림 146). 네이브 천장은 볼트로, 성단소 천장은 돔으로 각각 마감되었다(그림

146 피에트로 롬바르도(Pietro Lombardo), 산타마리아데이미라콜리(Santa Maria dei Miracoli), 베네치아, 1485~89

147 피에트로 롬바르도(Pietro Lombardo), 산타마리아데이미라콜리(Santa Maria dei Miracoli), 베네치아, 1485~89

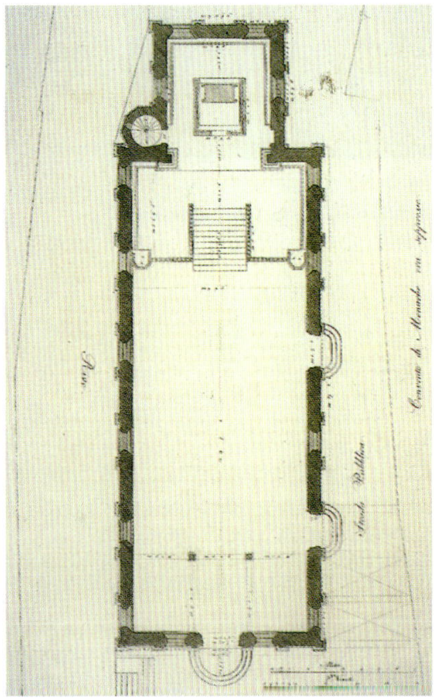

148 피에트로 롬바르도(Pietro Lombardo), 산타 마리아데이미라콜리(Santa Maria dei Miracoli), 베네치아, 1485~89

149 피에트로 롬바르도(Pietro Lombardo), 산타 마리아데이미라콜리(Santa Maria dei Miracoli), 베네치아, 1485~89

147). 성단소는 2층으로 처리해 아래층에는 성물 안치소, 위층에는 성상 안치소chancel를 각각 두었다. 외관은 육면체 몸체를 아치열로 분할하여 처리하였으며(그림 148), 아치열은 낮은 사각 벽기둥이 받치고 있다. 이는 브루넬레스키와 알베르티 어휘의 혼용이지만, 아케이드로까지 발전하지 못하고 선형 장식에 머물렀다.

아치의 주간 거리를 하나로 통일하지 않고 출입구는 넓게 하고 측면을 좁게 한 것은 장식 의도를 강조한 것이거나 로마 고전주의의 벽체 구조를 강조한 것으로 해석할 수 있다. 이렇게 확보된 넓은 벽면에 십자가 모티프의 장식 어휘들을 더했다. 원형 박공은 비잔틴 교회, 알베르티의 성 프란치스코, 코두치의 초창기 작품 등을 모델로 한 것이다. 거기에 로마네스크의 로즈 윈도를 이용한 창 장식을 더했다.

이상과 같은 처리들은 토스카나 로마네스크의 프로토-르네상스, 피렌체와 알베르티의 초기 르네상스, 성 마르코로 대표되는 베네치아의 비잔틴 건축 등 여러 선례에서 차용한 것이다. 이 가운데 성 마르코는 베네치아의 초기 르네상스 건축에서 피렌체의 표준형과 함께 특히 중요한 선례 역할을 했다. 성 마르코에는 로마네스크와 비잔틴 두 양식이 혼재되어 있다. 로마네스크 양식은 토스카나의 선례들과 특징들을 공유하면서 피렌체의 표준형이 도입되는 데 가교 역할을 했다. 반면에 비잔틴 양식은 베네치아만의 지역 전통을 대표했다.

이렇게 형성된 기본 골격에 롬바르도는 조각가적 기질을 발휘하여 가소성 넘치는 장식 어휘를 더했다. 피렌체의 선례는 3차원 거석 구조 같은 묵직한 권위와 기념비성을 주요 특징으로 하는데, 여기에서는 이것을 2차원 면성面性으로 환원한 뒤 활기찬 장식 어휘로 바꾸었다. 3차원 축조성이 장식을 위한 바탕면으로 변화된 것이다. 장식 어휘는 브루넬레스키와 알베르티의 기하주의보다는 베네치아의 중세 전통인 공예주의에 가깝다(그림 149). 면성을 추구하면서도 완전 2차원이 아닌 섬세하게 조각된 디테일을 더함으로써 최소한의 들고남이 만들어졌다. 일종의 얕은 돋을새김으로서, 이것으로부터 약한 음영이 만들어졌다.

장식적 특징은 여러 가지 배경을 갖는다. 개인적 차원에서는 롬바르도 개인의 조각가적 소질이 중요하게 작용했다. 도시적 차원에서는 베네치아의 수경 분위기에 적합했다. 종교적 차원에서는 이 교회의 봉헌 상징인 성모마리아의 기적 개념을 베네치아의 경쾌하고 장식적인 지역 전통으로 잘 해석해낸 것으로 볼 수 있다.

부족한 점도 있다. 1층의 엔태블러처와 2층의 주초 사이에 적절한 융합이 일어나지 못하고 둘은 단순히 중첩되어 있다. 이런 처리는 시각적으로 둔탁한 모습을 유발하는데, 이것은 2차원 면성과 장식적 경쾌함이라는 건물의 특징을 손상시킨다. 같은 상황에서 알베르티가 애틱을 넣은 뒤 적절한 장식 어휘로 지루함을 완화시켰던 것과 비교하면 고전 어휘의 구사력이 미숙함을 보여주는 현상일 수 있다. 혹은 로마의 정통 고전주의에 집착할 필요가 없었던 베네치아의 지역성을 보여주는 것으로 해석할 수도 있다.

150 마우로 코두치(Mauro Coducci). 산차카리아(San Zaccaria). 베네치아. 1483~91

마우로 코두치(1)–산차카리아와 장식 조각주의

마우로 코두치Mauro Coducci, 1440년경~1504년는 베네치아 지방의 최고 장인 출신으로 건축가의 대열에까지 오른 인물이다. 산차카리아San Zaccaria, 1483~91년가 그의 대표작이다. 이 건물은 1458년에 안토니오 감벨로Antonio Gambello, ?~1481년의 설계로 시작되었지만, 그의 사후 코두치가 물려받아 완공했다. 감벨로가 사망할 당시 공사가 많이 진척되어 있지 않았기 때문에 대부분의 내용은 코두치의 작품으로 볼 수 있다.

151 마우로 코두치(Mauro Coducci). 산차카리아(San Zaccaria). 베네치아. 1483~91

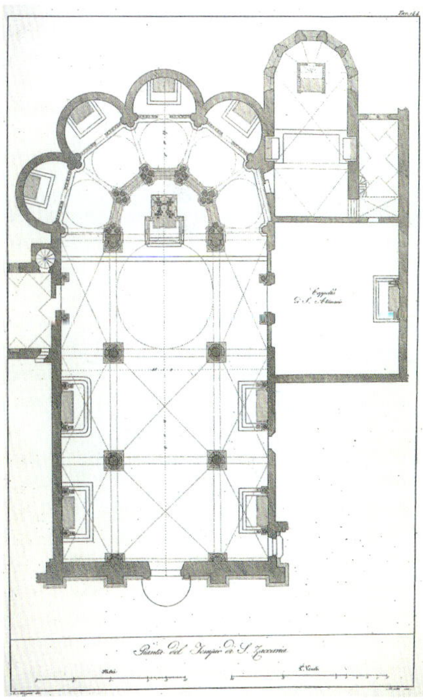

이 건물은 코두치의 초기 작품인 이솔라Isola의 성 미카엘San Michele, 1469~79년의 기본 개념을 발전시킨 것이다. 또한 산타마리아데이미라콜리와 특징을 공유하면서 1480년대에 베네치아 르네상스를 형성하는 데 핵심적 역할을 했다. 아치를 이용하여 전면에 부드러운 곡선 이미지를 준 점과 장식 고전주의를 활용한 점에서 그러하다(그림 150). 시기적으로는 두 건물이 중복되지만 코두치로부터 롬바르도가 영향을 받았다는 것이 통설이다.

산차카리아는 베네치아 르네상스의 특징을 가장 종합적으로 보여준다. 평면은 트랜셉트 없는 3랑식 바실리카를 기본 유형으로 삼아 비잔틴, 고딕, 르네상스의 구성이 섞여 있다(그림 151). 비잔틴 구성은 네이브를 정사각형 단위로

152 마우로 코두치(Mauro Coducci), 산차카리아(San Zaccaria), 베네치아, 1483~91

나누고 크로싱에 돔을 얹는 그릭 크로스로 표현되었는데(그림 152), 특히 성 마르코와 매우 유사하다. 고딕 구성은 성단소 구역의 방사 예배당radiating chapel에서 나타났다. 르네상스 구성은 선형을 기본 골격으로 삼았지만 중앙집중형을 강화함으로써 선형성을 약화시킨 데에서 나타났다. 네이브의 선형 골격을 그릭 크로스로 재구성한 점, 방사 예배당 밖으로 반원형의 앱스를 더한 점, 방사 예배당 천장을 돔으로 덮은 점 등이 중앙집중형을 강화한 처리들이다. 방사 예배당은 감벨로의 중세안에서 비롯된 것이었는데 코두치는 이것을 중앙집중형 구성으로 각색함으로써 르네상스의 공간개념으로 바꾼 것이다.

이상과 같은 평면 구성은 선형 골격에 중앙집중형을 강화하려는 르네상스 교회 건축의 일반적 상황에 속하는 현상이다. 여기에 더해 비잔틴의 특징이 특별히 강조되고 많이 쓰인 점은 베네치아만의 상황을 보여주는 현상이다. 입면은 더욱 그러하다. 출입구가 들어 있는 1층은 베네치아 중세 건축의 전형적 구성을 보여주는데, 이것 역시 감벨로가 남긴 초기 조건으로서 코두치가 피해갈 수 없는 상황이었다. 코두치는 이 문제를 재치 있게 해결했다. 1층을 기단 개념으로 처리하고, 그 위에 '3개 층의 본체-1개 층의 중간층-박공'으로 구성되는 여러 단의 수직 층쌓기를 더함으로써 중세의 잔재를 최소화했다.

수직 층쌓기에는 산타마리아데이미라콜리에 차용된 것과 유사한 여러 선례를 썼다. 2층의 톱니 모양이나 조개껍데기 모양의 반원 아치는

153 마우로 코두치(Mauro Coducci), 산차카리아(San Zaccaria), 베네치아, 1483~91

토스카나 로마네스크의 어휘이다(그림 153). 반원 아치의 아케이드를 받치는 문제에서 독립 원형 기둥과 벽기둥 사이에서 고민한 처리는 브루넬레스키와 알베르티의 선례를 참고한 것이다. 상층부는 알베르티의 성 프란치스코를 모방한 것으로, 원형 곡면을 이용하여 네이브와 아일의 높이 차이를 외관에 반영하였으며 원형 박공을 썼다.

장식성이라는 베네치아만의 지역적 특징도 나타났다. 장식성은 여러 방식으로 다양하게 표현되었다. 어휘의 들고남이 심한 점, 부재가 자잘해지면서 개수가 많아진 점, 이것을 음영 대비를 통해 강조한 점, 음영 대비가 분산적 시각 효과로 나타난 점, 각 층의 전이가 일어나는 지점의 수평 어휘를 두 겹으로 처리한 점, 각 층 내에서도 벽면과 벽기둥 사이의 돌출 차이가 비교적 크게 일어난 점 등이 대표적인 예들이다. 이런 특징들은 모두 조각성의 개념을 디테일을 이용하여 건축 처리로 환원한 방식들로 베네치아의 조각주의 전통을 이어받은 것이다.

고전 어휘의 사용에서도 조각주의 전통이 나타났다. 가구식 구조를 이용한 그리드 구성은 비례적 짜임새나 3차원 축조성이 아닌 선형 장식 어휘 같은 조각적 공예성으로 나타났다. 박공면과 프리즈에 장식을 새기고 주요 결절 지점에 조각물을 더하는 등 직접적인 조각주의 처리도 일부 나타났다. 르네상스의 표준 구성을 기준으로 보면 이 건물에 사용된 고전 어휘의 수는 브루넬레스키나 알베르티에 비해 다소 많고 복잡해 보이는데, 이것 역시 넓은 의미에서 조각주의의 특징으로 볼 수 있다.

베네치아 지역주의는 성 마르코를 선례로 차용하는 경향에서 더욱 두드러졌다. 원형 박공은 산타마리아델리미라콜리와 마찬가지로 성 프란치스코와 성 마르코가 선례이다. 여기에서는 쌍기둥 처리가 더해지면서 성 마르코에 더 가까운 것으로 볼 수 있다. 쌍기둥은 성 마르코에 쓰였던 네 쌍기둥을 단순화시킨 처리이다. 쌍기둥은 알베르티의 거대 기둥과 함께 이후 르네상스와 바로크를 거치면서 가장 대표적인 오더 어휘로 자리 잡았다.

마우로 코두치(2)–산타마리아포르모사와 산조반니크리소스토모

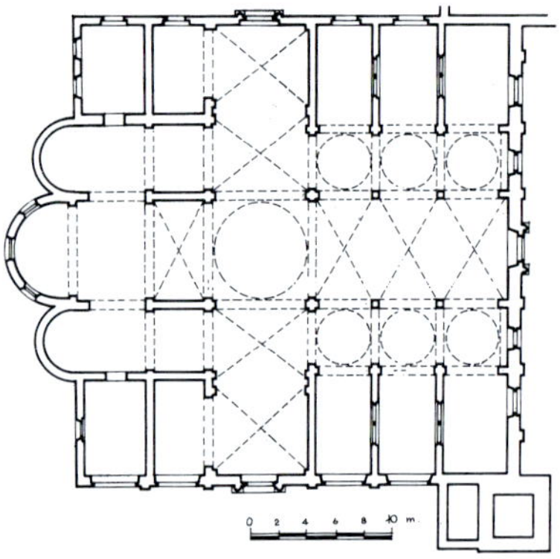

154 마우로 코두치(Mauro Coducci). 산타마리아포르모사(Santa Maria Formosa). 베네치아. 1490~1504

155 마우로 코두치(Mauro Coducci). 산타마리아포르모사(Santa Maria Formosa). 베네치아. 1490~1504

코두치의 다른 두 대표작인 산타마리아포르모사Santa Maria Formosa, 1490~1504년와 산조반니크리소스토모San Giovanni Crisostomo, 1497~1504년는 1480년대에 형성된 베네치아 르네상스의 특징을 반복하면서 1490년대를 대표했다. 이탈리아 전체로 보면 초기 르네상스를 마감하는 의미를 가진다.

산타마리아포르모사는 코두치 사후에 다소 변형되었지만, 코두치의 설계가 많이 남아 있어서 큰 흐름에서는 그의 의도를 읽을 수 있다. 평면은 3랑식 돔식 바실리카domed-basilica와 그릭 크로스를 혼합한 구성으로, 성 마르코와 유사하다(그림 154). 천장은 크로싱과 바깥쪽 아일은 돔으로 처리했고, 네이브와 안쪽 아일은 그로인 볼트로 처리했다. 선형의 기본 윤곽에 비잔틴 선례를 이용하여 중앙집중형을 강화하는 방식이다. 외관에서는 브루넬레스키의 프리즈가 첨가된 벽기둥, 알베르티의 거대 기둥과 '신전 파사드 윤곽+개선 아치 모티프', 토스카나 로마네스크의 반원 아치열, 베네치아의 조각 장식 전통 등이 어우러져 높은 구성 효과를 낸다(그림 155). 1480년대의 두 대표작에 비해 단순화와 간결함이 강화된 점에서 초기 르네상스를 마감하고 성기 르네상스를 예견하는 현상이라고 볼 수 있다.

산조반니크리소스토모도 이와 유사하다. 평면은 내접형 그릭 크로스의 표준형으로 구성되었다. 크로싱과 네 모퉁이를 모두 돔으로 처리

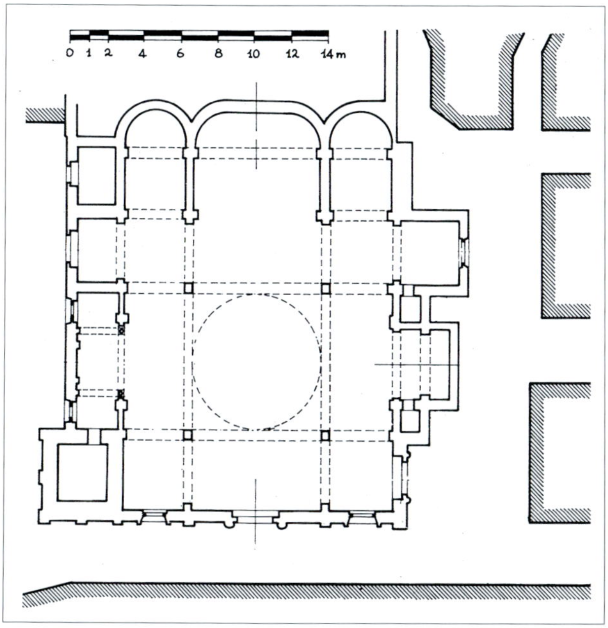

156 마우로 코두치(Mauro Coducci), 산조반니 크리소스토모(San Giovanni Crisostomo), 베네치아, 1497~1504

157 마우로 코두치(Mauro Coducci), 산조반니 크리소스토모(San Giovanni Crisostomo), 베네치아, 1497~1504

한 점에서 비잔틴 시대에도 드물었던 그릭 크로스의 교과서적인 처리이다(그림 156). 네 면 가운데 출입구 쪽에 짧은 베이 한 개를 더해서 전실을 만들고 그 맞은편에 직사각형 앱스를 만듦으로써 그릭 크로스에 선형성을 첨가했다. 선형성과 중앙집중성을 혼합하는 문제에서 성기 르네상스의 경향을 예견하는 처리이다. 초기 르네상스에서는 선형성이 주가 되고 중앙집중형이 추가되는 형식이 많았던 반면, 성기 르네상스에서는 이것이 정반대가 되는데 이 건축물은 이미 이런 경향을 완성된 상태로 제시한다. 외관은 산차카리아를 극도로 단순화한 구성으로 처리했다(그림 157). 벽기둥을 이용한 가장 기본적인 오더 체계와 세 개의 원형 박공만으로 구성하는 처리이다. 이것 역시 성기 르네상스를 예견하는 지점이다.

스쿠올라그란데디산마르코Scuola Grande di San Marco, 1485~95년는 베네치아의 초기 르네상스를 대표하는 여러 건축가들이 관여함 점에서 중요성을 가진다. 본래 건물이 1485년에 화재로 소실되었으나, 롬바르도 형제가 조반니 디안토니오 부오라Giovanni di Antonio Buora와 함께 초기 안 설계를 착수하여 1490년에 코두치와 안토니오 리초Antonio Rizzo가 이어받았다.

외관은 성 마르코와의 연관성을 분명하게 보여준다. 지붕이 크고 작

158 조반니 안토니오 카날레토(Giovanni Antonio Canaletto)의 〈성 요한/성 바오로 교회 앞 광장*The Piazza in front of the Church of John and Paul*〉(1725년경)에 등장하는 스쿠올라그란데디산마르코(Scuola Grande di San Marco, 1485~95) 모습

은 원형 박공열로 처리되면서 이것이 어우러져 율동감 넘치는 구성 효과를 낸 점, 장식이 많이 남아 있는 점, 출입구 차양을 여러 단의 들여쌓기로 처리한 점, 벽기둥과 창틀을 오더 양식으로 겹치게 처리한 점, 창틀에 원형 아치가 두 겹 쓰인 점, 대리석을 이용한 약한 채색 분위기가 남아 있는 점 등에서 그러하다(그림 158). 이런 특징들은 1480년대의 대표작들이 보여준 축조적 격자성이나 90년대의 대표작들이 보여준 단순화된 추상성과 반대되는 경향으로, 베네치아의 지역 양식을 극명하게 나타낸다. 그 뒤에는 베네치아의 영원한 랜드마크 성 마르코가 선례로 자리하고 있다.

3장
성기 르네상스
(1490~1530)

161 도나토 브라만테(Donato Bramante). 성 암브로시오(Sant'Ambrogio). 밀라노. 1492~? 이오니아식 안마당

에서는 울티마 마니에라에 근접한 완성도를 보였는데, 중앙집중형과 오더 상징주의가 그 핵심주제를 이루었다.

로마, 울티마 마니에라, 교황청 건축 공방

1499년 루이 12세의 밀라노 침공을 전후하여 브라만테는 로마로 피신했다. 처음 몇 년은 밀라노에서 모은 돈으로 고전 유적 연구에 전념했다. 로마 유적을 접하게 된 브라만테는 50대 후반의 늦은 나이에 화려한 변신을 하며 울티마 마니에라를 완성했다. 로마기 동안에는 몬토리오의 성 베드로 템피에토Tempietto of San Pietro in Montorio, 약칭 템피에토, 1502년경, 산타마리아 델라파체Santa Maria della Pace, 1504의 회랑형 안마당, 라파엘로 하우스House of Raphael=Palazzo Caprini, 카프리니 팔라초 등을 남겼으며, 성 베드로를 개축1505~하였다.

브라만테의 중요성은 한마디로 '로마'라는 시대적, 지리적 배경에서 비롯되었다. 알베르티가 로마를 르네상스의 중심으로 끌어냈다면, 브라만테는 로마 속으로 들어가서 로마를 키웠다. 그리고 로마를 배경으로 르네상스 건축을 새로운 차원으로 돌입시켰다. 브라만테는 교황청 안에 건축 공방을 운영하면서 로마에 직접 작품을 남겼다. 로마에도 초기 르네상스부터 르네상스 양식의 건물들이 들어서기 시작했지만 아직은 로마 재건 사업의 일환이었다. 건축가가 확실한 건축적 의식 아래 로마에 본격적인 작품을 남기기 시작한 것은 브라만테가 처음이

었다.

브라만테는 1503년에 즉위한 교황 율리오 2세에게 발탁되어 교황청 안에 건축 공방을 열고 중요한 활동을 했다. 공방에서는 자신의 작품 설계와 감리, 로마 재건 계획의 입안과 총괄, 건축가들의 교육과 양성 등 세 가지 일을 했다. 이 일들은 모두 성기 르네상스의 성립에 결정적 역할을 했으며, 향후 16세기 로마 건축의 전개 과정을 결정짓는 중요성을 가진다. 당시 로마는 인본주의 교황들에 의해 재건계획이 진행되고 있었다. 이 가운데 브라만테의 로마기는 알렉산드로 6세에서 율리오 2세에 이르는 기간에 해당된다. 브라만테는 이 일을 건축적으로 뒷받침했다(그림 162, 163).

162 하르트만 셰델(Hartmann Schedel), 로마 프로젝트, 1493

163 메르텐 반 헴스케르크(Maerten van Heemskerck), 성 베드로 공사 장면, 1510년경

브라만테의 공방에서는 라파엘로를 필두로 안토니오 다상갈로 일조반네, 산소비노, 페루치 등 16세기 전반부 르네상스 건축을 이끌었던 건축가들을 길러냈다. 크게 보면 미켈란젤로 정도를 제외하고 16세기 건축가들은 대부분 브라만테로부터 직간접의 영향을 받은 것으로 볼 수 있다. 브라만테의 중요성은 이미 16세기에 동시대 건축가들에 의해 평가되었다. 체사레 디체사리아노Cesare di Cesariano, 세를리오, 팔라디오, 바사리 등이 쓴 르네상스의 주요 저서들에 모두 브라만테의 중요성이 강조되어 있다.

브라만테의 개인 성격은 까다로웠던 것으로 알려져 있다. 그는 설계할 때 수시로 안을 바꾸었다. 다른 옛날 건물을 허는 일에는 병적일 정도로 집착했다. 이 때문에 그는 '마에스트로 로비난테maestro rovinante, 망치는 대

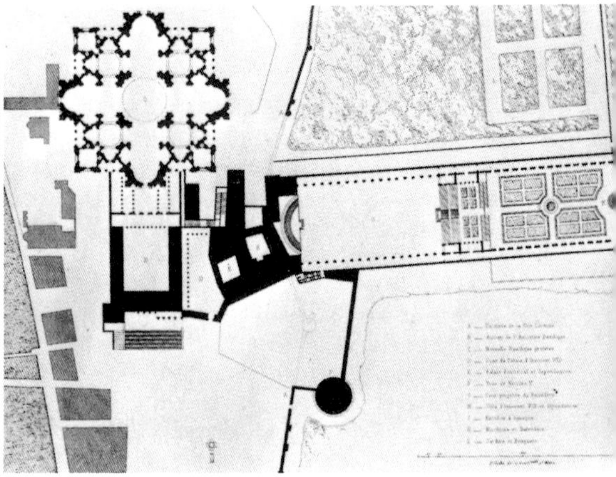

164 메르텐 반 헴스케르크(Maerten van Heemskerck), 산피에트로 광장, 16세기 초반 상태

165 바티칸. 왼쪽이 성 베드로이고 오른쪽이 브라만테(Bramante)의 벨베데레(Belvedere)이다.

가'라는 악명을 얻기도 했다. 이런 그의 성격은 율리오 2세의 급한 성격과 잘 맞았다. 교황 역시 헐고 새로 짓는 방식의 로마 재건 계획을 무서운 속도로 밀어붙였는데, 이 속도를 맞출 수 있는 사람은 똑같이 성격이 급한 브라만테밖에 없었다.

브라만테는 알베르티 이후 1470년대부터 정체에 빠진 초기 르네상스를 위기에서 구하며 성기 르네상스의 문을 연 건축가이다. 특히 바티칸을 로마의 중심지로 부각시키는 데 성공함으로써 로마의 건축적 중요성을 배가시킬 수 있었다. 그는 침체되어 있던 바티칸을 대규모로 개발하는 계획의 초안을 다듬었다(그림 164, 165). 로마는 제국 수도의 세속적 권위에 기독교 수도의 종교적 권위를 더함으로써 르네상스 시대에 다시 한번 서양의 중심지로 부상했다. 알베르티가 잠자고 있던 로마를 깨워 초기 르네상스를 완성했다면, 브라만테는 로마를 건축의 중심지로 만들면서 성기 르네상스의 문을 열었다. 그 활동은 두 방향에서 이루어졌다.

하나는 작품 활동이다. 1470년대에 들어와 베네치아를 제외한 다른 지역들의 건축 활동은 침체기에 접어들었다. 이 시기에 브라만테는 로마에 주요 작품들을 남기며 로마가 주도하는 새로운 르네상스를 열었다. 그는 로마 고전주의의 힘과 은유적 상징성을 융합함으로써 자신만의 품격 높은 기독교 고전주의를 완성시켰다. 특히 오더를 이용한 수사학적 구사에 뛰어났다. 여기에서 오는 다의적 표현 능력은 매너리즘의 기초를 닦은 것으로 평가되기도 한다.

다른 하나는 고전주의 교육 및 운용의 체계화이다. 르네상스 건축이 시작된 지 1세기가 되도록 새로운 방식을 체계적으로 가르치는 교육제도는 아직 확립되지 못했다. 브라만테가 로마 공방을 세움으로써 이것이 최초로 이루어졌다. 브라만테는 건축 교육을 통해 제자들을 길러냈고, 그 제자들은 다시 제자들을 낳으면서 16세기 건축을 이끌어갔다. 브라만테-라파엘로-줄리오 로마노로 이어지는 계보는 대표적인 예이다. 이밖에도 안토니오 다상갈로 일조반네와 페루치 등도 브라만테의 공방에서 건축을 배우고 평생 이곳을 근거지로 삼아 활동했다. 산소비노를 위시한 16세기 베네치아 건축을 이끌었던 건축가들도 로마로 고전 답사나 유학을 올 때는 브라만테 공방을 거치는 것이 필수 코스가 되었다.

중앙집중형(1)-공간 깊이와 기하학성

브라만테의 중앙집중형 건물은 르네상스의 3차원 공간을 완성시킴으로써 원형과 돔을 통해 천상의 이미지를 해석한 것으로서 의미를 갖는다. 중앙집중형 공간을 만들어낸 구체적 기법으로는 기하학성과 공간 깊이를 들 수 있다. 원형과 돔에 의한 천상의 이미지 해석은 그가 교황청에 소속되었던 배경에서 기인한다. 그는 기독교 고전주의에 치중하며 자신의 건축 경향 범위를 한정지었는데, 이것이 그의 중앙집중형 공간에도 반영되었다.

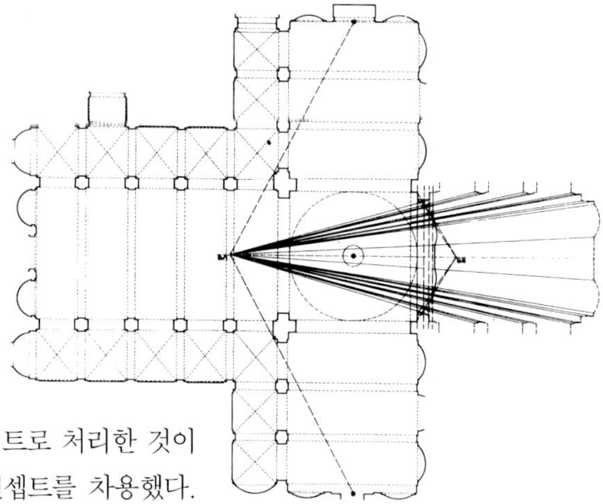

166 도나토 브라만테(Donato Bramante). 산타마리아프레소산사티로(Santa Maria presso San Satiro). 밀라노. 1480년경~86

산타마리아프레소산사티로에서는 라틴 크로스의 선형 네이브에 중앙집중형의 성소를 더하는 문제가 전체 구성을 결정했다. 이를 위해 브루넬레스키, 알베르티, 밀라노의 성 라우렌시오San Lorenzo 셋을 선례로 삼았다. 브루넬레스키 선례는 네이브의 기본 골격을 1대 3의 넓적한 비례로 처리해서 선형 방향의 진행 속도를 빠르게 한 점이다(그림 166). 알베르티 선례는 네이브 월을 '사각 기둥+얕은 벽기둥' 세트로 처리한 것이다. 성 라우렌시오 선례로는 동쪽 성소와 트랜셉트를 차용했다.

167 도나토 브라만테(Donato Bramante), 산타마리아프레소산사티로(Santa Maria presso San Satiro), 밀라노, 1480년경~86

두 부분의 전체 구성은 그릭 크로스에 근접했으며 크로싱에 돔 천장을 얹었다. 밀라노는 선형 공간이 주를 이루던 라틴 웨스트의 초기 기독교 건축에서도 중앙집중형 공간이 유난히 발달했던 지역이었으며 성 라우렌시오는 이를 대표한다.

브라만테만의 기발함은 성단소 처리에서 나타났다. 부지가 좁아서 성가대석과 앱스의 공간이 나오지 않았다. 그릭 크로스에서 성소 쪽 팔 하나가 없는 형국이었다. 브라만테는 성가대 쪽 벽에 일소점 투시도를 이용한 그림을 그려서 성가대석 부분이 실제로 있는 것처럼 보이게 했다. 성가대석은 트랜셉트와 같이 세 개의 베이를 갖는 것처럼 보인다(그림 166, 167). 투시도 화가의 경력을 살린 처리이다. 단순히 그릭 크로스의 베이 수를 맞추는 목적만은 아니었다. 투시도 경력은 공간의 깊이감에 대한 인식을 심어주었다. 이는 향후 브라만테의 중앙집중형 처리가 방사형 복층 공간을 기본 구성으로 삼아 공간의 깊이를 추구하는 쪽으로 전개되는 출발점이 되었다.

파비아 성당에서는 자문을 맡았다. 어디까지 브라만테의 손길이 미쳤는지는 정확한 기록이 없다. 그러나 그의 중앙집중형 아이디어가 많이 반영되었다는 것이 통설이다. 이 건물에서는 정사각형 모듈이 반복되면서 정형적 짜임새가 강화되었다. 중앙집중성도 이것의 일환으로 강화되었다(그림 168). 속의 영역은 '네이브-아일-예배당'의 세 겹 구성을 가지면서 선형성을 약화시켰다. 크로싱에는 팔각형 돔을 얹었고, 돔을 받치는 여덟 모퉁이는 두꺼운 벽기둥으로 보강했다.

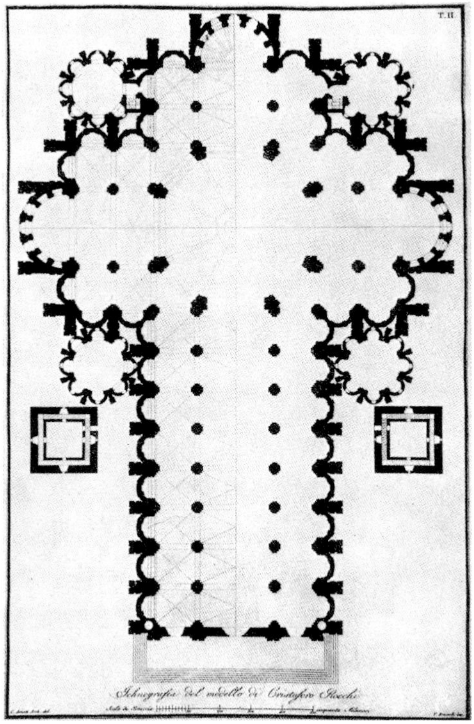

168 도나토 브라만테(Donato Bramante), 파비아 성당(Pavia Cathedral) 자문, 이탈리아, 1488년경

성의 영역만 보면 그릭 크로스와 같은 구성을 했다. 아일은 트랜셉트에서 성가대석을 거쳐 성당 전체를 순회했다. 성의 영역은 '크로싱-트랜셉트-아일-앱스'의 네 겹 구성으로 되어 있다. 공간은 여러 겹의 복층 처리를 통해 깊이가 확보되었다(그림 169). 크로싱을 중심으로 완전 대칭을 이루고 있는데, 이 둘을 합치면 크로싱에서 밖으로 확산되어 나가는 방사형 구성이다. 하기아 소피아Hagia Sophia와 브루넬레스키의 성령 교회를 선례로 삼은 구성이다. 브라만테는 파비아에서 하기아 소피아의 도면을 처음 봤던 것으로 전해진다. 브라만테는 그로부터 강한 영향을 받았다. 그것은 파비아 성당을 거쳐 성 베드로에 반영되었다.

산타마리아델라그라치에에서는 성가대석, 크로싱, 트랜셉트로 구성되는 성소를 설계했다. 성소 평면은 원의 기하학적 특성을 이용한 직설적인 중앙집중형으로 구성했다(그림 170). 크로싱의 윤곽은 정사각형이

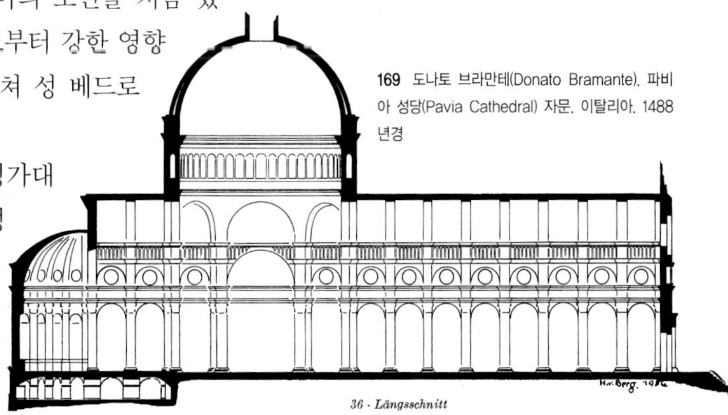

169 도나토 브라만테(Donato Bramante), 파비아 성당(Pavia Cathedral) 자문, 이탈리아, 1488년경

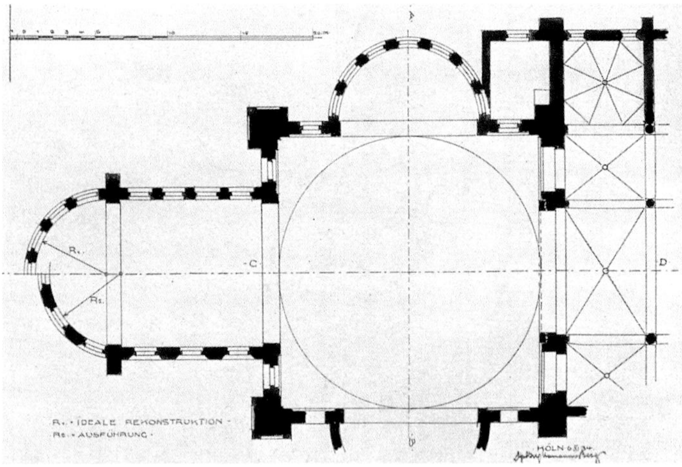

고, 대형 돔으로 천장을 마감했다. 성가대석은 이보다 작은 정사각형으로 처리했다. 트랜셉트와 앱스는 반원 평면에 반구 천장으로 처리했다. 전체 구성은 다소 분산적이어서, 원의 향연이 펼쳐졌지만 초점은 여러 곳으로 흩어져 있다.

브라만테의 중앙집중형 공간은 몬토리오의 성 베드로 템피에토에서 완성을 이루었다. 이 건물은 연대가 정확하지 않은 데다 나중에 두 번의 변형이 있었지만, 전체 구성에서 브라만테의 생각이 잘 드러나 있다. 이 건물의 중심부는 다섯 겹의 동심원으로 구성되었다(그림 171). 초점인 무덤 제단을 중심으로 원형 열주랑이 있고, 다시 중심 부분을 무대 위에 올려놓는 4단의 계단과 두 겹의 원형 열주랑이 차례대로 둘러쳐져 있다. 전체 윤곽은 정사각형인데, 네 모서리에는 삼엽형의 소형 공간을 팠다. 정사각형 윤곽의 앞뒤에는 통로와 부속실로 이루어지는 전실을 더했다.

170 도나토 브라만테(Donato Bramante). 산타마리아델라그라치에(Santa Maria della Grazie)의 동쪽 성소 개축. 밀라노(Milano), 이탈리아. 1492~?

171 도나토 브라만테(Donato Bramante). 몬토리오의 성 베드로 템피에토(Tempietto of San Pietro in Montorio,). 로마. 1502년경

172 도나토 브라만테(Donato Bramante). 몬토리오의 성 베드로 템피에토(Tempietto of San Pietro in Montorio,). 로마. 1502년경

이런 구성은 초기 기독교 건축의 원형 무덤 교회나 순교자 기념 교회를 선례로 삼아 브라만테의 복합 공간으로 각색한 결과이다. 부지가 좁았기 때문에 성 베드로의 순교를 군중집회가 아닌 무덤 교회 개념으로 정의했다(그림 172). 통사적으로 보면 로마 가톨릭의 전통을 이어받

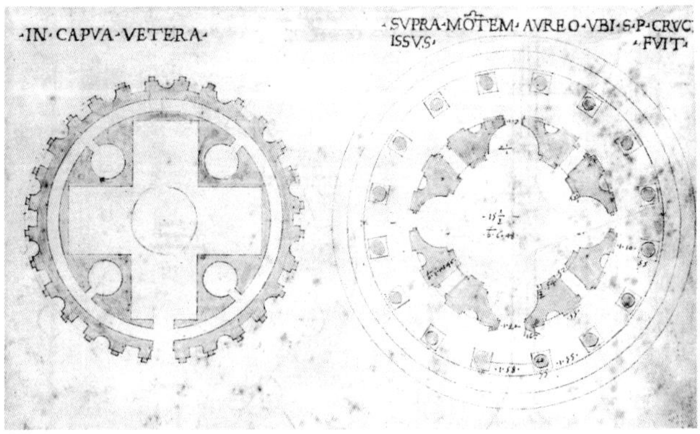

아 르네상스의 새로운 공간 개념으로 재해석한 것이다. 무덤 교회는 로마 가톨릭 건축에서 원형성原形性이 가장 강한 기능 유형이었다. 원형圓形의 공간 윤곽으로 인해 중앙집중성이 가장 강한 기능 유형이기도 하다. 이것을 선례로 받아들인 것은 로마 고전주의를 로마 가톨릭 건축으로 정의하겠다는 입장을 의미한다. 또한 르네상스 고전주의 역시 기독교 고전주의로 정의하겠다는 것이다. 교황청에 소속된 건축가로서의 입장이 잘 드러난 예라 할 수 있다.

173 도나토 브라만테(Donato Bramante). 성 베드로(St. Peter's) 개축. 로마. 1505~

중앙집중형(2)-성 베드로와 르네상스 기독교 고전주의

성 베드로 개축 시작은 교황과 브라만테 모두에게 중요한 업적이 되었다. 성 베드로 개축은 완공까지 150년 정도가 걸린 대역사였는데, 두 사람이 이것을 본격적으로 시작했다. 개축에 대한 최초의 논의는 전임 교황 니콜라오 5세 때 있었다. 이때에는 베르나르도 로셀리노에 의해 성가대석 확장을 위한 기초 공사가 진행되었다. 브라만테와 율리오 2세 사이의 개축 논의는 1504년경 시작되어 1506년에 대규모 개축에 대한 최종 결정이 내려졌다. 두 사람 모두 개축 논의가 시작된 지 10년이 채 안 되는 기간만 더 살았기 때문에 많은 것을 이룰 수는 없었다.

174 도나토 브라만테(Donato Bramante). 성 베드로(St. Peter's) 개축. 로마. 1505~

브라만테는 초기 관여를 통해 개축안 전체에 중요한 영향을 끼쳤을 것으로 추측된다. 그러나 정작 브라만테의 안에 대한 정확한 내용은 알려진 것이 거의 없다. 무엇보다도 브라만테 자신이 수시로 안을 바꾸었다. 안토니오 다상갈로 일조반네, 산소비노, 페루치 등에게 도면 작업을 맡긴 과정에서 이들의 생각이 일부 섞여 들어가기도 했다. 브라만테의 안에 대한 정확한 기록은 몇 장의 도면과 카라도소Caradosso가 제작한 메달 하나가 전부이다(그림 173). 완공을 가정한 공간의 전체적인 분위기에 대해서는 라파엘로의 〈아테네 학당*The School of Athens*〉와 〈헬리오도로스의 추방*The Expulsion of Heliodorus*〉이라는 그림이 중요한 단서이다(그림 210). 이밖에도 작가 미상의 실내 스케치 등에서

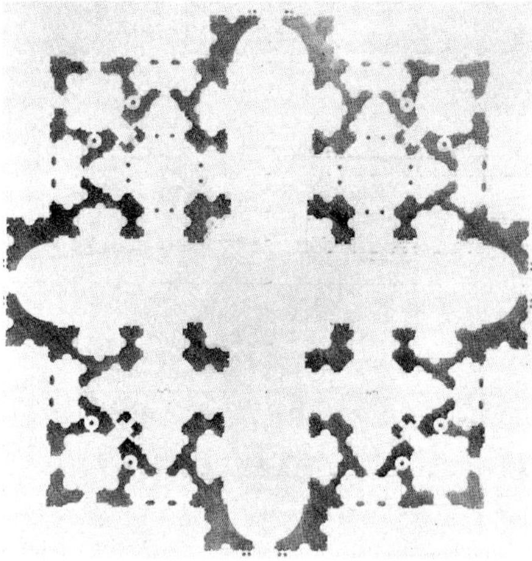

175 도나토 브라만테(Donato Bramante). 성 베드로(St. Peter's) 개축. 로마. 1505~

그 내용을 엿볼 수 있다(그림 174).

브라만테의 성 베드로 개축안은 관련 자료가 빈약하기 때문에 정확한 내용을 알 수 없다. 실제로 건물은 미켈란젤로 때부터 지어지기 시작했기 때문에 더욱 그러하다. 그러나 브라만테의 안에 대한 대체적인 추측은 가능하다. 소위 '양피지 평면parchment plan'이라고 불리는 안이 현재 브라만테의 원안으로 받아들여지고 있다(그림 175). 전체 구성은 파비아 성당과 유사한 '방사형+동심원'의 내접형 그릭 크로스이다. 더 거슬러 올라가면 하기아 소피아를 선례로 삼은 것이었다. 크로싱과 모서리 공간 모두 독립적 중심성이 강한 공간으로 처리했다. 중심과 부심 사이에 독립과 소통의 양면적 상황이 형성되면서 전체 구성은 복층 공간을 이룬다. 중심부 천장은 판테온과 유사한 돔으로 처리했다.

개축안의 핵심은 베드로 무덤을 초점으로 삼아 성소를 확장하는 것이었다. 이런 점에서 이 건물 역시 템피에토와 동일한 원형 무덤 교회나 순교자 기념 교회 개념으로 정의되었다. 브라만테는 이 안 외에도 다른 대안 몇 개를 더 가지고 사망할 때까지 최종안을 결정하지 못하고 고민했다. 그러나 당시 다른 건축가들에 의해 논의된 내용이나 나중에 미켈란젤로가 이어받아 실제 지은 결과를 보면 이 안을 브라만테의 대표안으로 볼 수 있다.

176 도나토 브라만테(Donato Bramante). 성 베드로(St. Peter's) 개축. 로마. 1505~

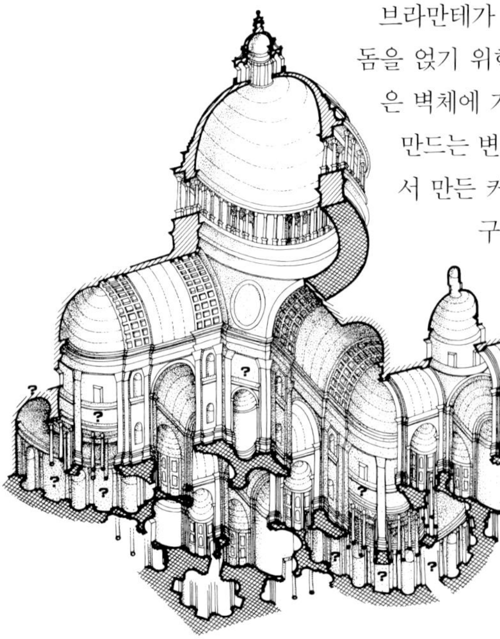

브라만테가 살아 있는 동안에는 이 안을 기본 골격으로 삼아 대형 돔을 얹기 위한 지지부 벽기둥 보강이 진행되었다(그림 163). 벽기둥은 벽체에 가깝게 두꺼워졌다. 이것은 공간 전체를 무겁고 육중하게 만드는 변화를 가져왔다. 조적을 쌓은 것이 아니라 큰 고체를 파내서 만든 커다란 덩어리 같은 물질성이 느껴진다. 템피에토에서 추구했던 3차원 고형체의 분위기가 대형 스케일로 확장된 것으로 볼 수 있다. 이런 분위기는 로마의 벽체 구조가 갖는 특징이기도 했다. 브라만테의 성 베드로는 벽체 구조를 이용한 로마의 웅장한 기념비성을 3차원 고형체로 재해석한 르네상스 기독교 고전주의의 전형을 보여준다.

이 건물은 여러 선례의 종합화이다

(그림 176). 그릭 크로스의 기본 구성은 밀라노의 성 라우렌시오와 하기아 소피아를, 돔은 판테온과 하기아 소피아를, 팔 부분의 복도 처리와 복층 공간은 밀라노 성당과 성 라우렌시오를, 돔을 받치는 벽기둥을 벽체로 확장한 보강은 피렌체 돔을, 웅장한 공간감과 기념비적 스케일은 로마의 막센티우스 바실리카와 디오클레티아누스의 목욕탕을 각각 선례로 삼았다.

율리오 2세와 브라만테는 각각 1513년과 14년에 연달아 사망했다. 브라만테가 사망할 당시에는 기초 일부만 놓여 있었다. 이후 개축안은 1520년까지 라파엘로가 담당했다. 그러나 종교개혁, 로마 대약탈Sack of Rome, 후임 교황들의 의지 부족 등 어려운 상황이 이어지면서 이렇다 할 진척을 보지 못한 채 1539년에 안토니오 다상갈로 일조반네가 이어받을 때까지 방치되었다. 상갈로 역시 46년에 사망하면서 다시 미켈란젤로에게 넘어갔다. 미켈란젤로는 브라만테의 원안을 대부분 존중한 것으로 알려져 있다. 성소 부분의 그릭 크로스 구성, 돔과 구조 골격의 스케일과 규모 등 현재의 전체적인 분위기는 브라만테가 정한 방향대로 지어졌다.

177 도나토 브라만테(Donato Bramante), 산타마리아프레소산사티로(Santa Maria presso San Satiro), 밀라노, 1480년경~86

178 도나토 브라만테(Donato Bramante), 산타마리아프레소산사티로(Santa Maria presso San Satiro), 밀라노, 1480년경~86

오더 상징주의(1)-원형성, 축조성, 표현성

산타마리아프레소산사티로에서 구사된 고전 어휘에 대해서는 상반된 해석이 가능하다. 오더, 볼트, 아치와 같은 기본 어휘 구사에서는 아직 중세 장식의 잔재가 남아 있다. 구조 체계에서도 독립 기둥과 벽기둥을 혼용한 어중간한 입장에 머물렀다(그림 177). 이것은 선례에 대한 역사적 입장이 프로토-르네상스와 로마 고전주의 사이에서 흔들리고 있음을 의미한다. 외관에서는 로마 시대의 성기 르네상스를 예견하는 처리들이 나타난 점에서 이와 반대의 해석도 가능하다. 사각 벽기둥에 확실하게 안착하면서 고전 어휘의 표현력을 실험한 것이다. 스케일과 구성 부재 등을 다르게 하여 수직으로 중첩시킴으로써 그 차이에서 오는 표현력 증가를 시도했다. 쌍기둥의 초보 단계로 이해할 수 있다(그림 178).

산타마리아델라그라치에의 외관은 브라만테가 밀라노를 떠난 이후에 지어졌다. 외관에는 중세 장식이 많이 남아 있는 편이다. 이번에도 장식과 벽체와 오더 사이에서 모호한 중간적 상태이다. 반대로 오더의 은유적 표현력을 모색한 것으로 볼 수도 있다. 쌍기둥에 대한 탐구도 이것의 한 형식으로 나타났다. 이밖에 육면체, 다각형, 원형 등의 기하학적 입방체를 기념비적 분위기로 처리한 점에서 중세적 한계를 넘어선 것으로 볼 수 있다(그림 179). 파비아 성당의 외관도 이 건물과 유사한 장면으로 처리했다.

179 도나토 브라만테(Donato Bramante). 산타마리아델라그라치에(Santa Maria della Grazie)의 동쪽 성소 개축. 밀라노(Milano), 이탈리아. 1492~?

성 암브로시오에서는 도리스식 안마당Doric cloister, 이오니아식 안마당Ionic cloister, 카노니카 성문Porta della Canonica의 안마당 등 세 곳을 설계했다. 이 세 곳에서는 오더 상징주의가 훨씬 정교하게 다듬어진 모습으로 나타났다. 오더는 세 안마당에 각각 도리스식, 이오니아식, 코린트식을 썼다(그림 180). 기본 어휘는 아케이드이다. 아케이드에서는 독립 원형 기둥이 받치는 브루넬레스키 유형과 벽기둥이 받치는 알베르티 유형을 함께 썼다(그림 161). 이전까지 밀라노기에서 브라만테는 초기 르네상스의 두 대표 유형 가운데 브루넬레스키의 어휘를 더 많이 사용해 왔다. 이것은 밀라노의 중세 장식 전통을 중세적 연속성의 개념으로 이해한 것으로 볼 수 있다. 이 건물부터는 알베르티와 균형을 이루며 오더를 이용한 풍부한 상징주의를 본격적으로 시도하기 시작한 것이다. 이것은 로마 고전주의를 의식하기 시작했음을 의미한다.

180 도나토 브라만테(Donato Bramante). 성 암브로시오(Sant'Ambrogio). 밀라노. 1492~?

상징 의미는 오더의 원형성, 축조성, 표현성 사이의 관계로부터 형성되었다. 원형성은 독립 원형 기둥을 우위에 두는 처리와 나무 기둥을 흉내낸 주신 처리에서 나타났다(그림 181). 나무 기둥은 비트루비우스가 오더의 원형으로 지목한 근원 형태이며, 독립 원형 기둥은 그리스 고전주의의 원형 어휘였다. 축조성은 독립 원형 기둥과 벽기둥 사이의 구조 역할에 따른 위계로 나타났다. 구조 역할을 담당하는 1층은 독립 원형 기둥으로, 그 반대인 2층은 벽기둥으로 각각 처리했다(그림 182). 표현성은 오더 부재의 시각적 처리에서 얻어지는 심미성으로 나타났다. 심미성은 기하학적 명쾌함, 섬세한 디테일 처리, 가는 선형 어휘의 중첩, 비례 구성에 의한 깔끔한 짜임새, 미세한 돌출 차이

에 의한 부드러운 음영, 스케일이 다른 부재들의 병렬과 중첩에 의한 율동 효과, 동일한 부재의 미묘한 차이에 의한 다의적 해석 등의 여러 기법을 통해 얻어졌다.

이런 처리들이 어우러지면서 이전 작품들에 비해서 장식은 거의 사라지는 대신 그것이 주는 홍겨운 표현성이 격조 높은 추상적 분위기로 단순화되어 나타났다. 고전 오더의 세 양식을 대표 개념으로 내건 점은 상징성을 배가시켰다(그림 180). 이렇게 오더라는 고전주의의 근원 어휘를 다양하게 이용한 것은, 지나치게 브루넬레스키와 로마 고전주의의 특정 선례에 의존했던 알베르티의 한계를 극복하고 성기 르네상스의 문을 연 것으로 평가할 수 있다. 벽기둥 세트를 이용한 2층 창틀은 이후 르네상스와 바로크 건축의 표준형으로 자리 잡았다.

몬토리오의 성 베드로 템피에토에서는 도리스식 양식이 갖는 원형의 힘이 잘 구사되었다(그림 183). 성 베드로의 순교를 기념하는 무덤 교회이지만 작은 크기가 갖는 불리함을 원형 오더의 간결함으로 극복한 것이다. 원형에 충실한 도리스식 오더 처리는 그 근원적인 힘을 통해 건물에 범접하기 어려운 품위를 부여함으로써 성 베드로의 권위에 부응했다. 도리스식 오더의 간결성은 원형圓形의 원형성原形性에 잘 어울린다. 원형으로 돌아가는 열주는 브라만테 특유의 공간 깊이를 만들어냈

181 도나토 브라만테(Donato Bramante). 성 암브로시오(Sant'Ambrogio). 밀라노. 1492~?

182 도나토 브라만테(Donato Bramante). 성 암브로시오(Sant'Ambrogio). 밀라노. 1492~?

183 도나토 브라만테(Donato Bramante). 몬토리오의 성 베드로 템피에토(Tempietto of San Pietro in Montorio,). 로마. 1502년경

다. 여기에 빛이 더해지면서 강한 음영을 통해 건물 전면에 묵직한 기념비적 이미지를 준다. 3차원 조각물 개념으로 고전을 해석함으로써 무게감을 더한 것이다. 로마의 영광을 재현하고 고전주의를 통해 인본주의의 의미를 예술적으로 표현해야 한다는 르네상스의 시대정신과도 잘 부합하는 처리이다.

오더 상징주의(2)–은유적 다의성

산타마리아나첸테에서는 다시 장식이 많아지는 등 다소 후퇴한 느낌을 주지만, 쌍기둥을 처음 사용한 점에서 오더를 이용한 다의적 상징주의에서는 중요한 발전이 나타난 것으로 볼 수 있다. 쌍기둥은 이번에도 독립 원형 기둥과 벽기둥의 두 유형에 적용되었다(그림 184). 원형성, 축조성, 표현성을 통해 오더 상징주의를 시도한 것도 마찬가지이다. 원형성은 독립 원형 쌍기둥을 가장 전면에 내세워 대형 아치를 받치는 것처럼 보이도록 함으로써 확보되었다.

184 도나토 브라만테(Donato Bramante). 산타마리아나첸테(Santa Maria Nascente) 정문 출입구 아치. 아비아테그라소(Abbiategrasso), 이탈리아. 1497

축조성은 1층과 2층 사이의 구조적 역할을 구별하는 방식으로 나타났다. 두 층 모두 콤포지트식으로 지은 것은 이 건물이 성모마리아에게 봉헌된 것에 대응되는 의인화 처리이다. 이것은 아래층을 더 튼튼한 이미지의 오더로 처리해야 한다는 축조성의 원리와 어긋난다. 여기에서는 축조성을 포기한 대신 1층 주두를 2층 주두보다 덜 장식적으로 처리함으로써 축조성에 대한 최소한의 인식을 나타냈다. 1층 벽체를 대리석으로, 2층 벽체를 벽돌로 지은 처리 역시 마찬가지로 이해될 수 있다. 쌍기둥의 사용은 다목적이다. 우선 두 개 층에 걸쳐 대형 아치를 받쳐야 하는 구조적 조건에 맞춰 축조성을 강조했다. 출입문 옆에 사용한 쌍기둥은 중앙부를 강조하는 위계 표현으로 기능하며, 오더 어휘를 풍부하게 해주는 다양화 기능도 가진다. 쌍기둥은 이후 르네상스와 바로크 건축의 표준형으로 자리 잡았다.

산타마리아델라파체는 은유적 다의성을 통한 오더 상징주의의 완성을 보여주는 예이다. 이 건물에서는 1층을 벽체와 벽기둥의 혼용 구조로, 2층은 독립 원형 기둥과 벽기둥의 혼용 구조로 각각 처리했다(그림 185). 이것은 원형성보다는 로마 고전주의를 우위에 둔 처리이다.

의인화와 축조성 사이의 상충 문제에서는 발전된 양상을 보였다. 1층의 아치를 토스카나식 사각 기둥으로 받치면서 여기에 이오니아식 벽기둥을 덧붙였으며, 2층에서는 콤포지트식 오더와 벽기둥을 교대로 썼다. 이로써 축조성과 의인화 모두를 만족시켰다. 고전 어휘의 중첩 사용으로 다중의 상징 의미를 획득한 것이다.

축조성과 연계된 1층과 2층 사이의 관계는 단절과 혼용 사이의 적절한 균형으로 처리했다. 1층의 주 구조는 벽체이지만 여기에 벽기둥을 덧붙여 오더 구조에 대한 최소한의 암시를 섞었다. 2층의 주 구조는 오더이지만 아래층의 벽체 구조와 중심을 공유하는 코어 부분에는 벽기둥을 사용함으로써 벽체 구조에 대한 최소한의 암시를 섞었다. 두 개 층을 함께 보면 1층 구조에서 가장 취약 지점인 아치 한가운데에 오더를 놓되, 그 무게를 전혀 못 느끼게 함으로써 2층이 오더 구조라는 사실을 명백하게 언급하고 있다. 1층의 진공부 위에 구조체를 놓는 이런 처리는 고전주의 규범에 어긋나는 것이지만 로마의 발비 납골당Crypta Balbi 같은 건물에서 그 선례를 찾을 수 있다. '벽체-벽기둥-독립 원형 기둥'을 적절히 섞음으로써 '그것이되 그것이지 않고 그것이지 않되 그것'처럼 보이게 만드는 다의적 풍부함을 얻어냈다. 이런 처리는 매너리즘의 효시로 볼 수 있다.

마지막 문제는 모서리 부분에서 생겼다. 밀라노기에 브라만테는 모서리 처리에서 몇 가지 법칙을 만들었다. 벽체 구조일 때는 모서리의 폭을 넓게 하여 벽기둥을 끼워넣었다. 오더 구조일 때는 다른 열과 똑같이 보강하지 않거나 모서리 기둥만 크게 했다. 이 건물에서는 1층 아케이드가 벽체 구조로 되었기 때문에 브라만테의 법칙에 따르면 모서리에 벽기둥을 끼워넣어야 했다. 그런데 모서리의 폭이 벽기둥을 끼워 넣을 만큼 충분하지 못했다. 벽체의 다른 부분에 벽기둥이 더해졌기 때문에 모서리만 벽기둥 없이 처리할 수도 없었다. 이 문제는 이오니아식의 띠 모양 부재filiforme를 더함으로써 해결되었다(그림 186). 이 부재의 크기는 모서리의 꺾인 부분에 기초부가 들어갈 수 있는 한도에 의해 결정되었다.

라파엘로 하우스에서는 완전히 다른 기법을 선보였다. 이 건물은 현재 남아 있지 않으나, 나중에 라파엘로가 구입했던 것으로 알려져 라파엘로 하우스라는 이름으로 불린다. 이 건물에서는 1층과 2층의 표면

185 도나토 브라만테(Donato Bramante). 산타마리아델라파체(Santa Maria della Pace)의 회랑형 안마당. 로마. 1504

186 도나토 브라만테(Donato Bramante). 산타마리아델라파체(Santa Maria della Pace)의 회랑형 안마당. 로마. 1504

에서 가톨릭의 권위를 과시할 기념비적인 경향을 놓고 경쟁하고 있었다. 선례들의 종합화에 의한 중소 규모의 차분한 분위기를 즐겼던 줄리아노 다상갈로가 이들의 경쟁상대가 되기에는 벅찼다. 줄리아노 다상갈로의 대표작은 빌라로서 여기에서는 인본주의 자연관과 결합된 고전 해석을 통해 자신만의 독창성을 내보였다.

줄리아노 다상갈로는 적지 않은 대표작을 남겼다. 포조아카이아노 Poggio a Caiano의 메디치 빌라 Villa Medici, 1480~97년, 프라토 Prato의 산타마리아델라카르체리 Santa Maroa della Carceri, 1481~91년, 피렌체의 산타마리아마달레나데이파치의 아트리움 Santa Maria Maddalena dei Pazzi, 1492년과 성령 교회의 팔각형 성소 1489~95년, 사보나 Savona의 로베레 팔라초 Palazzo Rovere, 1494년, 피렌체의 곤디 팔라초 Palazzo Gondi, 1490~1501년 등이 그의 대표작이다.

메디치 빌라에서는 르네상스 빌라의 특징이 집약적으로 잘 나타났다. 빌라는 팔라초와 세트를 이루며 르네상스의 이상을 구현한 본거지로서 역할했다. 팔라초가 도심의 본거지로 주로 정치, 경제, 종교 등의 사회적 측면을 담당했다면, 빌라는 교외의 본거지로 주로 학문과 예술 등의 문화적 측면을 담당했다. 도심에 팔라초를 가지고 있는 가문은 교외에 빌라를 세트 개념으로 갖는 경우가 많았다. 메디치 빌라도 메디치 가문의 교외 본거지로 메디치 팔라초와 세트를 이루었다. 이밖에도 빌라는 교외의 농지를 관리하는 목적을 겸했다. 토스카나는 이런 빌라의 전통이 강한 지역으로서, 성채형 빌라는 이 지역의 전통이 되었다(그림 190). 이것은 자연에 대해 열린 입장이었던 로마의 빌라와는 다소 다른 의미를 갖는다.

190 주스토 우텐스(Giusto Utens), 라페트라이아의 메디치 빌라(Villa Medici, La Petraia, 1599년경)

르네상스 빌라는 당대의 자연관이 반영된 건물 유형이다. 교외의 이상을 핵심 가치로 둠으로써 자연에 대한 인본주의적 생각을 표현했다. 선례는 로마 시대의 빌라로서, 로마의 빌라에 담긴 파라다이스 개념을 이어받았다. 로마 빌라에서 자연은 인공 매개를 통해 인공 이미지로 번안됨으로써 인공 세계 안에 가두어졌다(그림 191). 자연을 경치라는 차경 요소로 정의한 것이다. 르네상스 빌라에도 이런 내용이 나타난다. 건물은 무대 위의 풍경이라는 장경주의

191 헤르쿨라네움(Herculaneum)의 빌라 벽화에 나온 로마 시대 빌라 모습

개념으로 정의되었으며, 자연은 이를 위한 배경 역할을 했다. 자연을 포함하는 현실을 구상적이고 직설적으로 활용하여 인공성의 대상으로 묶어두었던 것이다.

르네상스 때에는 초기부터 크고 작은 빌라들이 많이 지어지기 시작했다. 메디치 빌라는 이것이 최초로 완성된 건축으로 나타난 예이다. 로마 시대의 선례를 인본주의적 건축 구성으로 재해석하여 구현해낸 예이기도 하다. 전체 구성은 기단과 본체로 이루어졌다(그림 192). 기단은 로마 시대의 크립토포르티쿠스cryptoporticus 형식으로 지어졌다. 전면은 아치열로 구성되었고, 건축 형식은 테라스 단으로 처리되었다. 크립토포르티쿠스는 로마의 실용정신을 대표하는 기능 유형이었다. 이 유형은 자연에 대한 인본주의적 입장을 잘 보여준다. 자연을 인간의 힘으

192 줄리아노 다상갈로(Giuliano da Sangallo), 메디치 빌라(Villa Medici), 포조아카이아노(Poggio a Caiano), 이탈리아, 1480~97

로 일구어 인간에게 도움을 이끌어내겠다는 실용정신이 그것이다.

기단을 오르면 옆으로 넓적한 직사각형 본체가 나타난다. 본체의 윤곽은 고전 어휘와 장식 등이 절제된 단순 육면체인데, 이것은 토스카나의 성채형 빌라 전통을 선례로 삼은 것이다. 고전 어휘는 출입구에 사용한 소품화된 신전 파사드로 국한되었다. 이 신전 파사드는 르네상스 건축에서 독립 원형 기둥으로 구성되는 표준형을 최초로 사용한 예이다. 이전까지 신전 파사드는 기하학 형태로 전환한 면 장식이나 출입구의 소품 등으로 변형시켜 사용되었다.

계단을 통해 기단을 올라 신전 파사드의 출입구를 만나는 처리는 로마 신전을 선례로 삼은 기법으로, 장경주의의 좋은 예이다. 일소점 투시도에 의해 무대처럼 보이게 하는 기법이다. 전실이 본체 앞으로 돌출하여 덧붙여진 처리는 이런 효과를 도왔다. 단순 육면체의 본체 윤곽은 로마 빌라에서도 일정 부분 차용한 것이었다. 로마 빌라의 현세주의와 실용정신을 르네상스의 금욕과 단순성 개념으로 해석한 처리로 볼 수 있다. 이 건물에서는 고급 예술로서의 고전 신전과 현세주의로서의 로마 빌라가 공존한다. 로마 빌라가 고전 신전을 포괄한 점에서 현세주의를 이상보다 우위에 둔 르네상스의 자연관을 반영하고 있는 것이다. 또한 토스카나의 성채형 전통과 로마의 자연주의적 전통을 르네상스의 새로운 자연관에 맞춰 하나로 통합한 것이기도 하다.

193 줄리아노 다상갈로(Giuliano da Sangallo), 메디치 빌라(Villa Medici), 포조아카이아노(Poggio a Caiano), 이탈리아, 1480~97

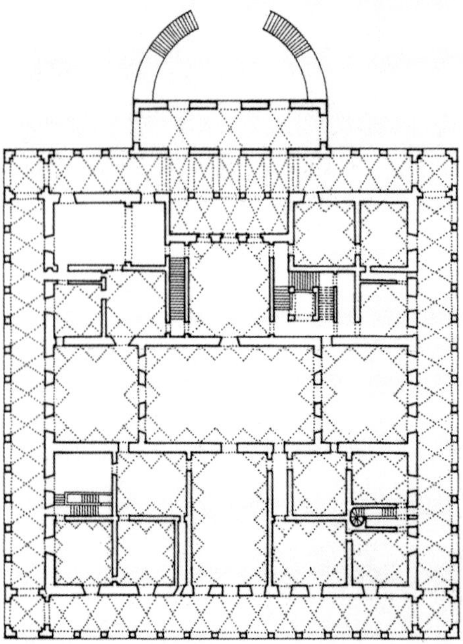

평면 구성에서도 유사한 내용이 나타났다. 평면은 정사각형을 전체 윤곽으로 삼았다. 각 방들도 정사각형과 정수비례를 기본 모듈로 삼아 이루어졌다. 중앙의 대형 홀을 중심으로 엄격한 대칭축을 형성하면서 정형적으로 배치되었다(그림 193). 중앙홀은 배럴 볼트로 천장을 처리했다. 전체 구성은 로마 시대의 목욕탕을 선례로 삼았다. 엄격한 물리적 구성은 인공성을 나타낸다. 실용적 효율을 위한 정형성의 가치 및 금욕과 간결함을 상징하는 것이다.

정형적 단순성은 고전주의의 비례 이상을 르네상스의 실용정신으로 재해석해낸 결과이다. 혹은 로마 빌라의 유기 구성을 르네상스의 인공 질서 개념으로 정리한 것으로 볼 수 있다. 다른 한편 로마의 목욕탕과 빌라에 담긴 현세주의와 쾌락주의도 일정 부분 유지했다. 이 개념은 학문과 예술을 휴식과 사교로 정의하는 밑바탕이 되었다. 이상과 같은 자연관과 고전관은 폴리티아누스[Politian]의 시나 보티첼리[Botticelli]의 그림과 일치하는 건축적 예로 평가된다.

줄리아노 다상갈로(2)-교회, 팔라초, 종합화

빌라 이외에 교회와 팔라초에서는 토스카나와 동시대의 선례들을 혼합한 종합화 경향이 나타났다. 토스카나의 프로토-르네상스, 피렌체의 브루넬레스키와 알베르티의 작품, 브라만테와 로마 성기 르네상스의 중앙집중형과 오더 상징주의 등의 혼합이었다. 산타마리아델라카르체리는 평면, 실내 공간, 입면의 세 부분에서 각기 다른 선례들을 차용했다.

평면은 당시 건축가들 사이에서 사용 빈도가 높아지던 그릭 크로스로 구성되었다(그림 194, 195). 팔이 짧은 분리형 그릭 크로스로, 이것은 알베르티에서 브라만테를 거쳐 라파엘로로 이어지는 중앙집중형 강화 경향의 일환으로 볼 수 있다. 특히 팔을 짧게 처리한 구성은 라파엘로에게 직접적인 영향을 끼쳤다. 또한 세 면에 출입구를 둠으로써 출입구에 의한 선형축이 형성되지 않고 있는데, 이것은 중앙집중성을 강화하는 효과로 기능한다.

실내 공간은 브루넬레스키의 구 성물안치소와 파치 예배당을 선례로 삼았다. 브루넬레스키의 그릭 크로스 공간을 수직으로 늘어트려 세 층으로 확장한 것으로 볼 수 있다(그림 196). 세 출입문의 실내 쪽은 외부와 같은 소품화된 신전 파사드로 처리했다. 나머지 한쪽 팔은 예배당인데 페디먼트 대신 반원 조각 아치로 처리했다. 모서리 벽면에는 감실을 두었다. 감실 틀 역시 소품화된 신전 파사드로 처리했다. 이렇게 처리된 저층부 위로 펜던티브 돔을 올렸다.

194 줄리아노 다상갈로(Giuliano da Sangallo). 산타마리아델라카르체리(Santa Maroa della Carceri). 프라토(Prato), 이탈리아. 1481~91

195 줄리아노 다상갈로(Giuliano da Sangallo). 산타마리아델라카르체리(Santa Maroa della Carceri). 프라토(Prato), 이탈리아. 1481~91

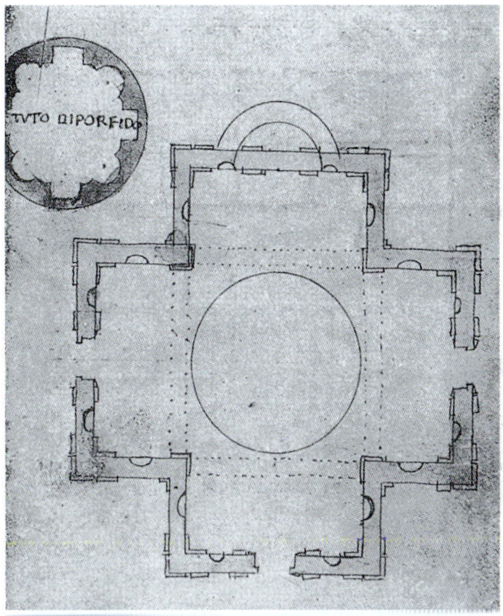

196 줄리아노 다상갈로(Giuliano da Sangallo). 산타마리아델라카르체리(Santa Maroa della Carceri). 프라토(Prato), 이탈리아. 1481~91

실내는 외관에 비해 장식이 많이 사용되었다. 고전 어휘와 건축 부재 등을 장식 어휘로 활용했으며, 그 위에 낮은 돋을새김 등의 직접적인 장식 어휘를 더했다. 장식 처리는 건축 부재를 선형 어휘로 처리하고, 다시 흑백 대비를 통해 이것을 활용하는 방식으로 이루어졌다(그림 197). 벽이 꺾이는 지점, 부재 분리가 일어나는 지점, 구조 골격이 바뀌는 지점 등은 벽기둥, 몰딩, 낮은 코니스, 아키트레이브와 같은 선형 어휘를 이용하여 구획했다. 펜던티브, 돔, 볼트, 아치, 벽면, 창 등 기본 부재들도 동일한 방식으로 윤곽을 짰다. 선형 어휘는 흰색 바탕면에 대비되도록 검은 대리석으로 처리했다.

입면은 알베르티의 기하 장식주의와 토스카나의 프로토-르네상스를 선례로 삼았다. 그러나 이것들에 비해 훨씬 정돈되고 단순화된 분위기로 처리했다. 기하장식주의는 사각형 단위의 패널만으로 구성되었다. 사각형은 흰 대리석 바탕을 검은 대리석의 선형 어휘로 분할하는 방식으로 만들어졌다(그림 198). 그밖에 장식 어휘는 전혀 사용하지 않았다. 흑백 대비라는 기본 어휘를 통해 선형 분할의 추상적 분위기를 얻어냈다.

197 줄리아노 다상갈로(Giuliano da Sangallo). 산타마리아델라카르체리(Santa Maroa della Carceri). 프라토(Prato), 이탈리아. 1481~91

198 줄리아노 다상갈로(Giuliano da Sangallo). 산타마리아델라카르체리(Santa Maroa della Carceri). 프라토(Prato), 이탈리아. 1481~91

고전 어휘의 사용도 가능한 한 절제했다. 1층과 2층을 합쳐 단순 육면체로 본체를 형성했다. 본체의 양끝은 두 개 층 모두 쌍벽기둥으로 마무리했다. 1층은 토스카나식, 2층은 이오니아식이다. 1층의 프리즈에는 복음주의의 날개 문양이 새겨져 있다. 이런 처리는 로마에 있는 마르스 울토르 신전Temple of Mars Ultor의 페가수스 주두Pegasus capital를 선례로 삼은 것이다. 지붕은 페디먼트로 마감되었는데, 그 위로 다시 드럼과 돔이 돌출되어 있다. 1층 출입구는 소품화된 신전 파사드로 처리했다. 이것이 전부이다. 흰 바탕면은 대부분 여백으로 남았다.

고전 어휘의 사용 자체도 장식이 생략되고 돌출을 낮게 하는 등 절제된 분위기로 처리했다. 고전 어휘는 건축 부재라기보다는 낮은 돋을새김의 기하 단위로 느껴졌는데, 검은 대리석의 선형 어휘와 잘 어울렸다. 선형 어휘는 검은색과 흰색, 단순 선과 고전 어휘 등으로 다양해졌다. 건물 전면에는 수평선과 수직선, 사각형과 삼각형 등이 적절히 배합되며 안정적인 분위기를 만들어냈다.

안토니오 다상갈로 일베키오–극기적 기념비성

안토니오 다상갈로 일베키오Antonio da Gangallo il Vecchio, 1453~1534년는 줄리아노의 동생이다. 안토니오 역시 줄리아노와 마찬가지로 피렌체에서 태어나 조각과 군사공학으로 경력을 시작했다. 1493년에 산탄젤로 성Castel Sant' Angelo의 복원 공사에 참여한 것을 시작으로 20여 년간 줄리아노와 함께 성채 등의 군사시설 일을 주로 했다. 이 기간 동안에는 로마, 피렌체, 포조Poggio, 아레초Arezzo, 피사 등의 군사시설에 참여했다. 이밖에도 줄리아노와 함께 40여 년 동안 공방을 운영하면서 조각 작품과 캐비닛 작품 등을 남겼다.

건축 경력은 1515년을 전후하여 피렌체에서 베키오 팔라초Palazzo Vecchio와 돔의 증축 공사에 참여하면서 시작했다. 이후 세르비 로지아Loggia de' Servi, 1517~29년를 피렌체에 남겼다. 안토니오의 건축 경향 역시 줄리아노와 마찬가지로 고향 토스카나의 선례들과 동시대 로마의 성기 르네상스를 혼합한 특징을 보인다. 그는 두 교황 알렉산드로 6세와 레오 10세의 재위 기간 동안 건축 공사에 참여하면서 로마를 경험했는데, 이 경험은 그가 브라만테-줄리아노-라파엘로로 이어지는 로마 성기 르네상스 전통에 속하는 데 중요한 밑바탕이 되었다.

안토니오 다상갈로 일베키오는 말년을 피렌체 근교의 몬테풀치아노Montepulciano에서 보내며 이곳에 대표작들을 남겼다. 가장 중요한 작품은 마돈나디산비아조Madonna di San Biagio, 1518~34년이다. 이 건물의 평면은 줄리아노 다상갈로의 산타마리아델라카르체리와 유사한 분리형 그릭 크로스로 구성되었다(그림 199). 이런 점에서 안토니오는 브루넬레스키-알베르티-브라만테-라파엘로로 이어지는 중앙집중형 경향의 족보에 드는 것으로 평가될 수 있다. 세 면에 출입구를 둔 점에서 줄리아노의 선례와 강한 유사성을 가지고 있다. 수직 비례, 수직 구성, 입면의 고전 어휘 구성 등에서도 매우 유사하다.

줄리아노의 선례와 차이점도 있다. 분리형 그릭 크로스의 네 모서리 가운데 북쪽 두 곳에 정사각형 탑을 세운 점, 네 팔 가운데 남쪽을 두 베이로 늘려 앱스형 성물 안치소를 둠으로써 선형축이 형성된 점, 입면에서 장식을 절제한 점, 입면을 극기적이고 추상적 분위기로 처리한 점, 입면의 고전 어휘 구사에서 단순화된 축약형을 사용한 점 등에서 그러하다.

차이점을 넘어 이 건물만의 특징도 나타났다. 크로싱 천장은 펜던티브 돔으로, 팔의 천장은 배럴 볼트로 각각 처리했다. 고전 어휘는 도리스식과 토스카나식 오더, 반원형 벽기둥, 신전 파사드 등을 주로 사용했다. 입면의 대부분은 장식이나 건축 부재 모두가 완전 생략된 넓고 단순한 벽면으로 처리했다(그림 200). 벽체 구조에 의한 석재의 물성을 강한 추상적 분위기로 표출한 것이다. 트래버틴의 차분한 단색은 단순한 추상적 분위기를 강화시키고 있는데, 이런 분위기는 실내에서도 동일하게 반복된다. 고전 어휘는 고전주의에 대한 최소한의 암시 기능과 함께 벽면의 분절 기능 등을 가졌다. 산타마리아델라카르첼리에서 선형 장식을 지운 것으로 볼 수 있다. 이상이 합쳐지면서 정적인 적막함을 주요 특징으로 나타낸다(그림 201). 코니스를 두껍게 하여 강한 수평선을 만든 처리는 수직 비례를

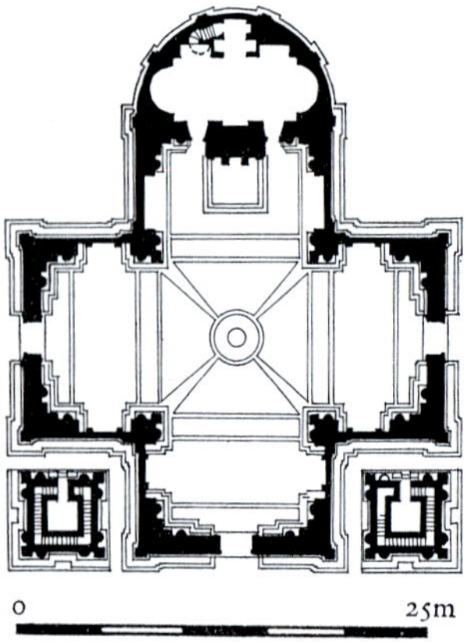

199 안토니오 다상갈로 일베키오(Antonio da Gangallo il Vecchio), 마돈나디산비아조(Madonna di San Biagio), 몬테풀치아노(Montepulciano), 이탈리아, 1518~34

200 안토니오 다상갈로 일베키오(Antonio da Gangallo il Vecchio), 마돈나디산비아조(Madonna di San Biagio), 몬테풀치아노(Montepulciano), 이탈리아, 1518~34

중화시키면서 안정적 분위기를 만들어낸다.

이상을 종합할 때 안토니오 다상갈로 일베키오는 로마 고전주의의 특징을 정적인 균형감, 극기적 기념비성, 추상적 간결함 등으로 해석하였다. 이런 것들이 안토니오의 특징을 이루는데, 이 가운데 정적인 균형감은 라파엘로로부터 영향을 받은 것으로 볼 수 있다. 줄리아노 다상갈로와 마찬가지로 선례들의 종합화에 의존했지만, 단순 모방을 뛰어넘는 자신만의 장중하고 묵직한 분위기를 창출한 것이다. 이런 특징은 줄리아노가 빌라를 통해 인본주의적 자연관을 창출한 것과 나란히 토스카나의 성기 르네상스를 대표한다.

안토니오 다상갈로 일베키오는 이밖에도 몬테풀치아노에 노빌리타루기 팔라초Palazzo Nobili-Tarughi, 콘투치델몬테 팔라초Palazzo Contucci-Del Monte, 체르비니 팔라초Palazzo Cervini 등의 작품을 더 남긴 것으로 전해진다(그림 202). 그러나 이 건물들이 확실하게 안토니오의 작품이라는 사실은 아직 고증되지 않은 상태이다. 이 건물들은 건축 부재 이외에는 장식을 사용하지 않으면서 트래버틴의 극기적 분위기를 살리는 등 마돈나디산비아조와 유사한 개념으로 처리되었다. 그러나 건축 부재의 크기가 커지고 돌출 정도가 심해지는 등 고전 어휘의 힘을 과시하려는 쪽으로 옮겨지고 있다. 음영 대비가 강조된 것도 같은 맥락으로 이해된다.

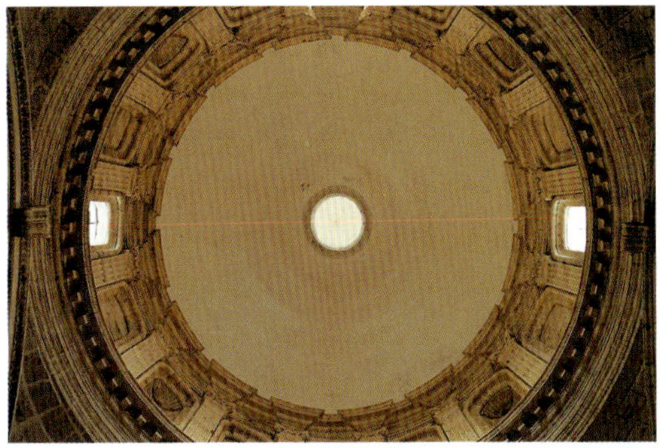

201 안토니오 다상갈로 일베키오(Antonio da Gangallo il Vecchio). 마돈나디산비아조(Madonna di San Biagio). 몬테풀치아노(Montepulciano), 이탈리아. 1518~34

202 안토니오 다상갈로 일베키오(Antonio da Gangallo il Vecchio). 몬테풀치아노(Montepulciano), 이탈리아. 노빌리타루기 팔라초(Palazzo Nobili-Tarughi)

3 라파엘로

성기 르네상스와 매너리즘 사이

라파엘로Raphael, 1483~1520년는 우르비노에서 태어나 초창기를 화가 수업으로 보냈다. 레오나르도 다빈치, 미켈란젤로와 함께 르네상스 시각예술을 대표하는 3대 거장의 한 사람인 그는 전 분야에서 타고난 소질을 보였으며, 세 사람 가운데 천재성을 바탕으로 한 기교 구사에서 가장 뛰어났다. 특히 회화에서 그러했는데, 표현 기법 등의 기교적 측면에서 성기 르네상스를 완성한 천재로 평가된다. 건축은 회화적 기교를 바탕으로 표현력 넘치는 장식성과 투시도 효과 등을 주요 특징으로 가졌다. 조각 분야에서는 상대적으로 약했다.

라파엘로는 1508년경에 로마에 정착하면서 본격적인 건축 활동을 시작했다. 그의 활동은 대부분 로마를 배경으로 이루어졌으나, 건축에 대한 기본 생각은 로마 시기 이전부터 형성되고 있었다. 그 뿌리는 몇 갈래로 나뉜다. 1504년까지 고향인 우르비노에 머물렀는데, 이때 접한 총독궁Palazzo Ducale은 그에게 큰 영향을 끼친 것으로 알려졌다(그림 203). 총독궁으로부터 받은 영향은 달마티아Dalmatia 지방의 고대 바로크Ancient Baroque 건축이었다. 이 건물을 설계한 루치아노 라우라나Luciano Laurana가 달마티아 지방의 이스트리아Istria 출신이었는데, 이 건물에 달마티아의 고대 바로크 분위기를 표현한 것이었다. 이런 경향은 나중에 라파엘로가 회화적 기교를 바탕으로 고전을 적극적으로 재해석하는 데 밑바탕이 되었다.

1504~08년에는 피렌체에 머물렀다. 이 기간 동안에는 브루넬레스키와 알베르티의 건물과 상갈로 형제로부터 영향을 받았다. 묵직하고 기념비적인 분위기와 중앙집중형 구성 등이 주요 내용이었다. 또한 당시 피렌체를 중심으로 베네치아, 우르비노, 페루자, 로마 등 이탈리아 주요 도시들에서 불고 있던 비트루비우스 연구 경향으로부터도 영향을 받았다. 로마를 몇 번 방문하여 고전 유적을 직접 접하면서 건축에

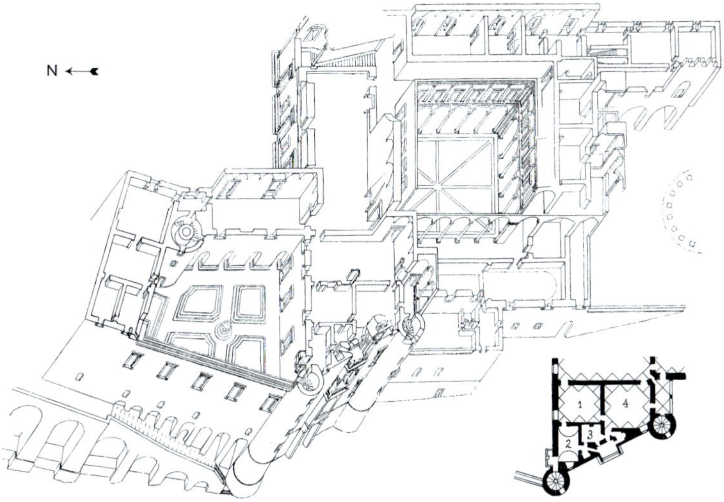

203 우르비노 총독궁(Palazzo Ducale, Urbino)

대한 생각을 키우고, 로마에 머물면서 계보상으로 그의 스승이자 동료이기도 한 브라만테로부터 건축을 배웠다. 브라만테의 핵심 기법인 오더 구사와 공간감이 대표적인 내용이었다. 브라만테 사후에는 성 베드로의 책임자이며 교황청 건축가였던 그의 역할을 물려받았다.

라파엘로는 1520년에 요절했기 때문에 많은 작품을 남기지는 못했다. 건물의 일부분만 설계한 경우가 많았고, 작품 대부분은 사후에 다른 사람들에 의해 완공되거나 미완성으로 남았다. 그럼에도 그의 건축 경향은 비교적 잘 정리되어 있는 편이다. 라파엘로도 브라만테와 마찬가지로 16세기 로마 학파의 중심 인물로, 동시대 다른 중요한 건축가들과의 관계를 통해 자신의 건축관을 전파하고 영향을 끼쳤다. 줄리오 로마노는 그의 대표적인 제자이다. 이런 인맥관계는 작품 이외에 그의 또다른 중요한 활동이었으며, 그의 건축 경향을 이해하는 데 중요한 자료가 되어준다. 회화에 등장하는 건축적 배경도 그의 건축적 생각을 이해하는 중요한 단서이다. 라파엘로는 활발한 회화 활동을 벌이던 시기에 우르비노와 피렌체에서 보았던 건축적 장면들을 자신만의 경향으로 각색해서 회화의 배경에 사용하곤 했다(그림 204). 이 과정에서 자신만의 건축 처리 기법들을 일정 부분 완성시켰다.

204 줄리오 로마노(Giulio Romano), 〈콘스탄티누스의 기증*Donation of Constantine*〉, 1523~24. 라파엘로의 그림을 이어받아 완성시킨 것이다.

라파엘로의 첫 건축 작품은 1512년에 시작된 로마의 키지 예배당Chigi Chapel, 1512~13년이라고 할 수 있다. 회화에서의 성공을 바탕으로 건축 무대에 첫발을 내디딘 것이었다. 이후 성 베드로1514~20년, 바티칸 궁1514~20년, 자코포 다브레시아 팔라초Palazzo Jacopo da Brescia, 1515년, 산텔리조델리오레피치Sant' Eligio degli Orefici, 1515~사후 완공, 브랑코니오 팔라초Palazzo Branconio, 1516~17년, 마다마 빌라Villa Madama, 1518~미완성 등을 대표작으로 남겼다. 이 작품들은 모두 로마에 지어졌다.

로마 고전주의, 압축 공간, 회화 장식주의

라파엘로는 여러 선례의 영향에서 벗어나 자신만의 기교 넘치는 독특한 양식과 균형 잡힌 공간을 창출하면서 성기 르네상스를 완성하고 매너리즘의 문을 열었다. 그는 1514년에 브라만테의 자리를 물려받은 뒤 1520년에 사망할 때까지 교황 레오 10세의 주건축가로 활동했다. 그는 미켈란젤로와 경쟁하며 교황청의 종교적 권위를 공고히 해줄 웅장한 기독교 건축 창출에 전념했다. 레오 10세는 활발한 건축 활동을 벌인 교황은 아니었다. 종교나 정치적 상황도 불리했다. 그러나 이 기간 동안 라파엘로는 성 베드로를 진척시켰으며, 몇 개의 주요 작품을 남겼다. 유적 발굴과 복원 사업도 이끌었다(그림 205).

라파엘로는 로마의 고전 유적 발굴단장을 지내면서 누구보다도 로마 고전주의에 정통했다. 그는 브루넬레스키-알베르티-브라만테의 뒤를 이어 로마 고전주의를 새로운 시대 상황에 맞게 재해석해내는 작업을 대표했다. 그는 비트루비우스에 대한 인문학적 연구, 로마 유적의 실물 답사, 앞 시대와 동시대 건축가들의 실례 등 고전 연구와 관련된 모든 종류의 자료와 접근 방식에 능통했다(그림 206). 그리고 이것을 자신만의 양식으로 재창조해낼 수 있는 하늘이 내린 천재성을 지녔다. 그는 로마 고전주의를 원본에 가장 가깝게 부활시킴과 동시에 가장 기교적으로 재해석했다. 양극

205 라파엘로(Raphael), 판테온(Pantheon) 스케치

단적 측면 모두에서 가장 뛰어난 건축가였다. 전자는 성기 르네상스를 대표했고, 후자는 매너리즘의 효시로 볼 수 있다. 로마 고전주의에 대한 라파엘로의 건축적 입장은 두 가지로 요약될 수 있다.

한 가지는 압축 공간이다. 이것이 로마 고전주의를 원본에 가장 가깝게 부활시킨 매개이다. 이런 점에서는 라파엘로의 두 경향 가운데 성기 르네상스를 대표하는 특징이다. 라파엘로 이전의 건축가들은 로마 고전주의를 주로 유형별로 분류하여 받아들였다. 이것은 추상화를 의미하는 것으로서, 로마의 현실과 르네상스의 현실 모두에서 거리가 있다. 공간을 차용할 때에는 웅장한 공간감 하나에 치중했다. 기념비적 이상주의였다. 이런 입장은 로마 고전주의를 구성하던 여러 요소들을 대표적인 것 한두 가지로 단순화한다는 뜻이다.

이와 달리 라파엘로는 여러 요소들을 가능한 한 원본에 가깝게 재현하려 했다. 로마 현실과의 거리를 좁히겠다는 구체적이고 사실적 입장이었다. 그러나 단순 복사가 아니라 르네상스 현실에 맞게 적절한 각색을 가하여 창작해내려는 현실적 입장이었다. 로마 고전주의 공간의 정수를 형태 유형이나 기능 유형 혹은 단순한 웅장함 등으로 보는 대신 균형성과 통일감으로 보았다. 중점 사항도 공간의 분위기가 아닌 공간을 짜는 벽체 형성과 같은 구체적이고 사실적인 측면에 두었다.

이렇게 재현된 로마 원본을 르네상스에 맞는 기법으로 각색하여 창출한 것이 압축 공간이다. 압축 공간의 기본 개념은 투시도법을 이용하여 로마의 거대 공간을 휴먼 스케일로 조절하는 데에 있다(그림 207). 공간의 전체 구성은 로마 선례와 동일하게 유지하면서 스케일을

206 라파엘로(Raphael), 무대 디자인

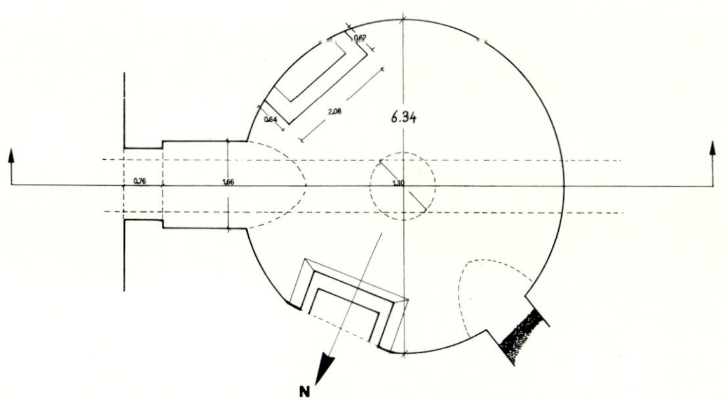

207 라파엘로(Raphael), 키지 예배당(Chigi Chapel), 로마, 1512~13

208 라파엘로(Raphael). 〈프시케 로지아*Loggia of Psyche*〉, 파르네시아 빌라(Villa Farnesia) 내. 로마

줄임으로써 말 그대로 공간 전체를 압축했다는 의미이다. 공간이 작아지면 부재를 빼거나 대치하는 등 구성을 단순화시키고 바꾸는 것이 보통이다. 이에 반해 라파엘로는 구성과 부재를 그대로 놔둔 채 전체를 조금씩 압축했다. 공간의 축조적 골격, 그 위에 더해지는 조각과 회화 등의 장식 요소, 건축 부재, 구조 구성 등도 이에 맞게 바꾸었다. 르네상스 인본주의에 기초한 짜임새 있는 비례와 조화미도 빠질 수 없는 요소였다.

다른 한 가지는 회화 장식주의이다. 이것은 로마 고전주의 원본을 자신만의 양식으로 창작해내는 기교에 해당된다. 이런 점에서는 라파엘로를 매너리즘의 효시로 볼 수 있다. 매너리즘의 대가 줄리오 로마노를 제자로 둔 점에서 그 연관성은 더욱 확실해진다. 그는 장식을 단순한 표피 문양으로 보지 않고 축조성과 기능 체계에 대응하는 구성 법칙으로 보았다(그림 208). 장식의 건축적 기능을 잘 구현한 좋은 예이다. 이런 특징은 라파엘로만의 순수 창작물인 것은 아니다. 장식을 중심으로 건축 구성을 형성하는 기법은 로마 고전주의의 또다른 특징이기도 했다.

209 라파엘로(Raphael). 〈성처녀의 결혼*Marriage of the Virgin*〉, 1504

회화 배경과 압축 공간

현재 남아 있는 건물 상태가 좋은 않은 상황에서 라파엘로의 회화 작품들에 나타난 건물 배경은 그의 건축을 이해하는 데 또다른 중요한 단서이다. 〈성처녀의 결혼*Marriage of the Virgin*〉에는 브라만테의 몬토리오의 성 베드로 템피에토를 닮은 중앙집중형 건물이 배경으로 등장한다(그림 209). 이 건물에서는 오더 체계를 비롯한 고전주의의 기본 구성을 단순화시킨 경향이 두드러졌다. 이것은 건물을 시각예술의 종합적 바탕면으로 활용하기 위한 첫번째 단계로 이해된다.

〈아테네 학당〉과 〈헬리오도로스의 추방*The Expulsion of Heliodorus*〉에서는 일소점 투시도를 이용한 압축 공간을 보여주었다. 돔으로 덮은 중앙집중형 공간 단위를 반복하면서 이것을 볼트 통

210 라파엘로(Raphael), 〈아테네 학당*School of Athens*〉, 1509~10

로로 연결했다. 볼트와 돔은 벽체와 벽기둥이 받치고 있다. 벽체 처리는 네 얼굴의 야누스 아치Arch of Jauns Quadrifrons를 선례로 삼았다. 공간의 기본 골격은 그릭 크로스로, 브라만테의 성 베드로로부터 영향을 받았다(그림 210).

공간의 분위기는 길고 웅장하다. 그러나 이것을 일정 거리 안에 압축시켜 놓음으로써 로마 고전주의의 정적인 균형감을 표현했다. 압축 공간의 개념이 처음 등장하기 시작한 것이다. 웅장한 공간감을 압축적으로 표현하는 기법은 당시 무대 디자인에서 '성스러운 재현sacre rappresentazioni'이라 불리던 경향을 차용한 것이다. 당시에는 역사, 신화, 성서 등의 신비주의 주제를 위한 공간적 배경을 장엄미나 숭고미 개념으로 표현했다. 그런데 이것이 무대 배경으로 쓰였기 때문에 공간적 한계를 해결하기 위해 압축적으로 각색된 것이다(그림 211).

211 라파엘로(Raphael), 〈아테네 학당*School of Athens*〉, 1509~10

두 그림 사이에는 차이점도 있다. 〈아테네 학당〉이 기본 어휘 구사에 충실했다면 〈헬리오도로스의 추방〉에서는 분절, 꺾음, 어긋남, 대비 등의 급격한 어휘 구사를 통해 공

212 라파엘로(Raphael), 〈헬리오도로스의 추방 *The Expulsion of Heliodorus*〉, 1511~12

간의 긴장감과 압축감을 높였다. 공간은 요동치듯 부풀어오는 느낌이다. 빛과 어둠을 통한 음영 대비는 이런 느낌을 배가시킨다. 〈아테네 학파〉에 나타난 건축 배경이 성기 르네상스를 대표한다면 이 그림의 건축 배경은 매너리즘을 예시한다고 볼 수 있다(그림 212).

바티칸 궁의 교황 레오 10세의 로지아Loggia of Pope Leo X와 파르네시아 빌라Villa of Farnesia의 프시케 로지아Loggia of Psyche는 건물과 회화를 하나로 합친 3차원 미술품 개념으로 처리했다. 건축 부재를 회화와 어울리게 하는 처리 기법으로 두 가지를 사용했다. 하나는 건축 부재를 회화를 위한 바탕면으로 쓴 것이다(그림 208). 이를 위해 일정한 면적을 확보하고 돌출 정도를 최소화했다. 면적은 넓지도 좁지도 않은 중간 정도를 유지하면서 부재들은 조금씩 들고나는 변화를 보인다. 변화는 액자 기능을 하면서 회화의 이야기 전달 능력을 배가시킨다.

213 라파엘로(Raphael), 교황 레오 10세의 로지아(Loggia of Pope Leo X), 바티칸 궁

다른 하나는 바탕면이 아닌 건축만의 독립 부재로 쓴 것이다(그림 213). 이 경우 부재들은 기하학적 윤곽을 유지하면서 조각적 섬세함을 특징으로 가진다. 돌출 정도를 적게 하면서 섬세한 선형 부재의 중첩으로 부재 윤곽을 처리했다. 디테일을 장식 부재와 건축 부재 사이의 중간 상태로 처리하여 예술적 종합화의 효과를 도왔다.

두 로지아에서처럼 회화를 통해 건축에 접근하는 데에는 비현실적 측면이 있다. 건축에 나타난 현실성과 대비되는 쌍개념으로 이해될 수 있는데, 라파엘로의 건축 작품 전반에 나타나는 회화적 이질성은

이것의 좋은 예이다. 로마 고전주의에 대해 가졌던 사실적이고 구체적 입장에 반대되는 쌍개념인 것이다. 상반되는 두 요소 사이에서 오는 예술적 풍요로움과 건축적 다의성은 그만의 특징을 형성하는데, 이로써 매너리즘의 효시를 이룬다.

성 베드로는 라파엘로에게는 힘든 프로젝트였다. 그는 세 단계에 걸쳐 새로운 계획안을 설계했다. 1514년의 초안, 멜론 본Codice Mellon, 1515~18년의 두번째 안, 1519~20년의 최종안이 그것이었다(그림 214). 그러나 레오 10세의 소극적 태도와 당시의 어려운 시대 상황 때문에 그의 안은 전혀 실행에 옮겨지지 못했다. 그는 모든 시간을 브라만테의 돔을 받치는 벽기둥과 기초를 보강하는 일에 쏟았다. 여러 다리 공사에서 경력을 쌓았던 프라 조콘도Fra Giocondo가 역학 자문을, 건축가 줄리아노 다상갈로가 건축 자문을 각각 맡았다. 그러나 1515년에 프라 조콘도가 은퇴하면서 라파엘로는 혼자 남았고, 이후 성 베드로 작업은 큰 진척을 보지 못했다.

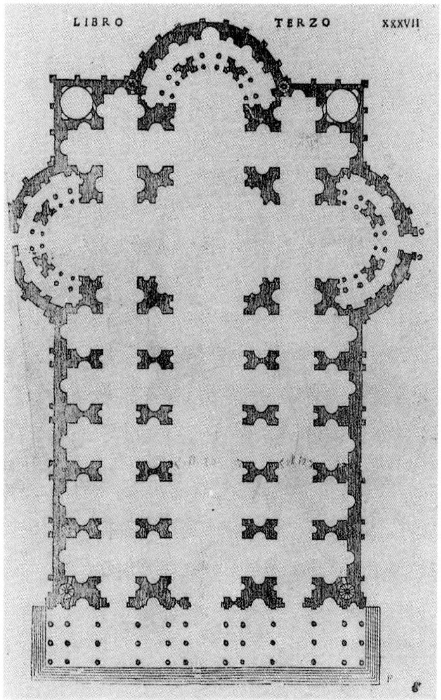

214 라파엘로(Raphael), 성 베드로(St. Peter's) 계획안, 최종안, 1519~20

라파엘로는 돔을 얹는 브라만테의 기본 안을 존중해서 자신의 안에도 이런 생각을 반영했다(그림 215). 라파엘로의 안에서 동쪽 성소 부분은 브라만테의 안과 유사한 그릭 크로스를 기본 구성으로 가졌다.

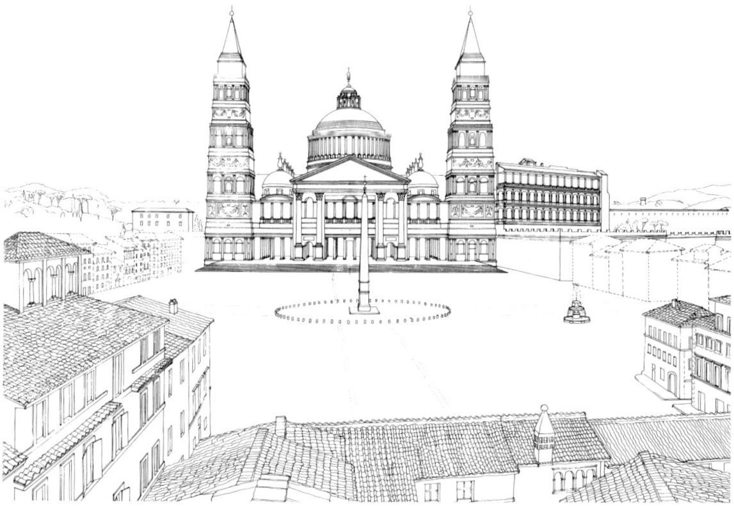

215 라파엘로(Raphael), 성 베드로 계획안(St. Peter's), 멜론 본(Codice Mellon), 1515~18

모서리를 두 겹의 부속실로 처리해서 복층 공간을 만든 것도 유사했다. 가장 큰 차이는 네이브를 더한 처리이다. 신도들의 집회 공간을 원했던 성직자들의 요구를 받아들인 결과였다. 5베이의 네이브가 더해지면서 전체 구성은 라틴 크로스가 되었다.

네이브의 선형성을 대폭 약화시키는 처리를 통해 성소의 중앙집중성을 도왔다. 선형축에 직각 방향으로 네이브-아일-예배당의 세 겹 공간을 만드는 알베르티의 성 안드레아 방식을 차용했다. 여기에서는 한 발 더 나아갔다. 네이브와 아일 사이에 공간 층을 하나 더 넣었고, 예배당도 아일과 동일한 폭을 가지면서 깊은 공간으로 처리했다. 결과적으로 네 겹의 공간이 중첩되었다. 돔을 받치는 부분과 네이브 월 등 모든 구조부는 벽체로 처리했다. 벽면에는 네 방향으로 감실을 팠다. 벽체에 감실을 파는 처리는 네 얼굴의 야누스 아치에서 차용한 것으로, 라파엘로가 즐겨 사용하던 모티프이다. 이런 감실 처리는 선형성을 약화시키는데, 키지 예배당에서도 중앙집중성을 돕는 역할을 했다.

키지 예배당은 압축 공간을 잘 보여주는 예이다. 이 건물은 산타마리아델포폴로Santa Maria del Popolo의 실내에 들어 있기 때문에 외관은 없다. 그러나 공간의 기본 개념과 스케일은 〈성처녀의 결혼〉에서 배경에 등장하고 있는 중앙집중형 건물과 유사하다. 키지 예배당의 압축 공간은 브라만테의 몬토리오의 성 베드로 템피에토과 비교할 때 그 의미가 확실해진다. 브라만테의 경우는 작은 규모의 중앙집중형답게 건축적 관심에 초점을 맞추었다. 장식을 절제하고 실내 벽면도 방사선 구도로 처리했다. 초점에서 방사선 방향으로 퍼져나가는 지점에 벽감, 창, 출입문 등의 건축 부재를 만드는 방식이다(그림 171).

216 라파엘로(Raphael), 키지 예배당(Chigi Chapel), 로마, 1512~13

이런 기본적 건축 부재 이외에 장식 요소는 절제되었다. 이 때문에 시선이 분산되지 않고 초점에 고정될 수 있었다. 브라만테의 이런 처리는 로마 선례의 대형 중앙집중형 공간을 휴먼 스케일의 작은 규모에 맞게 변형시킨 대표적 예로 볼 수 있다. 키지 예배당은 이와 달리 실내 전체를 화려한 장식으로 채웠다. 시선의 흐름은 장식을 따라 공간 전체를 둘러보도록 되어 있다. 벽체 처리도

대형 공간과 마찬가지로 위계를 두었다. 공간에 대한 건축적 처리를 대형 중앙집중형과 동일하게 한 것이다. 그런 가운데 스케일만 줄임으로써 대형 공간 전체를 압축해놓은 것처럼 나타났다(그림 207, 216).

회화 장식주의와 연속 공간

키지 예배당에서는 정사각형 윤곽과 원형 천장만으로 공간을 구성했다. 평면은 극도로 단순한 기하 형태만으로 이루어졌다(그림 217). 그러나 실내는 갖출 것을 다 갖춘 완전한 건축 공간이었고, 이것을 다시 화려한 장식들로 채웠다(그림 218). 실내의 네 모서리를 각각 사선 방향으로 메워 팔각형으로 처리하고, 사선 벽에는 감실을 팠다. 정사각형과 원이라는 완전 기하의 조합이 주는 극단적 안정감과 조화가 주요 특징으로 나타났다. 이것은 로마 고전주의의 정적인 공간감을 대표하는 특징이다. 방사형의 바닥 문양도 공간감을 보강하는 동시에 경쾌한 장식 처리를 통해 완전 기하가 주는 경직성을 완화시키는 역할을 한다.

시각예술의 여러 장르를 이용한 종합화 경향도 나타났다. 건축은 이를 위한 기본 뼈대가 되었다. 조각, 돋을새김, 회화 등이 놓이는 바탕면을 제공했다(그림 216). 벽면 위에 놓이는 벽기둥의 주초를 없앤 처리는 이것을 도왔다. 주초를 없앰으로써 벽면은 건축적 의미가 대폭 줄어들어 건축 부재에서 단순 바탕으로 변했다. 펜던티브와 이것을 받치는 벽체, 그리고 이 벽체를 파낸 감실, 프리즈, 아키트레이브, 돔의 내곡면, 드럼의 내곡면, 볼트의 내곡면 등이 대표적인 바탕면들이다(그림 219).

코린트식 주두, 오더 디테일, 볼트 곡면, 주신 위의 수직홈, 아치 윤곽 등 건축 어휘도 장식 개념으로 처리했다. 이 어휘들은 시각예술의 다른 장식 어휘들과 조화를

217 라파엘로(Raphael), 키지 예배당(Chigi Chapel), 로마, 1512~13
218 라파엘로(Raphael), 키지 예배당(Chigi Chapel), 로마, 1512~13

219 라파엘로(Raphael), 키지 예배당(Chigi Chapel), 로마, 1512~13

이루어 종합적으로 나타났다. 디테일이 풍부해지면서 조각적 세련됨을 갖추었는데, 대리석 색채를 이용한 장식 경향은 이것을 도왔다. 미술 요소, 건축 요소, 장식 요소 등이 여러 종류 쓰였지만, 복잡하거나 혼란스럽게 느껴지지 않고 일정한 질서와 통일감을 유지했다. 회화적 종합화 능력의 결과였던 것이다.

브라만테와 같은 복층 공간이 아닌 완전 기하의 압축 공간이라는 점도 중요한 요소이다. 회화성을 2차원 면성이 아닌 압축 공간 속에서의 투시도 효과로 해석했다(그림 220). 감실의 소형 아치와 수직 벽의 대형 아치가 함께 어울려 로마의 개선 아치 모티프를 연상하도록 만든 처리는 투시도 효과에 의한 압축 공간의 대표적인 예이다. 감실, 펜던티브, 수직 벽, 아치 등의 여러 면 요소가 일정한 거리를 두고 떨어져 있는 데다 중간에 꺾이기까지 했지만, 압축 공간 속에 놓임으로써 밀착감을 갖는다. 이격과 밀착 사이에서 적절한 균형을 유지하면서 여러 겹의 면 장면으로 겹쳐져 나타남으로써 개선 아치 모티프를 연상시키는 것인데, 이는 회화 경력에서 나온 독특한 처리이다. 펜던티브 돔은 비잔틴 유형을 선례로 삼았다. 완전 기하와 장식의 혼합은 판테온을 선례로 삼았다. 라파엘로는 판테온의 스케치에서 이 건물과 유사한 장면들을 남겼다.

220 라파엘로(Raphael), 키지 예배당(Chigi Chapel), 로마, 1512~13

산텔리조델리오레피치는 최근에 라파엘로의 작품으로 판명된 건물이다. 이 건물은 현재 보존 상태도 좋지 않고 바로크 때 개축되기도 했지만, 라파엘로의 건축적 생각은 읽을 수 있다. 평면은 짧은 팔을 가진 분리형 그릭 크로스로 이루어졌다(그림 221). 실내는 1대 2 정도의 수직 비례를 갖는 단일 공간이며, 천장은 돔으로 마감되었다(그림 222). 이런 단순한 구성은 여러 선례를 가진다. 브라만테의 성 베드로 안에서 모서리 공간만을 떼어내 단일 건물로 만든 것으로 볼 수도 있다. 줄리아노 다상갈로의 산타마리아델라카르체리로부터는 더욱 직접적인 영향을 받았다. 라파엘로 자신의 작품 중에서

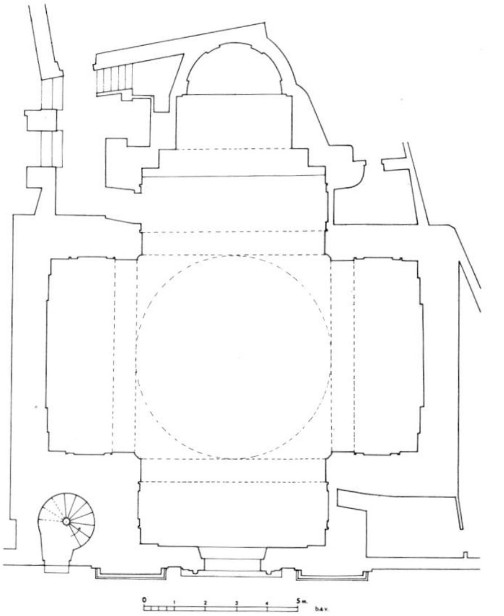

는 평면과 수직 골격에서 키지 예배당과 유사성을 갖는다.

라파엘로만의 특징도 잘 나타났다. 장식은 극도로 절제되었고, 입면에서도 오더를 비롯한 고전 어휘를 축약형으로 구사했다. 그 대신 돔은 가능한 한 가볍게 보이도록 했다. 밝은색으로 처리된 실내에 빛이 가득 차게 함으로써 가벼운 분위기를 도왔다. 이런 특징은 라파엘로가 회화에서 시도했던 새로운 음영대비법을 건축에 적용한 결과이다. 환상적이고 비현실적인 색조를 밝게 사용하여 신비로운 빛의 분위기를 내려는 라파엘로 특유의 기법이다. 이것을 건축에 적용해서 신비주의 효과를 얻어냈다.

221 라파엘로(Raphael), 산텔리조델리오레피치(Sant'Eligio degli Orefici), 로마, 1515~사후 완공
222 라파엘로(Raphael), 산텔리조델리오레피치(Sant'Eligio degli Orefici), 로마, 1515~사후 완공
223 라파엘로(Raphael), 마다마 빌라(Villa Madama), 로마, 1518~미완성

마다마 빌라는 라파엘로의 마지막 작품으로 이 건물에 자신의 경력과 경향을 집대성했다. 중앙의 원형 홀을 중심으로 중앙집중형 구성이 핵심을 이루었다. 여기에서 좌우와 위쪽의 세 방향으로 불규칙하게 방들을 배치했다. 비정형 구성이라 부를 만큼 불규칙적이다. 그러나 라파엘로의 계산은 치밀했다.

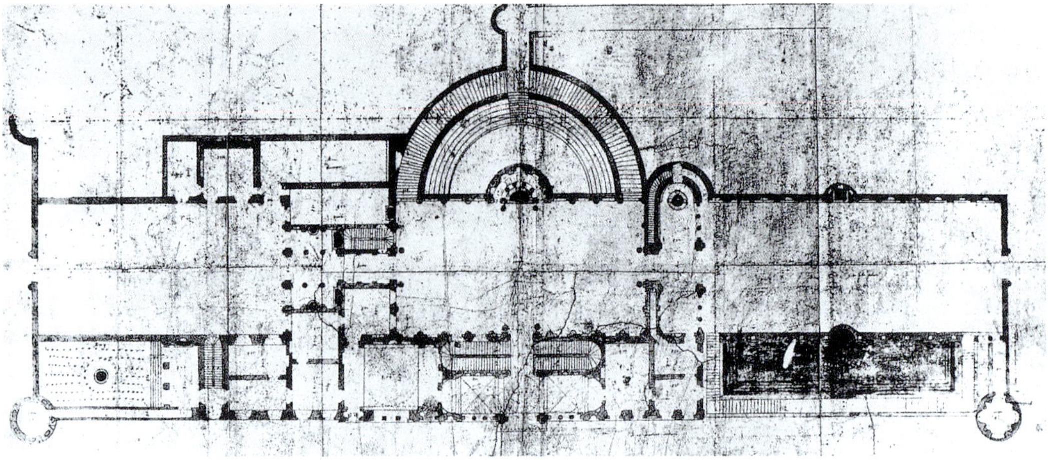

224 라파엘로(Raphael). 마다마 빌라(Villa Madama). 로마. 1518~미완성

각 방은 파노라마 개념의 연속 공간을 이루었다. 매너리즘으로 접어드는 분산성인 것이다.

선례는 로마의 빌라에 나타났던 유기 구성이다(그림 223, 224). 당시에 막 발굴된 네로의 황금 주택Golden House이 선례이다. 바탕에는 파라다이스 개념이 있었고, 그 근저에는 다시 로마식의 쾌락주의와 현세주의가 있었다. 장축에 수직 방향으로 반원형의 극장 유형을 더함으로써 무대 디자인 개념의 압축 공간 기법을 다시 한 번 구사했다. 각 방은 로마 고전주의에서 차용한 여러 공간 선례들로 다양하게 처리되었다. 실내는 건물 골격과 시각예술이 하나로 합쳐진 회화 장식주의로 처리되었다(그림 225). 일부 장식 어휘는 당시 자신이 직접 발굴해낸 유적에서 차용할 정도로 생생했다. 유적과 현실, 복원과 창작, 공간과 회화 등 상반된 요소들 사이를 넘나들며 이것들을 하나로 묶어냈다.

225 라파엘로(Raphael). 마다마 빌라(Villa Madama). 로마. 1518~미완성

4장 매너리즘 (1520~1600)

1 소외와 반항

매너리즘의 한계와 가능성

매너리즘은 일반명사로는 '습관적 반복, 상투적인 모방, 진부한 기교' 등을 일컫는다. 이 말에는 새로운 창조력이 상실되었다는 부정적 의미가 들어 있다. 고유명사가 되면 달라진다. 예술사에서 매너리즘은 16세기 이탈리아에서 유행했던 예술 사조를 지칭한다. 여기에 함축된 의미와 이에 대한 정의와 해석은 다양하지만 크게 두 가지로 정리할 수 있다. 순수 양식의 변형 과정으로 보는 시각과 어려운 사회 상황의 산물로 보는 시각이다. 이 둘에 대한 역사적 해석은 다음과 같다.

전자는 매너리즘을 건축 내부의 문제로 한정시켜 보려는 입장이다. 이것은 다시 두 가지로 나누어 볼 수 있다. 하나는 르네상스 고전주의의 쇠락으로 보는 부정적 시각으로, 매너리즘은 르네상스의 후기적 변질로 해석된다(그림 226). 매너리즘에 나타난 일탈 현상을 고전주의의 생명인 정갈한 규범을 위협하는 예술적 변질로 본 것이다. 다른 하나는 매너리즘을 르네상스 고전주의가 개인의 창조적 예술성에 의해 각색된 양식으로 보는 긍정적 시각이다. 이 관점에서는 매너리즘이 바로크로 나아가는 새로운 창조의 과정으로 해석된다. 르네상스를 고전주의 역사 내에서 하나의 한계로 인식하고 매너리즘을 이것의 분화로 보는 것이다. 다시 말해 르네상스 고전주의가 한계에 이르러 이후의 새로운 방향을 모색하는 과정에서 초기 근대 고전주의가 한 번 더 분화한 현상이다. 르네상스와 매너리즘은 서양건축사의 전개 유형인 정형-비정형의 교대 현상으로 정의된다. 매너리즘은 한 사조를 대표하는 르네상스라는 기본 규범이 완성된 다음 단계에 나타나는 변형 각색의 단계이다.

226 안토니오 다상갈로 일조반네(Antonio da Sangallo in Giovane), 중앙집중형 교회 연구

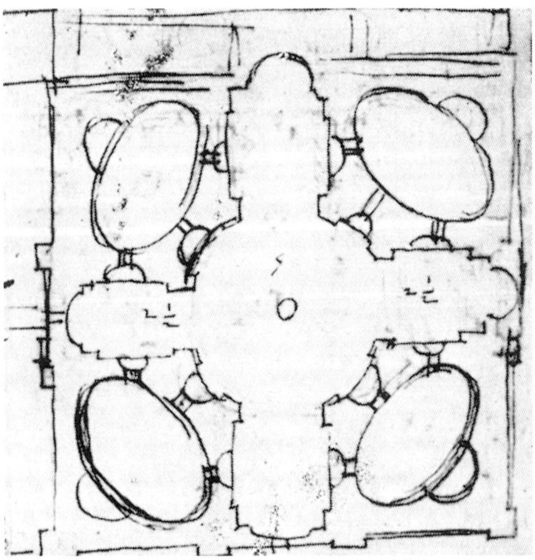

227 미켈란젤로(Michelangelo). 캄피돌리오 광장(Piazza del Campidoglio). 로마. 1539~64/사후 17세기 완공).

매너리즘에 대한 이런 식의 재평가는 이미 16세기 건축가이자 예술사가였던 바사리에 의해 초기 개념이 잡혔다. 바사리는 자기시대의 예술 경향이 갖는 특징을 차별적으로 부각시키기 위해 매너리즘이라는 말을 썼다. 좋은 예술이 갖는 조건 가운데 하나로 '마니에라[maniera, 양식]'를 정의하면서 이것이 잘 구현된 예로 자신의 시대를 들었다(그림 227). 이때의 매너리즘은 '판에 박은 반복'의 부정적 의미가 아니라 '창조적 양식'이란 긍정적 의미를 갖는다. 15세기 르네상스와 구별되는 16세기만의 독창성을 정의하는 긍정적 평가를 함축하고 있다.

바사리가 정의했던 매너리즘 개념은 16세기 전체의 시대 양식을 지칭하는 말이긴 하지만, 매너리즘 예술이 갖는 독창성의 근원은 예술가 개인의 창조적 능력에서 찾았다. 이 경우 매너리즘은 17세기 바로크의 효시로 볼 수 있다. 이런 시각은 바사리 이후에 약해졌다가 1960년대 이후 포스트모더니즘에서 다시 강세를 띤다. 특히 로버트 벤추리를 비롯한 장식 고전주의나 비정형 계열의 건축가들이 매너리즘의 건축적 가치를 재평가하며 자신들의 창작 모티프로 삼으면서 더욱 그러했다.

매너리즘을 건축 내부의 순수 양식 문제로 보는 시각은 로마 고전주의의 리바이벌 현상, 나아가 고전주의 전체의 역사 전개를 어떻게 해석할 것인가의 문제와 깊게 연관되어 있다. 로마 고전주의 자체가 그리스 고전주의에 대한 비정형적 각색의 산물이다. 르네상스는 이런 로마 고전주의가 리바이벌된 것으로, 이 과정에서 불일치가 발생했다. 르네상스는 정형적 구성 방식을 지향했지만, 정작 리바이벌 소재는 비정형 경향의 로마 고전주의였다. 기하주의, 모듈, 단일 초점 등 정형적 규범으로 로마 고전주의의 비정형 경향을 단순화하긴 했지만 처음부터 일정한 한계가 있었다.

르네상스의 규범성은 로마 고전주의의 비정형성을 다듬고 펴서 만든 것으로 볼 수 있다(그림 228, 229). 실제로 르네상스에 나타난 정형성은 로마 고전주의에서 온 것이 아니라 상당 부분 프로토-르네상스의 산물이다. 이처럼 르네상스는 가용 소재와 이것을 새 양식으로 재해석하는 운용 방식 사이에 처음부터 서로 맞지 않는 한계를 내포하고 있었다. 이런 불일치는 르네상스 건축 전반에 걸쳐 제기되는 의문 사항들에 대한 해답일 수 있다. 초기 르네상스가 처음부터 완성도 높게 나타나며 성기 르네상스보다 더 다양한 규범을 만든 점, 초기 르네상스에 장식성이 강하게 나타난 점, 성기 르네상스가 '성기' 양식으로는 생명도 짧고 작품도 많이 못 남긴 점, 브라만테를 끝으로 라파엘로부터 바로 기교적 각색이 나타난 점 등의 의문 사항들은 르네상스가 처음부터 가졌던 내재적 한계를 이해하면 풀리는 문제들이다. 매너리즘은 르네상스가 가졌던 내재적 불일치를 벗어나 르네상스에 가장 잘 맞는 방식으로 제 자리를 찾아가는 과정이라고 볼 수 있다. 가장 로마 고전주의다운 리바이벌 방식일 수 있으며, 이런 점에서는 가장 르네상스다운 양식일 수 있다.

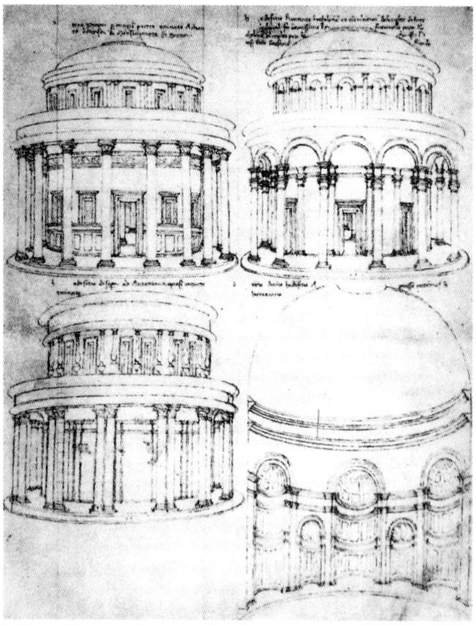

228 프란체스코 디조르조 마르티니(Francesco di Giorgio Martini). 중앙집중형 건물 연구

229 안드레아 팔라디오(Andrea Palladio). 도리스식 오더

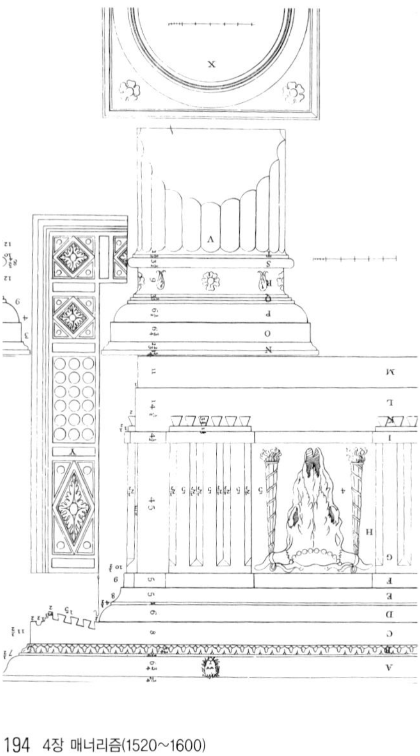

소외, 반항, 매너리즘

후자는 이상과 달리 매너리즘을 전적으로 시대의 산물로 보는 시각이다. 이 시각에서는 매너리즘의 파격적 일탈이 어두운 시대 상황의 산물로 해석된다. 이런 의미의 매너리즘은 예술적 경향의 근원을 개인의 창조성이 아닌 시대 상

230 줄리오 로마노(Giulio Romano), 줄리오 로마노 하우스(Giulio Romano House), 만토바, 1538~44

황으로 본다. 이 시각은 예술사조의 의미를 역사, 국가, 사회 등 거대 구조의 관점에서 해석하려고 했던 19세기~20세기 전반부의 제국주의 때 주류를 이루었다. 그러나 드러내놓고 매너리즘의 일탈을 비판하지는 않았다. 이 시각은 집단성, 대표성, 규범성 등에 의한 안정적 표준 양식을 기본적으로 선호했고, 때문에 매너리즘에 대해 부정적 평가를 내포했다. 매너리즘이 하나의 시대 양식으로 정착된 것도 이 시각에 의해서이다. 주로 19세기 말~20세기 초의 독일어권 예술사가들이 여기에 속했다.

이런 시각에서는 매너리즘은 개인의 소외 현상과 이에 대한 반항 의식을 표출한다고 정의된다(그림 230). 16세기는 한마디로 '소외alienation'의 세기로 요약될 수 있다. 서양 역사에서 16세기는 3세기와 더불어 가장 힘든 시기였다. 3세기는 로마제국의 몰락이 본격적으로 시작된 시기이다. 거대 권력이 붕괴되면서 나타난 진공 상태에 따른 위기의 시기였다. 16세기는 가톨릭이라는 또다른 거대 권력이 붕괴되고 충돌하면서 나타난 위기의 시기였다. 3세기는 '근심'의 세기였고, 16세기는 '소외'의 세기였다. 16세기에 인간은 개인을 초월한 거대한 힘의 횡포에 의해 억눌리고 피폐해졌다. 이것은 인간의 소외로 이어졌다. 문명과 국가 차원의 거대한 힘이 종교와 군사를 동원해서 벌인 무자비하고 흉포한 파괴의 시기였다. 이 과정에서 개개인은 물질적, 육체적, 정신적 고통에 시달려야 했다(그림 231).

231 흑사병을 그린 〈죽음의 승리*Triumph of Death*〉

기독교를 둘러싼 충돌이 대표적 현상이었다. 종교개혁은 천년 이상 이어온 가톨릭의 권력을 무너뜨렸다. 신교는 가톨릭의 권위적 권력으로부터 해방의 기치를 내걸었지만 종교개혁의 과정에서 벌어진 물리적 충돌은 또다른 전쟁일 뿐이었다. 반종교개혁으로 다시 권력을 잡은 가톨릭은 사상, 학문, 예술에 대해 감독과 탄압을 강화했다. 가톨릭의 전통적, 규범적 권위에 도전했던 종교개혁이란 홍역을 치른 뒤 이것을 지키기 위해서였다. 법령 제정을 통해 감독과 탄압을 합법화하고 제도로 고착시켰다. 전통적 기독교관에 어긋나는 주장을 감시하고 탄압했다. 갈릴레오와 미켈란젤로가 당한 탄압이 대

표적인 예이다. 탄압은 사상, 학문, 예술 활동을 후퇴시키는 부정적 역할을 했다. 건축가들은 부정적 상황에 대해 반발했고, 이것을 냉소와 풍자로 표현하는 예술적 저항을 했다. 가톨릭과 한몸으로 밀착되어 있던 고전주의 규범으로부터의 일탈은 곧 가톨릭에 대한 건축적 도전이자 반항이었다. 이것이 예술 양식으로 집단화된 것이 매너리즘이다.

이상의 상황들이 겹쳐지면서 16세기 이탈리아에서 비권력 계층의 개인들은 무척 고단한 생활을 했다. 거시적 차원에서는 문명 전환에 따르는 혼란과 고통이 지배하던 시기였다. 미시적 차원에서는 기득권층과 여기에 도전하는 새로운 계층 사이에서 반목과 증오로 탄압과 살육을 주고받는 시기였다. 권력층을 건축주로 하며 이들에 의존했던 건축가들도 비권력 계층에 속했다. 건축가들은 통상적으로 권력층의 권위를 과시하는 기념비적 양식을 창출하는 것이 보통이다. 16세기에는 달랐다. 개인의 소외를 낳은 어려운 시대상을 고발하고 기록하는 변형된 일탈 양식이 주류를 이루었다.

매너리즘의 정의와 의미는 예술 내에서도 분야에 따라 다르다. 회화에서는 르네상스의 정적인 모방을 극복하려는 적극적 창조 행위로 보는 시각이 우세하다. 르네상스 회화는 자연의 직접 모방과 규범성을 추구한 반면, 매너리즘은 이상적 모방을 통해 이것을 극복하려 했다. 화가들은 개인의 창조성을 통해 이상적 모방에 도달하려 했고, 그 과정에서 규범성을 초월한 새로운 예술 양식이 창조되었다. 이런 시각은 일정 부분 건축에 대응된다. 자연의 직접 모방은 고전주의의 규범성이나 기하주의에 유추될 수 있다. 매너리즘 건축은 이것들을 극복하기 위한 시도로 볼 수 있는 측면이 많다(그림 232). 반면에 집단적 규범성과 사회적 연관성이 강한 건축의 장르적 특성상 완전히 개인의 창조성의 관점에서만 해석할 수 없는 측면 또한 존재한다. 이 경우 어려운 시대 상황의 산물로 보는 시각은 보완적이 될 수 있다.

232 미켈레 산미켈리(Michele Sanmicheli), 베빌라쿠아 팔라초(Palazzo Bevilacqua), 베로나(Verona), 이탈리아, 1532년경~

건축에서 매너리즘은 1520~1600년 사이에 있었다. 양식 사조로 보면 성기 르네상스 말기에서 후기 르네상스에 걸친 시기이다. 그러나 건축에서는 후기 르네상스라는 말은 많이 쓰이지 않는다. 이 시기 건축이 초기-성기-후기의 통상적인 전개 과정에서 벗어난 완전히 다른 건축이기 때문이다. 이 시기는 소위 말하는 '16세기'이다. 서양건축사에서 16세기는 돌연변이라 할 수 있을 정도로 특이한 시기이다. 이에

따라 건축도 특이하게 나타났다. 16세기 건축의 구체적 내용은 상반되는 두 경향으로 나눌 수 있다.

16세기와 반고전주의

하나는 반反고전주의이다. 힘든 사회 상황과 소외 현상에 대한 반항과 무기력한 냉소를 건축적으로 표현한 경향을 말한다. 좁은 의미의 매너리즘 건축이 이것에 해당된다. 후기 르네상스라는 개념이 성립되기 위해서는 르네상스 건축의 틀 안에서 후기적 상황이 나타나야 한다. 이때 르네상스 건축은 고전주의가 된다. 1520~1600년의 건축은 고전주의가 아니다. 물론 사용 부재는 고전 어휘이다. 고전 건축이란 단순히 고전 어휘를 사용한다고 되는 것이 아니다. 16세기의 전통 시대에는 특히 그러했다. 고전 건축은 어휘 사용에서 일정한 규범과 법칙을 지켜야 했다. 당시 건축에서는 이것을 어겼다. 이른바 반고전주의인 것이다.

16세기 건축은 후기 르네상스가 아닌 완전히 별도의 것이다. 새로운 질서를 구축하려는 것이 아니라, 어려운 시대 상황에 대해 개인이 겪는 냉소와 도피, 무기력과 분열증 등을 즉각적으로 표현하려 한 것이었다. 개인의 소외감과 사회적 어려움을 뛰어넘는 집단 차원에서의 시대 의지는 없었다. 매너리즘의 기본적 의미는 이런 시대 현상과 잘 맞았다. 어려운 상황에 대해 대안을 제시하는 긍정의 건축이 아니라, 기교와 일탈에 의한 부정의 건축이라는 의미이다(그림 233). 고전 규범으로부터의 일탈은 곧 권력화된 사회 질서에 대한 반항을 의미했다. 라파엘로 계열의 페루치와 줄리오 로마노, 그리고 북부이탈리아의 산미켈리가 이 경향을 대표했으며, 안토니오 다상갈로 일조반네와 미켈란젤로도 일정 부분 이 경향을 공유했다.

다른 하나는 고전주의이다. 16세기의 모든 건축이 반고전주의인 것은 아니었다. 이탈리아 반도 내에서도 지역에 따라 다소 다르게 나타났다. 사회적 혼란이 심했던 도시들에서는 반고전주의가 유행했다. 가톨릭의 총본산이었던 로마가 대표적 예였고 만토바도 그러했다. 반면 일단의 건축가들은 일정한 고전적 질서를 지향했다. 서양건축 전반의

233 발다사레 페루치(Baldassare Peruzzi). 마시모알레콜로네 팔라초(Palazzo Massimo alle Colonne). 로마. 1533~36

거시적 차원에서 보았을 때 반고전주의는 일종의 비주류 건축이다. 비상한 사회적 상황에서 주류 건축 사이에 간헐적으로 나타나는 일탈 현상인 것이다.

어려운 사회 상황을 인정하더라도 비상한 일탈 경향만으로 한 세기의 건축이 이루어질 수는 없다고 생각하는 일단의 건축가들이 있었다. 정치적, 종교적 상황이 상대적으로 안정되었던 북부이탈리아가 주도했다. 로마 내에서도 성 베드로와 같이 교황청이 주도한 기독교 건축물들은 이 경향을 견지했다. 고전주의 경향에서도 일정한 일탈은 나타났다. 일탈은 후기적 상황으로 볼 수도 있고, 매너리즘의 영향으로 볼 수도 있다. 일탈은 북부 지방의 전통인 기교적 장식화 경향으로 나타났다(그림 234). 혹은 미켈란젤로처럼 건축가 개인의 창조성에 기인한 경향도 있었다.

234 자코포 산소비노(Jacopo Sansovino,). 산마르코 도서관(Libreria di San Marco). 베네치아. 1536~60

건축가는 알레시, 산소비노, 스카모치, 팔라디오 등이 이 경향을 대표했다. 미켈란젤로도 일정 부분 동일한 경향을 공유했다. 일탈의 성향과 정도에 따라 고전주의 내에서도 일정한 구별이 가능하다. 일정한 일탈은 모든 건축가에게 나타났지만 미켈란젤로와 팔라디오는 비교적 묵직한 고전주의 전통을 잘 지켰다. 이 두 사람만 보면 성기 르네상스로 분류하는 것이 가능할 정도이다.

매너리즘 건축가는 연도에 따라 1세대와 2세대로 나눌 수 있다. 1세대는 1480년대생이 주축을 이룬다. 이들은 장수한 미켈란젤로와 산소비노를 제외하고 대부분 16세기 전반부에 활동했다. 건축가로는 페루치, 안토니오 다상갈로 일조반네, 줄리오 로마노, 미켈란젤로, 산미켈리, 산소비노 등이 여기에 속한다. 2세대는 1500년대생이 주축을 이룬다. 이들은 16세기 후반부에 주요 작품을 남겼다. 건축가로는 팔라디오, 알레시, 바사리 등을 들 수 있다.

매너리즘 건축은 나라와 지역에 따라 다소 다르게 나타났다. 통상적인 의미에서 매너리즘은 이탈리아의 16세기 양식 사조이다. 이탈리아에서는 로마와 북부 지방이 차이를 보였다. 로마는 정통 고전주의 경향을 강하게 나타낸 반면, 북부 지방은 매너리즘에 좀더 가까운 자유로운 경향을 보였다. 프랑스와 영국에서는 매너리즘이 나타나지 않았다. 독일에서는 지역주의 성격을 갖는 장식 경향으로 나타났다. 16세기 종교 분쟁의 피해를 가장 많이 입은 나라가 독일이었다는 점이 중요한 사회적 배경으로 작용했다. 종교개혁 과정에서 싹튼 독일의 지역적 정체성도 중요한 요인이었다.

종교개혁(1)-분화와 매너리즘

매너리즘을 낳은 어려운 시대 상황으로 종교 분쟁, 전쟁, 지리상의 발견 등 세 가지를 들 수 있다. 종교 분쟁은 종교개혁과 반종교개혁 사이의 공방으로 대표된다. 종교개혁은 1517~20년 사이에 불붙어 16세기 유럽 전역을 휩쓸며 1580년경까지 계속되었다. 발단은 면죄부 장사를 하는 등 극에 달했던 중세 가톨릭의 부패상에 대한 반발이다(그림 235). 종교개혁은 가톨릭에 대한 반성적 도전이었을 뿐 아니라 중세의 종식을 의미하기도 한다. 르네상스와 공존하며 15세기까지 계속되었던 중세는 종교개혁을 기점으로 기독교가 양분되면서 종말을 고했다. 르네상스는 신교와 가톨릭 사이에서 복합적 관계를 가졌기 때문에 종교개혁이나 신교를 르네상스와 동일시할 수는 없다. 그러나 종교개혁을 기점으로 유럽 전역에 르네상스가 전파되고 신교의 교리가 인본주의와 더 가까운 측면을 갖는 등 연관성이 더 큰 것은 사실이다.

종교개혁은 기독교 내부의 권력 투쟁 성격을 가지고 있다. 루터Martin Luther는 하느님의 정의는 개개 신도의 신앙심을 전제로 한 구원의 자비

235 대(大) 루카스 크라나흐(Lucas Cranach the Elder). 청교도와 가톨릭을 비교한 그림(1545년경). 왼쪽이 청교도의 개혁 장면이고 오른쪽이 부패한 가톨릭의 장면이다.

에 있으며, 구원은 하느님만이 알 수 있고 할 수 있다는 새로운 믿음 형식을 제시했다. 이것은 하느님의 정의는 규범적 권위에 있으며 성직자의 권위로 구원이 가능하다는 중세 가톨릭의 기본 개념을 부정하는 혁명이었다. 종교개혁은 거시적 차원에서는 중세 유럽을 지탱하던 단선적 기독교가 분화되는 중대한 변화였다. 교리와 신앙이 충돌하고 새로운 세계관이 제시되는 지각변동이었다. 작은 공국 단위로 분열된 채 로마 가톨릭에 종속되어 있던 서북유럽의 각국은 중세 전통에서 벗어나 민족적 정체성을 찾고 민족국가로 통일되는 혁명적 변화를 맞았다. 상업적 이윤 행위를 허용한 칼뱅주의Calvinism는 서구식 자본주의가 형성되는 기초를 닦았다. 이런 모든 것들이 근대적 자각의 첫걸음이었다.

종교개혁은 루터가 주도한 독일의 정체성 찾기 운동이기도 했다. 로마 가톨릭에 맞서 싸우던 신성로마제국의 전통을 이어받아, 지역 문화에 기초한 독립적 기독교를 통해 독일의 민족정신을 새롭게 정의하려는 운동이었다. 일반 신도들이 알아듣지 못하는 라틴어 미사 대신 독일어 미사를 감행하고, 독일어판 성서를 출판함으로써 라틴어 성경의 해독 능력이 곧 권력이었던 구질서를 해체했다(그림 236). 로마 가톨릭의 간섭과 징세를 배제했고, 수도원을 철폐함으로써 독일의 지역 기독교가 독립하는 계기를 만들었다. 대학과 지역 군주들이 종교개혁에 가세하면서 종교 권력과 세속 권력 사이의 투쟁 양상으로까지 확대되었다. 이것은 넓은 의미에서 지역적 정체성의 자각을 가져옴으로써 초기 근대 지역주의를 탄생시켰다. 기독교 내부의 분화에 해당되는 유럽 문명의 다원적 분화현상이었다.

236 루터(Luther)의 1534년 독일어판 성경 초판 타이틀 페이지

이밖에도 종교개혁은 서북유럽 각국이 근대적 자각을 겪는 과정의 일환으로 작용했다. 그 결과 이들 지역에서도 르네상스 건축이 형성되는 데 중요한 기여를 했다. 이런 움직임은 지역주의 성격을 띠고 일어났다. 서북유럽은 중세를 거치면서 로마 가톨릭에 대해 의존과 독립의 양면적 입장을 가졌다. 르네상스는 이 가운데 독립적 측면이 강조되면서 서북유럽의 지역적 정체성이 근대성의 자각 형태로 구체화되는 과정으로 볼 수 있다. 서북유럽의 르네상스는 건축적 측면에 국한해 볼 때 이탈

리아의 르네상스를 수입한 국제주의와 지역 전통 사이의 접목 양상을 띠었다. 반면에 사회 전반으로 보면 종교개혁에 의해 촉발된 지역적 정체성을 확립하는 과정이었다. 종교개혁은 가톨릭의 본산이었던 이탈리아에 직접적으로 가장 큰 타격을 입히면서 매너리즘을 촉발시킨 요인으로 작용했다.

종교개혁은 매너리즘 건축을 거시적 차원에서 정의하는 배경으로 이해될 수 있다. 매너리즘은 종교개혁이 유발한 여러 차원에서의 분화 현상 중 한 가지에 해당된다. 가톨릭이 세워놓았던 정신 체계, 문명 구도, 지리 등에서의 공고한 질서가 붕괴되면서 새로운 질서가 창조되고 인식의 확장을 가져왔다. 다른 한편 붕괴 자체에 따른 불안 현상도 어지럽게 혼재했다. 매너리즘 건축은 종교개혁에 따른 근대적 자각들이 가져온 불안과 격동을 표현한 건축 양식이다(그림 237). 동시에 초기 근대 지역주의의 분화적 변동을 대표하는 건축 양식이다.

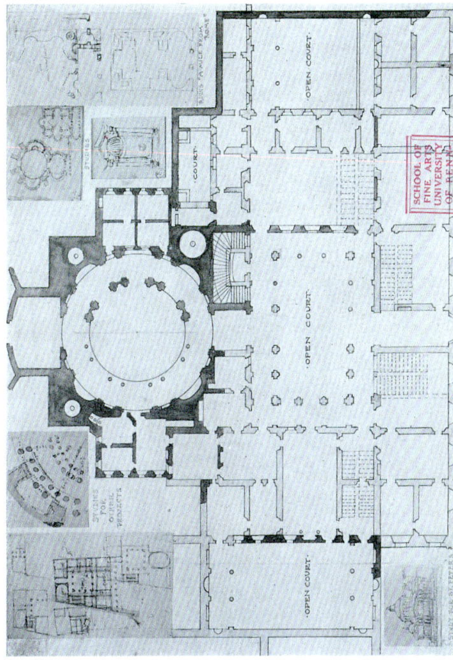

237 발다사레 페루치(Baldassare Peruzzi). 콘테디피틸리아노 팔라초(Palazzo Conte di Pitigliano). 피틸리아노, 이탈리아

한편 반종교개혁 역시 매너리즘의 배경인 사회 불안을 촉발시킨 요인 가운데 하나이다. 1490년경부터 가톨릭 개혁 운동Catholic Reformation으로 불리는 자정운동이 시작되었다. 기독교 인본주의Christian Humanism의 영향 아래 도덕 무장, 제도 개혁, 사회 봉사 활동 등이 주를 이루었다(그림 238). 종교개혁으로 이것이 무의미해지자 가톨릭은 즉각 반격에 나섰

238 미켈로초 체포 병원(Ospedale del Michelozzo Ceppo). 피스토이아(Pistoia), 이탈리아 1522. 가톨릭의 구호사업을 새긴 돋을새김 장식

239 세바스티안 프랑크스(Sebastian Vranx). 안트베르펜의 예수회 교회(Jesuit Church, Antwerp)
240 대(大) 루카스 크라나흐(Lucas Cranach the Elder). 비텐베르크 교구교회(Pfarrkirche, Wittenberg)에서 설교하고 있는 루터
241 팔라디오(Palladio)의 중앙집중형 연구

다. 바오로 3세−바오로 4세−비오 5세−식스토 5세로 이어지는 일련의 교황들에 의해 1534~90년 사이에 반종교개혁이 일어났다.

반종교개혁은 네 갈래로 시도되었다. 첫째는 가톨릭 내부의 자정 운동으로, 도덕률을 엄격하게 강화하고 교회 조직을 재정비했다. 둘째는 가톨릭의 권위와 교리를 되살리고 지키는 제도적 장치들로, 1542년의 종교재판소 설립과 1545~63년의 트렌토 공의회Council of Trent 등이 대표적인 예이다. 셋째는 성 이그나티우스 로욜라St. Ignatius Loyola가 창립한 예수회Jesuit Order이다. 예수회는 1540년에 정식 수도회로 인정받았다. 예수회는 신교에 맞서 싸우는 가톨릭의 전위대 역할을 하며 가톨릭의 부활에 중요한 기여를 했다(그림 239). 넷째, 일상적 차원에서 사회봉사 활동을 지속, 강화했다. 이상의 네 가지 방식으로 가톨릭은 자신들의 권위에 도전하는 세력들을 강력히 탄압했으며, 이것은 일반인과 사회 전체에 공포와 불안을 가져왔다.

종교개혁(2)−중앙집중형과 매너리즘

미시적 차원에서도 종교개혁은 15~16세기 건축과 일정한 연관성을 가진다. 가장 큰 연관성은 유럽 전역에 중앙집중형 공간의 발전을 촉발시킨 점이다. 교리나 예배의 성격에서 볼 때 가톨릭은 바실리카와 성당으로 대표되는 선형 공간을 선호했다. 반면 신교는 중앙집중형 공간을 선호했다. 복잡한 의식과 예배 공간의 위계를 생략하는 대신 성직자와 신도들 사이의 접촉을 강조했기 때문이다. 특히 신교가 설교preach를 핵심 개념으로 잡으면서 성직자와 신도와의 직접 접촉은 기독교 공간에서 가장 중요한 요구 사항이 되었다(그림 240).

신교는 자선을 해야 구원을 받을 수 있다는 가톨릭에 맞서 개개인의 믿음과 신앙심이 구원의 요체라고 주장했다. 이런 믿음과 신앙심을 불러일으키는 첫째 매개는 설교이다. 신도들이 성직자의 설교를 가능한 한 가까운 거리에서 생생하게 들을 수 있어야 한다는 요구가 새로운

건축적 조건으로 등장했다. 가톨릭의 권력적 위계를 반대하며 새롭게 제시한 '평등'의 개념도 또다른 중요한 요소이다. 중앙집중형은 이 모든 것을 만족시킬 수 있는 공간 유형이었다(그림 62, 241). 15세기 르네상스 건축에서 인본주의를 구현하는 '중심' 개념으로 시작되었던 중앙집중형 공간은 종교개혁 시기를 거치면서 기독교 건축의 한 유형으로 자리 잡았다.

앞에서 언급한 바와 같이 종교개혁이나 신교가 15~16세기에 중앙집중형 공간을 하나의 양식 흐름으로 직섭 창출한 것은 아니다. 거시적으로 볼 때 종교개혁은 교회 건축에는 별다른 변화를 가져다 주지 못했다. 새 교회 양식을 창출할 시간적, 물리적 여유가 없었기 때문에 가톨릭과 동일한 교회 형식을 사용했던 것이다. 역설적으로 얘기하자면 신교의 관심은 새로운 교회의 건축보다는 중세 가톨릭 성당의 화려한 사치에 대한 응징에 집

242 취리히에서 가톨릭 성당 내의 우상숭배물을 철거하는 신교도들

중되었다. 신교도들에 의한 성당 파괴와 우상 숭배물 철폐가 한때 크게 유행했다(그림 242).

신교가 새로운 교회 창출을 완전히 포기한 것은 아니었다. 고급 건축가를 동원하여 새로운 양식과 화려한 교회를 짓는 등의 본격적 움직임은 없었지만, 제한적이나마 자신들의 새로운 교리에 맞는 교회를 지었다. 규모 면에서는 작은 1랑식 지역 교회나 왕궁 교회가 대부분이다. 고딕 양식을 사용할 경우에는 후기 고딕의 홀 교회hall church를 선호했다. 평면 기능으로 볼 때 중앙집중형에 가까웠기 때문이다.

루터 자신도 토르가우Torgau 근교에 하르텐펠스 예배당Hartenfels Kapelle, 1544년 한 채만을 지었을 뿐이다. 그나마도 건축적 내용에서 후기 고딕의 볼트 구조로 지어진 작고 단순한 건물이다. 새로운 교회 양식을 창출하는 것 자체가 신교의 개혁 정신에 어긋나는 것이었다. 신교는 가톨릭의 부패와 타락에 반대하는 입장이었기 때문에, '무양식'의 검소한 교회가 신교의 정신에 가장 합당했다. '네 장의 단순한 벽면four bare walls과 설교'가 신교에서 충분하다고 정한 교회 건축의 기준이었다(그림 243). 많지는 않지만 일정 수의 교회를 짓기는 했는데, 대부분 임시 가설물 형태의 극기적 건물들이다.

그러나 다른 한편 르네상스에서 매너리즘을 거치며 중앙집중형 탐구를 주도했던 건축가들의 내면에는 가톨릭의 선형 공간에 대한 대안 의식이 시대 정신으로 작용한 것으로 볼 수 있다. 특히 인본주의와 신교는 중앙집중형 공간의 의미를 공유할 수 있는 여지가 많았다. 인본주의는 중앙집중형을 신의 피조물에서 벗어난 인간의 '자각'을 표현한 '중심' 개념으로 정의했다. 이에 대해 신교는 중앙집중형을 신과의 직접적 관계를 상징하는 '초점' 개념으로 정의했다. 신의 대리인인 성직자가 주도하는 가톨릭의 제식을 철폐하는 대신, 신의 존재를 앞에 놓고 신과 직접 소통하겠다는 의도인 것이다. 이런 신의 존재를 표현할 강한 초점이 필요했는데, 중앙집중형은 이것에 가장 적합한 공간 유형이었다.

243 칼뱅주의 교회. '네 장의 단순한 벽면과 설교'를 보여준다.

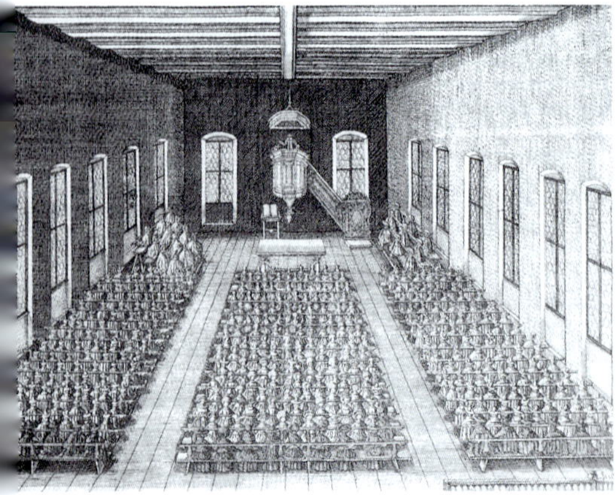

전쟁, 고전주의의 붕괴, 매너리즘

전쟁의 영향 역시 이탈리아가 가장 심하게 받았다. 이미 1494년 샤를 8세의 침공을 시작으로 루이 12세의 침공 등 1529년까지 크고 작은 전쟁이 이탈리아 반도에서 일어났다(그림 244). 동맹국이었던 스페인과 독일의 침공까지 이어졌다. 1527년 독일군의 로마 대약탈은 그 절정을 이루었다. 대약탈은 가톨릭의 도덕적 타락에 대한 징벌성 심판이라는 것이 당시의 지배적인 인식이었다. 가톨릭 체계를 대체할 새로운 도덕률이 없는 상황에서 개인들이 겪는 정신적 충격과 영적 방황은 깊어졌다.

전쟁은 경제위기와 맞물렸다. 경제위기는 인구 증가와 전쟁에 따른 물가 폭등으로 나타났다. 남미에서 금이 유입되면서 인플레이션이 심해진 것도 중요한 요인이었다. 일부 상인 계층을 제외한 정부, 교단, 일반 시민 등 대다수 사람의 생활이 큰 압박을 받았다. 인플레이션 아래에서 전쟁을 수행하다 보니 국가 재정이 피폐해졌고, 이를 만회하기 위한 세금은 급증했다. 경제위기는 종교 전쟁과도 맞물렸다. 가톨릭과 신교로 나뉘어 싸우는 과정에서 대규모 기부금이 급속히 줄었다. 전쟁 수행을 위한 경비 지출 자체도 교단으로서는 큰 부담이었다. 물가폭등과 세금 증가 현상은 16세기 내내 계속되었다.

244 얀 브뤼헐(Jan Brueghel the Elder), 〈이수스 전투*Battle of Issus*〉, 1602

245 줄리오 로마노(Giulio Romano), 테 팔라초(Palazzo del Te), 만토바, 1525~34

피렌체에서는 인본주의 르네상스의 절대적 후원 세력이었던 메디치 가가 전쟁에서 패하면서 물러나갔다. 이후 이탈리아 르네상스는 첫번째 위기에 봉착했다. 매너리즘은 이런 위기 상황의 산물로 시작된 측면이 많았다. 르네상스 예술의 가장 강력한 후원자였던 메디치 가의 몰락은 오래 가지는 않았지만, 당시 고전주의 예술가들에게는 생존을 위협하는 커다란 위기로 작용했다. 르네상스 고전주의를 후원하던 메디치 가가 사라진 자리를 반고전주의의 매너리즘이 메운 것은 어떤 면에서는 당연한 현상이었다.

1521~44년에는 독일의 합스부르크Habsburg 가와 프랑스의 발루아Valois 가 사이에 이탈리아 지배권을 놓고 전쟁이 일어났다. 전쟁은 이탈리아 영토 내에서 벌어졌다. 도시국가로 이루어진 이탈리아의 정치 지도는 전쟁 상황을 복잡하게 만들었다. 1559년에 맺어진 조약을 통해 합스부르크 가의 신성로마제국이 이탈리아에 대한 지배권을 장악했다. 이를 계기로 이탈리아 르네상스는 급격한 쇠퇴기에 접어들며 큰 위기를 맞았다. 이 시기가 바로 줄리오 로마노와 미켈란젤로 등 탈규범 성향의 매너리즘이 절정에 달한 때이다(그림 245).

16세기에 발발했던 크고 작은 전쟁들은 단순한 전쟁이 아니라 가톨릭 중심의 중세 고딕과 르네상스 고전주의 전반의 붕괴를 상징했다. 가톨릭은 중세 고딕에서 르네상스 고전주의라는 이질적 문명으로의 전이를 하나로 묶어주는 거시적 차원의 매개였다. 이것이 기독교 내부의 종교 분쟁과 세속 세계의 전쟁에 의해서 한꺼번에 붕괴된 것이다. 중세 고딕에 이어 르네상스 고전주의의 붕괴도 뒤따랐다. 그런데 르네상스 고전주의는 중세 고딕처럼 전면적으로 붕괴되지는 않았다. 이전에는 없었던 전혀 새로운 방식에 의한 분화에 가까웠다. 매너리즘은 이런 분화에 해당되는 양식사적 현상이었다.

전쟁은 르네상스 양식을 전파하는 데 중요한 역할을 했다. 이탈리아에서 시작된 르네상스 예술이 서북유럽으로 전파된 경로는 여러 가지였는데, 전쟁도 빠질 수 없는 중요한 수단이었다. 전쟁을 위해 이탈리아로 내려온 서북유럽의 군사들과 이들을 지휘 통솔하거나 수행했던 왕족, 귀족, 정치가, 성직자, 학자, 예술가, 기술자 등은 이탈리아에서 자신들의 동시대 예술과 완전히 다른 새로운 첨단 양식을 접했다. 전쟁은 서북유럽이 이탈리아 르네상스를 가장 대단위로, 가장 직접적으로, 가장 전격적으로 접하는 통로 역할을 했다. 전쟁이 끝나면서 이탈리아 장인들을 직접 서북유럽으로 데려가는 미시적 차원의 전파에서부터 르네상스의 당위성과 필요성을 자각하는 거시적 차원의 전파에 이르기까지, 전쟁은 서북유럽에 르네상스를 가장 확실하게 전파했다.

지리상의 발견, 확장, 매너리즘

1500년을 기점으로 일어난 지리상의 발견도 이탈리아의 몰락을 가져온 중요한 배경으로 작용했다. 16세기에는 남아메리카 침공, 북아메리카 발견, 태평양 발견, 인도와의 무역 등이 있었다. 이것을 직접 이끈 것은 대서양을 면한 스페인과 포르투갈이었고, 나머지 유럽의 강대국들은 이들을 후원하는 방식으로 참여했다. 지리상의 발견에 따라 무역의 중심지는 지중해에서 대서양으로 옮겨갔다(그림 246). 아시아뿐 아니라 남아메리카와 아프리카 등 여러 지역에서 약탈해온 부는 자본주의를 융성시키며 새로운 경제 질서를 구축했다. 이것은 아시아와의 중개무역과 장원경제로 대표되는 중세적 경제 질서와 지리관에 의존하

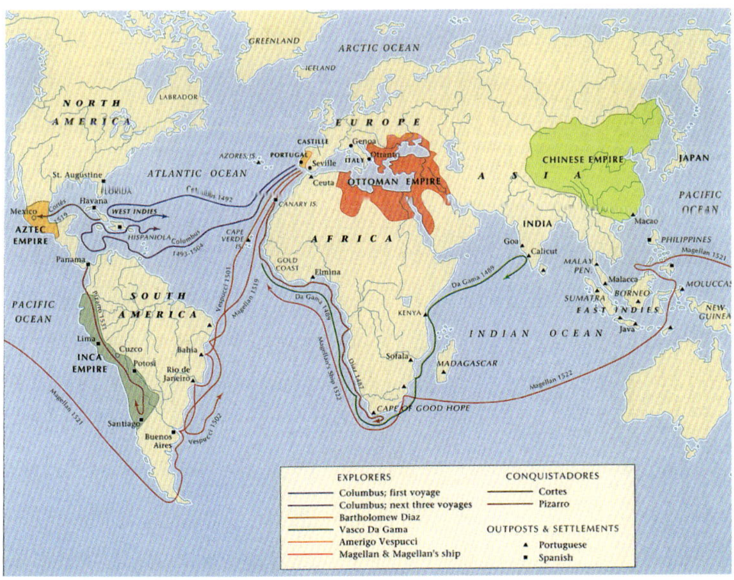

246 15~16세기 유럽의 해외 진출

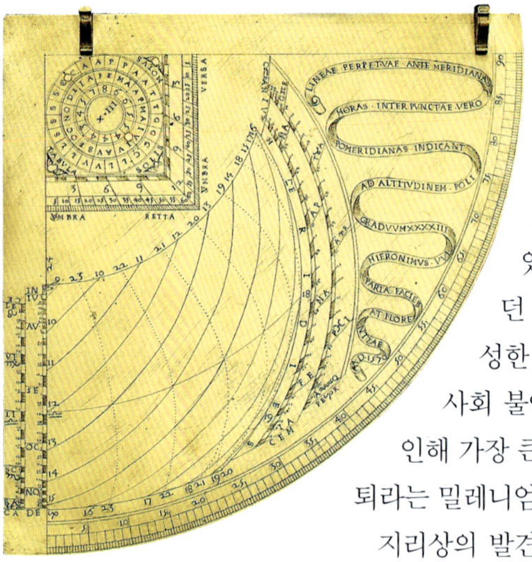

247 15~16세기 항해도구

고 있던 이탈리아에 심한 타격을 입혔다. 지중해 지역이 유럽 문명에서 2천5백 년간 누려온 주도권을 상실해가는 확실한 징조였다.

이런 현상은 매너리즘 건축이 유독 이탈리아에서 가장 크게 유행했던 것에 대한 중요한 배경으로 볼 수 있다. 매너리즘 건축은 프랑스와 영국에서는 거의 없었던 데 반해 독일에서는 상대적으로 융성했으며, 가장 융성한 곳이 이탈리아였다. 독일은 종교개혁의 여파에 따른 사회 불안이 중요한 요인이었다. 이탈리아 역시 종교개혁으로 인해 가장 큰 타격을 입은 지역이었으며, 여기에 지중해 문명의 쇠퇴라는 밀레니엄 단위의 문명전이 현상이 더해졌다.

지리상의 발견은 단순히 이탈리아의 몰락을 가져온 데 그치지 않고 유럽 문명 전체를 뒤흔들어 놓았다. 유럽 문명은 고전주의와 기독교를 양축으로 삼아 2천 년의 역사를 이어오고 있었다. 로마 이후 유럽인들은 지구가 우주의 중심이며 유럽은 다시 그런 지구의 중심이라고 믿어왔다. 15세기 말 신대륙의 발견으로 대표되는 지리상의 발견에 따라 지구는 역사, 지리, 문화적으로 훨씬 넓고 다양한 문명들의 집합체라는 사실이 밝혀졌다(그림 247). 가톨릭과 고전주의를 축으로 이어오던 구대륙은 자신들의 세계가 지구를 구성하는 여러 요소 가운데 하나에 불과하다는 사실을 받아들여야 했다. 유럽인들에게 이것은 차라리 하나의 공포와 공황에 가까웠다.

1512년경 코페르니쿠스의 지동설이 터지면서 지구 역시 광활한 우주 속의 미미한 피동적 구성 요소에 불과하다는 사실이 밝혀졌다. 지구를 하느님이 땅 위에 세운 또 하나의 하늘왕국이라며 우주의 중심으로 믿었던 유럽인들에게 이것은 하늘이 무너지고 땅이 꺼지는 충격이었다. 유럽 중심 세계관의 전면적 붕괴였다. 구대륙을 지탱하던 가톨릭과 고전주의는 더이상 여러 방면에서의 확장과 그에 따른 불안을 감당할 수 없게 되었다. 신대륙에 신교가 상륙한 것은 당연한 현상이었다. 이런 관점에서 매너리즘은 16세기에 일어난 구대륙의 전면적 붕괴를 대표하는 건축 양식으로 이해된다.

이분법적 세계관에 의해 형성되어온 당시까지의 유럽 문명은 다원주의라는 새로운 가치관과 인식 체계를 받아들여야 하는 상황에 처했다. 신대륙의 발견은 서양 대 동양이라는 주체 중심의 이분법으로는 설명이 안 되는 지리적 상황을 만들었다. 유럽인들은 당황했다. 새로운 상황에 대한 모색이 시도되었다. 처음에는 회의론이 유행했다. 절대적인 것으로 믿었던 기존 질서의 붕괴에 대한 대응의 한 형식이었다. 회의론은 붕괴에 대한 해답을 모르는 상황에서 나온 무기력을 인정함과 동시에 반성을 통한 시간벌기를 목적으로 가진다. 매너리즘은 이런 방황의 시기를 대표하는 건축 양식이기도 하다.

248 미켈란젤로(Michelangelo). 문 연구

이후 유럽인들의 대응은 주체 중심의 세계관을 더욱 강화하는 쪽으로 치달았다. 확장된 세계 전체를 유럽을 중심으로 한 주체에 종속시키겠다는 것이었다. 이를 위해 더욱 강력한 수단과 매개와 무기가 필요했다. 이런 급박한 필요성은 18세기 산업혁명을 촉발했다. 유럽인들은 산업 기계문명을 무기삼아 지리상의 발견으로 알게 된 넓은 세계 전체를 손아귀에 넣는 250년이란 긴 침략의 역사를 시작했다. 지구 전체를 잔악한 살육과 노략으로 분탕질한 인류 역사상 가장 추악한 시기의 시작이었다. 매너리즘은 그 서막에 해당되는 건축 양식이다. 서양이 서양 중심의 세계관에 스스로 갇혀 있다가 그 경계를 부수고 지구 전체로 지배와 노략의 발길을 내딛기 시작한 출발점을 이루는 시기였다. 확장된 세계를 더욱 확장적으로 침탈하기 위해서는 기존 체계로는 부족했다. 그만큼 불안한 격변과 불확실한 모험의 시기였다. 매너리즘은 유럽인들이 처음 겪는 이런 불안과 불확실성을 표현한 건축 양식이었다(그림 248).

2 발다사레 페루치

브라만테와 라파엘로 사이

발다사레 페루치Baldassare Peruzzi, 1481~1536년는 시에나에서 태어났다. 1500년대 중반 경까지 시에나에 머물며 화가로 성공했다. 이때 건축가 경력도 함께 시작해서 레볼테 빌라Villa le Volte를 주요 작품으로 남겼다. 이후 로마로 옮겨 교황 율리오 2세가 지원하던 교황청 건축 공방에 합류했다. 이 공방은 브라만테와 라파엘로가 이끌고 있었다. 이 두 사람은 이른바 로마 학파를 이루며 16세기를 대표하는 상당수의 건축가들을 배출했다. 페루치는 이들 로마 건축가들로부터 적지 않은 영향을 받았다.

브라만테로부터는 매스의 균형감, 중앙집중형 구성, 고전 해석 방식 등을 영향받았다(그림 249). 라파엘로로부터는 압축 공간과 회화 장식주의 등의 영향을 받았다(그림 250). 라파엘로와 페루치 두 사람은 모두 시기적으로 볼 때 성기 르네상스에서 매너리즘에 걸쳐 있다. 요절했던 라파엘로는 매너리즘까지

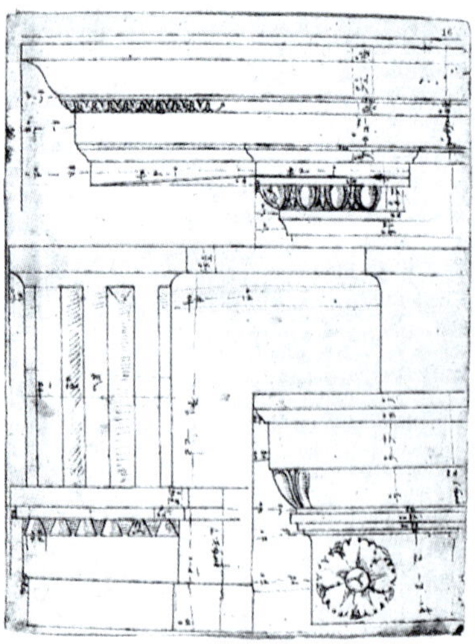

249 발다사레 페루치(Baldassare Peruzzi), 율리아 바실리카(Basilica Julia) 측정 도면
250 발다사레 페루치(Baldassare Peruzzi), 산 페트로니아(San Petronia) 입면 계획안, 볼로냐

넘어오지 못하고 성기 르네상스에 머문 반면, 페루치의 경력에서는 두 양식의 비중이 절반씩을 차지했다. 줄리오 로마노와 안토니오 다상갈로 일조반네 등 초기 매너리즘을 대표했던 건축가들과의 관계도 라파엘로의 경우와 비슷하다. 페루치는 이들보다 연상이었지만 이들의 영향력 아래 있었고 명성도 이들만 못했다. 이후 말년에 대표작과 저서를 남기며 주요 건축가로 인정받고 세상을 떠났다.

251 발다사레 페루치(Baldassare Peruzzi). 무대 디자인 연구

페루치는 16세기의 전인상을 대표하는 건축가 가운데 한 명이다. 르네상스의 전인상은 두 가지 유형으로 나뉜다. 한 가지는 알베르티로 대표되는 인문적 전인상으로, 이론과 실무를 겸비한 유형이다. 다른 한 가지는 라파엘로와 미켈란젤로로 대표되는 예술적 전인상으로, 조형 예술의 전 분야에 뛰어난 유형이다. 페루치는 이 둘을 합친 유형이라고 할 수 있다. 회화와 건축 모두에서 성공했을 뿐 아니라 이론서도 남겼다. 이론서는 그의 제자 세를리오와 공동 작업으로 이루어졌고 출판도 세를리오의 이름으로 되었지만, 책 내용의 주요 부분은 페루치의 이론이다(그림 251).

페루치는 1521~23년에 볼로냐에 머물다 로마로 돌아온 뒤 두 거장의 영향에서 벗어나 자신만의 매너리즘 경향을 탐구하기 시작했다. 매너리즘 초기의 대표작은 푸스코니피기니 팔라초의 파사드와 안마당 장식, 그리고 회화 작품인 〈신전에 출연한 성모 마리아〉1524 등이다. 전자에서는 이오니아식 오더 위에 도리스식 오더를 사용함으로써 '축조적 원리에 의한 오더의 층쌓기'라는 고전주의 문법에 파격을 가했다.

이후 페루치는 1527년의 로마 대약탈 때 고생하다가 고향으로 돌아가 주로 시에나 인근과 토스카나의 성채 건축에 전념했으며, 성 도메니코San Domenico 보수 공사와 필라초 등에도 참여했다. 이 기간에는 매너리즘의 탐구를 잠시 접고 르네상스 어휘의 종합화에 관심을 두었다. 로마와의 접촉도 계속 유지했으며, 1531년부터 성 베드로 계획에 다시 참여하여 1534년에는 교황 바오로 3세로부터 성 베드로의 주건축가로 임명되었다.

페루치의 작품은 성기 르네상스와 매너리즘으로 양분될 수 있다. 로마의 파르네시나 팔라초Palazzo della Farnesina, 1505~11년, 카르피 성당Duono di of Carpi, 1515년 파사드, 카르피의 성 니콜라오San Nicolo, 1513~15년의 네이브, 성 베드로 네이브 계획안1520~27년 등은 성기 르네상스에 속한다. 로마의 푸스코니피기니 팔라초Palazzo Fusconi-Pighini, 1522~27년의 파사드와 안마당 장식, 마시모알레콜로네 팔라초Palazzo Massimo alle Colonne, 1533~36년 등은 매너리즘에 속한다. 이 가운데 파르네시나 팔라초와 마시모알레콜로네 팔라초를 대표작으로 들 수 있다.

종합화와 회화 장식주의-파르네시나 팔라초

파르네시나 팔라초의 특징은 두 가지이다. 하나는 이때까지 진행되어 오던 팔라초 구성의 두 흐름인 토스카나 유형과 로마의 유형을 하나로 합친 점이다(그림 252). 전자는 알베르티의 피렌체 팔라초, 페루치의 레볼테 빌라로 대표된다. 후자는 로마의 칸첼레리아 팔라초와 바티칸의 벨베데레, 라파엘로 하우스 등으로 대표된다. 페루치는 이 두 유형의 혼합을 파사드와 평면의 두 방향에서 추구했다. 파사드는 알베르티의 창을 이용한 구성 효과와 칸첼레리아 팔라초의 창 구조를 혼합했다. 알베르티의 선례로부터는 창의 종합적 어울림이 파사드 전체의 구성을 어떻게 결정짓는지에 대한 고민을 따왔다. 칸첼레리아 팔라초로부터는 창 하나를 이루는 틀을 어떻게 짤 것인가, 1층과 2층의 창을 어떻게 다르게 처리할 것인가 하는 탐구 내용을 적용했다.

평면은 레볼테 빌라의 측랑형과 벨베데레의 일자형을 혼합했다(그림 253). 토스카나의 측랑형으로부터는 중심부 본체와 측랑 사이의 균형을 취했다. 로마의 일자형으로부터는 비례미를 취했다. 이 둘이 합쳐지면서 비례

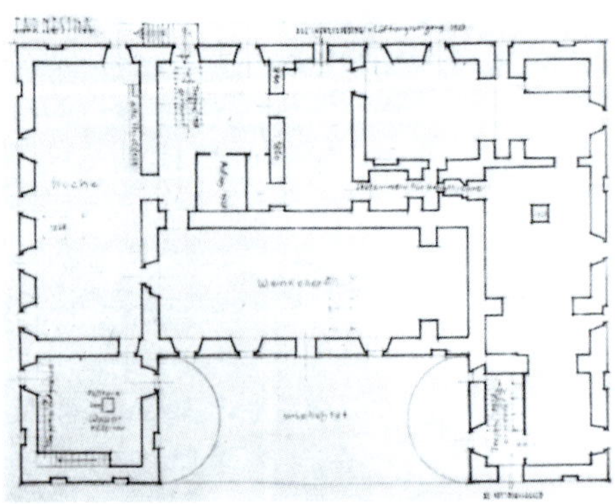

252 발다사레 페루치(Baldassare Peruzzi). 파르네시나 팔라초(Palazzo della Farnesina). 로마. 1505~11
253 발다사레 페루치(Baldassare Peruzzi). 파르네시나 팔라초(Palazzo della Farnesina). 로마. 1505~11

254 발다사레 페루치(Baldassare Peruzzi). 파르네시나 팔라초(Palazzo della Farnesina). 로마. 1505~11

미가 개별 요소들 사이의 비율이 아닌 매스 사이의 균형감으로 나타났다. 이로써 건물은 단단한 안정감을 획득하고 있다. 창의 진공부는 벽체에 대해 적절한 비율을 확보함으로써 개방성과 폐쇄성 사이에서 적당한 상태가 유지되었다. 창이 규칙적으로 반복되고 창틀이 구조적으로 충실하게 축조되면서 안정감을 도왔다. 1층과 2층을 같은 크기로 나누어 정수 비례를 사용하고, 각 층의 높이를 상당히 높게 처리함으로써 건물에 당당하고 웅장한 분위기를 다소 주었다.

다른 하나는 라파엘로의 영향이 파사드 장식과 실내의 투시도 효과를 통해서 나타난 점이다. 파사드에서는 2층의 프리즈를 비정상적으로 높게 잡으면서 장식이 놓이는 바탕면으로 활용했다. 프리즈 위에는 화려한 돋을새김으로 화환과 천사상을 조각했다. 장식 부재는 일정 부분 건축 부재를 대신했다. 주신 위의 트리글리프에 해당되는 부분은 간단한 건물과 가구 받침대를 닮은 구조물로, 주신 사이의 트리글리프에 해당되는 부분은 작은 창으로 각각 처리했다.

실내에서는 전실, 알레산드로와 로사네의 방 Sala di Alessandro e Rossane, 투시도의 방 Sala delle Prospective, 정원 로지아 등 주요한 거의 모든 방의 벽면을 그림으로 가득 채웠다(그림 254). 그림을 제외한 나머지 벽면도 장식으로 채웠다. 그림은 강한 초점을 갖는 일소점 투시도로 그려서 벽면을 기점으로 3차원 공간감을 새롭게 형성했다. 벽이 창처럼 느껴지면서 그림은 창밖 풍경처럼 보이기도 하고 실내 속에 또하나의 세계가 있는 것처럼 보이기도 했다.

이상의 처리는 두 가지 의미를 가진다. 하나는 벽면에 그려진 투시도를 통해 공간이 확장된 것처럼 보이게 만드는 착시 효과이다. 다른 하나는 회화와 건축 골격을 하나로 일체시키는 종합화이다. 이 두 가지는 브라만테에서 라파엘로에 이르는 로마의 성기 르네상스를 대표하는 기법이다. 회화와 건축의 일체는 인간의 통합적 매개를 의미하며, 착시 효과를 통해 완벽한 인간만의 독립 세계를 창출하겠다는 의지의 표현이다. 이것은 전형적인 성기 르네상스의 예술관이었다. 줄리오 로마노에 가면 건축에서의 매너리즘적 변형에 대응할 정도로 회화의 왜곡이 심해지지만, 여기에서는 아직 그 정도는 아니며 성기 르네상스의 조형관 안에 머물렀다.

이러한 두 가지 특징으로부터 이 건물의 시대적 의미를 정의할 수 있다. 우선 유형 혼합은 르네상스를 종합화한 점에서 성기 르네상스에 적합한 의미를 갖는다. 한편 장식 경향은 매너리즘으로 넘어가기 직전의 단계에 해당된다. 한편 이 건물의 주요 특징들은 모두 브라만테와 라파엘로로부터 영향을 받은 것이었기 때문에 아직 페루치의 독창성을 보여주지 못한다. 성기 르네상스에 머무는 한 두 거장의 그늘에서 벗어나기는 불가능했다. 페루치의 독창성은 매너리즘에서 나타나게 된다.

파노라마와 엇박자-성 베드로와 마시모알레콜로네 팔라초

페루치는 성 베드로 계획에 많이 참여하지 못했다. 로마로 이주한 지 오래지 않아 브라만테를 통해 개인적으로는 참여했을 수 있으나, 공식적으로 급여를 받기 시작한 것은 라파엘로가 죽은 1520년에 그 자리를 이어받으면서부터였다. 이때에는 안토니오 다상갈로 일조반네의 보조 건축가였기 때문에 독자적인 안을 낼 수는 없었다. 페루치에게는 라파엘로가 남긴 안을 단순화시키는 일이 주어졌다. 로마 대약탈까지는 주

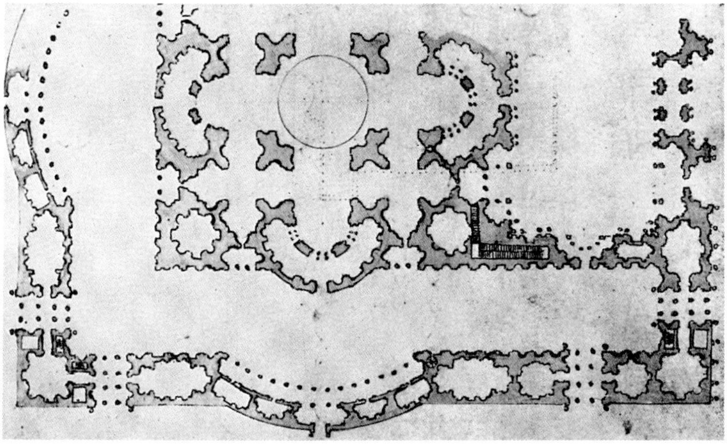

255 발다사레 페루치(Baldassare Peruzzi). 성 베드로(St. Peter's) 네이브 계획안. 로마. 1520~27

로 이 일을 했다.

성 베드로의 수석 건축가가 된 1534년부터는 독자적인 안을 냈다. 페루치의 안은 라파엘로보다 더 작은 공간 단위로 구성되어 있다(그림 255). 최초 안인 브라만테에서 나타났던 중앙의 큰 원은 그대로 유지했으나, 네 측면은 크고 작은 2차 공간들로 쪼갰다. 2차 공간은 중앙 큰 원의 4분의 1 정도 되는 비교적 큰 것부터 아주 작은 것까지 여러 단계로 이루어졌다. 크기뿐 아니라 형태와 공간 구성도 다양하다. 형태는 원, 타원, 반원, 사엽형, 사각형 등으로 이루어져 있고, 공간 구성은 단겹, 두 겹, 세 겹, 열주실, 부분 겹, 중첩 등으로 변화되었다.

다양성의 출처는 로마의 고전 유적일 수도 있고 단순 기하 형태일 수도 있다. 중요한 것은 라파엘로의 안보다도 다양성과 분할의 정도가 더 심해졌다는 점이다. 브라만테가 처음 잡았던 육중한 위엄이나 물성의 덩어리 느낌은 대부분 사라지고 자잘한 기하 단위들의 만물상처럼 되었다. 중앙집중성 역시 대부분 깨지고 분산성이 주요 특징으로 나타났다. 심한 경우 측면 한 곳에만 열 개 이상의 2차 공간들이 독립적인 초점을 가지며 자기 영역을 확보하고 있다. 이런 처리들은 매너리즘의 특징 가운데 하나인 '파노라마'에 해당된다. 라파엘로가 아슬아슬하게 지켰던 성기 르네상스의 총체성과 중심성이 여지없이 파괴되면서 매너리즘의 특징들이 강하게 나타난 것이다.

256 발다사레 페루치(Baldassare Peruzzi). 빌라 계획안

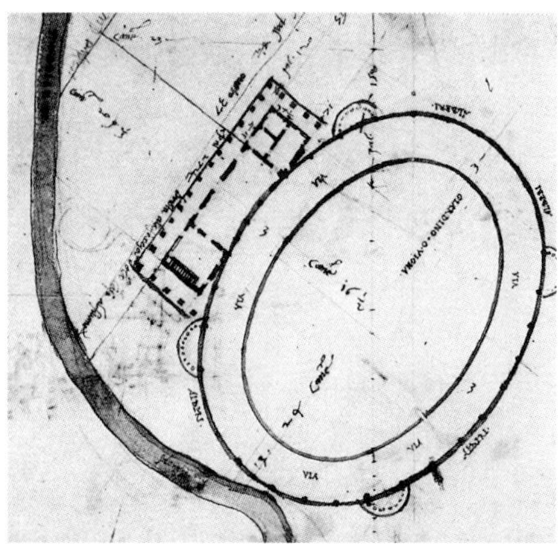

가톨릭의 총본산이었던 성 베드로는 16세기의 두 가지 건축 경향 가운데 고전주의를 대표하는 예이다. 그러나 페루치의 안에서는 반고전주의의 영향이 강하게 스며들었다. 타원, 반원, 겹 공간 등의 등장은 중요한 시대적 의미를 갖는 현상인데 타원은 특히 그러하다. 페루치는 이 안에서뿐 아니라 다른 여러 계획안에서도 타원을 사용했다(그림 256). 타원의 출처는 콜로세움이나 하드리아누스의 빌라 같은 고대 바로크일 수도 있고 16세기의 시대 상황일 수도 있다. 타원은 르네상스의 원과 대비되는 매너리즘의 일탈을 상징한다. 나아가 다비뇰라를 통해 바로크에까지 이어지면서 초기 근대 건축 내에서 비정형 경향을 대표했다.

페루치의 대표작은 그의 마지막 작품이자 유작인 마시모알레콜로네 팔라초이다(그림 257). 이 건물의 매너리즘 특징은 문법의 파격과 강한 대비 처리 두 가지로 요약할 수 있다. 파격은 1층의 기둥 간격과 중이층 창에서 나타났다. 1층 기둥은 쌍기둥도 아니고 두 개의 기둥을 병렬시킨 것도 아니게 애매한 간격을 유지하고 있다. 이러한 애매함은 양 측면에 쓰인 벽기둥에서도 동일하게 나타났다. 중이층의 창에서는

257 발다사레 페루치(Baldassare Peruzzi). 마시모알레콜로네 팔라초(Palazzo Massimo alle Colonne). 로마. 1533~36

258 발다사레 페루치(Baldassare Peruzzi), 마시모알레콜로네 팔라초(Palazzo Massimo alle Colonne), 로마, 1533~36

크고 단순한 위쪽 창에 비해 아래쪽 창을 더 작고 장식적으로 처리하는 전도를 통해 문법의 파격을 시도했다. 중앙 출입구에 건물의 중심을 두지 않은 점도 르네상스 고전주의 문법에 대한 파격이다. 건축 부재들은 고전주의의 조화 강령에서 벗어나 엇박자를 이루고 있다.

대비는 여러 곳에서 일어났다. 1층의 코니스는 여러 겹의 강한 수평선을 만들었는데, 이것은 기둥의 수직선과 대비를 이룬다(그림 258). 코니스의 깊은 음영은 위쪽 본체의 평평한 벽면과, 파사드 전체의 물결치는 듯한 곡면은 코니스와 기둥의 직선과, 기둥이 급하게 반복되는 1층은 기둥을 하나도 갖지 않는 위쪽 본체와, 파사드의 대칭 구도는 안마당의 비대칭 구도와, 장식 처리된 창은 처진 벽면과 각각 대비되었다. 대비는 긴장까지는 나아가지 않았지만 앞의 엇박자를 강조함으로써 매너리즘의 의미를 정확하게 정의했다.

이 건물은 매니리즘의 문을 연 효시 가운데 하나이다. 파격과 대비는 르네상스의 강령이었던 규범과 안정으로부터의 일탈을 의미한다. 페루치 개인의 이력에서 볼 때에도 이 건물은 앞 작품들과의 연속성을 찾을 수 없는 갑작스런 등장이다. 이때까지의 많은 경험과 실험을 토대로 시대 상황에 맞는 새로운 아이디어를 쏟아부어 농축시켜 정수만 걸러낸 것이었다. 페루치 자신이 로마 대약탈 때 목숨을 잃을 뻔했던 위험을 직접 겪음으로써 자신이 사는 시대의 역사적 의미를 경험적으로 깨달았을 터이고, 이것이 완성도 높은 매너리즘 작품으로 구체화된 것이었다.

3 안토니오 다상갈로 일조반네

시스템의 정착과 실용기술

안토니오 다상갈로 일조반네Antonio da Sangallo da Giovane, 1484~1546년는 줄리아노 다상갈로와 안토니오 다상갈로 일베키오 형제의 외조카이다. 피렌체에서 태어난 안토니오 일조반네는 1503년경에 외삼촌 줄리아노를 따라 로마로 이주한 뒤 곧바로 브라만테의 교황청 공방에 들어갔다. 그곳에서 브라만테가 사망한 1514년까지 성 베드로와 벨베데레 등에 참여했다. 그후에는 다시 라파엘로 밑에서 성 베드로와 마다마 빌라 등에 참여했다. 1515년경부터는 독립적 작품을 내기 시작했고, 라파엘로가 사망한 1520년부터는 성 베드로의 주 건축가로 임명되었다. 세 명의 교황 레오 10세, 클레멘스 7세, 바오로 3세 등을 주요 건축주로 삼아 많은 건물을 수주받아 설계했다. 그러나 그의 작품은 대부분 성채와 같은 군사시설이었고, 고급 건물에서는 일부분만 설계한 경우가 많았다.

안토니오 일조반네는 섬세한 예술가이기보다는 정치적 수완이 뛰어난 사교가나 건축 기술자에 가까웠다. 그는 당시 지성인이나 예술가에게 요구되던 전인상과는 거리가 멀었다. 그는 자신의 활동 영역을 예술의 다른 분야로 확장하지 않고 건축에만 전념했으며, 그 가운데에서도 대단히 실용적 기술 분야에서 주로 활동했다(그림 259). 처음부터

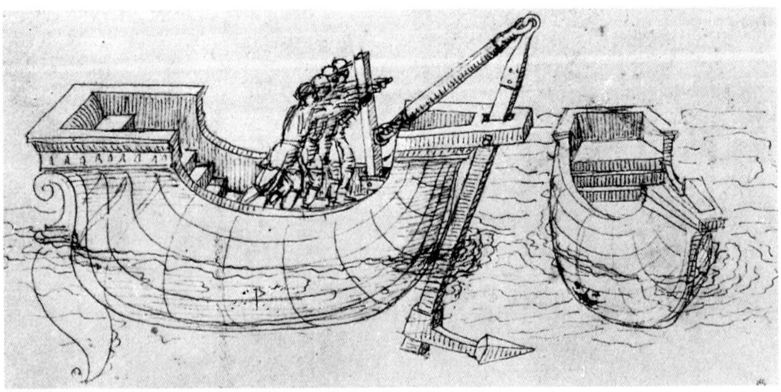

259 안토니오 다상갈로 일조반네(Antonio da Sangallo il Giovane), 해군 군사장비

자신의 한계를 알고 자신이 할 일을 잘 찾은 것으로 볼 수 있으나 전인상이 요구되던 당시로서는 드문 경우였다. 인문학에 관심을 보이며 지성인이 되려 노력을 많이 했던 것으로 알려졌지만 그다지 성공적이지는 못했다.

그는 많은 건물을 남겼으나 작품성에 대한 평가는 엇갈린다. 그가 가장 두드러진 업적을 남긴 분야는 성채 등 군사 분야의 건축이다(그림 260). 예술 분야의 건축에서는 팔라초 유형 가운데 한 가지를 정착시킨 것이 중요한 기여다. 이런 그의 경력에 대해 바사리는 부정적 평가를 내렸다. 타고난 천재성에 의해 전인적 예술을 추구하는 '정통'이 아니라는 이유에서였다. 바사리의 평가는 어느 정도 타당성을 갖는다. 안토니오 일조반네의 주요 경력은 작품에 대한 치열한 고민이나 치밀한 노력보다는 사교술로 얻어진 것이 많기 때문이다. 실제로 그가 남긴 건물들은 작품성에서는 많이 떨어지는 것이 사실이다. 그가 미완성으로 남긴 주요 작품들이 사후에 미켈란젤로에 의해 철저히 거부당하고 고쳐진 점도 이런 평가를 돕는 작용을 했다. 그의 작품들은 예술성을 인정받아서가 아니라 주요 건축주와의 개인적 친분 관계로 수주받은 것들이었다.

그러나 최근에는 르네상스 건축의 의미를 실용 분야로 확장하려는 경향이 새롭게 나타나면서 그에 대한 평가도 긍정적으로 바뀌고 있다. 그의 설계사무소에 대한 평가도 중요한 내용을 이룬다. 그는 친척들로 구성된 설계사무소를 가지고 있었는데, 그 운영 방식이 매우 조직적이고 효율적이었다. 이를테면 근대적 설계사무소의 효시라 할 만하다. 이런 방식의 설계사무소는 예술성이 요구되는 작품에는 적절하지 않을 수 있으나, 군사시설 같은 실용 분야에는 잘 맞는 장점이 있었다. 그가 대부분의 시간을 사교활동에 쓰면서도 많은 작품을 설계할 수 있었던 것은 대규모 인원으로 이루어진 설계사무소를 가지고 있었기 때문이었다.

그는 자신의 설계사무소를 통해 군사시설에서 요구되던 표준화된 설계-시공 체제를 어느 정도 정착시키며 기술 발전에 기여했다. 성문 등 일부 건물에는 고전주의를 접목시키기도 했는데, 이것은 베로나의 산미켈리에 대응되는 현상이다(그림 261). 그가 건축을 시스템으로 이해한 건축가였음을 의미한다. 르네상스 건축의 의미를 알베르티나 미

260 안토니오 다상갈로 일조반네(Antonio da Sangallo il Giovane). 로카 파올리나(Rocca Paolina). 페루자(Perugia), 이탈리아. 1540~43

261 안토니오 다상갈로 일조반네(Antonio da Sangallo il Giovane). 마르치아 문(Porta Marzia). 페루자(Perugia), 이탈리아. 1540~43

켈란젤로 같은 천재형 전인상에 의한 순도 높은 예술성에서 찾는다면, 안토니오 일조반네는 이류 건축가에 지나지 않는다. 반면 르네상스의 의미를 근대성이 최초로 발현한 데에서 찾는다면, 그는 작품이 아닌 시스템의 도입이라는 측면에서 중요한 기여를 한 것으로 평가될 수 있다.

이것은 고전 대 반고전의 이분법으로 진행되던 16세기 건축에서 제3의 가능성 발견이라는 의미를 가진다. 나아가 시대 상황에 대한 대응을 작품성이 아닌 기능성이라는 전혀 다른 각도에서 시도한 것으로 볼 수 있다. 그의 건축은 고전주의도 반고전주의도 아니었다. 굳이 따지자면 두 경향의 혼합으로 볼 수도 있다. 그의 대표작 가운데 파르네세 팔라초는 고전주의로, 성 베드로 계획안은 반고전주의로 각각 볼 수 있다. 실제 지어진 것은 파르네세 팔라초뿐이다. 그의 건축의 정수는 성채 건축과 도면이나 스케치로 남긴 습작으로 확장해서 봐야 한다. 그 내용은 실용적 체계화로 요약할 수 있다.

유형과 기능주의

그의 실용 방식은 고급 건축에도 일정 부분 흘러 들어왔는데, 기능주의나 유형학적 접근이 대표적인 예이다. 그는 당시로서는 생소했던 이런 실용적 설계 기법을 최초로 시작한 건축가로 평가된다. 그는 걸작을 남기지 못한 것에 비하면 16세기 후반부에 활동했던 건축가들에게 많은 영향을 끼쳤다. 작품성 높은 대형 건물을 설계할 기회가 없었던 군소 건축가들에게는 그의 실용적 접근 방식이 유용했다. 전쟁이 잦았던 당시로서는 군사시설 일이 많았는데, 그의 선례는 좋은 모델이 되었다. 고급 건축가들에게도 실용성을 작품성으로 해석한 '유형화된 기능주의'라는 개념은 일정 부분 영향을 끼쳤다.

유형은 그의 작품 경향을 대표하는 가장 기본적인 개념이다. 유형의 내용은 실제 작품보다는 대부분 도면으로 남아 있다. 실제 작품에서는 팔라초에 로마 유형을 정착시킨 것과 성채를 기하 형태에 따라 유형화

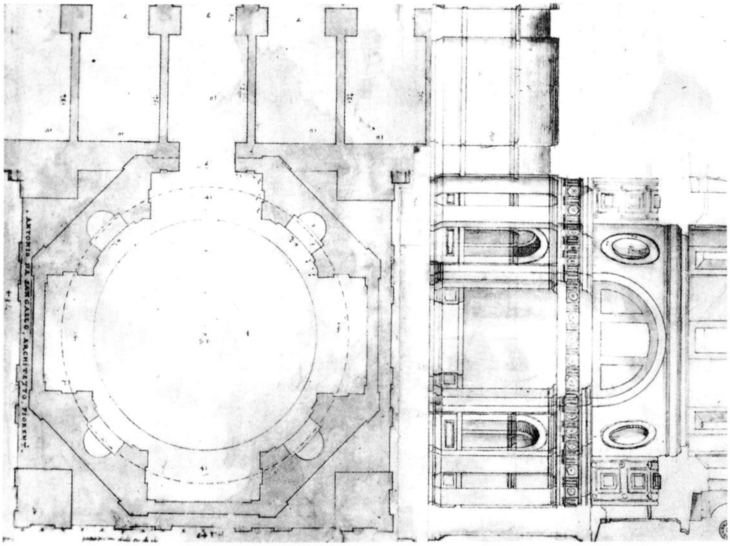

262 안토니오 다상갈로 일조반네(Antonio da Sangallo il Giovane). 피에트로 데 메디치(Pietro de Medici)의 장례 채플 계획안. 1531

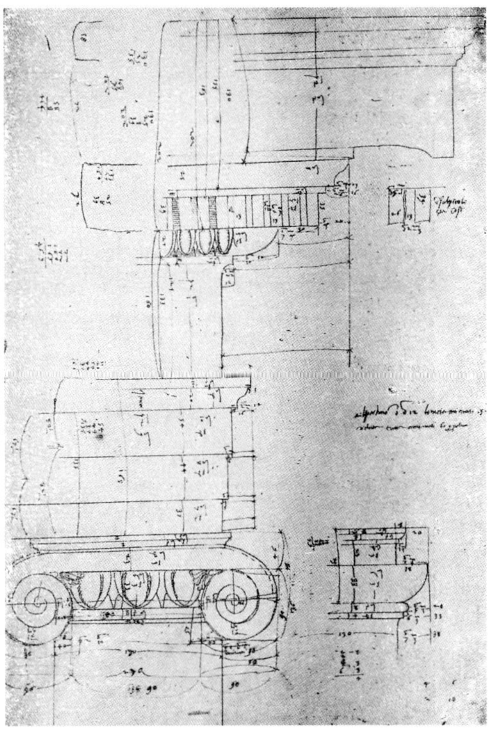

263 안토니오 다상갈로 일조반네(Antonio da Sangallo il Giovane). 로마 마르첼로 극장(Teatro Marcello) 답사 스케치

한 것을 대표적 예로 들 수 있다. 도면에서는 그의 유형 개념이 더 명확히 드러난다. 그는 한 건물의 도면 전체를 구석구석까지 세세하게 그리지는 않았다. 그보다는 다른 방식의 도입을 통해 건물의 의미를 포괄적이고 종합적으로 파악하고자 했다. 그의 유형 개념은 네 단계로 나누어 파악될 수 있다.

첫째, 건물 전체를 단순화하여 한눈에 알아볼 수 있게 했다. 평면은 기하 유형에 가까울 정도로 단순화했다(그림 262). 둘째, 세세한 도면은 중요한 부분에 한정했다. 건축적 의미가 큰 부분은 디테일 스케일로 확장해서 덧붙였다(그림 263). 한 건물 내에서 중요한 부분 몇 군데를 디테일 스케일로 그릴 경우, 이것들의 비교로부터 건물 전체의 의미가 어느 정도 정의되었다. 셋째, 건물의 구성 매개를 기하, 수치, 구조 요소, 비례, 오더, 대칭 등으로 확장하여 이것들의 종합적 작용으로부터 건물의 의미를 정의했다(그림 264). 넷째, 유형 개념을 단일 건물 이상으로 확장하여 건물의 종류에 따라 적용했다. 이 과정에서 고전 선례의 모델도 차용되었다(그림 265).

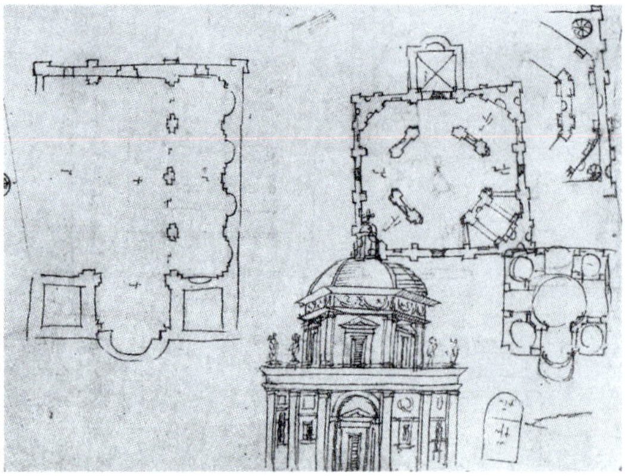

264 안토니오 다상갈로 일조반네(Antonio da Sangallo il Giovane). 교회 연구
265 안토니오 다상갈로 일조반네(Antonio da Sangallo il Giovane). 성 베드로 계획안. 로마. 1538~43

선례는 유구에 한정되지 않고 비트루비우스에 대한 연구도 더해졌다.

그의 유형 개념은 이전의 예들과 달랐다. 15세기에도 필라레테와 프란체스코 디조르조 마르티니 등에 의해 초보적 개념의 유형 개념이 시도되었다. 이런 선례들에서는 르네상스 유형을 이루는 세 요소인 고전 선례, 기하 형태, 건축 도면이 별도로 처리되었다. 고전 선례는 실제 모습과 똑같은 스케치로, 기하 형태는 단순 공간 윤곽의 분류로, 건축 도면은 정형적 형식을 갖춘 표준 도면으로 각각 독립되었다. 반면 안토니오 일조반네는 이 셋을 비교적 완성도 높게 하나로 합치면서 종합적 의미의 유형 개념을 형성시켰다. 그러나 아직 3차원 공간 구성의 단계까지 나가지 못하고 여전히 2차원에 머문 한계가 있다.

기능주의는 유형에서 파생된 개념으로 볼 수 있다. 유형이 성립되면 자연스럽게 나타나는 정리된 질서의 개념인 것이다. 기하 질서가 주도하는 단순화된 구성은 공간 사용과 동선 등에서 효율성을 수반한다. 기본 요소들 사이의 구성은 조화미 같은 조형 효과보다는 반복을 지향한다. 기하학적으로 단순화된 건축 구성은 사용자의 행동을 제어하는 단계까지 나아가 사용 목적을 도울 수도 있었는데, 군사시설이 좋은 예이다. 그는 특히 성채 건축에서 오각형이 갖는 기능적 효율성에 주목했다. 오각형은 대면對面의 다양성과 동선의 경제성이라는 상반된 요소 사이에서 최적 조화에 해당되는 기하 형태로 인식되었다.

안토니오 다상갈로 일조반네는 로마에 발다시니 팔라초Palazzo Baldasini, 1515년경~19년 혹은 1521~22년, 파르네세 팔라초Palazzo Farnese, 1515년경~46년, 조폐국Zecca, 1525~27년, 성 베드로 계획안1538~43년, 사케티 팔라초Palazzo Sacchetti, 1543~46년 등의 걸작을 남겼으며 피렌체의 바소 성채Fortezza da Basso, 안코나의 교황 성채Fortezza papale di Ancona, 페루자의 로카 파올리나Rocca Paolina, 1540~43년 등의 성채도 주요 작품으로 남겼다.

파르네세 팔라초와 성 베드로 계획안

그의 새로운 접근 방식은 시대 상황의 산물이라고 할 수 있다. 전쟁이 많던 상황에서 군사시설은 건축가들에게 중요한 수주 품목이었다. 군사시설에 요구되는 건축적 전문성은 교회나 팔라초의 경우와 달랐다. 천재적 예술성을 타고난 고급 건축가들은 전쟁이 많은 시대 상황을 심미적 작품성으로 표현하고자 고민했던 반면, 그는 기능성이라는 다른 가치를 통해 이를 구체화시킨 일단의 건축가들에 속했다. 기능성이라는 개념은 이후 서양문명이 점점 표준화되어가고 기계화되어가면서 건축에서도 빠질 수 없는 중요한 요소가 되었다.

이런 해석은 그의 영향을 받은 건축가들이 많다는 점과, 특히 프랑스 르네상스 건축에 영향을 끼친 점을 볼 때 일정 부분 타당성을 갖는다. 프랑스는 거시적 문명전이의 관점에서 볼 때 2천5백 년 동안 계속되어온 이탈리아 반도의 지중해 문명을 종식시키고 대서양 문명을 연 중심지이다. 따라서 16세기 프랑스의 고민은 이탈리아와는 많이 달랐다. 이탈리아가 로마 고전의 부활과 매너리즘의 반고전주의 사이에서 예술적 고민을 했다면, 프랑스는 근대성을 체계적으로 준비하는 작업을 시작하고 있었다. 이런 점에서 그의 접근 방식은 프랑스에 좋은 모델이 되었을 수 있다. 프랑스는 이때 시작한 새로운 고민을 17세기 바로크 시대의 아카데미즘과 18세기 계몽주의를 거쳐 이어가며 19세기 폴리테크니크Polytechnique 체제에서 유형 기능주의로 완성시켰다.

안토니오 다상갈로 일조반네의 대표작은 파르네세 팔라초와 성 베드로 계획안이다. 이 가운데 파르네세 팔라초는 그의 팔라초 처리 기법을 잘 보여주는 대표적인 예이다. 파사드와 안마당 사이는 기둥 사용, 매스 개념, 축조성 등에서 대비 구도를 사용했다. 이런 처리는 페루치의 경우와 마찬가지로 토스카나 유형과 로마 유형을 혼합한 것으로 볼 수 있다. 안마당은 기둥이 받치는 아케이드 열주 홀로 구성했다(그림 266). 열주는 층마다 종류를 달리하며 수직 층쌓기로 처리했다. 마르켈루스 극장이나 콜로세움 같은 로마 원형극장을 모델로 삼았다. 선례들에서는 층쌓기를 벽기둥으로 처리한 반면, 이 건물에서는 프로토-르네상스의 가구식 구조로 축조했다.

반면 파사드는 기둥을 하나도 갖지 않는 단순 평면으로 구성되었다

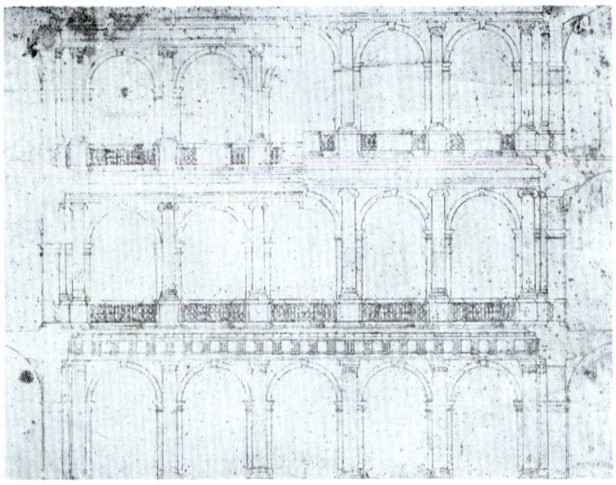

266 안토니오 다상갈로 일조반네(Antonio da Sangallo il Giovane), 파르네세 팔라초(Palazzo Farnese), 로마, 1515년경~46

(그림 267). 2차원 면을 기본 개념으로 삼아 3차원 덩어리 느낌을 만드는 방식으로 주요 조형이 이루어져 있다. 창의 돌출은 최소화시켜 2차원 면 느낌을 지켰다. 창틀의 축조적 처리와 창의 진공부는 덩어리 느낌이 갖는 단조로움을 완화해준다. 완화의 정도는 적절해서 안정된 균형감을 자아낸다. 창틀은 고전 어휘로 짰다. 벽기둥이 옆틀을 이루고 신전 파사드가 위틀을 이룬다. 고전 어휘는 몇 겹의 수평선을 형성하면서 축조적 짜임새와 음영을 만들어낸다. 세 층의 창틀이 서로 다른 점은 조형성을 배가시켰다.

진공부의 반복은 율동감을 만들어낸다. 진공부 사이의 벽체 면적이 수평 간격은 다소 좁지만 층 사이의 수직 간격이 넓기 때문에 덩어리 느낌은 잘 지켜지고 있다. 건물 모서리를 거칠게 처리한 귀돌로 마감함으로써 덩어리 윤곽의 고형성이 강조되었다. 각 층은 코니스 선으로 강하게 구획하면서 독립적으로 처리했다. 세 층이 어울린 전체 조화보다는 각 층 내에서 개구부의 개별 처리에 관심이 모아졌다. 강한 코니스와 창의 반복은 건물 전면에 강한 수평 느낌을 준다. 파사드 처리는 벽체 구조의 특징을 잘 살리고 있는데, 로마 고전주의의 전통을 이어받은 것으로 볼 수 있다.

267 안토니오 다상갈로 일조반네(Antonio da Sangallo il Giovane), 파르네세 팔라초(Palazzo Farnese), 로마, 1515년경~46

성 베드로 계획안은 로마 고전주의의 전통을 약화시키는 분산성을 주요 특징으로 가진다. 평면은 브라만테의 원안이 지켜졌지만 문제는 입면이다. 입면에서 가장 두드러진 특징은 양측면의 탑이다. 탑은 중앙 돔의 집중성을 현저하게 약화시켰다(그림 268). 탑은 높이에서뿐 아니라 수평 구도에서도 측랑을 형성함으로써 단순 육면체의 고전주의 문법을 파괴했다. 파사드는 다섯 베이로 구획되었으며, 각 베이는 다시 어지러울 만큼 여러 층으로 수직 분할되었다. 양측면의 탑은 10여 층, 중앙 돔은 여섯 층, 그 사이의 베이는 다섯 층 정도로 각각 분할되었다. 여기에 소품으로 삽입된 신전 파사드는 수직 분할의 중간층을 이루었다.

268 안토니오 다상갈로 일조반네(Antonio da Sangallo il Giovane). 성 베드로 계획안. 로마. 1538~43

4 줄리오 로마노

양면성과 복합적 이중성

줄리오 로마노Giulio Romano, 1499~1546년는 로마에서 태어나 라파엘로의 조수로 교황청 공방에 들어가면서 예술가의 길에 들어섰다. 줄리오 로마노는 라파엘로의 가장 충실한 제자였다(그림 204). 그는 라파엘로 건축에 나타났던 매너리즘의 단서들을 양식으로 발전시켰다. 현란한 기교를 자랑하며 매너리즘 건축을 완성시켰던 것이다. 그는 또한 라파엘로와 마찬가지로 회화에서 주요 업적을 남겼다. 그의 매너리즘 건축은 회화적 천재성을 바탕으로 했다. 회화적 감수성에 의해 파격을 상상한 뒤 뛰어난 기교를 통해 이것을 건축으로 구체화시켰다(그림 269, 245). 회화적 상상력에 의존했던 탓에 그의 건축에서는 구조와 장식이 분리되었다. 그의 매너리즘적 일탈은 장식적 성향이 강한 것이 사실이다. 페루치가 전체 구성을 흐트러뜨렸고 미켈란젤로가 축조 원리를 뒤집었던 데 반해 줄리오 로마노는 개별 부재의 변형에 치중했다.

269 줄리오 로마노(Giulio Romano), 〈시르쿰시지온*Circumcision*〉

줄리오 로마노는 어린 나이인 1514년부터 라파엘로의 보조 화가로 교황청의 프레스코 작업에 참여했다. 일찍부터 뛰어난 재주를 보여 라파엘로의 사랑을 받았으며, 1520년 라파엘로가 사망하자 그가 하던 주요 작업들을 물려받았다. 이때부터 줄리오 로마노는 독립적 작품들을 남기기 시작했다. 1524년에는 첫 주요 작품인 마카라니 팔라초Palazzo Maccarani, 1520년경~24년가 세워졌다. 같은 해에 만토바의 페데리코 곤차가 대공Duke Federico Gonzaga의 초청을 받아 근거지를 옮겼다. 처음에는 궁정 화가로 들어갔으나 곧 건물들을 설계하여 페데리코를 만족시켰다. 이후 나머지 생애

동안 만토바에 머물며 주요 건물들을 설계했다. 1526년에는 만토바의 귀족 직위를 획득했다.

줄리오 로마노는 1540년에 페데리코가 사망할 때까지 테 팔라초Palazzo del Te, 1525~34년, 총독궁 내 에스티발레와 모스트라 안마당Estivale e Cortile della Mostra, Palazzo Ducale, 1538~39년, 줄리오 로마노 하우스Giulio Romano House, 1538~44년 등을 남겼다. 페데리코 사망 후 집권한 엔리코 곤차가 추기경Cardinal Enrico Gonzaga도 줄리오 로마노를 계속 주 건축가로 활용하며 산베네데토알폴리로네San Benedetto al Polirone, 1540~46년와 만토바 성당Duomo di Mantova 1544~46년 등의 개축을 맡겼다. 이상의 활약을 통해 그는 16세기 만토바 건축을 이끌었다. 만토바는 그의 활약에 힘입어 15세기 알베르티에 이어 계속해서 중요한 건축적 중심지로 남았다.

270 줄리오 로마노(Giulio Romano), 테 팔라초(Palazzo del Te), 만토바, 1525~34

줄리오 로마노의 건축에서 가장 큰 이슈는 고전주의와 반고전주의 사이의 논쟁이다. 그의 주요 작품 전반에 걸쳐 나타나는 고전 문법의 일탈 현상은 그를 매너리즘 건축의 선봉으로 자리매김했다(그림 204, 230, 270). 줄리오 로마노가 라파엘로의 그늘에서 벗어나 독립하며 첫 작품을 낸 1520년을 매너리즘이 시작한 해로 정의하는 것도 같은 맥락이다. 이런 해석은 1960년대까지 줄리오 로마노에 대한 일반적인 평가였다. 그의 건물들은 분명 성기 르네상스의 엄격한 어휘에서 벗어난 것임에 틀림없다. 이런 평가는 1960년대에 포스트모더니즘 건축가들에 의해 강조되면서 절정을 이루었다.

반면 1970년대부터 줄리오 로마노의 건축을 고전주의의 연속선상에서 설명하려는 정반대의 시도가 있었다. 그의 건축을 자세히 보면 표면적으로 드러나는 일탈 이면에 비교적 탄탄한 고전 문법 구사가 깔려 있는 것 또한 사실이다(그림 271). 일탈 자체는 문법 규칙에 정통한 뒤에나 부릴 수 있는 것이다. 그의 일탈이 전체 구성보다 개별 어휘에 집중된 것을 볼 때 더욱 그러하다. 역사에 대한 그의 보수적 입장도 같은 맥락에서 이해될 수 있다. 그의 대표작들은 모두 기존의 건물을 증개축한 것들이다. 이 과정에서 그는 기존 건물의 기본 특징을 가능한 한 지키려 했다. 이런 입장은 고전 선례라는 포괄적 대상에 대해서도 동

271 줄리오 로마노(Giulio Romano), 줄리오 로마노 하우스(Giulio Romano House), 만토바, 1538~44

272 줄리오 로마노(Giulio Romano), 테 팔라초(Palazzo del Te), 만토바, 1525~34
273 줄리오 로마노(Giulio Romano), 테 팔라초(Palazzo del Te), 만토바, 1525~34

일하게 나타났다. 그는 고전 선례를 선호하며 앞 시대의 건축을 존중했다. 겉으로 보이는 일탈과 달리 고전 선례들을 많이 참고하고 차용했다.

줄리오 로마노의 보수주의는 고전의 정형성을 지키려는 입장으로도 잘 나타났다. 그는 오더의 구성 법칙과 돌이 갖는 표면 질감에 집착했다(그림 272). 그는 자신의 창조성을 일탈에만 쓴 것이 아니라 이런 고전적 정형성을 지키는 데에도 썼다. 만토바에는 석재가 귀해서 대부분의 건물을 벽돌로 지어야 했다. 그는 벽돌 위에 회반죽을 한 겹 더 씌워 혹두기 같은 거친 표면으로 보이게 했다(그림 273). 이런 재료의 속임수 처리는 그 목적이 속임수 자체에 있지 않고 고전적 정형성이라는 근원성을 지키기 위한 데 있다.

줄리오 로마노가 구사한 매너리즘의 정수는 기교적 일탈 자체가 아니라 양면적 요소 사이의 복합적 이중성에 있다. 속임수와 근원성 사이의 양면성이 관찰자의 인지와 건물의 물리적 실체 사이의 이중적 불일치를 유발한 것이 좋은 예이다. 이밖에 다른 대부분의 주요 작품에서도 끊임없이 양면성을 시도했다. 양면성은 대부분 대립과 긴장감으로 나타났지만, 복합적 이중성이라는 포괄적 의미를 갖는다고 보는 것이 더 정확하다.

좀더 거시적으로 보면 양면성은 시대 상황과 연관지어 생각할 수 있다. 줄리오 로마노는 라파엘로의 고전주의로부터 완전히 벗어날 수는 없었던 것으로 보인다. 돌을 무게감 있고 웅장하게 다루려는 입장은 브라만테까지 그 영향 관계를 올려 잡을 수 있다. 줄리오 로마노의 작품에서는 표면에 나타나는 매너리즘 이면에 성기 르네상스의 고전주의가 함께 나타났다. 이런 양면성은 16세기에 활동한 대부분의 건축가들에게서 공통적으로 나타났던 시대적 현상이다. 줄리오 로마노는 이 가운데 반고전적 일탈이 좀더 현란하고 기교적으로 나타난 경우에 해당된다.

구조와 장식의 분리-테 팔라초

테 팔라초는 곤차가의 우량 말들을 키우던 마구간을 개조한 건물이다. 중심 건물은 안마당을 갖는 큰 'ㅁ'자형으로 구성되었다(그림 274). 몸체는 방들이 일렬로 늘어선 단겹이다. 이런 구성은 단순성과 복잡성, 개방성과 폐쇄성 사이의 양면성을 만들어냈다. 보통 단순성과 개방성은 교외 휴양용 빌라에서, 복잡성과 폐쇄성은 도심 팔라초 유형에서 나타나는 성격이다. 이 건물은 그 중간으로 정의되면서 양면성을 나타내고 있는데, 그 이유는 여러 가지 측면에서 설명된다.

우선 출발점이 된 처음의 마구간 자체가 비대칭과 불균형 등의 불규칙한 구성으로 이루어진 점을 들 수 있다. 또한 휴양용 빌라였음에도 팔라초 성격을 가진 것은 호색한이었던 곤차가 특유의 휴식 방식 때문이었다. 그는 휴식을 즐기되 자연에 대해 닫힌 입장을 견지했다. 내부적으로 집중하는 방식이었다. 휴식의 느낌을 내부에서의 유머와 기교로 대신했다. 곤차가가 좋아했던 미로를 기본 개념으로 잡았다가 다시

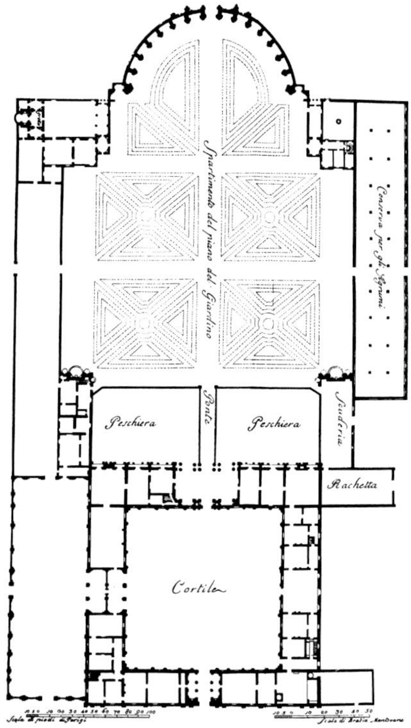

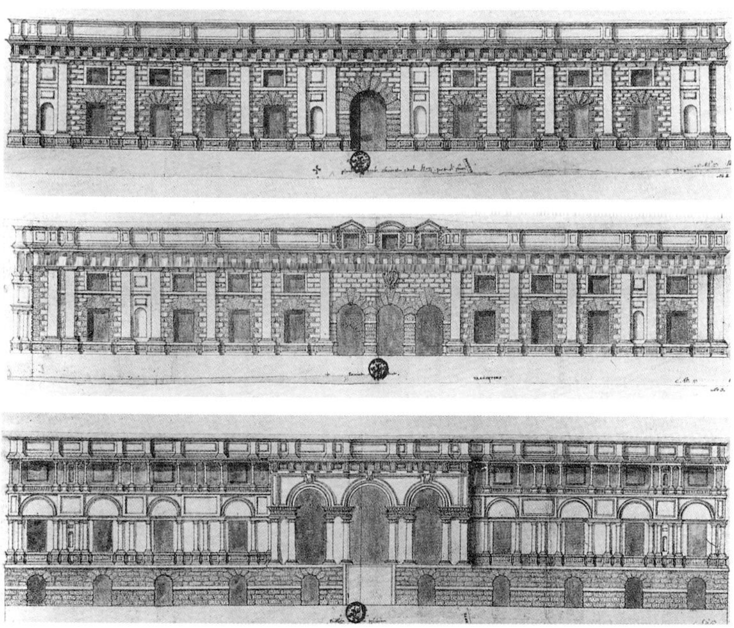

274 줄리오 로마노(Giulio Romano), 테 팔라초(Palazzo del Te), 만토바, 1525~34
275 줄리오 로마노(Giulio Romano), 테 팔라초(Palazzo del Te), 만토바, 1525~34

단순화한 것도 양면성을 가지게 된 중요한 이유이다. 이런 조건들에 맞추다 보니 양면성이 나타났다. 평면은 비교적 규칙적으로 정리되어 짜였다. 정원 축과 건물 축이 어긋나는 등 불규칙한 면이 남아 있긴 하지만 본당은 안마당을 중심으로 네 면을 작은 방들이 돌아가면서 에워싸는 비교적 규칙적 구성으로 이루어졌다. 대신 실내 벽화와 입면의 심한 변형을 통해 일탈의 느낌을 강조했다.

입면은 고전성과 반고전성의 양면성이 가장 잘 드러난 곳이다. 전체적으로 권위 있는 고전 어휘를 통해 건축주의 정치적 위상을 알리는 군주다운 위엄이 느껴진다(그림 275). 반고전성은 고전 어휘의 다양화와 부재별 변형의 두 방향으로 표현했다. 다양화는 유형 종류를 혼용하는 방식으로 시도했다. 건물의 주요 면들은 각기 다른 분위기의 고전 어휘로 처리했다. 정면은 거친 표면 처리를 통한 그로테스크한 분위기를, 안마당 입면은 오더와 신전 파사드를 이용한 개별 부재의 파격을, 정원 입면은 세를리오 모티프Serlian motif와 쌍기둥으로 처리된 아케이드를, 아트리움 홀은 오더 네 개를 한 다발로 묶은 기둥군이 받치는 볼트 천장을 각각 주요 특징으로 가진다.

정면에서는 비교적 정확한 어휘 구사를 통해 고전성을 확보했다. 중앙 출입구와 측면 베이 사이에 삼분법의 질서를 만들었으며, 중앙 출입구를 다시 세 개의 아치로 구성했다. 베이 간격은 규칙적이고 프리즈의 트리글리프와 벽기둥의 위치도 일치한다. 반고전성은 거친 표면 질감을 통한 불안한 대비와 어색한 비례를 통한 긴장감 등으로 표현되었다. 아치의 홍예돌과 창틀은 표면이 매우 거칠게 처리되었다. 홍예돌은 안정적 형상을 벗어나 위로 치솟는 불안한 비정형을 이룬다.

창과 프리즈 사이에는 중이층을 넣음으로써 수직 분할에서 어색한 비례감을 형성했다. 측면 베이는 셋째와 넷째 사이에 갑자기 좁은 보조 베이를 하나 더 넣었다. 이것은 정상적인 베이도 아니지만 그렇다고 단순 쌍 벽기둥으로 볼 수도 없는 애매한 간격으로 처리되었다. 이런 처리들은 삼분법, 대칭, 규칙적 반복, 박자에 의한 율동감 등 고전 미학의 중요한 강령들을 흔들었다. 파격은 프리즈에 새겨진 조각물에서 절정에 달했다. 고대 그리스 이래 프리즈에는 신화, 역사, 성경 등 신성한 주제를 새기는 것이 관례이다. 이 건물에서는 대변과 임시 천막 등 생활 주변의 일상 요소들을 새겼다(그림 24).

276 줄리오 로마노(Giulio Romano), 테 팔라초(Palazzo del Te), 만토바, 1525~34

안마당 입면은 토스카나식 오더와 신전 박공을 사용하여 고전성을 확보했다(그림 276). 그러나 이 입면은 건물 전체, 나아가 매너리즘 전체를 통틀어 가장 일탈이 심한 반고전성을 드러낸 부분이다. 중앙 출입구는 아치 위에 신전 박공을 얹어 고전 부재의 구성 위계 및 구조적 안정성 모두를 깨뜨렸다. 박공은 표면 위에 덧붙인 선형 장식 부재로 처리되면서 근원성을 박탈당하며 2차 부재로 전락했다. 게다가 박공을 양끝에서 까치발로 받침으로써 소품화를 강조했다(그림 270). 아치의 종석이 비정상적으로 커지면서 박공을 자르고 침범했다.

아치와 박공의 불안한 동거는 측면 베이에서도 유사하게 반복되었다. 이번에는 박공이 더 작아지면서 밑변을 이루는 코니스를 지우고 삼각형 경사면 두 개로만 구성했다. 박공 속은 평아치의 홍예돌로 꽉 채웠다. 측면에서는 정상 베이와 보조 베이가 교대로 나타났다. 보조 베이는 정면과 마찬가지로 독립 베이로 볼 수도, 쌍 벽기둥 간격으로 볼 수도 없는 중간의 애매한 간격을 유지하고 있다(그림 270). 창과 프리즈 사이에도 정면과 유사한 중이층이 들어가 있지만, 정면처럼 그 존재가 확실하지 않고 애매한 상태로 암시만 되었다. 벽면의 돌 나누기는 크기와 간격이 불규칙하여 짜임새 있는 축조성을 거부하며 산만한 음영을 만든다. 트리글리프는 기둥 사이의 것이 이빨 빠지듯 아래로 내려 앉았다(그림 277). 트리글리프 사이의 메토프에 새겨지는 돋을새김은 고급 정식 어휘가 아닌 잡동사니들로 채워졌다.

277 줄리오 로마노(Giulio Romano), 테 팔라초(Palazzo del Te), 만토바, 1525~34

280 줄리오 로마노(Giulio Romano), 만토바 성당(Duomo di Mantova), 1544~46
281 줄리오 로마노(Giulio Romano), 만토바 성당(Duomo di Mantova), 1544~46

이상의 예들에서 살펴본 바와 같이 줄리오 로마노의 부재 변형은 구조와 분리되어 별도로 행해졌다. 구조에 영향을 끼치지 않는 범위 내에서 구조와 관계없는 부재에만 변형을 가하거나 표면 질감을 거칠게 처리한 것이다(그림 282, 283). 건축의 기술적 측면에 대해서는 무관심한 반면 디자인의 측면에는 기교가 넘쳐 흐르는 불균형 같은 것이었다. 정밀한 고전 장식 체계를 흐트러뜨려 고전 권위를 거부했다. 이것은 조화가 주는 안정감을 깨는 것이었다. 이런 특징 자체가 양면성을 드러낸다. 양면성은 부재들 사이의 복합적 이중성을 낳았다. 비정형 구성은 여러 상태로 읽힌다. 막연한 불안감이나 불쾌한 긴장감만 있는 것이 아니라, 유머와 장난기로 느껴질 수도 있다. 단순한 다양성이나 창조성으로 해석할 수도 있다. 복합적 이중성은 모호함을 낳으며 단정적 결론을 피해갔다.

줄리오 로마노의 매너리즘은 축조성을 건드리지 않으면서 표피적 기교에 머문 것으로 본다면 가벼운 것일 수도 있다. 회화적으로 건축을 접근한 전형적 한계인 것이다. 선례들에 대한 기교적 모방 경향도 이것의 일환으로 해석할 수 있다. 그는 가깝게는 브라만테와 라파엘로, 멀리는 로마 고전주의나 비트루비우스의 선례들을 차용하여 기교적으로 변형시켜 사용했다. 심한 변형과 기교를 조금만 단순화해보면

282 줄리오 로마노(Giulio Romano), 베스코빌레디퀸젠톨레 빌라(Villa Vescovile di Quingentole)

283 줄리오 로마노(Giulio Romano), 테 팔라초(Palazzo del Te), 만토바, 1525~34

고대 바로크에서 비슷한 예들을 많이 발견할 수 있는 것이 사실이다.

줄리오 로마노의 매너리즘은 라파엘로의 공간 구성의 창조성이나 미켈란젤로의 축조성의 역설 같은 건축의 근본성에 대한 탐구가 결여되어 있다. 특히 구조와 장식을 일치시켜 변형을 시도했던 미켈란젤로와 좋은 비교가 된다. 반면 구조와 장식이 분리되었기 때문에 벽체 처리나 오더 구성 등의 기본 바탕에 깔린 고전적 위엄과 규칙성이 손상되지 않고 더 잘 드러날 수도 있었다. 기교적 일탈 뒤에 숨어 있는 일정한 기념비성은 좋은 예이다. 줄리오 로마노의 궁극적 목적은 고전 선례들과의 경쟁을 통해 자신의 건축을 고전 걸작의 반열에 올리고 싶어 했던 것으로 읽혀진다. 다만 그 양상이 16세기의 불안한 시대 상황에 따라 기교적 일탈로 나타난 것이있다.

5 미켈란젤로 부오나로티

고전과 반고전 사이

미켈란젤로 부오나로티Michelangelo Buonaroti, 1475~1564년는 아레초 근교의 카프레세Caprese에서 태어났다. 미켈란젤로는 르네상스를 통틀어 회화, 조각, 건축, 공예 등으로 대표되는 시각예술의 전 분야에서 가장 뛰어난 소질과 업적을 남긴 거장이었다. 그는 인생 전체가 예술이었고, 그의 예술은 그 자체로 곧 르네상스와 동의어라고 할 만했다. 이런 평가는 그가 살아 있을 때부터 동시대 사람들로부터 받았다. 당시 이탈리아인들은 그를 통해 과거 로마 예술의 초기 근대적 부활을 눈으로 확인할 수 있었고, 이것이 르네상스 예술로 종합적 완성을 이루는 것을 체험할 수 있었다.

그의 건축적 의미를 잘 이해하는 방법 가운데 하나는 동시대 거장들과 비교하는 것이다. 르네상스의 3대 거장 가운데 레오나르도 다빈치는 건축에 이렇다 할 업적을 남기지 못했고, 라파엘로는 상대적으로 조각이 취약했다. 작품 경향에서도 다빈치는 지적 분위기와 탐구적 진지함은 있지만 이것을 조형적 위엄으로 작품화하는 데에서는 미켈란젤로에 미치지 못했다. 라파엘로는 손끝 기교는 최고라는 평을 받았지만 심금을 울리는 근원성이 모자랐으며, 건축에서는 지나치게 회화성에 의존함으로써 시대의 고민을 승화시키는 힘이 부족했다. 이들에 비해 미켈란젤로는 자신의 천재적 소질을 개인적 유희에 그치지 않고 역사적 의미로 끌어올려 표현한 기념비성을 갖추었다. 그에게는 개인을 넘어선 시대의 고민을 토로하는 웅변이 있다(그림 227, 284). 여기에 인간을 위하려는 인본주의의 기본 철학이 잘 지켜진 탄탄한 조각적 기본기도 갖추었다. 이를 바탕으로 인본주의적 고전주의라는 르네상스 예술의 문명적 의미를 구현한 섬세한 위엄이 창출된 것이다.

284 미켈란젤로(Michelangelo), 성 베드로(St. Peter's) 돔 및 본당, 로마, 1547, 1558~64/사후 1590년 델라포르타에 의해 완공

교황과의 인연이라는 측면에서는 브라만테와 견주어진다. 브라만테가 공방을 운영하며 시스템으로 교황청을 지원했다면, 미켈란젤로는 단신으로 작품을 통해 교황의 마음을 사로잡았다. 장수를 했던 미켈란젤로는 모두 다섯 명의 교황을 거쳤다. 초반의 로마 활동기1505~15년 때에는 율리오 2세가 예술적 후원자였다. 그 후계자인 레오 10세와는 어릴 적 친구였다. 피렌체에 근거지를 두었던 레오 10세는 미켈란젤로에게 피렌체의 중요한 일을 소개하며 피렌체기를 열어주었다. 클레멘스 7세는 처음에는 미켈란젤로를 지원하면서 피렌체에 세운 대표작들을 후원했다. 그러나 로마 대약탈 이후에는 미켈란젤로에게 배신을 당하는 등 애증의 반전을 주고받았다. 후반부 로마기를 지원한 교황은 바오로 3세로, 로마에 기반이 없던 미켈란젤로에게 실력 하나만 믿고 주요 작품들을 맡겨 대작을 탄생시켰다(그림 285).

미켈란젤로는 단테에 대한 시도 남기는 등 인문학적 소양도 갖추었다. 이 점에서는 알베르티와 견줄 만하다. 단테에 대한 미켈란젤로의 집착은 가난한 집안 출신이었던 자신의 신분적 한계에 대한 보상 심리의 측면이 강했다. 그는 인문학 전반에 관해 이론적으로 접근했던 알베르티와 달리 단테라는 특정 소재에 대한 예술적 접근에 집중했다. 집중성은 건축 경향과 일맥상통했다. 미켈란젤로의 건축은 기본 유형이나 총체적 문법을 세우는 것 같은 체계적 접근 방식이 아니었다. 그보다는 기존의 유형과 문법 가운데 한 가지를 잡아 패러디를 가함으로써 시대 상황에 대해 집중도 높은 예술적 대응을 추구했다.

미켈란젤로와 함께 매너리즘을 대표하는 양대 산맥인 팔라디오와의 비교도 중요하다. 팔라디오는 다작을 바탕으로 차분한 고전주의를 구사했다. 팔라디오는 고전 문법의 종합화와 기하학적 균형감 등을 통해 매너리즘의 두 가지 경향 가운데 고전주의를 대표한다. 미켈란젤로는 고전 문법 전반에 대한 반전reversion이나 역설 등을 통해 반고전주의의 한 축을 담당한다. 두 사람 모두 돌을 잘 다루었는데 재료에 대한 입장에서 팔라디오가 고전적 축조성과 표피 질감의 기교적 처리 사이를 오간 반면, 미켈란젤로는 돌에 조각적 생명력을 불어넣는 차이가 있다(그림 286, 298).

매너리즘의 반고전주의를 대표하는 줄리오 로마노와는 고전 문법의 파격이라는 관점에서 좋은 비교 대상이 된다. 줄리오 로마노의 반고전

285 도메니코 크레스티 다파시냐노(Domenico Cresti da Passignano). 성 베드로 모델을 교황 바오로 4세에게 설명하고 있는 미켈란젤로

286 미켈란젤로(Michelangelo). 콘세르바토리 팔라초 개축(Palazzo dei Conservatori). 로마. 1540년대/1586년 델라포르타에 의해 완공

주의는 개별 어휘의 변형에 집중되었다. 부재의 구성, 종류, 위치, 축조 등 전체 문법은 오히려 고전주의의 틀을 벗어나지 않는 측면이 강하다. 미켈란젤로는 이와 반대이다. 개별 어휘에서는 고전적 위엄을 잃지 않고 성기 르네상스의 기념비적 위엄을 드러내는 반면 문법 전체에서 반전의 뒤집기를 시도했다. 반고전주의만으로 하나의 새로운 축조적 질서와 또 하나의 문법을 세우려는 시도인 것이다(그림 248, 287).

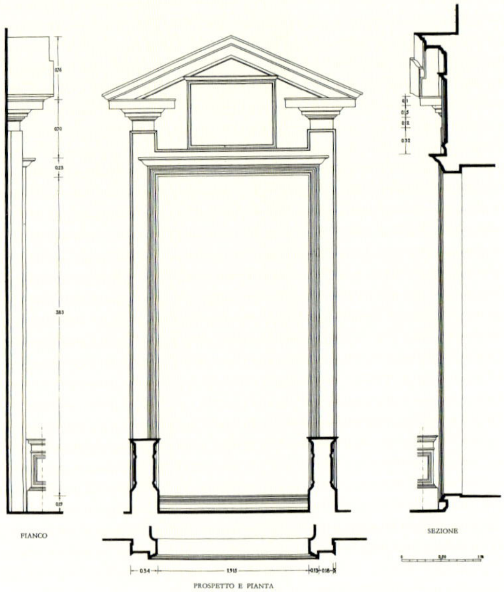

287 미켈란젤로(Michelangelo), 라우렌시오 도서관(Biblioteca Laurenziana), 피렌체, 1524~34/사후 1571년 완공

건축과 조각 사이

미켈란젤로는 정식으로 건축 교육이나 훈련을 받지 않았다. 당시 건축계의 주류 계보를 이루던 브라만테의 교황청 공방도 거치지 않았다. 시각예술의 3대 분야 가운데 미켈란젤로 스스로는 조각에 가장 애착이 컸으며, 건축에 대해서는 평생 아마추어로 생각했다. 그는 건축에 대한 접근은 완성된 도면보다는 스케치, 모델, 구술 등의 방식을 통해서 했다. 정식으로 설계팀을 운영하지도 않았고, 첫 작품은 45세나 되어서 시작했다. 그럼에도 공방 출신의 어느 건축가보다도 높은 경지에 올랐으며, 나중에는 이들을 제치고 성 베드로의 주건축가가 되어 돔과 몸통을 설계했다.

미켈란젤로는 주요 건축 작품을 수주할 때마다 버릇처럼 자신은 그 건물을 설계할 만한 전문가가 아니라고 겸손을 보였다. 그러나 일단 맡고 나면 다른 건축가들이 생각하지 못한 방향으로 창조성을 발휘했으며, 다른 건축가들이 따라오지 못할 수준의 예술성과 완성도를 보였다. 그의 작품은 적은 수는 아니었지만 많다고 할 수도 없었다. 작품을 수주해서 진행, 완공하는 과정도 순탄치 않았다. 그가 누렸던 명성이나 장수를 생각하면 더욱 그러했을 것이다. 로마 대약탈 때에는 대립적 위치에 섰던 교황청과 피렌체 공화국 사이에서 정치적으로 어려움을 겪기도 했다. 성 베드로를 맡는 과정에서는 로마 건축계의 주류 진영으로부터 심한 견제를 당하기도 했다. 대부분의 작품은 사후에 바사리, 아마나티, 자코모 델라포르타, 카를로 폰타나 등에 의해서 유고를 통해 완공되었다. 그는 모델과 스케치 등 충실한 기록을 남겼고, 생전에 명성이 워낙 컸기 때문에 사후 완공은 대부분 그의 원안대로 이루어질 수 있었다.

이상과 같은 쉽지 않은 상황에서도 미켈란젤로는 대부분의 작품에서 놀라운 집중력을 보였다. 건축적 교육 배경이나 정치 공학 측면에서는 비주류였지만, 실력과 예술성은 당대, 나아가 서양건축사를 통틀어 단연 최고였다. 특히 당시로서는 기적이라 할 만한 나이인 아흔 살까지 장수하면서 지구력과 인내심으로 건축 작품들을 남겼다. 날카로운 풍자, 사려 깊은 무게감, 시대를 대표하는 리얼리티 등이 넘쳐났다. 이런 특징들은 연륜과 경험에서 나온 것으로, 늦은 나이에 남긴 작품이었기 때문에 가능한 측면도 있었다. 그는 시각예술 가운데 조각에서 가장 뛰어난 업적을 남겼는데, 건축에서도 조각적 조형성을 대표적 특징으로 가졌다(그림 288). 그는 누구보다도 돌의 성질을 잘 알았고 돌을 살아서 숨 쉬는 사람의 피부처럼 다루었다(그림 298).

한계도 있었다. 한 시대 나아가 서양건축 전체를 대표하는 건축가라는 명성에 걸맞는 새로운 공간 모델의 창출은 없었다. 그는 공간 모델로서 고대 로마의 선례나 15세기에 완성된 유형을 차용했다. 개별 고전 어휘 사용에서 선례 차용을 꺼린 것과 대비되는 현상이다. 미켈란젤로의 공간관은 공간 윤곽을 면 단위로 나눈 뒤 표면에 가해지는 조형 처리를 통해 공간의 성격을 결정할 수 있다는 것이었다. 그는 공간 골격을 짜는 고전 어휘를 파격적으로 변형시킴으로써 이것이 역으로 공간의 성격을 결정할 수 있다고 믿었던 것 같다(그림 289). 건축을 조각의 일환으로 이해했던 그로서는 어쩔 수 없는, 혹은 당연한 태도일 수 있다.

이런 입장을 반드시 한계로만 볼 것인가의 문제는 남는다. 그는 공간의 물리적 윤곽에서 새로운 유형을 창출

288 미켈란젤로(Michelangelo), 율리오 2세 기념비(Monumento a Giulio II)
289 미켈란젤로(Michelangelo), 라우렌시오 도서관(Biblioteca Laurenziana), 피렌체, 1524~34/사후 1571년 완공

290 미켈란젤로(Michelangelo). 라우렌시오 도서관(Biblioteca Laurenziana). 피렌체. 1524~34/사후 1571년 완공

하는 데는 관심이 없었다. 공간이 만들어내는 감성적 분위기에 대한 서사적 정의를 조각적으로 처리해내는 것이 그의 주된 관심사였다(그림 290, 298). 공간에 대한 이런 접근은 이전에는 없었던 새로운 것이었다. 또한 그의 건축에 나타나는 창조성의 근원이기도 했다. 이것은 그를 매너리즘 건축가로 볼 것인가의 문제와도 관계가 있다. 그가 시도했던 파격과 역설 등의 창조성은 매너리즘에 대한 시대적 입장이기보다는 공간에 새로운 분위기를 만들어내려는 개인적 예술적 욕심에서 비롯된 것이라는 의미이다.

미켈란젤로는 건축 경력을 비교적 늦게 시작했다. 율리오 2세 기념비1505~34년에서 처음 건축 어휘의 훈련을 시작한 이래, 본격적인 첫 건축 작품은 45세 때인 1519년이 되어서야 맡게 되었다. 그의 건축 경력은 피렌체기와 로마기로 나눌 수 있다. 초기 작품은 피렌체에서 나왔다. 성 라우렌시오 입면 계획안1516~20년, 신성물안치소Sagrestia Nuova=Medici Chapel, 1519/20~1534년경, 라우렌시오 도서관Biblioteca Laurenziana, 1524~34년/사후 1571년 완공 등이 그것이다. 이 기간에는 피렌체 공화국과 교황청 사이의 권력투쟁의 틈바구니에 끼여 고생했다. 그런 와중에 1526~29년에는 피렌체 성채의 설계와 공사를 맡으며 피렌체 편에 섰다. 성채에서는 기하학적 조형성이 뛰어난 도면들을 남겼다.

이후 1534년에 로마로 옮겨 사망할 때까지 30년 동안 로마에 주요 작품들을 남겼다. 캄피돌리오 광장Piazza del Campidoglio, 1539~64년/사후 17세기 완공, 세나토레 팔라초Palazzo del Senatore, 1540년대/1570년대 델라포르타에 의해 완공 개축 및 계단, 콘세르바토리 팔라초Palazzo dei Conservatori, 1540년대/1586년 델라포르타에 의해 완공 개축, 누오보 팔라초Palazzo Nuovo=Museo Capitolino, 1546~64년, 파르네세 팔라초 입면 개축 및 안마당Palazzo Farnese, 1546~49년경, 성 베드로 돔 및 본당1547, 1558~64년/사후 1590년 델라포르타에 의해 완공, 스포르차 예배당Cappella Sforza, 1560년경~사후 1573년 델라포르타에 의해 완공 등이 로마에 남긴 대표작들이다.

피렌체기(1)-성 라우렌시오와 유형 파격

두 시기의 건축 경향은 판이하게 달랐다. 피렌체기 때에는 고전 문법의 규범으로부터 일탈하려는 매너리즘 경향을 보였다. 실내 작품이 주류를 이루었으며 건축주, 기능 유형, 미켈란젤로의 기본 자세 등 모든 면에서 사적인 성격을 띠었다. 자신의 개인적 천재성과 창의력에 의존했으며 역설과 대비가 난무했다. 재료도 청대리석을 선호했다. 색채 대비와 반짝이는 질감을 통해 매너리즘의 파격을 보강하기 위해서였다. 로마기 때에는 장엄한 고전주의를 주요 특징으로 보였다. 작품은 대형 공공건물이 주류를 이루었는데, 브라만테 등 성기 고전주의의 선례를 연구하여 로마의 제국 전통에 걸맞은 기념비적 정통 고전주의를 창출했다. 재료는 장중한 질감과 차분한 단색의 트래버틴으로 바뀌었다.

미켈란젤로가 자신의 건축적 생각을 처음 드러낸 것은 성 라우렌시오 입면 계획안에서이다. 이 건물은 브루넬레스키가 실내를 설계한 이래 입면은 아무 처리도 가해지지 않은 채 방치되고 있었다. 미켈란젤로의 안이 설계 공모에서 당선되면서 설계가 진행되었고 도면과 나무 모델이 만들어졌다. 그러나 대리석 수급 문제로 어려움을 겪다가 결국 아무것도 지어지지 못한 채 중단되었다. 이 안에서 가장 중요한 문제는 바실리카 교회의 3랑식 실내 구성을 입면에 반영하는 것이었는데, 초기 기독교에서 초기 르네상스까지는 이 둘 사이에 일치가 지켜졌다.

미켈란젤로는 이것에 파격을 가했다. 네이브와 아일의 높이 차이를 반영하지 않았다(그림 291). 입면은 네 쌍의 벽기둥에 의해 분할되면서 삼분법, 오분법, 칠분법의 세 구성 사이에서 애매한 상태로 남았다. 벽기둥의 위치는 실내 구성과 무관하게 입면 효과만을 위해 정해졌다. 입면 영역 내에서 위계는 수직-수평 양방향으로 정했다. 수직 위계는 1층 벽기둥을 반원형으로, 2층 벽기둥을 낮은 사각형으로 처리하여 얻어냈다. 이것은 교회가 아닌 팔라초 입면의 설계 기법이다. 강한 엔태블러처 선에 의해 1층과 2층을 구분한 처리는 그때까지 교회 입면에 없던 것이었다. 수평 위계는 중앙부

291 미켈란젤로(Michelangelo), 성 라우렌시오 입면 계획안(San Lorenzo), 피렌체, 1516~20

292 미켈란젤로(Michelangelo), 성 라우렌시오 입면 계획안(San Lorenzo), 피렌체, 1516~20

와 양끝 베이를 돌출시키고 그 사이 베이를 후퇴시키는 처리로부터 얻어냈다. 양끝 베이를 돌출시키는 처리도 그때까지 교회 입면에 없던 새로운 것이었다.

쌍기둥 사이에는 정식 베이로 볼 수 있기도 하고 없기도 한 애매한 틈을 두었다. 이것 역시 실내 구성과는 무관하게 조각적 처리를 위한 것이었다. 입면 전체가 조각 처리를 표현하는 독립적 바탕면으로 바뀌었다. 여덟 개의 쌍기둥과 표면의 들고남에 의한 음영 효과가 가장 중요한 조형적 관심사였다. 표현의 자유에 대한 그의 갈망이 낳은 변화였던 것이다. 이것은 입면의 역할에 대한 우선 순위의 문제였다. 대다수의 관찰자들은 교회의 실내 구성이 반영된 입면으로부터 별다른 정보나 감흥을 얻지 못했다. 고전주의 내부에 갇힌 규범이 문제였다.

미켈란젤로는 이런 규범을 깸으로써 관찰자에게 즉각적이고 구체적인 정보와 감흥을 주고자 했다(그림 292). 이 교회에서는 조각 처리를 통한 짙은 음영이 그 역할을 수행하고 있다. 짙은 음영은 강한 인상을 만들면서 교회에 권위를 주었다. 단순히 음영이 짙어서가 아니라 예술적 권위를 보장해줄 수 있는 조각 솜씨가 있었기에 가능한 것이었다. 미켈란젤로는 이 안을 통해 교회 입면을 목적과 주인이 불명확한 고전주의의 규범을 위한 규범으로부터 해방시켜 예술가의 자율적 행위 공간으로 독립시켰다.

피렌체기(2)-신 성물안치소와 반고전주의

신 성물안치소는 브루넬레스키의 구 성물안치소에 대한 짝개념으로 계획되었다. 이 때문에 구 성물 안치소와의 관계가 중요한 주제였다. 큰 정사각형의 중심 공간, 세 개의 작은 정사각형 부속실, 돔 천장의 중앙 집중형, 대리석을 이용한 색채 효과, 오더를 이용한 장식 등은 구 성물 안치소의 구성을 따른 처리이다(그림 293, 294). 이런 바탕 위에 미켈란젤로는 자신만의 독창성을 만들어냈다. 독창성은 두 가지로 나누어 설명할 수 있다.

한 가지는 공간 처리에서 확장과 세분의 상반된 경향이 동시에 나타난 점이다. 확장은 수직 방향에서 행해졌다. 평면 넓이는 같았지만 돔을 받치는 드럼의 높이가 구 성물 안치소보다 두 배가량 확장되었다. 돔을 받치는 펜던티브를 지붕 높이에서 끊어 드럼이 곧추서게 보이도록 함으로써 수직성을 배가했다. 물리적 확장은 상징적 확장을 낳았다. 수직 비례가 얻어지면서 공간 분위기가 하늘을 우러러 확장된 것이다.

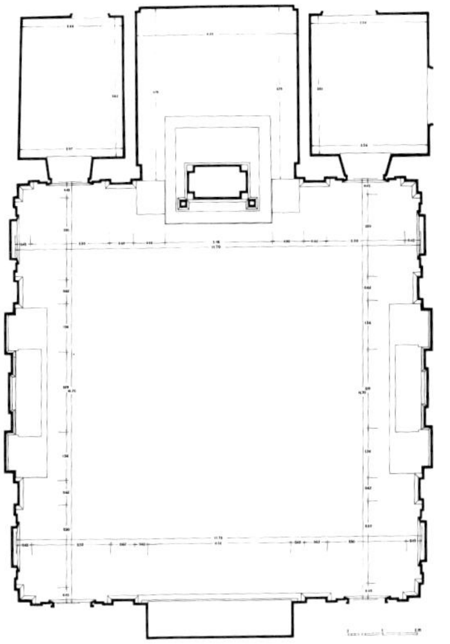

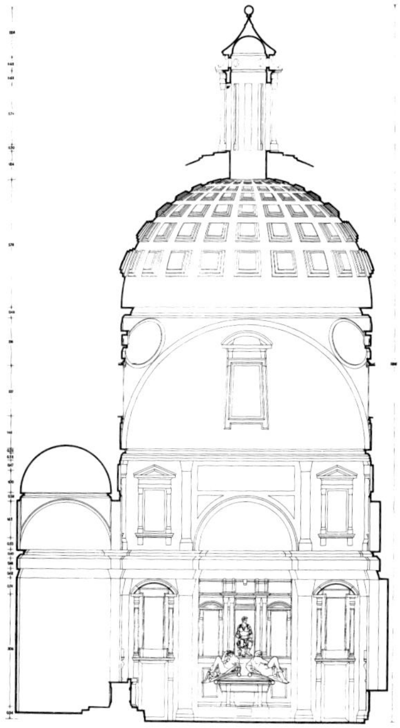

293 미켈란젤로(Michelangelo), 신 성물안치소(Sagrestia Nuova=Medici Chapel), 피렌체, 1519/20~1534년경

294 미켈란젤로(Michelangelo), 신 성물안치소(Sagrestia Nuova=Medici Chapel), 피렌체, 1519/20~1534년경

높아진 드럼은 두 개 층으로 분절하는 방식으로 세분되었다. 각 층은 더욱 자잘한 분절로 세부 처리되었다. 벽면을 나누는 큰 윤곽은 부재들이 겹치면서 여러 겹으로 짜였다. 면 단위는 쌍 벽기둥과 창틀 모양의 감실로 한 번 더 분할되었다. 감실의 윤곽에 소형 벽기둥을 씀으로써 벽기둥은 세 개씩 병렬되었다. 벽면 속은 수많은 수직 부재들로 꽉 채워지면서 디테일이 넘쳐났다.

다른 한 가지는 고전주의의 건축 문법에 파격을 가한 점이다(그림 295). 1층과 2층을 나누는 코니스를 각각 따로 처리한 뒤 둘 사이에 애매한 빈 여백을 두었다. 이것은 층 구별을 유기적 연결로 보았던 고전 문법에 대한 거부이다. 혹은 주로 외부 입면에 쓰이던 기법을 실내에 도입한 바꿔치기로 볼 수도 있다. 모서리의 마주보는 두 면을 감실로 처리하여 복잡하게 채움으로써 조형적 독립성을 부여했다. 이것은 모서리를 중앙에 예속되는 나머지 혹은 버려진 부분으로 보던 고전 문법을 거부한 것이다.

모서리 면을 두 개 층으로 나누어 아래층에는 문을, 위층에는 감실을 각각 두었다. 문의 상인방과 감실의 밑면은 얇은 판재의 공통 부재로 처리했다. 그 결과 문은 감실을 직접 떠받치는 구조 부재가 되었다.

295 미켈란젤로(Michelangelo). 신 성물안치소(Sagrestia Nuova=Medici Chapel). 피렌체. 1519/20~1534년경

문틀에는 감실을 받치는 까치발을 더했다. 이런 처리들은 모두 문의 역할에 대한 고전 문법의 전통적 개념을 뒤엎는 것이었다. 감실의 상부 윤곽을 담당한 반원형 박공은 밑변이 중간에서 끊겼다. 원호와 밑변의 만남은 온전하게 꽉 다물어지지 못하고 어긋났다. 원호 표면은 고르게 가지 못하고 상층부가 한 겹 밖으로 돌출되었다. 측면 윤곽은 창틀과 소형 벽기둥 사이에서 애매한 상태에 머물렀다. 주두를 없애고 주신 전체에 홈을 판 것은 창틀을 암시하는 처리이다. 반면 프리즈에 해당되는 수평 몰딩을 첨가한 것은 벽기둥을 암시한 것이다.

이상의 두 가지 처리가 어우러지면서 역설적 긴장감이 공간을 지배했다. 확장과 세분의 상반된 처리는 매너리즘의 모순적 쌍개념을 보여주는 것으로 해석할 수 있다. 역설적 긴장감은 안정된 조화라는 고전주의의 기본 명제를 거부하는 파격인 것이다. 어휘 사용에서 의도적으로 틀린 문법을 구사함으로써 반고전적 일탈을 배가시켰다. 파격은 큰 단위의 분할에서 세부 어휘에 이르기까지 폭넓게 일어났다. 이것은 개별 어휘의 변형에 치중했던 줄리오 로마노와 달리 미켈란젤로는 반고전주의 문법만으로 또하나의 새로운 규범 체계를 세우려 했음을 보여주는 대목이다.

피렌체기(3)-라우렌시오 도서관과 대비적 긴장감

라우렌시오 도서관은 우여곡절이 많은 작품이다. 1524년에 설계가 시작되어 한창 진행되다가 1527년에 로마 대약탈이 일어나면서 중단되었다. 이후 30여 년 뒤 말년의 미켈란젤로에 의해 구두 기술이 이루어짐으로써 작업이 재개되어 그의 사후에 완공되었다. 이 건물은 전실과 본관으로 구성되었는데, 둘 사이는 계단이 이어주고 있다. 매너리즘의 특징은 두 가지 점에서 찾을 수 있다.

한 가지는 대비 구도이다. 전실은 곧추 선 수직비례로, 본관은 극단적인 수평 비례로 각각 처리되었다(그림 296). 본관은 폭 10.5미터, 깊이 46.2.미터, 높이 6.8미터이다. 전실은 10.5미터의 정사각형 평면에 14.83미터의 높이를 가진다. 전실에 서면 우물 속에 갇힌 느낌을 갖다가 본관으로 들어오면서 반대로 깊은 동굴로 빨려 들어가는 것

296 미켈란젤로(Michelangelo), 라우렌시오 도서관(Biblioteca Laurenziana), 피렌체, 1524~34/사후 1571년 완공

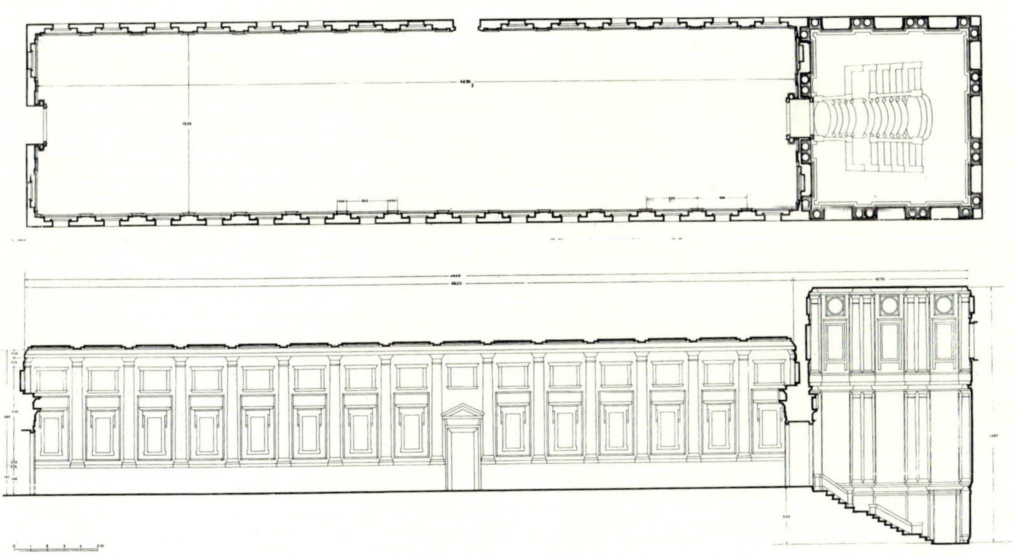

297 미켈란젤로(Michelangelo), 라우렌시오 도서관(Biblioteca Laurenziana), 피렌체, 1524~34/사후 1571년 완공

298 미켈란젤로(Michelangelo), 라우렌시오 도서관(Biblioteca Laurenziana), 피렌체, 1524~34/사후 1571년 완공

299 미켈란젤로(Michelangelo), 라우렌시오 도서관(Biblioteca Laurenziana), 피렌체, 1524~34/사후 1571년 완공

같다. 이런 식의 공간 대비와 갑작스런 뒤바뀜은 유입성과 긴장감이라는 두 가지 목적을 가진다. 전실에 들어서면 시선과 관심이 하늘을 향하면서 걸음을 멈추고 호흡을 한번 가다듬게 만든다. 이어 본관으로 들어서면 사람을 빨아들이는 것 같은 분위기로 급변하면서 유입성이 극대화된다.

유입성은 한 번에 얻어지지 않았다. 본관으로 진입하는 계단에서 모순어법을 반복하면서 역설과 대비를 강조했고, 공간에는 긴장감이 넘쳐난다. 계단은 중앙과 양측면의 삼분법으로 구성했다. 중앙 계단은 바깥을 향하는 원형 윤곽으로, 양측면은 직선 윤곽으로 각각 처리했다(그림 297). 이것 자체가 또하나의 대비를 이룬다. 여기서 끝나지 않고 중앙 계단의 원형 윤곽은 용암이 흘러내리는 것 같은 느낌을 만들면서 본관으로 올라오는 사람을 밖으로 밀어내는 효과를 가진다. 반면 양측면 계단은 3분의 2 정도 오른 지점에서 막힌 뒤 중앙 계단으로 합쳐진다. 이것은 중앙으로의 집중도를 높이면서 유입성을 강화시킨다. 중앙 계단도 본관 출입문을 향해 폭이 좁아지면서 유입성을 돕고 있다. 유입성과 반反유입성이 동시에 나타나면서 역설적 대비 구도가 만들어진 것이다.

다른 한 가지는 고전 문법의 파격이다. 이것은 주로 전실 벽면에서 나타난다. 기둥이 본래의 역할을 박탈당한 처리가 두드러졌다. 토스카나식 쌍기둥이 벽 속

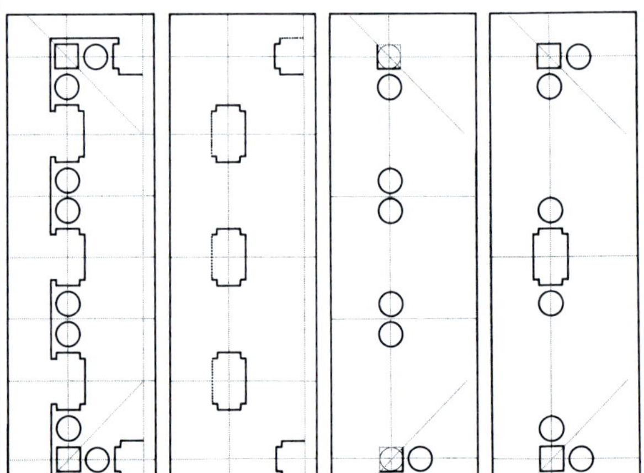

에 갇혔는데, 이것은 이전까지의 고전 문법에는 없던 새로운 어휘이다(그림 289, 298, 299). 기둥이 독립적으로 서 있거나 벽기둥으로 처리되어야 한다는 고전 문법의 규범을 깬 것이다. 기둥의 구조 기능도 박탈당했다. 기둥은 위에 아무것도 받치지 않고 붙잡혀온 거인처럼 진열장에 전시되었다. 반면 밑면에 까치발을 둠으로써 기둥은 오히려 받침을 당하는 피구조 부재로 전락했다. 그러나 정작 까치발도 받치는 시늉만 할 뿐 실제로는 공중에 매달려서 아무것도 받치는 것이 없는 장식물에 불과하다. 기둥과 까치발 사이에 여러 겹의 코니스를 두어 둘을 완전히 분리시켰기 때문이다. 기둥에 이어 까치발도 구조 기능을 박탈당했다.

이것만이 아니다. 엔태블러처가 기둥이 있는 부분에서 속으로 들어갔는데 이것은 안과 밖의 혼재를 가져왔다. 기둥이 벽면보다 속으로 밀리고 엔태블러처도 따라 들어갔다는 것은 이 부분이 실내에서 바라보는 면이라는 의미이다. 반면 옆 벽면의 창은 외관 입면에 쓰이는 디테일로 처리되었다. 이런 혼재는 일치성이라는 고전 문법을 파격한 것이다. 전실 벽면은 실내인지 실외인지 한 가지로 단정 짓기 어려운 모호한 상태로 남았다.

기둥 역할의 박탈은 창 모양으로 처리된 감실에서도 나타났다. 감실의 창틀을 짜는 사각 벽기둥은 주신의 폭이 아래로 가면서 좁아지는데 이것은 위아래를 뒤집어놓은 것에 해당된다(그림 289). 엔태블러처도 모호하다. 프리즈는 매우 낮아서 면을 형성하지 못하고 선형 부재에 가깝다. 언뜻 보기에는 아키트레이브를 생략한 것 같지만 주두를 두 겹으로 처리함으로써 위쪽 주두는 아키트레이브의 존재를 암시하고 있다(그림 300). 수직 홈을 주신의 아래쪽 설반에만 판 대다 홈의 폭도 두 종류로 분화되어 있다. 주초는 표준형에서 벗어나 주두를 뒤집어놓은 것처럼 처리되었다. 이것이 주신 폭의 역방향 기울기와 합쳐지면서 벽기둥은 실제로 물구나무를 선 것처럼 보였다.

300 미켈란젤로(Michelangelo), 라우렌시오 도서관(Biblioteca Laurenziana), 피렌체, 1524~34/사후 1571년 완공

로마기(1)–캄피돌리오, 거대 기둥, 통일성

미켈란젤로는 1534년에 피렌체를 떠나 로마에 영구 정착했다. 피렌체

기 동안 미켈란젤로와 갈등을 빚은 클레멘스 7세가 죽고 바오로 3세가 새로운 교황이 되었다. 새 교황은 미켈란젤로의 작품을 누구보다 높이 평가했다(그림 285). 상황은 미켈란젤로에게 유리하게 전개되었다. 로마의 첫째 주요 작품은 캄피돌리오 광장이다. 이 작품도 미켈란젤로의 생전에는 진척이 없다가 사후에 완공되었다. 그러나 그의 원안과 건축적 의도가 비교적 잘 지켜진 것으로 평가된다. 캄피돌리오는 로마제국의 심장부였지만 오랜 기간 동안 폐허로 방치되었다. 로마는 중세 동안 유럽의 다른 도시들과 달리 중심핵이 없었다. 새 교황은 대약탈 이후 로마 재건 계획의 일환으로 이곳을 재개발하여 르네상스 로마의 중심핵으로 삼고자 했다.

미켈란젤로에게는 이전부터 있었던 세나토레 팔라초와 콘세르바토리 팔라초Palazzo dei Conservatori를 개축하고 누오보 팔라초를 새로 설계하는 일이 종합적으로 맡겨졌다. 이것을 바탕으로 광장 전체도 새롭게 설계해야 했다. 언덕 위에 있는 광장이 도시의 중심핵으로 작용하기 위해서는 유입성, 초점, 통일성, 기념비성의 네 요소를 만족시켜야 했다.

유입성은 속도감의 완급 조절로 얻어졌다. 언덕으로 오르는 길은 계단과 경사로의 중간 상태를 유지함으로써 '완'의 느낌이 주를 이루는

301 미켈란젤로(Michelangelo), 캄피돌리오 광장(Piazza del Campidoglio), 로마, 1539~64/사후 17세기 완공

302 미켈란젤로(Michelangelo), 캄피돌리오 광장(Piazza del Campidoglio), 로마, 1539~64/사후 17세기 완공

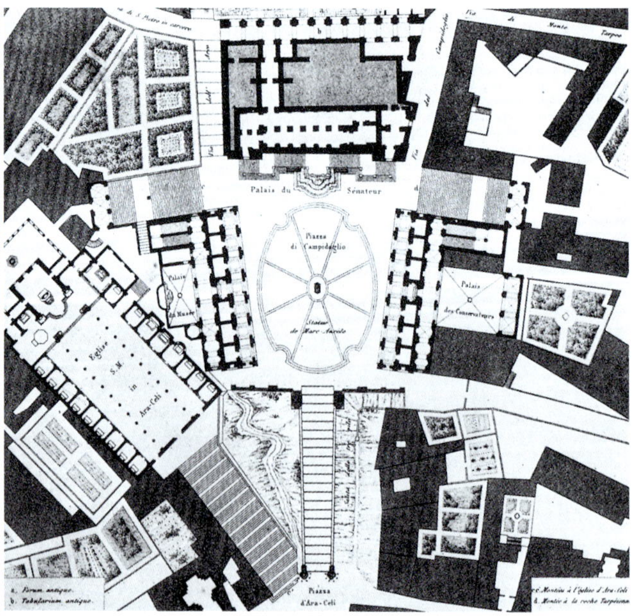

가운데 '급'의 느낌이 최소한도로 지켜졌다. 언덕에 올라서 맞는 광장은 안으로 깊숙한 비례를 유지하며 사람을 빨아들이기 때문에 속도감은 '급'으로 갑자기 바뀐다. 타원으로 처리된 바닥은 이런 느낌을 배가시켰다(그림 301, 302). 타원의 장축이 '급'의 방향과 일치하기 때문이다. 여기에 이것이 지나치게 빨라질 것을 견제해 '완'의 장치를 두었다. 양옆 두 팔라초의 각도를 세나토레에 대해 10도 기울어진 80도로 처리한 것이다. 또한 입구보다 안쪽의 폭이 더 넓은 사다리꼴로 처리함으로써 속도감을 분산시켰다.

303 미켈란젤로(Michelangelo), 캄피돌리오 광장(Piazza del Campidoglio), 로마, 1539~64/사후 17세기 완공

초점은 세나토레의 전면을 배경으로 삼아 얻어졌다(그림 303). 초점도 여러 단계의 완급 조절을 통해 복합 구도로 형성되었다. 안으로 깊숙한 광장은 강한 일소점 투시도 효과를 갖는다. 이런 상황은 '급'의 느낌은 극대화시키는 반면 깊이 들어갈수록 초점이 멀리 형성되어 약해진다. 여기에서는 세나토레의 정면을 시선 방향에 직각으로 펼쳐 정면 전체를 초점으로 삼음으로서 이것을 피했다. 면이 초점 형성을 가로막는 문제를 피하기 위해 정면의 중앙을 강조하여 초점을 다시 살려냈다. 양옆에서 올라오는 계단의 사선 방향 이동이 중앙에서 만나며 출입구를 형성했고, 출입구 위층은 피아노 노빌레로 처리했다. 그 위에는 종탑을 세웠다. 앞에 언급한 두 팔라초의 기울어진 각도는 이것이 혹시라도 지나치게 강한 초점을 만들 수 있는 위험성을 경감시켰다.

통일성은 고전주의의 전형적 구성 문법인 축과 대칭을 통해 얻어냈다. 세 건물에 사용된 건축 어휘를 통일시킨 점과 두 팔라초를 쌍둥이로 처리한 점도 중요한 요소이다(그림 227). 이번에도 한 가지로 끝나지 않았다. 두 팔라초의 벌어진 각도는 좌우동형 대칭이 주는 경직성을 약화시키는 작용을 한다. 마주보는 두 쌍둥이 팔라초가 거울을 보는 것 같은 반복을 피함으로써 단조로워질 수 있는 딱딱함에 최소한의 변화를 준 것이다.

기념비성은 장중한 고전 어휘를 통해 얻어냈다. 피렌체의 작품들과 달리 여기에서는 고전주의 문법에 충실한 표준 어휘를 구사했다(그림 304). 특히 세 건물 모두에서 거대 기둥을 기본 어휘로 반복시킨 점이

304 미켈란젤로(Michelangelo), 누오보 팔라초(Palazzo Nuovo=Museo Capitolino), 로마, 1546~64

두드러졌다. 거대 기둥은 알베르티가 사용했던 어휘이다. 미켈란젤로는 여기에 조각적 생명력을 불어넣어 이것으로 건물 전체의 골격을 짬으로써 기념비성을 극대화시켰다. 세 팔라초 모두 정면에 여덟 개씩의 거대 기둥을 가진다. 광장 중심에 서면 모두 24개의 거대 기둥들이 세 면을 에워싸며 장중한 분위기를 만들어낸다.

로마기(2)–성 베드로와 기념비성

로마 시기 둘째 주요 작품은 파르네세 팔라초 입면 개축 및 안마당 설계이다. 이 안은 안토니오 다상갈로 일조반네가 사망하면서 이어받은 것이다. 미켈란젤로에게 요구된 내용은 두 가지였다. 한 가지는 입면 옥상에 코니스를 더하는 일이었다. 논쟁은 코니스의 크기에 모아졌다. 코니스를 3층 하나에 대한 뚜껑으로 볼 것인지, 아니면 세 층 건물 전체에 대한 마감으로 볼 것인지의 문제였다. 비트루비우스의 주장을 따라 후자로 결정되었다(그림 267). 고전 문법에 충실한 쪽으로 변했음을 잘 보여주는 대목이다. 코니스의 높이는 3미터로 한 층에 육박했다. 돌출 길이도 2.4미터 가량이나 되어서 깊은 음영을 만들어냈다. 육중한 코니스는 건물 전체에 장중한 분위기를 주었다. 코니스는 자신의 조각 솜씨를 자랑하는 바탕면으로도 활용했다. 코니스 전체의 육중한

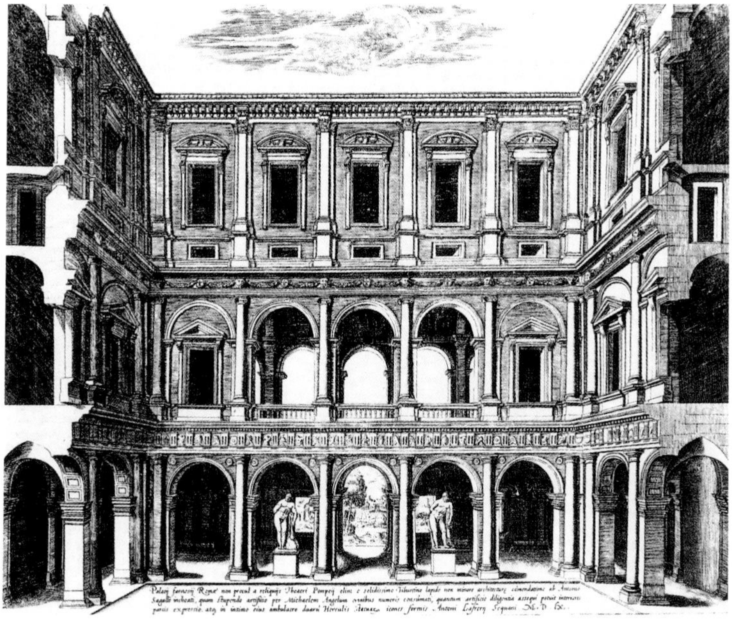

305 미켈란젤로(Michelangelo), 파르네세 팔라초(Palazzo Farnese) 입면 개축 및 안마당, 로마 1546~49년경

크기와 달리 세부 디테일은 섬세한 조각과 몰딩으로 처리했다.

다른 한 가지는 안마당 설계였다. 안토니오 다상갈로 일조반네는 안마당을 2층으로 설계하면서 중요한 문제 하나를 해결하지 못하고 사망했다. 실내 프로그램에 따라 2층은 창 면적을 최소화해야 했으나, 1층 아케이드와의 연속적 일치를 위해 아치로 뚫어놓은 것이었다. 미켈란젤로는 이 문제의 해결은 물론 한 층을 더 올려 3층도 설계해야 했다. 2층의 창 처리 문제는 기지를 발휘하여 해결했다. 창 면적을 최소화하여 실내의 요구에 먼저 맞춘 뒤, 창틀 밖으로 블라인드 아치를 만들어 1층과의 연속적 일치는 상징적으로 지켰다(그림 305).

3층 입면에는 피렌체기 때 사용했던 반고전 어휘를 다시 가져왔다. 반원 박공을 받치는 주두는 목 부분에서 잘려서 축조성을 상실했다. 창틀은 주신과 단순 돌출면 사이에서 애매한 상태에 머물렀다. 코니스에 매달려야 하는 구티guttae가 주신에 매달리는 등 축조성과 관련된 구문 문법을 파괴했다(그림 306). 그러나 완전한 혼란으로까지 나가지는 않았다. 반고전임은 확실하지만 전체적 윤곽은 무엇을 말하려는지 알 수 있는 정도의 조형성은 지켜졌다. 오더 어휘들을 조각낸 뒤 재조합하여 또 하나의 새로운 전체 윤곽을 만들어내는 일종의 몽타주 기법이

306 미켈란젤로(Michelangelo), 파르네세 팔라초(Palazzo Farnese) 입면 개축 및 안마당, 로마 1546~49년경

었다.

성 베드로의 돔과 본당 역시 안토니오 다상갈로 일조반네의 일을 이어받은 것이었다. 앞에서 살펴본 바와 같이 안토니오의 안은 자잘한 요소를 너무 많이 사용하여 장중함과 생명력을 잃고 장식적이었다. 전임자들의 여러 안을 짜깁기한 것이 가장 큰 원인이었다. 안토니오를 비롯한 이전 안들에 따라 몸통 벽이 상당 부분 지어져 있었는데, 미켈란젤로는 설계료를 안 받는 배수진을 치며 이것을 가능한 한 지우고 다시 시작하려 했다.

307 미켈란젤로(Michelangelo). 성 베드로(St. Peter's) 돔 및 본당. 로마. 1547, 1558~64/사후 1590년 델라포르타에 의해 완공

308 미켈란젤로(Michelangelo). 성 베드로(St. Peter's) 돔 및 본당. 로마. 1547, 1558~64/사후 1590년 델라포르타에 의해 완공

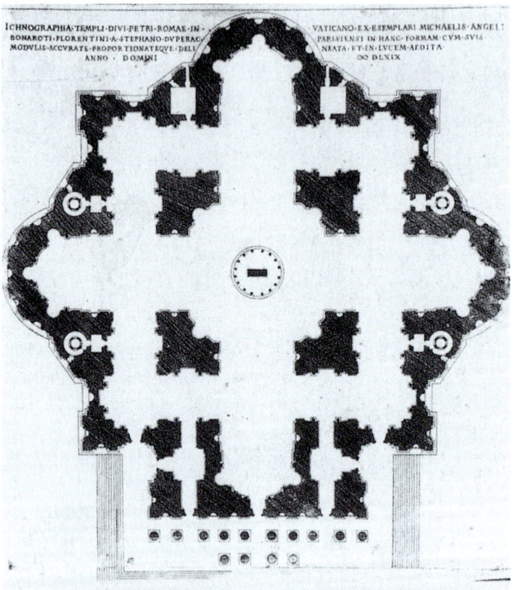

미켈란젤로는 일단 브라만테의 그릭 크로스 원안을 살려냈다. 그때까지 지어져 있던 부분 가운데 원안을 지킨 중심부를 그대로 놔둔 반면, 원안을 가장 많이 훼손시킨 안토니오 다상갈로 일조반네의 외벽은 허물었다. 아직 지어지지 않은 부분 가운데 라틴 크로스를 이루는 네이브도 없앴다. 돔을 받치는 중심부 모서리의 두꺼운 'ㄱ'자형 벽체 넷과 바깥 통로의 볼트 천장 일부분만 살아남았다. 미켈란젤로는 이 위에 자신의 안을 만들었다.

미켈란젤로는 브라만테의 원안보다도 더욱 단순한 원형으로 돌아갔다(그림 175, 307). 그는 브라만테의 원안이 지나치게 복잡하고 나약하다고 진단했다. 가톨릭의 총본산은 이보다 훨씬 간결하고 힘이 있어야 종교적 권위를 가질 수 있다고 확신했다. 브라만테의 안은 다섯 겹의 동심원 구도로 이루어졌고, 수많은 기둥이 난립했으며, 벽체는 두꺼운 것과 얇은 것이 두서없이 혼재했다. 미켈란젤로는 이것들을 합쳐서 농축시켰다. 공간은 세 겹으로 줄였고, 기둥은 모두 없앴으며, 벽은 두꺼운 것 한 가지로 통일시켰다. 건물 전체의 크기는 작아졌지만 돔의 지름은 더 커졌다. 윤곽은 뚜렷해졌고 벽은 장중했으며 공간은 힘이 넘쳐났다. 원형이 갖는 권위였다(그림 308). 가톨릭이 세상을 원형이라고 믿었기 때문에 그 건물 또한 원형

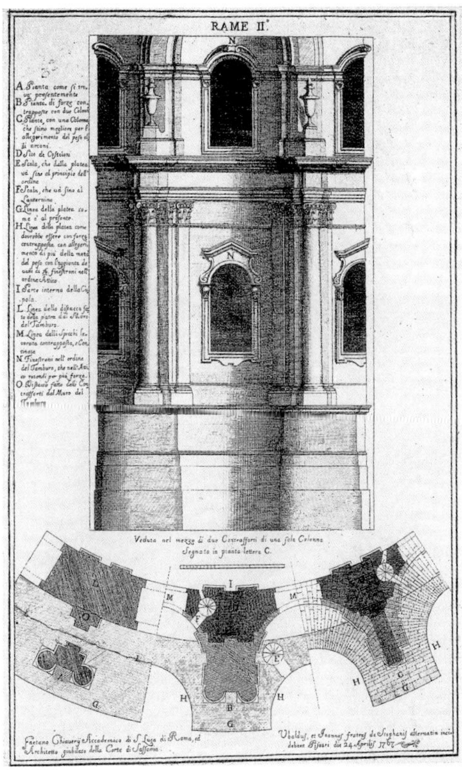

309 미켈란젤로(Michelangelo). 성 베드로(St. Peter's) 돔 및 본당. 로마. 1547, 1558~64/사후 1590년 델라포르타에 의해 완공

310 미켈란젤로(Michelangelo). 성 베드로(St. Peter's) 돔 및 본당. 로마. 1547, 1558~64/사후 1590년 델라포르타에 의해 완공

이어야 했다.

이렇게 확정된 평면을 바탕으로 외벽과 돔을 설계했다(그림 284). 외벽은 이번에도 거대 기둥으로 처리했다. 그릭 크로스의 네 변을 돌아가며 만들어진 열여섯 개의 베이(그림 309)는 양옆에 거대 쌍기둥을 갖는 삼분법으로 구성되었다. 중앙 부분은 창과 감실의 2층으로, 양옆의 쌍기둥 사이는 세 개의 작은 감실로 각각 수직 분할되었다. 각 베이가 직각으로 꺾이지 않고 완만한 둔각을 이루기 때문에 외벽에는 수많은 거대 기둥이 파도치듯 물결을 이루었다. 벽기둥의 돌출 정도와 그 사이에 새겨진 디테일의 실루엣이 적당한 범위에 들어오면서 보기 좋은 음영을 만들었다(그림 310). 조각적 조형성을 바탕으로 힘 있는 중년의 인상을 확보하고 있는 것이다.

외벽 구성은 돔의 드럼에서도 유사하게 반복되었다. 반원형 돔은 몸통과 잘 어울리는 안정감과 장중함을 주었다. 드럼 외벽은 16쌍의 코린트식 원형 독립 기둥으로 분절되었다. 쌍기둥은 돔의 무게를 받치는 구조

311 미켈란젤로(Michelangelo), 성 베드로(St. Peter's) 돔 및 본당, 로마, 1547, 1558~64/사후 1590년 델라포르타에 의해 완공

적 기능과 외관의 인상을 좌우하는 심미적 기능을 동시에 가졌다(그림 284). 쌍기둥이 만들어내는 굴절과 음영은 아래쪽 외벽에 대한 '주제-변주' 개념의 대응성을 이룬다. 쌍기둥은 큐폴라 외부의 리브로 이어졌다. '몸통 쌍기둥-드럼 쌍기둥-리브'로 이어지는 구조부는 앙천성을 상징하는 기능을 한다. 건물 전체가 수평 비례를 가짐으로써 약화된 앙천성을 기둥 어휘를 이용하여 보충한 것이다. 미켈란젤로의 돔은 약 30년 뒤에 포르타에 의해 다소 변형되어 완공되었다.

이상의 요소들이 어우러지면서 전체와 부분, 평면과 3차원 윤곽, 공간과 외벽, 진공과 매스, 큰 요소와 작은 요소, 비례와 디테일, 건축 어휘와 몰딩 등 여러 쌍개념 요소들 사이에 적절한 균형과 조화를 얻어냈다. 거대 기둥의 군집은 이런 바탕이 있었기에 교황청의 권위에 걸맞은 영웅주의의 힘을 발휘할 수 있었다(그림 311). 미켈란젤로의 성 베드로는 70년 동안 치열하게 예술 인생을 살아온 최고 천재의 말년에나 나올 수 있는 걸작이었다.

갈레초 알레시와 조르조 바사리 6

알레시-장식과 중앙집중형

갈레초 알레시Galezzo Alessi, 1512~1572년는 페루자에서 태어나 제노바와 밀라노에서 활동했다. 알레시의 작품은 팔라초와 교회로 나눌 수 있다. 팔라초에서는 장식 경향을 대표적 특징으로 가진다. 롬바르디아의 장식 전통을 부활시킨 것이었다. 고전 어휘도 여기에 맞춰 과도하게 변형시켜 사용함으로써 매너리즘의 전형적 특징을 나타냈다. 장식 경향의 팔라초는 주로 밀라노에 지어졌다. 교회에서는 종교개혁 이후 유행하던 중앙집중형을 선호했다. 팔라초와 달리 교회에서는 고전 어휘를 환원적 추상 경향으로 처리했다. 기본 부재를 기하 형태로 단순화시킨 뒤 구조적으로 중요한 지점에 대응시켰다. 교회는 주로 제노바에 지어졌다.

알레시의 기여는 이탈리아 반도의 서쪽 해안 지역을 지배하던 제노바에 주요 작품을 남김으로써 매너리즘을 반도 전역으로 확장한 점과 브라만테 이후 침체되었던 밀라노를 다시 매너리즘의 주요 중심지로 등장시킨 점 등을 들 수 있다. 특히 제노바에서는 도시 설계에도 참여하여 제노바의 근대적 골격을 닦았다. 반도 맞은편에서 산미켈리가 베로나의 도시 설계와 건물 모두를 담당했던 것에 비견할 만하다. 알레시의 경력은 다음의 네 단계로 나눌 수 있다.

첫째는 1530년경까지의 시기로 페루자에서의 교육 기간이다. 당시 페루자는 교황 직속령Papal States의 중심 도시로서 가톨릭을 바탕으로 철학, 시학, 역사, 예술 등 인본주의 활동이 활발한 도시였다. 알레시는 이런 분위기 속에서 예술과 인문학 전반에 걸쳐 비교적 탄탄한 훈련을 받았다. 귀족 집안 출신이라는 점도 큰 도움이 되었다.

둘째는 1530년경~48년 사이의 페루자 활동기이다. 이 기간에는 로마에 머물기도 하면서 로마의 주요 건축가들로부터 영향을 받았다. 개인적으로는 미켈란젤로와 친분이 있었으나 건축적으로는 페루치나 안토니오 다상갈로 일조반네로부터 영향을 받았다. 페루치로부터는 고

312 갈레초 알레시(Galezzo Alessi). 스트라다누오바(Strada Nuova). 제노바. 1547

전 어휘에 대한 매너리즘적 변형을, 안토니오로부터는 중앙집중형을 각각 영향받았다. 이 기간에 지은 대표작은 로카 파올리나의 로지아와 방들 Rocca Paolina, 페루자 1542~44년, 산타마리아델포폴로 Santa Maria del Popolo, 페루자, 1547년경, 스트라다누오바 Strada Nuova, 제노바, 1547년 등이다. 이 기간에는 동시대 주요 건축가들의 고전 어휘를 익혀 상황에 따라 다양하게 구사하는 능력을 익혔다. 스트라다누오바는 제노바에 근대적 도로 골격을 도입한 작품이다. 알레시는 가로를 따라 팔라초를 세웠는데, 이후 바로크 시대 때 비앙코에 의해 제노바대학교로 개축되었다(그림 312).

313 갈레초 알레시(Galezzo Alessi). 카리냐노의 성모 승천 교회(Santa Maria Assunta in Carignano). 제노바. 1549~72/1603년 사후완공

314 갈레초 알레시(Galezzo Alessi). 카리냐노의 성모 승천 교회(Santa Maria Assunta in Carignano). 제노바. 1549~72/1603년 사후완공

셋째는 1548~57년 사이의 제노바 활동기이다. 이 기간에는 페루자 활동기 때 익혔던 고전 어휘를 바탕으로 큰 작품들을 설계하기 시작했다. 주스티니아니 빌라Villa Giustiniani=Villa Cambiaso, 빌라 캄비아소, 1548년, 카리냐노의 성모 승천 교회Santa Maria Assunta in Carignano, 1549~72년/사후 1603년 완공, 몰로 문Porta del Molo, 1551~53년, 그리말디 빌라Villa Grimaldi=Villa Sauli, 빌라 사울리, 1555년경 등을 대표작으로 남겼다.

카리냐노의 성모 승천 교회는 그릭 크로스로 구성되었다(그림 313). 정사각형 윤곽을 9등분한 균등 내접형이다. 크로싱 중심부는 큰 돔으로, 네 모서리는 이보다 조금 작은 돔으로 각각 천장을 처리했다(그림 314). 평면의 수평적 안정감과 달리 입면에서는 수직성을 강조했다(그림 315). 돔은 높은 드럼이 받쳤고 그 위로 다시 높은 랜턴을 더했다. 둘 모두 인위적으로 높이를 높였다. 드럼 표면은 쌍 벽기둥으로 6등분했다. 벽기둥 사이의 간격을 넓혀 보조 베이로 만들었다. 주베이는 아치로 개구부를 냈고 보조 베이는 사각형 문으로 처리했다. 정면 양끝에는 중앙 돔과 거의 같은 높이의 첨탑을 더했다.

315 갈레초 알레시(Galezzo Alessi), 카리냐노의 성모 승천 교회(Santa Maria Assunta in Carignano), 제노바, 1549~72/1603년 사후완공

이상의 구성은 당시 진행 중이던 성 베드로에서 영향받은 것이었다. 평면의 그릭 크로스는 브라만테에서 미켈란젤로까지 이어진 성 베드로의 중앙집중형을, 드럼의 벽기둥 분할은 미켈란젤로의 돔을, 입면의 첨탑은 안토니오 다상갈로 일조반네의 계획안을 각각 차용한 것으로 보인다. 알레시만의 독창성도 있었다. 정면은 단순화된 고전 어휘로 간결한 분위기를 자아낸다. 벽면은 꼭 필요한 부재를 제외하고 빈 여백으로 두었다. 박공은 삼각형으로, 아치는 반원으로 단순화했다. 절제된 벽기둥은 구조적 역할과 고전 어휘의 존재라는 두 가지 사실에 대한 암시 기능을 가진다. 중앙 출입구의 강조를 통해 유입성을 높였다.

여기에는 어색한 점도 있었다. 실내에서는 중심부의 돔과 모서리의 돔 사이에 크기 차이가 없어 중앙집중형 평면의 특징을 반감시킨다. 중심부 돔을 받치는 구조부가 지나치게 두꺼워 9등분된 공간 사이의 연계성이 끊긴 점도 마찬가지이다. 입면에서는 드럼과 정면의 벽기둥이 너무 가늘어 판재를 오려 붙인 것 같아서 힘을 잃었다. 박공의 기울기는 신전 파사드보다 급해서 부자연스럽다. 아치도 축조성을 잃고 단순 구멍으로 처리했다. 이런 문제점들은 동시대 주요 건축가들의 특징을 종합적으로 모방한 데서 온 한계로 볼 수 있다.

넷째는 1557년 이후의 말년기이다. 이 기간에는 활동 무대를 밀라노와 아시시로 넓혔으며, 페루자와 제노바에도 계속 작품을 남겼다. 주요 특징은 제노바의 빌라에서 나타나기 시작했던 장식 경향을 이어받아 매너리즘으로 발전시킨 점이다. 밀라노의 마리노 팔라초Palazzo Marino, 1557~65년/19세기 완공, 제노바 시청사Palazzo Municipio, 1564년, 아시시Assisi의 산타마리아델리안젤리Santa Maria degli Angeli, 1568년의 돔 등을 대표작으로 들 수 있다.

316 갈레초 알레시(Galezzo Alessi), 마리노 팔라초(Palazzo Marino), 밀라노, 1557~65/19세기 완공

마리노 팔라초에서는 오더 체계를 이용한 장식 경향이 두드러졌다(그림 316). 1층은 도리스식, 2층은 이오니아식으로 각각 처리했다. 3층은 표준 양식이 아닌 그만의 독창적 장식 처리로 오더를 대신했다. 주신은 벽기둥으로 처리한 뒤 주두에 변형을 가했다. 주신 끝에 'ㄷ'자형 모자를 씌웠고, 그 위에 까치발 두 세트를 연달아 수직으로 중첩시켰다. 아래쪽 것은 장식이 없는 가장 단순한 형태로, 위쪽 것은 아칸터스 문양으로 각각 처리했다. 까치발 사이의 간격은 조각상으로 채웠다. 아래에는 두상으로, 위에는 코린트식 오더의 주두를 변형한 꽃송이로 각각 채웠다. 이런 오더는 매너리즘에서도 찾아보기 힘든 알레시만의 독창적인 것이다.

장식 경향은 창 처리에서도 이어졌다. 1층은 상인방을 평아치로, 창틀은 블록을 끼운 오더로 각각 처리했다. 평아치 위에는 중이층을 넣어 창틀을 아래쪽과 한몸으로 처리했다. 중이층의 창틀은 까치발을 옆으로 돌린 소용돌이 문양으로 처리했다. 모서리는 쌍기둥으로 처리했는데, 그 간격이 애매한 중간 상태로 남았다. 이상의 처리들은 페루치에서 줄리오 로마노로 이어지는 매너리즘으로부터 영향을 받은 것으로 볼 수 있다.

바사리-양식전개론과 재탄생(르네상스)

조르조 바사리Giorgio Vasari, 1511~74년는 아레초에서 태어났으며 화가, 건축가, 예술사가 등의 다양한 활동을 펼쳤다. 그는 건축보다는 회화 영역에서 더 많은 활동을 하면서 주요 작품을 남겼다. 15~16세기 르네상스 예술가들의 전기 『거장 건축가, 화가, 조각가…의 생애』1550는 그의 또다른 주요 업적이다(그림 317). 건축가로서의 활동은 상대적으로 적은 편이었다. 뛰어난 재주를 타고났지만 주로 회화, 저술, 사교 등에 에너지를 집중했기 때문이었다. 건축에서는 미켈란젤로의 영향을 강하게 받았지만 자신의 고유한 독창성을 보이며 주요 권력자들을 위한 작품들을 남겼다.

바사리는 특히 사교의 폭이 넓었다. 타고난 성격이기도 했지만 저술을 위한 자료 수집의 의미가 컸다. 그는 동시대 거의 모든 예술가들과 교류를 했으며, 일부와는 매우 친밀한 관계를 유지했다. 권력층과의 사교에서도 뛰어났다. 교황 율리오 2세 때인 1550년대 전반부에는 로마에서 여러 작품에 관여했다. 1555년부터는 코시모 통치 기간 동안 메디치 궁정의 주 건축가로 피렌체에 머물면서 더욱 밀접한 관계를 유지하며 크고 작은 작품들을 수주했다.

바사리의 대표작은 아레초의 조르조 바사리 하우스Giorgio Vasari House, Arezzo, 1540~48년, 코르토나Cortona의 산타마리아누오바Santa Maria Nuova, Cortona, 1554년, 피렌체의 베키오 팔라초Palazzo Vecchio, 1556~74년 개축과 우피치 팔라초Palazzo Uffizi, 1560~74년/사후 1580년대 완공, 피스토이아의 마돈나델우밀리타Madonna dell Umilita, Pistoia, 1561~69년의 돔 등을 들 수 있다.

우피치 팔라초는 도시 여러 곳에 분산되어 있던 13명의 행정장관magistrate을 한 건물에 모으기 위해 지어졌다(그림 318). 행정장관들은 사무실과 주거를 받았다. 시뇨리아 광장Piazza della Signoria에서 아르노 강Arno River에 이르는 거리를 두 개의 긴 수평 건물이 가로지르는 구성으로 이루어졌다. 프로그램 성격상 동일 요소의 반복이 불가피했다. 바사리는 자칫 지루해지기 쉬운 조건을 수평적 기념비성으로 잘 해결해내며 코시모의

317 조르조 바사리(Giorgio Vasari). 『거장 건축가, 화가, 조각가의 생애*Le vite de piu eccelenti architetti, pittori, et scultori…*』(1550) 타이틀 페이지

318 조르조 바사리(Giorgio Vasari). 우피치 팔라초(Palazzo Uffizi). 피렌체. 1560~74/80년대 사후완공

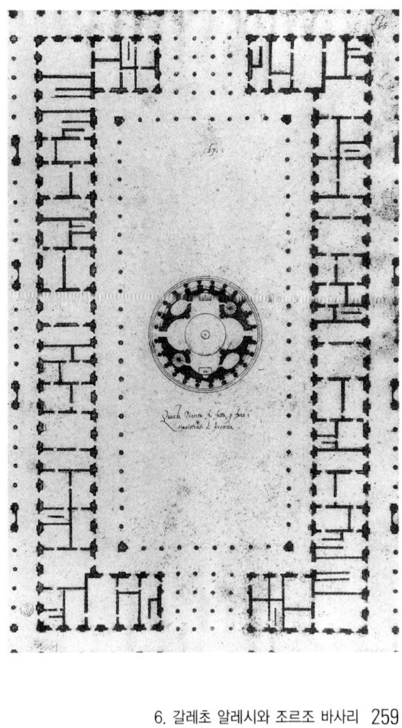

319 조르조 바사리(Giorgio Vasari), 우피치 팔라초(Palazzo Uffizi), 피렌체, 1560~74/80년대 사후완공

통치 권력에 권위를 선사했다.

모듈은 3베이를 세트로 삼아 반복되었다(그림 319). 세 베이는 두 개의 도리스식 오더와 양옆의 벽기둥으로 이루어졌다. 원시적 분위기는 건물 전면에 고전적 힘을 주었다. 자잘한 디테일을 생략한 대신 대리석의 자연색과 큰 조각상 중심으로 장식을 처리함으로써 고전적 힘을 배가시켰다. 1층과 2층 사이에는 중이층을 넣어 수직적으로는 총 4층의 높이를 가졌다. 각 층 사이를 강한 수평선으로 구획하여 수직적 연속성을 끊고 수평 질서가 전체를 지배하도록 했다.

바사리의 저서는 르네상스에서 독특한 의미를 가진다. 서양 최초의 예술사 저술로 평가받는 이 책은 르네상스 예술사에 대해 생생한 동시대 정보를 담고 있다. 독립적 타이틀로 다룬 예술가는 61명이며, 본문에 등장한 것까지 합하면 130명 이상이 등장한다. 일부 내용이 오류로 판명나기도 했고 건축의 전문 이론은 비트루비우스, 알베르티, 세를리오 등의 저서를 인용하는 등 한계도 지적된다. 그러나 개별 작품에 대한 해석에서는 자신만의 독창적 시각을 보여주고 있다. 1568년의 재판본에서는 건축 내용이 더 보장되었다.

바사리는 이 책에서 예술의 발전 단계를 '탄생과 성장-전성-쇠락'의 세 단계로 구별했다. 생명체의 일생에 비유한 이 구분은 흔히 '초기-성기-말기'로 나누는 양식전개론의 출발점이 되었다. 바사리는 이 시각을 그전까지의 예술사에 적용하여 고대 그리스와 로마의 고전주의를 서양 예술의 탄생과 성장-전성기로, 중세를 쇠락기로 보았다. 이것을 근거로 또한 자신이 활동하던 당대를 재탄생의 시기로 정의했다. 중세를 암흑기로 보고 르네상스를 재탄생의 의미로 정의하는 시각은 바사리가 여기서 처음 제시한 것이었다.

바사리의 생각은 르네상스를 '고전주의의 예술적 가치에 기초한 고대 문명의 재탄생'으로 정의하는 밑바탕이 되었다. 바사리는 절정기에 달한 예술의 조건으로 양식[maniera=style], 창조[invenzione=invention], 디자인[disegno=design]을 들었으며 여기에 산업의 적절한 발달이 뒷받침되어야 한다고 했다. 이렇게 완성된 상태에 도달한 예술에는 규칙[regola=regulation], 질서[ordine=order], 척도[misura=measure]의 가치가 나타난다고 했다. 이런 시각은 전통적인 고전주의로 볼 수 있다.

320 바사리(Vasari)가 예술발전의 요소로 꼽은 기술적 측면을 뒷받침하는 각 시대의 도구들

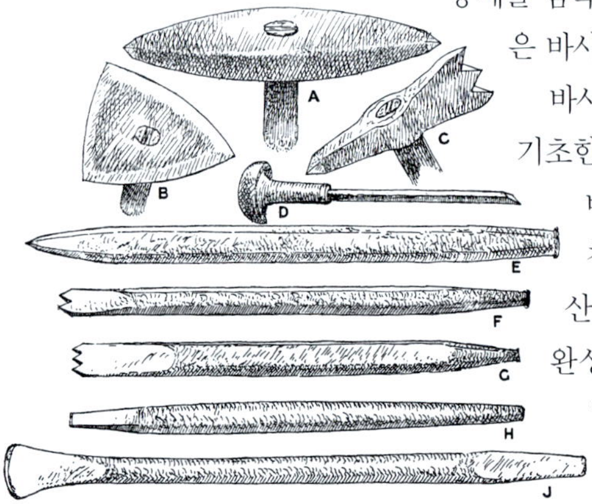

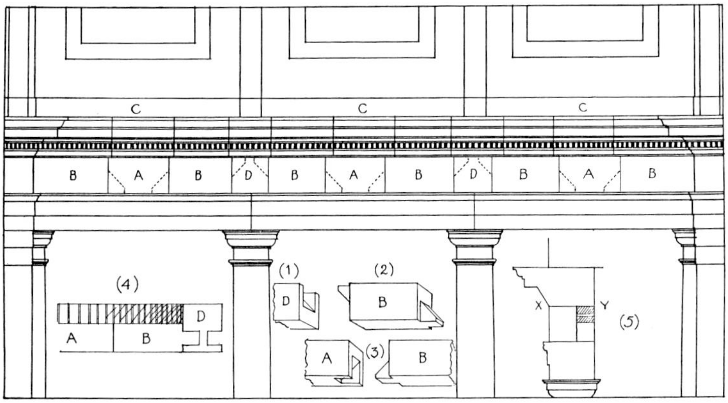

321 조르조 바사리(Giorgio Vasari), 우피치 팔라초(Palazzo Uffizi), 피렌체, 1560~74/80년대 사후완공

바사리는 예술을 이런 정신적, 미학적 가치의 문제로만 보지 않았다. 그는 각 장르의 고유한 테크닉도 중요한 기준으로 보았다. 각 장르의 테크닉을 적절히 구사해야 완성된 예술에 도달할 수 있다는 것이다(그림 320). 이것을 근거로 시각예술을 대표하는 회화, 조각, 건축의 세 장르 사이의 경쟁을 지양하고 통합을 지향했다. 바사리는 각 장르의 테크닉에 대한 상세한 설명을 통해 세 장르가 통합될 수 있는 가능성을 제시했으며, 이렇게 통합된 상태가 고전주의의 정수라고 보았다(그림 321).

이상의 내용들은 르네상스를 대표하는 건축가들의 고전주의에서 종류와 정도를 달리하며 공통적으로 나타난 것들이다. 바사리는 이처럼 비트루비우스의 고대 고전주의에서 알베르티와 미켈란젤로의 동시대 고전주의에 이르는 방대한 흐름을 정리하여, 르네상스의 기본 개념을 정의하였을 뿐 아니라 고전주의의 심미적 가치를 구체적 예술가들의 생애와 연관시켜 찾아냈다. 건축 저술이 많았던 르네상스 시대에 대부분의 책들이 유사한 고전주의 이론서였던 데 반해 바사리의 작업은 독자적 의미를 갖는 것이었다.

5장
16세기 베네치아 르네상스

1 미켈레 산미켈리

2 자코포 산소비노

3 안드레아 팔라디오

1 미켈레 산미켈리

르네상스 고전주의 대 베네치아 장식 전통

미켈레 산미켈리Michele Sanmicheli; 1485년경~1559년는 베네치아 공화국의 베로나에서 태어났다. 그는 석공이었던 아버지를 통해 처음 건축을 접했으며, 주변에는 상갈로 가족만큼 유명하지는 않았지만 석공 중심의 장인 가문이 형성되어 있어 평생 그들과 함께 일을 했다. 베로나의 석공 집안 출신이라는 배경은 산미켈리의 건축 경향이 돌 가공을 이용한 장식적 특징으로 나타나는 데 결정적으로 작용했다(그림 322).

그러나 정작 중요한 것은 산미켈리 자신이 단순한 석공 이상의 거장으로 성장했다는 점이다. 그는 적지 않은 대형 작품들을 남겼는데, 그의 건축적 의미는 상반되는 쌍개념 사이에서 일정한 조화를 이루어낸 데에서 찾을 수 있다. 그를 둘러싸고 있던 쌍개념은 '르네상스 고전주의 대 베네치아 장식 전통'으로 요약된다. 이것은 여러 다른 쌍개념으로 확장이 가능하다. 전자는 비트루비우스의 정통 고전주의, 성기 르네상스, 토스카나 로마 고전주의Tusco-Romanism, 오더 중심의 인문학적 상징주의, 축조적 엄밀주의 등에 대응시킬 수 있다(그림 323). 후자는 고대 바로크, 매너리즘, 베네치아 지역주의, 아치와 몰딩 중심의 현장주의, 표면 질감의 쾌락주의 등에 대응된다(그림 324). 거시적 관점에서 보면 전자는 로마의 전통을 이어받아 동시대를 대표하는 보편 양식에, 후자는 동방성에 근거한 지역 양식에 각각 대응시킬 수 있다. 지리적 관점에서 보면 전자는 중부이탈리아, 후자는 북부이탈리아를 각각 대표했다.

당시 베네치아 지방에서 태어난 건축가들에게 이런 쌍개념들은 피해갈 수 없는 관문 같은 것이었다. 작품성이나 성공 여부는 쌍개념 사이의 갈등을 어떻게 얼마나 해결하느냐에 달려 있었다. 15세기 후반부에 초기 르네상스를 받아들인 이래, 16세기에 들어와 베네치아 지방은 시대적 정체성 문제로 고민하고 있었다. '종교개혁-로마 대약탈-반종교개혁'으로 이어지는 격변기를 거치면서 베네치아공화국은 로마와 애매한 거리감을 갖는 어색한 관계에 놓여 있었다. 건축에서도 마찬가지였다. 로마로 대표되는 투스코-로마니즘은 15~17세기의 초기 근대 문명에서는 피해갈 수 없는 초기 조건이었다. 그러나 베네치아만의 지역 전통 또한 조금도 떨어질 것이 없었다.

322 미켈레 산미켈리(Michele Sanmicheli). 누오바 문(Porta Nuova). 베로나. 1533~51

323 미켈레 산미켈리(Michele Sanmicheli). 산조르조인브라디아(San Giorgio in Bradia) 캄파닐레. 베로나.

324 미켈레 산미켈리(Michele Sanmicheli). 베빌라쿠아 팔라초(Palazzo Bevilacqua). 베로나. 1532년경~

16세기라는 상황에 한정시켜 보면 베네치아의 건축 전통은 성기 르네상스와 매너리즘 사이에 낀 형국이었다. 표면적으로는 기교적 장식 전통이 매너리즘과 잘 맞는 것처럼 보일 수도 있었다. 그러나 고전 문법에 대한 기본 입장에서 매너리즘적 일탈과는 분명히 달랐다. 이런 점에서는 토스카나 로마 고전주의의 고전주의가 더 잘 맞을 수도 있었다. 그러나 장중한 기념비성이나 정통 엄숙주의 역시 베네치아의 전통과는 분명히 달랐다. 16세기 베네치아 건축가들은 이런 상반된 두 경향을 통합하는 임무를 운명처럼 타고났다.

산미켈리의 건축 인생도 여기서 벗어나지 않았다. 그는 고전 건축에 대한 일성한 이해를 바탕으로 성기 르네상스와 매너리즘 사이의 고민을 자신 있는 기교적 경향으로 통합해내며 16세기 베네치아 고전주의의 문을 열었다. 그의 건축은 고전주의와 매너리즘의 양면적 특징을 보인다. 브라만테, 라파엘로, 미켈란젤로 등의 고전주의를 바탕으로 안토니오, 페루치, 줄리오 로마노 등의 매너리즘을 혼합한 경향인 것이다. 표면적 특징은 비교적 정확한 어휘 구사로 나타났지만 구석구석 고전 문법에서 일탈하는 모습도 관찰된다(그림 325).

325 미켈레 산미켈리(Michele Sanmicheli). 팔리노 문(Porta Palino=Porta del Palin). 베로나. 1548~59

성채와 실용 인본주의

산미켈리는 전형적인 현장형 건축가이다. 일찍부터 현장에 투입되어 직접 몸으로 부딪쳐 배운 실용 기술을 바탕으로 자신만의 경험을 쌓으면서 건축으로 발전시켰다. 또한 폭넓은 인간관계를 통해 석공 출신이란 한계를 극복하며 르네상스의 인본주의 정신과 시각예술에 눈뜰 수 있었다. 그는 당시 로마와 베네치아의 지배 계층 등 만만치 않은 건축주 그룹을 가졌으며, 주요 예술가와 학자들과도 교류했다. 그가 교류한 사람들은 브라만테 공방과 미켈란젤로 등의 로마 건축가들, 산소비노와 팔라디오 등 베네치아 건축가들, 이 두 그룹에 속하지 않으면서 동시대를 대표했던 세를리오와 바사리 등의 주요 건축가들, 16세기 베네치아공화국의 문화, 예술, 학문을 이끌었던 화가와 인본주의자들 등 다양했다. 이를 통해 기술자의 실용정신에 인문 정신을 합칠 수 있었고, 비로소 완성된 건축가로 태어날 수 있었다.

산미켈리의 건축 경력은 초창기, 성채 활동, 고급 건축의 셋으로 나눌 수 있다. 초창기는 1527년경까지로 수학 기간에 해당된다. 10대 중반까지는 베로나에서 베네치아의 조적 전통을 배웠다. 베로나에 남아있던 로마 유적을 접하며 로마 고전주의를 익힌 것도 이때였다. 1500년경 로마로 옮긴 뒤에는 브라만테 공방과 상갈로 가문으로부터 건축을 배웠으며, 투스코-로마니즘도 익혔다. 이때 알게 된 안토니오 다상갈로 일조반네와는 평생 친구로 지냈으며 페루치와도 가까웠다. 1509년 오르비에토 성당Duomo di Orvieto의 보수 공사 감독 및 자문을 시작으로 1527년경까지 주로 오르비에토에서 가톨릭과 관련된 작은 일들을 수주했다.

326 미켈레 산미켈리(Michele Sanmicheli). 칸디아 성채(Castel Candia)

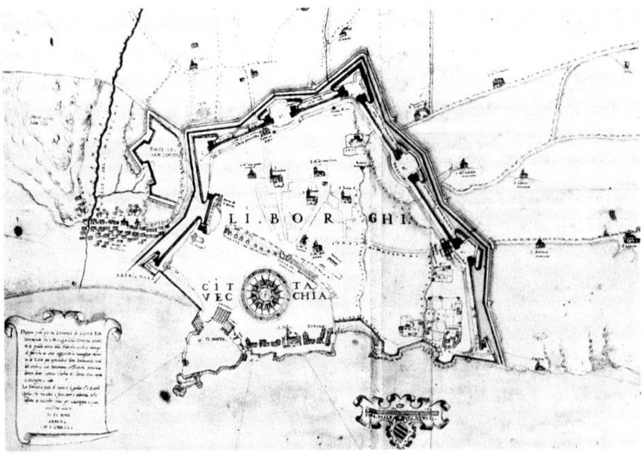

산미켈리의 본격적인 건축 활동은 1527년경부터 시작되었다. 그 내용은 성채와 고급 건축 둘로 나눌 수 있는데, 이 활동은 산미켈리의 평생에 걸쳐 계속되었다. 성채와 관련된 산미켈리의 활동 영역은 매우 넓었다. 교황 바오로 3세는 로마 대약탈과 같은 전쟁에 대비해 북부 지방의 모든 도시에 많은 성채를 축조했다.

산미켈리는 파르마, 피아첸차, 베로나, 베네치아 등을 중심으로 크고 작은 여러 성채 공사에 설계, 공사 감독, 자문 등 다양한 형식으로 참여했다. 그는 새로운 성채 기법과 시공 기술을 발명하는 등 능력을 인정받아 평생 이 분야에서 걸출한 활약상을 보였다(그림 326).

산미켈리는 이 기간 동안 성채 건축가로서 명성을 확고히 하여 로마 대약탈이 끝난 이후에도 여러 곳에서 초빙을 받았다. 가장 대표적인 것은 1530년대 중반부터 에게 해, 아드리아 해, 소아시아 등에 펴져 있던 베네치아공화국의 해외 식민지 성채 공사 대부분을 맡은 일이었다. 그의 건축 경력에서 절반 이상은 성채 건축이 차지했으며, 16세기 성채 건축 역사에서 그의 이름은 가장 중요한 위치를 차지했다.

산미켈리에게 성채는 단순히 실용 토목 구조물이나 군사시설이 아니었다. 그는 성채와 관련한 활동을 도시 계획에까지 확장시켰다. 베로나가 대표적인 예이다. 그는 베로나 성채를 설계-시공하면서 최초로 도시의 근대적 골격을 세웠다. 브라만테의 로마 재개발 계획을 참고하여 베로나의 도시 계획을 주도했다(그림 327, 328). 도시 내에서의 효율적 교통 체계, 도시의 주요 지점에 대한 공공 상징성의 확보, 도시의 권위에 대한 조형적 처리, 격자 블록에 의한 효율적 도시 운영, 도심과 외곽 사이의 유기적 관계 등이 그가 제시한 새로운 도시 계획의 개념들이었다.

327 16세기 베로나(Verona) 지도

328 리고치(Ligozzi)의 베로나(Verona) 전경 판화. 맨 앞 중앙에 산미켈리(Sanmicheli)의 누오바 문(Porta Nouva)이 보인다.

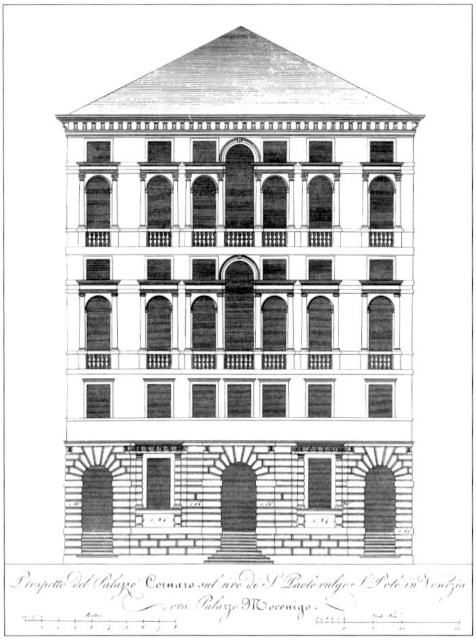

337 미켈레 산미켈리(Michele Sanmicheli). 산폴로의 코르나로 팔라초(Palazzo Cornaro a San Polo). 베네치아. 1555~64

이 있다. 베로나의 팔라초는 2층이며, 브라만테의 라파엘로 하우스 모티프를 주로 사용했다(그림 336). 1층은 고전 어휘를 쓰지 않고 돌 다듬기로 처리했다. 여기에는 북부이탈리아, 특히 베네치아 특유의 기교적 표면 질감이 표현되었다(그림 334). 2층은 아치와 벽기둥을 세트로 삼아 창틀을 처리하는 등 고전 어휘를 이용하여 구성했다(그림 324). 베네치아의 팔라초는 3층 이상의 다층으로 이루어졌으며, 층 사이의 구별은 거의 없는 편이다. 전층에 아치를 균등하게 사용했으며, 아케이드의 개방적 면으로 처리했다(그림 333, 337). 건축적 처리는 아치의 표면 효과에 집중했다. 디테일 음영과 건축 어휘 사이의 조화가 관건이었다.

카노사 팔라초, 베빌라쿠아 팔라초, 산루카의 그리마니 팔라초

카노사 팔라초는 산미켈리의 베로나 팔라초 유형이 완성된 최초의 예이다(그림 338). 1층은 모르타르 선을 크게 한 혹두기 이미지로 처리했다. 기단의 이미지에 맞는 튼튼한 분위기가 1차적 목적이었지만 최종 효과는 돌출이 적은 평면적 특징으로 나타났다. 돌 표면도 북부 지방 특유의 '파삭파삭'한 모습으로 나타났다(그림 334). 분할에서는 삼분법을 두 번 적용했다. 고전 어휘는 아치의 종석 이외에는 사용되지 않았다. 반대로 2층은 코린트식 쌍 벽기둥을 이용하여 분할했고, 창의 상인방은 아치로 처리했다. 창틀은 기하 형태를 이용하여 벽기둥의 잔재를 암시했다. 두 층 모두 본층 위에 중이층[mezzanine]을 넣어 건물 전체에 수직 비례를 보강했다. 2층의 벽기둥이 높아지면서 수직 비례가 강화되었다. 안마당을 면하는 벽에는 미켈란젤로가 파르네세 팔라초의 안마당에서 사용했던 블라인드 아치를 차용했다.

베빌라쿠아 팔라초의 전체 구성은 카노사의 모티프를 반복 사용했으며, 여기에 보르사리 문의 모티프를 더했다(그림 335, 339). 2층 오더를 수직 홈과 나선형 홈의 두 종류로 처리한 점, 창틀을 오더 어휘를 이용하여 두 겹으로 처리한 점, 창의 상인방을 아치와 신전 박공의 두

338 미켈레 산미켈리(Michele Sanmicheli). 카노사 팔라초(Palazzo Canossa). 베로나. 1529/31~37

339 미켈레 산미켈리(Michele Sanmicheli). 베빌라쿠아 팔라초(Palazzo Bevilacqua). 베로나. 1532년경~

겹으로 처리한 점, 신전 박공을 삼각형과 반원형으로 교대 처리한 점 등이 보르사리에서 차용한 모티프들이다(그림 324).

세부 처리에서 조각 효과에 치중한 점은 이런 선례들과 다른 베빌라쿠아만의 특징이다. 1층에서는 모르타르 선을 두껍게 하여 돌 나누기를 거친 표면 효과로 전환시켰다. 개구부 사이의 분절을 벽기둥으로 하되, 벽이 돌출한 것처럼 처리했다. 이런 벽 사이에 다시 창을 받치는 까치발을 끼워 넣었다. 까치발 자체도 장식 처리했다. 2층에서는 상인방 아치와 여백 벽면 등을 장식적으로 처리했다. 아치의 깊이가 매우 얕아 덩어리 느낌이 사라지고 얇은 판재로 처리한 것처럼 보인다. 프리즈도 장식으로 가득 채웠다.

340 미켈레 산미켈리(Michele Sanmicheli). 베빌라쿠아 팔라초(Palazzo Bevilacqua). 베로나. 1532년경~

장식 처리가 강조되면서 입면은 실내 공간의 표시 기능을 상실했다. 크기[1층]와 높이[2층]를 달리하는 아치들이 교대로 얽히면서 정적인 안정감은 사라지고 구조 구성이 복잡하게 헝클어졌다(그림 340). 개구부 개수와 면적이 너무 크고 그 사이를 메우는 벽체는 장식적으로 처리되어서 입면은 고형성을 상실하고 스크린처럼 느껴진다. 사용된 어휘의 종류가 너무 많고 장식도 잘게 처리되어 분산적 분위기가 지배한다. 장식 어휘들은 베네치아의 밝은 햇빛과 어울려 조각적 분위기를 자아낸다.

산루카의 그리마니 팔라초는 산미켈리의 베네치아 팔라

341 미켈레 산미켈리(Michele Sanmicheli), 산 루카의 그리마니 팔라초(Palazzo Grimani a San Luca), 베네치아, 1557~59/사후 1561~75년 완공

초 유형을 대표한다. 이 건물은 오더와 아치가 어우러진 정통 고전주의로 처리되었다(그림 341). 전체적인 분위기도 안정감이 주도했다. 건물 윤곽을 정사각형 비례로 처리한 점, 세 층 모두에 개선 아치 모티프를 사용하여 중앙부를 강조한 점, 아래층으로 내려갈수록 축조성을 강화한 점 등이 안정감을 만들어낸 요소들이다. 오더의 위계와 층고 차이에 의해 층 사이의 역할을 구별했다. 1층은 가장 높이가 높은 데다 벽기둥으로 처리됨으로써 벽 면적이 넓어지면서 기단의 안정적 분위기를 형성한다. 2층과 3층은 모두 독립 원형 기둥으로 처리되었는데, 2층의 높이가 더 높아 피아노 노빌레의 위계가 나타났다.

오더를 이용한 위계 표현은 수평 방향으로도 나타났다. 중앙 베이는 단일 기둥인 반면 둘째 베이가 쌍기둥인데, 이로 인해 둘째 베이까지가 중앙부로 읽히면서 중앙부가 강조되었다. 장식과 몰딩 등은 자제한 대신 시각 효과로 오더, 아치, 인방, 창틀, 엔태블러처 등 건축 어휘를 이용했다. 건축 어휘들의 심한 들고남이 깊은 음영을 듦으로써 건축적 축조성이 강조되었는데, 궁극적으로는 덩어리감과 고전적 위엄을 얻어냈다.

자코포 산소비노 2

베네치아 고전주의와 산소비노

자코포 산소비노Jacopo Sansovino, 1486~1570년는 카프레세에서 태어났으며 조각과 건축 모두에서 중요한 업적을 남겼다. 건축에 국한시켜 볼 때 16세기 이탈리아 건축을 대표하는 건축가 가운데 한 명이었으며, 특히 베네치아 매너리즘과 고전주의를 대표했다. 이런 점들에서 그는 미켈란젤로나 산미켈리와 좋은 비교가 된다. 미켈란젤로와는 고향이 같았으며 건축에 대해 조각적 접근을 한 점에서 공통점을 보였다. 미켈란젤로의 명성만은 못했지만 산소비노 역시 생전에 대가로 인정받았다. 두 사람은 서로 잘 알았으며, 친구인 동시에 라이벌이기도 했다. 그러나 차이도 컸다. 미켈란젤로가 정통 고전주의와 창조적 매너리즘 모두에서 최고의 경지에 오르며 16세기의 시대적 고민을 대표했다면 산소비노는 좀더 차분한 북부이탈리아의 고전주의 분위기를 유지하며 장식을 즐겨 사용했다(그림 342).

두 사람의 고전주의는 언뜻 보면 비슷한 점이 많다. 산소비노가 고전주의를 주로 로마에서 배운 사실도 여기에 작용했다. 그러나 세밀하게 보면 달랐다. 미켈란젤로는 자신만의 고전주의 어휘를 창출했지만 넓게는 로마의 정통 고전주의로 분류될 만했다. 반면 산소비노는 매끄럽고 탄력적인 표면 질감을 바탕으로 덩어리감이 힘과 섬세한 조각 디테일을 혼합한 북부이탈리아 고전주의를 대표했다.

산미켈리와는 베네치아 매너리즘을 대표했던 점에서 비교 대상이 된다. 두 사람 모두 로마에서 배운 고전주의를 바탕으로 북부 지방의 지역 전통을 가미한 베네치아 매너리즘을 창출했다. 두 사람은 누구보다 서로를 잘 알았으며, 베네치아가 주 활동 무대인 점도 같았다. 영향 관계에서는 산소비노가 산미켈리에게 끼친 영향이 더 컸다는 것이 통설이다. 그러나 차이점도 많다. 석공 출신인 산미켈리는 선례들을 혼합 모방하는 방식으로 작업했다. 그는 '좀 배운 기술자'로서 건축에 대

342 자코포 산소비노(Jacopo Sansovino,). 로제타(Loggetta). 베네치아. 1537~40

343 자코포 산소비노(Jacopo Sansovino,). 산마르코 도서관(Libreria di San Marco). 베네치아. 1536~60

344 자코포 산소비노(Jacopo Sansovino,). 산마르코 도서관(Libreria di San Marco). 베네치아. 1536~60

해 실용적 입장을 견지하며 일찍부터 현실 세계에 뛰어들어 넓은 활동 반경을 자랑했다. 만만치 않은 건축주들을 거느렸지만 작품성의 근원은 건축적 깊이보다는 돌 다루는 솜씨와 장식적 처리에 두었다. 기능 유형은 성채와 주거 두 종류에 주로 집중되었다.

반면 산소비노는 소위 말하는 정통 고급 건축가였으며, 부침 없는 균질한 고전주의를 구사했다. 이것은 16세기를 격변의 시기보다는 자신감의 시기로 정의했음을 의미한다. 이런 점에서 산소비노는 매너리즘보다는 성기 르네상스로 분류하는 것이 더 타당하다(그림 343). 그는 16세기 베네치아 고전주의를 대표하며 팔라디오를 잉태했다. 나아가 이후 18세기까지 베네치아 초기 근대 건축의 방향을 결정짓는 등 큰 영향을 끼쳤다. 기능 유형은 대형 공공건물을 중심으로 팔라초, 교회, 수도원, 교육시설 등 다양했다(그림 344).

16세기 베네치아 르네상스의 의미를 이탈리아 반도, 나아가 유럽 전체의 관점에서 파악할 경우 산소비노의 중요성은 더욱 커진다. 로마 대약탈 이후 건축의 중심지는 더이상 로마가 아니었다. 교황들은 로마 재건 계획을 세웠지만 재원과 정치력 모두에서 의욕만큼 되지 않았다. 성 베드로와 캄피돌리오 정도 이외에는 로마에 더이상 주요 건축물이 세워지지 않았다. 로마에 실망한 건축가들은 로마를 떠나 일거리가 많은 베네치아공화국으로 옮겨갔다.

로마의 건축적 역할을 이어받은 것은 베네치아공화국이었다. 미켈

345 자코포 산소비노(Jacopo Sansovino,). 산마르코 도서관(Libreria di San Marco). 베네치아. 1536~60

란젤로를 제외한 대부분의 매너리즘 건축가들은 북부이탈리아, 특히 베네치아공화국 일원에 작품을 남겼다. 로마 대약탈 이후 베네치아는 더이상 베네토 지역에 국한된 지역 중심지가 아니라 르네상스 전체를 대표하는 도시가 되었다. 따라서 건축에서도 이에 걸맞는 일정한 보편 양식이 요구되었다. 이것을 이룬 것은 산미켈리가 아니라 산소비노였다. 산미켈리는 지역성에 많이 갇혀 있었다. 반면 산소비노는 로마 고전주의를 바탕으로 삼음으로써 16세기를 대표하는 베네치아의 역할을 가능하게 했다(그림 345). 특히 팔라디오와의 연속성까지 고려하면 더욱 그러했다.

산소비노의 경력은 셋으로 나눌 수 있다. 첫째는 1502~17년의 훈련기이다. 1505년까지는 피렌체에서 청소년기를 보내면서 주로 조각을 배우며 건축을 접했다. 이때의 건축 스승은 줄리아노 다상갈로였다. 1506년에는 줄리아노를 따라 로마로 이주하여 브라만테 공방에서 일을 하며 조각과 건축을 배웠다. 1511년에는 다시 피렌체로 돌아가서 1518년까지 머물렀다. 훈련기 동안은 대가들의 보조 역할, 조각, 발굴 복원, 계획안, 모델 제작 등의 일을 주로 했으며 정식 작품은 아직 나오지 않았다.

둘째는 1518~27년의 로마 활동기이다. 이 기간 동안 산소비노는 적극적으로 건축 활동을 시작했다. 이때 첫 작품이라 할 수 있는 조반니가디 팔라초Palazzo Giovanni Gaddi를 남겼다. 산조반니데이피오렌티니San Giovanni dei Fiorentini, 1518~21년와 코르소 거리의 성 마르첼로San Marcello al Corso, 1519년경~ 등의 교회 설계에도 관여했는데 둘 모두 안토니오 다상갈로 일조반네에게 넘어갔다. 로마기는 노력에 비해 구체적 결과물에서 성공적이지 못했다. 산소비노는 로마 주류 건축가들의 심한 견제를 받으며 높은 벽을 실감했다. 그러나 동시대 보편 양식이었던 로마 고전주의를 익힌 것은 중요한 수확이었다.

베네치아 조폐국–보편 양식과 지역 전통

셋째는 1527~70년의 베네치아 활동기였다. 로마기 동안 한계를 느낀 산소비노는 로마 대약탈을 핑계 삼아 베네치아로 이주했다. 이주 연도는 확실하지 않지만 1527년부터 베네치아 활동기로 잡는 것은 무리가 없어 보인다. 이후 산소비노는 베네치아에 머물며 전성기를 보냈다. 조각적 소질을 바탕으로 베네치아 특유의 지역 전통을 잘 소화해내며 16세기 베네치아 고전주의를 대표하는 대작들을 남겼다.

산소비노의 베네치아 활동은 서양건축사상 이례적인 예에 속한다. 그가 아무 연고 없는 베네치아로 이주한 이유 역시 확실하게 알려진 것이 없으나 로마 체류기간 동안 알게 된 그리마니가 베네치아의 총독으로 부임한 사실이 결정적으로 작용했던 것으로 보인다. 그리마니는 곧 사망했지만, 산소비노는 새 총독을 비롯한 귀족계층의 신임을 받으며 네 채의 관공서, 세 채의 교구 교회, 두 채의 수도원 교회, 두 채의 교육시설, 세 채의 팔라초 등을 주요 작품으로 남겼다.

당시 베네치아는 대표 건축가를 찾고 있었다. 정치적 격변기를 거친 뒤 어느 정도 안정을 되찾으면서 그에 맞는 상징물, 기념비, 공공건물 등의 건축 활동이 필요해졌다. 베네치아에는 고대 제국에서 공화국에 이르는 찬란한 역사에 걸맞게 도시 전체를 새롭게 바꾸어야 한다는 공감대가 퍼져 있었다. 특히 세계에서 가장 오래된 공화국이라는 자부심에 걸맞게 고전적 위엄으로 치장한 새로운 도시상이 요구되었다. 이런 배경 때문에 16세기 베네치아에 맞는 건축양식은 매너리즘보다는 성기 르네상스였다. 성기 르네상스 고전주의의 여러 특징 가운데 명확하고 웅장한 고전 어휘가 만들어내는 정치적 확신과 예술적 힘, 그리고

346 작가미상. 〈터키인의 줄타기*The Flight of the Turks*〉에 등장한 산마르코 광장 전경

로마제국에 대한 역사적 상징성은 베네치아의 시대적 요구에 가장 잘 맞았다(그림 346).

여기에 베네치아 특유의 문화적 전통을 더해야 했다. 이 모든 것을 만족시킬 건축가를 찾는 일은 쉽지 않았다. 산미켈리는 고급 수요를 충족시키기에는 역부족이었다. 팔라디오는 한 세대 뒤였다. 또한 로마에서 활동하던 주요 건축가들에게 베네치아는 멀고 낯설었다. 물리적 거리와 정치적 관계도 부담이었고, 베네치아의 강한 지역 전통을 만족시키는 것도 어려웠다. 로마에서 실패를 맛보았던 산소비노는 나머지 인생을 베네치아에 살며 모든 것을 바쳐 이런 조건을 만족시킴으로써 베네치아를 대표하는 건축가가 되었다.

산소비노는 가장 먼저 도시의 심장부인 산마르코 광장Piazza San Marco 확장 공사의 총감독관이 되어 베네치아가 근대적 골격을 갖추기 위한 디딤돌을 놓았다. 확장된 광장에는 조폐국Zecca, 1535~47년, 산마르코 도서관Libreria di San Marco, 1536~60년, 로제타Loggetta, 1537~40년 등 그의 대표작들이 경계부의 윤곽을 형성했다. 이밖에도 코르나로델라카그란데 팔라초Palazzo Cornaro della Ca' Grande, 1545년경~, 성 마르티노San Martino, 1540년경~70/1633~53년 사후 완공, 총독궁 내 황금계단Scala d' Oro, Palazzo Ducale, 1557~58년, 산제미니아노San Geminiano, 1557~58년 등의 대표작을 남겼다.

조폐국에서는 고전 어휘와 돌의 표면 질감을 이용하여 빈틈없는 짜

347 자코포 산소비노(Jacopo Sansovino,). 조폐국(Zecca). 베네치아. 1535~47

임새를 보였다. 산소비노의 설계는 2층까지이다(그림 347). 1층은 아케이드를 기본 구조로 삼았다. 진공부와 벽체 사이에는 적절한 비율을 주어 기단부의 고형체 느낌을 확보했다. 창의 가지런한 반복도 이런 느낌을 유지하면서 단정한 기능성으로 나타났다. 아치의 홍예석은 벽체에 대비되어 과하지도 부족하지도 않은 정도로 돌출하며 자신의 존재를 드러냈다. 홍예석뿐 아니라 벽체 전체의 돌나누기는 돌출 정도를 달리하며 율동감과 음영 효과를 만들었다. 돌나누기는 모르타르 선을 두껍게 하여 굵은 선을 만듦으로써 거친 느낌을 주었다. 홈두기를 돌나누기로 대체한 처리이다.

348 자코포 산소비노(Jacopo Sansovino,). 조폐국(Zecca). 베네치아. 1535~47

2층은 '기단-주신-엔태블러처'로 이루어지는 표준 오더 체계를 사용했다. 여기서도 진공부와 벽체 사이의 비율 유지에 신경을 썼다. 이를 위해 벽체의 위아래 부분을 늘렸다. 아래 부분은 창 열 전체를 하나의 몸체로 보고 이것을 기단이 받치는 형식으로 처리했다. 위 부분은 아키트레이브를 두 단으로 해서 높이를 높인 뒤 밑으로 내려 상인방으로 쓰는 형식으로 처리했다. 창틀은 토스카나식 반원형 벽기둥의 주신에 돌출 띠를 넣어 아래 분위기와 맞추었다.

이상의 처리들이 어우러지면서 건물은 고전적 위엄과 꽉 짜인 안정감을 확보했다. 돌은 덩어리감과 표면 질감 모두를 잘 표현했으며, 한눈에 튼실하게 시공되었음을 알 수 있다. 2층 벽기둥 사이의 상인방은 블록을 끼워 넣은 것같이 처리함으로써 고전 어휘의 상징적 구성을 돌의 축조성으로 전환시켰다(그림 348). 몰딩이나 조각 디테일 대신 고전 어휘를 크고 작은 사각형 단위로 나눈 뒤 이것들 사이의 적절한 조화를 통해 장식 효과를 얻었다. 덩어리 사이의 비례, 사각형의 어울림, 들고남의 돌출 상태, 끼우기와 쌓기의 시공 처리 등으로 전체적인 조화를 꾀했다.

산마르코와 공화국 이상

산마르코 도서관은 산마르코 광장을 확장하면서 분리된 대광장Piazza과 소광장Piazzetta 사이에 세워졌다. 본래 건축위원회에서는 이 건물을 부두의 전면에 세우려 했다. 그러나 바다 쪽에서 볼 때 광장이 가로막히게 되어 광장의 생명력을 죽인다는 지적이 제기되었다. 베네치아는 도시 성격상 외부에서 들어오는 사람과의 물류는 대부분 바닷길을 이용했다. 산마르코 광장은 특히 베네치아의 첫 관문으로 외국 사신 등 주요 인사가 가장 처음 들어서는 곳이었다. 결국 도서관이 지금의 위치에 세워짐에 따라 광장은 바다와 접하면서 숨통이 트였다(그림 349). 광장 안에서 볼 때에도 맞은편의 총독궁, 산마르코 교회와 균형을 이루는 위치이다. 이 건물은 1층에 상가, 2층에 시장 집무실과 시립도서관이 입주하면서 시민권을 상징했다.

349 산마르코 광장, 베네치아

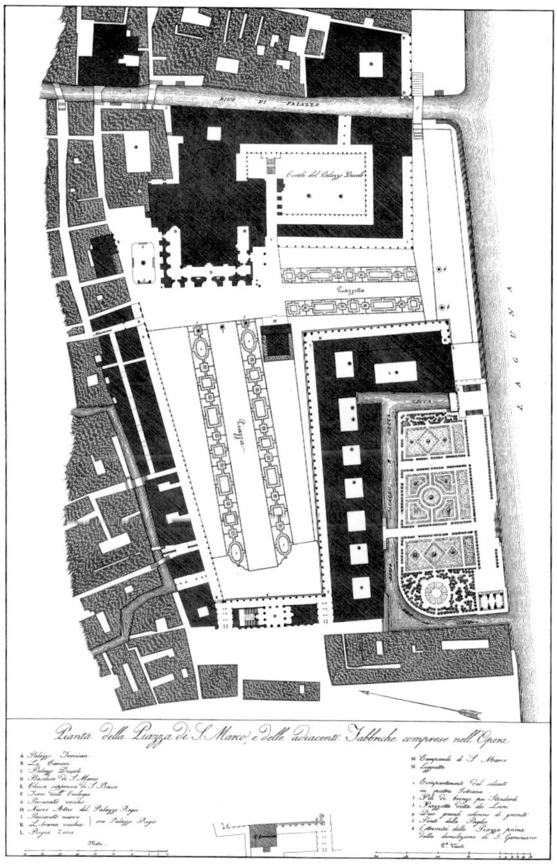

따라서 총독궁, 교회와 적절한 관계가 요구되었는데, 규모, 방향, 건축 어휘 등 세 측면에서 고려되었다. 규모에서는 둘을 압도해서도 안 되지만 너무 작아도 안 되었기에 높이를 낮게 하는 대신 길이를 늘임으로써 수평적 안정감을 통해 두 건물과 균형을 이루었다. 방향에서는 광장의 긴 면 두 쪽을 각각 나누어 담당함으로써 서로 마주봄과 동시에 바다를 향해

350 자코포 산소비노(Jacopo Sansovino,). 산마르코 도서관(Libreria di San Marco). 베네치아. 1536~60

협조를 이루는 방식으로 조화를 얻어냈다(그림 345). 건축 어휘는 성기 르네상스의 고전주의와 조각적 섬세함이 뛰어난 조화를 이루었다. 고전 어휘는 반원형 벽기둥과 수평선이 주를 이루는데, 이를 통해 인본주의의 힘을 강조하려 했던 것으로 보인다. 벽기둥에 반원형을 사용한 것은 고전주의의 순도를 높이기 위한 것으로, 이것은 브라만테의 이상이기도 했다. 그러나 미켈란젤로처럼 거대 기둥으로까지는 나아가지 않음으로써 지나친 위압감을 피했다. 그 대신 1층과 2층을 명확히 분절함으로써 인간의 선인 수평선을 강조했다.

351 자코포 산소비노(Jacopo Sansovino,). 산마르코 도서관(Libreria di San Marco). 베네치아. 1536~60

총 85미터의 긴 수평선이 세 겹 만들어졌다(그림 350). 이것을 21개의 베이가 분절하며 규칙적 반복을 이루는데, 지루한 느낌은 안 든다. 광장 면적과의 스케일 균형감, 섬세한 장식 처리, 3차원 덩어리감 그리고 이것이 주는 짙은 음영 등 지루함을 중화시키는 적절한 처리들이 구사되었다. 축조성을 통해 고전적 권위도 잘 표현되었다. 1층은 도리스식, 2층은 이오니아식으로 처리하여 수직 층쌓기를 활용했다. 2층 창을 세를리오 모티프 Serlian motif 창을 중앙의 아치와 양옆의 직사각형으로 삼분한 뒤 그 경계를 소형 기둥으로 분절하는 어휘로 처리하여 어휘를 잘게 분절함으로써 섬세한 조각적 분위기를 배가했다. 이것은 아래층의 덩어리감과 대비되며 축조적 안정성을 가져왔다(그림 351).

이상의 건축 어휘는 맞은편 두 건물과 시대적 상징성에서 대비 구도를 이루었다. 두 건물이 고딕과 비잔틴인 것과 대비되어 도서관은 르네상스 고전주의의 표준 어휘를 사용했다. 고딕과 비잔틴은 중세 기독교를 상징하는 반면, 고전주의는 르네상스 인본주의를 상징한다. 중세 양식이 가톨릭에 기초한 비잔틴제국을 상징한다면 고전주의는 인본주의에 기초한 베네치아공화국을 상징한다. 맞은편의 두 건물은 화려한 장식과 비정형 구도 등을 통해 중세 전통을 상징한 반면, 도서관은 고전 어휘의 품위와 규칙적 반복을 통해 초기 근대적 이상을 상징했다.

352 자코포 산소비노(Jacopo Sansovino,). 로제타(Loggetta). 베네치아. 1537~40

로제타는 건축적으로는 캄파닐레의 기단 개념이지만, 사회적으로는 베네치아 귀족들의 회합 장소로 세워졌다(그림 352). 이 건축물은 넓게 보면 옆의 도서관을 광장 안쪽으로 마감하는 동시에 광장의 안쪽 관문 성격을 갖는다. 이처럼 처음부터 실내 공간을 갖지 않는 광장 조형물로 정의되었기 때문에 건축적 관심은 파사드에 모아졌다. 로마 시대의 개선 아치를 모델로 차용하여 광장의 관문 기능을 상징적으로 표현했다. 개선 아치는 장식 처리를 주요 특징으로 갖는 유형이기도 한데, 이런 점 또한 이 건물의 성격에 잘 맞았다. 전체 구성은 균등 삼분법으로 이루어졌다. 윤곽은 개선 아치의 축조성보다는 기단에 적합하도록 육면체에 가깝게 처리했다. 각 베이는 독립 원형 쌍기둥으로 분할했다. 쌍기둥 사이는 작은 아치가 들어갈 정도로 떨어졌다.

353 자코포 산소비노(Jacopo Sansovino,). 로제타(Loggetta). 베네치아. 1537~40

이 건물은 로마제국의 영광과 베네치아의 장식 전통의 혼합이라는 상징성을 가진다. 원형 기둥을 밖으로 돌출시켜 음영 효과를 노림으로써 로마제국을 기억하는 고전 어휘의 상징성을 높였다. 측면에서 보면 여덟 개의 원형 기둥이 늘어서 있어 작은 규모이면서도 고전적 위엄을 보여준다. 아치 세 개를 제외한 나머지 벽면은 장식 처리가 돋보이는 바탕면으로 작용했다. 몰딩과 디테일은 풍부하면서도 섬세하게 조각되었다. 돋을새김과 조각물은 넘쳐났으며, 백색과 분홍색 대리석을 이용한 색채주의도 가세했다. 전체 규모는 휴먼 스케일을 유지했다. 이상의 처리들은 베네치아공화국이 과거 로마제국의 이상을 이어받았음을 상징적으로 표현한 것으로, 지배 귀족들에게 큰 만족감을 가져다주었다(그림 353)

3 안드레아 팔라디오

비첸차와 트리시노

안드레아 팔라디오Andrea Palladio, 1508~80년(그림 354)는 파도바에서 태어났다. 팔라디오의 아버지는 제분업자로 건축과는 연관성이 없었다. 팔라디오는 대부였던 조각가 빈첸초 데그란디Vincenzo de' Grandi에게서 처음 조각을 배웠고, 13세 때 석공 일을 배우면서 건축을 접하기 시작했다. 이후 비첸차로 이주하여 16세 때에는 비첸차 석공 길드 회원이 되었고, 조반니 디페데무로Giovanni di Pedemuro라는 석공 회사에 소속되었다. 이처럼 처음 접한 분야가 돌을 다루는 일이었는데 이것은 향후 팔라디오의 건축 경향을 상당 부분 결정지었다.

팔라디오는 비첸차를 좋아했다. 새로 이주한 도시에서 일찍부터 석공 일에 두각을 나타냈으며, 인간관계를 잘 유지하면서 유능한 석공으로 커나갔다. 비첸차의 석공 관련 인사들도 팔라디오를 신뢰했다. 화려한 시작은 아니었지만 그는 당시 건축을 구성하던 가장 중요한 분야 가운데 하나에 확실하게 안착하면서 이른 나이에 안정된 직업을 찾았다. 1540년에는 '마에스트로 안드레아, 건축가'라는 칭호를 얻으며 석공 분야를 넘어 작품을 남기기 시작했다. 이렇게 비첸차에 정착하여 평생을 보내면서 팔라디오는 이곳을 실질적인 고향으로 여겼다. 비첸차는 팔라디오에게 많은 기회를 주며 그가 최고의 건축가로 성장하는 토양이 되었다. 거꾸로 팔라디오는 비첸차의 주요 르네상스 건물들을 설계하여 비첸차를 르네상스를 대표하는 도시 가운데 하나로 끌어올리면서 도시의 근대적 골격을 닦았다.

354 안드레아 팔라디오(Andrea Palladio) 초상화. G. B. 마간차(Maganza) 그림이다.

팔라디오는 1537년경 첫 작품인 로네도Lonedo의 고디 빌라Villa Godi를 설계하면서 본격적인 건축가의 길로 접어들었다. 그 과정에서 잔 조르조 트리시노Gian Giorgio Trissino를 만난다. 트리시노는 비첸차 출신의 귀족으로 건축에 관심이 많은 인본주의자였다. 그는 로마의 중앙 정치에 진출하여 교황을 축으로 과거 로마제국의 영광을 재현하려는 야망을 가지고

있었다.

트리시노는 비첸차를 자신의 야망을 구체화하는 토대로 삼았다. 이를 실현시켜줄 건축가를 찾던 중 팔라디오의 재능을 알아본 것이고, 자신이 사망할 때까지 팔라디오의 후원자가 되어 많은 건물을 수주했다. 트리시노 없이는 팔라디오도 없었을 만큼 트리시노의 후원은 절대적인 것이었다. 트리시노의 입장에서도 팔라디오를 활용함으로써 자신의 정치적 입지를 다지는 데 도움을 받았다.

트리시노는 팔라디오의 건축 경향을 상당 부분 결정했다. 그는 개인적으로 비트루비우스를 연구하는 등 로마의 정통 고전주의를 제국의 영광을 재현하는 중요한 수단으로 여겼으며, 자신의 이런 개념을 팔라디오에게 심어주었다. 트리시노는 팔라디오에게 라틴어와 인문학을 가르치고 로마를 비롯한 주요 도시를 함께 여행하면서 고전 유적과 동시대 대가들의 성기 르네상스를 접하게 했다.

이로써 팔라디오는 당시 고급 건축가로 성장하기 위한 필수 조건을 갖추게 되었다. 그는 르네상스를 베네치아의 지역 전통을 뛰어넘어 로마 문명 전체의 문제로 볼 수 있는 폭넓은 시각을 갖추었다. 늦게 시작한 공부였지만 팔라디오의 학문적 성취는 뛰어났다. 이런 공부는 팔라디오의 작품이 완숙한 경지에 이르는 데 중요한 역할을 했을 뿐 아니라, 말년인 1570년에는 『건축사서*I Quattro Libri dell'Architettura*』를 쓰는 밑바탕이 되었다. 이 책은 자신의 건축에 대한 해설서인 동시에 르네상스 건축 전체를 통틀어서도 중요한 이론서가 되었다(그림 355).

트리시노는 팔라디오를 산미켈리와 세를리오에게 소개하여 도면 작성과 같은 고전 건축의 기초를 배우게 하는 등 기술적 측면에서도 도움을 주었다. 팔라디오는 드로잉을 비롯해 다방면에 상당한 소질이 있었을 뿐만 아니라 성실히 배움으로써 1540년에는 '건축가' 칭호를 얻고, 1540년대 초반에는 상당한 수준의 도면과 스케치들을 그릴 수 있게 되었다. 게다가 그는 건축 이론가 알비세 코르나로Alvise Cornaro와 극작가 안젤로 베올코Angelo Beolco 등과 같은 인본주의 그룹과도 교류를 가지며 이들로부터 영향을 받았다. 이런 교류를 통해 비첸차와 파도바를 비롯한 베네치아 지방의 귀족 등 지배 계층을 건축주로 가질 수 있게 되었다.

355 안드레아 팔라디오(Andrea Palladio). 『건축사서*I Quattro Libri dell'Architettura*』(1570) 표지

356 다니엘 바르바로(Daniel Barbaro). 『건축십서*I Dieci Libri dell'Architettura*』(1556) 표지
357 안드레아 팔라디오(Andrea Palladio). 아그리파 목욕탕(Baths of Agirippa) 유적답사 스케치

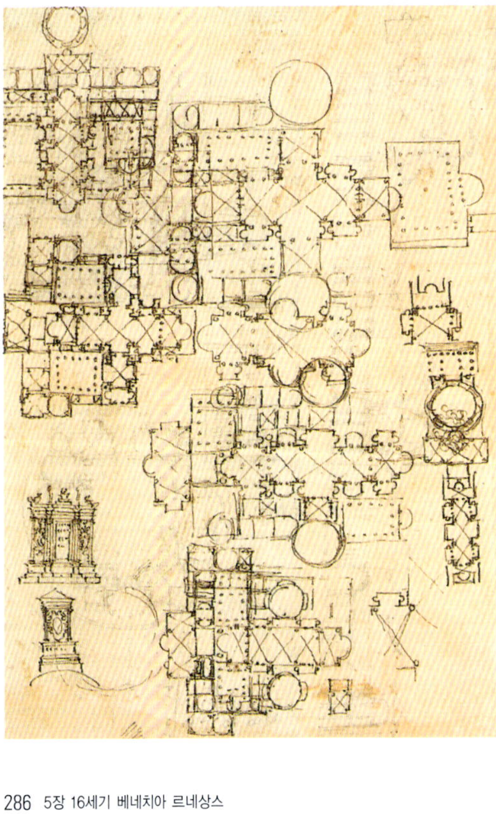

종합화와 보편적 전인상

트리시노가 1550년에 사망한 뒤에는 다니엘 바르바로Daniel Barbaro가 그 역할을 이어받았다. 바르바로와 팔라디오는 함께 1547년부터 9년에 걸쳐 비트루비우스를 연구하여 바르바로의 이름으로 번역본 『건축십서*Il Dieci Libri dell'Architettura*』1556를 출판한다(그림 356). 이때의 경험은 나중에 팔라디오가 『건축사서』를 집필하는 데 기초가 되었다. 트리시노와 바르바로는 비첸차와 베네치아에서 팔라디오가 주요 작품을 수주할 수 있도록 건축주와 지배 계층을 설득하는 정치적 후원자 역할도 했다.

당시 건축물은 공화국의 위상과 국력을 상징적으로 표현하는 정치적 기념비의 성격을 많이 가졌다. 이 때문에 주요 공공 건축물의 설계와 시공 이면에서는 치열한 정치 게임이 벌어졌다. 두 사람은 이것을 잘 처리하여 팔라디오의 훌륭한 방패막이 역할을 해주었다. 이것은 단순한 건축 행위 이상의 의미를 가진다. 두 사람의 팔라디오 후원은 궁극적으로는 자신들의 정치적 이상을 실현하는 행위였다. 이들은 건축 행위를 통해 베네치아의 지역 전통을 강하게 고수하려던 보수 세력과 맞설 수 있었다. 이것을 바탕으로 16세기 후반부 베네치아 건축을 로마의 이상이 혼합된 성기 르네상스로 귀결하는 데 성공했다.

팔라디오의 건축은 종합화의 승리였다. 팔라디오는 작품을 남기기 시작한 이후에도 줄곧 훈련 기간으로 여기며 평생 종합화에 열심이었다. 그는 베네치아, 베로나, 로마를 비롯하여 피렌체, 아레초, 페루자, 아시시, 스폴레토 등 고전적으로 중요한 도시들을 대부분 방문했다. 이들 도시로부터 고대 로마의 유적은 물론 브루넬레스키, 알베르티, 브라만테, 라파엘로, 미켈란젤로 등 르네상스 거장들의 작품을 접할 수 있었다. 팔라디오는 이런 선례들을 도면으로 기록하는 작업을 벌였는데, 이것은 도면 작성에 대한 훈련일 뿐 아니라 고전 건축의 구성과 원리에 대한 살아 있는 공부이기도 했다(그림 357).

브루넬레스키에게서는 현장 중심의 기술 정신을, 알베르티에게서는 인문학적 소양에 의해 고전 건축을 해석하는 경향을, 브라만테와 미켈란젤로에게서는 로마의 정통 고전주의가 갖는 기념비성을, 산미켈리에게서는 북부지방의 전통을 성기 르네상스와 혼합하는 예를, 세를리오에게서는 고전주의의 이론적 해석과 실용적 응용을 각각 배웠다. 인문학자들과의 교류도 팔라디오에게는 건축 이론을 정립하는 공부의 과정이었다. 고대 로마 빌라의 이론화 작업을 대표하던 코르나로에게서는 빌라에 대한 기본 이론을 배웠다. 극작가 베올코로부터는 극장 건축을 중요한 건축 경향으로 갖는 태도에서 영향을 받았다.

이상과 같이 팔라디오는 종합적 르네상스 건축가가 되는 데 필요한 모든 경험과 소질을 두루 갖추었다. 팔라디오는 이런 선례들을 종합화함과 동시에 이것들 사이에 적절한 균형과 추상화를 함께 이룸으로써 16세기 고전주의의 대표 유형을 완성할 수 있었다. 이런 성과는 특히 어려운 시기에 이루어짐으로써 그 의미가 배가되었다.

종합화는 르네상스의 이상이었던 보편적 전인상을 지향했다(그림 358). 팔라디오는 알베르티, 브라만테, 미켈란젤로와 함께 르네상스 건축을 대표하는 전인상을 갖춘 건축가였다. 앞의 세 사람은 거장이 되는 데 필요한 확실한 조건을 한 가지씩 가지고 있었다. 알베르티는 인문학적 지성을, 브라만테는 교황청의 전폭적 지지를, 미켈란젤로는 타고난 천재성을 각각 지녔다. 팔라디오에게는 이런 것이 없었으며, 특히 16세기에 성공한 건축가가 되는 데 필요충분조건이었던 로마를 활동 무대로 삼지도 않았다. 그는 베네치아공화국에서만 활동했음에도 로마 건축가들을 능가하는 대가가 되었다.

358 다니엘 바르바로(Daniel Barbaro). 『건축십서/ *Dieci Libri dell'Architettura*』(1556)에 나오는 '과학자로서의 건축가'

그가 최고의 건축가로 성공할 수 있었던 요인은 인내심, 균형감, 성실함이었다. 그의 인생 행로는 거북이의 느리면서도 꾸준한 걸음걸이에 비유할 수 있다. 그는 서양건축사 전체를 통틀어서 건축가에게 요구되는 여러 자질을 가장 오랜 기간에 걸쳐 가장 체계적으로 훈련받은 경우이다. 그는 아주 조금씩 꼭 필요한 것들을 차근차근 쌓아 아무도 넘보지 못할 경지에 이르렀다. 베네치아의 주요 건축물을 수주할 때에는 설계 공모에서 떨어지는 등 어려움도 많이 겪었다. 트리시노와 바르바로의 후원도 절대적

인 것만은 아니었다. 이들이 정치적 야심에서 제시한 계획이 팔라디오의 건축적 생각과 일치하지 않는 때도 많았다. 그는 이 모든 것을 이겨내고 균형 잡힌 종합화를 통해 당시의 어려운 시대가 요구하는 이상적 모델을 제시할 수 있었다.

보편적 고전주의와 종합화-원형화-응용

1520년대 중반을 넘기면서 비첸차는 오랜 전쟁에서 벗어나 도시 재건 사업을 시작했다. 이를 위해 인근 도시들에서 건축가들을 초빙하여 자문을 받았는데, 베네치아에서 온 안토니오 디피에트로 아본디Antonio di Pietro Abbondi는 가장 대표적인 예이다. 팔라디오가 처음 성기 르네상스 건축을 접한 것은 이때였다. 이를 기점으로 비첸차에는 점차 건축 붐이 일기 시작했는데, 이 시기에 성장기를 거친 팔라디오는 풍부한 건축적 경험을 쌓을 수 있었다.

당시 비첸차에 요구되던 건축 양식은 매너리즘이 아니라 베네치아와 유사한 성기 르네상스였다. 비첸차는 작은 도시지만 베네치아공화국 내에서 중요한 조적술 전통을 가지고 있었다. 비첸차 귀족들은 새

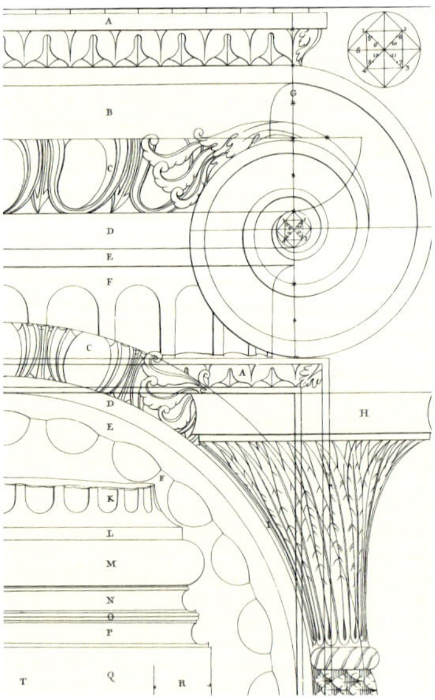

359 안드레아 팔라디오(Andrea Palladio). 『건축사서/ *Quattro Libri dell'Architettura*』(1570)에 나오는 이오니아식 오더
360 안드레아 팔라디오(Andrea Palladio). 티에네 팔라초(Palazzo Thiene). 비첸차(Vicenza), 이탈리아. 1542/46~1551/58

로운 부흥기를 맞아 자신들의 위상에 어울리는 고전 양식을 원했다. 이 새로운 고전 양식이란 동시대 양식인 성기 르네상스와 비첸차의 조적 전통을 합친 것이었다(그림 359, 360). 팔라디오는 이런 사회적 요구를 조금씩 만족시켜가며 비첸차의 대표 건축가로 성장했다. 일정한 수준에 오르게 되자 그는 지역적 한계에 머물지 않고 16세기 격변기를 마감하는 대표 양식을 창출했는데 이것은 궁극적으로 시대와 지역을 뛰어넘는 보편 양식이었다.

팔라디오가 창출한 양식은 미시적으로는 16세기 베네치아 지역주의를 완성한 것이다. 여기까지는 다양한 선례의 종합화를 통해, 즉 앞선 건축으로부터의 영향을 받아 가능했다. 이것은 거시적으로 보면 이탈리아 고전주의, 나아가 세계적 보편 양식으로 승화시킨 것이었다. 여기서부터는 팔라디오 자신의 독창성을 통해 가능했다. 그의 독창성은 원형성과 근원성에 있다. 16세기 전반부 산미켈리와 산소비노의 의미가 로마 고전주의를 베네치아 전통에 맞게 각색하는 작업에 머물렀다면, 팔라디오는 이것을 이어받아 한 걸음 더 나아가 보편 양식으로 승화시켰다.

팔라디오는 서양건축 전체를 통틀어서 고전주의를 가장 보편적 양식으로 끌어올린 장본인이다. 16세기라는 시간적 한계와 로마와 베네치아라는 지역적 한계를 벗어나 이탈리아 고전주의로, 나아가 이탈리아 반도를 벗어나 세계 보편 양식으로 끌어올렸다(그림 361). 이것은 로마 고전주의에 베네치아의 전통뿐 아니라 보편적 가치를 더함으로써 이룰 수 있었는데, 산소비노가 도달했던 로마 고전주의의 토착화보다 한 단계 더 보편화한 양식이다. 18~20세기 서양 각국, 심지어 동양권에서도 선례 모델로 차용할 정도로 세계적 보편성을 획득했다.

361 안드레아 팔라디오(Andrea Palladio). 로톤다(La Rotonda=Villa Capra=Villa Almerico). 비첸차(Vicenza) 근교, 이탈리아. 1565/66~71/사후에 스카모치에 의해 완공

팔라디오의 생애는 네 단계로 나눌 수 있다. 첫째는 1540년경까지의 준비 기간이다. 이 기간에는 앞에 언급한 여러 분야에서의 훈련 과정을 포함하여 페데무로 조적 회사 소속으로 크고 작은 건축 일에 참여했다. 둘째는 1540~48년까지의 초창기로 팔라디오의 개인 작품이 본격적으로 등장하기 시작한 시기이다. 이 기간에는 주로 비첸차를 중심으로 빌라, 팔라초 등의 주거에 작품을 남겼다. 셋째는 1548~59년의 절정

기이다. 이 기간에는 한층 성숙한 수준으로 빌라 설계를 계속하면서 대형 공공건물에서 대표작을 남기기 시작했다. 주거에서 완성된 그만의 건축 양식이 기념비적 스케일로 확장되는 시기이다. 넷째는 1560~80년의 말년이다. 이 기간에는 베네치아에 교회를 설계하는 등 기독교 건축으로 확장이 있었으며, 빌라와 로톤다 등의 걸작을 남겼다.

팔라디오는 다작을 한 건축가였다. 그의 이름이 들어간 크고 작은 작품을 다 합하면 90개가 넘었으며, 자문을 한 것까지 포함하면 140여 개가 되었다. 그는 건축주에게 신뢰를 주는 성실성과 시대정신을 대표하는 작품성을 무기 삼아 끊임없이 작품을 수주하여 자신의 건축적 이상을 끈기 있게 실험했다. 이런 힘든 습작 과정을 거쳐 걸작들을 남길 수 있었다. 그러나 작품 수가 너무 많기 때문에 대형 교회 등 일부를 제외하고 많은 수는 연도, 건축주, 건물명 등 기본 정보조차 정확하게 밝혀지지 않고 있으며, 빌라가 특히 그러했다.

362 안드레아 팔라디오(Andrea Palladio). 빌라 연구

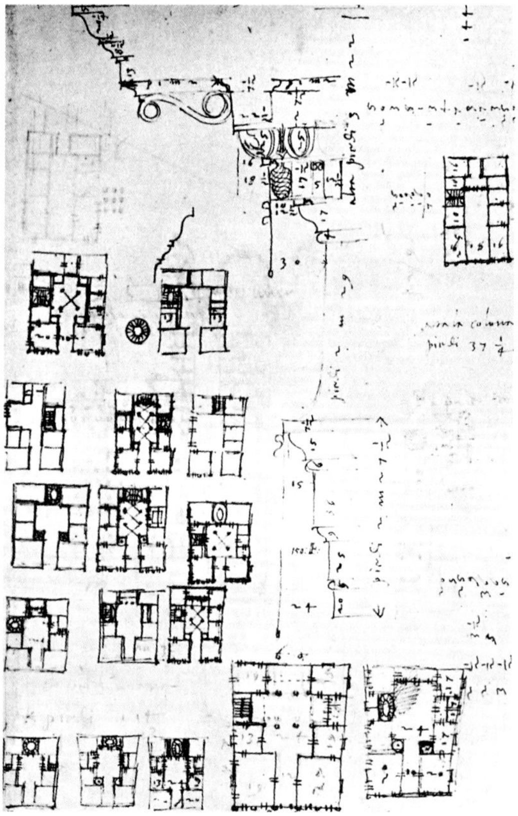

팔라디오 건축의 큰 특징은 '종합화-원형화-응용'의 세 단계로 이루어졌다. 다양한 선례들을 종합한 다음, 이것을 원형화 작업을 통해 몇 가지의 기본 원리로 규칙화하고, 다시 상황에 따라 적응력 높게 응용하는 것이다. 바꿔 말하면 주제와 변주의 개념으로 설명할 수 있다(그림 362). 주제 개념의 규칙은 빌라, 팔라초, 교회, 공공건물 등 네 종류의 기능 유형에 따라 각각 다르게 형성되었다.

팔라디오는 다작이었기 때문에 대표작은 기능 유형별로 분류하는 것이 이해하기에 좋다. 빌라의 대표작은 고디 빌라 Villa Godi, 1537년경~42년, 포르니체라토 빌라 Villa Forni-Cerato, 비첸차, 1541년, 베토르 피사니 빌라 Villa Vettor Pisani, 비첸차, 1542/45~47년, 사라체노 빌라 Villa Saraceno, 비첸차, 1545~48년경, 포이아나 빌라 Villa Poiana, 비첸차, 1549~55년, 키에리카티 빌라 Villa Chiericati, 비첸차, 1548~54, 1574~84년, 포스카리 빌라 Villa Foscari, 비첸차, 1549~53년, 바르바로 빌라 Villa Barbaro, Maser마세르, 1549년경~53/58년, 에모카포딜리스트 빌라 Villa Emo Capodilist, 트레비소 근교, 1560~64년경, 로톤다 La Rotonda=Villa Capra=Villa

Almerico, 비첸차, 1565/66~71/사후에 스카모치에 의해 완공, 사레고 빌라Villa Sarego, 베로나 근교, 1565~69년경 등을 들 수 있다.

팔라초의 대표작은 티에네 팔라초Palazzo Thiene, 비첸차, 1542/46~1551/58년, 플로리아노 안토니니 팔라초Palazzo Floriano Antonini, 우디네, 1550년경~52년경, 키에리카티 팔라초Palazzo Chiericati, 비첸차, 1550~57년, 발마라나 팔라초Palazzo Valmarana, 비첸차, 1565~71년, 바르바라노 팔라초Palazzo Barbarano, 비첸차, 1570~75년, 포르토브레간체 팔라초Palazzo Porto-Breganze, 비첸차, 1570년대 후반부/사후에 스카모치에 의해 완공 등을 들 수 있다.

교회의 대표작은 라카리타 수도원Monastery of La Carita, 베네치아, 1560/61~70/74년, 산조르조마조레San Giorgio Maggiore, 베네치아, 1560~80년/파사드는 1610년 사후에 스카모치에 의해 완공, 비냐의 성 프란치스코Ssn Francesco in Vigna, 베네치아, 1565년경~70년경 파사드, 일레덴토레Il Redentore, 베네치아, 1576/77~80년, 바르바로 템피에토Tempietto Barbaro=Cappella Redentore레덴토레 예배당, 마세르, 1579~80년 등을 들 수 있다.

공공건물의 대표작은 바실리카Basilica=Palazzo della Ragione시민회관, 비첸차 1548~80/1617년 사후 완공, 카피타니아토 로지아Loggia del Capitaniato, 비첸차, 1565년경~72년, 베네치아 총독궁의 개축과 실내 장식Palazzo Ducale, 1574~80년, 올림픽 극장Teatro Olimpico, 비첸차, 1580~83년 사후에 스카모치에 의해 완공 등을 들 수 있다.

363 트레비소(Treviso)의 론카데 마을(Village of Roncade). 1536

364 안드레아 팔라디오(Andrea Palladio). 안가라노 비앙키 미키엘 빌라(Villa Angarano Bianchi Michiel). 안가라노(Angarano), 이탈리아. 1548

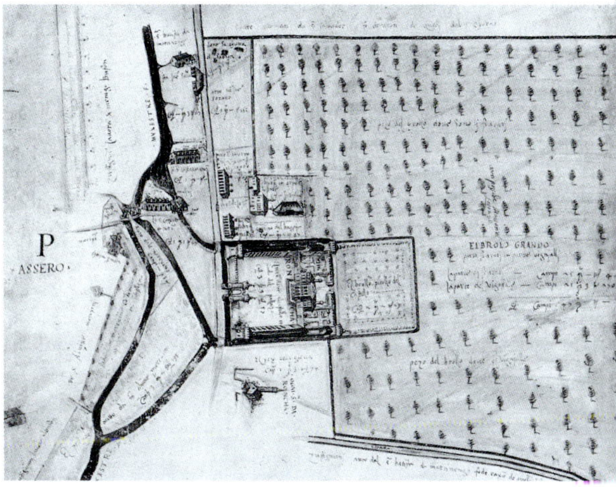

농업 이상-피사니 빌라, 초르촌코르나로 빌라

빌라는 팔라디오가 가장 많이 설계했던 유형이다. 16세기 베네치아 지방의 빌라는 무역 발전과 하나로 합쳐진 농업을 대표하는 유형이었다. 아메리카에서 금과 은이 유입되면서 베네치아를 중심으로 한 무역이 크게 융성했다. 이에 따라 인구가 급격히 유입되었고 인구 유지를 위해 농업이 다시 활성화되었다. 농지를 관리하는 현장 거점으로 많은 빌라가 지어졌다(그림 361, 363, 364). 빌라에는 이런 상황을 상징적으로 표현할 역할이 요구되었다. 이런 상황은 당시 베네치아공화국 내부

로 국한시키면 일정한 보편적 가치를 갖는 현상이었다. 공화국 구성원 모두에게 이익이 되는 일로서, 이를 건축으로 표현하는 작업에 대한 사회적 동의가 이루어졌다는 의미였다. 보편적 가치를 갖는 빌라에는 매너리즘보다 성기 르네상스의 고전주의가 더 잘 어울렸다.

15세기 피렌체 빌라가 금융 가문의 교외 휴양지 겸 학문과 예술의 중심지였던 것과 달리, 16세기 베네치아 빌라는 농업의 생산 기능이 갖는 보편적 권력, 혹은 농업 이상을 상징하는 쪽으로 바뀌었다. 이것은 팔라디오가 빌라에 신전 파사드를 소품화하지 않고 원래 스케일로 차용한 주요 이유이기도 했다. 팔라디오는 고대 신전이 주거에서 온 것으로 보았다. 그 근거로 두 가지를 생각할 수 있다. 하나는 고대 문명에서 주거는 농업의 융성을 비는 주술 기능을 가졌기 때문에 신전의 기원이라고 할 수 있다. 따라서 팔라디오는 거꾸로 주거에 신전 파사드를 쓸 수 있다고 생각했다(그림 365, 366). 이런 생각은 베네치아 빌라의 주인들이 바라던 상징적 권위와 맞아떨어졌다.

365 안드레아 팔라디오(Andrea Palladio). 클리툼누스 신전(Temple of Clitumnus) 측정 도면
366 안드레아 팔라디오(Andrea Palladio). 키에리카티 빌라(Villa Chiericati). 비첸차(Vicenza) 근교, 이탈리아. 1548~54, 1574~84

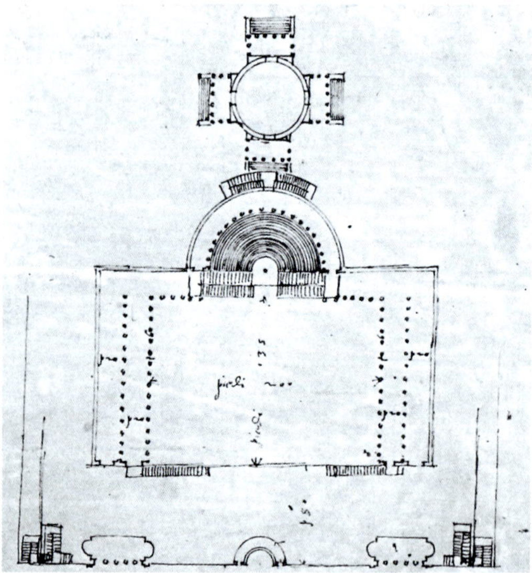

다른 하나는 영역성이다. 이것은 주로 로마 신전과 연관성이 깊다. 자연 속에 개방된 단독 건물로 서 있던 그리스 신전과 달리 로마 신전은 자신만의 일정한 영역을 가졌다. 영역은 담으로 둘러쳐지거나 장경주의 기법으로 처리되는 등 노골적

으로 확보되는 경우가 많았다(그림 367). 이것은 빌라나 도심형 주택 같은 로마 시대 주거에서 보편적으로 나타났다. 자연 속 인공 낙원으로 정의되던 로마 시대 빌라에서 인위적 영역짓기는 필수 요소였다. 포룸forum 주변의 도심형 주택에서는 더욱 그러했다. 영역은 베네치아 빌라에 요구되던 현장 거점의 기능에 부합했다(그림 368).

팔라디오의 빌라는 이런 보편적 상징성에 맞게 단순성, 고전 질서, 근원성, 실용성, 추상성, 낭만성, 인본성의 일곱 가지 가치를 갖는다(그림 369). 단순성은 기하 구성과 정수비례를 통해서, 고전 질서는 대칭과 비례, 중심성과 위계 등을 통해서, 근원성은 신전 파사드와 4방위를 통해서 각각 표현했다. 실용성은 규칙성과 기능성을 통해서 표현했다. 기능성은 농업 중심지의 가축 사용, 농기구 부관, 곡물 저장 등에 맞는 효율적 배치, 혹은 주인의 감독을 돕는 환상형環狀形 평면 등을 의미했다. 추상성은 기하 환원성과 정육면체 질서를 통해, 낭만성은 표면 질감과 자연성을 통해 각각 표현했다. 자연성은 농가 모티프, 조경과의 어울림, 픽처레스크, 그로테스크 등을 의미했다. 마지막으로 인본성은 휴먼 스케일신체부위의 일부분으로 크기를 가늠할 수 있는 규모과 소품화된 고전 어휘를 통해 표현했다.

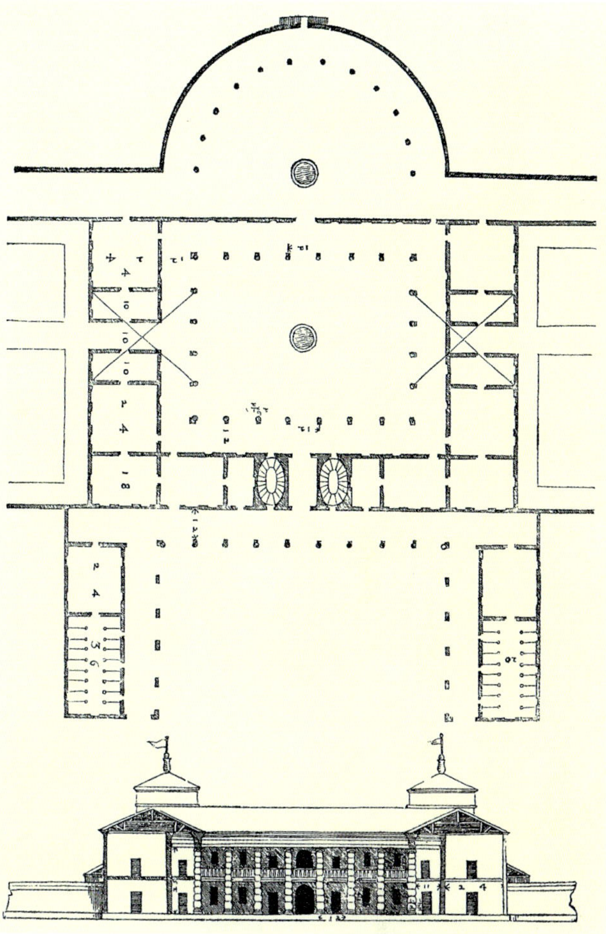

367 안드레아 팔라디오(Andrea Palladio). 헤라클레스 신전(Temple of Hercules) 유적 스케치. 티볼리(Tivoli), 이탈리아

368 안드레아 팔라디오(Andrea Palladio). 빌라 사레고(Villa Sarego). 베로나(Verona) 근교. 1565~69년경

피사니 빌라는 단순성, 추상성, 낭만성, 인본성을 대표하는 건물이다(그림 370). 단순성은 정수 비례를 통해 얻어냈다. 모듈은 1.8미터를 기본 모듈로 하여 2배, 3배, 5배 등 정수배로 사용했다. 이에 따라 5대 3, 3대 3, 3대 2 등의 간단한 정수 비례가 건물 전체의 구성을 지배했다. 정수 비례는 사각형의 기하 구성으로 이어졌다. 평면은 단순한 사

369 안드레아 팔라디오(Andrea Palladio). 바르바로 빌라(Villa Barbaro). 마세르(Maser), 이탈리아. 1549년경~53/58

각형들의 탄탄한 조합으로 짜임새 있는 구성을 이루었다.

추상성은 기하 환원성을 통해 얻어냈다. 모듈은 통상 한 방향이나 두 방향으로만 사용하지만 이 건물에서는 3차원 세 방향으로 사용했다. 방의 높이는 폭에 맞추어 조절했다. 평면에서의 정수 비례와 기하 구성을 입체적으로도 유지했다. 이 가운데에서도 정육면체의 사용이 두드러졌다. 대부분의 방은 정육면체, 정육면체의 3분의 1이나 3분의 2, 정육면체의 1과 3분의 1이나 1과 2분의 1 등으로 이루어졌다. 볼트로 천장을 처리할 경우에도 볼트의 높이가 이런 범위를 유지하도록 처

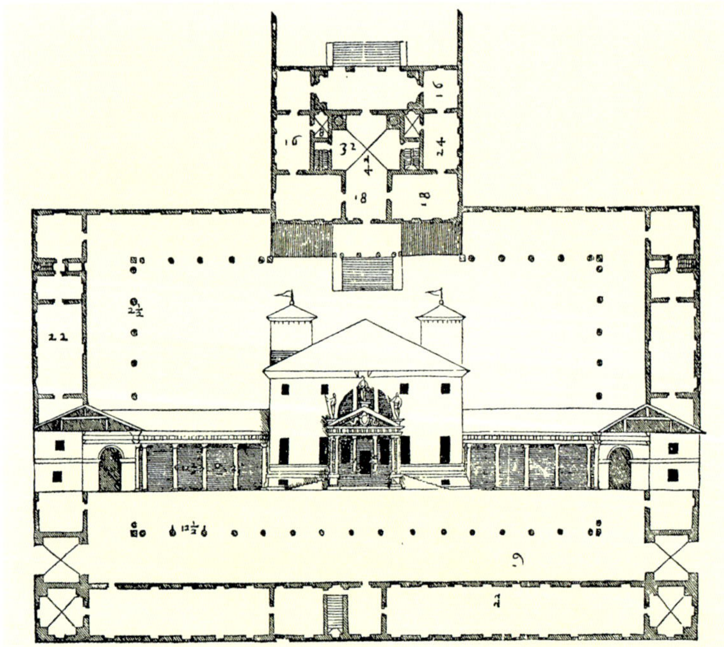

370 안드레아 팔라디오(Andrea Palladio). 베토르 피사니 빌라(Villa Vettor Pisani). 비첸차(Vicenza), 이탈리아. 1542/45~47

371 안드레아 팔라디오(Andrea Palladio). 베토르 피사니 빌라(Villa Vettor Pisani). 비첸차(Vicenza), 이탈리아. 1542/45~47

리했다.

낭만성은 거친 돌 처리를 통해 얻어졌다. 건물 전면을 구성하는 로지아의 아케이드 벽은 전면을 혹두기로 처리하여 그로테스크한 분위기를 만들었다(그림 371). 이런 처리는 매너리즘을 초월한 보편적 낭만성의 의미를 갖는다. 매너리즘에서의 거친 돌 처리는 2차 부재에 부분적으로 사용하거나 2층 팔라초의 기단에 사용하는 것이 통례였다. 이것은 거친 돌 처리를 장식 개념으로 사용했음을 의미한다. 반면 팔라디오는 로지아, 안마당, 전실 등의 전면에 사용했다. 이것은 거친 돌 처리를 무엇인가 더 큰 요소에 대한 조각적 재해석으로 이해했음을 의미한다. 빌라가 갖는 농업 이상의 상징성을 생각할 때 더 큰 요소는 자연성일 수 있다.

인본성은 소품화된 고전 어휘가 주는 친숙한 이미지를 통해 얻어냈다. 아치는 원형 어휘로, 신전 파사드의 박공은 삼각형으로 각각 단순 기하화했다. 아치는 박공을 받치지 않는 것이 통례이지만, 여기에서는 각 어휘를 소품화함으로써 고유의 규범성을 박탈했다. 정통 고전주의의 권위는 사라지는 대신 친숙한 인본성을 얻었다. 스케일은 농업적 분위기에 맞게 인본적 범위를 유지했다.

에모카포딜리스트 빌라는 고전 질

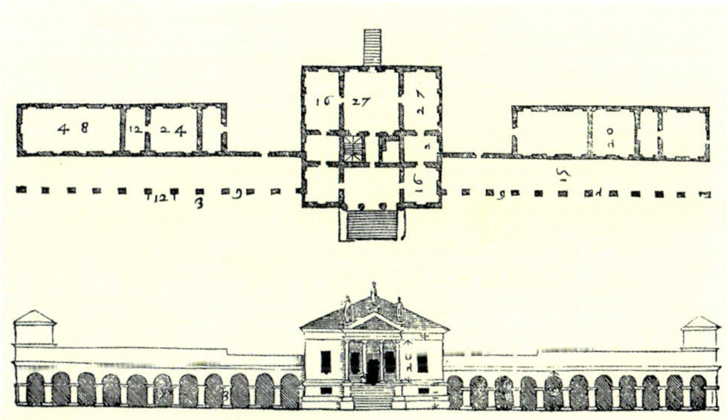

372 안드레아 팔라디오(Andrea Palladio). 에모카포딜리스트 빌라(Villa Emo Capodilist). 트레비소(Treviso) 근교, 이탈리아. 1560~64년경

373 안드레아 팔라디오(Andrea Palladio). 에모카포딜리스트 빌라(Villa Emo Capodilist). 트레비소(Treviso) 근교, 이탈리아. 1560~64년경

유형이었다. 많은 르네상스 건축가들이 이상적 공간 구도로 여기며 건물에 적용하고 싶어했지만 하지 못했던 것을 팔라디오가 과감하게 자연 위에 구현했다.

실용성은 평면 구성의 규칙성과 기능성을 통해 얻어냈다. 평면 전체를 환상형環狀形과 십자축의 혼합 구성으로 처리함으로써 규칙성을 극대화했다. 방의 개수는 필요한 기능을 담기에 충분하다. 너무 많지도 적지도 않아 규칙적 질서를 유지할 수 있다. 환상형이면서도 각 방을 원이 아닌 사각형으로 처리하여 방 사용의 효율을 높였다. 대칭 구도인 점은 중심잡기를 도와 공간 인지를 높여준다. 또한 농지에 대한 주인의 감독을 도와 농업 중심지로서의 기능성을 높여준다.

추상성은 기하 환원성, 정사각형 질서, 덩어리 처리 등을 통해 얻어냈다. 공간 요소들 사이에 관입이 없어 방들은 원과 사각형의 완전한 기하 형상을 유지한다. 평면 구성은 단순 기하들의 조합으로 완벽하게 환원시킬 수 있다. 중앙의 원을 둘러싸는 첫째 윤곽, 본체의 둘째 윤곽, 열주 현관과 계단을 포함한 가장 바깥의 셋째 윤곽 모두 정사각형으로 처리했다. 벽체는 장식이 완전 배제된 평평한 면으로 처리되었다. 고전 어휘들도 최소한의 디테일만 유지한 채 가능한 한 추상으로 처리했다. 건물 전체는 사각형 덩어리들의 조합에 단순 처리된 고전 어휘를 더한 모습으로 나타났다.

낭만성은 자연과의 완벽한 조화를 통해 얻어냈다. 조화는 지형과의 어울림으로부터 시작했다. '계단–열주 현관–박공–지붕–돔'으로 이어지는 점진적 수직 구성은 건물이 땅에서 자연스럽게 솟아오른 것처럼 보이게 만들었다(그림 376). 낮은 언덕 위에 위치한 건물은 완만하게 경사진 선을 이어받아 완결했다. 여기에 4방위를 더해 자연과의 일체에 대한 강한 상징성을 획득했다. 열주 현관은 개방성을 통해 안팎의 교감을 만들었다(그림 377). 네 개의 열주 현관은 집 안 어느 곳에서라도 자연과 접할 수 있으며, 동시에 자연 어느 쪽에서라도 접근이 가능하게 만들었다. 이런 조화를 통해 주변 농지에 대한 지배보다는 농지 속으로 들어가 농지와 하나가 되었다.

인본성은 인공 질서의 상징과 휴먼 스케일을 통해 얻어냈다. 인공 질서는 다시 수직 질서와 수평 질서 사이의 조화에서 나온다. 앞에서 살펴본 바와 같이 로톤다는 수직–수평 양방향으로 된 여러 겹의 복합 구성

376 안드레아 팔라디오(Andrea Palladio). 로톤다(La Rotonda=Villa Capra=Villa Almerico). 비첸차(Vicenza) 근교, 이탈리아. 1565/66~71/사후에 스카모치에 의해 완공

377 안드레아 팔라디오(Andrea Palladio). 로톤다(La Rotonda=Villa Capra=Villa Almerico). 비첸차(Vicenza) 근교, 이탈리아. 1565/66~71/사후에 스카모치에 의해 완공

으로 이루어졌다. 수직 질서는 하늘을 향한 초월적 세계를, 수평 질서는 땅 위의 인간세계를 각각 상징한다. 둘 사이에는 어느 한쪽으로 기울지 않은 균형이 얻어졌다. 수직 질서와 수평 질서 모두 휴먼 스케일의 조형 단위로 적절히 분절함으로써 균형감은 조화로 발전했다. 하늘과 조화를 이룬 인간 존재의 의미를 획득함으로써 인본성을 확보했다.

이상의 처리와 의미들이 어우러지면서 로톤다는 고전주의를 세계 보편 양식으로 승화시켰다. 보편성의 근거는 고전이라는 인공적 매개를 바탕으로 자연과 인간 사이에 중립적이고 조화로운 상태를 얻어낸 데 있었다(그림 361). 고전이 가질 수 있는 가장 보편적인 적응력을 획득한 것이다. 이로써 지상에 완벽한 또하나의 세계가 창출되었다. 이것은 르네상스의 이상향인 동시에 서양건축의 이상향이었다.

이런 보편성이 팔라디오를 최고의 건축가로 만든 요체였다. 16세기를 대표하는 다른 건축가들은 당시의 어려운 상황을 손재주를 이용하여 역설이나 파격 같은 부정적 의미로 표현했다. 반면 팔라디오는 이상적 선례들을 종합한 다음 다시 이것을 정제하여 또하나의 이상적 선례를 창출함으로써 어려운 시대 상황에 대해 희망을 제시했다. 여러 쌍개념을 화해시킨 조화로운 완결 세계인 그의 건축은 거꾸로 16세기의 의미를 긍정적으로 바꾸는 역할을 했다. 한 사람의 건축가가 한 시대의 의미를 바꿀 수 있다는 것을 보여준 것이다.

갈등의 상징-티에네 팔라초와 키에리카티 팔라초

378 안드레아 팔라디오(Andrea Palladio). 이세포 다포르타 팔라초(Palazzo Iseppo da Porta). 비첸차(Vicenza), 이탈리아

팔라디오 건축에서 팔라초는 빌라만큼 활성화되지 못했다. 그 배경에는 정치적 상황이 있었다. 팔라초는 비첸차의 귀족들이 자신들의 독립적 세력을 상징적으로 과시하기 위한 정치적 목적으로 지어졌다. 이들은 베네치아공화국에서 독립하려는 정치적 투쟁을 벌이면서 이를 위해 신교와 손잡았다. 비첸차는 당시 이탈리아 내에서 신교의 중요한 거점 도시 가운데 하나였다. 이것이 보수 세력의 반대에 부딪혀 밀리면서 팔라초 건축에도 영향을 미쳤다. 대부분의 작품이 파사드에 국한되었으며, 그나마도 미완성으로 남은 경우가 많다. 이런 의미에서 팔라초는 분열, 대립, 충돌, 패배 등을 상징했다. 16세기를 대표하던 두 가지 건축 양식 가운데 여기에 적절한 것은 매너리즘이었다.

팔라디오의 팔라초는 두 가지 특징을 가졌다. 한 가지는 이런 상황에 맞게 매너리즘 기법으로 처리한 점이다. 팔라초는 팔라디오의 건물 가운데 매너리즘의 특징이 가장 많이 드러난 유형이다. 그로테스크한 표면 질감을 통해 불안하면서도 강인한 인상을 주는 방식, 표피 장식을 활용하여 파사드에 집중하는 경향, 미켈란젤로의 어중간한 오더를 차용하는 경향 등이다(그림 378). 다른 한 가지는 브라만테의 라파엘로 하우스 모티프를 기본으로 삼아 상황에 맞게 응용, 변형한 점이다. 응용은 좁은 가로와 넓은 광장에 따라 반대로 했다.

379 안드레아 팔라디오(Andrea Palladio). 티에네 팔라초(Palazzo Thiene). 비첸차(Vicenza), 이탈리아. 1542/46~1551/58

좁은 가로에서는 라파엘로 하우스 모티프를 직접 차용했다. 티에네 팔라초가 대표적 예이다(그림 360, 379). 1층에서는 돌의 조각적 처리와 표면 질감을 이용하여 기단처럼 처리함으로써 방어적 이미지를 주었다. 이것은 산미켈리와 산소비노 등 북부이탈리아 매너리즘 건축가들의 기법에서 영향을 받은 것이다. 2층은 표준 고전 어휘를 이용하여 도시 분위기에 맞는 고품격 분위기를 지향했다. 창의 상인방은 줄리오 로마노의 어휘였던 이중 아치로 처리했다. 평인방을 홍예석으로 처리한 뒤 이것을 반원형 아치나 신전 박공으로 다시 한번 싸는 방식이다. 각 베이는 코린트식 벽기둥으로 분절했다.

세부 처리에서는 1층의 분위기와 보조를 맞추었다. 고전 건축의 기본 어휘를 조각적 풍부함과 결합시켜 시대 상황을 긴장감 넘치는 조형성으로 표현하는 방식이다(그림 380). 창틀은 블록을 끼운 벽기둥으로 처리하여 강한 음영과 기하학적 자극이 얻어졌다. 상인방의 첫째 겹인 평인방의 홍예석은 1층에 쓴 것과 같은 것이다. 양쪽 끝 베이도 쌍 벽기둥으로 처리하여 규칙적 박자를 흐트러트림과 동시에 베이 분할에 급한 긴장감을 넣어 아래쪽 분위기에 맞추었다.

광장을 면한 경우에는 두 가지 기법을 구사했다. 한 가지는 주변과의 조화에 중점을 두기 위해 라파엘로 하우스 모티프를 거꾸로 응용하는 경우로, 키에리카티 팔라초가 대표적인 예이다(그림 381, 382). 1층은 열주로 처리하여 광장과의 연계성, 넓은 공터를 향한 개방성, 후덥지근한 기후에 대응하는 통풍성 등을 확보했다. 2층의 중앙부는 닫힌 덩어리로 처리하여 집 주인의 보안성, 피아노 노빌레의 위계에 대한 상징성, 광장을 향한 공공성 등을 표현했다. 1층은 빌라 모티프를 차용한 것이고, 2층은 팔라초의 전형적 구성이다. 광장을 면하며 독립적으로 서 있는 팔라초의 1층에 넓은 농지 한가운데 있는 빌라 모티프를 쓴 것이다.

빌라 모티프는 평면 구성에서도 차용되었다(그림 383). 1층은 안마당을 갖고 있는데, 도시형 팔라초가 사면이 방으로 둘러싸여 안마당이

380 안드레아 팔라디오(Andrea Palladio). 티에네 팔라초(Palazzo Thiene). 비첸차(Vicenza), 이탈리아. 1542/46~1551/58

381 안드레아 팔라디오(Andrea Palladio). 키에리카티 팔라초(Palazzo Chiericati,). 비첸차(Vicenza), 이탈리아. 1550~57

382 안드레아 팔라디오(Andrea Palladio). 키에리카티 팔라초(Palazzo Chiericati,). 비첸차(Vicenza), 이탈리아. 1550~57

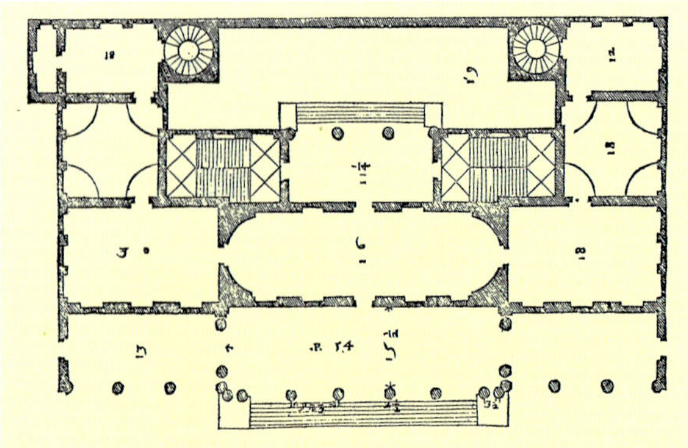

383 안드레아 팔라디오(Andrea Palladio), 키에리카티 팔라초(Palazzo Chiericati,), 비첸차(Vicenza), 이탈리아, 1550~57

막힌 데 반해 여기에서는 한 면이 트였다. 이것은 이탈리아 농가에서 흔히 볼 수 있는 평면 구성으로 기후 요소 및 농장과의 일체감 등에서 나온 것이다. 팔라디오는 이런 구성을 받아들여 자신만의 기하 구성으로 번안했다. '로지아-전실-양옆의 방-계단실-측면의 방-후면의 방'의 일련의 방들이 정수비례의 사각형 조합으로 구성됨과 동시에 뒤로 가면서 방들이 점점 작아지는 구성이다. 작아지는 정도 역시 일정한 비례를 유지함으로써 사각형의 기하학적 특성을 보강했다.

여기에 도시형 주거 모티프를 혼용했다. 오더를 사용하여 도시에 맞는 고전적 이미지를 주는 방식이다. 1층은 토스카나식, 2층은 이오니아식 오더를 이용하여 수직 층쌓기로 처리했다. 삼분법의 경계를 이루는 중앙부 양끝에는 1층과 2층 모두에서 오더를 네 개로 겹쳐 사용했다. 오더의 촘촘한 군집은 도시적 밀도를 상징한다. 2층의 양옆에 발코니를 둔 것도 로마 시대의 광장에서 차용한 도시형 모티프이다. 팔라디오는 로마 시대 유적을 답사하고 연구한 결과 광장은 보통 네 면 모두를 2층 건물로 에워쌌다는 것을 알아냈다. 아래층은 보안을 위해 막히기도 했고 교통 흐름의 연속성을 위해 열리기도 했다. 주로 로마 같은 대도시에서는 막혔던 반면, 비첸차에서는 열어두는 것이 오랜 전통이었다. 위층은 광장 조망에 유리한 개방적 공간으로 처리했다. 이 건물은 이런 선례를 차용한 것이다.

384 안드레아 팔라디오(Andrea Palladio), 포르토브레간체 팔라초(Palazzo Porto-Breganze), 비첸차(Vicenza), 이탈리아, 1570년대 후반부/사후에 스카모치에 의해 완공

다른 한 가지는 거대 기둥을 사용하는 기법이다. 두 층 이상을 담당하는 미켈란젤로의 거대 기둥을 차용했는데, 포르토브레간체 팔라초가 대표적인 예이다(그림 384). 거대 기둥은 스케일의 관점에서 보았을 때 광장의 넓은 면적에 상응하는 기념비성을 가졌다. 거대 기둥의 모습을 충분히 감상할 수 있는 거리가 확보된 상태에서 거대 기둥을 이용하여 건물의 전면에 웅장하고 힘찬 모습을 만들었다. 거대 기둥은 팔라디오가 말년에 공공건물에 쓰던 어휘이다. 이것으로부터 팔라초에 공공적 성격을 주고 싶어했음을 알 수 있다. 공공성은 도시적 환경에 대응

하는 건축적 개념의 하나였다.

종교적 통합-산조르조마조레, 일레덴토레

385 안드레아 팔라디오(Andrea Palladio). 바르바로 템피에토(Tempietto Barbaro=Cappella Redentore). 마세르(Maser), 이탈리아. 1579~80

팔라디오의 교회는 선례의 종합화, 추상성, 베네치아의 전통 등을 주요 특징으로 가진다. 종합화는 고대 로마, 비잔틴, 고딕, 초기 르네상스 등 양식 단위별 유형을 중심으로 시도했다(그림 385). 평면에서는 선형과 중앙집중형의 혼합이 두드러졌다. 종교적으로는 가톨릭과 신교 사이에서 중간적, 통합적 위치를 견지했다. 프레스코로 장식 처리된 돔과 볼트는 반종교개혁 이후 새로운 부흥에 접어든 가톨릭의 로마주의를 상징한다. 반면 실내는 신교의 추상적 분위기로 처리했다. 오더에서는 몰딩과 장식 디테일을 많이 절제했고, 벽과 천장의 기본 골격도 추상화된 흰 덩어리로 남겨 기하학적 단순성을 보였다. 반면 외관의 장식과 디테일 처리에서는 부드럽고 섬세한 베네치아 전통을 지켰다.

산조르조마조레는 선형과 중앙집중형의 혼합으로 구성했다(그림 386). 선형은 네이브와 성소의 두 방향으로 나타났다. 네이브는 3랑식 3베이로 구성했다. 이 때문에 전체 윤곽은 옆으로 넓적한 정사각형 비례를 유지하면서 실제 공간에서의 선형 느낌은 많이 약해졌다. 이를

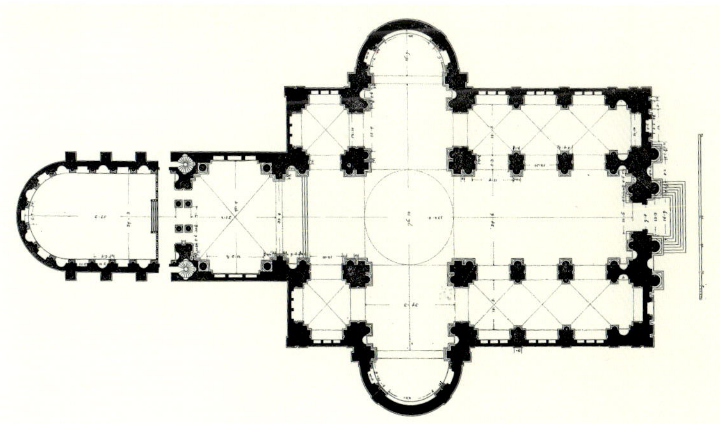

386 안드레아 팔라디오(Andrea Palladio). 산조르조마조레(San Giorgio Maggiore). 베네치아. 1560~80/파사드는 1610년 사후 스카모치에 의해 완공

보강하기 위해 성소 쪽을 길게 늘였다. 크로싱을 지나 '제단-사제석-완충 지대-성가대석-앱스'로 이어지는 일련의 공간이다. 이것이 네이브와 합쳐지면서 횡방향으로 긴 선형 공간을 형성했다.

중앙집중형은 크로싱의 돔, 종방향으로 확장된 트랜셉트, 그릭 크로스, 사각형 공간 단위 등의 방식으로 이루어졌다. 돔은 비잔틴의 펜던티브 방식으로 처리했다. 트랜셉트는 단부가 사각형이 아니라 반원형 앱스로 처리했으며, 트랜셉트를 확장시켜 그릭 크로스를 형성했다. 사각형 공간 단위는 네이브나 본체 등 큰 윤곽에서부터 사제석과 성가대석 등 작은 영역에 이르기까지 폭넓게 건물 전체의 구성을 지배한다.

실내에는 선형 윤곽에도 불구하고 신교 분위기가 더 크게 나타났다. 실제 사람이 들어가서 느끼는 공간 분위기를 정사각형과 중앙집중형으로 처리한 점과 장식이 많이 절제된 흰색의 추상 벽면이 주요 원인이다. 반면 선형 구성이 약화된 대신 고딕식 기법을 혼용함으로써 가톨릭의 상징성을 지켰다(그림 387). 횡방향으로 길게 늘인 평면 자체가 고딕 성당에서 온 것이다. 여기에 더해 영역 단위들을 독립적으로 분리한 점, 네이브 구조를 벽체와 기둥의 혼합으로 처리한 점, 네이브 구조에서 기둥을 이용하여 '주-부'의 위계를 구별한 점, 몰딩과 디테일이 구조 부재와 유기적 일체를 이룬 점 등이 고딕식 기법들이다(그림 388).

387 안드레아 팔라디오(Andrea Palladio). 산조르조마조레(San Giorgio Maggiore). 베네치아. 1560~80/파사드는 1610년 사후 스카모치에 의해 완공

388 안드레아 팔라디오(Andrea Palladio). 산조르조마조레(San Giorgio Maggiore). 베네치아. 1560~80/파사드는 1610년 사후 스카모치에 의해 완공

선형 구성을 이루는 영역 단위들은 바닥 높이를 달리하거나 열주 스크린의 완충 지대로 분리하는 등 일정한 독립성을

가진다. 네이브 구조 처리는 브루넬레스키나 알베르티 등 골수 르네상스 건축가들의 경우와 비교하면 고딕식 기법이 잘 드러난다. 브루넬레스키는 네이브 구조를 독립 원형 기둥으로, 알베르티는 벽체로 각각 처리했다. 특히 기둥을 이용한 위계 구별은 두 건축가 모두에게 없던 것이었다.

몰딩과 디테일이 구조 부재와 유기적 일체를 이룬 특징은 조각적 처리를 추구했던 다른 르네상스 건축가들과 비교할 수 있다. 이들 르네상스 건축가들은 몰딩과 디테일을 건축 요소보다는 조각 요소로 보면서 구조 부재와 분리하여 독립적으로 처리했다. 조각적 처리를 강조함으로써 자신의 예술적 재능을 과시하기 위한 목적에서였다. 구조 부재는 조각의 배경으로 정의되었는데, 이것은 르네상스의 전형적 입장으로 고딕과 반대되는 것이다. 이밖에 사제석과 성가대석을 분리하는 열주 스크린도 고딕의 방사형 예배당에서 온 것이다.

정면은 신전 파사드를 이용하여 실내 공간을 반영하는 방식으로 처리했다. 네이브와 아일 사이의 높이 차이를 반영하는 문제이다. 네이브 부분은 네 개의 반원형 벽기둥과 박공으로 구성된 신전 파사드로 처리했다. 아일 부분은 박공을 자른 삼각형 조각으로 처리했다(그림 389). 신전 파사드 모티프를 이용한 이런 처리는 팔라디오만의 독창성을 보여주는 장면이다. 정면에도 네이브 구조와 마찬가지로 기둥을 이용한 위계 구별이 나타났다. 중앙부의 반원형 기둥에 대비되어 양끝 모서리는 낮은 높이의 사각 벽기둥으로 처리했다.

389 안드레아 팔라디오(Andrea Palladio), 산 조르조마조레(San Giorgio Maggiore), 베네치아, 1560~80/파사드는 1610년 사후 스카모치에 의해 완공

정면은 실내의 신교 분위기와 달리 가톨릭의 상징성을 강조했다. 삼분법과 오더 차이를 이용하여 중앙의 위계를 강조한 점, 실내의 바실리카 구성을 반영한 점, 높은 기단 위에 얹은 거대 기둥을 이용하여 교회의 권위를 과시한 점, 박공의 꼭지점과 감실에 성인 조각상을 세워 기독교 정신을 인위적으로 강요한 점 등이 대표적 내용이다. 이런 내용들은 네이브의 '벽체-기둥' 혼합 구조와 함께 일정 부분 바로크의 기법을 예고한 의미를 추가로 갖는다. 정면에서 삼분법이 두 번 반복된 위에 기둥의 위계까지 합쳐지면서 중앙 출입구로의 유입성을 극대화한 점, 감실을 깊게 파서 조각 상징물의 사용을 활성화한 점, 오더를 이용하여 강한 음영을 만든 점 등이 그것이다.

정면에 쓰인 고전 어휘는 이와 반대로 시민정신을 상징하는 것으로

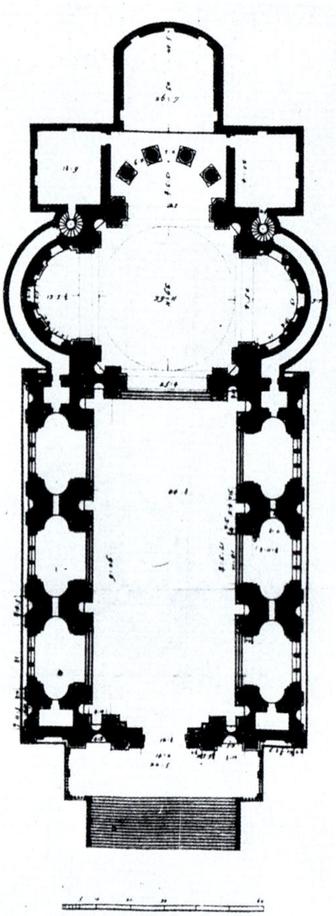

해석할 수도 있다. 로마 신전을 기독교에 대비되는 개념으로 볼 수 있기 때문이다. 이것은 로마 문명과 기독교 문명 사이의 상징성 문제로 확장된다. 로마 문명은 인간 중심의 세속성을 대표했는데, 시민정신은 이것을 이루는 중요 요소였다. 정면의 강한 음영이 건너편 도심에서 보았을 때 무대처럼 보이도록 한 점도 이런 해석을 뒷받침한다. 이것은 극장 모티프를 도입한 것을 의미한다. 실내에 쓰인 열주 스크린도 네이브를 관중석처럼, 성소를 무대처럼 느끼게 함으로써 극장 모티프를 활용한 예에 해당된다. 베네치아에서는 당시 가면극의 전통을 바탕으로 공연 예술이 활성화되고 있었고, 극장은 그것을 담는 기능 유형이었다. 극장에서 벌어지는 공연 예술은 교회에서 거행되던 미사에 대비되어 시민 활동을 대표했다.

일레덴토레는 건축적으로는 산조르조마조레의 반복으로 볼 수 있지만, 종교적으로는 많이 달랐다. 일레덴토레의 공간 구조는 성소가 한 베이 짧아진 것을 제외하고 나머지는 산조르조마조레와 유사하다. 반면 기독교적으로는 흑사병이 베네치아에서 물러가면서 하느님께 감사드리기 위해 세운 봉헌교회votive church인 동시에 수도원에 소속된 행렬교회processional church이기도 했다. 이 때문에 일레덴토레에서는 가톨릭의 상징성을 강조해야 할 필요성이 생겼다.

390 안드레아 팔라디오(Andrea Palladio), 일레덴토레(Il Redentore), 베네치아, 1576/77~80
391 안드레아 팔라디오(Andrea Palladio), 일레덴토레(Il Redentore), 베네치아, 1576/77~80

이런 강조는 평면과 입면 두 방향으로 나타났다. 평면에서는 긴 선형 길이 전체를 영역 사이의 독립적 구분이 없는 하나의 통일된 공간으로 처리했다(그림 390). 트랜셉트의 돌출 부분도 짧아져 거의 없는 것처럼 되었다. 입면에서는 중앙부의 강조가 두드러진 점, 신전 박공을 수직 방향으로 세 겹 반복시킨 점, 그 위에 다시 돔과 랜턴을 중첩시켜 전체적으로 앙천성을 강조한 점, 크고 작은 고전 어휘의 중첩으로부터 강한 인상과 위계를 표현한 점 등이 강조의 대표적인 내용이다(그림 391).

기념비적 권위-바실리카, 카피타니아토 로지아

팔라디오의 공공건물은 고대 기념비주의의 부활로 요약할 수 있다. 미켈란젤로의 거대 기둥, 팔라디오 자신의 조각적 힘, 베네치아의 장식 전통 등을 통해 고대 로마의 장식 거석주의를 재현하는 방식이다. 기념비주의나 거석주의는 고전주의 가운데 공공 권력의 권위를 상징적으로 표현하는 경향이다. 이것을 부활시킨 것은 고대 고전주의의 기본 강령에 충실한 입장으로 이해할 수 있다(그림 392). 한 가지 중요한 차이점은 르네상스 시대에서 공공의 권위는 반드시 지배층의 권력만이 아니라 시민정신을 의미하기도 했다는 것이다. 혹은 이 둘을 합쳐서 통합적 의미에서 중세의 신탁에 대비되는 인본성을 의미하기도 했다.

바실리카는 중세 때 지어진 시민회관의 외관을 개축한 건물이다. 팔라디오는 시민정신을 강조한다는 의미에서 이 건물을 로마 시대 때 시민 활동을 대표하는 기능 유형이었던 바실리카라는 이름으로 부르고 싶어했다. 그만큼 이 건물에서 시민정신이 갖는 공공성의 권위를 표현하고자 했다. 이런 목적에 가장 잘 맞는 건축 어휘는 유럽에서 '시민'이라는 개념이 종합적으로 완성된 로마 고전주의이다.

이 건물에서는 아치와 오더를 세트로 한 표준 고전 어휘를 바탕으로 삼아 세를리오 모티프라는 베네치아 어휘를 혼용했다(그림 393, 394). 세를리오 모티프는 양옆 작은 사각형 창의 폭을 넓히거나 좁힐 수 있

392 안드레아 팔라디오(Andrea Palladio), 바실리카(Basilica=Palazzo della Ragione시민회관) 비첸차(Vicenza), 이탈리아, 1548~80/1617년 사후 완공

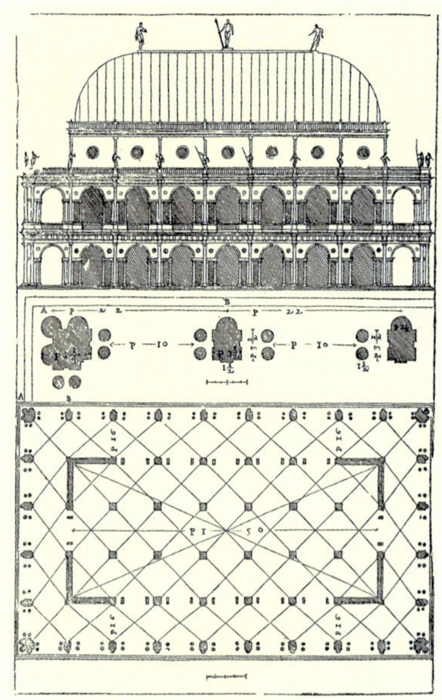

393 안드레아 팔라디오(Andrea Palladio). 바실리카(Basilica=Palazzo della Ragione시민회관) 비첸차(Vicenza), 이탈리아. 1548~80/1617년 사후 완공

394 안드레아 팔라디오(Andrea Palladio). 바실리카(Basilica=Palazzo della Ragione시민회관) 비첸차(Vicenza), 이탈리아. 1548~80/1617년 사후 완공

기 때문에 각 창 베이의 폭을 다르게 조절하기에 유리한 융통성을 가졌다. 이 때문에 불규칙한 필지가 많은 베네치아에서 건축가들이 즐겨 사용하는 창 처리 기법이었다. 건물의 각 면을 동일한 베이로 분할하기 힘든 불규칙 필지에서 각 베이의 폭을 조금씩 다르게 하면 눈으로는 식별이 안 되면서도 베이 수를 어렵지 않게 맞출 수 있었다.

이 건물도 중세 골격의 창 베이들이 다른 폭을 가졌기 때문에 이 모티프를 사용하기에 적절했다. 실제로 끝 베이의 폭을 조금 좁게 처리하는 등 각 베이의 폭이 조금씩 달랐다. 이것은 끝부분의 구조부를 쌍기둥으로 처리했기 때문이기도 하다. 이로써 건물은 각기 다른 베이를 가지면서도 반복이 주는 조화, 구성미, 율동감 등 고전 미학의 정수를 획득할 수 있었다. 3차원 덩어리 느낌, 적절한 음영, 힘 있는 디테일 등의 충실한 기본기와 조각적 탄력성의 베네치아 전통은 고전적 분위기에 품격 높은 권위를 더했다.

이 건물은 산소비노의 산마르코 도서관으로부터 영향을 받았다. 산마르코 도서관은 팔라디오가 칭찬을 아끼지 않은 건물이다. 더 멀리는 로마 시대의 공공건물과 성기 르네상스의 브라만테와 미켈란젤로 건물 등으로부터도 영향을 받았다. 이 건물을 설계하기 전, 트리시노는 팔라디오를 동행하고 1545~47년 사이에 로마에 체류했다. 팔라디오는 이 기간 동안 로마 고전주의를 심도 있게 연구하여 시민의 공공 권위를 상징할 수 있는 고전 어휘를 찾아냈다.

바실리카는 비첸차에서 르네상스 양식으로 지어진 최초의 공공건물이다. 로마 고전주의의 정확한 구사를 통해 공공성을 확보함과 동시에 베네치아의 지역 전통도 함께 표현함으로써 비첸차 시민들의 자긍심을 높여주었다(그림 395). 이 건물은 르네상스 건축 전체를 통틀어서도 손꼽히는 걸작으로 평가된다. 이 건물 하나가 세워짐으로써 비첸차는 고전을 통한 인본성의 상징이라는 근대 초기의 이상을 대표하는 도시로 격상되었다. 팔라디오 자신에게도 이 건물은 가장 중요한 대표작 가운데 하나이다. 이 건물이 높은 평가를 받기 시작하면서 그전에 설계했던 빌라에 대한 평가도 함께 높아졌다. 이를 계기로 팔라디오의 명성은 공고해졌고 대형 작품의 수주가 늘었다. 그는 산미켈리, 산소비노, 줄리오 로마노 등 당시에 말년의 절정에 올라 있던 쟁쟁한 경쟁자들을 물리치고 젊은 나이에 이 건물의 설계를 맡아 그동안 쌓아온 역량을 집중시켜 걸작을 탄생시켰다.

395 안드레아 팔라디오(Andrea Palladio). 바실리카(Basilica=Palazzo della Ragione시민회관) 비첸차(Vicenza), 이탈리아. 1548~80/1617년 사후 완공

카피타니아토 로지아는 처음에는 의회 건물로 계획되었다가 공사가 진행되면서 총독궁으로 용도가 변경되었다. 총독궁으로는 규모가 크지 않았기 때문에 더욱 위엄이 요구되었다. 큰 바실리카가 마주하고 있는 것도 부담이었다. 바실리카와의 균형이 중요한 문제였다. 이런 불리한 조건들을 극복하기 위해 팔라디오는 이 건물을 기념비적 영웅주의로 처리했다(그림 396). 전체 구성은 단순 육면체로 잡았다. 평면도 1층은 로지아와 로비, 2층은 집무실로 단순화했다. 반면 두 층을 가로지르는 거대 기둥 네 개를 사용하여 통치자의 권위를 과시했다. 맞은편의 바실리카가 한 층 높이의 기둥을 수평 방향으로 가지런하게 반복한 것과 대비되는 수직적 처리이다. 바실리카의 수평 구성이 시민을 상징한다면 이 건물의 수직 구성은 통치자의 권력을 상징한다.

거대 기둥은 기념비적 웅장함을 표현함과 동시에 건물 전체의 구조 구성을 명쾌하게 하는 역할도 했다. 측면은 베네치아공화국이 레판토Lepanto에서 터키를 물리친 승전을 기념하기 위해 개선 아치 모티프로 처리했다. 장식도 화려해졌다. 회반죽과 돌을 이용하여 베네치아 특유의 섬세한 장식을 새겼다. 돌의 붉은색을 이용한 채색주의는 장식 효과를 높였다.

396 안드레아 팔라디오(Andrea Palladio). 카피타니아토 로지아(Loggia del Capitaniato). 비첸차(vicenza), 이탈리아. 1565년경~72

이 건물은 팔라디오의 말년 경향을 대표하는 건물이다. 말년으로 오면서 평면과 입면 등 전체 구성이 단순해지고 구조부의 존재를 명확하

397 안드레아 팔라디오(Andrea Palladio), 카피타니아토 로지아(Loggia del Capitaniato), 비첸차(vicenza), 이탈리아, 1565년경~72

게 표현하는 반면, 거대 기둥을 이용하여 영웅주의를 추구하고 장식 사용이 느는 등의 변화가 주요 특징으로 나타났다(그림 397). 이 건물을 통해 팔라디오는 통치계급에 맞는 대표 유형을 제시했다. 이로써 귀족, 시민, 통치자의 3대 계급 모두를 대표하는 건축 유형을 완성시켰다. 귀족은 빌라와 팔라초, 시민은 바실리카, 그리고 통치자는 이 건물이 각각 대표했다.

인본주의 이상세계-올림픽 극장

올림픽 극장은 팔라디오의 마지막 작품이다. 팔라디오는 어린 시절 베올코의 영향을 받은 이래 극장 설계에 꾸준한 관심을 가져왔다. 16세기 연극은 어려운 시대 상황에 대한 돌파구나 도피처 개념으로 이상향을 그리는 경향을 가졌다. 이에 따라 건축가들도 극장이나 무대 설계를 자신의 건축적 이상을 표출할 수 있는 기회로 보았다. 팔라디오도 이 가운데 하나였다. 또한 앞에 설명한 바와 같이 팔라디오는 극장 설계로부터 시민정신의 상징성을 함께 찾았다.

1415년경 비트루비우스의 『건축십서』가 발견되면서 극장에는 두 가지 방식이 쓰였다. 하나는 르네상스 때 새로 발명된 일소점 투시도로 무대 디자인을 하는 방식이다. 이 방식은 거리 모습을 배경으로 사용함으로써 사실성을 높이려는 목적을 가진다. 그러나 일소점 투시도에 의해 배경 장면이 소실되었기 때문에 건축적 분위기는 떨어진다. 다른 하나는 이른바 '비트루비우스식 극장Vitruvian theater'으로, 비트루비우스가 『건축십서』에서 기술한 로마 극장의 표준형을 따르는 것이다(그림 398). 이 방식은 객석과 배경 벽scaenae frons을 평행하게 위치시킴으로써 그 전면을 관객에서 보여준다. 이 때문에 사실성은 떨어지나 건축적 장면은 두드러진다.

전자의 방식은 르네상스의 동시대성을 강조하는 입장을 가진다. 동시대에 새로 발명된 투시도를 활용하여 현실적 사실성에 중점을 둠으로써 인본주의적 가치를 중시했다. 이 방식은 세를리오, 스카모치 등 실용주의 입장을 가진 건축가들이 선호했다. 이에 반해 후자는 이상적 목적을 가진다. 고대 로마 때 처음 정착된 라틴 극장의 표준형을 부활

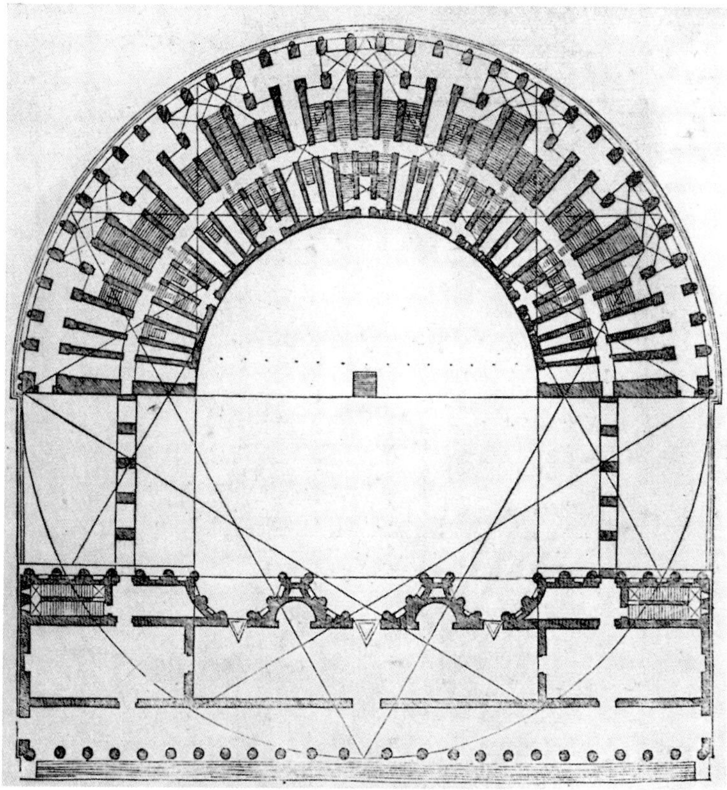

398 안드레아 팔라디오(Andrea Palladio), 비트루비우스(Vitruvius)의 설명에 따른 로마 극장 연구

시킴으로써 과거 로마 연극에서 추구했던 이상 세계의 개념을 이어받겠다는 것이다. 로마 시대 극장은 비례 기하주의로 구성된 것이 많았는데, 이 점은 르네상스 이상주의와 부합했다. 배경 벽에 건축적 장면이 집중됨으로써 건축을 통한 이상 세계의 구현이라는 매력도 있었다. 이 방식은 팔라디오 등 이상주의 입장을 가진 건축가들이 선호했다.

팔라디오는 1558년경부터 가설극장이나 임시 무대를 지속적으로 설계해왔다. 로마 유적 답사에서도 극장은 특별히 관심을 갖는 기능 유형이었다. 올림픽 극장은 고대 로마의 극장을 충실하게 따랐다. 반타원형의 관중석, 무대, 배경 벽으로 구성되는 표준형이다(그림 399). 무대 뒤편과 배경 벽 전면은 팔라디오가 평생 구사해오던 고전 어휘들로 처리했다(그림 400). 무대 뒤편은 콜로네이드로 벽을 세웠고, 베이 사이에는 낮은 감실을 파서 조각상으로 채웠다. 배경 벽은 개선 아치와 문을 혼합한 모티프로 처리했다. 독립 원형 기둥, 아치, 벽기둥, 오더,

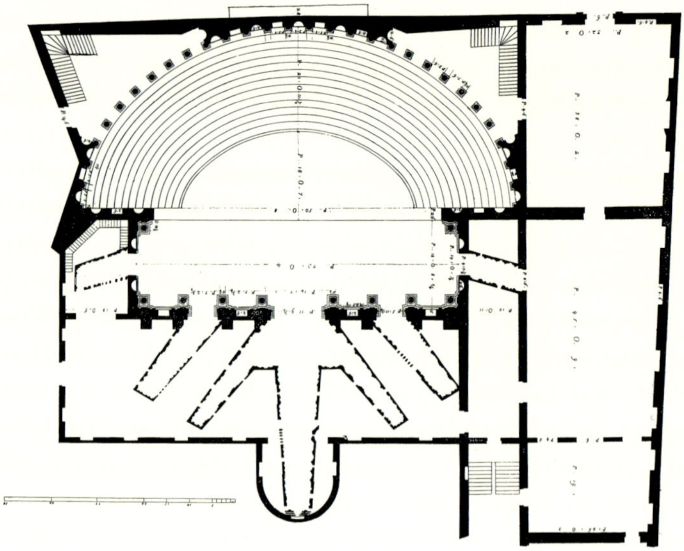

399 안드레아 팔라디오(Andrea Palladio). 올림픽 극장(Teatro Olimpico). 비첸차(Vicenza), 이탈리아. 1580~83년 사후에 스카모치에 의해 완공

소품화된 신전 파사드 등 표준 고전 어휘들이 총동원되어 벽면을 가득 채웠다. 그 사이사이를 신화, 로마 역사, 베네치아공화국 역사 등에 등장하는 영웅들의 조각상으로 채웠다(그림 401).

이상의 처리는 고전주의를 골격으로 한 인본주의의 이상 세계를 높은 집중도로 표현한 의미를 갖는다. 기독교가 지배해오던 신탁 세계에 대비되어 인간들끼리 꾸려가는 세속 세계의 이상향을 그린 것이다. 미시적으로는 팔라디오가 전 생애를 통해 추구했던, 그리고 거시적으로는 1420년에 시작되어 2세기 동안 계속되어온 초기 근대기의 인본주의 이상향이 완성되는 순간이었다. 팔라디오는 이 모델을 비첸차의 로

400 안드레아 팔라디오(Andrea Palladio). 올림픽 극장(Teatro Olimpico). 비첸차(Vicenza), 이탈리아. 1580~83년 사후에 스카모치에 의해 완공

401 안드레아 팔라디오(Andrea Palladio). 올림픽 극장(Teatro Olimpico). 비첸차(Vicenza), 이탈리아. 1580~83년 사후에 스카모치에 의해 완공

마 유구였던 베르가 극장Teatro Berga에서 차용했다. 팔라디오는 이 극장을 바르바로와 함께 발굴, 답사했다(그림 398).

극장 모티프는 극장 설계에만 활용된 것이 아니었다. 팔라디오는 바실리카에서 옛날 건물에 새 껍질을 씌워 두 겹으로 만들겠다는 생각을 로마 시대의 극장에서 가져왔다. 로마 극장은 코어 벽의 바깥 면에 기둥 열로 이루어진 벽면을 스킨처럼 하나 더 갖는 구조로 이루어졌다. 이것은 팔라디오가 극장 모티프를 차용한 또다른 예이다. 앞에서 언급한 것과 같이 극장 모티프는 당시 시민정신을 상징하는 의미를 가진다. 팔라디오는 바실리카에서 스킨 벽을 두 겹의 쌍기둥으로 처리하여 두껍게 만듦으로써 고전 어휘의 힘을 강조했다.

6장 프랑스 · 영국 · 독일 르네상스

1 프랑스 르네상스 (1500~1600)

2 영국 르네상스 (1600~1660)

3 독일 르네상스 (1550~1620)

1 프랑스 르네상스(1500~1600)

초기 근대 서북유럽 르네상스 고전주의 지역 양식

16세기는 르네상스의 확산 시기였다. 이탈리아 반도 내에서는 베네치아를 필두로 지역 양식이 성립되고 매너리즘이 유행했다. 유럽 전체로 보면 프랑스, 영국, 독일 등 알프스 이북[trans-alpine]의 서북유럽 각 나라들에 르네상스가 전파되기 시작했다. 전파는 여러 방식으로 이루어졌는데 크게 직접 전파와 간접 전파로 나눌 수 있다. 직접 전파는 이탈리아에서 예술가나 장인을 초청하거나 반대로 이탈리아로 가서 배워오는 방식이었다. 간접 전파에는 전쟁을 통한 문화 수입, 이론서를 통한 접근, 인접국을 거친 2차 수입 등이 있었다. 16세기에 잦았던 서북유럽 각국의 이탈리아 침공은 특히 중요한 역할을 했다. 통신이 발달하지 않았던 근대 이전의 문명에서 전쟁만큼 대단위의 인적, 물적 교류는 없었다(그림 402).

르네상스의 전파는 쉽지 않았다. 서북유럽에서는 고딕 전통이 15세

402 프랑수아 1세(François I)의 이탈리아 침공

기까지 계속되고 있었다. 종교개혁이 있긴 했지만 아직 가톨릭을 중심으로 한 종교 권력이 공고했다. 교회나 왕궁의 고급 대형 공공건물에서부터 주거나 상가 등 일반인들의 일상 건물에 이르기까지 모든 건물은 후기 고딕으로 지어졌다. 중세 고딕 건축을 거치면서 서북유럽에는 고전주의가 이교도 건축이라는 인식이 굳게 뿌리박혀 있었다. 이런 상황에서 르네상스의 수입은 단순한 예술 양식의 수입이 아니라 밀레니엄 단위의 지각변동을 의미하는 문명 전이의 문제였다. 건축적으로 보더라도 유기적 구조와 신앙심이 합쳐진 고딕의 수직 양식에서 정교한 오더 중심의 고전주의로 전환하는 것은 쉽지 않은 문제였다. 고전주의 규칙을 잘 구사할 수 있는 건축가도 없었거니와 이것을 정밀하게 시공해낼 장인 계층도 없었다.

서북유럽에서 르네상스 고전주의에 먼저 눈을 돌린 것은 지식인 계층이었다. 이들은 예술 양식 이면에 숨어 있는 인본주의라는 가치에 주목했다. 라틴어로 무장한 이들은 라틴어 자체를 하나의 새로운 지식 권력으로 받아들였다. 한계에 달한 중세 기독교 문명을 대체할 것은 인본주의밖에 없다는 인식이 서북유럽에도 퍼져나가면서 탈고딕 움직임이 나타났다. 이들은 세속 정치권력, 신교, 예술가 등을 설득하여 이탈리아 르네상스 고전주의 수입을 앞장서 이끌었다.

건축은 인문학보다는 수준이 많이 떨어졌다. 르네상스 건축의 수입은 장식 어휘 중심으로 시작되었다. 고전 건축 이면에 숨어 있는 인본주의 정신이나 정밀한 문법은 도외시한 채 장식 어휘로만 받아들였다. 오더가 가장 대표적인 예이다. 오더의 복합적 구성 체계는 무시한 채 개별 단위로 분해하여 장식 어휘로 만들어 차용했다(그림 403). 그 가운데 주신을 비롯한 칼럼은 가장 많이 장식 처리되었다. 형태, 형식, 표면 처리, 비율 등 여러 면에서 장식적 변형이 가해졌다. 주신은 순도 높은 구성 요소로서의 위치를 잃고 표피 장식으로 쓰였다.

장식화 경향은 부재 단위에 그치지 않았다. 고딕 양식과의 혼용이 두드러졌다(그림 404). 고딕 몸체 위에 고전 주신이나 칼럼을 덧붙이는 방식이 가장 전형적인 경향이다. 고전 어휘는 고딕 분위기에 맞게 변형되었다. 지나치게 잘게 나누고 불필요한 표면 처리를 가하고 제 위치가 아닌 곳에 부재를 중복해서 썼다. 가장 먼저 수입된 문서도 이론서가 아니라 장식 카탈로그였다. 1563년 런던에서 출간된 존 슈트의 『건축

403 토머스 소프(Thomas Thorpe), 커비 홀(Kirby Hall), 노섬턴셔(Northamptonshire), 영국, 1570~75

404 생외스타슈(St. Eustach), 파리, 1532~89

405 코르넬리스 플로리스(Cornelis Floris) 황제용 연단, 안트베르펜(Antwerp), 벨기에, 1549

의 으뜸가는 주요 기초 사항*The First and Chief Grounds of Architecture*』이 대표적인 예이다(그림 435). 르네상스 건축은 인문학적 해석이 요구되는 고급 공간예술이 아니라, 손끝으로 흉내내는 실용 기술이나 장식 예술로 시작되었다. 장식 모방은 고딕 시대의 석공 기술로도 모방할 수 있었다(그림 405). 르네상스 고전주의는 인문학과 고전 법칙으로 무장한 건축가가 아니라 고딕 기술을 가진 장인에 의해 시행되었다.

르네상스 고전주의가 첨단의 학문 예술 경향으로서 세속 권력에 대한 새로운 상징 기능을 갖는다는 인식이 퍼지면서 서북유럽의 권력자들은 앞다투어 이탈리아 르네상스를 받아들이기 시작했다. 그러나 서북유럽의 자체 인력만으로는 만족할 만한 완성도를 보장받을 수 없었기 때문에 이탈리아에서 예술가들을 초빙하여 일을 맡기는 경우가 잦아졌다. 이런 가운데 서북유럽 자체적으로 고전주의 건축가들이 등장하기 시작했다. 이론서로 공부하거나 이탈리아에 직접 가는 등의 방식을 통해 고전주의 법칙과 인문학을 습득했다.

서북유럽의 르네상스는 크게 세 경향으로 나눌 수 있다. 첫째는 서북유럽 장인들에 의해 장식 중심으로 덧붙여진 경향이다. 둘째는 자생적 건축가들에 의해 구사된 각국의 독립적 고전주의다. 셋째는 세를리오를 필두로 이탈리아 건축가들이 이주하여 활동한 경우이다. 이 세 경향이 혼합되어 나타나면서 서북유럽의 르네상스 지역주의를 형성했다. 이것은 고전주의의 순도라는 관점에서 보면 낙후성의 한계를 의미한다. 반면 지역성의 관점에서 보면 서북유럽의 오랜 중세 전통이 반영되면서 또다른 형태의 고전주의가 새로 생겨난 확산 현상이다. '초기 근대 서북유럽 르네상스 고전주의 지역 양식'이라는 긴 이름으로 명명될 수 있는 하나의 흐름이 새로이 형성되었다.

형성기(1)–프랑수아 1세와 장식 고전주의

서북유럽 사이에서도 나라마다 처한 상황에 따라 차이가 있었다(그림 1). 정치와 종교가 중요한 요소였다. 프랑스는 롬바르디아 지방을 군사적으로 점령한 데다 종교개혁의 여파가 적었기 때문에, 이탈리아 양식을 가장 먼저 그리고 적극적으로 수입했으며 그 내용도 교황청이 주도하던 표준 고전주의에 가까웠다. 영국은 정치적으로는 왕조 중심으로 비교적 안정되게 진행되었고, 종교적으로는 가톨릭과 신교의 통합 경향이 주도적 특징을 이루었다. 독일은 로마 대약탈을 감행하면서 일시적으로 이탈리아에 대한 정치적 우위를 점하긴 했지만, 내부적으로는 심한 분열에 시달리고 있었다. 특히 종교개혁의 발상지였기 때문에 종교적으로도 그러했다. 이런 상황에서 독일의 16세기 건축은 고전주의보다는 매너리즘이 크게 유행했다. 네덜란드도 이와 유사했다.

서북유럽에서 이탈리아 르네상스를 가장 먼저 수입한 나라는 프랑스이다. 로마 시대부터 고전주의의 전통이 가장 강했다는 점, 지리적으로 이탈리아와 맞닿아 있다는 점, 중세를 거치면서 이탈리아와 문화예술의 교류가 가장 많았다는 점, 수입에 적극적인 건축주 그룹이 있었다는 점 등이 주요 배경이다. 프랑스는 이미 1460년대부터 프란체스코 라우라나Francesco Laurana를 초빙하는 등 이탈리아 르네상스를 수입하여 접하고 있었다. 처음에는 이탈리아와 가까운 앙주Anjou 지방이 중심이 되었다. 라우라나는 조각가였지만 예배당을 설계하는 등 고전주의 건축 어휘도 구사했다.

15세기 후반부의 경향은 단발성에 그쳤으나, 16세기 이후 프랑스에서는 르네상스가 일정한 흐름을 형성하기 시작했다. 이 흐름은 16세기를 거치면서 프랑스 고전주의로 정착되었다. 이것은 17세기 이후 고전주의가 프랑스의 국가 양식으로 자리 잡는 기틀이 되었다. 16세기 프랑스 르네상스의 시기 혹은 양식 구별에 대해서는 통일된 의견이 없는 편이다. '초기-후기-매너리즘'의 이탈리아식 분류를 생각해볼 수 있지만, 이런 식의 전형적 분류를 적용하기에는 질과 양 모두에서 완성도가 부족했던 것 또한 사실이다. 명칭의 문제와는 별도로 건축적 내용에 따라 연도를 이용하여 1500~40년, 1540~60년, 1560~1600년의 세 단계로 나누는 것은 무리가 없어 보인다. 여기에서는 이 세 단계에 대해 '형성기-정착기-장식기'로 분류하고자 한다.

형성기는 1500~40년 사이이다. 1494~1515년 사이에는 샤를 8세[재위 1483~98년]와 루이 12세[재위 1498~1515년]의 잇따른 이탈리아 침공과 함께 국가 차원의 교류가 시작되었다. 샤를 8세는 많은 이탈리아 예술가를 데려와 자신의 관과 같은 기념물들을 고전주의 양식으로 제작하게 했다. 이를 계기로 1500년대 초반에는 고전 어휘를 부분별로 차용한 건물들이 제법 많이 지어졌다. 프랑스 르네상스 건축은 이처럼 조각에서 전이된 성격이 강하기 때문에, 처음부터 앞에서 언급한 장식 어휘 중심의 지역주의 경향이 강하게 나타났다(그림 406).

건축에서 르네상스 어휘를 직접 사용하기 시작한 것은 프랑수아 1세[재위 1515~47년]였다(그림 402). 그 역시 계속해서 이탈리아를 침공했다. 그러나 스페인군에 포로가 되는 등 우여곡절을 겪었는데, 오히려 이 때문에 이탈리아에 오래 머물면서 르네상스를 직접 경험할 수 있었다. 그는 르네상스 예술 애호가가 되어 귀환하여 프랑스에 르네상스를 전파하는 데 힘썼다. 레오나르도 다빈치와 세를리오를 초빙한 것도 그였다. 레오나르도는 1516년에 프랑스로 건너와 말년 3년을 보내며 예술 자문을 했다.

406 에스코빌 호텔(Hôtel d'Escoville), 캉(Caen), 프랑스, 1535

이상의 과정을 거쳐 프랑스에도 고전 건축 어휘가 본격적으로 나타나기 시작했다. 기능 유형별로는 성당, 대형 주거, 중세 성채의 셋으로 나눌 수 있다. 세 유형은 각각 가톨릭, 귀족, 왕권을 배경 권력으로 가졌는데, 이들은 대혁명까지 300년간 프랑스를 지배했다. 이 세 유형은 형성기 때 르네상스 건축이 가장 먼저 도입된 건축물이다. 이후

정착기와 장식기를 거치면서 이것이 계속 유지되다가 17세기 바로크로 넘어간다.

형성기(2)-루아르 성채, 성당, 대형 주거

세 유형 가운데 양과 질 모두에서 형성기를 이끈 것은 루아르Loire 계곡을 필두로 한 성채로 블루아Blois, 1515~24년, 샹보르Chambord, 1519~47년, 슈농소Chenonceaux, 1556~59년, 퐁텐블로Fontainebleau, 프랑수아 1세~앙리 4세, 가용Gaillon 등이 대표적인 예이다(그림 407, 408). 대부분 프랑수아 1세의 주도로 지어진 이 성채들은 본래 후기 고딕의 플랑부아양Flamboyant 양식으로 지어져 있었다. 이 양식은 넓은 창, 트레이서리, 개방된 계단, 크고 작은 매스 분절 등이 특징이다. 르네상스는 이런 몸통에 오더 부재, 신전 박공, 아치, 창틀, 조적술 등을 장식 어휘로 만들어 덧붙이는 혼용 방식으로 시작되었다. 아직은 프랑스의 중세 전통이 주를 이루고 르네상스 어휘를 부차적으로 덧붙이는 방식이다.

처음 수입된 르네상스 양식은 피렌체-로마의 정통 고전주의가 아니라 롬바르디아와 나폴리의 장식 고전주의였다. 롬바르디아는 파비아의 체르토사Certosa나 밀라노의 오스페달레마조레Ospedale Maggiore 등에서 보듯이 고딕과 르네상스의 혼용이 하나의 경향을 형성하고 있었다. 더 확장하면 롬바르디아는 이탈리아 반도 내에서도 벽돌과 테라코타를 이용한 장식 고전주의를 지역적 특성으로 가지고 있었다. 프랑스가 롬바르디아 지방을 점령했던 정치적 상황도 중요한 배경이었다. 나폴리는 프랑스와의 정치적 연대를 배경으로 영향을 끼쳤다. 나폴리의 알폰소 1세는 프랑스에 항복한 뒤 예술가들을 대거 프랑스에 파견했다.

407 르네상스 프랑스 성채 분포 지도

408 샹보르 성채(Château de Chambord). 프랑스. 1519~47

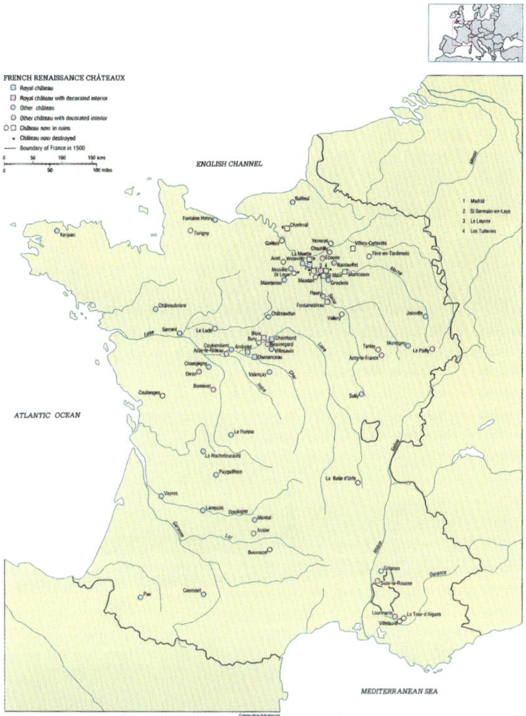

409 블루아 성채(Château de Blois), 프랑스. 1515~24

블루아는 루이 12세1498~1504년 때와 프랑수아 1세 1515~24년 때 지어진 두 부분으로 나눌 수 있다. 루이 12세 때에는 오더와 조각 아치로 구성된 아케이드로 안마당에 회랑을 만들었다. 오더는 로마 고전주의의 표준형 다섯 가지와 상관없이 장식적으로 처리된 변형 형태를 썼다. 프랑수아 1세 때 지어진 부분에서는 계단실과 지붕 처마에 고전 어휘를 썼다(그림 409). 계단실에서는 도리스식, 이오니아식, 코린트식의 세 가지 오더에서 주두만 추출하여 장식 어휘로 만들어 중세 몸통에 맞게 변형시켜 사용했다. 처마에서는 서너 겹의 코니스를 각기 다른 장식 어휘로 처리했다.

상보르에서는 두 부분이 주안점이었다. 외관에서는 다른 성채들과 마찬가지로 중세 몸통에 고전 어휘를 장식 단위로 만들어 붙였는데 주로 창틀에 집중되었다. 실내에는 이른바 레오나르도 다빈치의 나선형 계단이 세워졌다. 이 계단은 블루아의 계단을 닮았으며, 레오나르도의 스케치를 바탕으로 도메니코 다코르토나Domenico da Cortona가 설계한 것으로 알려져 있다(그림 410).

퐁텐블로는 1528년에 주요 공사가 시작되어 프랑수아 1세 때 기본 골격이 잡혔으며, 이후 앙리 4세를 거쳐 17세기 초반까지 계속 지어졌다. 이 가운데 형성기 부분을 대표하는 건축가는 질 르브르통Gilles Le Breton이었다. 그는 분수 안마당Cour de la Fontaine, 프랑수아 1세 갤러리, 타원 안마당Cour Ovale, 황금 출입구Porte Dorée, 백마 안마당Cour de Cheval Blanc=Cour des Adieux 등을 설계했다(그림 411). 그는 중세 골격 위에 오더, 아치, 신전 박공, 모르타르 선이 두꺼운 조적술 등의 르네상스 어휘를 단위별로 차용했다.

410 블루아 성채(Château de Blois), 프랑스. 1515~24

성당은 두 경향으로 나눌 수 있다. 한 가지는 16세기 들어 새로 지어지는 성당이다. 이때까지는 여전히 후기 고딕으로 짓는 것이 보통이었으나 일부에서는 후기 고딕과 르네상스 양식을 섞

411 퐁텐블로 성채(Château de Fontainebleau). 프랑수아 1세~앙리 4세

어서 짓기 시작했다. 생테티엔뒤몽St. Etienne du Mont, 파리, 1517~60년과 생외스타슈St. Eustach, 파리, 1532~89년는 대표적인 예이다(그림 404, 412). 생테티엔뒤몽에서는 네이브와 갤러리 벽을 독립 원형 기둥이 받치는 아케이드로 처리했다. 다발 기둥의 두꺼운 단면적이 단일 기둥으로 얇아지고 네이브와 갤러리의 높이가 같아지는 등 실내에는 진공부가 많아지면서 밝고 개방적 분위기가 나타났다.

다른 한 가지는 고딕 시대부터 있던 성당에 증축을 한 경우로 우동 성당Houdon Cathedral, 16세기과 랭스의 생레미St. Remi, Reims, 15세기 등이 대표적인 예이다. 우동 성당에서는 버트레스 가운데 일부를 중세의 두꺼운 벽기둥이 아닌 코린트식 오더로 처리했다. 그 위로는 코니스를 두어 다시 플라잉 버트레스를 받쳤다. 고딕 어휘와 르네상스 어휘의 공존이다. 생레미에서는 남측 트랜셉트에 고전 어휘를 장식적으로 각색해서 만든 스크린을 세웠다.

대형 주거에는 호텔, 개인 궁전, 매종 등이 해당된다. 이 예들은 파리를 필두로 프랑스 전역의 대도시들에서 나타났다. 건축주는 중앙의 유행에 민감하게 반응하며 최신 유행을 받아들이고 싶어했던 귀족들이다. 캉의 에스코빌 호텔Hôtel d'Escoville, Caen, 1535년과 브장송의 그랑벨 궁Palais Granvelle, Besançon, 1532~40년 등이 대표적인 예들이다(그림 406). 이런 예들은 앞의 성채에서 형성된 기법들을 차용해서 구성되었다. 중앙 왕실 권력의 양식이 귀족과 지방으로 전이된 현상이다.

412 생테티엔뒤몽(St. Etienne du Mont). 파리. 1517~60

정착기(1)-세를리오와 앙시르프랑 성채

413 장 마르탱(Jean Martin). 『건축 혹은 좋은 건축기술*Architecture ou Art de bien bastir*』(1547)에 나오는 이오니아식 오더

정착기는 1540~60년 사이였다. 이 기간에는 세 가지 경향이 나타났다. 첫째, 고전주의 이론서의 연구를 프랑스에서도 본격적으로 시작했다. 비트루비우스를 비롯하여 이탈리아 르네상스 건축가들의 이론서를 프랑스 건축가들이 탐독하기 시작했으며, 몇몇 건축가들은 직접 저술도 했다. 필리베르 들로름Philibert de L'Orme, 1510년경~70년이 대표적인 예이며, 장 마르탱Jean Martin도 『건축 혹은 좋은 건축 기술*Architecture ou Art de bien bastir*』1547을 출간했다(그림 413).

둘째, 이탈리아 건축가들이 프랑스에서 활동했다. 다비놀라, 세를리오, 로소 피오렌티노Rosso Fiorentino, 프란체스코 프리마티치오Francesco Primaticcio 등이 프랑스를 방문했다. 다비놀라는 곧 돌아갔지만 나머지 건축가들은 프랑스에 머물며 작품 활동을 하면서 성기 르네상스와 매너리즘을 전파했다. 셋째, 프랑스에서도 자생적 르네상스 건축가가 탄생했다. 피에르 레스코Pierre Lescot와 들로름이 대표적인 예이다. 이들은 정확한 고전주의 어휘 구사력을 바탕으로 중세 전통을 혼용하여 프랑스 고전주의를 최초로 완성했다.

414 세바스티아노 세를리오(Sebastiano Serlio). 무대 디자인에 응용한 건축 투시도(prospettiva architectonica) 장면

프랑스에 머문 이탈리아 건축가 가운데 프랑스 르네상스 형성에 가장 큰 영향을 끼친 사람은 세를리오이다. 세바스티아노 세를리오Sebastiano Serlio, 1475~1553/55년는 볼로냐에서 태어났다. 1514년경 로마에 정착하여 브라만테 공방에서 일하면서 페루치로부터 영향을 받았다. 이 기간 동안 교황청에서 진행하던 건축 일에 참여하면서 고전 건축 전반에 관해 익혔고, 페루치로부터는 투시도에 대해 배웠다. 이 기간에는 브라만테의 어휘를 이어받아 세를리오 모티프 등 자신만의 디자인 어휘를 창조하기도 했다. 페루치와의 인연은 양면적이었다. 투시도에 대한 관심은 향후 자신의 저서가 건물의 시각적 효과에 대한 강조를 주요 특징으로 갖게 되는 계기가 되었다. 세를리오는 이런 연구를 바탕으로 일소점 투시도의 거리 배경을 갖는 무대 디자인을 창출했다(그림 414). 그러나 페루치의 연구와 도면

을 자기 것처럼 실어서 그의 학문적, 예술적 권위에 심각한 손상을 입히기도 했다.

로마 대약탈 때에는 베네치아로 피신하여 1541년까지 머물렀다. 이 기간에는 건축 자문가로 활동하며 베네치아 지역의 산소비노, 산미켈리, 팔라디오 등 주요 건축가들의 작품에 관여했다. 그러나 아직 독립적 작품은 내지 못했으며 그에게서 더 중요한 활동은 저술 작업이었다. 세를리오는 『건축칠서 *Il settimo livro d'architectura nel quale si tratta di molti accidenti*』1584로 알려진 일곱 권 세트의 이론서를 저술했는데, 이 가운데 제4서를 1537년에, 제3서를 1540년에 각각 출간했다. 1541년에는 프랑수아 1세의 초빙을 받아 프랑스로 이주하여 파리 왕궁의 수석 화가 겸 건축가가 되었다. 1547년에 프랑수아 1세가 사망할 때까지 이 직책을 유지하며 퐁텐블로의 무도회장Salle du Bal과 앙시르프랑Ancy-le-Franc, 토네르, 1546년경 성채 등의 대표작을 남겼다. 이후 사망할 때까지 여러 도시로 옮겨다니며 몇몇 작품을 더 남겼다. 나머지 저술 작업도 계속하여 제1서, 제2서, 제5서, 제6서를 연차적으로 출간했다. 제7서는 1575년에 유작으로 출간되었다.

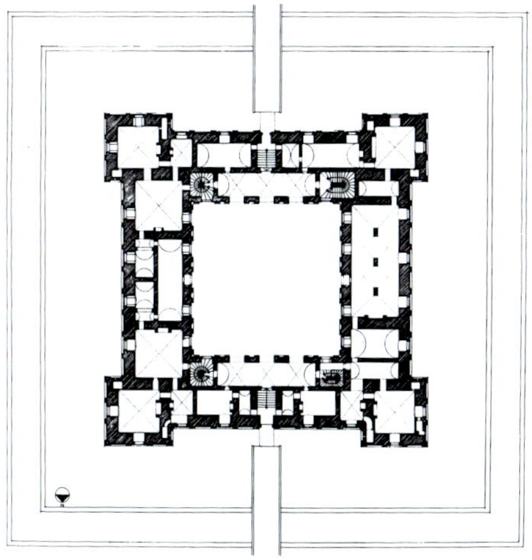

415 세바스티아노 세를리오(Sebastiano Serlio). 앙시르프랑(Ancy-le-Franc) 토네르(Tonnerre), 프랑스. 1546년경

앙시르프랑 성채는 프랑스 고전주의의 한 형식을 보여준 중요성을 갖는다(그림 415, 416). 이 건물은 이탈리아 르네상스의 표준 어휘와 프랑스 전통 양식의 혼합으로 지어졌다. 이탈리아 어휘는 오더 체계를 중심으로 쓰였다. 벽면은 도리스식을 변형한 벽기둥으로 분할했고 출입문 차양은 코린트식을 변형한 독립 원형 기둥으로 처리했다. 바탕

416 세바스티아노 세를리오(Sebastiano Serlio). 앙시르프랑(Ancy-le-Franc) 토네르(Tonnerre), 프랑스. 1546년경

벽면을 중세 장식을 완전히 제거한 추상 면으로 처리함으로써 오더의 정확성과 고전적 의미를 높였다. 프랑스 전통 양식은 경사 지붕, 굴뚝, 측랑을 갖는 오분법 등이다. 이런 것들은 모두 이탈리아 고전주의에는 없던 서북유럽의 전통적인 구성 방식이다. 출입문 위쪽 벽면 같은 곳에서는 부분적으로 매너리즘 기법을 이용하여 아치와 프랑스 전통 장식을 혼합한 새로운 장식 어휘를 창출했다.

이상을 종합하면 프랑스 전통 양식으로 구성된 몸체에 이탈리아 고전 어휘로 표면을 처리한 다음, 부분적으로 매너리즘 장식 어휘를 혼합한 것이다. 지중해 연안의 로마 고전주의에서는 평지붕이 표준형이었음에도 경사 지붕은 의외로 오더와 잘 어울렸다. 장식 어휘는 둘 사이의 접착제 역할을 했다. 이런 구성은 프랑스 고전주의의 한 유형이 되면서 17세기 바로크 시대 호텔 같은 도시형 주거에 가장 많이 쓰이게 되었다. 세를리오의 존재는 당시 이탈리아 고전주의 어휘를 정확하게 구사할 수 있는 건축가가 없던 프랑스에 중요한 영향을 끼쳤다. 이 건물은 이탈리아 르네상스 혹은 로마 고전주의가 프랑스에 토착화할 가능성을 확인해준 중요성을 갖는다. 이 건물과 세를리오의 프랑스에서의 활동 그리고 세를리오의 저서는 프랑스 건축가들에게 교과서 역할을 하였으며, 프랑스에 자생적 르네상스 건축가들이 탄생하는 촉매가 되었다.

정착기(2)-레스코, 카르나발레 호텔, 루브르 궁전

피에르 레스코1500/10년~1578년는 세를리오가 도입한 르네상스가 들로름의 자생 양식으로 정착하는 과정에서 과도기를 형성한 건축가이다. 그의 생애에 대해서는 정확하게 정리된 내용이 많지 않다. 그는 프랑수아 1세에서 앙리 3세에 이르는 40년 가까운 기간에 다섯 명의 왕을 모시며 비교적 안정된 작품 활동을 했다. 세를리오나 들로름이 왕실 수석 건축가가 되었다가 해고당했던 것과 달리, 정치적 부침에서 자유로웠다. 특히 앞의 두 건축가조차도 손대지 못한 루브르 궁전Palais du Louvre을 여러 왕을 거쳐가며 자기 작품으로 만들었다. 레스코의 대표작은 파리의 카르나발레 호텔Hôtel Carnavalet=Hôtel de Ligneris, 1545년경~50년과 구 루브르Vieux Louvre, 1546~78년

417 피에르 레스코(Pierre Lescot). 구 루브르(Old Louvre=Vieux Louvre). 파리. 1546~78
418 피에르 레스코(Pierre Lescot). 카르나발레 호텔(Hôtel Carnavalet=Hôtel de Ligneris). 파리. 1545년경~50

였다.

레스코는 이탈리아 르네상스의 여러 선례로부터 다양한 어휘를 차용하여 혼합하는 경향을 보였다. 그는 귀족 집안에서 태어나 프랑스 지배 계층의 요구 사항을 잘 알고 있었다. 이를 만족시키기 위해 르네상스 고전주의와 프랑스의 중세 전통을 적절히 혼합하여 이것을 동시대에 유행하던 첨단 양식으로 묶어내는 자신만의 경향을 만들었다(그림 417). 선례 의존성은 프랑스의 지역 전통이나 창조성의 관점에서 레스코의 작품이 아직 독립적 완성에 이르지 못한 것으로 만드는 주요 요인이었다. 이런 점에서 레스코는 들로름으로 가는 과도기로 평가된다. 그러나 나름대로 일정한 독립성을 이루기도 한 양면성을 가진다.

카르나발레 호텔에서는 중세 전통과 르네상스 모티프를 혼용했다(그림 418). 중세 전통은 측랑의 오분법 구성과 경사 지붕이다. 르네상스 모티프는 지점에 따라 다르다. 가로를 면한 파사드에서는 브라만테의 라파엘로 하우스 모티프를 차용했다. 1층은 모르타르 선을 두껍게 한 돌쌓기로 혹두기를 암시했다. 2층은 이오니아식 쌍 벽기둥으로 분절했다. 오분법 가운데 중앙부는 신전 박공으로 마감하고 그 위로 경사 지붕을 한 겹 더 쌓았는데, 둘은 의외로 잘 어울렸다. 이 처리는 향후 프랑스 바로크 고전주의의 표준 어휘가 되었다.

안마당에서는 여러 모티프를 차용했다. 출입구 아치는 줄리오 로마노나 산미켈리의 어휘와 유사하다. 1층 창틀은 미켈란젤로가 파르네세 팔라초 안마당에서 사용한 것과 유사한 두 겹 아치로 처리했다. 레스코만의 독창적 처리도 나타났다. 오더의 수직 층쌓기를 이용하여 고딕

419 피에르 레스코(Pierre Lescot), 구 루브르(Old Louvre=Vieux Louvre), 파리, 1546~78

의 수직성을 표현했다. 아치, 오더, 신전 박공 등의 고전 어휘를 이용하여 중앙부를 강조함으로써 고전 삼분법을 프랑스의 오분법 전통에 접목했다. 원형 기둥과 사각 벽기둥 사이의 위계를 적절히 조절하여 구성력을 높였다. 평활한 벽면과 디테일을 대비시켜 장식 효과를 높였다. 오더의 돌출이 높아져 음영 효과를 얻었다.

구 루브르에서는 카르나발레 호텔의 모티프를 발전시켜 완성도를 높였다(그림 419). 고전 어휘는 한층 정확해졌다. 중앙 출입구는 옆의 벽면보다 돌출하면서 오분법의 중심성을 높였다. 수직 층쌓기는 높이와 장식의 밀도 두 가지를 달리하는 방향으로 규칙화했다. 오더의 종류를 달리한 대신 아래층에서 위층으로 갈수록 높이가 낮아졌다. 장식은 아래에서 위로 갈수록 더 많아졌다. 이에 따라 아래층은 튼튼한 구조적 이미지를, 위층은 섬세하고 가벼운 장식적 이미지를 각각 가지면서 지구 중력에 충실한 구조적 역할을 표현했다.

이상의 대표작들을 통해 레스코는 자신만의 고전주의를 완성했다. 그 내용은 세 가지로 요약할 수 있다. 첫째, 오더를 벽체 구조의 몸통 위에 덧붙여지는 벽기둥으로 처리함으로써 구조 기능을 지우고 장식 어휘로 접근했다. 둘째, 추상 벽면과 장식 디테일 사이의 적절한 조화를 통해 형성기 때 같은 장식의 과다 사용에서 벗어나 균형감과 세련됨을 갖추었다. 셋째, 오더를 이용하여 수직 층쌓기를 표현했다. 이것 자체가 고전 모티프임과 동시에 고딕 수직성을 고전 어휘로 번안한 것이었다. 이상의 내용들은 17세기 바로크 궁전 건축의 표준형으로 정착되었다.

정착기(3)–들로름(1)과 프랑스 고전주의의 완성

필리베르 들로름은 리옹에서 석공 장인의 아들로 태어났다. 당시 리옹은 지역의 중심지로서 경제력을 바탕으로 높은 수준의 문화적 전통을 지닌 도시였다. 르네상스 시대에도 나름대로의 인본주의 전통을 세워가고 있었다. 들로름은 아버지로부터 돌 다루는 기술을, 리옹의 도시적 환경으로부터 인본주의에 대한 인문학적 지성을 각각 받아들였다. 1533~36년 사이에는 로마에 머물며 생크루아St. Croix 추기경과 교황 바오로 3세의 후원 아래 고전 유적을 답사하여 측량하고 연구하면서 건축에 대해 배웠다. 또한 세를리오와 다비뇰라 등과 교류하며 비트루비우스에 대해 연구했다.

다시 리옹으로 돌아와 작품을 남기기 시작했으며, 1540년에는 파리로 이주하여 뒤벨레Du Bellays 추기경의 성채 공사를 맡았다. 1547년 앙리 2세가 왕위에 오르면서 세를리오의 뒤를 이어 왕실 수석 건축가가 되어 1559년까지 12년 동안 주요 작품들을 남겼다. 이 기간에는 프랑스 고전주의의 창출과 함께 군사 건축가로도 활동하여 주요 성채 공사를 감독했다. 앙리 2세의 사망과 함께 해고된 뒤에는 주로 이론 연구와 저술에 전념하여 주요 저작들을 남겼다(그림 28).

들로름은 16세기 프랑스에서 이탈리아에 견줄 수준에 오른 유일한 건축가로 평가받는다. 들로름은 세를리오에서 시작되어 레스코의 과도기를 거친 프랑스 고전주의를 완성시켰다. 들로름은 적지 않은 수의 건물과 여러 권의 저서를 통해 세를리오와 다른 또하나의 프랑스 고전주의 유형을 창출했다. 들로름의 프랑스 고전주의는 이른바 '프랑스 오더French Order' 찾기를 비롯하여 건물 구성과 성채의 르네상스적 재해석에 이르기까지 폭넓게 시도되었다(그림 420, 421).

이 가운데 특히 두드러진 것은 새로운 '프랑스 오더'

420 필리베르 들로름(Philibert de L'Orme). 프랑스 오더 연구. 왼쪽 세 개가 프랑스 도리스식 오더이고 오른쪽 마지막이 프랑스 이오니아식 오더이다.

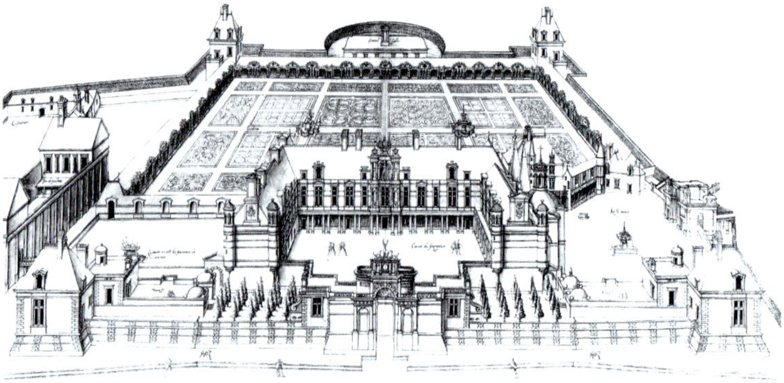

421 필리베르 들로름(Philibert de L'Orme). 아네 성채(Château de Anet). 프랑스. 1547~55

의 창조이다. 건물 구성과 성채의 재해석은 프랑스의 전통적 오분법을 이탈리아 르네상스의 단일 매스에 접목시키는 문제로 귀결되었는데 들로름뿐 아니라 대부분의 프랑스 르네상스 건축가가 함께 했던 고민이었다. 반면 '프랑스 오더' 창조는 들로름만의 업적이었다. 다른 프랑스 르네상스 건축가들은 고전 오더를 장식 부재별로 분해하여 사용했다. 반대로 세를리오는 이탈리아 오더를 직수입했다. 들로름은 오더 단위 전체를 가지고 프랑스만의 오더를 창출하는 노력을 경주했다. 들로름의 오더는 주신의 수직 홈파기를 장식적으로 활용하거나 반지 모양의 수평 띠장식을 일정 주기로 넣는 등 중세 전통을 혼용한 방식으로 나타났다.

422 필리베르 들로름(Philibert de L'Orme). 아네 성채(Château de Anet). 프랑스. 1547~55

세를리오가 이탈리아 고전주의에 많이 의존했던 데 반해 들로름의 고전주의는 중세 전통의 분위기가 주도하는 특징을 보였다(그림 422). 이런 점에서 프랑스 지역 양식을 대표하는 것으로 볼 수 있다. 그러나 고전주의 요소가 부족했던 것은 아니다. 앞의 형성기 때 성채들의 기준에서 보면 들로름의 건물은 고전적으로 훨씬 더 정리되었다. 중세 전통이 주를 이루고 이탈리아 고전주의가 여기에 맞춰 부수적 요소로 더해졌다는 의미이다.

이런 특징은 지역주의의 전형성이라는 점에서 르네상스의 전파에 중요한 의미를 갖는다. 국제주의 양식으로서 이탈리아 르네상스가 서북유럽의 중세 전통과 일정한 화합을 이루며 각국의 지역 양식으로 확장, 확산, 발전한 첫째 예에 해당된다. 넓게 보면 '17세기 바로크~18세기 계몽주의~19세기 제국주의'의 향후 3세기 동안 유럽 각국에서 고전주의가 지역적 특성에 따라 매우 다양한 양상으로 응용, 변형, 리바이벌되는 첫번째 발걸음에 해당된다.

들로름은 많은 작품을 남겼으나 철거, 파괴 되는 등 대부분은 보존 상태가 좋지 않다. 대표작으로는 프랑수아 1세 무덤1547~58년, 아네 성채 Château de Anet, 1547~55년, 퐁텐블로 내 앙리 2세 갤러리Galerie Henry II, 앙리 2세 아파트Chambre de Henry II, 여왕의 방Cabinet de Reine, 셋 모두 1548~59년, 슈농소의 화랑 다리 Pont Galerie, 1556~59년 등을 들 수 있다. 저서 가운데에는 『건축 제1서*Le premier Tome d'Architecture*』1567가 대표작이다.

정착기(4)-들로름(2)과 아네 성채

아네 성채에서는 출입문과 예배당이 중요한 건물이었다(그림 421). 출입문은 로마의 개선 아치를 기본 모티프로 삼아 매너리즘으로 각색했다(그림 422). 개선 아치의 구성과 부재의 위치는 고전주의 표준형을 구사했다. 네 개의 원형 오더가 세 베이를 분할하며 삼분법을 이룬다. 매너리즘은 프랑스 중세 전통과 장식을 혼용하는 방식으로 처리되었다. 오더 자체가 표준형 다섯 가지에는 없는 새로운 형식이다. 아키트레이브는 매우 낮고 트리글리프가 프리즈와 아키트레이브 양쪽 모두에 새겨졌지만, 그 위치는 일치하다가 어긋나는 등 불규칙하다. 주두는 도리스식에 가깝지만 높이가 짧고 아바커스와 에키너스 등의 세부 부재도 더 장식적이다. 쓰인 장식 어휘도 로마 고전주의에는 없던 것이다. 중앙의 아치는 홍예돌에 띠를 둘러 장식 효과를 높였다(그림 423).

가장 두드러진 처리는 수직 구성이다. 수직 방향으로 '오더-아치-지붕'의 세 단계로 이루어졌는데, 위로 올라갈수록 점차 좁아지도록 처리하여 하늘을 향한 수직성을 표현했다. 지붕의 기본 개념은 제단이나 무덤의 기단으로 잡았다. 까치발 네 개가 코니스를 받쳤는데, 까치발을 오더의 주신처럼 처리하는 이중 어법을 구사했다. 코니스 위에는 중앙

423 필리베르 들로름(Philibert de L'Orme), 아네 성채(Château de Anet), 프랑스, 1547~55

에 기단을, 그 양옆에 소용돌이 문양을 하나씩 두었다. 기단과 소용돌이 문양 위에는 조각상을 올렸다. 이런 처리는 전체 구성에서 신전 파사드의 박공을 암시한 것이다. 중앙의 조각상이 가장 높아 마지막으로 수직성을 한 번 더 강조했다. 수직성은 중세 고딕 전통이었다. 이상을 종합하면 이 건물에서는 개선 아치, 신전 박공, 오더, 삼분법 등의 고전 문법을 이용하여 중세 고딕의 수직성을 표현하는 동시에 세부 어휘는 매너리즘의 각색과 장식으로 처리한 프랑스 고전주의의 한 유형이 완성되었다.

예배당은 정사각형의 전체 윤곽 속에 원형 중심부를 갖는 중앙집중형 구성이다(그림 424). 이 건물은 프랑스의 첫 원형 건물이었다. 정사각형의 한 변에 삼분법으로 분할된 전실을 두었으며 네 모서리에는 계단실과 부속실을, 네 측면에는 예배당과 좌석을 각각 할당했다. 원형 중심부는 돔으로 처리했다. 이런 구성은 그릭 크로스로 볼 수도 있으나 원형 중심부가 컸기 때문에 단일 원형 구조의 측면과 모서리에 부속 공간을 더한 것으로 보는 것이 더 정확하다.

424 필리베르 들로름(Philibert de L'Orme). 아네 성채(Château de Anet). 프랑스. 1547~55

425 필리베르 들로름(Philibert de L'Orme). 아네 성채(Château de Anet). 프랑스. 1547~55

이런 해석은 실내 구성과 외관을 보면 명확해진다. 돔은 비잔틴의 펜던티브 방식이 아닌 로마의 원형 무덤이나 판테온 방식이다. 이것은 중심부를 향한 집중성이 커서 단일 초점을 갖는 것을 의미한다. 외관은 실내 구성을 정직하게 반영했다. 돔과 드럼으로 이루어진 중앙 몸체를 중심으로 모서리와 측면에 매스를 더했다. 매스는 중앙 몸체와 유기적 통일성을 갖지 못하고 크기도 작아 부속물처럼 느껴진다. 매스는 출입문과 달리 장식이 절제된 평활면으로 추상 처리했다. 그 위에 엔태블러처를 단순화한 수평 띠, 아치, 박공 등의 고전 어휘를 사용하여 고전적 집중성을 높였다(그림 425). 모서리 매스 지붕은 박공 조각으로 처리했는데 이것은 팔라디오의 예보다도 수십 년 앞선 것이다.

중앙집중형 구성임에도 수직성이 표현된 것은, 지름 비례에 비해 드럼을 높게 하여 인위적으로 수직 비례를 만들었기 때문이다. 드럼 밖으로 붙인 측면 보조 매스도 이와 유사한 비례를 가지며 수직성을 강화했다. 랜턴도 돔의 크기에 비해 지나치게 크고 높다. 마지막으로 첨탑 두 개를 더했는데, 첨탑이 랜턴보다 높다. 이런 것들이 어우러지면서 외관은 크고 작은 수직 구조물들의 숲을 이루었다. 이것은 중세 고딕의 특징을 고전 어휘로 번안한 것이다. 이런 특징 역시 출입문과 함께 프랑스 고전주의의 한 유형으로 정착하며 17세기 바로크 시대에 교회 건물에서 크게 융성했다. 레스코의 고전주의가 바로크 왕궁의 전형이 된 현상과 비교되는 대목이다.

슈농소의 화랑 다리에서는 벽난로에 나타난 고전 어휘의 변형이 대표적인 특징이다. 아치형 박공은 중간에 잘려 양옆의 둘로 나뉘었고, 그 중간을 꽃띠로 처리된 아치 윤곽이 파고들었다. 변형은 아치를 받치는 오더에서 두드러졌다. 주두는 '블록-쿠션-여신상 머리' 순으로 세 겹을 두었다. 블록과 쿠션은 3차원 축조성이 상실된 면으로 처리했고, 여신상 머리도 돋을새김으로 처리했다. 장식 어휘도 고전 문법에 없는 꽃문양으로 처리했다. 쿠션과 여신상 머리 사이에는 양옆으로 트리글리프를 변형한 장식 어휘를 넣었다(그림 426).

426 필리베르 들로름(Philibert de L'Orme). 슈농소(Chenonceaux)의 화랑 다리(Pont Galerie). 1556~59

장식기(1)-뷜랑과 에쿠앙 성채

427 장 뷜랑(Jean Bullant). 출입문 스케치

장식기는 1560~1600년 사이이다. 이 기간은 앞 시기에 창출된 프랑스 고전주의와 당시 유행하던 매너리즘을 혼용한 장식 경향을 주요 특징으로 가진다. 형성기와 유사해 보일 수 있으나 중요한 차이점이 있다. 장식기에는 고전 어휘를 더 많이 사용했으며 스케일 확대나 의도적 변형 등 매너리즘 기법이 나타났다. 형성기의 장식 경향이 고딕 건축의 연속성에 따른 어쩔 수 없는 현상이었던 데 반해 장식기에는 장식 경향을 의도적으로 사용하며 건축 전반을 이끌었다. 장식기를 대표한 것은 장 뷜랑Jean Bullant, 1515년경~1578년과 뒤세르소Du Cerceau 가문이었다.

뷜랑은 레스코나 들로름과 같은 세대였으나 건축 경향에서는 두 사람보다 조금 늦게 장식기를 시작했다. 뷜랑은 두 사람의 영향을 많이 받았다. 두 사람의 그늘에 가려 빛을 못 본 측면도 많으며, 작품에서는 들로름과 유사성을 많이 보였다.

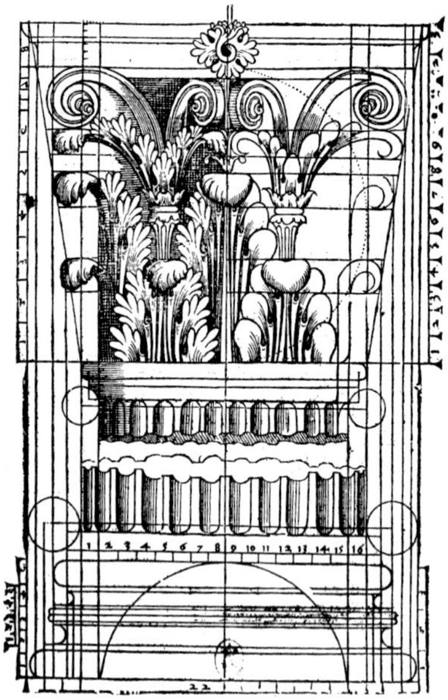

428 장 뷜랑(Jean Bullant). 판테온의 코린트식 오더

429 장 뷜랑(Jean Bullan). 에쿠앙 성채(Château de Ecouen). 프랑스. 1557년경

그러나 자신만의 독창성도 있었다. 중세 조적술과 석공술을 바탕으로 당시 유행하던 매너리즘을 프랑스의 중세 장식 전통으로 번안하는 경향을 대표적 특징으로 가졌다(그림 427).

고전 어휘 가운데 오더에 관심이 많아 로마의 기본 양식을 정확히 구사할 줄 알았으며, 이를 바탕으로 프랑스에 맞는 고유한 오더 양식 창출에도 관심을 기울였다. 그의 저서는 이런 관심의 집결판이다. 이 저서에서 뷜랑은 판테온과 같은 로마 시대 오더에 대한 정확한 실측을 바탕으로 새로운 프랑스 오더의 창출 노력을 경주했다. 전반적으로는 이탈리아 고전주의에 비교적 충실한 경향을 고수했다. 들로름이 노골적으로 프랑스 전통의 차용을 시도한 반면, 뷜랑은 이탈리아 고전 오더의 표준형을 구사하되 장식성이 강한 코린트식에 집중하는 차이점을 보였다(그림 428).

뷜랑은 석공 장인의 아들로 태어나 아버지로부터 기술을 물려받았다. 1540~45년 사이에는 로마에 머물며 고전 유적을 답사, 실측, 기록하면서 르네상스 고전주의로부터 영향을 받았다. 프랑스로 돌아와 1550년경부터 작품 활동을 시작했다. 처음에는 레스코의 카르나발레 호텔에 참여하는 등 독립적 작품을 내지 못하다가, 1553~56년 사이에 에쿠앙 성Château de Ecouen, 1557년경을 본거지로 삼아 1578년까지 주요 작품을 남겼다. 이 기간에는 로마 체류 때 기록했던 실측 도면들을 모아 1564년에 『다섯 종류의 칼럼에 관한 건축론…… *Regle Généralle d'Architecture des cinq Manières des colonnes……*』을 출간했다. 1557~59년에는 왕실 소속 건축가로도 활동했으며 1570년 들로름이 사망한 이후에는 파리 등 중앙 무대에도 작품을 남겼다.

뷜랑의 대표작으로는 에쿠앙 성채 북익랑North Wing, 1555년경, 출입구 파빌리온Entry Pavilion, 1555~60년, 남익랑South Wing, 1560년 및 샹틸리 성채Château de Chantilly, 1560년경 등을 들 수 있다(그림 429). 북익랑에서는 계단실이 주요 부분이었다. 계단실은 개선 아치와 신전 파사드를 기본 모티프로 삼아 본체에 맞추어 3층으로 구성했다. 그러나 층 나누기가 본체와 엇갈리며 각 층의 중간을 자르는 형식으로 처리했다. 계단실 입면은 낮은 기단이 개선 아치 모티프의 두 층을 받치고, 그 위를 신전 박공으로 마감하는 형식으로 처리했다. 위층으로 올라갈수록 장식이 많아져 3층과 박공은 낮은 돋을새김 문양으로 채웠다. 부재의 돌출 정도가 낮아 2차원 면 느낌이 전체적 분위기를 주도하고 있으며, 자잘한 분할이 많아 장식 효과를 도왔다.

장식기(2)—뒤세르소 가문과 라무아뇽 호텔

뒤세르소 가문은 이탈리아의 상갈로 가문에 비교될 만한 예술가 가문이었다. 이 가문은 16세기 중반부터 17세기 말까지 4대를 내려가며 최소한 여섯 명의 중요한 건축가와 예술가를 배출했다. 이들은 모두 파리에서 태어나 파리를 근거지로, 왕실을 건축주로 삼아 왕궁, 성채, 호텔, 예배당 등 다양한 건물 유형을 설계하며 프랑스의 르네상스와 바로크 건축에서 중요한 역할을 했다. 이 때문에 이들의 활동을 묶어 '뒤세르소 왕조'라고 부르기도 한다. 이 가운데 가장 활동이 두드러졌던 시기는 프랑스 르네상스의 마지막 단계를 이끌었던 앙리 4세재위 1589~1610년 때이다.

가문의 창시자는 자크 앙드루에 뒤세르소Jacques Androuet Du Cerceau, 1515년경~85년이다. 그는 당시 필수 코스로 되어 있던 이탈리아 유학으로부터 프랑스 건축가들을 해방시키고자 했다. 유학을 갔다 오지 않고서 프랑스에

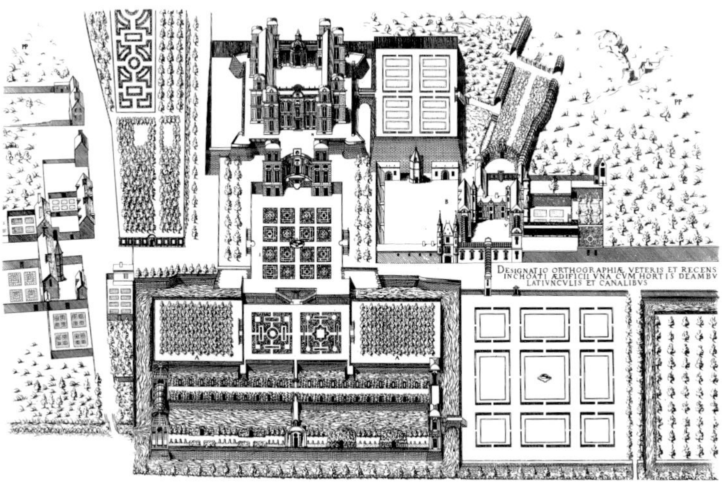

430 자크 앙드루에 뒤세르소(Jacques Androuet Du Cerceau). 『프랑스의 우수 건축물*Les Plus Excellents Batiments de France*』(1576~79)에 나오는 베르뇌유 성(Château de Verneuil). 프랑스

431 자크 앙드루에 뒤세르소(Jacques Androuet Du Cerceau). 쉴리 호텔(Hôtel de Sully). 파리. 1624~29

서 자생적으로 고전주의 건축을 창조할 수 있는 시스템을 구축하고자 했다. 그의 이런 의도는 저술 작업으로 나타나서 총 11권의 저서를 남겼다. 대표작은 『프랑스의 우수 건축물 *Les Plus Excellents Batiments de France*』 1576~79년 이며, 사망 직전인 1584년까지 저서를 남겼다(그림 430). 저서의 주안점은 프랑스 르네상스, 더 넓게는 프랑스 고전주의의 모범적 전형의 창출이었다. 이를 위해 일반 주거에서 왕궁에 이르기까지 다양한 기능 유형에 대해 이상적 모델을 제시했다. 그 가운데에는 자신의 계획안도 있었고 다른 건축가들의 작품도 있었다. 이밖에 자신의 이론을 적용하여 몇 개의 실제 건축 작품도 남겼다(그림 431).

자크 앙드루에는 밥티스트 앙드루에 Baptiste Androuet, 1545년경~90년 와 자크 앙드루에 2세 Jacques Androuet fils, 1550~1614년 두 아들을 두었다. 두 아들은 아버지의 출판 작업을 작품 활동으로 이어받아 앙리 3세의 주요 건축가로 활동했다. 밥티스트는 1578년에 레스코의 뒤를 이어 앙리 3세의 루브르 궁전 건축가가 되었다. 이 기간에는 루브르 궁전의 대화랑 Grande Galerie 확장, 성 디오니시오의 왕실 관련 건축, 퐁텐블로 보수 등의 일을 했다. 앙리 4세 때에는 파리 개발 계획에 참여하여 뇌프 다리 Pont Neuf, 파리, 1578~/후에 변형 를 설계했다(그림 432). 밥티스트는 왕실 건축가이면서도 아버지의 뜻을 이어받아 르네상스 고전주의를 프랑스 곳곳에 보급 확산하는 데도 힘써 느베르와 파리 등지에 타운하우스도 설계했다.

파리의 라무아뇽 호텔 Hôtel Lamoignon=Hôtel d'Angouleme, 당굴렘 호텔, 1584년 은 밥티스트의 대표작이다(그림 433). 이 건물에서는 고전 어휘에 대한 독특한 각색을 시도했다. 미켈란젤로의 거대 기둥을 이용한 벽기둥을 사용했는데, 여기에서 끝나지 않고 그 위에 주두를 한 번 중첩했다. 벽기둥을 기하

432 밥티스트 앙드루에 뒤세르소(Baptiste Androuet Du Cerceau). 뇌프 다리(Pont Neuf). 파리. 1578~/후에 변형

433 밥티스트 앙드루에 뒤세르소(Baptiste Androuet Du Cerceau), 라무아뇽 호텔(Hôtel Lamoignon=Hôtel d'Angouleme), 파리, 1584

학적으로 추상화하여 벽체가 들고나는 것처럼 보이게 했다. 신전 박공의 밑변을 자른 뒤 그 속을 창이 파고들게 했다. 박공을 아치로 처리한 뒤 그 속에 소품화한 삼각형 박공을 하나 더 넣기도 했다. 아치의 홍예석과 박공의 코니스를 하나로 묶어 아치가 박공을 이고 있는 것처럼 보이게 했다. 아치 홍예석을 셋으로 단순화시킨 뒤 이 가운데 양끝의 두 개를 옆 홍예석의 것들과 연결하여 마치 팔을 벌려 손을 맞잡은 것처럼 보이게 했다.

이런 처리들은 매너리즘으로 볼 수도 있지만 이탈리아의 매너리즘과는 다른 양식으로, 고전주의 본래의 품위를 잃지 않으면서 프랑스 중세 전통과 잘 혼합되었다. 또한 장식의 각색을 문양이나 표피 조작이 아닌 축조 원리나 조적쌓기와 같은 구조성에 충실하게 함으로써 향후 프랑스 고전주의의 전개 방향에 모범적 선례를 창출한 것으로 볼 수 있다.

자크 2세는 아버지와 형과 함께 건축 일을 시작하여 1594년에 앙리 4세의 왕실 수석 건축가가 되었다. 이 기간에는 형의 뒤를 이어 루브르 궁전의 대화랑을 완공1600~09년한 일이 대표적인 활동이다. 이밖에 왕실에서 발주한 성채와 정원 공사의 감독을 맡았으며, 파리 시내에 몇 채의 호텔도 남겼다. 자크 2세의 대표작은 대화랑이다. 이 건물은 나폴레옹 3세 때 철거되어 지금은 본래의 모습을 잃었다. 기록에 따르면 베이는 불규칙했으며 귀석의 크기는 서로 달랐고 벽체와 창 사이의 고형부-진공부 관계가 거꾸로 처리되었다고 한다. 창이 엔태블러처를 자르고 지나가기도 하며 비례는 과장되거나 흐트러졌다고도 한다. 이로 보아 자크 2세는 밥티스트보다 훨씬 더 기교적이고 파격적인 장식 경향을 보였음을 알 수 있다

2 영국 르네상스(1600~1660)

스튜어트 왕조와 영국 르네상스

영국의 르네상스는 프랑스와 공통점과 차이점을 동시에 가졌다. 고딕 전통이 늦게까지 남아 있었던 점, 이탈리아에 강하게 의존하여 르네상스를 직수입한 점 등이 공통점이다. 반면에 프랑스보다 지역성에 대한 고민이 적었던 점, 시기적으로 한 세기 정도 늦게 시작된 점, 60년밖에 계속되지 않은 점, 건축주나 건축 경향 등이 다양하지 않고 단선적으로 진행된 점, 종교개혁의 여파로 가톨릭 로마에의 접근이 어려웠던 점 등이 차이점이다. 영국에서는 16세기까지도 르네상스에 대한 인식이 형성되지 않고 있었다. 이탈리아와 지리적으로 너무 멀었던 점, 적극적인 건축주가 없었던 점, 로마 시대 이래로 고전주의에 대한 친숙도가 낮았던 점, 종교개혁의 여파로 신교를 받아들이면서 1534년에 로마 교황청과 단절되었던 점 등이 주요 원인이었다.

영국 르네상스는 16세기 중반부터 단편적으로 시작되었다. 이를 이끈 것은 엘리자베스 1세(재위 1558~1603년)였다. 16세기에는 권력층 생활 전반에 이탈리아 풍이 유행하고 있었다. 르네상스도 이것의 일환으로 프랑

434 버글리 하우스(Burghley Houuse), 노섬턴셔(Northamptonshire), 영국, 1577~87

스에서 루아르 양식과 플랑드르 양식을 받아들여 개별 성을 짓는 방식으로 시작되었다. 윌트셔의 롱리트Longleat, Wiltshire, 1572년, 노섬턴셔의 버글리 하우스Burghley House, Northamptonshire, 1577~87년와 커비 홀Kirby Hall, 노섬턴셔, 1570~75년 등은 이것을 대표하는 예들이다(그림 403, 434). 도시에는 인inn으로 불리는 주거 방식에 르네상스가 전파되기 시작했다.

이와 함께 세를리오의 저서와 고전 장식 카탈로그도 수입되어 퍼지기 시작했다. 1550년에는 존 슈트John Shute가 이탈리아로 유학해서 고전 유적을 답사한 뒤 저서를 출간했으며, 이를 바탕으로 앞에 언급한 카탈로그도 냈다(그림 435). 16세기 후반부에는 존 타인 경Sir John Thynne, 로버트 스미슨Robert Smythson, 토머스 소프Thomas Thorpe 등이 르네상스 건축을 구사하기는 했지만, 엄밀한 의미에서 독립적 르네상스 건축가라기보다 프랑스를 모방한 정도였다.

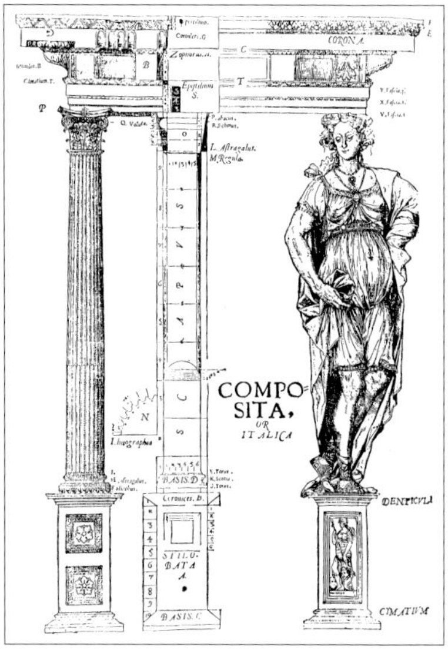

435 존 슈트(John Shute). 『건축의 으뜸가는 주요 기초사항*The First and Chief Grounds of Architecture*』(1563)에 나오는 콤포지트 오더

독립된 양식으로서 영국 르네상스는 17세기에 본격적으로 시작하여 60년 동안 이어졌다. 영국 르네상스는 매우 인위적으로 시작되었다. 예술가들에 의한 자연스러운 예술 운동이 아니라 왕권의 정치적 목적을 위한 수단으로 시작했다는 의미이다. 시기도 중요한 요소이다. 17세기는 이탈리아와 프랑스에서는 바로크가 시작된 시점이다. 영국 르네상스는 지각 양식이었는데, 이것을 만회하기 위해 뒤늦게 급조된 성격이 짙었다. 이것은 영국 르네상스가 60년밖에 계속되지 않은 중요한 이유이기도 하다. 대륙과의 보조를 위해 60년 만에 새로운 양식인 바로크로 갈아탄 것이다.

436 찰스 1세 때 영국 국회 장면

17세기 전반부는 스튜어트 왕조Stuart dynasty, 1603~88년의 제임스 1세재위 1603~25년와 찰스 1세재위 1625~49년의 시기였다. 제임스 1세 때의 건축은 '제이코비언 스타일Jacobean Style'이라는 별도의 명칭으로 부르기도 한다. 17세기 전반부는 이전의 튜더 왕조Tudor Dynasty, 1485~1603년 때 형성되었던 절대왕정의 마지막 단계에 해당된다. 의회민주주의가 정착되면서 왕권과 의회 사이에 권력 투쟁이 심했고, 크롬웰의 청교도 혁명에 의해 찰스 1세가 처형되는 등 반대 움직임도 컸다.

절대왕정은 권력을 공고히 하기 위한 장치들을 필요로 했다. 건축은 중요한 수단이었다. 왕실에서는 가톨릭의 중세 권력을 상징하던 고딕 양식에 대비시켜 고전주의를 자신들의 대표 양식으로 삼았다(그림 436).

이니고 존스(1)-고전 이상과 영국 고전주의의 성립

영국 르네상스는 이니고 존스 한 사람에 전적으로 의존했다. 존스는 1610~40년 사이의 활동을 통해 영국 르네상스를 정착시켰다. 이전부터 산발적으로 있어오던 고전 차용 경향을 하나의 통일된 양식으로 완성했으며, 여기에 영국적 정체성을 실어내는 데 성공함으로써 영국 르네상스를 탄생시켰다. 존스 이후에는 교회, 대학 건물, 구호시설, 공공건물 등 다양한 유형으로 퍼져나가며 1660년경까지 계속되었다. 옥스퍼드와 케임브리지의 두 대학 도시는 이 과정에서 중요한 역할을 했다.

영국 르네상스는 60년이라는 짧은 기간 동안 진행되면서 두 가지 특징을 나타냈다. 한 가지는 이탈리아 르네상스의 직설적 모방이 심했다는 점이다. 프랑스에서 시도했던 장식적 각색이나 전통과의 혼용 같은 다양한 경향 없이 표준형을 얼마나 정확하게 구사하느냐가 최대 관건이었다. 다른 한 가지는 매우 압축적으로 진행되었다는 점이다. 프랑스에서 100년 동안 진행되었던 내용이 한 세기 뒤에 그 절반의 기간에 형성되다 보니 나타난 현상이다. 이상과 같은 배경 때문에 영국 르네상스에서는 프랑스와 같은 시대 구분이 무의미하다. 영국 르네상스는 단선적으로 진행되었다.

이니고 존스Inigo Jones, 1573~1652년는 17세기 전반부 영국 르네상스를 대표한다. 존스의 어린 시절에 대해서는 알려진 바가 없다. 초창기 경력은 화가로 시작했다. 1598~1603년 사이에는 베네치아로 여행해서 그림 공부를 계속했으며 건축도 틈틈이 공부하기 시작했다. 이때 팔라디오의 건물들을 접했으며 『건축사서』를 구입해서 연구했다. 그밖에 세를리오나 줄리아노 다상갈로 등의 저서들도 접했던 것으로 알려져 있다. 제임스 1세가 즉위하던 1603년에는 영국으로 돌아와 가면극 제작과 무대 디자인으로 진출했다. 1608년부터 간단한 건축 일을 시작했다. 1609년에는 프랑스를 방문하여 들로름의 건물들을 보고 깊은 감명을 받아 영국에도 자생적 르네상스 건축이 필요함을 절실히 깨닫게 된다.

이후 계속해서 가면극과 무대 디자인을 하면서 실력을 인정받아 왕실과 귀족들 사이에 주요 건축주들을 확보했다. 1613~15년 사이에는 이들을 대동하고 두번째 이탈리아 여행을 했다. 이때에는 르네상스 인문서, 바르바로의 비트루비우스 번역서, 팔라디오의 도면 등 많은 도서를 구입하여 돌아왔다. 이 과정에서 팔라디오의 도면 대부분을 소장하고 있던 스카모치를 만나 그에게서도 어느 정도 영향을 받았다. 존스는 귀족들을 설득하여 영국 최초로 르네상스 개념의 자료 수집과 도서관 건립에 성공했다.

이후 본격적인 건축가의 길로 접어들었다. 처음 2~3년 동안은 영국의 전통 양식과 이탈리아 고전주의 사이에서 고민했던 전환기로 볼 수 있다. 존스는 들로름식의 지역주의 양식을 탐색했던 것으로 보인다. 그러나 이탈리아 르네상스에 정착하며 이후에는 표준 고전주의를 정확하게 구사하는 데 건축가의 생명을 걸었다. 이후 1630년대 후반경까지 20년 이상의 전성기를 맞는다. 존스는 덴마크의 안네 여왕Queen Anne, 헨리에타 마리아 여왕Queen Henrietta Maria, 로버트 세실Robert Cecil, 토머스 하워드Thomas Howard 등 왕실과 귀족을 주요 건축주로 가졌다.

고전주의에 대한 존스의 건축적 이상은 고전 건축을 이용하여 자신들의 정치적 정당성을 과시하려던 스튜어트 왕조의 이익을 만족시켰다. 특히 런던을 로마의 후계 도시로 만들고자 했던 제임스 1세가 그러했다. 제임스 1세는 런던을 신교의 본거지로 삼아 '가톨릭 로마'의 뒤를 잇는 제2기 기독교 도시의 중심지로 만들려는 야망을 가지고 있었다(그림 437). 이를 위해 런던 재개발 계획을 시행했다. 이 계획은 도로망 확충이나 블록 정비 같은 근대적 의미의 도시 계획까지는 못 미쳤으나, 주요 지점에 왕실을 대표하는 고전 건축물을 세우는 데 초점이 맞춰졌다.

437 제임스 1세의 런던 입성 기념 개선아치. 1604

고전의 인위적 차용은 창조 작업에만 국한되지 않고 발굴 활동과 복원 사업으로도 이어졌다. 이것을 이끈 것은 찰스 1세였다. 스튜어트 왕조는 자신들의 정치적 정체성을 국가 전통의 뿌리와 동일시하는 작업을 벌였는데 고전 건축을 여기에 동원했다. 민족적 정체성을 세우려는 정치적 캠페인의 일환으로 고대 유적을 대대적으로 발굴하는 사업을 벌였다. 영국에도 훌륭한 고대 문화가 있었다는 것을 밝힘으로써 국민

들의 자부심을 높이는 동시에 이것을 자신들의 정치적 기반으로 삼으려는 의도였다. 이를 위해 영국의 고대 문화가 고전주의였다는 쪽으로 결론을 내렸다. 스튜어트 왕조의 대표 양식도 고전주의였는데, 이것은 결국 스튜어트 왕조가 영국의 고대 문화를 이어받았다는 정통성을 주장하는 논리로 발전했다.

이니고 존스(2)-스톤헨지, 팔라디오, 구 성 바오로 성당

438 이니고 존스(Inigo Jones), 스톤헨지(Stonehenge) 발굴 복원도
439 이니고 존스(Inigo Jones), 〈윌리엄 대브넌트 경*Sir William Davenant*〉의 연극 〈승리의 대영제국*Britania Triumphans*〉 무대 디자인, 1638
440 이니고 존스(Inigo Jones), 구 성 바오로 성당(Old St. Paul's) 보수안, 런던, 1633~42

스톤헨지Stonehenge는 대표적인 예이다(그림 437). 이니고 존스는 1620년에 스톤헨지 발굴 복원 작업의 총감독을 맡았다. 폐허로 방치되어 있던 스톤헨지를 복원하고 이것이 고대 고전 신전이었다는 주장을 펼쳐 스튜어트 왕조의 주요 업적으로 삼았다. 이 작업에서는 제임스 1세가 고전주의를 매개로 로마제국령 브리타니아Romano-British의 전통을 계승했음을 주장하는 건축적 논리를 개발했다. 이 기간에도 이니고 존스는 가면극 제작과 무대 디자인을 계속하면서 왕실과 관계를 유지했다(그림 438). 무대 디자인에서는 실용주의의 일소점 투시도와 팔라디오의 이상주의 사이에서 고민한

흔적을 보여준다(그림 439). 크롬웰의 청교도 혁명1642~49년으로 대표되는 영국 내전이 터지자 정정이 불안해지면서 존스의 활동도 쇠퇴기에 접어들며 말년을 보내게 된다.

고전에 의존하여 정치적 당위성을 찾으려는 움직임은 과거 유적으로 확대되었다. 구 성 바오로 성당Old St. Paul's, 런던, 1633~42년 보수가 대표적인 예이다(그림 440). 런던의 주교 성당인 구 성 바오로를 보수, 개축함으로써 기독교의 권위를 절대왕정이 함께 차지하겠다는 의도였다. 이 성당은 또한 영국 국교회의 본거지이기도 했다. 국교회는 표면적으로 신교를 표방했기 때문에 이 성당을 보수, 개축하는 것은 대내외적으로 종교개혁의 의지를 천명하는 효과가 있었다. 이 경우 건축 양식이 고전인지 고딕인지는 중요하지 않았다. 이 일도 존스가 맡았다. 존스는 로마네스크와 고딕 시기를 거치면서 많이 낡은 성당의 상태를 3회에 걸쳐 검사한 뒤 1633년에 보수공사를 시작해서 1642년까지 계속했다. 외관에서는 네이브와 동쪽 트랜셉트 외벽을 개축했고 나머지 세 면의 트랜셉트 표피를 다시 씌웠다. 실내에는 전반적으로 대대적인 개축이 가해졌다. 이렇게 보수된 구 성 바오로 성당은 런던 대화재 때 소실되어 렌에 의해 바로크 양식으로 다시 지어졌다.

존스는 특히 팔라디오의 영향을 많이 받았다(그림 441). 존스가 즐겨 사용했던 팔라디오의 선례는 육면체 건물 윤곽, 모르타르 선을 두껍게 한 조적, 오더의 분절을 이용한 비례와 대칭, 신전 파사드, 밝고 추상적인 실내 분위기 등이다. 존스 이전에도 고전주의가 도입되긴 했지만 산발적이고 단편적이었던 데 반해 존스는 한번에 건물 전체를 완벽한 고전주의로 설계해 보임으로써 영국 건축계와 사회에 큰 충격을 던졌다. 전격적이라는 말이 어울리는 갑작스런 등장이었다. 그때까지 영국 건축을 지배하던 고딕은 하루아침에 철 지난 구태로 느껴지게 되었다.

존스의 건축은 공간 깊이보다는 파사드에 집중했다. 이런 경향에 대해서는 세 가지 배경을 생각할 수 있다. 첫째는 영국에 고전주의를 최초로 도입해야 했던 시대 상황이다. 고전 어휘의 정확한 구사 이상의 단계를 생각하기 어려웠다는 의미이다. 존스의 최대 과제는 정확한 고전 어휘로 짜는 건물의 골격을 만들어내는 것이었고, 이것은 파사드에 집중하는 결과로 나타났다. 둘째는 팔라디오의 영향 가운데 표피주의이다. 앞과 같은 상황에서 팔라디오의 복합적 경향 가운데 표피주의에

441 이니고 존스(Inigo Jones), 연회당(Banquet House=Whitehall Palace) 런던, 1619~22

국한하여 영향을 받아들였다. 셋째는 존스의 연극 관련 경력이다. 존스는 건축보다 무대 디자인을 먼저 시작했으며 평생 무대 디자인을 했다. 존스는 16세기 무대 디자인의 두 경향을 두루 섭렵하며 앞에서 언급한 바와 같이 당시 무대 디자인의 두 가지 대표적 경향을 혼용하는 입장을 보였다. 이 과정에서 팔라디오의 이상주의의 영향을 받았다. 이를 통해 투시도 기법에 의한 공간 깊이보다는 고전 어휘로 가득 채워진 파사드 전면을 더 중요하게 여기는 경향을 보였다.

존스는 17세기 전반부의 주요 작품을 독점하며 영국 르네상스의 단선 구도를 대표하는 유일한 건축가로 활동했다. 적지 않은 작품을 남겼으나 다른 건물의 일부분을 증축한 것이 많고 보존 상태가 좋지 않은 것도 많다. 대표작으로는 그리니치 궁전Greenwich Palace=Queen's House, 1616년경~35년, 서리의 뉴마켓 궁전New Market Palace, Surrey, 1619~21년, 연회당Banquet House=Whitehall Palace, 런던, 1619~22년, 세인트제임스 궁전 내 여왕 예배당Queen's Chapel, Saint James's Palace, 런던, 1623~25년, 서머셋 하우스 내 여왕의 방Queen's Cabinet Room, Somerset House, 런던, 1626년과 여왕 예배당1630~35년, 성 바오로 교회St. Paul's Church, 런던, 1631~37년/1795년 화재 후 1798년에 토머스 하드윅에 의해 재건축, 린지 하우스Lindsey House, 런던, 1640년 등을 들 수 있다.

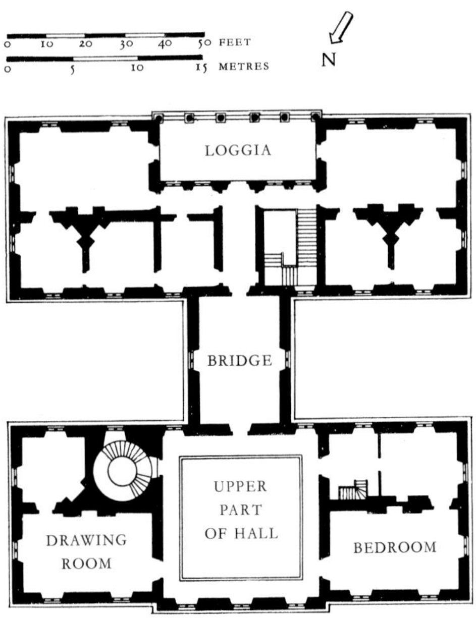

442 이니고 존스(Inigo Jones). 그리니치 궁전(Greenwich Palace=Queen's House). 영국. 1616년경~35

이니고 존스(3)–그리니치 궁전, 연회당, 성 바오로 교회

그리니치 궁전은 갑작스럽게 고전주의 표준 어휘가 등장한 건물이었다. 그러나 지금 서 있는 건물은 1630년대 이후에 설계된 것으로 보인다. 첫 건축주였던 덴마크의 안네 여왕이 사망한 뒤 방치되다가 나중에 다시 설계한 것이다. 정확한 기록이 남아 있지 않으나 처음 안은 실제 지어진 건물과 다소 달랐던 것으로 추정된다. 이후에도 여러 안들을 남겼는데 이것들과 최종 건물을 종합하면 영국 전통과의 혼용에 대한 고민을 바탕으로 표준 고전주의로 귀결되는 과정을 추적할 수 있다.

평면은 남북 양쪽의 두 부분으로 이루어졌고, 그 사이를 통로로 연결하여 최종 형태는 H자가 되었다

443 이니고 존스(Inigo Jones), 그리니치 궁전(Greenwich Palace=Queen's House), 영국, 1616년경~35

444 이니고 존스(Inigo Jones), 그리니치 궁전(Greenwich Palace=Queen's House), 영국, 1616년경~35

(그림 442). 북쪽 면에는 아직 전환기의 고민이 남아 있었다. 고전 어휘는 1층의 창 상인방에 쓰인 평아치 정도가 전부였다(그림 443). 장식을 극도로 절제한 추상 평활면은 이후 고전주의로의 정착을 예견하고 있지만, 영국의 전통적인 계단을 덧붙인 점은 아직 지역주의에 대한 미련을 못 버리고 있었다는 것을 보여준다.

반면 남쪽 면에서는 브라만테의 라파엘로 하우스 모티프와 팔라디오의 빌라 모티프를 혼합하며 순도 높은 고전 어휘를 선보였다(그림 444). 1층은 북쪽 면과 유사하게 모르타르 선을 두껍게 처리한 돌쌓기와 평아치를 이용하여 혹두기를 암시했다. 2층 중앙부는 이오니아식 오더 여섯 개로 이루어진 로지아로 처리했다. 다섯 베이 가운데 정중앙의 것을 측면보다 조금 넓게 하여 작은 파격을 가했다. 남쪽 면도 북쪽 면과 마찬가지로 추상적 평활면이 전체적 분위기를 지배했는데, 이것은 스튜어트 왕조 내에서의 미시적 양식 변화를 반영한 것으로 볼 수 있다. 제임스 1세 시대 양식에서는 상대적으로 장식을 더 많이 썼다. 이것은 아직 고딕의 전통이 남아 고전주의가 완전히 정착하지 못했음을 의미한다. 찰스 1세 때에는 장식이 사라지고 극기적 분위기를 수반한 고전주의가 정착했다.

존스는 이 건물을 통해 고전의 보편성에 대한 확신을 영국 사회에 심었다. 보편성은 두 단계로 체계화했다. 브라만테 모티프는 성기 르네상스를 대표하는 상징성을 갖는 점에서 미시적 보편성이라 할 수 있다. 팔라디오 모티프는 이보다 넓은 거시적 보편성을 가졌다. 보편성

445 이니고 존스(Inigo Jones), 연회당(Banquet House=Whitehall Palace) 런던, 1619~22

은 고전 어휘를 이용한 위계 표현에 정당성을 주었다. 보편성은 위계가 자의적일 수 있다는 비판에서 자유롭게 해줄 수 있기 때문이다. 보편성이 뒷받침된 고전 건축의 위계는 스튜어트 왕조에 정치적 권위를 확보해주었다.

연회당은 고전주의의 정착이 확실하게 나타난 건물이다(그림 445). 건물은 높은 기단과 그 위의 두 개 층으로 구성되었다. 기단은 그리니치 궁전의 1층과 동일한 조적술로 처리했다. 1층은 중앙의 세 베이와 양옆의 두 베이, 총 일곱 베이로 분할했다. 중앙부는 원형 벽기둥으로, 양옆은 낮은 벽기둥으로 처리하여 중앙부를 강조했다. 이것은 삼분법으로 나타났으며 모서리를 쌍 벽기둥으로 처리하여 끝부분에 차별성을 주었다. 창의 상인방은 삼각 박공과 반원 아치를 교대로 사용했다.

2층도 전체 처리는 1층과 유사하다. 2층의 상인방은 평차양 한 가지로 통일했다. 엔태블러처는 낮아서 수평선은 약하게 나타나며, 이런 분위기는 지붕 아래 코니스에서도 동일하다. 그 대신 2층 벽면 가운데 주두와 같은 높이의 부분에 꽃띠 문양을 높은 돋을새김으로 새겨 장식 효과를 노렸다. 1층은 이오니아식, 2층은 코린트식으로 각각 처리하여 오더를 이용한 층쌓기 기법도 구사했다. 중앙부를 강조한 삼분법을 구사

446 이니고 존스(Inigo Jones), 성 바오로 교회(St. Paul's Church), 런던, 1631~37/1795년 화재 후 1798년에 토머스 하드윅(Thomas Hardwick)에 의해 재건축

했으면서도 신전 파사드의 박공을 사용하지 않은 것은 평지붕의 보편성을 강조하기 위한 것으로 보인다. 이것은 경사 지붕으로 처리된 주변의 중세 건물들에 대한 대비를 높여 이 건물의 고전적 정체성을 명확하게 하는 결과로 나타났다. 평지붕이 갖는 보편성을 통해 주변과의 조화 가능성을 높이고자 한 것도 주요 원인이었다.

성 바오로 교회는 신교 교회로 지어졌다. 18세기까지 신교 교회는 영국, 나아가 유럽 전체에서도 흔치 한은 예이다. 신교의 개혁 정신에 맞게 검소한 이미지가 핵심 조건이었고, 구체적으로는 '헛간barn'이 기본 개념으로 제시되었다(그림 446). 존스는 이에 맞게 토스카나식 오더를 선택했다. 오더는 바르바로의 비트루비우스 번역서에 제시된 종류를 썼다. 엔태블러처는 프리즈를 생략하고 아키트레이브만으로 구성된 가장 단순한 형태로 처리했다. 벽면과 아키트레이브 등 빈 여백이 있는 부분은 장식을 극도로 절제하고 단순 평활면으로 처리했다. 박공의 세 면을 돌아가는 코니스에는 서까래를 번안한 작은 사각 부재를 넣어 오두막의 목구조를 상징적으로 암시했다. 실내 역시 오두막 이미지에 맞게 아무 구획 없는 큰 단일 공간으로 처리했다(그림 447). 실내에서도 장식을 절제했다. 유일한 장식은 제단 벽면을 입면 모양의 판재로 마감한 대목이다.

447 이니고 존스(Inigo Jones). 성 바오로 교회(St. Paul's Church). 런던. 1631~37/1795년 화재 후 1798년에 토머스 하드윅(Thomas Hardwick)에 의해 재건축

3 독일 르네상스(1550~1620)

종교개혁과 독일 르네상스

독일 르네상스는 프랑스와 많이 달랐다. 가장 큰 변수는 종교개혁이다. 내부적으로 종교 전쟁에 휩싸이면서 극심한 분열이 일어났다. 분열의 시작은 카를 5세재위 1519~56년였다. 그는 종교개혁의 기운이 가장 맹렬한 시기를 통치하며 분열의 한가운데에 섰다. 로마 대약탈을 감행하고 프랑스와 오랜 전쟁을 치르는 등 주변국과의 전쟁까지 가세하면서 상황은 더욱 힘들어졌다. 1555년에는 아우크스부르크 종교회의에서 가톨릭이 최초로 신교를 인정하는 등 종교의 자유가 허용되었다. 1556년에는 합스부르크 가가 신성로마제국의 독일계와 해외 식민지 중심의 스페인계로 양분되면서 카를 5세가 퇴위했다(그림 448).

이후 막시밀리안 2세재위 1564~76년, 루돌프 2세재위 1576~1612년, 마티아스재위 1612~19년 등의 통치로 이어졌지만 상황은 나아지지 않았다. 여러 전쟁을 거치면서 신교의 세력이 확장되었으나, 1570년대에는 독일에서도 반종교

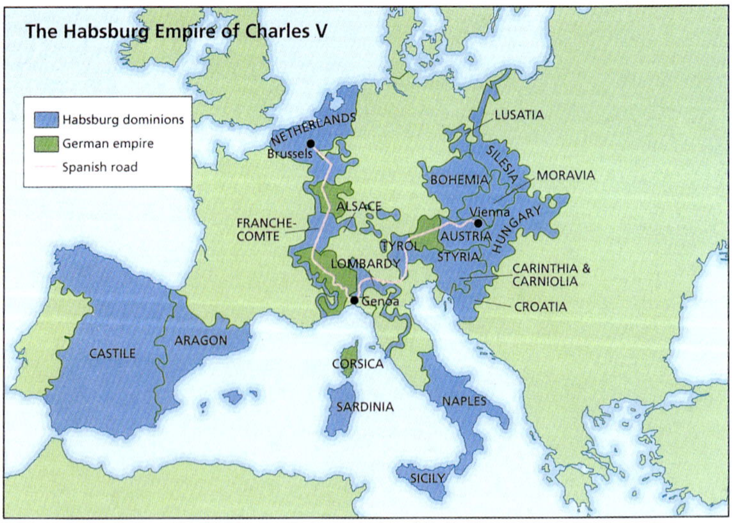

448 카를 5세(Karl V) 때 합스부르크 제국(Hapsburg Empire)

개혁이 일어나면서 종교적 충돌이 잦아졌고 1618년에는 30년 전쟁에 돌입했다. 국내의 이런 어려운 상황은 건축 활동을 위축시켰다. 전쟁이 많았던 1530~80년 사이가 특히 그러했다. 이 시기에는 시청사를 비롯한 비기독교 건물이 대표적 기능 유형이었고, 교회는 작은 지역 교회 몇 채만이 지어졌다. 교회는 반종교개혁에 의해 가톨릭이 부활한 1580년대 이후에야 다시 큰 규모로 지어지기 시작했다. 신교의 세력이 강한 것도 건축 활동이 위축된 중요한 요인이었다. 신교는 교회 축조에 대한 관심이 가톨릭보다 적었다. 여기에는 몇 가지 이유가 있었다.

첫째, 신교는 가톨릭의 권력화된 타락에 대한 개혁 운동으로 시작되었기 때문에 화려한 교회 축조를 통한 과시적 상징을 경계했다. 둘째, 세력화한 시간도 짧았기 때문에 자신들에게 맞는 교회 상징물에 대해 차분하게 준비할 여유가 없었다. 셋째, 건축주 확보도 문제였다. 왕실 같은 세속 권력을 건축주로 가질 정도로 세력 판도가 완전히 신교로 넘어가지는 않았다. 재력가들도 여전히 가톨릭의 눈치를 보면서 대형 기부를 꺼리고 있었다. 넷째, 극단적으로 얘기하자면 신교는 자신들만의 교회 양식이나 유형을 창출하는 일보다는 부패한 가톨릭에 대한 응징 차원에서 기존의 화려한 가톨릭 교회를 파괴하는 일과 가톨릭 교회 내의 우상숭배 예술품을 제거하는 일에 집중했다(그림 242).

이상과 같은 배경 아래 독일 르네상스는 세속 건물을 중심으로 발전했다. 작은 공국을 단위로 삼아 각 공국의 실력자들이 궁전과 성채 등 자신들의 본거지를 르네상스 양식으로 짓기 시작했다. 하이델베르크 성채Heidelberg Schloss와 뮌헨 궁전 등은 이것을 대표하는 예이다(그림 449). 혹은 세속적 행정 중심지로서 시청사도 중요한 기능 유형이다. 쾰른

449 하이델베르크 성채(Heidelberg Schloss)
450 쾰른 시청사(Rathaus, Köln), 16세기

451 푸거 예배당(Fugger Chapel), 아우크스부르크(Augsburg), 독일, 1512~15

시청사는 이것을 대표하는 예이다(그림 450). 기독교 건물은 예수회가 주도했다. 독일의 예수회 교회는 이탈리아에는 못 미쳤지만 프랑스나 영국에 비해서는 더 활발한 활동을 벌였다.

독일 르네상스는 질의 측면에서는 일정한 독립성을 이루었지만 이상의 여러 상황 때문에 양의 측면에서 프랑스에 훨씬 못 미쳤다. 이 때문에 독일 르네상스도 영국과 마찬가지로 시대 구분이나 양식 구분이 무의미하다. 독일에서 르네상스 건축이 처음 등장한 것은 16세기 전반부였다. 이탈리아와 접촉과 교류가 많았던 아우크스부르크를 중심으로 바이에른 등 주로 남부독일에서 이루어졌다. 란츠후트의 궁전Landshut Residenz, 1536~43년이나 아우크스부르크Augsburg의 푸거 예배당Fugger Chapel, 1512~15년 등이 대표적인 예이다(그림 451).

이런 예들은 이탈리아 건축가를 초빙해서 짓거나 이탈리아 르네상스 건물을 직접 모방하거나 고딕 건물에 고전 어휘를 단편적으로 첨가하는 수준이기 때문에 독립 양식이라고 볼 수 없다. 하이델베르크 성채 같은 일부 건물에서는 이탈리아 건축가가 아닌 이니고 존스 같은 서북유럽 르네상스 건축가의 영향도 나타났다. 독일 르네상스는 16세기 후반부에 독립 양식으로 성립되기 시작했다. 그 특징은 세 가지로 요약할 수 있다.

452 야콥 볼프(Jacob Wolff), 펠러 하우스(Pellerhaus), 뉘른베르크(Nürnberg), 독일, 1602~7

지역 양식과 독일 매너리즘

첫째, 기능 유형은 성채, 시청, 교회, 왕궁, 상류 주거, 상업시설, 군사시설 등 프랑스나 영국에 비해 다양한 편이었다. 주도적 건축주가 이끈 것이 아니라 여러 계층에서 각자의 필요성에 의해 분산적으로 수용했기 때문이다(그림 452). 지역적으로는 북부 독일이 중세 전통을 오래 가지고 있었던 데 반해 남부독일에서 르네상스를 먼저 수용했다. 교회 대 비기독교 건물의 이분법도 일정 부분 여전히 유효했다. 이에 따라 건축 경향도 크게 대별할 수 있다. 교회는 대부분 반종교개혁 이후 가톨릭 예수회 건물이었기 때문에 로마의 예수회 교회였던 일제수Il Gesu를 모방한 위에 독일 고딕을 혼합하는 경향을 보였다. 반면 비기독교 건물은 베네치아나 롬바르디아 등의 북부이탈리아 성기 르네상스와 매너리즘을 많이 차용했다.

둘째, 건축 경향에서는 정통 고전주의와 매너리즘으로 양분된 가운데 독일 고딕 전통을 혼용한 복합적 특징을 보였다. 매너리즘 후반에는 반反매너리즘의 차분한 경향도 나타났다. 이 경향은 독립 양식으로 발전하지 못했는데, 일부 사가는 '아카데믹 경향'이라는 말로 부르기도 한다. 매너리즘이 발달한 점에서 프랑스나 영국보다 한층 다양성을 보인다. 이 가운데 정수는 매너리즘이다. 이탈리아의 매너리즘과 다른 독일만의 독특한 매너리즘을 창출했다(그림 453, 454). 독일 매너리즘

453 알브레흐트 뒤러(Albrecht Dürer). 막시밀리안 2세 황제를 위한 개선문. 1515~17

454 J. 하인츠(J. Heintz). 아우크스부르크 병기고(Zeughaus, Augsburg). 독일. 1602~07

이라 이름 붙일 만한 예술적 독립성을 확보한 양식이다. 매너리즘이 특히 발달했던 네덜란드의 영향도 컸다.

거시적 차원에서는 전쟁과 분열이 많은 시대 상황이 주요 이유였다. 그러나 이탈리아 매너리즘과 달리 일탈이나 반항 같은 부정적 이미지가 아닌 흥겨운 율동을 주요 특징으로 가진다. 미시적으로는 이 시기 독일 문화 전반에 일었던 지역주의 바람의 한 형식으로 볼 수 있다. 종교개혁이 가져온 여파 가운데 하나가 지역 문화의 발전이었다. 독일어 성경 출판, 독일어 미사, 지역 주교의 독립 등 지역 기독교가 활성화되며 독립했다. 이 전통은 지역 주교의 임명권을 놓고 로마 교황청과 대립했던 중세까지 올라간다. 로마네스크에서 고딕에 이르는 중세 내내 독일은 로마 가톨릭과 가까웠던 프랑스와 달리 지역 기독교의 선봉이었다. 이 때문에 중세 전통에 대한 입장이 프랑스와 달랐다. 프랑스는 고딕의 종주국이었으면서도 로마 가톨릭을 정신적 지주로 삼았다. 독일은 중세부터 강한 지역주의를 표방하며 공예성 짙은 장식 경향을 주요 특징으로 갖는 독립 양식을 이루었다. 이것이 르네상스에 들어와 독일 매너리즘으로 발전했다.

셋째, 건축서의 출판이 발달했다. 괄테루스 리비우스Gualtherus Rivius의 『독일어 비트루비우스*Vitruvius Teutsch*』1548, 한스 블룸Hans Blum의 『다섯 기둥 도록집*Quinque Columnarum Exacta descriptio atque delineatio*』1550, 벤델 디털린Wendel Dietterlin의 『다섯 기둥의 대칭과 비례의 관점에서 본 건축*Architectura, von Ausstheilung Symmetria und Proportion der Fünff Seulen*』1598 등이 대표적 예이며, 이밖에도 많은 이론서와 도판집이 출판되었다(도 455). 독일은 종교개혁을 거치면서 당시 출판이 가장 발달한 나라였다. 격문을 찍어 돌려야 했기 때문이었다. 에라스무스의 저술 활동도 중요한 요인이었다. 이탈리아와는 또 다른 의미에서 서북유럽의 인문학 전통이 성립되면서 건축에도 영향을 끼쳐 건축서 출판 활동이 활발하게 벌어졌다.

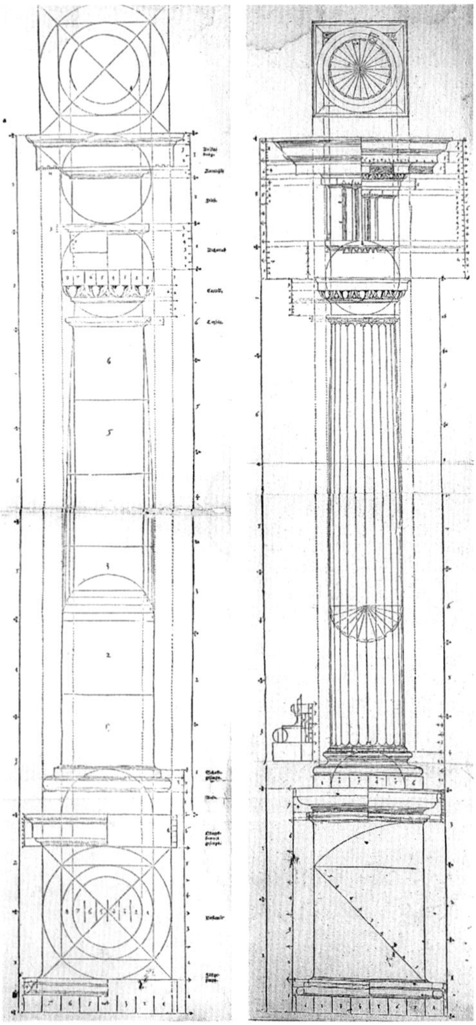

455 한스 블룸(Hans Blum), 『다섯 기둥 도록집*Quinque Columnarum Exacta descriptio atque delineatio*』(1550)에 나오는 토스카나식-도리스식 오더

독일 르네상스의 건축가와 대표작으로는 히에로니

무스 로터Hieronymus Lotter, 1497~1580년의 라이프치히 시청사Rathaus, Leipzig, 1568~73년, 빌헬름 페어누켄Wilhelm Vernucken의 쾰른 시청사1569~73년, 프리드리히 주스트리스Friedrich Sustris의 성 미카엘Sankt Michael, 뮌헨, 1583~97년, J. 하인츠J. Heintz의 아우크스부르크 병기고Zeughaus, 1602~07년, 엘리아스 홀Elias Holl, 1573~1646년의 아우크스부르크 시청사Rathaus, 1615~1620년, 야콥 볼프Jacob Wolff의 뉘른베르크 시청사Rathaus, 뉘른베르크, 1616~22년와 펠러 하우스Pellerhaus, 뉘른베르크 1602~07년 등을 들 수 있다.

성 미카엘과 뮌헨 궁전

성 미카엘은 독일 매너리즘을 대표하는 예이다. 건물의 전체 윤곽은 비례를 무시한 독일 전통을 차용했다(도 456). 위로 올라갈수록 좁아지는 다층형으로, 3층의 본체 위에 박공을 얹었다. 각 층은 위로 올라갈수록 높이가 낮아진다. 각 층의 처리는 위아래가 서로 다르다. 베이 수와 간격이 다르면서 벽기둥의 위치가 위아래에서 어긋난다. 각 층은 중앙부를 강조했지만 측면으로의 분산성도 강하게 나타냈고 그 방식도 서로 다르다. 분할 율동은 엇박자에 가깝다. 박공은 일제수를 모방하여 더 장식적으로 처리했다.

각 층은 수평선으로 분할했다. 박공조차도 세 개의 수평선으로 분할했다. 개별 부재는 고전 어휘를 기본 소재로 삼아 잘게 나눈 뒤 기하학적 추상 경향으로 처리했다. 중앙 출입구에는 이탈리아 매너리즘을 모방한 고전 어휘의 일탈도 나타난다. 작고 장식적이면서도 복잡하지 않은 기하 단위들이 어울리면서 흥겨운 분위기를 만들어낸다. 이런 입면 처리는 시청사에서 많이 모방했다. 실내는 고딕 네이브의 삼단 구성을 기본 골격으로 삼았지만 구조는 고전주의 벽체 구조로 처리했다. 천장은 로마 볼트로 덮었다. 벽체와 천장은 벽기둥으로 분할한 뒤 고전 디테일, 몰딩, 기하 문양, 조각 등으로 장식했다. 벽체의 분할은 천장에서 동일하게 반복된다.

뮌헨은 독일 내 가톨릭의 본거지였는데 이 건물도 반종교개혁 이후 독일 예수회가 설립되면서 예수회 교회의 대표주자로 축조되었다(그림 457). 일제수와 독일 고딕의 혼합을 보여주는 전형적인 예이다. 신교가 주목할 만한 교회 건축을 못 남긴 반면, 반종교개혁 이후의 가톨

456 프리드리히 주스트리스(Friedrich Sustris). 성 미카엘(Sankt Michael). 뮌헨. 1583~97

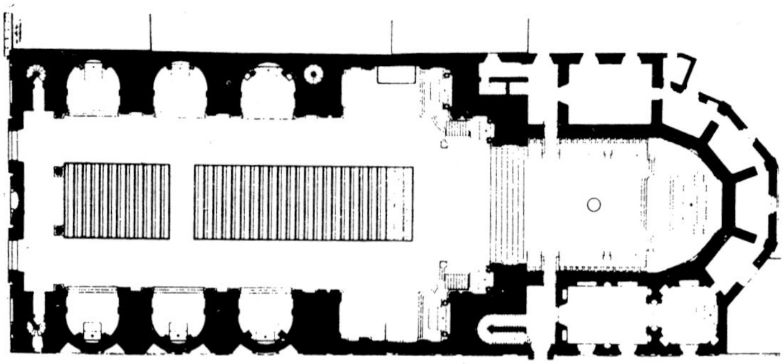

457 프리드리히 주스트리스(Friedrich Sustris). 성 미카엘(Sankt Michael). 뮌헨. 1583~97

릭은 르네상스나 매너리즘 양식으로 일정한 수의 교회를 남겼다. 전투적 방식으로 가톨릭을 전파했던 예수회가 그 선봉에 섰다. 이런 교회들은 가톨릭의 위상을 강조할 필요성이 컸기 때문에 장식 사용이 과다해지기 시작했다. 노이부르크안데어도나우의 예수회 교회Jesuit Kirche, Neuburg an der Donau, 1607~27년와 아샤펜부르크의 삼위일체 교회Trinität Kirche, Aschaffenburg, 1619~22년 등이 대표적인 예이다.

예수회 교회 가운데 고딕 양식의 부활에 치중한 예들은 1600년을 전후한 시점에 많이 지어지면서 바로크의 시초로 넘어가는 전환적 의미를 가졌다. 이런 예들은 장식 경향이 특히 두드러지면서 독일 바로크의 등장을 예고했다. 뮌스터의 성 베드로Sankt Petrus, Münster, 1590~98년와 코블렌츠의 성 요한Sankt Johannes, Koblenz, 1613~17년 등이 대표적인 예이다. 이밖에 뷔르츠부르크의 주교였던 율리우스 에흐터 폰 메스펠브룬Julius Echter von Mespelbrunn은 여러 채의 교회 건물을 발주하며 이 경향을 주도했던 주요 인물이었다. 뷔르츠부르크의 대학 교회Universität Kirche, Würzburg, 1583~91년와 데텔바흐의 순례 교회Pilgrimage Church, Dettelbach, 1610~14년 등이 대표적인 예였다(그림 458).

교회 이외에 뮌헨 궁전도 이와 동일한 경향을 보인 예이다. 궁전의 유물관Antiquarium은 로마의 볼트를 응용한 장식 경향으로 바로크에 한층 더 가까워졌다(그림 459). 성 미카엘의 실내 분할이 평면적이었던 데 반해, 이곳에서는 3차원으로 발전하면서 축조성을 강하게 표현했다. 볼트 천장을 벽기둥으로 분할하면서 창을 높이 올려 큰 루네트lunette 볼트 천장이 벽과 접하면서 생기는 반원형 수직 벽간壁間 혹은 천장에 뚫는 채광용 반원창를 만들었다. 벽기둥의 비례는 벽체에 가깝게 두껍게 처리했으며, 주신에는 감실을 파서 조각상을 넣

었다. 벽기둥이 끝나고 볼트가 시작되는 지점에도 감실을 하나 더 파서 조각상을 넣었다.

루네트는 볼트 천장의 단조로운 곡면에 변화와 율동감을 만들어냈다. 천장과 루네트 표면은 회화 장식으로 처리했다. 이런 공간 분절과 장식 처리는 이후 독일 바로크의 표준형이 되었다. 유물관 이외에도 그로텐호프Grottenhof, 1583년, 브루넨호프Brunnenhof, 16세기 말~17세기 초, 궁전 거리 주파사드Hauptfassade an der Residenzstrasse, 1616년 등의 궁전 주요 건물들은 고전주의, 중세 전통, 일제수 모티프 등을 혼용한 매너리즘 경향을 나타냈다.

홀은 독일 르네상스를 대표하며 프랑스의 들로름이나 영국의 이니고 존스에 비유될 역할과 활동을 했다. 홀은 석공 집안에서 태어나 중세 조적 기술을 배경으로 이탈리아 여행을 통해 로마 고전주의를 익혔다. 로마 고전주의와 이탈리아 북부의 매너리즘 모두에 정통했으며 특히 산소비노와 팔라디오의 영향을 많이 받았다. 아우크스부르크의 시

458 G. 로빈(G. Robin), 뷔르츠부르크의 대학교회(Universität Kirche, Würzburg), 1583~91

459 뮌헨 궁전(Residenz, München), 유물관(Antiquarium), 1600

460 엘리아스 홀(Elias Holl,). 아우크스부르크 시청사(Rathaus, Augsburg). 1615~1620
461 J. 하인츠(J. Heintz). 아우크스부르크 병기고(Zeughaus, Augsburg). 독일. 1602~07

청사는 성 미카엘 모티프를 더 고전적으로 정리한 특징을 보인다(그림 460). 본체의 전체 윤곽은 정사각형에 가까운 비례를 했으며 3층으로 분할했다. 그러나 중이층을 두 군데나 두어 실제는 5층이다. 각 층의 창 처리는 서로 다르지만 베이는 위아래가 가지런하게 일치한다. 중앙부를 강조했지만, 돌출 정도도 작고 어휘의 집중도 크지 않아 측면과의 차별성을 억제했다. 중앙부는 전체 윤곽 위로 두 개 층을 더 가졌고, 그 위에 일제수의 박공으로 마감했다. 창 디테일과 거대 기둥 등에서 이탈리아 매너리즘 어휘를 사용했지만, 전체적 구성과 분위기는 성 미카엘을 정리한 쪽에 가깝다.

아우크스부르크 병기고는 성 미카엘에서 시청사로 가는 중간 과정을 보여주는 예이다(그림 454, 461). 건물의 기본 윤곽, 구성 분할, 디테일 처리 등에서 성 미카엘을 모방했다. 전체적인 분위기는 성 미카엘보다 많이 정리되었지만 시청사보다는 아직 더 분산적이다. 매너리즘 어휘는 이탈리아의 것을 모방했다. 고전 어휘의 일탈과 문법의 파격이 두드러지며 자극성 강한 장식 효과를 나타냈다. 그러나 독일의 기하학적 특징도 강하게 나타나면서 독립성을 확보했다.

7장 바로크의 성립

1 가톨릭, 절대왕정, 바로크

매너리즘에서 바로크로

바로크의 시작도 순탄하지 않았다. 바로크 역시 매너리즘 때부터 시작된 어려운 시대 상황의 산물이다. '철의 세기iron century'라 불리는 1560~1660년 사이의 한중간에서 바로크는 시작되었다. 16세기 중반에서 17세기 중반의 1세기를 하나의 끈으로 묶는 '철의 세기'라는 개념은 바로크와 매너리즘의 연속성을 시대 상황으로 뒷받침하는 시기 구분이다. 1572년의 성 바르톨로메오의 대학살Massacre of St. Bartholomero's Day의 예에서 보듯이 종교 분쟁에서 비롯된 상호 학살은 여전했고 경제 침체와 전쟁이 맞물리는 등 16세기 말~17세기 초에도 매너리즘의 어려운 시대 상황은 계속되었다.

이 시기는 '근심의 세기'였던 3세기나 중세 말기와 달리 위기의 내용이 복합적이었다. 거시적으로는 정치 경제적으로 뒤쳐진 이탈리아가

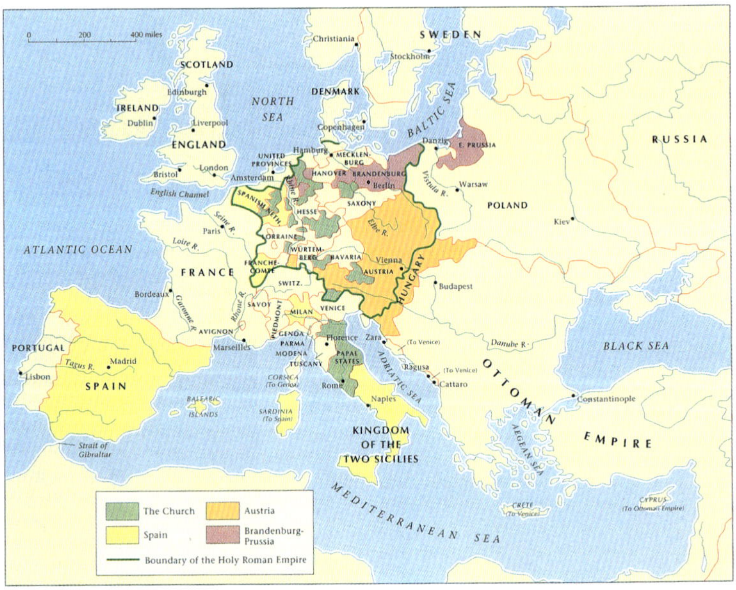

462 30년 전쟁 종전 당시의 유럽. 1648

가톨릭을 바탕으로 건축을 주도한 반면, 새로운 질서의 중심으로 떠오르던 프랑스와 영국이 세속 권력을 바탕으로 이에 맞서는 형국이었다(그림 462). 미시적으로는 사회 각 분야의 발전을 토대로 여러 이해가 충돌하게 되면서 건축을 이끈 원동력이 복합 구도를 형성했다. 바로크 건축은 이런 복합 상황의 산물이었다.

바로크 건축은 처음에는 이탈리아가 주도했던 가톨릭 건축으로 시작되었다. 이것이 곧 서북유럽 여러 나라로 퍼져나가면서 바로크라는 집단화한 양식으로 정착했다. 바로크는 새로운 양식으로 볼 수도 있고 매너리즘의 연장선에 있는 것으로 볼 수도 있는 양면성을 가진다. 바로크도 비정형을 추구한 점에서 매너리즘과 마찬가지로 서양건축에서 비주류에 속한다. 구체적인 건축 어휘에서도 매너리즘과의 연관성이 관찰된다. 거시적 차원에서 보면 성기 르네상스에서 매너리즘으로 넘어가며 형성되기 시작했던 다원주의가 바로크에 와서 더욱 분화, 발전한 측면도 강하다(그림 463, 464)).

차이는 이것이 매너리즘처럼 일시적 일탈 현상이 아니라 하나의 큰 흐름과 새로운 건축 규칙을 세운 데 있다. 바로크도 처음에는 반고전주의의 한 갈래로 시작되었지만 곧 새로운 규칙을 세우면서 고전주의의 한 형식으로 자리 잡았다. 매너리즘이 일탈을 모아 하나의 새로운 질서를 창출하지 못하고 일탈 자체에 집착한 반면, 바로크는 반고전주

463 벤델 디털린(Wendel Ditterlin). 문 계획안

464 성 미카엘(St. Michel). 디종(Dijon), 프랑스. 15세기~1667

의를 모아 하나의 새로운 고전주의 규범을 창출했다. 서양건축의 역사에서 고전주의가 새로운 시대 상황에 따른 고민과 실험을 수용하여 새롭게 시도하는 매개 역할을 해온 점에서 바로크의 이런 경향은 고전주의가 갖는 가능성을 잘 구현한 예이다. 바로크는 바로크 고전주의로 정착, 발전한 데 반해 매너리즘에서는 매너리즘 고전주의라는 현상과 개념이 형성되지 않았다.

매너리즘과 바로크 사이의 이런 차이는 건축을 주도한 배경 세력의 차이에서 기인하는 측면이 강하다. 매너리즘은 권력화한 사회 질서가 주도한 것이 아니라 개별 건축가들이 개인들의 예술적 기질에 따라 사회 상황을 산발적으로 표현한 것이었다. 반사회적인 일탈을 표현할 수 있는 분위기를 조성해준 정도가 사회적 집단성이 해주었던 전부였다. 매너리즘 시대에는 이것을 모아서 하나의 새로운 양식 운동으로 종합하고 발전시켜나갈 사회적 주체 세력이 없었다.

바로크는 달랐다. 가톨릭이 이것을 담당하면서 하나의 새로운 양식으로 집중시킬 수 있었다(그림 465). 종교적 열정의 고취라는 목적도 뚜렷했다. 보수적인 정통 기독교를 대표했던 정통 고전주의였다면 더 좋았겠지만 바뀐 시대 상황은 인정해야 했다. 종교심의 고취를 통한 가톨릭의 부활이라는 목적이 더 시급했다. 바뀐 시대 상황이라는 중간 정도의 명분을 받아들일 수만 있다면 가톨릭의 부활이라는 더 큰 명분을 지킬 수 있었고, 이것을 구체화시켜 건축 양식이라는 작은 명분은 쉽게 손에 넣을 수 있었다.

르네상스식의 정통 고전주의는 이미 과거 양식으로 생명을 다하고 없어졌다. 일단의 새로운 건축가들은 바뀐 시대 상황을 반영한 비정형 경향이면서도 매너리즘같이 건강하지 못한 냉소나 지독한 절망과는 다른 긍정적 가능성을 제시했다. 어떤 면에서는 기독교의 열정을 극적으로 표현하기에는 르네상스 같은 점잖은 정통 고전주의보다는 자극과 강조의 정도가 심한 새로운 건축 양식이 더 맞았을 수 있다. 시대가 바뀌었기에 기독교 건축에 요구되는 표현력의 강도도 달라져 있었다. 바로크 건축은 이렇게 해서 탄생했다.

465 프라이 후안 리치(Fray Juan Ricci), 솔로몬의 오더(Solomonic Order), 1662

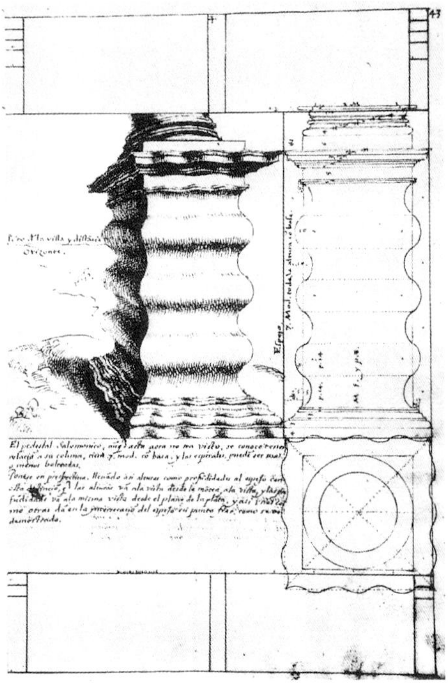

가톨릭의 부활과 절대왕정

17세기에 들어오자 종교전쟁은 멎었고, 신구교는 각자의 세력을 확보하며 기독교를 양분했다. 17세기는 기독교의 분화가 정착된 시기였다. 프랑스의 상황은 상징적인 예였다. 앙리 4세는 1593년에 가톨릭을 국교로 인정한 뒤 1598년에는 낭트 칙령Edict of Nantes에 의해 칼뱅주의의 종교적 실체도 인정하는 양면 작전을 썼다. 가톨릭의 입장에서 보면 16세기의 위기에서 벗어나 일정한 세력을 다시 확보한 셈이었다. 가톨릭 개혁 운동과 반종교개혁의 결실이기도 했다.

세속 권력에서는 16세기의 정치적 분열을 통일하면서 강력한 중앙정부가 등장하기 시작했다. 프랑스와 영국이 대표적인 예였다. 프랑스는 30년 전쟁의 최대 수혜국으로서 국력이 강성해지면서 절대왕정의 대표주자가 되었다. 영국은 내전과 국회와의 대립 등을 겪으며 프랑스보다 제한적이긴 하지만 초기 근대국가의 기틀을 닦았다. 독일에서는 반대로 세속 권력의 몰락했다. 30년 전쟁의 전쟁터가 되면서 막대한 피해를 입은 독일은 작은 공국들로 나뉘면서 약소국으로 전락했고, 그 자리를 신구교로 양분된 기독교가 차지했다.

절대왕정의 등장은 바로크 건축의 후원 세력을 기독교와 세속 권력으로 양분하는 결과를 낳았다(그림 285, 466). 이탈리아와 독일은 기독교가, 프랑스와 영국은 절대왕정이 각각 주요 건축주가 되었다. 서북유럽은 세속 권력이 주도했다. 기독교를 대표하는 이탈리아에 대비되는 상황이다. 서북유럽은 정치 경제적으로는 유럽의 주인으로 떠오르며 독자적인 세력을 이루었지만, 건축적으로는 아직 독자 양식을 창출할 수준에 이르지 못했다. 이탈리아의 바로크 양식을 수입한 위에 자신들의 세속적 상황을 가미하는 방식으로 바로크 양식을 창출했다. 따라서 서북유럽의 바로크는 이탈리아 바로크의 보편주의 혹은 국제주의 양식을 수입하여 자국의 지역성을 가미한 지역주의로 볼 수 있다.

466 피에르 뒬랭(Pierre Dulin), 〈앵발리드 호텔 평면도를 루이 14세에게 설명하는 루부아 *Louvois presents Louis XIV with the plan of Hôtel Royal des Invalides*〉, 1710

절대왕정이란 절대주의Absolutism 시기를 정치 왕조의 입장에서 부르는 말이다. 절대주의는 루이 14세재위

1662~1715년부터 프랑스대혁명까지의 1660~1789년 사이를 일컫는다. 물론 절대주의는 이미 16세기 때부터 종교개혁을 왕권 강화의 기회로 활용하려던 절대군주들에 의해 시작되었다. 영국의 스튜어트 왕조가 대표적인 예였다. 그러나 국가적 체제를 갖춘 것은 1660년경부터였다. 절대주의는 정치의 군주제와 경제의 중상주의를 양축으로 삼았다. 절대왕정은 말 그대로 귀족이나 자본 같은 다른 권력 구조에 대해서, 심지어 교회에 대해서도 우위를 점했다. 그러나 실상은 이들로부터 적절한 견제와 제어를 받으며 협력 관계를 유지했다.

교회로부터는 권력에 대한 상징적 인정을, 귀족과는 정치적 연대를, 자본과는 국가적 부의 부흥이라는 경제적 공동 목표를 각각 취했다. 절대왕정은 근대국가의 본격적인 출발점이었다. 중세에 처음 나타난 민족 개념이 더욱 명확한 실체인 국가라는 지리적 행정적 단위로 재구성되었다. 교회도 로마 가톨릭의 간섭에서 벗어나 국가별로 재편되었다. 중상주의의 궁극적 목적도 국가 차원의 부에 있었다. 절대왕정은 권력을 부여받는 대신 국민에 대한 봉사를 가정했다. 교육과 보건 등을 중요한 의무로 삼았다. '자유롭고 풍요롭고 법을 잘 지키는 시민'의 양성이 목표였다. 국민에게 이전에 누리지 못했던 혜택을 주는 대신 그로써 국가권력을 인정한 것으로 여기도록 인식시켰다.

절대왕정의 정치 사회적 상황은 건축에 큰 변화를 가져왔다. '이탈리아-교황청'의 교회와 '프랑스-영국'의 절대왕정 사이에 성과 속의 이분법이 형성되었다. 이탈리아는 여전히 교회가 건축의 중심에 있었고 교황청이 주요 건축주로 남으면서 교회가 바로크 건축을 이끌었다. 프랑스와 영국에서는 웅장한 왕궁이 교회를 능가하는 기능 유형으로 자리잡았다(그림 467). 독일은 이 둘 사이의 중간 상태로 남았다. 정치적으

467 파울 데커(Paul Decker), 이상적인 왕궁

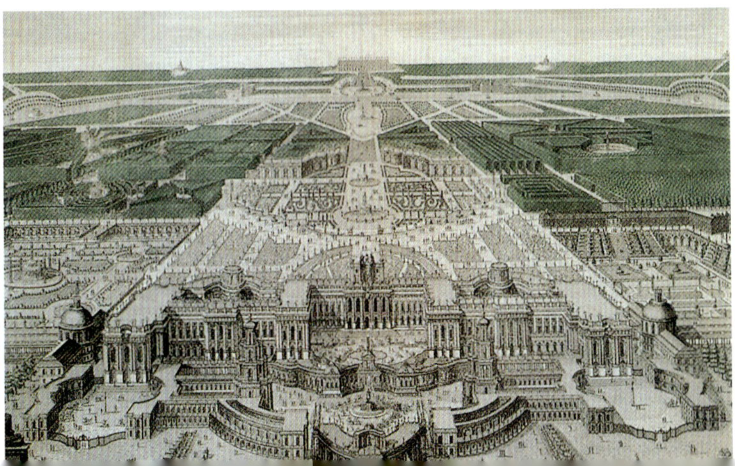

로 절대왕정과 혼란의 중간 상태가 유지되면서 남부 지방에서는 가톨릭이 강한 주도권을 행사했다.

서북유럽에서는 절대왕정이 주요 건축주로 새롭게 등장하면서 기능 유형이 다양해지는 큰 변화가 나타났다. 성당과 교회의 큰 축 위에 왕궁, 교육시설, 정부 행정시설, 시청사, 시민회관, 도서관, 박물관, 상류 주거, 성, 극장, 상업시설, 군사시설 등 다양한 세속 건물들이 주요 기능 유형으로 등장했다(그림 468). 세속 건물들도 양식적으로는 기독교 건축에서 형성된 구성과 어휘를 차용했다. 독립적 건축 양식을 창출할 시간적 여유가 없었을 뿐 아니라 1천 년 이상 계속되어온 기독교 양식이 항시성과 당연성을 가지고 있었기 때문이다. 그러나 기능과 프로그램 등 여러 면에서 기독교 건축과 다른 내용들이 새로 나타났다. 이런 기능주의는 건물 내에만 국한되던 이전의 기능주의와 달리 사회성이 가미된 새로운 현상이었다. 기능주의의 등장은 바로크가 갖는 초기 근대 후반부의 시대성을 정확하게 정의하는 요소이다. 18세기 계몽주의 때부터 본격적으로 등장하는 이런 기능주의의 단초들은 15~16세기의 르네상스에서는 볼 수 없었던 17세기 바로크만의 현상이었다.

468 왕립 증권거래소, 런던, 1666

세속 권력의 정착은 세속 공간의 등장으로 나타났다. 광장은 이것을 대표하는 예였다. 중세 광장은 성당에 종속된 종교 공간이었다. 르네상스 때부터 광장에서 세속 행사가 벌어지긴 했지만 건축적으로 보았을 때 르네상스 광장은 아직 독립성을 확보하지 못하고 이상적 도시의 정형 질서를 구성하는 하부 요소로 정의되었다. 반면 바로크 광장은 세속 권력을 주인으로 가지면서 비로소 독립적 세속 공간으로 완성되었다. 광장의 물리적, 조형적 특징도 이에 맞게 조성되었다. 네 변이 직각으로 만나며 반듯한 사각형 윤곽을 유지했다. 스케일도 커졌으며, 각 변은 유사한 바로크 파사드가 반복하며 채웠다(그림 469). 광장에서 벌어지는 일도 왕의 행차와 축제 등 세속 행사로 바뀌었다. 시장이 형성되고 도시 경제활동의 중심이 되는 등 로마 시대 포룸도 부활되었다.

469 방돔 광장(Place Vendome=Place Louis-le-Grand), 파리

다원성과 복합분화

17세기의 시대 상황은 양면성을 가졌다. 17세기는 서양문화사에서 새로운 발전이 있었지만, 구시대의 어두운 측면도 이면에 혼재한 시기였다. 1600년경을 기점으로 물가가 안정되고 인구 증가가 멈추는 등 경제 상황이 조금씩 호전되었지만 17세기 전반부는 아직 전체적으로 어려운 상황이었다. 1660년경이 되어서야 완전하게 경제가 회복되었다. 과학기술의 발전도 양면적이었다. 천문학의 발전이 특히 두드러져 우주관, 자연관, 인생관에 큰 변화를 가져왔지만 그 이면에 주기적 흉작, 기근, 아사, 전염병 등의 어두운 측면은 오히려 더 심해졌다. 흑사병은 여전히 사람의 생명을 위협하는 가장 큰 요인이었다. 과학기술의 발전이 일상생활의 혜택으로까지 이어지지는 못했던 것이다.

기독교도 마찬가지였다. 가톨릭의 부활과 함께 기독교의 열정은 커졌지만 그 이면에 마녀사냥의 어두운 그늘도 있었다. 마녀사냥이 처음 시작된 것은 1484년이었지만 본격화한 것은 1580년경이고 1620년에 절정에 이르렀다. 가톨릭과 신교의 구별 없이 몰두한 마녀사냥에서는 천재지변에서 인간사의 실패에 이르는 모든 불행의 원인을 마녀 탓으로 돌렸다(그림 470). 인본주의와 종교개혁-반종교개혁을 거치면서 인간에 대한 믿음과 종교심은 더 탄탄해진 것 같았지만, 정작 외부 충격에 대한 대응은 여전히 미신 차원에 머물렀다. 오히려 집단 광기가 더해지면서 암흑기라고 불리던 중세 때보다 못한 측면도 있었다.

17세기는 또한 자본주의와 중상주의의 토대가 닦인 시기이기도 하다. 16세기에 시작된 지리상의 발견과 식민지 개척을 통해 부가 지속적으로 유입되었다. 여기에 경제적 안정, 농업 생산 증대, 산업 발전 등이 합해지면서 과학적 방법으로 부를 관리하는 집단적 움직임이 본격화되었다. 자본주의는 개인이나 기업 차원에서 부의 가치를 우선시하는 경제 제도이다. 이에 따라 약한 의미의 부르주아 계층이 형성되었다. 이것이 국가적 차원으로 집단화된 것이 중상주의이다. 이 둘이 본격화된 것은 18~19세기에 산업혁명과 제국주의를 거치면서였다. 17세기는 그 준비기로서, 자본의 확장을 위

470 교구 성직자 위르뱅 그랑디에(Urbain Grandier)를 공개 화형시키는 장면. 1634

해 식민지 개척을 더 열심히 하는 순환 고리가 형성된 세기이다.

지리적으로는 국가 단위의 통일이 두드러졌다. 근대국가의 토대가 닦임에 따라 건축에서도 한 국가 내에서 지역주의는 약해지고 국가 차원의 양식이 탄생했다. 바로크에서의 이런 현상은 지역주의 개념으로 볼 수도 있고 다원성으로 볼 수도 있다. 바로크의 근원지인 이탈리아 양식을 국제주의 표준형으로 보고 서북유럽에 이것이 전파된 것으로 본다면, 서북유럽의 바로크는 지역주의로 정의된다. 서북유럽의 바로크는 이탈리아 바로크를 받아들이며 시작되었고, 이들 나라의 건축계에서는 여전히 로마 유학이 필수 코스로 되어 있었다. 17세기에는 교통수단이 발달하고 국제 교류가 급증하는 등 시대 상황도 국제주의 양식의 전파를 돕는 데 유리하게 변했다.

이와 반대로 17세기에 오면 이탈리아가 갖는 근원성이 많이 약해진 것 또한 사실이다. 정치, 경제, 군사 등 물리적 배경에서 서북유럽이 이탈리아를 압도적으로 앞서기 시작했기 때문이다. 예술 양식에서 먼저 시작된 것만으로 국제주의 표준형을 주장하기에는 역부족인 상황이었다. 특히 이탈리아에는 없던 여러 다양한 세속 유형들이 새롭게 등장하면서 이탈리아의 가톨릭 건축만으로는 이것들을 만족시킬 수 없게 되었다. 이런 관점에서 보면 서북유럽의 바로크는 일정한 독립성을 가지며 이탈리아 양식과 대등한 다원성을 이루는 것으로 볼 수 있다.

다원성은 배경 주제에서도 유사하게 관찰된다. 바로크 건축에서는 고전주의, 역동성, 운동성, 열정, 과장, 표현성, 착시, 장경주의, 기하주의, 비정형, 동방주의, 자연주의, 구상, 상대성, 곡선과 예각, 개방 공간, 오목-볼록convex-concave 등 이전에는 없던 많은 주제들이 새로 등장했다. 르네상스 때 성립한 주제들의 복합, 분화도 일어났다. 투시도, 기하주의, 비례, 오더, 유적 등은 그 좋은 예이다. 이런 요소들은 르네상스 때에는 인간이 주체가 되어 정형적 질서를 새롭게 새우려는 공통된 목적을 가진 건축 주제였지만, 바로크 시대에 들어와 과장과 변형을 위한 기교적 기법으로 바뀌었다.

르네상스 때 투시도는 공간을 한번에 정의하는 통일성 개념이 반영된 인본주의의 산물이었다(그림 471). 그러나 바로크 때에는 착시, 강조, 변형을 통한 뒤틀린 공간과 복합 공간을 만드는

471 안드레아 포초(Andrea Pozzo). 리히텐슈타인 정원 궁전(Gartenpalais, Lichtenstein). 천장 프레스코. 1705

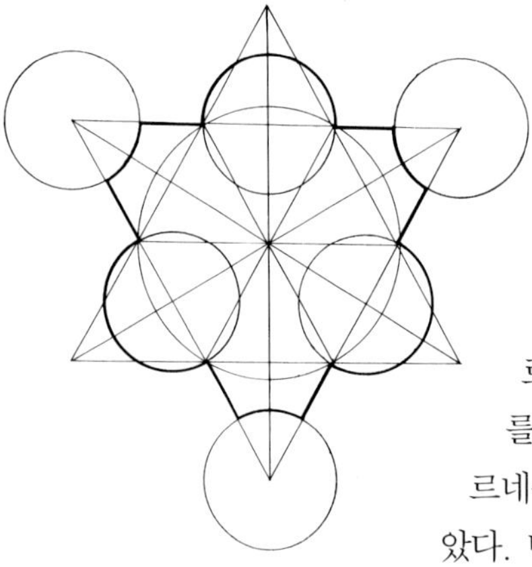

방향으로 바뀌었다. 바로크의 투시도에는 '망원경telescope'이라는 개념이 첨가되었다(그림 491). 기하주의 역시 르네상스 때에는 사각형과 원으로 대표되는 신플라톤주의의 유일자 개념이 지배했다. 바로크 때에는 그 자리를 삼각형, 타원, 동심원이 물려받았으며, 건물은 다단계 작도에 의한 복합 구성으로 이루어졌다(그림 472). 자유 형태를 추구할 경우 비정형 기하를 사용하기도 했다.

르네상스 때 비례는 고전주의의 정수인 조화미를 궁극적 목적으로 삼았다. 반면에 바로크의 비례는 숫자들의 조합으로 이루어지는 차트나

472 프란체스코 보로미니(Francesco Borromini), 산티보알라사피엔차(Sant'Ivo alla Sapienza), 로마, 1642~60

473 아브라함 로이트너 폰 그룬트(Abraham Reuthner von Grundt), 비트루비우스 맨(Vitruvius Man), 1677

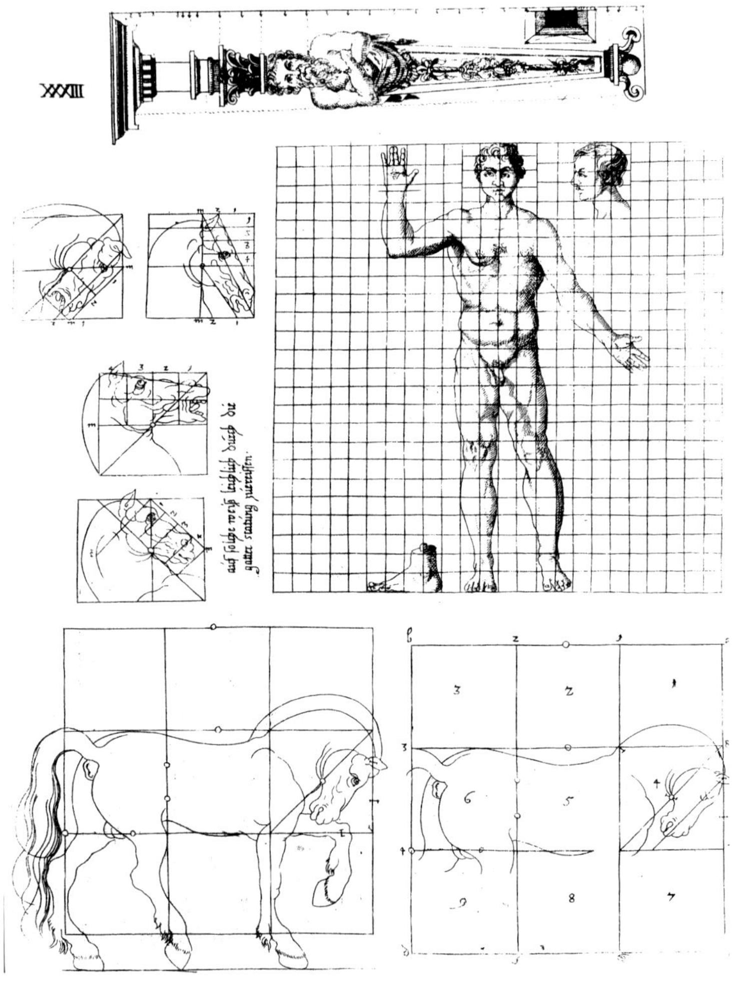

계산표로 바뀌었다(그림 473). 비례의 조화미를 가장 잘 구현하는 인문 매개였던 르네상스의 오더는 바로크의 나선형, 중복, 몽타주, 분해 등 조각 처리를 통한 비정형 어휘로 바뀌었다(그림 474). 바로크 때에는 또한 이전 오더들의 다양한 종류를 모아 레퍼토리로 만드는 작업도 있었다. 오더가 '모음 선집anthology'의 대상이 된 것이었다. 르네상스 때 유적은 고전 건축의 원형을 찾는 인문학 행위로서, 정확한 복원과 기본 유형의 추출이 주목적이었다. 바로크 때에는 폐허의 그로테스크한 분위기를 즐기는 심미 대상으로 유적을 다루었다. 고전은 유형 단계를 넘어 스토리텔링story telling을 가졌다(그림 475).

474 요한 루카스 폰 힐데브란트(Johann Lucas von Hildebrandt), 상벨베데레(Obere Belvedere), 빈, 1721~25

바로크는 이 모든 내용을 포괄하면서 확장된 다양성을 대표적인 특징으로 한다. 매너리즘 때 처음 형성된 다원주의 경향이 더욱 분화, 발전한 것으로 볼 수 있다. 이런 주제들은 상호 교합하면서 건축의 형식과 작동 방식에서 복합 중층 구조를 형성했다. 예를 들어 기하주의라는 주제 아래에서는 서로 반대되는 경향들이 역동성이라는 주제 아래에서는 하나로 묶이는 식이다. 바로크는 많은 주제들이 얽히면서 서양건축에서 복합 분화가 본격화하는 시기였다.

475 베르나르도 안토니오 비토네(Bernardo Antonio Vittone), 건축 공상(Capriccio architettonico)

욕망과 비정형

이상과 같은 17세기의 새로운 상황들을 묶는 공통 요소는 '욕망'일 수 있다. 기독교, 정치, 경세, 과학, 세금, 지역 등 다방면에서 유럽인들의 욕망은 극단적으로 부풀었다. 일상생활에서도 커피와 초콜릿 등 자극적이거나 달콤한 기호품의 소비가 급증했다. 기독교에서는 가톨릭의 부활에 따라 종교적 열정이 가장 중요한 화두가 되었다. 종교적 희열에 들뜬 황홀경의 상태를 극적으로 표현하는 일이 예술적 의무로 주어졌다(그림 476). 교회 공간도 이에 상응하는 장면을 연출해야 했다.

상류층은 온갖 축제를 즐겼다. 바로크 시대에는 축제가 새로운 문화 유형으로 나타났다. 불꽃놀이, 생일 파티, 결혼식, 장례, 연회 등 이유가 있는 행사에서부터 일상적 놀이 문화에 이르기까지 왕궁 안마당과 광장에서는 크고 작은 축제가 뒤를 이었다(그림 477). 주요 왕궁에는 놀이 정원pleasure garden이라는 공간이 필수적으로 들어갔다. 놀이 정원에는 축제의 유흥 분위기를 돋우기 위해 분수, 조각, 개선 아치, 파빌리온 등 과시용 조형물들을 세웠다(그림 478). 계단도 중요한 요소였다. 계단실은 자유 형태를 윤곽으로 가졌고 계단은 방향을 바꿔가며 복합 방향을 만들어냈다(그림 479).

이상에 맞는 예술적 개념으로 '열정' 혹은 '격정'을 들 수 있다. 예술도 사회적 욕망에 맞춰 과장적 표현을 주요 경향으로 추구했다. 바로크의 비정형 과장은 순수 양식사적 관점에서 보면 매너리즘 뒤에 오는, 즉 매너리즘이 더 발전한 단계로 볼 수 있다. 이것이 각 분야와 계층에서 욕망과 열정을 요구했던 시대 상황과 맞물리면서 17세기를 대표하는 큰 흐름으로 구체화했다. 건축가들의 기교적 형태성과 강렬한 감정 표현 같은 순수 조형적 경향은 당시의 종교, 정치, 사회, 경제 등 여러 분야에서 요구하던 상황과 맞아떨어지며 시대를 대표하는 양식으로 집단화되었다.

바로크라는 말은 포르투갈어의 'barocco'나 스페인어의 'barrueco'

476 조반니 로렌초 베르니니(Giovanni Lorenzo Bernini), 〈축복받은 루도비카 알베르토니 *Blessed Ludovica Albertoni*〉, 1671~74

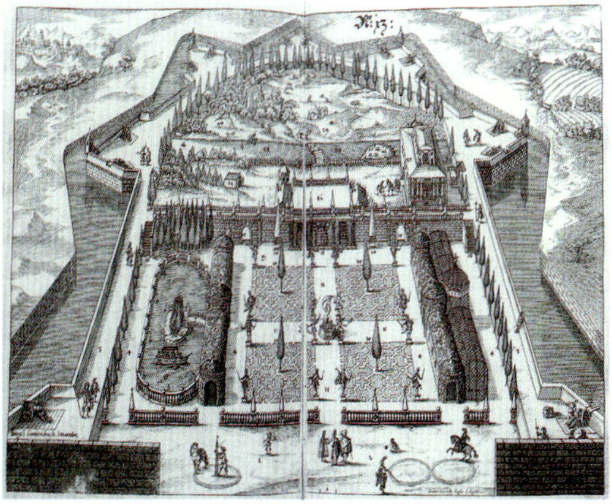

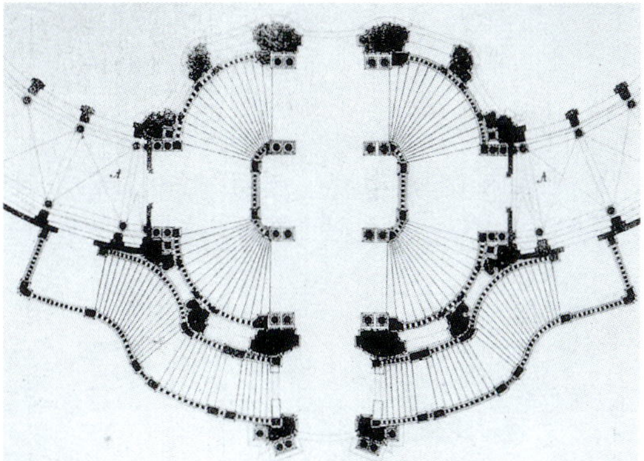

에서 유래했다. 본래 이 말은 '잘못 만들어진 진주', 즉 기형 진주라는 뜻으로, 이것이 발전하여 '부정형' 혹은 '비정형'을 의미했다. 16~17세기 보석 디자인에서 이런 형태를 선호하면서 이 말은 점차 17세기 예술 경향과 연관성을 갖기 시작했다. 'baroco'라는 단어는 중세 때에도 썼는데, 이것은 아무 뜻 없이 삼단논법의 복잡한 논리 구조를 전개하는 과정에서 길을 잃지 않기 위해 중간에 생각을 한번 끊어주는 목적으로 끼워넣던 단어였다.

이런 내용들은 전부 부정적 의미를 가졌다. 17세기 예술 경향에 이런 의미의 명칭을 붙인 것은 18세기 신고전주의 때의 일이었다. 루소, 디드로Denis Diderot, 밀리치아Milizia 등이 그 장본인들이었다. 이들은 정적이고 법칙에 충실한 르네상스의 추상 고전주의를 서양예술의 정통 혹은 주류로 보고 자신들 스스로가 그것을 이어받은 것으로 여겼다. 그리면서 매너리즘에서 바로크에 이르는 비정형 경향을 부정하고 비하하기 위해 '바로크'라는 단어를 끌어다 붙였다. 이들에 따르면 17세기 예술은 르네상스 고전주의의 순도가 변질된, 심지어 타락한 것에 지나지 않았다. 이런 시각은 19~20세기에도 계속되었는데, 부르크하르트Jakob Burkhardt와 크로체Benedetto Croce 등이 대표적인 예였다.

19세기에는 이에 대한 반발이 일어났다. 독일어권에서 당시 새롭게 형성되던 예술사학이 그 중심에 있었다. 이 시각은 바로크를 하나의

477 튈르리(Tuileries). 공연장(Salle de Spectacle)의 연회 장면

478 대(大) 요제프 프루텐바흐(Joseph Fruttenbach der Ältere). 놀이 정원(Lustgarten). 1628

479 마태우스 다니엘 푀플만(Matthäus Daniel Pöppelmann). 츠빙거 궁전(Palais Zwinger). 드레스덴(Dresden). 1705/08~22

독립적이고 창조성이 뛰어난 예술 양식으로 정의했다. 뵐플린Heinrich Wölfflin이 대표적인 예였다. 뵐플린은 여러 권의 저서를 통해 바로크를 르네상스와 동등한 또 하나의 양식으로 격상시키며 두 양식 사이의 예술적 특징을 대비시켰다. 바로크는 뵐플린에서 창조적 예술 양식으로 독립성을 확보했다.

이런 새로운 해석은 바로크에만 국한되지 않았다. 서양건축사 전체에서 일정한 주기를 갖고 나타나는 비정형 경향을 정상적인 예술 현상으로 인정하게 된 것이다. 이전까지 비정형 경향은 예외적 돌연변이로 격하되었다. 이런 새로운 해석에 따라 비정형 경향은 정형 경향과 동등해졌으며, 정형 경향에 대한 보완 기능을 갖는 것으로 평가되었다. '정형-비정형'의 교대 현상이 서양건축의 전개 과정의 교대 형식으로 자리 잡았다.

바로크의 독립이 비정형 경향을 하나의 주기적 현상으로 자리매김함에 따라 그동안 2류 양식으로 취급되며 묻혀 있던 사조들이 전면에 등장했다. 그리스 건축은 로마 건축을 낳게 한 근원 양식으로서 그 의미가 새롭게 부각되었다. 동방 양식으로 이단시되던 비잔틴 건축은 풍부한 조형성과 복합 공간의 보고로 건축적 의미가 재조명되었다. '암흑기'로 불리던 고딕 건축도 로마네스크 건축이 발전한 것으로 정의되었다. 이것은 단순히 바로크라는 하나의 양식이 살아난 것보다 훨씬 큰 의미를 가졌다. 서양건축사의 각 시기가 일정한 의미, 영향, 앞뒤 관계를 주고받으며 하나의 큰 흐름으로 완성된 골격을 갖추게 되었다.

480 과리노 과리니(Guarino Guarini), 오로파의 순례 교회(Pilgrimage Church, Oropa)

비정형 경향은 한 시대와 문명 사조를 대표하는 정형 경향이 자리 잡아 일정한 기간 동안 운영된 뒤 이것이 사라지지 않고 새로운 시대 상황에 맞게 분화, 발전한 양식사조로 정의되었다(그림 480). 로마 건축은 그리스 고전주의의 정형 경향이 다원주의로 분화된 비정형 고전주의였다. 초기 기독교 건축의 정형 기독교주의는 비잔틴의 비정형 기독교주의로 발전했다. 로마네스크와 고딕 사이의 관계도 중세 서북 기독교 건축이 정형 경향으로 완성된 뒤 비정형 경향으로 분화, 발전한 것이었다. 바로크는 르네상스의 정형 고전주의가 매너리즘의 일탈기를 거친 뒤 비정형 고전주의로 분화, 발전한 것이었다.

바로크 고전주의 2

트렌토 공의회, 과장, 선형 공간

이상의 과정을 거쳐 바로크 고전주의라는 개념이 형성되었다. 17세기를 부정적으로 보는 시각에서는 바로크 건축이 비록 고전 어휘를 쓰기는 했지만 이것을 고전주의로 인정하지 않고 일시적으로 변질된 변종이나 돌연변이로 보았다. 반면 예술적 독립성을 확보한 뒤에는 이것도 고전주의를 응용하고 새롭게 재창조한 하나의 새로운 형식으로 재평가되었다. 이런 형식을 통틀어 '바로크 고전주의'로 명명할 수 있다. 르네상스 시대에 비해 갑자기 다양해진 시대 상황을 포괄할 수 있는 건축적 매개는 고전주의밖에 없었다. 다양한 시대 상황은 다양한 건축적 요구를 낳았다. 17세기 바로크 고전주의는 이전 시기와 다른 다양한 변형과 창조적 각색을 통해 이런 요구를 만족시켰다.

바로크 고전주의는 크게 두 가지 특징을 가진다. 한 가지는 개별 어휘 자체는 표준 어휘를 충실히 지키는 점이다. 이런 입장은 조각과 회화에서 더욱 두드러져서 고전 모델을 정확하게 복사하는 경향이 주류를 이루었다. 건축에서도 오더를 중심으로 문법을 충실히 지켰다. 다른 하나는 이것을 이용하여 열정과 욕망을 표현한 점이다. 이 과정에서 바로크 특유의 과장, 강조, 변형 등이 시도되었다. 과장은 비례나 모듈을 어겨 중요한 부분에 부재를 집중하는 방식으로 이루어졌다. 율동과 박자를 급하게 만들거나 돌출과 조각적 처리 등을 통한 음영 효과와 소품 효과를 노렸다. 이런 처리들은 모두 강조를 조형적 목적으로 가졌다. 강조는 위계를 낳고 위계는 속에 대한 성의 우위를 상징함으로써 기독교 정신의 강조로 귀결되었다. 변형은 곡면, 타원, 볼록-오목 등의 기하학적 처리나 부재를 중간에서 끊는 등의 기법을 사용했다.

반종교개혁에 따른 가톨릭의 부활은 교회 평면에서 라틴 크로스의 부활을 가져왔다. 거시적으로 보면 '가톨릭=라틴 크로스' 대 '신교=그릭 크로스'의 대별 구도가 반영된 결과였다. 미시적으로는 트렌토

481 지롤라모 라이날디(Girolamo Rainaldi). 카를로 보로메오 추기경(Cardinal Carlo Borromeo)의 지침에 따른 성 베드로(St. Peter's) 디자인

공의회Council of Trent, 1545~63년의 영향을 중요한 배경으로 들 수 있다. 반종교개혁의 일환으로 개최된 이 회의에서는 가톨릭의 신앙 조목을 결정했었다. 그 가운데에는 기독교 예술에 대한 지침도 중요한 내용으로 들어 있었다. 전체적인 방향은 세속적 요소, 이교적 요소, 비도덕적 요소 등을 배격하는 우상숭배 금지와 이를 통한 기독교 열정의 강조로 요약될 수 있다. 예술에 대한 지침은 회화와 조각에 집중되었고, 이것은 16세기 후반부의 매너리즘을 낳은 중요한 종교적 배경이 되었다.

건축에 대해서는 특별한 지침이 없었기 때문에 크게 보아 매너리즘 건축은 종교적 조건에서 벗어나 자유롭게 조형적 일탈을 가할 수 있었다. 건축에 대한 중요한 지침으로 트렌토 공의회 이후에 밀라노 대주교였던 카를로 보로메오 추기경Cardinal Carlo Borromeo이 내린 「기독교 구조물과 장식 부가물에 대한 지침*Instructiones fabricae et supellectillis ecclesiasticae*」1577을 들 수 있다. 이 지침서는 시기적으로 보아 매너리즘보다 바로크 건축에 영향을 끼쳤다.

보로메오는 이 지침서에서 교회는 멀리서도 잘 보이도록 강조되어야 하며 평면은 라틴 크로스로 할 것을 명했다. 입면에 대한 지침도 있었다. 조각 장식은 장소는 중앙 출입구에만, 내용은 성모 마리아의 생애와 관련된 것만 허용했다. 출입구는 거대 오더를 사용한 열주 현관을 선호했다(그림 481). 이런 내용들은 매너리즘과는 다른 새로운 방향으로 16세기 말로 오면서 바로크를 촉발시킨 방향타가 되었다. 실제로 다비뇰라와 마데르노로 이어지는 초기 바로크는 이 내용과 잘 부합되는 특징을 가졌다.

482 조반니 파니니(Giovanni Pannini). 성 베드로 실내

평면 구성에서는 예수회가 중세 가톨릭의 라틴 크로스를 선호했다(그림 239). 예수회는 유럽 각국에 공격적으로 교회를 축조했는데, 이 과정에서 라틴 크로스 교회가 많이 세워졌다. 예수회의 라틴 크로스는 특별히 새로운 내용은 없었다. 로마네스크에서 고딕 시대에 쓰이던 표준형을 선호했다. 평면 구성보다는 실내장식에 더 심혈을 기울였다. 예수회 교회 실내는 기독교의 열정을 고취시키기 위한 성화, 조각, 공예, 프레스코 등의 장식으로 가득 채워졌다(그림 482). 예수회의 이런 건축관은 바로크 신비주의를 형성하는 배경이 되었다.

벽체 구조와 로마 고전주의

바로크는 고전주의 전체로 보면 로마 고전주의에 대해 르네상스와는 또다른 새로운 해석을 가한 분화현상이다. 르네상스는 로마 고전주의를 벽체 구조와 가구식 기둥 구조의 양방향으로 부활시켰다. 사용 어휘는 로마 고전주의였지만, 이것을 구현하고 축조하는 구조 방식은 그리스의 가구식과 로마의 벽체로 한번 더 나뉘었다. 이것은 고전주의의 분화 과정이었다. 로마 시대까지는 고전주의의 어휘와 구조 방식이 분리되지 않고 단겹 구도를 형성했다. '그리스 고전주의=가구식 구조' 대 '로마 고전주의=벽체 구조'의 이분법만이 있었다는 의미이다. 이것이 르네상스의 재연 시기를 거치면서 분화된 것이다.

로마 어휘를 그리스의 가구식 구조로 축조, 표현한 것이 르네상스 고전주의의 핵심 내용 가운데 하나였다. 로마 고전주의의 비정형성을 그리스의 이성주의와 합리주의로 단순화시키고 정리하여 재연한 것이다. 비정형 소재를 처음부터 비정형 방식으로 재연하면 지나치게 복잡해질 수 있기 때문이었다. 비정형 양식이라도 처음 형성 단계에서는 규범화 가능성을 어느 정도 가지고 있어야 하나의 양식으로서 체계를 갖출 수 있다. 그리스 가구식 구조를 이용한 재해석 내용도 거꾸로 로마 벽체 구조의 영향을 받았다. 다양한 벽기둥과 쌍기둥으로 응용된 것이 좋은 예이다.

반면 바로크는 로마 어휘를 로마의 벽체 구조로 축조, 표현했다(그림 483). 로마 고전주의의 비정형성을 로마의 감성주의와 쾌락주의로 더욱 비정형화한 것이다. 바로크를 이렇게 정의하면 매너리즘에서 이어지는 하나의 흐름이 형성된다. 앞에서 언급했듯이 초기 근대 고전주의를 르네상스의 정형적 흐름과 매너리즘-바로크의 비정형 흐름으로 양분할 때 후자의 완성 단계가 바로크인 것이다. 이렇게 정의되는 바로크는 로마 고전주의의 재연이라는 초기 근대 고전주의의 본성에 가장 잘 맞는 양식일 수 있다. '고대 바로크Ancient Baroque'가 로마 건축을 지칭하는 개념인 것에서도 알 수 있듯이 로마 고전주의 자체가 이미 바로크적 조형성을 담고 있었다.

이런 로마 고전주의를 그리스의 이성주의나 합리주의로 각색한 르네상스는 로마 고전주의의 본성과 불일치한 양식일 수 있다. 라파엘

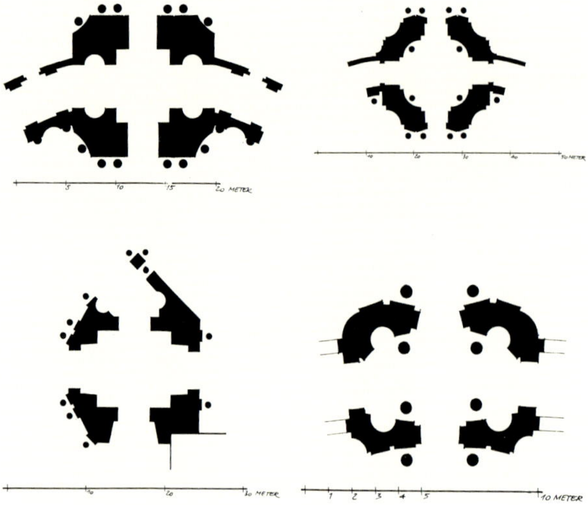

483 마태우스 다니엘 푀플만(Matthäus Daniel Pöppelmann)의 문 유형

로, 줄리오 로마노, 미켈란젤로 등 내로라하는 천재들이 모두 안정된 성기 르네상스에 머물지 못하고 장식적 기교 경향이나 매너리즘에 집착한 현상은 이런 해석을 뒷받침하는 좋은 증거들이다. 이들 천재들이 자신들 시대의 건축 흐름에 대해 무엇인가 부자연스러운 어긋남을 느끼고 있었다는 의미이다. 반면 이것을 로마식 감성주의나 쾌락주의로 각색한 바로크는 로마 고전주의의 본성과 가장 잘 일치하는 양식일 수 있다(그림 484). 이것이 15~17세기에 이르는 초기 근대 고전주의에서 비정형 경향이 대표성을 가질 수 있는 근거이다.

고전주의라는 입장에서 보면 매너리즘과 바로크 사이의 연관성에 대해서는 상반된 해석이 가능하다. 연관성을 부정하는 입장에서 보면 차이점이 뚜렷하게 드러난다. 매너리즘은 개별적 차원의 반고전주의에 머문 일탈 현상에 불과한 반면, 바로크는 처음부터 새로운 고전주의를 지향했다. 매너리즘 건축가들은 자신들의 변형적 시도에 대한 건축적 근거와 조형적 타당성을 제시할 의지가 없는 듯했다. 미켈란젤로를 제외하고 이것을 하나의 새로운 규범으로 창출할 의지는 더욱 없었다. 매너리즘은 가구식 구조와 벽체 구조 사이에 애매하게 머물러 있었다. 혹은 둘의 무작위적 혼용일 수도 있었다. 개별 어휘의 위치 이탈이나 변형 등이 우선시되었다. 기존 문법을 흐트러트리는 데 초점을 맞추었던 것이다.

이와 달리 바로크 건축가들은 처음부터 새로운 고전주의를 창출하려는 의지가 있었다. 바로크는 벽체 구조의 건축적 특징과 조형적 가능성을 가장 잘 살릴 수 있는 통일된 법칙을 실험해서 새로운 문법으로 만들려는 경향이었다. 유동성, 곡면, 오목-볼록, 타원 등의 조형성이 대표적인 내용이었다. 가구식 구조는 이런 벽체 구조의 조형성에 종속되었고 이에 맞춰 변형되었다. 매너리즘이 유클리드 기하학 내에서 단편적 흐트러트리기였다면, 바로크는 비유클리드 기하학이라는

484 과리노 과리니(Guarino Guarini), 성 라우렌시오(San Lorenzo), 토리노, 1667~79

새로운 비정형 양식을 창출한 것에 유비될 수 있다.

반면에 매너리즘과 바로크 사이의 연관성을 인정하는 입장은 좀더 거시적 차원의 시각이다. 두 양식 모두 초기 근대 고전주의 내에서 비정형 경향으로 앞뒤를 이루며 이어진다는 주장이다. 그 내용은 앞에서 본 것처럼 두 양식 모두 로마 시대 고대 바로크의 속성과 벽체 구조의 조형적 가능성을 그 본성에 합당하게 비정형적으로 각색한 공통점을 갖는다는 것이다. 실제로 매너리즘에서 바로크로 넘어가는 양식 전개 과정은 큰 단절이나 뚜렷한 구별 없이 일제수, 다비뇰라, 스카모치 등을 공통 매개로 삼아 하나의 연속 흐름으로 이어진 측면이 강했다. 디털린과 한스 프레더만 더프리스Hans Vredeman de Vries 등은 오더와 벽체 사이의 관계를 연구하여 매너리즘과 바로크 사이의 연관성을 높였다(그림 463, 485)

485 한스 프레더만 더프리스(Hans Vredeman de Vries), 토스카나식 오더, 1577

과학 혁명과 '시간-공간'

17세기는 과학기술과 지성의 발전이 두드러져 과학 혁명기 혹은 지성 혁명기라 불리는 시기였다. 수학과

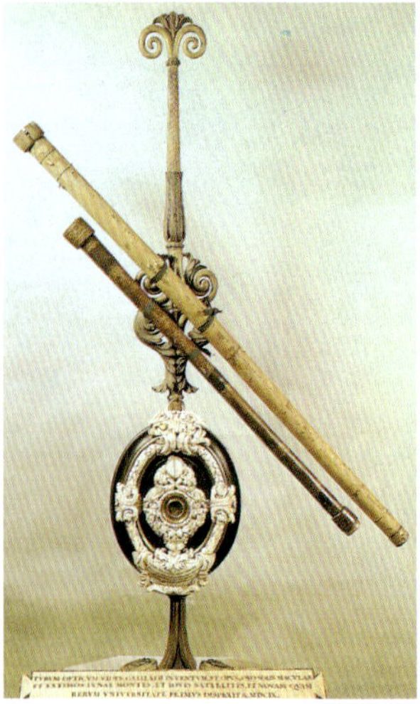

486 갈릴레오의 망원경

천문학의 발전이 특히 두드러졌다. 수학에서는 대수학, 확률론, 투영 기하학 등이 발전했다. 천문학의 발전은 두 방향으로 이루어졌다. 한 방향은 수학의 발전을 도입한 이론적 증명이다. 갈릴레오Galileo Galilei, 1564~1642년, 케플러Johann Kepler, 1571~1630년, 뉴턴Isaac Newton, 1642~1727년 등의 천문학자들이 대표적인 예이다. 다른 한 방향은 망원경 같은 관찰 도구의 발전이다(그림 486). 이를 통해 새로운 이론을 관찰과 실험에 의해 증명할 수 있었다.

망원경의 의미는 현미경과 더불어 생각할 때 잘 알 수 있다. 망원경과 현미경의 발명으로 인간은 우주와 미생물 세계라는 양방향의 눈에 안 보이는 세계로 확장할 수 있게 되었다. 이 두 발명품은 무한대와 무한소의 개념을 눈에 보이는 현상으로 구체화해준 것이다. 이런 발전은 당시 지성계에 큰 충격을 주었다. 갈릴레오는 코페르니쿠스의 이론이 맞았음을 증명했다. 지구는 세상의 중심이 아니라 다른 행성들과 함께 태양 주위를 공전하는 작은 행성에 불과하다는 사실이 밝혀졌다. 이로써 르네상스 인본주의가 쌓은 인간의 존엄성은 허무하게 무너졌다. 기독교는 더 큰 타격을 입었다. 지구를 우주의 중심에 두고 그 지구를 지배하며 진행되어온 기독교는 대대적인 수정이 불가피해졌다.

487 로버트 플러드(Robert Fludd), 모노 코드에 의한 세계구도

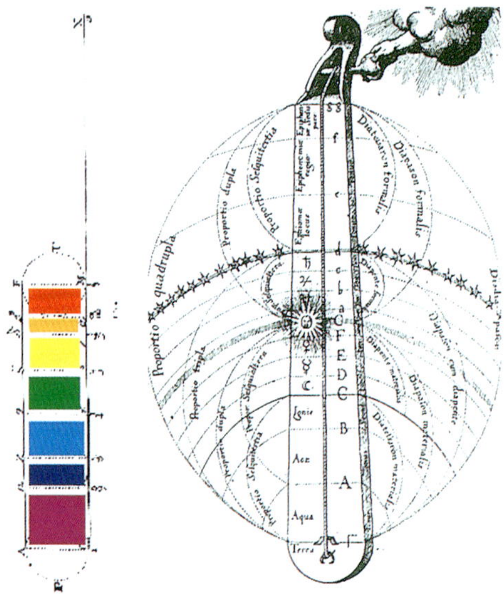

지구를 지배해오던 기독교 권력은 심각한 타격을 입었다. 종교재판에서 갈릴레오에게 사형을 선고한 것은 이를 잘 보여준다. 교회는 실추를 극복하고 권위를 되찾기 위해 기독교 정신을 더욱 강조했고, 이것은 교회에 신앙심을 강하게 표현하려는 과장된 건축 경향으로 나타났다. 천문학의 발전은 예술에서 타원과 동심원 구도가 등장하게 된 배경 역할을 했다. 지구의 공전 궤도가 타원이라는 사실과 우주가 행성 궤도의 중첩에 의한 동심원 구도라는 사실이 밝혀지면서 타원과 동심원이 예술 분야에서도 중요한 관심사로 떠올랐다(그림 487). 건축 경향에서도 르네상스의 원에 대비시켜 타원의 기하학적 특징을 조형적으로 표현하려는 시도가 중요해졌다(그림 488). 타원은 원보다 운동성이 강하기 때문에 역동성이나 열정 등 바로크에 요구되던 감성과 잘 맞는 측면이 있었다. 동심원 구도는 르네상스의 단일 기하에 대

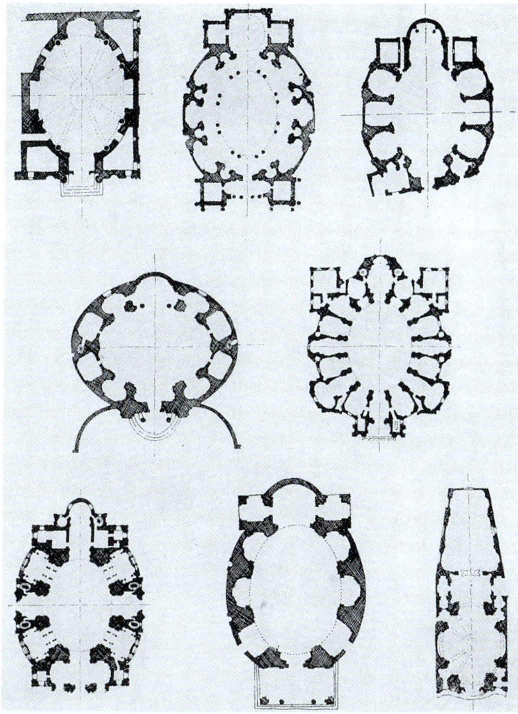

비되는 복합 기하 작도를 낳았다(그림 489).

갈릴레오의 발견은 넓게는 우주, 좁게는 공간을 시간과 공간의 합동 작용으로 보게 만들었다. 지구를 세계의 중심으로 알던 르네상스 때에는 시간과 공간을 따로 파악했다. 엄밀히 말하자면 공간에 아직 시간 개념이 개입되지 않았다. 지구가 피동체로 밝혀지면서 바로크 시대에는 이것이 바뀌어 시간에 따라 지구의 위치, 움직임, 상태 등이 달라진다는 인식이 싹텄다. 이런 새로운 발견은 공간 개념에도 중대한 변화를 가져왔다. 공간은 단독으로 물리적 윤곽으로 존재하는 것이 아니라, 시간과의 복합 관계에 의해 형성되고 결정되는 것으로 새롭게 인식되었다.

시계 기술의 발전도 중요한 요소였다. 추시계와 태엽시계의 발명으로 시간 인식이 정확해졌다(그림 490). 일상생활에서 분-초 단위까지 통제할 수 있게 되면서 시간 관리가 엄격해졌다. 개인의 생활과 노동을 관리하기가 쉬워지고 행정과 작업 등에 효율성을 가져왔다. 시간이 일상생활에서 중요한 매개로 들어오기 시작했다. 예술가들은 이런 변

488 바로크 중앙집중형 유형

489 피에트로 다코르토나(Pietro da Cortona). 장식형태를 위한 문장 상징주의(simbolismo araldico per le forme decorazione)

490 크리스토퍼 렌(Christopher Wren), 바람 시계

화에 주목했고 이것을 예술적으로 응용, 표현하려는 시도를 했다. 이런 시도 역시 앞에 언급한 '시간-공간' 합동 작업의 일환으로 볼 수 있다. 르네상스나 매너리즘과는 전혀 다른 새로운 장이 펼쳐졌다.

건축 기법에서 '시간-공간'의 합동 작업 개념이 들어간 예로서 돔과 볼트 천장을 들 수 있다. 로마 시대의 돔 천장에서는 아직 시간 개념이 나타나지 않았다. 돔은 단일 기하로 완결성과 통일성을 지향했다. 고딕 시대의 볼트 천장에서는 시간 개념이 나타나긴 했지만 공간이 불일치했다. 시간이 너무 늘어졌을 뿐 아니라 이것을 담는 건축 골격은 여러 겹의 귀납적 유기성으로 이루어졌다. 시간과 공간이 일치하는 데 필요한 일정한 연역성이 부족했다. 르네상스의 돔 천장은 로마에 가까웠다. 시간 개념이 개입하기에는 스케일이 너무 작았고 건축적 구성도 압축적이었다. 바로크 시대에는 건축 구성의 복합성, 음의 울림, 시각예술과의 협동, 스케일 등 모든 면에서 시간과 공간이 하나로 합쳐져 작용하기에 적합한 공간을 창출했다. 앞에 언급한 바로크 투시도의 변형 기법도 이것을 돕는 역할을 했다. 공간의 골격과 구성을 일정부분 마음대로 조작할 수 있게 되면서 기독교나 시각예술에서 요구하는 적절한 스케일과 공간 구성을 유지할 수 있었다(그림 491).

491 파울 데커(Paul Decker), 망원경 원리에 의한 돔의 표현, 1711~16

철학에서도 과학 철학이 발전했다. 베이컨Francis Bacon, 1561~1626년의 논리 실용주의, 데카르트Rene Descartes, 1596~1650년의 합리주의, 라이프니츠Gottfried Wilhelm von Leibniz, 1646~1717년의 주름 이론 등이 대표적인 예이다. 논리 실용주의는 과학적 사고방식과 논리적 추론을 이론화, 체계화했다. 합리주의는 인간의 존엄성이 무너진 데 대한 반작용으로서 인간 중심의 세계관을 세운 것이다. 주름 이론은 우주를 시공간의 합동 작용으로 보는 시각에 대한 정밀한 철학적 이론화 작업이다.

연속성, 장경주의, 종합예술

이상의 새로운 발견과 발전은 건축적으로 공간에 대한 새로운 인식으로 나타났다. 연속성sequence과 장경주의theatricalism 혹은 scenography=풍경주의가 대표적인 예이다. 연속성은 공간을 시간에 따라 여러 단위의 연속적 합으로 보려는 시각이다. 공간은 복합 단위의 연속적 합으로 정의된다. 조경까지 중요한 건축 요소로 편입되는 환경으로의 확장이 일어났다. 단일 공간 내에서는 공간 골격이 자잘해지는 경향으로 나타났다. 기하학의 발전과 함께 공간 골격을 짜는 기하 작도가 복합하면서도 세밀해졌다. 여기에는 삼각형이 가장 적합했다. 시간을 역동성으로 해석하는 데에는 타원 골격이 적합했다. 타원과 삼각형이 주요 기하로 쓰이면서 르네상스의 원과 정사각형에 대별되는 새로운 건축 세계가 만들어졌다.

장경주의는 건축을 조형 환경의 종합적 합으로 보려는 시각이다. 공간을 무엇을 담는 용기, 용기를 짜는 골격, 표면의 시각 효과, 분위기 등으로 보던 전통적인 관점과 달리 장면들의 종합에 의한 스토리 형성 기능으로 보려는 변화이다(그림 492). 바로크 장경주의의 배경에는 축제와 종합예술이 있었다. 전자는 세속 권력을 건축주로 가지면서 프랑스, 영국, 독일과 같은 서북유럽에서 더 유행했으며, 실외를 공간 배경으로 삼았다. 후자는 가톨릭의 기독교 권력을 건축주로 가지면서 프랑스나 영국보다는 이탈리아와 독일에서 더 유행했으며, 실내를 공간 배경으로 삼았나.

축제를 배경으로 한 장경주의는 조경과 합쳐진 좀더 큰 스케일로 나타났다. 앞에 언급한 불꽃놀이, 생일 파티, 결혼식, 장례, 연회 등의 놀이 문화는 유흥적이고 자극적인 조형 배경을 요구했다. 이에 따라 무대와 같은 개념의 놀이의 장이 마련되었다. 상류 귀족들은 유흥 무대에 올라가 축제를 즐기며 서로 관찰하는 행위를 통해 유흥의 강도를 높였다. 권력을 과시하는 장으로서 장경주의도 같은 개념이었다. 종교 권력과 세속 권력 구별 없이 교황 즉위식, 시성식諡聖式, 대관식coronation, 영구靈柩 등 큰 행사를 위한 건축적 배경으로 장

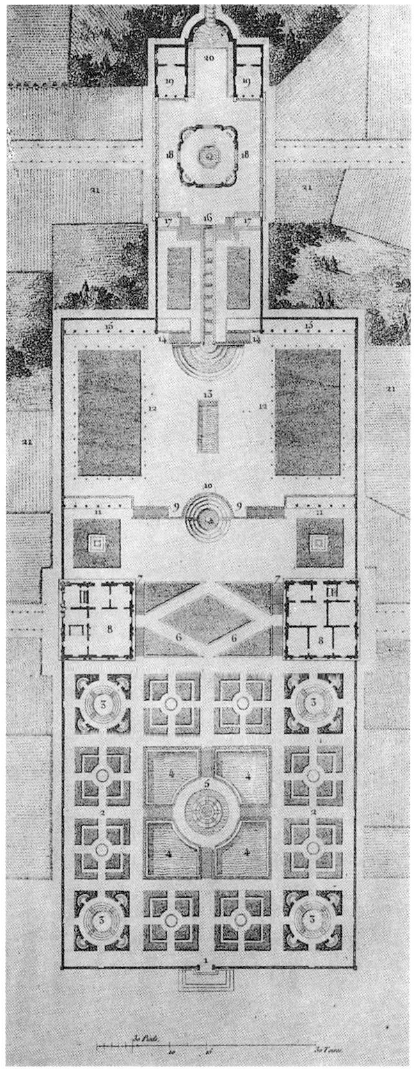

492 자코모 바로치 다비뇰라(Giacomo Barozzi da Vignola), 란테 빌라(Villa Lante), 바냐이아(Bagnaia), 이탈리아

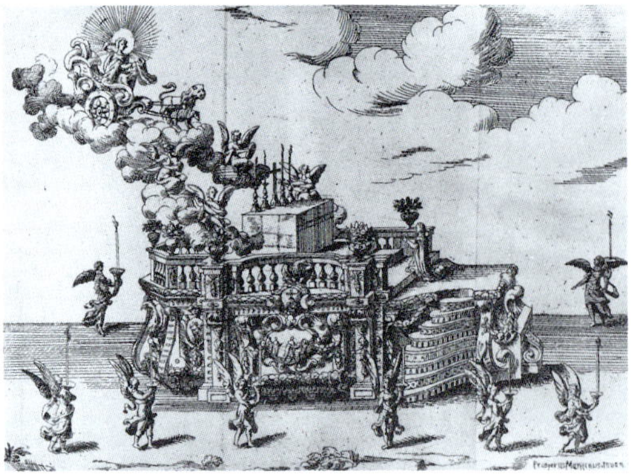

493 필리포 베니치의 승전 기념기계(Macchina trionfale di Filippo Benizzi)

경주의 처리를 채택했다(그림 493).

종합예술은 한 사람의 예술가가 장경을 이루는 조각, 공예, 회화, 장식 등 모든 분야를 모두 책임지고 담당하여 예술적 효과의 종합을 극대화하려는 경향을 의미한다. 주로 교회 실내의 닫집, 제단, 예배당 등에 집중적으로 나타났다(그림 494). 건축은 이것을 마지막으로 포괄하는 가장 상위 매개였다. 이것은 중세의 구도자상과 르네상스의 전인상을 합한 개념으로 볼 수 있다. 중세에도 장인이 건축과 조각을 겸하는 일이 많았다. 중세의 건축 행위는 예술이 아닌 구도의 일환이었다. 건축 행위의 동인이 예술적 욕망이 아닌 신앙의 열정이었다는 의미이다.

르네상스에서는 인간 매개의 여러 장르에 정통한 전인상이 가장 이상적인 건축가상이었다. 예술에 국한시킬 경우 건축, 회화, 조각, 공예 등에 모두 능통해야 했다. 바로크에서는 이 둘을 합친 구도적 전인상 혹은 구도적 종합예술인이 이상적인 건축가상이 되었다. 하늘이 내린 천재이되 반드시 가톨릭의 신앙적 열정으로 무장해야 했다. 르네상스 전인상과의 차이도 있었다. 르네상스 때에는 건축, 회화, 조각, 공예 등을 별도로 행했던 데 반해 바로크에서는 이것들을 하나의 장면에 모아놓았다.

494 조반니 로렌초 베르니니(Giovanni Lorenzo Bernini), 산프란체스카로마나 콘페시오(Confessio di San Francesca Romana), 산타마리아노바(Santa Maria Nova) 내

이탈리아의 장경주의는 무대 디자인의 영향을 받았다. 16세기 말부터 이탈리아에서는 오페라가 이전의 연극을 대체하며 새로운 공연 예술로 떠올랐다. 여기에는 정치적 배경이 중요하게 작용했다. 이전의 교회와 공화국이 쇠퇴하고 귀족들의 과두정치가 대두하면서, 이들은 자신들의 정치적 정체성을 도와줄 새로운 공연 예술로 오페라를 발전시켰다. 오페라 극장은 새로운 사교의 장이 되었다. 평면도 수용 능력이 향상된 U자형으로 바뀌었다(그림 495). 이전의 연극보다 관객도 많이 동원할 수 있었기에 공연 수입은 경제적 중요성도 가졌다.

새로운 정치 세력은 극장이 커지고 관중이 많아진 환경 속에서 자신들의 존재를 과시하기 위해 무대 디자인을 과

495 츠빙거 오페라하우스(Opernhaus, Zwinger)

장되게 꾸몄다. 16세기 말~17세기 전반부는 오페라에 맞는 새로운 디자인 경향이 자리 잡는 제1기였다. 피렌체와 베네치아가 주도하는 가운데 페라라 학파Ferrara School가 가세했다. 매너리즘 때의 연극 디자인을 기본으로 삼아 여러 예술 장르를 동원하여 화려한 장식과 과장된 건축 어휘로 꾸미는 경향이 자리 잡았다. 17세기 중반부터 제2기의 발전이 있었다. 발전의 핵심은 투시도 기법의 도입이었다. 일소점 투시도 기법을 중심으로 중앙집중화한 무한 소실점이 도입되었다. 공간은 무한 확장과 집중의 양면 작용을 통해 급박한 긴장감과 극화된 과장을 획득했다.

장경주의를 교회 공간 전체로 확장하면 시각예술뿐 아니라 음악까지 포함하는 여러 예술 장르가 종합적으로 작용하여 웅장하고 장엄한 기독교 세계를 연출하는 경향으로 정의된다. 기독교와 예술이 하나가 된 천상 세계를 칭출했다. 이상의 배경 아래 17세기는 서양 기독교 역사에서 교회가 가장 많이 세워졌던 시기였다. 로마에만 수십 채의 교회가 세워지면서 바로크 구역을 형성했다. 이 구역은 로마를 이루는 주요 부분을 차지하고 있다. 바로크 교회는 천상 세계를 종합 매개로 구현한 장이었다.

3 고대 바로크와 중세주의

고대 바로크와 바로크 고전주의

바로크 건축의 양식적 선례로 매너리즘 이외에 고대 바로크와 중세 건축을 들 수 있다. 바로크, 매너리즘, 중세 건축, 고대 바로크는 서양건축사에서 모두 비정형 경향을 대표하는 양식들이다. 매너리즘이 동시대의 선례로서 바로크와 앞뒤로 이어지는 연속성을 갖는 데 반해 고대 바로크와 중세 건축은 역사적 선례로서 서양건축사에서 나타나는 '정형-비정형'의 교대 현상 속에 바로크 건축을 위치시킨다.

고대 바로크는 포스트그리스 시기의 마케도니아 건축과 로마 고전주의에 나타난 비정형 경향을 통칭하는 개념이다. 이 두 시기에는 그리스 고전주의에 대한 반작용으로서 상반된 경향이 동시에 나타났다. 그리스 고전주의의 이성적 합리주의는 이후에도 당연성을 갖는 선례로서 지속적으로 나타났다. 로마 건축은 그리스 고전 선례를 직접 모방함으로써 시작되었다. 반면 그리스 고전주의로부터 벗어나려는 탈고전주의 경향도 하나의 큰 흐름을 형성했다. 이것을 통칭하여 고대 바로크라고 부른다. 고대 바로크는 다음의 여덟 가지를 대표적 특징으로 가진다.

496 조반니 바티스타 몬타노(Giovanni Battista Montano). 발벡의 비너스 신전(Temple of Venus, Baalbek)

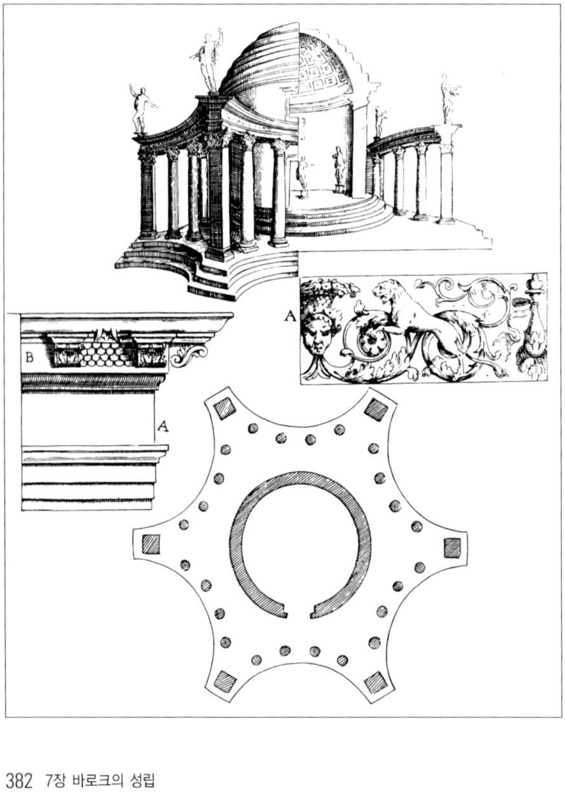

첫째, 장경주의 경향이다. 이것은 '경치를 위한 장소'의 창출을 건축적 목적으로 갖는 경향과 기법으로 정의할 수 있다. 둘째, 자유 형태 경향인데 이것은 형태 윤곽과 구조 처리의 두 방향에서 추구되었다(그림 496). 셋째, 자유 구성 경향으로서, 자유 형태가 여러 개 쓰이면서 공간군을 이룰 때 나타났다. 넷

째, 연속 공간 경향이다. 이것은 일정한 길이의 공간을 몇 구획으로 나눈 다음 각 구획을 각기 다른 건축적 방식으로 처리하는 기법으로 정의될 수 있다. 다섯째, 유기 구성 경향이다. 이것은 자유 구성이 여러 번 반복되면서 발전한 극도의 비정형 구성 상태로 정의된다. 여섯째, 조각 페디먼트broken pediment 경향으로서, 페디먼트를 파손된 형태로 처리하는 경향을 의미한다. 일곱째, 소품화 경향이다. 이것은 개별 어휘의 변형의 일환으로, 고전 어휘에서 생명력을 박탈하여 미니어처처럼 취급하는 것을 의미한다. 여덟째, 과다한 장식 경향이다. 이것은 로마 건축만의 장식적 특징을 의미한다.

이 가운데 대부분은 바로크 건축의 특징과 겹친다. 실제 지어진 건물을 보더라도 고대 바로크와 바로크 사이에는 강한 유사성이 발견된다. 이렇게 볼 때 바로크 건축은 고대 바로크의 부활 현상으로 정의할 수 있을 것이다. 바로크 건축가들이 선례로 삼았던 로마 건축물들은 대부분 고대 바로크로 분류되는 것들이었다. 지속적인 유적 발굴에 힘입어 16세기 후반부에 들어와 로마 건축 선례가 크게 확장되었다. 지리적 인식 확장도 중요하게 작용했다. 르네상스 때에는 이탈리아 반도

497 아브라함 로이트너 폰 그룬트(Abraham Leuthner von Grundt), 몬타노에 따른 로톤다

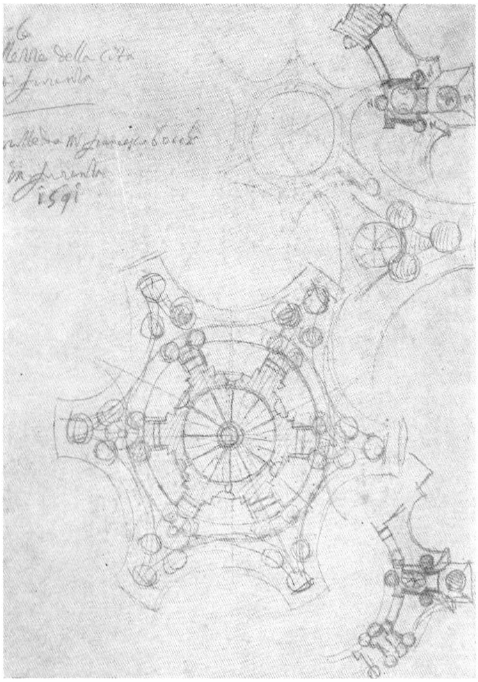

를 중심으로 판테온이나 콜로세움 등 정형적 선례에 국한되었으나, 바로크에 들어와 관심이 로마 건축의 비주류 선례들로 확장되었다.

이 과정에서 일단의 건축가들은 고대 바로크에 속하는 비정형 건물에 눈을 돌렸다. 특히 17세기 들어 북아프리카, 아라비아 반도, 동방 지역 등으로의 지리적 진출이 일어나면서 건축가들은 이 지역에 남아 있던 로마 시대의 고대 바로크 유적을 접하게 된다. 이 지역은 북아프리카 지역주의라 불리는 고대 바로크의 보고였다. 바로크 건축가들은 이런 선례들로부터 자신들에게 요구되던 새로운 시대 상황을 담아내기에 적합한 건축적 특성을 찾아내어 차용했던 것이다.

조반니 바티스타 몬타노Giovanni Battista Montano, 1534~1621년의 스케치는 중요한 역할을 했다. 그는 『다양한 고대 신전 모음*Scielta di varii tempietti antichi*』1624 등 로마 유적을 스케치한 책을 4권 출판했다. 그는 이 책에서 발백의 비너스 신전Temple of Venus, Baalbeck을 비롯한 고대 바로크 건물의 스케치를 남겼다(그림 496). 아브라함 로이트너 폰 그룬트Abraham Leuthner von Grundt는 이것을 받아 다시 유사한 스케치를 남겼다(그림 497). 보로미니는 특히 고대 바로크 선례를 많이 참고했다. 그의 비정형 자유 형태는 고대 바로크의 직설적 모방에서 나온 것이었다(그림 498). 일반화하면 바로크 건축가들에게 공통적으로 관찰되는 오더 위치 흐트러트리기도 고대 바로크의 자유 형태를 고전 오더로 번안한 결과였다(그림 499).

498 프란체스코 보로미니(Francesco Borromini), 산티보알라사피엔차(Sant'Ivo alla Sapienza), 로마, 1642~60

499 카를로 폰타나(Carlo Fontana), 코르소 거리의 성 마르첼로(San Marcello al Corso) 파사드, 로마, 1682~84

거꾸로 보면 고대 바로크는 바로크를 독립적 양식으로 자리매김한 뒤에 형성된 개념이었다. 고대 바로크라는 개념은 1920년대에 포스트

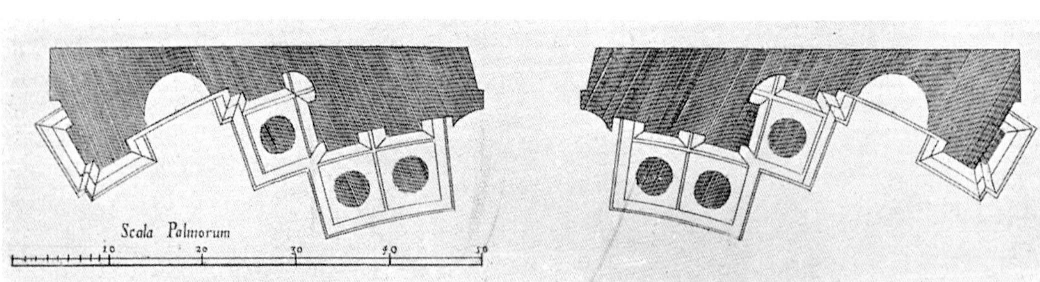

그리스와 로마 건축에 대한 새로운 해석의 일환으로 형성되었다. 이 시기는 뵐플린의 연구가 결실을 맺으며 바로크가 독립적 가치를 갖는 양식으로 정의되던 때였다. 고전주의에 대한 바로크적 재해석이 독립 양식으로 정의되면서 이와 유사한 경향이 포스트 그리스와 로마 시대 때 하나의 집단적 경향으로 나타났음을 알게 되었고 이를 고대 바로크라 명명했던 것이다.

바로크 중세주의(1)와 아리스토텔레스주의

바로크 건축은 고대 바로크 못지않게 중세 건축도 중요한 선례로 삼았다. 바로크 건축에서 바로크 중세주의라 부를 수 있는 중세 선례 차용이 하나의 경향을 형성했다. 바로크 중세주의는 세 층위로 나누어 생각할 수 있다. 가장 거시적 층위에서는 비정형 경향에 속하는 유사성을 공통 매개로 가진다. 정형-비정형 경향의 교대 주기에서 바로크 건축은 고딕 건축 다음에 나타난 비정형 경향이다. 중간 단계의 층위에서는 아리스토텔레스주의를 공통 매개로 한다. 미시적 층위에서는 신비주의, 수직성, 선형성, 개별 어휘 등 구체적 처리 기법과 건축 어휘를 공통 매개로 가진다.

바로크의 중세성은 아리스토텔레스주의를 사상적 배경으로 가진다. 바로크 미학에서는 르네상스의 신플라톤주의에 대비되어 아리스토텔레스주의가 유행했다. 중세의 아리스토텔레스주의를 부활시킨 것으로 볼 수 있다. 바로크의 아리스토텔레스주의는 중세의 아리스토텔레스주의에 대한 비판적 재해석을 바탕으로 아리스토텔레스의 자연주의적 입장을 받아들였다. 예술과 자연 사이의 관계에서 신플라톤주의의 합리적 환원주의나 이성적 기하주의 대신 감성주의와 자유주의를 표방했다. 그 밑바탕에는 플라톤의 '이데아'에 대비되는 아리스토텔레스의 '모방' 개념이 있었다.

신플라톤주의와 아리스토텔레스주의는 정형과 비정형 사이의 교대 현상과 맥을 같이했다. 그리스 예술에서 플라톤주의는 이성에 기초한 합리주의를 대표했다. 반면 아리스토텔레스주의는 자유 정신, 표현력, 자연 모방 등 그리스 내에서의 비정형 경향에 대한 사상적 근거를 제공했다. 로마 시대의 스토아 학파에서는 자신들의 극기에 대한 사상적 근거를 플라톤의 이데아에서 찾으면서 신플라톤주의와 연관성을 가졌다. 이에 대한 반발로 중세에는 아리스토텔레스주의가 폭넓게 유행했다. 이런 교대 현상은 다시 르네상스와 바로크를 거치며 반복되었다.

바로크 시대에 아리스토텔레스주의가 가장 크게 유행한 장르는 문학이었다. 아리스토텔레스의 『시학*The Poetics*』을 교본으로 삼았는데, 이 같은 경향은 프란체스코 파트리치Francesco Patrizi, 1529~97년가 그 기초를 닦았으며 미학자 에마누엘레 테사우로Emanuele Tesauro, 1591~1675년로 이어졌다. 문학에서는 자연의 모사와 관련된 주제에서 아리스토텔레스의 모방론을 받아들이는 형식으로 나타났다. 이밖에도 장르 고유의 충실한 표현 형식을 바탕으로 감정 전달과 장면 모사의 극대화를 추구했다.

회화에서는 프란체스코 파체코Francesco Pacheco, 1564~1654년가 대표적인 예였지만, 대부분의 바로크 화가가 아리스토텔레스주의에 직간접으로 연관되었다. 회화에서는 인간의 영적 상태를 표현하는 문제가 최대 관건이었다. 여기에는 아리스토텔레스의 『수사학*The Rhetorics*』이 중요한 영향을 끼쳤다. 아리스토텔레스는 수사학의 요체를 상대방을 설득하는 진솔한 언어 구사로 가르쳤다. 바로크 예술가들은 이것을 받아들여 인간의 감정을 직설적이고 생생한 방식으로 표현하려는 시도를 했다.

직접적으로 아리스토텔레스주의를 표방한 건축가는 없었으나, 거시적으로는 비정형 경향에 대한 미학적 근거를 여기에서 찾은 것으로 볼 수 있다. 문학에서의 자연주의와 회화에서의 표현성은 건축에서 자유형태를 통한 기독교 정신의 강조로 나타났다. 중세성은 이것의 구체적인 예에 해당된다. 바로크 건축은 신비주의, 수직성, 선형성 등을 매개로 중세성을 차용했다. 이런 내용들은 모두 고딕 건축을 구성하던 기법들이다. 바로크 중세주의는 고딕 건축의 부활이라는 측면이 강하다. 그러나 아직 18~19세기의 고딕 리바이벌리즘의 단계까지 나아가지는 않았다. 양식 단위의 직접적 차용이 아닌 구성 원리와 분위기의 창조적 재해석과 개별 어휘의 차용에 머물렀다.

바로크 중세주의(2)와 고딕 건축

신비주의는 비정형 경향을 기독교 관점에서 정의한 것으로 볼 수 있다. '초기 기독교-로마네스크-르네상스'의 정형 경향 사이에 '비잔틴-고딕-바로크'의 비정형 경향이 번갈아 나타났다. 정형 경향의 기독교 건축은 이성주의를 추구한 반면 비정형 경향은 신비주의를 추구했다. 이성주의 기독교 건축은 가구식 구조, 추상, 기하주의, 비례 조화, 합리성, 물성 등을 공통점으로 가진다. 이에 반해 신비주의는 벽체 구조, 장식주의, 귀납성, 유기성, 자유 형태, 탈물성 등을 공통점으로 가졌다.

바로크의 신비주의는 빛 작용과 장식을 통해 표현되었다. 빛 작용은 천장 채광을 강조하는 방식으로 추구되었다. 하늘에서 내려오는 빛은 천상 세계를 상징했다. 이런 빛 처리는 고딕 건축에서 차용한 것인데, 여기에 바로크 종합 예술의 화려한 장식이 더해졌다. 벽체 구조가 만들어내는 넓은 벽면은 장식으로 채워졌다. 교회 실내는 기독교의 영광을 찬양하는 신비로운 힘으로 가득 찼다(그림 500). 교회 실내는 지상 세계를 압도하는 천상의 축소판으로 정의되었다.

500 마르티노 롱기(Martino Longhi), 산타마리아인발리첼라(Santa Maria in Vallicella), 로마, 1588~93

예수회는 바로크의 신비주의에 일정한 영향을 끼쳤다. 예수회는 열성적 신앙심을 강조했으며 전도, 순교, 교육 등을 통해 이를 전파했다. 기독교 예술의 후원은 이들의 중요한 활동으로 교회 건축도 이 가운데 하나였다. 예수회 교회는 신앙심의 고취를 위해 실내에 하늘 세계를 상징하는 신비주의를 도입했다. 은거주의hermetism도 중요한 요소였다. 예수회는 전도를 주요 목적으로 했기에 속세에 파고들어 활동하고는 있지만 일단의 성직자들은 순수한 신앙심을 얻기 위해 은거주의를 고집했다.

은거주의는 특히 스페인에서 유행했는데,

501 과리노 과리니(Guarino Guarini), 산티시마신도네 예배당(Cappella di Santissima Sindone), 토리노, 1667~82

예수회의 창립 멤버 5인이 스페인 성직자들이었다는 것과 연관된다. 은거주의는 표면적으로는 신비주의와 반대되는 개념일 수 있지만, '신비감'이라는 주제를 공통 매개로 연결될 수 있는 가능성도 있다. 실제로 바로크의 은거주의는 초기 기독교 시기 수도원의 도피주의와 달리 신비주의 경향을 강하게 보였다. 바로크의 은거주의는 과학 발전의 영향을 받아 기하 작도를 통해 우주의 비밀을 풀고 이것을 예술 작품으로 표현하는 등의 활동을 벌였다. 이런 활동은 중세의 신비주의를 이어받은 것이었다.

수직성은 고딕 건축의 특징 가운데 비례 요소를 차용한 것이다. 수직성은 입면에서 두드러지게 나타났다. 층쌓기를 통해 수직 비례를 얻어냈으며, 위로 올라갈수록 좁아지는 점증성을 통해 수직성을 강조했다(그림 501). 층 사이에 위계를 넣어 입면에서도 지상 세계와 하늘 세계를 대비시켰다. 돔과 드럼을 도입하여 인위적으로 높이를 높였다. 여백에는 감실을 두고 조각상을 넣어 고딕 성당의 입면 체계를 모방했다. 실내 공간은 르네상스 교회에 비해 폭이 넓어지고 높아져 고딕 성당에 근접하는 공간감을 확보했다. 첨탑도 중요한 요소였다. 첨탑은 건물 높이를 인위적으로 높여 도시 내 르네상스 골격 사이에서 바로크의 존재를 알리는 역할을 했다(그림 502).

선형성은 평면 유형에서 라틴 크로스의 차용으로 나타났다. 이것은 미시적으로는 보로메오의 지침에 따른 것이고, 거시적으로는 가톨릭의 부활을 상징하는 현상이다. 일제수 이후 바로크 교회에서 라틴 크로스는 표준 유형으로 자리 잡았다. 트랜셉트를 갖는 3랑식이 표준형이었으며 크로싱에는 돔을 얹었다. 크로싱의 돔은 중앙집중성을 갖기 때문에 선형성을 약화시키는 요인이지만 수직성을 위해서 필요했다. 르네상스 교회에서도 라틴 크로스는 중앙집중형과 함께 계속 쓰였기 때문에 라틴 크로스가 바로크만의 특별한 현상이라고는 할 수 없다.

바로크 특유의 선형성은 타원으로 볼 수 있다. 르네상스를 거치면서 도입된 중앙집중형의 영향이 바로크 시대에도 여전히 남아 있었다. 여기에 선형성이 다시 더해지면서 타원형 평면이 등장했다. 타원은 원의 중심성과 평등성에 대비되어 선형성과 활동성을 상징했다. 타원은 천문학의 발견을 건축적으로 활용한 결과이기도 했다. 타원의 등장은 상반되는 입장에 있던 과학과 기독교가 타원의 활동성을 공동 매개로 삼

아 하나로 만났음을 상징하는 것이었다. 이것은 상호 교합이라는 바로크 건축의 복합 구도를 보여주는 좋은 예이다. 최초의 타원형 교회에 대해서는 논란의 여지가 있는데, 다비놀라의 성 안드레아1550~53년는 그 가운데 하나이다.

개별 어휘는 여러 방향으로 나타났다. 높아진 네이브 월의 구조적 문제를 해결하기 위해 측벽을 세울 때 고딕 건축의 버트레스를 차용하여 소용돌이 문양volute으로 변형시켜 사용했다. 이것은 고딕 건축에서 완성된 라틴 크로스의 선형 구조적 골격을 바로크 방식으로 바꿔 축조한 예에 해당된다. 오더도 중요한 요소로 사용했다. 바로크 시대에 들어 갑자기 다양해진 오더의 선례에는 중세 기둥도 들어 있었다. 로마

502 크리스토퍼 렌(Christopher Wren), 워틀링 거리의 세인트앤솔린(St. Antholin, Watling Street), 첨탑 연구

503 과리노 과리니(Guarino Guarini), 고딕 오더

504 프란체스코 카스텔리(Francesco Castelli). 밀라노 성당 입면 계획안

네스크의 나선형 기둥과 고딕의 다발기둥이 대표적인 예이다(그림 503). 입면에서는 고딕 성당의 정면에 세워지던 첨탑이나 버트레스 위에 세워지던 소첨탑pinnacle을 많이 사용했다. 첨탑과 소첨탑은 바로크 입면에 수직성을 부여했다. 실내에서는 고딕 성당의 예배당에 바로크 양식의 닫집을 더하는 방식을 많이 썼다.

건물 단위에서는 고딕 성당의 입면을 바로크 양식으로 개축한 경우가 많았다. 이런 부분별 개축 현상은 고딕과 바로크 사이의 연관성을 보여주는 예로 이해된다. 볼로냐의 산페트로니오San Petronio와 밀라노 성당은 이것을 잘 보여준다. 이 두 건물은 모두 고딕 시대에 실내가 지어진 뒤 정면은 방치되어 있었다. 16세기 후반부터 이들 건물의 정면에 대해 설계안 공모가 있었다. 밀라노 성당에서는 펠레그리노 펠레그리니Pellegrino Pellegrini, 리키노Ricchino, 마르티노 바시Martino Bassi, 비토네, 프란체스코 카스텔리Francesco Castelli 등 많은 건축가가 참여했다. 이 가운데 펠레그리니, 리키노, 바시 등은 바로크 고전주의로 설계된 안을 제출한 반면, 비토네와 카스텔리는 고딕 어휘와 바로크를 혼합한 중세주의 안을 제출했다. 카스텔리의 안에서는 포인티드 아치와 소첨탑의 고딕 어휘가 소용돌이 문양과 나선형 기둥의 바로크 어휘와 적절한 조화를 이루며 바로크 중세주의의 전형적 예를 보여주었다(그림 504).

4 자코모 바로치 다비뇰라

로마 학파와 바로크

자코모 바로치 다비뇰라Giacomo Barozzi da Vignola, 1507~73년는 볼로냐에서 태어나 화가로 경력을 시작했다. 1530년대 중반부터 바티칸 소속 화가로 활동하면서 건축을 접했다. 페루치와 안토니오 다상갈로 일조반네의 작업에 참여했으며, 비트루비우스 아카데미Academia Vitruviana에서 로마 유적을 배웠다. 1541~43년 사이에 프랑스에 체류하면서 세를리오를 만나 건축으로 전업하여 1540년대 중반부터 건축 작품을 남기기 시작했다.

초창기 작품은 교황 바오로 3세의 수주로 볼로냐에서 이루어졌는데, 이때까지는 매너리즘 경향을 보였다. 1550년경에는 로마로 옮겨 교황 율리오 3세1550~55년와 비오 5세St. Pius V, 1566~72년의 후원으로 바로크의 문을 여는 주요 작품들을 작업했다. 1550년대 후반부터는 피아첸차Piacenza와 카프라롤라Caprarola에도 주요 작품들을 남겼다.

다비뇰라는 매너리즘에서 바로크로의 전이를 잘 보여주는 예이다. 활동 연대로 보면 매너리즘 2세대 건축가이다. 브라만테나 안토니오 다상갈로 일조반네의 영향을 받고 1세대 매너리즘 어휘의 종합화 경향을 보인 점에서 전형적인 2세대 건축가이다. 그러나 다비뇰라는 다른 2세대 건축가들과 다른 중요한 지점이 있다. 다른 건축가들은 16세기 중반까지 쌓인 내용을 종합하여 16세기 후반부를 마감하는 경향을 보였다. 이들은 16세기 후반에 새로 나타난 앞과 같은 발전, 변화 내용들에는 둔감했다. 새로운 사회 변화의 속도를 따라 이것들을 건축에 반영하기보다는 어려운 시대 상황에 대한 고민에 치중했다. 따라서 이들의 건축 경향은 변형과 일탈이 주를 이루었다.

이에 반해 다비뇰라는 비교적 표준 고전 어휘에 충실하면서 새로운 시대 요구에 반응하는 차이를 보였다. 표준 고전 어휘에 충실한 것은 새로운 양식의 창출을 위한 기초 다지기로 이해될 수 있다. 이것을 바탕으로 시대 요구를 건축적으로 반영하는 새로운 시도를 했다. 그 내

505 자코모 바로치 다비뇰라(Giacomo Barozzi da Vignola). 일제수(Il Gesu). 로마. 1568~73

506 자코모 바로치 다비뇰라(Giacomo Barozzi da Vignola). 줄리아 빌라(Villa Giulia). 로마. 1550~55

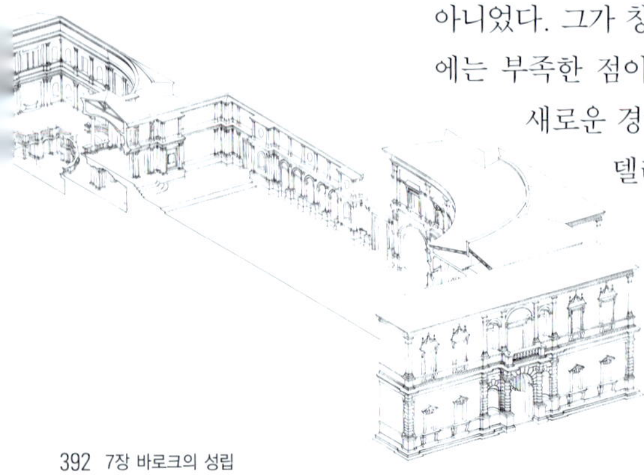

용은 크게 두 가지로 요약된다. 한 가지는 가톨릭의 부활에 따른 새로운 기독교 건축 유형의 창출이다. 당시 새롭게 창설되었던 예수회는 이전과 다른 자신들만의 교회 유형을 창출하고자 했다. 일제수는 이것을 대표했다(그림 505). 다른 한 가지는 연속성과 장경주의의 도입이다. 이것은 과학의 발전에 따른 새로운 공간 개념을 건축에 도입한 것으로, 줄리아 빌라Villa Giulia=Villa di Papa Giulia는 이것을 대표했다(그림 506).

다비뇰라는 17세기 중반부터 로마에 머물며 대약탈 이후 황폐해진 로마를 지켰다. 대약탈 이후 로마는 일련의 교황들이 재건 운동을 벌이긴 했지만 역부족이었다. 로마에는 미켈란젤로의 작품을 비롯한 팔라초 몇 채만이 지어졌을 뿐 대형 교회는 세워지지 않았다. 이런 상황은 다비뇰라가 일제수를 설계한 17세기 후반부까지 계속되었다. 건축적 중심지는 상대적으로 피해를 덜 입었던 북부지방으로 옮겨갔다. 주요 건축가들은 대부분 로마에서 유적을 답사하고 교황청 공방에서 일을 배우며 건축 경력을 시작하다가 일거리가 많은 북부지방으로 활동 무대를 옮겼다.

이런 상황에서 다비뇰라는 로마를 지키며 가톨릭의 부활과 과학의 발전이라는 새로운 시대 상황을 건축적으로 표현하는 실험을 했다. 다비뇰라의 실험은 바로크의 모태가 되었다. 특히 제자들을 키운 점은 중요하다. 다비뇰라 자신은 시기적으로 볼 때 아직 바로크 건축가는 아니었다. 그가 창출해낸 새로운 경향도 완전한 하나의 양식으로 보기에는 부족한 점이 있었다. 그러나 다비뇰라는 제자들을 통해 자신의 새로운 경향을 바로크라는 새 양식으로 정착하게 했다. 자코모 델라포르타, 프란체스코 카프리아니 다볼테라Francesco Capriani da Volterra, 오타비아노 마스카리노Ottaviano Mascarino, 마르티노 룽기 등이 대표적인 제자들이다.

다비뇰라는 개인적으로 세를리오의 제자라 할 만했으며 세를리오는 페루치의 제자였다. 페루치는 다시 라파엘로의 영향을 강하게 받았고 라파엘로는 브라만테의 제자였다. 이렇게 볼 때 '브라만테-라파엘로-페루치-세를리오-다비뇰라'로 이어지는 로마 학파의 긴 족보가 그려진다. 다비뇰라는 로마 르네상스와 매너리즘의 전통을 이어받아 그 끝에서 바로크의 새 문을 연 건축가로 정의될 수 있다(그림 507).

507 자코모 바로치 다비뇰라(Giacomo Barozzi da Vignola). 창 연구

고전 오더와 프로토-바로크

다비뇰라는 또한『건축의 다섯 오더 규범집*La Regola delli cinque ordini d'architecture*』1562를 남겼다. 이 책은 어려운 이론서가 아닌 실용 도판집에 가깝지만 한 가지 중요한 점에서 시대적 한계를 넘어선다. 이 책에서 다비뇰라는 로마 유적에 쓰인 여러 오더의 비례들 가운데 가장 이상적이라고 판단되는 것들을 모아 상세한 도면과 함께 제시했다. 이런 내용은 '종합화와 발췌'의 경향을 보여주는 것으로, 이것은 매너리즘의 변형 경향과 구별되는 새로운 입장이다. 동시대에 대한 집중에서 벗어나 과거의 선례들로부터 이상적 고전 유형을 찾음으로써 새로운 양식의 도래를 위한 토대를 닦은 것으로 평가된다. 다비뇰라와 같은 세대였던 바사리의 저서가 동시대 상황의 특징을 종합, 정리하는 과거 지향적 태도를 보인 것과 대비되는 대목이다.

다비뇰라가 생각한 이상적 비례는 수학적 법칙에 충실한 표준형이었다(그림 508). 디테일도 토스카나식, 도리아식, 이오니아식, 코린트식, 콤포지트의 다섯 가지 양식의 기본 어휘에 충실한 표준형을 선호했다. 이것은 음계 비례나 특이한 디테일 등 다양성에 관심을 두었던 팔라디오와 같은 동시대 매너리즘 건축가들의 입장과 구별되는 것이었다. 다비뇰라는 불필요한 군더더기를 제거한 고전 건축의 정수만을 뽑았다. 그러나 이것은 다음 단계를 위한 기초 다지기였다. 기본 법칙의 큰 틀을 지키면서 디테일을 비교적 잘게 나누어 이것들 사이의 균형 잡인 대비로부터 새로운 건축적 효과를 얻어냈다.

508 자코모 바로치 다비뇰라(Giacomo Barozzi da Vignola). 코린트식 오더

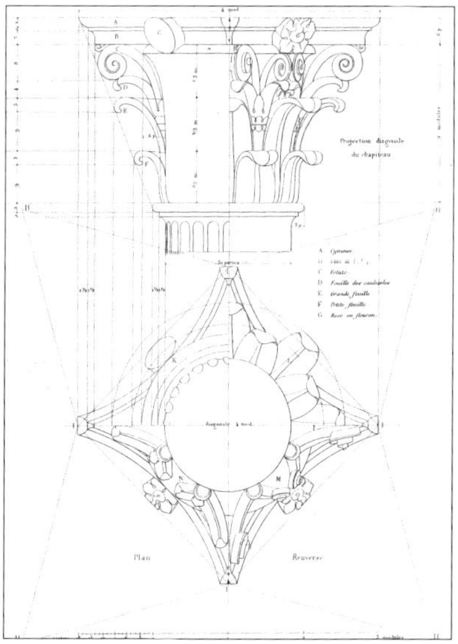

509 자코모 바로치 다비뇰라(Giacomo Barozzi da Vignola), 방키 주랑현관(Portico dei Banchi), 볼로냐, 1540년대~1561

대비 효과는 기초에 충실한 표준 문법이 바탕에 있을 때 가능한 것이다. '2차원 벽면 대 디테일', '3차원 덩어리 대 디테일', '표준 오더 대 디테일', '표준 고전 어휘 대 디테일 등의 대비이다. 대비는 긴장보다는 위계, 강조, 조화, 장식 효과 등으로 나타났다(그림 509). 정확한 표준 어휘와 자잘한 디테일을 구사하기 위해 섬세하고 치밀한 시공 능력을 중시했다. 페루치에서 세를리오로 전해져 내려오던 실용주의의 영향을 받은 것으로 볼 수 있다. 또한 기술 발전의 도움으로 시공 능력이 향상된 시대 상황도 중요한 요인이었다.

이상의 특징들은 한마디로 새로운 시스템의 정착으로 요약될 수 있다. 매너리즘 건축가들의 개인적 기교와 반대되는 의미에서 집단화한 시스템의 창출이었다. 다비뇰라는 절제를 바탕으로 한 규범 위에 시대적 고민을 표현했다. 16세기의 의미를 반고전주의가 아닌 15세기 고전의 연속으로 정의하려는 시대관인 것이다. 연속이되 단순 반복이 아닌 새로운 시대 상황을 담아낸 창조적 변화였다. 다비뇰라의 직접적 스승은 세를리오였지만, 이런 점에서 미켈란젤로의 로마 고전주의를 이어받은 것으로 볼 수 있다. '르네상스 고전주의-매너리즘-바로크 고전주의'의 초기 근대 주기 속에서 매너리즘 시기 동안 실종되었던 고전의 연속을 지켜낸 것이었다.

다비뇰라 건축의 바로크적 완성도에 대해서는 이견이 있다. 일제수와 줄리아 빌라에 나타난 것만으로 바로크 구성 기법을 충분히 정착시켰다는 평가, 구성 기법은 바로크의 특징을 보이지만 전체적인 분위기는 아직 부족하다는 평가, 두 작품만으로는 숫자가 부족하다는 평가 등이다. 사가에 따라서 다비뇰라를 르네상스나 매너리즘으로 분류하기도 하고 바로크로 분류하기도 한다. 혹은 이 둘의 중간적 입장으로 프로토-바로크proto-Baroque라는 개념을 도입하기도 한다. 말 그대로 아직 하나의 독립된 양식으로 발전하지는 못했지만 바로크의 특징들을 단편적으로 예견하고 있다는 의미이다.

다비뇰라의 대표작으로는 산페트로니오San Petronio, 볼로냐, 1541~45년 계획안, 방키 주랑현관Portico dei Banchi, 볼로냐, 1540년대~1561년, 글라미니아 거리의 성 안드레아Sant'Andrea in Via Glaminia, 로마, 1550~53년, 줄리아 빌라로마, 1550~55년, 피아첸차의 파르네세 팔라초Palazzo Farnese, Piacenza, 1559~73년, 카프라롤라의 파르네세 팔라초Palazzo Farnese, Caprarola, 1560년대, 산타마리아델로르토Santa Maria del Orto, 로마, 1566~69년 파사드, 일제수1568~73년 등을 들 수 있다(그림 510).

510 자코모 바로치 다비뇰라(Giacomo Barozzi da Vignola). 파르네세 팔라초(Palazzo Farnese). 카프라롤라(Caprarola), 이탈리아. 1560년대

연속성과 장경주의-줄리아 빌라

줄리아 빌라에서는 연속 공간과 장경주의를 추구했다. 이 건물은 아마나티Bartolomeo Ammannati, 바사리, 다비뇰라 3인의 공동 작품이지만, 주요 부분은 대체로 다비뇰라의 작품이다. 이 건물은 100미터에 가까운 길이를 몇 개의 영역으로 나눈 뒤 이것들의 연속적 합으로 전체를 구성했다(그림 506, 511). 영역들의 기본 성격은 서로 다르면서도 몇 가지 공통점을 가지고 있다. 기본 성격이 다른 점은 다양성의 바탕이 되면서 연속성의 기본 의미를 결정했다. 구성 요소들이 차이점이 없이 동일한 요소라면 연속이 아니라 반복이 되기 때문이다. 이때 연속이 지나친 혼란으로 흐르지 않고 건축적 의미를 획득하기 위해서 최소한의 공통점도 공유해야 했다. 공통점은 다양성에 질서를 주어 의미 있는 건축

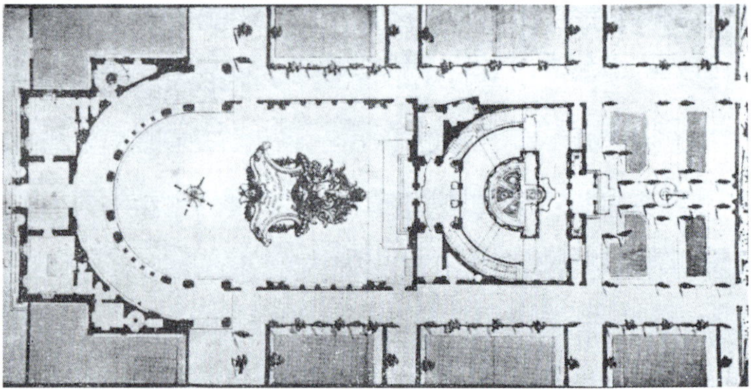

511 자코모 바로치 다비뇰라(Giacomo Barozzi da Vignola). 줄리아 빌라(Villa Giulia). 로마. 1550~55

세계를 형성했다.

다양성을 이루는 기법은 세 방향으로 시도했다. 실내 기능은 계단, 각 실, 전실, 로지아, 복도, 열주 복도, 님피움nymphaeum, 안마당 등으로 다양화했다(그림 512, 513). 기하 형태는 원과 사각형을 크기를 달리하며 다양하게 사용했다. 평면은 건축 도면이기보다 기하 작도에 가까웠다. 공간의 물리적 성격은 일직선, 돌아가기, 멈추기, 숨기기, 트이기, 틀기, 높낮이 차이, 실내외 교대 등으로 다양화했다. 이런 내용들이 서로 어우러지면서 건물은 다양한 공간 단위들의 파노라마로 구성되었다. 르네상스 고전주의의 플라톤식 단순성과 근원성은 사라지고 복합성과 혼성이 전체를 지배했다. 파노라마는 연속성을 가짐으로써 건축적 스토리를 만들었다.

512 자코모 바로치 다비뇰라(Giacomo Barozzi da Vignola). 줄리아 빌라(Villa Giulia). 로마. 1550~55

513 자코모 바로치 다비뇰라(Giacomo Barozzi da Vignola). 줄리아 빌라(Villa Giulia). 로마. 1550~55

공통점은 축 구성, 대칭, 고전 어휘로 이루어졌다. 전체 구성은 장축을 중심으로 대칭 구도를 형성했다. 대칭은 좌우 동형으로, 종방향은 폭도 좁아서 비교적 엄격한 대칭으로 나

타났다. 다양성은 횡방향에서만 나타났다. 이런 구성은 복잡해지기 쉬운 복합 구도에 일정한 규칙성을 유지하게 했다. 고전 어휘는 표준형을 사용함으로써 공간 골격과 축조성 차원에서 공통의 뼈대를 형성했다. 공간의 성격과 구성은 파노라마처럼 변했지만 어디를 가도 표준 고전 어휘와 마주치게 하여 안정감과 질서를 잃지 않았다. 반고전주의로 볼 만한 경계선을 넘지 않고 잘 지켰다. 매너리즘의 변형과 일탈과는 분명히 다른 새로운 경향으로, 르네상스 고전주의와는 달랐지만 분명한 고전주의이다. 바로크 고전주의의 시효인 것이다.

장경주의는 연속성의 공간 감상을 위한 중간 장치로 처리했다. 연속성을 이루는 공간 요소들 사이사이에 무대를 옮겨놓은 것 같은 장소들이 나타나면서 이동 중간에 잠시 쉬면서 공간을 감상하게 만든 것이다. 감상은 무대를 올려다보는 형식이기도 하고 반대로 무대에서 주변을 내려다보는 형식이기도 하다. 전실을 지나면 반원형의 열주 복도가 나타나고 그 밖으로 안마당이 위치한다. 안마당의 안쪽은 단이 지면서 높이 올려져 무대처럼 처리했다. 이곳을 지나면 반원형의 님피움이 나오는데, 지상보다 낮게 내려가도록 처리하여 주변의 베란다에서 감상이 가능하게 했다.

파사드에서는 중앙부의 강조가 두드러졌다(그림 514). 중앙부는 개선 아치 모티프로 처리했다. 측면부는 여백이 두드러지는 평활면을 바탕으로 하고 창틀만 조각성 높은 디테일로 처리했다. 중앙의 개선 아치 내에서도 다시 중심 아치와 측면 사이에 위계를 두어 중앙부를 강조했

514 자코모 바로치 다비뇰라(Giacomo Barozzi da Vignola), 줄리아 빌라(Villa Giulia), 로마, 1550~55

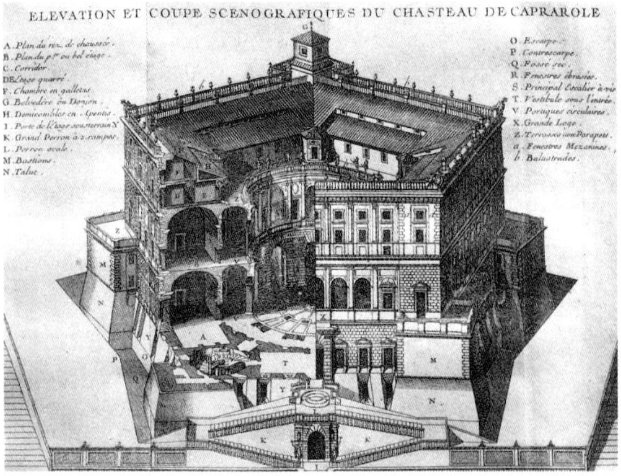

515 자코모 바로치 다비놀라(Giacomo Barozzi da Vignola), 파르네세 팔라초(Palazzo Farnese), 카프라롤라(Caprarola), 이탈리아, 1560년대

다. 중앙부는 정식 아치인 반면 측면은 아치 윤곽의 감실로 처리했다. 중앙부는 반원형 벽기둥인 데 반해 측면은 낮은 사각 벽기둥이다. 이런 처리는 크게 보면 삼분법, 한번 더 세분하면 오분법 구성에 해당되는 것으로 두 단계에 걸쳐 중앙부를 강조하는 기법이다. 이것 역시 이후 바로크 건축에서 대표적인 처리 방식이 되었다. 반면 창틀의 장식적 처리, 중앙부 기둥의 혹두기, 두 겹의 주두, 깊은 감실 등은 여전히 매너리즘의 특징을 보여준다.

줄리아 빌라의 처리 방식은 카프라롤라의 파르네세 팔라초에서 반복된다. 이것은 바오로 3세가 교황이 되기 전에 자신의 파르네세 가문을 위해 오각형 성채로 짓고 있던 건물이었다. 1층이 지어진 상태에서 다비놀라가 이어받아 팔라초로 개조하여 완성했다. 오각형 윤곽은 그대로 지켜졌다. 이 건물에서도 연속성과 장경주의가 주요 모티프로 쓰였는데, 이번에는 건물 밖으로 확장되었다. 도로에서 건물에 이르는 중간 과정은 계단, 경사로, 광장, 다리 등의 다양한 이동 담당 부재들의 연속으로 이루어졌다(그림 510, 515).

건물의 위치가 높은 곳이었기 때문에 연속은 점증 구성을 이루었다. 도로에서 바라보았을 때 전체 모습은 무대 디자인 같은 장경주의의 전형적 장면으로 나타났다. 연속 이동 중간에 발코니가 만들어지면서 장경주의를 도왔다. 외부 환경과 연계된 이런 처리는 로마 시대 고대 바로크의 장경주의 기법을 대표하는 팔레스트리나의 포르투나 프리미제니아 신전Temple of Fortuna Primigenia, Palestrina과 유사성을 가진다.

연속성과 장경주의는 실내에서도 지켜진다. 오각형의 바깥 윤곽은 방들에 배당하고, 중간을 파서 옥외 안마당으로 만들었다. 방들은 꼬리를 물고 오각형 윤곽을 돌아 순환구도를 형성했다. 안마당은 원형으로 처리했다. 중앙에 10쌍의 쌍기둥이 고리를 형성하며 복도를 만들었다. 안마당에서 건물을 올려다보면 무대를 보는 느낌이다. 복도 바깥면을 이루는 두 층의 아치에서 배우가 나와 연기를 펼칠 것 같다. 반대로 복도에서 안마당을 내려다보아도 역시 오페라하우스 객석에서 무대를 내려다보는 듯하다.

외부 환경으로 확장된 연속성과 장경주의는 다비뇰라의 다른 여러 계획안과 건물에서 반복적으로 사용되었다. 바냐이아의 란테 빌라Villa Lante, Bagnaia, 바사노의 주스티니아니 빌라Villa Giustiniani, Bassano 계획안, 로마의 오르티 파르네시아니Orti Farnesiani 등이 대표적인 예이다(그림 492, 516). 이들 작품에서는 주변 조경 요소까지 더해지면서 바로크의 자연주의를 예고했다. 자연주의는 주로 회화에서 나타난 경향이었는데, 건축에서도 주거를 중심으로 시도되었다.

516 자코모 바로치 다비뇰라(Giacomo Barozzi da Vignola), 란테 빌라(Villa Lante), 바냐이아(Bagnaia), 이탈리아

회화에서 자연주의는 자연에 대한 감성적 모방을 추구한 점에서 고전주의와 반대편에 선다. 자연 모방을 위해 고전주의의 전통 요소와 기법을 거부한 것이다. 바로크 회화는 자연주의와 고전주의로 양분된다. 건축에서는 이런 식의 이분법은 나타나지 않았다. 건축의 자연주의도 고전 어휘에의 의존을 최소화한 점에서는 회화와 비슷하다. 그러나 다른 한편 고전 어휘와 자연 요소 사이의 공존도 편견 없이 시도했다. 건축에서는 거친 조각적 처리를 이용하여 자연의 그로테스크한 분위기에 맞추는 경향으로 나타났다. 넓게 보면 건축에서의 자연주의는 연속성과 장경주의를 이루는 구성 요소의 하나로 시도된 측면이 강했다.

선형성과 신비주의-일제수

일제수Il Gesu는 예수회의 총본산으로 1550년에 계획되었다. 처음에는 미켈란젤로가 설계를 맡았으나 재정이 충분하지 않아 미루어지다가 1568년에 알레산드로 파르네세 추기경Cardinal Alessandro Farnese의 주도로 다비뇰라에게 넘어갔다. 다비뇰라는 예수회의 종교적 요구를 잘 만족시켜 평면과 실내를 자신의 작품으로 만들었으나, 입면은 만족시키지 못해 제자인 델라포르타에게 넘어갔다. 일제수는 17세기 이후 유럽 전역으로 퍼져나간 예수회 교회의 표준형인 동시에 바로크 교회의 효시이다.

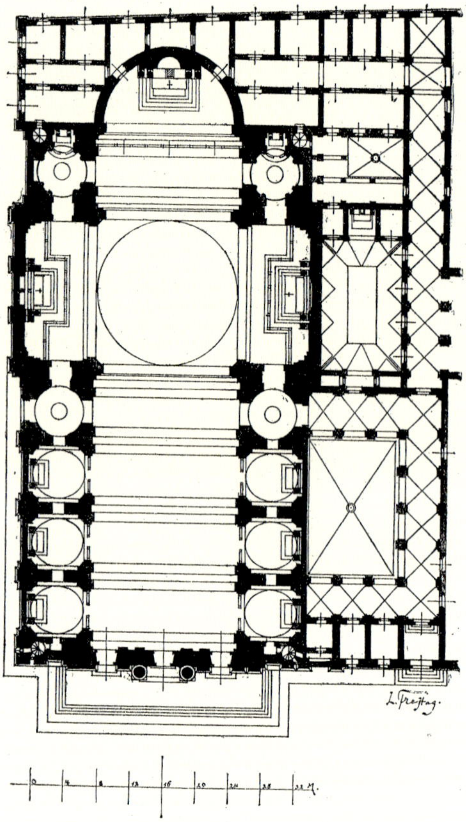

517 자코모 바로치 다비뇰라(Giacomo Barozzi da Vignola), 일제수(Il Gesu), 로마, 1568~73
518 자코모 바로치 다비뇰라(Giacomo Barozzi da Vignola), 일제수(Il Gesu), 로마, 1568~73

예수회에서는 검소하고 단순한 대형 공간을 요구한 반면, 바로크의 특징은 화려한 장식과 극적 효과로 나타났다. 일제수에는 이런 상반된 내용이 함께 섞여 나타났는데, 특징을 다음의 다섯 가지로 요약할 수 있다.

첫째, 라틴 크로스의 부활이다(그림 517, 518). 트랜셉트 없는 3랑식 라틴 크로스로 전체 구성을 짰다. 네이브 월은 4베이고, 크로싱에는 펜던티브 돔을 얹었으며, 성소는 성가대석과 반원형 앱스로 처리했다. 같은 건물에 대한 미켈란젤로의 계획안에 비해 트랜셉트가 없고 장축 방향으로 더 길어진 점에서 선형성이 강조된 것으로 볼 수 있다. 라틴 크로스의 선형성이 가톨릭을 상징한다는 점에서 일제수의 이런 특징은 가톨릭의 부활에 대응되는 현상으로 이해된다.

일제수는 알베르티의 성 안드레아를 선례로 삼았지만 중요한 차이점도 있다. 전체 윤곽은 두 건물 모두 라틴 크로스 평면이지만 성 안드레아에는 전반적으로 선형성을 약화시키는 처리가 더해졌다. 아일을 예배당을 위한 독립적인 방으로 처리하여 아일이 횡방향으로 모두 막히면서 별도의 장축을 만들지 못하고 있으며, 트랜셉트의 팔이 많이 돌출되었다. 이와는 달리 일제수는 아일을 예배당으로 처리했지만 횡방향으로 서로 뚫리면서 별도의 장축을 형성했다. 또한 예배당 출입구를 가능한 한 최소화하여 종방향으로의 분산을 억제함으로써 횡방향의 축성을 강조했다(그림 519).

실내에는 세 개의 장축이 현성되면서 선형성을 강조했다. 트랜셉트가 없는 점도 선형성을 도왔다. 네이브가 넓어 선형성을 약화시키는 감이 있긴 하지만, 이것은 더 많은 신도를 수용하기 위한 기능적 목적을 가진다. 예수회는 종교개혁의 영향을 받은 가톨릭 개혁 운동의 결과로 생긴 교파였기 때문에 과거 가톨릭의 의식 중심 교회보다 신교에 가까운 설교 중심 교회를 대표 유형으로 정했다. 일제수 전반에 걸쳐 나타난 통일성과 단순성도 이런 배경에서 나온 특징들이다.

둘째, 실내가 넓어지고 벽체 구조로 처리되면서 실내에 통일성을 가져왔다. 넓은 실내와 통일성은 예수회의 요구 사항을 반영한 것이고, 벽체 구조는 바로크의 특징이다. 네이브 월을 벽체 구조로 짠 뒤 사각 쌍 벽기둥으로 구획했다. 돌출이 낮은 탓에 벽기둥은 표면 장식에 가깝다. 벽체 구조는 르네상스의 가구식 구조와 달리 바탕면을 넓게 확보함으로써 장식 처리에 유리했다. 네이브의 폭은 르네상스 교회들에 비해 넓어져 18미터에 이르렀으며, 길이도 75미터로 전체 규모가 커졌다.

표면의 화려한 장식과 달리 기본 골격은 단순하게 처리하여 통일성을 기했다. 벽체 구조인 것에 비해 벽면의 돌출을 자제하고 평평하게 처리했으며, 돔을 받치는 벽기둥의 돌출도 적은 편이다. 높은 엔태블러처가 네이브 월의 전체 길이를 단절이나 돌출 없이 이음으로써 통일성을 높였다. 네이브 월은 분절 기능을 거의 상실하여 큰 단일 용기에 가깝게 나타났다.

셋째, 장식주의가 나타났다. 지금의 장식은 다비뇰라 사후인 17세기 후반부에 더해진 것으로서, 다비뇰라의 원 건물은 예수회의 강령에 맞게 회반죽으로 마감했다. 이후 바로크 시대에 들어와 종합예술을 통해 장식 효과를 추구하는 과정에서 화려해졌다. 그러나 공간의 골격에서 향후 화려한 장식주의가 정착할 수 있는 효시를 보인 점은 사실이다. 장식주의의 가능성은 벽체 구조를 바탕으로 나타났다. 벽면은 건축 디테일을 비롯하여 가톨릭

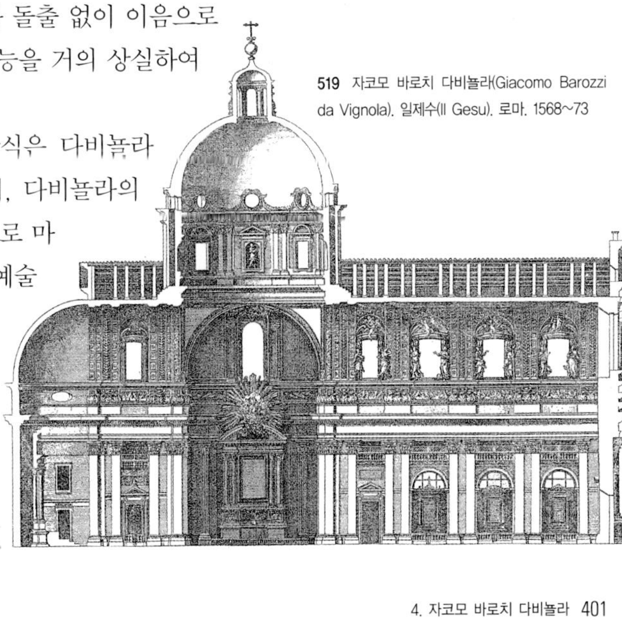

519 자코모 바로치 다비뇰라(Giacomo Barozzi da Vignola), 일제수(Il Gesu), 로마, 1568~73

520 자코모 바로치 다비뇰라(Giacomo Barozzi da Vignola), 일제수(Il Gesu), 로마, 1568~73

정신을 강조하는 장식 처리들로 채워졌다. 볼트 천장과 돔도 마찬가지다. 여백은 조금의 틈도 남기지 않고 조각, 공예, 회화 등 시각예술의 여러 매체를 동원한 장식으로 꽉 채워졌다. 돔의 내곡면에 장식을 하지 않던 르네상스와 달리, 기독교를 증언하는 성화들로 가득 채움으로써 교회 공간에 대한 기본 개념이 달라졌다. 가톨릭의 부활과 기독교의 승리를 극적으로 찬양하는 바로크 종합예술의 등장이었다.

넷째, 천장 채광을 강조했다. 네이브 월을 벽체 구조로 처리하여 실내가 둔탁하고 어두워진 것을 천장 채광으로 만회했다. 천장에 루네트를 뚫어 빛을 끌어들임으로써 볼트의 고형성에 탈물질의 성질을 더했다. 루네트를 뚫어서 야기된 구조적 약점은 버트레스를 세워 보강했는데, 이것은 중세성의 도입이다. 돔의 드럼에 창을 뚫어 하늘에서 내려오는 빛을 강조했다. 이것이 화려한 장식과 어울리면서 극적인 천상 세계를 상징했다(그림 520).

다섯째, 신비주의 기법을 도입했다. 천장과 달리 어두운 벽체부는 지상 세계를 상징했다. 빛을 이용하여 밝은 천장부와 어두운 벽체부를 대비시킴으로써 빛 작용에 의한 신앙심의 고취를 노렸다. 이런 점은 신비주의 기법으로, 르네상스 교회의 이성주의 혹은 인본주의와 대비되는 개념이다. 중세의 신비주의가 초기 근대 고전주의로 재해석되어 부활한 것으로 해석할 수 있다. 가톨릭의 부활을 상징하되 중세성과 고전성의 통합으로 표현한 것이다.

빈첸초 스카모치 5

16세기 말, 종합화, 복합 충돌

빈첸초 스카모치Vincenzo Scamozzi, 1548~1616년는 건축가 지안 도메니코 스카모치Gian Domenico Scamozzi, 1526년경~1582년의 아들로 태어나 비첸차와 베네치아를 무대로 활동했다. 도메니코는 설계, 목수, 목재 판매 등을 같이 하던 현장형 건축가이다. 스카모치는 일찍부터 아버지와 함께 건축 일을 했다. 도메니코는 아들에게 건축 기술을 가르쳤을 뿐 아니라 아카데미아 올림피카Accademia Olumpica에서 수학하게 하는 등 당시 비첸차에서 받을 수 있는 최고의 인문학 교육을 받게 했다. 스카모치는 1570년대 들어 독자적 작품을 남기기 시작했다. 1579~81년에 첫번째 로마 체류를 시작으로 여러 차례 로마에 머물며 고전 유적을 연구하고 인문학적 소양을 쌓았다. 로마 체류 때 유적을 답사한 기록을 출판하면서 이런 경험들을 바탕으로 1580년대부터 대표작들을 내기 시작했다.

스카모치는 많은 작품을 남겼다. 빌라베를라의 베를라토 빌라Villa Verlato, Villaverla, 1574~1615년, 로니고의 베토르 피사니 빌라Villa di Vettor Pisani, Lonigo, 1576~79년, 베네치아의 프로쿠라티에누오베Procuratie Nuove, Venezia, 1582~98년/사후에 롱게나에 의해 완공, 파도바의 산가에타노San Gaetano, Padova, 1582~86년, 산소비노의 산마르코 도서관1582~91년 완공, 팔라디오의 올림픽 극장1584~85년 완공, 산마르코 도서관 전실Antisalla della Libreria di San Marco, 1591~93년, 비첸차의 갈레아초 트리시노 팔라초Palazzo di Galeazzo Trissino, 1592년, 몬셀리체의 두오도 빌라와 성 제오르지오Villa Duodo e San Giorgio, Monselice, 1593~97년, 팔라디오의 포르토브레간체 팔라초 완공1602년경, 잘츠부르크 성당Cattedrale degli Rupert e Virgil, Salzburg, 1604~12년/1614~28년, 산티노 솔라리에 의해 완공, 팔라디오의 산조르조마조레 파사드 완공1610년 등을 대표작으로 들 수 있다.

스카모치는 이렇다 할 걸작은 없지만 건축적 의미는 복합적이다. 스카모치는 다비놀라와 함께 매너리즘에서 바로크로의 전이를 대표하는 건축가이다. 그러나 건축 경향과 역할은 많이 달랐다. 다비놀라가 창조적 측면에서 새로운 양식의 등장을 예견했던 데 반해, 스카모치는

521 빈첸초 스카모치(Vincenzo Scamozzi). 트리시노바스톤 팔라초(Palazzo Trissino-Baston). 비첸차(Vicenza), 이탈리아. 1592

팔라디오의 제자로서 16세기 고전주의를 정리하는 작업을 주요 업적으로 남겼다. 바로크 어휘를 일부 구사하긴 했지만 독창적 창조가 아닌 다른 건축가가 창출한 새로운 양식의 차용에 가까웠다. 베네치아 지방에 국한시켜 보면 팔라디오와 바로크 건축 사이의 공백을 차분한 표준 고전주의로 이어준 의미를 가진다(그림 521). 스카모치의 건축적 의미는 종합화와 시대적 고민이라는 양면성으로 요약할 수 있다.

종합화는 여러 건축가들의 특징 혹은 여러 양식을 모아 핵심 내용을 정리하는 방식으로 나타났다. 혼성이나 다양성보다는 보편성을 목표로 한 종합 정리 작업이었다. 건축 양식으로는 로마 고전주의, 르네상스 고전주의, 매너리즘, 바로크 등을 종합했다. 건축가로는 세를리오, 팔라디오, 산미켈리, 산소비노, 브라만테, 알베르티, 비트루비우스 등을 종합했다. 종합화의 방향은 인문학적 소양과 실무 감각 사이에서 균형을 잡아 둘 사이의 통합을 추구하는 쪽으로 나타났다(그림 522). 인문학적 소양은 어릴 때 수학하면서 익힌 것이었고, 실무 감각은 현장형 건축가였던 아버지에게서 받은 것이었다.

시대 고민은 종합화의 대상이었던 여러 건축 양식의 충돌로 나타났다. 스카모치의 활동 기간은 다비놀라가 바로크의 효시를 내보이기 시

522 빈첸초 스카모치(Vincenzo Scamozzi). 총독궁(Palazzo Ducale). 베네치아

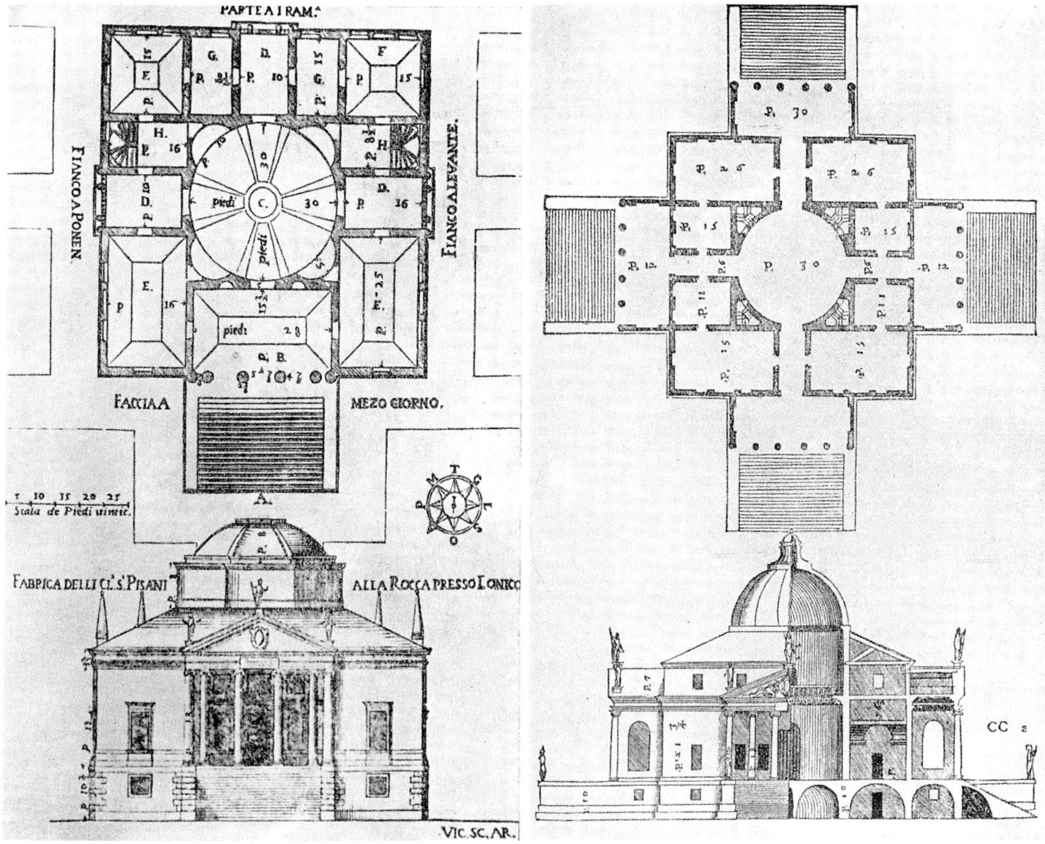

523 왼쪽-빈첸초 스카모치(Vincenzo Scamozzi). 베토르 피사니 빌라(Villa di Vettor Pisani). 로니고(Lonigo), 이탈리아. 1576~79. 오른쪽-안드레아 팔라디오(Andrea Palladio). 로톤다(La Rotonda=Villa Capra=Villa Almerico). 비첸차(Vicenza) 근교, 이탈리아. 1565/66~71/사후에 스카모치에 의해 완공)

작하던 시기이다. 스카모치는 새로운 발전을 따르지 않고 16세기 고전주의와 매너리즘을 총정리하는 쪽으로 자신의 건축 방향을 잡았다(그림 523). 이런 점은 17세기 서북유럽의 고전주의와 신고전주의가 형성되는 데 길잡이 역할을 하기도 했다. 게다가 그는 새로운 경향을 부분적으로 차용하는 고민도 함께 했다. 16세기 후반~17세기 초에 충돌했던 르네상스 고전주의, 매너리즘, 바로크 사이의 고민이 한 건축가에게 모두 나타난 예이다. 스카모치의 건축 활동은 팔라디오의 제자, 베네치아 매너리즘의 수정적 정리, 저술 등 셋으로 나누어 설명된다.

팔라디오의 계승과 모방–베토르 피사니 빌라

첫째는 팔라디오의 제자로서의 활동이다. 스카모치는 팔라디오가 미완성으로 남긴 주요 작품들을 맡아서 완공시켰다. 로톤다와 올림픽 극장이 대표적인 예이다. 스카모치는 또한 도면 작업, 건축주와 연대 기록 등 팔라디오 작품에 대한 기본적 정보를 정리하는 작업도 했다. 팔라디오는 자신의 작품에 대한 기록을 비교적 잘 남긴 편이다. 그러나 당시는 시대 전체가 지금과 달리 기록 정리 체계가 자리 잡히지 않았다. 주요 건축가들 가운데 도면 없이 건물을 짓는 경우가 허다했다. 팔라디오는 다작이었기에 특히 그러했거니와 그가 남긴 기록만으로는 미진한 점이 많았다. 스카모치는 이것을 더 정리했다.

이 작업은 오타비오 베르토티–스카모치Ottavio Bertotti-Scamozzi, 1719~90년에게 넘겨져 18세기까지 계속되었다. 베르토티–스카모치는 빈첸초 스카모치의 영향을 받아 팔라디오 작품의 도면화 작업을 자신의 중요한 업적으로 남겼다. 이 두 사람의 활동은 팔라디오 양식을 가다듬는 작업으로 이해될 수 있다. 팔라디오 작품을 정리하는 과정에서 창조적 소재를 얻어내어 그것으로 팔라디오다운 양식을 되살리려 했기 때문이다. 스카모치는 여기에서 한 걸음 더 나아가 팔라디오의 건축을 이어받아 자신의 출발점으로 삼았다. 새로운 창조성은 없었으나 팔라디오의 기법을 자신의 어휘로 소화하여 안정된 고전주의를 구사했으며, 그 위에 약하게 바로크 기법을 더했다.

빈첸초 스카모치는 비첸차에서 인문학을 수학하던 어린 시절에 바르바로의 비트루비우스 주해서를 비롯해 팔라디오의 저서와 작품 등을 접하면서 중요한 영향을 받았다. 그는 팔라디오의 후원자였던 바르바로를 건축주로 가지면서 팔라디오의 건축 세계에 편입되었다. 스카모치와 팔라디오 사이의 개인적 관계에 대해서는 알려진 바가 그리 많지 않다. 스카모치는 팔라디오의 도면을 다량 소장하고 있었다. 이 도면들은 서북유럽의 17세기 고전주의 형성에 중요한 역할을 했다. 이니고 존스가 베네치아에 와서 팔라디오의 도면을 구입한 것도 스카모치를 통해서였다. 이니고 존스는 이 도면들을 바탕으로 영국의 르네상스와 팔라디오 양식을 전개할 수 있었다.

빈첸초 스카모치는 팔라디오, 산미켈리, 산소비노 등 앞 세대 건축가들의 제자이자 후계자인 동시에 이들에게 강한 경쟁심을 가졌다. 팔라디오에 대해서는 특히 심했다. 팔라디오 없이는 스카모치를 생각할 수 없지만, 정작 스카모치 자신은 팔라디오의 제자로 불리는 것을 극도로 싫어했다. 자신의 저서에서도 팔라디오의 이름을 인용하는 데 매우 인색했다. 로톤다는 비교적 팔라디오의 원안에 충실하게 완공시켰지만 올림픽 극장은 배경 벽에서 팔라디오의 의도를 많이 왜곡시킨 것으로 평가된다. 포르토브레간체 팔라초의 경우 일부 학자들은 팔라디오의 작품을 스카모치가 자신의 것이라고 주장하는 것으로 판단하기도 한다.

베토르 피사니 빌라에서는 팔라디오의 로톤다 구성을 모방했다(그림 523). 정사각형 전체 윤곽을 9등분한 뒤 중앙에 원형 공간을 넣었고 천장을 돔으로 처리했다. 입면은 신전 파사드를 주요 모티프로 삼아 그 위로 돔이 돌출하는 수직 중첩으로 처리했다. 차이점도 있다. 로톤다가 방사선 방향으로 완전 대칭인 데 반해 이 건물에서는 출입구를 기준으로 한 방향으로만 대칭이다. 방들을 직사각형으로 분할하여 비례에 의한 조화미가 현저히 약해졌다. 정사각형과 원의 균형성에 직사각형의 방향성이 대비되었다. 방들을 독립적 단위로 처리했으며 총체적 통일성이 결여되었다.

입면의 수직 구성과 균형을 이룰 만한 수평 방향으로의 확장은 없다. 출입구를 제외하고 나머지 세 면은 벽으로 막혔다. 출입구도 로톤다의 열주 발코니와 달리 본체 안쪽의 전실로 처리했다. 공간의 전체적 성격은 주변 자연에 대해 로톤다보다 훨씬 폐쇄적이고 자기중심적이 되었다. 입면에서는 전체적으로 추상적 분위기가 지배했다. 이것은 팔라디오의 강령을 강화한 것으로 이해된다. 실내에서의 긴장감 넘치는 불균형에 대비되어 외관은 고전주의의 이성주의를 강화했다.

산가에타노에서는 팔라디오의 카피타니아토 로지아 구성을 모방했다(그림 524). 1층과 2층을 거대 기둥을 이용하여 하나로 묶었으며, 그 위에 3층을 지붕층attic처럼 더했다. 그러나 팔라디오의 장식주의와 채색주의를 조각과 디테일로 대체한 점, 벽기둥의 음영효과를 노린 점, 기둥 간격이 좁아지면서 모듈과 비례에서 긴장감이 나타난 점, 코니스가 벽기둥에 맞춰 들고남이 심한 점, 벽체 구조가 건물 전체를 구성한 점 등은 대표적인 차이점이다. 이런 차이점들은 바로크 건축의 특징을

524 빈첸초 스카모치(Vincenzo Scamozzi). 산가에타노(San Gaetano). 파도바(Padova), 이탈리아. 1582~86

이룬다.

매너리즘에서 바로크로

둘째는 베네치아 매너리즘 건축에 대한 수정적 정리이다. 스카모치는 팔라디오의 제자였던 동시에 산미켈리와 산소비노의 경향도 이어받았다. 산소비노의 산마르코 도서관 등 일부 작품을 맡아 완공시키기도 했다. 이 과정에서 각색을 가했는데, 팔라디오를 이어받은 앞의 경향에서보다 더 심하게 나타났다. 산미켈리와 산소비노가 팔라디오보다 매너리즘 경향이 더 강한 건축가들이었기에 각색과 변형에서 좀더 자유로울 수 있었다.

프로쿠라티에누오베는 산마르코 도서관의 연장선상에 있다. 2층이었던 산마르코 도서관의 구성을 3층으로 확장했다(그림 525, 528). 1층을 아케이드로 하고, 2층을 세를리오 모티프로 처리한 점과 오더의 종류를 이용한 수직 층쌓기 등이 대표적인 내용이다. 프로쿠라티에누오베에서는 이것을 3층으로 연장하여 3층은 코린트식으로 처리했고, 소품화된 신전 파사드를 이용하여 창틀을 처리했다. 이 건물은 산마르코 도서관을 완공시키던 때와 같은 시기에 설계되었기 때문에 산소비노의 영향을 강하게 받은 것으로 보인다.

갈레아초 트리시노 팔라초에서는 바로크의 특징이 좀더 많이 나타났다(그림 526). 오더 체계를 이용한 위계 표현과 중심부의 강조가 대

525 빈첸초 스카모치(Vincenzo Scamozzi), 프로쿠라티에누오베(Procuratie Nuove), 베네치아, 1582~98/사후에 롱게나에 의해 완공

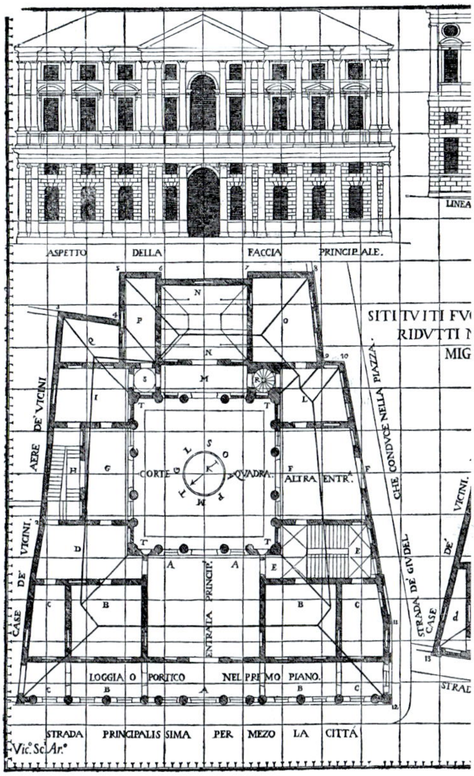

표적인 내용이다. 1층은 독립 원형 기둥, 2층은 사각 벽기둥으로 각각 처리하여 위아래에 위계를 주었다. 중심부는 오더를 집중시켜 강조했다. 중심부와 측면 사이의 경계는 쌍기둥으로 처리했다. 중심부 출입구를 아치로 처리하고 장식을 집중시켜 측면부와 대비시켰다. 이런 구성이 위아래에서 동일하게 반복되면서 중심부를 강조했다.

올림픽 극장에서는 팔라디오의 작품이었던 배경 벽 뒤의 가로 풍경을 설계했다(그림 527). 팔라디오는 배경 벽을 객석과 평행하게 위치시킨 뒤 고전 어휘로 전면을 장식하는 이상주의를 추구했다. 반면에 스카모치는 세를리오 계열의 일소점 투시도로 처리된 가로 풍경을 팔라디오의 배경 벽 뒤에 넣었다. 일소점 투시도의 소실을 강조하여 공간 윤곽과 시각 효과에 긴장감을 주었다. 이런 처리는 팔라디오의 배경 벽과 충돌을 일으키며 팔라디오의 차분한 이상주의를 훼손시켰다. 이것은 로마 극장의 원형으로 설계되었던 팔라디오의 원안을 가장 크

526 빈첸초 스카모치(Vincenzo Scamozzi).갈레아초 트리시노 팔라초(Palazzo di Galeazzo Trissino). 비첸차(Vicenza), 이탈리아. 1592

527 빈첸초 스카모치(Vincenzo Scamozzi). 팔라디오(Palladio)의 올림픽 극장(Teatro Olympico) 완공. 비첸차(Vicenza), 이탈리아. 1584~85

게 훼손한 것으로 평가된다. 스카모치의 일소점 가로 풍경은 바로크의 공간 개념을 의미하기도 한다. 팔라디오는 별도의 가로 풍경을 넣지 않거나 넣더라도 별도의 왜곡 없이 투시도의 기본에 충실한 수준에서 그쳤다. 스카모치는 이것을 뒤집어 바로크의 공간 개념을 차용했다.

528 빈첸초 스카모치(Vincenzo Scamozzi). 프로쿠라티에누오베(Procuratie Nuove). 베네치아. 1582~98/사후에 롱게나에 의해 완공

스카모치의 말년 작품인 잘츠부르크 성당에서는 좀더 본격적으로 바로크 어휘를 구사했다. 전체 윤곽은 중세의 수직 비례로 구성되었다. 양측면은 돔으로 마감된 첨탑으로 처리했다. 중앙부는 2층으로 처리했다. 1층과 2층 모두 3베이로 분할했는데, 1층은 균등 분할이었으나 2층에서는 중앙 베이를 강조했다. 지붕은 반 층 정도 올려진 신전 박공으로 마감했으며, 양옆에 소용돌이 문양을 더했다. 이런 구성은 여러 선례를 종합하여 바로크 방식으로 각색한 것이었다. 팔라디오의 산조르조마조레 파사드를 맡아서 완공하던 시기였기 때문에 그 영향을 강하게 받았다. 브라만테의 오더 구사와 라파엘로의 성 베드로 입면의 영향도 강하게 받았다. 이런 선례의 영향을 다비뇰라의 초기 바로크 입면 기법으로 각색했다.

스카모치의 건축에는 이처럼 여러 내용들이 복잡하게 교차했다. 이것은 16세기 말이 여러 양식이 충돌하는 복합적 상황이었음을 말해준다. 16세기 말은 분명히 초기 근대 건축 내에서 가장 중요한 분기점에 해당된다.(그림 528). 스카모치는 그 의미를 건축적 관점에서 기록해낸 건축가이다. 바로크는 이런 복합성의 한가운데 있었다. 바로크의 의미는 복합적 충돌 사이의 최적 절충점으로 정의될 수 있다. 매너리즘의 비정형 경향을 고전주의의 규범 안으로 끌어들여 새로운 비정형 고전주의로 집단화한 것이 바로크이다. 이렇게 볼 때 스카모치가 바로크에 대해서 갖는 입장은 거시적으로는 바로크의 이런 시대적 의미를 기록한 것으로 볼 수 있다. 이것은 다비뇰라와 자코모 델라포르타가 바로크에 대해 새로운 양식 창출에 기여한 것과 비교되는 대목이다.

미시적, 구체적 내용에서 스카모치는 이런 충돌을 다소 부정적 의미로 보여주는 건축가이다. 그는 자신만의 확고한 철학이나 뛰어난 소질로 복잡한 시대 상황을 헤쳐나가지 못하고 시대 상황에 함몰되어 여러 양식 사이에서 고민했다. 이것을 극복하기 위한 자신만의 자구책으로 종합화를 추구했던 것이다. 스카모치는 평가에서도 다양해 긍정적인 것과 부정적인 것으로 엇갈린다. 긍정적 평가는 팔라디오의 계승자로서 팔라디오 양식과 신고전주의의 가교 역할을 한 점, 매너리즘과 정통 고전주의의 공존을 통해 바로크의 가능성을 제시한 점, 종합화를 통해 아카데미즘의 기초를 닦아 바로크 고전주의와 신고전주의를 가능하게 한 점 등을 들 수 있다. 부정적 평가는 팔라디오에 대한 질투심과 열등의식으로 팔라디오의 의미와 작품성을 왜곡시킨 점, 시대 유행에 편승하여 설익은 바로크 경향으로 르네상스 고전주의를 변질시킨 점 등이 포함된다.

529 빈첸초 스카모치(Vincenzo Scamozzi)의 『보편적 건축에 대한 고찰*L'Idea della architettura universale*』(1615) 표지

저술 활동과 『보편적 건축에 대한 고찰』

셋째는 저서 『보편적 건축에 대한 고찰*L'Idea della architettura universale*』1615을 통한 16세기 건축 이론의 총정리이다(그림 529). 이 책은 총 12장으로 계획되었다가 10장으로 조정되었고 이 가운데 6장만 출판되었다. 이 책에서는 이론과 실무라는 16세기 르네상스 건축 이론서의 두 경향이 하나로 통합되었다. 이론은 인문학적 배경이고 실무는 현장 기술인데, 건축의 영원한 이분법 요소를 디자인이라는 제3의 개념으로 합쳐낸 것이다. 전통적인 대립 이분법을 삼분법으로 바꾼 것으로 볼 수 있다.

스카모치가 이 책을 쓰게 된 데에는 아버지 도메니코 스카모치의 영향이 컸다. 도메니코는 무명의 건축가였으며 작품 경향은 실용성을 곁들인 고전주의였다. 그러나 세를리오의 『건축칠서』에서 영향을 받아 『볼로냐의 세바스티아노 세를리오 작품 전집*Tutte l'opere d'architettura di Sebastiano Serlio Bolognese*』을 저술하는 등 인문학적 접근도 시도했다. 이 책은 빈첸초 스카모치가 아버지의 사후인 1584년에 출판했다.

세를리오 연구는 아들 스카모치에게 여러모로 영향을 끼쳤다. 세를리오의 실용주의는 팔라디오의 정통 고전주의와 함께 스카모치의 건축이 과도한 변형이나 장식으로 흐르지 않게 했다. 세를리오의 종합화는 스카모치가 16세기 고전주의 이론을 집대성한 자신의 이론서를 저술하는 데에도 중요한 영향을 끼쳤다. 도메니코는 인문학에 대한 인식이 컸기 때문에 아들에게 만만치 않은 교육을 시켰다. 스카모치는 플라톤, 아리스토텔레스, 에우클레이데스, 플리니우스, 키케로Cicero와 같은 고전을 읽었으며, 건축에서는 세를리오 이외에도 비트루비우스, 알베르티, 바르바로의 비트루비우스 주해서, 팔라디오 등을 읽었다.

스카모치 저서의 특징은 종합화 혹은 절충주의에 있다. 책의 유형에서는 알베르티의 순수 이론서와 세를리오의 실무 매뉴얼에 바사리의 전기와 바르바로의 주해서 등을 더해 이론서의 대표적인 네 가지 유형을 골고루 혼합했다. 내용에서는 고전 유적, 자신의 작품, 르네상스 고전주의, 실용 기술 등이 주축을 이룬 위에 고딕 선례까지 더했다. 건축을 사회학과 도시학의 일부로 보며 복합적 종합화를 시도한 점은 플라톤의 이상적 사회 위계 이론에서 영향을 받은 것이다. 건축적 내용에서 오더를 중심으로 엄밀한 수학적 비례를 중시한 입장은 비트루비우스에서 알베르티에 이르는 정통 고전주의에 속한다. 평면 유형과 고전 어휘를 대응시키며 다양한 디자인을 시도한 점에서는 팔라디오의 영향을 받았다. 정밀한 시공을 위해 현장 기술, 지형적 고려, 재료학 등을 중요한 건축 요소로 삼은 점은 비트루비우스에서 세를리오에 이르는 실용 고전주의의 영향이다. 복합적 공간감과 시각 효과에 대한 고민은 바로크의 새로운 경향을 도입한 것이다.

『보편적 건축에 대한 고찰』은 이처럼 스카모치의 건축 경향과 마찬가지로 16세기 말에 충돌하고 있던 복합 요소를 종합화한 특징을 보인다. 이 책은 영어, 프랑스어, 독일어, 네덜란드어 등으로 번역되어 17세기 서북유럽 고전주의 형성에 결정적 영향을 끼쳤다. 17세기 고전주의 건축가들에게 필독서였던 이 책은 스카모치가 소장하고 있던 팔라디오의 도면과 함께 르네상스 고전주의를 서북유럽에 전파하는 데 가장 중요한 역할을 했다.

8장 초기 바로크 (1570~1630)

1 자코모 델라포르타

미켈란젤로-다비놀라-바로크

자코모 델라포르타Giacomo della Porta, 1532~1602년는 포를레차Porlezza의 조각가 가문에서 태어났다. 포르타는 장식미술로 초창기 경력을 시작했으며, 로마로 옮겨 1559년부터 귀데토 귀데티Guidetto Guidetti의 조수로 건축 일을 접했다. 이후 교황청에 발탁되어 미켈란젤로와 다비놀라에게 건축을 배웠다. 로마를 근거지로 삼아 활동하면서 다비놀라 사후에는 교황청의 주 건축가가 되는 등 16세기 후반부 로마 건축을 이끌었다. 시대 고민이나 창조성은 뛰어나지 않았으나, 조각 솜씨를 바탕으로 바로크 양식의 성립에 일정한 기여를 한 것으로 평가할 수 있다.

델라포르타는 미켈란젤로와 다비놀라 두 스승 없이는 존재할 수 없었다. 건축적 내용에서 구체적 영향을 받았을 뿐 아니라 건축주와의 관계에서도 두 스승의 자리를 물려받는 등 그들의 행적을 그대로 좇았다. 미켈란젤로가 사망하면서 1564년에는 '로마 시민 건축가Architetto del Popolo Romano' 자리를 물려받았다. 다비놀라가 사망한 1573년에는 성 베드로의 주건축가 자리를 물려받아 평생 유지했다. 그러나 다른 한편 두 스승의 그늘에서 벗어나는 과정에서 자신만의 독창성을 발휘하며 바로크 건축의 성립에 일정 부분 기여했다. 델라포르타의 건축은 장식미술의 경력에서 나온 섬세한 디테일 솜씨를 바탕으로 튼실한 현장 시공력을 주요 특징으로 한다.

다비놀라가 사망한 이후 로마 건축계에는 탁월한 건축가가 없었다. 델라포르타는 도메니코 폰타나Domenico Fontana와 프란체스코 다볼테라Francesco da Volterra 등과 함께 16세기 후반부 로마 건축을 이끌었는데 이 가운데 가장 뛰어났다. 교황청은 델라포르타의 능력을 인정하여 미켈란젤로와 다비놀라 등의 미완성 작품을 완공시키는 일을 맡겼다. 미켈란젤로의 작품들에서는 원안을 손상시키고 변형을 가하는 등 특별한 의미를 창출하지 못한 반면, 다비놀라의 작품에서는 바로크의 중요한 기틀 한 가지를 닦았다.

미켈란젤로의 작품을 맡아 완공시킨 대표적인 예로 스포르차 예배당[1564~73년], 세나토레 팔라초의 실내 구성, 파사드, 계단, 창[1570년대], 콘세르바토리 팔라초의 파사드와 창[1563~86년], 성 베드로의 돔[1588~90년/1603년] 등을 들 수 있다(그림 284). 성 베드로의 돔에서는 바로크의 특징이 관찰된다. 미켈란젤로의 반원형을 바로크 분위기로 바꾸었다. 전체 비례를 약간 뾰쪽한 타원으로 바꾸고 리브의 폭을 줄인 뒤 밖으로 돌출시켜 물결치는 것 같은 표면 효과를 노렸다(그림 530). 천창[dormer, 경사진 천장이나 돔의 내곡면에 만든 창]을 뚫어 천장 채광도 시도했다(그림 308). 다비놀라의 작품을 맡아 완공시킨 예로는 일제수의 파사드와 배럴 볼트[1571~84], 카프라롤라의 파르네세 팔라초[1573년경] 등을 들 수 있다.

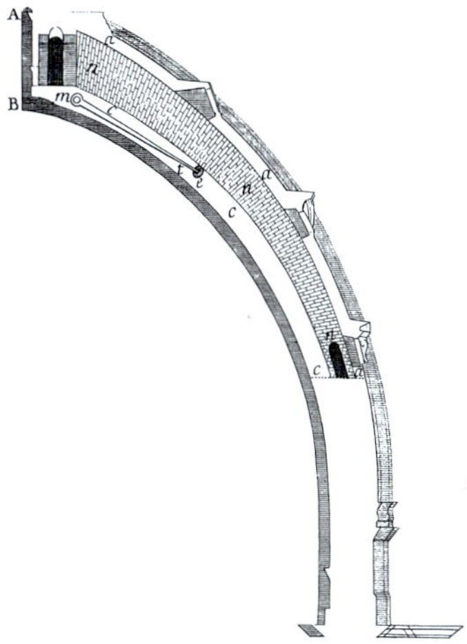

530 미켈란젤로(Michelangelo). 성 베드로(St. Peter's) 돔 및 본당. 로마. 1547, 1558~64/사후 1590년 델라포르타에 의해 완공

델라포르타는 또한 자신만의 작품도 많이 남겼다. 산루이지데이프란체시[San Luigi dei Francesi, 로마, 1580~84년], 산타마리아스칼라코엘리[Santa Maria Scala Coeli, 로마, 1582~84년], 크레센치세를루피 팔라초[Palazzo Cresenzi-Serlupi, 로마, 1585년], 산탄드레아델라발레[Sant'Andrea della Valle, 로마, 1591년]의 네이브 등이 대표적인 예이다. 이밖에도 나보나 광장[Piazza Navona, 로마]의 모로 분수[Fonte Moro, 1574년]를 비롯한 많은 분수를 조각했다.

산탄드레아델라발레의 네이브에서는 다비놀라의 일제수 모티프인 '벽체 구조-볼트 천장-루네트'를 기본 골격으로 삼아 반복 사용했다. 그러나 벽체 처리와 베이 분할에서 중요한 발전이 나타나면서 바로크의 기틀을 잡았다. 일제수에서는 돌출 없는 쌍 벽기둥을 사용했다. 벽면은 평평하게 남았으며 분할 효과는 분산되었다. 천장도 성화가 넓은 면적을 차지하여 분할이 약하게 나타났다. 반면 산탄드레아델라발레에서는 벽기둥을 세 개 겹쳐서 구조부를 벽체 표면에서 돌출시켰다(그림 531, 532). 벽면-바깥 벽기둥-중앙 벽기둥으로 점증적 돌출이 일어나면서 벽면은 물결치듯 출렁거렸다. 벽기둥을 집중시켜 굵은 선 하나를 그음으로써 벽체의 분할이 확실해졌다. 천장 볼트를 격자형의 우물 천장으로 처리하여 벽체에 대응하며 분할 효과를 강화했다. 이런 처리들은 일제수와 비교하면 바로크

531 자코모 델라포르타(Giacomo della Porta). 산탄드레아델라발레(Sant'Andrea della Valle). 로마. 1591

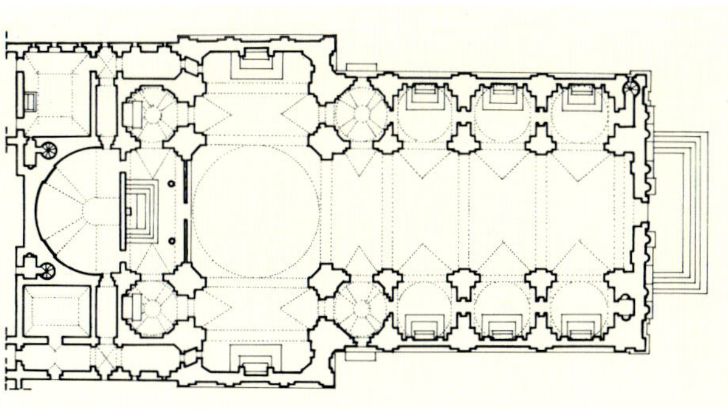

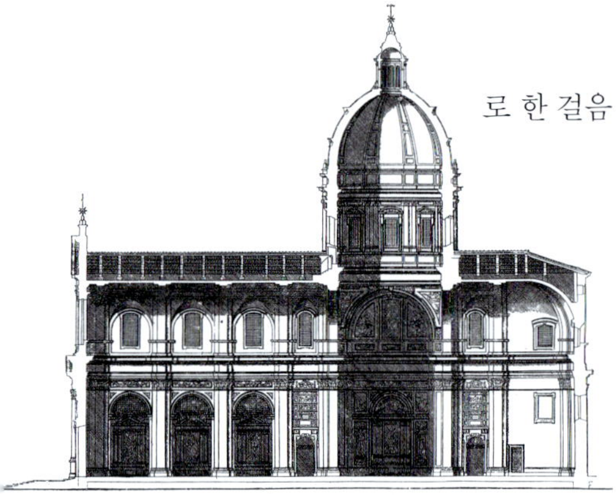

532 자코모 델라포르타(Giacomo della Porta). 산탄드레아델라발레(Sant'Andrea della Valle). 로마. 1591

로 한 걸음 더 나아간 특징들이다.

중앙부 강조, 수직성, 가소성-일제수

델라포르타의 건축 경향은 미켈란젤로의 매너리즘을 표준 고전주의로 단순화시킨 뒤 다비놀라의 기법으로 각색하여 바로크의 기초를 닦은 것으로 요약된다. 이런 건축 어휘를 이용하여 가톨릭에서 요구하던 기독교 정신의 강조를 만족시키는 과정에서 바로크 문법 한 가지를 완성시켰다. 일제수의 파사드가 대표적인 예이다. 평면을 설계했던 다비놀라의 안은 파사드를 르네상스 고전주의로 처리했다. 중앙부의 강조 없이 파사드 전면을 균등한 베이로 분할함으로써 안정적 균형감이 지배했다.

알레산드로 파르네세 추기경은 다비놀라의 평면 안을 수용했으나 파사드는 신교 분위기라며 거절했다. 델라포르타는 교황청이 바라던 바를 알아채고 이를 만족시키는 안을 제출하여 승인을 받았다. 그는 파사드에 미켈란젤로를 적용하여 오더를 이용한 조각적 힘과 음영 효과를 시도했다. 그러나 이것을 미켈란젤로식으로 반전이나 일탈이 아닌 표준 고전 어휘로 처리한 것은 다비놀라의 영향이었다. 이런 내용들을 깔끔한 디테일 처리와 시공력으로 뒷받침했다. 델라포르타의 파사드는 중앙부의 강조, 수직성, 가소성可塑性=palsticity을 주요 특징으로 가졌는데, 이 세 가지는 바로크 교회 입면의 표준 문법이 되었다(그림 533).

533 자코모 델라포르타(Giacomo della Porta). 일제수(Il Gesu). 로마. 1571~84

중앙부의 강조는 오더 위계를 이용하여 이루어졌다. 1층은 총 7베이로 이루어졌는데 중앙 출입구에 3베이, 양측면에 각 2베이를 할당했다. 베이를 분할하는 오더는 중앙부로 올수록 위계가 높아진다. 모서리는 사각 벽기둥 2개, 측면 2베이

를 구획하는 지점은 사각 벽기둥 3개, 측면과 중앙 출입구를 구획하는 지점은 사각 벽기둥 하나와 반원형 벽기둥 하나로 각각 처리했다(그림 534). 고전 건축에서는 반원형 벽기둥이 사각 벽기둥보다 위계가 높은 어휘였다. 중앙부로 올수록 위계가 높아진다는 것은 중앙부를 강조한다는 의미이다. 반원형 벽기둥은 위계만 높은 것이 아니라 음영도 더 짙게 만듦으로써 시각적으로도 중앙부를 강조했다.

534 자코모 델라포르타(Giacomo della Porta). 일제수(Il Gesu). 로마. 1571~84

장식 처리도 중앙부 강조를 돕는다. 가장 끝 베이의 벽은 단순 평활면으로 놔두었다. 그 다음 베이는 창틀과 감실을 아래위로 중첩시켰다. 창틀과 감실에는 적당한 장식 처리를 가했다. 중앙 베이는 출입구와 메달을 아래위로 중첩시켰다. 출입구는 옆 베이의 창틀보다 더 크고 높았으며 장식도 더 화려해졌다. 고전 부재를 이용한 음영 효과도 더 두드러졌다. 2층도 1층과 동일하게 중앙부로 올수록 위계가 높아지고 장식 처리와 시각 효과가 두드러지게 처리했다.

이상과 같은 중앙부의 강조는 출입구로의 유입을 돕는다. 출입구를 향해 건축적 관심을 집중시켜 초점을 모은다는 의미이다. 출입구로의 유입은 곧 교회 실내라는 성聖의 세계로의 유입을 의미한다. 이것은 가톨릭의 건재함을 온 세상에 알림과 동시에 궁극적으로 속에 대한 성의 우위를 상징한다. 이런 처리는 부활한 가톨릭이 요구하던 기독교 정신의 강조가 성과 속의 이분법으로 표현된 경우에 해당된다.

수직성은 앙천성과 수직 층쌓기로 나타났다. 앙천성은 위로 올라가면서 좁아지는 비례 구성으로 표현했다. 신전 박공 네 개를 수직으로 중첩하여 앙천 효과를 도왔다. 크고 작은 신전 박공 네 개를 '출입구-1층과 2층 사이-2층 창 상인방-지붕'의 순서로 수직 방향으로 일직선에 놓았다. 삼각형 박공의 꼭지점 네 개가 하늘로 향하면서 앙천의 적극적 의지를 표현했다. 수직 층쌓기는 위계를 통해 땅과 하늘을 구별하는 방식으로 처리했다. 1층의 축조성을 2층보다 더 강화하고 입면 크기도 넓게 하여 땅을 향한 안정감을 얻어냈다. 2층에서 지붕에 이르는 선은 하늘을 향한 활성을 만들었다. 전체 윤곽의 비례는 아직 정사각형에 가까워 수직성이 완전하게 정착한 것은 아니지만, 이상과 같은 상징적 처리를 통해 수직성을 표현했다.

가소성은 소용돌이 문양과 돌 처리에서 나타났다. 소용돌이 문양은 네이브가 아일보다 높은 천장고 차이를 입면에 반영하기 위해 사용되었다(그림 535). 이것을 표현하는 방식은 초기 기독교 건축 때부터 여러 종류가 쓰였다. 소용돌이 문양을 사선 방향으로 눕히는 처리는 알베르티가 산타마리아노벨라에서 사용했던 것이다. 여기에서는 아직 가소성은 나타나지 않고 기하 문양을 이용한 모자이크 풍의 추상 장식으로 처리되었다. 돌의 느낌을 2차원 면 장식으로 가려서 기하 판재로 만든 것이다.

535 자코모 델라포르타(Giacomo della Porta). 일제수(Il Gesu). 로마. 1571~84

일제수에서는 돌을 이용한 가소성으로 처리했다. 불에 구워냄으로써 갖는 도자기의 탄성을 이용하여 조적 쌓기를 하지 않고 한번에 빚어냈다. 돌의 성질을 살리되 일반적 특징인 축조성이 아닌 가소성이라는 조각적 예술성으로 변형시켜 처리한 것이다. 가소성으로 처리한 소용돌이 문양은 이후 바로크 교회 파사드의 표준 어휘가 되었다. 가소성은 소용돌이 문양뿐 아니라 벽기둥, 인방, 창틀, 박공, 조각 등 건축 부재와 디테일 부재 전반에 걸쳐 공통적으로 나타났다. 미켈란젤로에게서 배운 조각적 탄력성을 재현한 것이었다.

미켈란젤로는 돌을 피가 흐르고 체온이 있는 사람의 피부처럼 다루었다. 델라포르타는 미켈란젤로의 천재적 조각성에는 못 미쳤지만 이것을 상당 부분 배워 일제수의 파사드에서 깔끔한 시공력과 섬세한 디테일로 단순화시켜 표현했다. 소용돌이 문양에 나타났던 가소성을 건축 부재의 시공력과 디테일 부재의 조각성으로 번안한 것이다. 이런 특징들은 모두 돌 다루는 솜씨에서 기인했다. 돌 다루는 솜씨는 르네상스 시대에는 없던 바로크 특유의 새로운 경향이다. 이로써 건물 전면에 조각적 활력과 탄력 넘치는 흥겨움이 지배했다. 바로크 문명의 공통적 특징인 욕망과 열정을 돌 다루는 솜씨로 표현한 것이었다.

카를로 마데르노 2

미켈란젤로-델라포르타-마데르노

카를로 마데르노Carlo Maderno, 1556년경~1629년는 카폴라고Capolago에서 태어났다. 마데르노는 탄생 연도나 어렸을 때의 이력 등이 알려져 있지 않다. 그의 집안은 폰타나 집안과 보로미니와 친인척 관계였다. 마데르노는 1570년대에 로마로 진출하여 도메니코 폰타나와 델라포르타 등에게 건축을 배웠다. 이들 스승과는 한 세대 정도 나이 차이가 나는데, 17세기 초에는 이들을 대신하며 로마를 대표하는 건축가가 되었다. 마데르노의 건축적 의미는 포르타가 닦은 기초를 발전시켜 초기 바로크를 완성시킨 것으로 요약할 수 있다.

마데르노는 로마에 오기 전부터 건축 이외에 다양한 경력을 가졌다. 그는 로마에서의 첫 건축 경력을 도메니코 폰타나의 공방에서 시작했다. 폰타나를 도와 일부 건축 설계에 참여했는데, 치장 벽토 장식을 주특기로 삼았다. 이후 건축을 비롯한 초창기의 다양한 경력을 평생 유지하며 여러 분야에서 잡다하게 활약했다. 로마 시내 여러 곳에 오벨리스크를 세우는 시공을 담당했으며, 수로와 제방 등 물과 관련된 토목 일에서도 선두주자였다(그림 536). 많은 건물을 설계하며 초기 바로크를 완성하고 주요 작품을 남기긴 했지만, 잡다한 실용 기술 분야에서의 활동은 건축의 작품성을 훼손시켰다.

536 공사 중인 바티칸 오벨리스크, 1590

실용 기술이 반드시 건축적 작품성을 훼손시키는 것은 아니다. 브루넬레스키, 산미켈리, 세를리오 등은 오히려 실용 기술을 활용하여 자신들의 건축다움을 결정했다. 그러나 마데르노에서는 실용 분야가 건축에 도움을 주지 못했다. 관심이 여러 분야로 분산되면서 건축의 작품성은 집중도가 떨어졌다. 많은 건물을 설계했지만 온전히 자기 것은 많지 않다. 이전 건물의 증개축, 남의 작품을 사후 완공시킨 것, 건물의 일부분만 설계한 것, 복수의 다른 건축가들과 협동으로 작업한 것 등이 대부분이다. 건물 한 채를 자신이 독점

537 카를로 마데르노(Carlo Maderno) & 프란체스코 다볼테라(Francesco da Volterra), 카에타니 예배당(Cappella Caetani), 산타프루덴치아나(Santa Prudenziana) 내, 로마

적으로 설계한 경우는 거의 없으며, 사후에 다른 건축가들이 완공시킨 경우도 여럿이다.

마데르노가 초기 바로크를 완성시킨 것은 틀림없지만 자신만의 독창적인 것은 아니었고 다비놀라에서 델라포르타로 이어지는 이전 경향을 정리, 강화한 것이었다(그림 537). 마데르노 역시 스승들이 사망하면서 그 자리를 물려받았다. 델라포르타가 사망하자 그 뒤를 이어 1603년에 성 베드로의 주건축가로 임명되어 광장을 제외한 건물 부분을 완공시켰다. 1607년에는 도메니코 폰타나가 사망하면서 그의 공방을 물려받아 당시 진행 중이던 로마 재건 계획을 담당했다. 기독교계의 실력자들을 주요 건축로로 가진 점도 같았다. 추기경 지롤라모 루스티쿠치Cardinal Girolamo Rusticucci, 교황 클레멘스 8세1592~1605년, 교황 바오로 5세1605~21년 등이 주요 후원자였다.

마데르노는 '다비놀라-델라포르타'로 이어지는 16세기 후반부 로마 건축의 주류 라인을 물려받았다. 도메니코 폰타나의 공방에서 건축을 시작했고 그 공방을 물려받긴 했지만, 폰타나 자신이 이렇다 할 작품을 남긴 건축가가 아니었기 때문에 그에게서 건축적 영향을 받은 것은 거의 없었다. 그보다는 오히려 더 거슬러 올라가서 미켈란젤로에게서 중요한 영향을 받았다. 그는 미켈란젤로의 매너리즘과 고전주의 가운데 바로크의 특징에 부합되는 것들을 골라 차용했다. 다비놀라에게서는 주거 건축에서 연속성과 장경주의 기법을 받아들였다.

델라포르타의 영향은 직접적인 것이었고, 마데르노는 델라포르타를 극복하는 자신만의 독창성을 창출하지 못했다. 일제수의 파사드 모티프를 이어받아 바로크의 대표 유형으로 확실하게 자리 잡게 한 것이 대표적 업적이다. 거시적으로 보면 교황 식스토 5세1585~90년 때의 건축적 침체를 일정 부분 극복하며 성기 바로크의 융성으로 가교를 놓은 역할을 한 것으로 평가할 수 있다. 식스토 5세 때 교황청의 수석 건축가였던 도메니코 폰타나의 진부하고 지루한 16세기 고전주의를 대체하며 초기 바로크를 확산시킨 활동은 중요한 의미를 가졌다. 이런 활동을 통해 교황청에 바로크의 존재를 확신시켰다.

마데르노의 대표작은 성 수산나 파사드Santa Susanna, 로마, 1593~1603년, 마테이 디조베 팔라초Palazzo Mattei di Giove, 로마, 1598~1617년, 프라스카티의 알도브란디니 빌라Villa Aldobradini, Frascati, 1603~20년경, 성 베드로 파사드1607~12년, 산타마리아델라비토리아Santa Maria della Vittoria, 로마, 1608~15년, 산조반니데이피오렌티니의 크로싱과 돔San Giovanni dei Fiorentini, 1608~15년, 산탄드레아델라발레의 파사드와 돔1608~1628년경/1666년 카를로 폰타나에 의해 완공, 성 베드로 네이브1609~16년, 로스필리오시팔라비치니 팔라초Palazzo Rospigliosi-Pallavicini, 로마, 1611~13년, 바르베리니 팔라초Palazzo Barberini, 로마, 1626~28년/사후 베르니니에 의해 완공 등을 들 수 있다(그림 538).

538 카를로 마데르노(Carlo Maderno). 산탄드레아델라발레(Sant'Andrea della Valle) 파사드와 돔. 로마. 1608~1628년경/1666년 카를로 폰타나에 의해 완공

바로크의 완성과 성 수산나

성 수산나는 초기 바로크의 탄생을 알리는 건물이다. 이런 점에서 마데르노의 대표작이기도 하다. 종교적 의미와 건물의 규모는 성 베드로가 훨씬 컸지만, 건축적 내용에서는 성 수산나가 그의 대표작이라고 할 수 있다(그림 539). 그러나 이 건물은 일제수를 모방한 것이었기 때문에 그 중요성과 의미는 절반으로 축소될 수밖에 없었다. 성 수산나는 중세 건물을 여러 군데 증개축한 작품이다. 제단석 신축, 앱스 장식, 납골당의 제단석 신축, 파사드 신축 등이 주요 내용이다. 이 가운데 파사드에서 바로크 건축의 대표 유형이 정착되었다.

539 카를로 마데르노(Carlo Maderno). 성 수산나(Santa Susanna) 파사드. 로마. 1593~1603

540 카를로 마데르노(Carlo Maderno). 성 수산나(Santa Susanna) 파사드. 로마. 1593~1603
541 카를로 마데르노(Carlo Maderno). 성 수산나(Santa Susanna) 파사드. 로마. 1593~1603
542 카를로 마데르노(Carlo Maderno). 성 수산나(Santa Susanna) 파사드. 로마. 1593~1603

파사드는 언뜻 보면 일제수와 구별이 안 될 정도로 유사하다. 일제수를 거의 그대로 답습한 것으로 볼 수 있다. 구성 기법이나 구성 체계의 측면에서는 일제수를 그대로 따른 것이 사실이다. 중앙부의 강조, 수직성, 가소성 등 일제수의 세 가지 기법을 반복 사용하여 성의 세계로 유입성을 높인 점에서 그러하다.

디테일에서는 미켈란젤로의 어휘도 일부 차용했다. 중앙 출입구와 2층 측면 창이 대표적인 예이다. 중앙 출입구는 미켈란젤로의 어휘를 그대로 써서 세 겹으로 싸는 처리를 했다(그림 540). 목재 틀 한 겹, 석재 틀 한 겹, 반원형 오더 프레임 한 겹이었다. 2층 측면 창에서는 창틀과 상인방에 미켈란젤로의 어휘를 썼다. 창틀에는 도리스식 트리글리프 위에 이오니아식 소용돌이 주두를 얹은 까치발을 사용했다. 상인방에서는 아치 중간을 잘라내고 그 속에 더 작은 박공을 넣은 처리가 미켈란젤로의 어휘이다(그림 541). 이상과 같이 이 건물은 '미켈란젤로-다비놀라-델라포르타'에 이르는 16세기 로마 고전주의의 연장선상에 있다. 그러나 이것을 구체적으로 축조하여 바로크의 특징을 만들어냈다는 점에서는 중요한 발전이었다. 그 내용은 세 가지로 요약될 수 있다.

첫째, 오더 사용에서 반원형 벽기둥의 빈도가 높아졌다(그림 542). 일제수에서는 반원형 벽기둥을 중앙 베이와 측면 베이를 구획하는 지점 한 군데에만 사용했다. 파사드 전체를 통틀어서는 두 개만 사용했다. 성 수산나에서는 측면의 두 베이를 구획하는 지점에 하나, 중앙 베이와 측면 베이를 구획하는 지점에 두 개를 각각 사용했다. 파사드 전체를 통틀어 6개를 사용한 것이다. 2층의 중앙 창틀에 콜로네트를 사용한 것까지 합하면 총 8개를 사용했다. 반원형 벽기둥은 사각 벽기둥보다 시각적 탄력성이나 조각적 가소성이 훨씬 높았다. 반원형 벽기둥은 파사드 전체에 활력을 불어넣었다. 바로크 특유의 활성 에너지를 확실하게 표현했다.

둘째, 음영 효과를 더욱 강조했다. 반원형 벽기둥은 사각 벽기둥보다 더 짙은 음영을 만들었다. 창틀, 인방, 엔태블러처, 조각상 등 건축 부재와 장식 디테일 등도 여기에 맞춰 돌출 정도가 심해지고 깊이가 깊어지는 등 풍부하게 처리했다. 바로크의 돌 다루는 경향이 지향하던 완성점이다. 미켈란젤로의 유기적 생명력이 바로크의 욕망과 열정의 활력으로 바뀌었다. 미켈란젤로의 조각적 천재성이 바로크의 가소성으로 완벽하게 전환되었다.

셋째, 수직성을 강화했다. 일제수는 파사드 전체 윤곽이 정사각형 비례 내에 머물렀다. 폭 33미터, 높이 32미터로 정수비례 1을 유지했다. 성 수산나에서는 높이가 폭보다 커지면서 수직 비례가 확실하게 나타났다. 1층 기준으로 1.35, 첫번째 반원형 벽기둥 혹은 2층을 기준으로 1.95의 비례로 높아졌다. 이에 따라 베이 수도 줄어들었다. 1층은 중앙 베이 하나와 양쪽에 측면 베이 두 개씩 총 5베이가 되었다. 베이 수가 줄어들면서 분할 느낌은 촘촘해졌고, 이것은 다시 음영 효과를 높였다. 처음부터 주어진 건물 폭이 좁은 탓도 크지만 마데르노가 이런 조건을 수직 비례로 확실하게 처리한 점도 중요하다.

이상의 내용들은 바로크 건축의 대표적인 특징들이다. 일제수에서도 이것을 노리기는 했지만 완성도가 현저히 낮았다. 일제수 하나만 보면 바로크답다고 볼 수도 있지만, 성 수산나와 나란히 놓고 보면 전체 구성에서 아직 정적인 분위기가 지배한다. 16세기 르네상스에서 완전히 벗어나지 못한 전환적 특징인 것이다. 성 수산나는 이것을 깨고 바로크다움을 획득, 정착시키며 바로크의 도래를 알렸다.

미켈란젤로와 바로크–성 베드로

마데르노는 델라포르타의 뒤를 이어 성 베드로의 건물 부분을 완공했다. 마데르노가 맡은 부분은 네이브와 파사드였다. 교황 클레멘스 8세 때 성 베드로의 주건축가로 임명되었고, 이어 바오로 5세가 즉위하면서 본격적인 설계가 시작되었다. 브라만테 때 시작된 이래 1백여 년이 흐른 뒤였다. 바오로 5세는 기독교의 총본산을 완공시키겠다는 야심과 책임감이 있었다. 브라만테와 미켈란젤로의 중앙집중형 평면이 완공된 이후 당시까지 최종 유형에 대해서 결론이 내려진 것이 없었다. 이것부터 결정해야 했다.

라틴 크로스를 주장하는 쪽에서는 콘스탄티누스Constantinus가 지었던 성 베드로의 원 유형을 지킨다는 점과 더 많은 관중을 수용할 수 있다는 점을 장점으로 내세웠다. 그릭 크로스를 주장하는 쪽에서는 초석을 놓았던 전임 교황과 건축가들의 정신을 존중하여 이어받아야 된다는 점을 이유로 들었다. 바오로 5세는 라틴 크로스로 결론을 내리고 공사를 서둘렀다. 마데르노는 성 베드로의 주건축가이기는 했지만 정작 설계를 맡은 것은 공모를 통해 당선된 뒤였다. 1607년에 마데르노의 파사드 안이, 1608년에는 그의 네이브 안이 각각 뽑혔다. 이후 교황은 물리력을 동원하여 빠른 속도로 공사를 진행시켰다.

파사드에서는 성 수산나 모티프를 반복해서 사용했다(그림 543). 전체 구성은 네이브 부분과 양옆의 캄파닐레 부분으로 이루어졌다. 캄파닐레는 파사드 높이만큼 올라가다 지하 수맥 때문에 구조적인 문제가 생겨 더이상 지어지지 못하고 멈추었다. 네이브 부분은 다시 중앙 출입구 3베이와 양측면 각 2베이씩 7베이로 이루어졌다. 캄파닐레 부분은 폭이 넓은 1베이로 이루어졌다. 파사드 전체는 총 9베이가 되었다. 이번에도 오더 구성을 이용한 중앙부로의 집중이 주요 모티프이다.

543 카를로 마데르노(Carlo Maderno), 성 베드로(St. Peter's) 파사드(1607~12)와 네이브(1609~16), 로마

'사각 벽기둥 하나-사각 벽기둥 세 개-사각 벽기둥 하나와 반원형 벽기둥 하나-반원형 벽기둥 두 개'의 순서이다. 이것이 의미하는 건축적 상징성은 성 수산나와 동일하다.

총체적 느낌과 구체적 처리에서는 성 수산나의 바로크 특징에 훨씬 못 미쳤다. 무엇보다 비례가 옆으로 컸기 때문에 특유의 긴장감과 활력을 만들지 못했다. 캄파닐레 베이를 더한 것이 치명적이었다. 바로크 특유의 응집력과 집중성을 현저히 약화시켰다. 캄파닐레를 더하겠다는 것은 건축적 작품성을 모르는 교황의 욕심이었다. 실제로 지어지지 못하면서 오히려 전체적 특징을 저해하는 요소로 남았다. 오더 체계만 중앙부로 집중했을 뿐 창틀, 인방, 벽면, 조각 등 디테일은 전면에 걸쳐 거의 균등하게 배분되었다. 그 결과 총체적 느낌에서는 가소성이 대표적 특징이 되었다. 이런 약점을 만회하기 위해 가소성으로 강조한 것일 수도 있다.

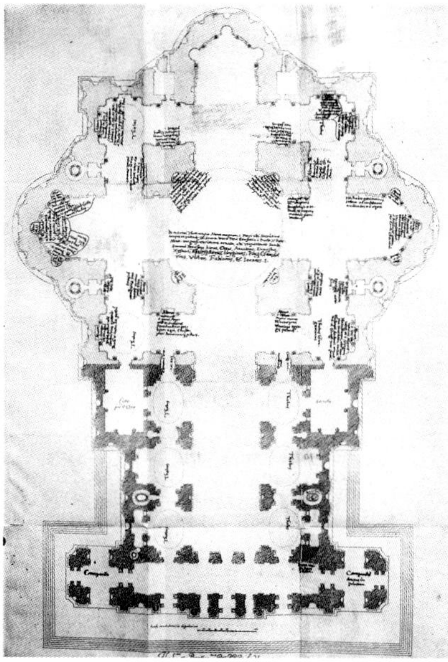

544 카를로 마데르노(Carlo Maderno). 성 베드로(St. Peter's), 파사드(1607~12) & 네이브(1609~16). 로마

이것은 미켈란젤로의 원안에 맞춘 것이기도 하다. 미켈란젤로가 세웠던 그릭 크로스의 몸통 입면과 돔의 드럼 입면에 나타난 분위기를 바로크 문법으로 번안한 것이다. 미켈란젤로는 오더 체계와 조각적 탄성을 이용하여 벽면에 물결치는 것 같은 생명력을 만들었다. 몸통 입면과 드럼 입면이 모두 곡면으로 돌아가는 윤곽을 가졌기 때문에 이런 효과는 더욱 강조되었다. 마데르노는 이것을 이어받아 평면으로 옮겨 활용했다. 두 개 층을 담당하는 높고 굵은 오더는 성 수산나 같은 율동감을 만들어내지 못한 채 미켈란젤로의 거대 기둥에 머물렀다.

네이브는 3베이로 이루어졌고 전실 1베이를 더했다(그림 544). 아일의 깊이는 깊었지만 개구부가 넓어서 종방향으로의 독립성은 거의 없다(그림 545). 네이브와 아일은 한 공간으로 인식된다(그림 482). 이를 통해 선형성과 중앙집중성이라는 상반되는 두 가지 조건을 동시에 만족시켰다. 종방향으로의 독립성을 없앤 처리는 횡방향 축성이 분산되는 것을 막아 선형성을 강화시켰다. 반면 네이브

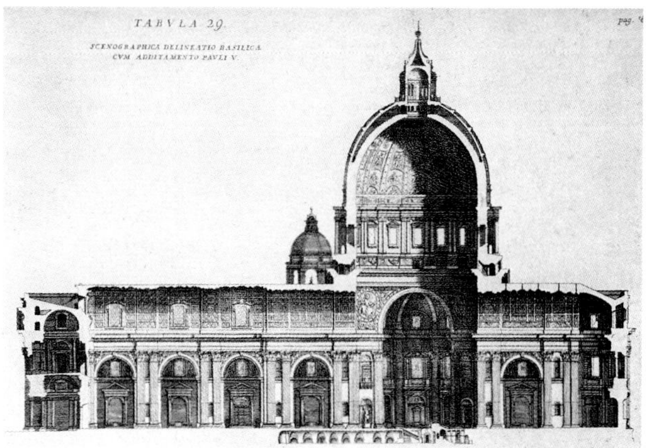

545 카를로 마데르노(Carlo Maderno). 성 베드로(St. Peter's), 파사드(1607~12)와 네이브(1609~16). 로마

546 카를로 마데르노(Carlo Maderno). 성 베드로(St. Peter's), 파사드(1607~12)와 네이브(1609~16). 로마

와 아일이 한 공간으로 인식되면서 실내 전체는 불균등 내접 그릭 크로스와 유사한 느낌을 만들어냈다. 아일의 깊이가 네이브의 폭에 근접하면서 더욱 그러했다. 결국 미켈란젤로의 그릭 크로스에 또 하나의 그릭 크로스를 덧붙인 것처럼 되었다.

벽과 천장은 일제수 모티프를 차용했다. 벽은 쌍 벽기둥으로 구획했다(그림 546). 천장은 볼트로 처리했고, 베이 하나에 루네트 두 개씩 총 여섯 개의 천창을 뚫어서 천장 채광을 도모했다. 이런 처리들과 이것이 갖는 하늘과 땅의 위계적 상징성은 일제수와 동일하다. 아일 천장은 작은 타원형 돔으로 처리함으로써 천장 채광을 도왔다. 이상과 같이 파사드와 네이브 실내 모두에서 새로운 독창성은 없었으며 스승 건축가들의 선례를 차용한 것으로 평가된다. 기독교의 총본산의 마무리치고는 작품성이 떨어지는 것이었다.

산탄드레아델라발레도 성 베드로와 동일한 특징을 보인다(그림 547). 기본 모티프는 성 수산나의 구성을 차용했지만, 바로크 효과는 성 베드로보다 오히려 줄어들었다. 파사드는 가소성과 음영 효과 등에서 바로크의 특징을 보였지만, 오더 체계는 바로크의 집중성이 아닌 르네상스의 균등성으로 나타났다. 1층은 5베이로 구성되었다. 양끝 모서리만 한 개의 반원형 벽기둥으로 처리했고, 나머지는 모두 원형 쌍 벽기둥으로 균등하게 처리했다. 건축 부재와 조각 등의 디테일도 균등하게 처리했다. 5베이의 분할이 오분법이나 삼분법 같은 위계적 구성으로 처리되지 못했다.

547 카를로 마데르노(Carlo Maderno). 산탄드레아델라발레(Sant'Andrea della Valle) 파사드와 돔. 로마. 1608~1628년경/1666년 카를로 폰타나에 의해 완공)

중앙 출입구가 측면 베이들보다 폭이 더 넓기는 하지만 나머지 처리들이 균등하기 때문에 출입구를 향한 중앙집중성으로 나타나지 못했다. 이런 상황에서 중앙 출입구의 넓은 폭은 오히려 측면으로의 확산 효과를 만들었다. 돔도 성 베드로의 구성을 차용해서 규모를 줄여 사용했다. 이중 골격 위 내곡면에 리브를 돌출시키는 구성이다. 리브 골격은 16개에서 8개로 줄었다. 폭 대 높이 비율은 성 베드로의 돔보다 더 수직적이 되었다. 돔

은 크기는 작지만 수직적 긴장감에서는 바로크의 특징이 강화되었다.

연속성, 자연주의, 장경주의-알도브란디니 빌라

마데르노는 주거에서도 몇 개의 주요 작품을 남겼다. 건축적 특징은 교회에 썼던 바로크 기법의 연장선상에 있으며, 여기에 더해 다비뇰라의 줄리아 빌라에 나타난 특징들을 이어받았다. 그러나 바로크 특유의 비정형성을 창출한 점에서는 마데르노만의 독창성도 있다. 마테이디조베 팔라초의 평면 구성에서는 '어긋남'이 주요 개념이다(그림 548). 안마당을 중심으로 한쪽의 방들은 종방향으로 직사각형 비례를, 반대쪽 방들은 횡방향으로 직사각형 비례를 각각 가진다. 방들은 같은 크기가 하나도 없다. 줄리아 빌라의 연속적 질서를 흐트러트리려는 의도를 읽을 수 있다.

부분적으로는 연속성을 추구하기도 했다. 건물의 주요 축이라 할 수 있는 '중앙 출입구-안마당-안마당 출입구-숨겨진 정원'의 구성이 그것이다. 그러나 축은 순환하며 연속으로 이어지지 못하고 중간에 끊겼다. 안마당을 둘러싸는 네 면 가운데 한 곳에 테라스를 넣어 장경주의를 추구한 점도 줄리아 빌라의 연속선에 있는 처리이다. 건축 어휘에서는 자신의 교회들에 썼던 바로크 기법을 반복했다. 출입구의 겹 처리, 오더 어휘들의 몽타주 기법, 조각적 탄력성을 이용한 음영 효과 등이 대표적 내용이다.

프라스카티의 알도브란디니 빌라는 바로크 주거의 전형적 구성을 대표하는 예이다. 연속성, 자연주의, 장경주의가 주요 내용이다(그림 549). 중앙의 강한 축을 중심으로 '출입구-정원-테라스 정원-건물 출입구-전실-계단-마당-반원형 테라스-계단-정원-파빌리온-계단-마당-파빌리온-계단'의 긴 공간 구성이 연속적으로 이어진다. 연속성은 일정한 질서에 따라 이어지며 구성 요소들의 총체적 합에 대한 의지가 확실하게 드러났다. 자연주의는 연속성을 이루는 주요 요소로 자연을 활용한 처리에서 나타났

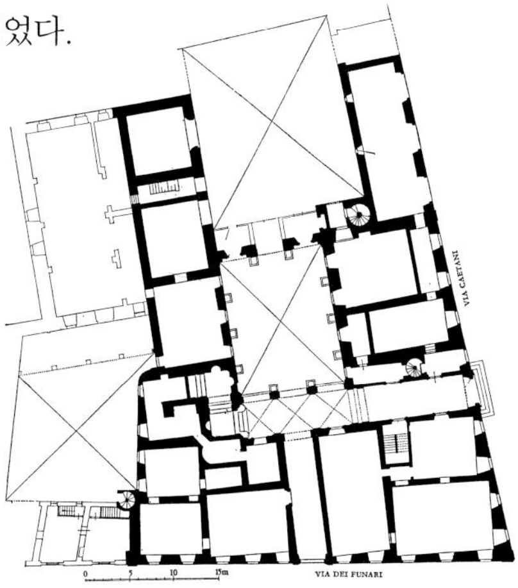

548 카를로 마데르노(Carlo Maderno). 마테이디조베 팔라초(Palazzo Mattei di Giove). 로마. 1598~1617

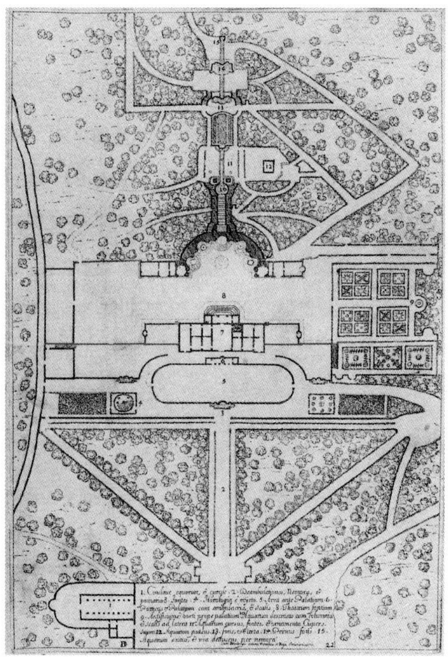

549 카를로 마데르노(Carlo Maderno). 프라스카티의 알도브란디니 빌라(Villa Aldobradini, Frascati). 1603~20년경

550 카를로 마데르노(Carlo Maderno), 프라스카티의 알도브란디니 빌라(Villa Aldobradini, Frascati), 1603~20년경

다. 전체 구성의 중심부에 해당되는 테라스 정원과 본체를 제외한 대부분의 긴 거리에서 자연은 인공 구조물과 한몸으로 어울렸다. 자연과 건축 사이의 경계를 지우는 방식에 의해 공간을 환경으로 확장했다.

장경주의는 두 방향으로 표현되었다. 하나는 건물 본체를 무대의 배경 막처럼 처리한 것이다. 건물을 테라스 정원 위에 올려놓아 무대를 보는 것처럼 처리했다(그림 550). 건물은 주변 자연 속에서 인공 세계를 형성하며 넓고 긴 복합 연속 구성의 초점이 되었다. 다른 하나는 '보는 행위와 보이는 행위'의 상반되는 시각적 관계가 교대로 일어나는 처리이다. 긴 연속 공간 사이사이에 테라스와 계단을 넣어 주변 공간을 감상할 수 있는 물리적 장치를 마련했다. 거꾸로 주변 공간에서 보면 이런 장치들은 무대와 같은 개념으로 나타나며 역시 감상의 대상이 된다. 행위자와 감상자가 수시로 교대하는 쌍방향의 교류이다. 독립적 완결 세계로 존재하며 일방적 관계를 형성하던 르네상스의 이분법 관계와 반대되는 개념이다.

551 카를로 마데르노(Carlo Maderno), 바르베리니 팔라초(Palazzo Barberini), 로마, 1626~28/사후 베르니니에 의해 완공

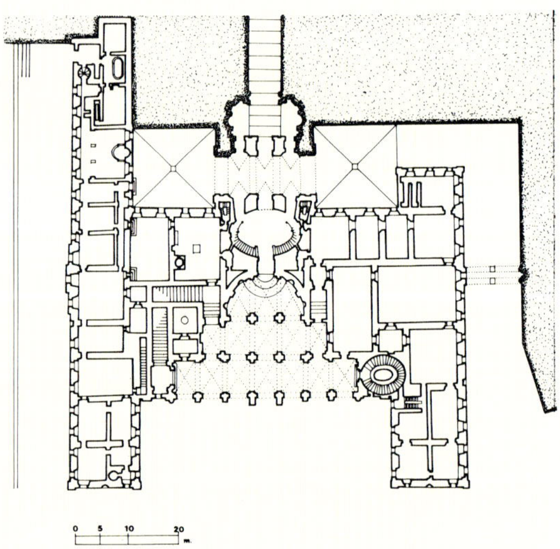

바르베리니 팔라초는 바로크를 대표하는 마데르노, 보로미니, 베르니니의 세 건축가가 모두 관여한 작품이다. 건물 전체는 마데르노의 작품이지만 평면 구성은 보로미니가 많이 했고 입면 완공은 베르니니가 했다. 평면 구성은 H자형으로 르네상스의 단순 육면체에

서 벗어났다(그림 551). 중심 홀은 건물의 가장 깊은 곳에 위치한다. 이곳에 이르려면 '바깥마당–두 곳의 열주 홀–반원형 출입구'를 차례대로 지나야 한다. 약한 의미의 연속 구성이다. 중심 홀은 이것을 지나 도착하는 종착점인 동시에 실내 공간의 여정을 새롭게 시작하는 출발점이기도 하다. 시작과 끝 사이의 구별을 없앤 바로크 공간 개념을 보여주는 구성이다.

실내 여정은 양방향으로 갈라져 있다. 중심축을 기준으로 좌우 양쪽은 전체 윤곽은 대칭을 유지했지만 세부 구성은 많이 다르다. 왼쪽 부분은 방들을 비교적 일직선으로 가지런히 배열하며 정형적 질서를 지켰다. 반면 오른쪽의 방들은 크기와 방향이 서로 달랐고 구성도 서로 어긋나며 비정형 질서를 지향했다. 입면에서는 교회에 썼던 바로크 어휘들을 반복했다. 벽기둥을 벽면에서 돌출시켜 벽면을 물결치는 것처럼 보이게 한 처리와 오더 조각을 이용한 몽타주 기법 등이 대표적인 예이다(그림 552). 그러나 바로크의 특징은 약한 편이다.

552 카를로 마데르노(Carlo Maderno), 바르베리니 팔라초(Palazzo Barberini), 로마, 1626~28/사후 베르니니에 의해 완공

3 바로크의 확산

밀라노-리키노와 망고네

롬바르디아 지방은 로마와 베네치아 지방 다음으로 16세기 매너리즘과 고전주의가 융성했던 지역이다. 이에 따라 로마에서와 마찬가지로 매너리즘에서 바로크 고전주의로의 전이가 자연스럽게 일어났다. 밀라노의 바로크 건축은 매너리즘 건축가였던 펠레그리노 티발디Pellegrino Tibaldi, 1527~96년의 어휘를 발전시키면서 시작되었다. 티발디는 밀라노뿐 아니라 파비아와 볼로냐에 이르는 넓은 지역에서 활동하던 건축가였다. 티발디는 밀라노의 다비놀라라 부를 만했다. 매너리즘 건축가이면서 프로토-바로크 경향도 동시에 보인 점에서 그러했다. 주신에 블록을 끼운 오더, 상인방 아치의 중간을 자르고 창을 넣은 처리, 이중 주두, 오더 조각을 모은 몽타주 등이 대표적인 예이다(그림 553).

밀라노 바로크는 로렌초 비나고Lorenzo Binago, 1554~1629년, 조반니 마젠타Giovanni Mazenta, 1565~1635년, 프란체스코 마리아 리키노Francesco Maria Ricchino, 1584~1658년, 파비오 망고네Fabio Mangone, 1587~1629년 등이 대표했다. 밀라노 바로크의 선두

553 펠레그리노 티발디(Pellegrino Tibaldi). 보로메오 콜레조(Collegio Borromeo). 파비아(Pavia), 이탈리아. 1564~68

554 로렌초 비나고(Lorenzo Binago). 산탈레산드로인체베디아(Sant'Alessandro in Zebedia). 밀라노. 1602~

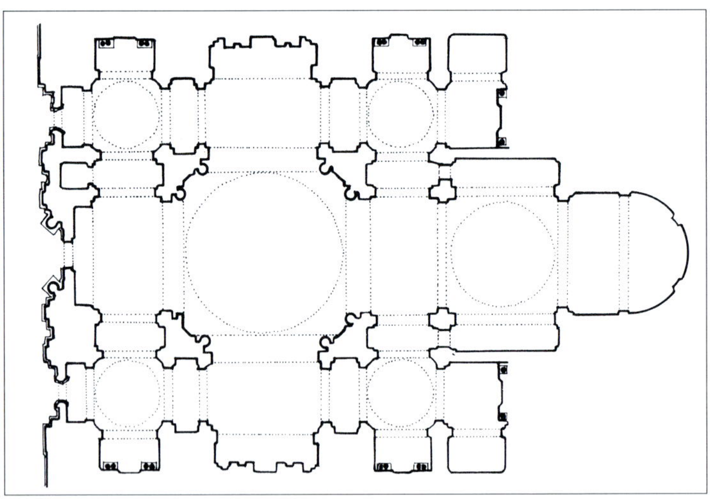

주자는 비나고였다. 비나고의 산탈레산드로인체베디아Sant'Alessandro in Zebedia, 1602년~는 밀라노 바로크의 문을 연 건물이다(그림 554). 이 건물에서는 여러 종류의 돔을 중첩시켜 바로크의 비정형 기하 작도의 효시라 할 만한 공간을 창출했다. 비나고는 리키노와 망고네 등 밀라노 바로크를 대표하는 건축가들을 제자로 키웠다.

밀라노 바로크는 르네상스의 전통에서 크게 벗어나지 못했다. 르네상스 고전주의의 차분한 이성주의를 바탕에 갖고 그 위에 어휘별로 바로크의 각색을 더한 특징을 보인다. 비나고의 뒤를 이은 망고네의 엘베티코 콜레조Collegio Elvetico, 1608년~ 안마당은 이런 특징을 대표하는 예이다. 안마당은 여전히 16세기 성기 르네상스의 연장선상에 있다. 전실에서는 바로크 어휘가 부분적으로 나타났다. 천장은 우산형 돔umbrella dome 혹은 세일 돔sail dome을 기하학적으로 분할하여 구성했다(그림 555). 출입구 상인방을 주두 조각으로 받치면서 높이 올렸다. 상인방 아치 속에는 주두 조각을 장식 조각물로 넣었다. 망고네는 밀라노 성당의 마무리 작업을 담당하는 등 완전한 바로크 건축가로 보기에는 아직 미진한 점이 남아 있었다.

밀라노 바로크를 완성시킨 건축가는 리키노이다. 리키노는 비나고에게 건축을 배웠고 로마에서 유학했다. 1600년대부터 작품을 남기기 시작하여 1620년대를 전성기로 보내며 밀라노 바로크를 완성시켰고, 1631년부터는 밀라노 성당의 주건축가로 임명되어 활동했다. 대표작으로 성 요셉San Giuseppe, 1607~30년, 엘베티코 콜레조1627년, 브레라 팔라초Palazzo di Brera=Jesuit College, 예수회 대학, 1651년~ 등을 남겼다.

엘베티코 콜레조에서는 '오목-볼록' 모티프를 이용하여 파사드를

555 파비오 망고네(Fabio Mangone). 엘베티코 콜레조(Collegio Elvetico). 밀라노. 1608~

556 프란체스코 마리아 리키노(Francesco Maria Ricchino). 엘베티코 콜레조(Collegio Elvetico). 밀라노. 1627

557 프란체스코 마리아 리키노(Francesco Maria Ricchino). 엘베티코 콜레조(Collegio Elvetico). 밀라노. 1627

설계했다. 건물 전면은 타원의 일부를 자른 것 같은 오목 윤곽으로 처리했다. 여기에 볼록 발코니를 더해 균형을 잡았다(그림 556). 디테일은 오더와 아치 조각을 이용한 미켈란젤로의 몽타주 기법으로 처리했다. 도리스식 부재와 이오니아식 소용돌이 주두를 섞은 어휘, 조각 아치의 중간을 한번 더 지르고 그 사이에 판재와 아치 상인방을 넣은 어휘, 조각 아치를 한번 더 자른 뒤 세 개를 중첩시킨 어휘, 신전 박공 속에 작은 박공을 하나 더 넣은 어휘, 신전 박공 아랫변의 중간을 까치발로 받친 어휘 등이 대표적인 예이다(그림 557).

전체적인 분위기는 르네상스 고전주의의 차분한 이성주의를 계속 이어받았다. 바로크 어휘들은 출입구, 창틀, 상인방, 코니스 수평 띠, 모서리 귀돌 등에만 집중되었고 나머지 벽면은 평활한 빈 면으로 놔두었다. 추상 바탕 위에 돌출이 심한 조각적 디테일을 대비시킨 점이 특징이다. 절제미와 장식미 사이의 대비적 조화이다. 부재들의 어휘 구성과 문법은 몽타주 기법으로 처리했지만, 비례와 척도는 정확했으며 고전 부재 사이의 강약과 운율은 조화를 지향했다. 전체적으로 액센트가 강한 시적 인상을 준다.

리키노는 스승 비나고의 뒤를 이어 중앙집중형 교회도 설계했다. 밀라노는 초기 기독교 시대부터 중앙집중형 교회가 융성한 지역이었다. 베네치아를 통해 들어온 동방의 영향 탓도 있었고, 로마 가톨릭의 격식을 부담스러워하는 종교적 전통도 있었다. 17세기에는 종교개혁의 영향이 늦게까지 남아 이런 전통에 더해졌다. 리키노는 성 요셉, 산조반니알레콰트로파체San Giovanni alle Quattro Facce 계획안, 산타마리아디로레타Santa Maria di Loreta, 산조반니인카세로테San Giovanni in Case Rotte, 1545년 등의 중앙집중형 교회를 남겼다. 이 교회들은 타원 평면으로 구성되었다. 이 교회들은 바로크 건축에서 타원을 쓰기 시작한 초창기 예들에 해당된다.

리키노의 중앙집중형은 로마 예수회 교회의 선형에 대비되는 상징성을 가진다. 리키노는 성 요셉에서 일제수와 성 수산나의 구성 기법을 차용하는 등 로마 예수회 교회의 영향을 일정 부분 받았지만 평면에서는 반대였다(그림 558). 리키노의 중앙집중

558 프란체스코 마리아 리키노(Francesco Maria Ricchino), 성 요셉(San Giuseppe), 밀라노, 1607~30

형 평면은 신교의 영향을 수용한 점에서 로마의 마데르노에 대비되는 맞수의 의미를 가진다. 기독교적 측면과 건축적 측면 모두에서 그러했다. 건축적 대비는 엘베티코 콜레조에 나타난 입면 기법에서도 확인된다. 이 입면은 로마 바로크와 다른 밀라노만의 특징을 보인다. 초기 바로크는 로마의 마데르노와 밀라노의 리키노가 양대 산맥을 이루었다.

559 로코 루라고(Rocco Lurago). 도리아 투르시 팔라초(Palazzo Doria Tursi). 제노바. 1568~

제노바와 비앙코

제노바의 바로크 건축도 로마나 밀라노와 유사하게 전개되었다. 16세기 제노바 매너리즘을 대표하던 알레시의 뒤를 이어 로코 루라고Rocco Lurago가 중간 가교를 놓았으며, 이것을 이어받아 비앙코가 바로크를 완성시켰다. 루라고의 도리아투르시 팔라초Palazzo Doria Tursi, 1568년~는 중간 가교를 놓은 건물이다. 이 건물에서는 연속성이 주요 주제로 쓰였다. '전실-안마당-계단실'을 주요 골격으로 삼아 중간에 로지아, 님피움, 정원 등을 넣었다(그림 559).

바르톨로메오 비앙코Bartolomeo Bianco, 1590년 이전~1657년는 제노바를 대표하는 바로크 건축가이다. 비앙코는 석공 장인으로 경력을 시작했지만 곧 건축에서 두각을 나타내며 제노바의 귀족과 가톨릭을 건축주로 삼아 작품을 남겼다. 제노바는 16세기 중반 이후 해상 무역이 발달하면서 이전의 피렌체를 대신하는 금융의 중심지로 떠올랐다. 제노바의 통치 세력들은 자신들의 도시를 '새로운 로마'로 만들려는 야심을 가지고 있었다. 이를 위해 도시 개발을 단행하며 자신들의 권위와 부를 과시할 기념비적 건축물을 지었다. 이것은 제노바의 초기 근대 골격에 해당된다.

비앙코의 건축 활동은 둘로 나눌 수 있다. 하나는 제노바 시내에 초기 근대 골격의 일환으로 지은 작품들이다. 비앙코는 16세기 후반부 알레시의 활동을 이어받아 발전시켰다. 알레시의 스트라다누오바Strada Nuova에 더해 발비 대로Via Balbi를 설계했으며 이 길을 따라 제노바대학교Universita, 1630년 계획, 두라팔라비치니 팔라초Palazzo Dura-Pallavicini, 1619년~, 발비세나레가 팔라초Palazzo Balbi-Senarega, 1620년~ 등의 대표작을 세웠다(그림 560, 561).

다른 하나는 교외에 지은 귀족들의 빌라이다. 알바로의 브리뇰레살

560 발비 거리(Via Balbi), 제노바

561 바르톨로메오 비앙코(Bartolomeo Bianco), 두라팔라비치니 팔라초(Palazzo Dura-Pallavicini), 제노바, 1619~

레 빌라Villa Brignole-Sale, Albaro, 1616년와 코르닐리아노의 조반니 도메니코 스피놀라 빌라Villa Giovanni Domenico Spinola, Cornigliano, 1621~24년는 이것을 대표하는 예이다. 비첸차와 베네치아 인근에 지어진 팔라디오의 빌라들이 농업의 중심지였던 데 반해 제노바의 빌라들은 귀족들의 휴식처였다. 이에 따라 건축적 특징들은 주변의 경치를 감상할 수 있는 방향으로 나타났다. 블록 형태의 중앙 건물을 중심으로 로지아가 양옆으로 길게 더해지는 처리가 대표적인 예이다.

제노바대학교는 예수회 대학으로 세워졌다. 이 건물은 도리아투르시 팔라초를 이어받아 발전시켰다. 평면은 연속성의 주제로 구성되었다. 1층은 장축 방향으로 '앞마당-계단-전실-안마당-계단실'의 순서로 구성되었다(그림 562). 이 순서는 언덕이 많은 제노바의 지형에 맞춰 속으로 들어갈수록 높아지는 점층 구성을 가진다. 안마당은 쌍기둥이 받치는 아케이드로 구성되었다. 입면은 제노바의 장식 전통을 이어받되 이것을 단순화시킨 특징을 보인다. 제노바의 매너리즘에 비해 바탕면에 여백이 더 많이 나타났다. 바로크 어휘는 전실 파사드와 가로변 출입구에 썼다.

전실 파사드에서는 출입구 상인방 아치를 자른 뒤 중간에 소품화된 신전 파사드를 넣었다(그림 563). 이것은 고전 어휘의 조각을 이용한 몽타주 기법의 한 형식이다. 가로변 출입구에서는 블록을 끼운 오더를 사용했다. 여기에서는 상인방이 주두 조각에 의해 높이 받쳐졌다. 상

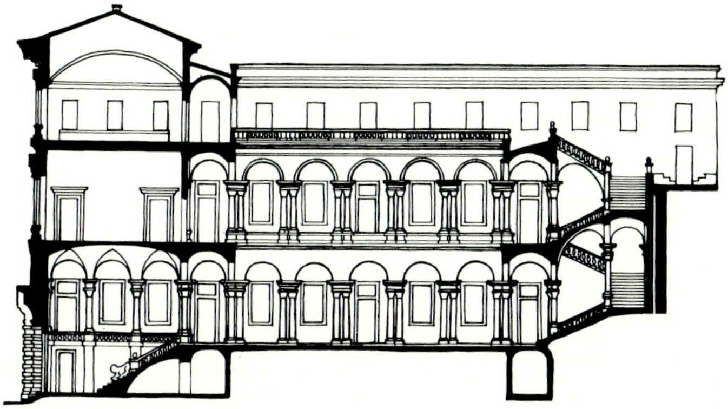

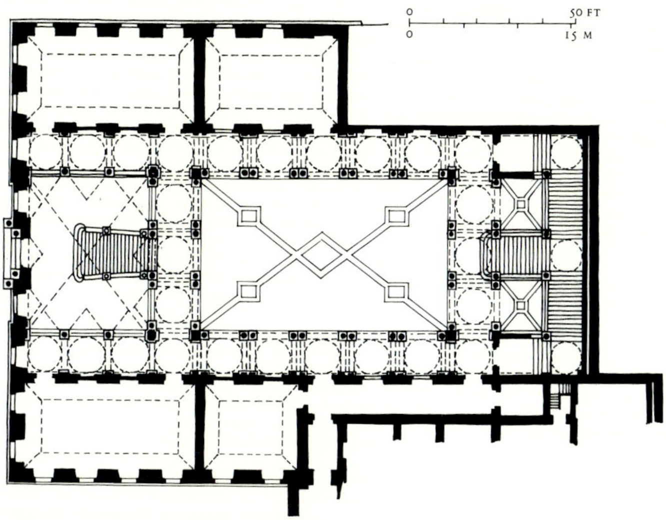

562 바르톨로메오 비앙코(Bartolomeo Bianco). 제노바대학교(Universita, Genova). 1630년 계획

563 바르톨로메오 비앙코(Bartolomeo Bianco). 제노바대학교(Universita, Genova). 1630년 계획

인방 아치는 온전한 형태를 유지했지만 박공 속에 작은 아치를 하나 더 넣었다. 상인방 위에도 아치를 한 겹 둘렀다. 이 아치는 매우 장식적으로 처리되었다. 출입구에는 총 세 개의 아치가 수직으로 중첩되어 있다.

파르마와 알레오티

조반 바티스타 알레오티Giovan Battista Aleotti, 1546~1636년는 파르마와 페라라를 배경으로 활동했다. 처음에는 군사시설과 토목공학 분야에서 일하다가

564 조반 바티스타 알레오티(Giovan Battista Aleotti), 산카를로(San Carlo), 페라라(Ferarra), 이탈리아, 1613~23

17세기에 들어오면서 건축 작품을 남겼다. 파르마에서는 파르네세 가문의, 페라라에서는 알폰소 데스테 2세[Alfonso II d'Este]의 주 건축가로 각각 활동했다. 이밖에도 무대 디자이너와 실용 건축서 저술가로도 활동했다. 파르마에는 산타마리아델콰르티에레[Santa Maria del Quartiere, 1604~19년]와 파르네세 극장[Teatro Farnese, 1618~28년]을, 페라라에는 페라라대학교[Universita, 1610]와 산카를로[San Carlo, 1613~23년]를 각각 대표작으로 남겼다(그림 564).

파르네세 극장은 팔라디오와 스카모치의 극장 연구를 물려받은 위에 당시 피렌체에서 새롭게 유행하던 내용을 더했다. 팔라디오의 올림픽 극장은 최근 선례로, 로마 극장 연구는 고대 선례로 각각 중요한 영향을 끼쳤다. 피렌체에서는 U자형 객석이 최근 유행으로 나타나고 있었다. 베르나르도 부온탈렌티[Bernardo Buontalenti, 1531~1608년]의 우피치 극장[Teatro Uffizi, 1585년]은 대표적인 예이다. U자형 객석은 16세기 반원형 객석에 비해 무대를 접하는 객석의 면적과 무대를 향한 집중도 모두를 높였다. 무대가 U자형의 사이 공간에 위치했기 때문에 객석은 세 면에서 무대를 에워쌌다. 관객은 맞은편에 앉아 있는 다른 관객을 연극의 요소로 끌어들여 함께 감상했다. 관객들은 서로를 마주봄과 동시에 서로에게 보여졌다.

이런 특징들은 모두 바로크 장경주의가 무대 설계에 적용된 결과이다. 파르네세 극장도 이것을 받아들여 직사각형의 프로시니엄 아치[proscenium-arch]와 U자형 객석으로 구성되었다(그림 565). 객석 뒷면은 화려한 2층 벽으로 꾸며졌다. 건축 어휘는 팔라디오의 바실리카를 차용하여 세를리오 모티프의 2층 아케이드로 처리했다(그림 566). 이런 처리는 객석의 뒤 배경 벽도 무대의 일부로 느끼게 하는 결과를 가져왔다.

565 조반 바티스타 알레오티(Giovan Battista Aleotti), 파르네세 극장(Teatro Farnese), 파르마(Parma), 이탈리아, 1618~28

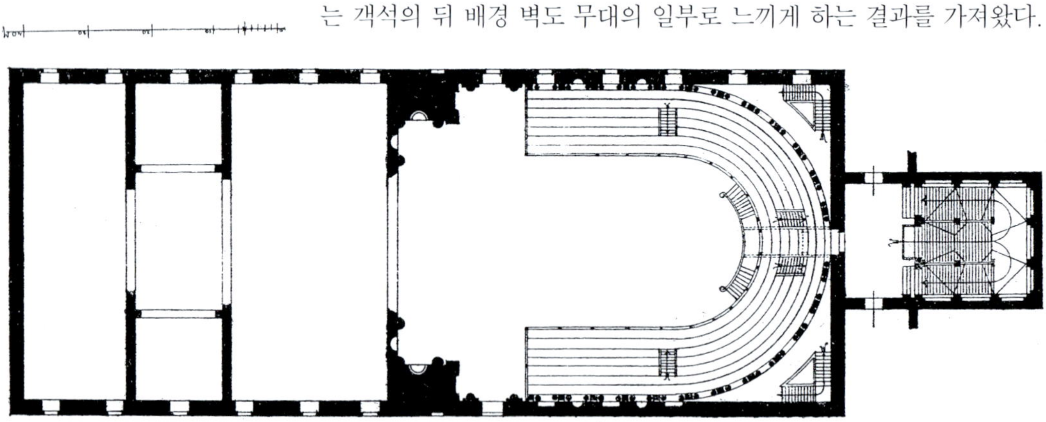

566 조반 바티스타 알레오티(Giovan Battista Aleotti), 파르네세 극장(Teatro Farnese), 파르마(Parma), 이탈리아, 1618~28

이것은 나아가 그 밑에 앉은 다른 관중까지 무대의 일부로 느끼게 했다. 관중은 서로를 연극 요소의 일부로 삼았다. 무대는 객석으로 확대되었다. 바로크의 공간 확장이 무대 설계에서 나타난 것이다. 이밖에도 알레오티는 자신의 공학 지식을 활용하여 무대 밑에 기계 장치를 넣어 가변 무대를 만들었다. 이것은 극장 역사에서 최초의 가변 무대 가운데 하나로 평가받는다.

파르네세 극장은 평면에서는 17세기의 새로운 발전을 도입했지만, 배경 벽은 팔라디오의 16세기 이상을 이어받았다. 이것은 이 극장의 주요 고객이 귀족인 것과 연관이 깊다. 17세기에는 극장 건축의 발전이 두드러졌는데 이것을 이끈 것은 가톨릭, 왕실, 귀족의 세 계층이었다. 이 가운데 가톨릭과 왕실은 극적 효과를 좋아했다. 자신들의 권위를 과시하기 위함이었다. 이를 위해 배경 벽은 일소점 투시도를 기본 기법으로 삼아 바로크 특유의 소실 강조와 뒤틀림을 활용하여 극적 효과를 높였다.

반면 귀족들은 서로를 바라보면서 자신들의 정치적 정체성을 확인하는 방향을 더 선호했다. 이런 방향에는 팔라디오의 과거 회귀식 이상형이 잘 맞았다. 소실 강조와 뒤틀림을 도입하여 배경 벽을 지나치게 왜곡할 경우 시선을 그곳으로 빼앗기기 때문이다. 반면 배경 벽을 평평한 면으로 세운 뒤 차분한 고전 어휘로 처리할 경우 관객들은 보고 보이는 시선 행위에 보다 편하게 집중할 수 있다. 직사각형의 프로시니엄 아치와 U자형 객석은 여기에 가장 적합한 평면 구성이었다.

9장 성기 바로크 (1630~1670)

1 조반니 로렌초 베르니니

2 프란체스코 보로미니

3 피에트로 베레티니 다코르토나

4 바로크 매너리즘

1 조반니 로렌초 베르니니

로마 바로크 고전주의와 바로크 기독교 고전주의

조반니 로렌초 베르니니Giovanni Lorenzo Bernini, 1598~1680년는 나폴리에서 조각가 도메니코 베르니니의 아들로 태어났다. 아버지를 따라 1605, 6년경 로마에 정착한 뒤 아버지에게 조각을 배웠는데, 14세 때 첫 작품을 내놓을 만큼 어려서부터 두각을 나타냈다. 20세에는 그리스도 기사단의 십자가Croce di Cavaliere di Cristo를 조각하고 교황청 공방의 높은 자리에 오르는 등 이른 나이에 로마 예술계의 중심부로 진출했다. 베르니니는 미켈란젤로와 함께 서양예술사 전체에서 가장 뛰어난 천재 가운데 한 사람이다. 미켈란젤로가 르네상스를 대표하는 천재였다면 베르니니는 바로크를 대표하는 천재이다. 두 사람 모두 건축, 회화, 조각의 시각예술 전 분야에서 뛰어난 천재성을 보였고 특히 조각을 자신들의 예술적 바탕으로 삼은 공통점을 가졌다.

베르니니는 로마와 교황청을 주요 활동 무대로 삼아 성기 바로크 건축을 이끌었다. 건축 경향은 정통 고전주의로 요약될 수 있다. 서양건축사를 양분하는 경향 가운데 정형 계열의 주류이다. 거시적 차원에서는 바로크 자체가 비정형 양식이긴 하지만 그 안에서 다시 정형과 비정형 경향으로 양분되는데, 베르니니는 이 가운데 정형 경향을 대표한다. 그는 로마 시대 이래로 로마에 이어져 내려온 로마 고전주의의 적자였다. '판테온–구 성 베드로–브라만테–미켈란젤로–다비뇰라–마데르노'의 뒤를 이어 그 자리를 이어받았다. 조각가였지만 형태의 기교나 가소성 같은 조각적 특징은 오히려 적게 나타냈다. 오더를 중심으로 한 표준 고전 어휘의 탄탄한 기본기를 중요시하며 고전적 형식을 충실히 지켰다(그림 567). 거기에 바로크의 특징을 고전 어휘의 중복과 깊은 음영에서 나오는 풍부한 표현력으로 나타냈다. 로마 바로크 고전주의라 할 수 있다(그림 568).

베르니니의 이런 경향은 16세기의 두 가지 전통 가운데 매너리즘의

567 조반니 로렌초 베르니니(Giovanni Lorenzo Bernini), 산타비비아나(Santa Bibiana) 제단, 로마, 1624~26

568 조반니 로렌초 베르니니(Giovanni Lorenzo Bernini), 산피에트로 광장(Piazza di San Pietro), 로마, 1656~67

한계를 분명히 인식한 결과이다. 그는 17세기까지 드리우고 있던 매너리즘의 그늘에서 벗어나려고 노력했다. 그 배경에는 종교적 이유도 크게 자리했다. 그는 매너리즘을 순수 예술과 기독교 양측면 모두에서 로마의 전통을 벗어난 변종으로 여겼다. 예술적 측면에서는 고전주의의 오랜 규범이 갖는 미적 가치를 깬 일탈로 규정했다. 그는 매너리즘을 정통 가톨릭에 반기를 든 신교의 영향을 받은 것으로 보았으며, 이것으로는 새로 도래한 가톨릭의 부활을 담당할 수 없다고 보았다. 베르니니 자신은 기독교의 입장에서 보더라도 교황청의 핵심 멤버였을 만큼 철저한 가톨릭 신자였다. 가톨릭이 후원하는 로마의 정통 고전주의를 건축적 적자로 인식했다. 이런 인식 위에 스스로를 그 뒤를 잇는 선두 주자로 자리매김했다. 이것을 대표하는 앞 시대 양식은 16세기의 두 경향 가운데 성기 르네상스였고, 베르니니는 그 끝에 위치했다. 매너리즘의 비정형 계열을 거부했기 때문에 베르니니의 건축은 처음부터 정형성을 대표적 특징으로 가질 수밖에 없었다. 바로크 기독교 고전주의였다(그림 569).

569 조반니 로렌초 베르니니(Giovanni Lorenzo Bernini), 퀴리날레의 성 안드레아(Sant'Andrea al Quirinale), 로마, 1658~70

베르니니는 천재로 추앙받았기 때문에 당대에 이미 여러 전기 학자들의 관심과 기록의 대상이었다. 그는 일찍부터 로마 예술계의 핵심부

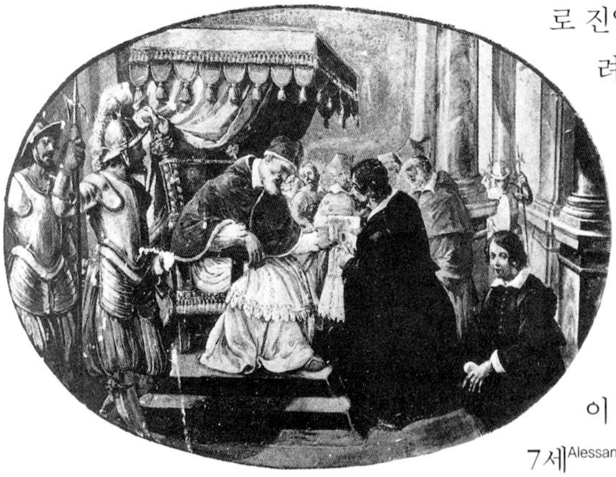

570 건물 모델을 교황 우르바노 8세(Urbano VIII)에게 설명하고 있는 베르니니(Bernini)

로 진입하여 평생 비교적 순탄한 예술 활동을 했다. 무려 50여 년 동안 교황청의 대표 예술가로 활동하며 건축, 회화, 조각에서 많은 작품을 남겼다. 바로크 기독교 고전주의를 대표하는 예술가였던 만큼 그는 교황청의 최대 수혜자이자 교황청을 이끈 예술적 지주였다. 그는 평생 바오로 5세에서 인노첸시오 11세Innocent XI에 이르는 7명의 교황을 예술적 후원자이자 건축주로 가졌다. 이 가운데 우르바노 8세Urbano VIII, 1623~44년와 알렉산드로 7세Alessandro VII, 1655~67년가 가장 중요한 역할을 했다.

베르니니와 절친한 친구였던 우르바노 8세의 치세에는 주로 조각과 회화에서 주요 작품을 남기며 전성기를 누렸다(그림 570). 이 시기의 건축 활동은 초창기에 해당된다. 일부 주요 작품을 수주하기는 했지만 마데르노와 보로미니의 도움을 받는 등 완전한 자신만의 건축을 정착시키지 못하고 형성기에 머물렀다. 우르바노 8세가 사망하면서 인노첸시오 10세1644~55년의 재위 기간에는 교황청과 소원해져 그의 생애 전체에서 가장 힘든 시기를 보냈다. 이 기간에는 주로 귀족 등 개인 건축주의 일을 수주했다. 그러나 베르니니 없이는 교황청 건축이 제대로 진행될 수 없었기 때문에 교황청 내에서 그의 위치는 여전히 굳건했다.

그의 건축 활동 전성기는 알렉산드로 7세 시기였다. 이 기간에는 베르니니를 바로크 건축의 대표자로 만들어준 주요 작품이 지어졌다. 알렉산드로 7세는 베르니니를 주요 건축가로 삼아 로마 재개발 계획을 추진하며 많은 건축 작품을 발주했다. 베르니니는 1665년에는 파리 루브르 동익랑 설계 공모에 당선되어 루이 14세의 초청으로 파리에 7개월간 머무르기도 했다. 파리 체류는 별 소득 없이 끝났지만 그의 건축이 이탈리아나 교황청뿐 아니라 서북유럽의 절대왕정에서도 받아들여질 수 있다는 것을 보여준 중요한 의미를 가진다. 실제로 베르니니의 바로크 건축은 프랑스와 영국에 결정적 영향을 끼쳤다. 베르니니는 이탈리아 고전주의 바로크를 국제 양식으로 전파하는 역할을 했다.

장경주의와 종합예술

베르니니의 바로크 경향은 비정형 자유 형태가 아닌 정통 고전주의의 중복에 의한 풍부한 표현력으로 나타났다. 구체적 기법으로는 종합예술을 바탕으로 한 장경주의를 대표적 특징으로 가진다. 장경주의는 종교와 공간의 두 측면을 목적으로 했다. 종교적 목적은 가톨릭 정신의 승리와 하늘의 영광을 찬양하는 것이었다(그림 571). 이것을 인간 예술 매개의 종합화를 통해 흥겹고 극적이며 심미적이고 조형성이 풍부한 장면으로 표현하려는 것이었다. 건축은 종합 매개를 포괄하는 최종 그릇이자 축조 매개이다. 예술과 종교가 하나가 된 점에서 바로크 기독교 고전주의의 대표적 예에 해당되었다. 교회의 실내에 더해지는 예배당, 닫집, 제단 등은 이것을 담당하는 유형이며, 실제로 베르니니는 이 유형들에서 주요 작품들을 남겼다(그림 572).

571 조반니 로렌초 베르니니(Giovanni Lorenzo Bernini). 성 테레사의 환희(Ecstasy of St. Teresa). 1647~52

572 조반니 로렌초 베르니니(Giovanni Lorenzo Bernini). 라이몬디 예배당(Cappella Raimondi, San Pietro in Montorio, 몬토리오의 성 베드로 경내). 로마. 1640~47

공간적 목적은 새로운 공간 개념의 창출이었다. 베르니니는 1630년대 초반부터 평생에 걸쳐 40편이 넘는 희극을 썼다. 그는 이 작품들을 자신의 집에 설치된 가설 무대에서 식구들을 배우로 삼아 공연하는 등 공연 예술에도 남다른 재능과 관심을 나타냈다. 이런 배경을 바탕으로 그는 항상 자신의 건축 공간을 사람이 들어가거나 올라서서 함께 활동하고 생활하는 종합적 장으로 생각했다(그림 494). 공간을 사람의 활동 무대로 정의하고 공간의 성격을 사람의 활동을 포함해서 생각하는 새로운 공간 개념이었다.

건축은 베르니니의 예술 세계에서 조각이나 회화보다 덜 중요했던 것이 사실이다. 작품 수는 많았지만 건물의 일부분만 설계한 경우가 대부분이었다. 건축과 조각의 경계선에 있는 제단, 앱스, 닫집, 실내 장식, 예배당, 분수 등을 특히 많이 설계했다. 이런 유형들은 건축과 조각 사이의 경계를 허물고 새로운 유형을 창출한 점에서 중요성을 가진다. 그러나 건축의 순도라는 관점에서 보면 부정적 의미를 갖는 것도 사실이다. 확장해서 볼 때 베르니니의 건축 전반에 관해 부정적 평가가 적지 않은 것도 사실이다. 그의 건축 활동은 조각가의 명성이 만들어준 파생물이었다거나 그를 완전한 건축가라고 보기 힘들다는 평가 등이다.

베르니니는 건축에 대해 잘 몰랐기 때문에 늘 보조 건축가를 두고 작업했다. 이들에 대한 의존도가 컸기 때문에, 일부 건물에 대해서는 베르니니의 작품이기보다는 보조 건축가의 작품으로 봐야 된다는 주장도 있다. 그는 마데르노, 보로미니, 알레산드로 알가르디Alessandro Algardi 등의 도움을 받아 건축 일을 진행했다. 건물 한 채를 베르니니 혼자서 완전히 설계한 것은 퀴리날레의 성 안드레아 하나 정도이다. 그러나 시각예술 전 분야에서 뛰어난 소질을 바탕으로 이것들을 하나로 모은 종합예술과 장경주의를 추구하여 바로크 건축의 전형을 완성시킨 점은 분명 베르니니만의 창조적 업적이다.

베르니니는 1621년에 첫 건축 작품을 낸 뒤 산타비비아나Santa Bibiana, 로마, 1624~26년 개축을 첫 주요 작품으로 남겼다. 이후의 작품은 건물 유형에 따라 교회, 팔라초, 예배당 그리고 성 베드로 등의 넷으로 나눌 수 있다. 교회는 카스텔 간돌포의 산토마소다빌라노바San Tommaso da Villanova, Castel Gandolfo, 1658~61년, 퀴리날레의 성 안드레아Sant'Andrea al Quirinale, 로마, 1658~70년, 아리차의 성모 승천 축일 교회Santa Maria dell'Assunzione, Ariccia, 1662~65년 등을 대표작으로 들 수 있다.

팔라초는 바르베리니 팔라초1629~40년경 완공, 몬테치토리오 팔라초Palazzo Montecitorio, 로마, 1650~/1694년 카를로 폰타나 완공, 퀴리날레 팔라초Palazzo Quirinale, 로마, 1656~59년 증축, 키지오데스칼키 팔라초Palazzo Chigi-Odescalchi, 로마, 1664~66년 개축 등을 대표작으로 들 수 있다. 예배당은 라이몬디 예배당Cappella Raimondi, 로마, 1640~47년, 코르나로 예배당Cappella Cornaro, 로마, 1647~51년, 키지 예배당Cappella Chigi, Siena Cathedral, 시에나 성당 내, 1658~64년 등이 대표작이다.

성 베드로에서는 제단 장식Petri, 1624년), 닫집Baldachin, St. Peter's, 1624~33년, 크로싱 장식1627~47년, 캄파닐레1636~46년, 네이브 실내 장식1645~48년, 산피에트로 광장Piazza di San Pietro, 1656~67년, 스칼라레자Scala Regia, 바티칸 궁 내, 1663~66년 등을 대표작으로 들 수 있다. 그밖에 공공 작품으로 포폴로 문Porta del Popolo, 로마 1656~58년이 있다.

고전주의의 장경주의 지향-코르나로 예배당

산타비비아나 파사드에서는 엄격한 표전 고전 어휘를 이용하여 장경주의를 추구했다. 기본 구성은 델라포르타의 일제수 모티프로 이루어졌다. 파사드 전체는 3베이로 이루어졌으며 고전 어휘를 집중시켜 중앙 베이를 강조했다(그림 573). 모서리는 벽기둥 두 개를 중첩시킨 데 반해 중앙 베이는 세 개를 중첩시켰다. 2층에서는 중앙 집중이 더 두드러졌다. 양측면의 창틀이 평 상인방을 갖는 데 반해 중앙 창틀은 작은 신전 박공으로 상인방을 처리했다. 지붕도 신전 박공으로 처리했는데 중앙 베이 위에만 두었다. 이상의 처리들은 로마 고전주의의 신전과 팔라초 구성을 기본 모티프로 삼은 것이었다. 이것은 베르니니가 처음부터 자신의 건축적 의미를 로마 정통 고전주의의 계승에 두었음을 말해준다(그림 567).

573 조반니 로렌초 베르니니(Giovanni Lorenzo Bernini). 산타비비아나(Santa Bibiana). 로마. 1624~26

산타비비아나의 중앙 집중은 일제수와 유사하지만 궁극적 목적은 달랐다. 일제수는 성의 세계로의 유입이 목적인 반면, 산타비비아나에서는 무대처럼 보이게 하는 데 목적을 두었다. 이것은 중앙부의 강조를 사람이 드나들 수 없는 2층에 둔 점에서 잘 드러난다. 파사드는 무대의 배경 막처럼 처리되었다. 사람이 들어가서 공연을 하면 어울릴 것 같은 분위기를 연출했는데, 이것은 장경주의 개념이 반영된 결과이다. 여기에 종합예술을 이용하여 여러 장면을 더하면 장경주의가 완성될 터이지만, 더이상의 추가 처리는 없었다. 그러나 장경주의의 바탕이 되는 건축적 골격을 처음 제시한 점에서 중요한 의미를 가진다. 베르니니가 건축 활동 초창기부터 장경주의를 강하게 염두에 두었음을 알 수 있다.

산타비비아나의 장경주의는 예배당으로 발전했다. 라이몬디 예배당을 거쳐 코르나로 예배당에서 가장 완성도 높게 나타났다. 코르나로 예배당은 베네치아의 페데리코 코르나로 추기경Cardinal Federico Cornaro이 산타마리아델라비토리아Santa Maria della Vittoria의 왼쪽 트렌셉트를 사서 아빌라의 성 테레사St. Teresa of Avila에게 봉헌한 것이었다. 성 테레사는 반종교개혁을 대표하

574 조반니 로렌초 베르니니(Giovanni Lorenzo Bernini). 코르나로 예배당(Cappella Cornaro, 산타마리아델라비토리아 내). 로마. 1647~51

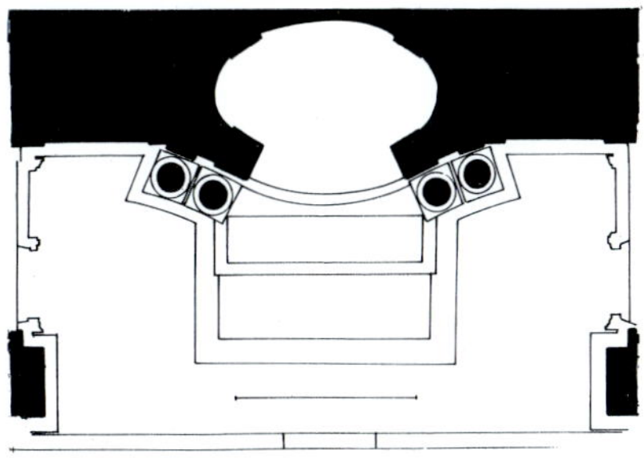

575 조반니 로렌초 베르니니(Giovanni Lorenzo Bernini). 코르나로 예배당(Cappella Cornaro, 산타마리아델라비토리아 내). 로마. 1647~51

576 조반니 로렌초 베르니니(Giovanni Lorenzo Bernini). 코르나로 예배당(Cappella Cornaro, 산타마리아델라비토리아 내). 로마. 1647~51

는 성인 가운데 한 사람이다. 예배당은 제단, 감실, 측벽으로 구성되었다(그림 574, 575). 제단은 벽면 앞에 두 단의 데크를 펼쳐놓은 것처럼 처리했고, 감실은 그 뒤로 타원형 공간을 파서 만들었다. 타원은 장축을 벽면과 평행하게 놓았다. 감실에는 베르니니의 조각 대표작 가운데 하나인 성 테레사의 환희The Ecstasy of St. Teresa, 1645~52년를 새겨놓았다(그림 572). 측벽에는 높은 돋을새김으로 처리한 카르나로 가문 추기경들의 조각상을 더했다(그림 576).

이상의 요소들은 장경주의를 지향하여 구성되었다. 전체 구성은 극장을 축소해놓은 것으로 해석될 수 있다. 제단은 객석에, 감실은 무대에 해당되었다. 감실 입구 양옆에 쌍기둥 한 쌍씩을 더한 처리는 이런 느낌을 강화했다. 혹은 제단과 감실이 무대 두 개를 앞뒤로 연달아 놓은 것처럼 느껴질 수도 있다. 측벽은 오페라하우스의 개인용 작은 방처럼 처리했다. 추기경 조각상은 관객이 되어 무대를 내려다보고 있는 듯하다. 이들이 앉아 있는 방의 뒷벽은 일소점 투시도로 처리하여 공간 깊이를 갖는 것처럼 보이게 했다. 예배당 전체가 진짜 오페라하우스처럼 보이게 만들어 사실성을 높였다.

감실은 무언가 특별한 행사가 벌어지는 별도의 독립 공간이 되었다. 특별한 행사란 성 테레사의 환희였다. 천장에는 하늘에서 빛이 떨어지는 장면을 조각해서 종교적 희열을 표현했다. 감실 안쪽 천장에 굴뚝을 뚫어 자연광도 끌어들여 빛의 효과를 높였다. 테레사의 격정과 찬란한 빛은 곧 기독교 열정의 승리를 상징했다. 모든 시선은 이 특별한 행사를 향해 모아졌다. 측벽의 추기경 조각상은 숨을 죽이고 이 장면을 바라보았다. 추기경들은 종교적 희열에 떨며 테레사와 그 주위를 감싼 천사를 경배했다.

벽면에 새겨진 그림과 자연 문양이 두드러진 대리석은 장식 효과를 통해 장경주의를 도왔다. 예배당의 볼트 천장에는 구름 사이에서 빛을 받으며 유영하는 천사를 그렸다. 다중 매체를 이용하여 하늘의 영광을 무대 위 한 장면으로 번안하여 표현했다. 종합예술을 통한 장경주의이다. 감실 공간은 초점이 집중되는 경관이 되었다. 테레사와 천사는 하늘에서 내려온 것처럼 느껴진다. 경관은 신비주의로 가득 찬 천상의 세계를 상징한다.

감실 입구를 감싸는 닫집은 바로크의 전형적 곡면 형태로 처리했다. 전체 윤곽은 밖을 향해 볼록한 형상으로 처리하여 감실의 오목 공간과 대비시킴으로써 긴장감을 높였다. 감실의 지붕은 볼록한 형상에 맞춰 곡면으로 처리된 신전 박공으로 마감했다. 이런 처리는 보로미니의 영향을 받은 것이다. 고전 부재의 처리에서도 바로크의 분해 기법을 사용했다. 지붕 박공은 양옆의 쌍기둥에 해당되는 부분을 별도의 조각으로 나누어 처리함으로써 지붕은 세 조각으로 분해되었다.

대리석의 자연색과 자연 문양을 이용하는 처리에서도 바로크의 전형적 기법이 나타난다. 색과 문양은 건축 부재별로 할당했다. 기둥은 녹색의 아프리카 산 각력암breccia africana으로, 엔태블러처는 노란색 대리석인 잘로안티코giallo antico로, 벽기둥은 녹색 대리석인 베르데안티코verde antico로, 테레사의 조각은 흰색의 카라라Carrara 대리석으로 각각 처리했다. 색과 문양은 개별 부재의 존재를 강조하며 곡면과 분해 등의 바로크 특징을 강화했다.

이것은 재료를 가능한 한 가지로 통일시켜 건축 구성의 연속성을 추구했던 르네상스 고전주의와 대비되는 바로크의 특징적 기법이다. 이런 특징은 '분리를 통한 개별화'라고 할 수 있는데, 이같은 현상은 조각과 건축과의 관계에서도 동일하게 나타났다. 감실의 테레사 조각상과 측벽의 추기경 조각상은 건축 배경을 이루는 벽면으로부터 분리되어 공간 속에 독립적인 존재로 세워졌다. 이것은 조각과 건축 사이의 일체를 추구했던 르네상스 고전주의와 대비되는 바로크의 특징적 기법이었다.

바로크 기독교 고전주의-성 베드로 닫집

교황청 예술단의 핵심에 진입한 뒤 베르니니는 성 베드로의 마무리 작업을 책임졌다. 교황이 바뀔 때마다 부침이 있긴 했지만 1624년에 제단 장식과 닫집 설계를 시작하여 1660년대 말까지 크고 작은 마무리 작업을 지속적으로 담당했다. 성 베드로의 주건축가라는 공식 직함은 마데르노가 1629년에 사망하면서 물려받았다. 브라만테에 의해 1500년대 초반에 시작된 성 베드로는 150여 년이 흐른 뒤 베르니니에 의해 최종적으로 완성되었다. 베르니니의 건축 활동에서도 성 베드로는 가장 핵심적 위치를 차지한다. 건물의 골격은 이미 끝나 있는 상태였기 때문에, 마무리 작업은 건축만 잘해서는 안 되었고 조각 실력이 절대적으로 필요했다. 베르니니는 이 일에 가장 제격이었다.

독실한 가톨릭 신자라는 사실도 중요한 배경이었다. 그는 40년 동안 매일 일제수에서 저녁 미사를 드렸다. 예수회와 오라토리오회[Oratory] 수도사들과는 가톨릭의 기본 정신에 대한 신학적 논쟁을 주도했다. 그런 투철한 신앙심을 바탕으로 교황청의 중심부로 진입하여 가톨릭 예술의 대표 주자가 되었다. 베르니니에게는 궁극적으로 예술 활동 자체가 곧 신앙 생활이었다. 베르니니는 자신의 작품에 감정이입을 가장 잘 실어낸 예술가였다. 그의 작품들은 기독교적 열정에 사로잡힌 순간을 가장 극적으로 표현했다. 작품에 나타난 이런 상태는 곧 베르니니의 마음이기도 했다. 중세 성당을 축조하던 장인들의 건축 활동이 구도였던 것에 비견될 한 것으로, 바로크 기독교 고전주의를 말해준다.

577 조반니 로렌초 베르니니(Giovanni Lorenzo Bernini). 성 베드로 내 닫집(Baldachin, St. Peter's). 로마. 1624~33

닫집은 바로크의 비정형 경향과 장식주의를 대표한다. 청동으로 만들어진 기둥은 나선형으로 처리했다(그림 577). 밑동 표면에는 사선 방향의 빗살무늬를 새겼고, 몸통과 윗동에는 꽃잎과 풀잎 등의 자연주의 문양을 새겼다. 엔태블러처는 문장이 새겨진 커튼을 모사했다. 지붕은 박공 윤곽을 기본 모티프로 삼아 곡선 피라미드, 즉 횃불 모양으로 변형시켜 처리했다. 박공 면을 비우고 프레임만으로 윤곽을 만들었다. 코니스 윗면과 기둥 위의 네 모서리에는 천사 조각상을, 피라미드 정상에는 부활한 예수 조각상을 각각 세웠다.

닫집을 이루는 기본 개념은 새로운 것은 아니었다. 닫집은 성 베드로의 무덤으로 추정되던 지점 위에 세워졌는데 이미 구 성 베드로에서 같은 자리에 초기 기독교의 닫집이 세워진 적이 있었다(그림 578). 이것은 성인의 무덤이나 제단 지점에 세워지는 장식물을 의식용 가구[liturgical furniture] 개념으로 정의한다는 것을 의미했다. 구 성 베드로의 초기 기독교 닫집은 아주 단순한 기하학적 형태로 만들어졌다. 베르니니는 이것을 받아들여 바로크에 맞는 새로운 유형으로 발전시켰다. 종합예술을 통한 기독교 열정의 표현이라는 바로크의 이상을 반영시켜 규모도 커지고 조형적으로도 풍부해졌다.

나선형 기둥은 매너리즘 때 빈번하게 사용하던 어휘이다. 줄리오 로마노는 이것을 즐겨 사용하던 대표적 건축가이다. 그러나 건축적 의미는 달랐다. 매너리즘에서는 표준 오더에 대한 파격 혹은 일탈의 의미로 사용된 것으로, 관습과 규범을 거부하는 부정의 의미를 가진다. 반면 베르니니는 나선형 기둥을 바로크의 자연주의를 새기는 바탕면으로 정의했는데, 이것은 긍정의 의미를 가진다. 표면에 새겨진 꽃잎과 풀잎의 자연주의 문양이 단서이다. 이런 자연 형태에는 표준 오더보다 나선형이 더 어울린다고 판단한 것으로 볼 수 있다.

578 구 성 베드로(Old St. Peter's) 닫집

닫집의 저작권에 대해서는 논란이 있어왔다. 1970년대까지는 베르니니의 작품이라는 것이 통설이었다. 그러나 1980년대를 거치면서 일부 사가들은 보로미니의 역할이 결정적이었다는 주장을 제기했다. 특히 닫집의 생명이라고 할 수 있는 곡선 지붕 프레임이 보로미니의 작품이라는 사실이 밝혀졌다. 보로미니는 이를 뒷받침하는 스케치를 몇 장 남겼다(그림 579). 당시 기술로 이런 곡선 프레임을 만드는 것은 고난도의 기술을 요했는데, 역학 계산에서 현장 축조에 이르는 전 과정을 보로미니가 지휘했다.

579 보로미니(Borromini)의 성 베드로 닫집 스케치

닫집은 28.5미터의 높이로 세워졌다. 기둥의 재료가 돌이 아닌 청동이었기 때문에 주물 뜨기가 쉬운 일이 아니었다. 베르니니는 집안 식구들과 보로미니의 도움을 받아 역작을 완성했다. 건축, 조각, 공예 장식 등이 어우러진 바로크 종합예술의 또 다른 유형이다. 닫집은 건물, 조각, 공예 장식 어느 것에도 해당되지 않는 것으로, 셋을 종합한 새로운 유형이다. 닫집은 초기 바로크가 끝나갈 무렵 시작되어 성기 바로크를 알리며 완성되었다. 베르니니의 닫집은 이후 바로크 건축에서 표준형으로 자리 잡아 수없이 모방되었다.

기독교 영웅주의-캄파닐레와 산피에트로 광장(1)

캄파닐레는 베르니니의 이력 전체에서 가장 치욕을 남긴 작품이

580 조반니 로렌초 베르니니(Giovanni Lorenzo Bernini). 성 베드로 캄파닐레(Campanile, St. Peter's). 로마. 1636~46

다. 캄파닐레는 마데르노 때 파사드 높이만큼 올라가다 중단된 상태였다. 이것을 다시 시작한다는 결정이 내려져 베르니니는 1636년에 안을 제출한다. 그는 캄파닐레를 세 층으로 구성했다(그림 580). 공사는 남측 캄파닐레를 중심으로 진행되었다. 공사가 진행되는 동안 심미성에 대한 논란이 이어져 공사는 2층에 머문 채 마무리되지 못하고 있었다. 그 사이 1644년에 베르니니의 가장 든든한 후원자였던 교황 우르바노 8세가 서거하고 베르니니에게 적대적이었던 인노첸시오 10세가 즉위하면서 분위기가 급변했다. 마데르노 때 지어졌던 기초에서 균열이 발생했다는 보고가 올라갔고, 새 교황은 건축 위원회를 소집하여 이를 토론에 붙였다.

토론에는 보로미니를 포함하여 로마의 건축가들이 모두 모였다. 보로미니는 문제점을 심각하게 지적했고 베르니니는 사력을 다해 방어했다. 결론은 베르니니의 패배였다. 완공 직전까지 갔던 남측 캄파닐레와 조금 올라가다 만 북측 캄파닐레 모두를 철거하라는 명령이 1646년에 떨어졌다. 캄파닐레의 철거는 건물 파사드, 나아가 성 베드로 전체에 심각한 심미적 손실을 가져왔다. 캄파닐레를 전체로 파사드 비례를 정했는데, 캄파닐레가 세워지지 못하고 넓적한 상태로 남으면서 비례가 매우 어색해졌다. 아래쪽 광장과의 스케일 균형도 깨졌다. 거대 스케일의 광장 규모에 비해 위쪽 건물이 초라해졌다. 성 베드로는 처음부터 기독교 영웅주의를 기본 개념으로 추구했고 캄파닐레는 필수 요소였다. 이것이 철거되면서 본래의 심미적 목적이 크게 훼손되었다.

이 사건은 서양건축사 전체에서도 보기 드문 스캔들이었고, 베르니니 자신에게는 생애에서 가장 힘든 패배였다. 이 사건을 계기로 보로미니와의 적대적 관계는 심화되었다. 인노첸시오 10세와의 불편한 관계는 주로 정치적 이유에서였다. 베르니니의 캄파닐레가 이런 정치적 이유로 철거되었는지, 아니면 정말로 구조적으로 문제가 있었는지에 대해서는 학자들 사이에서 주장이 엇갈린다. 그런 인노첸시오 10세조차도 베르니니의 예술성은 높이 사서 성 베드로의 주건축가 직책은 유지시키면서 네이브의 실내 장식을 맡겼다.

베르니니의 캄파닐레 안은 로마 고전주의의 기본 모티프와 자신의 닫집을 혼합한 어휘로 이루어졌다. 1층과 2층에서는 양쪽 모서리에 벽기둥과 원형 기둥을 겹쳐 사용했다. 오더를 중심으로 한 표준 고전 어휘의 중첩 처리는 미켈란젤로의 돔 외피에서 마데르노의 성 수산나에 이르는 로마 고전주의를 이어받은 것이었다. 3층은 자신의 닫집에 쓴 비정형 곡선 어휘로 처리했다. 모서리의 소용돌이 문양, 중심부의 아치, 지붕의 횃불 형태 등이 대표적인 예이다.

인노첸시오 10세의 뒤를 이어 알렉산드로 7세가 교황이 되면서 로마에 활력이 불어넣어졌다. 알렉산드로 7세는 가장 활발하게 로마 재개발을 이끈 교황이다. 성 베드로 앞의 건물들을 철거하여 광장으로 조성하려는 계획도 들어 있었다. 이 계획은 이미 전임 교황 때부터 진행되다가 실행하지 못한 채 신임 교황에게 넘겨진 것이었다. 라파엘로의 아퀼라 팔라초Palazzo dell' Aquila를 포함한 많은 건물을 과감히 철거하면서 광장 계획은 급물살을 탔다. 설계 공모가 진행되었으나 베르니니는 처음에는 주건축가로서 특혜를 누리지 못했다. 그러나 타원을 선호한 교황의 아이디어를 베르니니가 받아서 최종안을 만들었다.

광장의 중심부인 타원은 거대 기둥으로 윤곽을 둘렀다(그림 581). 위아래로 트인 부분을 제외한 양옆의 곡면은 두 열의 쌍기둥 콜로네이드로 형성했다. 기둥은 한 열이 모두 41개로 구성되었다. 한쪽 곡면에만 41개의 거대 기둥이 4열로 늘어섰다. 양옆의 곡면을 합하면 모두 328개의 기둥 숲이 만들어졌다. 이집트와 페르시아 건축에서 추구하

581 조반니 로렌초 베르니니(Giovanni Lorenzo Bernini). 산피에트로 광장(Piazza di San Pietro). 로마. 1656~67

던 기둥 숲의 3배에 이르는 규모와 숫자이다. 인간의 상상력과 척도를 초월한 기둥 숲은 전지전능한 하느님의 능력을 상징하며 기독교 제국의 위용을 드러낸다.

오더 양식은 토스카나식-도리스식 칼럼에 이오니아식 프리즈로 구성했다. 거대 기둥은 '알베르티-미켈란젤로-팔라디오'를 거쳐 베르니니에게 전수되었다. 초월적 스케일이다. 토스카나식-도리스식의 원시성은 초월성에 기념비적 힘을 실어주었다(그림 568). 장식을 절제한 단순성은 도심 외부 공간에서 신비주의를 표현하기에 좋은 조형적 특징이다. 기둥의 초월성은 광장의 크기와 잘 맞았다. 타원은 내곡면을 기준으로 장축이 195미터, 단축이 140미터이다. 바로크의 신비주의가 스케일의 초월성과 거대 기둥의 단순성으로 추구된 대표적 예로서, 바로크 기독교 고전주의적 특징이다.

타원과 장경주의-퀴리날레의 성 안드레아

타원은 앞에서 언급한 바와 같이 바로크를 대표하는 공간 유형이다(그림 488). 베르니니도 타원을 즐겨 사용했다. 타원의 공간적 특징은 중앙집중성과 선형성을 동시에 갖는 점, 초점이 두 개이기 때문에 장경주의로 처리하기에 유리한 점, 운동성과 역동성이 뛰어난 점, 완만한 곡면과 급한 곡면이 교대로 나타나면서 곡선의 조형성이 뛰어난 점, 장축과 단축의 위계를 갖는 점, 횡방향과 종방향 사이에 공간적 차별성이 확실한 점 등으로 요약할 수 있다.

타원의 출처는 여러 경로로 설명된다. 멀리는 로마 시대의 신전 영역이나 콜로세움 등에까지 올라갈 수 있다. 이것은 고대 바로크의 한 형식이기도 했다. 가깝게는 미켈란젤로의 캄피돌리오와 다비놀라의 성 안드레아 등을 들 수 있다. 캄피돌리오는 타원을 도시 공간에 사용한 예로서 산피에트로 광장에 중요한 선례가 되었다. 성 안드레아는 16세기 후반부 매너리즘 교회에서 타원을 사용한 대표적인 예이다. 동시대의 예로는 천문학과 기하학의 발전이 있다. 이것은 천체의 타원 궤도를 인정하지 않던 르네상스의 우주관을 제압하는 바로크만의 상징성을 가진다. 건축에서는 후안 카라무엘 로브코비츠Juan Caramuel Lobkowitz

가 베르니니의 산피에트로 광장과 관련하여 타원에 대한 이론 연구를 남겼다(그림 582).

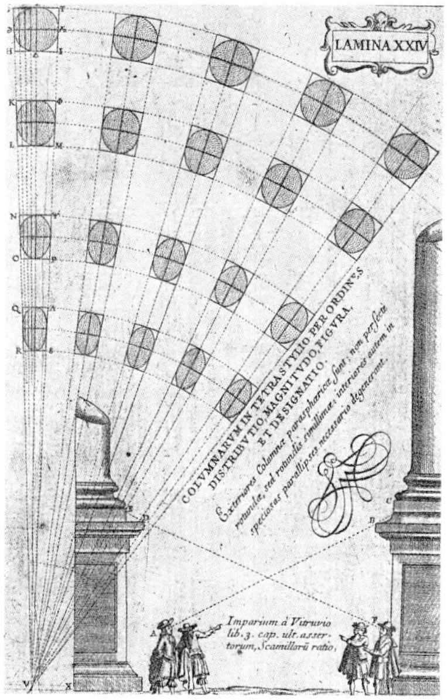

582 조반니 로렌초 베르니니(Giovanni Lorenzo Bernini), 산피에트로 광장(Piazza di San Pietro), 로마, 1656~67

타원을 교회에 사용할 경우 중앙집중형과 선형 사이의 통합 효과를 가져온다. 바로크 시대에 들어와 가톨릭이 부활하면서 선형 교회에 대한 수요가 늘었으나, 실제 나타난 현상은 다소 복합적이었다. 일제수로 대표되는 예수회 교회는 라틴 크로스를 사용하며 선형의 부활을 선도했다. 이것은 가톨릭의 부활이라는 종교적 상황이 건축적 상황을 압도한 예이다. 예수회만큼 종교적 중요성이 크지 않은 다른 교회에서는 두 유형의 혼재 현상이 나타났다. 이런 현상은 15~16세기에 형성된 중앙집중형의 전통이 그대로 이어져 내려온 것으로 건축적 상황이 종교적 상황보다 더 중요한 경우로 볼 수 있다. 베르니니도 이 경우에 해당된다. 베르니니는 독실한 가톨릭 신자였으면서도 교회 설계에서는 신교의 대표 유형인 중앙집중형을 선호했다. 이것은 종교적 상황과 관계없이 '브라만테-미켈란젤로-다비뇰라'로 이어지는 로마 고전주의의 건축적 전통을 이어받으려는 의식에서 비롯된 것으로 읽힌다.

베르니니의 교회 대표작 가운데 카스텔 간돌포의 산토마소다빌라노바는 그릭 크로스로 구성되었으면서 중앙집중형의 표준형을 대표한다. 아리차의 성모 승천 축일 교회는 한 겹의 원형 공간으로 이루어졌지만, 출입구와 제단을 잇는 강한 축을 형성하여 선형 구성을 보강했다. 중심 공간은 원에 가까웠지만 이런 선형성 보강 처리를 통해 실제 실내에서 느끼는 공간은 타원으로 나타났다. 공간을 장축 방향으로 늘어트린 결과이다(그림 583).

583 조반니 로렌초 베르니니(Giovanni Lorenzo Bernini), 아리차의 성모 승천 축일 교회(Santa Maria dell'Assunzione, Ariccia), 1662~65

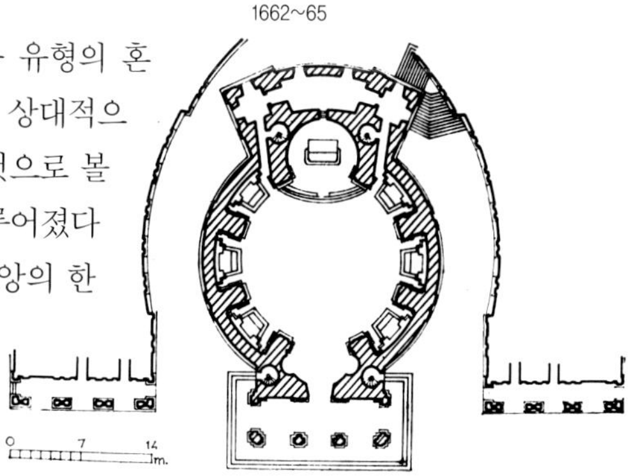

퀴리날레의 성 안드레아에서는 타원을 이용하여 두 유형의 혼용을 시도했다. 이 교회는 예수회 소속이었기 때문에 상대적으로 선형성이 더 중요했고, 이를 위해 타원을 사용한 것으로 볼 수 있다. 이 건물은 타원을 옆으로 누인 구성으로 이루어졌다(그림 584, 585). 벽에는 10개의 감실을 팠다. 장변 중앙의 한 개는 출입구로서 그 맞은편에 제단을 놓았다. 단변에는 한쪽에 두 개씩, 양쪽에 모두 네 개의 예배당을 두었다. 전체 구성은 선형과 중앙집중형의 혼용을

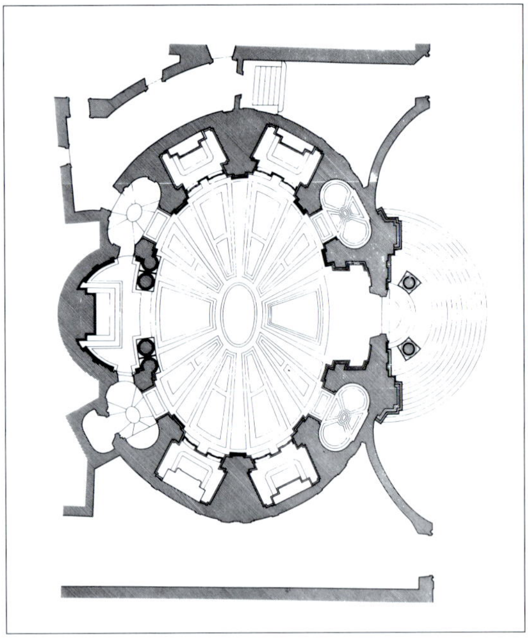

추구했다. 혼용은 두 방향으로 이루어졌다. 하나는 선형성보다 중앙집중성을 강조하는 방향이다. 출입구에서 제단에 이르는 주축이 장축이 아닌 단축이었기 때문에 축성은 크게 약해졌다. 예배당이 장축 위에 놓이지 않고 양옆으로 벗어났기 때문에 장축의 축성 또한 약해졌다. 교회 중심이나 타원의 초점을 별도로 강조하지 않았기 때문에 공간의 전체 구성은 10개의 감실을 향한 방사선 구도로 나타났다. 이것은 결과적으로 무형의 초점을 만들었다.

584 조반니 로렌초 베르니니(Giovanni Lorenzo Bernini). 퀴리날레의 성 안드레아(Sant'Andrea al Quirinale). 로마. 1658~70

585 조반니 로렌초 베르니니(Giovanni Lorenzo Bernini). 퀴리날레의 성 안드레아(Sant'Andrea al Quirinale). 로마. 1658~70

586 조반니 로렌초 베르니니(Giovanni Lorenzo Bernini). 퀴리날레의 성 안드레아(Sant'Andrea al Quirinale). 로마. 1658~70

다른 한 방향은 중앙집중성을 분산시키는 처리로 나타났다. 이것은 제단에 장경주의 기법을 도입하여 단축의 축성을 강화하는 방식으로 이루어졌다. 제단은 코르나로 예배당과 유사하게 처리했다. 제단 입구는 '쌍기둥 두 세트-높은 엔태블러처-곡선을 이용하여 변형 처리한 박공'으로 이루어진 닫집으로 꾸몄다(그림 586). 박공에는 성 안드레아St. Andrew의 조각상을 놓았다. 제단 벽면은 하늘에서 떨어지는 빛을 모사한 황금 공에 장식이 가득 덮었고 그 사이를 천사들이 유영했다. 천장에는 창을 뚫어 자연광을 끌어들임으로써 빛을 이용한 신비주의 효과를 높였다. 광원은 밑에서 올려다보기 전에는 드러나지 않는 숨겨진 광원이었기 때문에 신비한 분위기를 연출했다(그림 569). 제단은 실내에 들어오면서 가장 먼저 마주치도록 되었기 때문에 이런 처리들은 눈길을 사로잡는 강한 유인 요소로 작용했다. 공간의 주요 관심은 초점이 아닌 단축의 축성에 모아졌다.

이런 효과는 출입구에 처리된 장경주의 기법에 의해 배가되었다. 출입구는 무대처럼 꾸몄다. 신전 파사드가 건물의 전체 윤곽을 형성했다(그림 587). 이것은 무대의 배경 막으로 읽혔다. 그 앞에 출입구 차양이 무대 세트처럼 돌출되었다. 차양을 계단 위에 울려 무대 효과를 높였다. 차양 위에 조각상을 더해 시선의 집중을 도왔다. 출입구의 장경주의는 제단의 장경주의와 합쳐지면서 단축의 축성을 강화했다. 출입구에서 먼저 장경주의 처리를 보고 실내에 들어와 제단에서 한층 강화된 또다른 장경주의 처리를 보면서 공간 구도는 단축이 주도하는 선형성으로 읽힌다.

587 조반니 로렌초 베르니니(Giovanni Lorenzo Bernini), 퀴리날레의 성 안드레아(Sant'Andrea al Quirinale), 로마, 1658~70

타원과 연속성-산피에트로 광장(2)

산피에트로 광장은 타원을 이용한 중앙집중형 공간을 도시 스케일로 확장한 작품이다. 이 광장에 타원을 쓰려는 생각은 베르니니의 것은 아니었다. 이미 인노첸시오 10세 때 카를로 라이날디가 내놓은 아이디어였다. 알렉산드로 7세도 이 안을 좋아하여 이어받았고 베르니니의 작품으로 태어난 것이었다. 광장은 '본당 앞의 사다리꼴-타원-직사각형'의 세 부분으로 구성되었다(그림 588). 세 부분은 일렬로 늘어서며 연속 공간을 형성했다. 광장의 영역은 산탄젤로 다리부터 시작된다(그림 589). 베르니니는 이 다리에 조각상을 세워 산피에트로 광장과 연계시켰다. 산피에트로 영역의 시작에 해당되는 다리와 광장, 그리고 종착점에 해당되는 닫집을 모두 설계함으로써 베르니니는 산피에트로에 마침표를 찍는 역사役事를 남겼다(그림 590). 광장의 중심은 타원 부분이었다. 타원은 장축을 본당과 평행하게 놓았다(그림 591). 이런 처리는 네 가지 목적을 가진다.

588 조반니 로렌초 베르니니(Giovanni Lorenzo Bernini), 산피에트로 광장(Piazza di San Pietro), 로마, 1656~67

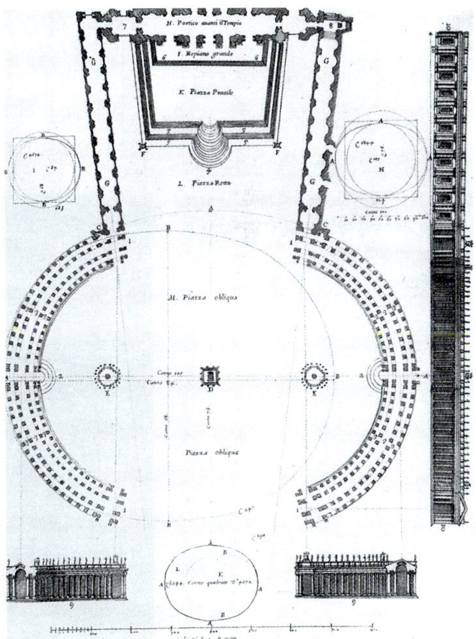

첫째, 연속성의 중간 기착지를 만들기 위한 것이다. 산피에트로 광장과 본당은 다리에서 시작되어 닫집과 돔을 종착점으로 삼아 끝나는 여정 개념으로 접근할 수 있다. 여정은 '다리-골목길-광장의 직사각형 부분-타원-광장의 사다리꼴 부분-본당의 네이브-닫집과

2 프란체스코 보로미니

로마와 비정형 경향

프란체스코 보로미니Francesco Borromini, 1599~1667년는 비소네Bissone에서 태어났다. 아버지는 석공이면서 장인들의 노동력과 석재 등을 거래하는 일을 겸했다. 보로미니는 아버지에게 돌 다루는 기술을 배우며 건축 경력을 시작한 장인형 건축가이다. 그러나 누구 못지않은 천재성도 타고났으며, 이것을 돌 다루는 기술로 뒷받침하여 성기 바로크 건축을 대표하는 건축가가 되었다. 처음에는 아버지를 따라 밀라노로 이주하여 건축 일을 배웠다. 이 기간에는 주로 밀라노의 장식과 비정형 전통을 배운 것으로 알려져 있다.

밀라노는 '고딕-매너리즘-초기 바로크'에 걸친 오랜 기간 동안 비정형 양식이 유행했다. 밀라노는 이탈리아 도시들 가운데 고딕 양식이 융성했던 지역으로, 밀라노 성당이 그 전형을 보여준다. 16세기에는 로마, 베네치아와 함께 매너리즘 건축을 이끈 중심지였으며, 티발디는 이를 대표하는 건축가였다. 17세기 초에는 리키노와 망고네로 대표되는 초기 바로크가 융성했다(그림 553~557). 보로미니는 이런 선례들로부터 비정형 자유 형태를 자신의 대표적 경향으로 확립했다.

보로미니는 밀라노에 체류하는 동안에는 스페인과의 유대도 가졌다. 당시 밀라노는 스페인 총독의 지배를 받았는데, 이때 맺어진 관계를 바탕으로 스페인 계열의 지배 계층을 평생의 건축주로 갖게 된다. 이 과정에서 그는 스페인 문화로부터 영향을 받기도 했는데, 스페인에 넓게 퍼져 있던 이슬람 전통이 대표적인 예이다. 이슬람 건축의 특수 형태와 장식 특징은 보로미니의 비정형 경향에 중요한 예술적 배경을 제공했다.

1619년에는 로마로 옮겨 당시 로마에서 활동하고 있던 롬바르디아 학파의 일원으로 편입되었으며, 교황청 공방에서 직책도 얻었다. 나이도 어리고 경력도 미천했던 보로미니가 교황청 공방에 취직할 수 있었던 것은 마데르노와의 인척관계 덕분이었다. 또한 롬바르디아 학파의 힘도 중요한 요인이었다. 롬바르디아 학파는 마데르노와 도메니코 폰타나가 교황청 수석 건축가가 되는 데에도 역할을 했을 정도로 건축 인력 공급에 영향력이 큰 단체였다.

보로미니는 건축 경력을 조수로 시작했다. 첫번째 건축 경력은 마데르노의 조수였다. 보로미니는 마데르노로부터 건축적 영향과 현실적 도움을 두루 받았다. 처음에는 마데르노의 건물에서 돌 장식을 맡았다. 마데르노는 당시 성 베드로의 파사드를 진행 중이었으며, 이 가운데 홀리 도어Holy Door라는 출입문 프레임의 돌 장식이 보로미니의 작품이다. 이밖에도 마데르노의 다른 작품들에서 돌 장식을 담당했다. 1620년대 초반에는 도면 작업에 두각을 나타내면서 주로 마데르노의 도면 작성을 담당하는 쪽으로 보직이 바뀌었다. 마데르노의 신임을 얻은 후에는 직접 설계도 하면서 총지휘하는 일을 맡았다.

장인에서 시작한 보로미니는 이런 과정을 거쳐 건축가로 올라섰다. 보로미니는 특히 도면 그리는 데 뛰어난 소질을 보였다(그림 579, 592). 그의 도면은 단순한 실용 정보 이상의 심미성을 가진다. 그는 다른 건축가들과 달리 잉크 펜이 아닌 흑연 펜을 사용하여 예술성 짙은 도면을 그렸다. 그의 도면은 흔히 미켈란젤로에 견줄 만한 것으로 평가되는데, 실제로 보로미니는 미켈란젤로의 도면을 따라 그리는 훈련을 통해 자신만의 예술 도면을 창출할 수 있었다.

592 보로미니(Borromini)의 바르베리니 팔라초(Palazzo Barberini) 도면

1624~33년에는 베르니니의 조수로 일했다. 건축을 잘 몰랐던 베르니니의 조수로 오랫동안 활동하며 주로 베르니니가 했던 성 베드로의 여러 작품과 바르베리니 팔라초에 참여했다. 성 베드로에서는 닫집의 건축적 구성과 지붕의 곡선 윤곽이 보로미니의 작품이다(그림 579). 닫집 전체에 대한 베르니니의 스케치를 정식 도면으로 만드는 작업도 보로미니가 담당했다. 바르베리니 팔라초는 마데르노의 지휘 아래 베르니니, 보로미니, 다코르토나 3인의 공동 작품으로 지어졌다. 보로미니는 평면 작업을 담당했지만 아직 독립적 작품성을 논할 만큼의 참여는 하지 못했다.

곡면과 비정형 자유 형태

593 프란체스코 보로미니(Francesco Borromini), 산카를로알레콰트로폰타네(San Carlo alle Quattro Fontane), 로마, 1634~41/1665~67
594 프란체스코 보로미니(Francesco Borromini), 산카를로알레콰트로폰타네(San Carlo alle Quattro Fontane), 로마, 1634~41/1665~67
595 프란체스코 보로미니(Francesco Borromini), 성 필립보 네리 오라토리오(Oratorio di S. Filippo Neri), 로마, 1637~52

마데르노와 베르니니의 조수로 일하면서, 보로미니는 로마 정통 고전주의를 접하는 수학 기간을 거쳤다. 이것을 바탕으로 자신만의 바로크 건축을 창출했다. 자유 형태를 좋아하는 타고난 천재성, 우울하고 염세적인 성격, 밀라노 경력 등이 더해지면서 비정형 계열을 자신만의 특징으로 형성했다. 마데르노와 베르니니에게 배운 정통 고전주의는 비정형 경향이 한쪽 극단으로 흐르지 않게 균형을 잡아주는 보완 작용을 했다. 예를 들어 오더는 자유 형태 사이에서 중심을 잡아주는 뼈대 역할을 했다(그림 593, 594).

보로미니의 비정형 경향은 물결치는 것 같은 곡면과 자유 형태가 갖는 표현력을 대표적 특징으로 가진다. 보로미니는 특히 오목면을 즐겨 사용했다(그림 594). 오목면은 유기적 조형성을 통해 살아서 꿈틀거리는 것 같은 생명력을 만들어낸다. 자유 형태는 기하 작도에 의한 복합 구성의 산물이기도 하다. 보로미니는 삼각형과 별 모양 등 예각과 비정형을 주요 모티프로 삼았다(그림 472, 498). 이것은 멀리는 이슬람 건축과 중세 건축, 가깝게는 당시 발달했던 기하학으로부터 영향을 받은 것이다. 또한 그는 큰 도형과 작은 도형 사이에 크기 편차를 크게 하여 여러 개의 기하 형태를 복합적으로 중첩시켰다. 타원을 즐겨 사용했지만 매끄러운 곡면의 완전 형태보다는 변형시켜 사용하는 것을 더 좋아했다.

중세 전통에 기초한 벽돌 장식은 자유 형태가 갖는 생명력에 힘을 불어넣었다(그림 595). 정통 고전주의에서 벗어나고 싶어했던 보로미니는 중세 선례에 관심을 기울였다. 그는 중세 문화에 관심이 많아 스토아 철학에도 정통했다. 이런 지적 취향은 벽돌 조적을 이용한 중세 장식의 차용으로 표현되었다. 더 넓게는 하늘로 향하는 점층 구성과 이것을 계단형으로 처리한 울퉁불퉁한 윤곽은 이탈리아 고딕 성당의 파사드에서 차용한 것이다. 게다가 그에게는 이상의 특징들을 구체적으로 실현할 수 있는 시공 능력이 있었다. 보로미니는 돌 다루는 기술부터 배운 장인형 건축가였기에 자신의 건축적 의도를 현장에서 매끄러운 조형물로 만들어낼 수 있었다.

보로미니는 로마 시대의 고대 바로크를 주요 선례로 삼았다. 그는 하드리아누스의 빌라와 로마제국령이던 근동이나 북아프리카의 지역주의 등을 선호했는데, 페트라Petra의 엘데이르El Deir와 카즈네 알 파룬Khazne al-Faroun=Treasury of Pharaoh 파라오의 보고, 발벡의 비너스 신전 등이 대표적인 예이다(그림 496~498, 604). 이밖에도 앞에 언급한 몬타노의 고대 로마 건축 도판집을 많이 참고했다. 몬타노는 이 책에서 로마 건축을 신전, 장식, 제단, 닫집 등으로 분류하여 실측했다. 4권으로 구성된 몬타노의 이 책에는 고대 바로크의 비정형 선례들이 많이 수록되어 있다. 이 선례들은 보로미니에게 중요한 영향을 끼쳤다.

보로미니는 적지 않은 수의 작품을 남겼다. 이 가운데에는 건물의 일부분만 설계했거나 증개축을 한 것도 있지만 건물 전체를 설계한 것도 많다. 대표작으로는 성 베드로 닫집 참여1624~33년, 바르베리니 팔라초 장식1628~32년, 산카를로알레콰트로폰타네San Carlo alle Quattro Fontane, 로마, 1634~41/1665~67년, 성 필립보 네리 오라토리오Oratorio di S. Filippo Neri, 로마, 1637~52년, 카르페냐 팔라초Palazzo Carpegna, 로마, 1638~43년, 산티보알라사피엔차Sant'Ivo alla Sapienza, 로마, 1642~60년, 산타마리아데이세테돌로리Santa Maria dei Sette Dolori, 로마, 1643~46년, 팜필리 갤러리Galleria Pamphilj, 로마, 1646년, 라테라노 대성당(성 요한 성당)의 네이브와 아일 개축San Giovanni in Laterano, 로마, 1646~50년, 프로파간다피데 콜레조Collegio di Propaganda Fide, 로마, 1652~67년, 나보나 광장의 성 아그네스Sant'Agnese in Piazza Navona, 로마, 1653~57년, 산탄드레아델레프라테Sant'Andrea delle Fratte, 로마, 1653~67년의 돔과 캄파닐레 등을 들 수 있다.

베르니니 대 보로미니

보로미니는 흔히 베르니니와 비교된다. 두 사람은 성기 바로크, 나아가 이탈리아 바로크 전제를 대표하는 두 거장이다. 그러나 건축 경향은 서로 정반대이다. 확장하면 서양건축사 전체를 양분하는 정형 경향과 비정형 경향을 대표한다고 할 수 있다(그림 573, 594). 이 둘은 인생 역정, 살아 있을 때의 평가, 성격 등 여러 면에서 반대이다. 그러면서도 두 사람은 서로에게서 적지 않은 영향을 받았다. 보로미니는 베르니니의 건축 조수로 건축 경력을 시작했지만 종속 관계는 아니었다. 보로미니의 중요성이나 상호 영향 관계 등으로 볼 때 건축 대리인에 가까웠던 것으로 볼 수 있다. 베르니니는 보로미니로부터 건축의 일반적인 내용을, 보로미니는 베르니니로부터 정통 고전주의의 표준 어휘를 각각 배웠다. 베르니니에 비해 보로미니는 완전한 건축가였다.

두 사람은 인생 역정에서부터 달랐다. 베르니니는 권력 핵심부로 바로 진입하여 이른 나이부터 승승장구하며 특별한 어려움 없이 평생 최고의 자리를 유지했다. 반면 보로미니는 베르니니의 건축 조수로 시작하여 힘든 일생을 살았다. 보로미니도 살아 있을 때 주요 작품을 통해 천재로 인정받기는 했지만, 그의 건축 인생은 그리 순탄하지 못했다. 건축에 국한시켜 보면 보로미니가 더 많은 작품을 남겼지만, 작품의 비중 면에서 보면 보로미니에게는 성 베드로와 같은 걸작이 없었다. 권력 핵심부로 진입하지 못했기 때문이었다. 이런 차이는 건축주에서도 동일하게 드러났다. 베르니니는 교황이 주 건축주였던 데 반해, 보로미니는 추기경 그룹과 로마에 진출해 있던 스페인 세력이 주 건축주였다. 보로미니의 교회 작품들도 우르바노 8세나 인노첸시오 10세 같은 교황들의 허가 아래 지어지긴 했지만 교황청이 직접적인 건축주는 아니었다.

두 사람은 평생에 걸쳐 질긴 인연을 가졌다. 보로미니가 베르니니로부터 독립하면서 두 사람은 가장 강력한 경쟁자이자 앙숙이 되었다. 반감은 주로 보로미니 쪽에서 먼저 가졌던 것으로 보인다. 보로미니는 베르니니의 보조자로 일할 때 중요한 건축적 기여는 자신이 하면서도 모든 명예와 설계비는 베르니니의 몫으로 돌아가는 것에 대해 불만스러워했다. 예를 들어 성 베드로 닫집에서 보로미니의 역할이 작지 않았음에도 두 사람의 급여 차이는 10배에 달했으며, 작품의 저작권도 베르니니가 독점했다. 그러나 예술적 측면에서는 서로 영향을 주고받는 등 선의의 경쟁도 했다.

보로미니는 또 한 명의 천재로서 당대 최고의 천재 베르니니에 맞설 수 있는 유일한 건축가였다. 두 사람의 건축 경향은 성격이나 인생 역정만큼 달랐다(그림 596, 597). 베르니니는 정통 고전주의의 정형 계

열을 대표한다. 그가 좋아했던 로마 건축의 선례도 판테온으로 대표되는 표준 신전이다. 그의 작품들은 절제된 정통 고전주의를 바탕으로 규범 중심의 근엄한 경향과 질서 지향적 축조성 등을 대표적 특징으로 가진다. 반면 보로미니는 자유 형태를 기초로 한 비정형 계열을 대표한다. 그가 좋아했던 로마 건축의 선례도 하드리아누스의 빌라와 북아프리카 지역 양식으로 대표되는 고대 바로크이다. 그는 풍부한 조형력을 바탕으로 자유로운 곡면과 복합적 기하 구성을 대표적 특징으로 가진다.

두 사람이 끼친 영향도 극명하게 갈린다(그림 598, 599). 베르니니의 정통 고전주의는 로마의 적자로 남으며 아카데미즘이 탄생하는 초석이 되었다. 알프스 넘어 서북유럽에서는 격식과 형식을 추종하는 프랑스에 영향을 끼쳤다. 루이 14세의 욕망을 채울 수 있는 것은 베르니니의 명성과 정통 고전주의밖에 없었다. 실제로 프랑스 바로크는 베르니니를 받아들이며 시작되었다. 반면 보로미니의 자유주의는 토리노Torino를 중심으로 한 피에몬테Piemonte 지방의 자유분방한 후기 바로크에 결정적 영향을 끼쳤다. 알프스 이북 지방에서는 독일 바로크의 선례가 되었다. 남부독일과 보헤미아 지방의 목가적 자유주의는 보로미니의 곡선 자유 형태를 받아들이며 시작된 것이다.

596 조반니 로렌초 베르니니(Giovanni Lorenzo Bernini). 사시아의 성령 병원(Ospedale di San Spirito in Sassia)

597 프란체스코 보로미니(Francesco Borromini). 부팔로 카지노(Casino del Bufalo)

598 조반니 로렌초 베르니니(Giovanni Lorenzo Bernini). 키지오데스칼키 팔라초(Palazzo Chigi-Odescalchi)

599 프란체스코 보로미니(Francesco Borromini). 산티보알라사피엔차(Sant'Ivo alla Sapienza). 로마. 1642~60

곡면, 자유 형태, 앙천성-산카를로알레콰트로폰타네

산카를로알레콰트로폰타네는 타원을 기본 형태로 삼아 구성했다(그림 600). 타원은 장변의 네 지점을 안으로 밀어넣은 형상으로 변형 처리했다. 타원은 표주박 두 개를 붙여놓은 형상이 되었다. 베르니니가 온전한 타원을 사용한 것과 대비된다. 이런 형상은 기하 작도에 의해서도 얻어질 수 있었다. 원 두 개를 내접시켜 타원의 전체 윤곽을 얻어낸 뒤 다시 타원의 외접 마름모꼴을 만드는 방식이다. 마지막으로 마름모꼴과 타원의 모서리와 장변 네 지점을 둥글리면 최종 형상이 얻어졌다. 그러나 실제로 느끼는 것은 물결치는 것 같은 곡면이다.

타원 곡면은 볼록면과 오목면이 교대로 나타나면서 파도가 완만하게 물결치는 것처럼 느껴진다. 이같은 느낌은 실내로도 연결된다. 실내에 서면 곡면이 주는 유동성이 대표적 특징으로 나타난다(그림 601). 고전 오더는 물결치는 파도 사이사이를 메워주는 기초 골격에 머물렀다. 건물의 주인은 더이상 고전 오더가 아니라 물결치는 곡면이다. 자유 형태의 비정형 어휘가 고전 오더의 정형 어휘를 밀어내고 건물의 주인으로 자리 잡았다. 실내 벽면은 장식을 극도로 절제한 흰색 회반죽으로 추상 처리하여 곡면의 유동성을 강조했다. 실내의 절제된 분위기는 건축주의 종교적 성향에서 비롯되었다. 이 교회의 건축주는 '맨발의 삼위일체회Discalced Trinitarians=Trinitarii Scalzi'라는 스페인의 수도회이다. 이들은 극단적인 극기와 절제를 수도의 강령으로 삼고, 건물

600 프란체스코 보로미니(Francesco Borromini). 산카를로알레콰트로폰타네(San Carlo alle Quattro Fontane). 로마. 1634~41/1665~67

601 프란체스코 보로미니(Francesco Borromini). 산카를로알레콰트로폰타네(San Carlo alle Quattro Fontane). 로마. 1634~41/1665~67

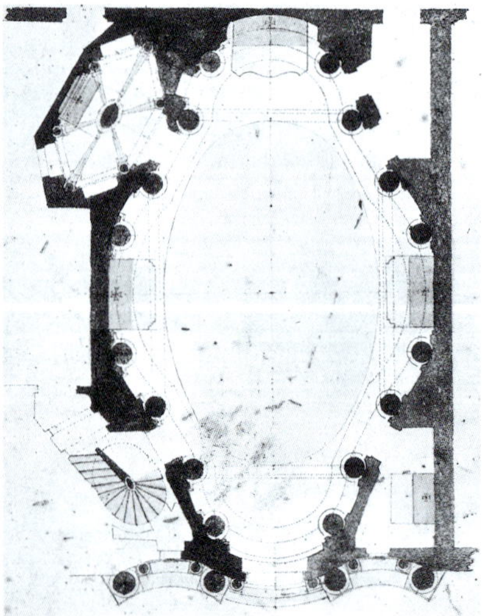

도 이에 맞춰 장식을 생략한 추상적 분위기로 처리했다.

천장은 타원 돔으로 이루어졌다(그림 602). 천장의 타원은 평면의 큰 타원에 내접하는 작은 타원으로 처리했다. 평면 타원의 오목한 네 지점을 이어서 만든 것이다. 천장은 십자가와 육각형을 교대로 사용하여 만든 기하 문양으로 장식했다. 문양은 정상부로 올라갈수록 점점 작아져서 하늘을 향한 초점으로 작용했는데, 이것은 투시도 효과를 이용한 착시현상을 노린 것이기도 하다. 하늘을 향해서 감소하는 정도를 강조함으로써 실제보다 천장 공간이 더 깊은 것으로, 즉 천장이 더 높은 것으로 착각하게 만들었다. 착각은 실내에 수직 비례를 강조하는 효과를 가져왔다. 조화의 범위를 벗어난 수직 비례는 실내 공간에 긴장감을 만들어냈다.

602 프란체스코 보로미니(Francesco Borromini). 산카를로알레콰트로폰타네(San Carlo alle Quattro Fontane). 로마. 1634~41/1665~67

603 프란체스코 보로미니(Francesco Borromini). 산카를로알레콰트로폰타네(San Carlo alle Quattro Fontane). 로마. 1634~41/1665~67

604 페트라(Petra)의 엘 데이르(El Deir at Petra)와 카즈네 알 파룬(Khazne al-Faroun=Treasury of Pharaoh 파라오의 보고)

실내의 물결치는 곡면은 파사드에서도 반복된다. 파사드는 모두 오목면으로 처리된 3베이로 구성되었다(그림 594, 603). 두 층을 가로지르는 거대 기둥을 사용하기는 했지만, 미켈란젤로나 팔라디오와 같이 건축적 권위나 조각적 힘을 나타내려는 것이 아니라 파사드 전체를 지배하는 곡면의 일환으로 편입시켰다. 기둥 사이의 완만한 곡면에 발작적으로 나타나는 급한 곡면으로 읽힌다. 파사드는 큰 물결과 잔 물결을 교대로 만들면서 긴장감 넘치는 곡면으로 나타났다.

부분적으로는 고대 바로크의 어휘도 직접 차용했다. 2층 중앙 베이의 창 프레임은 반원형 윤곽이 밖으로 튀어나오게 하며 그 주위를 콜로네트가 감싸는 방식으로 처리했다. 이런 처리는 고대 바로크의 북아프리카 지역주의 양식에서 차용한 어휘로, 페트라에 있는 카즈네 알 파룬이 대표적인 예이다(그림 604). 캄파닐레와 랜턴 역시 북아프리카 지역주의 양식에서 즐겨 쓰던 별 모양으로 처리했다. 지붕은 삼각 박공으로 전체 윤곽을 잡았지만 곧추선 타원이 전체 형상을 결정한다. 1층 출입구 위의 감실은 두 개의 천사 날개가 마주치는 듯한 윤곽으로 처리했

605 프란체스코 보로미니(Francesco Borromini), 산카를로알레콰트로폰타네(San Carlo alle Quattro Fontane), 로마, 1634~41/1665~67

다. 기본 구성은 성 수산나 모티프이지만 이것을 구성하는 개별 부재는 표준 고전 어휘에서 벗어난 자유분방한 어휘이다. 비례, 조화, 사각 격자 등의 고전 질서를 자유분방한 활성 에너지로 전환했다.

파사드에 나타난 이런 특징들은 가소성이 더 발전한 것이기도 하다. 일제수와 성 수산나에서 나타났던 가소성을 탄력 넘치는 유기적 생명력으로 발전시켰다. 모서리와 정면은 총체적 조화를 향한 어울림에서 벗어나 각각의 독자적 특징을 갖는 별도의 면으로 처리했다. 이 건물은 사거리의 모퉁이에 위치하고 있어 모서리는 거리를 오가는 많은 사람들의 시선을 끄는 곳이다. 이에 맞게 1층은 자연주의 조각을 배경 경치로 갖는 조각상으로, 2층은 고전 어휘를 변형한 장식 어휘로 각각 처리했다. 그 위는 캄파닐레로 마감했다.

정면은 복잡한 가로에 면했기 때문에 수직 비례를 강조하여 조형적 긴장감을 높였다(그림 605). 2층 엔태블러처의 프리즈를 다락층에 육박할 정도로 파격적으로 높였다. 이것을 코니스로 마감한 뒤 그 위에 한번 더 반복했다. 곧추선 타원은 수직 비례를 강조했다. 좁은 가로에서 급하게 올려보았기 때문에 오목면이 만나는 지점은 예각으로 나타난다. 파사드의 수직 비례는 실내의 수직 비례와 함께 하늘을 향한 의지를 상징한다. 기독교 열정을 표현하는 바로크만의 새로운 기법이다. 보로미니는 '자유 곡면에 의한 긴장감'이라는 자신만의 기법을 창출했다. 보로미니만의 바로크 기독교 고전주의이다.

매너리즘에서 인상론으로-성 필립보 네리 오라토리오

성 필립보 네리 오라토리오는 파올로 마루셀리Paolo Maruscelli의 1차 안에 따라 지어지기 시작했다. 오라토리오는 성 필립보 네리를 추종하는 필리피니Filippini라는 집단의 설교식 기도를 진행하는 작은 기도실이다. 1차 안은 주거를 포함한 큰 규모의 복합 단지로 이루어졌다. 보로미니는 이 안을 이어받아 오라토리오를 재설계하여 자신의 작품으로 남겼다. 보로미니의 작품성은 파사드에 집중되었다. 파사드에서는 산카를로알레콰트로폰타네의 곡면 모티프를 반복 사용했다(그림 595, 606). 파사드 전체는 처음에는 5베이로 구성되었다가 중간에 변경을 거쳐 최종적으로 7베이로 지어졌다. 처음의 5베이는 중앙의 몸통 부분에 적용하고 양옆에 측랑 개념의 베이를 하나씩 더한 것이다. 현재 상태는 보로미니의 안과는 측랑에서 차이가 난다.

606 프란체스코 보로미니(Francesco Borromini). 성 필립보 네리 오라토리오(Oratorio di S. Filippo Neri). 로마. 1637~52

보로미니의 안은 7베이를 모두 오목면으로 처리했다. 이에 따라 파사드 전체는 새가 날개를 펴거나 사람이 팔을 벌린 것 같은 곡면을 형성한다. 1층 출입구는 볼록한 매스로 돌출시켜 바탕면과 대비시켰다. 몸통의 윤곽은 정사각형 비례를 유지했기 때문에 산카를로알레콰트로폰타네와 같은 수직적 긴장감은 만들어지지 않았다. 전체적 특징은 가소성 넘치는 곡면으로 나타났다. 지붕 형태는 이런 특징을 도왔다. 지붕은 세 베이를 차지했는데, 양옆의 두 베이는 곡면으로 올라오다 중앙 베이에서 삼각형으로 마무리된다.

607 프란체스코 보로미니(Francesco Borromini). 성 필립보 네리 오라토리오(Oratorio di S. Filippo Neri). 로마. 1637~52

이 건물의 특징은 부재 사용에서 명확히 드러난다. 매너리즘의 연장선에 있는 것으로 볼 수 있는 변형 부재가 많이 사용되었다. 벽기둥의 주두는 이오니아식 소용돌이 문양을 변형시킨 판재로 처리했다(그림 607). 엔태블러처는 프리즈를 두 번 겹친 것처럼 처리했다. 창틀은 두 겹으로 처리한 경우가 많으며, 기본 기하 형태의 윤곽을 암시하면서도 최종 형태는 비정형으로 나타났다.

선형 부재를 이용한 신전 박공 프레임이 사용되었지만 최종 형태는 다양하게 변형되었다. 박공의 양쪽 끝 부분을 선형 어휘로 만들어 박공의 온전한 형태를 부수기도 하고 둥근 곡면으로 둥글리기도 했다. 또 곡면 박공의 중간을 끊어 횃불 모양의 장식을 집어넣기도 했다(그림 608). 박공 프레임을 받치는 까치발도 책상 다리를 장식 처리한 것

608 프란체스코 보로미니(Francesco Borromini). 성 필립보 네리 오라토리오(Oratorio di S. Filippo Neri). 로마. 1637~52

에서부터 도리스식 주두를 변형 처리한 것에 이르기까지 다양하다. 박공 프레임의 돌출이 적은 곳에서는 까치발이 아닌 면 장식이 받치기도 한다. 면 장식은 고전주의 족보에 없는 보로미니만의 새로운 어휘로 처리했다. 상인방을 앱스의 둥근 천장처럼 처리하기도 했다. 벽기둥 폭은 고전 규범을 벗어나 넓적하게 펴졌다.

이런 어휘들은 매너리즘이 부활한 것으로 볼 수 있을 정도로 파격이 심하다. 이것은 보로미니가 자신의 비정형 경향을 단순한 곡선적 특징에서 그치지 않고 비주류로서 천명한 것으로 이해할 수 있다. 보로미니가 매너리즘에 대해서 직접 언급한 기록은 없지만 그가 참고로 삼았던 고대 바로크의 선례, 이 건물에 나타난 직접적 연관성, 몬타노의 도면집으로부터 영향을 받은 점, 그의 비주류 인생 등을 종합해보면 주류 질서에 반기를 들었던 매너리즘에 우호적이었을 것으로 추정된다.

609 프란체스코 보로미니(Francesco Borromini). 성 필립보 네리 오라토리오(Oratorio di S. Filippo Neri). 로마. 1637~52

610 보로미니(Borromini) 초상화. 작가미상

보로미니는 타고난 천재성에 비해 살아 있는 동안 충분히 인정받지 못한 불운한 인생을 살았다. 보로미니는 매너리즘의 일탈과 반항을 시대 상황에 대한 해석이 아니라 자신의 불우했던 처지와 동일시했던 것으로 보인다. 이런 해석은 이 건물에 나타난 인상이 보로미니 개인의 인상과 유사하다는 사실로 미루어 그 타당성이 뒷받침될 수 있다. 이 건물을 이루는 곡선적 특징은 편안한 안정감이 아닌 불안한 활성으로 나타난다. 금세라도 다른 모습으로 변할 것 같은 이런 활성적 특징은 보로미니의 개인 성격이기도 했고, 곧 그의 인상이기도 했다(그림 609, 610).

보로미니와 베르니니는 둘 다 끊임없이 노력하는 천재인 점에서는 같았지만 성격은 반대였다. 베르니니가 독실한 신앙심을 바탕으로 출세 지향적이고 긍정적인 정통 천재였다면 보로미니는 우울한 천재였다. 타고난 천성, 성장 과정, 건축가로서 걸은 예술 인생 모두에서 그러했다. 보로미니는 늘 검은 스페인 망토를 입고 다녔는데, 이 건물의 윤곽은 망토를 벌리고 서 있는 보로미니를 닮았다. 평생 우울증에 시달리던 보로미니는 결국 자살로 생을 마감했다.

611 프란체스코 보로미니(Francesco Borromini), 프로파간다피데 콜레조(Collegio di Propaganda Fide), 로마, 1652~67

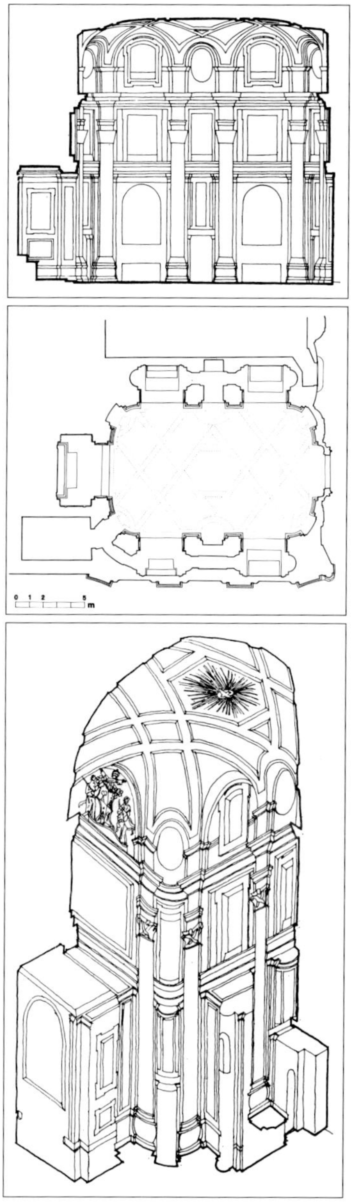

곡면과 장식–나보나 광장의 성 아그네스, 라테라노 대성당(성 요한 성당)

프로파간다피데 콜레조의 파사드와 실내는 성 필립보 네리 오라토리오와 유사한 곡면적 특징을 보인다. 이 건물의 파사드도 7베이로 구성되었다. 각 베이의 벽면은 성 필립보 네리 오라토리오보다는 오목한 정도가 약하지만 2층의 창틀과 코니스를 이용하여 곡면을 만들었다. 1층과 2층은 거대 벽기둥으로, 3층은 작은 쌍벽기둥으로 처리하여 대비 효과를 높였다. 대비는 각 베이의 수직 비례를 강조하며 좁고 긴 베이의 반복 효과를 강화시킨다. 창틀은 표준 고전 어휘를 응용한 부재로 처리했다. 원형 기둥과 사각 기둥이 어색하게 병렬로 늘어서 있으며, 엔태블러처는 중간에 꺾인 것과 곡면으로 휜 것 등을 섞어 사용했다. 상인방은 1차적으로 엔태블러처가 형성하지만, 그 위로 반원과 삼각 박공을 다양하게 응용한 기하 윤곽을 한번 더 사용했다.

실내도 파사드와 유사한 구성으로 처리했다(그림 611). 거대 벽기둥이 2층 높이를 가로지르며 실내 공간의 윤곽을 형성했다. 이 위에 천측창을 더해 실내 벽은 3층처럼 보인다. 거대 벽기둥의 주두는 2층 끝까지 오르지 못하고 중간에 끊겼다. 그 위로 미켈란젤로의 오더 몽타주 기법을 두 번 반복해서 기둥 전체의 높이를 3층 천측창까지 끌어올렸다. 실내 벽의 구획은 넓은 베이와 좁은 베이가 교대로 나타났다. 천측창의 크기도 베이의 폭에 따라 큰 것과 작은 것이 교대로 사용되었다. 가장 위쪽 주두에서 선형 부재가 뻗어나가면서 천장 장식을 만들었다. 베이 폭이 두 종류이기 때문에 선형 어휘 사이의 폭은 일정하지 않다. 천장에는 크기가 다른 다이아몬드 장식이 만들어졌다.

나보나 광장의 성 아그네스에서도 곡면 모티프가 주요 기법으

612 프란체스코 보로미니(Francesco Borromini), 나보나 광장의 성 아그네스(Sant'Agnese in Piazza Navona), 로마, 1653~57

로 사용되었다(그림 612). 이 건물은 우여곡절이 많았다. 처음에는 지롤라모 라이날디의 설계로 시작되었다가 보로미니가 이어받았다. 그러나 교황 인노첸시오 10세가 서거하면서 보로미니가 충격과 실의에 빠져 중단한 것을 다시 카를로 라이날디가 이어받아 완공시켰다. 그러나 건물의 주요 부분은 보로미니의 작품이다. 보로미니가 설계한 부분은 파사드 가운데 코니스 아래 부분과 실내의 돔과 크로싱이다(그림 613).

파사드에서는 캄파닐레를 받치는 측면 베이에 곡면 모티프를 사용했다. 코린트식 벽기둥으로 양끝 모서리를 형성하고 그 사이의 주간 부분을 완만한 곡선으로 볼록 튀어나오게 처리했다. 출입구는 오더 중첩으로 처리했다. 출입구를 옆의 벽면보다 돌출시킨 뒤 '반원형 벽기둥-사각 벽기둥-반원형 벽기둥'의 순서로 오더 어휘 세 개를 중첩시켰다. 이것은 마데르노의 성 수산나 모티프를 차용한 것이다. 그러나 마지막 반원형 벽기둥을 곧바로 옆 베이의 곡면과 연결시키면서 파사드 전체는 보로미니의 어휘가 주도했다.

라테라노 대성당에서는 장식 처리가 두드러졌다. 이 건물은 로마의 주교 성당으로 중세 때 지어졌는데, 오랫동안 방치되어 폐허 상태로 남아 있었다. 교황 인노첸시오 10세는 보로미니에게 나이브와 아일의 개축을 맡겼다. 보로미니는 천장을 볼트로 바꾸고 싶어했지만 콘스탄티누스 때의 바실리카 골격을 지켜야 한다는 전제조건으로 인해 큰 변화는 없었다. 천장도 장식 처리된 우물 평천장으로 놔두었다. 보로미니는 네이브와 아일 사이의 벽에 아치를 크게 뚫고 이것을 구조적으로 해결한 다음, 장식 어휘로 자신만의 족적을 남겼다.

613 프란체스코 보로미니(Francesco Borromini), 나보나 광장의 성 아그네스(Sant'Agnese in Piazza Navona), 로마, 1653~57

장식 어휘는 네이브 월과 아일 전반에 걸쳐 광범위하게 사용되었다(그림 614). 네이브 월은 아치와 벽체를 교대해가며 구성했다. 벽체에는 감실을 파서 12사도의 조각상을 세웠다. 조각상 위에는 장식 패널을 수직으로 두 개 중첩시켜 성경 내용을 돋을새김으로 새겼다. 기둥은 네이브 쪽은 코린트식 사각 벽기둥으로 했지만, 아치 통로를 면한 옆쪽은 나무 기둥을 본 뜬 자연주의 양식으로 처리했다. 네이브 쪽의 장식은 정통 고전 조각이 주

614 프란체스코 보로미니(Francesco Borromini), 라테라노 대성당(San Giovanni in Laterano)의 네이브와 아일 개축, 로마, 1646~50

류를 이룬 반면, 아일 쪽은 자연주의 문양을 많이 사용했다. 예배당의 닫집은 성 베드로의 닫집이나 산카를로알레콰트로폰타네의 곡면 등을 변형한 모티프로 처리했다.

기하 작도, 바벨탑, 앙천성–산티보알라사피엔차

615 프란체스코 보로미니(Francesco Borromini), 산티보알라사피엔차(Sant'Ivo alla Sapienza), 로마, 1642~60

산티보알라사피엔차는 단겹 공간으로 이루어졌다. 전체 윤곽은 단일 원형 공간에 여섯 개의 얕은 감실을 파낸 형식으로 구성했다(그림 615). 감실은 깊이가 너무 얕았기 때문에 최종 형태는 비정형 육엽형이나 별 모양으로 나타났다. 실내에서 실제로 느끼는 것은 보로미니가 즐겨 사용하던 오목면을 조형적으로 강조하여 더 휘게 만든 곡면이다. 감실 가운데 횡방향의 주축 위에 놓인 두 개는 출입구와 제단으로 할당되었다. 종방향 위쪽의 두 개는 예배당으로, 아래쪽의 두 개는 부속실로 들어가는 통로로 각각 쓰였다.

육엽형 윤곽은 기하 작도의 산물이다. 하나의 원에 두 개의 정삼각형을 겹친 결과이다. 정삼각

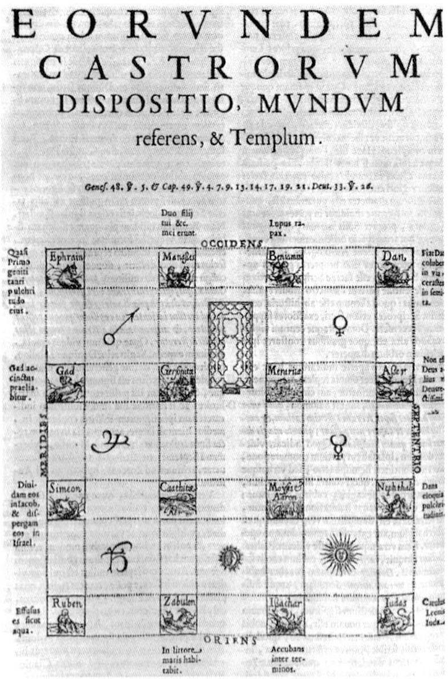

616 후안 바우티스타 비얄판도(Juan Bautista Villalpando), 솔로몬 신전(Solomon's Temple)의 천문학적 조직

617 프란체스코 보로미니(Francesco Borromini), 산티보알라사피엔차(Sant'Ivo alla Sapienza), 로마, 1642~60

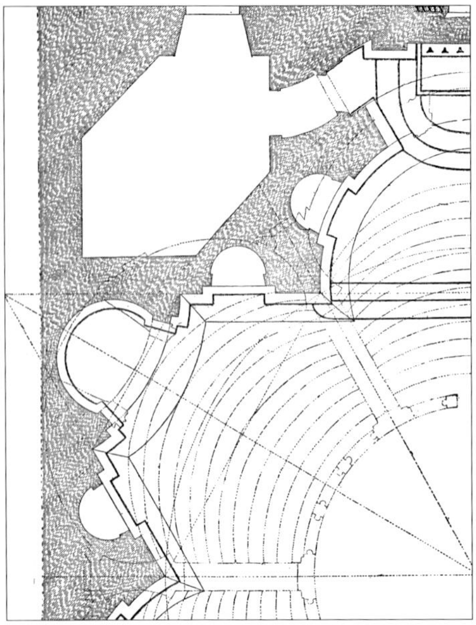

형 하나는 바로 세우고 다른 하나는 거꾸로 뒤집어 꼭지점이 아래로 향하게 했다(그림 472, 498). 둘 모두 원에 외접한 것보다 조금 안쪽으로 원을 파고들었다. 기하의 위치를 기준으로 삼아 건물의 주요 윤곽을 결정했다. 원은 공간 전체를 중앙집중형 평면으로 만들었다. 삼각형 두 개가 만나면서 만든 육각형은 육엽형의 여섯 꼭지점이 되었다. 천장도 평면의 기하 작도에 따라 기본 윤곽이 정해졌다. 육엽형을 밑변의 윤곽으로 가지면서 중앙의 꼭짓점을 향해 급하게 올라가는 펌프킨 돔으로 처리된 것이다.

이상과 같은 기하 작도는 기본적으로 보로미니의 창조적 산물이다. 여기에 두 가지 출처를 더할 수 있다. 한 가지는 고대 바로크이다. 평면과 천장의 육엽형 윤곽과 펌프킨 돔은 하드리아누스 빌라나 북아프리카 지역주의 양식 같은 고대 바로크에서 즐겨 사용되던 유형이다(그림 496, 497). 다른 한 가지는 성경에 기초한 중세주의이다. 중세 기독교 건축에서는 솔로몬의 신전Temple of Solomon의 기본 형태가 솔로몬의 별Star of Solomon의 형상으로 이루어졌을 것이라는 믿음이 퍼져 있었다(그림 616). 이에 따라 중세 기독교 건축에서는 기하 작도를 이용한 평면 구성이 하나의 흐름을 형성했다. 삼각형 두 개를 중첩시켜 육각형의 건물 윤곽을 얻어내는 처리는 이 가운데 가장 간단한 것이다.

실내에서는 오목면이 급하게 변하면서 예각의 긴장된 분위기가 전체를 지배했다(그림 617). 벽면의 전체적인 흐름은 보로미니 특유의 곡면으로 처리되면서 긴장감이 많이 완화되었다(그림 618). 반면 수직 비례는 긴장감을 배가시킨다. 실내 윤곽은 두 층을 가로지르는 거대 벽기둥으로 짰다. 벽기둥 위에는 높은 엔태블러처를 얹었고, 그 위에 낮은 벽을 한 단 더 넣은 뒤 천장 돔을 올렸다(그림 619). 이런 구성은 실내에 강한 수직 비례를 만들었다. 돔의 기울기도 급하게 올라갔다.

수직 비례를 통한 긴장감은 보로미니가 즐겨 사용하던 앙천 처리이다. 앙천은 하늘 세계를 찬양하는 상징성을 가진다. 돔의 앙천성에 대해서는 비기독교 요소들

618 프란체스코 보로미니(Francesco Borromini). 산티보알라사피엔차(Sant'Ivo alla Sapienza). 로마. 1642~60

이 거론된다. 바벨탑은 가장 대표적인 예이며 똬리를 튼 뱀도 거론된다(그림 599). 이런 이교적 선례는 가톨릭 부활의 시기에 보로미니가 처했던 비주류의 입장을 보여주는 예들이다. 실내 벽에 창을 두지 않고 광원을 천장에만 국한시킨 처리는 앙천의 상징성을 배가시킨다. 19세기에 개축이 있기 전의 원안에서는 제단의 안쪽 천장에 감추어진 광원이 하나 더 있었다. 실내 눈높이에서는 파악이 안 되는 감추어진 광원은 베르니니가 즐겨 사용하던 신비주의 기법이었다. 보로미니 자신도 이 처리가 베르니니에게서 영향받은 것임을 밝혔다.

619 프란체스코 보로미니(Francesco Borromini). 산티보알라사피엔차(Sant'Ivo alla Sapienza). 로마. 1642~60

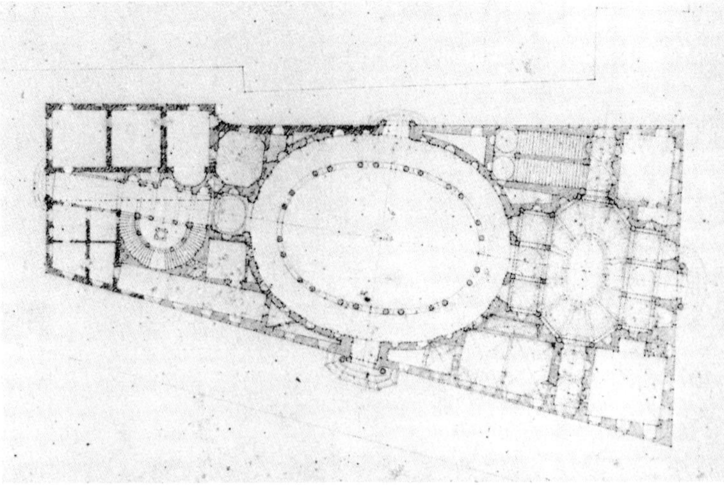

620 프란체스코 보로미니(Francesco Borromini), 카르페냐 팔라초(Palazzo Carpegna), 로마, 1638~43

기하 작도는 곡면 자유 형태와 함께 보로미니가 가장 즐겨 쓰던 바로크 기법이다. 산안드레아델라프라타테의 돔도 기하 작도를 이용한 별 모양 형태로 평면 윤곽을 구성했다. 이 작품은 미완성으로 남았지만 보로미니의 기하 작도를 보여주는 좋은 예이다. 여기에서는 변형 사엽형으로 구성했다. 중앙의 원을 직각 좌표에 의해 4등분한 뒤 x축과 y축의 바깥쪽 위아래 네 군데에서 다른 원을 한번 중첩시켜 건물의 주요 위치를 결정했다. 건물 윤곽은 강한 기하학적 특성을 가졌고, 이것을 구축한 벽면은 예각의 곡면으로 처리했다.

카르페냐 팔라초는 기하 작도보다는 기하 향연에 가깝다. 이 건물의 전체 윤곽은 옆으로 긴 비대칭 사다리꼴이다. 건물 중앙에는 타원형의 안마당을 두었다. 건물은 안마당을 기준으로 좌우 양쪽으로 나뉘었다. 두 부분 모두 다양한 형태의 기하 도형으로 구성했다. 정사각형, 직사각형, 육각형, 반원형, 작은 타원, 삼각형, 원형, 비정형 기하 등 그 종류도 다양하다(그림 620). 같은 크기와 같은 형태의 방은 하나도 없다. 기하들의 향연이다. 다비뇰라의 줄리아 빌라를 이어받아 극단적으로 발전시킨 모습이다. 이런 구성은 고대 바로크에는 많은 선례들이 있었다. 네로의 황금 주택, 도미티아누스 궁궐Domitianus's Palace, 로마, 로마나델카살레 빌라Villa Romana del Casale, 시칠리, 하드리아누스의 빌라 등을 대표적 선례로 들 수 있다.

피에트로 베레티니 다코르토나 3

가상 세계, 절충 고전주의, 종합화

피에트로 베레티니 다코르토나Pietro Berrettini da Cortona, 1596~1669년의 본명은 베레티니였지만, 태어난 도시에서 따와 다코르토나라는 이름으로 더 많이 불린다. 다코르토나는 장식 조각사였던 아버지와 지역 건축가였던 삼촌에게 회화와 건축을 배웠다. 어려서부터 미술에 두각을 나타내 피렌체로 유학을 떠났다가 곧 로마로 진출한다. 1611년부터 로마에 머물며 고대 유적과 16세기 고전주의로부터 결정적 영향을 받았다. 회화에서는 라파엘로를, 건축에서는 미켈란젤로를 각각 연구하며 자신만의 예술 세계를 만들어갔다. 다코르토나는 시각예술 가운데 회화에서 가장 두각을 나타냈다. 그는 성기 바로크 회화의 창시자이자 바로크 미술 전체를 대표하는 화가이기도 하다(그림 621). 그는 건축도 회화 경력을 중심으로 풀어나갔다. 이런 면에서 라파엘로에 가까운 유형이었다. 건축에 국한시키면 미켈란젤로에게서 영향을 가장 많이 받았고 팔라디오, 페루치 그리고 동료였던 베르니니와 보로미니로부터도 영향을 받았다(그림 622).

다코르토나는 피렌체 출신의 귀족이었던 마르첼로 사케티Marcello Sacchetti를 주요 후원자로 삼아 로마 예술계의 중심부로 진입했다. 사케티 가문의 빌라 두 채로 건축 경력을 시작한 이래, 교황 우르바노 8세의 신임을 받아 교황청에서 발주하는 일을 맡기 시작했다. 처음에는 자신이 가장 뛰어난 소질을 보였던 회화를 살려 실내 벽화를 그리는 일에 두각을 나타냈다. 바르베리니 팔라초의 살롱 천장 프레스코Salon Ceiling Fresco,

621 피에트로 베레티니 다코르토나(Pietro Berrettini da Cortona). 〈신의 섭리*Divine Providence*〉. 바르베리니 팔라초(Palazzo Barberini) 내, 로마

622 피에트로 베레티니 다코르토나(Pietro Berrettini da Cortona). 성 루카/성 마르티노(Santi Luca e Martina), 로마, 1634~69

1628~39년가 대표하는 예이다.

이후 산로렌초인다마소San Lorenzo in Damaso의 성 수태 예배당Cappella di Immacolata Concezione, 로마, 1633~35년을 거쳐 첫 대표작인 성 루카/성 마르티노Santi Luca e Martina, 로마, 1634~69년를 설계했다. 1637~47년 사이에는 피렌체에 머물며 메디치 가문을 건축주로 삼아 팔라초 피티의 개축과 실내 프레스코Palazzo Pitti, 1637~47년를 담당했다. 이밖에 산피렌체San Firenze, 1645년도 계획했으나 이 건물은 다른 건축가들에 의해 축소, 변형되어 지어졌다. 로마로 돌아온 다코르토나는 교황 알렉산드로 7세를 주요 건축주로 삼아 말년의 전성기를 보냈다. 말년의 활동은 산타마리아인발리첼라 오라토리오Oratorio di Santa Maria in Vallicella=Chiesa Nuova의 실내 장식1647~65년, 산타마리아델라파체Santa Maria della Pace 파사드1656~59년, 라타 거리의 성모마리아Santa Maria in Via Lata 파사드1658~62년 등을 연달아 설계하며 건축에 집중되었다.

다코르토나는 베르니니와 보로미니와 함께 성기 바로크를 대표하는 3인방으로 평가된다. 이런 평가는 다분히 회화에서의 활약에 힘입은 바 크다. 베르니니는 조각에서, 보로미니는 건축에서, 다코르토나는 회화에서 각각 성기 바로크를 대표한 것으로 평가될 수 있기 때문이다. 건축에 국한시켜 볼 때 다코르토나는 베르니니나 보로미니에 훨씬 못 미치는 것이 사실이다. 순수 창작성의 관점에서 보면 다코르토나는 베르니니와 보로미니가 양분했던 것과 같은 자신만의 대표적 특징을 창출하지 못했다. 작품의 규모, 숫자, 비중 등에서도 두 사람에 필적할 만한 대작을 남기지 못했다. 작품의 중심은 프레스코와 결부된 실내장식에 편중되었다. 건축에서의 약점은 조카이자 뛰어난 석공이었던 루카 베레티니Luca Berrettini의 도움으로 상당 부분 극복할 수 있었다.

623 피에트로 베레티니 다코르토나(Pietro Berrettini da Cortona), 팜필리 팔라초(Palazzo Pamphilij) 갤러리 그림

다코르토나의 건축 경향은 두 가지로 요약할 수 있다. 한 가지는 프레스코의 바탕이 되는 배경 윤곽에 나타난 시각 조작이다. 이 경향에서 건축적 윤곽은 독립적인 것으로가 아니라 프레스코와 함께 파악되어야 한다. 그는 투시도에 의한 착시 효과를 통해 공간을 실제보다 더 깊어 보이게 만드는 등 공간의 확장을 노렸다. 이런 처리는 약한 의미에서 바로

크 종합예술을 보여주는 경향으로, 그의 화가 경력에서 나온 것이다. 이 점은 다코르토나만의 독창성이 드러난 것으로 볼 수 있다. 바르베리니 팔라초의 살롱 천장 프레스코, 팔라초 피티의 실내 프레스코, 팜필리 팔라초Palazzo Pamphilij, 로마의 갤러리 천장 프레스코 등은 이 경향을 대표하는 예이다(그림 623).

다코르토나는 이런 예들에서는 이전에 사케티 빌라의 실내에서 시작된 건축 경향을 발전시켰다. 천장의 건축 골격은 회화와 어우러져 하나의 가상 세계를 만들어냈다. 볼트 천장은 천상 세계를 상징했다. 볼트에 구름을 그려넣어 이런 상징성을 분명히 했다. 벽과 볼트가 만나는 부분인 엔태블러처의 윤곽을 두껍게 하여 천상 세계의 경계를 상징했다. 네 모서리를 8각형 도형으로 처리하여 천상 세계를 지탱하는 버팀목을 상징했다. 그림은 볼트 중심을 향한 일소점 투시도로 처리하여 초점으로의 집중 효과를 높였다. 이것은 실제 물리적 윤곽보다 공간의 깊이를 증가시켜 역동적 긴장감을 만들어낸다. 또한 하늘을 향한 집중을 강조함으로써 속세에 대한 천상 세계의 우위를 천명했다. 그림 자체의 특징도 중요하다. 그림은 다코르토나 특유의 풍부한 표현력과 바로크적 생생함으로 가득 찼다. 건축과 회화가 합쳐져 기독교가 지배하는 바로크적 이상향을 그려냈다. 반종교개혁의 가톨릭 열풍이 갈망하던 기독교 제국의 가상적 장면이다. 다코르토나만의 바로크 기독교 고전주의인 것이다.

다른 한 가지는 베르니니와 보로미니의 특징을 합한 절충 고전주의이다. 더 확장하면 '팔라디오-마데르노-베르니니'로 이어지는 정형 계열의 정통 고전주의와 '페루치-미켈란젤로-보로미니'로 이어지는 매너리즘 등의 비정형 경향을 합한 절충 고전주의이다(그림 624). 정통 고전주의에서는 표준 오더의 정확한 구사, 오더를 이용한 위계의 표현, 장경주의 등을 차용했다. 비정형 경향에서는 오더를 이용한 율동의 파격, 오더 겹치기, 오더의 탄성, 곡면을 이용한 가소성 등을 차용했다.

이런 절충주의는 종합화 경향으로 볼 수 있다(그림 625). 초기 근대 고전주의에서 종합화는 중요한 순간마다 있어왔다. 팔라디오는 16세기를 종합화한 대표적인 건축가였다. 다코르토나는 16세기와 17세기 전반부를 종합화한 점에서 팔라디오보다 시기적으로 더 포괄적이다.

624 피에트로 베레티니 다코르토나(Pietro Berrettini da Cortona). 라타 거리의 성모마리아(Santa Maria in Via Lata). 로마. 1658~62

625 피에트로 베레티니 다코르토나(Pietro Berrettini da Cortona). 산조반니데이피오렌티니(San Giovanni dei Fiorentini) 제단. 로마

내용에서도 정형 계열과 비정형 계열을 합한 점에서 거시적 차원의 종합화로 볼 수 있다. 다코르토나의 종합화는 이탈리아의 초기 근대 고전주의가 성기 바로크를 절정으로 막을 내리고 있음을 예시하는 전주곡 같은 것이기도 했다.

베르니니와 보로미니를 끝으로 바로크 건축은 더 이상 창조적 천재를 갖지 못했다. 건축 경향도 두 거장의 양식을 이어받아 기교적으로 분화시킨 후기 바로크만이 기다리고 있을 뿐이었다. 과리니가 있긴 했지만 그의 건축은 거시적으로 보면 보로미니의 비정형 경향을 더 분화시킨 것이었다. 이런 현상은 거시적으로 보면 초기 근대에서 이탈리아의 영광이 서서히 저물어가는 밀레니엄 단위의 큰 변화이다. 두 거장의 영향을 이어받는 방식은 다양하게 나타났다. 크게 보아 작품을 통해 후기 바로크의 장식과 변형 경향, 종합화를 통한 혼용 경향, 종합화를 통한 아카데미즘 등의 세 가지가 대표적 경향이다. 다코르토나는 이미 두 거장과 동시대에 이 세 가지 가운데 둘째와 셋째 경향의 서막을 알린 시대적 의미를 갖는다.

오더 구성과 곡면-성 루카/성 마르티노

626 피에트로 베레티니 다코르토나(Pietro Berrettini da Cortona), 성 루카/성 마르티노(Santi Luca e Martina), 로마, 1634~69

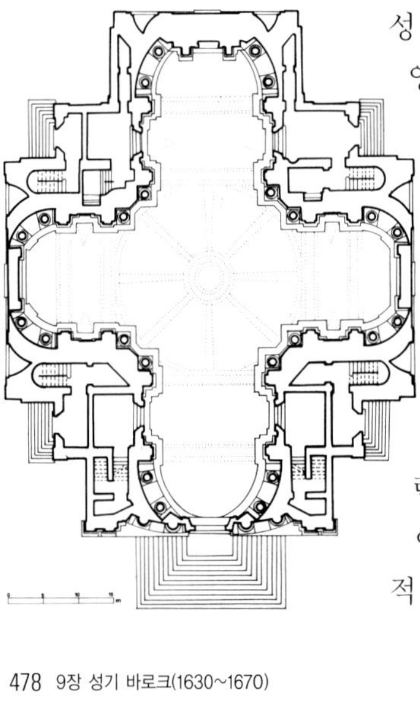

다코르토나의 대표작은 절충 고전주의를 보여주는 세 채의 교회이다. 성 루카/성 마르티노는 그릭 크로스로 평면을 구성했다(그림 626). 중앙집중형 평면은 16세기 종교혁명의 영향을 받은 것으로, 가톨릭의 정통 고전주의에 반대하는 매너리즘 경향의 하나로 이해할 수 있다. 실내 골격을 짜는 고전 어휘의 사용 역시 미켈란젤로의 매너리즘 기법을 차용했다. 크로싱과 네 팔의 양끝 모서리 등 벽이 꺾이는 12지점에서는 원형 기둥을 벽체에 나란히 세웠다. 이때 기둥과 벽체와의 간격을 붙은 것도 아니고 떨어진 것도 아닌 애매한 상태로 처리했다. 이에 따라 원형 벽기둥처럼 보이기도 하다가 독립 원형 기둥으로 보이기도 하는 애매한 상태에 머무르고 있다.이런 처리는 분리형 기둥detached column으로 볼 수 있다.

이것은 미켈란젤로의 라우렌시오 도서관에서 차용한 기법이나 건축적 효과에서는 다소 차이가 있다. 라우렌시오 도서관에서는 원형 기둥을 벽 속에 가두어 구조적 기능을 박탈하는 일탈을 추구했다. 반면에 성 루카/성 마르티노에서는 원형 기둥의 구조적 역할이 둘로 갈렸다. 네 팔의 양끝 모서리에서는 엔태블러처만 받쳤을 뿐 그 위로는 아무 것도 받친 것이 없다. 이것은 매너리즘의 연장선상에 있는 것으로 볼 수 있다. 크로싱에서는 원형 기둥이 아치를 받치는 구조적 기능을 일정 부분 담당했다(그림 627). 이것은 브루넬레스키와 브라만테의 오더 사용을 이어받은 것으로 정형 경향을 더한 예로 볼 수 있다.

중앙 돔의 드럼과 측면 반원 돔의 드럼에 쓰인 창틀과 상인방도 매너리즘의 기교적 변형의 연장선에 있는 것으로 볼 수 있다(그림 628). 중앙 돔의 창틀은 벽기둥과 패널 사이에서 애매한 상태를 유지하며 어휘 종류를 모호하게 했다. 상인방은 신전 박공을 기본 형태로 가졌지만 선형 윤곽에 가깝게 처리했고 박공면의 높이를 늘여 장식이 놓이는 면을 증대시켰다. 창틀과 박공이 만나는 부분은 오더 구성으로 처리했다. 창틀과 창틀 사이는 더 큰 오더 부재로 처리하면서 내곡면의 리브를 받쳤다. 측면 돔의 창틀과 상인방은 훨씬 더 장식적이다. 창틀은 까치발을 이용한 곡면 어휘로, 상인방은 박공을 변형한 메달리온 medallion으로 각각 처리했다.

627 피에트로 베레티니 다코르토나(Pietro Berrettini da Cortona), 성 루카/성 마르티노(Santi Luca e Martina), 로마, 1634~69

628 피에트로 베레티니 다코르토나(Pietro Berrettini da Cortona), 성 루카/성 마르티노(Santi Luca e Martina), 로마, 1634~69

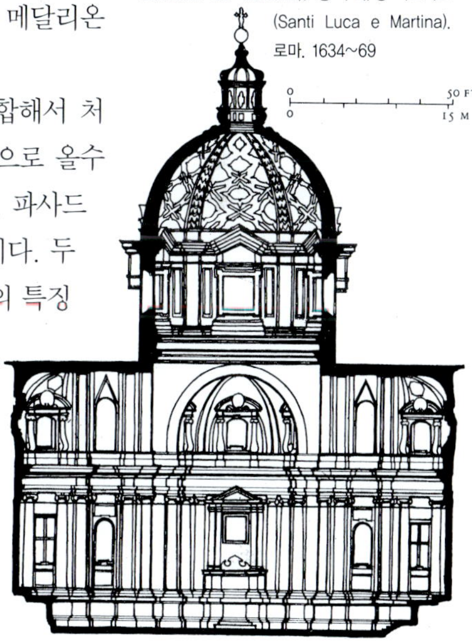

파사드는 마데르노의 오더 구성과 보로미니의 곡면을 혼합해서 처리했다(그림 629). 마데르노의 오더 구성은 중앙 출입구 쪽으로 올수록 위계가 높은 오더를 사용하여 유입성을 높이는 처리이다. 파사드 전면을 곡면으로 볼록하게 처리하는 것은 보로미니의 기법이다. 두 경향이 합해지면서 마데르노도 아니고 보로미니도 아닌 제3의 특징적 장면이 나타났다. 보로미니의 곡면이 급한 긴장감을 불러일으키는 데 반해 이 건물의 곡면은 완만한 각도를 이루면서 편안한 느낌을 준다. 건물 전면은 도자기를 보는 것 같은 경쾌한 가소성을 나타냈다. 비정형 경향이 정형 경향에 의해 다듬어지고 중화된 결과였다. 기둥은 실내에 쓰인 것과 같은 분리형 기둥으로 처리했다.

이 건물은 보로미니의 곡면을 대표하는 산카를로알레콰

629 피에트로 베레티니 다코르토나(Pietro Berrettini da Cortona). 성 루카/성 마르티노(Santi Luca e Martina). 로마. 1634~69

트로폰타네와 거의 비슷한 시기에 지어졌다. 이 건물이 몇 달 먼저 지어진 것으로 볼 수 있는 근거도 많다. 따라서 지어진 건물만을 기준으로 했을 때 이 건물이 보로미니의 곡선 처리로부터 일방적으로 영향을 받았다고 보는 것은 무리일 수 있다. 그러나 보로미니의 곡선 경향은 산카를로알레콰트로폰타네보다 먼저 나타났다. 또한 다코르토나의 건축 경향은 베르니니와 보로미니의 영향을 받았다는 것이 정설이기 때문에, 크게 보아 보로미니의 곡선 처리를 차용한 것으로 볼 수 있다.

정형 경향과 비정형 경향의 혼합은 돔에서도 나타났다. 돔의 외관은 미켈란젤로의 성 베드로 돔을 모델로 삼았다(그림 622). 오더 부재를 돌출시켜 드럼 외부를 분절하고 강한 음영을 만든 점과 주간 베이의 창틀을 신전 파사드 모티프로 처리한 점은 미켈란젤로를 차용한 것이다. 이것은 16세기 로마 고전주의의 정형 계열을 이어받은 것으로 볼 수 있다. 그러나 오더와 창틀의 구체적 처리가 건축 부재의 성격을 많이 잃고 기하학적 윤곽으로 처리된 점은 정형 처리에서의 이탈로 볼 수 있다.

창 위에 반원 아치를 두어 회선형 돔dome with convolutions으로 만든 것은 더욱 적극적으로 비정형 경향의 곡면 처리를 도입한 대목이다. 이것은 창 위를 엔태블러처의 직선으로 자른 미켈란젤로의 돔과는 분명히 다른 큰 차이이다. 회선형 돔은 비잔틴 시대에 쓰이던 기법이다. 비잔틴 건축은 거시적 차원에서 비정형 경향을 대표하는 양식 사조이다. 이 건물에서 회선형 돔의 처리는 비잔틴 선례보다 더 곡선적이 되었다. 비잔틴 선례는 깔끔한 한 겹의 반원 아치로 마감한 반면 이 건물에서는 세 겹의 반원 아치로 마감한 뒤 소용돌이 문양까지 더해서 바로크 특유의 곡선 효과를 노렸다.

정형, 비정형, 도시 장경주의–산타마리아델라파체

산타마리아델라파체의 파사드 역시 정형 경향과 비정형 경향을 혼합하여 처리했다(그림 630, 631). 정형 경향으로는 마데르노의 오더 구성과 베르니니의 장경주의를 차용한 점을 들 수 있다. 1층은 독립 원형 기둥만으로 구성했는데, 중앙으로 올수록 오더의 개수를 늘려서 출입

630 피에트로 베레티니 다코르토나(Pietro Berrettini da Cortona). 산타마리아델라파체(Santa Maria della Pace) 파사드. 로마. 1656~59

631 피에트로 베레티니 다코르토나(Pietro Berrettini da Cortona). 산타마리아델라파체(Santa Maria della Pace) 파사드. 로마. 1656~59

구로의 유입성을 강화했다. 2층은 벽기둥으로 구성했는데, 이번에도 중앙으로 올수록 개수를 늘려 위계를 높였다. 베르니니의 장경주의는 1층에서는 퀴리날레의 성 안드레아 출입구 모티프를, 2층에서는 산타 비비안나의 파사드 모티프를 각각 차용했다. 1층은 곡면 차양을 이용하여 주변 환경과 분리된 별도의 장을 마련하는 방식으로 장경주의를 추구했다. 출입구를 계단 위에 올려놓아 주변 바닥보다 높임으로써 분리 효과를 주었다. 2층에서는 중앙 베이를 무대의 장면처럼 처리했다. 중앙 창틀과 지붕을 연결한 뒤 장식을 새겨넣어 하나의 큰 장식 패널처럼 만드는 방식이다.

비정형 경향의 사용은 보로미니의 곡면과 페루치의 리듬 파격을 들 수 있다. 곡면은 출입구 차양 위의 엔태블러처와 2층 벽면에서 사용했다. 엔태블러처는 급한 원호를 형성하며 힘 있는 곡선을 이루었다. 코니스를 돌출시켜 강한 음영을 만들어 곡선 효과를 높였다. 2층 벽면은 성 루카/성 마르티노와 유사한 곡면으로 처리했다. 베이를 구획하는 벽기둥 사이의 벽면을 안정적 곡면으로 처리했다. 페루치의 리듬 파격은 출입구 차양을 받치는 독립 원형 기둥의 간격을 다양화시키는 방식으로 표현했다. 가장 바깥쪽 벽기둥과 그 안쪽의 원형 기둥 사이의 간격은 한 사람이 겨우 드나들 정도로 만들었다. 이 원형 기둥과 중앙부 원형 기둥 사이에는 통로로 볼 수 있는 정도의 간격을 두었다. 중앙부의 쌍기둥 사이는 다시 한 사람이 겨우 드나들 정도의 간격만 두었다.

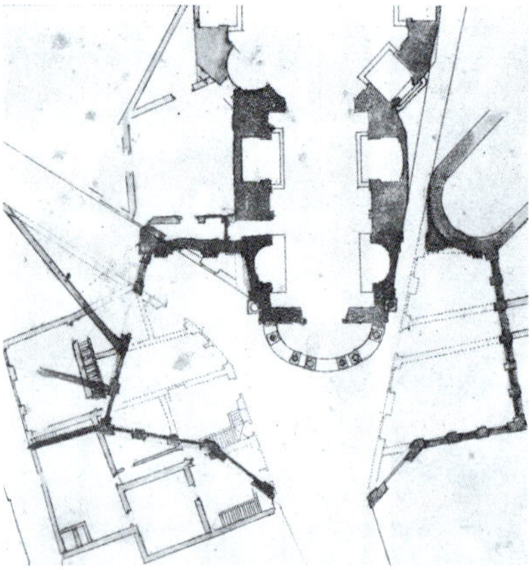

632 피에트로 베레티니 다코르토나(Pietro Berrettini da Cortona), 산타마리아델라파체(Santa Maria della Pace) 파사드, 로마, 1656~59

633 피에트로 베레티니 다코르토나(Pietro Berrettini da Cortona), 라타 거리의 성모마리아(Santa Maria in Via Lata) 파사드, 로마, 1658~62

쌍기둥 사이는 출입문에 해당되기 때문에 가장 넓은 간격으로 처리했다. 기둥 사이의 간격은 조화로운 규칙성을 잃고 일탈의 어중간한 상태로 남았다.

정형과 비정형의 혼합은 도시 장경주의를 지향했다. 이 건물의 대지 조건은 불리한 편이다(그림 632). 대로에서 움푹 들어온 포켓 공간에 자리 잡았다. 앞 공간은 폭이 광장과 가로 사이의 중간 크기로 애매하다. 이런 조건 때문에 건물은 강한 시각적 효과를 요구했다. 오더를 이용한 정형 경향은 고전주의의 총본산인 로마라는 도시 내에서 정체성을 확보하는 역할을 했다. 불룩 튀어나온 배 같은 곡면 파사드의 비정형 경향은 고전 오더에 의외성을 더함으로써 시각적 유인 효과를 가진다. 다코르토나 자신도 여러 개의 대안 스케치를 통해 불리한 대지 조건 속에서 건물이 도드라지게 하는 문제를 고민했다.

라타 거리의 성모마리아 파사드에서는 정형 경향은 마데르노의 성 베드로 구성을, 비정형 경향은 페루치의 리듬 파격을 각각 차용했다(그림 624, 633). 양끝 베이를 벽체 구조로, 중앙 베이를 오더 구조로 처리한 것은 성 베드로의 구성을 차용한 것이다. 이번에도 오더 구성을 이용하여 중앙부의 위계를 높였다. 중앙부의 오더 구성이 반원형 벽기둥이 아니라 독립 원형 기둥인 점과 신전 박공이 중앙 베이 전체를 마감한 처리는 신전 고전주의를 차용한 것이다. 그러나 박공 아래 면에 아치를 두어 코니스를 끊은 처리는 고대 바로크에서 사용하던 기법으로 비정형 경향에 속하는 것이다. 리듬 파격은 산타마리아델라파체와 유사하다. 기둥 사이의 간격을 정식 베이도 아니고 쌍기둥도 아닌 애매한 상태로 두었다. 중앙 베이 전체도 하나의 넓은 베이와 세 개의 좁은 베이 사이에서 애매한 상태로 남았다.

바로크 매너리즘 4

기교적 종합화-카를로 라이날디(1)

라이날디는 아버지 지롤라모 라이날디Girolamo Rainaldi, 1570~1655년와 아들 카를로 라이날디Carlo Rainaldi, 1611~1691년로 이루어진 건축가 집안이다. 아버지 지롤라모 라이날디도 비교적 성공한 건축가였다. 지롤라모 라이날디는 도메니코 폰타나의 스튜디오에서 도면 그리는 일로 건축을 시작했다. 그는 폰타나의 로마 고전주의를 배워 로마뿐 아니라 볼로냐, 파르마, 모데나, 카프라롤라 등 여러 곳에 이것을 전파했다. 1612년에는 델라포르타의 뒤를 이어 로마의 시민 건축가가 되어 토목 인프라 구축에 기여했다. 1640년에는 산루카 아카데미Academia di San Luca의 교장이 되었으며, 1644년에는 인노첸시오 10세의 교황청 건축가가 되어 자신의 대표작인 팜필리 팔라초Palazzo Pamphilj, 1645~50년를 설계했다.

지롤라모 라이날디는 폰타나로부터 16세기 로마의 성기 르네상스를 배웠으며, 미켈란젤로 등의 매너리즘 영향도 일부 보였다. 성기 르네상스는 고전 문법에 충실한 엄격하고 규칙적 구성에서, 매너리즘 영향은 어휘 차원에서의 기교에서 나타났다. 이런 지롤라모 라이날디의 경향은 16세기 건축의 종합화로 요약될 수 있다. 그러나 자신만의 독창성도 보였다. 성 루치아Santa Lucia, 볼로냐, 1623년와 산지롤라모델라카리타San Girolamo della Carita, 로마, 1647년에서는 닫집을 이용한 2중 윤곽의 출입구가 그의 독창적 어휘이다(그림 634). 성 테레사Santa Teresa, 카프라롤라, 1621년에서는 네이브에 종방향으로 작은 공간을 더하는 새로운 평면 구성을 선보였다(그림 635).

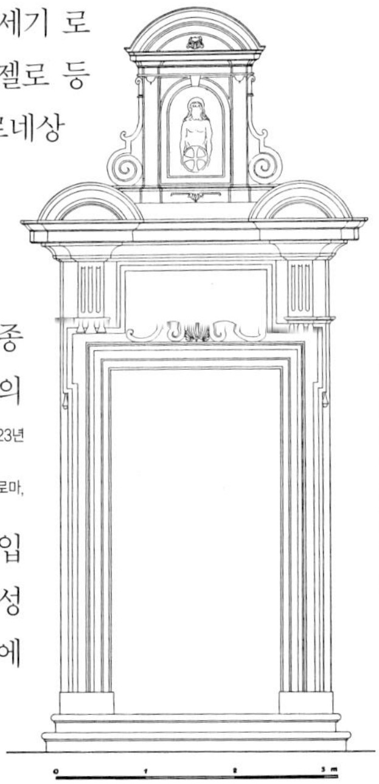

634 지롤라모 라이날디(Girolamo Rainaldi). 산지롤라모델라카리타(San Girolamo della Carita). 로마. 1647

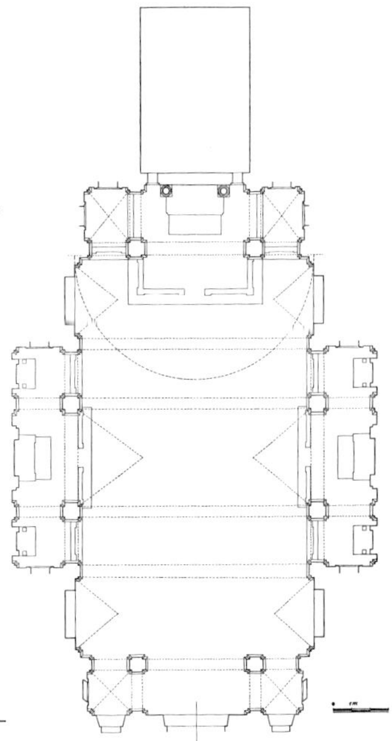

635 지롤라모 라이날디(Girolamo Rainaldi). 성 테레사(Santa Teresa). 카프라롤라(Caprarola), 이탈리아. 1621

카를로 라이날디는 아버지에게 건축을 배웠다. 그 역시 아버지의 영향을 받아 종합화 경향을 추구했다. 아버지의 어휘까지 포함하여 종합화 소재의 폭이 넓어진 점이 중요한 차이이다. 아버지의 독창적 어휘들을 이어받아 자신만의 건축 경향으로 발전시킨 점은 중요한 독창성으로 평가받을 수 있다. 카를로 라이날디의 중요성은 1660~70년대라는 시대 상황에서 종합화를 추구한 데 있다. 이것은 1640~50년대 다코르토나의 종합화를 이어받은 것이었다.

종합화는 베르니니와 보로미니의 독창적 경향과 함께 성기 바로크를 이끌어가던 또 하나의 축이다. 두 거장의 독창성이 양극단을 오가며 대립하던 시대적 급박함을 중화하는 제3의 안전지대 같은 것이었다. 두 거장의 천재성이 드리우는 큰 그늘 아래에서 다른 건축가들이 운신할 수 있는 틈새 같은 것이기도 했다. 이런 상황에서 종합화는 약한 의미의 창작일 수 있다. 거시적으로 보더라도 다코르토나에서 카를로 라이날디로 이어지는 종합화는 이탈리아 건축이 후기 바로크에서 완전히 몰락하지 않고 일정한 역할을 할 수 있게 해주는 토대로 작용했다. 다코르토나의 종합화가 두 거장으로 대표되는 정형 경향과 비정형 경향의 종합화라면, 카를로 라이날디의 종합화는 기교적 각색이 더 많이 시도된 변형적 종합화이다(그림 636, 637). 이것은 1660~70년대가 후기 바로크로 넘어가는 길목이라는 점에서 볼 때 시대적 중요성을

636 카를로 라이날디(Carlo Rainaldi). 산지롤라모델라카리타(San Girolamo della Carita). 로마. 1647

637 카를로 라이날디(Carlo Rainaldi). 산타마리아다이미라콜리(Santa Maria dei Miracoli) 로마. 1662~79

갖는다.

카를로 라이날디는 나보나 광장의 성 아그네스에서 본격적인 건축 경력을 시작했다. 이 건물은 아버지 지롤라모 라이날디와 함께 1652~53년에 시작했다가 보로미니가 4년 동안 맡은 뒤 카를로 라이날디가 1657~66년에 완공시켰다. 다음 작품은 마레르노가 시작했던 산탄드레아델라발레의 완공1661~65년이었다. 이 두 건물에서는 아직 카를로 라이날디만의 독창적 경향이 나타나지 않는다. 그러나 바로크 거장의 작품을 맡아서 완공시킨 경력은 훌륭한 건축 교육이 되었다. 전자에서는 보로미니의 비정형 경향을, 후자에서는 마데르노의 정형 경향을 각각 습득할 수 있었다. 카를로 라이날디의 대표작은 산타마리아인캄피텔리Santa Maria in Campitelli, 로마, 1662~75년와 쌍둥이 건물인 산타마리아디몬테산토Santa Maria di Montesanto, 로마, 1662~79년와 산타마리아데이미라콜리Santa Maria dei Miracoli, 로마, 1662~79년 등이다.

바로크 매너리즘과 산타마리아인캄피텔리-카를로 라이날디(2)

638 카를로 라이날디(Carlo Rainaldi), 산타마리아데이미라콜리(Santa Maria dei Miracoli) 로마, 1662~79

카를로 라이날디의 종합화 대상은 아버지 지롤라모 라이날디와 마찬가지로 정형 경향과 비정형 경향의 양대축이었다. 구체적 건축가는 정형 경향의 팔라디오-마데르노-베르니니 등과 비정형 경향의 미켈란젤로-보로미니-다코르토나 등이었다. 카를로 라이날디의 종합화는 매너리즘의 특징을 일정 부분 드러냈다. 미켈란젤로-보로미니-다코르토나-지롤라모 라이날디로 이어지는 오더 사용 기법의 차용과 팔라디오-지롤라모 라이날디로 이어지는 평면 구성이 대표적인 내용이다(그림 637, 638). 이런 점에서 카를로 라이날디의 건축은 바로크 매너리즘이라 부를 수 있다. 특히 차용 선례의 범위를 미켈란젤로와 팔라디오까지 올려 잡은 것은 카를로 라이날디가 매너리즘에 대해 어느 정도 인식하고 있었음을 보여준다. 이 두 거장은 16세기 성기 고전주의와 매너리즘 두 경향을 동시에 지녔기 때문이다.

선례 건축가들과의 차이도 있다. 보로미니는 매너리즘과의 연속성을 강하게 나타냈지만 그 스스로가 바로크 고전주의의 독립적 경향 한 가지를 창출했기 때문에 바로크 매너리즘이 아닌 성기 바로크로 분류된다. 다코르토나는 종합화 경향을 보이긴 했지만 베르니니와 보로미니의 영향을 비교적 직접적으로 드러내며 정통 고전주의의 범위 내에 머물렀기 때문에 역시 성기 바로크로 분류된다. 반면에 카를로 라이날디는 일정한 독창적 각색을 시도했으나 그것이 매너리즘에 뿌리를 두고 있는 점에서 바로크 매너리즘으로 분류할 수 있다.

이탈리아 성기 바로크에는 로마 3인방으로 불리는 베르니니, 보로미니, 다코르토나의 1차 건축가들 이외에 그들보다 명성이 덜한 일단의 2차 건축가들이 있었다. 2차 건축가들은 다시 두 부류로 나눌 수 있다. 하나는 독창성을 완전히 포기한 채 1차 건축가 3인의 어휘를 답습한 건축가들이다. 이들은 역사에 이름이 남지 않은 단순 건물 생산자에 가까웠다. 다른 한 부류는 1차 건축가 3인만 못하지만 자신들만의 독창성을 추구한 건축가들이다. 카를로 라이날디, 롱기, 롱게나로 대표되는 이 건축가들은 독창성의 소재와 단서를 매너리즘적 각색에서 찾는 공통점을 보였다. 이런 점에서 이들은 바로크 매너리즘으로 분류된다.

산타마리아인캄피텔리는 아버지 지롤라모 라이날디의 기법을 중요한 선례로 삼았다. 평면 구성은 성 테레사에서 영향을 받았다(그림 639). 평면의 기본 골격은 선형 구성을 유지하는 가운데 네이브의 주축에 수직 방향으로 종방향 공간 단위를 더한 독특한 구성으로 이루어졌다. 종방향 공간 단위는 크고 작은 여섯 개가 연달아 나왔다. 크로싱은 트랜셉트 없는 단일 돔으로 처리했다. 돔을 받치는 크로싱 구조는 다코르토나의 성 루카/성 마르티노와 유사했다. 분리형 기둥이 벽을 도와 펜던티브를 받치는 방식이다(그림 627, 640). 크로싱 뒤에는 얕은 성가대석과 반원 앱스를 더했다.

639 카를로 라이날디(Carlo Rainaldi). 산타마리아인캄피텔리(Santa Maria in Campitelli). 로마. 1662~75

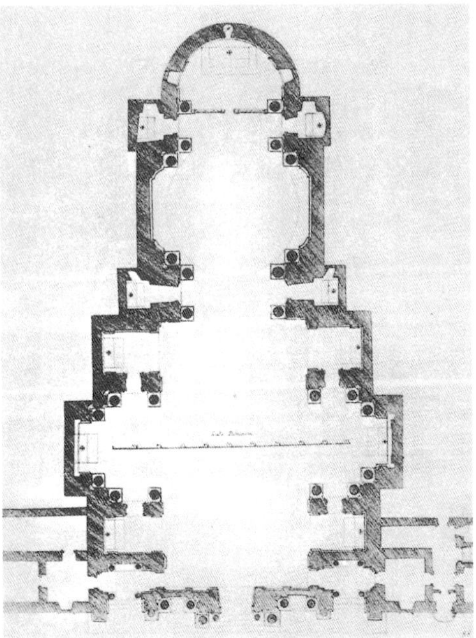

이런 구성은 선형성과 중앙집중성 모두를 강화한 뒤 둘을 혼합하려는 시도로 이해된다. '네이브-크로싱-성가대석-앱스'가 1랑식 골격을 유지하며 일렬로 늘어선 처리는 선형성을 강화한 것이다. 이 처리는 팔라디오의 산조르조마조레와 일레덴토레를 선례로 삼았다. 반면 크로싱을 단일 돔으로 구성한 처리는 중앙집중성을 강화한 것이다. 종방향으로 공간을 연달아

640 카를로 라이날디(Carlo Rainaldi), 산타마리아인캄피텔리(Santa Maria in Campitelli), 로마, 1662~75

641 카를로 라이날디(Carlo Rainaldi), 산타마리아인캄피텔리(Santa Maria in Campitelli), 로마, 1662~75

늘어놓은 처리는 선형성을 약화시키면서 궁극적으로 중앙집중성을 돕는 역할을 했다. 두 유형의 혼합 문제는 기독교 건축이 시작된 이래 어느 시대에나 있었던 숙제였다. 이 건물은 둘을 단순 혼합하는 것이 아니라 둘 모두를 강화한 뒤 혼합한 점에서 카를로 라이날디만의 독창성이라고 할 수 있다.

파사드는 성 루치아나 산지롤라모델라카리타에서 영향을 받았다. 1층 출입구와 2층 창을 닫집으로 처리한 뒤 이것을 신전 파사드로 한 번 더 싸는 방식이다(그림 641). 모두 네 개의 박공 상인방이 수직으로 중첩되었다. 오더 구성을 이용하여 중앙 출입구의 위계를 높인 처리는 마데르노의 성 수산나 모티프를 차용한 것이다. 전체적 분위기는 수직성이 강화된 결과로 나타났다. 간결하고 힘 있는 오더가 전체 윤곽의 수직 비례를 강조했다. 그 한가운데 네 개의 박공을 하늘을 향하여 중첩시켰다.

644 마르티노 롱기(Martino Longhi), 성 빈첸시오/성 아나스타시오(Santi Vincenzo ed Anastasio), 로마, 1646~50

1층에 10개, 2층에 6개, 총 16개의 분리형 기둥으로 구성했다(그림 644). 1층 양끝 모서리에 두 개씩 사용한 것을 제외하고 1층의 2베이와 2층의 2베이 모두를 세 개씩의 분리형 기둥으로 메웠다. 기둥은 베이를 분할함과 동시에 베이를 메우는 두 가지 상반되는 기능을 동시에 했다. 벽면은 기둥 숲처럼 보이기도 했다가 심하게 요동치는 것처럼 보이기도 했다. 벽면은 기둥 열로 이루어진 것처럼 보이기도 했다가 벽면에 홈을 판 것처럼 보이기도 했다. 기둥은 기둥 같아 보이다가 벽처럼 보이기도 하는 이중성을 나타냈다. 오더 고전주의였다.

기둥 자체가 힘 있게 처리되었을 뿐 아니라 이것이 세 개씩 연달아 나오면서 만드는 깊은 음영은 전면에 그로테스크한 긴장감을 만들었다. 박공, 상인방, 조각, 디테일 등 모든 부재를 간결하고 굵은 윤곽으로 만든 뒤 강하게 돌출시킴으로써 음영 효과를 배가시켰다. 긴장감은 수평-수직 사이의 대비에 의해 배가되었다. 파사드 전체를 지배하는 수직 앙천성에 수평 구도를 대비시켰다. 1층의 엔태블러처와 2층의 기단을 별도의 영역으로 처리하여 두 단의 수평 띠를 만들었다. 수평 띠의 높이도 높아서 1층과 2층은 별개의 건물로 분리되어 보인다. 2층 엔태블러처도 1층보다는 낮지만 2층 높이에 비해서는 높은 편이어서 수평 구도를 한번 더 만들어낸다.

기둥의 군집은 파사드 전체에 긴장감을 만들어낸다. 이런 처리는 바로크만의 기법이다. 카를로 라이날디와 롱기는 모두 분리형 기둥을 이용한 점에서 베르니니와 보로미니의 양대 경향과 다른 제3의 경향으로 볼 수 있다. 오더가 조화미를 이루던 고전 문법의 파격이다. 이런 점에서는 매너리즘과의 연관성도 일정 부분 보인다. 페루치의 리듬 파격 기법을 차용한 점에서 더욱 그러하다. 이상을 종합하면 '매너리즘으로부터 직접 영향을 받고, 분리형 기둥을 이용하여 고전 문법의 비례미를 파격했으며, 카를로 라이날디와 롱기로 대표되는' 또하나의 바로크 경향을 정의할 수 있다. 바로크 매너리즘의 특징이다.

바로크 매너리즘은 엔태블러처와 박공 처리에서 한 번 더 드러난다. 엔태블러처는 기둥에 맞추어 세 번 분절되었다. 박공도 이에 맞춰 처리했다. 1층에서는 반원 아치 두 개를 겹쳐서 박공을 만들었는데, 바깥쪽 큰 아치는 위쪽 끝부분이 2층 기단 윗선에 맞춰 잘렸다. 이런 처리는 매너리즘의 연장선으로 볼 수 있다. 특히 1층 출입구의 상인방 박공을 1층 엔태블러처가 아닌 2층 기단에 위치시킨 것은 더욱 그러하다.

2층에서는 박공도 엔태블러처에 맞춰 세 겹으로 처리했다. 중앙 창의 상인방도 박공으로 처리함으로써 모두 네 개의 박공이 넓지 않은 면을 가득 채우며 빽빽하게 들어섰다. 그 사이에 조금 남은 여백에는 조각물까지 채워넣었다. 이런 처리는 2층 중앙 창에 강한 집중성을 주면서 무대처럼 보이게 한 점에서 베르니니의 산타비비아나 모티프를 이어받은 것으로 볼 수 있다. 2층 전체로 보면 '칼럼-엔태블러처-박공'이 세트를 이루면서 심한 돌출과 급한 변화를 통해 짙은 음영과 강한 인상을 만들어냈다. 이런 점은 매너리즘 기법을 발전시켜 바로크의 조형성을 만들어낸 것이라 할 수 있다.

베네치아 바로크와 발다사레 롱게나(1)

베네치아에서는 매너리즘이 융성했던 데 비해 바로크 건축이 미약하다. 베네치아는 불규칙한 도시 골격을 바탕으로 동방의 이국 정서가 지배하던 도시였기 때문에 바로크 건축이 특별한 의미를 갖지 못했다. 베네치아의 예술 전통이 곧 바로크적 경향이라고 볼 수 있을 정도이다. 이 때문에 베네치아에서는 바로크 건축이 오히려 융성하지 못한 역설적 측면도 있다. 바로크적 경향이 예술적 일상이었기 때문에 하나의 독립 양식으로 특별히 구체화하지 못했던 것이다. 베네치아 바로크는 바로크의 비정형 경향이 지역 특색으로 자연스럽게 상존한 예에 해당된다. 새로운 공간 창출보다 장식 전통이 계속 이어지는 경향이 베네치아 바로크의 주요 특징이다.

주세페 사르디Giuseppe Sardi, 1621년경~99년의 산타마리아델질리오Santa Maria del Giglio, 1678~83년는 이런 경향을 잘 보여주는 예이다(그림 645). 이 건물은 베네치아 바로크를 대표하는 건물 가운데 하나이다. 이 건물은 마테르노의 성 수산나를 기본 유형으로 차용했다. 그러나 건축적 관심은 베이 사이의 여백에 조각 장식을 채우는 데 모아졌다. 층수가 성 수산나보다 높은 3층이었는데 한 층을 더 올린 것도 장식이 놓이는 바탕면을 확보하기 위해서였다. 좁은 광장의 한 면을 가득 채우고 서 있는 이 건물의

645 주세페 사르디(Giuseppe Sardi). 산타마리아델질리오(Santa Maria del Giglio). 베네치아. 1678~83

파사드는 건축물이기보다 조각 전시장에 가까웠다.

이런 현상은 매너리즘 때에도 동일하게 나타났다. 16세기 베네치아 건축은 성기 르네상스와 매너리즘 사이에 보기 드문 균형과 혼합을 보여준 예에 해당된다. 베네치아 매너리즘은 로마나 만토바의 의도적이고 과격한 일탈과 달리, 장식이라는 지역 전통의 한 형식으로 성기 르네상스에 섞여 나타났다. 특별하게 모습을 드러내지 않고 성기 르네상스를 베네치아 지역주의로 각색하고 변형한 형식으로 나타났다는 의미이다. 베네치아 바로크도 이와 유사했다. 베네치아 바로크는 매너리즘으로부터의 연속성을 주요 특징으로 가진다.

발다사레 롱게나Baldassare Longhena, 1598~1682년는 베네치아 바로크를 대표하는 건축가이다. 그는 베네치아에서 태어나 이곳을 활동 무대로 삼아 17세기 베네치아 바로크를 이끌었다. 베네치아 바로크를 독점적으로 대표하는 거장이었을 뿐 아니라 성기 바로크 전체를 통틀어서도 로마 3인방과 어깨를 나란히 할 수 있을 정도로 중요한 작품들을 남겼다. 그는 다른 주요 건축가들이 조각이나 회화를 겸했던 것과 달리, 철저히 건축에만 전념했다. 그는 잉크 펜 대신 연필을 사용한 점에서 보로미니와 함께 근대적 도면 기법을 처음 시작했다. 또한 안토니오 다상갈레 일조반네 이후 설계 스튜디오를 가장 효율적이고 근대적으로 운영한 건축가이기도 하다.

롱게나의 성장 과정에 대해서는 알려진 바가 거의 없다. 그러나 산미켈리-산소비노-팔라디오의 16세기 베네치아 3인방의 영향을 받았고, 다시 그 뒤를 이은 스카모치로부터 건축 훈련을 받은 것은 틀림없어 보인다(그림 646). 알레산드로 비토리아Alessandro Vittoria와 지롤라모 캄파냐Girolamo Campagna는 16세기 베네치아 매너리즘을 17세기 바로크로 이어준 전환기적 건축가들로 롱게나에 중요한 영향을 끼쳤다. 롱게나는 이미 10대 후반에 첫 작품을 선보인 이래 수많은 작품을 설계하며 평생 동안 왕성하게 활동했다. 1640~81년의 42년 동안 베네치아공화국의 수석 건축가supervising architect=proto로 활동했으며, 석공 길드의 간부로서 현장 일에도 적극적으로 참여했다. 또한 토목 기술에도 조예가 깊어, 물 때문에 어려움이 많은 베네치아의 부지 환경에

646 발다사레 롱게나(Baldassare Longhena), 레초니코 팔라초(Palazzo Rezzonico), 베네치아

서도 그가 지은 건물들은 문제를 일으킨 것이 하나도 없었다.

롱게나의 경력은 1648년경까지의 초창기, 1648~60년경의 전성기, 1660년 이후의 말년기로 나눌 수 있다. 그는 60여 개에 달하는 크고 작은 작품을 설계했는데 기능 유형에 따라 주거, 교회, 공공건물, 무덤 등으로 정리할 수 있다. 주요 작품으로는 비드만 팔라초Palazzo Widmann, 베네치아, 1621~1641/46년, 키오자의 산타 마리아Santa Maria, Chioggia, 베네치아, 1627~47/74년, 산타마리아델라살루테Santa Maria della Salute, 베네치아, 1631~87년, 프로쿠라티에누오베베네치아, 스카모치 원작, 1640~60년경 완공, 산조르조마조레 수도원Monastery of San Giorgio Maggiore, 베네치아, 1641~82년, 발마라나 정원 로지아Loggia del Giardino Valmarana, 비첸차, 1649년, 페사로 팔라초Palazzo Pesaro, 베네치아, 1649/59~1682/1710년, 사후에 안토니오 가스파리에 의해 완공 등을 들 수 있다.

분할 뒤 통일과 산타마리아델라살루테–발다사레 롱게나(2)

산타마리아델라살루테는 흑사병이 물러간 것을 성모 마리아께 감사하기 위한 봉헌 교회로 지어졌다(그림 647). 평면은 라벤나의 산비탈레를 선례로 삼아 팔각형 반지형 겹 공간으로 구성했다(그림 648). 팔각형의 한 변을 출입구에, 맞은편을 제단에 배정한 처리와 손가락 모양의 부속실을 갖는 처리도 산비탈레를 모방한 것이다. 산비탈레에서는 부속 공간이 출입구 전실이었던 데 반해 여기에서는 제단으로 처리되었다.

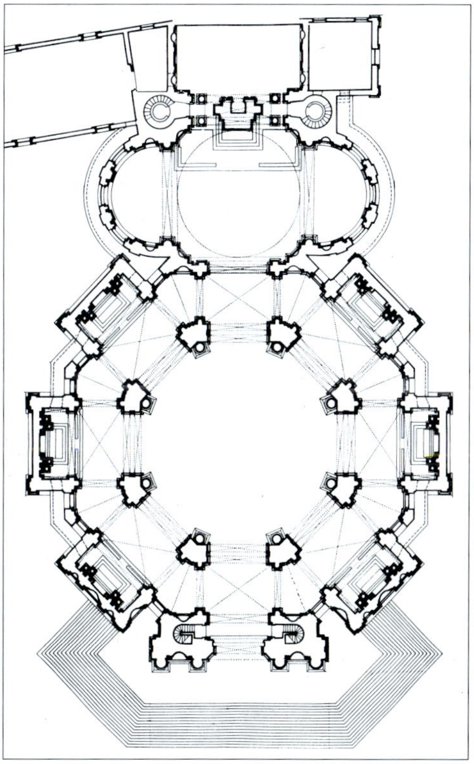

647 발다사레 롱게나(Baldassare Longhena). 산타마리아델라살루테(Santa Maria della Salute). 베네치아. 1631~87

648 발다사레 롱게나(Baldassare Longhena). 산타마리아델라살루테(Santa Maria della Salute). 베네치아. 1631~87

649 발다사레 롱게나(Baldassare Longhena). 산타마리아델라살루테(Santa Maria della Salute). 베네치아. 1631~87

나머지 여섯 변에는 예배당을 할당했다. 극단적인 중앙집중형으로 구성한 점과 비잔틴 선례를 차용한 점은 이 건물이 매너리즘의 연장선상에 있음을 말해준다. 실내 골격 구성과 파사드에 팔라디오 모티프를 도입한 점은 매너리즘과의 연관성을 강화시킨다.

실내 골격에서는 구조 부재를 회색으로, 비구조 부재를 흰색으로 각각 처리한 점과 오더를 높은 주초 위에 올린 점 등이 팔라디오 모티프이다. 파사드에서는 두 종류의 모티프를 사용했다(그림 649). 주 출입구는 개선 아치 몸통에 신전 박공으로 지붕을 마감한 모티프로 처리했다. 이것은 바르바로 빌라나 포스카리 빌라 등 팔라디오의 빌라에서 차용한 것이다. 나머지 면은 신전 파사드를 변형한 모티프로 처리했다. 신전 파사드를 두 개 층으로 늘린 뒤 2층은 로마 목욕탕에서 차용한 큰 삼분창으로 채웠다. 이것은 산조르조마조레나 일레덴토레 등 팔라디오의 교회에 쓰이던 모티프이다.

드럼을 받치는 구조에 부벽을 사용한 처리는 고딕 기법을 도입한 것으로 볼 수 있다. 중세성은 매너리즘과의 연관성을 더욱 높여준다. 부벽은 소용돌이 문양을 크게 확대하여 드럼 외벽의 오더 아래 부분에 연결하는 방식으로 처리했다. 소용돌이 문양은 일제수의 파사드에서 바로크를 대표하는 입면 어휘로 자리 잡았다. 더 멀리는 이오니아식 오더에서 온 것으로 1차적으로는 여성성을, 궁극적으로는 이 건물의 봉헌 대상인 성모마리아를 상징하는 것이기도 하다.

650 발다사레 롱게나(Baldassare Longhena). 산타마리아델라살루테(Santa Maria della Salute). 베네치아. 1631~87

평면과 외관 전체에서 팔각형의 기하학적 윤곽을 지키면서 장식으로 이것을 중화시키는 양면적 처리 역시 베네치아 매너리즘을 물려받은 것이다. 베네치아 매너리즘은 건축 개념이나 공간 구성 등은 단순하게 잡은 뒤 돌의 표면 처리나 섬세한 디테일 등의 장식 처리로 시각 효과를 노리는 특징이 있다. 이 건물에서도 동일한 특징이 나타난다. 실내에서는 팔각형이 꺾이는 지점에 분리형 기둥을 세우고 구조 부재와 비구조 부재를 구별하여 기하학적 윤곽을 명확하게 했다(그림 650). 외관에서는 드럼의 팔각형이 꺾이는 지점의 구조 부재를 두 겹으로 처리하여 기하학적 윤곽을 지켰다. 이렇게 구성된 기본 골격에 소용돌이 문양, 조각물, 돋을새김 등의 화려한 장식을 더했다.

실내에서는 공간 단위의 개별성을 확보한 뒤 이것들을 하나로 묶는 양면성이 나타난다. 이것도 넓게 보면 앞의 양면적 처리의 한 형식일 수 있다. 실내에 들어서면 제단과 예배당을 구성하는 공간 단위가 강한 독립성을 가지며 분절되어 있는 장면이 한눈에 들어온다. 작은 방들은 독립 공간으로 구획된 뒤 방사선 방향으로 펼쳐진다. 이로써 제단 공간의 독립성이 더욱 두드러진다. 직사각형 윤곽을 돔과 양옆의 반원형 앱스로 삼등분했다. 중앙의 큰 돔은 팔각형 드럼이 받치는 우산형 돔으로, 예배당로 들어가는 복도 공간은 벽기둥이 받치는 4분 볼트로, 제단의 돔은 벽체가 받치는 펜던티브 돔으로 각각 다르게 처리함으로써 각 공간 단위의 독립성을 높였다.

이렇게 독립적으로 분할한 공간 단위들은 장경 처리를 이용하여 하나로 묶었다. 실내에 서면 세 개 이상의 방이 한눈에 들어온다. 방들은 투시도에 의해 한번에 그려진 것처럼 하나의 더 큰 공간 단위로 읽힌다. 팔라디오와 스카모치가 무대 디자인에서 사용하던 기법이다. 각 공간 단위는 '팔각형 중앙 공간-복도-예배당 혹은 제단-닫집-창'으로 이어지는 연속 처리를 공통적으로 두어 통일성을 높였다. 중앙 팔각형의 22미터 지름은 이런 장경 효과를 만들기에 적합한 크기이다.

돔의 외관도 베네치아의 전통을 따른 것이다. 돔은 이중 골격으로 짜였는데, 이것은 베네치아에서 널리 쓰이던 구조 기법이다(그림 651). 돔의 높이는 실내보다 외관이 7미터 가량 더 높아졌고, 그 위에 높은 랜턴을 올려서 최종적으로 17미터가량 더 높아졌다. 제단 위에는 작은 돔을 올려 두 개의 돔이 짝을 이루었는데, 이것은 성 마르코를 따른 것이다. 큰 돔은 약 62미터, 작은 돔은 약 48미터의 높이를 가진다. 두 개의 돔이 주도하는 외관은 웅장한 스케일, 풍부한 장식, 강한 실루엣 등이 어우리지면서 베네치아의 도시 풍경을 주도하는 주요 장면이 되었다. 이 건물의 위치가 대운하 Grand Canal를 따라 들어오는 길목이었기 때문에 이런 장면은 특히 중요

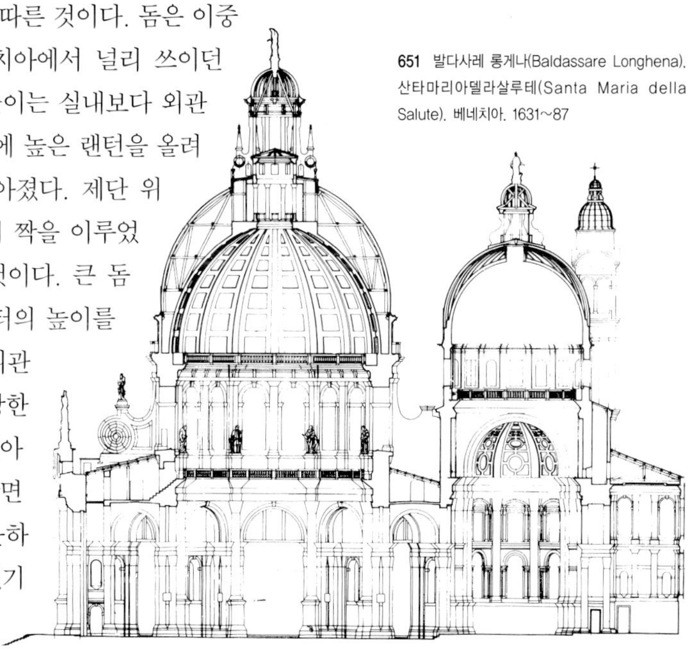

651 발다사레 롱게나(Baldassare Longhena). 산타마리아델라살루테(Santa Maria della Salute). 베네치아. 1631~87

652 발다사레 롱게나(Baldassare Longhena). 페사로 팔라초(Palazzo Pesaro). 베네치아. 1649/59~1682/1710, 사후에 안토니오 가스파리(Antonio Gaspari)에 의해 완공

성을 가진다.

페사로 팔라초는 산미켈리의 매너리즘과 산소비노의 성기 르네상스를 혼합한 경향으로 처리했다. 산미켈리의 영향은 1층 외벽 처리에서 나타났다(그림 652). 산미켈리가 산루카의 그리마니 팔라초 등에서 즐겨 사용하던 혹두기를 더욱 극단화시켜 조적 단위를 수정체처럼 돌출시켰다. 산소비노의 영향은 2층과 3층에서 나타났다. 산소비노가 코르나로델라카그란데 팔라초와 산마르코 도서관 등에서 즐겨 사용하던 '오더-아치' 구성이다. 2층은 이오니아식, 3층은 코린트식 오더로 각각 기본 윤곽을 짰다. 오더는 입면 분할과 비례 조화의 기능을 가졌다. 모서리는 쌍기둥으로 처리하여 축조적 질서를 확보했다. 창틀은 아치를 작은 기둥이 받치는 세를리오 모티프로 처리했다. 이렇게 구성된 오더와 아치의 기본 윤곽에 베네치아 특유의 섬세하고 풍부한 장식을 더했다. 건물의 전체적 분위기는 베네치아 매너리즘이 직설적으로 부활한 것 같은 느낌이다.

10장 후기 바로크 (1670~1750)

1 카를로 폰타나

2 과리노 과리니

3 필리포 주바라

4 베르나르도 안토니오 비토네

1 카를로 폰타나

종합화와 로마 후기 바로크

이탈리아 후기 바로크 건축 경향은 지역에 따라 로마, 피에몬테, 남부나폴리와 시칠리아, 북부베네치아와 볼로냐의 넷으로 나눌 수 있다. 남부와 북부의 후기 바로크는 단순 장식 경향으로 흘렀던 데 반해 로마와 피에몬테의 경우는 중요한 시대적 의미를 가진다. 이 두 지역의 후기 바로크는 대조적 경향을 보였다. 피에몬테의 후기 바로크는 활발한 창작 활동 중심으로 진행되었다. 이에 반해 로마 후기 바로크는 실제 지어진 건물의 창작 측면에서는 쇠퇴 현상이 두드러졌다. 그러나 바로크 1세기, 확장하면 르네상스에서 시작된 초기 근대의 3세기를 총정리하는 종합화 작업이 이루어진 점은 중요한 기여이다. 건축에서 아카데미즘의 시작이었다. 산루카 아카데미는 이것의 중심지였고, 카를로 폰타나가 그 한가운데에 있었다.

아카데미즘은 18세기 계몽주의 건축을 이끈 중요한 건축 운동 가운데 하나이다. 카를로 폰타나가 이끈 산루카 아카데미즘은 이것의 시작이었다. 카를로 폰타나는 로마 고전주의를 체계적으로 정리하여 17세기 후반부에서 18세기 전반부에 이탈리아를 비롯한 유럽 여러 나라의 후기 바로크와 고전주의에 선례와 출처를 제공했다. 이것은 로마가 고전주의의 총본산이었기에 가능했다. 새로운 창작을 더이상 기대할 수 없게 된 상황에서 앞 시대 건축의 교조적 정리를 통해 고전주의를 국제적으로 전파하는 역할을 한 것이다. 카를로 폰타나는 창작에서는 다소 무기력했으나, 18세기 전반부에 후기 바로크를 이끈 주요 건축가들 상당수를 직계 제자로 키워낸 점에서 무시할 수 없는 시대적 중요성을 획득한다.

피에몬테 후기 바로크는 이와 반대 상황이었다. 창작 측면에서는 과리니를 필두로 주바라와 비토네로 이어지는 거장들의 활동이 새로운 전성기를 맞았다. 피에몬테 왕국, 특히 그 수도였던 토리노는 17세기 말에 로마를 제치고 새로운 건축적 중심지로 떠올랐다. 보로미니의 영향을 받기는 했지만 건축 경향에서는 로마 바로크와 다른 새로운 경향을 창출했다. 베르니니, 보로미니, 바로크 매너리즘이라는 세 대표 경향에 이은 제4의 경향이었다. 그러나 이 새로운 경향의 배경과 출처는 로마 후기 바로크에 종속된다. 특히 산루카 아카데미의 영향이 컸다. 피에몬테 후기 바로크를 이끈 3대 거장은 모두 직간접으로 이 영향권 아래에 있었다. 그 가운데 주바라는 카를로 폰타나의 직계 제자였다.

로마 후기 바로크는 카를로 폰타나Carlo Fontana, 1638~1714년가 대표했다. 그는 코모 근처의 란카레Rancare에서 태어났다. 스위스와 접경한 이 일대는 마데르노카폴라고, 보로미니비소네, 도메니코 폰타나Melide 멜리데 등을 배출한 지역이다. 카를로 폰타나는 도메니코 폰타나와 먼 친척뻘이었다. 카를로 폰타나는 1650년대 초 로마에 정착하여 1660년대 중반까지 다코르토나, 베르니니, 카를로 라이날디 등 당대 최고의 건축가들 밑에서 건축을 배웠다. 더 멀리는 성 베드로 돔 등 미켈란젤로의 작품을 도면으로 만드는 작업도 담당했다(그림 653).

다코르토나 밑에서는 산타마리아델라파체의 도면 작업을 담당했다. 베르니니 밑에서는 가장 오래 일을 배웠는데 10여 년에 걸쳐 주로 교황 알렉산드로 7세가 발주한 일에 참여했다. 산피에트로 광장, 스칼라레자, 아리차의 성모 승천 축일 교회, 키지오데스칼키 팔라초 등이 대표적 예이다. 산피에트로 광장 도면은 카를로 폰타나의 재능을 잘 보여준다(그림 654). 카를로 라이날디 밑에서는 산탄드레아델라발레와 쌍둥이 교회인 산타마리아디몬테산토와 산타마리아데이미라콜리 등에 참여했다. 이즈음에는 카를로 폰타나도 많이 성장하여 카를로 라이날디의 작품에서는 파트너에 근접한 역할을 수행했다. 베르니니와 카를로 라이날디 밑에서는 설계의 일부를 직접 맡으면서 건축가의 이력을 시작했다. 베르니니의 몬테치토리오 팔라초를 완공시킨 것이 그 좋은 예이다(그림 655).

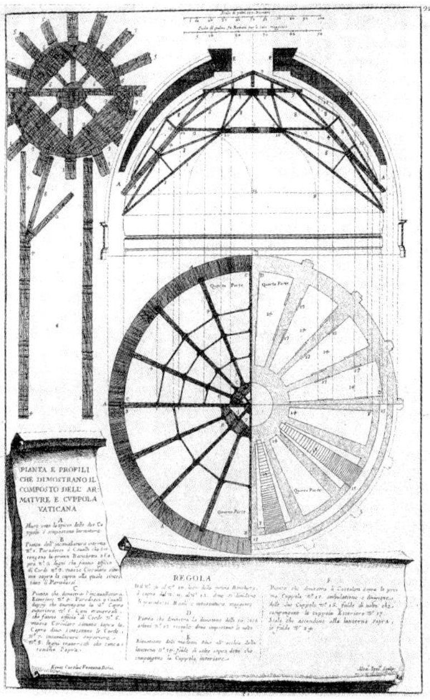

653 카를로 폰타나(Carlo Fontana), 미켈란젤로(Michelangelo)의 성 베드로 돔(St. Peter's Dome) 도면

654 카를로 폰타나(Carlo Fontana), 산피에트로 광장(Piazza San Pietro) 계획안, 로마.

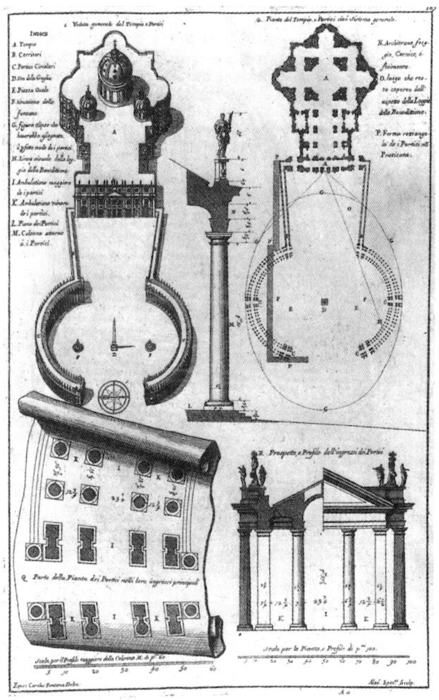

655 조반니 로렌초 베르니니(Giovanni Lorenzo Bernini), 몬테치토리오 팔라초(Palazzo Montecitorio), 로마, 1650~/1694년 카를로 폰타나(Carlo Fontana)에 의해 완공

카를로 폰타나의 독자적 건축 경력은 베르니니의 직책을 물려받으면서 시작되었다. 1664년에 교황청 측정관 및 평가원misuratore e stimatore della Camera Apostolica을 맡은 뒤 1666년에는 산피에트로 공방 측정관misuratore della R. Fabbrica di S. Pietro을 물려받았다. 이때부터 독자적인 작품 활동을 시작하여 1670년대 중반까지 초창기를 보낸다. 초창기에는 교회 파사드와 증개축 등의 작은 일을 맡아 대표작은 내지 못했다. 그에게는 설계 이외에 산루카 아카데미의 활동도 중요했다. 1667년에 학술직accademico di merito에 선출된 데 이어 1670년에는 기사직cavaliere으로 승진했다.

전성기는 1670년대 중반부터 1700년경까지이다. 이 기간에는 다양한 기능 유형의 건물들을 설계했다. 대표작은 예배당과 교회에서 나왔으며 이밖에도 팔라초, 빌라, 극장, 도서관, 병원, 수로, 다리, 분수 등 다양한 유형에서 작품을 남겼다. 이때에도 산루카 아카데미 활동은 활발히 계속하여, 1686년과 1693년 두 번에 걸쳐 교장에 선출되었다. 그러나 18세기에 접어들면서 말년의 쇠퇴기를 보낸다. 이 시기에는 많은 작품들이 지어지지 못하고 계획안으로 남았으며 실행된 것도 증개축이 대부분이다. 1702년에는 산루카 아카데미 교장 직에서도 물러나 건축 담당 수석고문primo consigliere으로 남았다.

카를로 폰타나의 대표작으로는 코르소 거리의 성 마르첼로San Marcello al Corso, 로마, 1682~84년 파사드, 산타마리아델포폴로Santa Maria del Popolo 내 치보 예배당Cappella Cybo, 로마, 1682~84년, 성 베드로 내 세례 예배당Cappella del Battesimo, 1692~98년 등

을 들 수 있다.

산루카 아카데미와 아카데미즘

카를로 폰타나는 많은 작품을 설계했지만 시대를 대표할 만한 주요 작품은 남기지 못했다. 건물 한 채를 완전히 설계한 것이 드물었을 뿐 아니라, 작품 경향도 자신만의 독창성을 보이지 못했다. 그의 건축 경향은 훈련 기간 동안 접했던 대가들의 양식을 종합화한 특징을 보인다. 종합화는 어느 시대에나 있었지만 카를로 폰타나의 경우는 독창성을 상실한 무기력한 결과로 나타났다. 후기 경향의 대표적인 현상 가운데 하나였다.

이것의 배경으로 당시 로마의 시대적 상황을 들 수 있다. 17세기 말로 접어들면서 로마의 경제적 상황은 매우 나빠져 교황청과 귀족 모두 대작을 발주할 만한 경제력을 상실해가고 있었다. 기독교 건축에서는 예배당 등의 소규모 건물, 파사드 등의 부분 설계, 증개축 등이 주류를 이루었다. 이 시기는 거시적으로 보면 르네상스에서 바로크에 이르는 초기 근대 3세기를 이끌었던 이탈리아와 교황청의 쇠퇴가 본격화되던 때이다. 교황청의 중앙집권주의에 대한 교회와 각국의 반발이 보다 조직적으로 나타나기 시작했다. 갈리아주의Gallicanism, 얀선주의Jansenism, 감독제주의Episcopalism 등을 통해 유럽 여러 나라의 가톨릭이 교황청으로부터 독립했다. 베네치아는 동지중해의 모든 섬을 상실하는 등 세속 차원에서도 쇠퇴가 본격화되었다. 유럽 문명의 중심지는 알프스 이북 지역, 특히 프랑스와 영국으로 넘어가고 있었다.

건축에 국한시켜 보면 성기 바로크 거장들의 그늘이 지나치게 컸던 점이 원인이다. 17세기 시대 상황에 맞는 바로크라는 새 양식에서 나올 수 있는 것은 성기 시대에서 모두 나온 셈이었다. 교황 등 건축주 입장에서 보면 주요 작품을 믿고 맡길 만한 건축가가 없어진 것으로 볼 수 있다. 실제로 카를로 폰타나와 교황과의 관계는 이런 상황을 잘 보여준다. 그는 인노첸시오 12세1691~1700년와 클레멘스 11세1700~21년를 주요 건축주로 두었는데 두 교황 모두 그를 미덥지 않게 여겼다. 이들 교황이 그를 대했던 태도를 보면 이전 초기-성기 바로크 때 교황들이 교황

ORDINI, E STATUTI
DELL' ACCADEMIA
DEL DISEGNO
DE PITTORI, SCULTORI, E ARCHITETTI DI ROMA,
SOTTO IL TITOLO, E PADROCINIO
DI S. LUCA,
CORRETTI, ACCRESCIUTI, E CONFERMATI
SOTTO GLI AUSPIZJ
DEL SANTISSIMO PADRE
CLEMENTE XI.
P. O. M.

AEQUA POTESTAS

IN PELESTRINA. MDCCXVI.
NELLA STAMPERIA BARBERINA.
CON LICENZA DE' SUPERIORI.

656 산루카 아카데미 규정집 표지

청 수석 건축가들에게 보냈던 신뢰와 후원에 훨씬 못 미쳤다. 이런 상황들이 맞물리면서 카를로 폰타나에서는 후기의 쇠퇴 경향이 두드러지게 나타났다.

카를로 폰타나의 종합화가 시대적 의미를 가질 수 있는 것은 작품이 아니라 아카데미 활동이었다. 그는 1667년에 산루카 아카데미에 처음 발을 들여놓은 이래 1686~1702년 사이에 두 번의 교장 임기를 역임했다. 산루카 아카데미는 회화, 조각, 건축 등 시각예술에서 고전주의의 훈련을 목표로 1577년에 설립되었다(그림 656). 건축에서 주요 교육 내용은 비트루비우스의 해석에서 출발하여 로마 고전주의 규범의 충실한 구사, 그리고 이것을 바탕으로 한 창작을 훈련하는 방향으로 이루어졌다.

졸업 작품에 해당되는 콘코르소 클레멘티노Concorso Clementino는 졸업생에게는 아카데미 교육의 마지막 총정리인 동시에 건축가로서의 활동을 시작하는 중요한 등용문이었다. 이 작품에서 고전주의에 대한 건축가의 입장과 해석이 확연히 드러나야 했으며, 이것을 바탕으로 주요 권력층을 건축주로 확보하거나 아카데미에 교수로 선출되는 등의 기회가 주어졌다. 카를로 폰타나, 주바라, 비토네 등 후기 바로크를 이끈 주요 건축가들은 대부분 콘코르소 클레멘티노에서 1등을 차지하거나 중요한 두각을 나타낸 인물들이었다. 아카데미의 교장은 주로 행정가가 맡았지만 베르니니1630년와 같이 예술가가 맡기도 했다. 지롤라모 라이날디임기 1640~41년 이후 건축가로는 드물게 카를로 폰타나가 교장이 되었다. 지롤라모 라이날디의 임기가 1년밖에 안 되었던 것과 비교하면 카를로 폰타나는 건축가로는 거의 유일하게 17세기까지 교장을 역임한 경우이다.

카를로 폰타나의 아카데미 활동은 고전 선례의 정리, 저술 작업, 제자 교육 등 세 가지로 요약할 수 있다. 그는 고전 선례에 대한 경외심을 바탕으로 대표적 장점들을 모아 규범화했다. 특히 16~17세기 로마 고전주의 건축가들의 도면을 수집, 정리한 일은 그의 중요한 업적으로 꼽힌다. 이 도면들은 '알레산드로 알라바니 컬렉션Collezioni del Cardinal Alessandro Alabani'이라고 불린다. 이때 수집, 정리된 도면들은 당대에는 물론이고 향후에 고전 부활 운동에 중요한 출처를 제공하는 역할을 톡톡히 했다. 이곳에 가면 웬만한 도면은 모두 볼 수 있다. 카를로 폰타나는 좁혀서 보면 베르니니로 대표되는 로마 정통 고전주의의 마지막 수호자였다. 그는 로마 수학 기간 동안 베르니니의 영향을 가장 많이 받았으며 그를 가장 존경했다. 카를로 라이날디 밑에서 일할 때에는 그를 설득해서 베르니니의 경향을 받아들이게 하기도 했다. 그러나 보로미니를 배격하지는 않았으며 그에게도 적지 않은 존경을 보냈다.

카를로 폰타나의 고전 선례의 연구와 정리는 저술 활동으로 이어져 여러 권의 저서를 남겼다. 성 베드로에 대한 기록인 『템플룸 바티카눔 *Templum Vaticanum*』 1694을 비롯하여 몬테치토리오 팔라초와 콜로세움에 관한 것이 대표적인 저서이다. 이런 활동들은 제자 교육으로 열매를 맺었다. 18세기 바로크 건축과 고전주의 건축을 이끈 많은 중요한 건축가들이 산루카 아카데미의 유학생들이었다. 오스트리아의 피셔 폰 에를라흐와 힐데브란트, 영국의 깁스, 피에몬테의 주바라 등이 카를로 폰타나의 직계 제자였다. 카를로 폰타나의 아카데미즘은 바로크, 넓게는 이탈리아 고전주의가 국제적으로 전파되는 데 중요한 역할을 했다. 이밖에도 간접적 영향을 받은 경우까지 합하면 18세기 전반부 유럽의 후기 바로크는 카를로 폰타나 없이는 생각조차 하기 힘들다. 18세기 신고전주의 주자들도 마찬가지이다. 이들은 카를로 폰타나에게 직접 배우지는 않았지만 고전 선례의 도면을 참고하기 위해 산루카 아카데미는 꼭 들러야 했다.

657 카를로 폰타나(Carlo Fontana), 코르소 거리의 성 마르첼로(San Marcello al Corso) 파사드, 로마, 1682~84

분리와 안정-코르소 거리의 성 마르첼로와 치보 예배당

코르소 거리의 성 마르첼로 파사드는 로마 고전주의를 종합화한 특징을 보인다(그림 657). 기둥을 이용한 중앙부의 강조는 마데르노의 기법이다. 파사드 전체가 완만한 곡면을 그리며 오목하게 들어간 처리는 보로미니의 경향이다(그림 499). 기둥으로 숲을 만들어 리듬을 파격한 처리는 롱기의 바로크 매너리즘이다. 이것은 또한 분리형 기둥을 이용한 바로크 매너리즘 기법으로 볼 수도 있으며, 더 거슬러 올라가면 브라만테나 팔라디오의 성기 르네상스 기법이기도 하다. 1층 출입구를 출입문과 중앙 베이의 두 겹으로

2 과리노 과리니

종교, 수학, 건축

661 과리노 과리니(Guarino Guarini). 평면 유형

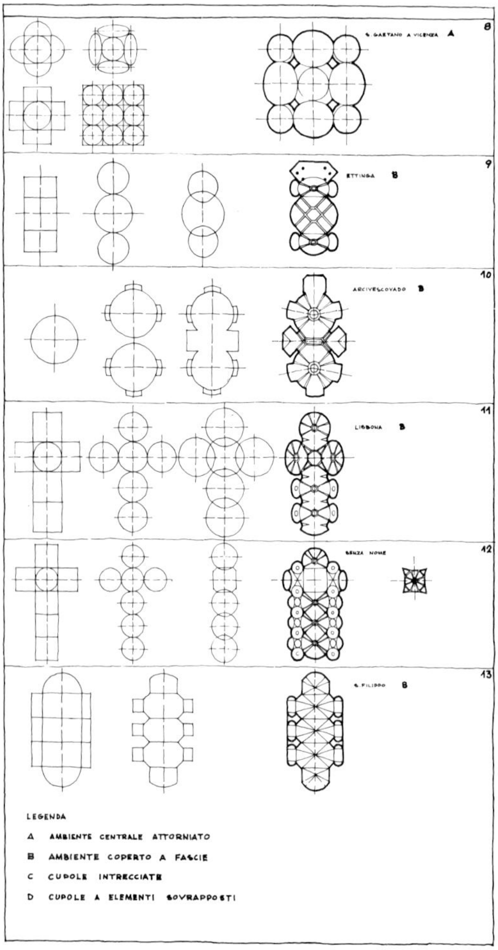

과리노 과리니Guarino Guarini, 1624~83년는 모데나에서 태어났다. 과리니는 후기 바로크의 문을 연 건축가이다. 연도로 보면 성기 바로크에 속하는 것으로 볼 수도 있지만, 말년에 대표작이 집중된 데다 작품 경향 등을 고려할 때 후기 바로크의 창시자로 보는 것이 정확하다. 1970년대 이전에 일부 사가들은 그를 성기 바로크로 분류하기도 했지만, 최근에는 후기 바로크로 보는 것이 통설이다. 그의 활동 무대는 넓었다. 그는 고향 모데나를 비롯하여 토리노Torino, 비첸차, 베로나 등 북부이탈리아를 동서 방향으로 오가며 활동했다. 주 활동무대는 토리노였다. 국제적 활동도 활발했다. 1662~66년 사이에는 파리에 머물며 활동했으며 리스본, 니스, 프라하 등에는 계획안을 보냈다. 포르투갈, 스페인, 독일, 오스트리아 등의 바로크 건축에는 직접적 영향을 끼쳤다.

그가 남긴 작품 수는 많지 않다. 실제 지어진 건물은 일곱 채의 교회, 한 채의 팔라초, 한 채의 대학 건물, 두 채의 성채가 전부이다. 그러나 모두 참여도와 완성도가 높았고 건축 철학도 확실하게 표현되어 있다. 많은 작품을 남겼던 다른 바로크 건축가들이 건물의 일부만 설계했던 데 반해, 과리니는 대부분의 작품을 통째로 설계했을 뿐만 아니라 작품들의 건축적 완성도와 작품성은 매우 높은 편이다.

과리니는 작품을 많이 하지 않은 대신 저술 활동 수학자, 철학자, 성직자 등으로 활발하게 활동했

다. 건축에 관해서도 여러 권의 저서를 남겼는데 사후 3년에 출간된 『과리노 과리니의 공공 건축과 교회 건축 디자인 및 장인의 예술*Desegni d'Architettura Civile e ecclesiastica di Guarino Guuarini e l'arte del maestro*』1686은 대표적인 예이다. 그는 또한 당대에 뛰어난 수학자이기도 했다. 특히 기하학에 조예가 깊어 『에우클리데스 아다욱투스*Euclides Adauctus*』1676를 비롯한 주요 이론서를 남겼으며, 기하학을 다른 학문에 응용하여 지성의 경계를 넓혔다. 천제 해석, 철학, 건축 등이 그 대표적 분야이다. 건축에서는 비정형 경향의 창출에 기하 작도를 응용했다(그림 661).

과리니는 테아틴 수도회Theatine Order 소속 성직자이기도 했다. 테아틴 수도회는 가톨릭 개혁 운동을 목적으로 오라토리오 수도회 멤버들이 주축이 되어 1524년에 창립되었다. 테아틴 수도회는 순결, 복종, 청빈을 핵심 강령으로 내걸고 부패한 가톨릭을 내부로부터 스스로 개혁하고자 했다. 과리니는 집안 전체가 테아틴 수도회 소속이었으며 네 형제가 모두 이 수도회 성직자였다. 이런 테아틴 수도회와의 관계는 과리니의 교회 건축에 중요한 배경으로 작용했다(그림 662).

과리니의 본격적인 건축 활동은 비교적 늦게 시작되었다. 건축을 처음 접한 것은 테아틴 수도회의 수련 수사로 뽑혀 로마에 머물던 1639~48년이었다. 이 기간 동안 그는 당시 새롭게 완성되어가던 성기 바로크를 현장에서 생생하게 접할 수 있었다. 베르니니, 보로미니, 다 코르토나 3인의 건축을 골고루 접했다. 베르니니로부터는 신앙심에 기초한 건축과 기독교의 일치를, 보로미니로부터는 비정형 경향을 통한 신비주의 구현의 가능성을 각각 배웠다. 과리니의 건축 교육과 훈련에 대해서는 알려진 바가 없다. 추측해볼 수 있는 다른 내용은 테아틴 수도회 도서관에 비트루비우스, 세를리오, 다비뇰라 등의 건축 저서가 구비되어 있었다는 점이다. 과리니는 이 저서들을 보며 독학으로 공부했거나 친분이 있던 로마 건축가들로부터 배웠을 것이다.

과리니는 1658년에 모데나로 돌아와 1650년에는 모데나의 테아틴 칼리지에서 철학과 교수로서 철학과 수학을 가르쳤다. 1660년 이전까지는 주로 수도사 훈련과 성직에 전념했다.

662 과리노 과리니(Guarino Guarini). 테아틴 수도회 교회(Teatinerkirche). 프라하

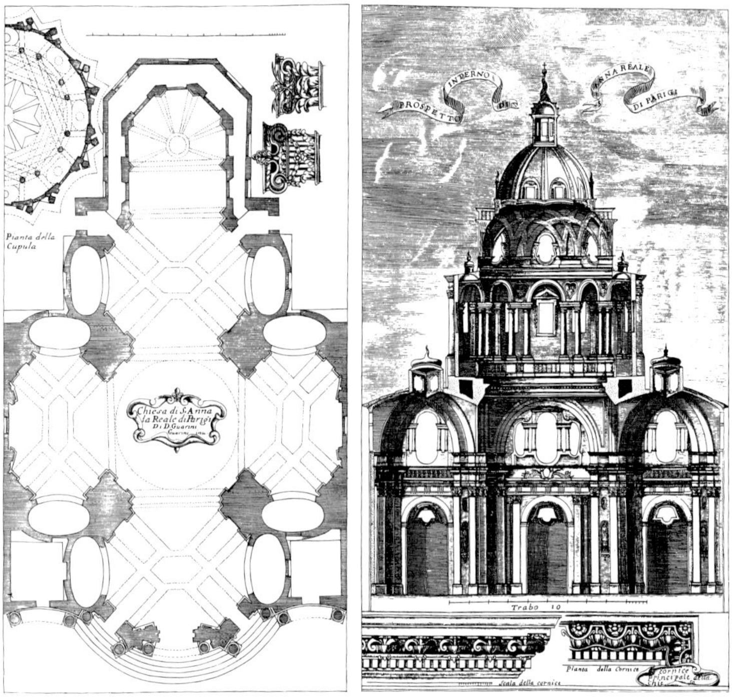

663 과리노 과리니(Guarino Guarini). 생트안라루아얄(Sainte Anne-la-Royale), 파리. 1662

이 기간의 건축 활동은 테아틴 수도회의 건축 관련 일을 돌보는 정도에 머물렀다. 이 기간에는 첫 작품인 산티시마아눈치아타^Santissima Annunziata, 메시나, 1660년^ 파사드를 설계했다. 이 건물에서는 보로미니의 비정형 곡선 경향이 주요 특징으로 나타났다.

1662년부터 파리의 생트안라루아얄^Sainte Anne-la-Royale^을 설계하여 공사를 시작했지만, 1666년에 자금 부족으로 크로싱과 트랜셉트만 지어지고 중단되었다. 이 건물에서는 그릭 크로스와 2층 돔으로 이루어진 중앙 집중형 구성을 시도했다(그림 663). 돔은 복합 기하 작도로 설계했다. 파사드에서는 곡면을 이용한 자유 형태를 시도했다. 건물 골격과 구조 축조의 기본 개념은 고딕 선례에서 차용했다. 구조 부재와 3차원 덩어리 부재를 분리시켜 건물의 기하학적 골격을 노출시켰다. 이런 특징들 가운데 적지 않은 내용은 보로미니에게 영향을 받은 것이었다. 그러나 돔을 복층으로 구성한 점, 고딕 건축을 선례로 삼은 점, 3차원 덩어리 부재를 독립시킨 점 등은 보로미니를 벗어난 과리니만의 새로운 기법이었다. 과리니는 이미 이 건물에서 향후 자신의 교회 건축을 이루는 기본 개념들을 선보였다. 아직 구체적 완성도는 떨어졌지만 머릿속에서 계획하고 짠 이상적 구성을 비교적 체계적으로 제시했다. 이후 과리니의 교회는 여기에서 제시된 이상적 개념과 구성을 구체화하며 발전시켜나간 과정으로 볼 수 있다.

피에몬테 후기 바로크와 과리니

초기 작품에서부터 평생의 건축 개념과 구성을 정리할 수 있었던 데에는 테아틴 수도회의 종교적 배경이 중요한 요인으로 작용했다. 위의 두 건물은 모두 테아틴 수도회 소속 교회였다. 테아틴 수도회는 건축 일을 자신들 소속 신도에게만 맡기는 전통이 있었는데, 이것은 과리니에게 좋은 기회로 작용했다. 그는 석공 같은 현장 경험이나 회화나 조각 같은 시각예술이 아닌, 신앙심과 수학을 바탕으로 처음부터 이상적인 건축을 시도할 수 있었다. 이런 여건은 적어도 교회 건축과 관련해서는 과리니의 일생 동안 계속되었다. 이 점이 과리니가 로마의 성기 바로크에서 영향을 받았으면서도 로마 고전주의와 완전히 다른 자신만의 경향을 창출할 수 있었던 결정적 배경이다(그림 664).

과리니가 창출한 개인 경향은 알프스 기슭 피에몬테 지방의 목가적 민족 정서와 잘 어울리면서 지역의 대표 양식으로 융성했다. 당시 토리노를 중심으로 한 피에몬테 왕국이 이탈리아 반도, 나아가 유럽에서 중요한 강국으로 떠오르며 주요 건축물의 발주가 증가한 것도 과리니에게는 좋은 기회였다. 피에몬테는 새로운 창조력으로 무장한 건축가가 필요했다. 과리니는 이런 상황에 가장 잘 맞는 건축가였다.

664 과리노 과리니(Guarino Guarini), 라콘솔라타(La consolata), 토리노, 1679~83

과리니는 1666년에 파리를 떠나 토리노에 정착했다. 이후 이곳을 근거지로 삼아 다른 도시들을 오가며 말년의 대표작들을 남겼다. 대표작으로는 성 라우렌시오San Lorenzo, 토리노, 1667~79년, 산티시마신도네 예배당Cappella di Santissima Sindone, 토리노, 1667~82년, 성 수태 교회Immacolata Concezione, 토리노, 1673~77/1697년 사후 완공, 산타마리아다라첼리Santa Maria d'Araceli, 비첸차, 1675~80년, 라코니지 성Castello, Racconigi, 1676~83년, 노빌리 콜레조Collegio dei Nobili, 토리노, 1679~83년, 라콘솔라타La consolata, 토리노, 1679~83년,

카리냐노 팔라초Palazzo Carignano, 토리노, 1679~83년 등을 들 수 있다.

과리니는 베르니니와 보로미니 모두에게 영향을 받았다. 베르니니의 영향은 종교적 측면이 강했다. 과리니의 건축 경력은 신앙생활과 함께 시작해서 줄곧 이어졌다. 그에게 가톨릭 교회의 설계는 곧 구도 활동과 동의어였다. 이런 점에서 베르니니가 중요한 선례 역할을 했으나 차이점도 있다. 베르니니는 시각예술의 종합화를 통해 가톨릭의 영광을 표현했다. 과리니는 천체에 대한 기하학적 해석을 신앙심의 중요한 바탕으로 삼아 이것을 기하 작도를 통해 건축적으로 구현했다(그림 665). 베르니니의 영향은 다분히 정신적이고 상징적인 층위에서 이루어졌다.

보로미니의 영향은 구체적 건축 경향에서 나타났다. 베르니니의 은유적 영향과 달리 보로미니의 영향은 직설적이고 조형적이다. 기하 작도를 바탕으로 파도치는 것 같은 곡면과 수직 구성의 앙천성을 추구한 점이 보로미니의 영향이다(그림 480, 484, 501, 666). 보로미니와의 연관성은 후기 바로크와 독일어권 바로크에 끼친 영향에서 확실하게 드러났다. 토리노를 중심으로 한 피에몬테 지방은 후기 바로크의 중심지였다. 17세기 말로 오면서 건축 중심지는 로마에서 피에몬테 지방으로 넘어갔다. 이것의 첫 문을 연 것이 과리니였다. 피에몬테 후기 바로크의 첫째 출처는 보로미니였는데, 이것을 받아들여 그 첫 문을 연 것이다. 나아가 자신만의 양식을 창출하여 피에몬테 후기 바로크의 융성을 이끌었다. 피에몬테 후기 바로크를 이끌었던 대표 건축가인 비토네와 주바라는 모두 과리니 없이는 존재할 수 없었다.

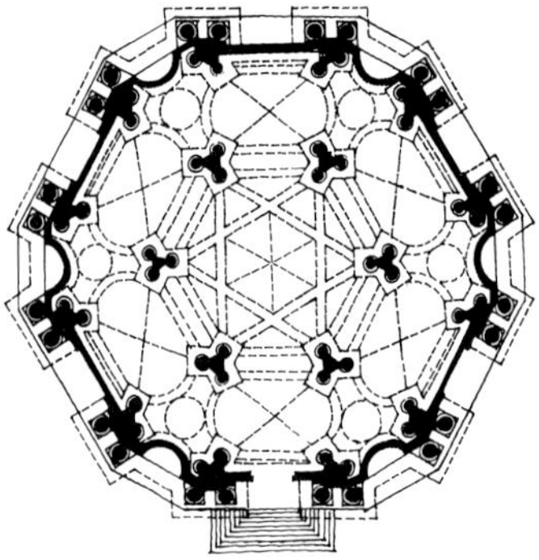

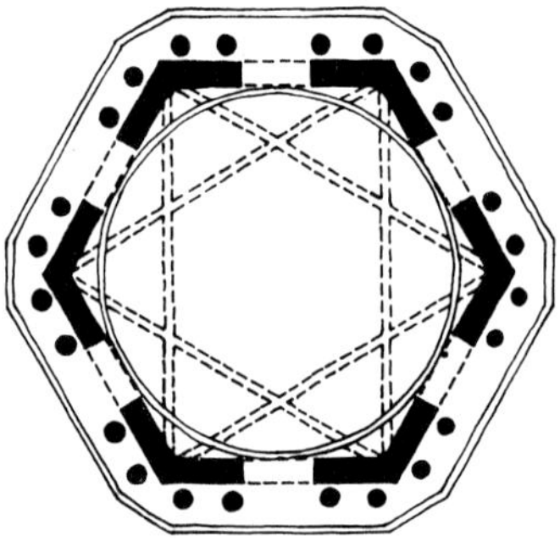

665 과리노 과리니(Guarino Guarini), 파드리 소마스키(Padri Somaschi), 메시나(Messina), 이탈리아

666 과리노 과리니(Guarino Guarini), 성 필립보 네리(S. Filippo Neri) 계획안

국제적으로는 중부유럽의 독일어권 바로크 형성에 결정적 영향을 끼쳤다. 이 지역의 바로크 장식주의는 과리니, 더 거슬러 올라가면 보로미니를 기원으로 삼았다. 과리니는 이 지역에 보로미니가 선례로 받아들여지는 데 매개 역할을 했으며, 스스로는 결정적인 영향을 끼쳤다. 토리노가 남부독일어권과 지리적, 정치적, 경제적으로 더 가깝다는 점도 중요한 요인으로 작용했다. 1686년판 과리니의 저서는 독일어권 바로크 형성에 특히 중요한 역할을 했다. 바이에른과 오스트리아 바로크

건축가들은 거의 대부분 과리니의 저서를 교과서처럼 손에 들고 다니며 활용했다.

이 저서는 과리니가 사망한 지 3년 뒤 테아틴 수도회에서 그의 작품 도면 33장을 모아 출간한 것으로, 당시에는 글이 전혀 없었다. 이 도면들은 독일어권에서 폭발적인 인기를 모았다. 테아틴 수도회는 1730년대 들어서 비토네에게 과리니가 남긴 건축 관련 글, 답사 도면, 작품 도면 등을 모아 새 책으로 낼 것을 권했다. 과리니는 이미 생전에 『공공 건축*Architettura Civile*』과 『종교 건축*Architettura Ecclesiastica*』이라는 두 권의 책을 미출간 원고로 준비해놓고 있었다. 비토네는 1686년 판에 이 두 권과 기타 내용을 더해서 『공공 건축*Architettura Civile*』1737이란 제목으로 출간했다.

부유하는 돔, 중세성, 후기 바로크

과리니는 베르니니와 보로미니의 영향을 합친 위에 자신만의 신앙 해석과 수학 지식을 바탕으로 '부유浮游하는 돔'이라는 개인 양식을 창출했다. 부유하는 돔은 좁게 보면 보로미니의 기하 작도를 이어받아 더 복합적으로 발전시킨 것으로, 이 기법이 가장 잘 나타난 것이 돔이다. 성기 바로크의 돔은 단 겹으로 이루어진 고형체에 머물렀다. 보로미니의 돔도 마찬가지였다. 보로미니는 돔에 타원을 도입하고 다시 이것을 찌부러트리는 등 비정형 경향을 추구하기는 했지만, 여전히 단층 구도로 이루어진 고정된 세계에 머물렀다. 기하 윤곽을 한 가지 형태로 고정시켰고, 이것을 짜는 건축 골격과 그 위에 올리는 지붕이나 천장도 단일 구성으로 처리되었다. 과리니는 이것을 깨고 부유하는 돔을 새롭게 창출했다. 돔의 부유성을 두 방향으로 추구했다.

667 과리노 과리니(Guarino Guarini), 산티시마신도네 예배당(Cappella di Santissima Sindone), 토리노, 1667~82

하나는 복합 기하이다. 돔의 윤곽은 비정형성을 뛰어넘어 복층으로 구성했다. 천장 윤곽을 잘게 나누어 서로 어긋나게 했으며, 이것들을 수직으로 여러 층으로 중첩시켰다(그림 667). 돔은 한 가지 모습으로 고정되지 않고 시선의 각도와 빛의 상태에 따라 수시로 변하는 항변성을 획득했다. 항변의 궁극적 목적은 앙천이었다. 하늘을 찬양하고 하늘로 오르되

그 과정과 방식을 더욱 극적으로 하기 위한 바로크적 각색으로, 천상의 이미지를 바로크식으로 해석하고 표현한 과리니만의 구성 기법이다.

다른 하나는 투명성diaphanousness이다. 보로미니의 돔이 면으로 천장을 덮었던 데 반해 과리니의 돔은 면을 상당 부분 제거했다. 리브의 선형 어휘로 기본 골격을 짰으며, 구조적으로 허용되는 범위에서 리브 사이의 면을 제거하고 그 자리에 창을 뚫어 광원 면적을 확대했다(그림 668). 리브만으로 골격을 짜고 그 위를 면으로 막는 이중 골격으로 처리한 뒤 옆을 뚫어 광원을 넣기도 했다. 이런 처리들을 통해 천장은 돌의 물성인 고형성을 잃고 투명한 막처럼 나타났다. 바로크식 탈물질화이다.

이상과 같이 과리니의 부유하는 돔은 '건축-수학-기독교'의 합작품이었다. 이 셋을 아우르는 포괄적 개념은 중세성이다. 복합기하는 건축적으로는 이슬람 건축의 모스크에서 차용한 것이고, 과리니 개인으로 보면 기하학자로서의 지식을 바탕으로 얻어낸 것이었다. 이슬람 모스크에 쓰이던 '마크수라 돔maqsurah dome'은 과리니 돔의 가장 중요한 출처이다(그림 669). 투명성의 탈물질화는 건축적으로는 고딕 건축을 선례로 하며, 과리니 개인의 입장에서는 성직자로서 갖는 신비주의 입장을 반영한 것이었다.

668 과리노 과리니(Guarino Guarini), 성 라우렌시오(San Lorenzo), 토리노, 1667~79
669 알 하킴 모스크(Mosque of Al-Hakim)의 마크수라 돔(maqsurah dome), 코르도바(Cordoba), 스페인.

과리니가 속했던 테아틴 수도회는 가톨릭 개혁의 방법으로 극단적인 극기주의, 병자와 빈자를 위한 봉사, 신비주의 등을 추구했다. 이 가운데 신비주의는 기독교적 열정을 북돋우기 위한 것이었는데, 건축에도 중요한 영향을 끼쳤다. 탈물질화를 통해 천상의 이미지를 새롭게 해석한 과리니의 부유하는 돔은 신비주의 목적을 실현하기에 가장 적합한 조형 매개였다. 이런 입장은 고딕 건축에 대한 과리니의 해석과 일치했다. 과리니는 고딕 건축의 특징에 대해 '실제로는 매우 튼튼하지만 겉으로는 약한 것처럼 보이게 함으로써 기적에 의해 세워진 것으로 느껴지도록 하는 것'이라고 했다. 약한 골격으로 거대 구조를 세우는 방식을 설명한 것이었다.

이처럼 부유하는 돔은 기독교적 열정을 건축적으로 구현해내는 물리적 방식이었으며, 수학은 이것을 뒷받침하는 정밀한 유도체였다. 건축과의 관계에 국한시켜 볼 때 과리니에게 수학은 기독교적 열정을 구체화시켜주는 이성적 토대였다. 과리니는 건축에서의 비정형 경향과 달리, 수학자로서는 이성을 신봉하는 양면성을 보였다. 그러나 그의 이성주의는 신비주의를 물리적 방식으로 구현하는 일을 돕는 보조적 측면이 강했다. 이 두 경향이 합쳐져 과리니를 신비주의 수학자로 분류되게 했다. 마지막으로 건축, 수학, 기독교의 상호 연관성은 이슬람과 고딕이라는 중세 양식을 선례로 삼아 추구했다.

과리니의 부유하는 돔은 서양건축사 전체를 통틀어서 천상의 초월성을 가장 초월적 모습으로 구현한 예에 해당된다. 로마의 판테온을 시점으로 각 시대마다 천상의 이미지를 표현하려는 건축적 시도가 있어왔다. '초기 기독교-로마네스크-르네상스'는 이것을 고형성과 물성이라는 인간 매개를 통해 속세의 모습으로 번안했다. 이런 점에서 이 양식들은 정형 경향을 이루었다. 반면 '비잔틴-고딕-바로크'는 가변성과 탈물질성이라는 천상의 매개를 통해 가능한 한 천상의 모습 자체에 가깝게 표현하려 했다. 이런 점에서 이 양식들은 비정형 경향을 이루었다. 부유하는 돔은 그 끝에 가장 완성도 높은 모습으로 초월성을 표현한 예에 해당된다. 따라서 과리니는 비정형 경향의 최고봉에 오른 건축가로 자리매김할 수 있다.

과리니의 부유하는 돔은 후기 바로크를 결정하는 중요한 기준 가운데 하나이다. 성기 바로크 때 나타났던 반고전주의 경향이 고전주의로부터 완전히 탈피하지 못한 채 바로크 고전주의라는 새로운 고전주의로 귀착했지만, 과리니는 이런 한계를 상당 부분 극복했다. 후기 양식이 통상적으로 무기력한 장식 경향으로 흐르는 데 반해, 과리니의 후기 바로크는 바로크의 기본 의미를 완성시키며 새로운 경향을 창출한 점에서 중요한 시대적 의미를 갖는다.

타원, 이중 돔, 기하 작도-성 라우렌시오(1)

성 라우렌시오는 정사각형 윤곽의 단일 공간을 안쪽으로 변형시켜 만든 부분 겹 공간으로 이루어졌다(그림 670). 정사각형 윤곽의 안쪽 면

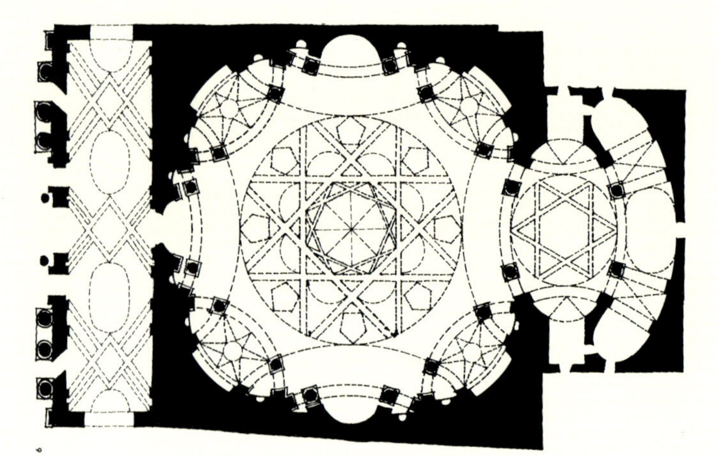

670 과리노 과리니(Guarino Guarini). 성 라우렌시오(San Lorenzo). 토리노. 1667~79

을 조작하여 팔엽형으로 만들었다. 모서리 네 곳은 속으로 감실을 파서 오목면을 만들고 밖으로 기둥을 두 개 세워 볼록면을 만들었다. 이 둘이 합쳐지면서 작은 타원형 공간이 만들어졌다. 네 변 가운데 출입구와 성가대석을 제외한 나머지 두 곳에도 모서리와 유사한 방법으로 작은 타원형 공간을 만들었다. 이렇게 만든 여섯 개의 타원형 공간에는 예배당을 할당했다. 성가대석은 정사각형 중심 공간 뒤에 직사각형의 별도 공간을 덧붙여 형성된다. 직사각형 윤곽 속에 두 겹으로 넣어 조성했다. 중심 공간과 맞닿은 지점에 옆으로 누운 타원형의 성가대석이 위치하고, 그 뒤로 환상형의 후성가대석이 하나 더 놓여 있다.

671 과리노 과리니(Guarino Guarini). 성 라우렌시오(San Lorenzo). 토리노. 1667~79

천장의 기본 골격은 펜던티브 돔인데, 기본형에서 약간 변형해서 처리했다. 변형은 몇 방향으로 이루어졌다(그림 671). 펜던티브는 기본형보다 외벽에서 안쪽으로 더 많이 들어온 지점에 위치한다. 이것은 돔의 지름이 건물 윤곽의 내접원보다 작다는 것을 의미한다. 이렇게 된 이유는 네 모서리에 타원형 공간을 넣어 전체 윤곽을 부분 겹 공간으로 만들었기 때문이다. 결과적으로 팔엽형을 외부 윤곽으로 삼아 그 위에 펜던티브 돔을 얹은 것이 되었다. 그러나 돔의 지름은 여전히 팔엽형의 내접원보다 조금 작다. 그 이유는 펜던티브를 받치는 수직 벽이 안쪽으로 조금 휘었기 때문이다.

돔은 이중으로 구성했다. 기본형을 1차 돔으로 구성한 위에 중앙에 작은 돔을 2차로 하나 더 올렸다(그림 668). 1차 돔은 드럼 없이 펜던티브 위에서 바로 올라간 반면, 2차 돔은 드럼을 올리고 그 위에 얹었다. 펜던티브를 받치는 수직 벽이 일정한 높이를 가지며 올라갔기 때문에 이것을 드럼의 한 형식으로 볼 수도 있다. 2차 돔은 랜턴처럼 보이기도 하지만 랜턴보다는 크고 돔의 뼈대를 갖추었다. 돔의 하중은 1차적으로 팔엽형의 안쪽 골격을 이루는 16개의 기둥이 받쳤다. 하중의 일부는 모서리 타원형 공간의 천장을 타고 외벽으로 전달된다.

실내에서는 여덟 개의 볼록면이 360도를 돌며 파도치듯 쿨렁거렸다(그림 484). 보로미니의 산카를로알레콰트로폰타네를 연상시키지만 이것보다 한층 강화된 곡면 효과이다. 마치 살아 있는 유기체가 생명활동을 하는 것 같았다. 혹은 연동 운동을 하는 내장 속에 들어와 있는 것 같았다. 겹공간의 효과도 명확하게 나타났다. 곡면 벽체를 받치는 구조 부재들이 기둥 숲을 이루면서 실내 공간의 켜는 두 겹이 되었다. 기둥의 배열이 볼록 곡면을 이루었기 때문에 기둥 효과는 분산적으로 나타났다. 분산성은 겹공간의 효과를 높였다.

평면과 천장 모두 기하 작도의 산물이다. 팔엽형 평면은 정사각형 윤곽의 안쪽 면을 볼록하게 끌어당겨 변형시킨 것으로 볼 수도 있고, 그릭 크로스의 교차 부분을 밖으로 밀어내어 변형시킨 것으로 볼 수도 있다(그림 672). 주요 결절 지점의 위치는 기하 작도로 결정했다. 기하 작도에 대해서는 여러 의견이 있는데, 모두 원을 여러 단계에 걸쳐 복합 중첩시킨 공통점을 갖는다. 원을 기하 작도의 기본 도형으로 사용한 점은 실내 벽체의 곡면 효과를 만드는 배경으로 작용하기도 한다. 기하 작도의 여러 의견은 크게 둘로 요약할 수 있다.

한 가지는 팔엽형의 안쪽 윤곽을 이어 만든 중앙의 큰 원을 중심으로 여러 개의 작은 원들을 밖으로 작도한 뒤 이것들이 충돌하는 지점을 결절의 위치로 삼았다는 주장이다. 다른 한 가지는 이와 반대로 돔의 지름에 해당되는 중앙의 작은 원을 중심으로 이것에 외접하는 네 개의 큰 원을 십자축 방향으로 작도한 뒤 이것들이 만나는 지점을 초점으로 삼아 작은 원과 같은 크기의 원을 한번 더 작도하여 충돌 지점들로부터 결절의 위치를 결정했다는 주장이다.

672 과리노 과리니(Guarino Guarini), 성 라우렌시오(San Lorenzo), 토리노, 1667~79

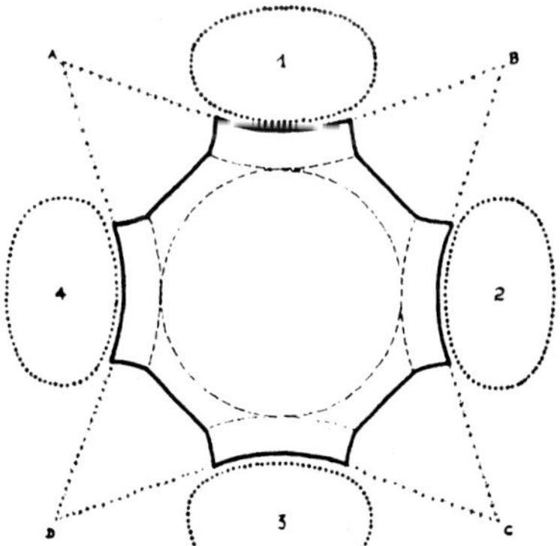

복합 구성과 투명성-성 라우렌시오(2)

천장은 선형 리브를 이용하여 작도한 별 모양이 기본 윤곽을 이루었다. 리브는 팔엽형의 여덟 지점 중간에서 갈라져 나갔다(그림 668). 한 지점에서 두 개의 리브가 'Y'자형을 이루며 양방향으로 갈라져나가 각각 세번째 떨어진 지점으로 연결되었다. 그 결과 여덟 개의 팔을 갖는 별 모양이 내곡면의 1차 골격을 이루었다. 16개의 리브가 교차하면서 중심에 작은 팔각형이 하나 더 만들어졌다. 이 팔각형은 2차 돔의 밑 골격을 이루었다. 내곡면의 리브 사이에는 큰 원, 작은 오각형, 원의 3분의 1조각 등의 모양으로 천측창을 뚫었다. 여러 종류의 도형들이 어울리며 기하 작도를 추상 기하 문양으로 발전시켰다. 2차 돔의 골격과 구성은 1차 돔을 단순화시킨 방식으로 처리했다.

이처럼 펜던티브, 1차 돔의 내곡면, 2차 돔의 내곡면은 모두 리브로 기본 골격을 짠 뒤 그 위에 막을 덮어 처리했다(그림 673). 리브가 있어서 16개의 기둥만으로 돔의 하중을 1차적으로 받아낼 수 있었다. 리브가 내력 구조 역할을 일정 부분 담당하여 총하중을 줄임과 동시에 여러 곳으로 분산시킬 수 있었기 때문이다. 성가대석과 모서리 타원형 공간의 천장도 마찬가지였다. 천장을 리브 골격 위에 막을 덮는 개념으로 정의함으로써 리브 사이의 면 부분에 창을 자유롭게 낼 수 있었으며, 창의 크기와 모양을 조절하여 추상 기하 문양을 만들 수 있었다.

이것은 곧 광원의 위치, 크기, 모양을 다양하게 만드는 것을 의미하다. 다양한 광원은 천장을 투명한 막처럼 보이게 했다. 앞에 언급한 탈물질화의 좋은 예이다. 돔은 부유하기 시작했다. 보로미니의 돔이 형태 윤곽에서만 변형성을 획득했던 데 반해 돔은 구조 골격의 물성을 떨쳐버리고 근본 조건인 축조 방식과 존재 상태에서 가변성을 획득했다. 이로써 돔은 펜던티브의 구조 뿌리에서 분리되어 공중에 혼자서 둥둥 떠다니는 것처럼 보였다. 부유하는 돔의 첫 번째 등장이었다.

673 과리노 과리니(Guarino Guarini), 성 라우렌시오(San Lorenzo), 토리노, 1667~79

건물 전체로 보면 공간 켜의 복합 구성

이 나타났다. 복합 구성은 수평-수직 양 방향으로 나타났다. 수평 방향의 복합 구성은 다시 장축 방향과 방사선 방향의 두 방향으로 나타났다. 장축 방향으로는 '전실-출입구 타원형 공간-중심 공간-성가대석 타원형 공간-후성가대석 환상형 공간' 순으로 복합 구성을 이루었다. 타원형 성가대석의 천장을 돔으로 처리함으로써 크고 작은 두 개의 돔이 세트를 이루며 선형 위의 복합 구성을 도왔다(그림 674). 방사선 방향으로는 앞에서 언급한 기둥 숲에 의한 분산적 두 겹 공간이 복합 구성을 이루었다. 모서리 타원형 공간의 천장을 돔으로 처리함으로써 돔의 세트에 의한 복합 구성을 반복했다. 수직 방향은 돔의 다단계 구성으로 나타났다. 1차 돔과 2차 돔을 수직으로 중첩시킴으로써 앙천 효과를 얻었다. 기하 작도는 문양 구성에 복합성을 주면서 수직 앙천성의 효과를 배가했다(그림 675).

674 과리노 과리니(Guarino Guarini). 성 라우렌시오(San Lorenzo). 토리노. 1667~79

675 과리노 과리니(Guarino Guarini). 성 라우렌시오(San Lorenzo). 토리노. 1667~79

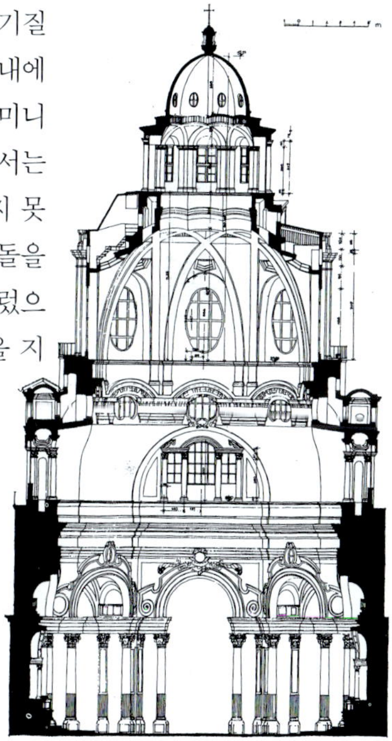

성 라우렌시오는 보로미니의 비정형 경향이 피에몬테의 자유 기질로 복합, 분화된 첫 완성작이다. 보로미니의 비정형이 고전주의 내에 머물렀다면, 성 라우렌시오에서는 신비주의로 탈바꿈했다. 보로미니의 비정형 경향은 돌의 물성 내에 머물렀지만, 성 라우렌시오에서는 돌을 투명막으로 전환시켰다. 보로미니는 아직 빛을 제대로 다루지 못했으며 따라서 색도 부담스러워했다. 보로미니의 최대 관심사는 돌을 가소적으로 다루는 일이었다. 따라서 아직 불투명의 세계에 머물렀으며, 이 때문에 신비주의와는 거리가 있었다. 과리니는 돌의 물성을 지움으로써 빛을 충분히 활용했고 색은 다시 이것을 도와 신비로움으로 가득 찬 새로운 공간 분위기를 연출할 수 있었다. 과리니는 비로소 투명 세계에 진입했으며, 이를 바탕으로 바로크 신비주의를 완성시켰다.

성 라우렌시오는 중부유럽 바로크 형성에 교과서와 같은 역할을 했다. 과리니 개인으로 보면 투명성을 통한 신비주의라는 주제는 산티시마신도네에서 더 극단적으로 발전했다. 그러나 중부유럽에서 받아들이기에는 이 건물보다 성 라우렌시오가 더 적합했다. 중부유럽에서는 프레스코 성화와 일체가 된 바로크 건축을 추구했는데, 산티시마신도네는 건물 골격이 너무 복잡했기 때문에 부적합했다. 신비한 빛으로 가득 차면서도 어느 정도 벽면을 갖고 있는 성 라우렌시오가 그 목적에 가장 적합했다.

부유하는 돔과 앙천성-산티시마신도네 예배당

산티시마신도네 예배당은 성 라우렌시오의 부유하는 돔을 더욱 발전시켜 완성했다는 중요성을 갖는다. 발전과 완성은 두 방향에서 이루어졌다. 하나는 돔 골격 자체의 복합성의 정도이다. 성 라우렌시오의 돔이 2단만으로 구성되면서 비교적 단순한 윤곽을 가졌던 데 반해, 산티시마신도네 예배당의 돔은 극도의 복합 구성으로 이루어졌다(그림 667). 다른 한 가지는 앙천성의 정도이다. 성 라우렌시오의 돔은 투명성은 확보했지만, 반원의 윤곽이 너무 강하게 남아 고형적 경계가 확실했다. 앙천성은 중심 초점을 뚫고 올라간 2차 돔이 만드는 수직성이 전부였다. 산티시마 신도네 예배당의 돔은 기하 윤곽을 완전히 벗어버리고 하늘을 향한 점층 구성을 이룸으로써 앙천의 의지와 그 건축적

676 과리노 과리니(Guarino Guarini), 산티시마신도네 예배당(Cappella di Santissima Sindone), 토리노, 1667~82

677 과리노 과리니(Guarino Guarini), 산티시마신도네 예배당(Cappella di Santissima Sindone), 토리노, 1667~82

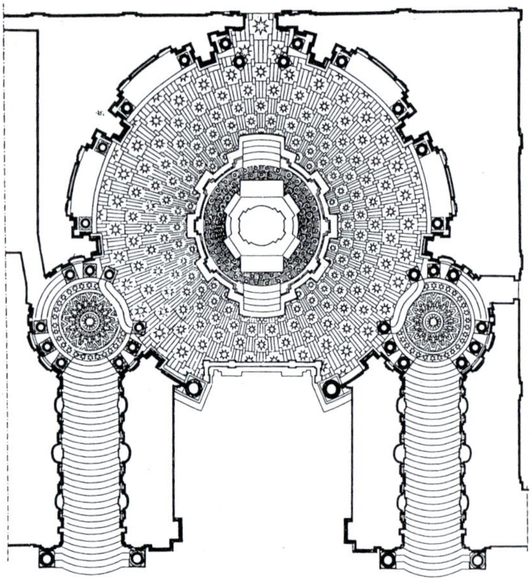

효과를 확실하게 표현했다(그림 501).

산티시마신도네 예배당의 평면은 단일 원으로 이루어진 단순한 구성이다. 출입은 긴 통로를 통해 이루어졌다. 통로는 원의 양옆에 하나씩 두 개를 두었다. 통로는 계단을 오르는 점증 구성을 채택했다(그림 676, 680). 이런 구성은 동굴을 통과하는 것 같은 공간 효과를 줌으로써 본당으로의 진입 효과를 극적으로 만들었다(그림 677). 통로를 다 오르면 작은 원형 전실을 거쳐 본당으로 진입하게 되는데, 본당은 수평 방향으로는 한 겹의 가장 단순한 구성으로 되어 있다. 모든 건축적 역량은 수직 방향으로의 복합 구성에 모아졌다.

678 과리노 과리니(Guarino Guarini). 산티시마신도네 예배당(Cappella di Santissima Sindone). 토리노. 1667~82

수직 구성은 크게 몸통 벽체와 돔의 두 영역으로 구성했다. 각 영역은 다시 몇 개의 부분으로 세분되었다. 몸통 영역은 바닥에서부터 '아케이드-중이층-펜던티브-아치 및 수직 벽'의 네 부분으로 이루어졌다(그림 678). 돔 영역은 '드럼-내곡면-랜턴'의 세 부분으로 이루어졌다. 과리니의 독창성은 내곡면에 집중되었다. 내곡면은 선형 어휘로 짠 육각형 윤곽을 수직으로 여섯 번 중첩시켜 만들었다. 여기에 더해 각 육각형 윤곽 자체를 조각 아치[segmental arch]로 만들어 수직 높이를 갖도록 했다. 육각형 윤곽은 지그재그로 엇갈리며 쌓았다. 육각형 윤곽 각각은 두 개의 리브로 이루어졌다. 돔의 전체 윤곽은 위로 올라갈수록 좁아지는 탑형이다. 결과적으로 총 12단의 육각형이 하늘을 향해 점점 작아지며 빙글빙글 돌아 올라가는 구성으로 이루어졌다.

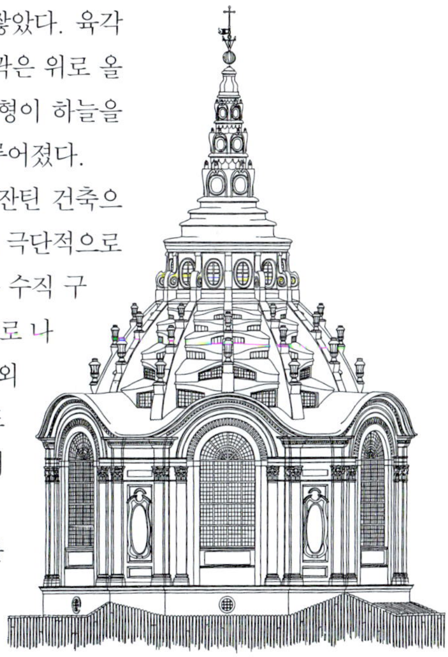

679 과리노 과리니(Guarino Guarini). 산티시마신도네 예배당(Cappella di Santissima Sindone). 토리노. 1667~82

이런 처리는 다코르토나가 성 루카/성 마르티노에서 비잔틴 건축으로부터 차용했던 회선형 돔의 의미를 수직 구성에 응용하여 극단적으로 발전시킨 것으로 해석할 수 있다(그림 622, 679). 회선형은 수직 구성의 복합성을 강화했고, 이것은 최종적으로 앙천성의 강조로 나타났다. 내곡면의 구성은 외관에도 그대로 반영했다. 돔의 외관은 장작을 차곡차곡 쌓은 것 같은 모습으로 나타났다. 드럼의 창은 상인방 아치를 엔태블러처보다 위로 돌출시켜 회선형 돔의 전형적 모습으로 구성했다.

몸통 영역은 세속 지상 세계를, 돔 영역은 천상 세계를 각각 상징한다(그림 680). 지상 세계는 고전 문법을 기본으로 한 매너리즘 어휘와 기하 추상 문양으로 이루

684 과리노 과리니(Guarino Guarini), 카리냐노 팔라초(Palazzo Carignano), 토리노, 1679~83
685 과리노 과리니(Guarino Guarini), 노빌리 콜레조(Collegio dei Nobili) 토리노, 1679~83

은 중이층을 넣어 2층으로, 몸통은 다락층을 넣어 3층으로 각각 구성했다. 베이를 나누는 자리에는 벽돌을 이용하여 벽기둥의 잔재를 암시하는 장식 어휘를 사용했다.

매너리즘 어휘는 창 처리에 집중되었다. 각 층의 높이가 정상적 범위를 벗어나 위로 갈수록 급격하게 좁아지면서 창틀에 파격적 처리를 사용할 수 있는 근거를 제공했다(그림 684). 창틀은 얇은 선형 어휘를 세 겹 병렬시켰다. 상인방은 신전 박공과 아치를 중간에 자르거나 왕관 모양으로 변형시킨 장식 어휘로 처리했다. 안마당 파사드에서는 장식 처리가 더 심해졌다. 베이 구획은 벽기둥이 아닌 사각형 윤곽으로 이루어지면서, 파사드를 사각형 면으로 나눈 것처럼 되었다. 창의 상인방은 반원 아치의 밖을 선형 어휘로 한 겹 더 싼 뒤 그 위에 아치형 박공을 얹고 다시 그 중간을 잘라 정사각형 창을 위로 돌출시켰다.

노빌리 콜레조에서도 팔라초 카리냐노와 유사한 장식 어휘를 사용했다. 창틀은 벽돌을 이용하여 벽기둥 모양으로 처리했지만 자세히 보면 콜로네트의 표준 어휘가 아닌 블록 장식에 가깝다(그림 685). 평 상인방이 강한 수평선을 자르고 지나간 뒤 그 위에 아치와 소용돌이 문양을 이용한 상인방을 하나 더 넣었다. 둘째 상인방은 아치 박공처럼 보이지만, 자세히 보면 이번에도 표준 어휘가 아닌 곡면 장식에 가깝다. 상인방을 아치로 처리한 경우에는 종석만을 크게 부각시킨 뒤 소용돌이 문양과 까치발의 중간 상태로 애매하게 놔두었다. 베이를 가르는 벽기둥의 주신은 작은 정사각형 블록으로 채워 강한 음영 효과를 노렸다. 모든 어휘들은 그 자체로 표준 어휘를 암시함과 동시에 표준 어휘에서 벗어난 중간 상태를 유지했다. 어휘와 어휘들 사이의 관계는 축조적 필연성을 상실한 단순 병렬로 바뀌었다.

이상 세 건물에 나타난 과리니의 매너리즘 어휘는 축조적 구성이나 조형적 조화의 관점에서 볼 때 고전주의의 규범과 문법에서 벗어난 특징을 갖는다. 고전주의에서는 하나의 부재가 나오면 다른 부재들을 추측할 수 있고, 이런 추측 가능성들이 어울려 총체적 질서를 이룬다. 과리니는 이것을 깼다. 하나의 부재 다음에 무엇이 나올지 추측할 수 없으며 의외의 구성이 지배했다. 이런 특징은 '부조화[dissonance]'라는 개념으로 정의할 수 있는데, 베르나르도 부온탈렌티를 선례로 한다. 부온탈렌티는 피렌체의 매너리즘 예술가였다. 건축을 비롯하여 토목, 군사건축, 조각, 회화, 조경 등 전 분야에 걸쳐 메디치 가문의 일을 맡아 했다. 부온탈렌티의 건축 어휘는 미켈란젤로를 선례로 삼아 기괴한 형태로 변형시키거나 자연에서 따온 장식 모티프와 혼합시키는 경향을 보인다.

대표적 예를 들면 메디치 별장[Casino Mediceo, 피렌체, 1574년]에서는 창틀에 박쥐를, 상인방에 염소 머리를 각각 사용했다. 수플리케 문[Porta delle Suppliche, 피렌체, 1580년]에서는 소용돌이 문양을 뒤집어 중간이 끊긴 V자형 박공을 만들었다(그림 686). 그로타그란데[Grotta Grande, 피렌체, 1583~93년]에서는 속돌[pumice]을 이용하여 풀잎을 모방한 정식 어휘가 건물 골격을 완전히 뒤덮으며 그로테스크한 장면을 연출했다. '부조화'는 보로미니가 프로파간다피데 콜레조에서 창틀에 적용한 적이 있었다. 이렇게 보았을 때 '미켈란젤로-부온탈렌티-보로미니-과리니'로 이어지는 16~17세기의 매너리즘 흐름이 있었음을 알 수 있다.

686 베르나르도 부온탈렌티(Bernardo Buontalenti), 수플리케 문(Porta delle Suppliche), 피렌체, 1580

3 필리포 주바라

피에몬테공화국과 주바라

필리포 주바라Filippo Juvarra, 1678~1736년는 시칠리아의 메시나Messina에서 태어났다. 주바라는 은세공 일을 해오던 집안이었다. 주바라는 1695~1701년 사이에 메시나에서 수학 기간을 보냈다. 이 기간에는 은세공, 성직 준비, 판화, 건축 등 다양한 교육을 받은 것으로 알려져 있다. 1704년에는 로마로 유학을 떠나 산루카 아카데미에 카를로 폰타나의 문하생으로 입학하여 건축을 시작했다. 주바라는 은세공과 판화 경력에서 영향을 받아 섬세한 장식과 정밀한 도면 제작에서 두각을 나타냈다.

카를로 폰타나는 당시 앞 시대 로마 거장들의 도면을 정리하고 작품을 도면으로 제작하는 작업을 하고 있었는데, 이 일을 주바라에게 맡겼다. 주바라는 이 기회를 통해 미켈란젤로, 베르니니, 보로미니 등 거장의 작품과 도면을 직접 체험할 수 있었다. 1705년에 아카데미를 졸업한 뒤에는 스스로 많은 안을 설계하여 도면으로 남겼고, 아카데미에서 직접 가르치기도 하는 등 본격적으로 활동을 시작하였다. 로마 체류 기간에는 고전 유적도 접했다. 유적의 복원 도면을 작성하면서 주바라는 보다 근원적인 고전 법칙을 습득할 수 있었다. 그러나 1714년이 될 때까지 주요 작품을 남기지 못했다. 덴마크, 프랑스, 스웨덴, 오스트리아 등 외국을 돌며 건축주를 찾았지만 별 성과가 없었기 때문이다.

주바라는 1714년에 피에몬테의 왕 비토리오 아메데오 2세Vittorio Amedeo II의 수석 건축가로 발탁되면서 전성기를 맞았다. 왕은 토리노를 왕국의 수도로 만들면서 정치적 권위에 걸맞은 건축을 필요로 했다. 주바라는 거장 선례들의 장점들을 취합하여 18세기 초반의 새로운 권력 취향에 맞는 장식 양식을 선보일 기교와 재주를 가지고 있었다. 이것이 새 왕의 야망에 부합하면서, 주바라는 이후 20년 동안 왕실 건축가로서 토리노를 중심으로 피에몬테 지방에 여러 채의 주요 작품을 남긴다(그림 687).

주바라의 대표작으로 산타크리스티나Santa Cristina, 토리노, 1715년 파사드, 성 필립보 네리Santo Filippo Neri, 토리노, 1717, 1730~36/사후 19세기에 완공, 비라고디보르가로 팔라초Palazzo Birago di Borgaro, 토리노, 1716년, 수페르가Superga, 토리노 근교, 1716~31년, 성 십자가Santa Croce, 토리노, 1718년, 마다마 팔라초Palazzo Madama, 토리노, 1718~21년, 베나리아 레알레 성채Castello di Venaria Reale, 1720~29년, 스투피니지 팔라치나Palazzina di Stupinigi, 토리노 근교, 1729~35년, 카르미네 교회Chiesa del Carmine, 토리노, 1732~36년 등을 들 수 있다.

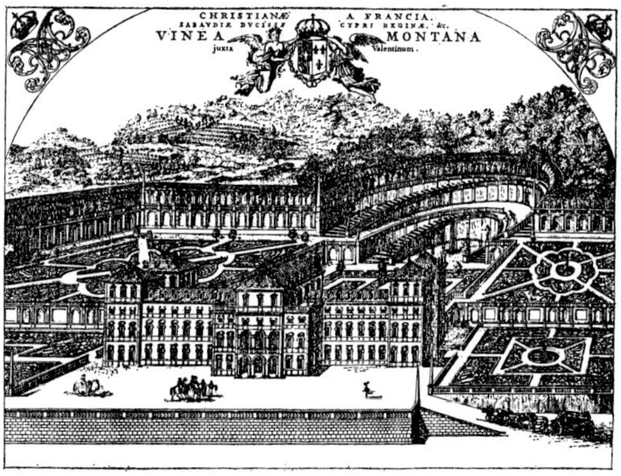

687 필리포 주바라(Filippo Juvarra). 마다마 팔라초(Palazzo Madama). 토리노. 1718~21

주바라의 건축은 피에몬테공화국의 산물이다. 비토리오 아메데오 2세는 3차에 걸친 토리노 확장계획을 수립해서 실행했다(그림 688). 주바라는 이 작업을 주도했다. 도시 곳곳에 과리니의 작품들이 세워져 있었지만, 이것만으로는 부족했다. 더욱이 주바라의 시대는 유럽 전체로 보면 계몽주의에 해당되었다. 이에 맞는 새로운 이상주의를 도시에 구현해야 할 필요성이 커져갔다. 토리노는 근대식 개념의 바둑판 도시로 확장되었다. 주바라는 건물만 설계한 것이 아니라 토리노를 18세기에 맞는 새 도시로 확장하려는 왕의 요구에 맞춰 밀라노 거리Via Milano를 정비하고 비토리아 광장Piazza Vittoria, 1729년 등을 설계했다. 비토리아 광장에는 마다마 팔라초를 설계하여 도시의 중심부로 조성했다(그림 687).

688 토리노(Torino) 3차 확장 계획

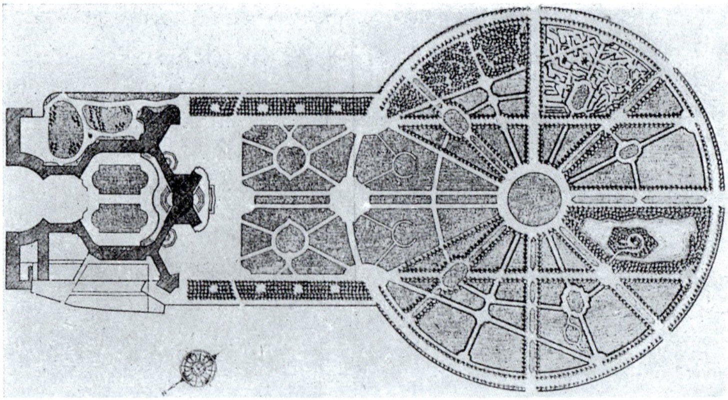

689 필리포 주바라(Filippo Juvarra), 스투피니지 팔라치나(Palazzina di Stupinigi), 토리노 근교, 1729~35

이것이 전부는 아니었다. 피에몬테 지방에는 목가적 자연 환경이라는 또다른 자연 유산과 이것을 즐기는 문화 전통이 있었다. 주바라의 자유 기질은 이것을 잘 살리는 방향으로 작용했다. 이런 점은 주바라가 계몽주의 건축가가 되지 못하고 바로크-로코코에 머무른 이유이기도 했다. 시 외곽에 짓는 두 개의 대표작이던 수페르가와 스투피니지 팔라치나는 자연과 어울리는 픽처레스크 개념을 도입했다(그림 689). 알프스 기슭에 위치한 피에몬테 지방의 자연 환경에 맞는 개념이었다.

확장적 종합화와 장식 아카데미즘

주바라의 건축 경향은 동시대였던 18세기 전반부의 주요 흐름을 종합화한 특징을 가진다. 종합화의 대상은 후기 바로크의 양대 산맥이었던 로마와 피에몬테의 바로크, 그리고 프랑스에서 시작된 로코코의 세 가지였다. 로마 바로크는 스승 카를로 폰타나에게 배웠다. 건축 경향은 베르니니를 정점으로 한 로마의 정통 고전주의를 대표적 특징으로 한다. 건물 골격은 단순 명료했으며 고전 문법을 충실하게 지켰다(그림 690). 카를로 폰타나가 추구했던 아카데미즘을 이어받은 것으로 볼 수 있다. 아카데미즘의 핵심 모델이었던 베르니니로부터 장경주의 같은 구체적 기법을 차용하기도 했다.

690 필리포 주바라(Filippo Juvarra), 수페르가(Superga), 토리노 근교, 1716~31

피에몬테 바로크는 과리니가 대표적 선례이다. 주바라는 표면적으로는 과리니 건축에 비판적이거나 무관심했다. 그러나 주바라의 건축에 과리니의 영향이 강하게 나타나는 것이 사실이며, 토리노라는 공간적 배경도 빠질 수 없는 중요한 요소였다. 과리니의 영향은 주바라의 고향 메시나에서부터 시작된 측면도 있었다. 당시 나폴리와 시칠리아의 남부 바로크 건축은 과리니에게 큰 영향을 받고 있었는데, 주바라는 고향에서 보낸 어린 시절에 이것을 접했다. 이후 토리노에 정착하면서 과리니의 작품은 주바라 건축에 중요한 선례로 작용했다.

주바라는 타고난 기질 자체가 과리니의 자유분방한 비정형 경향을 빼어닮았다. 이를 알아챈 카를로 폰타나는 주바라의 타고난 재주를 살리기 위해 그 바탕이 되는 정통 고전주의를 철저히 훈련시켰다. 자유 기질이 작품으로 구현되기 위해서는 철저한 기본기가 바탕이 되어야 했기 때문이다. 이를 바탕으로 과리니의 복합구성을 받아들여 과장된 공간이라는 자신만의 경향으로 발전시켰다. 과리니의 특징이 곡면 자유 형태, 장식 어휘, 구조 축조성 등이던 것과 대비되는 대목이다(그림 691). 로코코는 당시 프랑스와 남부독일에서 새롭게 유행하던 양식을 받아들였다. 이로써 그의 건축 경향은 식물 문양을 기본으로 한 선형 장식, 화려한 색채, 장식과 색채를 강조하는 밝은 채광, 표면 장식에 의해 약화된 구조 축조성 등을 대표적 특징으로 가지게 되었다(그림 692).

이상을 종합하면 주바라의 건축은 종합화에 기초한 장식 아카데미즘으로 정의할 수 있다. 이것은 18세기 초반 상황을 잘 나타내는 개념이다. 초기 근세가 끝나가면서 프랑스와 영국을 중심으로 계몽주의가 새롭게 등장하고 있었다. 바로크 고전주의는 과거의 양식으로 남았다. 이탈리아 내에서도 건축 중심지는 로마에서 피에몬테로 넘어갔다. 이탈리아는 서북유럽의 계몽주의를 따라가지 못했다. 초기 근세의 바로크 건축으로는 더이상 시대를 이끌 창조적 양식을 창출할 수 없게 되었다. 이탈리아는 18세기로 들어오면서 심한 정체 상황에 직면했다.

이런 상황에서 이탈리아가 할 수 있는 최선은 동시

691 필리포 주바라(Filippo Juvarra), 카르미네 교회(Chiesa del Carmine), 토리노, 1732~36

692 필리포 주바라(Filippo Juvarra), 스투피니지 팔라치나(Palazzina di Stupinigi), 토리노 근교, 1729~35

대 유행 양식을 포함한 300년 역사의 종합화를 통해 초기 근대를 총정리하는 일이었다. 주바라가 추구했던 장식 아카데미즘이 대표적 예이다. 장식 아카데미즘에서 '아카데미즘'은 초기 근대 고전주의의 종합화를 의미한다. '장식'은 초기 근대 고전주의가 저물어가는 밀레니엄 단위의 전환기 때 나타난 후기적 경향이다. 피에몬테에 국한시켜 보면 유럽의 새로운 중심지로 떠오르던 토리노의 정치적 부흥에 맞는 새로운 기념비적 양식을 창출하지 못한 상황에서 차선책의 의미를 가진다. 주바라는 타고난 소질을 바탕으로 적절한 장식 어휘를 구사함으로써 차용한 선례 양식을 원안보다 더 뛰어나게 각색해내며 과리니의 뒤를 이어 피에몬테 후기 바로크를 이끌었다(그림 693).

693 필리포 주바라(Filippo Juvarra). 성 필립보 네리(S. Filippo Neri). 토리노. 1717, 1730~36/사후 19세기에 완공

고전 선례의 변형과 확장-수페르가

수페르가는 장식 아카데미즘을 잘 보여주는 예이다. 아카데미즘은 고전주의 선례의 종합화로 나타났다. 평면은 중앙집중형과 선형의 혼합으로 구성했다(그림 694). 본당은 팔각형 중심 공간 주위에 복도를 갖는 겹 공간으로 하여 바깥 윤곽을 원형으로 처리했다. 본당의 앞쪽에는 넓은 면적을 갖는 출입구를, 뒤쪽에는 제단과 앱스를 더해 각각 장축 방향의 선형성을 형성했다. 출입구는 기단 위에 신전을 얹어 하나의 영역으로 만들었다. 제단은 팔각형의 한 변을 기준으로 삼은 정사각형으로, 앱스는 반원형을 변형시킨 윤곽으로 각각 처리했다.

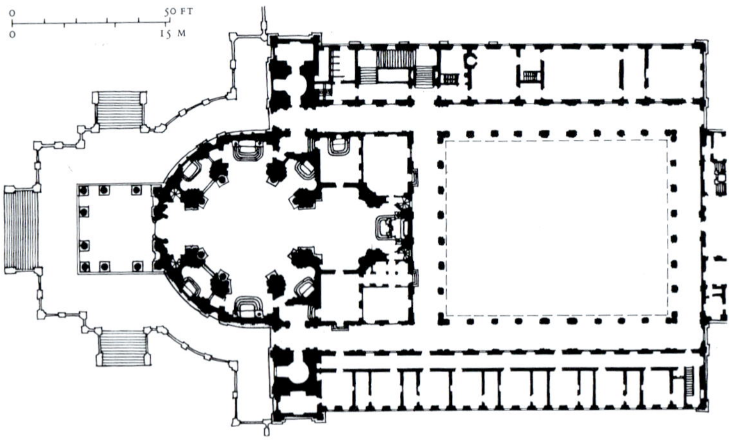

694 필리포 주바라(Filippo Juvarra). 수페르가(Superga). 토리노 근교. 1716~31

천장은 팔각형을 밑변으로 삼아 돔으로 마감했다(그림 695). 겹공간의 복도가 폭이 넓지 않은데 이 폭은 거의 그대로 드럼의 두께를 형성했다. 팔각형의 여덟 지점은 분리형 기둥이 부착된 두꺼운 쐐기형 벽으로 처리했다. 돔의 무게는 드럼을 타고 내려와 쐐기형 벽과 외벽 두 곳에서 받쳐졌다. 분리형 기둥은 구조 역할을 하지 않는 부가 부재였다. 드럼 외부는 쌍기둥 여덟 쌍이 분할을 담당했다.

수페르가가 차용하여 종합화한 고전주의 선례는 다양하다. 팔각형 겹공간은 초기 기독교 건축에서 시작해서 성기 바로크까지 시대마다 대표적 예가 있었다. 중앙집중형 돔의 본당에 신전 파사드를 출입구로 더한 처리는 로마 시대의 원형 무덤[heroum]과 판테온에서 시작해서 팔라디오, 성 베드로, 베르니니, 카를로 라이날디, 롱게나, 프랑스 바로크 건축가 등이 즐겨 쓰던 기법이다. 좁게는 베르니니의 장경주의를 확장한 것이기도 하다.

출입구 기단의 세 면에 계단을 두어 방위에 맞춘 처리는 팔라디오의 로톤다와 유사하다. 출입구를 넓은 면적을 갖는 기단으로 처리한 것 역시 로마 시대 원형 무덤에서부터 시작된 기법이다(그림 696). 돔은 미켈란젤로의 성 베드로를 모델로 삼았다. 본당 외관에 쓰인 거대 기둥은 알베르티, 미켈란젤로, 팔라디오 등을 선례로 가진다. 실내의 쐐기형 벽체에 더한 분리형 기둥은 바로크 매너리즘과 카를로 폰타나를 선례로 한다. 실내에 쓰인 장식 어휘는 과리니의 피에몬테 후기 바로크와 로코코를 차용한 것이다. 색채는 당시 유행하던 로코코를 따랐다.

695 필리포 주바라(Filippo Juvarra), 수페르가(Superga), 토리노 근교, 1716~31
696 필리포 주바라(Filippo Juvarra), 수페르가(Superga), 토리노 근교, 1716~31

수페르가에 나타난 장식의 특징은 포괄적 의미에서의 변형과 확장으로 해석할 수 있다. 변형은 평면에서 관찰된다. 기본 골격은 팔각형 겹공간이지만 대각선 방향의 네 공간을 작게, 나머지 네 공간을 더 크게 처리하여 중앙집중형의 균질성을 변형시켰다. 작은 공간은 모서리를, 큰 공간은 십자축을 각각 형성하며 실내에 그릭 크로스의 공간 질서를 만들었다. 변형은 선형성에서도 나타났다. 선형 구성에서 변형은 확장으로 나타났다. 제단을 본당의 중앙 공간에 맞먹는 크기로 확장했다. 이런 확장은 장축 방향의 길이를 늘려 선형성을 강화했지만 그 자

697 필리포 주바라(Filippo Juvarra), 수페르가(Superga), 토리노 근교, 1716~31

체가 정사각형이기 때문에 또 하나의 중앙집중형 공간을 만드는 상반되는 효과도 가져왔다.

출입구를 정사각형의 열주 영역으로 만든 처리는 제단에 쓰인 기법을 반복한 것이었다. 확장은 수직 방향에서도 나타났다(그림 697). 드럼을 높여 건물 전체의 높이를 수직으로 확장했다. 이런 수직 처리는 17세기 프랑스 바로크에서 유행하던 기법이었다. 루이 14세로 대표되는 절대왕정은 자신들의 정치적 권위를 과시하기 위한 목적으로 건물의 높이를 인위적으로 높였다. 루이 14세를 정치적 모델로 삼고 있던 비토리오 아메데오 2세에게 이런 처리는 정치적 야망을 만족시켜주는 것이었다.

축제와 권력-스투피니지 팔라치나와 마다마 팔라초

마다마 팔라초와 스투피니지 팔라치나는 18세기에 새롭게 형성된 팔라초 개념에 맞는 변형 처리를 특징으로 가진다. 18세기에는 세속 권력이 종교 권력을 완전히 압도하면서 귀족과 민간 세력의 본거지인 팔라초가 장대해지는 변화가 있었다. 중앙 홀의 면적은 크게 늘어났으며, 두 층을 가로지르는 광대한 공간이 표준형이 되었다. 중앙 홀은 교회의 중심 공간을 그대로 옮겨놓은 것 같은 모습으로 처리되었다. 계단은 웅장한 스케일과 화려한 장식으로 꾸며졌다. 건물 전체는 엄격한 축 구성에 의한 좌우 동형으로 대칭을 지켰다.

698 필리포 주바라(Filippo Juvarra), 스투피니지 팔라치나(Palazzina di Stupinigi), 토리노 근교, 1729~35

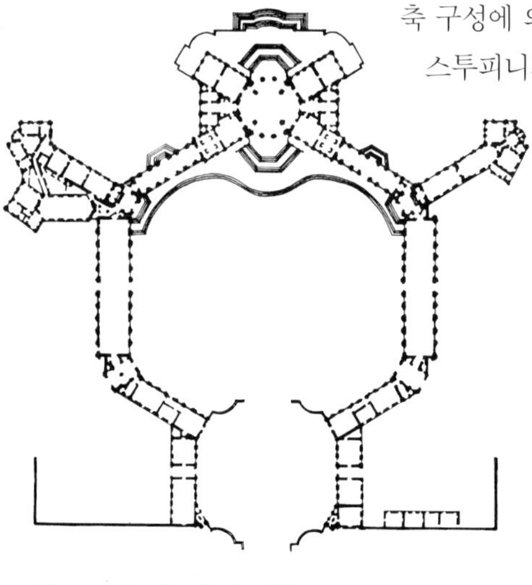

스투피니지 팔라치나는 이런 내용을 잘 보여주는 예이다. 건물의 전체 구성은 육각형의 안마당을 에워싸는 측랑과 X자형의 위쪽 팔을 짧게 만든 본건물로 이루어졌다(그림 698, 699). 중앙 홀은 타원을 기본 형태로 삼고 정사각형 공간을 중심에 두었다. 정사각형 중심 공간은 네 모서리에 벽기둥을 가진다. 천장은 정사각형 중심 공간을 밑변으로 삼아 펜던티브 돔으로 마감했다(그림 692). 실내는 새로운 권력 주체로 등장한 귀족들의 연회를 위한 무대 개념으로 처리했다. 장경주의를 18세기 상황에 맞게 확장, 변형한 것이었다. 귀족들의 살롱 문화에서 탄생한 로코코

699 필리포 주바라(Filippo Juvarra), 스투피니지 팔라치나(Palazzina di Stupinigi), 토리노 근교, 1729~35

의 장식 어휘는 이런 분위기와 잘 어울렸다. 실내는 여백 하나 없이 화려한 장식으로 가득 찼다.

실내에 수직 비례감을 준 것도 이런 목적에서이다. 중이층을 독립시키고 그 위에 다시 앱스를 두어 높이 자체를 높였다. 벽기둥이 타원형의 평면 윤곽보다 안으로 들어왔기 때문에 천장 돔의 크기는 여기에 맞춰 작아졌다. 중심 공간과 천장 돔이 작아지는 동시에 천장 높이가 높아지면서 실내는 수직 비례가 지배했다. 이 건물은 비토리오 아메데오 2세가 사냥을 나왔을 때 머물면서 연회를 베풀고 휴식을 취할 목적으로 지어졌다. 왕은 주바라에게 알프스 이북 강대국들에 뒤지지 않을 화려하고 웅장한 건물을 요구했다. 주바라는 이탈리아의 고전 전통을 바탕으로 이것을 변형, 확장시켜 이런 요구에 맞는 분위기를 만들었다.

일반화시키면 이 건물은 바로크를 지배했던 '축제' 개념을 잘 보여준 예이다. 축제는 바로크 건축의 대표적 특징 가운데 하나인 장경주의를 낳은 개념 가운데 하나이다. 축제가 외부 공간에서 벌어질 경우 바로크 광장이 갖는 세속 권력의 속성을 결정했다. 또한 욕망이라는 더 포괄적 바로크 개념과 합해지면서 바로크 건축에 나타난 즉흥적 유희성과 비정형 자유 형태를 결정했다. 이 건물은 축제가 실내에서 벌어지는 '연회'의 개념으로 전환된 예이다. 즉흥적 유희성을 유발하던 비정형 자유 형태를 장식이 대체했다. 실내는 하나의 큰 연극 무대로 정의되었고, 연회에 참석한 귀족들은 모두 출연 배우가 된 기

700 필리포 주바라(Filippo Juvarra), 리볼리 성채(Castello di Rivoli), 명예의 전당(Salone d'Onere), 이탈리아

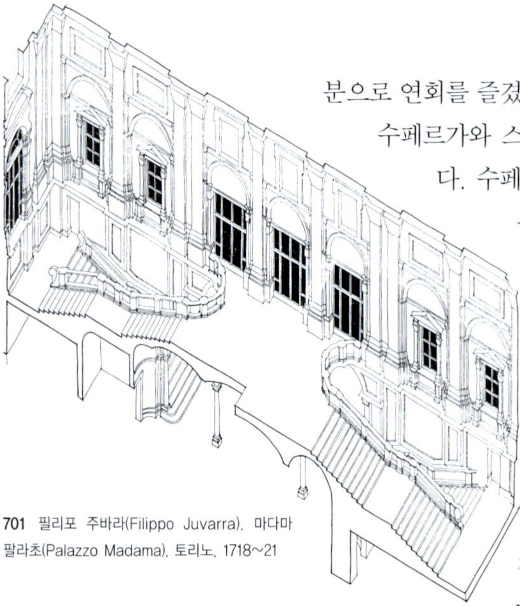

701 필리포 주바라(Filippo Juvarra), 마다마 팔라초(Palazzo Madama), 토리노, 1718~21

분으로 연회를 즐겼다(그림 692, 700).

수페르가와 스투피니지 팔라치나는 모두 자연 환경 속에 위치했다. 수페르가는 언덕 위 숲에, 스투피니지 팔라치나는 사냥용 숲에 각각 위치했다. 두 건물에서는 자연 환경과의 관계도 중요한 요소였다. 수페르가는 자연 환경을 배경으로 삼아 무대를 설계하여 올려놓은 개념으로 정의되었다. 인공적 차원에서 정의되는 장경주의가 자연과 관계를 갖는 개념인 풍경주의scenography로 변형된 것이었다. 스투피니지 팔라치나는 17세기 프랑스 바로크의 정원 설계를 차용했다. 건축물은 철저하게 인공 세계로 정의되었다. 장경주의는 실내의 연회용 살롱으로 한정되었다.

마다마 팔라초의 홀은 계단의 예를 잘 보여준다. 전실로 들어오면 좌우 양편으로 계단이 갈라져 오른 뒤 90도 꺾어 일직선 본선이 쭉 뻗어 올라간다(그림 701, 702). 계단실은 두 층을 가로지르는 높이로 이루어졌다. 2층의 실제 높이가 두 층이므로 최종 높이는 3층에 해당되었다. 2층은 거대 기둥이 양쪽 벽면을 가로지르며 위용을 자랑했다. 단단한 고전 어휘로 골격을 짜고, 그 위에 부드러운 로코코 선형 장식을 더했다. 넓은 창을 통해서 들어오는 충분한 빛은 장식의 섬세함과 우아함을 돋보이게 했다.

702 필리포 주바라(Filippo Juvarra), 마다마 팔라초(Palazzo Madama), 토리노, 1718~21

마다마 팔라초의 계단은 권력을 상징한다. 바로크 건축에서 계단은 중요한 건축 요소였다. 베르니니와 보로미니의 성기 바로크까지는 계단은 자유 형태를 실험하는 장이었는데, 이것은 아직 조형적 예술성이 지배하던 17세기 상황의 산물이다. 18세기에 들어와 세속 권력의 경쟁이 심해지면서 각국의 실력자들은 자신들의 건물에 웅장한 계단을 넣고 싶어했다. 뷔르츠부르크의 노이만은 이것을 가장 잘 만족시킨 건축가이다. 계단 홀의 높은 천장과 넓은 계단 폭, 그리고 방향 꺾기 등은 18세기 계단 처리에 자주 사용된 기법이다. 주바라의 마다마 팔라초는 노이만의 예에는 못 미치지만 이탈리아 후기 바로크 양식 계단을 대표하는 예가 되었다.

4 베르나르도 안토니오 비토네

종합적 종합화와 18세기 후기 바로크

베르나르도 안토니오 비토네Bernardo Antonio Vittone, 1702~70년는 토리노에서 태어나 이곳을 배경으로 피에몬테 후기 바로크의 마지막을 장식했다. 그는 1731년까지 토리노에서 주바라에게 건축을 배웠다. 성장기에는 과리니의 건축을 접하여 영향을 받았다. 이후 로마로 유학을 떠나 산루카 아카데미에서 1733년까지 수학했다. 로마 유학 동안에는 주로 로마 고전주의, 특히 18세기 아카데미즘을 습득했다. 산루카 아카데미 수학 때에는 알레산드로 알라바니 컬렉션에서 선례 도면과 이론서들을 연구했다. 가깝게는 카를로 폰타나와 피셔 폰 에를라흐의 저서에서 많은 영향을 받았으며 여기에 토리노에서 습득한 과리니와 주바라의 건축을 혼합하는 시도를 했다.

비토네는 1732년의 콘코르소 클레멘티노에서 1등을 차지했는데, 여기에는 이런 내용이 잘 나타나 있다(그림 703). 이 작품 가운데 교회 안은 고전주의의 기본 골격과 그릭 크로스를 바탕으로 복합 공간과 장식을 혼합한 특징을 보였다. 이후 토리노로 돌아와 이곳을 근거지로 평생 30여 채의 교회를 설계하며 전성기를 보냈다. 비토네에게 요구된 상황도 표면적으로는 과리니나 주바라와 유사했다. 로마 고전주의의 선례와 피에몬테의 장식주의를 적절히 혼합하여 일정한 창작성

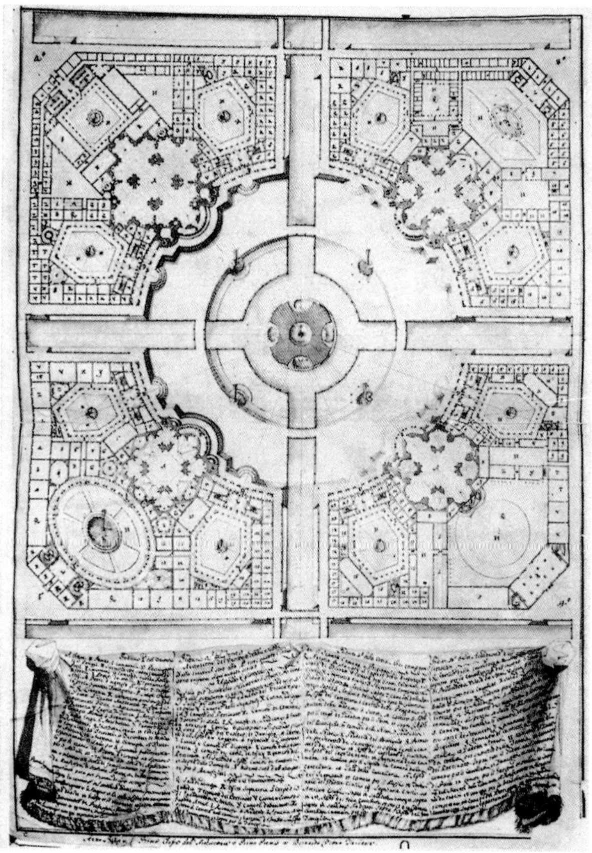
703 베르나르도 안토니오 비토네(Bernardo Antonio Vittone). 콘코르소 클레멘티노(Concorso Clementino). 1732

704 베르나르도 안토니오 비토네(Bernardo Antonio Vittone). 산타마리아디피아차(Santa Maria di Piazza). 토리노. 1751~54

이 보장되는 새로운 양식을 만들어내는 일이었다. 그러나 구체적 내용에서는 달랐다.

비토네는 과리니와 주바라의 뒤를 이은 피에몬테 후기 바로크의 3세대로 정의할 수 있다. 비토네가 처한 상황은 그만큼 달라져 있었다. 이미 18세기가 되어 있었다. 카를로 폰타나는 죽고 없었다. 17세기 바로크는 종합화의 대상에서 서서히 과거의 양식으로 사라지고 있었다. 18세기 전반부에 유럽에서는 상반되는 두 경향이 중첩되고 있었다. 한 가지는 후기 바로크와 로코코로 대표되는 바로크의 마지막 장식 경향이었다. 다른 한 가지는 계몽주의라는 완전히 새로운 문명 사조를 바탕으로 신고전주의가 싹텄다. 국가별로는 계몽주의를 이끌었던 프랑스와 영국이 로코코와 신고전주의를, 계몽주의에서 다소 뒤졌던 독일과 이탈리아가 후기 바로크와 로코코를 각각 혼용한 경향을 보였다. 비토네의 건축은 이런 전환기 때 장식 경향들을 종합하며 바로크의 마지막을 정리한 시대적 의미를 가진다(그림 704).

로마 고전주의에 대한 입장도 달라져 있었다. 17세기 바로크나 초기 근대 300년을 넘어서 고대 로마까지 포함하는 포괄적 입장이 나타났다. 후기 장식화 경향 아래에서 선례의 고전적 순도보다는 레퍼토리의 확장이 더 중요해졌다. 17세기가 역사 속 과거 양식으로 멀어지면서 그 질곡과 종속에서 한층 자유로워진 것으로 볼 수도 있다. 과리니와 주바라까지는 규범의 정확성과 창작의 각색 사이에서 적절한 접점과

705 베르나르도 안토니오 비토네(Bernardo Antonio Vittone). 건축 공상(Capriccio architettonico)

706 베르나르도 안토니오 비토네(Bernardo Antonio Vittone). 다양한 지식(Istruzioni Diverse)

707 베르나르도 안토니오 비토네(Bernardo Antonio Vittone), 기둥 연구

통합을 찾아내는 시도가 주를 이루었다. 비토네는 고전을 레퍼토리의 소재로 받아들여 소품화시킨 뒤 단순 혼합하는 쪽으로 변화했다. 비토네의 고전주의 목록에는 뱃부리 장식 기둥rostral column, 오벨리스크, 개선 아치, 무덤 등 고대 로마의 선례들이 포함되었다(그림 705~707).

이상의 배경 아래 비토네에 대한 후세의 평가는 부정적이었다. 계몽주의라는 새로운 시대 상황에 뒤처져 바로크와 로코코의 철 지난 장식주의에 집착했다는 평가였다. 그러나 1970년대 이후 비토네의 종합화 작업에 대한 평가는 긍정적으로 바뀌었다. 특히 바둑판 구성의 각 블록을 채운 성과는 높이 평가되었다. 비토네는 격자 구성으로 삭막해진 토리노 시내의 각 블록을 아름다운 교회들로 채워 도시 중심부에 활력을 불어넣었다. 당시 계몽주의 건축은 다가올 근대기에 대한 건축적 실험에 치중했기 때문에 도심의 실생활과 맞닿은 구체적 양식을 내놓지 못하고 있었다. 이런 상황에서 비토네의 장식주의는 통사적 차원에서는 비록 철 지난 것이긴 했지만 도시의 실생활이라는 측면에서는 일정한 동시대적 의미를 가진다.

과리니-주바라-비토네

피에몬테 후기 바로크는 과리니와 주바라의 혼합에서 창작 모티프를 찾는 일이 중요한 시대적 상황이었다. 피에몬테 후기 바로크는 과리니와 주바라의 두 거장을 거치면서 자생적 창조 단계를 지나 프랑스의 로코코나 독일의 후기 바로크 장식주의와 합쳐지면서 변질되어가고 있었다. 비토네는 이런 큰 흐름을 돌릴 수는 없었지만, 그 흐름을 인정하는 범위 안에서 장식 경향에 마지막 창작성을 일정 부분 보강하는 기여를 했다(그림 503, 706, 707/661, 709).

비토네는 토리노에서 태어나고 자랐기 때문에 어려서부터 두 거장의 작품을 직접 보면서 성장했다. 과리니에게서는 돔에서 직접적 영향을 받았다. 비토네는 돔에 집착했다. 그의 건축 인생을 돔의 연작으로 볼 수 있을 정도이다. 그의 돔은 과리니의 돔에 대한 모방, 재해석, 응용, 변형 등의 다양한 입장의 결과물이다. 특히 과리니의 『공공 건축』[1737] 출간을 담당하면서 과리니 건축을 좀더 깊이 있게 접할 수 있었다.

주바라에게는 직접 건축을 배우는 과정에서 그의 장식 어휘를 습득했다. 비토네는 작은 규모의 단겹 교회를 많이 설계했기 때문에 주바라의 기념비성과는 차이가 있지만, 장식 어휘에서만은 강한 유사성을 보이며 주바라의 영향권 아래에 있었다. 특히 로코코를 공통 매개로 삼으면서 연관성은 더 커졌다. 차이도 있었다. 주바라의 장식은 굵은 선형 어휘를 중심으로 남성적 힘을 보였다. 선형 어휘를 많이 사용한 점에서는 원본인 프랑스 로코코와 닮았지만, 이것을 매우 굵게 처리한 점에서 달랐다. 반면 비토네는 로코코 어휘를 바로크적으로 변형시켜 차용했다. 식물 문양을 성화에 종속시켜 하위 위계로 두었으며, 색채도 바로크의 기조를 유지했다(그림 708).

708 베르나르도 안토니오 비토네(Bernardo Antonio Vittone), 아시시의 성 프란치스코(San Francesco d'Assisi), 토리노

이상을 종합하면 비토네의 건축은 로마 고전주의의 선례들을 기능 유형이나 공간 유형에 따라 레퍼토리 소재로 차용한 뒤, 과리니를 응용한 다양한 돔으로 천장을 처리하고, 주바라의 장식 어휘로 마감을 하여 실내 분위기를 이끈 것으로 요약할 수 있다. 이 과정에서 프랑스의 로코코와 독일의 후기 바로크도 선례로 차용하는 확장적 입장을 보였다. 피셔 폰 에를라흐의 도판집은 중요한 참고 목록이었다. 건물 몸통을 흰색의 드럼 형태로 처리한 뒤 외벽 표면을 파도치는 것 같은 곡면으로

처리하는 남부독일어권의 지역 전통도 차용했다. 이런 입장은 강한 확장성을 갖는 종합화로 정의된다. 후기 바로크의 막다른 골목에서 나타났던 종합화 경향의 총정리로서, 카를로 폰타나의 아카데미즘 종합화와 주바라의 확장적 종합화에 이은 종합적 종합화로 부를 수 있다.

비토네는 1737년경부터 본격적인 작품 활동을 시작했다. 이후 약 5년간은 주로 토리노에 많은 건물을 설계하며 전성기를 보냈다. 1742년부터는 토리노를 벗어나 피에몬테 전역에 작품을 남겼다. 저술 활동도 병행하여 『공공 건축가의 업무에 관한 이론들*Istruzione diverse concernanto l'officidio dell' Architetto Civile*』2권, 1766 등 두 권의 책을 출판했다. 말년에는 당시 전성을 누리던 신고전주의에도 관심을 보였으나, 실제 지어지는 작품에서는 끝까지 피에몬테 후기 바로크를 고수했다.

비토네의 대표작으로는 발리노토의 성모 방문 예배당Cappella della Visitazione, Vilanotto, 1738년, 키에리의 산베르나르디노San Bernardino, Chieri, 1740~44년, 폴리초의 산타마리아마달레나Santa Maria Maddalena, Foglizzo, 1741년, 브라의 산타키아라Santa Chiara, Bra, 1742년, 토리노의 산타키아라1742년, 카리냐노의 암베르고디카리타Ambergo di Carita, Carignano, 1744~49년, 그리냐스코의 성모 승천 예배당Cappella della Assunta, Grignasco, 1750년, 토리노의 산타마리아디피아차Santa Maria di Piazza, 1751~54년, 빌라노바디몬도비의 성 십자가Santa Croce, Villanova di Mondovi, 1755년, 보르고달레의 성 미카엘San Michele, Borgo d'Ale, 1770년 등을 들 수 있다.

기하 파노라마와 형태학-교회 건축

비토네는 작품 수는 많은 편이었으나 대작은 없었다. 대표작은 대부분 교회에 집중되었다. 브라의 산타키아라 등 후기 바로크를 대표하는 보석 같은 수작은 있었으나 모든 작품이 소규모였다. 주바라와 반대되는 현상이다. 여기에는 피에몬테의 정치적 상황이 중요한 원인이었다. 당시 피에몬테 왕국은 18세기 전반부의 전성기를 지나 국력이 기울어가고 있었다. 특히 폴란드 왕위 계승 전쟁에 개입한 1733~36년 사이가 최악이었다. 이 기간은 비토네가 토리노에 데뷔하던 시기였다. 비토네는 데뷔 초 큰 건을 수주하지 못하고 과리니의 저서 편찬에 집중했다. 1740년 이후 왕실에서 건축 일을 다시 시작하면서 주건축가를 베네데토 이노첸테 알피에리Benedetto Innocente Alfieri로 삼았다. 비토네는 가장 강력한 건축주를 잃고 테아틴 수도회나 토리노 인근의 교구 교회들을 주요 건축주로 삼아 소규모의 교회들을 설계했다.

교회의 규모가 작았기 때문에 비토네는 건물 골격에서 자유로운 실험을 할 수 있었으며, 장식 어휘 구사도 풍부하게 시도할 수 있었다. 건물 골격은 평면과 돔의 두 방향에서 자유로운 실험이 이루어졌다. 기하 조작을 기본 방향으로 삼았으며, 여기에 구조와 장식을 분리한 주바라의 이중 골격을 2차 요소로 혼합했다. 돔은 과리니의 복합 돔을 선례로 받아들여 더 다양하게 응용했다. 기하 형태, 주바라의 이중 골격, 과리니의 돔 등 세 요소를 혼합하는 방식에 따라 비토네의 교회는

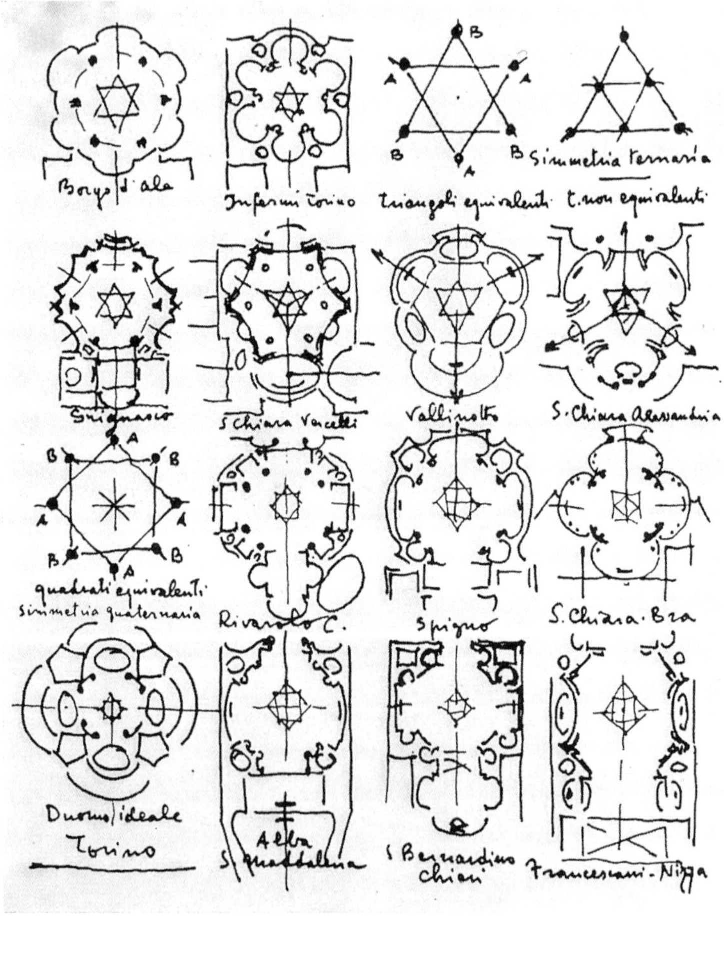

709 베르나르도 안토니오 비토네(Bernardo Antonio Vittone). 평면 유형

다양한 변형을 거듭했다. 원, 정사각형, 육각형, 팔각형 등의 기하 형태를 기본 요소로 삼아 변형을 가한 점에서 '주제-변주'의 기법에 유추할 수 있다. 비토네의 교회는 기하 파노라마를 펼치며 형태 조작의 종합 세트를 이루었다(그림 709). 이런 점에서 비토네는 렌에 이어 형태학morphology의 선구자 가운데 한 사람으로 볼 수 있다.

710 베르나르도 안토니오 비토네(Bernardo Antonio Vittone), 돔 유형

이와 같이 비토네의 교회는 형태학에 따른 유형 분류를 통해 가장 잘 이해된다. 형태학의 분류 기준은 평면, 몸통 구조, 돔의 세 영역으로 나눌 수 있다. 평면에서는 기하 형태원, 타원, 육각형, 팔각형, 선형 등, 공간 켜의 복합성 혹은 겹수, 기능 할당 등이 중심 요소였다. 몸통 구조는 돔을 받치는 내력 구조의 종류기둥, 벽기둥, 벽체와 실내 벽의 아치 형식 등이 중심 요소이다. 돔은 기본 윤곽의 기하 형태원, 육각형, 팔각형, 별모양 등, 광원의 형식, 구조 골격의 복합성 혹은 겹수, 수직 구성의 층수, 내곡면 골격 방식표준 큐폴라, 리브 네트워크, 둥글게 잘라낸 펜던티브gouged-out pendentivie 혹은 역스퀸치inverted squinch, 천공 펜던티브hollowed pendentive 등이 중심 요소였다(그림 710). 비토네의 교회는 이런 기준과 요소들의 조합과 대응에 따라 '주제-변주' 개념의 형태학적 분류를 이루었다.

발리노토의 성모 방문 예배당의 평면은 육각형을 기본 기하 형태로 삼아 주변에 예배당이 돌아가면서 에워싸는 구성으로 이루어졌다(그림 711). 이때 예배당은 완전한 기하 형태를 이루지 못하고 에워싸는 정도도 부분적이었기 때문에 전체 구성은 부분 겹 공간이라고 할 수 있다. 돔은 리브 네트워크rib network를 기본 구조로 삼아 삼중 윤곽으로 처리했다. 첫째 윤곽은 여섯 개의 아치가 만나면서 만드는 큰 육각형이다. 아치가 기본 윤곽을 형성하고 있기

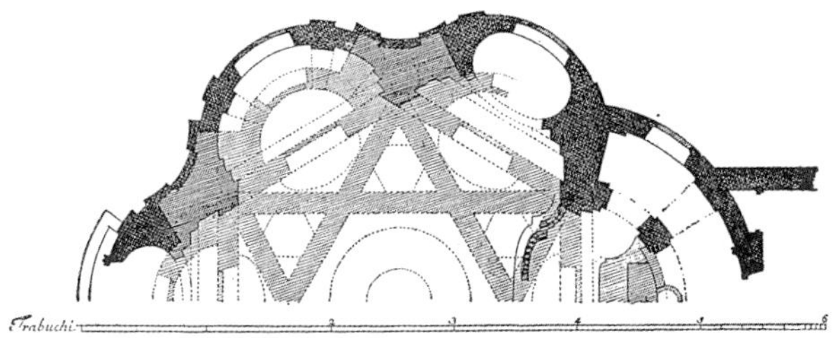

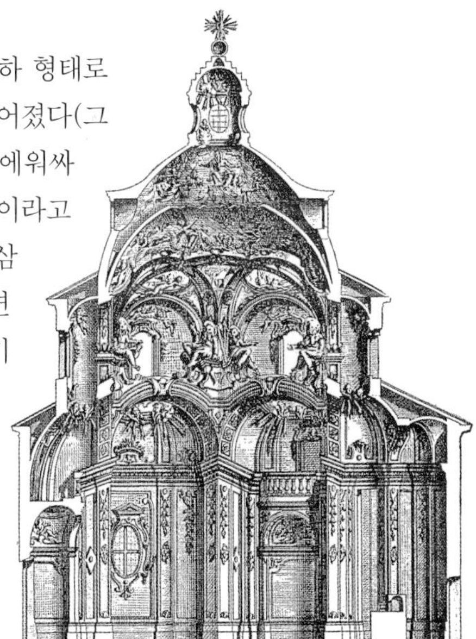

711 베르나르도 안토니오 비토네(Bernardo Antonio Vittone), 성모 방문 예배당(Cappella della Visitazione), 빌라노토(Vilanotto), 이탈리아, 1738

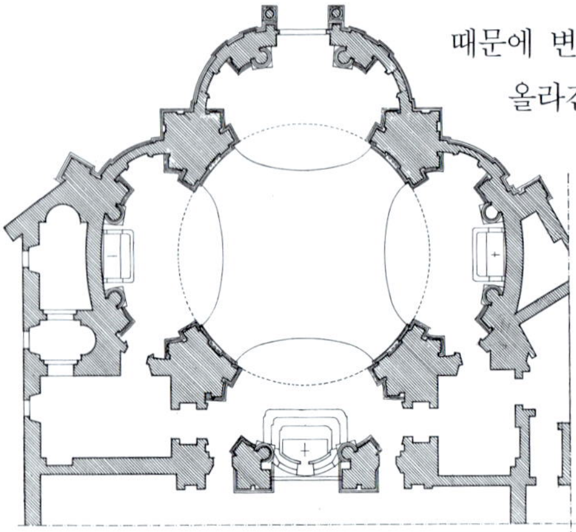

712 베르나르도 안토니오 비토네(Bernardo Antonio Vittone), 산타키아라(Santa Chiara), 브라(Bra), 이탈리아, 1742

713 베르나르도 안토니오 비토네(Bernardo Antonio Vittone), 산타키아라(Santa Chiara), 브라(Bra), 이탈리아, 1742

때문에 변은 직선이 아닌 곡선으로 나타났다. 곡선 윤곽에서 위로 올라간 볼트에는 타원형의 창을 뚫어서 중심 공간과 예배당의 채광을 도왔다. 이런 처리는 주바라의 카르미네 교회에서 영향을 받은 것으로 보인다.

둘째 윤곽은 큰 육각형 안에 만든 별 모양 돔이다. 여섯 개의 굵은 리브가 교차하면서 별 모양의 바깥 윤곽과 작은 육각형의 안쪽 윤곽을 각각 만들었다. 이 형태는 과리니의 성 라우렌시오를 모방한 것으로 보인다. 셋째 윤곽은 두 윤곽을 가장 밖에서 감싸는 외벽이다. 외벽도 첫째 윤곽에 맞춰 육각형으로 처리했다. 육각형의 각 변에는 수직으로 세운 타원형 창을 뚫었다. 창은 첫째 윤곽과 벌어지면서 틈새로 빛을 끌어들였다. 광원은 직접 채광과 간접 채광의 중간 상태에 머물렀다. 천장에는 복합 골격이 만들어졌다. 과리니의 부유하는 돔을 더 발전시킨 기하의 파노라마로서, 천상의 이미지를 표현하는 신비주의의 대표적 예가 되었다. 외관도 실내 구성에 맞춰 3단으로 구성했다. 가장 위쪽 단은 첫째와 둘째 윤곽을 담당했다. 중간 단은 채광용 타원형 창을 뚫은 부분이다. 마지막 단은 아래에서 이 두 단을 받치는 부분이다.

브라의 산타키아라의 평면은 사엽형으로 구성했다(그림 712). 꽃잎이 펼쳐나가는 네 모서리에는 두꺼운 사각 벽기둥을 세워 중심 공간을 형성했다. 네 꽃잎에는 예배당을 할당했는데, 타원형으로 평면 윤곽을 형성하고 실내는 갤러리를 갖는 2층으로 처리했다. 돔은 평면 윤곽에 따라 복수로 처리했다(그림 713). 중심 공간 위에는 돔형 볼트[domical vault]로 천장을 마감하고, 정상에는 오쿨루스를 뚫었다. 이밖에도 예배당 하나당 돔을 하나씩 더 두어 둘째 켜를 만들었다. 둘째 돔은 예배당의 갤러리 천장에 해당된다. 이번에도 정상에 오쿨루스를 뚫어 예배당의 채광을 담당하도록 했다. 실내 전체로 보면 다섯 개의 광원을 가진다. 광원은 두 단으로 나뉘어 위계를 이루며 실내 공간의 복층 구도를 도왔다.

11장 프랑스 바로크 (1600~1700)

1 프랑스 바로크 고전주의의 성립

2 살로몽 드 브로스

3 자크 르메르시에

4 프랑수아 망사르

5 호텔과 성채-망사르와 루이 르보

6 쥘 아르두앙-망사르

1 프랑스 바로크 고전주의의 성립

고전, 고딕, 바로크

프랑스 바로크는 17세기와 함께 시작되었다. 16세기 후반부는 종교전쟁으로 프랑스 건축이 침체기에 빠져 있었다. 1598년 낭트 칙령으로 안정을 되찾고 앙리 4세가 왕권 강화의 일환으로 파리 재개발 계획을 실행하면서 건축 붐이 일기 시작했다. 이렇게 새로 잡힌 골격을 중심으로 루이 13세 때 바로크 건축이 본격적으로 시작되었다. 이후 루이 14세 때 절정을 이룬 뒤 로코코로 변이되면서 바로크는 막을 내리고, 루이 15세 때에는 계몽주의기로 넘어간다.

프랑스 바로크는 자국의 르네상스 고전주의와 민족적 전통, 동시대 보편 양식인 이탈리아 바로크 등 세 요소의 혼합으로 형성되었다. 프랑스는 서북유럽 국가 가운데 르네상스를 가장 먼저 받아들인 바로 전 시대의 전통이 있었다. 고전주의에 대한 친밀감은 바로크를 가장 먼저 받아들이게 하는 배경으로 작용했다. 르네상스를 거치면서 자국만의 초기 근대 고전주의를 창출하려던 노력이 바로크에서 완성된 것이다. 이탈리아 바로크의 영향을 일정 부분 받았지만, 이것에서 독립하여 프랑스만의 바로크를 완성시키며 이탈리아에 버금가는 융성을 이루었다.

714 프랑수아 데랑(François Derand), 성 바오로/성 루이(SS. Paul et Louis), 파리, 1625~34

프랑스 바로크의 구체적인 건축 경향은 종교 건축과 비종교 건축으로 양분된다. 교회로 대표되는 종교 건축은 표준 고전 어휘를 바탕으로 고딕의 중세성을 수직성으로 번안한 특징을 보인다(그림 714). 고딕의 수직성은 오더 층쌓기와 돔의 수직 높이를 통해 표현되었다. 이것은 고전과 고딕 전통의 혼합으로 요약할 수 있다. 고전과 고딕이라는 대립되는 두 전통을 동시에 국가적 양식으로 갖는 나라는 프랑스가 유일한 예이다. 중세성이 바로크

의 특징 가운데 하나였음을 볼 때 프랑스의 이런 전통은 바로크가 융성하기에 적합한 측면이 있었다.

이런 경향은 정통 고전주의를 바탕으로 한 점에서 프랑스 바로크 고전주의라 할 수 있다. 이탈리아 바로크에서는 고전주의가 건축가마다 다르게 나타났던 데 반해, 프랑스 바로크 고전주의는 기본 어휘의 순도를 지키고 엄격한 규범을 따르는 정통 고전주의 경향으로 나타났다. 실제로 형성 과정을 보아도 이탈리아 바로크 고전주의의 여러 경향 가운데 '마데르노-베르니니'로 이어지는 로마 고전주의를 받아들이며 시작되었다. 오더의 정확한 구사를 바탕으로 한 표준 고전주의였다. 르네상스 때 쌓았던 고전주의의 전통도 중요한 바탕이 되었다.

프랑스 바로크가 정통 고전주의에 강하게 의존하는 방향으로 형성된 데에는 교회의 보수주의가 중요한 배경으로 작용했다. 낭트 칙령과 함께 종교전쟁이 끝나면서 프랑스에서는 가톨릭이 국교로서의 권력을 되찾았다. 예술계에도 뒤늦게나마 트렌토 공의회의 지침과 보로메오의 지침이 발효되었다. 이 영향으로 건축 경향은 보수주의로 선회했다. 동시대 새로운 양식이었던 이탈리아 바로크를 받아들여 규범에 의존한 합리주의적 해석과 장식을 절제한 이성주의를 주요 특징으로 나타냈다. 안정감을 지향한 차분하고 엄격한 분위기가 지배했다.

호텔, 왕궁, 공공 건축 등으로 구성되는 비종교 건축은 르네상스 때부터 계속되어오던 프랑스 지역 전통의 혼합을 주요 특징으로 가진다. 르네상스 때 성채와 호텔에서 시작된 경향이 연속되는 측면이 강했다. 비종교 건축의 특징은 종교 건축과 반대이다. 프랑스의 전통적인 구성 방식이 몸통을 이루고, 그 위에 오더와 신전 박공 등의 고전 어휘를 더하는 특징을 보인다. 전통적인 구성 방식은 오분법을 기초로 중앙 출입구와 측동을 동시에 강조하는 기법이 가장 대표적인 것이었다. 전통 지붕도 지켰다. 볼록 튀어나온 힙 루프hip roof가 자주 쓰였으며, 도머dormer라는 원형 지붕창을 뚫는 경우가 많았다. 건물 골격에 조각과 디테일을 더해 장식 효과를 노리는 경향도 지켰다(그림 715).

715 피에르 르뮈에(Pierre Le Muet), 아보 호텔(Hôtel d'Avaux) 단면도, 파리

국가 양식과 아카데미즘

프랑스 바로크는 절대왕정 시기의 국가 양식으로 자리매김했다. 이것이 가능했던 것은 프랑스 바로크가 자국의 위상에 맞는 독립성을 확보했기 때문이다. 이것은 르네상스 때와는 사정이 다른 것이었다. 프랑스 르네상스 고전주의는 이탈리아의 국제주의에 종속되는 지역주의에 머물렀다. 반면에 바로크에서는 이런 한계를 넘어 바로크 고전주의 내에서 이탈리아와 대등한 하나의 독립적 분파를 당당히 형성했다. 프랑스 바로크 고전주의의 독립성은 양면성을 띤다.

순수 창작의 측면에서는 이탈리아에 많이 종속된 것이 사실이다. 마데르노와 베르니니의 고전주의를 받아들인 점이 대표적인 예이다. 수직성의 번안도 마데르노가 성 수산나에서 이미 시도한 것이었다. 중요한 차이점도 있다. 마데르노의 수직성은 중세성의 영향이라기보다는 바로크적 역동성을 추구한 결과였다. 반면 프랑스 바로크에서는 자국의 고딕 전통에 대한 명확한 인식을 바탕으로 이것을 끌어내어 표현하려는 시도의 결과였다. 이 때문에 프랑스 바로크는 마데르노의 건물과 유사해 보이나 중요한 차이점이 내재한다. 마데르노의 건물에 나타난 기둥 간격의 불일치가 프랑스 바로크에는 없다. 프랑스 바로크에서는 오더가 동일한 간격을 유지하며 가지런히 늘어섰다. 이것은 정통 고전주의를 이용하여 시도한 점에서 합리성을 특징으로 한 것인데, 합리성은 표면적으로 대립되는 고전과 고딕이 실제 내용 면에서 공통적으로 갖는 특징이다.

프랑스 바로크의 독립성은 창작성보다는 정치적 배경에 의한 작품의 규모와 양의 측면에서 찾을 수 있다. 17세기 프랑스는 루이 14세로 대표되는 절대왕정이 이끌면서 유럽 최강국으로 떠올랐다. 이에 따라 왕실을 중심으로 대작들이 발주되었다(그림 466). 프랑스 왕실은 로마 교황청을 능가하는 건축주가 되었다. 민족주의도 중요한 요소였다. 17세기 절대왕정은 근대국가의 시발점이었는데, 여기에는 민족적 자각이 중요한 역할을 했다. 프랑스는 민족이 근대국가의 초기 단계로 뭉치는 과정에서 새로운 국가적 양식이 필요했다. 고전과 고딕의 양대 전통을 하나로 합친 프랑스 바로크는 이것에 매우 적합했다. 창작의 측면에서 이탈리아에 얼마나 종속되었는지는 크게 중요하지 않았다.

716 앙리 테스틀랭(Henry Testelin). 〈루이 14세에게 왕립 과학아카데미 회원을 소개하고 있는 콜베르*Colbert presents Louis XIV to the members of the Royal Academy of Sciences*〉. 1667

프랑스 바로크는 정통 고전주의를 추구하는 과정에서 아카데미즘 양상을 강하게 나타냈다. 절대왕정에서 후원하는 왕립 아카데미가 그것이다(그림 716, 717). 루이 14세는 1648년에 왕립 미술아카데미Academie Royale de Peinture et de Sculpture를 세웠다. 로마에는 프랑스 아카데미Academie de France를 분원 개념으로 두었다. 이곳은 졸업 작품을 심사하여 선정된 로마 상Prix de Rome 수상자들의 로마 유학을 지원하는 일을 담당했다. 아카데미는 국가적 차원에서 예술 활동과 관련된 모든 일을 총괄하는 왕실 기구로서, 그 안에 예술 교육만 담당하는 왕립 미술학교Ecole Royale de Peinture et de Sculpture를 따로 두었다.

717 유럽의 예술 아카데미 분포도. 1563~1805

왕립 미술아카데미는 길드 중심으로 진행되어오던 프랑스 예술계의 중세 전통을 초기 근대의 국가 공공 체계로 대체한 시대적 의미를 가진다. 당시까지 프랑스의 예술가들은 파리 장인 화가와 조각가 공동체Communaute des Maitres Peintres et Sculpteurs de Paris로 대표되는 예술 길드 조직에 소속되어 그 지시를 받으며 활동했다. 절대왕정은 이것을 붕괴시키며 예술 활동을 왕실 관리 아래에 두는 초기 근대국가로의 전환을 완료했다. 이 과정에서 절대왕정

을 둘러싼 정치 상황이 압축적으로 반영되었다. 왕실 소속 화가들마저도 길드의 지배를 받는 상황을 절대왕정에서 용납할 수 없었다. 왕실과 관련된 예술 활동이 증가하면서 작품 비용 지급과 세금 징수 등 경제적 측면도 중요하게 작용했다. 피렌체와 로마의 아카데미와 경쟁하고 싶은 국가적 자존심도 작용했다.

718 『표현기법*La Pratique du Trait*』(1643) 표지

1647년 길드가 왕실 예술가들의 활동에 대해서도 독점권을 확보하자 샤를 르브룅은 마자랭 수상에게 탄원서를 올려 왕실이 주도하는 아카데미 설립을 요구했다. 마자랭 자신도 로마에 체류하던 때에 산루카 아카데미를 부러워하며 프랑스에도 이와 유사한 기관을 설립하려고 계획하고 있었다. 이듬해 루이 14세의 강력한 보호 아래 왕립 미술아카데미가 창립되었다. 1666년에는 로마의 프랑스 아카데미가 세워졌다.

이탈리아의 아카데미즘이 교황청의 후원 아래 순수 창작 측면을 강조하면서 가톨릭 고전주의를 추구했던 반면, 프랑스의 아카데미는 국가와 왕실이 정치적 목적을 부과한다는 중요한 차이가 있다. 이 과정에서 프랑스 아카데미즘에서는 그랜드 매너Grand Manner로 통칭되는 고전주의 규범 혹은 귀족풍의 고전 양식이 형성되었다. 중앙 집중이 심했던 프랑스의 국가적 전통에서 왕실이 후원, 관리하는 아카데미는 건축의 모든 일을 독점하며 법제화institutionalization된 교조주의의 대표적인 예로 자리 잡았다(그림 718).

719 프랑수아 블롱델(François Blondel). 『건축 강의*Cours d'Archotecture*』(1675) 표지

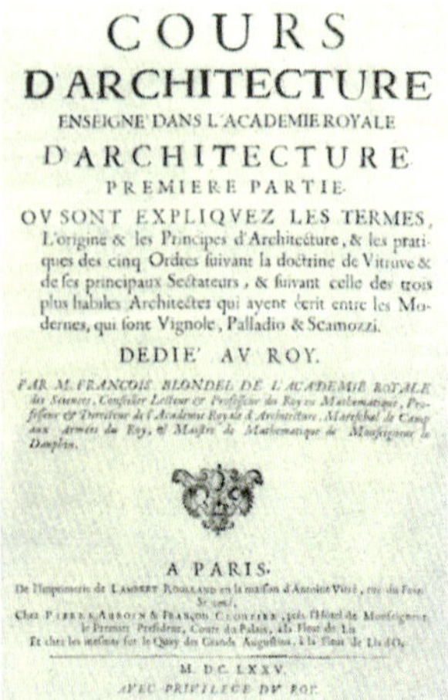
COURS
D'ARCHITECTURE
ENSEIGNE' DANS L'ACADEMIE ROYALE
D'ARCHITECTURE
PREMIERE PARTIE
OV SONT EXPLIQVEZ LES TERMES, L'origine & les Principes d'Architecture, & les pratiques des cinq Ordres suivant la doctrine de Vitruve & de ses principaux Sectateurs, & suivant celle des trois plus habiles Architectes qui ayent écrit entre les Modernes, qui sont Vignole, Palladio & Scamozzi.
DEDIE' AV ROY.
PAR M. FRANCOIS BLONDEL DE L'ACADEMIE ROYALE
A PARIS.
M. DC. LXXV.
AVEC PRIVILEGE DV ROY.

프랑수아 블롱델과 왕립 건축아카데미

왕립 건축아카데미Academie Royale d'Architecture 역시 루이 14세에 의해 1671년에 세워졌다. 이것의 설립을 주도한 이는 콜베르였다. 건축에 관심이 많았던 콜베르는 왕실의 건축 일에 많이 참여하면서 건축만을 위한 별도의 아카데미가 필요함을 깨달았던 것이다. 이곳에서는 왕실에서 발주하는 건축, 나아가 프랑스 전체에서 행해지는 건축에 대해 국가 주도로 일정 수준 이상의 기준을 정해 엄격히 적용함으로써 건축물의 심미적, 기술적, 사회적 향상을 꾀했다. 창립 멤버는 교장 프랑수아 블롱델François Blondel, 1618~1686년과 사무처장 앙드레 펠리비앙Andre Felibien을 주축으로 리베랄 브뤼앙과 프랑수아 도르베 등 여섯 명의 건축가였다.

왕립 건축아카데미를 이끈 것은 블롱델이었다. 그는 군인, 엔지니어, 군사시설 건축가, 수학 교수, 외교관 등 다양한 경력을 거쳐 초대 교장이 되었다. 아카데미와 관련된 그의 대표적 업적은 『건축 강의*Cours d'Archotecture*』1675라는 이론서 저술이다(그림 719). 이 책은 젊은 건축가들을 대상으로 아카데미에서 강의했던 내용을 모은 것이다. 블롱델은 로마 고전주의를 이상적 모델로 삼아 이에 대한 정확한 판단, 응용, 해석 능력에 연구와 교육의 초점을 맞추었다.

그 핵심에는 오더와 비례가 있다(그림 720). 블롱델은 건축적 심미성의 원천을 비례에서 찾았다. 그 근거로 음악에서의 음계 비례를 들었다. 특정 화음이 듣기 좋은 것은 그것이 일정한 비례 법칙에 따르기 때문이며, 똑같은 원리가 건축에도 적용된다는 논리이다. 이것을 표현하는 건축 매개로 오더를 들었다. 오더 어휘의 정확한 구사를 통해 조화로운 비례미를 획득, 표현하는 것을 고전주의 건축의 최종 목표로 삼았다. 이를 위해 비트루비우스, 팔라디오, 다비놀라, 스카모치 등의 저서를 비교, 검토하여 오더와 비례에 대한 선례로 삼았다. 블롱델의 고전 절대주의는 클로드 페로의 경험주의 혹은 과학 합리주의와 충돌하며 신구 논쟁을 불러일으켰다.

720 프랑수아 블롱델(François Blondel). 『건축 강의*Cours d'Archotecture*』(1675)에 나오는 '원사 오두막(primordial hut)'

721 프랑수아 블롱델(François Blondel). 생드니 문(Porte St.-Denis). 파리. 1671

블롱델의 다양한 경력과 왕립 건축아카데미 활동은 기본적으로 애국심을 바탕으로 했다. 그는 파리의 토목 인프라 구축과 프랑스의 군사시설 건설에 중요한 기여를 했다. 작품 활동은 상대적으로 미미하여 생드니 문Porte St-Denis, 파리, 1671년 등을 남겼다(그림 721). 그는 정치적 배경이 강하게 개입되는 왕실 발주 건축 일에는 관여하지 않았다. 정치적 중립과 애국심을 무기로 리슐리외, 마자랭, 콜베르를 거치는 절대왕정 3대 수상 모두에게 총애와 인정을 받아 실용 시설과 아카데미 교육 분야에서 독자적인 행보를 했다.

프랑스 바로크의 구체적 방향과 관련하여 블롱델은 자국의 전통을 재해석한 국가 양식에는 별반 관심을 기울이지 않았다. 그의 경력과 위치가 창작 활동을 위주로 하는 건축가와 달랐기 때문으로 보인다. 그대신 로마 고전주의를 가능한 한 이상적 원형에 가깝게 프랑스에 이식하는 일에 관심을 두었다. 이런 입장 때문에 그는 프랑스 국가 양식을 찾는 일에 심혈을 기울이던 동시대 건축가들과 거리감을 가질 수밖에 없었다. 그러나 그는 교육과 저술을 통해 17세기 프랑스 건축에 중요한 영향을 끼쳤으며, 피에르 뷜레Pierre Bullet, 1639~1716년 등을 주요 제자로 키웠다.

왕립 건축아카데미는 교육, 심미, 정치, 실무의 네 분야가 하나로 합쳐진 강력한 중앙집권 체제였다. 교육적 측면에서는 이전의 개인 도제 방식을 대체하는 공공교육기관 설립으로 나타났다. 심미적 측면에서는 고전주의의 이상미와 완전미를 추구하는 경향으로 나타났다. 정치적 측면에서는 대중에게 개방되고 국가가 후원하는 공공성과 동시에, 이에 대한 보답으로 국가를 위해 봉사하는 종속의 양면성을 나타냈다. 실무적 측면에서는 건축 담당 보좌역이 왕실에서 발주하는 모든 건축일을 총괄하고 건축가들은 이들의 지시, 감독, 지휘를 받는 엄격한 명령 체계가 세워졌다.

건축 담당 보좌역은 왕실 수석 건축가Premier Architecte du Roi와 왕실 건축 총감독관Superintendant des Batiments du Roi으로 이원화되었다. 왕실 수석 건축가는 주로 건물에 국한하여 설계, 도면 제작, 다른 건축가들의 관리 감독 등의 일을 맡았다. 왕실 건축 총감독관은 건물 설계뿐 아니라 시공, 토목, 조경, 실내장식, 군사시설 등의 건설과 조형 환경과 관련된 모든 일의 설계, 시공, 감리, 예산 수립, 집행, 회계, 도면 제작, 문서 작업, 기록 보관 등을 총괄적으로 감독했다.

직제로는 왕실 수석 건축가가 더 높았다. 왕실 수석 건축가는 전문직이었기 때문에 건축가만이 할 수 있었지만, 왕실 건축 총감독관은 고위 행정직이었기 때문에 관료가 겸직하기도 했다. 루이 14세 때 콜베르가 총감독관을 지낸 것이 이런 경우였다. 이처럼 프랑스 바로크 고전주의는 아카데미즘에 절대적으로 종속되어 있었기 때문에 아카데미 고전주의Academic Classicism라고 부르기도 한다. 건축 경향은 왕실의 권위를 찬양하는 국가 양식, 혹은 국가의 공식 양식으로 나타났다.

절대왕정과 기능 유형

프랑스 바로크는 왕실에 종속된 정도가 심했기 때문에 별도의 세분화된 양식이나 '초기-성기-후기'의 시기 구분을 하는 대신 앙리 4세 재위 1589~1610년, 루이 13세 재위 1610~43년, 루이 14세 재위 1643~1715/1643~60년은 섭정 등 국왕 치세에 따른 분류를 보편적으로 사용한다. 이밖에 건축가와 기능 유형을 기준으로 한 분류도 많이 사용한다. 혹은 왕실의 건축 일을 실질적으로 진행시킨 사람은 행정 총책임자인 재상이나 수상이었기 때문에 이들의 집정기에 따라 분류하기도 한다. 루이 13세 때에는 아르망 장 뒤 리슐리외 Armand Jean du Richelieu, 1624~43년가, 루이 14세의 초반 섭정은 쥘 마자랭 Jules Mazarin, 1643~1661년이, 루이 14세의 중반기는 장 밥티스트 콜베르 Jean Baptiste Colbert, 1660~1683년가 각각 왕조를 대표했다.

프랑스 바로크는 드브로스, 르메르시에, 망사르, 르보, 아르두앙-망사르 등 다섯 명의 대표 건축가들이 주도했다. 이들은 각각 대표하는 왕조가 있었다. 드브로스는 앙리 4세를, 르메르시에와 망사르는 루이 13세를, 망사르와 르보는 루이 14세의 초반 섭정을, 아르두앙-망사르는 루이 14세의 중반기를 각각 대표했다. 이들의 건축 경향은 각 왕조가 추구했던 국가 정책의 방향과 주요 업적에 따라 결정되었다. 그 내용은 주로 프랑스 바로크의 기초를 이루는 기본 유형의 형성 그리고 완성과 관계가 깊었다.

앙리 4세는 종교전쟁 이후 프랑스의 재건을 주도했다. 재건은 세 방향으로 나타났고, 건축 경향도 그에 따라 큰 방향이 결정되었다. 첫째, 부르봉 Bourbon 왕조의 문을 열면서 왕권을 강화하고 절대왕정의 기초를 닦았다. 이에 따라 절대왕정의 왕궁 유형이 기틀을 잡았다. 둘째, 바로크 가톨릭의 기초를 닦았다. 앙리 4세는 처음에는 신교 지도자로 종교전쟁에 참여했다가 가톨릭과 신교를 여러 번 오간 끝에 결국 가톨릭으로 개종하면서 프랑스 바로크 가톨릭의 기초를 닦았다. 드브로스는 이에 따른 건축 양식인 프랑스 바로크 기독교 고전주의의 첫 단계를 완성했다(그림 722). 셋째, 파리 재건 계획을 실행했다. 이에 따라 도시계획에서 주요 업적을 남겼다. 소르본 대학, 뇌프 다리 Pont Neuf, 도핀 광장 Place Dauphine, 루아얄 광장 Place Royale 등을 건설하여 파리의 좌안 left bank과 우안 right bank을 유기적으로 연결하는 데 성공했다.

722 살로몽 드브로스(Salomon de Brosse). 뤽상부르 궁전(Palais du Luxembourg). 파리. 1614년경~

723 자크 르메르시에(Jacques Lemercier), 구 루브르(Old Louvre), 시계관(Pavillon de l'Horloge), 파리, 1641

루이 13세 때 리슐리외는 왕국의 융성과 국왕의 존엄을 확립하여 절대왕정을 완성했다. 이에 따라 르메르시에의 루브르 궁전과 루아얄 왕궁으로 대표되는 절대왕정의 왕궁 유형이 완성되었다(그림 723). 리슐리외는 또한 신앙의 자유는 허용한 반면, 신교의 정치 세력과 군사력을 철저히 분쇄하면서 가톨릭의 기반을 다졌다. 이에 따라 르메르시에와 망사르는 프랑스 바로크 기독교 고전주의를 완성시켰다. 이밖에 절대왕정을 지탱하는 귀족과 부르주아의 본거지인 호텔이 점차 자리 잡아갔는데, 이것을 대표한 건축가는 1630년대의 망사르와 르보였다.

루이 14세의 초반 섭정 때 마자랭은 외교력을 바탕으로 프랑스 절대왕정을 유럽 전체에서 인정하도록 했다. 이에 따라 외교관이 늘고 내각과 정부가 커져 고급 관리도 늘면서 호텔의 전성기가 도래했다. 이것을 담당한 것은 르보였다. 망사르와 르보는 비슷한 시기에 활동했지만, 망사르가 왕실과 일정한 거리를 유지한 반면 르보는 왕실 건축가로 일했다. 이 때문에 왕실이 주요 건축주로 등장하면서 르보가 전성기를 맞았다. 마자랭은 또한 교황청 관리 출신인 데다 추기경을 겸했기 때문에 가톨릭의 안정에 더욱 힘써 프랑스 바로크 기독교 고전주의를 계속 발전시켜나갔다. 망사르의 교회 건축은 이것을 대표했다(그림 724). 리슐리외와 마자랭 때의 프랑스 건축은 전형적인 바로크였다.

루이 14세는 중반기와 후반기에 걸쳐 프랑스 절대왕정의 최전성기를 일궈냈다. 콜베르는 루이 14세 중상주의의 전형인 콜베르티슴 Colbertisme을 주도하며 프랑스를 무역 대국으로 키웠다. 건축 경향은 이전까지 형성된 프랑스 바로크를 총동원하여 애국심을 고취하고 절대왕정의 영광을 찬양하는 기념비적 방향으로 나타났다. 이런 경향을 왕실 고전주의 royal classicism라고 일컬어 마자랭 때의 순수 바로크 경향과 구별하

724 프랑수아 망사르(François Mansart), 푀양 수도원 교회(Eglise du Couvent des Feuillants), 프랑스

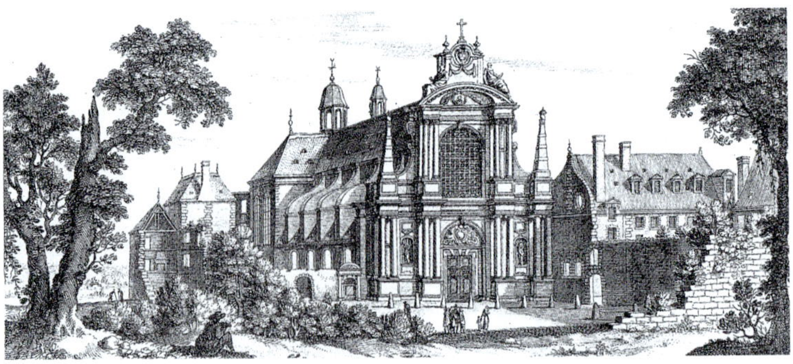

기도 한다. 아르두앙-망사르는 이것을 담당한 건축가였다. 베르사유 궁전, 앵발리드 호텔, 앵발리드 돔 등 프랑스 절대왕정의 국가 양식을 대표하는 대작들이 지어졌다(그림 725).

다원화한 사회구조를 건축 내부와 연결시켜보면 건물의 기능 유형이 다양해진 현상도 중요한 요소였다. 근대국가의 초기 골격을 잡는 과정에서 프랑스 절대왕정은 공공성을 중요한 과제로 추구했다. 새로운 공공 기능의 축조를 국가적 사업으로 진행했다. 왕궁, 교육시설, 정부 행정시설, 병원, 시청사, 시민회관, 도서관, 박물관, 상류 주거, 성, 극장, 상업시설, 군사시설 등 다양한 세속 기능 유형들이 새롭게 등장했다. 이런 새로운 유형들은 18세기 계몽주의를 거쳐 19세기 때 절정에 이르러 커다란 융성을 이루지만 바로크 시기에는 그 초창기 현상이 나타났다. 특히 절대왕정이 국민에 대한 의무 차원에서 병원 등 공공복지시설을 많이 지었다(그림 725). 시민 세력도 중요한 정치 주체로 성장해 있었으며, 부르주아는 왕실과 귀족에 이은 제3의 권력층으로 새롭게 등장했다. 권력층의 다양화는 새로운 기능 유형의 요구를 불러왔다.

725 쥘 아르두앙-망사르(Jules Hardouin-Mansart), 앵발리드 돔(Dome des Invalides=Eglise de l'Hôtel des Invalides, 앵발리드 호텔 교회), 파리, 1676~91

이런 기능들은 물론 이전에도 있었지만 17세기 프랑스에서는 차이가 있었다. 공공성이 배경 정신으로 강화되면서 근대적 기능을 갖추고 규모가 대형화되는 등 중요한 변화가 생겼다. 프랑스 바로크는 이런 변화를 담는 양식으로 성장하는 과정에서 이탈리아의 원조 양식에서 일정한 독립성을 확보할 수 있었다. 교황청의 교회와 귀족의 팔라초에 국한되었던 이탈리아 바로크와는 분명 다른 차원의 전개였다. 프랑스의 초기 근대국가 건설에서 건축은 핵심적 매개로 기능했다. 물리적 인프라를 깔아 국가 운영의 효율성과 부의 창출을 극대화하고, 왕실의 권위와 프랑스 민족의 국가적 자부심을 알리는 역할을 했다.

2 살로몽 드브로스

보편성과 지역 전통-뤽상부르 궁전

살로몽 드브로스Salomon de Brosse, 1571년경~1626년는 프랑스 바로크의 문을 연 건축가이다. 그는 16세기 르네상스를 벗어나며 프랑스 바로크의 기초를 닦던 앙리 4세의 건축가로서 상당수의 작품을 남기면서 프랑스 바로크의 방향을 제시했다. 이런 중요성에 비해 그에 관한 건축적 기록은 매우 열악하다. 작품들은 대부분 없어지거나 심하게 변형되었으며, 남아 있는 도면이나 문서, 기록 등도 대부분 모호하거나 부정확하다. 전기적 행적도 알려진 내용이 빈약한 편이다.

드브로스는 건축가 집안에서 자랐다. 아버지 장 드브로스Jean de Brosse도 건축가였으며, 뒤세르소 가문의 창시자였던 자크 앙드루에 뒤세르소가 외할아버지였고, 자크 앙드루에 뒤세르소 2세가 외삼촌이었다. 이런 배경 덕분에 그는 어려서부터 프랑스 후기 르네상스에 해당되는 장식 경향을 접할 수 있었다. 드브로스는 이들의 건축에서 영향을 받았을 뿐 아니라 이들을 통해 다비뇰라의 건축도 접했다. 다비뇰라의 로마 고전주의는 드브로스가 프랑스 바로크를 정통 고전주의로 정의하는 데 영향을 끼쳤다. 뒤세르소 가문과 다비뇰라의 영향은 드브로스의 초창기 참여 작품인 베르뇌유 성채Château de Verneuil, 1600~08년와 몽소 성채Château de Montceaux, 1609~15년경에 잘 나타났다.

드브로스의 전성기는 1611~18년이었다. 이 기간에 그는 여러 채의 호텔과 성채를 설계했으며, 블레앙쿠르 성채Château de Bleancourt, 1611년경가 대표적 예이다(그림 726). 또한 그의 대표작이자 프랑스 바로크의 효시로 평가되는 뤽상부르 궁전Palais du Luxembourg, 파리, 1614년경~, 생제르베St-Gervais, 파리, 1616년 파사드, 렌의 시의회 의사당Palais du Parlement, 현재의 법원, 1618년 등을 남겼다.

드브로스는 로마에 유학하지 않았다. 이 때문에 당시 형성 과정에 있었던 이탈리아 바로크의 영향을 직접적으로 받지 않았으며, 로마 고전주의로부터도 어느 정도 자유로울 수 있었다. 그의 주된 관심사는

726 살로몽 드브로스(Salomon de Brosse), 렌 시의회 의사당(Palais du Parlement, 현재의 법원), 렌(Rennes), 프랑스, 1618

르네상스 시기 프랑스가 시도했던 자국의 고전주의 창출 노력이었다. 그의 건축 방향은 정통 고전주의를 바탕으로 프랑스의 전통을 더해 프랑스만의 바로크를 창출하는 쪽으로 잡혔다. 그의 대표작인 생제르베와 뤽상부르 궁전은 이것을 잘 보여주는 예이다. 이런 점에서 드브로스는 프랑스 바로크의 창시자로 평가된다.

생제르베와 뤽상부르 궁전에서 제시된 프랑스 바로크의 구체적 내용은 다소 차이가 있다. 생제르베는 오더를 이용한 수직성의 표현으로 프랑스 바로크를 정의했다. 오더라는 고전주의의 보편적 어휘를 통해 수직성이라는 프랑스의 고딕 전통을 표현한 것이었다. 여기에서는 오더가 1차 요소로 쓰이면서 큰 비중을 차지하는데 이것은 보편성을 강조한 입장이었다. 반면 뤽상부르 궁전에서는 프랑스의 전통적 매스 구성이 골격을 이루면서 오더가 2차 요소로 더해졌다. 이것은 프랑스의 지역성을 강조한 입장이었다. 이 두 가지 경향은 이후 프랑스 바로크를 이끈 두 흐름으로 자리 잡는다.

뤽상부르 궁전의 특징은 프랑스 르네상스 때부터 시도되어오던 경향을 이어받은 것이었다. 드브로스는 프랑스의 초기 근대 건축을 르네상스에서 바로크로 자연스럽게 발전시키는 데 핵심 역할을 했다. 뒤세르소 가문의 존재는 중요한 가교였다. 기능 유형에서는 성채와 호텔이 중요했다. 이것은 드브로스에게만 국한된 것은 아니다. 17세기 전반부 프랑스 건축 전체로 보았을 때에도 성채와 호텔은 새로운 실험의 중요한 제공처 역할을 했다. 브리삭 성채Château de Brissac, 1606년, 로스니 성채Château de Rosny, 1610년경~20년, 장 뒤세르소의 쉴리 호텔Hôtel du Sully, 파리, 1624~29년 등은 이것을

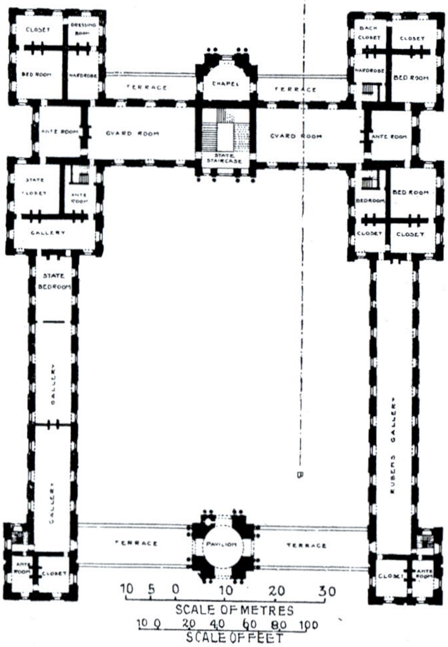

대표하는 예이다. 드브로스의 블레랑쿠르 성채는 이런 흐름에 속한다. 드브로스는 이 성채에서의 실험을 바탕으로 뤽상부르 궁전에서 지역 전통이 강조된 프랑스 바로크의 한 형식을 완성시킬 수 있었다.

뤽상부르 궁전은 프랑스의 전통 기법으로 기본 골격을 잡았다. 평면은 H자형을 기본 구성으로 삼았고, 매스 구성은 프랑스의 전통적인 오분법을 따랐다(그림 727, 728). 측동을 크게 하여 중앙 출입구와 균형을 이루었다. 지붕도 프랑스의 전통적인 힙 루프 혹은 경사 지붕으로 처리했다. 벽면은 혹두기로 처리하여 중세 분위기를 표현했다. 이런 기본 구성에 고전 어휘를 더했다. 그러나 고전 어휘는 주도적 역할을 하지 못하고 2차 요소에 머물렀다. 2층 엔태블러처를 뚫고 신전 박공을 힙 루프 밑 부분에 더했지만 그 크기와 건축적 완성도는 작은 소품 정도였다. 정문 파빌리온에는 돔을 사용했지만 측동의 경사 지붕에 눌려서 그 존재를 드러내지 못했다.

727 살로몽 드브로스(Salomon de Brosse). 뤽상부르 궁전(Palais du Luxembourg). 파리 1614년경~

728 살로몽 드브로스(Salomon de Brosse). 뤽상부르 궁전(Palais du Luxembourg). 파리 1614년경~

오더의 존재도 미미했다. 건물 전면을 지배한 것은 혹두기 벽체이다. 중앙 출입구에는 유일하게 오더를 썼지만 주신을 혹두기로 처리함으로써 벽체의 일부로 흡수되었다(그림 722). 블록을 끼운 오더는 이탈리아

바로크의 보편성을 보여주기보다는 오히려 벽체에 흡수되는 느낌을 도왔다. 측동과 중간 베이에서는 벽기둥으로 처리했기 때문에 벽체로 흡수된 정도가 훨씬 심했다. 오더의 존재는 프랑스 르네상스에서 나타났던 장식 디테일 수준은 벗어났지만 전체 구성을 주도할 만한 단계에는 미치지 못했다. 프랑스의 지역 전통이 전체적 분위기를 주도했다. 렌의 시의회 의사당도 이와 같은 경향에 속한다.

오더 층쌓기와 수직성-생제르베

생제르베 파사드는 고전 오더를 이용한 수직 층쌓기라는 프랑스 바로크 기독교 고전주의의 표준형을 제시했다(그림 729). 파사드는 3층이었는데 1층은 도리스식, 2층은 이오니아식, 3층은 코린트식의 전형적 오더 층쌓기 기법을 차용했다(그림 730). 이것의 선례는 다양하다. 가

729 살로몽 드브로스(Salomon de Brosse). 생제르베(St-Gervais) 파사드. 파리. 1616
730 살로몽 드브로스(Salomon de Brosse). 생제르베(St-Gervais) 파사드. 파리. 1616

731 살로몽 드브로스(Salomon de Brosse). 생제르베(St-Gervais) 파사드. 파리. 1616

장 먼 선례는 로마의 콜로세움이다. 가깝게는 프랑스 르네상스의 성채 출입구에 쓰던 기법으로 들로름의 아네 성채가 대표적 예였다. 더 가깝게는 마데르노의 성 수산나로 대표되는 이탈리아 바로크 기법이기도 하다.

그러나 이런 선례들과 생제르베는 근본적으로 차이점이 있었다. 생제르베에서는 수평 방향으로는 균등한 반면 수직성만을 추구했다. 선례들의 층쌓기에는 수직성에 대한 명확한 인식이 없었다. 콜로세움의 층쌓기는 구조 축조성의 측면이 강했다. 프랑스 르네상스 성채의 출입구는 층수가 먼저 정해진 상태에서 결정되었다. 이탈리아 바로크는 중앙 출입구의 강조가 일차적 목적이었다. 층수도 2층에 머물렀으며 수평 방향의 위계가 더 중요했다.

반면 생제르베의 층쌓기는 이 모든 선례와 달리 수직성의 노골적 표현이 일차적 목적이었다. 기둥 숫자가 지나치게 많은 점과 기둥이 내력 역할을 하지 않고 벽체 구조 위에 덧붙여진 점 등은 층쌓기가 구조 축조성과 무관하다는 것을 보여준다. 건물의 층수가 먼저 정해져 있던 것도 아니었다. 오더가 파사드 전면에 균등하게 배열된 점은 수평 방향에 위계를 두지 않음으로써 중앙 출입구를 강조하지 않겠다는 의도였다(그림 731). 생제르베에서는 수직성의 표현이 가장 중요한 목적이었다. 지붕을 하나의 독립된 층처럼 처리하면서 3층의 폭을 좁힘으로써 수직성을 더욱 강조했다.

고전 어휘를 이용하여 프랑스의 중세 전통을 표현하려는 개념은 프랑스 르네상스 때부터 시도되어오던 것이었다. 르네상스에서는 오더에 대한 기본 입장이 디테일 부재를 중세 장식과 혼용하는 수준에 머물렀다. 오더 체계의 정확한 구사도 부족했다. 이런 상황에서 오더 사용은 부재별로 분해하여 장식적으로 차용하는 방식으로 나타날 수밖에 없었다. 생제르베도 표면적으로는 이것을 이어받았지만, 구체적 처리에서는 르네상스에 남아 있던 장식이 사라지고 고전 어휘의 정수만이 남는 중요한 발전이 있었다. 조각물도 2층의 양측면 베이 감실과 2층 지붕의 양끝 모서리에만 세웠다. 고전주의는 장식이 절제된 엄격한 표준형으로 귀결되었다.

오더를 벽체에서 분리시켜 전면에 내세운 처리는 16세기의 오랜 질곡이었던 매너리즘으로부터 벗어나 정통 고전주의로 돌아가겠다는 의지를 상징했다. 미켈란젤로는 오더를 벽 속에 가두어 그 존재와 역할에 심각한 의문을 제시함으로써 고전주의를 부정했다. 이런 입장은 16세기를 지배하던 건축 경향이었으며, 17세기에도 바로크 매너리즘으로 이어져 내려오고 있었다. 생제르베는 이것에서 해방되어 오더로 대표되는 고전주의로의 복귀를 상징했다. 또한 이것은 이 시기가 프랑스 시각예술 전체로 보면 후기 매너리즘에 속하는 때여서 더욱 의미가 컸다. 이런 입장은 향후 프랑스 바로크의 전개 방향이 보로미니의 자유 경향이나 바로크 매너리즘이 아닌, 베르니니의 표준 고전주의로 나아갈 것임을 정한 의미를 갖는다.

생제르베에서는 오더의 정확한 구사가 뒷받침되었다. 이때부터 프랑스만의 고전 해석이 비로소 가능해졌다. 해석은 고딕의 수직성을 층쌓기로 번안, 표현하는 방향으로 나타났다. 각 층 내에서는 고전주의의 기본 정신인 수평성과 균등성이 지켜졌다. 반면 층과 층 사이의 관계에서는 고딕의 수직성이 얻어졌다. 고전을 지키면서 고딕을 표현해낸 것이다. 이 교회는 고딕 양식으로 지어져 있던 본당에 파사드만 새로 더한 작품이다. 네이브의 높이와 수직 비례에 맞는 파사드를 설계하는 일이 주요 방향으로 주어졌다. 드브로스는 처음부터 고전 어휘를 이용하여 고딕의 수직성을 표현해야 하는 과제에 직면했다. 오더를 이용한 수직 층쌓기는 이 문제에 대한 적절한 해답이었다.

마지막으로 지붕에 해당되는 3층에 일제수의 소용돌이 문양을 단순화시킨 곡선 어휘를 더했다. 이 어휘는 바로크를 대표하는 보편성의 의미를 가진다. 프랑스만의 바로크에 동시대의 보편성을 더한 것이었다. 이런 과정을 거쳐 프랑스 바로크의 방향이 자연스럽게 형성되었다. 프랑스 바로크는 이 건물에서부터 자국만의 자생력을 확보했다. 1616년이라는 연도도 중요했다. 일제수 1568~73년 보다는 반 세기 정도 늦었지만 성 수산나 1593~1603년 와는 시차가 그리 크지 않다. 생제르베를 기점으로 프랑스 바로크는 이탈리아 바로크와 거의 같은 템포로 진행될 수 있었다.

3 자크 르메르시에

국가 양식의 완성과 루브르 궁전

자크 르메르시에Jacques Lemercier, 1582년경~1654년는 드브로스의 뒤를 이어 프랑스 바로크를 정착시킨 건축가이다. 르메르시에는 석공 장인의 아들로 태어나 아버지에게 건축을 배웠다. 1607년에는 로마로 가서 로사토 로사티Rosato Rosati에게 건축을 배우며 도면 제작 작업에 참여했다. 르메르시에는 프랑스로 돌아와 작품 활동을 시작하며 1630년까지 초창기 경력을 보냈다. 프랑스로 돌아온 시기에 대해서는 1612년이라는 설과 1614년이라는 설이 있다. 이 시기에는 평생의 건축주 리슐리외를 만나는 전기가 있었다.

732 자크 르메르시에(Jacques Lemercier). 구 루브르(Old Louvre). 시계관(Pavillon de l' Horloge). 파리. 1641

초반에는 작은 일을 맡았으나 1624년에는 첫 주요 작품인 리슐리외 추기경 궁전Palais Cardinal de Richelieu=Palais Royale, 파리, 1624~36년을 설계했다. 이후 1631년부터 자신의 대표작을 설계하며 전성기를 보냈다. 리슐리외 성채Château de Richelieu, 1631년~, 소르본 교회Eglise Sorbonne, 파리, 1635~48년, 구 루브르 궁전 내 시계관Pavillon de l'Horloge, 1641년, 발드그라스Val-de Grace, 파리, 1646년 공사 감독 등이 대표적인 예이다.

르메르시에의 건축은 드브로스의 연장선에서 정의할 수 있다. 건축 경향은 궁전과 교회의 두 대표 유형에 따라 드브로스와 유사하게 나타났다. 궁전에서는 르네상스의 전통을 이어받아 프랑스의 지역 양식을 창출하는 방향으로 나타났다. 교회에서는 고전 어휘를 이용한 수직성의 표현을 시도했다. 차이점도 있었다. 궁전에서는 프랑스 지역 전통의 종류가 달라졌다. 드브로스는 장식을 절제한 대신 매스 구성과 지붕 등 외관 윤곽에서 지역 전통을 지켰다. 반면에 르메르시에는 외관 윤곽은 평평하게 편 대신 장식 사용을 늘리는 등 반대 방향으로 나아갔다(그림 732). 교회에서는 동일하게 수직성을 표현했는데, 구체적인 방식에서 이탈리아 바로크의 국제주의 양식에 대한 의존도와 프랑스의 지역 전통이 모두 강조된 차이점을 보였다.

르메르시에도 드브로스와 유사하게 초창기 경력이나 행적이 알려진 바가 많지 않다. 이것은 아직 국가 건축가에 대한 인식이 싹트지 않아서 기록 정리에 소홀했음을 의미한다. 이것은 다시 프랑스 바로크라는 자신들의 국가 양식에 대한 인식이 형성되지 않은 것을 뜻한다. 그러나 르메르시에의 경우 대표작들의 변형이나 훼손이 훨씬 줄어든 점에서 드브로스보다 진일보한 것으로 볼 수 있다. 이것은 르메르시에가 절대왕정을 본격적으로 시작한 루이 13세의 건축가였다는 전기적 사실과 연관된다. 작품을 보더라도 건축적, 정치적 양측면 모두에서 르메르시에는 더 중요한 건물들을 설계하는 발전이 있었다.

733 자크 르메르시에(Jacque Lemercier). 루브르 궁전 전경. 파리

르메르시에의 이런 입장은 전환기적 특징을 갖는 것으로 볼 수 있다. 순수 양식적 측면에서는 드브로스가 제시했던 고민들을 이어받아 발전시켜야 할 필요에 직면했다. 정치적 측면에서는 절대왕정이 본격적으로 시작된 루이 13세의 시대 상황 아래에서 국가 양식을 창출할 요구에 직면했다(그림 733). 르메르시에는 이런 두 요구를 일정 부분 만족시키며 자신만의 독창적 경향을 선보였다. 이런 배경 아래 르메르시에는 루이 13세~루이 14세 섭정의 17세기 중반을 이끌었던 세 명의 건축가들 가운데 다른 두 명인 망사르와 르보에게도 영향을 끼쳤다. 르메르시에의 두 대표작인 시계관과 소르본 교회는 이런 내용을 잘 보여주는 예이다. 두 예에서 국가 양식의 창출은 고전주의와 지역 전통 모두를 강화하는 방향으로 나타났다.

시계관에서는 여러 방향으로 고전주의 특징을 강화했다(그림 734). 측동의 돌출이 얇아지고 외벽이 평평해지는 등 매스 구성에서 프랑스 지역 전통이 약해졌다. 상대적으로 중앙 출입구가 강조된 것은 이탈리아 고전주의의 특징을 강화한 것으로 이해할 수 있다. 고전주의의 강화는 여러 방면으로 나타났다. 각 층에 사용한 오더의 정확성이 증가한 점, 오더의 개수가 늘면서 오더가 건물 구성에 개입하는 정도가 확대된 점, 그 결과 생제르베의 특징이 궁전에도 나타난 점, 오더 이외에

734 자크 르메르시에(Jacques Lemercier). 구 루브르(Old Louvre). 시계관(Pavillon de l'Horloge). 파리. 1641

도 아치와 신전 박공 등 고전 어휘의 사용이 늘면서 르네상스의 성채나 호텔보다 고전적 분위기가 강화된 점 등이 대표적인 내용이다.

프랑스 지역 전통이 강화된 측면도 있었다. 외벽이 평평해진 가운데에서도 중간에 얕은 측동을 한쪽에 두 개씩, 모두 네 개를 끼워넣은 처리와 장식 사용이 증가한 점 등이다. 장식은 프랑스 중세 전통을 기본 기법으로 삼아 건축 디테일과 조각물을 혼합하는 방향으로 나타났다. 장식의 크기와 돌출을 최소화하여 음영을 없애고 2차원 면성을 강화한 것은 북부이탈리아의 성기 르네상스나 매너리즘 기법을 차용한 것이다. 이것은 프랑스의 중세 전통을 고전주의로 번안하여 표현한 것으로 볼 수 있다. 이것은 다시 고전주의와 프랑스 지역 전통의 강화라는 상반된 경향이 하나로 만날 가능성을 보여준 것으로 해석된다.

735 자크 르메르시에(Jacques Lemercier). 소르본 교회(Eglise Sorbonne). 파리. 1635~48

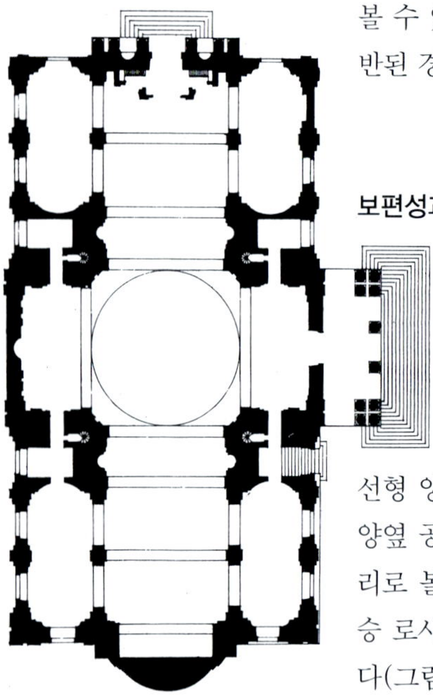

보편성과 지역성의 동반 강화-소르본 교회

소르본 교회의 평면은 중앙집중형과 선형의 혼합으로 그릭 크로스를 기본 구성으로 삼아 동서 방향으로 늘려 선형성을 확보했다(그림 735). 그 결과 네이브와 성가대석의 길이가 같아지는 특이한 구성이 되었다. 평면 전체는 중앙집중형과 선형 양쪽 모두로 볼 수 있는 양면성을 지녔다. 네이브와 성가대석의 양옆 공간은 라틴 크로스의 아일로 볼 수도 있고 그릭 크로스의 모서리로 볼 수도 있는데, 이 공간에는 예배당을 할당했다. 이 평면은 스승 로사티의 산카를로아이카티나리San Carlo ai Catinari, 로마, 1612년를 모방한 것이다(그림 736). 1612년은 르메르시에가 로마에 도착하여 로사티를 만

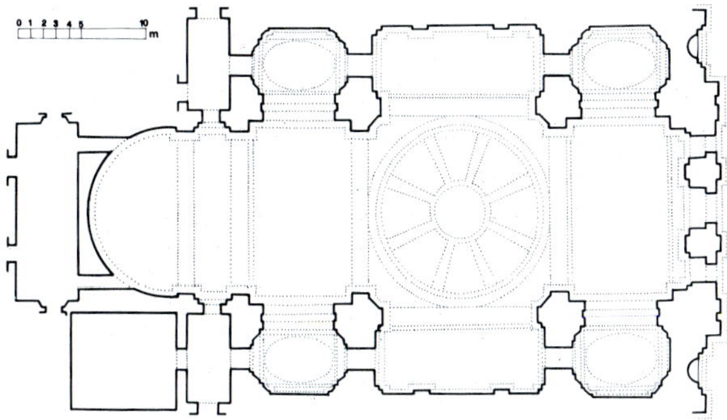

난 해였다. 드럼 외벽은 쌍 벽기둥으로 분절했는데 벽기둥을 붙이는 통상적 처리와 달리 둘 사이를 벌려 창을 넣었다. 이런 처리 역시 로사티의 안과 동일하다.

가로 파사드는 오더 고전주의로 처리했다(그림 737). 전체적인 분위기는 마데르노에서 베르니니에 이르는 정통 고전주의와 흡사하다. 이런 점에서 이 건물은 로마 고전주의를 모방한 것으로 평가된다. 오더를 중심으로 개별 어휘를 정확하게 구사한 점, 앞에서 본 바와 같이 평면과 돔을 모방한 점, 르메르시에가 로마 유학을 했던 점 등은 이런 평가를 뒷받침한다. 반면 로마 선례와의 유사성을 부정하는 시각도 있다. 이 교회는 프랑스 바로크 기독교 고전주의의 발전 과정에서 중요한 위치를 차지한다. 이런 건물이 로마 선례를 차용했다는 것은 곧 프랑스 바로크의 독립성을 반감시키는 평가이기 때문이다.

736 로사토 로사티(Rosato Rosati). 산카를로아이카티나리(San Carlo ai Catinari). 로마. 1612

737 자크 르메르시에(Jacques Lemercier). 소르본 교회(Eglise Sorbonne). 파리. 1635~48

우선 구체적인 선례가 애매했다. 모서리를 쌍기둥으로, 중앙 베이를 단일 기둥으로 처리한 점에서 생제르베의 균등 배열과는 거리가 있다. 중앙부가 아닌 모서리의 오더 위계를 더 높게 준 점에서 마데르노의 성 수산나와도 반대되는 처리이다. 이것은 르메르시에만의 독창적 처리로 볼 수 있다. 1층의 엔태블러처와 2층의 기단을 별도로 둔 뒤 2층 기단을 높게 처리한 점은 수직성을 적극적으로 표현한 것으로 볼 수 있다. 신전 박공으로 처리한 지붕 위에 돔이 돌출하여 건물 전체의 높이를 높인 점도 수직성을 강조한 처리이다. 따라서 전체적인 방향은 로마 고전주의의 모방이 아닌 프랑스 전통의 표현이 된다. 드브로스의 뒤를 이은 르메르시에만의 수직성 표현 기법으로 볼 수 있는 것이다.

738 자크 르메르시에(Jacques Lemercier). 소르본 교회(Eglise Sorbonne). 파리. 1635~48

안마당 파사드는 더욱 독창적이다. 이곳에서는 힙 루프, 버트레스, 장식 디테일 등 프랑스 전통 요소의 사용이 두드러졌다(그림 738). 수직성 표현도 훨씬 적극적이다. '신전 파사드-아치-사각형 몸통-힙 루프-드럼-돔'으로 이어지는 복층 구성이 수직성을 강하게 표현한다. 고전 문법에는 없는 이런 중첩 기법은 고딕 건축의 귀납성이나 유기성에서 온 것으로 볼 수 있다. 프랑스 전통에 강하게 의존한 경향은 고전주의를 창조적으로 각색하는 경향으로 이어졌다. 출입구에 신전 파사드를 통째로 넣은 처리가 대표적인 예이다. 이런 처리는 팔라디오에서 선례를 찾을 수 있으며, 이탈리아 바로크에서는 이 건물과 거의 같은 시기에 설계된 롱게나의 산타마리아델라살루테가 이와 같은 처리를 보여준다. 이렇게 보았을 때 소르본의 안마당 파사드는 바로크 매너리즘의 경향을 갖는 것으로 해석된다. 그러나 개별 어휘의 정확도는 프랑스 르네상스나 드브로스의 선례보다 강화된 양면성을 보인다.

이상을 종합하면 가로 파사드와 안마당 파사드 사이에는 이중의 양면적 관계가 관찰된다. 가로 파사드는 정통 고전주의를 기본으로 삼아 이것의 창조적 각색을 통해 프랑스의 지역 전통을 표현했다. 반면 안마당 파사드는 바로크 매너리즘을 기본으로 삼되, 개별 어휘의 정확도에서는 정통 고전주의를 지켰다. 이런 이중의 양면성은 로마 바로크 고전주의 선례에 대한 입장이 다양하고 융통성 있는 쪽으로 변화했음을 보여주는 것이다. 이것을 다르게 해석하면 로마 선례와 프랑스 전통 모두를 강화한 것으로 볼 수 있다. 프랑스 바로크를 둘러싸던 핵심 요소이자 대립 요소였던 보편성과 지역성을 동시에 강조함으로써 국가 양식에 대한 인식을 정착시킨 것이다.

4 프랑수아 망사르

프랑스 바로크의 완성과 프랑수아 망사르

프랑수아 망사르François Mansart, 1598~1666년는 예술가 집안에서 태어나 건축가 집안을 일구었다. 아버지는 목수 장인, 처남은 조각가 제르멩 골티에Germain Gaultier, 삼촌은 석공이었다. 망사르는 이들에게 건축을 배웠다. 망사르 이후에는 건축가 집안이 되었다. 아르두앙-망사르가 손자 조카였고 그 아래로 다시 손자 두 명이 건축가였다. 망사르는 파리에서 태어나 평생 파리를 근거지로 활동했다. 그는 이탈리아에 한 번도 가본 적이 없었다. 이것은 그가 매우 프랑스적일 수 있는 지리적 배경이 되었다. 그는 17세기 중반 프랑스 바로크 건축을 완성시키며 이끈 건축가였다. 왕조로는 루이 13세에서 루이 14세 섭정에 걸쳐 활동했다.

망사르는 르메르시에의 건축적 고민을 이어받아 완성시켜 르보와 아르두앙-망사르에게 전수함으로써 프랑스 바로크 전성기의 기틀을 닦았다. 순수 양식적 측면에서 프랑스 바로크 건축의 완성인 동시에 정치적 측면에서 국가 양식의 완성이기도 했다. 루이 13세와 루이 14세를 하나로 묶어주는 물리적, 법제적, 상징적 가교 역할을 함으로써 절대왕정의 절정을 촉발시켰다(그림 739). 망사르는 왕실보다는 자본가, 부르

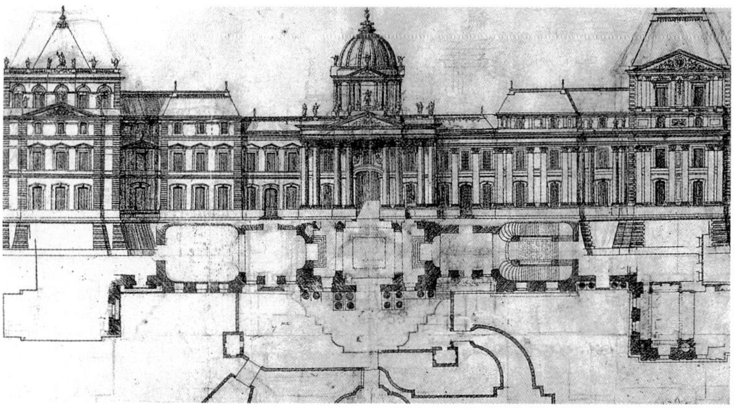

739 프랑수아 망사르(François Mansart). 루브르 동익랑 계획안(East Facade, Louvre). 파리. 1661~66

740 프랑수아 망사르(François Mansart). 부르봉 예배당(Chapelle Bourbon). 파리

주아, 정부 관료 등을 주요 건축주로 삼았다. 기능 유형에서는 드브로스나 르메르시에와 마찬가지로 교회와 주거를 양대 산맥으로 삼았다. 주거는 궁전보다는 호텔과 성채에 치중했다. 교회는 이탈리아 고전주의와 프랑스의 전통 사이에서 고민한 흔적을 보인 반면 주거는 프랑스 전통에 확실하게 기운 차이를 보였다.

망사르는 1620년대부터 성채와 교회를 설계하기 시작했다. 이때 작품은 대부분 남아 있지 않은데, 발루아 성채Château de Balleroy, 1626년경는 이 시기 활동을 대표하는 예이다. 그는 1630년대부터 주요 작품을 남기기 시작했다. 망사르의 대표작으로는 성모 방문 교회Eglise de Sainte Marie de la Visitation, 파리, 1632년, 블루아 성채의 오를레앙 익랑Orleans Wing, 1635년, 라브리에르 호텔Hôtel de la Vrilliere, 파리, 1635년, 매종 성채Château de Maisons, 파리 근교, 1642년, 쇼비니 호텔Hôtel de Chauvigny, 파리, 1642년, 발드그라스1645년/르메르시에에 의해 완공, 카르나발레 호텔Hôtel de Carnavalet, 파리, 1660년 등을 들 수 있다. 말년에는 콜베르에게 인정을 받아 생드니의 부르봉 예배당Chapelle Bourbon, 파리과 루브르 궁전 동익랑East Wing, 1661~66년 계획안을 제출하기도 했다(그림 740).

망사르의 작품은 절반 정도가 철거되거나 심하게 훼손되었다. 그러나 주요 작품들은 보존이 잘 된 편이며, 특히 도면이 많이 남아 있어서 그의 건축을 이해하는 데 중요한 자료가 되고 있다. 프랑스 바로크 건축가들의 작품은 멀지 않은 과거임에도 불구하고 철거되거나 파괴된 것들이 많은데, 그것은 이들이 절대왕정에 봉사했기 때문이다. 이들의 작품은 주로 프랑스대혁명 때 수난을 많이 겪었다. 혹은 부르주아 등 새로운 자본 계층을 위한 개인 건물일 경우 사유 재산이었기 때문에 부동산 투기 등의 대상이 되면서 보존이 어려운 경우가 많았다.

프랑스다움과 국제성

망사르의 국가 양식은 웅장한 기념비성을 직접적으로 드러내지 않았다. 이보다는 자본과 국가 공무원이라는 새로운 권력 계층의 정체성을 국가적 자부심과 결부시켜주는 역할을 했다(그림 741). 이런 특징은 기본적으로 왕실에 종속되는 하부 개념이었기 때문에 망사르의 건축은 국가 양식의 한 형식으로 이해할 수 있다. 이런 점은 건축적으로도 마찬가지이다. 망사르의 건축은 왕실 중심의 국가 양식을 선보였던 르메르시에나 아르두앙-망사르의 경우와 미묘한 차이를 보이며 둘 사이를 이어주는 큰 흐름을 형성했다. 그러나 프랑스의 지역 전통을 국가적 자부심으로 끌어올린 뒤 이것을 왕실이라는 최정점의 소수가 아닌 새로운 다수의 지배 계층을 위한 정체성으로 정립시킨 점에서 망사르만의 독립적 의미를 찾을 수 있다.

이상의 배경 아래 망사르의 건축 경향은 가장 프랑스적인 것을 찾는 쪽으로 기본 방향을 잡았다(그림 742). 이것은 물론 드브로스와 르메르시에의 노력을 이어받은 것이었다. 이와 함께 망사르는 로마 고전주

741 프랑수아 망사르(François Mansart). 튀뵈프 호텔(Hôtel Tubeuf). 파리. 1649

742 프랑수아 망사르(François Mansart). 성 모마리아 방문 교회(Eglise de Sainte Marie de la Visitation). 파리. 1632

의의 영향을 가능한 한 벗겨내려는 시도를 했다. 이런 시도가 지역성의 편협한 울타리에 갇혀서는 안 되었다. 동시대의 국제적 기준에서 일정한 보편성을 확보해야 했다. 망사르는 프랑스의 민족 정서와 지역 전통을 근간으로 삼아 이탈리아 고전주의를 혼합하는 방식으로 이런 문제를 해결했다.

이런 점에서 망사르의 건축은 로마 바로크에의 의존이 심했던 르메르시에의 경향과 반대였다. 그러나 르메르시에의 건축에서 이런 의존성은 표면적 현상일 뿐, 구체적인 내용에서는 프랑스 지역 전통의 강화도 함께 나타났다. 따라서 망사르는 르메르시에의 건축에서 나타났던 보편성과 지역성의 동반 강화 가운데 후자를 이어받아 발전시킨 것으로 볼 수 있다. 망사르가 프랑스 바로크 건축의 완성자로 평가받을 수 있는 근거는 여기에 있었다.

망사르는 비타협적이고 까다로운 성격 탓에 적이 많았다. 발드그라스에서 높은 공사비에도 불구하고 자신의 안을 고집하다가 르메르시에로 교체된 사건은 좋은 예이다. 반항적 기질도 있어서 전성기 때에는 왕실이나 중앙정부보다는 중앙집권에 반대하는 프롱드 당원[frondeurs]과 얀선주의 세력을 주요 건축주로 했다. 이런 상황들이 합해지면서 그를 비난하는 '망사라드[Mansarade, 1651년]'라는 팸플릿이 인쇄되어 돌아다닐 정도였다(그림 743). 그러나 건축주의 요구와 자신의 작품성 사이에서 적절한 균형을 잘 잡은 점은 그만의 타고난 능력이었으며, 이를 바탕으로 프랑스 바로크를 완성시킬 수 있었다. 말년에는 콜베르와 좋은 관계를 유지하는 등 왕실과 중앙 정부도 건축주로 가지면서 오히려 양쪽 극단을 모두 건축주로 갖는 포괄성을 보이기도 했다. 특히 신흥 자본가, 정부 관료, 법복 귀족 등의 자부심을 세워주는 능력이 뛰어나 비교적 탄탄한 건축주를 거느릴 수 있었다.

743 '망사라드(Mansarade, 1651)'에 나온 망사르 만화

망사르는 '망사르 루프[mansard roof]'라는 프랑스 바로크의 대표적 지붕 형식에 이름이 들어갈 정도로 프랑스 바로크를 대표하는 건축가였다. 망사르 루프는 프랑스의 전통적인 힙 루프의 윤곽을 가지면서 지붕 경사가 중간에 한 번 꺾이는 지붕 형식이다(그림 744). 한 지붕 안에 경사면이 두 단에 걸쳐 나타나는 것으로 아래쪽 경사가 더 심

했다. 망사르 루프는 망사르의 발명품은 아니었다. 이것은 레스코가 이미 루브르 궁전에서부터 사용했으며 그 출처도 프랑스와 이탈리아 양쪽에서 가져온 것이었다. 그러나 망사르는 이 지붕을 즐겨 사용하여 자신의 지붕으로 만들었다.

망사르는 살아 있을 때부터 적지 않은 영향력을 가졌으며 사후에는 영향력이 더 커졌는데, 외국에서 특히 컸다. 피셔 폰 에를라흐는 망사르가 살아 있을 때부터 영향을 받았다. 렌은 1666년 망사르의 사망 직전에 그를 직접 만난 뒤 영향을 받았다. 이 두 건축가에게 끼친 영향은 오스트리아와 영국 전체로 이어졌다. 프랑스 내에서는 17세기 말~18세기 초에 망사르에 대한 재평가 작업이 이루어져, 자크 프랑수아 블롱델이 특히 중요한 영향을 받았다.

744 프랑수아 망사르(François Mansart). 블루아 성채의 오를레앙 익랑(Orleans Wing, Blois). 프랑스. 1635

745 프랑수아 망사르(François Mansart). 성모마리아 방문 교회(Eglise de Sainte Marie de la Visitation). 파리. 1632

고전 선례의 다원적 차용 – 성모 방문 교회

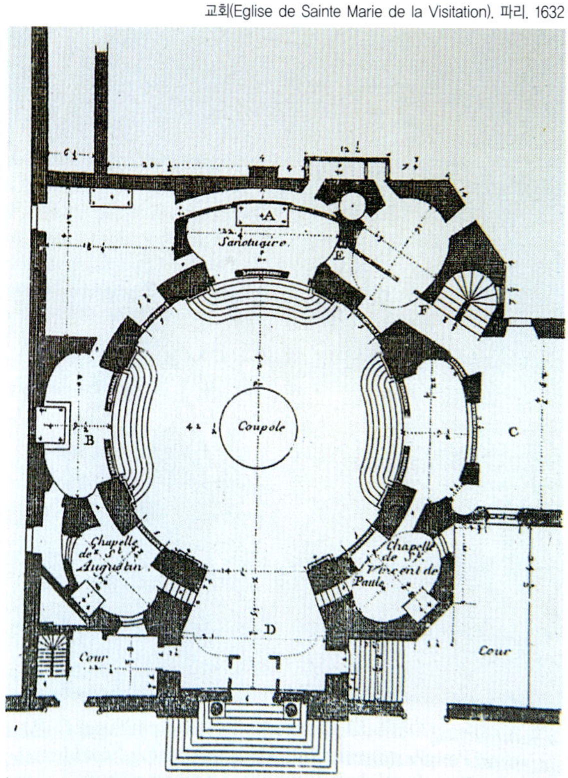

망사르의 교회는 이탈리아 고전주의와 프랑스 지역 전통 사이의 고민을 잘 보여준다. 그는 이탈리아에 한 번도 가보지 않았지만 동시대 프랑스 건축가들 가운데 고전주의에 가장 정통한 사람 가운데 하나였다. 그는 주로 저서와 도면을 통해 고전주의를 접한 것으로 알려지며, 실제로 비트루비우스, 세를리오, 다비뇰라 등의 저서를 소장하고 있었다. 드 브로스의 생제르베와 르메르시에의 소르본 교회에 쓰인 정확한 고전 어휘도 중요한 선례였다. 망사르는 이런 선례들의 직접적 차용과 창조적 각색 사이에서 많은 고민을 했다. 성모 방문 교회는 이 가운데 창조적 각색의 예를, 발드그라스는 직접적 차용의 예를 각각 보여준다.

성모 방문 교회는 정사각형의 전체 윤곽 속

에 팔엽형 공간을 넣은 구성으로 이루어졌다(그림 745). 중앙의 원형 본당을 중심으로 여덟 개의 측면 공간을 더했다. 주축 방향의 두 개는 각각 출입구 전실과 앱스로 처리했다. 앱스 옆의 두 개는 정사각형 윤곽까지 확장하여 큰 공간으로 만들어 부속실로 처리했다. 나머지 네 개에는 예배당을 할당했다. 이런 구성은 팔엽형 이외에 반지형 겹공간이나 그릭 크로스의 변형 등으로 읽을 수도 있는 융통성이 있다.

팔엽형, 반지형 겹공간, 그릭 크로스 모두 선례가 있는 중앙집중형 유형이다. 팔엽형은 로마 시대 무덤과 초기 기독교 건축에서 시작되어 시대를 막론하고 자주 쓰인 유형이다. 반지형 겹공간은 초기 기독교 건축의 산타코스탄차St. Costanza를 필두로 역시 어느 시대에나 많이 쓰이는 유형이다. 그릭 크로스의 변형은 여러 방향으로 진행되었는데, 비잔틴 시대의 크로스 옥타곤cross octagon이나 그릭 크로스 돔 팔각형 등이 이 건물과 유사하다. 망사르는 이처럼 선례를 차용하되 이것을 여러 방향으로 해석될 수 있게 처리함으로써 자신의 독창성을 발휘했다.

746 프랑수아 망사르(François Mansart), 성 모마리아 방문 교회(Eglise de Sainte Marie de la Visitation), 파리, 1632

외관은 더욱 독창적이다. 평면의 팔엽형 가운데 중앙의 단일 원형을 하나의 돔으로 처리했다(그림 742, 746). 돔은 높은 드럼 위에 둥근 지붕을 드러냈고 다시 기단이 드럼을 받쳤다. 드럼을 받치는 구조도 고전주의 오더가 아닌 중세 버트레스였다. 이것은 프랑스의 전통을 반영하려는 강한 의지를 상징한다. 팔엽형의 꽃잎에 해당되는 부분은 드럼을 받치는 측면 공간으로 처리했다. 돔 하나만으로 교회 전체를 구성한 처리는 평면에 따른 당연한 결과이겠으나 바로크 건축사, 나아가 서양 기독교 건축사에서 거의 유일한 예에 해당될 정도로 독특한 처리이다. '기단-드럼-돔-랜턴'으로 구성되는 외관은 강한 수직 비례를 만든다. 이것은 생제르베 이후 프랑스 바로크 건축이 추구했던 수직성 표현의 한 예로 볼 수 있다. 그러나 생제르베나 소르본 교회 등이 오더의 수직 층쌓기나 고전 오더의 수직 중첩을 통해 수직성을 표현했던 데 반해 이 건물에서는 단일 돔만으로 표현한 점에서

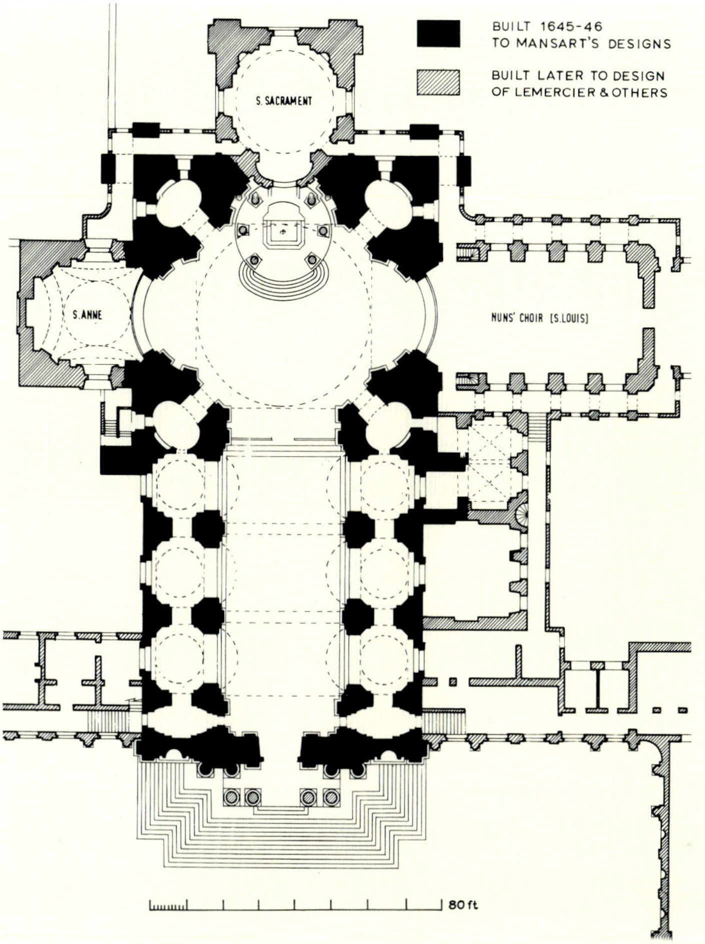

747 프랑수아 망사르(François Mansart), 발드그라스(Val-de Grace), 파리, 1645/르메르시에에 의해 완공

녹창성을 확보했다.

출입구에는 프랑스 전통 기법의 집중이 두드러졌다. 출입구는 힙 루프의 도머를 크게 확대한 매스로 처리했다. 지붕은 힙 루프로 마감했으며 '황소 눈[bull's eye]'이라는 별명으로 불리는 도머가 아치형 박공을 이루었다. 이렇게 형성된 출입구 매스 속에 신전 파사드로 처리한 출입문을 넣었다. 이런 처리는 고전주의를 프랑스 전통에 종속시키려는 의도를 나타낸다. 출입구 매스는 장식이 절제되어 단순한 덩어리감을 만들어내며 돔의 덩어리감과 어울렸다. 돔과 아치라는 고전 부재가 기하학적으로 번안됨으로써 고전주의에 대한 직접적 의존을 줄였다.

748 프랑수아 망사르(François Mansart), 발드그라스(Val-de Grace), 파리, 1645/르메르시에에 의해 완공

발드그라스는 한쪽 옆에 수도원을, 다른쪽 옆에는 궁전을 각각 거느리는 대형 건물로 계획되었다. 이런 구성은 스페인의 에스코리알[Escorial]이나 솔로몬 신전을 모방한 것이다. 교회 평면은 라틴 크로스를 기본 유형으로 삼아 돔 크로싱의 중앙집중형을 혼합한 구성으로 이루어졌다(그림 747). 전체적인 방향은 중앙집중성을 강화하는 쪽으로 잡혔다. 크로싱은 정사각형 윤곽에 넣어 그릭 크로스를 변형한 구성으로 처리했다. 크로싱의 세 면을 동일한 반원형 앱스로 처리하여 성가대석과 트랜셉트를 형성했으며 네 모서리에 작은 부속 공간을 넣었다. 반원형 앱스 뒤로 정사각형 공간을 덧붙였다. 이 공간의 역할은 양면적이다. 동서 횡방향으로는 선형성을 강화했지만, 남북 종방향에 큰 축을 하나 더 형성함으로써 선형성을 약화시키기도 했다.

발드그라스 교회는 망사르에게 힘든 작품이었다. 이 교회는 공사를 시작한 지 1년 만에 건축가를 교체했다. 망사르의 안은 평면, 볼트 천장 아래의 네이브 월, 파사드 1층까지 적용되었다. 이 때문에 이 교회는 망사르의 작품으로 분류되기도 한다. 이 교회의 전체 구성 자체는 바로크 교회에서 선례를 찾아보기 힘든 독창적인 것이다. 크로싱의 중앙집중형 구성에 방사선 방향의 축을 더한 처리가 대표적인 예이다. 이런 처리는 향후 쥘 아르두앙-망사르의 앵발리드 돔에 영향을 끼치는 등 프랑스다운 중앙집중형 교회 구성의 대표적 예가 되었다. 그러나 부분별로 떼어보면 선례들의 종합이다. 네이브를 벽체와 벽기둥의 혼용 구조로 분할하고 아일을 예배당로 만든 처리는 알베르티의 성 안드레아와 다비뇰라의 일제수를 차용한 것이다. 크로싱의 세 면에 반원형 앱스를 더하고 성가대석 뒤를 연장시킨 처리는 팔라디오의 일레덴토레를 차용한 것이다. 파사드는 돌출 차양을 갖는 열주 출입구로 이루어졌다(그림 748). 열주는 코린트식 쌍기둥으로 처리했다. 이런 처리는 르메르시에의 소르본 대학 안마당 파사드를 차용한 것이다.

호텔과 성채–망사르와 루이 르보 5

호텔, 성채, 프랑스 바로크

호텔과 성채는 프랑스의 전통적인 기능 유형이다. 이 유형들은 매스 구성, 지붕 모양, 몸체 윤곽, 베이 분절 등에서 귀납성과 유기성을 주요 특징으로 가졌기 때문에 연역성을 기초로 삼는 고전주의를 적용하는 것은 어려운 일이다. 초기 근대에 들어와서 고전주의는 시대의 대세가 되었다. 한편 프랑스가 절대왕정으로 커져가면서 법복 귀족noblesse de la robe라는 새로운 권력 계층이 등장했다. 이들은 귀족, 부르주아, 신흥 관료 등으로 구성되었는데, 절대왕정을 받치는 권력의 요체가 되었다. 호텔과 성채는 이들의 근거지로서 정치적, 경제적, 건축적 중요성이 커졌다.

성채는 지방 영주와 왕족의 본거지로서 중세 때부터 지배 계층의 대표적 주거 유형으로 융성을 누렸다. 호텔은 이보다 좀 늦게 나타났다. 호텔은 처음에는 지주 계급의 본거지로 농촌에 세워졌는데, 1350년경부터 본격적으로 지어졌다. 16세기에 들어 경제 체계가 변하면서 신흥 자본가들이 등장함에 따라 대도시 내에 대형 주거가 지어지기 시작했다. 처음에는 이전의 농촌 지주 계급이 신흥 자본가의 중심을 이루었기 때문에, 이전부터 지어오던 농촌 호텔을 도시형 대형 주거로 바꿔 대도시로 가지고 들어왔다. 이후 바로크로 진입하면서 부르주아, 정부 관리, 귀족 등이 파리를 비롯한 대도시에 상주함에 따라 호텔은 이런 새로운 지배 계층을 위한 도시형 주거로 정착했다(그

749 루이 르보(Louis Le Vau). 탕보노 호텔(Hôtel Tambonneau). 파리. 1652년경
750 프랑수아 망사르(François Mansart). 쇼비니 호텔(Hôtel de Chauvigny). 파리. 1642

751 피에르 알렉시스 들라메르(Pierre Alexis Delamair). 수비스 호텔(Hôtel de Soubise). 파리. 1706~

림 749). 파리에서는 이들이 많이 살기 시작한 일생루이Ile Saint-Louis 지역에 많이 지어졌다(그림 750).

이들은 왕실과는 좀 다른 의미에서 초기 근대 프랑스의 국가적 자존심을 형성했던 계층이다. 왕실이 절대왕정을 대표하는 정치적 과시를 수행했다면 이들은 효율적 자본 운영, 합리적 국가 행정, 균형 잡힌 국제 외교 등을 통해 프랑스 초기 근대국가의 기틀을 닦았다. 이에 따라 이들은 왕궁과 같은 직접적 기념비성보다는 좀더 섬세하고 세련된 건축적 정체성을 요구했다(그림 751). 프랑스 지역 전통의 연속성에 대한 요구도 더 컸다. 호텔과 성채는 프랑스 바로크 전체로 보면 교회, 왕궁과 함께 프랑스 국가 양식을 이끈 3대 축의 하나이다.

이런 상황에서 호텔과 성채에 고전주의를 적용하는 일, 바꿔 말하면 고전주의 호텔과 성채를 창출하는 일이 건축가들에게 중요한 시대적 임무가 되었다. 이것은 서로 어울리기 힘든 양식과 기능 유형을 결합시키는 일로, 양식과 양식을 혼합하는 것과는 다른 차원의 문제였다. 서로 다른 양식의 혼합은 서양건축사 전개 과정에서 자주 있는 일이었다. 그러나 양식과 기능 유형, 그것도 상반되는 둘을 결합하는 것은 쉽지 않은 일이다. 이렇게 상반되는 둘을 하나로 합치는 일은 프랑스 고전주의의 전개 과정 중요한 부분을 차지했다.

프랑스 고전주의 호텔과 성채의 창출은 프랑스 바로크 고전주의의 완성에서 중요한 기준 가운데 하나가 되었다. 이런 시도는 앞에서 살펴본 바와 같이 루아르 계곡의 성채들을 중심으로 르네상스 때부터 시작되었다. 르네상스 때에는 건물 표피에 고전 디테일을 장식 개념으로 단순 혼용하는 차원에 머물렀다. 프랑스 바로크의 문을 연 드브로스와 르메르시에 같은 초창기 건축가들도 고전주의 호텔과 성채 창출을 자신들 경력에서 중요한 내용으로 삼으며 어느 정도 발전시켰지만, 이것의 완성을 이룬 것은 망사르였다. 망사르는 원래 고전주의와 상관없이 창출되었던 기능 유형인 호텔과 성채를 고전주의의 유형으로 편입시켰다.

이 작업에서 망사르의 앞 시대 건축가들이 이룬 중요한 발전 내용을 요약하면 다음과 같다. 레스코는 고전 어휘를 장식 디테일로 번안해서 응용했다. 들로름은 프랑스의 전통인 조적술을 바탕으로 기하학적 구조체를 창출했다. 드브로스는 혹두기를 이용하여 다비놀라식의 표면 질감과 축조적 상징성을 표현했다. 앙리 4세 때에는 벽돌-석재 혼합 조적술을 이용하여 문양 효과를 노리는 경향이 유행했다. 망사르는 이 모든 선례를 종합하여 그 위에 자신만의 독창성을 더했다.

망사르의 가장 중요한 기여는 평면 구성에서 나타났다. 도시의 기능이 커지고 신흥 자본가들에 의해 부동산 투기가 일어나면서 파리에는 비정형 대지들이 많이 생겨났다. 대칭과 비례-조화를 기본 구성 원리로 추구하는 고전주의에 비정형 대지는 불리한 조건이었다. 망사르는 이것을 잘 풀어 건물을 네 면 전체에서의 균형 문제로 재구성했다(그림 752, 753). 건물을 평면과 3차원 볼륨 사이의 관계로 해석한 것이다. 고전 어휘에 대한 입장도 이전의 장식 디테일 수준을 넘어서 3차원 매스 내에서 건물의 기본 골격을 형성하는 1차 요소로 승격되었다. 창 처리도 이전의 고전 디테일 차용 수준을 넘어서 매스 내에서 개구부와 1차 고전 요소 사이의 대응과 균형 문제로 풀었다. 이상을 바탕으로 대지 계획의 기준을 세웠으며, 비대칭 대지 내에서 대칭을 유지하는 기법을 완성시켰다.

752 프랑수아 망사르(François Mansart), 콩드 호텔(Hôtel de Conde), 파리

753 프랑수아 망사르(François Mansart), 콩드 호텔(Hôtel de Conde), 파리

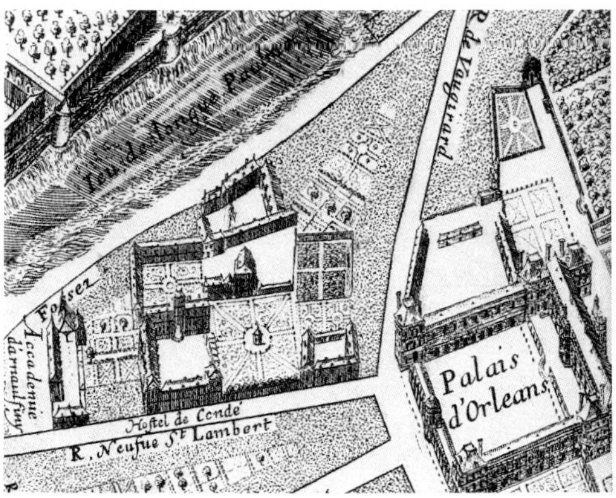

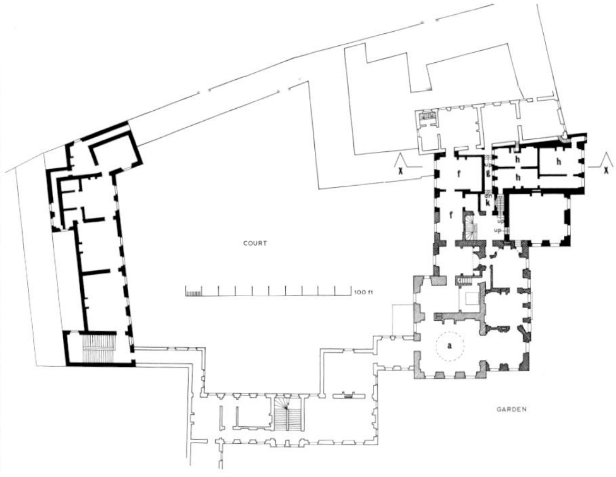

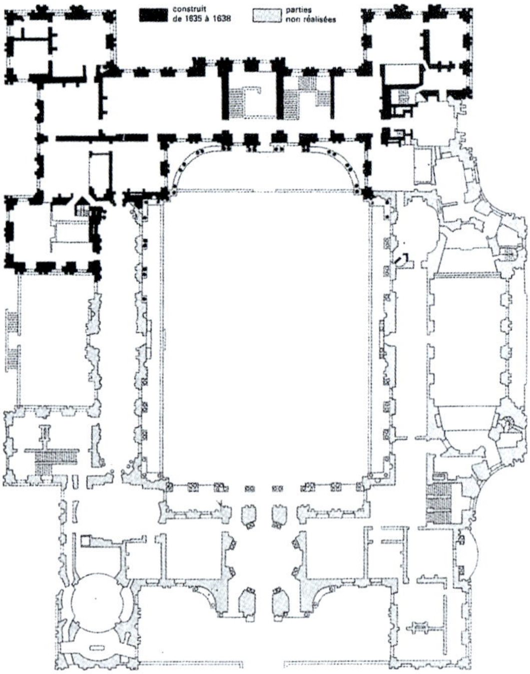

망사르-비대칭적 대칭과 기하학적 표면

망사르의 독창성은 파리 시내 호텔 이전에 블루아 성채에서 먼저 나타났다. 블루아 성채의 오를레앙 익랑은 안마당 파사드와 가든 파사드[타운 파사드]의 중심선이 어긋났다(그림 754). 안마당의 세 면과 정원이 이미 지어져 있었고 오를레앙 익랑은 그 사이에 집어넣어진 부분이었다. 그런데 안마당과 정원의 중심선이 일치하지 않았기 때문에 오를레앙 익랑의 양쪽 면 중앙부도 어긋났다. 두 면은 각각 대칭을 유지했지만 정작 둘 사이의 중심선은 어긋났다. 두 면의 중앙부 모두 세 베이로 구성되었는데, 안마당에서 정원을 바라볼 때 안마당 파사드가 오른쪽으로 한 베이 밀렸다. 망사르는 이렇게 발생된 비대칭 문제를 평면의 조절로 풀었다. 두 면이 공유하는 두 베이에 계단실을 두 번 넣어 중심을 잡았다(그림 755). 계단실은 반 층의 레벨 차이가 나는 두 면을 이어주는 기능적 목적도 가지게 되었다.

754 프랑수아 망사르(François Mansart). 블루아 성채의 오를레앙 익랑(Orleans Wing, Blois). 1635

파사드에서는 고전 어휘와 프랑스 전통 어휘의 조합을 한층 세련되게 처리했다. 안마당 파사드에서는 중앙 출입구를 측면보다 조금씩 돌출시켜 중심부를 강조했다(그림 756, 757). 마데르노가 성 수산나에서 오더의 위계를 이용하던 기법을 여기에서는 벽면의 돌출로 바꾼 것이다. 측면 베이가 가장 많이 들어갔고, 중앙의 세 베이가 이것보다 벽기둥 폭 하나만큼 돌출했으며, 마지막으로 출입구 한 베이는 원형 기둥 하나만큼 더 돌출했다. 돌출 정도는 심하지 않고 미묘함을 유지하며 세련미를 갖추었다.

755 프랑수아 망사르(François Mansart). 블루아 성채의 오를레앙 익랑(Orleans Wing, Blois). 1635

756 프랑수아 망사르(François Mansart). 블루아 성채의 오를레앙 익랑(Orleans Wing, Blois). 1635

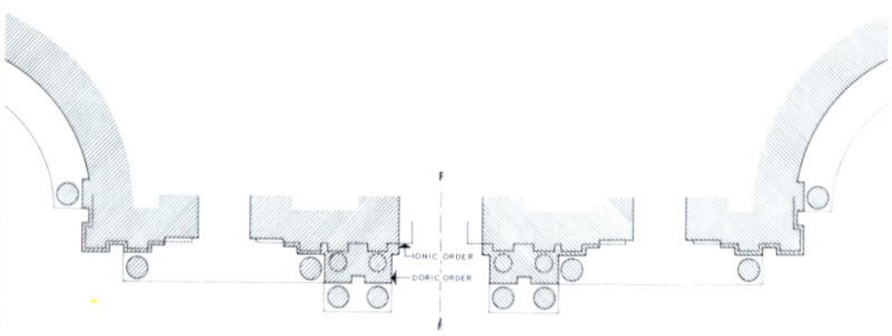

창의 상인방은 코니스로 처리하였고 이것을 까치발이 받쳤다. 창틀은 벽면의 요철을 이용하여 벽기둥을 암시하는 기법으로 처리했다. 진짜 벽기둥은 창과 창 사이의 벽면에 넣었다. 창 사이에 충분한 면적을 확보하여 사각 쌍 벽기둥을 넣고도 여백이 적절히 남았다. 창틀의 요철 처리, 벽의 여백, 사각 벽기둥, 벽면의 미묘한 돌출 등이 적절히 어울리며 파사드 전체에 섬세한 면 처리 분위기를 만들었다. 전체적으로 면의 미묘한 조작에 의한 기하학적 심미성이 획득되었다. 이것은 이탈리아 고전주의에도, 프랑스 전통에도 없던 전혀 새로운 분위기이다. 둘의 통합으로부터 제3의 새로운 상태를 창출한 망사르만의 독창성이었다.

757 프랑수아 망사르(François Mansart), 블루아 성채의 오를레앙 익랑(Orleans Wing, Blois), 1635

이런 분위기를 전체적인 배경으로 삼아 고전 어휘와 프랑스 전통 어휘의 혼합이 한번 더 일어났다. 출입구 1층은 도리스식, 2층은 이오니아식 오더로 윤곽을 짰다. 오더는 쌍으로 사용했다. 출입구 2층은 신전 박공으로 마감했다. 지붕은 중앙 세 베이는 망사르 루프로, 측면 베이는 경사 지붕으로 각각 처리했다. 넓은 지붕 면적은 몸통의 면 처리를 돋보이게 하는 여백 역할을 했다. 지붕 밑변 코니스에 도머를 응용한 반원 아치 조각을 새겨넣었다. 고전 어휘와 프랑스 전통 어휘는 더이상 대립하거나 구별되지 않고 하나로 어울렸다.

매종 성채는 평면과 파사드 모두 대칭을 유지하는 가운데 파사드의 대칭 켜를 다원화시킨 점에서 망사르의 독창성이 빛났다. 이번에도 안마당 파사드와 가든 파사드를 다르게 처리했다. 그러나 대칭의 층을 섬세하게 세분하여 세련된 미묘함을 유지함으로써 대칭 켜를 다원화한 점은 동일했다. 두 면 모두 오를레앙 윙과 같이 창틀의 요철, 벽의 여백, 사각 벽기둥, 벽면의 미묘한 돌출 등을 통해 섬세한 면 처리 분위기를 주요 기법으로 추구하면서 이것을 더 발전시켜 대칭 켜를 늘렸다(그림 758). 오를레앙 익랑에서는 중앙 출입구가 독립적인 매스 단위로 발전하지 못했

758 프랑수아 망사르(François Mansart), 매종 성채(Château de Maisons), 파리 근교, 1642

759 프랑수아 망사르(François Mansart), 매종 성채(Château de Maisons), 파리 근교, 1642

다. 반면 매종 성채에서는 중앙 출입구를 3층의 독립 매스로 처리함으로써 2층 높이의 파사드 전면에 대비되어 돌출 켜를 하나 더 형성했다.

대칭 켜의 다원화는 지붕에서 특히 두드러졌다. '경사 지붕-망사르 루프-3층 몸통-신전 박공-소형 망사르 루프-랜턴'으로 이어진 복층 구성이 수평-수직 양방향으로 여러 층의 대칭 켜를 만들었다(그림 759). 오더 방식의 차이라는 좀더 미묘한 차이를 이용한 복층 켜도 만들었다. 안마당 파사드에서는 중앙 출입구의 1층을 도리스식 사각 벽기둥으로, 2층을 이오니아식 원형 벽기둥으로, 3층을 코린트식 사각 벽기둥으로 각각 처리했다. 가든 파사드에서는 1층과 2층은 안마당 파사드와 같게 하고, 3층을 코린트식 원형 벽기둥으로 처리했다(그림 760).

760 프랑수아 망사르(François Mansart), 매종 성채(Château de Maisons), 파리 근교, 1642, 각 부위의 사각 벽기둥과 오더 처리 기법

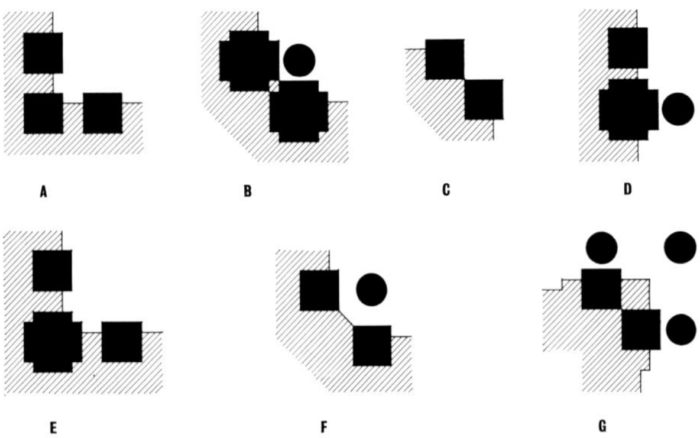

층에 따라 오더의 양식을 달리하는 처리는 널리 사용되었지만, 오더 형식을 사각 벽기둥과 원형 벽기둥으로 다르게 하는 처리는 선례를 찾아보기 힘들다. 그 결과 사각 벽기둥을 사용한 면보다

원형 벽기둥을 사용한 면이 미세하게 더 돌출하는 현상이 나타났다. 안마당 파사드에서는 2층이 가장 두드러지며 강조되었다. 가든 파사드에서는 2층과 3층을 합한 영역이 가장 두드러지며 강조되었다. 이상의 처리들이 합쳐지면서 파사드 전체는 잔잔하면서도 힘 있는 파도가 출렁이는 것 같은 표면 효과를 얻어냈다. 고전 어휘와 프랑스 전통 어휘는 단순히 잘 어울리는 차원을 넘어서 완전히 새로운 제3의 심미성을 획득했다.

루이 르보(1)-절대왕정과 왕실 고전주의

루이 르보Louis Le Vau, 1612~1670년는 파리에서 건축가 집안에서 태어났다. 르보의 집안은 그리 유명한 건축가 집안은 아니었지만 아버지와 동생이 모두 건축가였다. 르보는 호텔, 성채, 왕궁 등에서 대표작을 남겼다. 르보는 순수한 건축적 의미의 바로크 양식을 창출하기보다는 왕실 귀족과 정부 관료 등을 위한 주거 건축에서 주요 활동을 하며 왕실 고전주의를 대표했다. 1640년대까지는 신흥 자본가와 중간 관료들을 주요 건축주로 가졌지만 1650년대에 왕실에 진출한 뒤 꾸준한 노력을 통해 왕실 건축가로 자리 잡았으며, 말년인 1665년에는 그 자신이 보몽Beaumont

761 루이 르보(Louis Le Vau), 베르사유 궁전(Palais de Versailles), 프랑스

762 루이 르보(Louis Le Vau), 성채 계획안

의 지역 귀족이 되었다.

이처럼 르보는 철저하게 왕실을 중심으로 생각하고 활동했으며 그의 건축은 왕실을 대변했다. 르보는 루이 14세 초반기의 왕실 건축가로서 베르사유 궁전의 골격을 잡았으며 루브르 궁전 개축도 담당했다. 이런 점에서 르보는 왕실 주거를 중심으로 한 루이 14세 양식의 창조자이다. 르보는 망사르보다 반 세대[15세] 정도 어렸지만 비슷한 시기에 활동하며 함께 호텔과 성채 건축을 이끌었다. 망사르가 루이 13세를 대표하는 건축가에 머물고 루이 14세 시대까지 진입하지 못했던 데 반해, 르보는 두 왕을 이으며 절대왕정 양식을 다졌다(그림 761). 특히 두 왕정을 대표하는 마자랭과 콜베르 모두와 좋은 관계를 유지하며 왕실 건축가로서 명성을 날렸다.

르보의 호텔과 성채 건축은 망사르와 달랐다. 망사르는 평면 구성에서는 불규칙한 대지에 고전주의의 대칭 규범을 적용하는 데 성공했고, 외관에서는 고전 어휘의 섬세한 응용을 통해 파사드에 기하학적 복층 구도를 만들었다. 반면 르보는 실내 공간의 자유로운 구성에 초점을 맞추었다. 축, 대칭, 균형 등 고전주의의 기본 법칙에서 크게 벗어나지 않는 범위 내에서 창조적 공간 구성이 돋보였다. 중앙의 주 공간을 중심으로 방들의 배치에서 독창성을 확보한 뒤, 다시 매스 처리에서 형태의 다양성을 시도했다(그림 762). 마지막으로 이런 공간 구성에 맞춰 장식 어휘도 다양화시킴으로써 그 특징을 배가했다.

외관에서는 드브로스의 어휘도 일부 사용했지만 망사르의 영향도 함께 나타났다. 건축이 바탕 벽면을 형성하고 조각이 그 위에 더해지는 방식을 지양했다. 이런 방식은 장식을 조각에 국한시키면서 이것과 건축의 분리를 통해 인위적 장식 효과를 노리는 것으로, 바로크 시대의 대표적 장식 기법이다. 망사르와 르보는 모두 이 방식에서 벗어났다. 르보 역시 장식을 선과 면 단위의 중간 상태로 단순화시킨 뒤 이것들의 미묘한 들고남을 통한 기하학적 효과로 노렸다. 창틀, 코니스, 아키트레이브, 벽기둥 등의 건축 부재들은 선형 어휘와 패널로 합쳐지면서 자잘한 기하학적 구성으로 처리되었고 몰딩도 사라졌다(그림 763). 이런 처리를 창틀 주위에 집중하여 사용함으로써 벽면과 창틀 사이의 관계 문제로 풀어냈다. 이상의 특징들은 루이 14세 양식의 근간이 되었으며, 이후 유럽 각국의 왕궁 설계에 중요한 선례가 되었다.

르보는 이른 나이인 1630년대부터 주요 작품을 수주하기 시작했다. 이후 꾸준한 작품 활동을 통해 1654년까지 초창기를 보낸다. 초창기 대표작은 보트뤼 호텔Hôtel de Bautru, 파리, 1634~37년, 랑베르 호텔Hôtel Lambert, 파리, 1640~44년, 랭시 성채Château de Raincy, 1640년경~45년경 등을 들 수 있다. 1653년에 마자랭이 프롱드 당에 정치적 승리를 거두면서 르보는 그 후광으로 1654년에 르메르시에의 후임으로 왕실 수석 건축가가 된 데 이어 왕실 건축 총감독관이 되는 등 전성기를 보냈다.

이때부터 르보의 작품은 왕실 건물로 바뀌었다. 이 시기의 대표작은 뱅센 성채Château de Vincennes, 1654~61년, 보르비콩트 성채Château de Vaux-le-Vicomte, 1656~61년, 루브르 궁전 남쪽 파사드South Facade, 1660~63년와 아폴로 갤러리Galerie d'Apollon,

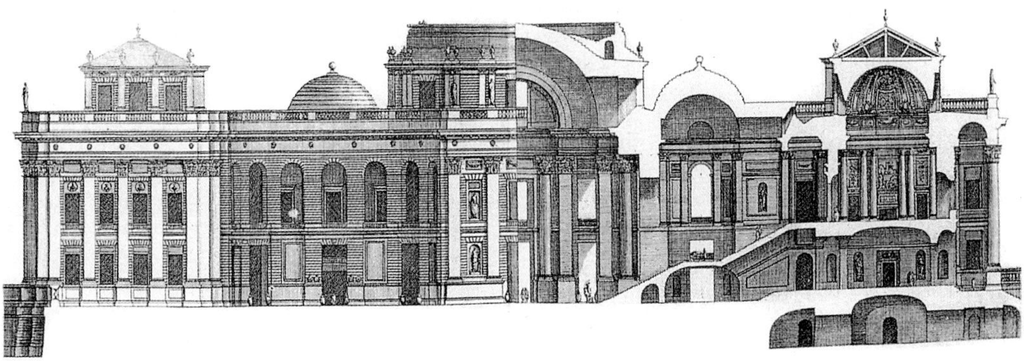

763 루이 르보(Louis Le Vau). 성채 계획안

1661~64년, 4개국 대학College des Quatre Nations=College Mazarin, 파리, 1662~74년 등을 들 수 있다. 1663년에 콜베르가 집권하면서 스스로 왕실 건축 총감독관이 되자, 르보는 쇠퇴의 길을 걸으며 말년을 보냈다.

말년에는 루브르 궁전 동익랑과 베르사유 궁전의 앙벨로프enveloppe를 설계했으나 성공적이지 못했다. 동익랑은 콜베르의 견제를 받으며 클로드 페로Claude Perrault와 샤를 르브룅과의 공동 작품이 되었다. 동익랑에서 르보의 저작권이 어느 부분에 얼마나 있는지에 대해서는 아직도 밝혀지지 않고 있다. 베르사유 궁전의 앙벨로프는 루이 14세의 마음에 들지 않아 아르두앙-망사르에 의해 증축되었기 때문에 르보의 작품은 거의 남아 있지 않다.

루이 르보(2)-자유 구성과 표피

랑베르 호텔은 실내 공간의 자유로운 구성을 보여주는 좋은 예이다. 이 건물에서는 안마당을 중심으로 돌아가면서 방들을 배치하는 'ㅁ'자형 구성을 기본으로 삼아 한쪽에 회화 갤러리와 예배당을 돌출시켰다. 방들은 형태를 달리하며 다양성을 높였다(그림 764). 팔각형, 타원, 긴 직사각형, 적당한 직사각형, 정사각형, 비대칭 사다리꼴 등 다양한 기하 형태로 구성되었다. 하나가 건물 폭 전체를 담당하기도 하고 편복도를 갖는가 하면 건물 폭을 방 두 개가 나누어 담당하기도 한다. 동선은 복

764 루이 르보(Louis Le Vau), 랑베르 호텔(Hôtel Lambert), 파리, 1640~44

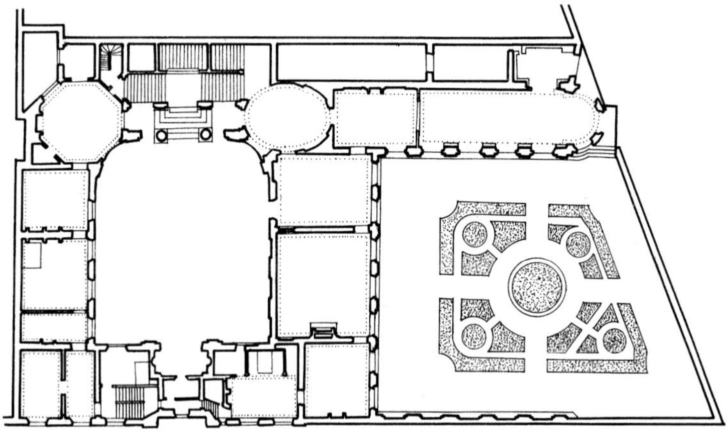

도를 지나다 방을 통과하고 계단을 오르는 등 변화를 보인다.

방들의 천장고도 다양하다. 크고 중요한 방은 2층 높이에 볼트로 천장을 마감한 이른바 '이탈리아식 방chambre a l'italienne=salon a l'italienne'으로 처리했다. 나머지 방들은 프랑스의 다세대 주거에 흔히 쓰이는 평천장으로 처리했다. 계단도 중요한 창작물이었다. 계단은 중앙의 계단통stairwell을 중심으로 세 면을 감아 올라가는 방식으로 처리했다. 이때 각 면을 독립적 공간으로 처리하여 계단 전체를 하나의 통일된 공간으로 처리하던 고전주의 규범에서 벗어났다. 이상과 같이 방 배치는 고전주의의 대칭과 통일성의 규범에서 해방되어 자유롭게 구성했다. 그러나 방들의 차이는 그리 크지 않아 다양성이 확연하게 드러나거나 무질서로 흐르지는 않는다.

765 루이 르보(Louis Le Vau), 랑베르 호텔(Hôtel Lambert), 파리, 1640~44

건물의 외관 역시 실내의 자유 구성을 잘 보여준다. 이 건물의 외피는 일반적인 고전주의와 달리 매스 중심으로 구성되지 않았다(그림 765). 고전주의에서는 매스 단위로 외관의 구성이 결정되고 그 안에 방들을 배치했다. 방의 배치는 외관 매스로부터 자유롭지 못했다. 방들은 외관의 분할에 맞춰 크기와 위치가 결정되었으며, 매스의 표피를 오더, 신선 박동, 아지 능 고전 어휘로 마감했다. 이 건물에서는 이런 고전주의 외피 규범을 탈피하여 실내를 감싸는 껍질 개념으로 정의되었다. 방들의 크기, 형태, 배치를 먼저 자유롭게 결정하고 외피는 이것을 싸는 껍질로서의 기능적 역할만 했다.

외관에서는 삼분법이나 오분법 같은 매스 중심의 대칭 구성도 사라졌다. 이런 구성에서 대칭축은 외관의 중앙 출입구와 중심 베이 등 매스를 기준으로 형성되었다. 반면 이 건물에서는 방들의 연속 구성을 따라 실내 공간 안에 대칭축이 만들어졌다. 매스 중심의 좌우 동형 대칭에서 일정한 길이의 움직임에 따른 균형 개념으로 바뀌었다. 이런 구성은 '디스트리뷔시옹distribution'이라는 새로운 개념의 대칭 법칙으로

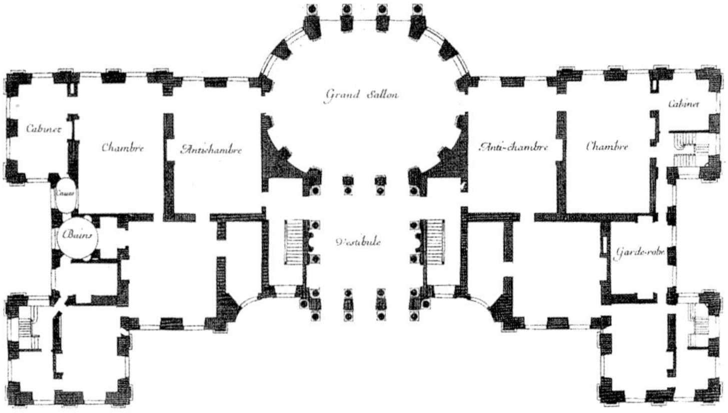

766 루이 르보(Louis Le Vau), 보르비콩트 성채(Château de Vaux-le-Vicomte), 프랑스, 1656~61

이후 아카데미와 보자르에서 중요한 규칙으로 자리 잡았다. 르보는 이것의 출발점을 이룬다.

왕실 건축가가 된 이후의 작품들은 규모도 커지고 기념비적 권위가 요구되는 등의 변화가 있었다. 르보는 이 건물들에서 전시대의 호텔들에 사용한 어휘보다 바로크 고전주의에 더 충실한 어휘를 구사했다. 그러나 여전히 이탈리아 바로크나 프랑스의 드보르스 같은 정통 바로크와는 거리가 있었다. 전 시대 호텔들에서 시도되었던 새로운 내용에 의해 각색, 변형된 고전주의였다. 이런 내용들이 합쳐져 르보의 왕실 고전주의를 이루었다

보르비콩트 성채는 타원형 그랜드 살롱, 계단 전실과 그랜드 살롱이 합해진 웅장한 중심 공간, 십자축 구성, 동일한 방 등을 도입한 점에서 정통 고전주의를 표방했다(그림 766). 또한 중앙 출입구와 측동을 갖는 오분법 구성은 프랑스의 전통적인 매스 중심의 구성 기법이다(그림 767). 이런 표준적 처리들은 이탈리아 바로크를 프랑스 전통 구성과 접목시킨 프랑스 바로크 고전주의의 표준 구성이다. 이것은 이 건물이 왕실의 권위를 표현해야했기 때문에 어쩔 수 없이 취해진 측면이 강하다.

르보는 여기에 독창적 처리들을 더해 다른 프랑스 바로크 고전주의와 다른 왕실 고전주의라는 자신만의 양식을 창출했다. 평면에서는 두 겹을 이루는 방들이 서로 어긋나 배치되었다. 측랑에서는 모퉁이의 작은 방과 좁은 복도 등이 등장하면서 납답하고 급박한 공간이 만들어졌다. 이런 공간은 큰 방들로 이루어진 본채의 시원시원한 공간과 대비

767 루이 르보(Louis Le Vau), 보르비콩트 성채(Château de Vaux-le-Vicomte), 프랑스, 1656~61

를 이룬다. 동선은 한번에 명쾌하게 건물을 돌지 않고 여러 번 꺾인 뒤 제자리로 돌아온다. 이런 구성은 전 시대 호텔에서 나타났던 자유 구성을 혼합한 결과로 볼 수 있다.

파사드도 기본 구성은 이탈리아 고전주의와 프랑스 전통의 혼합으로 이루어졌다. 고전주의는 오더와 신전 파사드 중심으로 이루어졌다(그림 768). 프랑스 전통은 망사르가 성모 방문 교회에 썼던 기하학적 돔과 보편적인 경사 지붕 중심으로 이루어졌다. 이런 부재들은 기본적으로 오분법을 구성하는 매스 중심으로 축조되었다. 이런 점에서 평면과 마찬가지로 파사드의 기본 구성도 왕실의 권위를 위해 프랑스 바로크의 기념비적 경향을 사용한 것으로 볼 수 있다.

보르비콩트에서도 이런 기본 구성에 전 시대 호텔의 파사드 처리 기법을 더해 자신만의 독창적 양식을 창출했다. 스케일을 변화시킨 여러

768 루이 르보(Louis Le Vau), 보르비콩트 성채(Château de Vaux-le-Vicomte), 프랑스, 1656~61

종류의 고전 부재를 이용하여 매스의 3차원 덩어리 느낌을 완화시키는 기법이다. 중앙 출입구는 표준 오더를 층쌓기한 2층 신전 파사드로, 측랑과 측동은 두 층을 가로지르는 거대 기둥으로, 창틀은 오더를 변형시킨 작은 벽기둥이나 판재 등으로 각각 처리했다. 중앙 출입구에 더해진 신전 파사드는 뒤쪽의 기하학적 돔에 덧붙여진 소품처럼 느껴지면서 매스감이나 축조성을 상실했다. 측랑과 측동의 벽면은 얇은 판재를 길고 잘게 썰어 층층이 겹친 것처럼 느껴졌다. 이것 역시 매스감과 축조성을 지우고 실내 공간을 감싸는 껍질처럼 보이게 하는 결과를 가져왔다.

4개국 대학의 외관도 보르비콩트와 유사하게 처리했다. 오분법 구성과 경사 지붕은 프랑스의 전통 기법이다. 돔은 미켈란젤로의 성 베드로 유형을 차용했다. 여기에 로마의 개선 아치로 번안한 신전 파사드를 더한 처리는 팔라디오가 즐겨 쓰던 기법이다. 이곳에서도 오더의 스케일을 변화시켜 매스감과 축조성을 약화시켰다. 신전 파사드와 측동은 거대 기둥으로, 측동의 본체 벽면은 표준 오더로, 창틀은 판재 변화로 단순화시킨 기하학적 어휘로 각각 처리했다(그림 769).

769 루이 르보(Louis Le Vau). 4개국 대학(College des Quatre Nations=College Mazarin). 파리. 1662~74

6 쥘 아르두앙-망사르

루이 14세와 왕실 고전주의

쥘 아르두앙-망사르Jules Hardouin-Mansart, 1646~1708년는 프랑수아 망사르의 손자 조카로 파리에서 태어났다. 아르두앙-망사르의 전기는 재미있는 측면이 많다. 그의 경력은 루이 14세 절대왕정의 왕실 고전주의를 집약적으로 보여준다. 아르두앙-망사르는 망사르에게 건축 교육을 받았고 그를 존경하여 이름도 물려받았으며 그의 사후에는 도면과 각종 문서들을 모아서 보관했다. 이것은 망사르 연구에 없어서는 안 되는 가장 중요한 자료가 되었다. 한때는 두 사람의 유사한 이름으로 인해 작품과 연대 등의 연구에서 혼동이 많이 있었으나 사가들의 연구 덕분에 이제는 확실히 구별되고 있다.

아르두앙-망사르는 망사르의 영향을 많이 받아서 그의 어휘를 직접 차용하거나 간접적 연관성을 보이는 등 그의 후계자로 볼 수 있는 측면이 많다(그림 770, 771). 그러나 차이점도 있다. 망사르는 프랑스 전통에 강하게 의존하면서 프랑스만의 바로크를 창출하는 데 심혈을 기울였다. 건축주도 왕실과는 거리를 두면서 반면 자본가, 부르주아, 정부 관료 등을 주요 건축주로 삼았다. 기능 유형에서도 왕궁보다는 교

770 프랑수아 망사르(François Mansart), 발드그라스(Val-de Grace), 파리, 1645/르메르시에에 의해 완공

771 쥘 아르두앙-망사르(Jules Hardouin-Mansart), 앵발리드 돔(Dome des Invalides=Eglise de l'Hôtel des Invalides, 앵발리드 호텔 교회), 파리, 1676~91

회, 성채, 호텔 등을 주요 작품으로 남겼다. 반면에 아르두앙-망사르는 왕실 건축가로 왕실의 권위를 과시하는 기념비적 왕실 고전주의를 대표했다. 왕실을 주요 건축주로 가졌으며 절대왕정의 대명사였던 베르사유 궁전과 앵발리드 돔을 대표작으로 남겼다.

아르두앙-망사르는 망사르의 말년 작품에 참여하면서 건축 일을 시작했다. 망사르가 사망하자 1666년경부터 곧바로 독자적인 작품 활동을 시작하여 1672년까지 주로 파리와 베르사유 시내에서 호텔과 빌라를 설계했다. 여기에서 두각을 나타내면서 1670~71년경부터 앵발리드 호텔과 베르사유 궁전에 보조 건축가로 참여할 기회를 잡았다. 1673년에는 콜베르에게 발탁되어 되메르 운하Canal des Deux-Mers 감독 일을 맡았다. 1674년에는 앙드레 르노트르Andre Le No(s)tre의 추천으로 왕실이 발주한 클라니 성채Château de Clagny, 1674년와 생제르맹의 발 성채Château du Val, Saint-Germain, 1674년를 설계했다.

이 작품들에서 태양왕 루이 14세의 명예욕을 만족시키면서 눈에 들어 1675년에는 왕립 건축아카데미 교수로 임명되었으며, 이듬해에는 앵발리드 돔Dome des Invalides=Eglise de l'Hôtel des Invalides, 호텔 데쟁발리드 교회, 파리, 1676~91년의 설계를 맡았고, 1678년에는 베르사유 궁전Palais de Versailles, 1678~89년의 주건축가가 되었다. 1681년에는 왕실 수석 건축가가 되어서 두 대작에 전념할 수 있었다. 이후 1680년대까지의 경력은 대부분 이 두 대작의 완공에 집중되었다. 1687년에는 베르사유 궁전 내에 그랑 트리아농Grand Trianon을 증축, 완공했다.

1681년 이후의 후반기에도 베르사유의 노트르담Notre-Dame, 1684년 등 크고 작은 작품들을 계속 남겼다. 그러나 이 시기 작품들 가운데 상당수는 저작권 논쟁에 걸려 그의 작품으로 인정받지 못하고 있다. 또한 이 시기는 식민지전쟁War of Colony, 1689~97년과 동맹전쟁War of Alliance, 1688~97년 등으로 재정이 어려워져 왕실의 발주가 대폭 줄었다. 후반기 대표작으로 말리 성채Château de Marly, 1679년, 승리 광장Place des Victoires, 파리, 1685년, 방돔 광장Place Vendome, 파리, 1698년 등을 들 수 있다(그림 772).

1697년에 두 전쟁이 끝나고 왕실 건축은 다시 활기를 찾았다. 아르두앙-망사르는 1699년에는 왕실 건축 총감독관이 되어 말년 활동을 했다. 이 해에는 왕립 건축아카데미의 개편 작업도 이끌었다. 건축계 최고의 권력자가 되면서 자신의 작품 활동보다는 보조 건축가들을 거

772 쥘 아르두앙-망사르(Jules Hardouin-Mansart). 방돔 광장(Place Vendome). 파리. 1698

느리며 관리 감독 등 행정에 집중했다. 아르두앙-망사르가 작품성을 의심받으며 비판의 대상이 된 것도 이 시기의 활동 탓이 크다. 전기작가 생시몽Saint-Simon은 이런 비판을 이끈 대표적 인물이다. 그는 아르두앙-망사르가 조수였던 라쉬랑스의 작품을 자기 것으로 둔갑시켰다며 의문을 제기했다. 또한 1693년에 귀족이 되고 1699년에 왕실 건축 총감독관이 되는 일련의 신분 상승 과정을 아르두앙-망사르의 작품이 타락하는 시기로 정의했다. 이런 가운데 아르두앙-망사르는 말년의 대표작인 베르사유 궁전 내 왕실 예배당Chapelle Royale, 1699~1710년 로베르 드코트에 의해 사후 완공을 남겼다.

아르두앙-망사르 양식과 프랑스 고전주의

아르두앙-망사르는 건축 이외에 엔지니어링, 조경, 도시계획 등에서도 뛰어난 재능을 보이며 활발한 활동을 했다. 다방면에 관여하면서 왕실 건축가와 왕실 건축 총감독관으로서의 활동에 많은 도움을 받았다. 그의 건축 활동은 양면성이 있다. 많은 작품에 관여했지만 온전한 자신의 작품은 많지 않았다. 루이 14세와 콜베르를 대표하는 건축가로서 다른 건축가들과 함께 공동 작업에 많이 참여했다. 리베랄 르브룅Liberal Lebrun, 샤를 르브룅Charles Lebrun, 르보, 자크 가브리엘Jacques Gabriel 등이 대표적인 예이다.

또한 왕실 수석 건축가로 일이 많아지면서 보조 건축가들을 여럿 거느렸다. 프랑수아 도르베François d'Orbay, 오귀스탱-샤를 다빌레Augustin-Charles d'Aviler, 피에르 라쉬랑스Pierre Lassurance, 피에르 르포트르Pierre Le Pautre, 제르맹 보프랑Germain Boffrand, 로베르 드코트Robert De Cotte 등이 대표적인 예이다. 공동 작업을 통한 다방면의 활동이라는 측면에서 보면 아르두앙-망사르는 섬세한 심미성을 다루는 건축가라기보다 행정가나 코디네이터에 가까웠다. 그는 양립하기 힘든 이 두 측면 모두에서 뛰어난 소질을 보였다.

두 측면은 절대왕정 시대의 건축가에게 균등하게 요구되던 능력이었다. 무엇보다도 건축가로서 왕실과 국가의 권위를 드높일 뛰어난 창작력이 요구되었다. 이것만으로는 부족했다. 왕실, 귀족, 고위 관료 사이의 복잡한 권력 구도 사이에서 살아남아 이들의 요구를 만족시켜주고 건축 일을 원활하게 돌아가게 하는 정치력과 행정력도 함께 요구되었다. 절대왕정을 대표하는 대부분의 건축가들은 둘째 능력 여하에 따라 부침을 달리했으며, 그 결과에 따라 작품 활동에까지 심각한 영향을 받았다. 아르두앙-망사르는 철저하게 왕의 건축가였다. 1693년에는 사곤 백작Comte de Sagonne이 되는 등 그 자신이 상류 지배 계층에 합류했다. 이 때문에 그의 작품 가운데 상당수는 다른 절대왕정 건축가들의 운명과 마찬가지로 프랑스대혁명 때 철거되었다.

아르두앙-망사르는 왕실 건축가였기 때문에 자신만의 양식을 창출하는 데에는 한계가 있었다. 절대권력으로부터 확실한 요구 사항이 있었기 때문에 이것을 거스르며 자신만의 작품성을 실험할 수 없었다. 그 자신도 처음부터 왕실의 요구를 만족시키면서 절대왕정의 마지막 국가 양식이 될 대작 수주에 더 큰 관심을 쏟았다. 이런 점에서 그는 철저한 왕실 고전주의 건축가였다. 이런 상황과 관련해서 그는 르보와 좋은 비교가 된다. 루이 13세의 건축가였던 르보도 이와 비슷한 처지에 있었고, 그 역시 왕실 고전주의 건축가였다. 그런데 르보는 자신의 창작성을 일정 부분 발휘할 수 있었다. 이런 차이는 두 왕의 카리스마가 다른 데서 기인한 것일 수도 있고 두 건축가의 예술적 능력 차이에서 기인한 것일 수도 있다.

이런 차이점 때문에 아르두앙-망사르의 작품성과 예술적 능력에 대해서 비판의 시각도 적지 않다. 특히 왕실 건축가로서 여러 작품에 관여했기 때문에 그가 확실한 저작권을 갖는 건물을 가려내는 일도 쉽지 않았다. 앵발리드의 생루이 교회Eglise St.-Louis des Invalides, 1676~79년는 이런 논쟁의 대표적 예이다(그림 773) 그는 협동 작업을 했던 다른 건축가들이나 보조 건축가들의 작품을 자신의 것으로 도둑질했다거나 큰할아버지였던 프랑수아 망사르를 모방한 것으로 비판받아왔다. 그러나 사가들의 지속적인 연구 결과 이런 부정적 시각은 상당 부분 틀린 것임이 드러났다. 특히 동시대인이었던 생시몽의 비판이 이런 잘못된 인식에 큰 역할을 했으며, 왕실 건축가로 이른 나이부터 승승장구한 데 대한 동시대 건축가들의 질시도 중요하게 작용했을 것이다.

773 쥘 아르두앙-망사르(Jules Hardouin-Mansart), 앵발리드의 생루이 교회(Eglise St.-Louis des Invalides), 파리, 1676~79

최근에는 아르두앙-망사르가 독자적인 저작권과 독창성을 갖는 작품들은 확실하게 드러나 잘 정리되었다. 그리고 그는 만만치 않은 작품성과 예술적 능력을 보였던 것으로 재평가되고 있다. 특히 왕실의 요구에서 자유로웠던 개인 주거에서는 상당히 부드럽고 자유로운 작품성을 보이며 세기말 새롭게 등장하던 로코코와의 연계성을 독창적으로 풀어낸 것으로 평가할 수 있다. 또한 왕실 고전주의에서도 '아르두앙-망사르 양식'이라 부를 수 있는 자신만의 바로크 건축을 완성시켰다. 수평선의 강조, 대칭과 축 구성, 대칭에 기초한 기하학적 조화, 개방적 평면, 오더를 이용한 출입구 강조, 화려한 장식의 절제, 혹두기와 재료의 자연색을 이용한 단순화된 장식, 반원 아치형 상인방 등이 대표적인 어휘들이다(그림 774).

이렇게 창출된 아르두앙-망사르의 바로크 고전주의는 프랑스 아카

774 쥘 아르두앙-망사르(Jules Hardouin-Mansart), 그랑 트리아농(Grand Trianon), 베르사유 궁전(Palais de Versailles) 내, 프랑스, 1687

데미즘의 핵심 내용으로 자리 잡으면서 18세기 신고전주의에 적지 않은 영향을 끼쳤다. 루이 13세에서 루이 15세1715~74년에 이르는 17~18세기 200년을 바로크나 신고전주의 같은 양식 사조와 별개로 프랑스 고전주의라는 하나의 긴 흐름으로 볼 때 아르두앙-망사르의 역할은 중요한 것이었다. 그는 루이 13세 때 프랑수아 망사르의 바로크 고전주의를 이어받아 루이 14세 때 왕실 고전주의를 완성시켰으며, 이것을 다시 루이 15세 때 앙제-자크 가브리엘Ange-Jacques Gabriel의 신고전주의로 이어준 중간 가교 역할을 했다. 아르두앙-망사르가 거느렸던 보조 건축가들은 대부분 18세기 전반부 프랑스 고전주의를 이끌었는데, 이들의 역할도 중요한 요소였다.

베르사유 궁전과 그랜드 매너(1)-수평 확장

베르사유는 파리 남서쪽 20킬로미터 정도 떨어진 곳에 위치한 작은 마을이다. 루이 13세가 1623년 이곳에 사냥용 별장을 짓고 자주 들르게 되자 1631~34년에 필리베르 르루아Philibert Le Roy의 설계로 성채를 지었다. 이때 서쪽 가장 깊은 곳의 일자형 건물이 완성되었고 정원도 함께 꾸몄다. 루이 14세는 섭정 때인 1651년에 이곳을 처음 방문하여 마음에 들어했으며, 이후 자주 들르게 되면서 대대적인 확장을 시작했다. 처음에는 1661년에 르보에게 건물 확장을 맡겼다. 르보는 성채를 중심에 보존하면서 이것을 감싸는 앙벨로프를 더했다(그림 761).

앙벨로프는 남익랑South Wing과 북익랑North Wing으로 구성되면서 서쪽 방향의 'ㄷ'자형 본체를 형성했다. 양익랑에는 각각 왕비와 왕의 아파트가 배치되었다. 왕의 거처인 북익랑은 그랑자파르트망Grands Apartments이라는 별칭으로 불렸다. 1670년에 르보가 사망했지만 1671~79년에는 명예의 마당cour d'honneur 남쪽과 북쪽에 측동이 더해졌다. 아르두앙-망사르는 1670~71년경 증축 일에 보조 건축가로 참여했다. 르노트르가 현재의 정원을 설계하고 1670년대에 샤를 르브룅이 실내장식을 맡아서 화려한 루이 14세 양식의 첫단계를 선보였다. 샤를 르브룅은 왕실 수석화가였다. 이렇게 해서 '르보-르노트르-샤를 르브룅'의 1차 왕실 예술팀이 첫번째 확장을 담당했다.

르보의 앙벨로프에 만족하지 못한 루이 14세는 1678년에 아르두앙-망사르에게 두번째 확장을 맡겼다. 확장은 르보의 건물을 개축하고 새 건물을 증축하는 두 방향으로 이루어졌다. 르보의 건물 가운데 중요한 방들을 유리의 방Galerie des Glaces, 전쟁의 방Salon de la Guerre, 평화의 방Salon de la Paix 등으로 개조했다. 증축은 르보의 골격에 2차 남익랑과 북익랑을 더했다. 두 익동은 각각 두 개의 'ㅁ'자형 골격으로 이루어졌다(그림 775). 정원과 실내장식은 계속해서 르노트르와 샤를 르브룅이 담당하면서 2차 왕실 예술팀이 탄생했다. 왕은 큰 관심을 가지고 2차 예술팀을 대동하고 정기적으로 공사 진척을 점검했다. 그 결과 현재 베르사유 궁전의 최종 모습이 탄생하게 되었다. 1682년에는 루이 14세의 행정 수도가 되면서 정부가 옮겨왔다. 베르사유 궁전은 1715년 루이 14세가 사망하면서 루이 15세 정부가 루브르 궁전으로 환궁할 때까지 서유럽의 정치적 중심지였다.

775 쥘 아르두앙-망사르(Jules Hardouin-Mansart), 베르사유 궁전(Palais de Versailles), 프랑스, 1678~89

베르사유 궁전은 절대왕정의 아카데미 고전주의와 왕실 고전주의를 대표하는 건물이다. 건축적으로는 이 둘을 뒷받침하는 그랜드 매너라는 개념이 적용되었다. 그랜드 매너란 절대왕정의 권위를 기념비적으로 과시하기 위해 건물을 웅장하고 위엄 있게 보이도록 하는 고전주의 건축과 미학 규범을 말한다. 이것은 본래 역사화와 초상화 등을 그리기 위해 회화에서 형성된 개념이었는데, 건축에서도 이에 준하는 규범들이 만들어졌다. 아카데미에서는 이런 규범들을 교과서 암기하듯 반복적으로 훈련시켜 건축가들을 배출했다. 왕실에서 발주하는 건물들은 모두 그랜드 매너의 규범을 적용하여 왕, 왕실, 국가의 권위를 드높여야 했다.

대표적인 규범을 예로 들면, 강력한 중심축이 건물 전체의 중심을 가르고 이를 기준으로 엄격한 좌우 동형 대칭을 유지할 것, 기둥을 쓸 경우 이오니아식이나 도리스식보다는 시각적 효과가 더 큰 코린트식으로 시공할 것, 기둥은 하나보다는 2~3개를 겹쳐 쓸 것, 복도는 가급적 쭉 뻗게 하고 그 양옆으로 방을 가지런히 배열하는 방식distribution을 따를 것, 이때 이 방들은 서로 연계를 갖는 연속적 이미지로 구성하여 그것들을 모두 통과하였을 때 하나의 큰 스토리가 만들어지도록 할 것, 실내의 골격은 볼트 천장이나 아치 등으로 꾸미고 그 안에 미술 작품을 담을 것, 미술 작품은 프랑스의 승전과 역사 혹은 왕의 업적 등을 찬양하는 역사화로서 가능한 한 극적이고 웅장하게 그릴 것, 건물의 주출입구와 중앙부는 웅장하고 화려하게 장식할 것 등이었다.

이런 내용들은 베르사유 궁전의 외관보다는 실내에 잘 나타났다. 궁전을 이루는 60여 개의 방은 웅장하고 화려한 건축 어휘로 골격과 윤곽을 짰고, 그 속에 역사화를 그려넣었다. 방들은 하나하나가 작은 미술관이며 이것들이 모여 베르사유 궁전 전체는 거대한 미술관이었다. 각 방에는 디아나, 베누스, 마르스, 메르쿠리우스, 아폴로 같은 거창한 이름들이 붙여졌다. 거울의 방은 한쪽 벽면이 17개의 거울을 갖는 아케이드로 구성되었고 천장은 볼트로 마감되었다(그림 776). 전체 길이는 73미터에 이른다. 샤를 르브룅이 그린 역사화는 1661~78년 사이에

776 쥘 아르두앙-망사르(Jules Hardouin-Mansart), 베르사유 궁전(Palais de Versailles), 프랑스, 1678~89

777 쥘 아르두앙-망사르(Jules Hardouin-Mansart), 베르사유 궁전(Palais de Versailles), 프랑스, 1678~89

있었던 프랑스의 승전과 루이 14세의 업적을 찬양하는 내용들로 채워졌다.

외관은 실내만큼 웅장하지 않다. 외관에도 거대 기둥과 쌍기둥이 쓰이기는 했지만 위엄을 드러낼 정도는 아니다. 기본 골격은 벽기둥, 아치, 벽돌과 대리석을 이용한 색채 장식, 혹두기 등으로 이루어졌다(그림 777). 지어질 당시에도 르보의 건물보다 못하다는 비판이 많았다. 외관도 문제였지만 증축한 두 익랑이 르보의 본체를 압도하여 초라하게 만들었다는 비판이 가장 많았다. 그러나 루이 14세는 기능적인 측면에서 만족했다. 증축한 익랑에 'ㅁ'자형 안마당이 네 개나 생기면서 각종 행사와 연회 등을 수시로 열 수 있었다. 방들의 개수가 늘어나면서 역사화를 채울 수 있는 공간이 증가했다. 루이 14세는 개인적으로 기념비적 거대 건축물보다는 역사화를 좋아하는 취향을 가졌다. 이렇게 볼 때 베르사유 궁전의 중심 예술가는 건축가 아르두앙-망사르가 아닌 화가 샤를 르브룅이었다.

아르두앙-망사르가 아무것도 안 한 것은 아니다. 그는 외관에 그랜드 매너를 직접적으로 표현하지 않은 대신 수평선을 통해 상징적으로 표현했다. 전체 구성은 넓은 평야 위에 수평으로 확장하는 기본 개념을 가졌다(그림 778). 수평 확장은 절대왕정의 뻗어나가는 국력을 상징한다. 중세 기독교 문명에서는 하늘을 향한 수직선이 대표적인 건축 개념이었다. 이것이 절대왕정의 세속 권력에서는 영토의 확장을 상징하는 수평선으로 바뀐 것이다. 한쪽 익랑 끝에서 'ㄷ'자형 본체를 돌아

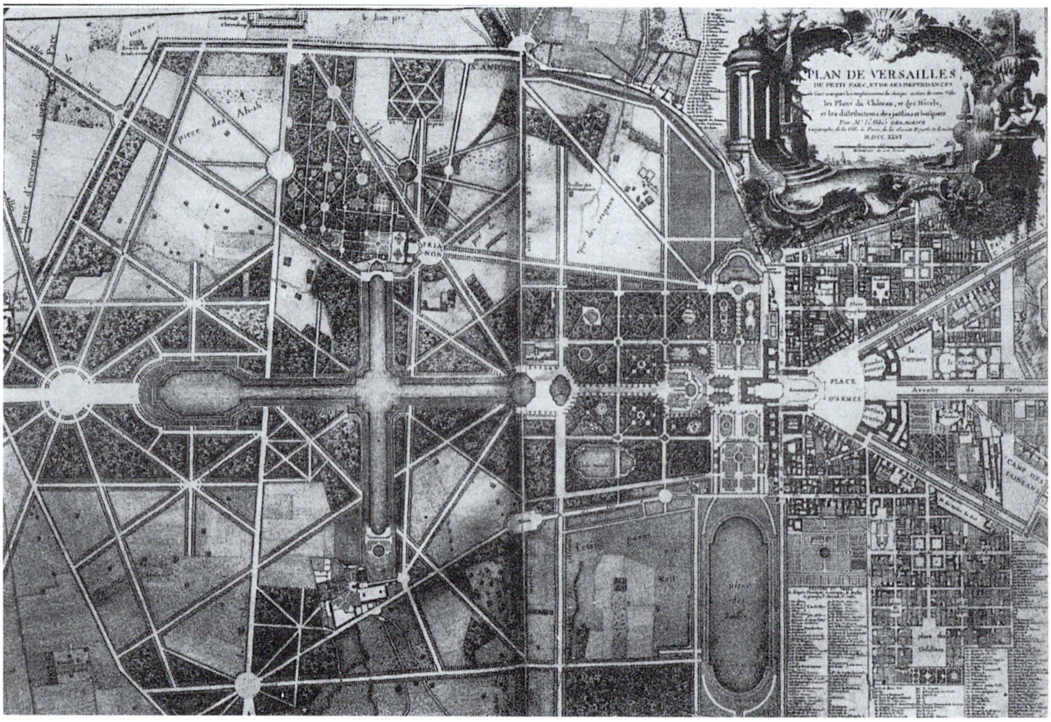

778 쥘 아르두앙-망사르(Jules Hardouin-Mansart), 그랑 트리아농(Grand Trianon), 베르사유 궁전(Palais de Versailles) 내, 프랑스, 1687

779 쥘 아르두앙-망사르(Jules Hardouin-Mansart), 그랑 트리아농(Grand Trianon), 베르사유 궁전(Palais de Versailles) 내, 프랑스, 1687

다른쪽 익랑 끝까지 가면 총 430미터에 이른다. 왕의 침실은 그 한 가운데에 위치하면서 정원과 시내[파리 쪽] 양방향을 모두 한눈에 볼 수 있다. 왕은 세속적 확장의 중심에 있었다.

왕실 예배당과 그랜드 매너(2)-수직 확장

아르두앙-망사르는 베르사유 궁전의 부속 건물들을 여러 채 설계했는데, 그랑 트리아농과 왕실 예배당이 대표적인 예이다. 그랑 트리아농은 르보의 포르슬랭 트리아농[Porcelain Trianon]을 대체하여 세워졌다. 그랑 트리아농은 아르두앙-망사르 양식과 그랜드 매너를 혼합한 구성으로 이루어졌다. 아르두앙-망사르 양식은 중심부의 개방 평면과 수평선으로 표현했다. 중심부를 로지아로 처리하여 앞뒤로 개방성을 확보했다(그림 774, 779). 이번에도 건물은 넓은 대지 위에 수평으로 완만하게 확장했다. 남쪽은 대운하로 막혔기 때문에 확장은 정원을 향해 북쪽으로

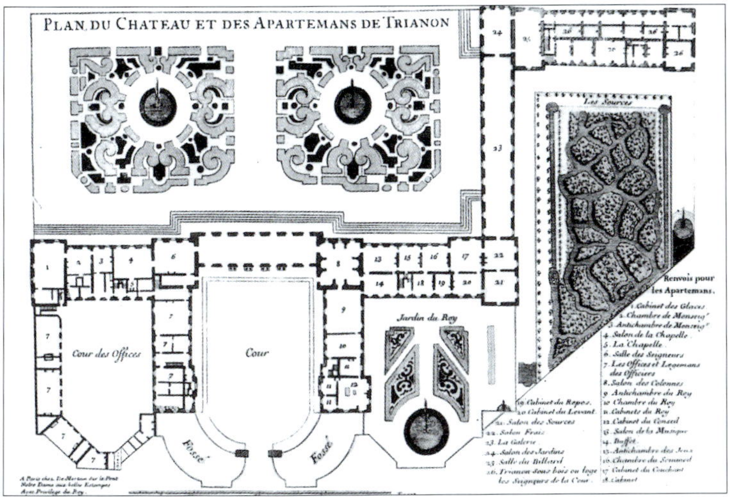

780 쥘 아르두앙-망사르(Jules Hardouin-Mansart). 그랑 트리아농(Grand Trianon). 베르사유 궁전(Palais de Versailles) 내. 1687

781 쥘 아르두앙-망사르(Jules Hardouin-Mansart). 왕실 예배당(Chapelle Royale). 베르사유 궁전(Palais de Versailles) 내. 1699~1710년 로베르 드코트에 의해 사후 완공

782 쥘 아르두앙-망사르(Jules Hardouin-Mansart). 왕실 예배당(Chapelle Royale). 베르사유 궁전(Palais de Versailles) 내. 1699~1710년 로베르 드코트에 의해 사후 완공

이루어졌다. 건물은 남쪽부터 L자-ㄷ자-L자-L자의 순서로 확장해나갔다. 이 가운데 북쪽 끝의 마지막 L자형 건물은 트리아농수부아Trianon-sous-Bois이다(그림 780).

그랜드 매너는 쌍기둥, 대칭, 화려한 대리석 등으로 표현되었다(그림 779). 로지아는 독립 원형 쌍기둥으로, 그 양옆의 측랑은 쌍 벽기둥으로 각각 처리했다. 쌍기둥 열은 1층의 낮은 높이에 고전적 권위를 더해주었다. 전체 구성은 북쪽 끝에 단독으로 돌출한 트리아농수부아를 제외하면 대체적으로 대칭을 지켰다. 중앙의 'ㄷ'자형 매스는 베르사유 궁전을 축소한 것 같은 대칭 구도를 드러냈다. 화려하기로 유명한 랑그도크Languedoc 대리석과 캄파니앙Campanian 대리석의 자연 문양과 분홍색을 이용한 장식은 이것을 강화했다.

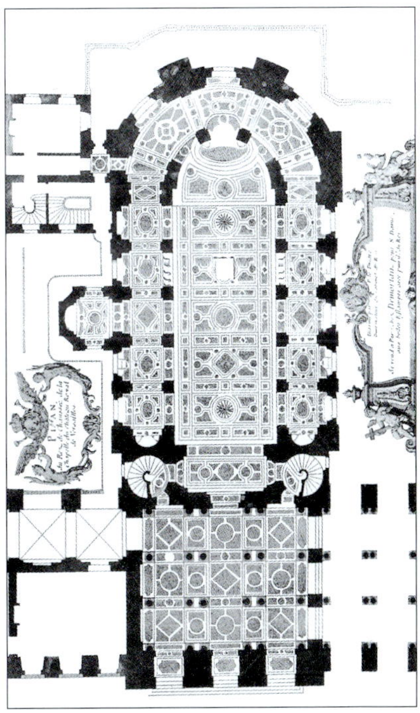

왕실 예배당은 아르두앙-망사르의 북익랑 가운데 첫째 'ㅁ'자를 이루는 남쪽 변에 위치했다. 예배당의 서쪽 면을 제외한 나머지 세 면이 자유롭게 서 있었기 때문에 전체적으로 독립 건물로 볼 수 있다(그림 781). 평면은 U자형 3랑식 바실리카로 구성되었다(그림 782). 실내는 왕실 예배당의 전형인 팔라틴 예배당Palatine Chapel을 좇아 1층은 관료와 대중을, 2층은 왕과 왕족을 위한 공간으로 분리했다. 1층은 정사각형 벽기둥이 받치는 아케이드로, 2층은 코린트식 독립 원형 기둥

783 쥘 아르두앙-망사르(Jules Hardouin-Mansart). 왕실 예배당(Chapelle Royale). 베르사유 궁전(Palais de Versailles) 내. 1699~1710년 로베르 드코트에 의해 사후 완공

이 받치는 콜로네이드로, 천장은 루네트를 갖는 볼트로 각각 처리했다(그림 783). 외관은 실내의 3층 구성이 그대로 드러났다. 외관의 1층은 혹두기로, 2층은 코린트식 벽기둥으로, 3층은 버트레스를 흉내낸 오목형 곡면으로 각각 처리했다. 지붕은 프랑스의 경사진 전통 지붕으로 처리했다.

왕실 예배당의 기본 개념은 고딕 건축을 고전 어휘로 번안하는 것이다. 실내의 기본 구성은 고딕 성당 네이브 월의 3단 구성을 차용했다(그림 784). 그러나 이것을 짜는 골격은 고전 어휘이다. 외관에서도 버트레스를 흉내냈지만 이것을 표현하는 구체적인 어휘는 바로크의 전형적인 곡선 벽이다. 이런 고전 어휘들은 그랜드 매너를 구성하는 요소들이었다. 특히 실내와 외관에서 중간층을 구성하는 코린트식 독립 원형 기둥은 약 9미터를 올라가면서 웅장함을 드러냈다. 이와 함께 고딕 건축의 수직 비례를 차용했다. 실내에 서면 좁은 우물 안에 들어온 것 같은 강한 수직성이 느껴진다. 천장 높이는 약 22미터이며, 네이브 폭 대 천장 높이의 비례는 1대 2.5이다. 외관도 30여 미터의 높이로 주변의 다른 건물들보다 두 배가량 높은 수직선을 드러낸다. 예배당은 궁전 전체를 지배하는 완만한 수평선을 뚫고 수직선의 파격을 만들었다.

고딕 건축을 도입한 이유에 대해서는 여러 가지 해석이 가능하다. 첫째는 순수 양식적 측면에서 고딕 건축이 기독교를 대표하는 상징성을 갖는다는 판단이다. 아르두앙-망사르는 왕실 고전주의의 요구 사항을 만족시키는 봉사와는 별도로 각 건물을 기능 유형에 가장 잘 맞는 자연스러운 양식으로 설계하는 융통성을 많이 보여주었다. 교회에는 교회에 가장 잘 맞는 양식 유형을 도입하려 했다. 왕실 예배당도 이런 연장선에서 이해할 수 있다.

둘째는 고딕 건축의 구조 합리주의를 도입하려는 시도이다. 이 건물이 지어지던 세기말에는 바로크가 저물어가고 18세기 계몽주의 건축이 싹트고 있었다. 구조 합리주의는 계몽주의 건축을 이끈 중요한 개념 가운데 하나이다. 클로드 페로는 루브르 궁전 동익랑에서 이미 이 개념을 선보였

784 쥘 아르두앙-망사르(Jules Hardouin-Mansart). 왕실 예배당(Chapelle Royale). 베르사유 궁전(Palais de Versailles) 내. 1699~1710년 로베르 드코트에 의해 사후 완공

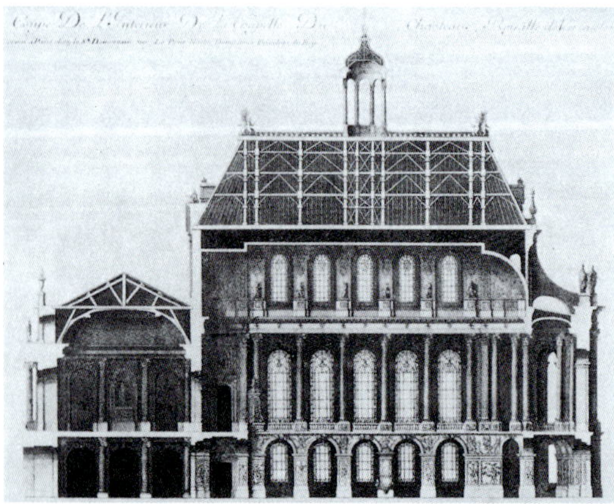

다. 왕실 예배당에서 독립 원형 기둥을 가장 핵심적 구조체로 쓴 것을 보면 아르두앙-망사르도 이런 새로운 움직임을 인식하고 있었고, 자신도 이것을 실험해보고 싶었을 것이다. 이런 해석은 같은 교회 건물이면서 20여 년 앞섰던 앵발리드 돔과 비교하면 더욱 타당성을 갖는다. 앵발리드 돔의 기본 골격은 바로크의 전형적인 두꺼운 벽기둥으로 축조했다. 이것과 비교하면 왕실 예배당의 독립 원형 기둥은 구조 합리주의를 나타내는 증거로 볼 수 있다. 20년의 시차에 따라 교회 공간의 기본 골격에 새로운 해석이 도입된 것이다.

마지막으로 그랜드 매너를 표현하기 위해 차용한 것으로 볼 수 있다. 코린트식 거대 기둥이 중심이 되어 만들어낸 왕실 예배당의 수직선은 궁전의 다른 곳에서는 찾아볼 수 없는 웅장함을 나타낸다. 고전 어휘를 이용하여 고전적 골격을 만드는 것보다 고딕으로 골격을 만드는 것이 더 웅장하게 보일 수 있었다. 특히 왕실 예배당이 궁전 전체의 동선 체계 내에서 자리한 위치를 보면 이런 해석은 더욱 신빙성을 갖는다. 예배당으로 진입하는 동선은 왕의 침실에서부터 시작된다. 이 동선 중간에는 궁전에서 가장 화려한 방들이 위치한다. 왕은 침실을 나와 유리의 방을 거친 뒤 90도 꺾어 '전쟁의 방-아폴로 방-메르쿠리우스 방-마르스 방-디아나 방-베누스 방-풍요의 방Salon of Plenty'을 차례로 거친다. 여기서 다시 90도 꺾어 헤르쿨레스 방을 통과해야 예배당 3층에 도착한다. 왕은 이곳에서 예배당을 굽어 내려다보며 미사에 참여했다.

이 동선은 궁전 생활에서 매우 중요한 의미를 가진다. 왕은 침실에서 일어나 앞뒤 창을 통해 정원과 시내를 내려다보며 자신의 영토를 마음속으로 점검한 뒤, 프랑스와 자신을 찬양하는 역사화로 가득 찬 화려한 방들을 천천히 걸어서 통과하여 예배당에 도착했다. 예배당에서는 다시 자신을 위해 집전하는 미사에 참여했다. 이 동선은 왕이 하루 일과를 시작하는 첫머리였다. 왕실 예배당이라는 이름에서도 알 수 있듯이 이 교회는 왕실의 왕족, 궁극적으로는 태양왕 루이 14세 개인을 위한 것이었다. 예배당에서는 왕을 위한 미사가 매일 집전되었다. 왕실의 결혼식, 세례식, 성령회의 공인 행사 등 주요 행사가 집행된 곳도 이곳이다.

이 모든 것들은 왕실 고전주의를 가장 잘 보여주는 건축적 내용이다. 물리적이고 구체적인 건축 어휘가 아니라 행사와 동선, 그리고 이것들이 갖는 상징성을 통해 왕실 고전주의를 표현한 것이다. 왕실 예배당은 그 종착점이었다. 가장 극적이고 웅장한 그랜드 매너를 통해 절정을 장식해야 했다. 고딕의 수직 비례는 이것에 가장 합당했다. 앙천성이라는 기독교의 기본 정신마저도 태양왕 루이 14세에게 바친다는 의미였다. 왕이 동선을 거쳐 도착하는 곳이 예배당의 1층이 아니라 3층이라는 점은 이런 해석을 뒷받침한다. 1층에 도착하면 건물의 높이에 압도당해 기독교에 종속이 된다. 반면 3층에 도착하면 위에서 내려다보기 때문에 예배당의 높이까지도 지배하게 된다. 절대왕정이 기독교까지 포함하는 절대권력이 되었다는 상징인 것이다.

앵발리드 돔(1)과 그랜드 매너(3)–방사선 구도

앵발리드 호텔은 루이 14세가 상이군인들을 위해 지은 국가 요양 시설이다. 국가를 위해 싸우다 사망하거나 불구가 된 사람, 혹은 빈민 등 소외 계층을 국가에서 돌보는 일은 절대왕정을 유지하기 위해서 꼭 필요한 항목이었다. 마자랭은 이미 빈민 구호시설인 여성 노인용 종합병원Hopital General de la Salpetriere을 지은 바 있었다. 앵발리드 호텔도 이 시설을 본떠 병원 개념으로 계획했다(그림 785). 첫 설계는 1670년에 리베랄 브뤼앙Liberal Bruant이 맡았으며, 1674~76년에 완공되었다. 브뤼앙은 마자랭의 여성 노인용 종합병원에 참여한 경력을 바탕으로 앵발리드 호텔을 병원의 전형적 유형인 격자형으로 설계했다(그림 725). 아르두앙-망사르는 이 일에 보조 건축가로 참여했다.

785 쥘 아르두앙-망사르(Jules Hardouin-Mansart). 앵발리드 돔(Dome des Invalides=Eglise de l'Hôtel des Invalides, 앵발리드 교회). 파리. 1676~91

루이 14세는 여기에 교회를 더할 계획을 세웠다. 교회도 처음에는 브뤼앙이 맡았으나 루이 14세를 만족시키지 못해 아르두앙-망사르로 바뀌었다. 교회는 바실리카와 돔의 두 채로 구성되었다. 바실리카는 앞에서 언급한 생루이 교회이다. 바실리카는 상이군인들을 위한 것이었고, 돔은 왕실을 위한 것이었다. 바실리카와 돔은 시차를 두고 지어졌다. 바실리카는 1676년에 시작해서 1679년에 완공되었다. 돔은 1679년에 시작되어 1691

년이 되어서야 골격이 완공되었고, 경제적 어려움으로 실내장식을 미루다가 1706년에야 봉헌식을 가졌다. 최종 완공은 아르두앙-망사르 사후 2년, 루이 14세 사망 5년 전인 1710년에 로베르 드코트에 의해 이루어졌다.

앵발리드의 생루이 교회가 누구 작품인지에 대해서는 이견이 있다. 브뤼앙의 작품이라는 설, 브뤼앙의 작품을 기초로 아르두앙-망사르가 설계했다는 설, 온전히 아르두앙-망사르의 작품이라는 설 등이다. 이견은 생루이 교회와 돔의 시차에서 기인한 것으로 보인다. 돔은 확실히 아르두앙-망사르의 작품이다. 생루이 교회는 3랑식 9베이의 선형 공간 구성이고, 천장은 볼트로 마감되었다. 앵발리드 돔은 그릭 크로스의 중앙집중형 공간으로 구성했고, 천장은 펜던티브 돔으로 마감했다(그림 786). 앵발리드 돔의 기본 구성은 망사르의 부르봉 예배당 계획안을 모방했다(그림 740).

앵발리드 돔은 철저하게 그랜드 매너를 적용한 왕실 고전주의 혹은 아카데미 고전주의의 대표작이다. 그랜드 매너는 방사선 구도와 수평-수직 양방향으로의 확장을 통해 추구했다. 방향성의 종합화를 통한 그랜드 매너의 강조였다. 이런 개념은 이 건물이 주변에 다른 건물들을 갖지 않고 단독으로 서 있는 조건에 맞춘 것이다. 방향성을 통한 확장이 충분히 구현되기에 적합한 조건이었다. 이를 돕기 위해 매스는 적절한 크기로 분절되었고 고전 어휘도 엄격한 표준형을 사용했다.

평면은 그릭 크로스를 기본형으로 삼았다. 네 모서리의 공간은 원형 예배당으로, 십자축 방향의 네 측면 공간은 타원형의 연단과 세단으로

786 쥘 아르두앙-망사르(Jules Hardouin-Mansart), 앵발리드 돔(Dome des Invalides=Eglise de l'Hôtel des Invalides, 앵발리드 교회), 파리, 1676~91

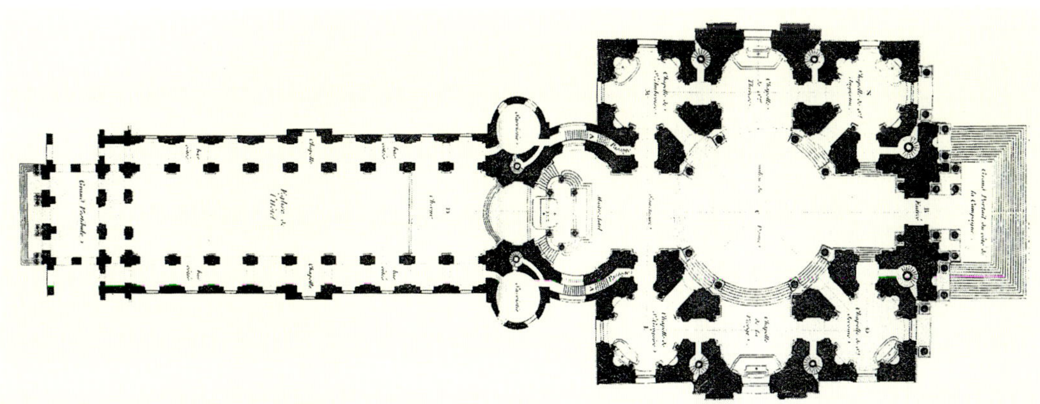

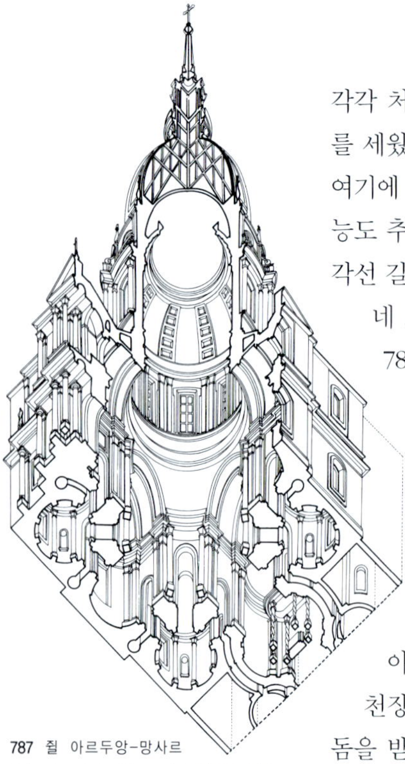

각각 처리했다. 중앙의 돔 공간과 모서리 공간 사이에는 두꺼운 벽체를 세웠다. 벽체는 돔의 하중을 받는 내력 기능을 기본 역할로 가졌다. 여기에 더하여 대각선 방향으로 짧은 통로를 뚫음으로써 공간 형성 기능도 추가로 가졌다. 중앙의 돔 공간에서 모서리로 향하는 네 개의 대각선 길이 난 것이다.

네 개의 대각선 길들은 평면 전체에 방사선 구도를 만들었다(그림 787). 방사선 구도는 대칭과 중앙집중성을 강조했다. 대칭은 고전주의의 엄격성을 절대왕정의 권위에 대응시켰다. 방사선 구도에 의한 완벽한 중앙집중성은 절대왕정을 향한 세속 권력의 집중을 상징한다. 혹은 반대로 절대왕정으로부터 세상을 향한 모든 방향으로의 확산을 상징한다. 이 둘을 합하면 절대왕정이 세상의 중심이라는 상징성이 얻어진다. 수평 확장의 절정이었다. 대칭과 방사선 구도는 비단 이 건물에서뿐 아니라 프랑스 사람들이 집착하는 고전 질서였다.

천장은 펜던티브 돔으로 처리했다(그림 788). 네 모서리의 벽체가 돔을 받치는 주요 내력 구조 역할을 했다. 벽체는 7~8미터에 달하는 두께로 지어졌다. 돔의 하중은 대부분 벽체가 담당했다. 모서리 공간이나 외벽으로의 전이는 거의 일어나지 않는다. 벽체 앞에는 독립 원형 기둥을 세워 고전 어휘에 의한 과시 효과를 노렸다. 독립 원형 기둥 자체가 공간에 웅장한 분위기를 만들어줄 뿐 아니라 방사선 구도에 의한 중앙집중성을 강화하는 효과를 함께 가진다.

787 쥘 아르두앙-망사르(Jules Hardouin-Mansart). 앵발리드 돔(Dome des Invalides= Eglise de l'Hôtel des Invalides, 앵발리드 교회). 파리. 1676~91

788 쥘 아르두앙-망사르(Jules Hardouin-Mansart). 앵발리드 돔(Dome des Invalides= Eglise de l'Hôtel des Invalides, 앵발리드 교회). 파리. 1676~91

앵발리드 돔(2)과 그랜드 매너(4)-수평 수직 확장

수직 확장은 돔을 복층으로 구성하는 방식으로 추구했다. 복층 구성은 3단 높이와 이중 돔으로 이루어졌다. 이에 따라 건물의 높이가 높아졌고 공간이 수직 방향으로 복층 처리되었다. 돔은 내외부가 달랐다. 내부는 '펜던티브-돔-큐폴라'로 구성되는 전형적인 돔 구조이다. 외부에서는 돔을 3단으로 높였다. 드럼을 두 단으로 하고 그 위에 쿠폴라를 얹은 뒤 랜턴으로 마감했다. 외부의 아래 드럼은 일반적 의미에서의 드럼이고, 그 위에 낮은 드럼

789 쥘 아르두앙-망사르(Jules Hardouin-Mansart). 앵발리드 돔(Dome des Invalides=Eglise de l'Hôtel des Invalides, 앵발리드 교회). 파리. 1676~91

790 쥘 아르두앙-망사르(Jules Hardouin-Mansart). 앵발리드 돔(Dome des Invalides=Eglise de l'Hôtel des Invalides, 앵발리드 교회). 파리. 1676~91

791 쥘 아르두앙-망사르(Jules Hardouin-Mansart). 앵발리드 돔(Dome des Invalides=Eglise de l'Hôtel des Invalides, 앵발리드 교회). 파리. 1676~91

을 하나 더 끼워넣었다(그림 789~791).

외부에서 보이는 돔은 실내와 다르다. 외부의 아래 드럼은 실내에서도 드럼이다. 외부의 위 드럼은 실내에서는 큐폴라에 해당된다. 실내 큐폴라는 반구를 다 만들지 못하고 높이의 3분의 2 되는 지점에서 잘리면서 큰 오쿨루스를 형성한다. 외부의 큐폴라는 내부의 큐폴라 위에 목조 트러스로 골격을 짜서 더했다. 이에 따라 큐폴라를 두 개 갖는 이중 돔이 되었다. 실내에서는 오쿨루스를 크게 뚫었기 때문에 이것을 통해 둘째 큐폴라의 내곡면에 그려진 그림을 볼 수 있다. 실내에서도 이중 돔의 효과를 일부 느낄 수 있다. 요컨대 3단 높이와 이중 돔을 합한 수직 확장이 최종 결과로 나타났다.

외부의 아래 드럼은 미켈란젤로의 성 베드로를 선례로 삼았지만 중요한 차이가 있다. 드럼의 외관을 분할하는 십자축 방향 쌍기둥은 외피 밖으로 돌출하지 않은 반면 나머지 쌍기둥들은 돌출했다. 외피 밖으로 돌출한 쌍기둥은 실내의 내력 벽체 위에 직접 놓임으로써 하중 전달을 단순화시켰다. 내력 벽체가 두껍기 때문에 드럼의 외피와 쌍기둥을 모두 그 위에 얹을 수 있었다. 이것은 1차적으로 돔의 무게를 내력 부재 위로 안전하게 전달하기 위한 구조적 목적을 가진다. 조형적 목적도 있다. 실내의 방사선 구도를 외관에 동일하게 표현하려는 것이었다. 이런 처리는 실내 구성과 외관을 일치시킴으로써 방사선 구도가 갖는 상징성을 보강하는 결과를 가져왔다. 실내에서 형성된 방사선 구도의 상징성을 외관에서 반복한 것이었다. 외피 밖에 더해진 쌍기둥 위에는 바로크의 대표적 장식 어휘인 소용돌이 문양을 더해 외관에 표현되는 방사선 구도를 보강했다.

파사드에서는 수직 확장과 수평 확장이 동시에 일어났다. 수직 확장은 돔의 3단 구성을 바탕으로 나타났다. 랜턴도 표준형보다 높았으며 그 위에 오벨리스크를 하나 더 얹었다. 이것은 돔의 높이를 인위적으로 높인 결과로 나타났다. 큐폴라 외피에 리브가 드러나도록 처리했는데, 이 리브들도 하늘을 향해 치솟는 형국을 그리며 수직성을 도왔다. 돔을 받치는 건물 본체도 2층으로 처리하여 건물 전체의 수직성을 도왔다. 건물 전체의 높이는 100여 미터에 이르렀고, 폭과 높이의 비례는 1대 3으로 수직성이 극단적으로 강조되었다.

파사드에서 수평 확장은 각 층을 명확히 분리하는 방식으로 추구했다(그림 771). 건물 본체의 두 개 층과 3단 돔의 세 층을 각각 독립적 수평 영역으로 명확히 구분했다. 구분은 엔태블러처를 강조하여 강한 수평띠를 만드는 방식으로 처리했다. 건물 전면에 더한 독립 원형 기둥은 수직 확장과 수평 확장 사이에서 균형을 잡는 역할을 했다. 독립 원형 기둥은 일단 그 자체로 그랜드 매너를 확실하게 표현하는 고전 어휘이다. 이것이 다섯 층에 걸쳐 숲을 이루면서 고전적 권위와 기념비성을 확실하게 표현했다. 여기에 더해 자칫 충돌하기 쉬운 수평 확장과 수직 확장을 하나로 통합하는 역할도 함께 했다. 기둥은 단독으로 보면 하늘을 향하는 수직성을 표현한다. 그러나 군집해서 열을 이룸에 따라 각 층의 영역을 확정짓고 수평적 독립성을 강화하는 역할을 했다.

수평-수직 확장의 통합은 드브로스 이후 여러 건축가를 거치며 시도되었던 프랑스 바로크의 이상적 모델의 완성이라는 의미를 가진다. 수직성은 프랑스를 대표하는 중세 고딕 전통을 번안한 것이다. 앞의 건축가들은 이것을 수평 확장과 통합하지 못하고 독립적으로 표현했다. 고전이 고딕에 종속되는 이런 처리는 프랑스 전통이 우위에 서는 지역주의 양식을 의미한다. 여기에서는 이 한계를 벗어나 수평성과 수직성, 즉 고전과 고딕이 동등한 입장에서 하나로 통합됨으로써 보편성과 지역성을 모두 획득한 중요성을 가진다. 그 결과 최종 건물은 '탑' 개념으로 나타났다. 건물 본체에서 오벨리스크에 이르는 7개의 영역을 수직으로 쌓은 대형 7층탑이었다. 바벨탑과 피라미드 이래 인간의 욕망을 대변하던 탑이 여기에서는 절대왕정의 세속 욕망을 통해 새로운 개념으로 표현되었다.

12장 영국 바로크 (1660~1730)

1 영국 바로크의 성립

왕정복고와 영국 바로크

영국은 17세기 전반부에 이니고 존스로 대표되는 뒤늦은 르네상스를 맞았다. 1640년경을 기점으로 존스의 시대가 막을 내린 뒤 후계자를 갖지 못하면서 영국 르네상스도 함께 끝났다. 존스는 개인적으로는 고전주의의 완성을 이루었지만 영국 건축 전체로 보면 그렇지 못했다. 실제 지어지는 건물은 아직도 고딕 양식이 압도적으로 다수를 차지했다. 같은 시기 프랑스가 자국만의 바로크 고전주의를 완성시킨 것과 대조되는 상황이다. 17세기 전반부 영국 고전주의는 존스 개인에 머물렀다. 1640년부터 영국 건축은 발전을 멈추고 소강 상태에 들어갔다. 정치적 불안도 중요한 배경이었다. 1649년에 찰스 1세가 처형된 뒤 1660년까지 공화정이 이어졌다. 민주주의의 정착이라는 긴 끈으로 보면 공화정은 중요한 발전이었지만, 당시 상황에 국한시키면 영국의 정치는 적지 않은 혼란을 겪었다. 이런 상황에서 르네상스니 바로크니 하는 섬세한 건축 양식을 논하는 것은 무리였다.

이것을 깬 것은 건축가들이 아니다. 20년의 침묵 뒤에 영국 바로크를 촉발시켰던 것은 정치, 사회, 종교 등 상위 개념의 상황들이었다. 정치적 상황으로는 왕정복고를 대표적인 예로 들 수 있으며, 종교적 상황으로는 가톨릭의 부활이 있었다. 사회적으로는 런던 대화재라는 재앙적 사건과 사회 발전이라는 양면적 상황이 전개되었다. 물론 건축가의 역할이 없었던 것은 아니다. 크리스토퍼 렌이라는 건축가가 새로운 실험을 준비하고 있었다. 렌의 실험은 시대 상황과 맞아떨어졌다. 중요한 요구가 새롭게 제기되었을 때 이것을 단번에 만족시켜줄 적절하고 철저한 준비가 있었던 것이다.

정치적 상황은 왕정복고가 대표했다. 영국 바로크는 왕정복고 건축이었다. 그러나 이 둘은 절대적 의존 관계는 아니었다. 영국 바로크는 왕조사나 정치사로 보면 변화가 많았던 시기다. 같은 시기 프랑스의 절대왕정과 달리 사회적 변화 욕구가 분출하면서 균형, 견제, 다원화 등이 주도적 현상으로 나타났다. 영국의 절대왕정은 튜더 왕조와 제임스 1세1603~25년를 끝으로 사라졌다. 이후 권리청원1628년과 청교도 혁명1642~49년 등 절대 권력을 견제하는 반대 움직임이 이어졌다(그림 792). 이 기간이 존스의 후반기와 그 이후의 20년 동안의 공백기에 해당되었다.

792 1660년 왕정복고 때 런던으로 승리의 귀환을 하는 찰스 2세

바로크는 왕정복고와 함께 시작되었다. 크롬웰이 몰락하자 왕정복고1660~1714년가 일어나면서 스튜어트 왕조1603~88년가 부활했다. 이것을 이끈 것은 찰스 2세1660~85년였다(그림 793). 그러나 의회민주주의의 발전은 계속되어 1670년대에는 휘그 당the Whigs과 토리 당the Tories 양당이 창당했고, 1689년에는 권리장전이 선포되었다. 스튜어트 왕조 뒤에는 제임스 2세1685~88년, 메리 여왕1688~94년과 윌리엄 3세1688~1702년의 공동 통치, 앤 여왕1702~14년, 조지 1세1714~27년 등의 왕조사가 이어졌다. 찰스 2세에서 조지 1세에 이르는 이 기간에는 프랑스, 네덜란드, 스페인 등과 크고 작은 전쟁을 벌였다. 내부적으로는 스코틀랜드를 통합하면서 영토 확장을 이루어 1707년에 대영제국United Kingdom of Great Britain이 탄생했다.

왕정복고는 기독교에 세속화 바람을 몰고 왔다. 왕정이 가톨릭과 손잡으면서 청교도주의Puritanism는 위축되었고, 이것은 신비주의의 종말로 나타났다. 자연과학의 발전, 자연 사상의 출현, 자본주의와 산업의 발

793 영국 하원

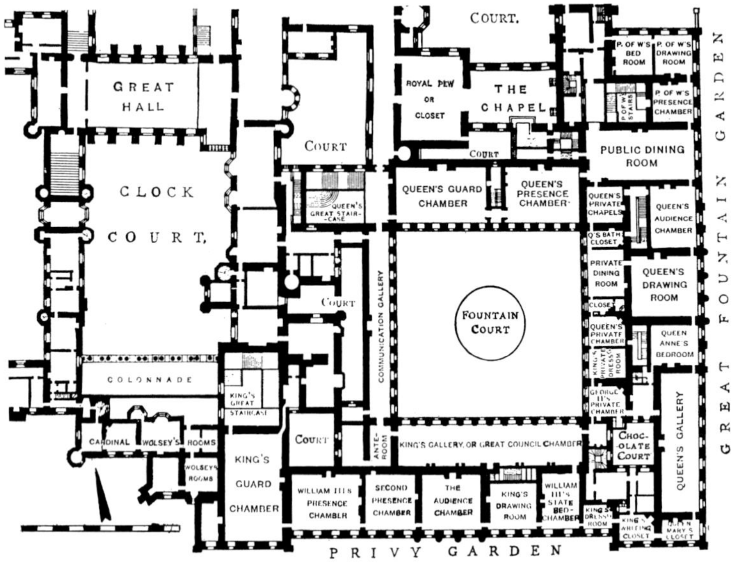

794 크리스토퍼 렌(Christopher Wren), 햄프턴 코트 궁전(Hampton Court Palace), 영국, 1690~96

전 등 학문의 발전과 사회 변화도 중요한 요인으로 작용했다. 기독교의 신비적 절대주의는 힘을 잃어갔다. 이런 현상은 건축 환경 전반에도 변화를 가져왔다. 왕정복고 이전의 튜더 왕조와 스튜어트 왕조 때 주거는 대부분 교회 구성을 따랐다. 마을마다 중심에 교회가 운영하는 공동 회관을 두어 많은 일을 함께 했다. 왕궁도 마찬가지였다. 왕궁 복합 단지의 중심은 성당이나 교회였다. 이런 현상들은 세속이 기독교에 종속된다는 것을 의미했다. 왕정복고 이후 이런 전통이 사라지면서 주거는 개인 주택 단위로 분리되었다. 왕궁에서도 집무 시설이나 왕실용 주거가 성당이나 교회를 밀어내며 중심을 차지했다(그림 794). 성채가 지역의 중심지로서 지어지면서 더욱 그러했다. 성채는 왕궁을 모델로 삼아 지어졌는데, 이 과정에서 왕궁에 나타난 새로운 변화가 반영되었다.

런던 대화재와 사회 변화

1666년 9월 2일 일요일 이른 새벽에 런던 푸딩 레인Pudding Lane에서 불길이 솟았다. 불은 삽시간에 구 바오로 성당으로 옮겨붙었고 5시간 만에

3백여 채의 집을 태운 뒤 런던 브리지까지 번졌다. 며칠 동안 계속된 런던 대화재Great Fire of London였다(그림 795). 이 화재에서 시의 4분의 3이 불탔다. 건물로 보면 87개의 교구 교회와 1만 3천2백여 채의 주택이 소실되었다. 이 가운데 51채를 새로 지으면서 영국 바로크가 시작되었다. 대화재 이후 렌과 후크 등이 중심이 된 6인위원회가 결성되어 시가 복원과 교회 재건을 주도했다. 열흘 만에 1차 제안서가 작성되고 한 달 만에 첫 법안이 통과되는 등 왕실과 런던 시는 총력을 기울여 재건 사업을 서둘렀다(그림 796). 주택 복원은 건설 산업 전반에 기술적, 경제적 발전을 가져왔다. 새로 짓는 주택은 내화성이 강한 벽돌과 석재로 지어졌다. 교회 재건은 양식적 측면에서 영국 바로크 건축의 탄생을 뒷받침했다.

교회 재건은 빠른 속도로 진행되었다. 1670년에 15채의 교회를 짓기 시작했고, 1677년에 30여 채가 골격을 드러냈으며, 1680년대 중후반에 대부분 마무리되었다. 렌은 공식적으로 45채의 교회를 설계했지만, 일정한 수준 이상의 작품성을 갖는 것은 20~30채 정도로 볼 수 있다. 그러나 이 가운데 상당수는 철거, 파손, 변형 등을 겪었다. 건축가 한 사람이 짧은 기간에 이렇게 많은 수의 교회를 독점적으로 설계한 일은 서양건축사 전체를 통틀어 유일무이하다. 렌은 하늘이 내린 기회를 놓치지 않고 자신의 건축적 기획을 충분히 실험하며 영국 바로크 건축의 탄생을 이끌었다.

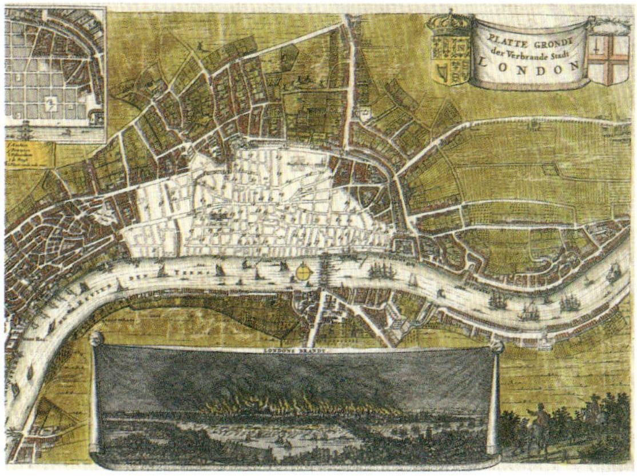

795 런던 대화재

796 런던 대화재 피해 보고서 및 재개발 계획

런던 대화재라는 재앙을 제외하면 사회 전반의 상황은 역동적 변화와 발전의 시기였다. 특히 아이작 뉴턴으로 대표되는 자연과학의 발전이 있었다. 뉴턴은 1669년에 미적분법의 원리를, 1687년에 만유인력의 법칙을 잇달아 발표하며 자연과학의 발전을 이끌었다(그림 797). 영국 바로크를 탄생시킨 렌도 본래 전공은 천문학자이자 수학자였다. 자연과학의 발달이 영국 바로크 형성에 끼친 영향은 과리니가 기하학과 수

797 아이작 뉴턴(Issac Newton)의 『수학법칙의 자연철학』(1686) 표지

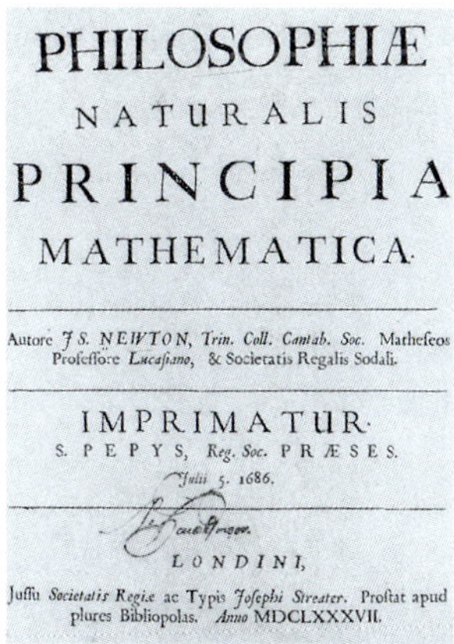
PHILOSOPHIÆ
NATURALIS
PRINCIPIA
MATHEMATICA.

Autore *J. S. NEWTON*, *Trin. Coll. Cantab. Soc.* Matheseos Professore *Lucasiano*, & Societatis Regalis Sodali.

IMPRIMATUR.
S. PEPYS, *Reg. Soc.* PRÆSES.
Julii 5. 1686.

LONDINI,
Jussu *Societatis Regiæ* ac Typis *Josephi Streater*. Prostat apud plures Bibliopolas. *Anno* MDCLXXXVII.

학을 바탕으로 이탈리아 후기 바로크의 복합주의 경향을 이끈 것을 능가했다. 렌이 새로운 구조 방식을 바탕으로 영국 바로크 건축을 이끌어나갈 수 있었던 것도 자연과학의 배경이 있었기 때문에 가능했다.

렌은 특히 역학dynamism이라는 근대 수학의 새로운 분야를 탄생시킨 데카르트 학파Cartesian School의 일원이었다. 넓게 보면 물체의 정지와 이동 사이의 이분법적 관계를 수학으로 풀어낸 데카르트Descartes 물리학 계열에 속했다. 그러나 세부 사항에서는 중요한 차이가 있었다. 데카르트가 정지와 이동을 하나의 사물에서 나올 수 있는 상반된 속성으로 본 반면 렌은 정지를 '순수 결핍pure privation' 상태로, 이동을 '유효 동인=실제 자연력, effective agent'으로 정의하며 다른 것으로 보았다. 또한 데카르트는 강체의 정지 상태만 유지되면 강체의 안정성이 얻어진다고 보았다. 반면에 렌은 강체의 안정성을 얻기 위해서는 정지 상태에 더해 강체를 둘러싸고 있는 주변의 미세한 물질들이 압축되어야 한다고 주장했다. 렌의 이런 입장은 라이프니츠의 주름 이론으로부터 영향을 받은 것으로, 향후 그의 동적인 바로크 건축 경향 형성에 밑바탕이 되었다. 렌은 또한 순수 이론과 공식에 의존하던 프랑스 과학자들과 달리 실험과 관찰을 중시하는 영국의 전통을 따랐다. 프랜시스 베이컨에 의해 학문적 방법으로 정착한 이 전통은 렌이 수학 지식을 건축에 응용하는 데 긴요하게 작용했다.

존 로크John Locke, 1632~1704년는 인간의 존엄성과 평등권을 주장하며 경험주의를 열었다. 로크의 경험주의는 철학뿐 아니라 정치, 종교, 과학, 예술 등 거의 모든 분야의 정신활동과 사회 전반의 가치관에 큰 영향을 끼쳤다. 근대적 의미의 자본주의가 싹텄고 금융과 은행업의 발전도 가져와 1694년에는 잉글랜드 은행Bank of England이 설립되었다(그림 798). 프랑스의 17세기가 중앙집중화한 절대왕정에 의해 일직선으로 이끌렸던 데 반해 영국은 민간 분야의 활동으로부터 역동적 에너지를 공급받으면서 다양한 방향으로 전개되었다.

798 잉글랜드 은행(Bank of England)

이런 다양한 현상들은 프랑스보다는 이탈리아의 상황과 유사했다. 프랑스의 바로크는 강력한 절대왕정을 중심으로 정치가 이끌어갔다. 새로운 발견과 역동적 발전에 의한 대립, 갈등, 논쟁, 변

화 등은 적은 편이었다. 오히려 사회 인프라를 구축하고 제도를 정비하는 등의 안정적 저축의 시기였다. 반면 이탈리아에서는 종교와 과학 사이의 발전적 논쟁이 사회에 역동적 변화를 촉발하면서 예술이 이런 사회적 활성 에너지를 흡수, 표현하는 중심적 역할을 했다. 다만 발전과 변화를 촉발한 매체가 종교와 과학으로 일원화되어 있었다는 것이 영국과 다른 점이었다.

사회 변화에 힘입어 런던은 중요한 중심지로 등장했다. 파리가 절대왕정의 정치적 중심지였던 것과 달리, 항구도시 런던은 국제 무역과 금융업의 중심지로 부상했다. 영국은 프랑스만큼 중상주의를 강력하게 추진하지는 않았지만, 식민지 지배와 산업 생산의 증가에 따른 국제 무역의 활성화 측면에서는 두드러졌다. 일찍부터 발달한 금융업과 자본주의는 이를 뒷받침했다. 런던은 건축적 전성기를 맞았다. 민간 경제가 커지면서 정부 주도의 공공 건축보다는 상업 건물과 주거 등 개인 건축이 활성화되었다. 왕궁이 바로크 건축을 이끌었던 프랑스와 대비되는 상황이었다.

가톨릭의 부활과 교회 건축

종교적 상황은 가톨릭의 부활이 대표했다. 프랑스에서는 가톨릭이 절대왕정에 종속되면서 바로크 건축의 형성과 전개에 별반 영향을 끼치지 못했다. 물론 교회는 프랑스 바로크 건축에서도 여전히 핵심적 건물 유형이었다. 그러나 17세기 프랑스 종교계는 영국, 스위스, 독일 등 인접국에 비해 큰 변화 없이 비교적 조용하게 진행되었다. 건축적 측면에서도 중요한 동인을 제공하지 못했다. 반면 영국 바로크에서는 기독교의 역할이 상대적으로 컸다. 그 역할은 크게 보면 가톨릭과 신교 사이의 경쟁을 통해 교회 건축의 발전을 이끈 데서 찾을 수 있다. 좁혀 보면 이 가운데 가톨릭의 부활이 두드러져서 기독교적 열정을 불러일으키며 이를 통해 교회 건설 열기를 주도했다.

영국에서는 16세기에 이어 17세기에도 가톨릭과 신교의

799 1630년대 영국에서 신구교의 갈등을 그린 그림

800 크리스토퍼 렌(Christopher Wren). 성 바오로 성당(St. Paul's). 그레이트 모델(Great Model). 런던. 1673~74
801 크리스토퍼 렌(Christopher Wren). 성 바오로 성당(St. Paul's). 허가안(Warrant Design). 런던. 1675

대립이 계속되었다(그림 799). 대립은 분열만 가져온 것은 아니었다. 선의의 경쟁을 일으키면서 대립 이면에 기독교계뿐 아니라 사회 전반에 변화와 발전을 촉발하는 에너지를 제공한 긍정적 측면도 있었다. 건축적 측면에서도 영국은 존스가 성 바오로 교회에서 신교 교회의 전형 한 가지를 완성시킨 이래, 신교 교회의 이상적 유형을 창출하려는 노력이 가장 강하게 나타났던 나라였다. 영국 국교가 신구교의 혼합 형태였기 때문에 더욱 그러했다. 어느 한쪽 편을 들 수가 없었기 때문이었다. 큰 교회가 지어질 때면 신구교 양쪽의 요구가 충돌했다. 성 바오로 성당은 대표적 예이다(그림 800, 801).

신교 교회의 유형 창출 노력은 청교도의 나라인 미국에서 가장 활발했는데, 그 토대를 제공한 것이 영국이었다. 물론 이때에는 가톨릭 교회와 신교 교회의 건축적 차이는 아직 명확하게 나타나지 않았다. 이것은 종교개혁이 절정을 이루며 건축에 일정한 영향을 끼쳤던 16세기 매너리즘 시기에도 마찬가지였다. 이 차이는 가톨릭이건 신교이건 오히려 기독교의 절대적 권위가 붕괴된 근대기 이후에 정립되었다. 그럼에도 불구하고 17세기 영국 바로크에서는 기독교가 이끈 교회 유형 창출 운동이 중요한 발전으로 나타났다.

좁혀 보면 가톨릭의 부활이 중요한 원동력이었다. 찰스 2세는 즉위하면서 루이 14세의 영향을 받아 전제성을 드러냈다. 1670년대에 정국은 왕을 지지하는 토리당과 이에 반대하는 휘그 당의 양당 체제가 되었는데, 토리당은 가톨릭과 국교회와 손잡은 반면 휘그당은 청교도들의 지지를 받았다. 찰스 2세는 노골적으로 가톨릭 편을 들며 청교도를 탄압했다. 이로써 1534년 국교회의 성립에서 크롬웰의 청교도 혁명 1642~49년에 이르는 130년의 신교 지배가 끝나고 가톨릭이 부활했다.

제임스 2세는 가톨릭을 더욱 옹호하며 휘그 당을 탄압했다. 그러나 이런 움직임은 그다지 성공적이지 못해 신교가 완전히 몰락하지는 않았다. 1689년 권리장전과 신앙자유령이 선포되는 등 두 종교는 엎치락뒤치락하며 공존했다. 칼뱅주의자였던 윌리엄 3세 때에는 오히려 신교가 득세했다. 교리 논쟁도 다양해졌다. 뉴턴의 과학 합리주의와 로크의 자연사상이 가세하면서 이신론理神論, Deism으로 대표되는 신교의 합리주의 교리가 새롭게 나타났으며, 가톨릭에서는 변증가들이 등장하여 이에 반박했다. 이런 현상은 종교개혁 이후 영국 기독교의 역사이기도 하다. 영국 국교회는 표면적으로는 신교를 표방하면서 실제 내막은 로마 가톨릭과 연대하는 등 가톨릭에 가까웠다. 이런 상황에서 영국 기독교는 다른 나라들보다 가톨릭과 신교의 동거가 특히 두드러졌다.

가톨릭의 부활은 교회의 건축적 내용보다는 건축주라는 배경적 측면으로 더 강하게 작용했다. 대륙에서의 반종교개혁과 마찬가지로 종교적 열정과 형식이 득세하면서 양적인 측면에서 교회 건설이 활기를 맞았다. 신교는 교회 건설에 상대적으로 덜 적극적이었기 때문에, 신교의 지배 기간은 교회 건축의 관점에서는 침체기에 해당되었다. 교회 유형의 건축적 측면에서는 가톨릭과 신교 사이에 아직 명확한 차이가 나타나지 않았다. 영국 바로크 때 지어진 교회 대부분은 소유주가 가톨릭, 국교회, 청교도 등으로 복잡했다. 그 교회들을 설계한 건축가들의 종교까지 함께 감안하면 상황은 극도로 복잡해진다. 교회의 소속 종교와 건축가들의 종교가 일치하지 않은 경우도 많았기 때문이다. 이런 상황에서 가톨릭과 신교의 교회 유형을 확연히 구별하는 것은 불가능했다. 그 대신 둘 사이의 구별을 넘어선 보다 일반론적 차원에서 공간 구성과 윤곽 유형 등의 다양한 시도가 있었다.

영국 바로크 교회에서는 가톨릭과 청교도 사이의 유형 구별보다는 새로운 과학사상의 등장이 더 중요한 변화 요인이었다. 렌의 역할이 특히 중요했다. 렌은 기하학적 명쾌함을 건축 조형으로 전환시키는 능력을 가지고 있었으며, 이것을 과학적 합리주의에 기초한 구조 체계로 풀어낼 줄도 알았다(그림 802). 이런 경향은 이탈리아나 프랑스에는 없던 영국 바로크만의 독특한 경향이었다. 대륙의 바로크 교회 실내는 장식이나 돔에 대한 의존도가 매우 높았고, 이를 위해 구조 골격은 벽체 형식의 벽기둥이었다. 장식을 그릴 수 있는 바탕면이 많이 나오는 동시에 돔의 무게를 받치는 데도

802 크리스토퍼 렌(Christopher Wren). 워틀링 거리의 세인트앤솔린(St. Antholin, Watling Street). 런던

유리했기 때문이었다. 렌의 바로크 교회는 달랐다. 실내의 구조 체계는 다이어그램을 보듯 명확했으며, 구조 단면적은 꼭 필요한 만큼만 확보되었다. 장식은 절제되었고 실내에는 밝고 이성적 분위기가 만들어졌다.

프랑스의 영향과 영국 바로크

새로운 요구는 정치, 종교, 사회적 상황 세 가지가 한꺼번에 집중되면서 상당히 급박하고 절실한 것이었다. 20년의 공백을 만회하려는 조바심도 컸다. 당시 영국 건축계에는 경쟁국 프랑스에 뒤처지고 있다는 초조함이 팽배해 있었다. 프랑스는 루이 14세로 대표되는 절대왕정의 후원 아래 아카데미를 중심으로 자국만의 고전주의 양식을 창출하며 대작들을 건립하고 있었다. 이런 상황은 주변국의 부러움과 질투를 샀다. 특히 영국은 프랑스와의 오랜 역사적 경쟁 관계로 인해 큰 관심을 기울였다. 이런 상황에서 영국 건축에는 프랑스의 영향이 흘러들어오기 시작했다. 영향 관계는 두 방향에서 이루어졌다.

하나는 로마 고전주의의 원본을 수입해서 해석하는 작업이었다. 프랑스는 세를리오 이후 1백 년 이상의 기간을 거치며 로마 고전주의에 대해 자료 수집과 독자적 해석 등에서 확실한 수준에 올라 있었다. 로마에 프랑스 아카데미를 개설하는 등 직접적 교류도 활발했다. 영국에서는 이니고 존스의 노력이 있었지만 개인이 프랑스의 국가적 사업을 당해낼 수 없었다. 영국이 이탈리아와 지리적으로 멀리 떨어져 있다는 사실도 불리한 배경으로 작용했다. 영국은 바로크 고전주의를 시작하면서 로마 고전주의 원본이 선례로 필요했고, 이것의 중요한 부분을 프랑스의 도움으로 해결할 수 있었다.

803 헨리 워튼(Henry Wotton)의 『건축의 요소 *The Elements of Architecture*』(1624)에 나오는 이오니아식 오더

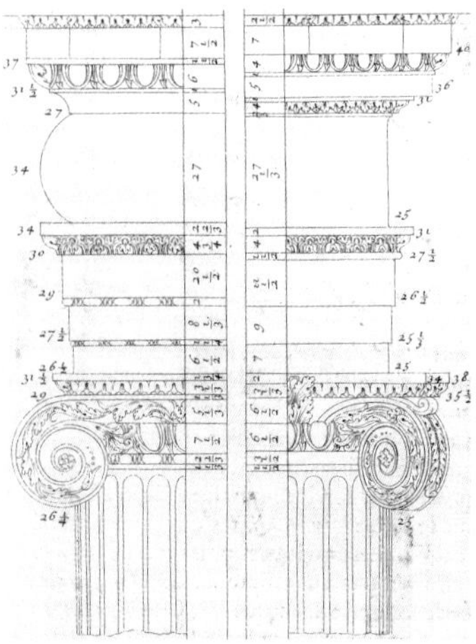

헨리 워튼Henry Wotton의 『건축의 요소*The Elements of Architecture*』1624는 좋은 예이다(그림 803). 이 책은 17세기 영국 건축에서 거의 유일한 건축 이론서이다. 앞의 슈트 책이 장식 카탈로그였던 데 반해, 이 책은 영국 건축가로는 처음으로 비트루비우스의 이론을 해석한 의미를 갖는다. 이 책은 오더의 비례를 주로 다루고 있는데, 이는 프랑스 이론서에서 영향을 받은 것이었다.

다른 하나는 자국만의 바로크 양식을 창출하는 작업이었다(그림 804). 영국은 프랑스와는 조금 다른 차원에서 자국만의 초기 근대 고전주의, 좁게 보면 바로크 고전주의를 창출해야 할 절실한 필요성에 직면하고 있었다. 이니고 존스의 업적은 로마 고전주의의 충실한 모방과 고전주의의 정확한 구사에 머물러, 프랑스 르네상스가 일정 부분 자국의 전통 양식 창출에 집중했던 것과 대조적이었다. 이제 영국도 프랑스처럼 자국만의 양식을 창출하는 일이 과제였다. 이때 자국 양식을 앞서 창출한 프랑스의 경험과 건축 경향은 중요한 교훈이자 선례가 되었다. 프랑스와 영국 건축은 많이 달랐지만, 로마 고전주의라는 더 큰 대상 앞에서는 유사성을 공유할 수 있는 측면도 많았다(그림 805).

영국은 바로크 시기 절대왕정이 아니었기 때문에 프랑스와 같이 국가에서 운영하는 아카데미가 설립되지는 않았다. 프랑스의 왕립 아카데미에 해당되는 왕립 미술아카데미Royal Academy of Arts는 1768년에야 설립되었다. 그 이전까지 미술 및 건축 교육은 사적인 경로로 이루어졌다. 미술은 사설 아카데미, 미술 클럽, 경매 하우스, 판화 가게 등 일정한 체계를 갖춘 사설 교육기관들이 이미 존재했지만, 건축은 매우 열악해서 이렇다 할 교육기관이 없었다.

영국 바로크 건축가들의 교육 배경은 독학렌, 아처이거나, 알려진 바가 없거나밴브루, 렌 밑에서 개인적으로 배운 경우호크스무어 등 셋으로 분류된다. 겸업으로 건축을 하거나 아마추어 건축가인 경우도 많았다. 렌은 천문학자이자 수학자였고, 아처는 건축과 관련된 아무런 직책이나 지위가 없는 아마추어 건축가였으며, 밴브루는 코미디 작가였다. 이런 현상은 2차 건축가들에게서도 동일하게 나타났다. 올드리치는 수석 사제였고, 후크는 지질학자였으며, 탤맨은 놀고먹는 하급 귀족이었다. 깁스만이 로마에 유학해서 정식으로 건축 교육을 받은 전문 건축가였지만, 그는 이미 신고전주의 건축에 경도되어 있었다.

이런 현상은 영국의 오랜 전통이기도 하다. 영국은 대륙과 달리 중세부터 건축술이 비전秘傳에 의존하여 내려오는 전통이 특히 강했다. 현장이나 기관에서 표준화된 교육을 실시하여 전문 장인이나 전문 건축가를 키우는 체제가 잡혀 있지 않았다. 프랑스의 중앙집권화에 대비되는 영국만의 개인주의, 경험주의 전통이었다. 이런 전통 탓에 영국 바로크는 프랑스처럼 왕실과 아카데미에서 관리하고 강요하는 통일된

804 니콜라스 호크스무어(Nicholas Hawksmoor). 스피테일필즈 예수교회(Christ Church, Spitalfields). 런던. 1714~29

805 헨리 벨(Henry Bell). 올세인츠 교회(All Saints Church). 노섬턴(Northampton), 영국. 1677~80

국가 양식이 거의 없었다. 그보다는 렌이 교육시키고 키워낸 건축가들 중심으로 진행되었다. 이런 점에서 영국 바로크는 '렌 학파'라고 부를 만했지만 작품 내용에서는 개인별 편차가 나타났다. 그러나 영국 왕실도 프랑스를 본따 왕실 건축 감독관Surveyor of the King's Works이라는 직책을 운영하며 왕실에서 발주하는 건축 일은 중앙에서 관리했다. 이를 배경으로 영국 바로크도 후반으로 오면 국가 양식이라고 부를 만한 일정한 공통점이 나타났다.

중세성과 고전주의

건축 교육이나 경력에서 중세 전통이 계속되었던 것과 달리 작품 경향에서는 중세성이 강하게 나타나지 않았다. 프랑스와 비교하면 더욱 그러했다. 영국 바로크는 프랑스보다 중세와의 단절을 더 명확하게 추진했다. 이것은 르네상스 때부터 나타났던 현상이다. 영국의 르네상스는 이니고 존스에 의해 르네상스 표준형을 직수입한 형식으로 나타났다. 이것은 고딕 골격 위에 오더를 장식 부재로 만들어 덧붙이며 중세 전통을 그대로 지키던 프랑스의 르네상스와 구별되는 영국만의 고전 의존성이었다.

이런 현상은 바로크에서도 계속되어 영국 바로크는 이니고 존스의 고전주의를 이어받은 측면이 강했다. 중세 전통을 이어받아 고전주의에 혼합하려는 시도가 약했다는 의미이다. 프랑스 바로크에서 중세성은 크게 보아 장식과 수직선 두 방향으로 나타났다. 영국 바로크에서는 이 가운데 수직선 한 방향으로만 나타났다. 이니고 존스의 순수 고전주의를 이어받는 과정에서 장식이 절제되었던 것이다. 영국 바로크도 풍부한 고전 어휘를 사용하긴 했지만 중세의 장식 전통을 이어받는 의미에서의 의도적 장식화 경향은 나타나지 않았다.

수직선 주제는 고딕 전통과 관련이 깊다. 프랑스 고딕이 수직선을 대표적 조형성으로 추구했던 반면, 영국 고딕은 수평선이 대표적 특징이었다. 이런 차이는 건축관의 차이에서 기인한 것일 수도 있고, 저작권의 대표성 차이에서 기인한 것일 수도 있다. 프랑스 고딕은 처음부터 기독교 신비주의를 목표로 앙천성을 주요 목적으로 추구했고, 이 과정에서 기술력을 집중시켜 당시로서는 믿기 어려울 정도의 수직선과 높이를 창출했다. 이것은 고딕 양식의 탄생을 결정짓는 제1요소가 되었고, 이에 따라 프랑스는 고딕 건축의 종주국이 되었다. 영국 고딕은 이것을 수입하여 시작했다고 할 수 있는데, 그 과정에서 수직선을 창출한 기술력은 수입하지 않았다.

그 대신 영국 중세의 기하학적, 공예적, 자연주의적 전통에 프랑스 고딕을 어휘별로 혼합하는 경향으로 나타났다. 이 세 가지 특징은 그대로 영국 고딕의 특징이 되었고, 그 결과 프랑스의 수직선에 대비되는 수평선이 영국 고딕의 대표적 조형 어휘가 되었다. 이런 차이는 곧 중세성, 혹은 고딕 양식의 창출자나 종주국에 대한 자존심 차이이기도 하다. 영국은 자국의 고딕에 대해 양식적 집중성이 약했다. 국가적 전통으로 고딕에 대해 갖는 민족적 자부심은 프랑스보다 약하지 않았지만 양식적 집중도는 분명 약했다. 영국 고딕은 프랑스보다 인공성이 약했기 때문이다. 그보다는 자연과 하나되는 자연주의적 성향을 강하게 나타내며 픽처레스크와 유기성 등을 기본 개념으로 가졌다.

806 니콜라스 호크스무어(Nicholas Hawksmoor), 블룸스베리의 성 제오르지오(St. George, Bloomsbury), 런던, 1716~30

807 크리스토퍼 렌(Christopher Wren-왼쪽)과 니콜라스 호크스무어(Nicholas Hawksmoor-오른쪽)의 첨탑 비교

이상과 같은 배경 아래 영국 바로크는 고전주의에 대해 높은 순도와 집중도를 보이며 수평선을 주요 특징으로 가진다(그림 806). 영국 고딕의 수평선 전통은 고전주의와 잘 어울릴 수 있는 측면이 많았다. 프랑스 바로크의 오더를 이용한 수직 층쌓기나 돔을 이용한 인위적 높이 키우기 등과 같은 정밀한 양식 창출은 나타나지 않았다. 수직선을 추구하기는 했지만 측면에 첨탑을 더하는 경향이 주를 이루었다. 이것도 수직선을 추구했다기보다는 교회의 존재를 알리기 위한 과시용 표지에 가까웠다(그림 804, 805, 807). 고전주의는 아치, 오더, 신전 파사드, 삼각 박공 등 대표 어휘별로 차용되어 긴 수평선의 매스 표피를 형성하는 기하학적 조화로 나타났다.

이상을 종합하면 영국 바로크는 왕정복고의 정치적 상황, 가톨릭 부활의 종교적 상황, 런던 대화재의 사회적 상황 등

808 헨리 올드리치(Henry Aldrich), 트리니티 칼리지 예배당(Trinity College Chapel), 옥스퍼드대학교(University of Oxford), 영국, 1691~94

을 거시적 배경으로 삼아, 중세성의 자국 전통과 로마 고전주의의 원본과 프랑스의 영향 등 세 요소를 하나로 통합하려던 미시적 목표를 추구한 건축 운동으로 정의할 수 있다. 그리고 이렇게 복잡한 상황을 잘 풀어내며 새로운 양식 창출을 성공적으로 이끈 렌이라는 걸출한 건축가가 있었다. 대표적 경향은 수평선을 바탕으로 기하학적 구성력을 추구하거나 자연주의적 조화를 추구하는 방향으로 나타났다(그림 808). 수직선을 추구할 경우에는 건물 윤곽은 정사각형 비례를 유지하면서 첨탑을 더하는 인위적 강조 정도로 나타났다. 렌의 실험적 교회에서는 실내 공간의 복합 구성을 추구했지만 다른 경우는 실내 구성보다 표피 구성에 초점이 맞추어졌다.

교회, 궁전, 성채, 대학 건물

영국 바로크는 교회, 성채, 대학 건물의 세 유형을 중심으로 전개되었다. 교회는 앞에서 살펴본 종교적 상황의 산물이었다. 궁전은 왕조사의 변천을 주도한 왕들이 본거지를 축조하는 과정에서 자신들의 전제성과 권력을 과시하기 위한 수단으로 이용되었다. 동시대 프랑스 절대왕정의 영향도 컸다. 루브르 궁전과 베르사유 궁전은 전제정치를 꿈꾸었던 영국 왕들에게 이상적 선례가 되었다. 바로크 양식의 과장적 특징과 힘 있는 권위는 이런 목적에 부합했다.

성채는 경제력을 바탕으로 한 지방 귀족들의 본거지였다. 프랑스의 지방 성채가 정치력을 바탕으로 했던 것과는 다른 차이점이다. 영국에는 17세기에 자본주의식 기업형 농업이 등장했다. 강력한 중앙정부가 없는 상황에서 지방 권력은 농지를 대거 매입하여 대단위로 영농할 수 있었다. 특히 중앙정부가 빈약했던 크롬웰의 공화정 때 이런 현상이 뚜렷하게 나타났다. 토지와 농업을 기반으로 한 지방 귀족들의 세력화 현상이었다. 일부 지역에서는 값싼 시골 노동력을 이용하여 공장을 운영하는 등 공업화 혹은 산업화 현상도 나타나기 시작했다. 처음에는

809 존 밴브루(John Vanbrugh), 하워드 성채(Castle Howard), 영국, 1699~1712

직물공업이 주를 이루었지만 과학 산업 기술이 점차 발전하면서 다변화되었다. 18세기 초반에는 과학적 영농 기술이 개발되면서 농업을 통한 부의 축적이 가속되었다. 드넓은 농지 한가운데 이것을 통치하는 근거지로 성채가 축조되었다. 이들 새로운 세력은 웅장하고 과시적 건축물이 필요했다. 신흥 세력을 상징할 첨단성도 중요했다. 바로크 양식은 이런 요구에 적합했다(그림 809).

대학 건물은 프랑스에는 없었던 영국만의 새로운 유형이다. 영국의 대학은 칼리지 시스템으로 운영되었기 때문에 대륙의 대학들보다 건물 수가 많았다. 바로크 건축의 발전을 이끈 영국 대학은 중세에 이어 여전히 옥스퍼드와 캠브리지 두 대학이었다(그림 810). 수도 런던에는 정부와 부르주아 엘리트들의 불신 때문에 대학 설립이 활발하지 않았다. 영국 대학은 강한 통일성을 지향했기 때문에 건축 양식에 신경을 많이 썼다. 옥스퍼드와 캠브리지 두 대학 모두 중세 고딕 양식으로 1차 골격이 잡혔다. 이후 17세기에 들어와 발전하면서 이 부분을 담당할 새로운 양식으로 바로크를 선택했다.

810 크라이스트처치칼리지(College of Christ Church), 옥스퍼드대학교(University of Oxford), 영국

17세기의 발전은 종교혁명의 결과였다. 신교는 가톨릭을 비롯한 전통적 권력이 독차지하고 있던 교육을 일반 시민에게까지 확장하는 운동을 벌였는데, 대학은 그 중심에 있었다. 이 두 대학도 표면적으로는 신교에 속했던 국교회로 편입되었다. 신교 소속 대학들은 루터 파, 칼뱅

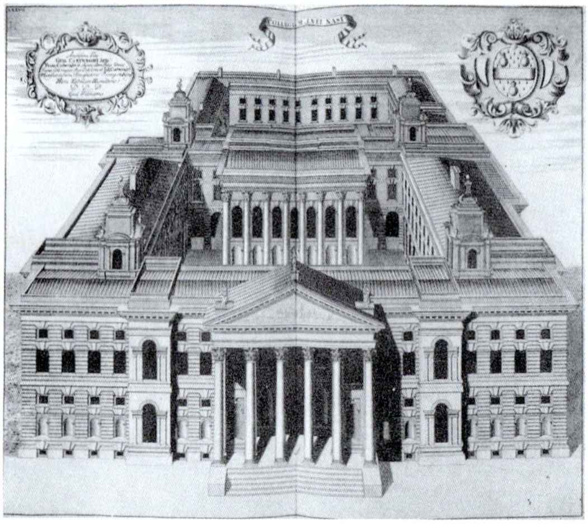

811 크리스토퍼 렌(Christopher Wren), 트리니티칼리지 도서관(Library of Trinity College), 케임브리지대학교(Univeristy of Cambridge), 영국, 1676~84
812 니콜라스 호크스무어(Nicholas Hawksmoor), 브레즈노즈칼리지(Brasenose College), 옥스퍼드대학교(University of Oxford), 영국

파, 국교회 등으로 나뉘었는데, 이들은 가톨릭 소속 대학 설립에 앞장섰던 예수회 대학들에 맞섰다. 신교의 대학들은 17세기 개혁의 선봉에 섰다. 주된 내용은 신학문의 도입이었다.

이전까지 대학은 중세의 낡은 권위서에 의존하며 사회 변화를 따라가지 못하는 가장 보수적이고 법제화된 기관으로 남았다. 이것이 16세기 중반 인문학과 17세기 자연과학의 새로운 발전 내용을 받아들이는 쪽으로 변화했다. 옥스퍼드와 캠브리지도 그 선봉에 선 대학들이었다. 특히 17세기 자연과학의 발전을 이끈 것이 뉴턴과 로크로 대표되는 영국이었기에 더욱 그러했다. 개방적, 개혁적 분위기가 대학을 지배하면서 건축물도 바로크라는 새 양식으로 변화되었다. 이 과정에서 그 자신이 과학자이기도 했던 렌의 역할은 절대적이었다. 렌과 호크스무어를 필두로 영국 바로크를 이끌었던 대표 건축가들은 모두 대학 건물에서 주요 작품을 남겼다(그림 811, 812).

영국의 대학은 기독교, 왕실, 부르주아 등 여러 권력이 복잡하게 교차하는 곳이었다. 영국 대학들은 중세 때 수도원의 일부로 시작되면서 가톨릭에 속했다. 종교혁명 이후에는 가톨릭에서 해방되어 국교회에 속하며 왕실의 지원을 받았다. 이 과정에서 왕에 따라 정치적 부침을 겪는다. 예를 들어 옥스퍼드는 1642~46년에 찰스 1세의 임시 수도가 되면서 정치적 유대를 과시했다. 찰스 2세와 제임스 2세의 청교도 탄압 때에는 함께 탄압을 당했다.

정치적 부침과 별도로 대학에 대한 경제적 지원은 계속 이어졌다. 대학이 영국을 지탱하는 중요한 요소 가운데 하나였기 때문이다. 이런 양면적 입장은 부르주아들도 동일하게 가졌다. 부르주아들은 대학의 보수성 때문에 대학을 기본적으로 신뢰하지 않으면서도 필요성에 의해 경제적으로 후원했다. 부르주아들은 자신들의 이익을 위해 가톨릭과 청교도와 왕실 사이에서 복잡한 줄타기를 하고 있었다. 이 과정에서 대학이 갖는 효용성을 일정 부분 인정하지 않을 수 없었다. 민간 경제의 활성화에 따라 창출된 자본은 일정 부분 대학 발전에 투입되었다.

영국 바로크 건축도 프랑스와 마찬가지로 세부적 분류를 할 만큼 건축 경향이 다양하지 않다. 프랑스만큼 정치가 안정되어 있지도 않았기 때문에 왕조에 따른 분류도 무의미하다. 영국 바로크 건축은 주요 건축가들 중심으로 전개되었으므로 이들 건축가 개인별로 정리하는 것이 바람직하다. 건축가들은 세대별로 분류가 가능하다. 기초는 1630년대생이 닦았다. 1632년생이었던 렌 한 사람에 의해 1660년대부터 기초가 닦임과 동시에 완성에까지 이르렀다. 여기에 렌과 같은 1630년대생인 로버트 후크Robert Hooke, 1635~1703년가 렌의 활동을 도왔다.

그 뒤를 이은 것은 1640년대생인 헨리 올드리치Henry Aldrich, 1648~1710년와 윌리엄 탤맨William Talman, 1650~1719년이다. 이들은 별로 큰 활동을 하지 않았지만 1630년대생이 이룬 내용을 유지하는 역할을 했다. 1660년대생 3인방인 토머스 아처Thomas Archer, 1668~1743년, 니콜라스 호크스무어, 존 밴브루는 전성기를 이끌었다. 이들은 렌의 뒤를 이어 바로크 건축을 영국 전역으로 확산시키며 17세기 영국의 대표 양식으로 자리 잡게 했다. 마지막을 장식한 것은 1680년대생 제임스 깁스James Gibbs, 1682~1754년이다. 깁스는 세기 말의 전환기 때 17세기 바로크를 정리하고, 이것을 18세기 신고전주의로 이어주는 역할을 했다.

2 크리스토퍼 렌 경

과학에서 건축으로

크리스토퍼 렌 경Sir Christopher Wren, 1632~1723년은 영국 바로크를 대표하는 건축가였다. 이니고 존스가 영국 르네상스를 대표하는 유일한 이름인 것에 비유할 만하다. 렌은 영국 바로크 건축의 기초를 닦은 뒤 혼자서 완성까지 시켰다. 영국 바로크 건축을 이끌었던 호크스무어와 밴브루는 렌 없이는 생각할 수 없다. 렌의 건축은 존스에 비해 훨씬 다양했다. 존스가 이탈리아 고전주의를 직수입하여 건축에 집중하며 순도 높은 르네상스 건축을 이루었던 반면, 렌의 건축은 바로크 한 가지만으로 대표되기에는 그 내용이 다양하다. 특히 과학정신을 바탕으로 한 합리주의나 유형학적 접근은 바로크와는 거리가 먼 렌만의 특징이다. 이런 내용은 18세기 계몽주의 건축을 미리 예견한 것으로까지 볼 수 있는 새로운 경향이었다.

일부 건축에서는 바로크라는 말이 무색할 정도로 존스에 가까운 순수 고전주의를 추구하기도 했다. 그러나 렌의 건축을 구성하는 가장 큰 흐름은 바로크라는 점과 영국 바로크가 렌 한 사람에 의해 문을 열고 1차 완성에까지 이르렀다는 점은 부인할 수 없는 사실이다. 이런 점에서 렌은 흔히 영국 바로크와 동의어로 인식된다. 렌 이후의 영국 바로크 건축가들 사이에 건축적으로 차이점이 있음에도 불구하고 이들 대부분이 직간접적으로 렌의 절대적 영향 아래에 있었음을 볼 때 더욱 그러하다.

렌의 본래 전공은 건축이 아닌 과학이었다(그림 813). 렌은 성직자의 아들로 태어나 1641~46년 사이에 웨스트민스터 스쿨Westminster School에서 그리스어와 라틴어 등의 인문학 교육을 받았다. 졸업 후 개인적으로 수학과 의학 등을 공부하다가 1649년에 옥스퍼

813 성 바오로 성당(St. Paul's) 성당 도면을 들고 있는 크리스토퍼 렌(Christopher Wren)

드 대학교의 워덤칼리지Wadham College에 입학했다. 입학 후 여러 가지 기계를 발명하는 등 실험과학에 뛰어났다. 과학을 단순한 이론으로 접근하는 것이 아니라, 실생활에 도움을 주는 구체적 결과로 형상화하는 작업에 일찍부터 관심과 소질을 보였던 것이다. 1657년에는 런던 시내 그레셤칼리지Gresham College의 천문학 교수가 된다.

렌은 독학으로 건축을 공부했다. 렌이 언제부터 건축 공부를 시작했는지는 정확하게 알려진 바가 없지만 1650년대부터였을 것으로 추정되며, 1650년대 말에는 건축가가 될 전문성을 갖추었던 것으로 보인다. 1660년대에는 과학자로서의 활동을 계속하는 한편 본격적인 건축 경력도 시작했다. 렌의 활동을 눈여겨보던 찰스 2세가 탄지어 성채Fortification of Tangier와 성 바오로 성당 개축 등에 자문을 구하면서 왕실 일에 관여했으며, 공식적인 첫 작품인 옥스퍼드의 셸더니언 극장Sheldonian Theater, 1664~69년 등 초창기 작품을 남기기 시작했다(그림 814).

814 크리스토퍼 렌(Christopher Wren), 셸더니언 극장(Sheldonian Theater), 옥스퍼드(Oxford), 영국, 1664~69

이 작품을 기점으로 렌은 건축 경력에 전념하게 된다. 극장의 전체적 모습이 드러나기 시작한 1665년에 렌은 파리를 방문했다. 주목적은 과학 활동이었지만 당시 파리에 와 있던 베르니니를 비롯하여 프랑스와 이탈리아의 여러 건축가를 만났으며, 도면과 관련 자료들을 대거 입수했다. 특히 당시 파리 시내와 그 인근에 지어진 프랑스 르네상스와 바로크 건축물 답사는 렌에게 더 없이 유익한 건축 공부였다. 이탈리아 고전주의에 비교적 충실했던 프랑스의 정통 고전주의를 통해 고전주의의 기본 개념과 분위기를 익힐 수 있었다. 이전에 이론서를 통해 익혔던 고전주의 이론을 실제 건물을 보면서 검증하고 회의하는 훈련도 했다.

무엇보다도 고전주의가 프랑스에 수입되어 정착하는 과정에서 나타난 보편성과 지역성 사이의 대립과 통합 가능성을 확인했다. 오더의 수직 층쌓기를 통한 수직성의 표현에 대해서는 긍정적 반응을 보였다. 그러나 고전 어휘를 장식 디테일로 받아들인 데 대해서는 기하학적 질서를 신봉하는 과학자로서 비판적인 입장이었다. 가장 큰 영향을 받은 것은 돔 구조였다. 당시 파리에는 소르본 교회와 발드그라스 등의 돔

815 크리스토퍼 렌(Christopher Wren). 성 바오로 성당(St Paul's). 큐폴라 연구. 런던. 1675~1711

구조물이 지어져 있었다. 렌은 돔이 갖는 기하학적 심미성의 가능성과 새로운 공간 구조에 큰 관심을 가졌다. 그러나 돔을 그대로 받아들이지 않고 기존의 전형적 방식에 대해 구조 체계와 공간 효과의 관점에서 중요한 회의를 하고, 이를 바탕으로 발전적 변화를 모색하여 자신만의 새로운 구성 방식을 창출했다(그림 815).

렌과 영국 바로크

이듬해 파리에서 돌아온 렌은 대화재를 겪은 런던의 교회 재건을 주도했다. 렌은 시내 가로의 확장도 함께 제안했으나 예산 부족으로 기존의 가로 골격을 유지하면서 건물만 다시 짓게 되었다. 이 교회들은 '시티 교회City Churches' 혹은 '런던 교회London Churches'라는 별칭으로 불린다. 런던 대화재의 와중에서 1666년에는 성 바오로 성당St. Paul's 재건축에 대한 자문을 시작했다. 1669년에는 왕실 건축 감독관에 임명되어 건축 일을 추진하는 데 탄력을 받으며 전성기에 돌입했다.

816 크리스토퍼 렌(Christopher Wren). 플리트 거리의 세인트브라이드(St. Bride, Fleet Street). 런던. 1670~84/첨탑 완공은 1702~03

시티 교회의 대역사는 1680년대 중후반경 대부분 마무리되었다. 대표작으로 세인트메리앳힐St. Mary at Hill, 1670~76년, 치프사이드의 세인트메리르보St. Mary-le-Bow, Cheapside, 1670~77년, 플리트 거리의 세인트브라이드St. Bride, Fleet Street, 1670~84년/첨탑 완공은 1702~03년, 유대인 구역의 성 라우렌시오St. Lawrence Jewry, 1671~77년, 순교자 성 마뇨St. Magnus the Martyr, 1671~1705년, 월브룩의 성 스테파노St. Stephen, Walbrook, 1672~87년, 피커딜리의 성 야고보St. James, Picadilly, 1676~84년, 세인트클레멘스데인스St. Clemens Danes, 1676~84년, 세인트마거릿패턴스St. Margaret Patterns, 1684~1702년, 홀본의 성 안드레아St. Andrew, Holborn, 1684~1704년 등을 들 수 있다(그림 816).

1670년대에는 성 바오로 성당의 실질적인 공사가 시작되어 1675~1711년 사이에 진행되었다. 1673년에는 기사 작위를 받았다. 이 시기에는 학술원 부총재와 총재직을 역임하며 과학 활동도 계속하면서 이를 바탕으로 케임브리지대학교의 이매뉴얼칼리지Emmanuel College,

1667~73년와 트리니티칼리지 도서관Library of Trinity College, 1676~84년을 대표작으로 남겼다. 1670년대 렌의 건축은 '성기 르네상스'라는 별명으로 불리기도 한다. 건축 경향이 이탈리아의 16세기 고전주의나 존스의 고전주의와 유사했기 때문이다.

1680년대 이후에는 왕실 일이 주축을 이루었다. 세 명의 왕을 바꿔 가며 주요 왕실 건축을 담당했다. 찰스 2세 말년에 첼시의 왕립병원Royal Hospital, Chelsea, 1682~89년과 윈체스터 궁전Palace at Winchester, 1683~85년을 남겼다(그림 817). 제임스 2세 때는 화이트홀 궁전Whitehall Palace, 런던, 1688~93년을, 윌리엄 3세 때에는 햄프턴 코트 궁전Hampton Court Palace, 1690~96년 파사드와 그리니치의 왕립 해군병원Royal Naval Hospital=Royal Naval College, Greenwich, 1696~1716년을 각각 남겼다.

1702년에 윌리엄 3세가 사망하면서 렌의 입지도 축소되었지만 일정한 활동은 유지했다. 1697년에 의회에서 석탄세 증세안을 통과시키면서 경제 사정이 나아지자, 성 바오로 성당과 왕립 해군병원 공사에 가속이 붙어 완공을 보았다. 이 두 건물을 렌의 생전에 완공한 것은 그의 건축에서 중요한 의미를 가진다. 예산은 이미 완공되어 있던 시티 교회에 첨탑을 더하는 일에도 배당되었다. 플리트 거리의 세인트브라이드 첨탑1702~03년, 뉴게이트 거리의 예수 교회 첨탑Christ Church, Newgate Street, 1703~04년, 포스터 레인의 세인트베대스트 첨탑St. Vedast, Foster Lane, 1709~12년 등을 대표적 예로 들 수 있다.

렌은 다양한 첨탑 유형을 제공하며 런던의 스카이라인을 새롭게 바

817 크리스토퍼 렌(Christopher Wren), 첼시의 왕립병원(Royal Hospital, Chelsea), 영국 1682~89

꾸었다(그림 828). 70대에 접어든 렌은 호크스무어 등을 고용하며 자신의 건축을 전파하는 데에도 관심을 기울였다. 1711년에는 건강이 악화되었지만 1715년경까지는 활동을 계속했다. 1715년에는 왕실 건축 감독관직을 내놓고 완전히 은퇴했다. 이후 말년에 대해서는 알려진 바가 없으나, 햄프턴 코트의 한 주택에서 과학 연구를 했던 것으로 추측된다. 사망 후에는 자신의 대표작인 성 바오로 성당에 묻혔다.

818 케플러(Kepler)의 다섯 표준 입체

819 크리스토퍼 렌(Christopher Wren), 성 바오로 성당(St Paul's), 런던, 1675~1711

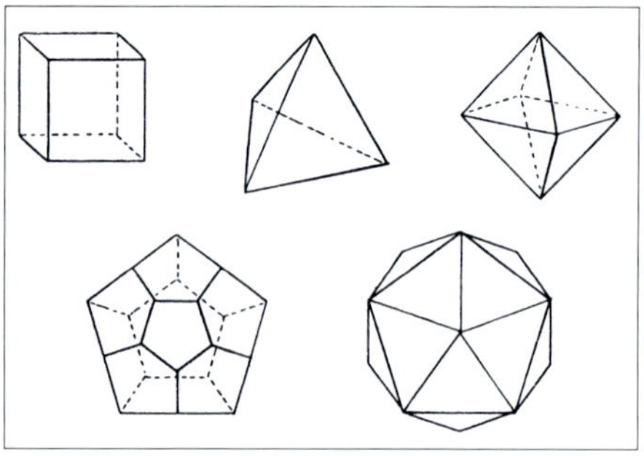

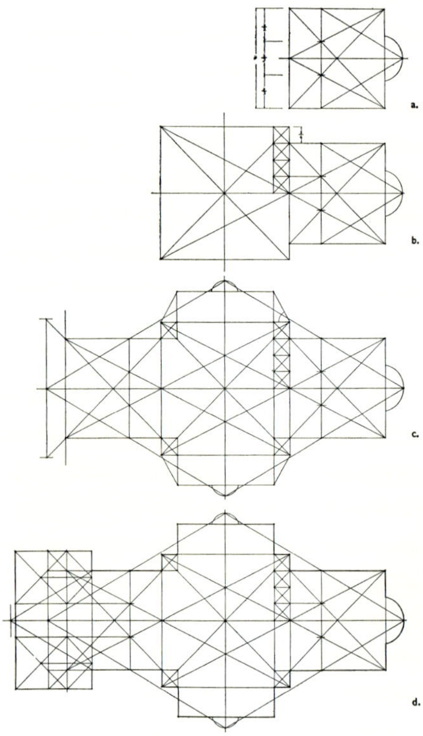

영국 바로크와 실험적 고전주의

렌의 주요 관심사는 질서와 혼돈 사이에서 합일점을 찾는 것이었다. 렌이 과학자이건 건축가이건 분야에 상관없이 이 관심사를 평생 유지했다. 과학과 건축 사이의 직업 구별은 렌에게는 2차적 문제였다. 모든 관심은 이런 합일점을 찾는 데 모아졌다. 과학이 이론적이고 근원적 방법으로 이것을 찾는 것이었다면, 건축은 구체적이고 물리적인 결과물을 통해 이것을 구현하고 확인하는 것이었다. 이때 질서란 과학적 진리, 자연법칙, 수학적 질서, 기하학적 미, 절대 불변의 규범, 자연미, 내재적 미, 이성적 합리성 등을 의미했다. 혼돈이란 인간적 현상, 예술법칙, 건축적 질서, 연상적 미, 인간 매개에 의한 해석, 관습미, 시각적 미, 직관적 감성 등을 의미했다.

렌은 이 가운데 전자를 통해 후자에 조화로운 질서를 세우는 일을 평생의 과업으로 삼았다. 그레셤칼리지 교수 취임사에서 렌은 산수학과 기하학, 즉 숫자와 기하만이 '인간 매개 가운데 불확실성이 완전히 제거된 유일한 진리'라고 강조했다(그림 818). 이런 그의 입장은 물론 수학자라는 배경에서 나온 것이었지만 그의 건축에도 그대로 반영이 되었다. 렌은 수학적 엄밀성과 기하학적 합리성을 통해 혼돈스러운 인간 사회에 조화로운 건축 질서를 구축하고자 했다(그림 819).

렌은 과학자로서 보낸 1650년대에 자신의 평생 경력에 절대적 영향을 끼친 두 가지를 확보했다. 한 가지는 건축주이다. 렌과 그의 과학 동료들은 온건한 정치적 결사체를 결성했다. 정치에서는 대표적 반대 그룹이었던 왕당파와 공화정파 모두를 포함했으며, 종교적으로는 장로교와 주교단이 주요 후원 단체였다. 이들은 1661년에 학술원Royal Society을 창립하며 특정 세력으로 성장했다. 렌은 여기에 창립 멤버로 참여하여 평생 중요한 건축주 그룹을 확보했다. 학술원에 참여하면서 렌은 영국의 국가적 정체성에 기초한 전제적 애국심을 정치 철학으로, 주교 감독 제도episcopacy를 기본 체계로 한 국교회 신앙을 종교적 강령으로 각각 가졌다.

다른 한 가지는 과학정신이다. 과학정신은 베이컨식의 회의주의를 받아들였다. 어떤 규범과 명제도 자신의 눈으로 직접 확인하기 전에는 있는 그대로 받아들이지 말라는 정신이다. 한 걸음 더 나아가 실험과 경험에 의해 절대 명제를 점검하고 증명하는 과정에서 기존 질서와 가치에 대해 회의하는 훈련을 했으며, 이것으로부터 새로운 창조와 발전의 단서를 발견할 수 있었다(그림 820). 이런 입장은 고전주의를 받아들이는 과정에서 이탈리아나 프랑스와 완전히 다른 경향으로 나타났다. 선례 이론과 작품을 절대 명제로 답습하지 않고 그 타당성에 끊임없는 회의와 수정을 가함으로써 새로운 시대에 맞는 변화된 양식을 창출할 수 있었다.

렌은 이상의 정치 철학, 종교적 강령, 과학정신 세 가지를 교구 목사였던 아버지에게 물려받은 것으로 알려졌다. 이 셋은 렌의 일생에서 동시에 작동하며 그의 건축 방향을 결정했다. 당시는 순수과학과 응용과학의 구별이 없는 시기였기 때문에 신학이나 철학 등의 순수 개념을 실제 생활에 적용하는 실험이 중요한 학문적 방법론이었다. 예를 들어 신학은 천문학에 중요한 바탕이 되었으며, 이것은 다시 항해술에도 적용되었다. 이런 통합성은 대륙보다 영국에서 특히 강했는데, 렌의 실험적 고전주의는 이것의 대표적인 예이다.

렌의 바로크가 대륙과 다른 가장 근원적 요인은

820 로버트 보일(Robert Boyle). 공기 스프링 1680

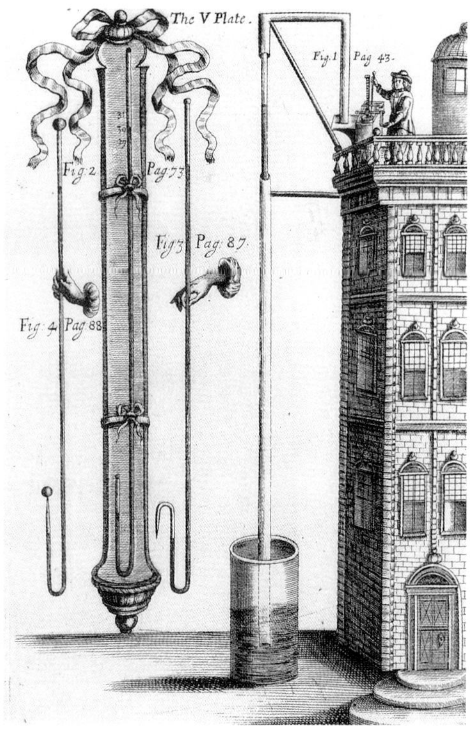

821 크리스토퍼 렌(Christopher Wren). 성 바오로 성당(St Paul's). 런던. 1675~1711

이 통합성일 수 있다. 대륙의 바로크는 신학, 철학, 과학 등 순수 학문과의 통합적 검증 과정 없이 건축 내부에서 고전주의를 있는 그대로 받아들여 응용하는 데 그쳤다. 이런 점에서 대륙의 바로크는 교조적 고전주의라 할 수 있다. 반면 렌은 통합적 검증 과정을 거쳐 구조적 명쾌함과 기하학적 순수성이라는 전혀 다른 가능성을 찾아내 구체화했다. 이런 점에서 렌의 바로크는 실험적 고전주의라 할 수 있다(그림 821).

전제적 애국심, 주교 감독 제도, 과학정신

전제적 애국심은 렌의 건축에서 가장 은유적 방식으로 표현되었다. 이것은 경험주의라는 가장 영국적인 정체성을 상징적으로 표현하는 경향으로 구체화되었다. 이것은 중세성을 영국의 전통이라는 포괄적 개념으로 확장한 내용에 해당되었다. 경험주의는 영국과 대륙 모두가 가지고 있던 중세 전통 가운데 하나였다. 그러나 구체적 결과에서는 차이가 있었다. 특히 건축에서 더욱 그러했다. 대륙 건축에서 중세 경험주의는 기독교 신비주의라는 절대성을 지향했다. 반면에 영국 건축에서 경험주의는 유기성, 공예성, 기하학성 등 인간 중심의 조형성으로 나타났다. 영국의 중세 경험주의 전통은 17세기에 들어와 과학 발전과 합쳐지면서 강한 실험주의 경향으로 발전했다. 합리적 논리성에 의해 과학의 이상적 가치인 진리를 추구하되 이것을 실현하는 구체적 방법론에서 실험, 회의, 경험적 확인 등의 경험주의를 도입한 것이다.

주교 감독 제도는 중요한 종교적 결정을 주교단이 내리는 제도를 말한다. 이 제도는 바티칸의 권위를 부정하는 입장을 가졌다. 이것은 곧 권력화된 기존 질서나 가치관의 무조건적 수용을 거부한다는 의미로 기본적으로 개혁성이나 지역성과 동의어였다. 렌의 보수적 정치 성향과는 거리가 있는 반면 과학정신을 바탕으로 한 실험주의와 연관이 깊었다. 건축에서는 비트루비우스와 15~17세기의 고전주의 이론에 대한 회의적 재해석 경향과 연관성을 가졌다. 고전주의를 추구하되 선례를 무조건 받아들이는 것이 아니라 사실적 타당성에 대해 회의함으로써 그 과정에서 새로운 재해석, 응용, 발전 가능성을 찾아 창조적 원동력으로 삼는 입장이다.

돔과 볼트를 받치는 구조 방식이 대표적인 예이다. 고전주의 선례 이론들은 돔과 볼트는 벽체 구조로 받쳐야 된다고 가르쳤다. 이탈리아와 프랑스 바로크 건축가들은 이것에 한 번도 회의를 품지 않은 채 절대 강령으로 받아들여 관습적으로 반복했다. 여기에는 구조적 안정성과 심미성이라는 두 가지 이유가 있었다. 벽체 구조가 구조적으로 안정적일 뿐 아니라 장식을 넣을 바탕면이 넓어짐으로써 고전적 심미성을 표현하기에도 적합하다는 논리였다. 혹은 로마 고전주의가 기본적으로 벽체 구조의 바탕 위에 형성되었기 때문에 벽체 구조에서 나올 수 있는 조형성 자체가 심미적 가치를 갖는 것으로 받아들여졌다.

822 크리스토퍼 렌(Christopher Wren). 월브룩의 성 스테파노(St. Stephen, Walbrook). 런던. 1672~87

823 크리스토퍼 렌(Christopher Wren). 성 바오로 성당(St Paul's). 런던. 1675~1711

렌은 여기에 강한 회의를 품었다. 먼저 구조적 문제부터 제기했다. 발전한 역학과 수학 지식을 동원하여 독립 원형 기둥으로도 돔과 볼트를 받칠 수 있다는 사실을 밝히고 실험적으로 증명하여 이것을 바탕으로 실제 구조물을 지어보였다. 구조 개념에 혁신이 일어나면서 심미성의 개념도 따라서 바뀌었다. 장식이 놓일 바탕면이 사라진 대신 새로운 심미성을 얻어냈다. 심미성은 더이상 고전 장식의 지루한 답습에 머물지 않고, 이런 실험적 구조가 만들어내는 기하학적 질서와 합리적 단순성 자체를 하나의 새로운 심미성으로 제시했다(그림 822).

렌의 이런 입장은 무슨 명제든지 항상 가장 근원적 첫째 법칙으로 환원시켜 처음부터 다시 생각하는 과학정신의 산물이었다. 고전주의의 관습적 규범은 축조성과 심미성이었다. 렌은 당연한 것으로 전수되어오던 이 두 가지의 절대적 강령에 반기를 들었다. 이탈리아와 프랑스는 아카데미를 세워 고전주의의 절대적 규범을 암기식으로 강요하며 법제화의 길을 걸었다. 반면 영국은 아카데미의 설립이 늦어 중앙에서 관리하는 규범화된 관습보다 개인과 민간 중심의 자유로운 회의와 창조가 사회를 이끌어갔다. 이것은 법제화의 관점에서 보면 후진성일 수 있으나 고전주의에 대한 새로운 해석이라는 관점에서 보면 오히려 대륙과 다른 영국만의 독자적 경향을 창출하는 데 도움이 되었다(그림 823).

824 크리스토퍼 렌(Christopher Wren), 세인트메리앳힐(St. Mary at Hill), 런던, 1670~76

렌의 이런 입장은 청교도 교회의 기능을 해결하는 데에도 그대로 반영되었다. 대륙에서는 신교 교회가 가톨릭 성당과 큰 차이 없이 나타났다. 교리, 강령, 제식 등에서 큰 차이가 있음에도 불구하고 이런 것들은 건축 양식의 절대성보다 우선순위에서 밀렸다. 중앙집중성 정도가 이런 차이가 건축적으로 반영된 구체적 결과였지만, 이것은 이미 초기 기독교 때부터 있던 유형이었다. 새로운 차이를 반영하되 전통적 관습이 허용하는 범위 내에서 그렇게 했다는 의미이다. 렌은 달랐다. 렌은 신교에 요구되는 새로운 건축적 특징을 가장 근원적 첫번째 법칙으로 환원시켜 생각한 끝에 '공연성auditory'이라는 개념을 찾아내었다. 이것을 건축에 반영하면서 시티 교회에서 자신만의 교회 유형을 탄생시켰다(그림 824).

시티 교회-신교 기능과 유형학

렌이 설계한 시티 교회의 숫자에 대해서는 45~47개로 이견이 있다. 렌은 이 가운데 절반 정도를 직접 감리를 통해 자신의 작품으로 만든 것으로 추정된다. 그 가운데 상당수는 변경, 파손, 철거 등을 겪어 본래의 모습을 잃었으며, 일부는 저작권과 건립 연대 등이 불명확하다. 후크와 공동 작업을 해서 그가 저작권을 갖는 건물도 여럿이다. 작품 숫자가 많았던 데 비해 각 건물의 건축적 조건은 열악한 편이었다. 대지 조건이 불리했으며 예산과 공기에 쫓겼다. 이런 어려움에도 불구하고 렌의 시티 교회는 영국 기독교 건축과 바로크에 중요한 전환점이 된 것은 사실이다. 렌의 기여는 신교 교회의 기능 유형 완성, 공간 유형학, 첨탑을 통한 런던 스카이라인의 주도, 새로운 실험 등 넷으로 요약할 수 있다.

신교 교회의 기능 유형은 앞에서 언급한 '공연성'을 건축적으로 반영한 것이다. 왕정복고 이후 기독교의 정치적 성향은 가톨릭 부활로 이어졌지만 교회 의식은 이와 반대로 국교회의 종교개혁 정신을 강화하는 쪽으로 나타났다. 렌은 1708년과 1711년에 교회 건축 프로그램을 위해 작성한 제안서에서 '공연성'이라는 개념을 적시함으로써 이런 흐름을 대표하며 이끌었다. 예배에 참석한 교회 내의 모든 신도가 예배를 잘 듣고 볼 수 있어야 한다는 것이었다. 이것은 물론 가톨릭의 형식성에 대비되어 믿음을 강조한 신교의 주장에서 나온 것이다. 이를 위해 가능한 한 많은 신도가 가능한 한 제단과 가까운 거리에서 설교를 직접 듣고 볼 수 있어야 했다. '공연성'은 장경주의를 신교의 설교 기능과 결합시킨 것으로서, 가톨릭이었던 베르니니의 장경주의가 종합예술의 장으로 나타났던 것에 대비되었다.

가톨릭의 라틴 크로스는 여기에 맞지 않았다. 대륙에서 찾아낸 중앙집중형이 이에 근접했다. 그러나 대륙의 중앙집중형은 크로싱에만 국한되고 교회 전체로 보면 라틴 크로스와 혼합된 경우가 많았다. 순수 중앙집중형이라면 이 조건에 합당할 가능성이 높았다. 영국에서도 신교 지도자들은 중앙집중형을 강력히 권했다. 렌도 여러 종류의 중앙집중형 유형을 사용했다. 렌은 네덜란드의 칼뱅주의자들이 사용했던 중앙집중형을 선례로 참고한 것으로 알려져 있다.

여기에 더해 선형일 경우 기능적 사항을 고려한 새로운 제안을 내놓았다. 제단과 신도석 사이의 거리를 가능한 한 최단으로 해야 하며 시선을 가로막는 구조물이 없어야 하고 건물 전체의 윤곽은 라틴 크로스가 아닌 단순 사각형이어야 한다는 것이었다. 렌은 이 유형의 선례로 존스의 신교 교회를 참고했다. 이를 위해 교회의 전체 규모를 줄이는 대신 2층 갤러리에도 신도석을 둘 것을 권했다. 시티 교회 가운데 가장 규모가 큰 선형에 속하는 피커딜리의 성 야고보, 뉴게이트 거리의 예수 교회, 홀본의 성 안드레아 등을 이것의 대표적인 예로 들 수 있다. 렌 자신은 이 가운데 성 야고보가 자신의 '공연성' 개념을 가장 잘 보

825 크리스토퍼 렌(Christopher Wren). 피커딜리의 성 야고보(St. James, Picadilly). 런던. 1676~84

826 크리스토퍼 렌(Christopher Wren). 시티 교회(City Churches) 평면 유형

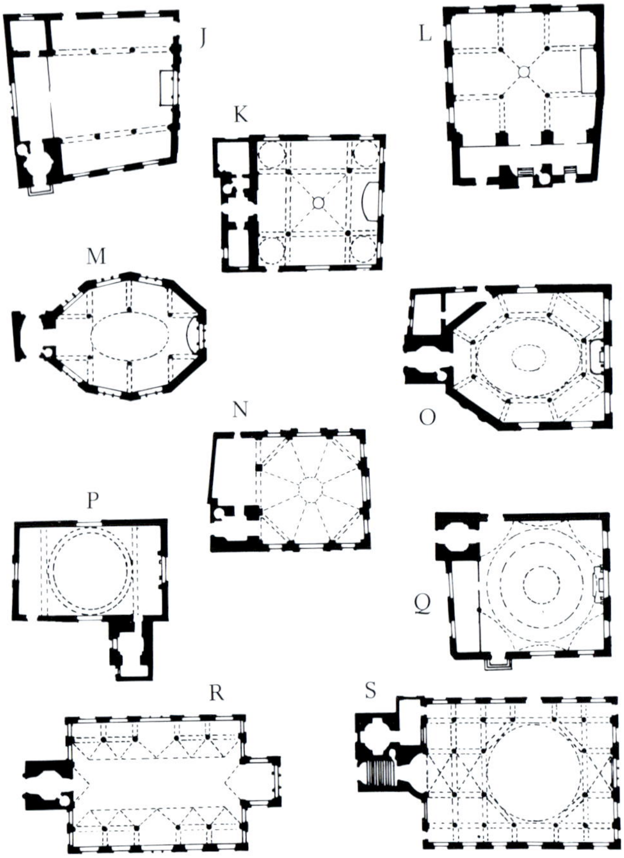

여주는 예라고 했다(그림 825). 이들 대형 선형 교회에서는 가장 뒤쪽의 신도석과 제단 사이의 최장 거리는 평균 20미터를 넘지 않은 대신 2층 갤러리에 관중석을 두었다.

공간 유형학은 기하 형태, 평면 유형, 천장 유형 등을 혼합하는 방식으로 나타났다. 기하 형태는 사각형, 정사각형, 팔각형, 원, 타원 등 다양한 종류를 사용했다. 평면 유형은 1랑식 바실리카, 3랑식 바실리카, 홀 교회, 그릭 크로스, 중앙집중형 등을 사용했다. 천장 유형은 평천장, 크로스 볼트cross vault, 배럴 볼트barrel vault, 돔 등을 사용했다. 이 셋의 조합으로부터 다양한 공간 유형을 얻어냈다. 공간 유형학의 기본 철학은 다양한 교회 선례를 기하학적 근원성으로 환원시켜 정리하는 데 있다. 이것은 렌이 평생을 견지했던 과학정신의 핵심이었다.

이 기준에 따라 시티 교회의 대표작들을 분류해보면, 세인트메리앳힐은 '정사각형-그릭 크로스-돔 천장', 칩사이드의 세인트메리르보는 '정사각형-3랑식 바실리카-배럴 볼트 천장', 플리트 거리의 세인트브라이드는 '직사각형-3랑식 바실리카-배럴 볼트와 크로스 볼트 천장', 월브룩의 성 스테파노는 '직사각형-그릭 크로스-돔 천장과 크로스 볼트 천장', 피커딜리의 성 야고보는 '직사각형-3랑식 홀 교회-배럴 볼트 천장', 세인트클레멘스데인스는 '정사각형과 반원-3랑식 홀 교회-볼트 천장', 뉴게이트 거리의 예수 교회는 '직사각형-3랑식 홀 교회-크로스 볼트 천장' 등의 유형을 각각 이루었다(그림 826).

827 크리스토퍼 렌(Christopher Wren), 칩사이드의 세인트메리르보(St. Mary-le-Bow, Cheapside), 런던, 1670~77

828 크리스토퍼 렌(Christopher Wren), 시티 교회(City Churches) 첨탑 유형

첨탑은 현실적 목적에서 사용된 측면이 강하다. 렌의 기하학적 건축관은 내외부에 동시에 표현되어야 진가를 발휘할 수 있는 것이었는데, 좁은 가로에 짓게 되면서 외부에서는 심한 제약을 받았다. 심한 경우 좁은 폭의 정면 한 면만 드러나는 교회도 여럿이었으며, 보통 두 면만 노출되었다. 이를 만회하기 위해 높은 첨탑을 통해 교회의 존재를 인위적으로 알렸다(그림 827). 첨탑 역시 공간과 마찬가지로 유형학을 구성했다. 유형 기준은 탑의 개수[1개, 2개, 3개, 5개], 둥근 지붕의 여부, 단수, 기본 어휘[고전 대 고딕] 등이었다(그림 828). 렌은 자신이 설계한 시티 교회 모두에 첨탑을 넣었다. 이 가운데 지어지지 않은 것도 여럿 있었지만 대표작들은 대부분 첨탑을 가지며 런던의 새로운 스카이라인을 주도했다. 이 스카이라인은 1960년대 런던이 고층화되기 전까지 3백 년 동안 런던의 이미지를 형성했다.

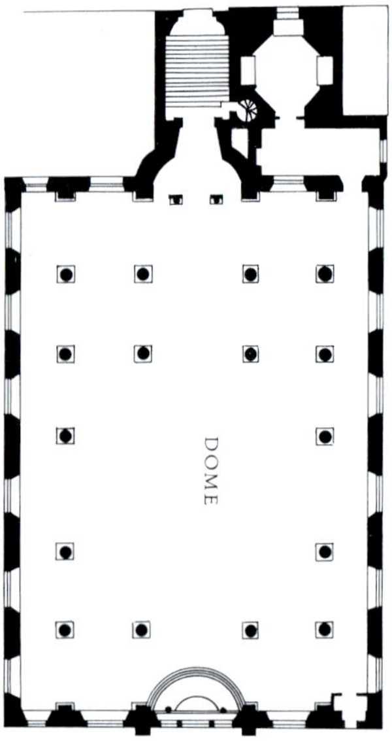

829 크리스토퍼 렌(Christopher Wren). 월브룩의 성 스테파노(St. Stephen, Walbrook). 런던. 1672~87

월브룩의 성 스테파노-실험적 고전주의와 신교 유형

월브룩의 성 스테파노는 돔과 관련한 렌의 과학정신을 잘 보여주는 예이다. 새로운 실험은 실내에서 일어났다. 과학정신을 바탕으로 한 전통적 돔 구조에 대한 회의에서 출발하여 독립 원형 기둥이 받치는 새로운 구조를 창출했으며, 다시 이것을 바탕으로 새로운 기하학적 질서를 만들어냈다. 평면 전체는 특정 유형을 따르지 않고 그릭 크로스를 기본으로 삼아 변형시켰다. 전체 윤곽은 장축 6베이, 단축 4베이의 직사각형으로 이루어졌다(그림 829). 이 가운데 중앙의 3×3베이를 기둥이 없는 중심 공간으로 만들었고 천장을 돔으로 덮었다.

렌은 돔을 받치는 구조 방식에서 새로운 실험을 했다. 이런 평면에서는 펜던티브 돔이 가장 전통적이고 전형적인 방식이었다. 렌은 이것에 강한 회의를 품었다. 펜던티브 돔은 천 년 전 초기 비잔틴의 유스티니아누스 황제 때 완성된 방식이었다. 서양건축은 이것을 아무 거리낌없이 천 년 동안 모방해서 썼다. 미켈란젤로, 팔라디오, 베르니니 같은 최고의 대가들도 예외가 없었다. 고전주의 전통이라는 이름으로 행해진 이런 무기력한 답습은 과학정신에서는 용납할 수 없는 것이었다.

렌은 펜던티브와 두꺼운 벽체가 받치던 구조 방식을 버리고 여덟 개의 아치와 독립원형 기둥이 받치는 새로운 방식을 도입했다(그림 822, 830). 당대를 대표하는 수학자이자 역학이라는 새로운 과학으로 무장

830 크리스토퍼 렌(Christopher Wren). 월브룩의 성 스테파노(St. Stephen, Walbrook). 런던. 1672~87

831 크리스토퍼 렌(Christopher Wren). 월브룩의 성 스테파노(St. Stephen, Walbrook). 런던. 1672~87

한 렌만이 할 수 있는 일이었다. 돔은 중심의 정사각형 공간에 내접하는 형식으로 지지되었다. 네 모서리에 대각선 방향으로 사선이 그어지면서 결과적으로 팔각형이 내접한 것과 같아졌다. 팔각형의 여덟 변에서는 수직 방향으로 아치가 하나씩 올라갔다. 대각선 방향의 아치는 직선 방향의 아치보다 $\sqrt{2}$배 길었다. 아치는 돔을 받쳤으며, 밑으로는 다시 독립 원형 기둥 여덟 개가 1차적으로 팔각형의 여덟 꼭지점에서 아치를 받쳤다(그림 831, 832). 나머지 기둥들은 측면에서 내력 기능을 보강했다.

832 크리스토퍼 렌(Christopher Wren). 월브룩의 성 스테파노(St. Stephen, Walbrook). 런던. 1672~87

렌의 새로운 실험은 과거 모델을 완전히 부정하는 것은 아니었다. 여덟 개의 아치는 펜던티브를 잘게 나누어 변형한 것으로 볼 수 있다. 혹은 내어쌓기squinch를 응용한 것으로 볼 수도 있다. 네 장의 펜던티브를 여덟 장으로 나눈 것이다. 이런 원리는 펜던티브를 받치는 구조 부재에도 똑같이 적용될 수 있었다. 펜던티브가 네 장일 때는 구조도 네 군데에서 받쳐야 하기 때문에 집중이 생겨 두꺼운 벽체가 될 수밖에 없다. 이것을 여덟 개로 나눔에 따라 구조 부재도 여덟 군데로 분산되었고 독립 원형 기둥으로 받칠 수 있게 된 것이다. 이것만으로 부족한 내력 단면적은 측면에 보강된 추가 독립 원형 기둥이 채워주었다.

마지막 문제가 남았다. 돔의 측력이다. 렌은 측력을 받칠 구조를 피했다. 이유는 두 가지로 추정할 수 있다. 하나는 자신이 추구했던 구조적 명쾌함이 손상되는 것을 원치 않아서였다. 측력을 받치는 구조 부재를 넣으면 실내는 기존의 펜던티브 방식과 크게 달라지지도 않을 뿐만 아니라, 렌이 새롭게 보여주고자 했던 밝고 경쾌한 모습을 만들 수 없었다. 다른 하나는 대지가 너무 좁아 측력을 받치는 부재를 넣을 여유가 없어서였다. 이런 불리한 대지 조건은 시티 교회 대부분에서 겪은 문제였다. 이 건물도 정면 한 면만 외부와 면하고, 나머지 세 면은 모두 주변 건물이 바로 옆에서 에워싸고 있었다.

렌은 이런 측력 문제를 해결하기 위해 돔의 골격을 측력이 발생하지 않는 구조 방식으로 짰으며, 재료는 가능한 한 가벼운 것을 썼다. 목조 트러스로 골격을 짜고 회반죽으로 내부 마감을 했다. 렌의 실험정신만이 할 수 있는 경험적 해결책이었다. 이런 경험적 실험정신이 없었으면 밝고 경쾌한 돔 공간을 갖는 이 건물은 탄생할 수 없었다. 처음부터 관습과 규범의 심미적 절대성에 사로잡혀 펜던티브 돔을 사용했다면 지어질 수 없는 건물이었다. 렌은 이런 선험적 가정을 과감히 버렸다. 그리고 자신이 필요로 하는 것을 먼저 정했다. 그에 수반되는 문제는 그때그때 상황에 따라 몇 가지 실제 실험을 거쳐 경험적으로 해결했다.

이상의 새로운 실험 결과 공간은 선례를 찾기 힘든 전혀 새로운 모습으로 나타났다. 베이 구획을 벽기둥이나 벽체가 아닌 독립 원형 기둥으로 했기 때문에 공간은 강한 통일성을 유지했다(그림 831, 832). 전체 윤곽은 베이 단위별로 구획된 것이 아니라 하나의 큰 공간에 기둥을 세워놓은 것으로 나타났다. 베이에 의한 독립 공간의 분절이 느껴지지 않는다. 독립 원형 기둥은 구조적 역할을 명확하게 드러냈다. 벽체와 장식을 벗어던지고 기하 원형주의를 3차원 구조물로 축조한 것 같은 이성적 명쾌함과 근원적 질서가 얻어졌다.

평면은 도면상으로는 그릭 크로스처럼 보이지만 실제로 실내에 서면 특정 유형으로 느껴지지 않는다. 바실리카, 그릭 크로스, 라틴 크로스를 혼합한 복합 구성으로 느껴진다. 각 베이는 '네이브-아일-트랜셉트'로 읽을 수도 있지만, 그릭 크로스의 공간 분할로 읽을 수도 있다. 실내는 밝고 경쾌한 모습을 드러냈다. 실내에는 밝은 빛이 넘쳐흘렀다. 공간은 기둥 열에 의해 복층 켜를 가지며 막힘없이 물 흐르듯 하나로 통했고, 빛은 부드러운 균등 조도를 유지했다. 렌의 과학정신이 낳은 실험 고전주의의 정수였다.

이렇게 얻어진 공간은 청교도의 예배 의식과도 잘 맞았다. 신도와 성직자 사이에 공간적 통일성이 얻어졌다. 이것은 가톨릭의 문제점으로 지적되던 위계나 격식이 사라진 것을 의미한다. 교회의 건축 공간을 매개로 신도와 성직자 사이에는 영적 일체감이 얻어졌다 신교 교회의 한 유형이 완성된 것이다. 월브룩의 성 스테파노의 구성 방식은 영국 바로크의 한 전형으로 자리 잡으며 이후 렌의 다른 여러 교회에서 반복되었다. 그레셤 스트리트의 성 안나/성 아그네스St. Anne and St. Agnes, Gresham Street, 1676~81년, 러드게이트의 성 마르티노St. Martin, Ludgate, 1677~86년, 브레드 거리의 세인트밀드레드St. Mildred, Bread Street, 1681~87년, 워틀링 거리의 세인트앤솔린St. Antholin, Watling Street 등이 대표적 예이다(그림 802, 826).

성 바오로 성당(1)-전제성, 가톨릭, 신교 이상

국교회의 본거지였던 구 성 바오로 성당은 1087년에 로마네스크 양식으로 처음 지어졌고, 이후 고딕을 거쳐 14세기에 중세 양식으로 최종 완공되었다. 이후 스튜어트 왕조의 찰스 1세 때인 1633년에 존스에 의해 보수, 개축이 진행되었다(그림 440). 찰스 2세 때 영국의 국력이 커지면서 구 성 바오로가 영국 국교의 위상에 걸맞지 않는다는 불만이 제기되었다. 오랜 기간 방치되면서 건물의 일부분은 상태가 좋지 않았다. 찰스 2세는 기독교에 대한 자신의 우위를 과시하고 가톨릭을 후원하여 자신의 전제성을 나타내기 위해 성 바오로 성당의 대대적 증축을 계획했다. 렌의 설계안은 여러 번의 수정 과정을 거쳐서 최종안으로 확정되었다.

렌은 파리에서 돌아온 직후이자 런던 대화재가 발생하기 6개월 전인 1666년 3월에 처음 성 바오로 성당 재건축에 대한 자문을 의뢰받았다. 렌은 대화재 이전 안pre-fire design이라 불리는 1차 안에서 크로싱을 돔으로 바꾸고 첨탑만 교체하는 내용을 제안했다. 그러나 런던 대화재 때 많이 파손됨에 따라 보다 전면적인 개축이 요구되었다. 1670년에 네이브와 성가대석까지 손대는 확장안을 제출했으나 여전히 빈약하다는 지적을 받았다. 렌의 계획안이 제출될 때마다 찰스 2세는 중세 골격을 완전히 지우고 자신만의 양식으로 새로운 건물을 지을 욕심이 커져갔다. 결국 고딕 건물을 철거하고 완전히 새 건물을 짓는 방향으로 결정되었다.

1672년에 그리스와 로마 건축 가운데 최고의 것을 모아 그보다 더 화려하게 설계한 안을 제출했다. 이 안은 그릭 크로스를 기본 구성으로 가진다. 이 1672년 안은 1673~74년 사이에 그레이트 모델Great Model로 만들어졌다(그림 800, 833). 1673년에는 렌이 성 바오로 성당 공사의 건축가로 정식 임명되었다. 이 안으로 기초 공사가 시작되었으나 성직자들의 강한 반대에 부딪혔다. 반대는 가톨릭에서 나왔다. 국교회가 표면적으로는 청교도를 표방했지만 내용상 가톨릭과의 연대가 더 강했기 때문이었다. 특히 가톨릭을 노골적으로 장려하던 찰스 2세 때에는 더욱 그러했다.

833 크리스토퍼 렌(Christopher Wren), 성 바오로 성당(St Paul's), 그레이트 모델(Great Model), 런던, 1675~1711

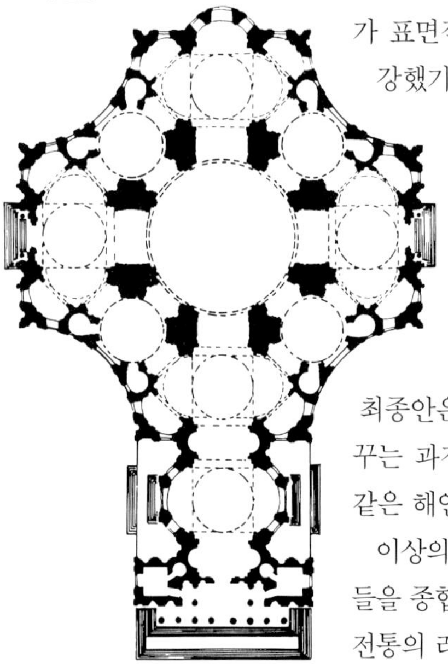

가톨릭 성직자들은 이 안이 영국 중세 성당의 라틴 크로스에서 지나치게 벗어났으며 종교개혁의 영향을 받은 16~17세기 유럽의 중앙집중형과 흡사하다는 점을 반대 이유로 들었다. 다시 수정이 가해져 라틴 크로스로 바꾼 1675년의 허가안Warrant Design이 만들어졌다(그림 801, 834). 이것도 최종안은 아니었다. 렌은 그릭 크로스에서 갑자기 라틴 크로스로 바꾸는 과정에서 여러 가지 미흡한 점을 발견하고 서둘러 수정을 가해 같은 해인 1675년에 최종안Definitive Design을 제출했다.

이상의 오랜 공방을 거치는 과정에서 성 바오로 성당에 요구된 사항들을 종합하면 다음의 네 가지이다. 첫째, 가톨릭 진영에서는 영국 중세 전통의 라틴 크로스를 요구했다. 둘째, 국교회에서는 신교의 개혁 정신

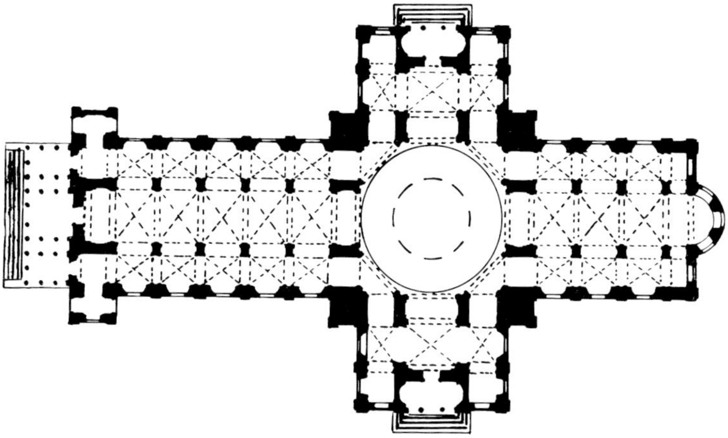

834 크리스토퍼 렌(Christopher Wren). 성 바오로 성당(St Paul's). 허가안. 런던. 1675~1711

835 크리스토퍼 렌(Christopher Wren). 성 바오로 성당(St Paul's). 최종안. 런던. 1675~1711

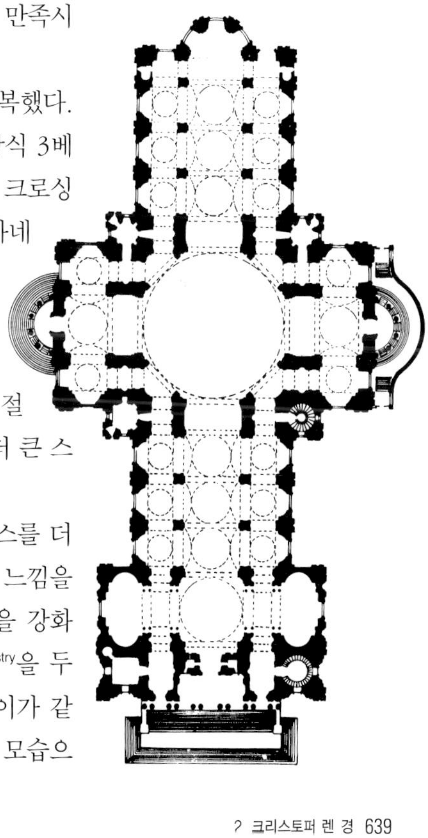

에 맞는 새로운 유형 혹은 최소한 중앙집중형을 요구했다. 셋째, 찰스 2세는 자신의 전제성을 과시할 권위적 기념비성을 원했다. 넷째, 건축가 렌 자신은 과학정신에 의한 새로운 실험과 그에 따른 창조적 공간 구성을 원했다. 이 요구들 가운데 일부는 상반되는 것이어서 동시에 만족시키는 것이 쉽지 않았다.

렌은 여러 선례를 적절히 혼합하여 이런 어려운 상황을 잘 극복했다. 평면은 라틴 크로스와 그릭 크로스를 혼합했다(그림 835). 3랑식 3베이의 라틴 크로스를 기본형으로 삼았으나 변형을 많이 가했다. 크로싱 동쪽의 성소도 네이브와 같은 3베이로 늘렸다. 이런 구성은 로마네스크에서 고딕에 이르는 영국 중세 건축의 전통적 특징이다. 이런 구성은 건물에 수평선을 만들었는데, 수평선은 약 145미터에 이르렀다. 외벽 높이가 34미터에 이르면서 수평선은 단순한 수평선이 아니라 초월적 스케일로 나타났다(그림 836). 프랑스 절대왕정과 루이 14세를 상징하던 수평 확장이 원본을 초과하여 더 큰 스케일로 과장되었다.

전실을 5랑식 2베이로 크게 처리하여 수평선의 지루함에 매스를 더하는 파격을 가했다. 트랜셉트를 많이 돌출시켜 그릭 크로스의 느낌을 보강했고 크로싱 돔의 지름이 34미터에 이르면서 중앙집중성을 강화했다(그림 821). 네 모서리에는 작은 정사각형의 제구실祭具室, vestry을 두었다. 이상의 구성에 더해 라틴 크로스의 네이브와 성소의 길이가 같았기 때문에 최종 결과는 그릭 크로스의 두 팔을 늘린 것 같은 모습으

836 크리스토퍼 렌(Christopher Wren), 성 바오로 성당(St Paul's), 런던, 1675~1711

837 크리스토퍼 렌(Christopher Wren), 성 바오로 성당(St Paul's), 런던, 1675~1711

로 나타났다.

천장을 돔의 파노라마로 처리해서 선형성을 약화시키고 중앙집중성을 강화했다(그림 837). 네이브와 아일의 9베이, 트랜셉트의 6베이, 성소의 9베이, 전실의 1베이를 합쳐 모두 25개의 돔이 천장을 덮었다. 이런 구성은 그릭 크로스를 무한 증식시킨 것으로 볼 수도 있고, 돔식 바실리카를 차용한 것으로 볼 수도 있다. 크로싱 중심에 서면 여덟 방향으로 아케이드가 뚫리며 길이 나 있다(그림 838). 이런 구도는 중앙집중성이 가장 강한 방사선 구도를 만들었다. 이상과 같이 라틴 크로스는 가톨릭 진영을, 그릭 크로스는 국교회 진영을, 수평 확장의 초월적 스케일은 찰스 2세를 각각 만족시켰다.

838 크리스토퍼 렌(Christopher Wren), 성 바오로 성당(St Paul's), 런던, 1675~1711

성 바오로 성당(2)-고전, 중세성, 기하주의

파사드는 성 베드로를 기본 구성으로 삼아 프랑스 바로크와 영국 전통을 혼합했다. 신전 파사드를 중앙 출입구로 삼아 오더 고전주의로 위계를 세운 다음, 양옆에 캄파닐레를 세우고 그 뒤로 크로싱 돔을 돌출시킨 처리는 성 베드로를 차용한 것이었다(그림 839). 로마 가톨릭의 총본산을 모방한 이런 처리는 가톨릭 진영을 만족시켰다. 돔의 큐폴라를 삼중으로 처리하여 인위적으로 높이를 높인 처리는 프랑스 바로크의 수직선 경향을 차용한 것이었다. 삼중 돔은 아르두앙-망사르가 돔 데쟁발리드에서 선보인 것이었다. 한편 앵발리드 돔은 1676~91년에 세워진 것으로, 삼중 돔과 관련하여 이 건물과 성 바오로 성당 사이의 영향관계에 대해서는 아직 결론이 내려진 바가 없다.

성 바오로 성당의 삼중 돔도 앵발리드 돔과 유사한 방식으로 축조했으나 좀더 복잡한 차이가 있었다(그림 815, 823, 840). 앵발리드 돔은 수직으로만 삼중 구조이고 수평으로는 단겹이었으나, 성 바오로 성당은 수평 방향으로도 두 겹으로 구성되었다. 외관 드럼은 실내에서는 큐폴라의 곡면이 시작하는 지점까지 올라갔다. 실내 드럼과 외관 드럼은 각각 별도의 골조로 지어져 두 겹 구성을 이루었다. 외관에서는 드럼 위에 낮은 2차 드럼을 얹었고, 이것을 소용돌이 문양의 곡면 벽이 받쳤다. 이런 처리도 앵발리드 돔과 동일하다.

839 크리스토퍼 렌(Christopher Wren). 성 바오로 성당(St Paul's). 런던. 1675~1711

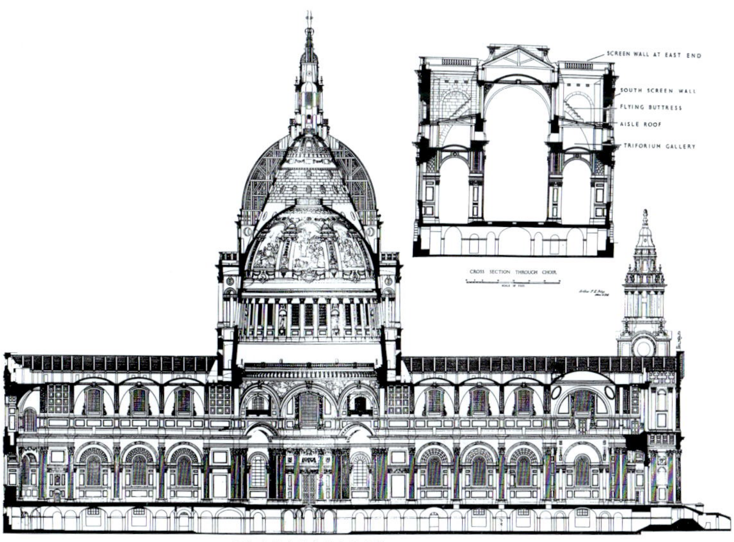

840 크리스토퍼 렌(Christopher Wren). 성 바오로 성당(St Paul's). 런던. 1675~1711

외관 큐폴라의 곡면이 시작하는 지점은 실내에서는 큐폴라의 정점에 해당된다. 실내 큐폴라에는 큰 오쿨루스를 뚫어 랜턴과 외관 큐폴라의 천장을 볼 수 있게 했는데, 이것 역시 앵발리드 돔과 동일한 처리이다. 실내 큐폴라의 아래 지름은 34미터이고, 오쿨루스까지의 높이는 65.3미터이다. 실내 큐폴라는 457밀리미터 두께의 벽돌 조적으로 쌓은 정식 돔으로 처리했다. 외관 큐폴라는 목재 트러스로 짜서 무게를 줄이면서 외장을 납으로 마감했다. 외관 큐폴라에는 여덟 개의 창을 뚫어 실내 채광을 도왔다.

두 큐폴라 사이에 삼각 첨탑 형태의 중간 돔이 하나 더 들어갔다. 중간 돔 역시 457밀리미터 두께의 벽돌 조적으로 쌓은 뒤 두 가닥의 철선으로 보강했다. 중간 돔은 랜턴과 외관 큐폴라를 지지하는 역할을 한다. 이렇게 해서 얻은 높이가 큐폴라까지는 90여 미터, 랜턴까지는 111미터에 이른다. 중앙 출입구 양옆에는 첨탑을 세워 돔의 수직성을 도왔다. 첨탑의 높이는 68미터이다. 돔은 처음에는 이것보다 작게 계획되었으나 1701~04년 사이에 더 늘려 최종 크기로 결정되었다. 렌은 존스와 대륙의 선례들과 경쟁하여 이기고 싶어했다.

돔을 받치는 구조는 월브룩의 성 스테파노에서 실험했던 방식을 반복했다. 월브룩의 성 스테파노는 성 바오로 성당을 위한 예행연습의 성격이 짙다. 이번에도 돔을 정사각형의 내접원으로 만든 뒤 다시 이것을 팔각형으로 만들었다. 펜던티브도 여기에 맞춰 여덟 개로 잘게 나누어 내어쌓기 개념으로 만들었다. 이것을 팔각형의 여덟 지점과 모서리 네 지점에서 받쳤다. 목조로만 돔을 짰던 월브룩의 성 스테파노와 달리, 이번에는 측력이 발생하는 조적 돔이기 때문에 독립 원형 기둥만으로 받치는 것은 불가능했다. 열두 곳의 내력 구조는 벽기둥 형태의 벽체로 처리했다. 팔각형의 여덟 지점에 세워진 벽체는 트랜셉트의 천장을 타고 외벽으로 하중을 전달했다(그림 841). 벽체는 트랜셉트까지 닿아야 했기 때문에 작은 베이 하나를 가로질러 7.5미터의 길이가 되었다. 모서리 벽체로 내려간 하중은 제구실 천장을 타고 외벽으로 전달되었다.

841 왼쪽–구 성 바오로(Old St. Paul's). 오른쪽–크리스토퍼 렌(Christopher Wren), 성 바오로 성당(St Paul's), 런던, 1675~1711

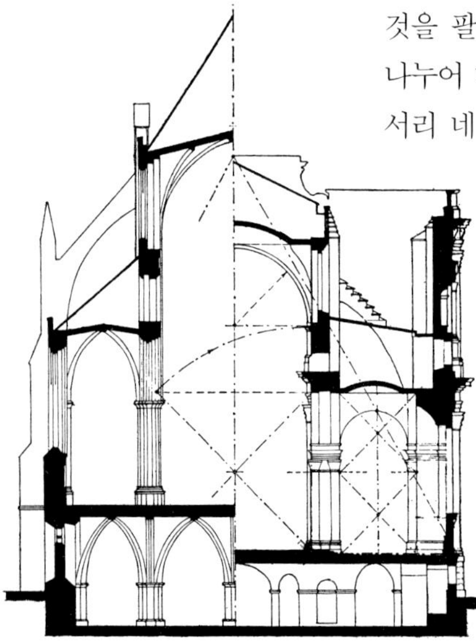

돔과 첨탑의 인위적 높이에도 불구하고 파사드의 전체 윤곽은 정사각형 비례를 유지했다. 이것은 영국 로마네스크의

수평선 전통을 수직선과 혼합한 결과였다. 정사각형 비례는 기본적으로 안정감을 주었으나, 건물 규모가 초월적 스케일로 넘어가면서 거석 구조의 느낌을 만들어냈다. 파사드 폭은 54미터에 이른다. 이런 느낌은 고딕의 수직성이 고전의 거대 공간으로 번안된 것으로 볼 수 있다. 혹은 영국 고딕 가운데 수직 양식Perpendicular Style의 권위적이고 웅장한 분위기를 표현한 것으로 볼 수도 있다.

842 크리스토퍼 렌(Christopher Wren). 성 바오로 성당(St Paul's). 런던. 1675~1711

고전의 수평적 초월성을 표현하기 위한 조작이 몇 곳에 가해졌다. 가장 두드러진 것은 아일 외벽에 스크린 벽을 세운 처리이다. 스크린 벽은 여러 가지 목적을 가졌다. 아일은 실내에서는 1층이며, 그 위로 네이브 돔의 하중을 받치는 플라잉 버트레스를 세웠다. 플라잉 버트레스가 고전주의와 안 어울리기 때문에 이것을 가리기 위해 아일 외벽을 2층 높이로 했다(그림 841). 이밖에 돔의 거대 스케일과 어울릴 만한 거대 몸통을 만들려는 목적도 중요했다(그림 842). 이런 목적은 서쪽의 정면 파사드에서 반복되었다. 원래 네이브는 5베이였다. 이 가운데 서쪽 한 베이는 전실에 할당되었고, 서쪽에서 둘째 베이에 남북으로 예배당을 넣었다. 서쪽 두 베이는 5랑식의 별도 매스가 되었는데, 이것은 출입구 파사드의 폭을 늘리는 결과로 나타났다.

고전 어휘는 매스 윤곽의 거석 구조와 대비되어 비교적 작은 단위로 쓰였다. 장식은 많지 않았으나 여러 종류의 오더 어휘들이 휴먼 스케일을 유지하며 초월적 매스 윤곽의 곳곳을 빼곡히 메웠다(그림 843). 이런 어휘들은 전체적으로 자잘하고 굴곡이 심한 형식적 다양성을 전면에 만들었다. 이런 특징은 영국 고딕 가운데 장식 양식Decorated Style의 장식적 상상력을 고전 어휘로 번안한 것으로 볼 수 있다.

843 크리스토퍼 렌(Christopher Wren). 성 바오로 성당(St Paul's). 런던. 1675~1711

정사각형 비례는 파사드에 국한된 것이 아니라, 평면을 지배하는 기하 질서이기도 하다. 먼저 3랑식 3베이의 네이브가 정사각형 윤곽을 유지했다. 네이브의 서쪽 두 베이를 별도의 매스로 떼어낸 결과이기도 했다. 이 윤곽이 동쪽의 성소에서 반복되었다. 마지막으로 그릭 크로스의 크로싱도 정사각형 윤곽을 가졌다. 이렇게 구성되는 세 덩어리의 큰 정사각형 윤곽 속을 여러 개의 작은 정사각형이 분할했다. 크로싱 돔은 한 변이 34미터인 가장 큰 정사각형이 차지했다. 네이브는 12미터, 아일은 8미터의 정사각형으로 각각 구성되었다. 평면 전체는 정사

각형을 분할, 증식하는 기하 작도에 의해 구성 과정을 추적할 수 있다(그림 819). 렌의 과학정신을 뒷받침하는 기하주의의 정수였다.

바로크 국제주의와 세속 건물

렌은 세속 건물들에서는 교회만큼 창작성을 보여주지 못했다. 렌의 세속 건물은 전형적인 바로크 고전주의 경향을 나타냈다. 주변 상황이 중요한 요인이었다. 대지 조건으로 보면, 대부분 한적한 교외의 넓은 평원에 세워졌기 때문에 영국 전통과 고전의 수평선을 조화시키는 일이 가장 중요한 요건이 되었다. 건축주였던 왕실이나 귀족의 입장에서 보면, 대륙과 경쟁하는 자신들의 정치적 입장, 교외의 편안한 휴식 시설, 애국심을 상징하는 국가주의 등 현실적 문제들로 인해 급격하고 위험 부담이 많은 새로운 실험을 원하지 않았다. 그보다는 동시대의 보편 양식을 정확하게 구사함으로써 영국을 국제적으로 안정된 위치에 편입시키고자 했다.

렌 개인적으로는 경험이 쌓이면서 안정된 동시대 표준 양식을 구사하는 쪽으로 방향을 잡았다. 대륙의 고전주의 선례를 정확히 구사하고 섬세하게 시공함으로써 동시대 국제적 보편성을 획득하는 일이 중요했다. 16세기 로마 고전주의, 16세기 북부이탈리아 고전주의, 17세기 이탈리아 바로크, 17세기 프랑스 바로크, 17세기 전반부 존스의 영국 르네상스 등 참고한 선례는 다양했다. 그러나 단순 모방에 머물지는 않았다. 렌은 이런 고전 선례들을 영국의 수평선 전통에 맞춰 적절히 구사했다. 평생을 추구했던 기하학적 질서는 고전 어휘 및 장식 디테일과 적절한 균형을 이루며 한결 부드럽고 편안한 모습으로 나타났다.

세속 건물들은 교회와 달리 수평 방향으로 강하게 확장되는 특징이 두드러졌다. 이것을 분절하는 일이 건축가들에게는 중요한 숙제였다. 렌은 벽기둥, 반원형 벽기둥, 원형 기둥 등의 오더 어휘를 중심으로 창틀, 상인방, 신전 파사드, 박공, 아치, 개선 아치 등의 고전 어휘를 적절히 구사하여 지루하기 쉬운 긴 수평선에 고전적 권위를 갖는 분절을 가했다. 강한 반복 사이에 적절한 강조와 파격을 주어 율동감을 만들어냈으며, 여기에 영국의 전통적인 오분법 매스 구성, 'ㅁ'자형 평면

844 크리스토퍼 렌(Christopher Wren). 이매뉴얼칼리지 예배당(Emmanuel College Chapel). 케임브리지대학교(University of Cambridge), 영국. 1667~73

구성, 첨탑 등을 섞어 지역성을 획득했다.

이매뉴얼칼리지에서는 신전 파사드를 각색한 개선 아치로 중앙 출입구를 처리했다. 신전 파사드가 전체 윤곽을 만들었으며, 그 내부를 개선 아치의 구성으로 분할했다(그림 844). 1층은 아치로, 2층은 창으로 각각 처리했다. 두 층을 가로지르는 거대 기둥 네 개가 세 베이를 구획했다. 이런 어휘는 팔라디오가 빌라에서 많이 사용하던 것이었다. 렌은 고전 선례의 단순 차용에 머물지 않고 박공 중간에 첨탑을 세웠다. 첨탑을 싸는 건축 어휘는 고전주의였지만 박공 삼각형의 중간을 자르고 첨탑을 세우는 처리는 영국 전통을 따른 것이었다.

트리니티칼리지 도서관은 산소비노의 산마르코 도서관 구성을 차용하여 단순화시켰다. 1층과 2층 모두 아치와 반원형 벽기둥을 세트로 한 모듈 단위로 분할했다. 1층에서는 아치의 반원형 팀파눔tympanum을 막아 아케이드와 콜로네이드의 중간 상태를 취했다. 2층은 아케이드를 기본 구성으로 갖는 개구부로 처리했다(그림 845). 벽기둥은 중간에 본기둥을 세우고 양옆에서 절반 높이의 콜로네트가 보좌하는 방식을 택했다. 이것은 산마르코 도서관에서 사용했던 세를리오 모티프를 단순화한 어휘이다. 차분한 고전 어휘를 사용함으로써 건물은 중간 규모에 맞는 단아한 안정감을 획득했다.

845 크리스토퍼 렌(Christopher Wren). 트리니티칼리지 도서관(Library of Trinity College). 케임브리지대학교(University of Cambridge), 영국. 1676~84

햄프턴 코트 궁전에서는 튜더 왕조 때 튜더 양식과 조지언 양식으로 지어진 기본 골격 위에 이스트 프론트East Front와 파운틴 코트Fountain Court의 파사드를 설계했다. 평면 구성은 루브르 궁전과 베르사유 궁전을 모델로 삼았다. 외관에서는 벽돌로 지어진 두 선례에서 중세 양식을 좇아 벽돌을 주재료로 사용했으며 흰색 석재를 부재료로 섞었다. 여기에 개구 처리에서 원형 창을 섞어 영국 전통을 강조했다. 이스트 프론트 파사드는 '기단-본층-중이층-다락층'으로 구성하여 3층과 4층의 중간

846 크리스토퍼 렌(Christopher Wren), 햄프턴 코트 궁전(Hampton Court Palace), 이스트 프론트(East Front), 영국, 1690~96

상태를 유지했다. 중앙 출입구는 이매뉴얼칼리지에서 사용한 것과 같은 신전 파사드를 각색한 개선 아치로 처리했다. 이번에는 아치를 사용하지 않았기 때문에 최종 분위기는 개선 아치가 아닌 신전 파사드로 나타났다(그림 846).

파운틴 코트 파사드의 수직 구성도 이스트 프론트와 유사했다. 여기에서는 기단이 정식으로 한 층을 차지했다. 기단은 아케이드로 처리했고, 별도의 중앙 출입구는 두지 않은 채 단순 반복에 의한 분할미를 강조했다. 베이 폭은 줄어든 대신 장식 디테일이 늘었다. 이것은 작아진 안마당에 맞춘 처리이다. 고전 부재는 각자의 위치에 가장 적합한 방향으로 처리했다. 기단은 구조적 역할을 하는 탄탄한 아케이드로 처리했다. 재료도 연한 회색 석재를 사용하여 간결한 집중을 강조했다. 이 위에 본층, 중이층, 다락층은 붉은 벽돌 바탕에 장식 개념으로 처리했다. 본층 상인방을 이루는 박공은 소품화해서 가벼운 장식 느낌을 주었다. 중이층과 다락층의 창틀은 비슷한 분위기를 유지하며 더 장식적이 되었다. 창틀은 사각형, 삼각형, 원 등의 기하학적 윤곽을 명쾌하게 드러냈다. 장식적 시각 효과와 기하학적 윤곽 사이에 적절한 균형이 얻어졌다(그림 847).

그리니치의 왕립 해군병원은 미켈란젤로의 성 베드로 돔, 베르니니의 산피에트로 광장, 아르두앙-망사르의 앵발리드 돔, 자신의 성 바오로 성당, 산미켈리의 북부이탈리아 매너리즘, 팔라디오의 신전 파사드 모티프 등을 종합적으로 혼합했다(그림 848). 쌍둥이 돔의 기본 골격은 규모는 작지만 드럼을 오더 어휘가 분절하는 미켈란젤로의 성 베드

847 크리스토퍼 렌(Christopher Wren). 햄프턴 코트 궁전(Hampton Court Palace), 파운틴 코트(Fountain Court). 영국. 1690~96

로 돔을 차용한 것이다. 드럼의 네 모서리에 오더를 돌출시켜 방사선 방향을 강조한 처리와 건물 전체의 입면을 '신전 파사드-드럼-큐폴라'로 구성한 처리는 아르두앙-망사르의 앵발리드 돔을 차용했다.

아래쪽 드럼 위에 낮은 드럼을 하나 더 올려서 수직성을 인위적으로 강조한 처리는 앵발리드 돔과 렌 자신의 성 바오로 성당에서 나타났던 것이다. 안마당에 사용한 쌍기둥 열주랑은 베르니니의 산피에트로 광장에서 따왔다. 창틀에 블록을 끼운 오더를 사용한 처리는 산미켈리의 북부이탈리아 매너리즘을 차용했다. 중앙 출입구에 사용한 신전 파사드는 팔라디오 모티프로서, 이매뉴얼칼리지와 햄프턴 코트 궁전의 이스트 프론트 파사드에서 자신이 사용했던 것이다.

848 그리니치의 왕립 해군병원(Royal Naval Hospital=Royal Naval College, Greenwich), 영국. 1696~1716

3 니콜라스 호크스무어

렌, 영국 바로크, 호크스무어

니콜라스 호크스무어Nicholas Hawksmoor, 1661~1736년는 농부의 아들로 태어나 18세에 런던으로 이주하여 렌의 사무 비서로 들어갔다. 렌은 곧바로 호크스무어의 건축적 재능을 알아차리고 건축을 가르치기 시작했다. 호크스무어는 1680년대를 렌 밑에서 건축 훈련기로 보냈다. 스케치 여행1680~83년을 다녀왔고, 렌이 설계하고 있던 윈체스터 궁전1683~85년에 참여했으며, 1688년경부터는 독자적 안을 낼 수 있을 정도가 되었다. 1690년대에는 실제 지어진 작품들을 남기며 초창기 경력을 시작했다.

호크스무어는 초창기 작품부터 정확한 고전 어휘를 구사했으며 이것을 바탕으로 기념비적 표현과 섬세한 디테일의 양면적 경향 모두에 소질을 보였다. 고딕 리바이벌리즘 경향도 동시에 나타냈는데 이것은 향후 렌과 호크스무어의 차이를 결정짓는 중요한 요인이 되었다. 양식적 관심과는 별도로 내외부 사이에 균형잡힌 공간 창출에도 소질을 나타내면서 일찍부터 대가로 성장할 가능성을 보였다. 초창기의 대표작으로 노섬턴셔의 이스턴 네스턴Easton Neston, Northamptonshire, 1695년경~1710년을 들 수 있다.

이후 호크스무어의 활동은 렌과 양면적 관계를 가지며 진행되었다. 렌의 주요 작품에 보조 건축가로 계속 참여하며 평생 렌의 영향권 아래에 있었다. 시티 교회, 성 바오로 성당, 그리니치의 왕립 해군병원, 햄프턴 코트 궁전 등 렌의 거의 모든 작품에 참여했다. 도면 제작, 설계 참여, 사무 보조 등 활동 내용과 범위도 다양했다. 특히 1692년경부터 렌이 실무에서 손을 떼면서 이후 렌 작품의 도면 대부분은 호크스무어가 그렸다. 렌과의 인연은 1718년 렌이 왕실 건축 감독관에서 해임될 때까지 약 40년간 계속된다. 호크스무어는 렌의 수제자이자 후계자였다. 호크스무어는 렌 없이는 생각할 수 없을 만큼 그의 건축 인생은 렌에 종속된 것이었다(그림 849).

849 니콜라스 호크스무어(Nicholas Hawksmoor). 퀸스칼리지(Queen's College), 하이 스트리트 프론트(High Street front). 옥스퍼드대학교(Univeristy of Oxford). 영국. 1708~09

850 니콜라스 호크스무어(Nicholas Hawksmoor). 세인트메리울노스(St. Mary Woolnoth). 런던. 1716~24

다른 한편으로 호크스무어는 렌으로부터 독립하여 자신만의 독창적 경향을 완성시켰다(그림 850). 호크스무어와 밴브루로 대표되는 이른바 영국 바로크 2세대가 형성되었다. 이들은 1660년대생으로서 30대가 된 1690년대 중반에 렌의 뒤를 이어 영국 바로크 건축의 중심에 등장했다. 그 가운데 호크스무어는 렌의 제자인 동시에 독립적 건축가로 렌의 뒤를 이어 영국 바로크 건축의 전성기를 이끌었다. 렌과 다른 자신만의 창작성을 십분 발휘하며 가장 영국다운 건축가로 성장, 활동하여 영국 바로크의 새로운 가능성을 개척했다.

밴브루와의 관계도 호크스무어의 일생에서 중요한 요소였다. 밴브루와는 공동 작업으로 주요 작품들을 설계했다. 하워드 성채Castle Howard, 1699~1712년, 블레넘 궁전Blenheim Palace, 1705~16/25년, 켄싱턴 궁전 오렌저리Orangery, Kensington Palace, 1704~05년, 킴벌턴 성채Kimbolton Castle, 1707~10년 등이 대표적인 예이다. 이들 작품에서 공식적으로는 밴브루가 대표 건축가였고, 호크스무어는 밴브루에게 월급을 받는 보조 건축가였다. 그러나 구체적 내용 면에서 실제 건축가는 호크스무어였다. 렌 다음 세대를 대표하는 두 사람은 서로에게 일정한 존경심을 가지며 협동 작업을 성공적으로 수행함으로써 '밴브루-호크스무어 양식'을 창출했다.

호크스무어는 주거, 대학 건물, 교회의 세 가지 기능 유형에 골고루 대표작을 남겼다. 주거는 밴브루와의 공동 작업이 대표적 예이다. 대학 건물은 옥스퍼드와 캠브리지에 남겼다. 이 가운데 실제 지어진 건물은 옥스퍼드의 올드클래런든 빌딩Old Clarendeon Building=University Printing House, 대학출판부 건물, 1711~13년과 올소울스칼리지 북측 동North Quadrangle, All Souls College, 1716~35년이었다. 퀸스칼리지Queen's College, 1708~09년는 하이 스트리트 프론트High Street front만 지어지고 나머지는 계획안으로 남았다. 캠브리지에는 실제 지어진 건물을 남기지 못했다. 킹스칼리지 계획안King's College, 1712년을 남겼으며, 레드클리프 방Radcliffe Camera, 1712~1730년대은 초안을 잡았으나 사망한 후 깁스에게 넘어갔다.

교회는 '50채의 새 교회Fifty New Churches'로 불리는 일련의 작품들 가운데 단독으로 여섯 채를 설계했다. 그리니치의 세인트앨피지St. Alfege, 1712~18년, 스피테일필즈의 예수 교회Christ Church, Spitalfields, 1714~29년, 라임하우스의 성 안나St. Anne, Limehouse, 1714~29년, 와핑의 동방의 성 제오르지오St. George-in-the-East, Wapping, 1714~29년, 런던 시내의 세인트메리울노스St. Mary Woolnoth, 1716~24년, 블룸스베리의 성 제오르지오St. George, Bloomsbury, 1716~30년가 그것이다.

말년에는 사회 분위기가 바뀌는 와중에도 꾸준한 활동을 이어갔다. 1714년 선거에서 휘그 당이 승리하면서 왕정복고가 끝나고 개혁 바람이 불었다. 왕정복고의 대표 양식이었던 바로크도 막을 내리고 팔라디오 양식이 시작되었다. 호크스무어도 바뀐 사회 분위기에 적응하려 스피테일필즈의 예수 교회 등에서 팔라디오 양식 어휘를 사용하는 등 변신을 시도하기도 했다. 그러나 전체적 기조는 바로크를 계속 이어가며 과거 건축주로부터 몇 개의 작품을 수주했다. 블레넘 궁전의 롱 라이브러리와 우드스톡 게이트Long Library and Woodstock Gate, 1722~25년, 하워드 성채의 원형 무덤Mausoleum, 1729~36/1742년 완공과 카마이어 게이트Carrmire Gate, 1730년경 등이 대표적인 예다.

고전화된 고딕과 영국적 기념비성-대학 건물

호크스무어는 렌이 했던 것 같은 건축의 가장 근원적 내용에 대한 회의를 하지는 않았다. 그보다는 건물의 골격을 구성하는 매스와 양식 어휘 사이의 다층적이고 조형적 관계를 통해 외관에 풍부한 인상을 주는 데 관심을 두었다. 이를 위해 평면은 가급적 간단한 원형 유형을 이용했다. 평면이 간단했기 때문에 구조 처리도 쉬워서 구조적 집중을

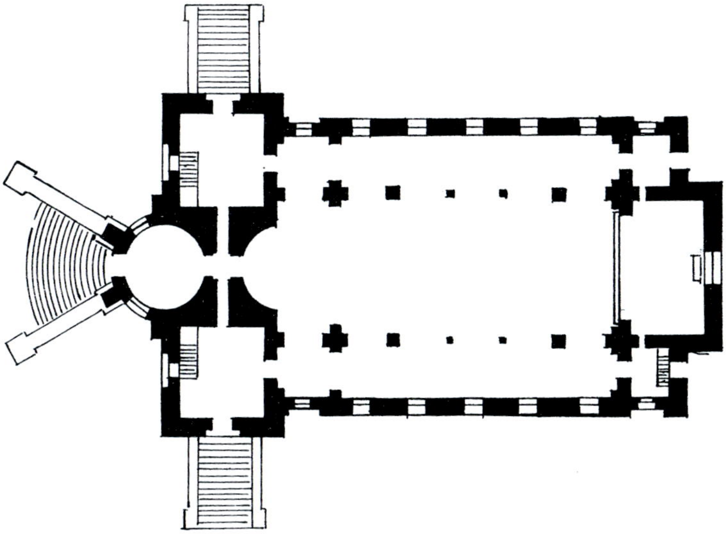

851 니콜라스 호크스무어(Nicholas Hawksmoor). 라임하우스의 성 안나(St. Anne, Limehouse). 런던. 1714~29

852 니콜라스 호크스무어(Nicholas Hawksmoor). 그리니치의 세인트앨피지(St. Alfege, Greenwich). 영국. 1712~18

통한 공간적 강조가 가능했다. 건물 본체는 간단한 기하 윤곽을 유지했지만, 여기서 그치지 않고 건물에서 파생되는 2차적 관계를 중요하게 여겼다. 2차적 관계는 주로 정면에 집중되었다. 정면 출입구를 작은 영역으로 처리하여 주변 환경과 유기적 관계를 만들었다(그림 804, 851). 이런 처리를 측면에 두는가 하면 탑이나 전망대 같은 것을 더하기도 했다. 이상의 개론적 경향과 함께 호크스무어만의 독자적 특징은 크게 네 경향으로 나타났다.

첫째, 고전주의 측면에서는 특정 선례를 차용하기보다는 기본 어휘 중심으로 단순화시켜 사용했다(그림 852). 둘째, 양식 측면에서는 절충주의로 소재의 확장을 기했다(그림 849, 850). 고전주의와 고딕을 양축으로 삼고 이집트 어휘도 부분적으로 사용했다. 셋째, 조형 측면에서는 여백과 덩어리 느낌 등 추상적 간결함을 추구했다(그림 853). 디테일도 장식적 섬세함보다는 기하학적 힘을 노렸다. 크고 작은 매스 단위들이 들고나면서 만들어내는 깊은 음영이 대표적 특징이다. 넷째, 이상적 모델로는 로마제국

853 니콜라스 호크스무어(Nicholas Hawksmoor). 퀸스칼리지(Queen's College), 하이 스트리트 프론트(High Street front). 옥스퍼드대학교(Univeristy of Oxford), 영국. 1708~09

854 니콜라스 호크스무어(Nicholas Hawksmoor). 올소울스칼리지 북측동(North Quadrangle, All Souls College). 옥스퍼드 대학교(Univeristy of Oxford), 영국. 1716~35

건축의 기념비성을 부활시키려 했다(그림 806). 그러나 거석구조나 고전적 권위가 아닌 무의식적 상상력에 기초한 절제된 강한 인상을 통해서였다. '고전화된 고딕'은 대표적 예이다.

호크스무어는 1710년 이후 도시 스케일에 관심을 가지며 옥스퍼드와 케임브리지 두 곳의 도시계획에 관여했다. 도시 스케일에 관심을 갖기 시작한 것은 렌의 작품에 참여하는 과정에서였다. 렌의 작품에서는 도시 스케일보다는 환경 디자인에 관심을 가졌다. 성 바오로 성당에서는 교회 부속 마당churchyard을, 그리니치의 왕립해군병원에서는 예배당과 앞마당을 각각 호크스무어가 설계했다. 이후 옥스퍼드와 케임브리지에서는 도시 개선안 명목으로 도시계획안을 남겼다. 이 안들은 실현되지 못한 채 계획안으로만 남았다.

올소울스칼리지는 중세 양식을 차용한 대표적인 예이다. 특히 하이스트리트 프론트가 그러했다(그림 854, 855). 영국 고딕의 수직 양식을 기본 모티프로 삼았다. 특정 선례를 기준으로 하면 윈체스터 성당Winchester Cathedral이나 캠브리지의 킹스칼리지 예배당King's College Chapel 등을 직

855 니콜라스 호크스무어(Nicholas Hawksmoor). 올소울스칼리지 북측동(North Quadrangle, All Souls College). 옥스퍼드대학교(Univeristy of Oxford), 영국. 1716~35

접 차용한 것으로 볼 수 있다. 평면은 안마당을 갖는 'ㅁ'자형 구성으로 영국 대학의 전형적 유형이다. 수평선이 전체적인 분위기를 지배하는 가운데 수직 양식 모티프가 창 분할과 첨탑 등을 통해 부분적으로 수직적 액센트를 가했다.

기본 어휘는 아치이다. 반원형 아치를 주요 모티프로 사용하여 수평성 분위기를 도왔다. 이번에도 포인티드 아치를 부분적으로 더해 액센트를 주었다. 외관은 전체적으로 호크스무어 특유의 추상성 강한 여백이 주도한다. 그 사이를 들고남이 심한 고전 어휘와 고딕 어휘가 어울리면서 '중세화된 고전주의' 혹은 '고전화된 고딕'이라는 호크스무어만의 바로크 양식을 창출했다. 양식적 의미를 떠나 그 자체가 주는 음영 효과가 뛰어나다. 부재 크기와 벽체 깊이가 휴먼 스케일 범위에 머물면서 얻어진 짙은 음영은 친근감을 주었다.

양식사적 의미도 크다. 중세성은 이탈리아, 프랑스, 영국 바로크에서 각각 다르게 차용되어 나타났는데, 호크스무어는 직접적으로 고딕 어휘를 차용하여 고전화함으로써 자신만의 특징을 완성시켰다. 로마 제국 건축의 기념비성을 영국 전통으로 번안하여 표현한 것이다. 혹은 이런 장면은 영국적 기념비성을 대표하는 것으로 볼 수도 있다. 가장 영국다운 건축은 고전도 고딕도 아닌 수평화된 고딕으로 정의할 수 있다. 이것은 프랑스 고딕과 달리 고전의 수평 질서가 주도하는 고딕이라는 의미이다. 프랑스 고딕이 초월적 구조물과 자잘한 디테일의 양극단을 보인 것과 달리, 영국 고딕은 휴먼 스케일의 중간 범위에 머물면서 수평적 안정감을 주요 특징으로 나타냈다.

호크스무어는 이런 영국의 중세 전통을 찾아내어 이것을 고전 어휘로 번안, 표현함으로써 가장 영국다운 바로크 기념비성을 얻어냈다. 대학 건물이 영국 역사에서 갖는 의미를 생각하면 이런 처리의 중요성은 배가된다. 대학은 영국의 중세 문화를 대표하는 매체였다. 이것이 르네상스와 바로크를 거치며 이어져 초기 근대 영국 사회의 요체로 성장했다. 영국의 대학은 서로 상반되는 문명인 중세와 초기 근대를 하나로 이어주는 연속성을 상징적 특징으로 가진다. 이것을 표현하는 문제가 건축가들에게는 중요한 과제였다. 호크스무어는 이것을 훌륭히 해냈고, 이런 점에서 가장 영국다운 건축가였다.

퀸스칼리지 하이 스트리트 프론트는 거친 표면 처리를 통해 시각 효과를 노리는 전형적인 바로크 기법으로 처리했다(그림 849). 벽면 전체는 줄눈을 두껍게 하여 혹두기 효과를 냈으며, 그 사이에 아치가 규칙적 분할을 가했다. 출입구는 쌍기둥으로 처리했고, 쌍기둥 표면에는 혹두기로 거칠게 처리한 원형 블록을 끼웠다. 출입구 위에는 원형 파빌리온을 이용한 전망대를 두어 내외부 사이에 소통 수단을 확보했다. 전망대 골격은 여덟 개의 쌍기둥이 받쳤다. 전망대는 크기가 작지만 쌍기둥으로 받쳤기 때문에, 구조 부재가 지붕 밖으로 돌출하면서 전망대를 2단으로 분리시켰다.

'50채의 새 교회' -아치 파노라마와 다원 출입구

'50채의 새 교회'는 렌의 시티 교회 이후 최대 규모의 교회 프로젝트이다. 1710년 그리니치 교구 교회가 폭풍에 파괴되자 교구민들은 새 교회 건설을 국회에 탄원했다. 이 탄원은 당시 집권당이었던 토리 당의 런던 개발 계획과 맞물리면서 50채를 짓는 큰 프로젝트로 발전했다. 성 바오로 성당과 시티 교회가 마무리 단계에 접어들자, 국회는 여기에 지급되던 예산을 새 교회 건설에 돌리기로 결정했다. 50채의 새 교회는 런던 외곽과 웨스트민스터 등 당시 신개발 지역에 할당되었다. 1714년 선거에서 휘그 당이 승리하면서 이 프로젝트는 중단되었고 실제 지어진 것은 4분의 1이 채 안 되었다.

호크스무어는 위원회1711~33년에 핵심 멤버로 참여하여 프로젝트 전체를 이끌어가면서 동시에 단독으로 주요 교회 여섯 채를, 존 제임스John James와 공동으로 두 채를 설계했다. 이 여섯 채의 교회는 호크스무어를 가장 잘 보여주는 대표작이다. 수준 높은 고전 어휘를 기본 골격으로 삼아 추상성 강한 변형을 즐겼으며, 중세주의 모티프를 혼합했다. 출입구를 여러 개 두어 외부와의 관계를 다원화했다. 무엇보다도 아치를 다양하게 이용하여 기하학적 조형성을 노렸다.

그리니치의 세인트앨피지는 단순 사각형의 1랑식 바실리카로 구성되었다. 정면과 양 측면 세 곳에 출입구 영역을 두었고, 후면에는 첨탑을 본당에서 분리된 별도의 매스로 처리했다. 이 건물은 호크스무어가 대학 건물들을 설계하던 때 지어졌기 때문에, 도리스식 거대 기둥과 벽체의 깊이감 등 대학 건물들에서 사용하던 어휘를 유사하게 적용했다. 외관에서는 주출입구를 인 앤티스in antis로 처리하는 등 추상성 강한 고전주의를 기본 골격으로 삼고, 그 위에 아치를 기학적적으로 응용하여 조형적 악센트를 가했다(그림 852). 측면에서는 표준형 아치를 가지런히 반복하여 분할 효과를 노렸다. 첨탑에서는 홍예석을 블록으로 처리하거나 평아치의 종석을 과장, 강조하는 등 시각적 자극을 노렸다(그림 856). 첨탑 기단은 큰 아치로 지붕을 처리해서 반원의 안정감을 주었다. 첨탑을 원통형으로 처리한 다음, 개구부를 원형 창과 아치를 수직으로 중첩시켜 원의 기하학적 특징을 강조했다.

스피테일필즈의 예수 교회는 3랑식 바실리카로 구성되었다(그림 857). 정면에 '네 개의 오더-아치-몸통-첨탑'으로 구성되는 큰 출입구 영역을 두었다. 측면과 후면 양끝에는 작은 계단을 두어 내외부 사이에 소통 관계를 형성했다. 호크스무어의 교회는 대부분 네 면에 출입구를 복수 개 가졌는데, 이런 처리는 여러 가지 목적을 갖는다. 주변 환경과 다원적 소통을 갖기 위한 목적, 외관에 조형적 변화를 주기 위한 목적, 영국의 전통적인 'ㅁ'자형 구성이 갖는 균등한 방향성을 주기 위한 목적, 단순한 평면과 전체 윤곽에 강한 대칭성을 주기 위한 목적 등이다. 외관에서는 첨탑이 압권이다(그림 804). 첨탑은 고전 어휘로 구성되었지만 큰 개념은 고딕 양식에서 가져온 것이다. 튼튼한 도리스식 오더 네 개가 구조적 안정감을 주며 첨탑을 받쳤다. 몸통은 중간의 긴 아치와 양측면의 2단 아치로 구성하면서 반원형 조합에 의한 안정감을 노렸다. 첨탑은 네 단으로 구성하여 위로 올라갈수록 점증하는 수직성을 나타냈다.

856 니콜라스 호크스무어(Nicholas Hawksmoor), 그리니치의 세인트앨피지(St. Alfege, Greenwich), 영국, 1712~18

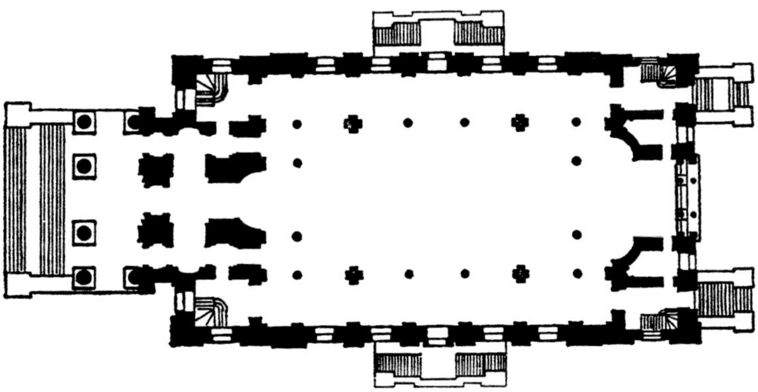

857 니콜라스 호크스무어(Nicholas Hawksmoor), 스피테일필즈의 예수 교회(Christ Church, Spitalfields), 런던, 1714~29

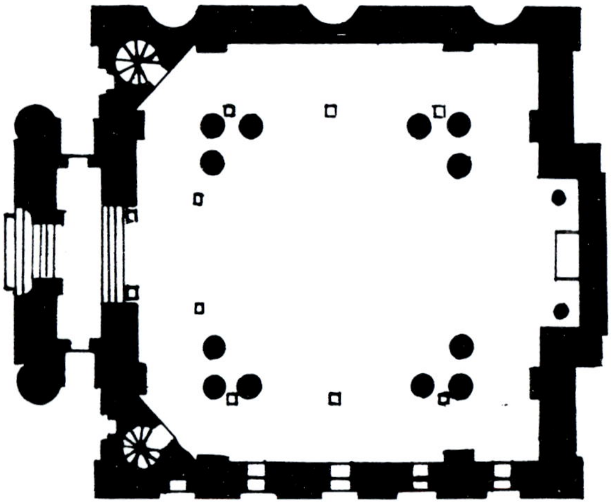

런던 시내의 세인트메리울노스는 정사각형만으로 건물 전체를 구성했다(그림 858). 정면 한쪽에만 출입구 영역을 두어서 정사각형 윤곽을 잘 유지했다. 실내에서는 네 모서리에 'ㄱ'자형을 이루는 세 개의 쌍기둥을 두어서 구조적 집중과 공간적 집중을 겸했다(그림 859). 외관에서는 아치를 기본 어휘로 사용하되 정사각형 본체를 강조하는 방향으로 처리했다. 출입구에서는 아치를 수직으로 중첩시켰다(그림 850). 1층은 정상적 출입구로 처리하여 그 위에 중이층을 넣었다. 두 층 모두 아치로 처리했는데, 홍예석을 수평 방향으로 길게 뽑아 전면에 자잘한 수평선을 만들었다. 아치는 축조성을 완전히 지우고 혹두기를 단순화시킨 시각 요소로 바뀌었다.

블룸스베리의 성 제오르지오는 정사각형을 기본 공간으로 삼아 십자축 방향으로 증식되면서 교회로서의 면모를 갖추었다(그림 860). 정면에는 '전실-열주랑-계단'으로 구성되는 출입구 영역을 더했다. 후면 쪽으로는 2베이 깊이의 공간을 더했다. 양측면에는 계단 출입구와 앱스를 더했다. 계단 출입구는 양쪽 반대 방향에서 접근하여 가운데에서 만나 들어가도록 했다. 앱스의 위치 때문에 이 측면 출입구가 주출입구가 되고 정면 출입구는

858 니콜라스 호크스무어(Nicholas Hawksmoor), 세인트메리울노스(St. Mary Woolnoth), 런던, 1716~24

859 니콜라스 호크스무어(Nicholas Hawksmoor), 세인트메리울노스(St. Mary Woolnoth), 런던, 1716~24

860 니콜라스 호크스무어(Nicholas Hawksmoor), 블룸스베리의 성 제오르지오(St. George, Bloomsbury), 런던, 1716~30

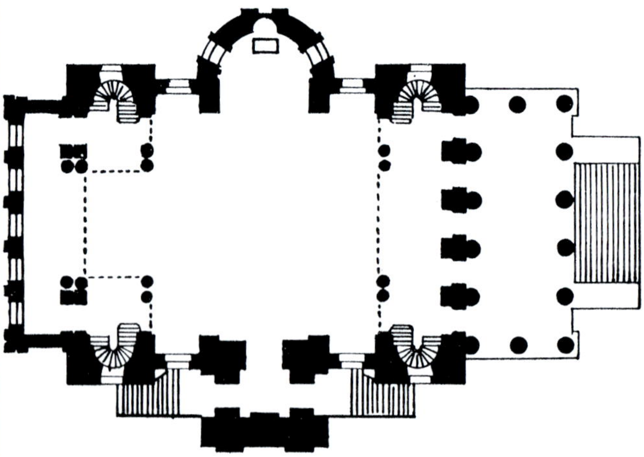

861 니콜라스 호크스무어(Nicholas Hawksmoor), 블룸스베리의 성 제오르지오(St. George, Bloomsbury), 런던, 1716~30

상징적 파사드로 남았다. 중앙의 정사각형 공간은 기둥을 없애는 대신 네 모서리에 쌍기둥을 집중시켰다(그림 861). 외관에서는 신전 파사드를 주요 어휘로 사용했다(그림 806). 근엄한 신전 파사드를 정면 출입구로 삼았고, 첨탑 몸통도 소품화된 작은 신전 파사드로 감쌌다. 첨탑 지붕은 피라미드를 소품화한 사각뿔로 처리했다.

4 존 밴브루 경

정치와 건축 사이

존 밴브루 경Sir John Vanbrugh, 1664~1726년은 코미디 작가 겸 건축가이다. 엄밀한 근대적 기준에 의하면 그는 아마추어 건축가였다. 건축 교육을 정식으로 받은 적이 없었으며 작품에서 담당했던 역할도 제한적이었다. 그는 보다 포괄적 의미의 예술적, 문학적 감수성을 바탕으로 건물의 큰 방향을 정하고 기술적 세부 사항은 호크스무어로 대표되는 전문 건축가와 협동 작업으로 해결했다. 밴브루는 정치력도 뛰어나 이렇게 완성된 건물들을 자신의 작품으로 만드는 수완을 겸비했다.

호크스무어와의 관계는 대표적인 예이다. 전문적 관점에서 보면 호크스무어의 작품이라고 보아야 할 것들이 건축사적으로는 밴브루의 작품으로 기록되어 있다. 그러나 밴브루는 부정적 의미에서의 정치꾼은 아니다. 예술을 사랑하고 즐길 줄 아는 감수성과 소질을 지녔다. 자신이 고용한 건축가들의 전문성을 인정하고 존중해서 큰 충돌 없이 협동 작업을 잘 해나갔다. 코미디 작가로서도 지금까지도 공연되는 중요한 작품들을 남겼다. 연극사에서 밴브루는 왕정복고를 대표하는 중요한 위치를 차지한다.

밴브루의 정치적 성향은 가계와 어릴 적 경험에서 비롯되었다. 밴브루는 영국 귀족과 네덜란드 사업가가 혼합된 가문에서 태어나 어려서부터 정치적 협상과 상업적 계산의 분위기에 익숙했다. 1688년까지는 인문학 교육 기간을 거친 뒤 크고 작은 장사와 사업에서 일을 배웠으며, 1688~93년에는 프랑스에서 투옥되는 등 비교적 험난한 젊은 시절을 보냈다. 프랑스 체류 때 르보의 성채, 앵발리드 돔, 베르사유 궁전 등을 보며 건축적 상상력을 키웠다. 1693년 영국으로 돌아와 1702년까지 주로 코미디를 쓰며 보냈다.

그 이후 밴브루는 전격적으로 건축에 뛰어들었다. 밴브루는 프랑스 여행 경험이 유일한 건축적 배경이었다. 스스로 건축에 소질이 있음을 발견하고 이것을 누르지 못했던 것이다. 1699년 칼라일의 백작 찰스 하워드를 설득해서 하워드 성채1699~1712년 설계를 따낸 것이 본격적인 첫 작품이다(그림 862). 이때 전문 건축가가 필요해 사촌의 소개로 호크스무어를 만나 협력 관계를 구축했다. 대표 건축가는 일거리를 따낸 밴브루였고 호크스무어는 밴브루에 고용된 관계였다. 그러나 이것은 서류상 그러했을 뿐, 전문적 건축 내용은 대부분 호크스무어가 처리했다.

862 존 밴브루(John Vanbrugh), 하워드 성채(Castle Howard), 영국, 1699~1712

첫 공동 작품이었던 하워드 성채에서 비교적 성공적으로 협력 관계를 구축한 두 사람은 블레넘 궁전1705~16/25년에서는 보다 안정된 공동 작업을 수행했다(그림 863). 역할 분담도 보다 공식적으로 구별, 정리되었다. 이 두 대표작 이외에 켄싱턴 궁전 오렌저리1704~05년와 킴벌턴 성채1707~10년도 같은 방식의 협동 작업으로 진행되었다. 이 네 건물은 '밴브루-호크스무어 양식'이라고 불리며 영국 바로크 건축에서 독특한 위치를 차지한다.

밴브루는 정치적으로는 휘그 당-청교도 연합에 속했다. 개인적으로는 왕정복고가 끝난 조지 1세 때 정치적으로 가장 안정된 기간을 맞았다. 그러나 그 이전의 왕정복고 기간에도 왕실 정치과 일정한 거리를 유지하는 대신 귀족이나 지방 영주 등과 거래함으로써 탄탄한 건축주들을 확보할 수 있었다. 그는 자신의 대표적 건축주였던 칼라일과 말버러Marlborough의 정치적 부침에 따라 건축 활동을 전개하였다. 조지 1세 즉위 전에는 '밴브루-호크스무어 양식'으로 설계한 네 개의 대표작,

863 존 밴브루(John Vanbrugh), 블레넘 궁전(Blenheim Palace), 영국, 1705~16/25

864 존 밴브루(John Vanbrugh). 킹스 웨스턴(king's Weston). 글로스(Glos), 영국

퀸스 극장Queen's Theater, 런던, 1704~05년, 에이번의 킹스 웨스턴King's Weston, Avon, 1710년경~14년 등을 남겼다.

조지 1세 즉위 이후에는 독립적 작품 활동에서 전성기를 맞았다. 이 시기는 팔라디오 양식이 새로운 사조로 나타났다. 팔라디오 양식은 밴브루의 정치적 배경인 휘그 당-청교도를 대표하는 양식이었다. 이 때문에 밴브루는 호크스무어보다 팔라디오 양식에 감성적으로 더 가까웠다. 건축 경향으로 볼 때에도 장식을 절제한 추상적 분위기와 여백의 벽체는 팔라디오 양식은 소화해내기에 적합한 특징들이다(그림 864). 실제로 밴브루는 1703년에 『건축사서』의 앙드레 프레아Andre Freart 번역본을 구입하는 등 팔라디오에 대해서 관심이 많았다.

개인적으로 팔라디오 양식을 이끈 건축가들과 교류도 많았다. 조지 1세 즉위 이후 밴브루의 작품은 팔라디오 의존 성향을 일정 부분 나타냈다. 도저의 이스트베리Eastbury, Dorser, 1718~26년/1738년, 로저 모리스(Roger Morris)에 의해 완공와 하워드 성채 신전1728년은 대표적인 예이다. 그러나 구체적 내용에서는 진정한 의미의 팔라디오 양식에 도달하지 못했다. 동시대의 평가도 그를 팔라디오 양식 건축가로 분류하지 않았다. 그 이전에 이미 바로크 건축에 심하게 몰입했기 때문에 새 양식을 좇기에는 늦었다고 할 수 있다.

조지 1세 즉위 이후 밴브루의 활동은 작품 활동과 정치적 활동으로 나눌 수 있다. 작품 활동에서는 그리니치의 밴브루 성채Vanbrugh Castel, 1718~21년경, 도저의 이스트베리, 버킹엄셔의 스토Stowe, Buckinghamshire, 1719년경~24년, 노섬벌랜드의 시애튼딜래벌Seaton Delaval, Northumberland, 1720~28년, 그림소프 성채Grimsthorpe Castle, 1722~26년, 하워드 성채 신전 등의 대표작을 남겼다. 정치적 활동에서는 1714년에 기사 작위를 받았으며, 1715년에는 렌의 왕실 건축 감독관직을 보좌하기 위해 새로 설립된 왕실 건축위원회Board of Works의 감사관직을 맡아 렌을 도왔다. 같은 해 왕실 정원 수자원 총감독관Surveyor of Gardens and Waters도 함께 맡았다. 렌의 후임으로 왕실 건축 감독관을 제의받았으나 고사했다.

코미디 극작, 픽처레스크, 조형적 흥겨움

865 우드스톡 매너(Woodstock Manor)

밴브루의 건축 경향은 고전 어휘에 대한 의존도는 높지 않은 가운데 영국 전통을 살려내는 데 중점을 두었다. 영국 전통은 렌이나 호크스무어가 구체적 양식이나 건축적 선례를 차용했던 것과 달리 픽처레스크 양식 분위기와 플랑부아양 flamboyant 성채를 주요 모티프로 삼았다. 스스로 '성채 분위기castle air'라는 말을 즐겨 쓰며 성채를 평생의 건축 모티프로 응용했다. 특히 튜더 양식과 제이콥 양식의 성채 모티프에 강하게 집착했는데, '우드스톡 매너Woodstock Manor'는 그가 가장 좋아했던 성채이다(그림 865). 밴브루는 당시 폐허로 남아 있던 우드스톡 매너의 아름다움을 찬양했으며, 3년 동안 수시로 이곳을 드나들며 살다시피 했다. 그는 중세 성채를 가장 영국다운 전통으로 보았다. 중세 성채를 주요 모티프로 삼아 수목, 하늘, 구름, 경치 등 자연환경과 어울리는 모습으로 표현하는 경향을 주요 특징으로 추구했다.

건물 구성은 영국의 전통적인 오분법을 따랐다. 이것을 기본 모티프로 삼아 십자축 방향으로 증식해서 건물 수를 늘렸으며, 이렇게 늘어난 건물은 다시 한가롭게 어울리며 픽처레스크 양식 분위기를 살렸다(그림 866). 대칭을 선호해서 고전적 안정감을 형성했는데, 이것은 기념비적 질서가 아닌 목가적 평화로움을 돕는 쪽으로 처리했다. 고전 어휘는 중앙 출입구에 집중적으로 사용하여 이 부분을 강조했다. 측랑에서는 고전 어휘를 자제하는 편이었다. 여백이 많은 벽체에 크고 단순한 창을 명확하게 뚫음으로써 음영을 통한 조형적 흥겨움을 노렸다. 오분법을 이루는 중심부, 측랑, 측동 사이에 매스와 건축 구성의 차이를 두어 율동감, 음영, 변화감 등을 주었다. 이런 특징들은 지루함을 경계하는 조형적 흥겨움으로 나타났다.

866 존 밴브루(John Vanbrugh), 하워드 성채(Castle Howard), 영국, 1699~1712

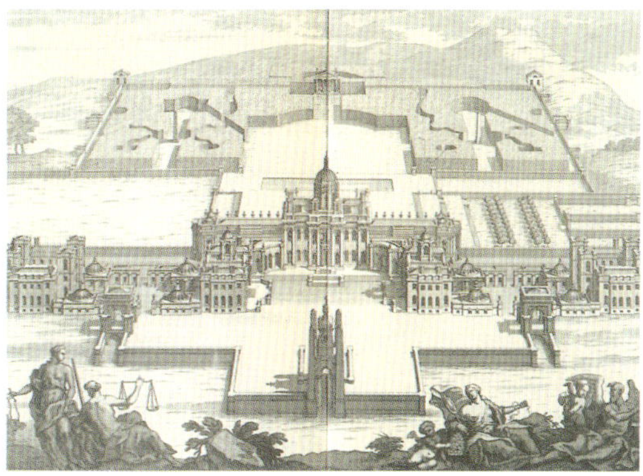

픽처레스크 경향과 조형적 흥겨움은 밴브루의 코미디 작가 경력과 연관시켜 생각할 수 있다. 연극을 좋아했던 찰스 2세는 왕정복고와 함께 연극

867 연극 〈엘리드 공주*La Princesse d'Elide*〉 무대 장면

을 복원했다. 영국 연극은 셰익스피어가 활동하던 엘리자베스 시대에 전성을 누린 뒤 침체되어 있었다. 찰스 2세가 복원시킨 연극에서는 엘리자베스 시대의 전통, 대륙의 영향, 왕정복고 시기만의 새로운 특징 등 세 가지 내용이 혼합되었다. 이 가운데 왕정복고만의 새로운 특징으로 나타난 것이 자연 경치의 사용이다. 밴브루는 자신의 작품이 공연되는 배경에 자연 경치를 즐겨 사용했으며, 이 과정에서 건물을 자연 경치와 잘 어울리게 만드는 데 신경을 많이 썼다(그림 867). 무대 디자인은 실제 건물보다 실험적 창작에 더 많은 자유가 주어지기 때문에 밴브루는 자신의 건축 철학을 훈련하고 확인할 기회를 가질 수 있었다.

868 존 밴브루그(John Vanbrugh), 블레넘 궁전(Blenheim Palace), 영국, 1705~16/25

조형적 흥겨움 역시 밴브루의 코미디 작가 경력과 연관시켜 생각할 수 있다(그림 868). 밴브루 개인의 성격도 위트와 유머 감각이 뛰어났던 것으로 알려져 있다. 이것은 확장하면 영국 사람들의 기질이기도 하다. 낭만적 자연 환경과 항상 흐린 날씨라는 상반된

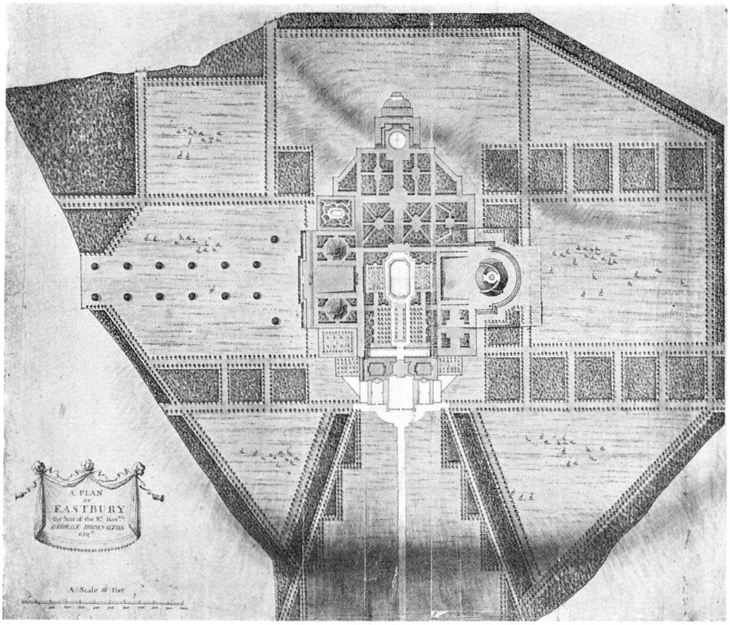

869 존 밴브루(John Vanbrugh). 도저의 이스트베리(Eastbury, Dorser). 영국. 1718~26/1738년 로저 모리스(Roger Morris)에 의해 완공

자연 조건 속에서 전자를 즐기고 후자를 극복하기 위해 영국 국민은 위트와 유머를 즐겼다. 영국에서 유럽 대륙 국가들보다 일찍부터 코미디가 발달했던 것도 이 때문이다. 밴브루가 활동하던 때에는 특히 가면극이 유행했다. 가면은 실제 얼굴을 가리는 또하나의 다른 얼굴로서 상상력을 발휘하여 원하는 캐릭터나 인상을 만들기에 적합한 매개였다. 가면을 활용하여 인간 감정과 유머 감각을 표현하는 코미디 작가의 기질은 밴브루의 건축 경향에도 반영되어 조형적 즐거움으로 나타났다.

도저의 이스트베리는 이상의 밴브루 경향을 잘 보여주는 예이다. 평면에서는 픽처레스크 분위기를 노렸다(그림 869). 평면은 영국의 전통적인 성채 유형을 응용한 구성으로 이루어졌다. 중앙의 큰 안마당을 중심으로 세 면에 세 개의 매스를 배치했다. 가운데 매스는 주 출입구, 양옆의 매스는 측랑을 각각 이루었다. 양옆의 매스는 속에 별도의 안마당을 추가로 가졌다. 세 매스는 붙지 않고 일정한 거리를 두고 떨어졌으며 열주랑을 통해 연결되었다. 가운데 주출입구 건물을 중심으로 양옆에 크고 작은 부속 건물들이 고즈넉이 어울렸다. 성채 모티프가 전체 분위기를 주도했으며, 중간에 망루 같은 직접적 어휘도 차용했다. 수평

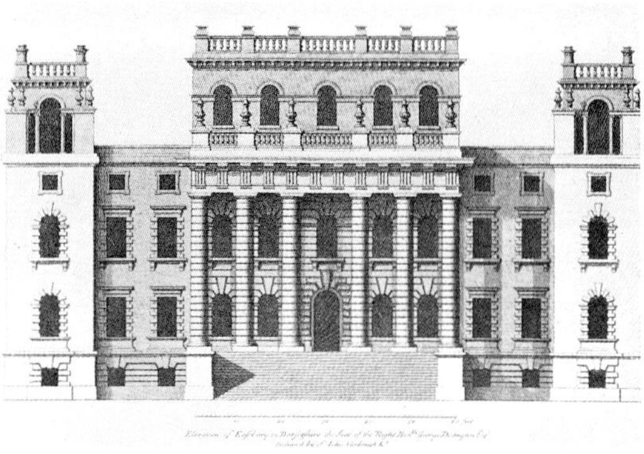

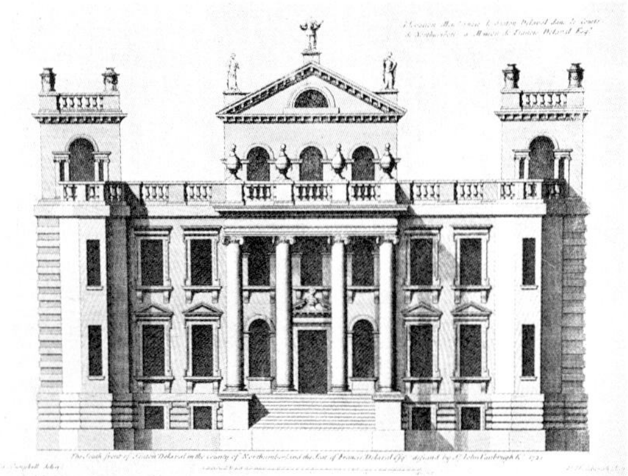

870 존 밴브루(John Vanbrugh). 도저의 이스트베리(Eastbury, Dorser). 영국. 1718~26/1738년 로저 모리스(Roger Morris)에 의해 완공
871 존 밴브루(John Vanbrugh). 노섬벌랜드의 시애튼딜래벌(Seaton Delaval, Northumberland). 영국. 1720~28

선이 두드러지되 고전적 질서라기보다는 초원 위 구름 아래 시골 마을이 평화롭게 펼쳐지는 것과 같은 픽처레스크 질서로 나타났다.

주출입구 파사드는 조형적 흥겨움을 나타냈다. 주출입구는 여러 번 수정되었으나 오분법 구성과 거대 기둥은 공통 어휘였다. 거대 기둥은 쌍기둥, 독립 원형 기둥, 코린트식, 도리스식 등으로 다양하게 시도되었다. 출입구 지붕은 신전 파사드, 단순화된 개선 아치, 엔태블러처의 평지붕 등으로 다양하게 시도했다. 측랑은 아치 창과 사각형 창의 두 가지를 사용했다. 창 이외의 장식은 절제했다. 추상적 분위기의 벽체 여백을 바탕으로 단순한 아치는 경쾌한 율동과 박자를 만들었다. 출입구의 고전 모티프는 중심을 잡으며 측랑의 율동과 박자를 이끌었다. 거대 기둥의 적절한 간격은 강하지도 약하지도 않은 적절한 음영을 만들어내며 파사드 전체의 흥겨운 분위기를 도왔다(그림 870).

노섬벌랜드의 시애튼딜래벌도 이스트베리와 유사한 구성을 가진다. 평면은 이번에도 중앙의 안마당을 중심으로 세 부분으로 구성되었다. 양옆 부분은 'ㅁ'자형이 아닌 일자형으로 처리했다. 정면 출입구는 쌍기둥이 좌우를 보좌하고 중간에 아치를 두 단 넣었으며, 지붕에는 별도의 한 층을 더 쌓았다(그림 871). 최종 지붕은 신전 박공으로 마감했다. 쌍기둥과 아치 벽면은 줄눈을 두껍게 해서 혹두기를 표현했다. 측랑이 짧아 창을 통한 율동과 박자는 만들어지지 않았다. 그 대신 오분법을 이루는 매스를 통해 조형적 흥겨움을 시도했다. 매스의 기하학적 형태와 건축 기능이 다양하고 들고남이 심했다. 출입구를 이루는 수직 방향의 복층 구도는 수평 방향의 다양성을 도왔다.

5

밴브루-호크스무어 양식

홉스와 감정적 무의식

앞에서 언급한 바와 같이 밴브루의 대표작들, 나아가 영국 바로크의 대표작들 가운데 하워드 성채, 블레넘 궁전, 켄싱턴 궁전 오렌저리, 킴벌턴 성채 등 네 채는 호크스무어와의 파트너십으로 태어났다. 건축적 중요성이 큰 두 사람의 건축가가 여러 곳의 대작에서 협동 작업을 한 것은 건축사에서 드문 경우이다. 이 두 사람 사이에는 역할 분담이 비교적 잘 되었고, 큰 충돌 없이 파트너십을 잘 이끌어갔다. 건축적 소질은 두 사람이 비슷했지만 경향에서는 달랐다. 두 사람 모두 영국적 바로크를 강하게 탐구했으나, 각자 염두에 둔 구체적 내용이 달랐다. 호크스무어는 강한 건축적 집중도를 보이며 매스 조작과 건축 어휘의 어울림에 뛰어난 소질을 보였다. 반면에 밴브루는 건축을 벗어난 더 포괄적 범위에서 영국인들의 전통적 감성과 민족 감정을 표현하는 데 치중했다.

건축적 전문성은 호크스무어가 담당했다. 밴브루는 디자인 아이디어를 내고 기본 스케치를 그리는 선까지 참여했다(그림 872). 그 이상의 전문적인 건축 내용들은 전적으로 호크스무어에 의존했고 이 과정에서 많이 배웠다. 완공 이후에는 이것을 곧 자기 것으로 만들어 포장해내는 능력을 발휘했다. 그러나 도용이나 표절 등 도를 넘는 성치술을 부리지는 않았다. 밴브루는 전문 건축가가 아니었기 때문에 호크스무어의 도움이 절대적으로 필요했다. 호크스무어는 도면, 디테일, 적산 등 핵심적 전문 내용에서 밴브루를 도와 대작을 탄생시켰다. 밴브루의 아이디어와 스케치를 도면으로 발전시키고 필요한 건축 디테일을 만든 뒤 공사비를 적산해서 건축주와 협상했다.

872 존 밴브루(John Vanbrugh), 원형 신전과 오벨리스크 스케치

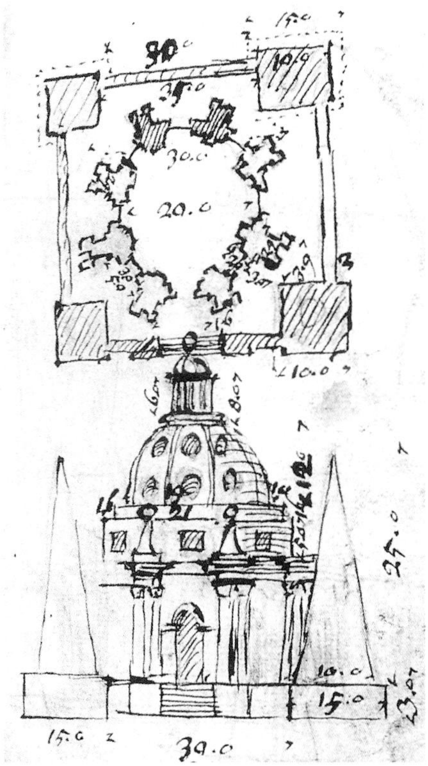

873 존 밴브루(John Vanbrugh), 하워드 성채(Castle Howard), 영국, 1699~1712

'밴브루-호크스무어 양식'으로 불리는 경향에서 두 사람의 저작권을 엄밀히 가려내는 일은 불가능하다. 저작권은 양쪽에 있는 것으로 보아야 한다. 공식적인 대표 건축가가 밴브루였기 때문에 문서에는 이 건물들이 밴브루의 작품으로 기록되어 있다. 스케치의 건축적 완성도도 높은 편이어서 기본 개념을 밴브루 것으로 볼 수 있다. 다른 한편 이 건물들을 호크스무어 양식이라고 볼 수 있는 점들도 있다. 실제 내막과 건축 경향 등을 종합했을 때 저작권은 호크스무어에게 더 크게 있다고 보는 사가들도 있다.

밴브루는 이번에도 자신의 평생 관심이었던 픽처레스크한 분위기를 성채 모티프로 표현하는 쪽으로 큰 방향을 잡았다(그림 809, 873). 여기에 더해 당시 왕실을 둘러싸고 요구되던 정치적 권위를 웅장한 분위기로 표현하려는 욕망도 컸다. 넓게는 왕정복고 영국의 국가적 위상과 영국적 정체성, 좁게는 건축주의 정치적 위상과 경쟁심 등을 만족시켜 줄 필요성이 크게 요구되었다. 이것을 건축 어휘와 구성을 이용해서 구체적 건물로 만들어낸 것은 호크스무어였다. 창 패턴의 복합 구성, 오분법과 3베이 군집을 구성하는 건축-조형 어휘들, 도리스식이나 코린트식 등 고전 오더의 정확한 구사와 힘 있는 디테일, 모르타르 선을 두껍게 한 거친 처리 등은 밴브루 능력이나 경향을 벗어난 호크스무어의 어휘였다(그림 874).

'밴브루-호크스무어' 양식은 영국 바로크의 2세대를 대표한다. 이들은 1세대였던 렌의 결정적 영향을 받았으면서도 동시에 많이 달랐다. 앞에서 살펴본 바와 같이 두 사람 각각의 건축 경향이 그러했다. '밴브루-호크스무어' 양식에서는 이런 두 사람의 특징이 섞여 나타났다. 베이컨의 구체적 실험정신의 영향을 받은 렌과 달리, 두 사람은 감정적 무의식을 여러 방식으로 표현하는 상상력 훈련과 감성적 창조력에 중점을 두었다. 그 배경으로 당시 시대 상황과 토머스 홉스Thomas Hobbes의 철학이었던 '무의식적 상상력'을 들 수 있다(그림 875).

두 사람 모두 1660년대생으로 세기말에 전성기를 보냈다. 이 시기는 왕정복고 세대로 전제 정치와 가톨릭이 연합한 보수적 분위기가 주도하는 가운데, 사회 곳곳에서 자유로운 발전이 민간 분야의 개혁 단서로 충돌하던 때였다. 일반론적 의미에서 바로크는 고전주의의 보수성과 비정형적 자유 정신의 양면성을 갖는 양식이다. 이 가운데 영국 바로크는 사회의 보수적 분위기 때문에 전자에 많이 묶여 있었다. 이 점에서는 프랑스나 이탈리아와 유사했다.

그러나 자유로운 창작과 해방의 움직임으로 여기에 맞서는 경향도 강하게 나타냈다. 이 점은 프랑스나 이탈리아와 다른 영국 바로크만의 특징이다. 자유로운 창작성은 물론 이탈리아 바로크를 이끈 원동력이기도 했다. 그러나 이탈리아에서는 순수 조형적 창작력이 주도했다. 반면 영국은 사회적 개혁 정신을 배경으로 삼아 건축적 창작 에너지를 공급받은 차이점이 있다. 이 과정에서 영국의 중세적 정체성은 자유로운 창작성을 구성하는 주요 요소로, 고전주의의 보수성이 갖는 동시대 보편성에 대항하는 지역적 특수성으로 탐구되었다.

렌이 과학정신으로 자유로운 창작과 해방을 시도했다면, 밴브루와 호크스무어 세대는 홉스의 무의식적 상상력 개념으로부터 영향을 받았다. 홉스는 사회 격변 사이에서 개인이 겪는 심리적 공포감을 무의식적 싱싱력이라는 개념으로 정리했다. 홉스는 기본적으로 인간의 이성을 옹호하면서 교회의 절대 권위에 도전했다. 홉스는 대륙 여행을 통해 갈릴레오, 케플러, 데카르트 등의 학문적 성과를 접했으며, 이들의 이성 합리주의로부터 영향을 받았다. 홉스는 이성에 의해 걸러진 무의식적 상상력을 통해 심리적 공포감을 예술적 창조력으로 승화시킬 수 있다고 주장했다. 이것의 구체적 방법으로서 연역적으로 정해진 명사와 명제가 실제 현실과 갖는 관계를 평생 탐구했다.

874 존 밴브루(John Vanbrugh), 하워드 성채(Castle Howard), 영국, 1699~1712

875 토머스 홉스(Thomas Hobbes), 『리바이어던*Leviathan*』 표지

이런 노력은 두 건축가에게서 고전주의의 절대 규범을 개개 건물에 적용하는 과정에서 특수 상황과 균형을 찾는 작업으로 나타났다. 나아가 물체의 잠재적 운동성이 갖는 잔존 기억을 인간의 심리 작용에도 적용했다. 지각, 감정, 행동 등의 바탕에 무의식이 작용하여 이것이 추론과 판단에 영향을 끼친다는 이론이다. 이런 이론은 두 건축가의 건축에 나타나는 감정적 힘에 영향을 끼쳤다. 호크스무어의 고전화된 고딕과 아치 파노라마, 밴브루의 조형적 흥겨움 등이 대표적인 예이다.

매스 구성과 조형적 흥겨움–하워드 성채

하워드 성채는 성주 칼라일의 정치적 야심에 맞춰 웅대한 규모로 계획되었다(그림 809, 866). 칼라일은 휘그 당을 이끈 정치 지도자로 요크셔를 정치적 기반으로 삼았다. 칼라일은 이런 자신의 권위를 과시할 기념비적 규모와 양식을 원했다. 평면은 중앙 마당의 세 면을 세 개의 영역이 감싸는 구성으로 이루어졌다(그림 876). 북쪽 정면에 본체가 위치했고 동서쪽 양측면에 'ㅁ'자형 건물을 배치했다. 실제 지어진 것은 이 가운데 양측면 건물의 한쪽 면과 본체이다. 최종 평면은 마당을 세 면에서 에워싸는 'ㄷ'자형 구성이 되었다.

프로그램 구성은 왕궁을 모델로 삼았다. 본체는 '출입구 영역–전실–

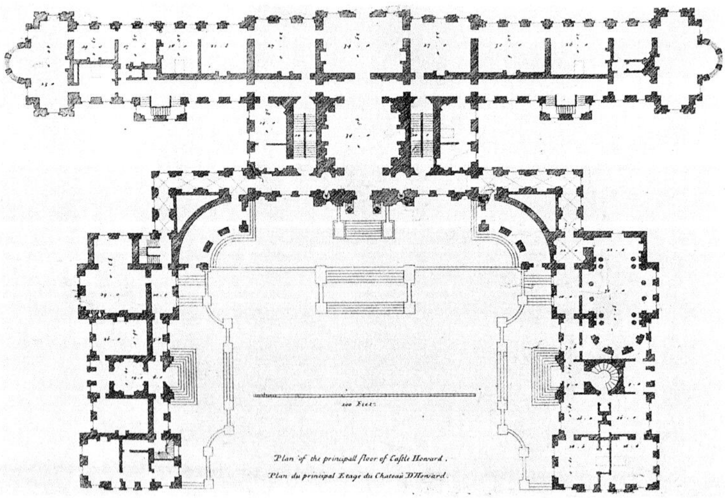

876 존 밴브루(John Vanbrugh), 하워드 성채(Castle Howard), 영국, 1699~1712

접견실'을 평행하게 나열한 세 켜의 구성으로 이루어졌다. 남쪽 전면에 12개의 방을 나열한 일직선 매스는 압권이다. 이 방들은 접견실로 왕궁을 모델로 삼은 것이었다. 침실보다 접견실을 더 많이 넣은 것은 칼라일의 야심을 만족시키기 위해서였다. 건축 구성도 12개의 방을 줄을 맞춰 강한 일직선으로 배열했다. 전실은 돔으로 천장을 마감했다. 양측면 건물은 왕궁의 '왕의 영역'과 '왕비의 영역'을 본뜬 것이었다. 웅장함을 과시하기 위해 참고한 선례로 여러 건물이 거론된다. 렌의 그리니치 왕립 해군병원, 파리의 앵발리드 호텔, 르보의 4개국 대학, 장 마로Jean Marot의 만하임 선거후 궁전Electoral Palace, Mannheim 등이 대표적인 예이다.

외관 매스의 전체적인 분위기는 다양한 요소들의 파노라마를 이루었다. 매스 구성에서는 삼분법, 오분법, 칠분법 등 다양한 방식을 혼용했다. 매스 윤곽에서는 육면체, 정육면체, 원통형, 구, 원, 정사각형, 삼각형, 피라미드 등 다양한 형태를 썼다. 건축 어휘도 다양하다. 오더, 돔, 신전 박공 등의 고전 어휘를 기본으로 삼아 아치, 감실, 개선 아치, 평지붕, 경사 지붕, 피라미드 지붕, 줄눈을 두껍게 한 조적쌓기 등이 사용되었다. 이상의 요소들이 어울리면서 매스 단위들은 변화와 안정감 사이에서 적절한 균형을 유지했다. 매스의 들고남과 스케일 변화가 약하지 않은 편이었지만, 그렇다고 영국의 전통적 유기 구성의 범위를 벗어나지도 않았다. 조형성은 율동감을 지향하면서도 기본기에 충실한 탄탄한 고전 어휘의 사용은 건축적 안정감을 도왔다.

877 존 밴브루(John Vanbrugh), 하워드 성채(Castle Howard), 영국, 1699~1712

878 존 밴브루(John Vanbrugh), 하워드 성채(Castle Howard), 영국, 1699~1712

파사드는 남쪽 면과 북쪽 면이 달랐다. 남쪽 면은 신전 박공과 돔을 중첩시켜서 수직선을 강조했고, 매스 구성도 변화가 심했다(그림 877). 이런 구성은 프랑스적인 특징으로 밴브루가 프랑스 체류 때 체득한 것으로 보인다. 아치 열이 창을 분할한 처리는 앵발리드 호텔에서 나타난 구성이다. 북쪽 면은 중앙의 단일 매스를 중심으로 측랑을 곡선으로 돌렸는데, 이것은 만하임의 선거후 궁전에서 차용한 것으로 보인다(그림 878). 두 면 모두 중심 매스에 거대 기둥을 사용했는데 남쪽 면은 코린트식, 북쪽 면은 도리스식으로 각각 처리했다. 북쪽 면에는 출입구 차양에 이오니아식 소형 기둥을 추가했다.

이상의 특징들 가운데 밴브루와 호크스무어의 역할을 완전히 구별하기는 쉽지 않다. 평면과 파사드의 전체 구성은 밴브루의 아이디어였다. 여행을 통해서 접한 대륙 선례를 참고한 것도 밴브루였다. 장식이 절제된 추상 여백이 사용되지 않은 점도 호크스무어가 자신의 특징을 발휘하지 못한 것으로 볼 수 있다. 호크스무어는 이런 내용들을 실제 건물로 축조한 건축 어휘와 디테일 등 구체적 사항을 담당했다. 특히 하워드 성채의 가장 중요한 생명인 다양한 매스 구성도 호크스무어의 몫이었던 것으로 보인다(그림 809).

호크스무어는 1690년대 중반부터 스승 렌과 다른 자신만의 경향을 나타내기 시작했는데, 가장 두드러진 내용이 매스 구성의 다양성이다. 렌의 건축이 개별 매스의 축조와 고전 어휘의 정확한 구사에 머문 반면, 호크스무어는 매스들 사이의 다양한 관계로부터 새로운 건축적 조형성을 얻어내는 발전을 보였다. 이런 차이는 영국 바로크 2세대를 결정짓는 중요한 기준이었는데, 이것이 가장 잘 드러난 것이 하워드 성채이다. 이 대목은 밴브루에 대한 호크스무어의 영향을 잘 보여준다.

호크스무어는 건축가답게 다양한 매스 구성을 건축적 특징으로 정착시켰다. 반면 코미디 작가였던 밴브루는 이것을 받아들여 조형적 흥겨움이라는 일반화된 정서로 표현했다.

매스 변화와 '성채 분위기'-블레넘 궁전

블레넘 궁전의 평면은 하워드 성채를 차용했다(그림 879). 중앙 마당의 세 변에 영역 하나씩을 대응시킨 처리, 중심 영역을 여러 켜로 구성한 처리, 접견실을 일렬로 배열하며 강조한 처리, 중심 영역의 출입구 양옆 측랑을 곡면으로 돌린 처리, 매스 구성에 변화를 주며 조형적 흥겨움을 강조한 처리, 다양한 건축 어휘를 혼용한 처리, 거대 기둥을 사용한 처리 등이 대표적인 예이다(그림 863). 차이점도 있었다. 고전 어휘의 집중도가 두드러지게 증가한 점, 매스 변화가 더 심해지면서 안정감보다 강한 조형성을 지향한 점, 장식이 줄어들고 추상 여백이 증가한 점 등이 대표적인 차이점이다.

고전 어휘는 오더에 집중되었다(그림 868, 880). 오더는 건물 전면을 수없이 구획하며 전체적 특징을 결정지었다. 이런 처리는 궁전의 정치적 권위를 표현한 것으로 볼 수 있다. 매스 변화는 수평-수직 양방향으로 일어났다. 수평 방향으로는 들고남이 심해지면서 오분법이

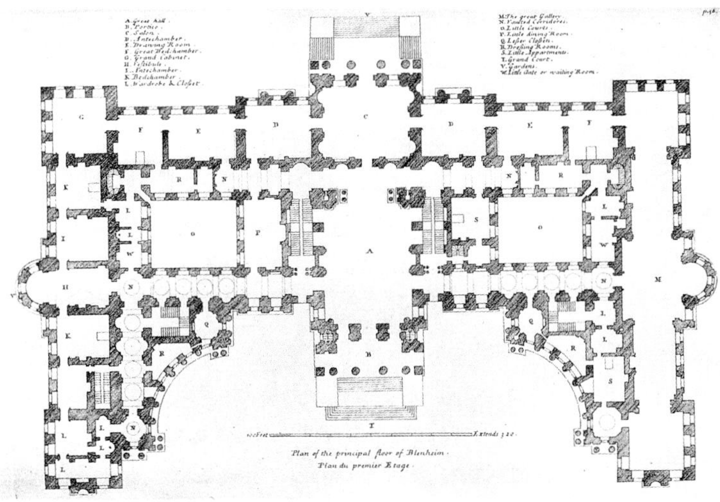

879 존 밴브루(John Vanbrugh), 블레넘 궁전(Blenheim Palace), 영국, 1705~16/25

880 존 밴브루(John Vanbrugh), 블레님 궁전 (Blenheim Palace), 영국, 1705~16/25

나 칠분법 같은 매스 구성을 벗어나 영역 단위를 병렬시킨 것 같은 효과로 나타났다. 수직 방향으로는 지붕, 작은 뾰쪽탑, 조각상, 랜턴 등을 다양하게 변화시켜 역동적 스카이라인을 형성했다(그림 881). 추상적 특징은 장식 부재를 건축 디테일이나 조각상으로 한정시키면서 벽체에 여백을 주는 경향으로 나타났다.

이상의 특징들은 밴브루의 조형적 흥겨움이 반영된 결과였지만, 구체적 건축 디테일에서는 호크스무어의 건축 경향이 강화된 것으로 볼 수 있다. 매스 변화는 호크스무어의 개별 건물에 나타난 부재 단위별 들고남의 분위기를 매스 단위의 복합 구성으로 확대한 것처럼 율동감이 강조되었다. 부엌동 안마당kitchen court의 시계탑clock tower은 수직 방향으로 '아치 출입구-중이층-몸통-탑'의 4단 복합 매스로 구성되었는데, 이것은 중세 모티프를 응용한 호크스무어 특유의 건축 경향이다. 고전 어휘는 하워드 성채에서 담당했던 자신의 디테일 설계 역할을 한층 발전시킨 것이었다. 추상적 분위기는 오더가 많이 쓰인 북쪽 주출입구를 제외한 남쪽 면, 부엌동 안마당, 중앙홀 등 여러 곳에서 두드러졌다. 이상의 특징들은 연도로 볼 때 호크스무어의 대표작들이 본격적으로 나오기 전에 설계된 것으로, 블레님 궁전에서 자신의 건축관을 대형 스케일로 실험할 좋은 기회를 가졌던 것으로 볼 수 있다.

이런 점에서 블레넘 궁전은 '밴브루-호크스무어 양식'이 궁극적으로 호크스무어의 양식이라는 사실을 뒷받침하는 좋은 증거이다. 반면 밴브루의 건축적 생각도 반영되었다. 블레넘은 성채나 개인 주거가 아닌 궁전으로 계획되었지만, 건축적 특징은 하워드 성채에서 나타난 처리를 이어받는 등 성채 분위기를 유지했다. 이것은 밴브루의 '성채 분위기' 개념이 반영된 결과로 보인다. 역동적 스카이라인은 이것이 반영된 구체적 결과이다.

881 존 밴브루(John Vanbrugh). 블레넘 궁전(Blenheim Palace). 영국. 1705~16/25

블레넘 궁전에 나타난 특징들 가운데에는 이후 밴브루의 대표적 경향으로 자리 잡은 내용들이 많다. 중앙 마당의 세 변에 영역 하나씩을 대응시킨 처리와 아치를 수직으로 중첩시킨 뒤 두꺼운 줄눈의 조적쌓기로 벽체에 혹두기의 분위기를 준 처리 등은 대표적인 예이다. 이스트베리와 시애튼딜래벌 등은 이런 처리들이 쓰인 대표적인 예이다. 이런 처리가 밴브루 자신의 아이디어였는지 호크스무어의 영향을 받은 것인지에 대해서는 단정적으로 말하기 어렵다. 그러나 상당 부분은 호크스무어가 저작권을 갖는다는 것이 건축사가들의 견해이며, 이런 점에서 밴브루에 끼친 호크스무어의 영향을 보여준다.

6 아처와 깁스

토머스 아처와 제임스 깁스는 영국 바로크의 마지막 단계를 대표하는 건축가이다. 두 사람은 모두 이탈리아 고전주의에서 강한 영향을 받은 공통점을 지녔지만 성향은 상반된다. 아처는 마지막 단계에 함몰되며 영국 바로크와 함께 끝난 반면, 깁스는 영국 바로크를 18세기 신고전주의로 이어 넘긴 기여를 했다. 이런 차이는 물론 두 사람의 나이 차이에서 비롯된 측면이 크다. 그러나 영국 바로크가 18세기 중반까지 계속된 점을 볼 때 깁스의 변신은 그의 창조성과 건축적 능력을 보여주는 것으로 평가될 수 있다.

아처는 나이로 보면 1660년대생의 2세대에 속했다. 그러나 호크스무어나 밴브루처럼 영국 바로크를 대표하지 못하고 쇠퇴기의 특징을 보였다. 1660년대 후반부생인 점이 이런 현상에 일정 부분 영향을 끼쳤을 것으로 보인다. 아마추어 건축가였던 아처는 작품 경향에서의 쇠퇴적 현상과는 달리 적지 않은 작품을 남겼다. 앤 여왕의 말구종 일을 하며 주거 등의 왕실 건축에 참여했으며, '50채의 새 교회' 프로젝트에도 참여하여 두 채의 교회를 남겼다.

882 토머스 아처(Thomas Archer). 스미스 광장의 성 요한(St. John's, Smith Square). 런던. 1713~28

아처는 1691~95년 사이 파도바와 로마를 여행하며 이탈리아 바로크를 익혔다. 이탈리아 바로크 건축도면집인 도메니코 로시Domenico Rossi, 1657~1737년의 『공공 건축 연구*Studio d'architecture civile*』1702도 중요한 출처였다. 이런 선례들로부터 거대 기둥, 조각 페디먼트, 귀 모양 아키트레이브lugged architrave 등의 이탈리아 바로크 어휘를 사용했다. 특히 보로미니의 곡면 자유 형태에서 많은 영향을 받았다. 그러나 아처는 선례 어휘의 직접적 차용을 뛰어넘는 창조적 각색을 보여주지 못했다. 대표작으로 채스워스의 캐스케이드 하우스Cascade House, Chatsworth, 1702년, 뎁포드의 성 바오로St. Paul's, Deptford, 1713~30년, 스미스 광장의 성 요한St. John's, Smith Square, 런던, 1713~28년 등을 들 수 있다.

깁스는 영국 바로크의 마지막 건축가이자 신고전주의의 문을 연 건축가이다. 깁스는 영국 건축가 가운데 최초로 이탈리아에서 정식으로 고전주의 교육을 받았다. 대륙의 여러 나라를 여행한 뒤 1703년에 로마에 도착하여 카를로 폰타나의 수제자가 되었다. 이후 1708년에 런던으로 돌아와 곧바로 설계사무소를 열어 작품 활동을 시작했다. 1715년경까지는 토리 당을 주요 건축주로 삼아 바로크의 마지막 양식을 사용했다. 1713년에 호크스무어가 주도하던 '50채의 새 교회' 프로젝트에 참여하는 등 바로크 건축으로 경력을 시작했다.

이 기간에는 세인트메리르스트랜드St. Mary-le-Strand, 런던, 1714~23년와 웨스트민스터 수도원의 뉴캐슬 기념비Newcastle Monument, 1714~23년 등을 대표작으로 남겼다(그림 883). 건축 경향은 대륙에서 익힌 이탈리아 바로크, 고전주의, 프랑스 바로크 등에 많이 치우친 특징을 보였다. 이것은 길게는 고전주의의 원본, 짧게는 동시대 국제주의 양식을 탐구하려는 입장으로 이해된다. 이런 입장은 영국 바로크 건축가들의 지역 양식과 구별되는 깁스만의 특징이다. 이런 특징은 이 기간 동안에 이미 이오니아식의 원형열주식peripteral 신전 양식을 선보이는 등 신고전주의의 서막을 알리는 새로운 실험적 경향으로 나타났다.

883 제임스 깁스(James Gibbs), 세인트메리르스트랜드(St. Mary-le-Strand), 런던, 1714~23

1715년을 넘기면서 깁스는 새롭게 나타나기 시작한 팔라디오 양식으로 변신했다. 그러나 여기에 오래 머물지는 않았다. 새로운 권력 주체로 떠오른 휘그 당의 후원을 얻는 정치적 변신에 성공하면서 1720년에 청교도 교회인 광야의 성 마르티노St. Martin-in-the Fields, 런던, 1720~26년 설계를 맡았다. 이 교회에서 깁스는 신전 파사드를 전면에 내세운 유사 원형열주식pseudoperipteral 양식을 선보이며 신고전주의의 문을 열었다(그림 884). 1720년은 아직 1660년대생의 바로크 건축이 뒤늦은 전성을 누리며 지어지던 시기였다. 깁스는 그 틈을 뚫고 18세기 건축의 문을 연 새로운 도약을 했다. 영국 바로크는 깁스를 매개로 신고전주의와 중첩되며 막을 내렸다.

884 제임스 깁스(James Gibbs), 광야의 성 마르티노(St. Martin-in-the Fields), 런던, 1720~26

13장 중부유럽 바로크 (1680~1750)

1 중부유럽 바로크의 성립

신성로마제국과 합스부르크 제국

중부유럽[Central Europe] 바로크는 독일[신성로마제국], 오스트리아, 보헤미아[체코] 등 세 지역을 중심으로 진행되었다. 시기로는 1680~1750년 사이이며, 양식 사조로는 후기 바로크와 로코코에 해당된다. 왕조사 기준으로는 신성로마제국의 남부독일과 합스부르크 제국으로 양분될 수 있다(그림 885). 이 두 지역의 바로크는 건축 경향과 그것의 정치사회적 배경에서 대별되었다. 신성로마제국은 반종교개혁에 의한 가톨릭 열풍이 지배한 점에서 이탈리아 바로크와 유사했다. 교회가 대표 기능 유형이었으며, 건축 경향도 보로미니와 과리니의 영향을 직접 받았다. 반면 합스부르크 제국은 세속 권력의 정치적 욕망이 지배한 점에서 절대왕정이 이끌었던 프랑스 바로크와 유사했다. 궁전과 성채가 대표 기능 유형이었으며, 건축 경향도 베르사유 등 프랑스 궁전의 영향을 많이 받았다(그림 886).

885 30년 전쟁 이후 독일. 1648

886 요한 루카스 폰 힐데브란트(Johann Lucas von Hildebrandt). 벨베데레(Belvedere). 빈

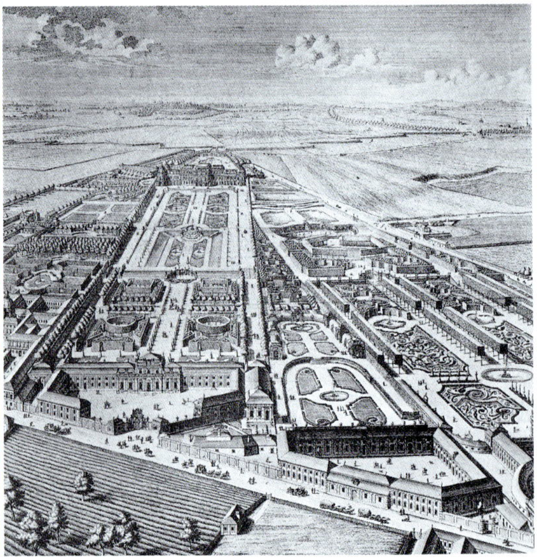

신성로마제국은 16세기까지도 고딕 전통이 지속되면서 르네상스가 자리를 잡지 못했다. 그 대신 종교개혁의 발상지로서 매너리즘이 기형적으로 유행했다. 그러나 곧이어 1570년대부터 시작된 반종교개혁으로 인해 바이에른과 오스트리아는 가톨릭 국가가 되었다. 특히 바이에른은 가톨릭 독일Catholic Germany이라고 불릴 정도로 기독교 열정이 가장 융성한 지역이었다. 이때의 열정은 1618년에 30년 전쟁이 터지는 바람에 건축으로까지 이어지지 못했다. 30년 전쟁 결과 독일은 황폐화했고 신성로마제국은 사실상 와해되었다.

887 프란츠 그레펠스(Franz Greffels). 〈최후의 전투*The Decisive Battle*〉, 1683

30년 전쟁이 끝나고 17세기 후반부가 되자 가톨릭 열풍은 오히려 더 거세졌다. 이런 종교적 열정은 황폐화한 독일을 재건하는 데 밑거름이 되었다. 1683년에 빈 방어에 성공한 후 1687년에는 헝가리를 해방시키고, 1701년에는 프로이센Prussia 왕국이 성립되는 등 독일은 국력을 회복해갔다(그림 887). 가톨릭 열풍을 교회 건축으로 연결시키려는 움직임이 뒤를 이었다. 18세기 초는 서북유럽에서 과학혁명과 합리주의 운동에 의해 기독교가 심각한 도전을 받으며 붕괴되기 시작한 때였다. 그러나 남부독일과 오스트리아에서는 가톨릭 열정이 마지막 불꽃을 태우며 뒤늦은 전성을 누렸다. 유럽 역사에서 마지막 신탁기였다. 이것을 담당한 것이 바로크 양식이다. 이런 전성이 교회 건축으로 이어져 이 지역에서는 뒤늦게 바로크가 크게 융성했다. 독일 고딕의 역동적 열정주의가 국가 전통으로 내려오다가 동시대 유행 양식과 접목하여 탄생한 것이 중부유럽의 교회 바로크 건축이었다.

888 요한 미카엘 피셔(Johann Michael Fischer), 성 미카엘(Sankt Michael), 베르크암라인(Berg-am-Lain), 독일, 1740~44

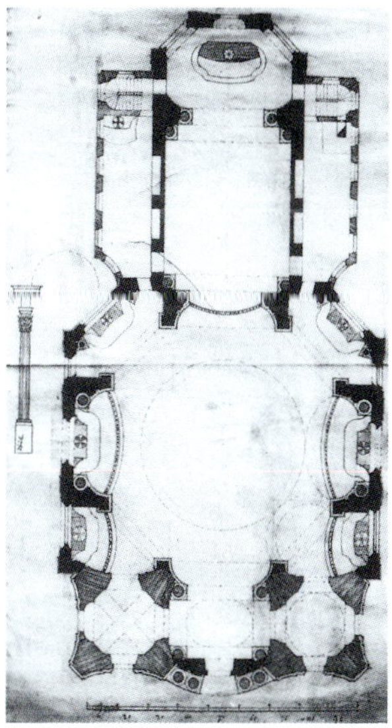

가톨릭 열풍은 교회 건축에서 선형 평면을 선호하는 결과로 나타났다. 라틴 크로스나 바실리카 유형보다는 타원이 주로 쓰였다. 타원을 직접 쓰지 않을 경우 원을 나열시켜 공간 전체를 타원으로 만들었다. 단일 타원보다는 크고 작은 원과 타원의 조합으로 이중 골격의 타원 윤곽을 만드는 경향이 두드러졌다(그림 888). 타원의 선형성은 동선이 아닌 시선에 의해 얻어졌다. 동선 길이가 너무 짧은 데다 단축도 생기는 등 선형에 대한 집중도를 약화시키는 요소가 많았기 때문이다. 실내에는 중부유럽 특유의 장식적 장경주의가 더해졌는데, 이것이 제단

에 집중되면서 출입구에서 제단을 바라보는 시선이 선형을 형성했다. 벽체는 굴곡이 심해서 파도치듯 율동이 만들어졌는데, 제단을 향한 방향성을 약화시키는 벽감이나 예배당 같은 공간은 두지 않았다.

실내는 그 자체가 하나의 천상 세계로 정의되었다. 벽면을 형성하는 오더와 엔태블러처는 고전적 정체성을 잃고 벽체와 합쳐지면서 율동을 구성하는 곡면 요소가 되었다. 석재는 물성을 잃고 반죽 재료를 부어 만든 것처럼 느껴진다. 볼트와 돔은 장식이 놓이는 바탕면이 되었다. 치장 벽토, 프레스코, 공예, 조각상 등이 어우러지면서 모든 것은 녹아 합쳐져 하늘 세계를 새롭게 만들었다. 무한성, 영생, 전지 전능 등 기독교의 기본 개념을 표현하는 독일식 신비주의였다(그림 889).

889 요한 발타자르 노이만(Johann Balthasar Neumann), 장크트파울린(Sankt Paulin), 트리어(Trier), 독일, 1732~54

중부유럽 바로크와 다원성

중부유럽 바로크에서는 많은 수의 건축가들이 활약했다. 역사적 중요성을 갖는 건축가들만 20여 명에 달하고, 국적도 다양했다. 중부유럽은 화려한 장식으로 대표되는 나름의 바로크 양식을 창출하며 전성을 누렸다. 지어진 건물 수와 활약한 건축가 수만 보면 서북유럽을 능가할 정도이다. 그러나 시작 시점이 늦은 점, 이탈리아 바로크의 영향을 너무 많이 받은 점, 장식 경향 한 가지에 지나치게 치우친 점 등으로 인해 유럽 바로크 전체의 관점에서 보면 그 중요성이 현저히 떨어진다.

중부유럽 바로크는 지역과 건축가의 세대를 기준으로 분류할 수 있다. 지역은 뮌헨 중심의 남부 바이에른, 뷔르츠부르크Würzburg 중심의 북부 바이에른, 츠빙거Zwinger와 드레스덴Dresden 중심의 작센, 베를린 중심의 프로이센, 프라하 중심의 보헤미아Bohemia, 빈과 잘츠부르크Salzburg 중심의 합스부르크 황실, 멜크Melk 중심의 저지 오스트리아Lower Austria 등으로 나눌 수 있다(그림 890). 여기서 독일 바로크는 여러 지역으로 분산되어 진행되었음을 알 수 있는데, 이것은 수도에 대한 집중도가 컸던 프랑스나 영국과 구별되는 현상이다.

890 1600~1789년 사이 중부유럽의 예술과 건축 중심지 분포도

이런 현상은 지방분권이 강했던 독일의 정치적, 지리적 상황이 반영된 것이다. 독일은 중앙 권력이 약하고 작은 공국들의 연합으로 유지되어왔다. 독일은 프랑스나 영국과 달리 바로크 시기까지 초기 근대 개념의 국가가 아직 형성되지 않았는데, 이런 현상이 건축에서도 나타난 것이었다. 세대는 1640~60년대생과 1680~90년대생으로 나눌 수 있다. 1640~60년대생 건축가들은 1680~90년대에 첫 작품을 내기 시작하며 중부유럽 바로크의 문을 열었다. 1680~90년대생은 이것을 이어받아 전성을 구가했다.

주요 건축가로는 추칼리, 딘첸호퍼 형제, 피셔 폰 에를라흐, 프란타우어, 루카스 폰 힐데브란트, 푀펠만, 슐뤼터, 킬리안 이그나츠 딘첸호퍼, 노이만, 치머만 형제, 아잠 형제, 피셔, 에프너, 퀴비예 등을 들 수 있다. 이들을 활동 지역과 세대에 따라 구분하면 아래 표와 같다. 이 표를 보면 중부유럽 바로크는 1640~60년대생 건축가들에 의해 독일, 오스트리아, 보헤미아 세 지역에서 시작해서 1689~90년대생에 의해 바이에른과 남부독일로 옮겨가 전성기를 맞았음을 알 수 있다. 보헤미아 지방은 딘첸호퍼 가문에 의해 바로크 전 기간 동안 안정된 기조를 유지했다.

		1640~60년대생	1680~90년대생
독일	남부 바이에른 (뮌헨)	추칼리	치머만 형제, 아잠 형제, 피셔, 에프너, 퀴비예
	북부 바이에른 (뷔르츠부르크)		노이만
	작센 (츠빙거, 드레스덴)	푀플만	
	프로이센 (베를린)	슐뤼터	
보헤미아 (프라하)		딘첸호퍼 형제	킬리안 이그나츠 딘첸호퍼
오스트리아	합스부르크 황실 (비엔나, 잘츠부르크)	피셔 폰 에를라흐 루카스 폰 힐데브란트	
	저지 오스트리아 (멜크)	프란타우어	

공예적 장식성과 자유 형태

중부유럽 바로크는 이탈리아 바로크 가운데 보로미니와 과리니의 비정형 기법과 베르니니의 장경주의 기법을 합친 경향을 나타냈다. 이 두 경향은 모두 오더 중심의 고전주의 규범과는 다른 감흥적 효과를 추구하는 공통점을 가졌는데, 이런 경향이 영향을 끼친 것은 자연 환경에서 비롯된 중부유럽의 지역 전통과 연관이 깊다. 이 지역은 대부분 초원이 펼쳐지는 목가적 풍경을 자연환경으로 가졌다. 국민은 술과 노래를 좋아하는 낭만적 기질을 가졌다. 낭만성은 현실도피적 이상주의로 나타나기도 했는데, '보헤미안' 기질은 이것을 잘 설명해준다.

건축 전통도 이에 맞게 심각한 상징성이나 권위적 기념비성보다는 즉흥적 장식 경향이 주를 이루었다. 전통 양식은 고전주의가 아닌 공예적 장식성에 기초한 고딕이다. 14~15세기 비텔스바흐 왕조Wittelsbach Dynasty 양식이 대표적인 예이다. 이런 공예적 장식성은 베르니니의 장경주의 기법과 잘 맞았다. 고딕 건축의 일반적 특징이 오랜 시간에 걸친 귀납적 축적인 데 반해, 중부유럽의 고딕 건축은 장식을 담는 그릇 개념으로서 총체적 단일 장으로 정의되었다. 건물은 공예 장식이 만드는 경치의 배경이었다. 중세적 개념의 장경주의였다.

중부유럽 바로크는 이런 전통을 이어받아 장식 장경주의를 중요한 특징으로 나타냈다. 베르니니의 장경주의는 좋은 선례가 되었지만 차이점도 있었다. 베르니니의 장경주의는 고전주의를 기본 매개로 삼아 조각, 건축, 회화의 종합예술[Gesamtkunstwerk]을 추구했으며, 예배당 같은 3차원 공간 단위를 배경으로 삼았다. 반면에 중부유럽의 장경주의는 치장 벽토, 프레스코, 공예 등 장식이 주를 이루었으며, 건축은 여기에 종속되었고, 고전주의에 대한 의존도도 낮았다. 배경은 2차원 면이었다. 이런 특징은 이탈리아와 구별되는 중부유럽 바로크만의 종합예술 경향을 형성했다(그림 891).

891 요한 미카엘 피셔(Johann Michael Fischer), 장크트안나암레흘 교회(Sankt Anna am Lechl), 뮌헨(München), 독일, 1727~37

중부유럽의 전통 건축에서는 토착 양식이 '고전 대 고딕' 같은 고급 양식보다 더 크게 성행했다. 토착 양식은 흰 회벽, 곡면 외관, 경사 지붕, 비대칭, 자유로운 창 구성 등 전체적으로 비정형 자유 경향을 대표적 특징으로 가진다(그림 892). 이런 특징은 보로미니의 비정형 기법

892 도미니쿠스 치머만(Dominikus Zimmermann), 비스 순례 교회(Wallfahrtskirche, Die Wies), 독일, 1746~54

893 요한 발렌틴 토만(Johann Valentin Thomann). 성 베드로(Sankt Petrus). 마인츠(Mainz), 독일. 1748~56

을 받아들이기에 좋은 배경으로 작용했다. 공예적 장식성은 토착 양식에서도 동일하게 나타났다. 목재와 석재를 혼용한 건축 디테일이 공예 장식과 함께 쓰였다. 장식이나 디테일의 내용도 무거운 인문적 상징성에서 벗어나 시각적 즐거움이나 민속적 감성 같은 즉흥적 가치를 추구했다. 이런 내용은 자유 형태와 잘 어울리면서 비정형 경향을 도왔다.

이상의 내용들이 중부유럽 바로크에 나타난 중세성의 핵심을 이루었다. 서북유럽과 마찬가지로 중부유럽에서도 중세성은 바로크를 이루는 중심 개념 가운데 하나였다. 서북유럽의 중세성은 공예적 장식성과 토착 자유 형태로 요약될 수 있다(그림 893). 이 두 가지만큼 포괄적이지는 않았지만, 보헤미아와 인근 독일 지역을 중심으로 벽기둥 교회wall-pillar church라는 좁은 의미의 중세 양식이 부활되어 쓰이기도 했다. 여기에 더해 가문 중심의 장인 전통도 또다른 중요한 내용이었다. 중부유럽에서는 고딕 시대부터 가문 중심으로 건축 기법을 대물림하는 전통이 있었다. 팔러 가Parler family는 대표적인 예였다. 이것은 체계화된 중앙 조직에서 장인 교육을 담당하던 서북유럽과 다른 전통이다.

이런 전통은 바로크 시기에도 계속되었다. 중부유럽 바로크를 이끌었던 20여 명의 건축가들은 정식으로 고전주의를 교육받은 서북유럽 개념의 건축가와 중부유럽의 전통적 장인의 두 그룹으로 나누어진다. 딘첸호퍼 가문, 치머만 형제, 아잠 형제 등은 장인 그룹을 대표했다. 이들은 중앙의 교육 조직에서 강요하는 법제화된 건축 대신 가문에서 비전으로 내려오는 공예 전통을 물려받았다. 이것은 공예적 장식성과 토착 양식의 자유 형태라는 중부유럽 바로크의 중세성을 표현하기에 적합했다. 독일에서는 후기 고딕이 16세기까지 계속되면서 르네상스가 없었기 때문에, 장인 가문의 전통은 후기 고딕과 바로크를 바로 연결하는 연속성을 갖는 측면도 있다. 연속성은 중부유럽 바로크에 나타난 중세성에 대한 확실한 증거로 해석된다.

중부유럽 바로크 건축의 전개 2

독일-추칼리, 슐뤼터, 푀펠만

중부유럽 바로크는 여러 지역에서 동시다발적으로 시작되었다. 각 지역은 대표 건축가를 가졌다. 남부독일은 추칼리와 비스카르디, 작센은 푀펠만, 프로이센은 슐뤼터, 보헤미아는 딘첸호퍼 형제, 합스부르크 제국은 피셔 폰 에를라흐, 로어 오스트리아는 프란타우어가 각각 대표했다. 한편 중부유럽 바로크는 이탈리아의 영향을 받아 시작된 것인데, 그것은 세 가지 경로를 통해 이루어졌다. 첫째, 이탈리아 출신의 건축가들이 직접 건너와서 전파했다. 추칼리 가문과 조반니 안토니오 비스카르디Giovanni Antonio Viscardi, 1645~1713가 대표적인 예이다(그림 894). 둘째, 이탈리아에 유학해서 배워온 경우로 피셔 폰 에를라흐가 대표적인 예이다. 셋째, 감성적 동질성에 의해 특정 경향을 모방했는데 대부분의 건축가들이 그러했다.

추칼리는 이탈리아 로베레도Roveredo의 건축가 가문이었는데 1650년대에 바이에른으로 진출했다. 바이에른과 보헤미아 지역은 이탈리아에서 예술가들을 초빙하는 전통이 있었는데 로베레도는 이 수요를 담당한 이탈리아 지역 가운데 하나였다. 엔리코 추칼리Enrico Zuccalli, 1642년경~1724년는 파리의 베르니니 서클에서 수학한 뒤, 1669년에 뮌헨으로 이주하여 1673년에 궁정 건축가가 되었다. 이후 선거후 막시밀리안 에마누엘Elector Maximilian Emanuel, 1679~1704년의 전폭적인 후원 아래 주요 작품을 남겼다.

추칼리는 이탈리아 바로크를 바이에른의 전통 정서에 맞춰 번안, 소개하는 동시에 프랑스, 오스트리아, 네덜란드 등의 궁전 건축을 도입함으로써 독일 바로크 형성의 기초를 닦았다. 이 과정에서 당시 국제적 표준 양식을 독일에 수입했으며, 이후 독일 바로크는 이것을 바탕으로 자국의 양식을 창출할 수 있었다. 대표작으로 뮌헨의 테아틴 수도회 교회Theatinerkirche, 1674~92

894 조반니 안토니오 비스카르디(Giovanni Antonio Viscardi). 성 삼위일체 교회(Dreifaltigkeitkirche). 뮌헨. 1711~18

895 엔리코 추칼리(Enrico Zuccalli), 아고스티노 바렐리(Agostino Barelli). 테아틴 수도회 교회(Theatinerkirche). 뮌헨. 1674~79

년와 슐라이샤임 성채Schloss Schleissheim, 1693~1704년 등을 들 수 있다(그림 895).

안드레아스 슐뤼터Andreas Schlüter, 1659년경~1714년는 18세기 초 베를린, 폴란드, 러시아 등을 중심으로 프로이센 바로크를 대표했던 조각가 겸 건축가이다. 그는 베를린 궁정에서 프리드리히 1세Friedrich I, 1701~13년를 주건축주로 하여 왕실에서 발주한 건축과 조각을 담당했다. 또한 예술 아카데미Kunstakademie를 이끌며 프로이센 왕국의 바로크를 완성했다. 그는 건축가보다는 조각가로서 명성이 더 높았으며, 조각과 건축을 겸비한 종합예술가의 기준에서 보면 서북유럽의 고전주의 대가들과 어깨를 나란히 할 만했다.

슐뤼터의 대표작은 베를린 왕궁Königliches Schloss, Berlin, 1698~1706년/1716년 사후 완공이다(그림 896). 그는 로마 여행에서 보고 온 서북유럽 고전주의의 다양한 선례들을 조각 실력으로 각색하여 자신만의 독창적 양식으로 만들었다. 이 양식은 곧 프로이센 바로크로 굳어졌다. 베를린 왕궁은 안마당을 4면에서 건물이 둘러싸는 전형적인 'ㅁ'자형 왕궁 구성으로 이루어졌다. 중앙 출입구를 강조하는 기법도 서북유럽 바로크의 전형적 기법이다. 가로를 면한 입면에서는 신전 박공을 사용했지만, 안마당 쪽에서는 오더의 조각적 특성을 강조하기 위해 신전 박공을 사용하지 않고 평지붕으로 마감했다. 중앙 출입구의 돌출을 최소화해서 건물을 3차원 매스가 아닌 면 중첩 개념으로 정의했다. 벽체는 평평한 면으로 놔둔 채 오더, 창틀, 인방, 아치, 엔태블러

896 안드레아스 슐뤼터(Andreas Schlüter). 베를린 왕궁(Königliches Schloss, Berlin). 독일. 1698~1706/1716년 사후 완공

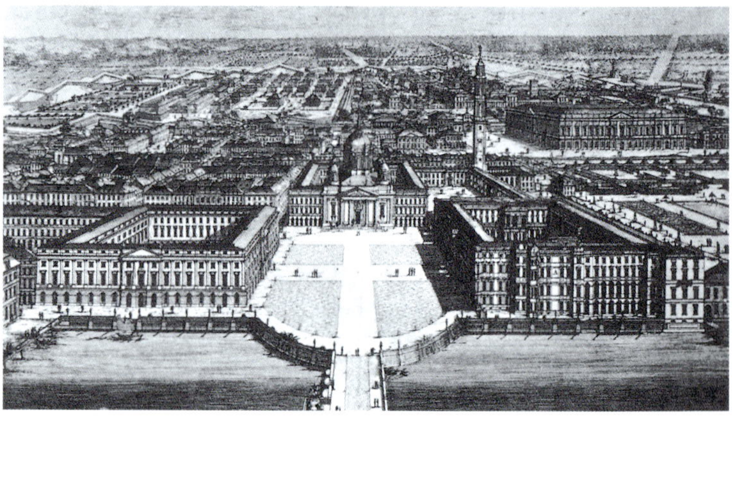

처 등의 건축 어휘들로 조각적 악센트를 주었다.

마테우스 다니엘 푀펠만Matthäus Daniel Pöppelmann, 1662~1736년은 작센 지방의 바로크를 대표했다. 퓌펠만의 건축 경력은 드레스덴에서 시작해서 드레스덴에서 끝났다. 그는 18세 때 왕실의 공공 건축을 담당하는 건설국Bauamt에서 건축 경력을 처음 시작해서 이곳에서 평생을 보냈다. 작센과 폴란드의 왕 아우구스투스 2세Augustus II의 신임을 받아 드레스덴과 왕실의 건축 일 전반을 처리하며 이끌었다. 대표작으로 츠빙거 궁전Palais Zwinger, 드레스덴, 1705/08~22년, 필니츠의 바인베르크 교회Weinbergkirche, Pillnitz, 1723~27년, 드레스덴의 삼왕 교회Dreikönigskirche, 1731~39년 등을 들 수 있다.

작센의 바로크 건축은 다소 늦게 시작되었기 때문에 다른 곳의 영향을 많이 받았다. 푀펠만은 프라하, 빈, 로마, 파리 등지로 여행을 다니면서 당시 최신 유행 양식을 접했다. 여기에 프로이센의 슐뤼터의 영향이 더해졌다. 그는 선례 양식을 단순히 모방만 하는 데 그치지 않고 이것들을 기반으로 자신만의 경향을 창출했다. 츠빙거 궁전은 이것을 대표하는 예이다. 이 건물은 퓌펠만을 대표하는 대작인 동시에 독일 바로크 전체를 통틀어서도 중요한 작품이다.

츠빙거 궁전은 아치, 곡면, 경사 지붕, 포인티드 아치, 조각, 장식 디테일 등이 혼합되어 감흥적 분위기를 형성한다. 고전 어휘의 사용은 최대한 자제되었다. 오더는 장식에 묻혀 고전 어휘의 존재를 잃었다. 물결치는 것 같은 곡면 윤곽에 조각과 장식을 더해 건물과 하나로 융합시키는 독특한 처리였다. 이런 처리는 축제를 좋아하는 아우구스투

897 마테우스 다니엘 푀플만(Matthäus Daniel Pöppelmann) 츠빙거 궁전(Palais Zwinger). 드레스덴(Dresden), 독일. 1705/08~22

898 마테우스 다니엘 푀플만(Matthäus Daniel Pöppelmann) 츠빙거 궁전(Palais Zwinger). 드레스덴(Dresden), 독일. 1705/08~22

스 2세의 취향을 만족시키기 위한 것이었다. 아우구스투스 2세는 푀펠만에게 드레스덴 인근에 여러 종류의 축제용 건물을 짓게 했는데, 츠빙거 궁전은 이것들의 총본산 격이다(그림 897).

츠빙거 궁전은 장식으로 넘쳐나기만 한 것은 아니다. 장식 효과를 강조하기 위해 단순 여백도 많이 두었다. 장식과 절제가 어우러지면서 적절한 균형감이 얻어졌다(그림 898). 창 면적을 최대한 넓혀 밝고 경쾌한 분위기를 돋운 대신 장식이 사용되는 면을 줄여 절제 분위기를 도왔다. 츠빙거 궁전에서 시작된 이런 기법들은 이후 작센을 중심으로 한 독일 동남부 바로크-로코코 건축의 선례가 되었다. 이 지역에서는 19세기 후반까지 츠빙거 양식이 150년 이상 전성을 누렸다.

보헤미아-딘첸호퍼 가문

딘첸호퍼Dientzenhofer 가문은 게오르크Georg, 1643~89년, 볼프강Wolfgang, 1648~1706년, 크리스토프Christoph, 1655~1722년, 레온하르트Leonhard, 1660~1707년, 요한Johann, 1663~1726년의 다섯 형제 및 크리스토프의 아들 킬리안 이그나츠Kilian Ignaz, 1689~1751년로 구성되었다. 다섯 형제는 1640~60년대생으로 보헤미아 바로크 건축의 기초를 닦았으며, 1680년대생인 킬리안은 이것을 이어받아 전성기를 이끌었다. 딘첸호퍼 형제는 고지 바이에른Upper Bavaria의 로젠하임Rosenheim 근처에서 태어났으나 1676년에 프라하로 이주하여 이곳을 주무대로 활약했으며, 프랑켄 지방에도 작품을 남겼다. 킬리안은 프라하에서 태어났다.

딘첸호퍼 형제 가운데 게오르크, 크리스토프, 요한 세 명이 창조적 작품을 남겼으며, 특히 크리스토프가 가장 뛰어났다. 이들의 건축적 특징은 벽기둥 교회의 구조 골격을 기본 방식으로 삼아 여기에 연속 구성을 더한 것이다. 벽기둥 교회는 중부유럽 고딕의 한 유형인 아일이 없는 홀 교회 가운데 벽체를 벽기둥으로 처리한 방식으로 지어졌다. 이 벽기둥은 버트레스 기능을 겸한다. 이 전통을 바로크 시대에 다시 사용한 것은 딘첸호퍼 형제가 처음은 아니다. 포랄베르크Voralberg의 장인들이나 프란츠 베어Franz Beer 등 한 세대 앞서 시도가 있었다. 그러나 이들이 한 것은 구조적 차원에서의 단순 복원일 뿐 바로크 양식으로의 창조적 번안은 아니었다. 크리스토프가 이끈 딘첸호퍼 형제는 이런 선례 작업에 과리니 건축을 접목시켜 자신들만의 양식으로 발전시켰고, 이것은 보헤미아 바로크를 대표하는 양식이 되었다.

과리니에게서는 연속 구성을 차용했다. 크리스토프 딘첸호퍼는 토리노에서 과리니의 성 라우렌시오와 성 수태 교회 등을 접했다. 크리스토프는 과리니의 건축 기법인 크고 작은 공간들 사이의 유기적 구성이 벽기둥 교회 전통과 접목될 수 있는 가능성을 발견하고 이것을 연속 구성으로 발전시켰다. 공간과 매스의 건축 단위를 상호 연관성을 갖는 앞뒤 관계로 군집시킴으로써 연속성에 의한 건축적 스토리를 갖게 하는 방식이다. 공간 단위는 원, 사각형, 타원, 팔각형 등 기하 형태를 기본으로 삼아 다양하게 변형시켰다. 전체 구성도 이중 축, 다중 축, 사선 축, 방사선 축 등 다양하다. 천장도 세일 볼트, 우산형 볼트, 돔 등 다양한 방식으로 처리했다(그림 899, 900).

건축 단위들 사이의 연속 조합을 위해 건물의 기본 구조는 벽체가 아닌 뼈대 개념으로 정의되었다. 벽체가 내력 구조일 경우 당시 기술로는 다양한 건축 단위를 만들기가 어렵기 때문이었다. 벽체는 벽기둥 사이의 비내력 막인 2차 표피에 머물렀다. 이런 방식은 고딕 건축의 전통인 동시에 과리니의 특징이기도 했다(그림 901). 이 점이 벽기둥 교회와 과리니가 접목될 수 있는 근거였다. 딘첸호퍼 형제는 일련의 교회 작품을 통해 이상의 경향을 완성시켰다. 발트자센의 성 삼위일체

899 크리스토프 딘첸호퍼(Christoph Dientzenhofer). 성 니콜라오(Sankt Nicholas). 프라하. 1703~11

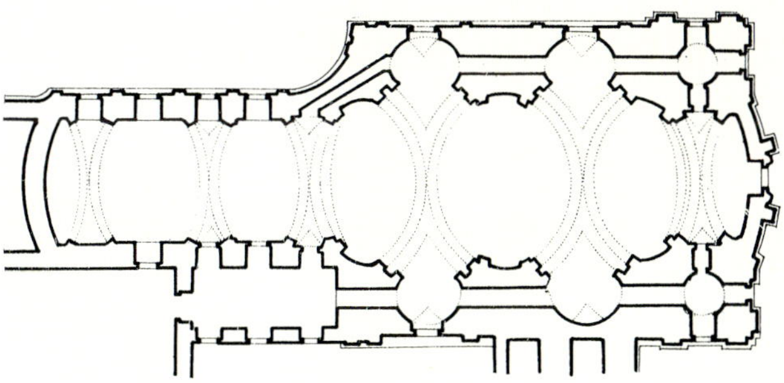

900 요한 딘첸호퍼(Johann Dientzenhofer). 베네딕트 수도원 교회(Benediktiner-Abteikirche). 반츠(Banz), 독일. 1710~13

901 요한 딘첸호퍼(Johann Dientzenhofer). 풀다 왕궁(Stadtschloss, Fulda). 황제의 방(Kaisersaal). 1706~21

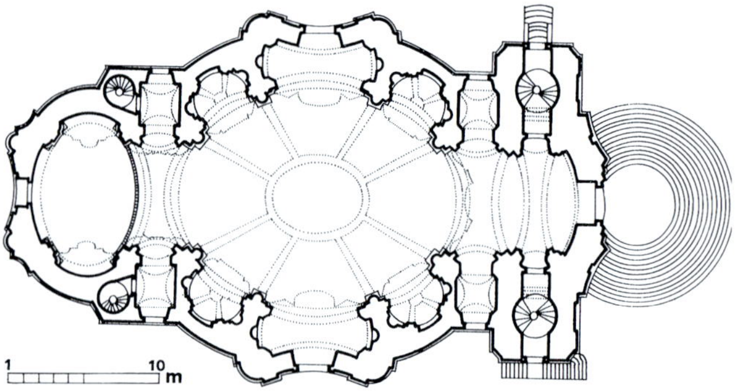

순례 교회Wallfahrtskirche der Dreifaltigkeit, Waldsassen, 1684~89년, 프라하의 성 니콜라오Sankt Nicholas, 1703~11년, 반츠의 베네딕트 수도원 교회Benediktiner-Abteikirche, Banz, 1710~13년 등을 대표적 예로 들 수 있다.

킬리안 이그나츠 딘첸호퍼는 아버지 크리스토프와 힐데브란트의 경향을 이어받아 자신만의 특징적 경향을 창출함으로써 보헤미아 후기 바로크를 대표했다. 킬리안의 선례는 다양했다. 멀리는 보로미니에서 과리니로 이어지는 이탈리아 바로크의 비정형 자유 형태 경향을 받아들여 보헤미아 토착 양식의 휜 곡면 전통과 합쳤다. 이것으로부터 가소성 넘치는 율동적 곡면 양식을 창출했다. 가깝게는 크리스토프가 했던 벽기둥 교회의 연속 구성을 이어받아 힐데브란트의 섬세한 장식 디테일 경향을 더했다. 이상이 어우러지면서 킬리안의 작품은 간결한 곡면과 섬세한 장식이 공존하는 독특한 경향을 보였다(그림 902).

킬리안은 일련의 교회 작품을 통해 자신의 건축 양식을 발전, 완성시켰다. 대표작으로 오돌레나보다의 장크트클레멘트Sankt Clement, Odolena Voda, 1732~35년, 알트슈타트의 성 니콜라오Sankt Nicholas, Altstadt, 1732~36년, 카를로비바리의 성 마리아 막달레나Sankt Mary Magdalene, Karlovy Vary, 1732~37년 등을 들 수 있다. 이들 교회의 평면은 모두 크리스토프의 연속 구성을 기본 개념으로 삼은 위에 이것을 선형과 중앙집중형으로 정리, 해석한 차이를 보였다(그림 903). 외관은 물결치는 것 같은 곡면 양식을 바탕으로 절제된 벽체와 섬세한 장식을 대비시켰다. 곡면의 출처는 오목-볼록의 조형 처리, 원이나 타원의 기하 윤곽, 벽기둥의 고전 어휘 중첩 등 다양하다.

902 킬리안 이그나츠 딘첸호퍼(Kilian Ignaz Dientzenhofer). 알트슈타트의 성 니콜라오(Sankt Nicholas, Altstadt). 프라하. 1732~36
903 킬리안 이그나츠 딘첸호퍼(Kilian Ignaz Dientzenhofer). 성 마리아 막달레나(Sankt Mary Magdalene). 카를로비바리(Karlovy Vary). 체코. 1732~37

오스트리아-피셔 폰 에를라흐, 프란타우어, 힐데브란트

오스트리아 바로크는 피셔 폰 에를라흐 , 프란타우어, 힐데브란트 3인이 대표했다. 이들 3인은 모두 이탈리아 바로크를 받아들여 그 위에 오스트리아의 지역 전통을 혼합한 공통점을 가진다. 피셔 폰 에를라흐와 프란타우어는 1650년대생으로서 오스트리아 바로크의 문을 열었고, 힐데브란트는 그 뒤를 이어 전성기를 이끌었다. 지역으로 보면 피셔 폰 에를라흐는 빈으로 대표되는 합스부르크 제국의 심장부를 주요 활동 무대로 삼은 반면, 프란타우어는 지방에 주요 작품을 남겼다. 힐데브란트는 빈에서는 피셔 폰 에를라흐의 경쟁자로 활약했으며 보헤미아까지 활동 영역을 넓혔다.

야콥 프란타우어Jacob Prandtauer, 1658~1726년는 다른 중부유럽 건축가들과 마찬가지로 이탈리아 바로크의 영향을 받았다. 그러나 직접적인 영향을 받은 것은 아니었고, 중부유럽에 전파되어 있던 것을 간접적으로 수용했다. 이탈리아 출신의 추칼리와 카를로네 가문Carlone family, 그리고 이탈리아에 유학했던 한스 게오르크 아잠Hans Georg Asam 등이 중요한 출처였다. 프란타우어는 이런 내용들에 오스트리아의 지역 전통을 더한 뒤 이것들을 조각, 공예, 석공 등의 장식 다루는 솜씨로 통합해내어 자신만의 건축 경향을 창출했다.

프란타우어는 티롤Tyrol, 뮌헨, 빈 등에서 젊은 시절을 보낸 뒤, 1702년에 자신의 대표작이자 오스트리아 바로크의 대표작이기도 한 멜크 수도원Melk Kloster, 1702~12년의 설계를 맡으며 멜크에 정착했다. 이후 멜크를 본거지로 슈바이크호프Schwaighof와 장크트플로리안Sankt Florian 등 저지 오스트리아 지방에서 활동했다. 대표작으로 존탁베르크의 순례교회Wallfahrtskirche, Sonntagberg, 1706~18년와 장크트플로리안의 가르스텐 수도원Garsten Kloster, 1708~15년 등을 남겼다.

멜크 수도원 교회는 3랑식 홀 교회를 기본 유형으로 구성되었다(그림 904). 아일 자리에는 예배당이 위치했으며, 크로싱은 돔 천장으로 마감했다. 외관은 오목-볼록의 교대를 이용한 물결 모양의 곡면이 기본 분위기를 만들었으며, 추상 여백 면을 바탕으로 삼아 장식을 집중시켜 악센트를 주었다(그림 905). 중앙 출입구 양옆에 탑을 세워 중세성 모티프를 도입했다. 탑의 지붕은 호박 모양의 지역 전통 모티프로

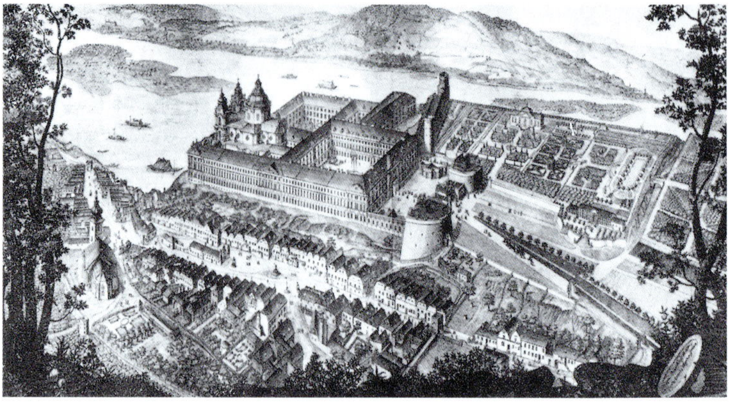

904 야콥 프란타우어(Jacob Prandtauer), 멜크 수도원(Melk Kloster), 오스트리아, 1702~12

처리했다. 외관의 힘 있는 물결 곡면은 바위 언덕의 주변 환경과 잘 어울렸다. 프란타우어는 또한 다뉴브 강가의 바위 언덕에 주요 작품을 남겼는데, 주변 환경과의 어울림을 주요 특징으로 나타냈다. 이 건물의 기본 개념은 존탁베르크의 순례 교회의 발전된 반복이었다.

요한 루카스 폰 힐데브란트Johann Lucas von Hildebrandt, 1668~1745년는 제노바에서 태어나 1696년까지 이탈리아에서 건축을 배웠다. 로마에서 카를로 폰

905 야콥 프란타우어(Jacob Prandtauer), 멜크 수도원(Melk Kloster), 오스트리아, 1702~12

타나에게 배웠으며, 피에몬테에서 토목건축 일에 참여했다. 1696년에 빈으로 옮겨 오스트리아 바로크 건축의 전성기를 이끌었다. 힐데브란트는 피셔 폰 에를라흐와 평생 경쟁 관계를 유지했다. 직접적인 경쟁에서는 힐데브란트가 역부족이었으나, 틈새를 잘 찾아 자신만의 영역을 구축하며 피셔 폰 에를라흐에 필적할 만한 업적을 남겼다.

힐데브란트는 빈 황실에서 경쟁에 밀리자 활동 범위를 넓혔다. 건축주는 귀족, 지역 군주, 성직자, 부르주아 등으로, 지역은 오스트리아 전역, 보헤미아, 저지 프랑켄Franconia 등으로, 전공 분야는 엔지니어링, 실내장식, 도시계획 등으로 각각 다원화했다. 그는 피셔 폰 에를라흐만큼 학술적이거나 건축에의 집중도가 높지 못했다. 나이도 12년 어렸기 때문에 오스트리아 바로크의 창시자 역할을 하기에는 시기적으로 맞지 않았다. 피셔 폰 에를라흐와 일부 내용이 겹치기는 했지만, 크게 보아 그와 더불어 오스트리아 바로크를 양분하여 지평을 넓힌 것으로 평가할 수 있다. 피셔 폰 에를라흐는 제국의 심장부에서 황실이 발주하는 대작을 중심으로 활동하며 제국의 얼굴을 담당했다. 반면에 힐데브란트는 이것을 제외한 나머지 주변부를 담당하며 그 수준을 국제주의 양식으로 끌어올리고, 오스트리아 바로크의 소재와 범위를 다양화했다. 특히 중부유럽의 여러 지역을 넘나들며 다양한 경향을 교류시키고 통합한 점은 힐데브란트의 중요한 업적으로 평가된다.

오스트리아 바로크를 국제적 범위로 확장한 것은 그의 중요한 업적이다. 그는 77세까지 장수하며 부지런히 활동하여 50여 개에 이르는 크고 작은 작품들을 남겼다. 힐데브란트는 만스펠트-폰디 정원 궁전Mansfeld-Fondi Garten Palais, 빈, 1697~1715년, 가벨의 성 라우렌시오Sankt Lawrence, Gabel, 1699~1711년, 성 베드로Sankt Petrus, 빈, 1703~17년, 하벨베데레Unter Belvedere, 빈, 1707~11년, 다운킨스키 궁전Daun-Kinsky Stadtpalais, 빈, 1713~16년, 상벨베데레Obere Belvedere, 빈, 1721~25년 등을 대표작으로 남겼다.

힐데브란트의 건축 경향은 여러 기존 어휘를 상황에 따라 자유롭게 구사하는 적응력과 다양성으로 요약될 수 있다. 그는 기념비적 고전주의나 비정형 자유 형태 등과 같은 특정 경향을 처음부터 정해놓지 않았다. 가능한 한 많은 가용 자원을 동원하여 대지 상황, 프로그램, 건축주의 요구 사항 등을 만족시키는 기능주의적 입장을 견지했으며, 이것을 바탕으로 다양한 건축 어휘를 정확하고 수준 높게 구사했다(그림

906 요한 루카스 폰 힐데브란트(Johann Lucas von Hildebrandt), 상벨베데레(Obere Belvedere), 빈, 1721~25

907 요한 루카스 폰 힐데브란트(Johann Lucas von Hildebrandt), 하벨베데레(Unter Belvedere), 빈, 1707~11

906, 886). 여기에 섬세한 장식 디테일을 더해 작품의 품위를 높였다.

힐데브란트는 대지 주변의 여러 방향을 넓게 담당하는 포괄적 평면을 즐겨 사용했다. 이를 위해 축성이나 중앙집중성 같은 질서를 주었다. 여러 방향을 담당하는 각 면도 비교적 엄격한 고전 질서를 유지했다. 이와 함께 로지아, 열주 출입구, 콜로네이드, 곡면, 지붕, 개구부, 신전 박공, 아치, 오더 열 등을 상황에 맞춰 다양하게 구사했다. 장식 의존도가 높은 것은 카를로 폰타나에게 배운 후기 바로크의 종합화 경향을 버리고 로코코 쪽으로 기운 것으로 볼 수 있다. 장식은 얕은 돋을새김 형식의 섬세하고 부드러운 특징을 보였다(그림 907)

3 요한 베른하르트 피셔 폰 에를라흐

합스부르크 제국과 오스트리아 바로크

요한 베른하르트 피셔 폰 에를라흐Johann Bernhard Fischer von Erlach, 1656~1723년는 그라츠Graz에서 태어났다. 본명은 '피셔'이며, 폰 에를라흐는 1696년에 기사 작위와 함께 받은 것이다. 피셔는 오스트리아를 대표하는 건축가 집안이다. 아버지 요한 밥티스트 피셔Johann Baptist Fischer는 조각가였으며, 둘째 아들 요제프 에마누엘 피셔 폰 에를라흐Joseph Emanuel Fischer von Erlach는 건축가였다. 피셔 폰 에를라흐는 로마에서 유학하면서 익힌 이탈리아 바로크를 바탕으로 오스트리아 바로크 건축을 완성시키고 이끌어간 국가적 건축가였다.

피셔 폰 에를라흐가 로마로 떠난 시기는 대략 1670~74년 사이로 알려졌다. 1687년에 빈으로 돌아온 뒤 곧바로 합스부르크 황실 건축가로 발탁되었다. 당시 합스부르크 제국은 1683년 빈을 투르크족으로부터 해방시키면서 전성기를 맞고 있었다(그림 887). 황실은 제국의 건축 인프라를 닦고 국력과 권위를 과시하기 위한 건축물들을 많이 발주했다. 프랑스와 영국의 바로크 군주들처럼 합스부르크 황실도 건축에 관심이 많았다. 요제프 1세는 황태자 시절에 건축 가정교사를 둘 정도였다. 당시 황실이 바라던 이런 건축적 요구 사항을 소화할 만한 자국 건축가로는 로마 유학에서 막 돌아온 피셔 폰 에를라흐가 유일했다.

피셔 폰 에를라흐에게는 천우신조의 타이밍이었다. 그는 로마에서 돌아오던 해 31세의 젊은 나이에 황실로부터 두 개의 일을 수주받은 뒤 황태자 요제프 1세의 건축 가정교사가 되어 황실에 진출했고 곧바로 크고 작은 작품들을 연속적으로 설계하는 등 일찍부터 전성기를 구가했다. 전성기는 그의 평생에 걸쳐 큰 부침 없이 계속되었다. 그는 오스트리아 바로크의 창시자이자 대표자로서 사망할 때까지 크고 작은 주요 작품들을 남겼다. 그에게는 '오스트리아 바로크의 아버지'라는 칭호가 주어졌다. 그러나 독주했던 것은 아니었고, 힐데브란트와 강력

한 라이벌 관계를 형성하는 등 긴장감을 유지했다.

피셔 폰 에를라흐는 레오폴트 1세Leopold I, 1658~1705년, 요제프 1세Joseph I, 1705~11년, 카를 6세Karl VI, 1711~40년의 세 황제를 황실 건축주로 했다. 이 가운데 재위 기간이 짧았던 요제프 1세가 피셔 폰 에를라흐를 가장 적극적으로 후원했다. 이밖에도 디트리히슈타인Dietrichstein, 잘름Salm, 리히텐슈타인Lichtenstein 등의 귀족 가문을 건축주로 가졌다. 1696년에는 기사 작위를 받았으며, 요제프 1세가 즉위하던 1705년에는 왕실 건축총감독관Chief Imperial Inspector of Royal Buildings에 임명되었다. 피셔 폰 에를라흐는 이 직책을 평생 유지하며 활발한 작품 활동의 토대로 삼았다.

피셔 폰 에를라흐의 본격적인 첫 작품은 두 개의 귀족 주거로 시작했는데, 프라인 성채의 선조 추모관

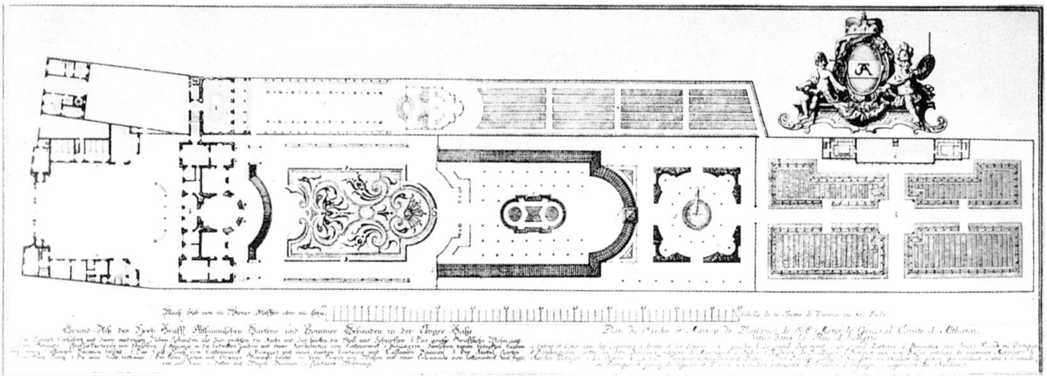

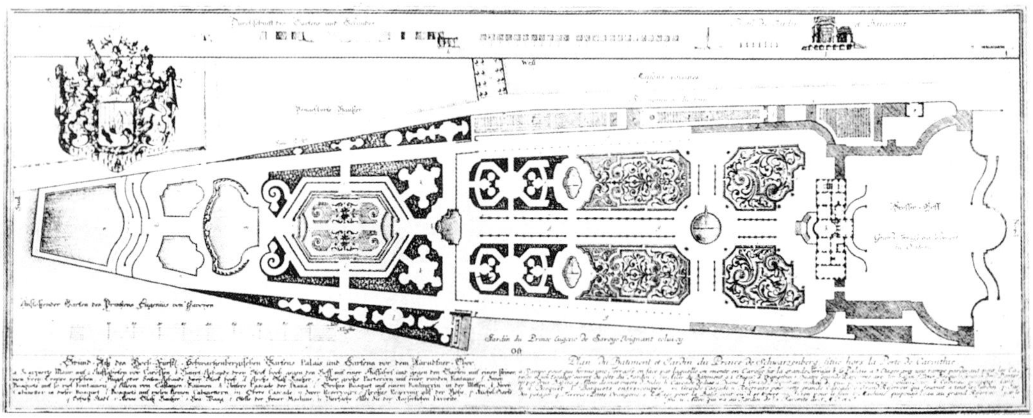

Ancestral Hall, Schloss Frain, 1688~95년이 대표적인 예이다. 이때까지는 아직 빈에 작품을 남기지 못했다. 그 뒤 곧바로 황실 일이 이어져 빈에 작품을 남기기 시작하며 1690년대 활동의 주축을 이루게 된다. 요제프 1세를 위한 개선 아치Joshpes Stüle, 빈, 1690년, 슈트라트만 궁전Palais Strattmann, 빈, 1692~93년, 사보이의 오이겐 왕자 궁전Stadtpalais of Prince Eugene of Savoy, 빈, 1695년경~1700년 등이 대표적인 예이다(그림 908). 피셔 폰 에를라흐는 이 작품들에서 황실을 만족시키며 황실 건축가로서의 입지를 다졌다.

1690년대에는 이밖에도 잘츠부르크에 많은 작품을 남겼는가 하면 정원 궁전Gartenpalais이라는 유형을 개발하는 등 다른 활동도 활발하게 전개했다(그림 909). 잘츠부르크 작품은 이곳의 왕자이자 대주교였던 요한 에른스트 폰 툰-호헨슈타인Johann Ernst von Thun-Hohenstein의 전폭적인 지원을 받아 1690년대 초반부터 1700년대 초반 사이에 집중적으로 남겼다. 성 삼위일체 교회와 성직자 주택Dreifaltigkirche & Priesterhaus, 1694~1702년, 요하네스슈피탈Johannes-Spital=Hospital and Church of St. John, 성 요한 병원과 교회 1695~1704년, 클레샤임 궁전Palais Klesheim, 1694년/1700~1709년, 잘츠부르크 대학 교회Kollegienkirche, Salzburg, 1696~1707년 등이 대표적인 예이다(그림 910). 이 가운데 클레샤임 궁전은 정원 궁전의 전형을 이룬다.

908 요한 베른하르트 피셔 폰 에를라흐(Johann Bernhard Fischer von Erlach). 요제프 1세(Joseph I) 기념 기둥

909 요한 베른하르트 피셔 폰 에를라흐(Johann Bernhard Fischer von Erlach). 정원 궁전(Garten Palais). 슈바르첸베르크(Schwarzenberg), 오스트리아

910 요한 베른하르트 피셔 폰 에를라흐(Johann Bernhard Fischer von Erlach). 잘츠부르크 대학 교회(Kollegienkirche, Salzburg). 오스트리아. 1696~1707

911 요한 베른하르트 피셔 폰 에를라흐(Johann Bernhard Fischer von Erlach). 아우구스티누스 교회(Augustinerkirche) 내 추모 무대(Trauer Gerüst)

역사적 종합화와 바로크 절충주의

1690년대에는 건물 이외에도 제단, 정원, 조각 등에서도 작품을 많이 남겼다. 아우구스티누스 교회Augustinerkirche 내 추모 무대Trauer Gerüst는 이것의 대표적인 예이다(그림 911). 제단과 조각은 피셔 폰 에를라흐 개인의 작품 경향에서도 특별한 중요성을 가진다. 그는 제단과 조각 등을 직접 제작하여 자신의 건물 안에 넣음으로써 수준 높은 종합예술Gesamtkunstwerk을 추구했다. 중부유럽의 종합예술이 실내장식에 집중된 것에 비해 제단을 이용할 수 있는 피셔 폰 에를라흐의 예는 이탈리아에 비견할 만하다.

1700년 이후의 후반기 활동에서는 대작들을 탄생시켰

다. 이상의 활동이 쌓인 결과 세기말에 첫 대작인 쇤브룬 궁전Palais Schönbrunn, 빈, 1696~1711년을 설계했다. 이후에도 궁전은 후반기 활동에서 중요한 기능 유형인데, 보헤미아 대사관Bohemia Chancellery, 빈, 1708~14년, 트라우스톤 정원 궁전Gartenpalais Trauston, 빈, 1710~16년, 프라하의 갈라스 궁전Palais Gallas, 1713~19년 등이 대표적인 예이다.

말년에는 빈에 카를 교회Karlskirche=St. Charles Borromeo Church, 1716~18년와 제국 도서관Hofbibliothek=Imperial Library, 1722~30년의 두 대작을 남겼다. 카를 교회는 기능 유형 면에서 중요성을 가진다. 오스트리아 바로크는 궁전을 주요 기능 유형으로 삼아 진행된 데다 피셔 폰 에를라흐는 황실 건축가였기에 그의 건축에서도 유사한 현상이 나타났다. 지금까지 살펴본 궁전 건물들은 이것을 잘 보여준다. 카를 교회는 그의 바로크 절충주의를 보여주는 대표작인 동시에, 몇 안 되는 교회 작품 가운데 하나이다.

피셔 폰 에를라흐는 로마 유학 기간에는 화가이자 건축가였던 필립 쇼어Phillip Schor의 스튜디오에 적을 두고 고전주의를 폭넓게 접했다. 피셔 폰 에를라흐가 접했던 고전주의는 로마 유적, 르네상스, 성기 바로크, 프랑스 바로크 등 다양했다. 로마 유적은 답사와 스케치를 통해서 자기 것으로 만들었다. 성기 바로크와 후기 바로크는 동시대 유행 양식으로서 직접적으로 접할 수 있었다. 그는 베르니니, 보로미니, 다코르토나의 3대 성기 바로크 건축가들에게서 영향을 받았다. 베르니니와 친분이 있었던 쇼어의 도움으로 그의 도면들을 접할 수 있었다. 여기에 산루카 아카데미에서 카를로 폰타나에게 배우며 후기 바로크를 접목시켰다.

로마에서는 프랑스 바로크도 접할 수 있었다. 당시 로마와 파리의 활발한 교류를 통해 로마에 알려져 있던 내용을 간접적으로 습득한 것이다. 주요 경로는 로마에 있던 프랑스 아카데미였다. 프랑스 바로크는 이탈리아 바로크를 받아들여 자국 양식으로 토착화한 선례로 중요성을 가진다. 또한 프랑스 바로크 자체가 이탈리아와 다른 독자적 특징을 가지고 있었다. 특히 절대왕정에 맞는 기념비적 고전주의는 교황청 중심으로 진행되던 이탈리아 바로크에는 없는 것으로 당시 오스트리아에게 꼭 필요한 선례였다. 이상의 경험들을 바탕으로 피셔 폰 에를라흐는 이탈리아 바로크를 기반으로 삼은 바로크 절충주의를 자신만의 건축 경향으로 만들어나갔다(그림 912).

이와 함께 1690~1707년 사이에는 작품 수주와 건축 답사를 위해 여러 나라를 여행했다. 프라하, 베를린, 영국, 베네치아 등이 주요 경유지였다. 프랑스와는 당시 전쟁 중이어서 갈 수 없었다. 이 여행에서 특별한 작품 수주는 없었지만 건축 답사에서는 적지 않은 수확이 있었다. 영국에서 렌과 조우하고 베네치아에서 팔라디오 작품을 답사한 것이 특히 그러했다. 이 경험은 피셔 폰 에를라흐의 절충주의 소재를 다양화시키는 데 중요한 역할을 했다.

912 요한 베른하르트 피셔 폰 에를라흐(Johann Bernhard Fischer von Erlach) 카를 교회(Karlskirche=St. Charles Borromeo Church), 빈, 1716~18

로마제국의 창작적 복원과 빈 개발

피셔 폰 에를라흐는 역사에 대한 관심과 연구하는 자세를 바탕으로 여행에서 수집, 기록한 정보와 자신의 작품들을 중심으로 『역사적 건축 개요 *Entwurf einer historischen Architektur*』 1721라는 저서도 출간했다. 이 책은 역사적으로 중요한 건물들에 대한 핵심적 정보들을 모아 잘 정리한 것으로, 최초의 건축사라고 할 수 있다. 또한 간결성과 포괄성을 동시에 갖춘 점에서 시대적 의미를 가진다. 간결성은 18세기 지성 혁명의 결과 새롭게 유행한 백과사전 경향의 전형을 보여준다. 이 책도 백과사전 구성을 기본 편제로 삼았다.

포괄성은 절충주의 경향을 반영했는데, 이것은 피셔 폰 에를라흐의 개인적 경향이기도 했지만 동시에 18세기의 확장된 세계관을 따른 것이기도 했다. 실제로 이 책은 오리엔트, 아랍, 터키, 페르시아, 중국, 일본 등 동양 건축으로까지 대상을 넓히고 있다(그림 913). 또한 건축의 기원과 관련해서 예루살렘의 솔로몬 신전에 대해 언급함으로써 비트루비우스에 치중했던 기존의 유럽 중심 건축관을 보완하고 소재를 확장하려는 목적을 가졌다.

이 책의 또다른 특징은 로마제국 건축에 대한 창작적 복원 작업에 있다. 과거 양식의 창작적 복원은 피로 리고리오 Pirro Ligorio, 1513년/1514~83년가 처음 개척한 이후 이탈리아 초기 초기 근대 건축에서 유행하던 경향이었다(그림 34). 리고리오는 주로 라파엘로와 페루치의 미완성 건물이나 파손된 건물을 창조적으로 각색해서 복원하는 작업을 했다. 그 결과

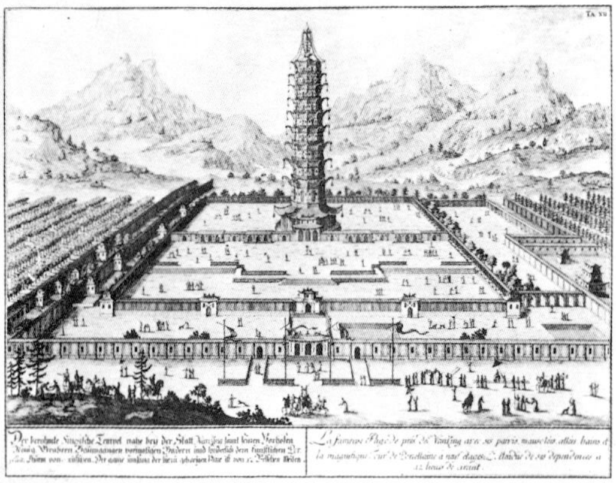

913 요한 베른하르트 피셔 폰 에를라흐(Johann Bernhard Fischer von Erlach)의 『역사적 건축 개요*Entwurf einer historischen Architektur*』(1721)에 나오는 중국 파고다

대가들의 기본적 작품성을 고스란히 이어받으면서도 그 위에 창작적 각색이 더해짐으로써 역사적인 동시에 섬세한 건물이 탄생했다. 리고리오는 비오 4세 카지노Casino di Pius IV, 로마, 1558~65년 등과 같은 건물을 남겼다.

피셔 폰 에를라흐는 이 경향을 이어받아 고대 로마제국 건축에 적용했다. 리고리오가 실제로 건물을 남긴 것과 달리 피셔 폰 에를라흐는 자신의 책에 복원 도면을 수록하는 데 그쳤다. 디오클레티아누스 궁전이나 니네베 신전 등은 그가 창조적 복원을 시도한 대표적인 이였다(그림 914, 915). 이 가운데 니네베 신전에는 '환상적 복원Fantastische Rekonstruktion'이란 말을 붙였다. 이것은 피셔 폰 에를라흐 개인과 합스부르크 제국 모두에게 중요한 의미를 가진다. 피셔 폰 에를라흐 개인에게는 바로크 절충주의를 구성하는 주요 소재로 작용했다. 합스부르크 제국에는 자신의 위상을 로마제국에 견줄 수 있는 과시적 기념비주의를 제공했다. 17세기 말~18세기 초 빈은 17세기 로마나 파리의 확장 계획과 유사한 개발계획을 실행 중이었다. 도시 스케일로 제시되는 로마제국 건축의 복원 도면들은 이것에 제국 이상주의를 제공하는 중요한 출처 역할을 했다.

피셔 폰 에를라흐의 성공은 양면성을 갖는다. 부정적 측면에서 보면 그의 성공은 단순히 로마 유학의 산물일 수 있다. 그는 오스트리아에서 최초로 로마에 유학했으며, 이탈리아 바로크 어휘를 정확하게 구사

914 요한 베른하르트 피셔 폰 에를라흐(Johann Bernhard Fischer von Erlach)의 『역사적 건축 개요*Entwurf einer historischen Architektur*』(1721)에 나오는 디오클레티아누스 궁전 복원도

915 요한 베른하르트 피셔 폰 에를라흐(Johann Bernhard Fischer von Erlach)의 『역사적 건축 개요*Entwurf einer historischen Architektur*』(1721)에 나오는 니네베 신전의 '환상적 복원(Frantstische Rekonstruktion)'

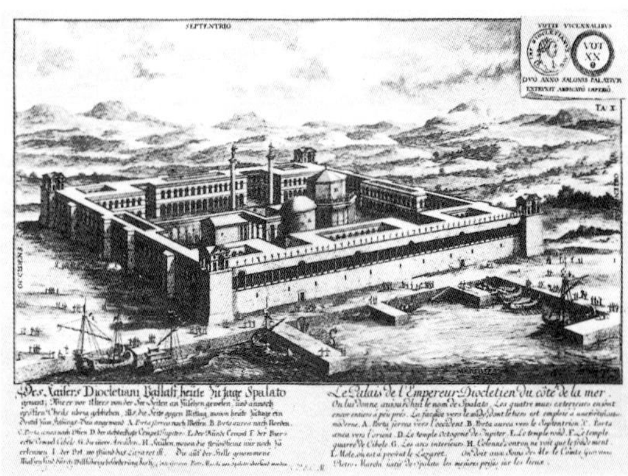

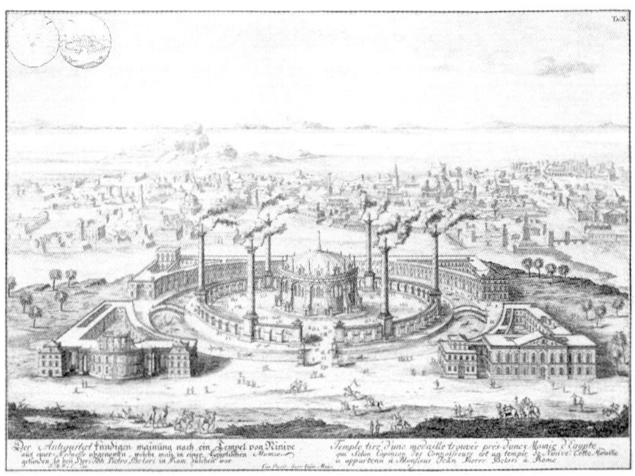

할 수 있는 유일한 건축가이기도 했다. 이탈리아 바로크의 국제주의적 보편성은 합스부르크 황실의 자존심을 만족시키기에 가장 적합한 건축양식이었다. 긍정적 측면에서 보면 그는 단순한 최신 유행의 외국 유학파이기만 한 것이 아니었다. 뛰어난 창작성을 바탕으로 일정한 작품성을 확보했으며, 자신의 건축에 요청되던 시대 상황을 정확히 읽어 만족시키는 역사적, 정치적 능력도 지녔다. 당시 합스부르크 황실은 프랑스의 절대왕정과 마찬가지로 국제주의적 보편성을 바탕으로 한 자국만의 바로크 양식을 원했다. 피셔 폰 에를라흐는 이것을 만족시키며 오스트리아만의 바로크 건축을 완성시켰다.

916 요한 베른하르트 피셔 폰 에를라흐(Johann Bernhard Fischer von Erlach), 쇤브룬 궁전(Palais Schönbrunn), 빈, 1696~1711

917 요한 베른하르트 피셔 폰 에를라흐(Johann Bernhard Fischer von Erlach), 쇤브룬 궁전(Palais Schönbrunn), 첫 계획안, 빈, 1696~1711

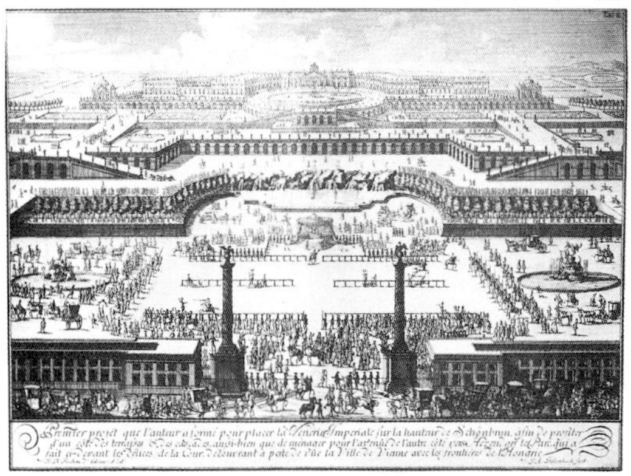

타원 중심과 제국 권력–쇤브룬 궁전

쇤브룬 궁전은 처음에는 테라스, 인공 폭포, 아케이드, 경사로, 계단, 분수 등이 어우러진 대규모 건축물로 계획되었다(그림 916, 917). 베르사유 궁전을 능가하는 규모였다. 피셔 폰 에를라흐는 자신이 연구했던 역사적 선례 가운데 이탈리아 팔레스트리나Palestrina에 있는 포르투나 프리미제니아 신전Temple of Fortuna Primigenia을 모델로 삼았다. 이 선례와 마찬가지로 쇤부른 궁전도 중앙에 교회를 세울 계획이었다. 기독교를 정신적 지주로 하되 제국의 힘이 이것까지도 포괄한다는 상징적 구도였다. 로마제국을 닮고 싶어했던 합스부르크 제국과 로마제국 건축을 본받고 싶어했던 피셔 폰 에를라흐의 욕망이 만난 합작품이었다. 제국의 욕망은 안마당에서도 잘 드러난다. 전망용 텐트와 화려한 꽃 장식으로 치장한 분수 등을 갖춘 크고 작은 네 개의 안마당을 계획하여 여유 있는 황실 생활을 제공함으로써 제국의 안정된

918 요한 베른하르트 피셔 폰 에를라흐(Johann Bernhard Fischer von Erlach). 쇤브룬 궁전(Palais Schönbrunn). 빈. 1696~1711

국력을 과시하고자 했다.

실제 지어진 건물은 대폭 축소되었다(그림 918). 중앙 마당을 중심으로 세 변에 영역을 각각 하나씩 대응시키는 구성이었다. 이런 구성은 영국 바로크 성채에서 많이 쓰이던 것이었다. 중앙 영역은 본체, 영열 영역은 부속 건물들로 이루어졌다. 양옆 영역은 긴 직사각형 안마당과 'ㅁ'자 안마당을 연속으로 갖는 이중 마당으로 구성되었다. 중앙의 본체 영역은 오분법을 발전시킨 'ㄷ'자형으로 구성되었는데 팔의 돌출 정도가 얕다. 왼쪽 측랑은 하나의 'ㅁ'자형 안마당을, 오른쪽 측랑은 두 개의 'ㅁ'자형 안마당을 각각 가졌다.

본체는 거대 기둥이 전면을 담당하고 있다. 규모가 축소된 대신 거대 기둥으로 제국의 위엄을 표시하려는 목적이었다. 거대 기둥은 중앙 출입구에서는 반원형 벽기둥으로, 측랑과 측동에서는 낮은 사각 벽기둥으로 처리했다. 기단 위에 올려진 40여 개에 이르는 거대 기둥이 긴 전면을 가득 메우며 단순하면서도 힘 있는 반복으로 제국의 위용을 드러냈다. 양옆에서 진입하는 계단은 2층 출입구로 동선을 이끈다. 대연회실은 베르사유의 유리의 방을 모방했다(그림 919). 코린트식 쌍 벽기둥이 긴 벽면을 분절하며, 기둥 사이 베이는 유리로 메웠다. 천장은 볼트를 응용해 세 개의 타원으로 나누었다. 주두, 엔태블러처, 볼트 등에는 로코코를 예견하는 식물 형태의 장식을 더했다.

919 요한 베른하르트 피셔 폰 에를라흐(Johann Bernhard Fischer von Erlach). 쇤브룬 궁전(Palais Schönbrunn). 빈. 1696~1711

건물 중심에 타원형의 방을 두어 중앙집중성을 높이려는 처리는 피셔 폰 에를라흐가 즐겨 사용하던 기법이다. 잘츠부르크의 삼위일체 교회와 성직자 주택에서는 긴 'ㅁ'자형 안마당을 타원 교회가 중간에서 종방향으로 자르고 들어가 정사각형에 가까운 작은 'ㅁ'자형 안마당 두 개로 만들었

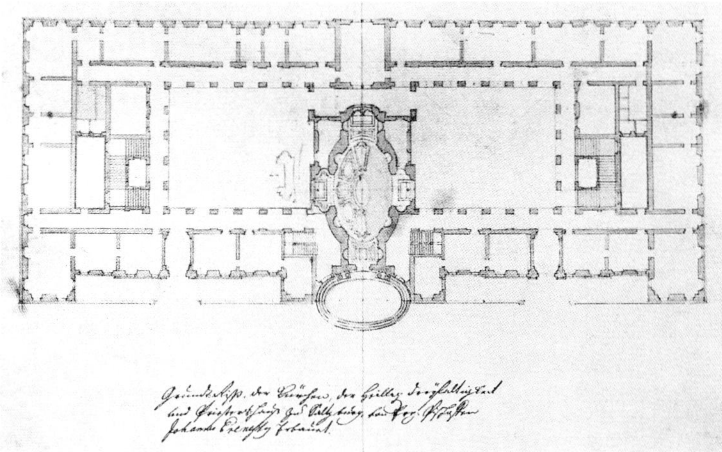

920 요한 베른하르트 피셔 폰 에를라흐(Johann Bernhard Fischer von Erlach). 삼위일체 교회와 성직자주택(Dreifaltigkirche & Priesterhaus). 잘츠부르크(Salzburg). 오스트리아. 1694~1702

다(그림 920). 클레샤임 궁전은 쇤브룬 궁전의 축소판이다. 중앙 홀은 직사각형의 네 모서리를 둥글려 타원에 유사한 형태를 만들었고 그 양옆의 부속실은 정사각형의 네 모서리를 둥글려 원에 가까운 기하 형태를 만들었다.

제국 도서관에서는 타원을 이용한 중앙집중성이 더욱 두드러졌다. 13베이의 긴 직사각형 건물 중간에 타원을 종방향으로 배치함으로써 타원의 역동적 효과와 중앙집중성을 높였다(그림 921). 타원은 유난히 옆으로 길어 장축이 77미터, 단축이 14미터이다. 타원 홀 천장은 높은 드럼이 받치는 돔으로 처리했다. 큐폴라의 곡면이 시작되는 지점에는 여덟 개의 천창을 뚫었다. 타원 홀 양옆 직사각형 홀의 천장은 볼트로 처리해서 타원 홀의 중심성을 높였다.

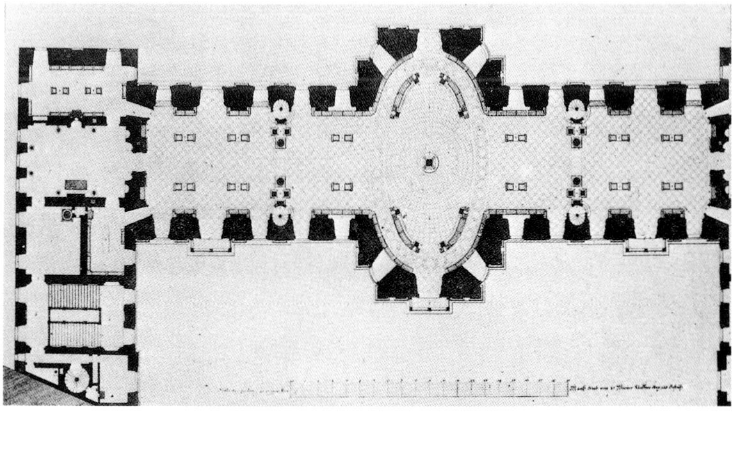

921 요한 베른하르트 피셔 폰 에를라흐(Johann Bernhard Fischer von Erlach). 제국 도서관(Hofbibliothek=Imperial Library). 빈. 1722~30

피셔 폰 에를라흐가 타원을 즐겨 사용한 이유에 대해서는 확실하게 알려진 것이 없다. 당시에 가장 보편적으로 유행하던 기하 형태였다는 점, 중앙집중성을 역동적으로 표현할 수 있다는 점, 비정형 자유 형태를 만들기에 적합한 형태라는 점 등을 중요한 이유로 추정할 수 있다. 근본적인 이유로는 건물의 중심을 제국의 권위에 대응시킴으로써 제국을 세상의 중심으로 상징하려는 의도를 들 수 있을 것이다.

이런 내용은 제국 도서관의 타원 홀에 잘 드러났다. 타원 홀 중앙에는 카를 6세의 조각상이 놓였고, 그 주위를 합스부르크 제국의 황실 가족 조각상이 돌아가며 에워쌌다. 천장 프레스코도 비슷한 구성이다. 중앙의 헤라클레스와 아폴론을 중심으로 역사에 등장하는 각종 인물들이 주위를 돌아가며 에워쌌다(그림 922). 카를 6세는 자신을 헤라클레스에 비유하기를 좋아했다. 아폴론은 지혜의 신으로서 도서관을 상징한다. 이것은 결국 카를 6세가 제국의 지혜를 총괄하는 도서관을 지은 업적을 찬양하는 것이다. 이런 찬양은 타원의 역동적 중앙집중성을 통해 가장 잘 표현될 수 있었다.

922 요한 베른하르트 피셔 폰 에를라흐(Johann Bernhard Fischer von Erlach). 제국 도서관(Hofbibliothek=Imperial Library). 빈. 1722~30

십자축 구성과 바로크 절충주의-카를 교회

피셔 폰 에를라흐는 교회에서도 강한 중앙집중형을 대표 유형으로 사용했다. 평면 윤곽은 그릭 크로스, 반지형 겹공간, 타원 등 다양했다. 카를 교회를 제외한 나머지 교회들은 규모가 작았기 때문에 비교적 자유롭게 중앙집중형을 실험할 수 있었다. 프라인 성채 교회Kirche von Frain Schloss는 원형 중심 공간 주위에 여섯 개의 타원을 돌려 복도를 형성했다(그림 923). 잘츠부르크의 삼위일체 교회는 타원 단일 윤곽으로 중심 공간을 형성하고 장축 위에 출입구, 전실, 제단을 두어 선형성을 보강했다. 요하네스슈피탈과 잘츠부르크 대학 교회는 그릭 크로스를 변형한 구성으로 이루어졌다.

이상의 예들은 중앙집중성과 선형의 혼합 구성을 특징으로 가진다. 이것은 최종 결과가 십자축 구성으로 나타난다는 것을 의미한다. 프라인 성채 교회는 십자축 구성이 더 발전하여 방사선 구성을 이룬다. 삼중 교회는 단축 방향으로 축 구성을 추가로 가져 전체적으로 십자축 구성을 이룬다. 요하네스슈피탈과 잘츠부르크 대학 교회에 쓰인 그릭 크로스는 대표적인 십자축 구성이다.

카를 교회는 삼위일체 교회를 기본 구성으로 삼아 변형을 가했다(그림 920, 924). 타원으로 단겹의 중심 공간을 형성해서 중앙집중성을 높였다(그림 925). 여기에 여러 방향으로 축 구성을 더했다. 장축으로는 강한 단일 축을 만들었다. 타원 중심 공간의 앞쪽에 '계단-열주 현관-전실'을, 뒤쪽에 '성가대석-앱스-후성가대석'을 각각 두었다. 모두 일곱 개의 영역이 장축 위에 놓이면서 축성과 선형성이 극단적으로 강조되었다. 이 가운데 전실, 성가대석, 후성가대석은 모두 장축 방향으로 긴 직사각형 처리를 하여 선형성을 도왔다. 선형성을 강조한 것은 당시 신성로마제국의 가톨릭 독일을 중심으로 가톨릭의 교세가 강했기 때문으로 보인다.

단축 방향으로는 네 개의 축을 분산시켜 장축 방향의 선형성을 약화시켰다. 첫째 축은 전실의 횡방향으로 만들었다. 전실 양옆에 긴 직사

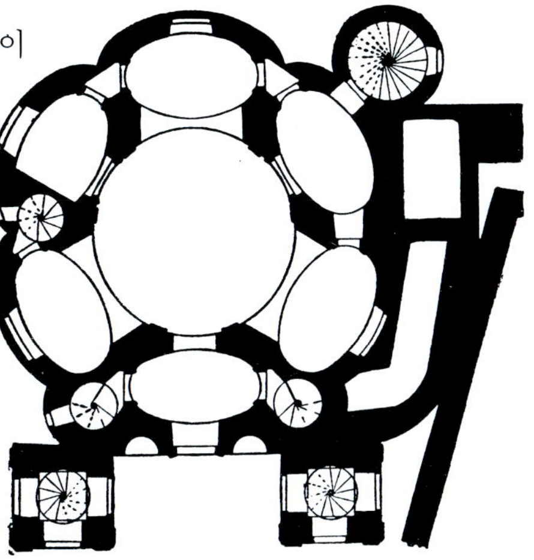

923 요한 베른하르트 피셔 폰 에를라흐(Johann Bernhard Fischer von Erlach). 프라인 성채 교회(Kirche von Frain Schloss). 오스트리아

924 요한 베른하르트 피셔 폰 에를라흐(Johann Bernhard Fischer von Erlach). 카를 교회(Karlskirche=St. Charles Borromeo Church). 빈. 1716~18

925 요한 베른하르트 피셔 폰 에를라흐(Johann Bernhard Fischer von Erlach). 카를 교회(Karlskirche=St. Charles Borromeo Church). 빈. 1716~18

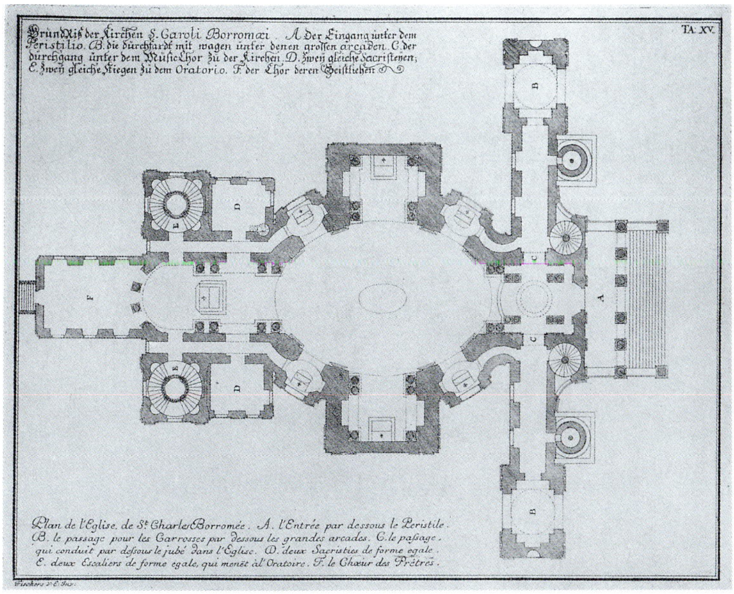

각형의 복도를 둔 뒤 양끝에 작은 원형 돔으로 천장을 마감한 정사각형 공간을 두었다. 첫째 축을 이루는 이 부분은 긴 전면 파사드에 해당되었다. 둘째 축은 타원 중심 공간의 중앙을 가로질러 만들었다. 타원의 양쪽 밖으로 단축 위에 예배당을 각각 하나씩 두어 횡방향 축을 만들었다. 셋째와 넷째 축은 성가대석과 앱스의 양옆에 정사각형의 부속실을 각각 하나씩 두어 만들었다. 성가대석 옆의 두 공간은 성구소로, 앱스 옆의 두 공간은 계단실로 쓰였다.

이런 단축 방향의 축은 장축의 강한 선형성 때문에 약해진 중앙집중성을 보강하기 위해 구사되었다. 이것은 결과적으로 앞의 다른 예들에서 보았던 십자축 구성과 같은 것이다. 십자축 구성은 중앙집중성을 강화하는 역할을 했고, 이것은 궁극적으로 합스부르크 제국이 세상의 중심이라는 상징성을 도왔다. 선형성을 만드는 장축은 성聖의 세계를, 중앙집중성을 보강하는 단축은 속의 세계를 각각 상징했는데, 이 둘이 마주치는 중앙 접점에 강한 중심 공간을 둔 것은 합스부르크 제국이 두 세계 모두를 통제하고 있다는 상징적 의미를 가진다. 프랑스 절대왕정에서도 이와 유사한 처리가 있었다.

926 요한 베른하르트 피셔 폰 에를라흐(Johann Bernhard Fischer von Erlach). 카를 교회(Karlskirche=St. Charles Borromeo Church). 빈. 1716~18

카를 교회의 파사드는 바로크 절충주의를 대표한다(그림 912, 926). 신전 파사드와 돔을 중앙의 기본 요소로 삼고 양끝에 캄파닐레를 더한 구성은 성 베드로를 모방한 것이다. 그러나 성 베드로에서는 신전 파사드가 오더 구성으로 전환되었던 데 반해, 여기에서는 신전 파사드 자체의 독립성이 확연히 드러나는 차이점을 보인다. 이런 처리는 신전 파사드를 절충주의의 소재로 사용하기 위해 소품화한 것이다. 돔과 드럼은 미켈란젤로 유형을 사용했지만, 드럼의 맨 윗부분 중앙에 곧추선 타원창과 이것을 감싸는 곡면 장식을 넣었다. 드럼을 유난히 높여 수직성을 강조했는데, 이것의 궁극적 목적은 돔을 강조하는 데 있다. 돔의 크기 역시 아래쪽 몸통에

비해 큰 것은 타원 중심 공간을 강조하기 위한 것이다. 이런 강조는 합스부르크 제국이 세상의 중심임을 알리는 상징성을 가진다.

캄파닐레는 3단의 몸통 위에 작은 지붕을 얹었다(그림 927). 몸통은 '쌍 벽기둥 아치-반원 박공의 신전 파사드-양옆에 소용돌이 문양을 갖는 곡면 박공'의 순서로 구성되었다. 몸통은 섬세한 장식 디테일로 처리했다. 가장 극적인 처리는 중앙 출입구와 캄파닐레 사이에 로마제국의 승전 기둥column of triumph을 세운 것이다. 바로크 건축을 통틀어 승전 기둥을 사용한 것은 이것이 유일한 예이다. 승전 기둥은 시각적, 역사적, 상징적 차원에서 건물에 새로운 분위기를 불어넣었다.

시각적으로는 돔의 양옆에서 수직선을 만듦으로써 균형을 이루었다. 돔이 너무 커서 가분수의 형국인데, 이것을 분산시켜 안정감을 주었다. 역사적으로는 절충주의 소재를 다양화한 의미를 가진다. 상징적으로는 카를 6세를 승전 기둥을 세웠던 로마제국의 황제에 비유하는 의미를 가진다. 여기에 수직선을 두 개 더 만들어 수평으로 긴 전면 파사드와 대비시킴으로써 십자축 구도를 만들었는데, 이것은 2차원 평면에 나타난 것을 입면에 3차원으로 반영한 것이었다.

승전 기둥의 상징성은 명확하다. 이것은 트라야누스Trajanus의 승전 기둥을 모방한 것이었다. 기둥 몸통에는 카를 6세의 업적을 찬양하는 돋을새김을 새겼다(그림 928). 문제는 이것을 하나가 아닌 쌍둥이로 사용한 점이다. 쌍기둥은 헤라클레스의 완력을 상징하는 것으로, 트라야누스에게 하나가 봉헌된 것을 자신은 두 개를 사용함으로써 트라야누스를 능가한다는 야망을 표현했다. 이상을 종합하면 카를 6세는 트라야누스를 넘어 헤라클레스에 비견될 만한 인물이라는 것이었다. 교회 이름에 자신의 이름을 넣은 것은 이런 야망을 잘 보여준다. 이 교회의 프로그램은 제국의 통치 이념을 세웠던 두 정치학자 카를 구스타프 헤라에우스Carl Gustav Heraeus와 콘라트 아돌프 폰 알브레히트Conrad Adolph von Albrecht가 짰다. 이 두 학자는 제국과 카를 6세의 권위를 극대화할 상징성을 최우선 목표로 두었다. 피셔 폰 에를라흐는 자신의 바로크 절충주의를 이용하여 이런 요구를 성공적으로 만족시켰다.

927 요한 베른하르트 피셔 폰 에를라흐(Johann Bernhard Fischer von Erlach). 카를 교회(Karlskirche=St. Charles Borromeo Church). 빈. 1716~18

928 요한 베른하르트 피셔 폰 에를라흐(Johann Bernhard Fischer von Erlach). 카를 교회(Karlskirche=St. Charles Borromeo Church). 빈. 1716~18

4 남부독일(1)과 후기 바로크

치머만 형제–장식 액센트와 색채

요한 밥티스트 치머만(Johann Baptist Zimmermann, 1680~1758년)과 도미니쿠스 치머만(Dominikus Zimmermann, 1685~1766년)은 남서부 바이에른에서 태어나 장식 공예로 유명한 베소브룬(Wessobrunn)에서 교육을 받았다. 요한 밥티스트는 장식 예술가로 남았으나 도미니쿠스는 건축가로 전업했다. 치머만 형제의 건축 작품은 대부분 도미니쿠스의 것이었으며, 요한 밥티스트는 거시적 차원에서 설계에 일부 참여한 것으로 알려져 있다. 그러나 요한 밥티스트의 활동은 대부분 장식에 국한되었다. 두 형제의 협동 작업은 바이에른 로코코의 출발점을 이루기도 했다. 이들은 또한 요한 밥티스트의 두 아들을 포함한 장인들로 구성된 대규모 공방을 운영하면서 이 지역 장인 가문의 비전 전통을 대표했다.

도미니쿠스의 모든 작품에 요한 밥티스트가 참여한 것이 아니라 상당수는 독자적으로 작업했다. 두 사람의 협동 작업을 대표하는 예로 비스 순례 교회(Wallfahrtskirche, Die Wies, 1746~54년)를 들 수 있다. 이 교회의 건축적 골격은 도미니쿠스가 짰고, 실내 프레스코는 요한 밥티스트의 작품이다(그림 929). 도미니쿠스는 건축가였지만 자신이 지은 건물의 실내장식은 대부분 직접 했다. 요한 밥티스트는 실내장식의 전 분야에서 골고루 두각을 나타냈으나, 도미니쿠스의 실내장식은 치장 벽토에 한정되었다. 장식 경향에서는 프랑스 로코코의 영향을 직접 받은 요한 밥티스트가 더 부드럽고 화려한 특징을 보인 반면, 도미니쿠스는 독일의 특징을 더 많이 유지했다(그림 930~932). 그러나 가장 독일적이었던 아잠 형제와 비교하면 도미니쿠스의 장식은 프랑스 로코코의 특징을 많이 나타냈다.

929 도미니쿠스 치머만(Dominikus Zimmermann), 요한 밥티스트 치머만(Johann Baptist Zimmermann,). 비스 순례 교회(Wallfahrtskirche, Die Wies), 독일. 1746~54

요한 밥티스트 치머만은 오토보이렌의 베네딕트 수도원Benediktiner-Abtei, Ottobeuren 치장 벽토1714~19년와 프라이싱 성당Freising Cathedral 실내장식1716년에서 두각을 나타낸 뒤, 1720년부터 바이에른의 선거후 막시밀리안 에마누엘Maximilian Emanuel과 카를 알브레히트Carl Albrecht에게 등용되어 뮌헨 일대 주요 건물들의 실내장식을 담당했다. 님펜부르크 성채 내 아말린부르크 별관Nymphenburg Schloss, Amalienburg Residenz 치장 벽토1734~39년와 비스 순례 교회 프레스코 등을 대표작으로 남겼다. 요한 밥티스트는 또한 에프너와 피셔 등 동시대 주요 건축가들 작품의 실내장식을 담당하기도 했다.

930 도미니쿠스 치머만(Dominikus Zimmermann), 요한 밥티스트 치머만(Johann Baptist Zimmermann). 아말린부르크 궁전(Amalienburg Residenz). 뮌헨, 독일. 1728~33

931 요한 밥티스트 치머만(Johann Baptist Zimmermann). 아말린부르크 님펜부르크 성채 치장벽토(Nymphenburg, Amalienburg). 뮌헨, 독일. 1734~39

932 도미니쿠스 치머만(Dominikus Zimmermann). 슈타인하우젠 순례 교회(Wallfahrtskirche, Steinhausen). 독일. 1728~33

도미니쿠스 치머만은 1716년에 란츠베르크암레흐Landsberg am Lech에 정착한 뒤 평생 이곳을 근거지로 인근에 주요 작품들을 남겼다. 1720년대 중반까지는 제단, 치장 벽토, 파사드 등 주로 장식 분야에서 활동했다. 이후 건물 설계를 시작하여 슈배비쉬그뮌트의 도미니크 수도원 교회Dominikanischer-Abteikirche, Schwäbisch-Gmünd, 1724~25년/건물 설계, 슈타인하우젠 순례 교회Wallfahrtskirche, Steinhausen, 1728~33년/건물 설계와 치장 벽토, 귄츠부르크 교구 교회Pfarrkirche, Günzburg,

1736~41년, 비스 순례 교회1746~54년/건물 설계와 치장 벽토 등 교회 건물들을 대표작으로 남겼다.

도미니쿠스의 작품은 치장 벽토, 프레스코, 공예 등 장식이 주를 이룬 중부유럽의 전형적인 종합예술을 대표한다. 이 때문에 그는 대형 작품은 남기지 못했으며, 화려한 실내장식에 대한 수요가 많았던 수도원 교회와 교구 교회 등 소형 교회를 주요 대표작으로 남겼다. 그의 교회는 주로 타원을 기본 기하 형태로 삼은 반지형 겹공간으로 구성되었다(그림 933). 장축 위 양쪽 끝에 출입구와 제단을 넣어 선형성을 강조했다. 중심 공간을 기둥으로 구획하고 그 밖으로 순환 복도를 두는 겹공간으로 구성했다. 장식은 실내에 집중되었으며 외관은 비교적 절제된 분위기를 유지했다. 건물 전체 윤곽은 곡면 벽체를 이용하여 타원 윤곽을 자유 형태로 발전시켰다. 장식은 창틀, 엔태블러처, 곡선 박공 등에만 단순한 형태로 집중시켰을 뿐 벽체 대부분은 단순 여백으로 놔두었다. 창틀 윗부분은 넓은 곡면을 이용하여 '코끼리 귀elephant ears'라 불리는 장식 어휘로 처리했다.

실내는 장식의 극치를 이루었다. 그러나 장식은 기둥이나 벽체 등 구조 부재를 피해 주두, 엔태블러처, 천장에 집중시켰기 때문에 절대량은 많지 않았다. 구조 부재와 피구조 부재를 명확히 구별하여 피구조 부재에 집중시킴으로써 과다함이 없이 절제된 분위기 속에서 장식의 악센트 효과가 극대화되었다. 장식 소재는 식물 문양과 프랑스 레장스Regence 양식이 혼합되어 나타났다. 식물 문양은 자연 형태를 정확히

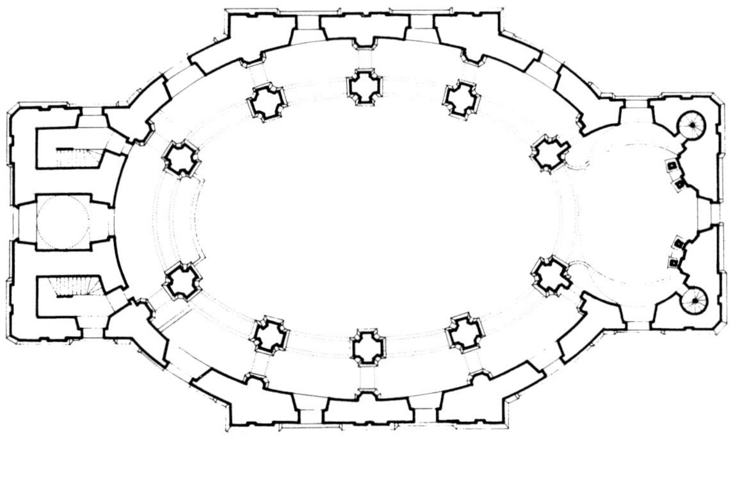

933 도미니쿠스 치머만(Dominikus Zimmermann), 슈타인하우젠 순례 교회(Wallfahrtskirche, Steinhausen), 독일, 1728~33

복원해 사실성을 높였고, 레장스 양식은 띠 장식을 다양하게 응용해서 추상성을 높였다. 자연주의 문양과 추상 문양 사이에서 대별성과 균형감을 적절히 유지했다.

도미니쿠스의 작품은 휴먼 스케일을 유지하면서 밝고 친근한 색채 사용으로 부드러운 분위기를 얻어냈다. 실내 분위기는 건축이 주도하는 가운데 장식은 건축 골격을 강조하는 쪽으로 사용되었다. 색채는 흰색을 주조로 하여 황금색, 밝은 분홍색, 밝은 청색, 밝은 녹색 등 기본 삼원색을 밝게 처리한 색을 사용했다. 부재별로 색을 배정하여 건축적 역할을 부여했다. 그림은 원, 타원, 메달 등 한정된 영역 안에 집어넣어 건물 골격을 침범하지 않게 했다. 장식은 건물 배경에 강하게 정착시켜 추가 부착물이라는 느낌을 지우고 건물 골격과 한몸이 되었다. 건물은 구조 부재를 축조해서 만든 구조체가 아니라, 장식물이 성장해서 스스로 형성한 것 같은 느낌으로 나타났다.

아잠 형제–바로크 엄숙주의와 장경주의

아잠은 남부독일 바로크를 대표하는 예술가 집안이었다. 아버지 한스 게오르크 아잠Hans Georg Asam, 1649~1711년은 성기 바로크 화가였으며, 두 아들 코스마스 다미안 아잠Cosmas Damian Asam, 1686~1739년과 에기트 크비린 아잠Egid Quirin Asam, 1692~1750년은 후기 바로크의 장식예술가 겸 건축가였다. 전체적 경향에서 두 형제 모두 건축보다는 장식예술이 주전공이었다. 코스마스 다미안은 천장 프레스코, 에기트 크비린은 치장벽토와 제단 조각이 각각 전문 분야였으나 주요 건축 작품도 남기며 자신들만의 종합예술을 추구했다. 두 형제는 각자 독립적 활동을 하면서 동시에 평생 긴밀한 파트너십을 유지함으로써 뮌헨에 많은 작품을 남겼다. 자신들이 설계한 건물의 실내장식을 담당하는 것은 물론이고, 남부독일 후기 바로크를 이끈 건축가들의 건물에 실내장식을 도맡았다. 실내장식의 활동 범위는 매우 넓어서 독일 전역을 비롯하여 보헤미아와 스위스까지 진출했다.

독립적 활동에서는 주로 실내장식 일을 했으며, 건물 설계를 포함한 종합예술은 협동 작업을 통해 나왔다. 종합예술의 대표작들은 수도원과 교회에 집중되었다. 교회의 실력자들이 이들 형제의 주건축주였으

934 코스마스 다미안 아잠(Cosmas Damian Asam), 에기트 크비린 아잠(Egid Quirin Asam). 장크트요하네스네포묵(Sankt Johannes Nepomuk). 뮌헨. 1733~38

며, 뮌헨과 프라이싱의 궁정도 이들의 작품을 선호한 건축주였다. 종합예술의 대표작으로 벨텐부르크의 베네딕트 수도원Benediktiner Abtei, Weltenburg, 1716~35년, 레겐스부르크의 장크트에메람 베네딕트 수도원Sankt Emmeram Benediktiner Abtei, Regensburg, 1731~33년, 뮌헨의 장크트요하네스네포묵Sankt Johannes Nepomuk, 1733~38년, 슈트라우빙의 우르줄리네 수도원 교회Ursuline-Abteikirche, Straubing, 1736~40년 등을 들 수 있다.

남부독일 후기 바로크가 로코코와 혼합된 경향을 유지했던 데 반해 아잠 형제는 바로크에 집중한 차이점을 보였다. 아잠 형제의 장식은 색조가 어둡고 전체적 분위기가 묵직하면서 장중했다(그림 934). 장식 어휘가 건축 부재를 압도하거나 잠식하지 못하고 건축 골격을 유지했다. 이런 특징들은 로코코의 영향을 받지 않은 중부유럽의 후기 바로크로 볼 수 있다. 대부분의 중부유럽 후기 바로크 건축가들이 로코코와의 혼합 경향을 나타낸 것에 비해 아잠 형제는 드문 예라 할 수 있다.

이런 현상은 교육 배경에서 비롯되었다. 두 형제는 로마로 유학하여 이탈리아 바로크를 익혔다. 코스마스 다미안 아잠은 산루카 아카데미에서 수학했으며, 에기트 퀴린 아잠은 개인적으로 베르니니의 작품을 연구했다. 아버지 한스 게오르크 아잠도 이탈리아 성기 바로크 화풍에 정통했다. 이런 배경은 아잠 형제가 로코코의 영향을 거부하고 바로크에 머물게 한 요인으로 작용했다. 남부독일의 다른 후기 바로크 건축가들은 자체 내에서 서로 영향을 주고받으며 독립적 지역 양식을 창출했다. 로코코가 흘러든 것도 이런 배경에서였다. 아잠 형제는 여기에서 자유로울 수 있었다. 특히 에기트 퀴린 아잠은 베르니니 연구를 통해 장경주의 기법을 익혀 제단이나 종합예술에 적용함으로써 자신만의 경향을 차별화시킬 수 있었다.

벨텐부르크의 베네딕트 수도원은 코스마스 다미안 아잠이 건물 설계와 천장 프레스코를, 에기트 퀴린 아잠이 제단 조각을 각각 맡았다(그림 935, 936). 평면은 타원형을 기본 형태로 삼았다. 천장은 돔으로 처리했다. 실내 벽체가 타원의 단일 곡면을 유지한 점에서 남부독일보다는 이탈리아 바로크를 좇은 것으로 보인다. 남부독일 바로크에서는 기둥이나 벽기둥을 이용하여 실내 벽체의 들고남을 심하게 하거나 오목-볼록의 교대로 물결치는 곡면을 만드는 것이 일반적 경향이었다. 이 건물에서는 이런 처리 없이 타원의 기하학적 윤곽을 잘 유지했는데, 이것은 베르니니 계열의 이탈리아 성기 바로크에서 영향을 받은 것이었다. 바로크 영향은 선례에서 확인된다. 이 건물의 선례로 베르니니의 퀴리날레의 성 안드레아나 산카를로아이카티나리 내의 성 체칠리아 예배당Antonio Gherardi 안토니오 게라르디 작품 등이 거론된다. 실내 골격을 오더와 벽기둥으로 대표되는 표준 고전 어휘로 짠 것과 이 부재들에 장식을 새기지 않은 것 등은 바로크의 특징에 해당된다. 제단은 베르니니의 코르나로 예배당을 모방해서 장경주의로 처리했다.

935 코스마스 다미안 아잠(Cosmas Damian Asam). 벨텐부르크의 베네딕트 수도원(Benediktiner Abtei, Weltenburg). 돔 프레스코. 독일. 1716~35

936 에기트 크비린 아잠(Egid Quirin Asam). 벨텐부르크의 베네딕트 수도원(Benediktiner Abtei, Weltenburg). 제단(Hochaltar). 독일. 1716~35

색조는 전반적으로 어두운 황색, 적색, 청색 등의 로마 바로크 풍을 유지했다. 이것은 흰색 바탕에 밝은 파스텔 톤을 사용했던 남부독일의 경향과 다른 차이점이다. 중간에 금을 섞은 것도 경쾌한 느낌보다는 묵직한 엄숙주의를 도왔다. 장식 종류도 로코코의 식물 문양을 자제하고 성인과 성경 내용 등 종교적 대상에 한정했다. 식물 문양이 쓰일 경우에는 로코코의 사실성을 버리고 선형 어휘나 기하 문양으로 추상화시켰다. 제단의 뒤 위쪽과 큐폴라 내곡면에 숨긴 광원을 둔 처리는 베르니니가 즐겨 사용하던 것이었다. 중앙 공간은 간접광이 만들어내는 중간 밝기의 차분한 분위기가 지배했다. 이런 분위기는 묵직한 색조와 심각한 장식 내용과 잘 어울렸다. 아잠 형제 특유의 바로크 엄숙주의였다. 〈교회의 승리Church Triumphant〉라는 제목의 천장 프레스코는 간접광 처리로 인해 하늘에 떠 있는 것처럼 보인다. 부유하는 돔은 아래쪽 어두운 속의 공간에 대비되어 성의 세계를 상징했다.

장크트요하네스네포묵에서는 바로크의 상상력을 발휘하여 자유로운 분위기를 만들었다. 평면은 직사각형에 오목-볼록 처리를 가하여 타원으로 만들었다. 타원 자체가 울퉁불퉁한 비정형이려니와 실내 벽면에 물결치는 곡면을 만들었다(그림 937). 벽면 처리도 불규칙했다. 크기가 다른 아치와 벽기둥이 어지럽게 벽면을 메웠다. 이번에도 제단을 장경주의로 처리했다. 제단 본체 위 2층에 작은 무대를 만들어 조각상을 세웠다. 무대는 나선형 기둥이 골격을 이루었다. 베르니니가 즐겨 쓰던 장경주의 기법이었다. 장식은 장소를 가리지 않고 모든 여백을 채웠다. 색조가 좀 밝아지기는 했으나 여전히 바로크의 묵직한 엄숙주의를 유지했다.

빛은 하늘에서 떨어졌다(그림 934). 이번에는 간접광이 아니라 2층 측창에서 직접광이 들어오게 처리함으로써 1층과 2층의 조도를 강하게 대비시켰다. 조도 대비는 이번에도 천장 돔을 밝게 비추며 천상의 이미지를 강조했다. 그러나 직접광에 의한 강조였기 때문에 부유하는 돔은 나타나지 않았다. 파사드도 자유로운 창작력이 돋보인다. 파사드

937 코스마스 다미안 아잠(Cosmas Damian Asam), 에기트 크비린 아잠(Egid Quirin Asam). 장크트요하네스네포묵(Sankt Johannes Nepomuk). 뮌헨. 1733~38

938 코스마스 다미안 아잠(Cosmas Damian Asam), 에기트 크비린 아잠(Egid Quirin Asam). 장크트요하네스네포묵(Sankt Johannes Nepomuk). 뮌헨. 1733~38

는 좁은 대지 폭에 맞춰 단일 면으로 처리했다. 출입문을 세 겹으로 겹치는 처리가 기본 개념이다. 가장 속에는 사람이 드나드는 문을 두었다. 이것을 큰 창틀이 한번 감쌌고 마지막으로 건물 전체의 윤곽이 감쌌다. 건물 윤곽은 여전히 하나의 큰 문처럼 보이게 처리했다. 지붕은 곡면 박공으로 처리했다(그림 938).

에프너와 퀴비예

요제프 에프너Joseph Effner, 1687~1745년와 프랑수아 드 퀴비예François de Cuvilliés, 1695~1768년는 모두 프랑스의 영향을 받은 공통점을 가졌다. 에프너는 독일 태생이었으나 조경 건축가였던 아버지의 건축주인 선거후 막시밀리안 에마누엘의 정치적 망명에 동행하여 파리로 옮겼다. 에프너는 1706~15년 사이에 파리에 머물며 보프랑에게서 로코코 양식을 배웠다. 1715년에는 에마누엘이 권력을 되찾으면서 뮌헨으로 돌아왔으며, 이어 궁정 건축가가 되어 님펜부르크 성채Schloss Nymphenburg, 1664~1750년경와 슐라이샤임 성채Schloss Schleissheim, 1702-26 등의 기초를 잡았다.

에프너는 건축, 실내장식, 조경, 가구 등 여러 분야에서 활동을 했다. 가장 활발한 분야는 실내장식이었다. 그는 파리에서 배운 로코코 양식을 뮌헨을 중심으로 한 남부독일에 전파했다. 그는 요한 밥티스크 치머만이나 퀴비예 등과 함께 일하며 로코코를 전수함으로써 남부독일 후기 바로크의 한 축을 담당했다. 이런 명성에 비해 에프너는 실제 작품에서는 대작을 남기지 못했다. 님펜부르크 성채를 아구스티노 바렐리Agustino Barelli와 함께 설계했으며, 두 개의 작은 별관인 파고덴부르크Pagodenburg, 1716~19년와 바덴부르크Badenburg, 1718~21년 등이 대표작이다(그림 939).

그의 주된 활동은 엔리코 추칼리의 뒤를 이어 수행한 뮌헨 궁정 수석 건축가 직이었다. 에프너는 이를 통해 행정력에서 수완을 발휘하며 궁정에서 발주한 여러 성채 공사를 감독, 관리했다. 에프너는 구조 부재와 장식 부재 사이의 이분법적 구별을 지우고 장식의 역할을 강화하는 특징을 보였다. 이런 특징은 로코코 건축에서는 보편적인 것이었다. 더 나아가 장식이 분절과 상징 등에서 주도적 건축 부재 역할을 하는 단계로까지 나아갔다. 에프너의 이런 경향은 도미니쿠스 치머만과

939 요제프 에프너(Joseph Effner). 님펜부르크 성채(Schloss Nymphenburg). 뮌헨, 독일. 1664~1750년경

힐데브란트에게 중요한 영향을 끼쳤다.

퀴비예는 브뤼셀 근교의 수아니에Soignies 태생으로서 프랑스 문화권에서 자랐다. 퀴비예는 1705년 파리에 망명 와 있던 막시밀리안 에마누엘의 예술가 그룹에 합류하면서 뮌헨과 인연을 맺었다. 에프너도 여기에서 만났다. 퀴비예는 에마누엘을 따라 뮌헨으로 이주했다. 처음에는 군사시설에 엔지니어로 일을 시작했다가 예술적 재능을 깨닫고 1720~24년 사이에 다시 파리로 돌아가 유학하며 로코코 양식을 공부했다. 이후 뮌헨으로 돌아와 평생 이곳을 본거지로 많은 로코코 작품을 남겼다. 1724년에는 뮌헨의 궁정 수석 건축가였던 에프너 밑에서 일했으며, 1726년 카를 알베르트Karl Albert, 1726~45년가 뮌헨의 선거후로 즉위하면서 그를 주요 건축주로 하며 전성기를 누렸다. 1729년에는 에프너를 밀어내고 궁정 수석 건축가의 자리를 차지한다.

퀴비예는 처음에는 파리의 레장스 양식을 뮌헨에 전파하는 일에 열심이었으나 곧 원본을 뛰어넘어 더 화려한 자신만의 남부독일 로코코 양식을 창출했다. 파리의 로코코가 신고전주의와 합리주의 등 계몽주의의 새로운 움직임에 밀려 주춤했던 데 반해 뮌헨에서는 새로운 시대정신하에서 자유롭게 장식 예술을 충분히 소화할 정치적, 종교적 토양이 있기 때문이었다. 퀴비예는 평생 카를 알베르트의 왕실 가족을 위한 성채에서 주요 작품들을 남겼다. 대표작으로 뮌헨 궁전 내 장식방Reiche Zimmer, 1730~37년, 님펜부르크 성채 내 아말린부르크 별관Amalienburg Pavilion, 1734~39년, 뮌헨 궁정극장 실내장식Residenztheater, 1750~53년 등을 들 수 있다(그림

940 프랑수아 드 퀴비예(François de Cuvilliés), 님펜부르크 성채 내 아말린부르크 별관(Amalienburg Pavilion), 뮌헨, 1734~39

941 프랑수아 드 퀴비예(François de Cuvilliés). 님펜부르크 성채 내 아말린부르크 별관(Amalienburg Pavilion). 뮌헨. 1734~39

940, 941).

퀴비예는 파리의 레장스 양식에는 없는 자신만의 로코코 양식을 창출했다. 개별 모티프에서는 용수철처럼 튀어오르는 흥겨운 곡선, 흔들거리는 유리 세공, 용 등을 개발했다. 실내 공간에서는 세 번에 나누어 올라가는 이탈리아식 계단홀을 도입했다. 벽을 분절하는 어휘는 보편적으로 쓰이던 패널 프레임 대신 유리를 사용했다. 벽화 프레임에는 로카유rocaille라고 불리는 식물 문양을 넝쿨처럼 둘렀고, 이렇게 시작한 넝쿨은 프레임을 떠나 벽 전체를 뒤덮었다. 로카유는 벽의 분절 마디나 벽과 돔이 만나는 분절 마디를 가려서 실내 공간 전체를 넝쿨 숲이 만드는 단일 공간처럼 보이게 했다. 벽에 작은 캐비닛을 더한 처리도 그의 발명품이다.

5 남부독일(2)-요한 발타자르 노이만

탈물질과 신비주의

요한 발타자르 노이만Johann Balthasar Neumann, 1687~1753년은 보헤미아의 에거Eger에서 태어나 1711년 뷔르츠부르크로 이주하여 처음에는 군사 산업에서 일을 시작한 뒤 건축으로 전업했다. 그의 건축 교육은 세 방향에서 이루어졌다. 군사 산업에서 엔지니어링과 기하학 등을, 건설업자 요제프 그라이싱Josef Greising에게 설계와 시공과 관련된 실무를, '북부이탈리아-빈-보헤미아'로 이어지는 답사를 통해 고전주의와 바로크 건축을 각각 배웠다. 이런 배경은 노이만의 건축 경향을 결정했다. 그의 건축은 예술성이 뛰어나면서도 실용적인 양면성을 지녔다. 노이만은 뷔르츠부르크를 본거지로 삼아 1719년부터 작품을 남기기 시작했다. 이후 이곳과 뮌헨 등에 많은 작품을 남기며 남부독일의 바로크 건축을 이끌었다.

노이만은 양과 질 모두에서 중부유럽 바로크 건축을 대표하는 건축가로 평가할 수 있다. 그는 40여 개에 이르는 주요 작품을 남기며 바로크 건축 전체를 통틀어서 대표적인 다작 건축가 가운데 한 명이 되었다. 부분적으로 관여한 것까지 합하면 이보다 훨씬 많은 작품을 남겼다. 기능 유형도 교회와 궁전을 대표로 성채, 수로 시설, 시청사, 휴양시설, 상업시설 등 다양한 종류로 확장했다. 1729년에는 뷔르츠부르크의 건축 감독관Baudirektor에 임명되어 이 도시의 모든 건축 일을 총괄했다. 그는 쇤보른Schöborn 가문으로 대표되는 이 지역 실력자들을 평생 건축주 겸 후원자로 가졌다. 그는 건축주의 요구 사항을 상징성, 완성도, 공사 속도 등 여러 면에서 종합적으로 만족시켰다. 이런 점에서 근대적 의미의 건축적 서비스 개념, 즉 건축가를 서비스업으로 보는 개념을 완성시킨 건축가이기도 하다.

노이만의 건축은 궁전과 교회에서 다르게 나타났다. 궁전이 정치적 의미에서 대표 유형이었다면 교회는 건축적, 작품적, 예술적 의미에서

대표 유형이었다. 교회에서는 탈물질을 통한 신비주의를 추구했다(그림 942). 탈물질은 석재 벽체가 지니는 고형적 물성을 용해시킨 뒤 성화와 식물 문양을 주소재로 한 장식을 첨가하는 방식으로 도달했다. 고형적 물성의 용해는 건물 골격을 얇게 하고 창을 최대한 넓게 만드는 방식으로 얻어졌다(그림 943). 창틀은 벽의 단면을 볼 수 있는 부분이기에 이것도 가능한 한 얇게 하여 석재의 축조성을 부정했다. 천장의 볼트도 가능한 한 얇고 가볍게 만들어서 섬세한 축조성을 내보였다. 기둥을 벽체에서 분리시킨 뒤 천장을 벽체가 아닌 기둥으로 받침으로써 천장을 다루기 쉬운 막처럼 보이게 했다(그림 944).

공간은 투명하면서 복합적이 되었다. 둔탁한 물질성을 벗어버린 골격을 넓은 창에서 들어오는 밝은 빛이 에워싸면서 공간은 균질한 조도로 가득 찬 투명한 용기가 되었다. 기둥을 벽체에서 분리시킨 처리는 골격을 복층으로 만들면서 신비한 분위기를 만들어냈다. 실내는 여러 겹의 막을 겹쳐 만든 것 같은 모습으로 나타났다. 복합성은 바로크의 일반론적 의미를 가장 잘 보여주는 예일 수 있다. 이런 골격 위에 치장 벽토, 회화, 조각, 금속공예, 금세공, 조각 디테일, 색채 등 여러 장식 매체를 더해 신비주의를 도왔다. 건축이 만드는 실내 공간이 신비주의를 은유적으로 암시했다면, 장식매체들은 보다 직설적으로 신비주의를 강조했다.

942 요한 발타자르 노이만(Johann Balthasar Neumann). 뷔르츠부르크 궁정교회(Residenz Hofkirche, Würzburg). 독일. 1730~43

943 요한 발타자르 노이만(Johann Balthasar Neumann). 케펠레 순례 교회(Käppelle Wallfahrtskirche). 뷔르츠부르크(Würzburg), 독일. 1761~81

944 요한 발타자르 노이만(Johann Balthasar Neumann). 네레샤임 베네딕트 수도원 교회(Benediktiner-Abteikirche, Neresheim). 독일. 1747~53

신비주의는 비잔틴과 고딕에서 각각 나름의 기법으로 완성되었다. 이 전통을 이어받은 바로크에서도 중요한 기법 가운데 하나로 추구되었다. 다비뇰라, 보로미니, 과리니 등이 신비주의를 추구했던 대표적인 바로크 건축가들이다. 이런 선례들이 중부유럽에도 중요한 영향을 끼쳐 치머만 형제, 노이만, 아잠 형제 등이 바로크 신비주의를 추구했다. 이 가운데 노이만이 특히 순수 공간적 의미에서 신비주의를 대표한다. 도미니쿠스 치머만이 장식 자체에 집착해서 장식물로 건물을 만든 것처럼 보였다면, 노이만은 구조 부재의 탈물질화를 거친 다음 빛과 장식을 이용해서 신비주의에 도달한 차이점이 있다.

945 요한 발타자르 노이만(Johann Balthasar Neumann), 뷔르츠부르크 궁정 예배당(Residenz Hofkapelle, Würzburg), 독일

946 요한 발타자르 노이만(Johann Balthasar Neumann), 네레샤임 베네딕트 수도원 교회(Benediktiner-Abteikirche, Neresheim), 독일, 1747~53

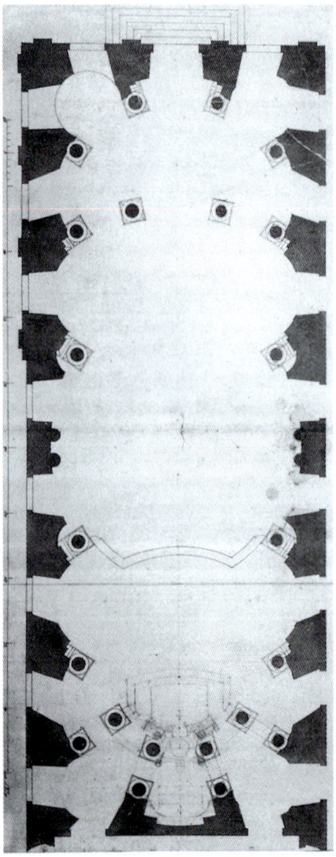

네레샤임 베네딕트 수도원 교회와 돔식 바실리카

노이만의 교회 평면은 규모에 따라 두 종류로 나눌 수 있다. 작은 건물에서는 원, 타원, 그릭 크로스 등 단일 공간 단위를 이용한 중앙집중형 유형이 주로 쓰였다(그림 945). 큰 건물은 선형 유형으로 이루어졌는데, 중앙집중형을 가미한 선형이었다. 원과 타원의 중앙집중형 공간 단위의 배수로 선형을 이룸으로써 돔식 바실리카에 가까워졌다(그림 947). 각 공간 단위 내에서는 중앙집중형을 강하게 지켰으며, 특히 크로싱의 중앙집중성을 강조했다. 네이브와 성가대석의 길이를 같게 하는 방식으로 크로싱의 중심성을 강조하기도 했다. 천장은 공간 단위별로 볼트를 가장 많이 썼으며, 중앙집중성을 강조할 때에는 돔을 썼다.

외관은 실내와 달리 장식을 절제한 가운데 중앙 출입구를 볼록하게 처리한 곡면이 전체적 분위기를 이끌었다(그림

946, 949). 곡면은 보로미니 특유의 가소성을 이용한 물결치는 율동감으로 발전했다. 첨탑을 이용한 수직성도 중요한 특징이다. 첨탑도 규모에 따라 두 종류로 나눌 수 있다. 작은 규모는 중앙에 첨탑을 갖는 일탑식이고, 큰 건물은 양옆에 갖는 이탑식이다. 건물이 높을 경우 측면에서는 버트레스를 쓰기도 했는데, 바로크 소용돌이 문양으로 변형시켰다.

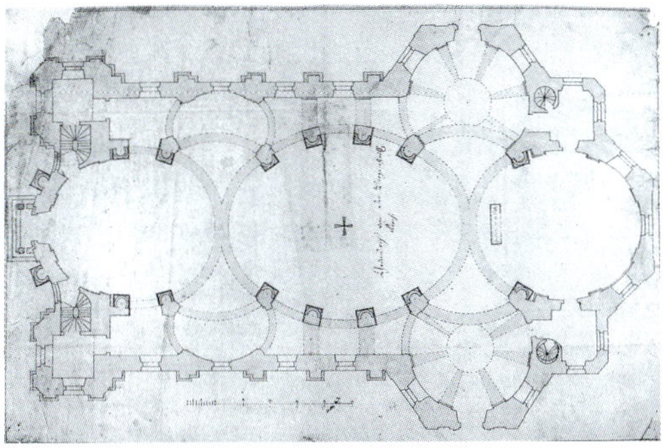

947 요한 발타자르 노이만(Johann Balthasar Neumann). 피어첸하일리겐 교구교회 겸 순례 교회(Pfarr-und Wallfahrtskirche, Vierzehnheiligen). 독일. 1742~53

노이만은 많은 교회 작품을 남겼다. 궁전에서는 뷔르츠부르크를 제외하고 대표작이 없는 반면, 교회에서는 노이만의 창작성이 돋보이는 다양한 주요 작품들이 많았다. 교회의 대표작으로 괴스바인슈타인 교구 교회 겸 순례 교회Pfarr und Wallfahrtskirche, Gössweinstein, 1729~39년, 뷔르츠부르크 궁정 교회Residenz Hofkirche, 1730~43년, 피어첸하일리겐 교구 교회 겸 순례 교회Pfarr und Wallfahrtskirche, Vierzehnheiligen, 1742~53년, 네레샤임 베네딕트 수도원 교회Benediktiner-Abteikirche, Neresheim, 1747~53년 등을 들 수 있다.

피어첸하일리겐 교구 교회 겸 순례 교회는 3랑식 라틴 크로스를 기본 평면으로 삼았다(그림 947). 네이브는 6베이였으나 크고 작은 타원 공간 둘로 분할되어서 선형성은 약화되었다. 큰 타원은 3베이로 이루어졌고 네이브의 중간 부분을 담당했다. 작은 타원은 2베이로 이루어졌고 전실을 담당했다. 성가대석과 앱스를 또하나의 타원으로 합침으로써 총 세 개의 타원이 장축 방향으로 늘어섰다. 트랜셉트의 팔은 돌

948 요한 발타자르 노이만(Johann Balthasar Neumann). 피어첸하일리겐 교구교회 겸 순례 교회(Pfarr-und Wallfahrtskirche, Vierzehnheiligen). 독일. 1742~53

949 요한 발타자르 노이만(Johann Balthasar Neumann). 피어첸하일리겐 교구교회 겸 순례 교회(Pfarr-und Wallfahrtskirche, Vierzehnheiligen). 독일. 1742~53

950 요한 발타자르 노이만(Johann Balthasar Neumann), 네레샤임 베네딕트 수도원 교회(Benediktiner-Abteikirche, Neresheim), 독일, 1747~53

출 정도가 낮았으나 아일까지 포함시켜 원형 공간으로 처리했다. 타원과 원의 공간 단위는 천장을 모두 돔으로 처리했다. 네이브 중앙의 가장 큰 타원은 아일의 폭이 좁아서 통로로 느껴지지 않고, 기둥을 외벽에서 분리시킨 처리로 느껴진다(그림 948). 크로싱은 별도로 두지 않고 장축 방향의 두 타원과 단축 방향의 두 원이 마주쳐서 만드는 별 모양 공간으로 처리했다. 외관은 앞에서 설명한 전형적인 이탑식으로 처리했다(그림 949).

네레샤임 베네딕트 수도원 교회는 트랜셉트를 갖는 1랑식 바실리카를 기본 평면으로 삼았다(그림 950). 장변 대 단변의 길이 비례가 1대 4에 이를 정도로 극단적인 선형 공간이지만 일정한 변형을 가해 중앙집중형을 가미했다. 변형은 장축과 단축 두 방향에서 적용되었다. 장축 방향에서는 네이브와 성가대석의 길이를 같게 해서 긴 길이를 중간에 잘랐다. 네이브는 3베이만을 갖는 1대 1.5 비율의 짧은 공간으로 변했다. 네이브와 성가대석은 각각 두 개의 타원 공간으로 분할했다. 타원은 장축을 종방향에 맞춰 누임으로써 장축 방향의 선형성에 제동을 걸었다.

단축 방향에서는 크로싱을 강화하고 트랜셉트의 팔을 타원 공간으로 만듦으로써 세 개의 공간으로 이어지는 강한 축이 하나 만들어졌다. 네이브와 성가대석의 타원은 각각 단축과 같은 종방향으로 암시적 축을 내포함으로써 건물 전체로 보면 총 다섯 개의 단축을 만든 것처럼 보인다. 단축은 전체 구도를 십자축 구도로 만들면서 장축의 선형성을 약화시켰다. 장축 방향의 긴 공간은 다섯 개의 중앙집중형 공간을 연속시킨 돔식 바실리카로 변했다.

천장은 모두 돔으로 처리했다. 실내 공간은 전형적인 이중 골격으로 처리했다(그림 944). 돔을 받치는 구조 부재인 기둥을 외벽에서 분리시켜 공간 켜를 복층으로 만들었다. 천장 돔의 두께를 가능한 한 얇게 하여 장식과 성화를 넣은 다음 빛을 끌어들임으로써 돔을 얇은 막처럼 보이게 했다. 중앙의 큰 돔을 네 모서리에서 네 개의 쌍기둥만으로 받침으로써 돔은 무거운 하중의 이미지에서 벗어나 투명한 막으로 변했다. 이중 골격은 빛의 분산 효과를 높여 석재의 탈물질화를 도왔고, 이것은 궁극적으로 신비주의를 도왔다.

바로크 기념비성과 뷔르츠부르크 궁전

노이만의 궁전은 군주의 권력 욕구를 만족시키는 바로크 기념비성을 주요 특징으로 가진다. 당시 뷔르츠부르크는 정치적 야심이 큰 도시로서 왕국의 정치력, 경제력, 종교력, 행정력을 하나로 합친 종합 권력을 추구했다. 쇤보른 가문의 프리드리히 카를Friedrich Karl은 뷔르츠부르크의 왕세자와 주교를 겸하며 이런 경향을 주도했다. 궁전은 이것을 대내외에 과시하는 중요한 수단이었다. 노이만의 궁전은 이런 요구를 잘 만족시켰다. 특히 계단홀을 웅장하게 꾸미는 처리는 노이만만의 특징적 경향이다.

프리드리히 카를은 다른 정치 지도자들과 달리 건축에 직접적 관심이 없는 대신, 같은 일을 여러 건축가에게 맡겨 경쟁을 유도하는 방식으로 디자인을 관리했다. 이 때문에 노이만의 궁전 일에는 요한 딘첸호퍼나 힐데브란트 등이 함께 관여한 경우가 많았다. 궁전의 대표작으로 뷔르츠부르크 궁전1719~53년/1776년 완공, 브루흐잘의 장크트다미안스부르크 궁전Sankt Damiansburg Residenz, Bruchsal, 1728~50년, 베르네크 궁전Palais Werneck, 1734~53년, 빈 호프부르크 계획안Hofburg, 1746~47년 등을 들 수 있다.

뷔르츠부르크 궁전은 프리드리히 카를 이외에 쇤보른 가문의 또다른 두 실력자 로타르 프란츠Lothar Franz와 요한 필립 프란츠Johann Philipp Franz를 공동 건축주로 삼아 진행되었다. 로타르 프란츠는 처음에 경력 부족을 이유로 노이만을 신뢰하지 않았다. 노이만은 이를 만회하기 위해 고전주의 이론서를 공부하고 파리로 답사 여행을 다녀오는 등 노력을 기울임으로써 설계를 맡을 수 있었다. 처음에는 더디게 진행되다가 1729년에 프리드리히 카를이 집권하면서 본격적으로 시작되었다.

전체 구성은 두 겹의 'ㄷ'자형 평면을 기본 유형으로 삼았다(그림

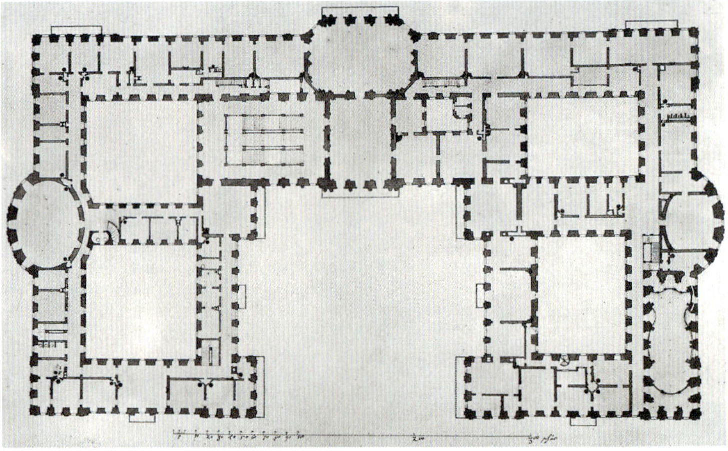

951 요한 발타자르 노이만(Johann Balthasar Neumann), 뷔르츠부르크 궁전(Würzburg Residenz), 독일, 1719~53/1776년 완공

951). 안마당을 중심으로 전면에 중앙홀, 계단홀, 황제의 방Kaisersaal을, 양옆에 접견실, 집무실, 주거 등을 각각 배치했다. 양옆 영역은 속에 두 개의 'ㅁ'자형 안마당을 추가로 가졌다. 측면 영역의 오른쪽 끝 아래에는 궁정 교회를 두었다. 궁정 교회는 1랑식 바실리카를 기본 평면으로 했다(그림 945). 총 8베이로 처음 2베이는 출입구 전실로 할당했고 네이브는 3베이를 차지했다. 그 뒤로 2베이의 제단과 1베이의 앱스를 두었다. 네이브는 타원 공간으로 처리했다. 기둥을 벽면에서 돌출시켜 이중 골격으로 만드는 노이만의 전형적 기법으로 처리했다. 기둥과 벽면은 물결치는 것 같은 곡면을 이루며 실내에 역동적 분위기를 만들었다. 이런 골격 위에 황금으로 치장한 금속 세공으로 뒤덮었고, 프레스코는 살구 색조를 유지하며 화려한 분위기를 도왔다(그림 942).

뷔르츠부르크 궁전의 외관은 총체적 모습은 궁전의 위용을 잃지 않으면서 섬세한 조각 솜씨로 다듬은 정교한 디테일이 주도적 분위기를 만들었다(그림 952). 장식은 넘쳐흐르지는 않고 창 상인방, 출입구 지붕 박공, 다락층 창 등에만 집중적으로 사용되었다. 창 상인방은 아치를 기본 형태로 삼아 변형시킨 뒤 섬세한 문양 장식을 더했다. 도리스식의 강한 오더가 이것을 부분적으로 보강하는 방식으로 처리했다. 축조적 위계는 이런 경향을 도왔다. 1층은 두꺼운 줄눈을 이용해서 혹두기를 상징적으로 표현한 반면, 2층은 단순 벽체로 놔두었다. 1층에 도리스식 오더를 더하고 위층으로 갈수록 장식이 섬세해지면서 축조적 위계를 강조했다.

952 요한 발타자르 노이만(Johann Balthasar Neumann), 뷔르츠부르크 궁전(Würzburg Residenz), 독일, 1719~53/1776년 완공

실내에서는 계단홀Treppenhäusern과 황제의 방이 압권이다. 중앙 출입구를 지나면 전실이 나오고 여기에서 왼쪽으로 90도 꺾어 계단홀이 시작된다. 가운데서 오름이 시작되어 반 층을 오른 뒤 양옆으로 180도 꺾어 나머지 반 층을 올랐다. 계단홀은 20×30미터의 크기로 궁전에서 가장 큰 공간을 차지하며 웅장한 스케일과 조각 처리를 자랑한다. 단일 볼트로 천장을 마감했고, 벽에는 넓은 창을 뚫었다. 천장에는 세계지도를 비롯하여 프레스코를 넣었다. 넓은 창에서 들어오는 충분한 빛은 프레스코를 밝게 비추며 프리드리히 카를의 정치적 야망과 힘이 세계를 향하고 있음을 알려준다(그림 953).

외벽의 내력 면적이 줄어들고 스팬이 20미터나 되면서 볼트를 얹는 일이 관건이 되었다. 계단홀은 쇤보른 가문의 정치적 위상을 과시할 핵심적 공간이었기 때문에 규모를 줄일 수 없었다. 채광도 중요했기 때문에 외벽의 내력 면적도 더이상 늘릴 수 없었다. 노이만은 엔지니어링 경력을 살려 이 문제를 쉽게 해결했다. 볼트 구조는 가벼운 화산석 응회암tuff으로 만들어 경량화를 꾀했다. 철제 꺾쇠로 조적 부재를 연결하고 모르타르를 두껍게 해서 접착력을 확보했다. 계단홀을 오르면 흰색 장식만으로 처리된 흰색방Weissersaal을 지난다. 여기에서 다시 90도 꺾어 황제의 방으로 이어진다.

953 요한 발타자르 노이만(Johann Balthasar Neumann). 뷔르츠부르크 궁전(Würzburg Residenz). 독일. 1719~53/1776년 완공

954 요한 발타자르 노이만(Johann Balthasar Neumann). 뷔르츠부르크 궁전(Würzburg Residenz). 독일. 1719~53/1776년 완공

955 요한 발타자르 노이만(Johann Balthasar Neumann). 포메르스펠덴의 바이센슈타인 성채 계단홀(Schloss Weissenstein, Pommersfelden). 독일

카이저잘은 화려함의 극치를 보여준다. 실내는 여백 없이 장식으로 꽉 차 있다. 넓은 창에서 들어오는 빛은 장식을 환히 비추도록 배려되었다(그림 954).

노이만은 궁전 작업에서 뷔르츠부르크와 같은 화려한 계단홀을 즐겨 사용했다. 웅장한 스케일, 오름과 꺾임을 이용한 방향 처리, 화려한 조각 장식과 천장 프레스코, 넓은 창, 이를 실현해주는 구조적 처리 등이 공통적 특징으로 나타난다. 뷔르츠부르크 궁전 이외에도 브륄의 아우구스투스부르크 궁전 계단홀Augustusburg Residenz, Brühl, 1741~50년과 포메르스펠덴의 바이센슈타인 성채 계단홀Schloss Weissenstein, Pommersfelden 등을 대표작으로 들 수 있다(그림 955).

6 남부독일(3)-요한 미하엘 피셔

벽체 구조와 모서리 둥글리기

요한 미하엘 피셔Johann Michael Fischer, 1692~1766년는 레겐스부르크Regensburg 근교의 부르크레겐펠트Burglegenfeld에서 석공의 아들로 태어났다. 아버지에게 돌 다루는 기술을 배운 다음 보헤미아, 모라비아Moravia, 오스트리아 등지를 여행하고 1718년에 뮌헨에 정착했다. 뮌헨에서도 처음에는 석공 분야에서 일을 시작했다. 건축적으로는 보헤미아 여행에서 보았던 딘첸호퍼 형제들의 작품과 당시 뮌헨 궁정 건축가였던 에프너의 작품에서 영향을 받았다.

피셔는 1724년에 궁정 건축가가 된 이후 평생 뮌헨을 본거지로 삼아 바이에른 지방 여러 곳에 많은 작품을 남겼다. 40년의 작품 활동 기간 동안 바이에른의 클레멘스 프란츠 공작Duke Clemens Franz 등 세 명의 정치 지도자를 주요 건축주로 했다. 피셔는 본인이 실내장식까지 담당하는 종합예술을 추구하기는 했지만 장식의 독립 정도는 도미니쿠스 치머만이나 노이만보다 약했다. 피셔의 건물은 아잠 형제와 요한 밥티스트 치머만 등 당대 최고의 장식예술가들이 실내장식을 맡는 경우가 많았다.

피셔는 기본적으로 교회 건축가이며 다작 건축가였다. 그의 묘비에는 그가 32개의 교회와 23개의 수도원, 그리고 많은 궁전을 남겼다고 써 있다. 양식사적으로는 바로크를 기본으로 삼아 로코코를 혼합했으며, 말년 작품은 18세기 신고전주의의 징후를 보이기도 했다. 교회 평면은 선형과 중앙집중형 모두를 선호했다. 선형은 주로 규모가 큰 건물에 사용했으며, 트랜셉트 없는 바실리카형이 가장 많았으나 라틴 크로스도 사용했다. 선형은 네이브를 강조한 전형적 구성과 네이브를 분절한 변형 구성의 두 경향으로 나눌 수 있다.

이 가운데 피셔를 대표한 것은 전자로 양적으로도 후자보다 더 많다. 네이브를 강조한 처리는 노이만과 가장 다른 차이점이다. 노이만은 네이브를 몇 개의 타원 공간으로 분절하여 중앙집중성을 섞었던 데 반해, 피셔는 네이브를 하나의 큰 공간으로 놔두는 경우가 많았다. 주변의 아일을 예배당으로 분할하여 중앙의 네이브를 돌아가며 에워쌌다. 중앙의 큰 공간 주변에 작은 공간들이 부속되는 형국이다(그림 888, 956). 이런 처리는 선형성을 강조하기도 하고 약화시키기도 하는 양면적 결과로 나타났다. 선형에서도 노이만과 같이 네이브를 단위 공간으로 나누기도 했다.

중앙집중형은 작은 교회에 사용했다. 전체 구성은 정사각형, 원, 타원, 팔각형 등 기본 기하 형태를 이용한 단일 공간으로 처리했다. 이 경우 빛을 이용한 공간의 통일성을 중요한 목적으로 추구했다. 양음 사이의 급격한 대비를 줄이는 대신 균질 조도나 점증 조도를 이용하여 공간이 나뉘는 것을 방지했다. 출입구와 제단을 더해 짧은 주축을 만듦으로써 최소한의 기능성을 보장했다. 네 모서리에 추가 공간을 넣어서 그릭 크로스로 만들거나 성소를 성가대석과 앱스로 이원화하여 선형성을 보강하기도 하는 등의 변형 처리도 시도했다(그림 957). 중앙집중형 교회는 1736~40년 사이에 집중적으로 설계되었다.

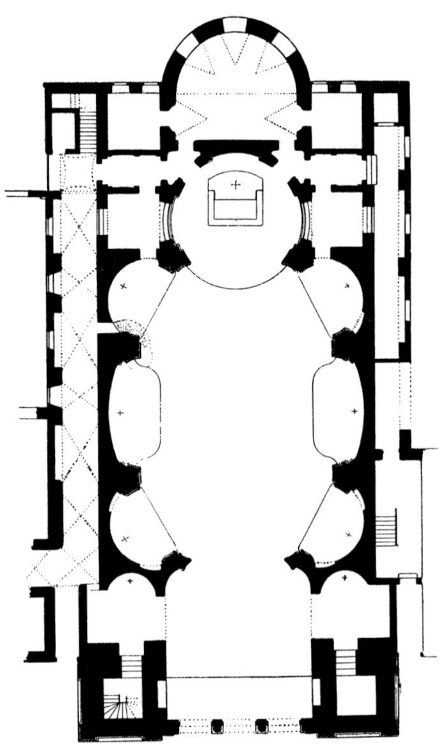

956 요한 미하엘 피셔(Johann Michael Fischer), 장크트안나암레흘 교회(Sankt Anna am Lechl), 뮌헨, 1727~37

실내 공간은 단겹의 기본 골격을 충실히 지켰다. 이 점도 노이만과 차이가 있다. 노이만이 기둥을 벽체에서 분리시켜 이중 골격을 만들고

957 요한 미하엘 피셔(Johann Michael Fischer), 잉골슈타트의 아우구스티누스 교회(Augustinerkirche, Ingolstadt), 독일, 1736~39

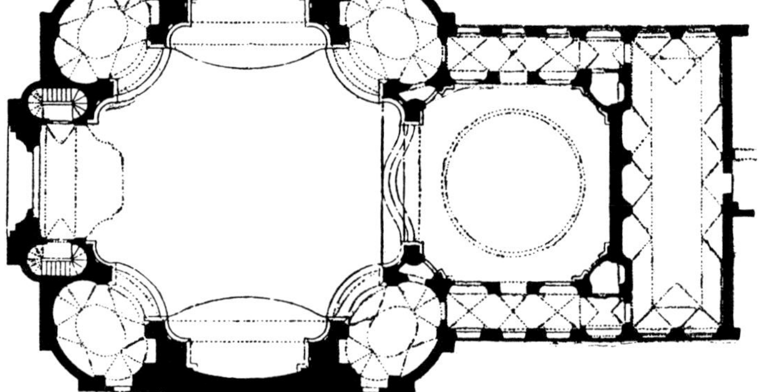

탈물질화를 시도했던 데 반해, 피셔는 기본적 축조성을 있는 그대로 드러냈다. 기본 구조는 기둥이 아닌 벽체였으며 기둥은 벽기둥으로 덧붙여졌다. 벽체는 두껍지도 얇지도 않고 꼭 필요한 만큼 세웠다. 이 때문에 피셔의 교회 평면은 기하학적 윤곽을 엄격하게 지키는 것으로 나타났다. 천장은 기본적으로 돔과 볼트로 처리했다. 천장 형식도 표준형을 고수했다. 평면의 기하학적 윤곽과 함께 피셔의 건물은 전형적 기본 유형에 충실한 특징을 보인다.

조형적 각색은 모서리에 집중적으로 가해졌다. 직각 모서리를 예외 없이 둥글려 부드러운 곡면이 실내에 넘쳐났다(그림 888, 956, 957, 958). 실내는 벽을 따라 물 흐르듯 연속으로 이어지는 곡면의 윤활성이 지배했다. 실내에는 직각으로 만나는 면이 한 군데도 없었다. 이런 처리는 피셔만의 축조성 지우기 기법으로 볼 수 있다. 실내에서는 조적을 쌓아 만든 축조성이 지워지고, 반죽 재료를 늘어트리거나 주물에 부어 만든 것 같은 덩어리 느낌이 나타났다. 장식은 주두, 천장, 엔태블러처 등에 집중적으로 가해졌다. 나머지는 흰색으로 칠해 바탕면을 이루었다. 바탕면의 흰색은 장식과 대비되어 구조 부재와 피구조 부재를 분리시켰다. 이런 처리는 도미니쿠스 치머만과 유사하다.

958 요한 미하엘 피셔(Johann Michael Fischer). 오스터호펜의 프레몬스트라렌시안 수도원 교회(Premonstrarensian Klosterkirche, Osterhofen). 독일. 1726~28

쌍개념의 통합과 교회 건축

피셔 교회 외관은 두 경향으로 나눌 수 있다. 하나는 고전 어휘를 바탕으로 곡면을 이용하여 가소성을 표현한 경향으로, 이탈리아 바로크에 가까운 모습으로 나타났다. 그러나 고전 어휘의 비례감이 상실되고 형태 윤곽의 감흥에 치중한 점에서 남부독일만의 특징을 확보했다(그림 959). 다른 하나는 독일의 중세 전통을 많이 지킨 경향이다. 정면은 첨탑을 이용하여 수직성을 노렸다. 몸통은 고딕 성당의 기본 골격을 유지하면서 이것을 물결치는 자유 형태로 번안했다. 자유 형태는 완전 곡면이 아니라 직선 꺾임을 혼용했다. 외관에서는 장식을 가능한 한 절제해서 흰 회벽을 즐겨 사용하는 등 단순화한 추상적 분위기가 주도

959 요한 미하엘 피셔(Johann Michael Fischer). 츠바이팔텐의 베네딕트 수도원 교회(Benediktiner-Abteikirche, Zweifalten). 독일. 1742~50

960 요한 미하엘 피셔(Johann Michael Fischer). 성 미카엘(Sankt Michael). 베르크암라인(Berg-am-Lain), 독일. 1740~44

했다(그림 960).

피셔의 많은 교회 작품 가운데 오스터호펜의 프레몬스트라렌시안 수도원 교회Premonstrarensian Klosterkirche, Osterhofen, 1726~28년, 뮌헨의 장크트안나암레흘Sankt Anna am Lechl, 1727-37, 디센의 아우구스티누스 관구 교회Augustiner Stiftkirche, Diessen, 1732~40년, 잉골슈타트의 아우구스티누스 교회Augustinerkirche, Ingolstadt, 1736~39년, 퓌르슈텐첼의 수도원 교회Abteikirche, Fürstenzell, 1740~44년, 베르크암라인의 성 미카엘Sankt Michael, Berg-am-Lain, 1740~44년, 츠바이팔텐의 베네딕트 수도원 교회Benediktiner-Abteikirche, Zweifalten, 1742~50년, 오토보이렌의 베네딕트 수도원 교회Benediktiner-Abteikirche, Ottobeuren, 1748-55, 로트암인의 베네딕트 수도원 교회Benediktiner-Abteikirche, Rott-am-Inn, 1759~60년, 알토뮌스터 수도원 교회Klosterkirche, Altomünster, 1763~66년 등을 대표작으로 들 수 있다.

이상과 같은 피셔의 교회 건축은 서양 기독교 건축 역사에서 반복되었던 여러 대립 쌍개념을 통합하려는 시도로 해석된다. 건물 전체의 윤곽에서는 선형 대 중앙집중형, 실내 공간에서는 복합 구성 대 단일 공간, 중심부 성의 공간을 보여주는 문제에서는 점증적 노출 대 완결적 단일성, 조형 윤곽에서는 직선직사각형 대 곡선원호 곡면, 혹은 기하학적 엄밀성 대 자유 형태 등 여러 쌍개념을 통합하려는 고민을 읽을 수 있다. 이런 고민은 밖으로 드러나지 않는 내면적 가치일 수 있다. 노이만의 화려한 신비주의나 구조 부재의 기교적 변형 등과 비교할 때 피셔 교회는 외관상 다소 조용하고 고답적으로 보일 수 있으나, 그 내면에는 역사적 산물인 여러 대립 쌍개념을 통합하려는 숨은 의미를 가졌다.

장크트안나암레흘 교회는 단일 공간을 변형시켜 타원형 방사선 구도로 발전시켰다(그림 956). 전체 윤곽은 직사각형인데, 실내 양쪽 벽에 감실을 각각 세 개씩 파서 겹공간 형식으로 만들었다. 그러나 감실은 서로 통하지 않기 때문에 완전한 겹공간으로 발전하지 못하고 중심 공간의 초점하고만 일대일 대응 관계를 가진다. 네 모서리에 위치한 네 개의 감실은 사선 방향으로 틀어져 중심 공간은 타원에 가깝다. 중심 공간은 여섯 방향으로 뻗어나가는 타원형 방사선 구도로 귀결되었다. 이런 구도는 강한 중앙집중성을 만들었다. 출입구를 지나 전실을 두고 반대편 끝에는 제단과 앱스를 연달아 두어 장축 방향으로 강한 선형 구도를 만들었다. 중심 공간과 합쳐지면서 최종적으로 중앙집중성과 선형성이 혼합된 복합 구도로 나타났다(그림 961).

잉골슈타트의 아우구스티누스 교회는 중앙집중형을 대표하는 예이다(그림 957). 전체 구성은 정사각형을 기본 형태로 삼아 몇 번의 변형을 거쳐 완성되었다. 정사각형의 네 변을 밀어넣어 사엽형을 만들었다. 사엽형은 중심 공간을 형성했다. 사엽형의 네 변 가운데 양옆 두 변은 외벽 사이에 타원형 공간을 가진다. 그 다음은 네 모서리를 다시 밀어넣어 불균등 팔엽형을 만들었다. 네 모서리에는 작은 타원형 공간을 하나씩 더했다. 출입구에는 작은 전실을 두었고, 반대편에는 중심의 사엽형 공간보다 약간 작은 정사각형 성소를 두었다. 성소 천장은 돔으로 처리했고, 성소 밖으로 복도를 둘렀다. 변형 결과 최종 구성은 그릭 크로스에 성소를 덧붙인 형식이 되었다.

961 요한 미하엘 피셔(Johann Michael Fischer). 장크트안나암레흘 교회(Sankt Anna am Lechl). 뮌헨. 1727~37

기하 파노라마와 디센의 아우구스투스 관구 교회

피셔 교회의 평면 구성은 대부분 단계적 기하 조합으로 풀이가 가능하다. 공간 단위는 기하학적 윤곽을 비교적 엄밀하게 지키는 편이며, 전체 구성은 이것들의 변형, 증식, 조합으로 이루어졌다. 기하 구성에 집착한 이유는 앞에서 언급한 바와 같이 단겹의 기본 골격과 축조성을 유지하려는 목적에서였다. 단일 공간 단위에는 원과 정사각형을 가장 많이 사용했다. 이것을 변형시켜 단일 공간단위 내에서도 다양한 기하 형태를 얻어냈으며, 전체 구성에서는 십자축 방향으로의 증식을 통해 그릭 크로스, 라틴 크로스, 바실리카 등을 얻어냈다.

디센의 아우구스투스 관구 교회는 바실리카를 기본 평면으로 가졌

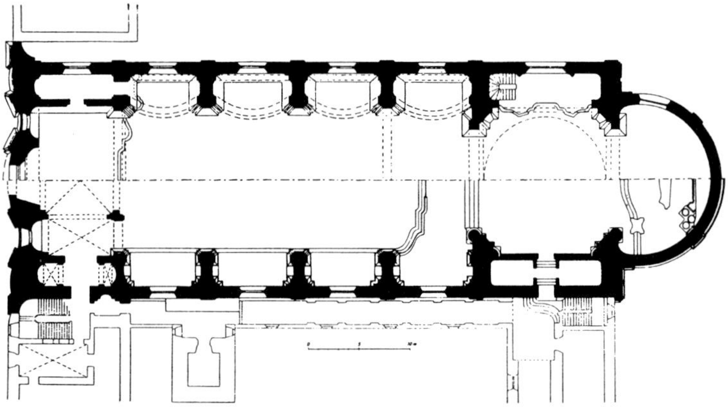

962 요한 미하엘 피셔(Johann Michael Fischer). 디센의 아우구스티누스 관구교회(Augustiner Stiftkirche, Diessen). 독일. 1732~40

는데 1랑식과 3랑식의 중간 상태를 유지했다(그림 962). 평면상으로는 3랑식이었으나 아일을 예배당으로 만들어 횡방향 소통이 막혔기 때문에 실내에서 실제 느끼는 것은 1랑식이다. 이런 처리는 알베르티의 성 안드레아와 다비뇰라의 일제수에서 사용하던 기법으로 선형성을 약화시키기 위한 목적을 가진다. 트랜셉트는 없지만 크로싱을 크게 만든 뒤 돔으로 천장을 처리함으로써 중앙집중성을 보강했다.

실내에는 직각으로 만나는 면을 둥글리는 피셔의 특징적 기법이 쓰였다. 예배당 안쪽 벽 모서리를 둥글려 타원에 근접한 형태로 만들었다. 펜던티브를 받치는 벽체에는 벽기둥을 연달아 덧붙여 자글자글한 표면을 만들었다. 장식은 도미니쿠스 치머만과 달리 건물과 일체가 되지는 못했다. 혹은 노이만과 같은 복층 켜에 의한 탈물질과 신비주의도 추구하지 않았다. 그 대신 로코코의 식물 문양을 이용하여 사실성을 높이고, 이를 통해 천상 세계의 상징성을 강화했다. 실내 골격의 아

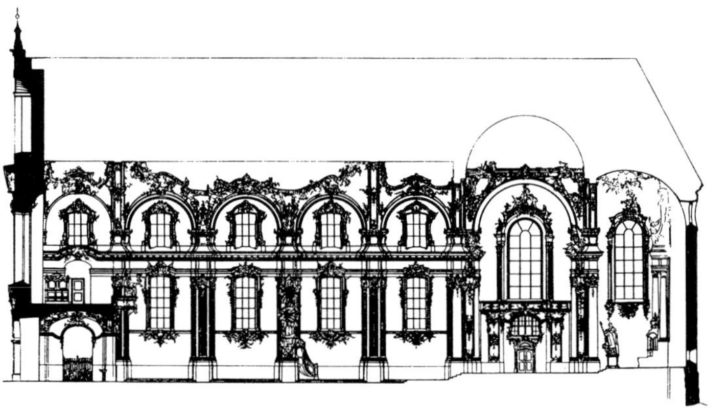

963 요한 미하엘 피셔(Johann Michael Fischer). 디센의 아우구스티누스 관구교회(Augustiner Stiftkirche, Diessen). 독일. 1732~40

래쪽에는 사실성이 매우 높은 식물 문양을 사용하여 기둥과 벽을 타고 넝쿨이 기어오르는 장면을 연출했다(그림 963). 실내 골격의 중간 부분에는 메달리온 속에 인간 세계의 일을, 가장 높은 쪽인 돔에는 천상 세계의 일을 각각 그려넣었다.

파사드는 가소성을 이용하여 경쾌함과 탄력성을 추구했다(그림 964). 1층은 다섯 베이인데, 각 베이에 오목면과 볼록면을 교대로 사용하여 물결치는 곡면을 만들었다. 중앙 출입구 위에는 반원 상인방과 반원 박공을 수직으로 연달아 놓았다. 1층 전체의 지붕은 중앙 베이에 신전 박공을 두는 방식으로 처리했다. 2층은 네이브와 아일 사이의 층고 차이를 매끄러운 사선 곡선으로 처리했다. 바로크 특유의 소용돌이 문양을 단순화한 처리였다. 2층 중앙에는 감실을 파서 조각상을 넣었다. 중앙 감실 위에 반원형 박공을 두어 건물 전체의 지붕을 마감했다. 이상의 처리들이 어우러지면서 파사드는 장식이 절제된 추상적 분위기 아래 탄력 넘치는 가소성과 곡면이 전체적 특징을 결정했다.

오토보이렌의 베네딕트 수도원 교회는 3랑식 라틴 크로스를 기본 구성으로 삼았다(그림 965, 966). 아일과 네이브 사이를 막아 실내에 서는 1랑식으로 느껴진다. 이런 처리는 선형성을 강조했으나, 네이브와 성소의 길이를 같게 한 처리는 반대로 선형성을 약화시켰다. 크로싱은 원형 돔으로 천장을 마감했고, 양옆 트랜셉트 쪽으로 반원형 돔을 하나씩 더했다. 네이브와 성소를 두 베이로 처리했고, 천장은 옆으로 누운 긴 타원으로 마감했다. 최종 구성은 다섯 개의 공간이 연달아 나오는

964 요한 미하엘 피셔(Johann Michael Fischer). 디센의 아우구스티누스 관구교회(Augustiner Stiftkirche, Diessen). 독일. 1732~40

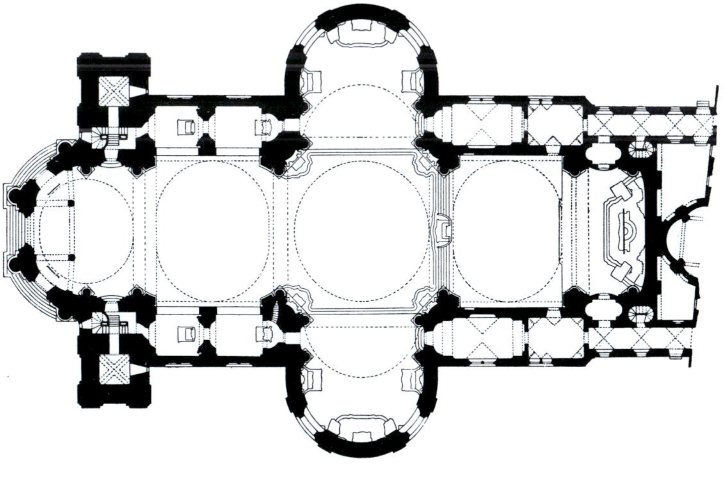

965 요한 미하엘 피셔(Johann Michael Fischer). 오토보이렌의 베네딕트 수도원 교회(Benediktiner-Abteikirche, Ottobeuren). 독일. 1748~55

966 요한 미하엘 피셔(Johann Michael Fischer). 오토보이렌의 베네딕트 수도원 교회(Benediktiner-Abteikirche, Ottobeuren). 독일. 1748~55

돔식 바실리카가 되었다.

파사드는 양옆에 첨탑을 갖는 이탑식이다. 중심 몸체는 실내의 3랑식 구성을 반영하여 3베이로 이루어졌다. 중앙 출입구 베이를 밖으로 돌출시켜 배가 볼록 튀어나온 것처럼 전면을 처리했다. 중심 몸체의 전체적 처리는 디센의 아우구스투스 관구 교회와 유사하다. 여기에 더해 구조 부재를 진한 회색으로, 벽체를 흰색으로 각각 처리하여 색채에 의한 선형장식 효과를 노렸다. 중심 몸체는 수직 비례를 유지했으며, 여기에 양옆의 첨탑이 더해지면서 수직성이 강하게 지배했다(그림 967).

로트암인의 베네딕트 수도원 교회는 그릭 크로스, 라틴 크로스, 돔식 바실리카 등을 혼합한 복합적 구성을 가진다(그림 968, 969). 그러나 이런 복합성도 기하 조합에 의한 단계적 발전의 결과였다. 중심 공간은 앞에서 소개한 잉골슈타트의 아우구스티누스 교회와 동일한 과정을 거쳐 그릭 크로스의 변형으로 이루어졌다. 여기에 앞뒤로 각각 정사각형 두 개로 이루어진 선형 공간을 더했다. 출입구 쪽은 전실과 네이브가, 성소 쪽은 성가대석과 앱스가 각각 할당되었다. 이렇게 얻어진 전체 구성은 다섯 개의 정사각형 공간이 장축을 따라 서 있는 돔식 바실리카가 되었다. 이때 중심의 그릭 크로스가 네이브나 성가대석보다 밖으로 돌출했기 때문에 트랜셉트로 읽힐 수도 있다. 전체 구성은 라틴 크로스가 되었다.

967 요한 미하엘 피셔(Johann Michael Fischer). 로트암인의 베네딕트 수도원 교회(Benediktiner-Abteikirche, Rott-am-Inn). 독일. 1748~55
968 요한 미하엘 피셔(Johann Michael Fischer). 로트암인의 베네딕트 수도원 교회(Benediktiner-Abteikirche, Rott-am-Inn). 독일. 1759~60
969 요한 미하엘 피셔(Johann Michael Fischer). 로트암인의 베네딕트 수도원 교회(Benediktiner-Abteikirche, Rott-am-Inn). 독일. 1759~60

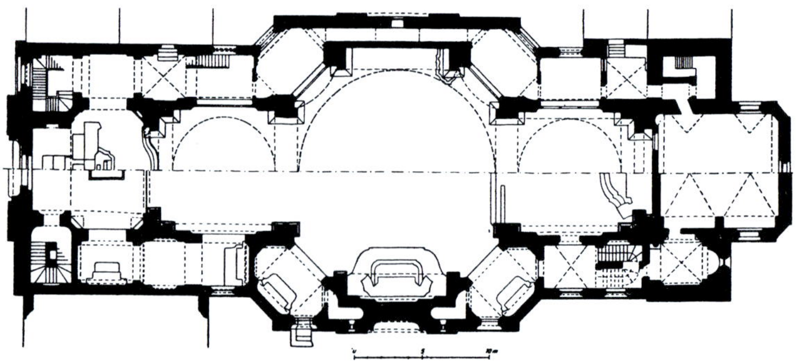

부록

참고문헌

그림목록

찾아보기

한글 표기목록

참 고 문 헌

＊지면 관계상 논문은 제외하고 단행본만 실었음.
＊각 주제 내에서 저자의 last name 순서로 나열했음. 편저인 경우 책 제목의 알파벳 순에 따라 저자와 혼기했음.
＊개별 건축가의 경우 각 건축가마다 최대 4권을 넘지 않도록 선별했음. 단 미켈란젤로, 팔라디오, 베르니니, 보로미니, 렌은 예외적으로 4권을 초과했음.

Primary Sources

Leon Battista Alberti, *The Ten Books of Architecture* (New York: Dover Publications, Inc., 1986)

Antonio Averlino Detto Il Filarete, *Trattato di Architettura* (Milano, Italia: Edizioni in Polifilo, 1972)

Daniel Barbaro, *I Dieci Libri dell'Architettura* (1556)

François Blondel, *Cours d'Architecture* (1675)

Hans Blum, *Quinque Columnarum Exacta descriptio atque delineatio* (1550)

Carlo Borromeo, *Instructiones fabricae et supellectillis ecclesiasticae* (1577)

Jean Bullant, *Règle généralle d'Architecture des cinq manières des colonnes. . .* (1564)

Philibert de L'Orme, *Le premier Tome d'Architecture* (1567)

Wendel Dietterlin, *Architectura, von Aussthelung Symmetria und Proportion der Fünff Seulen* (1598)

Jacques Androuet Du Cerceau, *Les Plus Excellents Batiments de France* (1576-79)

Rodolfo Falb, *Il Taccuino Senese di Giuliano da Sangallo* (Siena, Italia: Stabilimento Fotolitografico del Cav. Luigi Marzocchi, 1899)

Johann Bernhard Fischer von Erlach, *Entwurf einer historischen Architektur* (1721)

Francesco di Giorgio Martini, *Trattato di architettura ingegneria ed arte militare*, ed. by Cornaro Maltese (Milano, Italia: Edizioni Il Polifilo, 1967)

Guarino Guarini, *Desegni d'Architettura Civile e ecclesiastica di Guarino Guarini e l'arte del maestro* (1686)

Leonardo da Vinci, *The Notebooks of Leonardo da Vinci*, compiled and edited by Jean Paul Richer, Vol I & II (New York: Dover Publications, Inc., 1970)

Giovanni Battista Montano, *Scielta di varii tempietti antichi* (1624)

Jean Martin, *Architecture ou Art de bien bastir* (1547)

Andrea Palladio, *I Quattro Libri dell'Architettura* (1570)

Andrea Palladio, *The Four Books of Architecture* (New York: Dover Publications, Inc., 1975)

Andrea Pozzo, *Prospettiva de'Pittori e Architetti* (1693)

Andrea Pozzo, *Perspective in Architecture and Painting* (New York: Dover Publications, 1989)

Gualtherus Rivius, *Vitruvius Teutsch* (1548)

Domenico Rossi, *Studio d'architecture civile* (1702)

Gian Domenico Scamozzi, *Tutte l'opere d'architettura di Sebastiano Serlio Bolognese* (1584)

Vincenzo Scamozzi, *L'Idea della architettura universale* (1615)

Sebastiano Serlio, *Il settimo livro d'architectura nel quale si tratta di molti accidenti* (1584)

Sebastiano Serlio, *The Seven Books of Architecture* (New York: Dover Publications, 1982)

John Shute, *The First and Chief Grounds of Architecture* (1563)

Giacomo Barozzi da Vignola, *La Regola delli cinque ordini d'architecture* (1562)

Bernardo Antonio Vittone, *Architettura Civile* (1737)

Bernardo Antonio Vittone, *Istruzione diverse concernanto l'officio dell'Architetto Civile*, 2 Vols. (1766)

사전, 백과사전, 통사

A General History of the Sciences, Vol. 1-4 (London: Thames and Hudson, 1966)

The Dictionary of Art, Vol. 1-34 (New York: Grove, 1996)

Encyclopedia of Interior Design, Vol. 1 & 2, ed. by Joanna Banham (London: Fitzroy Dearborn Publishers, 1997)

Encyclopedia of the Renaissance, Vol. 1-6 (New York: Charles Scribner's Sons, 1999)

Encyclopedia of World Art, Vol. I-XV (New York: McGrawhill Book

Company, 1964)

Le Guide du Patrimoine ILE-DE-FRANCE (Paris: Hachette, 1992)

Le Guide du Patrimoine, PARIS (Paris: Hachette, 1994)

Macmillan Encyclopedia of Architects, Vol. 1-4 (New York: The Free Press, 1982)

The Oxford Companion to British History, ed. by John Cannon (Oxford, England: Oxford University Press, 1997)

Fritz Scheidegger, *Aus der Geschichte der Bautechnik*, Band 1, Grundlagen (Basel, Switzerland: Birkhäuser Verlag, 1990)

Julius von Schlosser, *Materialien zur Quellenkunde der Kunstgeschichte* (Wien, 1914)

Alexander Speltz, *The Styles of Ornament* (New York: Dover, 1959)

John Steer and Antony White, *Atlas of Western Art History* (New York: Facts on File, 1994)

기독교사 및 기독교 예술사

Thomas Bokenkotter, *A Concise History of the Catholic Church* (New York: The First Inage Books, 2005)

Michel Chevalier, *La France des Cathédrales du IV au XX siècle* (Reims, France: Editions Ouest-France, 1997)

The Christian World, a social and cultural history of Christianity, ed. by Geoffrey Barraclough (London: Thames and Hudson, 1981)

The Encyclopedia of Christianity, ed. by Erwin Fahlbusch et al., Vol. 1 - 3 (Grand Rapids, MI.: William B. Eerdmans Publishing Company, 2001)

Stephen Humphrey & James Morris, *Churches and Cathedrals of London* (London: New Holland, 2000)

Peter and Linda Murray, *The Oxford Companion to Christian Art and Architecture* (Oxford, England: Oxford University Press, 1998)

New Catholic Encyclopedia, Vol. I - XVI (Washington D.C.: Publishers Guild, Inc., 1967)

Edward Norman, *The House of God* (London: Thames and Hudson, 1990)

R. Dean Peterson, *A Concise History of Christianity* (Belmont, CA.: Wadsworth, 2000)

The Oxford Companion to Christian Thought, ed. by Adrian Hastings, et al. (Oxford, England: Oxford University Press, 2000)

The Oxford Dictionary of the Christian Church, ed. by F. L. Cross and E. A. Livingstone (Oxford, England: Oxford University Press, 1997)

Luciano Zeppegno & Roberto Mattonelli, *Le Chiese di Roma* (Roma: Newton & Compton editori, 2000)

서양 정치문화사 개론 및 르네상스-매너리즘-바로크 정치문화사

Jacob Burkhardt, *Die Kultur der Renaissance in Italien* (Stuttgart, Germany: Alfred Kröner, 1922)

Vincent Cronin, *The Flowering of the Renaissance* (New York: E. P. Dutton, 1969)

Christopher Dawson, *The Dynamics of World History* (New York: A Mentor Omega Book, 1956)

Peter D'Epiro & Mary Desmond Pinkowish, *50 Ways Italian Genius Shaped the World* (New York: Anchor Books, 2001)

Early Modern Europe, an Oxford History, ed. by Euan Cameron (Oxford, England: Oxford University Press, 2001)

Andrew Graham-Dixon, *Renaissance* (Berkeley, CA.: University of California Press, 1999)

Gregory Hanlon, *Early Modern Italy, 1550-1800* (New York: St. Martin's Press, 2000)

George Holmes, *The Florentine Enlightenment, 1400-50* (London: Weidenfeld and Nicolson, 1969)

George Holmes, *Cambridge Illustrated History of Italy* (Cambridge, England: Cambridge University Press, 1997)

Colin Jones, *Cambridge Illustrated History of France* (Cambridge, England: Cambridge University Press, 1999)

Martin Kitchen, *Cambridge Illustrated History of Germany* (Cambridge, England: Cambridge University Press, 2000)

William H. McNeill, *History of Western Civilization* (Chicago, IL.: The University of Chicago Press, 1986)

The Panorama of the Renaissance, ed. by Margaret Aston (London: Thames and Hudson, 1996)

Erwin Panofsky, *Renaissance and Renasceces in Western Art* (New York: Harper & Row, 1972)

Philip Lee Ralph et al., *World Civilization*, Volume 1 (New York: W. W. Norton, 1997)

Peter Rietbergen, *Europe, a cultural history* (London: Routledge,

1998)

Ingrid D. Rowland, *The Culture of the High Renaissance, Ancients and Moderns in Sixteenth-Century Rome* (Cambridge, England: Cambridge University Press, 2000)

Giorgio Simoncini, *Architetti e architettura nella cultura del Rinascimento* (Bologna, Italia: Il Mulino, 1967)

Adrian Stokes, *The Quattro Cento, a different conception of the Italian Renaissance* (New York: Schocken Books, 1968)

미학사, 철학사, 사상사

Ästhetische Grundbegriffe, herausgegeben von Karlheinz Barck, et al., Band 1-5 (Stuttgart, Germany: Verlag J. B. Metzler, 2000)

Emile Brehier, *Histoire de la Philosophie* (Paris: Nouvelle editions, 1981)

J. Bronowski & Bruce Mazlish, *The Western Intellectual Tradition, from Leonardo to Hegel* (New York: Harper & Brothers, 1960)

Frederick Copleston, S.J., *A History of Philosophy*, Vol. I-VI (Westminster, England: The Newman Press, 1961)

Encyclopedia of Aesthetics, Vol. 1-4 (Oxford, England: Oxford University Press, 1998)

Historisches Wörterbuch der Philosophie, herausgegeben von Joachim Ritter & Karlfried Gründer, Band 1-11 (Basel, Switzerland: Schwabe & Co. A.G. Verlag, 1998)

Histoire de la Philosophie, Encyclopédie de la Plelade, Tome I-III (Paris: Gallimard, 1974)

Main Currents of Western Thought, ed. by Franklin Le Van Baumer (New York, Alfred A. Knopf, Inc., 1964)

Ralph M. McInerny, *A History of Western Philosophy*, Vol. 1 -5 (Notre Dame, IN.: University of Notre Dame Press, 1970)

Routledge Encyclopedia of Philosophy, Vol. 1-10 (London: Routledge, 1998)

Wladyslaw Tatarkiewicz, *History of Aesthetics*, Vol. 1-3 (Warszawa, Poland: PWN, 1970)

르네상스-매너리즘-바로크 예술사 및 건축사

Eugenio Battisti, *Rinascimento e Barocco* (Torino, Italia: Giulio Einaudi editore, 1960)

Reginald Blomfield, *A History of French Architecture, from the reign of Charles VIII to the death of Mazarin, 1494-1661* (New York: Hacker Books, 1973)

Anthony Blunt, *Art and Architecture in France 1500-1700* (Harmondsworth, England: Penguin Books, 1986)

The French Academy, Classicism and Its Antagonists, ed. by June Hargrove (Newwark, N.Y.: University of Delaware Press, 1990)

Alan & ann Gore, *The History of English Interiors* (London: Phaidon, 1999)

Liliana Grassi, *Medioevo, Rinascimento, Manierismo, Barocco* (Milano, Italia: Edizione Bignami, 1965)

Fritz Knapp, *Die kunstlerische Kultur des Abenlandes, vom Architektonischen Raum zum Plastischen Form, Mittelalter und Frührenaissance* (Bonn, Germany: Verlegt BEI, 1923)

Fritz Knapp, *Der Sieg der Malerischen Anschauung, Hochrenaissance, Barock und Rokoko* (Bonn, Germany: Verlegt BEI, 1923)

J.-M. Perouse de Montclos, *Histoire de l'Architecture Française* (Paris: Editions Menges, 1989)

Michael Snodin & John Styles, *Design & The Decorative Arts, Britain 1500-1900* (London: V & A Publications, 2001)

John Summerson, *Architecture in Britain 1530-1830* (Harmondsworth, England: Penguin Books, 1986)

W. H. Ward, *The Architecture of the Renaissance in France. . from 1495-1830*, Vol I & II (London: B. T. Batsford, n.d.)

르네상스 예술사

The Art of the Italian Renaissance (Köln, Germany: K?nemann, 1995)

Creighton Gilbert, *History of Renaissance Art through Europe* (New York: Harry N. abrams, 1973)

Frederick Hartt, *History of Italian Renaissance Art* (New York: Harry N. Abrams, 1987)

Wilhelm Lübke, *Geschichte der Deutschen Renaissance* (Stuttgart, Germany: Verlag von Ebner & Seubert, 1872)

Eugene Müntz, *Histoire de L'Art pendant Renaissance*, tome I-III (Paris: Librairie Hachette, 1889)

Walter Paatz, *The Arts of the Italian Renaissance* (Englewood Cliffs, N.J.: Prentice-Hall, 1974)

John T. Paoletti & Gary M. Radke, *Art in Renaissance Italy* (London: Laurence King, 1997)

Max Semrau, *Die Kunst der Renaissance in Italien und im Norden* (Stuttgart, Germany: Paul Neff Verlag, 1920)

A. Venturi, *Storia dell'Arte Italiana, Architettura del Quattrocento*, Parte I-III (Milano, Italia: Editore Libraio della Real Casa, 1923)

A. Venturi, *Storia dell'Arte Italiana, Architettura del Cinquecento*, Parte I-III (Milano, Italia: Editore Libraio della Real Casa, 1938)

르네상스 건축사

Baukunst der Renaissance in Europa, herausgegeben von Harald Busch und Bernd Lohse (Frankfurt am Main, Germany: Umschau Verlag, 1960)

Leonardo Benevolo, *The Architecture of the Renaissance*, Vol. I & II (London: Routledge & Kegan Paul, 1968)

Gustav von Bezold, *Die Baukunst der Renaissance in Deutschland, Hollna, Belgian und Dänmark* (Leipzig, Germany: Alfred Kröner, 1908)

Jacob Burckhardt, *The architecture of the Italian Renaissance*, translated by James Palmes (Chicago, IL.: The University of Chicago Press, 1985)

Josef Durm, *Die Baukunst der Renaissance in Italien* (Stuttgart, Germany: Arnold Bergstr?sser, 1903)

Heinrich Baron von Geymüller, *Die Baukunst der Renaissance in Frankreich* (Stuttgart, Germany: Arnold Bergsträsser, 1898)

Ludwig H. Heydenreich and Wolfgang Lotz, *Architecture in Italy 1400 to 1600* (Harmondsworth, England: Penguin Books, 1974)

Henry-Russell Hitchcock, *German Renaissance Architecture* (Princeton, N.J.: Princeton University Press, 1981)

Louis Hautecoeur, *Histoire de L'Architecture classique en france*, tome premier, partie premier, La Formation de L'Idéal Classique & La Renaissance (Paris: Auguste Picard, 1943)

Italian Renaissance Architecture, ed. by Henry A. Millon (London: Thames and Hudson, 1996)

John McAndrew, *Venetian Architecture of the Early Renaissance* (Cambridge, MA.: The MIT Press, 1980)

Peter Murray, *Renaissance Architecture* (New York: Rizzoli, 1978)

Hans Willich, *Die Baukunst der Renaissance in Italien* (Berlin-Neubabelsberg, Germany: Akademische Verlagsgesellschaft Athenaion, 1914)

매너리즘 & 16세기 예술사 및 건축사

Sandro Benedetti, *Fuori dal Classicismo, Sintetismo, Tipologia, Ragione nell'architettura del Cinquecento* (Roma: Multigrafica Editrice, 1984)

Sandro Benedetti & Giuseppe Zander, *L'Arte in Roma nel Secolo XVI*, Tomo 1, L'Architettura (Bologna, Italia: Cappelli Editore, 1990)

Carmine Benincasa, *Sul Manierismo come dentro a uno specchio* (Roma: Officina Edizioni, 1979)

Walter Friedlaender, *Mannerism and Anti-Mannerism in Italian Painting* (New York: Columbia University Press, 1990)

Arnold Hauser, *Die Entwicklung des Manierismus seit der Krise der Renaissance* (München, Germany: Deutscher Taschenbuch Verlag, 1979)

Manierismus als europäische Stilerscheinung, herausgegeben von Dagobert Frey (Stuttgart, Germany: W. Kohlhammer Verlag, 1964)

Linda Murray, *The High Renaissance and Mannerism* (New York: Oxford University Press, 1977)

Colin Rowe & Leon Satkowski, *Italian Architecture of the 16th Century* (Princeton, N.J.: Princeton University Press, 2002)

Manfredo Tafuri, *L'architettura del Manierismo nel Cinquecento europeo* (Roma: Dfficina Edizioni, 1966)

건축이론, 비례론, 시지각이론

James Ackerman, *Origins Imitation Conventions, Representation in the Visual Arts* (Cambridge, MA.: The MIT Press, 2002)

Rudolf Arnheim, *Visual Thinking* (Berkeley, CA.: University of California Press, 1969)

Rudolf Arnheim, *Die Dynamik der architektonischen Form* (Köln, Germany: Deutsche Ausgabe DuMont Buchverlag, 1980)

E. H. Gombrich, *The Sense of Order* (Oxford, England: Phaidon, 1984)

Catherine Ingraham, *Architecture and the Burdens of Linearity* (New Haven, CT.: Yale University Press, 1998)

Susan Langer, *Mind: An Essay on Human Feeling* (Baltimore, ML.: The Johns Hopkins University Press, 1982)

Lionel March, *Architectonics of Humanism* (London: Academy Editions, 1998)

Richard Padovan, *Proportion, Science Philosophy Architecture* (London: Spon Press, 1999)

Erwin Panofsky, *Meaning in the Visual Arts* (Harmondsworth, England: Penguin Books, 1983)

Dan Pedoe, *Geometry and the Visual Arts* (New York: St. Martin's Press, 1976)

Alberto Perez-Gomez & Louise Pelletier, *Architectural Representation and the Perspective Hinge* (Cambridge, MA.: The MIT Press, 1997)

Picturing Science Producing Art, ed. by Caroline A. Jones & Peter Gallison (New York: Routledge, 1998)

Murray Roston, *Renaissance Perspective in Literature and the Visual Arts* (Princeton, N.J.: Princeton University Press, 1989)

John White, *The Birth and Rebirth of Pictorial Space* (Cambridge, MA.: Harvard University Press, 1987)

르네상스-매너리즘 건축이론

James S. Ackerman, *Distance Points, Essays in Theory and Renaissance Art and Architecture* (Cambridge, MA.: The MIT Press, 1991)

Architettura e Politica da Cosimo I a Ferdinando I, a cura di Giorgio Spini (Firenze, Italia: Leo S. Olschki Editore, 1976)

Eugenio Battisti, *L'antirinascimento* (Milano, Italia: Feltrinelli Editore, 1962)

Anthony Blunt, *Artistic Theory on Italy, 1450-1660* (Oxford, England: Oxford University Press, 1985)

E. H. Gombrich, *Norm and Form, Studies in the art of the Renaissance I* (Chicago, IL.: The University of Chicago Press, 1985)

E. H. Gombrich, *Symbolic Images, Studies in the art of the Renaissance II* (Chicago, IL.: The University of Chicago Press, 1985)

Hubertus Günther, *Der Studium der antiken Architektur in den Zeichnungen der Hochrenaissance* (Tübingen, Germany: Ernst Wasmuth Verlag, 1988)

Ludwig Heinrich Heydenreich, *Studien zur Architektur der Renaissance* (München, Germany: Wilhelm Fink Verlag, 1981)

Torgil Magnuson, *Studies in Roman Quattrocento Architecture* (Rome: Tipografia del Senato, 1958)

Rudolf Wittkower, *Idea and Image, Studies in the Italian Renaissance* (London: Thames and Hudson, 1978)

Heinrich Wölfflin, *Kunstgeschichtliche Grundbegriffe* (München, Germany: R. Bruckmann A.-G., 1915)

Heinrich Wölfflin, *Italien und das Deutsche Formgefühl* (München, Germany: R. Bruckmann A.-G., 1931)

인본주의, 르네상스 사상

The Cambridge Companion to Renaissance Humanism, ed. by Jill Kraye (Cambridge, England: Cambridge University Press, 1997)

The Cambridge History of Renaissance History, ed. by Charles B. Schmitt & Quentin Skinner (Cambridge, England: Cambridge University Press, 1990)

Andre Chastel, *Art et Humanisme à Florence* (Paris: Presses Universitaires de France, 1959)

Eugenio Garin, *L'Umanesimo Italiano* (Bari, Italia: Gius, Laterza & Figli, 1952)

Maria Luisa Gengaro, *Umanesimo e Rinascimento* (Torino, Italia: Unione Tipografico-Editrice Torinese, 1944)

Giovanni Gentile, *Il Pensiero Italiano del Rinascimento* (Firenze, Italia; Sansoni, 1968)

Paul Oskar Kristeller, *Humanismus und Renaissance* (München, Germany: Wilhelm Fink Verlag, 1976)

Corliss Lamont, *Humanism as a Philosophy* (New York: Philosophical Library, 1949)

Paul Oskar Kristeller, *Renaissance Thought and the Arts* (Princeton, N.J.: Princeton University Press, 1990)

Erwin Panofsky, *Studies in Iconology, Humanistic Themes in the Art of the Renaissance* (New York: Harper & Row, 1972)

Renaissance Thought, A Reader, ed. by Robert Black (London: Routledge, 2001)

르네상스-매너리즘-바로크 과학, 기술, 공학

Architekt und Ingenieur, Baumeister in Krieg und Frieden, Ausstellung der Herzog August Bibliothek (Wolfenbüttel, Germany, 1984)

Paolo Galluzzi, *Gli ingegneri del Rinascimento da Brunelleschi a Leonardo da Vinci* (Firenze, Italia: Giunti, 2001)

Bertrand Gille, *Les ingénieurs de la Renaissance* (Firenze, Italia: Hermann, 1964)

Leonardo Olschki, *Die Literatur der Technik und der Angewandten Wissenschaften* (Vaduz, Germany: Kraus Reprint, 1965)

Paolo Rossi, *I filosofi e le macchine*, 1400-1700 (Milano, Italia: Feltrinelli Editore, 1964)

Paolo Rossi, *Philosophy, Technology, and the Arts in the Early Modern Era* (New York: Harper Row, 1970)

A. Wolf, *A History of Science, Technology & Philosophy in the 16th & 17th Centuries*, Vol. I & II (New York: Harper Row, 1959)

르네상스-매너리즘-바로크 건축문헌

Paper Palaces, *The rise of the Renaissance Architectural Treatise*, ed. by Vaughan Hart & Peter Hicks (New Haven, CT.: Yale University Press, 1998)

Alina A. Payne, *The Architectural Treatise in the Italian Renaissance* (Cambridge, England: Cambridge University Press, 1999)

Scritti Rinascimentali di Architettura, a cura di Arnaldo Bruschi et al. (Milano, Italia: Edizioni il Polifilo, 1978)

Trattati d'Arte del Cinquecento, a cura di Paola Barocchi (Bari, Italia: Gius, Laterza & Figli, 1960)

바로크 예술사

Baroque Architecture Sculpture Painting, ed. by Rolf Toman (Köln, Germany: Könemann, 1998)

Baroque Art, The Jesuit Contribution, ed. by Rudolf Wittkower & Irma B. Jaffe (New York: Fordham University, 1972)

Barocco Europeo e Barocco Veneziano, a cura di Vittore Branca (Venezia, Italia: Sansoni, 1962)

Baroque & Rococo, Architecture & Decoration, ed. by Anthony Blunt (New York: Harper & Row, 1978)

Geoffrey Beard, *Stucco and Decorative Plasterwork in Europe* (New York: Harper & Row, 1983)

A. E. Brinckmann, *Die Kunst des Rokoko* (Berlin: Im Propylän-Verlag, 1950)

Vincenzo Golzio, *Seicento e Settecento* (Torino, Italia: Unione Tipografico, 1968)

T. H. Fokker, *Roman Baroque Art, The History of a Style* (New York: Hacker Art Books, 1972)

Julius S. Held & Donald Posner, *17th and 18th Century Art, Baroque Painting Sculpture Architecture* (Englewood Cliffs, NJ.: Prentice-Hall, Inc., n.d.)

Fiske Kimball, *The Creation of the Rococo Decorative Style* (New York: Dover Publications, 1980)

Die Kunstformen des Barockzeitalters, herausgegeben von Rudolf Stamm (Bern, Switzerland: Francke Verlag, 1956)

Max Semrau, *Die Kunst der Barockzeit und des Rokoko* (Esslingen a. N., Germany: Paul Neff Verlag, 1921)

바로크 건축사

Reginald Blomfield, *A History of French Architecture, from the death of Mazarin till the death of Louis XV, 1661-1774* (New York: Hacker Books, 1973)

John Bourke, *Baroque Churches of Central Europe* (London: Faber & Faber, 1958)

Martin Shaw Briggs, *Baroque Architecture* (New York: McBride, Nast & Company, 1914)

Kerry Downes, *English Baroque Architecture* (London: A. Zwemmer, 1966)

Konrad Escher, *Barock und Klassizismus, Studien zur Geschichte der Architektur Roms* (Leipzig, Germany: Verlag Klinkhardt & Biermann, 1910)

Heinrich Gerhard Franz, *Bauten und Baumeister der Barockzeit in Böhmen* (Leipzig, Germany: Veb Verlag E. A, Seemann, n.d.)

Cornelius Gurlitt, *Geschichte des Barockstiles in Italien* (Stuttgart, Germany: Verlag von Ebner & Seubert, 1967)

Werner Hager, *Die Bauten des Deutschen Barocks 1690-1770* (Leipzig, Germany: Eugen Diederichs Verlag Jena, 1940)

Wilfried Hansmann, *Baukunst des Barock, Form Funktion Sinngehalt* (Köln, Germany: Du Mont Buchverlag, 1978)

Louis Hautecoeur, *Histoire de L'Architecture classique en france, tome premier, partie deuxième, La Formation de L'Idéal Classique & L'Architecture sous Henri IV et Louis XIII* (Paris: Auguste Picard, 1943)

Louis Hautecoeur, *Histoire de L'Architecture classique en france, tome second, partie première & partie deuxième, Le Règne de*

Louis XIV (Paris: Auguste Picard, 1948)

Eberhard Hempel, *Baroque Art and Architecture in Central Europe* (Harmondsworth, England: Penguin Books, 1965)

Henry-Russell Hitchcock, *Rococo Architecture in Southern Germany* (London: Phaidon, 1968)

Hubert Krins, *Barock in Süddeutschland* (Stuttgart, Germany: Konrad Theiss Verlag, 2001)

Norbert Lieb, *Barockkirchen zwischen Donau und Alpen* (München, Germany: Hirmer Verlag, 1953)

W. J. Loftie, *Inigo Jones and Wren or the Rise and Decline of Modern Architecture in England* (New York: MacMillan and Co., 1893)

Martino Lunghi in giovane, *Architettura Barocca a Roma* (Roma: Bulzoni Editore, 1972)

Giuseppe Luigi Marini, *L'Architettura Barocca in Piemonte* (Torino, Italia: Editoriale "Maggiora", 1963)

Valerio Marini, *Le Chiesa di Roma dal XVII al XVIII Secolo* (Bologna, Italia: Cappelli Editore, 1963)

Richard Morrice, *Stuart and Baroque* (London: Barrie & Jenkins, 1982)

Antonio Munoz, *Roma Barocca* (Milano, Italia: Casa Editrice d'Arte Bestetti & Tumminelli, 1928)

Christian Norberg-Schulz, *Baroque Architecture* (New York: Harry N. Abrams, 1971)

Christian Norberg-Schulz, *Late Baroque and Rococo Architecture* (New York: Rizzoli, 1980)

Alois Riegl, *Die Entstehung der Barockkunst in Rom* (Wien: Verlag von Anton Schroll, 1908)

Hans Rose, *Spätbarock, Studien zur Geschichte des Profanbaues in den Jahren 1660-1760* (Berlin: Junker und Dünnhaupt Verlag, 1932)

Hans Sedlmayr, *Österreichische Barockarchitektur 1690-1740* (Wien: Dr. Benno Filser Verlag, 1930)

Martin Wackernagel, *Die Baukunst des 17. und 18. Jahrhunderts in den Germanischen Ländern* (Berlin-Neubabelsberg: Akademische Verlagsgesellschaft Athenaion, 1915)

Rudolf Wittkower, *Art and Architecture in Italy 1600-1750* (Harmondsworth, England: Penguin Books, 1986)

바로크 이론, 사상

Giulio Carlo Argan, *Immagine e persuasione, saggi sul barocco* (Milano, Italia: Feltrinelli, 1986)

Rosario Assunto, *Infinita Contemplazione, Gusto e filisofia dell'Europa barocca* (Napoli, Italia: Societa Editrice Napoletana, 1979)

Barocco Romano e Barocco Italiano, Il teatro, l'effimero, l'allegoria, a cura di Marçello Fagiolo & Maria Luisa Madonna (Roma: Gangemi Editore, 1985)

Germain Bazin, *The Baroque, Principles Styles Modes Themes* (Greenwich, CT.: New York Graphic Society, 1968)

Andreina Griseri, *Le metamorfosi del Barocco* (Torino, Italia: Giulio Einaudi editore, 1967)

Robert Harbison, *Reflections on Baroque* (Chicago, IL.: The University of Chicago Press, 2000)

Wilhelm Hausenstein, *Vom Geist des Barock* (München, Germany: R. Piper Verlag, 1924)

George L. Hersey, *Architecture and Geometry in the Age of the Baroque* (Chicago, IL.: The University of Chicago Press, 2000)

Il Seicento, documenti e interpretazioni (Roma: Bulzoni editore, 1976)

Edward John Kerans, *Ideas in Seventeenth-Century France* (Manchester, England: Manchester University Press, 1979)

Carmen Leu-Llorens, *Les Eléments Médiévaux de l'Architecture Baroque* (Lausanne, Switzerland: R. Roth & Cie Libraires, 1944)

Denis Mahon, *Studies in Seicento Art and Theory* (London: The Warburg Institute, 1960)

Michael Moriarty, *Taste and Ideology in Seventeenth-Century France* (Cambridge, England: Cambridge University Press, 1988)

John Beldon Scott, *Architecture for the Shroud, relic and ritual in Turin* (Chicago, IL.: The University of Chicago Press, 2003)

Sensibilita e Razionalita nel Settecento, a cura di Vittore Branca (Venezia, Italia: Sansoni, 1967)

Werner Weisbach, *Der Barock als Kunst der Gegenreformation* (Berlin: Verlegt bei Paul Cassirer, 1921)

Rudolf Wittkower, *Studies in the Italian Baroque* (London: Thames and Hudson, 1975)

Rudlof Wittkower, Gothic vs. Classic, Architectural Projects in Seventeenth-Century Italy (New York: George Braziller, 1974)

고전주의 건축

Erik Forssman, *Dorisch Jonisch Korinthisch, Studien über den Gebrauch der Säulenordnungen in der Architektur des 16.-18. Jahrhunderts* (Uppsala, Sweden: Almqvist & Wiksell, 1961)

Michael Greenhalgh, *The Classical Tradition in Art* (London: Gerald Duckworth, 1978)

Memoria dell'antico nell'arte italiana, a cura di Salvatore Settis, Tome terzo Dall tradizione all'archeologia (Torino, Italia: Giulio Einaudi editore, 1986)

Lorenzo Gori Montanelli, *La Tradizione Architettonica Toscana* (Firenze, Italia: Leo S. Olscjki, 1971)

Gabriele Morolli, "*Vetus Etruria*" (Firenze, Italia: ALINEA, 1985)

John Onians, *Bearers of Meaning, The Classical Orders* (Princeton, N.J.: Princeton University Press, 1988)

Joseph Rykwert, *The Dancing Column, On Order in Architecture* (Cambridge, MA.: The MIT Press, 1996)

Storia dell'arte italiana, Parte prima Materiali e problemi, Volume terzo L'esperienza dell'antico, dell'Europa, della religiosita (Torino, Italia: Giulio Einaudi editore, 1979)

Rudolf Wittkower, *Architectural Principles in the Age of Humanism* (New York: W. W. Norton, 1971)

팔라초, 빌라, 성채

James Ackerman, *The Villa* (Princeton, N.J.: Princeton University Press, 1990)

Elena Bassi, *Palazzi di Venezia* (Venezia, Italia: Stamperia di Venezia Editrice, 1976)

Mauro Bucci, *Palazzi di Firenze*, Vol. 1-3 (Firenze, Italia: Vallecchi editore, 1973)

Giorgio Carpaneto, *I palazzi di Roma* (Roma: Newton & Compton editori, 1991)

David R. Coffin, *The Villa in the Life of Renaissance Rome* (Princeton, N.J.: Princeton University Press, 1979)

Carlo Cresti & Claudio Rendina, *Palazzi of Rome* (Köln, Germany: Könemann, 1998)

Christoph Luitpold Frommel, *Der Römische Palastbau der Hochrenaissance* (Tübingen, Germany: Verlag Ernst Wasmuth, 1973)

Vincenzo Golzio, *Palazzi Romani dalla Rinascita al Neoclassico* (Bologna, Italia: Eappelli Editore, 1971)

Paola Hoffmann, *Le Ville di Roma* (Roma: Newton & Compton editori, 2001)

Paolo Maretto, *La Casa Veneziana nella Storia della Citta* (Venezia, Italia: Marsilio Editori, 1987)

Michelangelo Muraro & Paolo Marton, *Venetian Villas* (Köln, Germany: Könemann, 1999)

Robert Polidori & J.-M. Perouse de Montclos, *Chateaux of the Loire Valley* (Köln, Germany: Könemann, 1997)

왕궁, 극장, 개별 건물 연구

Andrea Palladio, la Rotonda (Milano, Italia: Electa, 1990)

Massimo Birindelli, *La machina heroica, Il disegno di Gianlorenzo Bernini per piazza San Pietro* (Roma: Universita degli Studi di Roma, 1980)

Ian Dunlop, *Royal Palaces of France* (New York: W.W. Norton & Company, 1985)

Michael Forsyth, *Buildings for Music* (Cambridge, MA.: The MIT Press, 1985)

Louis Hautecoeur, *Histoire du Louvre* (Paris: L'Illustration, n.d.)

Philip Howard, *The Royal Palaces* (London: Hamish Hamilton, 1970)

Gert Kreytenberg, *Der Dom zu Florenz* (Berlin: Gebr. Mann Verlag, 1974)

Jane Lang, *Rebuilding St. Paul's after the Great Fire of London* (Londdon: Oxford University Press, 1956)

Le Lieu Theatral a la Renaissance, Colloques Internationaux du Centre National de la Recherche Scientifique, Royaumont, 22-27 mars 1963 (Paris, 1964)

Giorgio Lise, *Santa Maria presso San Satiro* (Milano, Italia: Silvana Editoriale d'Arte, 1975)

Carlo Galassi Paluzzi, *La Basilica di S. Pietro* (Bologna, Italia: Cappelli Editore, 1975)

Paolo Piva, *L'Altro Giulio Romano, il Duomo di Mantova* (Mantova, Italia: Quistello, 1988)

A. E. Popp, *Die Medici-Kapelle Michelangelos* (München, Germany: Co. C. Recht Verlag, 1922)

Ann Saunders, *St. Paul's, the story of the cathedral* (London: Collins & Brown, 2001)

Herbert Siebenhüner, *Das Kapitol in Rom, Ideen und Gestalt* (München, Germany: Im Kösel-Verlag, 1954)

Roberto Di Stefano, *La Cupola di S. Pietro* (Napoli, Italia: Edizioni Scientifiche Italiane, 1980)

Leo Steinberg, *Borromini's San Carlo alle Quatro Fontane* (New York: Garland Publishing, 1977)

Studi sul Teatro Veneto Fra Rinascimento ed Eta Barocca, a cura di Maria Teresa Muraro (Firenze, Italia: Leo S. Olschki Editore, 1971)

Hermen Thies, *Michelangelo, das Kapitol* (München, Germany: Bruckmann, 1982)

유럽 및 이탈리아 도시

Leonardo Benevolo, *La Ccitta nella storia d'Europa* (Roma: Editori Laterza, 1993)

Gene Brucker, *Renaissance Florence* (Berkeley, CA.: University of California Press, 1983)

Ferruccio Canali, *Mantua, History and Art* (Florence, Italy: Bonechi Edizioni, 1997)

Giovanni Fanelli, *Firenze Architettura e Citta* (Firenze, Italia: Vallecchi, 1973)

Richard A. Goldthwaite, *The building of Renaissance Florence, an economic and social history* (Baltimore, ML.: The Johns Hopkins University Press, 1985)

Richard Goy, *Venice, the city and its architecture* (London: Phaidon, 1997)

Richard Goy, *Florence, the city and its architecture* (London: Phaidon, 2000)

Paul M. Hohenberg & Lynn Hollen Lees, *The Making of Urban Europe* (Cambridge, MA.: Harvard University Press, 1995)

Alain J. Lemaitre & Erich Lessing, *Florence and the Renaissance* (Patis: Terrail, 1993)

Mantova, Le Arti, dalla meta del secolo XV alla meta del XVI (Mantova, Italia: Istituto Carlo D'Arco, 1964)

Mantova, Le Arti, dalla meta del secolo XVI ai Nostri Giorni (Mantova, Italia: Istituto Carlo D'Arco, 1965)

Paolo Portoghesi, *Roma Barocca, storia di una civilta architettonica* (Roma: Carlo Bestetti, 1967)

Paolo Portoghesi, *Rome of the Renaissance* (London: Phaidon, 1972)

Giuseppina Carla Romby, *Descrizioni e rappresentazioni della citta di Firenze nel XV Secolo* (Firenze, Italia: Libreria Editrice Fiorentina, 1976)

Rome, Art & Architecture, ed. by Marco Bussagli (K?ln, Germany: K?nemann, 1999)

Mario Sanfilippo, *Roma medievale e moderna* (Roma: Newton & Compton editori, 1992)

Manfredo Tafuri, *Venezia e il Rinascimento* (Torino, Italia: Giulio Einaudi deitore, 1985)

A. Richard Turner, *Renaissance Florence, The Invention of a New Art* (New York: Harry & Abrams, 1997)

Venice, Art & Architecture, Vol 1 & 2, ed. by Giandomenico Romanelli (Köln, Germany: Könemann, 1997)

Vienna, Art and Architecture, ed. by Rolf Toman (Köln, Germany: Könemann, 1999)

파리, 런던

Peter Ackroyd, *London, the biography* (London: Vintage, 2001)

Colin Jones, *Paris, the biography of a city* (Harmondsworth, England: Penguin Books, 2004)

Liza Picard, *Elizabeth's London* (New York: St. Martin's Press, 2003)

John Russell, *London* (New York: Harry & Abrams, 1994)

Anthony Sutcliffe, *Paris, an architectural history* (New Haven, CT.: Yale University Press, 1993)

David Thomson, *Renaissance Paris, Architecture and Growth 1475-1600* (Berkeley, CA.: University of California Press, 1984)

Anne Thoraval, *Promenades sur les lieux de l'histoire* (Paris: Editions Parigramme, 2004)

이탈리아 르네상스, 매너리즘 건축가(건축가-저자 알파벳 순)

Leon Battista Alberti

Franco Borsi, *Leon Battista Alberti, The Complete Works* (New York: Rizzoli, 1986)

Arturo Calzona, *Mantova Citta dell'Alberti* (Parma, Italia: Universita di Parma, 1979)

Mark Jarzombeck, *On Leon Baptista Alberti, His Literary and Aes-*

thetic Theories (Cambridge, MA.: The MIT Press, 1989)
Giovanni Ponte, *Leon Battista Alberti, Umanista e Scrittore* (Genova, Italia: Tilgher, 1981)

Galeazzo Alessi

Nancy A. H. Brown, *The Milanese Architecture of Galeazzo Alessi* (New York: Garland, 1980)
Galeazzo Alessi e l'architettura del Cinquecento, Atti del convegno internazionale di studi Genova, 16-20 Aprile 1974 (Genova, Italia: SAGEP Editrice, 1974)

Donato Bramante

Franco Borsi, *Bramante* (Milano, Italia: Electa, 1989)
Arnaldo Bruschi, *Bramante architetto* (Bari, Italia: Editori Laterza, 1969)
Christiane Denker-Nesselrath, *Die Säulenordnungen bei Bramante* (Worms, Germany: Wernersche Verlagsgesellschaft, 1990)
Otto H. Förster, *Bramante* (Wien: Verlag anton Schroll, 1956)

Filippo Brunelleschi

Eugenio Battisti, *Filippo Brunelleschi, the complete work* (New York: Rizzoli, 1981)
Disegni di Fabbriche Brunelleschiane, a cura di Giuseppe Marchini et al. (Firenze, Italia: Leo S. Olschki Editore, 1977)
Filippo Brunelleschi, la sua Opera e il suo Tempo, Tomo I & II (Firenze, Italia: Centro Di, 1980)
Piero Sanpaolesi, *Brunelleschi* (Milano, Italia: Edizioni per il Club del Libro, 1962)

Codussi

Loredana Olivato Puppi & Lionello Puppi, *Mauro Codussi* (Milano, Italia: Electa Editrice, 1977)

Filarete

Peter Tigler, *Die Architekturtheorie des Filarete* (Berlin: Walter de Gruyter & Co., 1963)

Giulio Romano

Giulio Romano, saggi di Ernst H. Gombrich et al (Milano, Italia: Electa, 1989)
Paolo Carpeggiani & Chiara Tellini Perina, *Giulio Romano a Mantova, una nuova e stravagante maniera* (Mantova, Italia: editrice Sintesi, 1987)
Frederick Hartt, *Giulio Romano*, Vol. I & II (New Haven, CT.: Yale University Press, 1958)

Leonardo da Vinci

Alberto Carlo Carpiceci, *L'Architettura di Leonardo* (Firenze, Italia: Bonechi Editore, 1978)
Ludwig H. Heydenreich, *Leonardo da Vinci*, Vol. I & II (New York: The MacMillan Company, 1954)
Carlo Pedretti, *Leonardo architetto* (Milano, Italia: Electa, 1988)
Woldemar von Seidlitz, *Leonardo da Vinci, der Wendepunkt der Renaissance* (Wien: Phaidon-Verlag, 1935)

Pietro Lombardo

John McAndrew, *Venetian Architecture of the Early Renaissance*, pp. 101-2, 254-55, 358-59 (Cambridge, MA.: The MIT Press, 1980)

Michelangelo

James S. Ackerman, *The Architecture of Michelangelo* (Chicago, IL.: The University of Chicago Press, 1986)
Giulio Carlo Argan & Bruno Contardi, *Michelangelo architetto* (Milano, Italia: Electa, 1990)
Robert J. Clements, *Michelangelo's Theory of Art* (New York: New York University Press, 1961)
Armando Schiavo, *Michelangelo nel complesso delle sue opere*, tomo I & II (Roma: Istituto Poligrafico e Zecca dello Stato, 1990)
David Summers, *Michelangelo and the Language of Art* (Princeton, NJ.: Princeton University Press, 1981)
Charles de Tolnay, *Michelangelo, Sculptor Painter Architect* (Princeton, NJ.: Princeton University Press, 1981)

Michelozzo di Bartolomeo

Miranda Ferrara & Francesco Quinterio, *Michelozzo di Bartolomeo* (Firenze, Italia: Salimbbeni, 1984)
Ottavio Morisani, *Michelozzo architetto* (torino, Italia: Einaudi, 1951)

Andrea Palladio

Andrea Palladio, Scritti sull'Architettura (1554-1579), a cura di

Lionello Puppi (Vicenza, Italia: Neri Pozza Editore, 1990)

Giuseppe Barbieri, *Andrea Palladio e la Cultura Veneta del Rinascimento* (Roma: Il Veltro Editrice, 1983)

Bruce Boucher, *Andrea Palladio, The Architect in His Time* (New York: Abbeville Press Publishers, 1998)

Paul Holberton, *Palladio's Villas, Life in the Renaissance Countryside* (London: John Murray, 1990)

Roberto Pane, *Andrea Palladio* (Torin, Italia: Giulio Eunaudi editore, 1961)

Heinz Spielmann, *Andrea Palladio und die Antike* (Berlin: Deutshcer Kunstverlag, 1966)

Baldassare Peruzzi

Isabelli Barsali, *Baldassare Peruzzi e le Ville Senesi del Cinquecento* (Siena, Italia: Archivio di Stato di Siena, 1977)

C. L. Frommel, *Die Farnesina und Peruzzis Architektonishces Frühwerk* (Berlin: Walter De Gruyter, 1961)

W. W. Kent, *The Life and Works of Baldassare Peruzzi* (New York: Architectural book Publishing Co., 1925)

Raphael

Oscar Fischel, *Raphael*, translated by Bernard Rackham (London: Spring Books, 1948)

C. L. Frommel et al., *Raffaello Architetto* (Milano, Italia: Electa, 1984)

Stefano Ray, *Raffaello architetto, Linguagio artistico e ideologia nel Rinascimento romano* (Bari, Italia: Editori Laterza, 1974)

Vitruvio e Raffaello, a cura di Vincenzo Fontana e Paolo Morachiello (Roma: Officina Edizioni, 1975)

Antonio da Sangallo, il Vecchio

Gustave Clausse, *Les San Gallo*, Vol. 1-3 (Paris: Leroux, 1900-02)

A. Venturi, *Storia dell'Arte Italiana, Architettura del Cinquecento*, Parte I, pp. 469-515 (Milano, Italia: Editore Libraio della Real Casa, 1938)

Antonio da Sangallo, il Giovane

Antonio da Sangallo il Giovane, la Vita e l'Opera, a cura di Gianfranco Spagnesi (Roma: Centro di Studi per la Storia dell'Architettura, 1986)

Gustave Clausse, *Les San Gallo*, Vol. 1-3 (Paris: Leroux, 1900-02)

Gustavo Giovannoni, Antonio da Sangallo, il Giovane, Volume primo & secondo (Roma: Tipografia Regionale, 1961)

Giuliano da Sangallo

Gustave Clausse, *Les San Gallo*, Vol. 1-3 (Paris: Leroux, 1900-02)

Cornelius Fabriczy, *Die Handzeichnungen Giuliano's da San Gallo* (Stuttgart, Germany: Gerschel, 1902)

Giuseppe Marchini, *Giuliano da Sangallo* (Firenze, Italia: G. C. Sansoni, 1942)

Michele Sanmicheli

Eric Langenskiold, *Michele Sanmicheli, The Architect of Verona* (Uppsala, Sweden: Almqvist & Wiksells Boktryckeri, 1938)

Michele Sanmicheli, a cura di Piero Gazzzola (Venezia, Italia: Neri Pozza Editore, 1960)

Michele Sanmicheli, studi raccolti dall'accademia di agricoltura scienze e lettere di Verona. . .(Verona, Italia: Edizioni Valdonega, 1960)

Lionello Puppi, *Michele Sanmicheli, architetto di Verona* (Padova, Italia: Marsilio Editori, 1971)

Jacopo Sansovino

Deborah Howard, *Jacopo Sansovino, Architecture and Patronage in Renaissance Venice* (New Haven, CT.: Yale University Press, 1975)

Manfredo Tafuri, *Jacopo Sansovino e l'architettura del'500 a Venezia* (Padova, Italia: Marsilio Editori, 1969)

Sebastiano Serlio

Johann Heinrich Müller, *Das regulierte Oval*, Inaugural-Dissertation zur Philipps-Universit?t Marburg (Bremen, 1967)

Sebastiano Serlio, Sesto Seminario Internazionale di Storia dell'Architettura, Vicenza 31 agosto-4 settembre 1987, a cura di Christof Thoenes (Milano, Italia: Electa, 1989)

Giorgio Vasari

T. S. R. Boase, *Giorgio Vasari, The Man and The Book* (Princeton, NJ.: Princeton University Press, 1979)

Jean Rouchette, *La Renaissance que nous à leguée Vasari* (Paris: Societe d'Edition Les Belles Lettres, 1959)

Vasari on Technique, ed. by G. Baldwin Brown (New York: Dover

Publications, 1960)

Giorgio Vasari Il Giovane, *La Citta Ideale, Piante di Chiese di Toscana e d' Italia*, a cura di Virginia Stefanelli (Roma: Officina Edizioni, 1970)

프랑스, 영국, 독일 르네상스 건축가(건축가 알파벳 순-저자 알파벳 순)

Jean Bullant

Reginald Blomfield, *A History of French Architecture, from the reign of Charles VIII to the death of Mazarin, 1494-1661*, pp. 93-107 (New York: Hacker Books, 1973)

Louis Hautecoeur, *Histoire de L'Architecture classique en france*, tome premier, partie premier, La Formation de L'Ideal Classique & La Renaissance, pp. 233-240 (Paris: Auguste Picard, 1943)

Philibert de L'Orme

Architectvre de Philibert de L'Orme (Bruxelles: Pierre Mardaga, 1981)

Anthony Blunt, *Philibert de l'Orme* (London: A. Zwemmer ltd., 1958)

Henri Clouzot, *Philibert de L'Orme* (Paris, 1910)

Du Cerceau Family

Reginald Blomfield, *A History of French Architecture, from the reign of Charles VIII to the death of Mazarin, 1494-1661*, pp. 140-156 (New York: Hacker Books, 1973)

Louis Hautecoeur, *Histoire de L'Architecture classique en france*, tome premier, partie premier, La Formation de L'Ideal Classique & La Renaissance, pp. 215-219 (Paris: Auguste Picard, 1943)

Robert Smythson

Mark Girouard, *Robert Smythson and the Architecture of the Elizabethan Era* (London: Country Life ltd., 1966)

Inigo Jones

Annarosa Cerutti Fusco, *Inigo Jones Vitruvius Britannicus, Jones e Palladio nella cultura architecttonica inglese 1600-1740* (Rimini, Italia: Maggioli Editore, 1985)

John Harris & Gordon Higgot, *Inigo Jones, Complete Architectural Drawings* (London: A. Zwemmer Ltd., 1989)

The King's Arcadia: Inigo Jones and the Stuart Court, A quarter-centenary exhibition hela at the Banqueting House, Whitehall from July 12th to September 2nd, 1973 (London: Arts Council of great Britati, 1973)

John Summerson, Inigo Jones (Harmondsworth, England: Penguin books, 1983)

Pierre Lescot

Reginald Blomfield, *A History of French Architecture, from the reign of Charles VIII to the death of Mazarin, 1494-1661*, pp. 108-122 (New York: Hacker Books, 1973)

이탈리아 바로크 건축가(건축가 알파벳 순-저자 알파벳 순)

Gian Lorenzo Bernini

Franco Borsi, *Bernini Architetto* (Milano, Italia: Electa, 1980)

Maurizio & Marcello Fagiolo, *Bernini, una untroduzione al gran teatro del barocco* (Roma: Mario Bulzoni editore, 1967)

Howard Hibbard, *Bernini* (Harmondsworth, England: Penguin Books, 1987)

Immagini del Barocco, Bernini e la Cultura del Seicento, a cura di Marcello Fagiolo & Gianfranco Spagnesi (Roma: Mario Bulzoni editore, 1982)

Irving Lavin, *Bernini and the Unity of the Visual Arts*, Plate Text & Plate Volume (New York: The Pierpont Morgan Library, 1980)

Roberto Pane, *Bernini architetto* (Venezia, Italia: Nerri Pozza Editore, 1953)

Francesco Borromini

Francesco Borromini, Die Handzeichnungen, herausgegeben von Heinrich Thelen (Graz, Austrai: Akademische Druck, 1967)

Anthony Blunt, *Borromini* (Cambridge, M.A.: The Belknap Press of Harvard University Press, 1979)

Eberhard Hempel, *Francesco Borromini* (Wien: Kunstveerlag Anton Schroll, 1924)

Paolo Portoghesi, *Borromini nella Clutura Europea* (Roma: Officina Edizioni, 1964)

Ragguagli Borrominiani, Mostra Documentaria, a cura di Marcello del Piazzo (Roma, Archivio di Storia di Roma, 1968)

Pietro da Cartona

Karl Nöhles, *La chiesa dei SS. Luca e Martina nell'opera di Pietro da Cortona* (Roma: Bozzi, 1970)

Pietro da Cortona Architetto, Atti del Convegno di Studio promosso nella ricurrenza del III Centenario della morte Cortona, Settembre 1969 (Roma: Grafica Calosci-Cortona, 1978)

Carlo Fontana

Eduard Coudenhove-Erthal, *Carlo Fontana und die Architektur des Römischen Spätbarocks* (Wien: Verlag von Anton Schroll, 1930)

Guarino Guarini

Guarino Guarini e L'Internazionalita del Barocco, Atti del Convegno Internazionale Promosso dall'Accademia delle Scienze di Torino, 30 Settembre-5 Ottobre 1968, Tomo Primo & Secondo (Torino, Italia: Accademia Delle Scienze, 1970)

H. A. Meek, *Guarino Guarini and His Architecture* (Hew Haven, C.T.: Yale University Press, 1989)

Mario Passanti, *Nel Modno Magico di Guarino Guarini* ((Torino, Italia: Toso, 1963)

Filippo Juvarra

Salvatore Boscarino, *Juvarra architetto* (Roma: Officina Edizioni, 1973)

Augusto Telluccini, *L'Arte dell'Architetto Filippo Juvara in Piemonte* (Torino, Italia: C. Crudo, 1948)

Baldassare Longhena

Giuseppe Cristinelli, *Baldassare Longhena, architetto del '600 a Venezia* (Padova, Italia: Marsilio Editori, 1972)

Camillo Semenzato, *L'Architecture di Baldassare Longhena* (Padova, Italia: CEDAM, 1954)

Carlo Maderno

Nina Caflisch, *Carlo Maderno, ein Beitrage zur Geschichte der Römischen Barockarchitektur* (München, Germany: R. Bruckmann, AG., 1934)

Howard Hibbard, *Carlo Maderno and Roman Architecture 1580-1630* (London: A. Zwemmer Ltd., 1971)

Giacomo della Porta

A. Venturi, *Storia dell'Arte Italiana, Architettura del Quattrocento,* Parte II, pp. 784-845 (Milano, Italia: Editore Libraio della Real Casa, 1923)

Carlo Rainaldi

furio Fasolo, *L'Opera di Hieronimo e Carlo Rainaldi* (Roma: Edizioni Ricerche, 1965)

Vincenzo Scamozzi

Franco Barbieri, *Vincenzo Scamozzi* (Verona, Italia: La Casa di Risparmio, 1952)

Dell'Idea della Architettura Universale di Vincenzo Scamozzi (Ridgewood, N. J.: 1964)

Giacomo Barozzi da Vignola

Maria Walcher Casotti, *Il Vignola,* Volume I & II (Istituto di Storia dell'Arte Antica e Moderna, 1960)

G. K. Loukomski, *Vignole* (Paris: Auguste Vincent, 1937)

Bernardo Vittone

Bernardo Vittone e la Disputa fra Classicismo e Barocco nel Settecento, Atti del Convegno Internazionale Promosso dell'Accademia delle Scienze di Torino, 21-24 settembre 1970, Tomo Primo & Secondo (Torino, Italia: Accademia delle Scienze, 1972)

Paolo Portoghesi, *Bernardo Vittone, Un Architetto tra Illuminismo e Rococo* (Roma: Edizione dell Elefante, 1966)

프랑스 바로크 건축가(건축가 알파벳 순-저자 알파벳 순)

Salomon de Brosse

Rosalys Coope, *Salomon de Brosse and the Development of the Classical Style in French Architecture from 1565-1630* (London: A. Zwemmer Ltd., 1972)

Jacques Pannier, *Salomon de Brosse* (Paris: 1911)

Jules Hardouin-Mansart

Alfred et Jeanne Marie, *Mansart à Versailles,* Volume I & II ((Paris: Editions Jacques Freal, 1972)

François Mansart

Allan Braham and Peter Smith, *François Mansart*, Text Volume & Plates Volume (London: A. Zwemmer Ltd., 1973)

영국 바로크 건축가(건축가 알파벳 순-저자 알파벳 순)

Nicholas Hawksmoor

Kerry Downes, *Hawksmoor* (Cambridge, M.A.: The MIT Press, 1980)

William Talman

John Harris, *William Talman, Maverick Architect* (London: George Allen and Unwin, 1982)

Sir John Vanbrugh

Geoffrey Beard, *The Work of John Vanbrugh* (London: B. T. Batsford, 1986)

Madeleine Bingham, *Masks and Facades, Sir John Vanbrugh, The Man in his Setting* (London: george Allen & Unwin, 1974)

Laurence Whistler, *The Imagination of Vanbrugh and His Fellow Artists* (London: B. T. Batsford, 1954)

Sir Christopher Wren

Kerry Downes, *The Architecture of Wren* (London: Granada, 1982)

Ralph Dutton, *The Age of Wren* (London: B. T. Batsford, 1951)

Viktor Fürst, *The Architecture of Sir Christopher Wren* (London: Lund Humphries, 1956)

Eric de mare, *Wren's London* (London: The Folio Society, 1975)

Eduard F. Sekler, *Wren and His Place in European Architecture* (New York: The MacMillan Company, 1956)

중부유럽 바로크 건축가(건축가 알파벳 순-저자 알파벳 순)

Joseph Michael Fischer

Norbert Lieb, *Johann Michael Fischer* (Regensburg, Germany: Verlag Friedrich Pustet, 1982)

Johann Bernhard Fischer von Erlach

Hans Aurenhammer, *J. B. Fischer von Erlach* (Cambridge, M.A.: Harvard University Press, 1973)

Hans Sedlmayr, *Johann Bernhard Fischer von Erlach* (Wien: Verlag Herold, 1976)

Thomas Zacharias, *Joseph Emanuel Fischer von Erlach* (Wien: Verlag Herold, 1960)

Johann Lucas von Hildebrandt

Bruno Grimschitz, *Johann Lucas von Hildebrandt* (Wien: Druck und Verlag der Österreichischen Staatsdruckerei, 1932)

Balthasar Neumann

Balthasar Neumann, Kunstgeschichtliche Beitr?ge zum Jubil?umsjahr 1987 (München, Germany: Hirmer Verlag, 1987)

Hans Reuther, *Balthasar Neumann, Der mainfränkische Barockbaumeister* (München, Germany: Süddeutscher Verlag GmbH, 1983)

Matth?us Daniel Pöppelmann

Hermann Heckmann, *M. D. Pöppelmann als Zeichner* (Dresden, Germany: VEB Verlag der Kunst, 1954)

Hermann Heckmann, *Matthäus Daniel Pöppelmann, Leben und Werk*, (Berlin: Deutscher Kunstverlag, 1972)

Hermann Heckmann, *Matthäus Daniel Pöppelmann und die barockbaukunst in Dresden* (Stuttgart, Germany: Deutsche Verlags-Anstalt, 1986)

그 림 목 록

1장 르네상스의 성립

2장 초기 르네상스(1420~1500)

발 계획

109 레온 바티스타 알베르티(Leon Battista Alberti). 성 안드레아(Sant'Andrea). 만토바. 1470~72

110 레온 바티스타 알베르티(Leon Battista Alberti). 『건축십서*De re aedificatoria*』(1452)에 나오는 〈큰 하중을 어떻게 끌어올리고 옮기고 밀 것인가〉라는 그림.

111 레온 바티스타 알베르티(Leon Battista Alberti). 『건축십서*De re aedificatoria*』(1452)에 나오는 콤포지트 주두

112 레온 바티스타 알베르티(Leon Battista Alberti). 『건축십서*De re aedificatoria*』(1452)에 나오는 분절 엔태블러처를 갖는 벽기둥

113 레온 바티스타 알베르티(Leon Battista Alberti). 『건축십서*De re aedificatoria*』(1452)에 나오는 개선 아치

114 레온 바티스타 알베르티(Leon Battista Alberti). 성 프란치스코(San Francesco=Tempio Malatesta). 리미니(Rimini), 이탈리아. 1450년경~60년경

115 성 스테파노(St. Stefano). 로마. 왼쪽이 원래 상태이고 오른쪽이 알베르티(Alberti)의 개축안이다.

116 레온 바티스타 알베르티(Leon Battista Alberti). 트레비 분수(Fountain of Trevi) 수반. 로마

117 알베르티(Alberti)의 성 프란치스코(San Francesco=Tempio Malatesta) 공사 장면. 조반니 베티니 다파노(Giovanni Bettini da Fano)의 그림(1457~68)이다.

118 알베르티(Alberti)의 벽체구조론을 보여주는 그림

119 레온 바티스타 알베르티(Leon Battista Alberti). 성 프란치스코(San Francesco=Tempio 신전). 리미니(Rimini), 이탈리아. 1450년경~60년경. 입면을 보여주는 당시 메달

120 레온 바티스타 알베르티(Leon Battista Alberti). 성 프란치스코(San Francesco=Tempio Malatesta). 리미니(Rimini), 이탈리아. 1450~60년경

121 레온 바티스타 알베르티(Leon Battista Alberti). 성 프란치스코(San Francesco=Tempio Malatesta). 리미니(Rimini), 이탈리아. 1450~60년경

122 레온 바티스타 알베르티(Leon Battista Alberti). 루첼라이 팔라초(Palazzo Rucellai). 피렌체. 1452~70년경

123 레온 바티스타 알베르티(Leon Battista Alberti). 루첼라이 팔라초(Palazzo Rucellai). 피렌체, 이탈리아. 1452~70년경

124 레온 바티스타 알베르티(Leon Battista Alberti). 루첼라이 팔라초(Palazzo Rucellai). 피렌체, 이탈리아. 1452년경~70년경

125 레온 바티스타 알베르티(Leon Battista Alberti). 산타마리아노벨라(Santa Maria Novella). 피렌체, 이탈리아. 1458~71

126 산미니아토알몬테(San Miniato al Monte). 피렌체, 이탈리아. 11세기 중반~12세기

127 레온 바티스타 알베르티(Leon Battista Alberti). 산타마리아노벨라(Santa Maria Novella). 피렌체. 1458~71

128 레온 바티스타 알베르티(Leon Battista Alberti). 산타마리아노벨라(Santa Maria Novella). 피렌체. 1458~71

129 레온 바티스타 알베르티(Leon Battista Alberti). 산세바스티아노(San Sebastiano). 만토바. 1460~72

130 레온 바티스타 알베르티(Leon Battista Alberti). 산세바스티아노(San Sebastiano). 만토바. 1460~72

131 레온 바티스타 알베르티(Leon Battista Alberti). 성 안드레아(Sant'Andrea). 만토바. 1470~72

132 레온 바티스타 알베르티(Leon Battista Alberti). 성 안드레아(Sant'Andrea). 만토바. 1470~72

133 레온 바티스타 알베르티(Leon Battista Alberti). 성 안드레아(Sant'Andrea). 만토바. 1470~72

134 레온 바티스타 알베르티(Leon Battista Alberti). 성 안드레아(Sant'Andrea). 만토바. 1470~72

135 미켈로초 디바르톨로메오((Michelozzo di Bartolomeo). 성 아우구스티노(Santo Agostino). 몬테풀치아노(Montepulciano), 이탈리아. 1437년경

136 미켈로초 디바르톨로메오(Michelozzo di Bartolomeo). 코무날레 팔라초(Palazzo Communale) 파사드. 몬테풀치아노(Montepulciano), 이탈리아. 1440

137 미켈로초 디바르톨로메오(Michelozzo di Bartolomeo). 산티시마아눈치아타(Santissima Annunziata). 피렌체. 1444~

138 작가미상. 〈지롤라모 사보나롤라의 화형*The Burning of Girolamo Savonarola*〉에 나오는 피렌체의 시뇨리아 광장(Piazza della Signoria).초 베키오 팔라초(Palazzo Vecchio)가 중심 건물이다.

139 스트로치 팔라초(Palazzo Strozzi). 피렌체.

140 미켈로초 디바르톨로메오(Michelozzo di Bartolomeo). 메디치 팔라초(Palazzo Medici). 피렌체. 1444~59

141 미켈로초 디바르톨로메오(Michelozzo di Bartolomeo). 메디치 팔라초(Palazzo Medici). 피렌체. 1444~59

142 미켈로초 디바르톨로메오(Michelozzo di Bartolomeo). 메디치 팔라초(Palazzo Medici). 피렌체. 1444~59

143 미켈로초 디바르톨로메오(Michelozzo di Bartolomeo). 메디치 팔라초(Palazzo Medici). 피렌체. 1444~59

144 베르나르도 로셀리노(Bernardo Rossellino). 비오 2세 광장(Piazza Pio II). 피엔차(Pienza), 이탈리아. 1459~64

145 베르나르도 로셀리노(Bernardo Rossellino). 피엔차 두오모(Pienza Duomo). 1459~64

146 피에트로 롬바르도(Pietro Lombardo). 산타마리아데이미라콜리(Santa Maria dei Miracoli). 베네치아. 1485~89

147 피에트로 롬바르도(Pietro Lombardo). 산타마리아데이미라콜리(Santa Maria dei Miracoli). 베네치아. 1485~89

148 피에트로 롬바르도(Pietro Lombardo). 산타마리아데이미라콜리(Santa Maria dei Miracoli). 베네치아. 1485~89

149 피에트로 롬바르도(Pietro Lombardo). 산타마리아데이미라콜리(Santa Maria dei Miracoli). 베네치아. 1485~89

150 마우로 코두치(Mauro Coducci). 산차카리아(San Zaccaria). 베네치아. 1483~91

151 마우로 코두치(Mauro Coducci). 산차카리아(San Zaccaria). 베네치아. 1483~91

152 마우로 코두치(Mauro Coducci). 산차카리아(San Zaccaria). 베네치아. 1483~91

153 마우로 코두치(Mauro Coducci). 산차카리아(San Zaccaria). 베네치아. 1483~91

154 마우로 코두치(Mauro Coducci). 산타마리아포르모사(Santa Maria Formosa). 베네치아. 1490~1504

155 마우로 코두치(Mauro Coducci). 산타마리아포르모사(Santa Maria Formosa). 베네치아. 1490~1504

156 마우로 코두치(Mauro Coducci). 산조반니크리소스토모(San Giovanni Crisostomo). 베네치아. 1497~1504

157 마우로 코두치(Mauro Coducci). 산조반니크리소스토모(San Giovanni Crisostomo). 베네치아. 1497~1504

158 조반니 안토니오 카날레토(Giovanni Antonio Canaletto)의 〈성 요한/성 바오로 교회 앞 광장*The Piazza in front of the Church of John and Paul*〉(1725년경)에 등장하는 스쿠올라그란데디산마르코(Scuola Grande di San Marco, 1485~95) 모습

3장 성기 르네상스(1490~1530)

칸 궁
214 라파엘로(Raphael). 성 베드로(St. Peter's) 계획안. 최종안. 1519~20
215 라파엘로(Raphael). 성 베드로 계획안(St. Peter's). 멜론 본(Codice Mellon). 1515~18
216 라파엘로(Raphael). 키지 예배당(Chigi Chapel). 로마. 1512~13
217 라파엘로(Raphael). 키지 예배당(Chigi Chapel). 로마. 1512~13
218 라파엘로(Raphael). 키지 예배당(Chigi Chapel). 로마. 1512~13
219 라파엘로(Raphael). 키지 예배당(Chigi Chapel). 로마. 1512~13
220 라파엘로(Raphael). 키지 예배당(Chigi Chapel). 로마. 1512~13
221 라파엘로(Raphael). 산텔리조델리오레피치(Sant'Eligio degli Orefici). 로마. 1515~사후 완공
222 라파엘로(Raphael). 산텔리조델리오레피치(Sant'Eligio degli Orefici). 로마. 1515~사후 완공
223 라파엘로(Raphael). 마다마 빌라(Villa Madama). 로마. 1518~미완성
224 라파엘로(Raphael). 마다마 빌라(Villa Madama). 로마. 1518~미완성
225 라파엘로(Raphael). 마다마 빌라(Villa Madama). 로마. 1518~미완성

4장 매너리즘(1520~1600)

226 안토니오 다상갈로 일조반네(Antonio da Sangallo in Giovane). 중앙집중형 교회 연구
227 미켈란젤로(Michelangelo). 캄피돌리오 광장(Piazza del Campidoglio). 로마. 1539~64/사후 17세기 완공),
228 프란체스코 디조르조 마르티니(Francesco di Giorgio Martini). 중앙집중형 건물 연구
229 안드레아 팔라디오(Andrea Palladio). 도리스식 오더
230 줄리오 로마노(Giulio Romano). 줄리오 로마노 하우스(Giulio Romano House). 만토바. 1538~44
231 흑사병을 그린 〈죽음의 승리*Triumph of Death*〉
232 미켈레 산미켈리(Michele Sanmicheli). 베빌라쿠아 팔라초(Palazzo Bevilacqua). 베로나(Verona), 이탈리아. 1532년경~
233 발다사레 페루치(Baldassare Peruzzi). 마시모알레콜로네 팔라초(Palazzo Massimo alle Colonne). 로마. 1533~36
234 자코포 산소비노(Jacopo Sansovino,). 산마르코 도서관(Libreria di San Marco). 베네치아. 1536~60
235 대(大) 루카스 크라나흐(Lucas Cranach the Elder). 청교도와 가톨릭을 비교한 그림(1545년경). 왼쪽이 청교도의 개혁 장면이고 오른쪽이 부패한 가톨릭의 장면이다.
236 루터(Luther)의 1534년 독일어판 성경 초판 타이틀 페이지
237 발다사레 페루치(Baldassare Peruzzi). 콘테디피틸리아노 팔라초(Palazzo Conte di Pitigliano). 피틸리아노, 이탈리아
238 미켈로초 체포 병원(Ospedale del Michelozzo Ceppo). 피스토이아(Pistoia), 이탈리아. 1522. 가톨릭의 구호사업을 새긴 돋을새김 장식
239 세바스티안 프랑크스(Sebastian Vranx). 안트베르펜의 예수회 교회(Jesuit Church, Antwerp)
240 대(大) 루카스 크라나흐(Lucas Cranach the Elder). 비텐베르크 교구교회(Pfarrkirche, Wittenberg)에서 설교하고 있는 루터
241 팔라디오(Palladio)의 중앙집중형 연구
242 취리히에서 가톨릭 성당 내의 우상숭배물을 철거하는 신교도들
243 칼뱅주의 교회. '네 장의 단순한 벽면과 설교'를 보여준다.
244 얀 브뤼헐(Jan Brueghel the Elder). 〈이수스 전투*Battle of Issus*〉, 1602〉
245 줄리오 로마노(Giulio Romano). 테 팔라초(Palazzo del Te). 만토바. 1525~34
246 15~16세기 유럽의 해외 진출
247 15~16세기 항해도구
248 미켈란젤로(Michelangelo). 문 연구
249 발다사레 페루치(Baldassare Peruzzi). 율리아 바실리카(Basilica Julia) 측정 도면
250 발다사레 페루치(Baldassare Peruzzi). 산페트로니아(San Petronia) 입면 계획안. 볼로냐
251 발다사레 페루치(Baldassare Peruzzi). 무대 디자인 연구
252 발다사레 페루치(Baldassare Peruzzi). 파르네시나 팔라초(Palazzo della Farnesina). 로마. 1505~11
253 발다사레 페루치(Baldassare Peruzzi). 파르네시나 팔라초(Palazzo della Farnesina). 로마. 1505~11
254 발다사레 페루치(Baldassare Peruzzi). 파르네시나 팔라초(Palazzo della Farnesina). 로마. 1505~11
255 발다사레 페루치(Baldassare Peruzzi). 성 베드로(St. Peter's) 네이브 계획안. 로마. 1520~27
256 발다사레 페루치(Baldassare Peruzzi). 빌라 계획안
257 발다사레 페루치(Baldassare Peruzzi). 마시모알레콜로네 팔라초(Palazzo Massimo alle Colonne). 로마. 1533~36
258 발다사레 페루치(Baldassare Peruzzi). 마시모알레콜로네 팔라초(Palazzo Massimo alle Colonne). 로마. 1533~36
259 안토니오 다상갈로 일조반네(Antonio da Sangallo il Giovane). 해군 군사장비
260 안토니오 다상갈로 일조반네(Antonio da Sangallo il Giovane). 로카 파올리나(Rocca Paolina). 페루자(Perugia), 이탈리아. 1540~43
261 안토니오 다상갈로 일조반네(Antonio da Sangallo il Giovane). 마르치아 문(Porta Marzia). 페루자(Perugia), 이탈리아. 1540~43
262 안토니오 다상갈로 일조반네(Antonio da Sangallo il Giovane). 피에트로 데메디치(Pietro de Medici)의 장례 채플 계획안. 1531
263 안토니오 다상갈로 일조반네(Antonio da Sangallo il Giovane). 로마 마르첼로 극장(Teatro Marcello) 답사 스케치
264 안토니오 다상갈로 일조반네(Antonio da Sangallo il Giovane). 교회 연구
265 안토니오 다상갈로 일조반네(Antonio da Sangallo il Giovane). 성 베드로 계획안. 로마. 1538~43
266 안토니오 다상갈로 일조반네(Antonio da Sangallo il Giovane). 파르네세 팔라초(Palazzo Farnese). 로마. 1515년경~46
267 안토니오 다상갈로 일조반네(Antonio da Sangallo il Giovane). 파르네세 팔라초(Palazzo Farnese). 로마. 1515년경~46
268 안토니오 다상갈로 일조반네(Antonio da Sangallo il Giovane). 성 베드로 계획안. 로마. 1538~43
269 줄리오 로마노(Giulio Romano). 〈시르쿰시지온*Circumcision*〉
270 줄리오 로마노(Giulio Romano). 테 팔라초(Palazzo del Te). 만토바. 1525~34
271 줄리오 로마노(Giulio Romano). 줄리오 로마노 하우스(Giulio Romano House). 만토바. 1538~44
272 줄리오 로마노(Giulio Romano). 테 팔라초(Palazzo del Te). 만토바. 1525~34
273 줄리오 로마노(Giulio Romano). 테 팔라초(Palazzo del Te). 만토바. 1525~34
274 줄리오 로마노(Giulio Romano). 테 팔라초(Palazzo del Te). 만토바. 1525~34
275 줄리오 로마노(Giulio Romano). 테 팔라초(Palazzo del Te). 만토바. 1525~34
276 줄리오 로마노(Giulio Romano). 테 팔라초(Palazzo del Te). 만토바. 1525~34
277 줄리오 로마노(Giulio Romano). 테 팔라초(Palazzo del Te). 만토바. 1525~34

278 줄리오 로마노(Giulio Romano). 총독궁 내 에스티발레와 모스트라 안마당(Estivale e Cortile della Mostra, Palazzo Ducale). 만토바. 1538~39
279 줄리오 로마노(Giulio Romano). 줄리오 로마노 하우스(Giulio Romano House). 만토바. 1538~44
280 줄리오 로마노(Giulio Romano). 만토바 성당(Duomo di Mantova). 1544~46
281 줄리오 로마노(Giulio Romano). 만토바 성당(Duomo di Mantova). 1544~46
282 줄리오 로마노(Giulio Romano). 베스코빌레디퀸젠톨레 빌라(Villa Vescovile di Quingentole)
283 줄리오 로마노(Giulio Romano). 테 팔라초(Palazzo del Te). 만토바. 1525~34
284 미켈란젤로(Michelangelo). 성 베드로(St. Peter's) 돔 및 본당. 로마. 1547, 1558~64/사후 1590년 델라포르타에 의해 완공
285 도메니코 크레스티 다파시냐노(Domenico Cresti da Passignano). 성 베드로 모델을 교황 바오로 4세에게 설명하고 있는 미켈란젤로
286 미켈란젤로(Michelangelo). 콘세르바토리 팔라초 개축(Palazzo dei Conservatori). 로마. 1540년대/1586년 델라포르타에 의해 완공
287 미켈란젤로(Michelangelo). 라우렌시오 도서관(Biblioteca Laurenziana). 피렌체. 1524~34/사후 1571년 완공
288 미켈란젤로(Michelangelo). 율리오 2세 기념비(Monumento a Giulio II)
289 미켈란젤로(Michelangelo). 라우렌시오 도서관(Biblioteca Laurenziana). 피렌체. 1524~34/사후 1571년 완공
290 미켈란젤로(Michelangelo). 라우렌시오 도서관(Biblioteca Laurenziana). 피렌체. 1524~34/사후 1571년 완공
291 미켈란젤로(Michelangelo). 성 라우렌시오 입면 계획안(San Lorenzo). 피렌체. 1516~20
292 미켈란젤로(Michelangelo). 성 라우렌시오 입면 계획안(San Lorenzo). 피렌체. 1516~20
293 미켈란젤로(Michelangelo). 신 성물안치소(Sagrestia Nuova=Medici Chapel). 피렌체. 1519/20~1534년경
294 미켈란젤로(Michelangelo). 신 성물안치소(Sagrestia Nuova=Medici Chapel). 피렌체. 1519/20~1534년경
295 미켈란젤로(Michelangelo). 신 성물안치소(Sagrestia Nuova=Medici Chapel). 피렌체. 1519/20~1534년경
296 미켈란젤로(Michelangelo). 라우렌시오 도서관(Biblioteca Laurenziana). 피렌체. 1524~34/사후 1571년 완공
297 미켈란젤로(Michelangelo). 라우렌시오 도서관(Biblioteca Laurenziana). 피렌체. 1524~34/사후 1571년 완공
298 미켈란젤로(Michelangelo). 라우렌시오 도서관(Biblioteca Laurenziana). 피렌체. 1524~34/사후 1571년 완공
299 미켈란젤로(Michelangelo). 라우렌시오 도서관(Biblioteca Laurenziana). 피렌체. 1524~34/사후 1571년 완공
300 미켈란젤로(Michelangelo). 라우렌시오 도서관(Biblioteca Laurenziana). 피렌체. 1524~34/사후 1571년 완공
301 미켈란젤로(Michelangelo). 캄피돌리오 광장(Piazza del Campidoglio). 로마. 1539~64/사후 17세기 완공
302 미켈란젤로(Michelangelo). 캄피돌리오 광장(Piazza del Campidoglio). 로마. 1539~64/사후 17세기 완공
303 미켈란젤로(Michelangelo). 캄피돌리오 광장(Piazza del Campidoglio). 로마. 1539~64/사후 17세기 완공
304 미켈란젤로(Michelangelo). 누오보 팔라초(Palazzo Nuovo=Museo Capitolino). 로마. 1546~64
305 미켈란젤로(Michelangelo). 파르네세 팔라초(Palazzo Farnese) 입면 개축 및 안마당. 로마 1546~49년경
306 미켈란젤로(Michelangelo). 파르네세 팔라초(Palazzo Farnese) 입면 개축 및 안마당. 로마 1546~49년경
307 미켈란젤로(Michelangelo). 성 베드로(St. Peter's) 돔 및 본당. 로마. 1547, 1558~64/사후 1590년 델라포르타에 의해 완공
308 미켈란젤로(Michelangelo). 성 베드로(St. Peter's) 돔 및 본당. 로마. 1547, 1558~64/사후 1590년 델라포르타에 의해 완공
309 미켈란젤로(Michelangelo). 성 베드로(St. Peter's) 돔 및 본당. 로마. 1547, 1558~64/사후 1590년 델라포르타에 의해 완공
310 미켈란젤로(Michelangelo). 성 베드로(St. Peter's) 돔 및 본당. 로마. 1547, 1558~64/사후 1590년 델라포르타에 의해 완공
311 미켈란젤로(Michelangelo). 성 베드로(St. Peter's) 돔 및 본당. 로마. 1547, 1558~64/사후 1590년 델라포르타에 의해 완공
312 갈레초 알레시(Galezzo Alessi). 스트라다누오바(Strada Nuova). 제노바. 1547
313 갈레초 알레시(Galezzo Alessi). 카리냐노의 성모 승천 교회(Santa Maria Assunta in Carignano). 제노바. 1549~72/1603년 사후완공
314 갈레초 알레시(Galezzo Alessi). 카리냐노의 성모 승천 교회(Santa Maria Assunta in Carignano). 제노바. 1549~72/1603년 사후완공
315 갈레초 알레시(Galezzo Alessi). 카리냐노의 성모 승천 교회(Santa Maria Assunta in Carignano). 제노바. 1549~72/1603년 사후완공
316 갈레초 알레시(Galezzo Alessi). 마리노 팔라초(Palazzo Marino). 밀라노. 1557~65/19세기 완공
317 조르조 바사리(Giorgio Vasari). 『거장 건축가, 화가, 조각가의 생애*Le vite de piu eccelenti architetti, pittori, et scultori...*』(1550) 타이틀 페이지
318 조르조 바사리(Giorgio Vasari). 우피치 팔라초(Palazzo Uffizi). 피렌체. 1560~74/80년대 사후완공
319 조르조 바사리(Giorgio Vasari). 우피치 팔라초(Palazzo Uffizi). 피렌체. 1560~74/80년대 사후완공
320 바사리(Vasari)가 예술발전의 요소로 꼽은 기술적 측면을 뒷받침하는 각 시대의 도구들
321 조르조 바사리(Giorgio Vasari). 우피치 팔라초(Palazzo Uffizi). 피렌체. 1560~74/80년대 사후완공

5장 16세기 베네치아 르네상스

322 미켈레 산미켈리(Michele Sanmicheli). 누오바 문(Porta Nuova). 베로나. 1533~51
323 미켈레 산미켈리(Michele Sanmicheli). 산조르조인브라디아(San Giorgio in Bradia) 캄파닐레. 베로나.
324 미켈레 산미켈리(Michele Sanmicheli). 베빌라쿠아 팔라초(Palazzo Bevilacqua). 베로나. 1532년경~
325 미켈레 산미켈리(Michele Sanmicheli). 팔리노 문(Porta Palino=Porta del Palin). 베로나. 1548~59
326 미켈레 산미켈리(Michele Sanmicheli). 칸디아 성채(Castel Candia)
327 16세기 베로나(Verona) 지도
328 리고치(Ligozzi)의 베로나(Verona) 전경 판화. 맨 앞 중앙에 산미켈리(Sanmicheli)의 누오바 문(Porta Nouva)이 보인다.
329 미켈레 산미켈리(Michele Sanmicheli). 누오바 문(Porta Nuova). 베로나. 1533~51
330 미켈레 산미켈리(Michele Sanmicheli). 팔리노 문(Porta Palino=Porta del

Palin). 베로나. 1548~59
331 미켈레 산미켈리(Michele Sanmicheli). 누오바 문(Porta Nuova). 베로나. 1533~51
332 미켈레 산미켈리(Michele Sanmicheli). 산 제노 문(Porta San Zeno). 베로나. 1547~50
333 미켈레 산미켈리(Michele Sanmicheli). 산폴로의 코르나로 팔라초(Palazzo Cornaro a San Polo). 베네치아. 1555~64
334 미켈레 산미켈리(Michele Sanmicheli). 카노사 팔라초(Palazzo Canossa). 베로나. 1529/31~37
335 보르사리 문(Porta dei Borsari). 베로나. 서기 1세기
336 미켈레 산미켈리(Michele Sanmicheli). 폼페이 팔라초(Palazzo Pompei). 베로나
337 미켈레 산미켈리(Michele Sanmicheli). 산폴로의 코르나로 팔라초(Palazzo Cornaro a San Polo). 베네치아. 1555~64
338 미켈레 산미켈리(Michele Sanmicheli). 카노사 팔라초(Palazzo Canossa). 베로나. 1529/31~37
339 미켈레 산미켈리(Michele Sanmicheli). 베빌라쿠아 팔라초(Palazzo Bevilacqua). 베로나. 1532년경~
340 미켈레 산미켈리(Michele Sanmicheli). 베빌라쿠아 팔라초(Palazzo Bevilacqua). 베로나. 1532년경~
341 미켈레 산미켈리(Michele Sanmicheli). 산루카의 그리마니 팔라초(Palazzo Grimani a San Luca). 베네치아. 1557~59/사후 1561~75년 완공
342 자코포 산소비노(Jacopo Sansovino,). 로제타(Loggetta). 베네치아. 1537~40
343 자코포 산소비노(Jacopo Sansovino,). 산마르코 도서관(Libreria di San Marco). 베네치아. 1536~60
344 자코포 산소비노(Jacopo Sansovino,). 산마르코 도서관(Libreria di San Marco). 베네치아. 1536~60
345 자코포 산소비노(Jacopo Sansovino,). 산마르코 도서관(Libreria di San Marco). 베네치아. 1536~60
346 작가미상. 〈터키인의 줄타기*The Flight of the Turks*〉에 등장한 산마르코 광장 전경
347 자코포 산소비노(Jacopo Sansovino,). 조폐국(Zecca). 베네치아. 1535~47
348 자코포 산소비노(Jacopo Sansovino,). 조폐국(Zecca). 베네치아. 1535~47
349 산마르코 광장. 베네치아
350 자코포 산소비노(Jacopo Sansovino,). 산마르코 도서관(Libreria di San Marco). 베네치아. 1536~60
351 자코포 산소비노(Jacopo Sansovino,). 산마르코 도서관(Libreria di San Marco). 베네치아. 1536~60
352 자코포 산소비노(Jacopo Sansovino,). 로제타(Loggetta). 베네치아. 1537~40
353 자코포 산소비노(Jacopo Sansovino,). 로제타(Loggetta). 베네치아. 1537~40
354 안드레아 팔라디오(Andrea Palladio) 초상화. G. B. 마간차(Maganza) 그림이다.
355 안드레아 팔라디오(Andrea Palladio). 『건축사서/ *Quattro Libri dell' Architettura*』(1570) 표지
356 다니엘 바르바로(Daniel Barbaro). 『건축십서/ *Dieci Libri dell'Architettura*』(1556) 표지
357 안드레아 팔라디오(Andrea Palladio). 아그리파 목욕탕(Baths of Agirippa) 유적답사 스케치
358 다니엘 바르바로(Daniel Barbaro). 『건축십서/ *Dieci Libri dell'Architettura*』(1556)에 나오는 '과학자로서의 건축가'
359 안드레아 팔라디오(Andrea Palladio). 『건축사서/ *Quattro Libri dell'Architettura*』(1570)에 나오는 이오니아식 오더
360 안드레아 팔라디오(Andrea Palladio). 티에네 팔라초(Palazzo Thiene). 비첸차(Vicenza), 이탈리아. 1542/46~1551/58
361 안드레아 팔라디오(Andrea Palladio). 로톤다(La Rotonda=Villa Capra=Villa Almerico). 비첸차(Vicenza) 근교, 이탈리아. 1565/66~71/사후에 스카모치에 의해 완공)
362 안드레아 팔라디오(Andrea Palladio). 빌라 연구
363 트레비소(Treviso)의 론카데 마을(Village of Roncade). 1536
364 안드레아 팔라디오(Andrea Palladio). 안가라노 비앙키 미키엘 빌라(Villa Angarano Bianchi Michiel). 안가라노(Angarano), 이탈리아. 1548
365 안드레아 팔라디오(Andrea Palladio). 클리툼누스 신전(Temple of Clitumnus) 측정 도면
366 안드레아 팔라디오(Andrea Palladio). 키에리카티 빌라(Villa Chiericati). 비첸차(Vicenza) 근교, 이탈리아. 1548~54, 1574~84
367 안드레아 팔라디오(Andrea Palladio). 헤라클레스 신전(Temple of Hercules) 유적 스케치. 티볼리(Tivoli), 이탈리아
368 안드레아 팔라디오(Andrea Palladio). 빌라 사레고(Villa Sarego). 베로나(Verona) 근교. 1565~69년경
369 안드레아 팔라디오(Andrea Palladio). 바르바로 빌라(Villa Barbaro). 마세르(Maser), 이탈리아. 1549년경~53/58
370 안드레아 팔라디오(Andrea Palladio). 베토르 피사니 빌라(Villa Vettor Pisani). 비첸차(Vicenza), 이탈리아. 1542/45~47
371 안드레아 팔라디오(Andrea Palladio). 베토르 피사니 빌라(Villa Vettor Pisani). 비첸차(Vicenza), 이탈리아. 1542/45~47
372 안드레아 팔라디오(Andrea Palladio). 에모카포딜리스트 빌라(Villa Emo Capodilist). 트레비소(Treviso) 근교, 이탈리아. 1560~64년경
373 안드레아 팔라디오(Andrea Palladio). 에모카포딜리스트 빌라(Villa Emo Capodilist). 트레비소(Treviso) 근교, 이탈리아. 1560~64년경
374 안드레아 팔라디오(Andrea Palladio). 로톤다(La Rotonda=Villa Capra=Villa Almerico). 비첸차(Vicenza) 근교, 이탈리아. 1565/66~71/사후에 스카모치에 의해 완공
375 안드레아 팔라디오(Andrea Palladio). 로톤다(La Rotonda=Villa Capra=Villa Almerico). 비첸차(Vicenza) 근교, 이탈리아. 1565/66~71/사후에 스카모치에 의해 완공
376 안드레아 팔라디오(Andrea Palladio). 로톤다(La Rotonda=Villa Capra=Villa Almerico). 비첸차(Vicenza) 근교, 이탈리아. 1565/66~71/사후에 스카모치에 의해 완공
377 안드레아 팔라디오(Andrea Palladio). 로톤다(La Rotonda=Villa Capra=Villa Almerico). 비첸차(Vicenza) 근교, 이탈리아. 1565/66~71/사후에 스카모치에 의해 완공
378 안드레아 팔라디오(Andrea Palladio). 이세포 다포르타 팔라초(Palazzo Iseppo da Porta). 비첸차(Vicenza), 이탈리아
379 안드레아 팔라디오(Andrea Palladio). 티에네 팔라초(Palazzo Thiene). 비첸차(Vicenza), 이탈리아. 1542/46~1551/58
380 안드레아 팔라디오(Andrea Palladio). 티에네 팔라초(Palazzo Thiene). 비첸차(Vicenza), 이탈리아. 1542/46~1551/58
381 안드레아 팔라디오(Andrea Palladio). 키에리카티 팔라초(Palazzo Chiericati,). 비첸차(Vicenza), 이탈리아. 1550~57
382 안드레아 팔라디오(Andrea Palladio). 키에리카티 팔라초(Palazzo Chieri-

6장 프랑스 · 영국 · 독일 르네상스

437 제임스 1세의 런던 입성 기념 개선아치. 1604
438 이니고 존스(Inigo Jones). 스톤헨지(Stonehenge) 발굴 복원도
439 이니고 존스(Inigo Jones). 〈윌리엄 대브넌트 경*Sir William Davenant*〉의 연극 〈승리의 대영제국*Britania Triumphans*〉 무대 디자인. 1638
440 이니고 존스(Inigo Jones). 구 성 바오로 성당(Old St. Paul's) 보수안. 런던. 1633~42
441 이니고 존스(Inigo Jones). 연회당(Banquet House=Whitehall Palace) 런던. 1619~22
442 이니고 존스(Inigo Jones). 그리니치 궁전(Greenwich Palace=Queen's House). 영국. 1616년경~35
443 이니고 존스(Inigo Jones). 그리니치 궁전(Greenwich Palace=Queen's House). 영국. 1616년경~35
444 이니고 존스(Inigo Jones). 그리니치 궁전(Greenwich Palace=Queen's House). 영국. 1616년경~35
445 이니고 존스(Inigo Jones). 연회당(Banquet House=Whitehall Palace) 런던. 1619~22
446 이니고 존스(Inigo Jones). 성 바오로 교회(St. Paul's Church). 런던. 1631~37/1795년 화재 후 1798년에 토머스 하드윅(Thomas Hardwick)에 의해 재건축
447 이니고 존스(Inigo Jones). 성 바오로 교회(St. Paul's Church). 런던. 1631~37/1795년 화재 후 1798년에 토머스 하드윅(Thomas Hardwick)에 의해 재건축
448 카를 5세(Karl V) 때 합스부르크 제국(Hapsburg Empire)
449 하이델베르크 성채(Heidelberg Schloss)
450 쾰른 시청사(Rathaus, Köln). 16세기
451 푸거 예배당(Fugger Chapel). 아우크스부르크(Augsburg). 독일. 1512~15
452 야콥 볼프(Jacob Wolff). 펠러 하우스(Pellerhaus). 뉘른베르크(Nürnberg). 독일. 1602~7
453 알브레히트 뒤러(Albrecht Dürer). 막시밀리안 2세 황제를 위한 개선문. 1515~17
454 J. 하인츠(J. Heintz). 아우크스부르크 병기고(Zeughaus, Augsburg). 독일. 1602~07
455 한스 블룸(Hans Blum). 『다섯 기둥 도록집*Quinque Columnarum Exacta descriptio atque delineatio*』(1550)에 나오는 토스카나식-도리스식 오더
456 프리드리히 주스트리스(Friedrich Sustris). 성 미카엘(Sankt Michael). 뮌헨. 1583~97
457 프리드리히 주스트리스(Friedrich Sustris). 성 미카엘(Sankt Michael). 뮌헨. 1583~97
458 G. 로빈(G. Robin). 뷔르츠부르크의 대학교회(Universität Kirche, Würzburg). 1583~91
459 뮌헨 궁전(Residenz, München). 유물관(Antiquarium). 1600
460 엘리아스 홀(Elias Holl,). 아우크스부르크 시청사(Rathaus, Augsburg). 1615~1620
461 J. 하인츠(J. Heintz). 아우크스부르크 병기고(Zeughaus, Augsburg). 독일. 1602~07

7장 바로크의 성립

462 30년 전쟁 종전 당시의 유럽. 1648
463 벤델 디털린(Wendel Ditterlin). 문 계획안
464 성 미카엘(St. Michel). 디종(Dijon), 프랑스. 15세기~1667
465 프라이 후안 리치(Fray Juan Ricci). 솔로몬의 오더(Solomonic Order). 1662
466 피에르 퇼랭(Pierre Dulin). 〈앵발리드 호텔 평면도를 루이 14세에게 설명하는 루부아*Louvois presents Louis XIV with the plan of Hôtel Royal des Invalides*〉, 1710
467 파울 데커(Paul Decker). 이상적인 왕궁
468 왕립 증권거래소. 런던. 1666
469 방돔 광장(Place Vendome=Place Louis-le-Grand). 파리
470 교구 성직자 위르뱅 그랑디에(Urbain Grandier)를 공개 화형시키는 장면. 1634
471 안드레아 포초(Andrea Pozzo). 리히텐슈타인 정원 궁전(Gartenpalais, Lichtenstein). 천장 프레스코. 1705
472 프란체스코 보로미니(Francesco Borromini). 산티보알라사피엔차(Sant'Ivo alla Sapienza). 로마. 1642~60
473 아브라함 로이트너 폰 그룬트(Abraham Reuthner von Grundt). 비트루비우스 맨(Vitruvius Man). 1677
474 요한 루카스 폰 힐데브란트(Johann Lucas von Hildebrandt). 상벨베데레(Obere Belvedere). 빈. 1721~25
475 베르나르도 안토니오 비토네(Bernardo Antonio Vittone). 건축 공상(Capriccio architettonico)
476 조반니 로렌초 베르니니(Giovanni Lorenzo Bernini). 〈축복받은 루도비카 알베르토니*Blessed Ludovica Albertoni*〉, 1671~74
477 튈르리(Tuileries). 공연장(Salle de Spectacle)의 연회 장면
478 대(大) 요제프 프루텐바흐(Joseph Fruttenbach der Ältere). 놀이 정원(Lustgarten). 1628
479 마태우스 다니엘 푀플만(Matthäus Daniel Pöppelmann). 츠빙거 궁전(Palais Zwinger). 드레스덴(Dresden). 1705/08~22
480 과리노 과리니(Guarino Guarini). 오로파의 순례 교회(Pilgrimage Church, Oropa)
481 지롤라모 라이날디(Girolamo Rainaldi). 카를로 보로메오 추기경(Cardinal Carlo Borromeo)의 지침에 따른 성 베드로(St. Peter's) 디자인
482 조반니 파니니(Giovanni Pannini). 성 베드로 실내
483 마태우스 다니엘 푀플만(Matthäus Daniel Pöppelmann)의 문 유형
484 과리노 과리니(Guarino Guarini). 성 라우렌시오(San Lorenzo). 토리노. 1667~79
485 한스 프레더만 더프리스(Hans Vredeman de Vries). 토스카나식 오더. 1577
486 갈릴레오의 망원경
487 로버트 플러드(Robert Fludd). 모노 코드에 의한 세계구도
488 바로크 중앙집중형 유형
489 피에트로 다코르토나(Pietro da Cortona). 장식형태를 위한 문장 상징주의(simbolismo araldico per le forme decorazione)
490 크리스토퍼 렌(Christopher Wren). 바람 시계
491 파울 데커(Paul Decker). 망원경 원리에 의한 돔의 표현. 1711~16
492 자코모 바로치 다비뇰라(Giacomo Barozzi da Vignola). 란테 빌라(Villa Lante). 바냐이아(Bagnaia), 이탈리아
493 필리포 베니치의 승전 기념기계(Macchina trionfale di Filippo Benizzi)
494 조반니 로렌초 베르니니(Giovanni Lorenzo Bernini). 산프란체스카로마나 콘페시오(Confessio di San Francesca Romana). 산타마리아노바(Santa Maria Nova) 내
495 츠빙거 오페라하우스(Opernhaus, Zwinger)
496 조반니 바티스타 몬타노(Giovanni Battista Montano). 발벡의 비너스 신전(Temple of Venus, Baalbek)

497 아브라함 로이트너 폰 그룬트(Abraham Leuthner von Grundt). 몬타노에 따른 로톤다

498 프란체스코 보로미니(Francesco Borromini). 산티보알라사피엔차(Sant'Ivo alla Sapienza). 로마. 1642~60

499 카를로 폰타나(Carlo Fontana). 코르소 거리의 성 마르첼로(San Marcello al Corso) 파사드. 로마. 1682~84

500 마르티노 롱기(Martino Longhi). 산타마리아인발리첼라(Santa Maria in Vallicella). 로마. 1588~93

501 과리노 과리니(Guarino Guarini). 산티시마신도네 예배당(Cappella di Santissima Sindone). 토리노. 1667~82

502 크리스토퍼 렌(Christopher Wren). 워틀링 거리의 세인트앤솔린(St. Antholin, Watling Street). 첨탑 연구

503 과리노 과리니(Guarino Guarini). 고딕 오더

504 프란체스코 카스텔리(Francesco Castelli). 밀라노 성당 입면 계획안

505 자코모 바로치 다비뇰라(Giacomo Barozzi da Vignola). 일제수(Il Gesu). 로마. 1568~73

506 자코모 바로치 다비뇰라(Giacomo Barozzi da Vignola). 줄리아 빌라(Villa Giulia). 로마. 1550~55

507 자코모 바로치 다비뇰라(Giacomo Barozzi da Vignola). 창 연구

508 자코모 바로치 다비뇰라(Giacomo Barozzi da Vignola). 코린트식 오더

509 자코모 바로치 다비뇰라(Giacomo Barozzi da Vignola). 방키 주랑현관(Portico dei Banchi). 볼로냐. 1540년대~1561

510 자코모 바로치 다비뇰라(Giacomo Barozzi da Vignola). 파르네세 팔라초(Palazzo Farnese). 카프라롤라(Caprarola), 이탈리아. 1560년대

511 자코모 바로치 다비뇰라(Giacomo Barozzi da Vignola). 줄리아 빌라(Villa Giulia). 로마. 1550~55

512 자코모 바로치 다비뇰라(Giacomo Barozzi da Vignola). 줄리아 빌라(Villa Giulia). 로마. 1550~55

513 자코모 바로치 다비뇰라(Giacomo Barozzi da Vignola). 줄리아 빌라(Villa Giulia). 로마. 1550~55

514 자코모 바로치 다비뇰라(Giacomo Barozzi da Vignola). 줄리아 빌라(Villa Giulia). 로마. 1550~55

515 자코모 바로치 다비뇰라(Giacomo Barozzi da Vignola). 파르네세 팔라초(Palazzo Farnese). 카프라롤라(Caprarola), 이탈리아. 1560년대

516 자코모 바로치 다비뇰라(Giacomo Barozzi da Vignola). 란테 빌라(Villa Lante). 바냐이아(Bagnaia), 이탈리아.

517 자코모 바로치 다비뇰라(Giacomo Barozzi da Vignola). 일제수(Il Gesu). 로마. 1568~73

518 자코모 바로치 다비뇰라(Giacomo Barozzi da Vignola). 일제수(Il Gesu). 로마. 1568~73

519 자코모 바로치 다비뇰라(Giacomo Barozzi da Vignola). 일제수(Il Gesu). 로마. 1568~73

520 자코모 바로치 다비뇰라(Giacomo Barozzi da Vignola). 일제수(Il Gesu). 로마. 1568~73

521 빈첸초 스카모치(Vincenzo Scamozzi). 트리시노바스톤 팔라초(Palazzo Trissino-Baston). 비첸차(Vicenza), 이탈리아. 1592

522 빈첸초 스카모치(Vincenzo Scamozzi). 총독궁(Palazzo Ducale). 베네치아

523 왼쪽-빈첸초 스카모치(Vincenzo Scamozzi). 베토르 피사니 빌라(Villa di Vettor Pisani). 로니고(Lonigo), 이탈리아. 1576~79. 오른쪽-안드레아 팔라디오(Andrea Palladio). 로톤다(La Rotonda=Villa Capra=Villa Almerico). 비첸차(Vicenza) 근교, 이탈리아. 1565/66~71/사후에 스카모치에 의해 완공)

524 빈첸초 스카모치(Vincenzo Scamozzi). 산가에타노(San Gaetano). 파도바(Padova), 이탈리아. 1582~86

525 빈첸초 스카모치(Vincenzo Scamozzi). 프로쿠라티에누오베(Procuratie Nuove). 베네치아. 1582~98/사후에 롱게나에 의해 완공

526 빈첸초 스카모치(Vincenzo Scamozzi).갈레아초 트리시노 팔라초(Palazzo di Galeazzo Trissino). 비첸차(Vicenza), 이탈리아. 1592

527 빈첸초 스카모치(Vincenzo Scamozzi). 팔라디오(Palladio)의 올림픽 극장(Teatro Olympico) 완공. 비첸차(Vicenza), 이탈리아. 1584~85

528 빈첸초 스카모치(Vincenzo Scamozzi). 프로쿠라티에누오베(Procuratie Nuove). 베네치아. 1582~98/사후에 롱게나에 의해 완공

529 빈첸초 스카모치(Vincenzo Scamozzi)의 『보편적 건축에 대한 고찰*L'Idea della architettura universale*』(1615) 표지

8장 초기 바로크(1570~1630)

530 미켈란젤로(Michelangelo). 성 베드로(St. Peter's) 돔 및 본당. 로마. 1547, 1558~64/사후 1590년 델라포르타에 의해 완공

531 자코모 델라포르타(Giacomo della Porta). 산탄드레아델라발레(Sant'Andrea della Valle). 로마. 1591

532 자코모 델라포르타(Giacomo della Porta). 산탄드레아델라발레(Sant'Andrea della Valle). 로마. 1591

533 자코모 델라포르타(Giacomo della Porta). 일제수(Il Gesu). 로마. 1571~84

534 자코모 델라포르타(Giacomo della Porta). 일제수(Il Gesu). 로마. 1571~84

535 자코모 델라포르타(Giacomo della Porta). 일제수(Il Gesu). 로마. 1571~84

536 공사 중인 바티칸 오벨리스크. 1590

537 카를로 마데르노(Carlo Maderno) & 프란체스코 다볼테라(Francesco da Volterra). 카에타니 예배당(Cappella Caetani). 산타프루덴치아나(Santa Prudenziana) 내. 로마.

538 카를로 마데르노(Carlo Maderno). 산탄드레아델라발레(Sant'Andrea della Valle) 파사드와 돔. 로마. 1608~1628년경/1666년 카를로 폰타나에 의해 완공

539 카를로 마데르노(Carlo Maderno). 성 수산나(Santa Susanna) 파사드. 로마. 1593~1603

540 카를로 마데르노(Carlo Maderno). 성 수산나(Santa Susanna) 파사드. 로마. 1593~1603

541 카를로 마데르노(Carlo Maderno). 성 수산나(Santa Susanna) 파사드. 로마. 1593~1603

542 카를로 마데르노(Carlo Maderno). 성 수산나(Santa Susanna) 파사드. 로마. 1593~1603

543 카를로 마데르노(Carlo Maderno). 성 베드로(St. Peter's) 파사드(1607~12)와 네이브(1609~16). 로마

544 카를로 마데르노(Carlo Maderno). 성 베드로(St. Peter's), 파사드(1607~12) & 네이브(1609~16). 로마

545 카를로 마데르노(Carlo Maderno). 성 베드로(St. Peter's), 파사드(1607~12)와 네이브(1609~16). 로마

546 카를로 마데르노(Carlo Maderno). 성 베드로(St. Peter's), 파사드(1607~12)와 네이브(1609~16). 로마

547 카를로 마데르노(Carlo Maderno). 산탄드레아델라발레(Sant'Andrea della Valle) 파사드와 돔. 로마. 1608~1628년경/1666년 카를로 폰타나에 의해 완공)

548 카를로 마데르노(Carlo Maderno). 마테이디조베 팔라초(Palazzo Mattei di Giove). 로마. 1598~1617

549 카를로 마데르노(Carlo Maderno). 프라스카티의 알도브란디니 빌라(Villa Aldobradini, Frascati). 1603~20년경

550 카를로 마데르노(Carlo Maderno). 프라스카티의 알도브란디니 빌라(Villa Aldobradini, Frascati). 1603~20년경

551 카를로 마데르노(Carlo Maderno). 바르베리니 팔라초(Palazzo Barberini). 로마. 1626~28/사후 베르니니에 의해 완공

552 카를로 마데르노(Carlo Maderno). 바르베리니 팔라초(Palazzo Barberini). 로마. 1626~28/사후 베르니니에 의해 완공

553 펠레그리노 티발디(Pellegrino Tibaldi). 보로메오 콜레조(Collegio Borromeo). 파비아(Pavia), 이탈리아. 1564~68

554 로렌초 비나고(Lorenzo Binago). 산탈레산드로인체베디아(Sant'Alessandro in Zebedia). 밀라노. 1602~

555 파비오 망고네(Fabio Mangone). 엘베티코 콜레조(Collegio Elvetico). 밀라노. 1608~

556 프란체스코 마리아 리키노(Francesco Maria Ricchino). 엘베티코 콜레조(Collegio Elvetico). 밀라노. 1627

557 프란체스코 마리아 리키노(Francesco Maria Ricchino). 엘베티코 콜레조(Collegio Elvetico). 밀라노. 1627

558 프란체스코 마리아 리키노(Francesco Maria Ricchino). 성 요셉(San Giuseppe). 밀라노. 1607~30

559 로코 루라고(Rocco Lurago). 도리아 투르시 팔라초(Palazzo Doria Tursi). 제노바. 1568~

560 비아 발비(Via Balbi). 제노바.

561 바르톨로메오 비앙코(Bartolomeo Bianco). 두라팔라비치니 팔라초(Palazzo Dura-Pallavicini). 제노바. 1619~

562 바르톨로메오 비앙코(Bartolomeo Bianco). 제노바대학교(Universita, Genova). 1630년 계획

563 바르톨로메오 비앙코(Bartolomeo Bianco). 제노바대학교(Universita, Genova). 1630년 계획

564 조반 바티스타 알레오티(Giovan Battista Aleotti). 산카를로(San Carlo). 페라라(Ferarra), 이탈리아. 1613~23

565 조반 바티스타 알레오티(Giovan Battista Aleotti). 파르네세 극장(Teatro Farnese). 파르마(Parma), 이탈리아. 1618~28

566 조반 바티스타 알레오티(Giovan Battista Aleotti). 파르네세 극장(Teatro Farnese). 파르마(Parma), 이탈리아. 1618~28

9장 성기 바로크(1630~1670)

567 조반니 로렌초 베르니니(Giovanni Lorenzo Bernini). 산타비비아나(Santa Bibiana) 제단. 로마. 1624~26

568 조반니 로렌초 베르니니(Giovanni Lorenzo Bernini). 산피에트로 광장(Piazza di San Pietro). 로마. 1656~67

569 조반니 로렌초 베르니니(Giovanni Lorenzo Bernini). 퀴리날레의 성 안드레아(Sant'Andrea al Quirinale). 로마. 1658~70

570 건물 모델을 교황 우르바노 8세(Urbano VIII)에게 설명하고 있는 베르니니(Bernini)

571 조반니 로렌초 베르니니(Giovanni Lorenzo Bernini). 성 테레사의 환희(Ecstasy of St. Teresa). 1647~52

572 조반니 로렌초 베르니니(Giovanni Lorenzo Bernini). 라이몬디 예배당(Cappella Raimondi, San Pietro in Montorio, 몬토리오의 성 베드로 경내). 로마, 1640~47

573 조반니 로렌초 베르니니(Giovanni Lorenzo Bernini). 산타비비아나(Santa Bibiana). 로마. 1624~26

574 조반니 로렌초 베르니니(Giovanni Lorenzo Bernini). 코르나로 예배당(Cappella Cornaro, 산타마리아델라비토리아 내). 로마. 1647~51

575 조반니 로렌초 베르니니(Giovanni Lorenzo Bernini). 코르나로 예배당(Cappella Cornar, 산타마리아델라비토리아 내). 로마. 1647~51

576 조반니 로렌초 베르니니(Giovanni Lorenzo Bernini). 코르나로 예배당(Cappella Cornaro, 산타마리아델라비토리아 내). 로마. 1647~51

577 조반니 로렌초 베르니니(Giovanni Lorenzo Bernini). 성 베드로 내 닫집(Baldachin, St. Peter's). 로마. 1624~33

578 구 성 베드로(Old St. Peter's) 닫집

579 보로미니(Borromini)의 성 베드로 닫집 스케치

580 조반니 로렌초 베르니니(Giovanni Lorenzo Bernini). 성 베드로 캄파닐레(Campanile, St. Peter's). 로마. 1636~46

581 조반니 로렌초 베르니니(Giovanni Lorenzo Bernini). 산피에트로 광장(Piazza di San Pietro). 로마. 1656~67

582 조반니 로렌초 베르니니(Giovanni Lorenzo Bernini). 산피에트로 광장(Piazza di San Pietro). 로마. 1656~67

583 조반니 로렌초 베르니니(Giovanni Lorenzo Bernini). 아리치아의 성모 승천 축일 교회(Santa Maria dell'Assunzione, Ariccia). 1662~65

584 조반니 로렌초 베르니니(Giovanni Lorenzo Bernini). 퀴리날레의 성 안드레아(Sant'Andrea al Quirinale). 로마. 1658~70

585 조반니 로렌초 베르니니(Giovanni Lorenzo Bernini). 퀴리날레의 성 안드레아(Sant'Andrea al Quirinale). 로마. 1658~70

586 조반니 로렌초 베르니니(Giovanni Lorenzo Bernini). 퀴리날레의 성 안드레아(Sant'Andrea al Quirinale). 로마. 1658~70

587 조반니 로렌초 베르니니(Giovanni Lorenzo Bernini). 퀴리날레의 성 안드레아(Sant'Andrea al Quirinale). 로마. 1658~70

588 조반니 로렌초 베르니니(Giovanni Lorenzo Bernini). 산피에트로 광장(Piazza di San Pietro). 로마. 1656~67

589 조반니 로렌초 베르니니(Giovanni Lorenzo Bernini). 산피에트로 광장(Piazza di San Pietro). 로마. 1656~67

590 조반니 로렌초 베르니니(Giovanni Lorenzo Bernini). 산피에트로 광장(Piazza di San Pietro). 로마. 1656~67

591 조반니 로렌초 베르니니(Giovanni Lorenzo Bernini). 산피에트로 광장(Piazza di San Pietro). 로마. 1656~67

592 보로미니(Borromini)의 바르베리니 팔라초(Palazzo Barberini) 도면

593 프란체스코 보로미니(Francesco Borromini). 산카를로알레콰트로폰타네(San Carlo alle Quattro Fontane). 로마. 1634~41/1665~67

594 프란체스코 보로미니(Francesco Borromini). 산카를로알레콰트로폰타네(San Carlo alle Quattro Fontane). 로마. 1634~41/1665~67

595 프란체스코 보로미니(Francesco Borromini). 성 필립보 네리 오라토리오(Oratorio di S. Filippo Neri). 로마. 1637~52

596 조반니 로렌초 베르니니(Giovanni Lorenzo Bernini). 사시아의 성령 병원(Ospedale di San Spirito in Sassia)

597 프란체스코 보로미니(Francesco Borromini). 부팔로 카지노(Casino del Bufalo)

598 조반니 로렌초 베르니니(Giovanni Lorenzo Bernini). 키지오데스칼키 팔라초(Palazzo Chigi-Odescalchi)

599 프란체스코 보로미니(Francesco Borromini). 산티보알라사피엔차(Sant'Ivo

651 발다사레 롱게나(Baldassare Longhena). 산타마리아델라살루테(Santa Maria della Salute). 베네치아. 1631~87

652 발다사레 롱게나(Baldassare Longhena). 페사로 팔라초(Palazzo Pesaro). 베네치아. 1649/59~1682/1710. 사후에 안토니오 가스파리(Antonio Gaspari)에 의해 완공

10장 후기 바로크(1670~1750)

653 카를로 폰타나(Carlo Fontana). 미켈란젤로(Michelangelo)의 성 베드로 돔(St. Peter's Dome) 도면

654 카를로 폰타나(Carlo Fontana). 산피에트로 광장(Piazza San Pietro) 계획안. 로마.

655 조반니 로렌초 베르니니(Giovanni Lorenzo Bernini). 몬테치토리오 팔라초(Palazzo Montecitorio). 로마. 1650~/1694년 카를로 폰타나(Carlo Fontana)에 의해 완공

656 산루카 아카데미 규정집 표지

657 카를로 폰타나(Carlo Fontana). 코르소 거리의 성 마르첼로(San Marcello al Corso) 파사드. 로마. 1682~84

658 카를로 폰타나(Carlo Fontana). 코르소 거리의 성 마르첼로(San Marcello al Corso) 파사드. 로마. 1682~84

659 카를로 폰타나(Carlo Fontana). 치보 예배당(Cappella Cybo). 산타마리아델포폴로(Santa Maria del Popolo) 내. 로마. 1682~84

660 카를로 폰타나(Carlo Fontana). 치보 예배당(Cappella Cybo). 산타마리아델포폴로(Santa Maria del Popolo) 내. 로마. 1682~84

661 과리노 과리니(Guarino Guarini). 평면 유형

662 과리노 과리니(Guarino Guarini). 테아틴 수도회 교회(Teatinerkirche). 프라하.

663 과리노 과리니(Guarino Guarini). 생트안라루아얄(Sainte Anne-la-Royale), 파리. 1662

664 과리노 과리니(Guarino Guarini). 라콘솔라타(La consolata). 토리노. 1679~83

665 과리노 과리니(Guarino Guarini). 파드리 소마스키(Padri Somaschi). 메시나(Messina), 이탈리아

666 과리노 과리니(Guarino Guarini). 성 필립보 네리(S. Filippo Neri) 계획안

667 과리노 과리니(Guarino Guarini). 산티시마신도네 예배당(Cappella di Santissima Sindone). 토리노. 1667~82

668 과리노 과리니(Guarino Guarini). 성 라우렌시오(San Lorenzo). 토리노. 1667~79

669 알 하킴 모스크(Mosque of Al-Hakim)의 마크수라 돔(maqsurah dome). 코르도바(Cordoba), 스페인.

670 과리노 과리니(Guarino Guarini). 성 라우렌시오(San Lorenzo). 토리노. 1667~79

671 과리노 과리니(Guarino Guarini). 성 라우렌시오(San Lorenzo). 토리노. 1667~79

672 과리노 과리니(Guarino Guarini). 성 라우렌시오(San Lorenzo). 토리노. 1667~79

673 과리노 과리니(Guarino Guarini). 성 라우렌시오(San Lorenzo). 토리노. 1667~79

674 과리노 과리니(Guarino Guarini). 성 라우렌시오(San Lorenzo). 토리노. 1667~79

675 과리노 과리니(Guarino Guarini). 성 라우렌시오(San Lorenzo). 토리노. 1667~79

676 과리노 과리니(Guarino Guarini). 산티시마신도네 예배당(Cappella di Santissima Sindone). 토리노. 1667~82

677 과리노 과리니(Guarino Guarini). 산티시마신도네 예배당(Cappella di Santissima Sindone). 토리노. 1667~82

678 과리노 과리니(Guarino Guarini). 산티시마신도네 예배당(Cappella di Santissima Sindone). 토리노. 1667~82

679 과리노 과리니(Guarino Guarini). 산티시마신도네 예배당(Cappella di Santissima Sindone). 토리노. 1667~82

680 과리노 과리니(Guarino Guarini). 산티시마신도네 예배당(Cappella di Santissima Sindone). 토리노. 1667~82

681 과리노 과리니(Guarino Guarini). 카리냐노 팔라초(Palazzo Carignano). 토리노. 1679~83

682 과리노 과리니(Guarino Guarini). 카리냐노 팔라초(Palazzo Carignano). 토리노. 1679~83

683 과리노 과리니(Guarino Guarini). 카리냐노 팔라초(Palazzo Carignano). 토리노. 1679~83

684 과리노 과리니(Guarino Guarini). 카리냐노 팔라초(Palazzo Carignano). 토리노. 1679~83

685 과리노 과리니(Guarino Guarini). 노빌리 콜레조(Collegio dei Nobili) 토리노. 1679~83

686 베르나르도 부온탈렌티(Bernardo Buontalenti). 수풀리케 문(Porta delle Suppliche). 피렌체. 1580

687 필리포 주바라(Filippo Juvarra). 마다마 팔라초(Palazzo Madama). 토리노. 1718~21

688 토리노(Torino) 3차 확장 계획

689 필리포 주바라(Filippo Juvarra). 스투피니지 팔라치나(Palazzina di Stupinigi). 토리노 근교. 1729~35

690 필리포 주바라(Filippo Juvarra). 수페르가(Superga). 토리노 근교. 1716~31

691 필리포 주바라(Filippo Juvarra). 카르미네 교회(Chiesa del Carmine). 토리노. 1732~36

692 필리포 주바라(Filippo Juvarra). 스투피니지 팔라치나(Palazzina di Stupinigi). 토리노 근교. 1729~35

693 필리포 주바라(Filippo Juvarra). 성 필립보 네리(S. Filippo Neri). 토리노. 1717, 1730~36/사후 19세기에 완공

694 필리포 주바라(Filippo Juvarra). 수페르가(Superga). 토리노 근교. 1716~31

695 필리포 주바라(Filippo Juvarra). 수페르가(Superga). 토리노 근교. 1716~31

696 필리포 주바라(Filippo Juvarra). 수페르가(Superga). 토리노 근교. 1716~31

697 필리포 주바라(Filippo Juvarra). 수페르가(Superga). 토리노 근교. 1716~31

698 필리포 주바라(Filippo Juvarra). 스투피니지 팔라치나(Palazzina di Stupinigi). 토리노 근교. 1729~35

699 필리포 주바라(Filippo Juvarra). 스투피니지 팔라치나(Palazzina di Stupinigi). 토리노 근교. 1729~35

700 필리포 주바라(Filippo Juvarra). 리볼리 성채(Castello di Rivoli). 명예의 전당(Salone d'Onere). 이탈리아

701 필리포 주바라(Filippo Juvarra). 마다마 팔라초(Palazzo Madama). 토리노. 1718~21

702 필리포 주바라(Filippo Juvarra). 마다마 팔라초(Palazzo Madama). 토리노. 1718~21

703 베르나르도 안토니오 비토네(Bernardo Antonio Vittone). 콘코르소 클레멘티노(Concorso Clementino). 1732

704 베르나르도 안토니오 비토네(Bernardo Antonio Vittone). 산타마리아디피아차

11장 프랑스 바로크(1600~1700)

759 프랑수아 망사르(François Mansart). 매종 성채(Château de Maisons). 파리 근교. 1642
760 프랑수아 망사르(François Mansart). 매종 성채(Château de Maisons). 파리 근교. 1642. 각 부위의 사각벽기둥과 오더처리 기법.
761 루이 르보(Louis Le Vau). 베르사유 궁전(Palais de Versailles). 프랑스
762 루이 르보(Louis Le Vau). 성채 계획안
763 루이 르보(Louis Le Vau). 성채 계획안
764 루이르보(Louis Le Vau). 랑베르 호텔(Hôtel Lambert). 파리. 1640~44
765 루이 르보(Louis Le Vau). 랑베르 호텔(Hôtel Lambert). 파리. 1640~44
766 루이 르보(Louis Le Vau). 보르비콩트 성채(Château de Vaux-le-Vicomte). 프랑스. 1656~61
767 루이 르보(Louis Le Vau). 보르비콩트 성채(Château de Vaux-le-Vicomte). 프랑스. 1656~61
768 루이 르보(Louis Le Vau). 보르비콩트 성채(Château de Vaux-le-Vicomte). 프랑스. 1656~61
769 루이 르보(Louis Le Vau). 4개국 대학(College des Quatre Nations=College Mazarin). 파리. 1662~74
770 프랑수아 망사르(François Mansart). 발드그라스(Val-de Grace). 파리. 1645/르메르시에에 의해 완공
771 쥘 아르두앙-망사르(Jules Hardouin-Mansart). 앵발리드 돔(Dome des Invalides= Eglise de l'Hôtel des Invalides, 앵발리드 호텔 교회). 파리. 1676~91
772 쥘 아르두앙-망사르(Jules Hardouin-Mansart). 방돔 광장(Place Vendome). 파리. 1698
773 쥘 아르두앙-망사르(Jules Hardouin-Mansart). 앵발리드의 생루이 교회(Eglise St.-Louis des Invalides). 파리. 1676~79
774 쥘 아르두앙-망사르(Jules Hardouin-Mansart). 그랑 트리아농(Grand Trianon). 베르사유 궁전(Palais de Versailles) 내. 프랑스. 1687
775 쥘 아르두앙-망사르(Jules Hardouin-Mansart). 베르사유 궁전(Palais de Versailles). 프랑스. 1678~89
776 쥘 아르두앙-망사르(Jules Hardouin-Mansart). 베르사유 궁전(Palais de Versailles). 프랑스. 1678~89
777 쥘 아르두앙-망사르(Jules Hardouin-Mansart). 베르사유 궁전(Palais de Versailles). 프랑스. 1678~89
778 쥘 아르두앙-망사르(Jules Hardouin-Mansart). 그랑 트리아농(Grand Trianon). 베르사유 궁전(Palais de Versailles) 내. 프랑스. 1687
779 쥘 아르두앙-망사르(Jules Hardouin-Mansart). 그랑 트리아농(Grand Trianon). 베르사유 궁전(Palais de Versailles) 내. 프랑스. 1687
780 쥘 아르두앙-망사르(Jules Hardouin-Mansart). 그랑 트리아농(Grand Trianon). 베르사유 궁전(Palais de Versailles) 내. 1687
781 쥘 아르두앙-망사르(Jules Hardouin-Mansart). 왕실 예배당(Chapelle Royale). 베르사유 궁전(Palais de Versailles) 내. 1699~1710년 로베르 드코트에 의해 사후 완공
782 쥘 아르두앙-망사르(Jules Hardouin-Mansart). 왕실 예배당(Chapelle Royale). 베르사유 궁전(Palais de Versailles) 내. 1699~1710년 로베르 드코트에 의해 사후 완공
783 쥘 아르두앙-망사르(Jules Hardouin-Mansart). 왕실 예배당(Chapelle Royale). 베르사유 궁전(Palais de Versailles) 내. 1699~1710년 로베르 드코트에 의해 사후 완공
784 쥘 아르두앙-망사르(Jules Hardouin-Mansart). 왕실 예배당(Chapelle Royale). 베르사유 궁전(Palais de Versailles) 내. 1699~1710년 로베르 드코트에 의해 사후 완공
785 쥘 아르두앙-망사르(Jules Hardouin-Mansart). 앵발리드 돔(Dome des Invalides=Eglise de l'Hôtel des Invalides, 앵발리드 교회). 파리. 1676~91
786 쥘 아르두앙-망사르(Jules Hardouin-Mansart). 앵발리드 돔(Dome des Invalides=Eglise de l'Hôtel des Invalides, 앵발리드 교회). 파리. 1676~91
787 쥘 아르두앙-망사르(Jules Hardouin-Mansart). 앵발리드 돔(Dome des Invalides= Eglise de l'Hôtel des Invalides, 앵발리드 교회). 파리. 1676~91
788 쥘 아르두앙-망사르(Jules Hardouin-Mansart). 앵발리드 돔(Dome des Invalides= Eglise de l'Hôtel des Invalides, 앵발리드 교회). 파리. 1676~91
789 쥘 아르두앙-망사르(Jules Hardouin-Mansart). 앵발리드 돔(Dome des Invalides= Eglise de l'Hôtel des Invalides, 앵발리드 교회). 파리. 1676~91
790 쥘 아르두앙-망사르(Jules Hardouin-Mansart). 앵발리드 돔(Dome des Invalides= Eglise de l'Hôtel des Invalides, 앵발리드 교회). 파리. 1676~91
791 쥘 아르두앙-망사르(Jules Hardouin-Mansart). 앵발리드 돔(Dome des Invalides= Eglise de l'Hôtel des Invalides, 앵발리드 교회). 파리. 1676~91

12장 영국 바로크(1660~1730)

792 1660년 왕정복고 때 런던으로 승리의 귀환을 하는 찰스 2세
793 영국 하원
794 크리스토퍼 렌(Christopher Wren). 햄프턴 코트 궁전(Hampton Court Palace). 영국. 1690~96
795 런던 대화재
796 런던 대화재 피해 보고서 및 재개발 계획
797 아이작 뉴턴(Issac Newton)의 『수학법칙의 자연철학』(1686) 표지
798 잉글랜드 은행(Bank of England)
799 1630년대 영국에서 신구교의 갈등을 그린 그림
800 크리스토퍼 렌(Christopher Wren). 성 바오로 성당(St. Paul's). 그레이트 모델(Great Model). 런던. 1673~74
801 크리스토퍼 렌(Christopher Wren). 성 바오로 성당(St. Paul's). 허가안(Warrant Design). 런던. 1675
802 크리스토퍼 렌(Christopher Wren). 워틀링 거리의 세인트앤솔린(St. Antholin, Watling Street). 런던
803 헨리 워튼(Henry Wotton)의 『건축의 요소*The Elements of Architecture*』(1624)에 나오는 이오니아식 오더
804 니콜라스 호크스무어(Nicholas Hawksmoor). 스피테일필즈 예수교회(Christ Church, Spitalfields). 런던. 1714~29
805 헨리 벨(Henry Bell). 올세인츠 교회(All Saints Church). 노섬턴(Northampton), 영국. 1677~80
806 니콜라스 호크스무어(Nicholas Hawksmoor). 블룸스베리의 성 제오르지오(St. George, Bloomsbury). 런던. 1716~30
807 크리스토퍼 렌(Christopher Wren-왼쪽)과 니콜라스 호크스무어(Nicholas Hawksmoor-오른쪽)의 첨탑 비교
808 헨리 올드리치(Henry Aldrich). 트리니티칼리지 예배당(Trinity College Chapel). 옥스퍼드대학교(University of Oxford). 영국. 1691~94

George, Bloomsbury). 런던. 1716~30

862 존 밴브루(John Vanbrugh). 하워드 성채(Castle Howard). 영국. 1699~1712

863 존 밴브루(John Vanbrugh). 블레넘 궁전(Blenheim Palace). 영국. 1705~16/25

864 존 밴브루(John Vanbrugh). 킹스 웨스턴(king's Weston). 글로스(Glos), 영국

865 우드스톡 매너(Woodstock Manor)

866 존 밴브루(John Vanbrugh). 하워드 성채(Castle Howard). 영국. 1699~1712

867 연극 〈엘리드 공주*La Princesse d'Elide*〉 무대 장면

868 존 밴브루그(John Vanbrugh). 블레넘 궁전(Blenheim Palace). 영국. 1705~16/25

869 존 밴브루(John Vanbrugh). 도저의 이스트베리(Eastbury, Dorser). 영국. 1718~26/1738년 로저 모리스(Roger Morris)에 의해 완공

870 존 밴브루(John Vanbrugh). 도저의 이스트베리(Eastbury, Dorser). 영국. 1718~26/1738년 Roger Morris, 로저 모리스에 의해 완공

871 존 밴브루(John Vanbrugh). 노섬벌랜드의 시애튼딜래벌(Seaton Delaval, Northumberland). 영국. 1720~28

872 존 밴브루(John Vanbrugh). 원형 신전과 오벨리스크 스케치

873 존 밴브루(John Vanbrugh). 하워드 성채(Castle Howard). 영국. 1699~1712

874 존 밴브루(John Vanbrugh). 하워드 성채(Castle Howard). 영국. 1699~1712

875 토머스 홉스(Thomas Hobbes). 『리바이어던*Leviathan*』 표지

876 존 밴브루(John Vanbrugh). 하워드 성채(Castle Howard). 영국. 1699~1712

877 존 밴브루(John Vanbrugh). 하워드 성채(Castle Howard). 영국. 1699~1712

878 존 밴브루(John Vanbrugh). 하워드 성채(Castle Howard). 영국. 1699~1712

879 존 밴브루(John Vanbrugh). 블레넘 궁전(Blenheim Palace). 영국. 1705~16/25

880 존 밴브루(John Vanbrugh). 블레넘 궁전(Blenheim Palace). 영국. 1705~16/25

881 존 밴브루(John Vanbrugh). 블레넘 궁전(Blenheim Palace). 영국. 1705~16/25

882 토머스 아처(Thomas Archer). 스미스 광장의 성 요한(St. John's, Smith Square). 런던. 1713~28

883 제임스 깁스(James Gibbs). 세인트메리르스트랜드(St. Mary-le-Strand). 런던. 1714~23

884 제임스 깁스(James Gibbs). 광야의 성 마르티노(St. Martin-in-the Fields). 런던. 1720~26

13장 중부유럽 바로크(1680~1750)

885 30년 전쟁 이후 독일. 1648

886 요한 루카스 폰 힐데브란트(Johann Lucas von Hildebrandt). 벨베데레(Belvedere). 빈

887 프란츠 그레펠스(Franz Greffels). 〈최후의 전투*The Decisive Battle*〉, 1683

888 요한 미카엘 피셔(Johann Michael Fischer). 성 미카엘(Sankt Michael). 베르크암라인(Berg-am-Lain), 독일. 1740~44

889 요한 발타자르 노이만(Johann Balthasar Neumann). 장크트파울린(Sankt Paulin). 트리어(Trier), 독일. 1732~54

890 1600~1789년 사이 중부유럽의 예술과 건축 중심지 분포도

891 요한 미카엘 피셔(Johann Michael Fischer). 장크트안나암레흘 교회(Sankt Anna am Lechl). 뮌헨(München), 독일. 1727~37

892 도미니쿠스 치머만(Dominikus Zimmermann). 비스 순례 교회(Wallfahrtskirche, Die Wies), 독일. 1746~54

893 요한 발렌틴 토만(Johann Valentin Thomann). 성 베드로(Sankt Petrus). 마인츠(Mainz), 독일. 1748~56

894 조반니 안토니오 비스카르디(Giovanni Antonio Viscardi). 성 삼위일체 교회(Dreifaltigkeitkirche). 뮌헨. 1711~18

895 엔리코 추칼리(Enrico Zuccalli). 아고스티노 바렐리(Agostino Barelli). 테아틴 수도회 교회(Theatinerkirche). 뮌헨. 1674~79

896 안드레아스 슐뤼터(Andreas Schlüter). 베를린 왕궁(Königliches Schloss, Berlin). 독일. 1698~1706/1716년 사후 완공

897 마태우스 다니엘 푀플만(Matthäus Daniel Pöppelmann) 츠빙거 궁전(Palais Zwinger). 드레스덴(Dresden), 독일. 1705/08~22

898 마태우스 다니엘 푀플만(Matthäus Daniel Pöppelmann) 츠빙거 궁전(Palais Zwinger). 드레스덴(Dresden), 독일. 1705/08~22

899 크리스토프 딘첸호퍼(Christoph Dientzenhofer). 성 니콜라오(Sankt Nicholas). 프라하. 1703~11

900 요한 딘첸호퍼(Johann Dientzenhofer). 베네딕트 수도원 교회(Benediktiner-Abteikirche). 반츠(Banz), 독일. 1710~13

901 요한 딘첸호퍼(Johann Dientzenhofer). 풀다 왕궁(Stadtschloss, Fulda). 황제의 방(Kaisersaal). 1706~21

902 킬리안 이그나츠 딘첸호퍼(Kilian Ignaz Dientzenhofer). 알트슈타트의 성 니콜라오(Sankt Nicholas, Altstadt). 프라하. 1732~36

903 킬리안 이그나츠 딘첸호퍼(Kilian Ignaz Dientzenhofer). 성 마리아 막달레나(Sankt Mary Magdalene). 카를로비바리(Karlovy Vary). 체코. 1732~37

904 야콥 프란타우어(Jacob Prandtauer). 멜크 수도원(Melk Kloster). 오스트리아. 1702~12

905 야콥 프란타우어(Jacob Prandtauer). 멜크 수도원(Melk Kloster). 오스트리아. 1702~12

906 요한 루카스 폰 힐데브란트(Johann Lucas von Hildebrandt). 상벨베데레(Obere Belvedere). 빈. 1721~25

907 요한 루카스 폰 힐데브란트(Johann Lucas von Hildebrandt). 하벨베데레(Unter Belvedere). 빈. 1707~11

908 요한 베른하르트 피셔 폰 에를라흐(Johann Bernhard Fischer von Erlach). 요제프 1세(Joseph I) 기념 기둥

909 요한 베른하르트 피셔 폰 에를라흐(Johann Bernhard Fischer von Erlach). 정원 궁전(Garten Palais). 슈바르첸베르크(Schwarzenberg), 오스트리아

910 요한 베른하르트 피셔 폰 에를라흐(Johann Bernhard Fischer von Erlach). 잘츠부르크 대학 교회(Kollegienkirche, Salzburg). 오스트리아. 1696~1707

911 요한 베른하르트 피셔 폰 에를라흐(Johann Bernhard Fischer von Erlach). 아우구스티누스 교회(Augustinerkirche) 내 추모 무대(Trauer Gerüst)

912 요한 베른하르트 피셔 폰 에를라흐(Johann Bernhard Fischer von Erlach) 카를 교회(Karlskirche=St. Charles Borromeo Church). 빈. 1716~18

913 요한 베른하르트 피셔 폰 에를라흐(Johann Bernhard Fischer von Erlach)의 『역사적 건축 개요*Entwurf einer historischen Architektur*』(1721)에 나오는 중국 파고다

914 요한 베른하르트 피셔 폰 에를라흐(Johann Bernhard Fischer von Erlach)의 『역사적 건축 개요*Entwurf einer historischen Architektur*』(1721)에 나오는 디오클레티아누스 궁전 복원도

915 요한 베른하르트 피셔 폰 에를라흐(Johann Bernhard Fischer von Erlach)의 『역사적 건축 개요*Entwurf einer historischen Architektur*』(1721)에 나오는 니네베 신전의 '환상적 복원(Frantstische Rekonstruktion)'

916 요한 베른하르트 피셔 폰 에를라흐(Johann Bernhard Fischer von Erlach).

Anna am Lechl). 뮌헨. 1727~37

962 요한 미하엘 피셔(Johann Michael Fischer). 디센의 아우구스티누스 관구교회(Augustiner Stiftkirche, Diessen). 독일. 1732~40

963 요한 미하엘 피셔(Johann Michael Fischer). 디센의 아우구스티누스 관구교회(Augustiner Stiftkirche, Diessen). 독일. 1732~40

964 요한 미하엘 피셔(Johann Michael Fischer). 디센의 아우구스티누스 관구교회(Augustiner Stiftkirche, Diessen). 독일. 1732~40

965 요한 미하엘 피셔(Johann Michael Fischer). 오토보이렌의 베네딕트 수도원 교회(Benediktiner-Abteikirche, Ottobeuren). 독일. 1748~55

966 요한 미하엘 피셔(Johann Michael Fischer). 오토보이렌의 베네딕트 수도원 교회(Benediktiner-Abteikirche, Ottobeuren). 독일. 1748~55

967 요한 미하엘 피셔(Johann Michael Fischer). 로트암인의 베네딕트 수도원 교회(Benediktiner-Abteikirche, Rott-am-Inn). 독일. 1748~55

968 요한 미하엘 피셔(Johann Michael Fischer). 로트암인의 베네딕트 수도원 교회(Benediktiner-Abteikirche, Rott-am-Inn). 독일. 1759~60

969 요한 미하엘 피셔(Johann Michael Fischer). 로트암인의 베네딕트 수도원 교회(Benediktiner-Abteikirche, Rott-am-Inn). 독일. 1759~60

찾 아 보 기

* 건물은 도시-기능유형 아래로 분류하였음.
* 도판이 수록된 쪽수는 괄호 안에 표기하였음.
* 프랑스어와 이탈리아어 인명에서 de, du, da, della, dello, di 등이 들어간 경우 원칙적으로 이 단어까지 포함하여 성(last name)으로 처리하였음. 단 이름이 훨씬 보편적으로 알려져 통용되는 경우 이름을 기준으로 정리하였음(이 경우 성은 괄호 안에 표기). ex) 단테, 미켈란젤로, 미켈로초, 조토
* 독일어의 von과 네덜란드어의 van은 이 단어를 뺀 뒷부분을 성으로 처리하였음

ㄱ

ㅂ

ㅇ

한 글 표 기 목 록

A

Abbiategrasso – 아비아테그라소
Absolutism – 절대주의
Academia di San Luca – 산루카 아카데미
Academia Olympica – 아카데미아 올림피카
Academia Platonica – 플라톤 아카데미
Academia Vitruviana – 비트루비우스 아카데미
Academic Classicism – 아카데미 고전주의
Academie de France – 프랑스 아카데미
Academie Royale d'Architecture – 왕립 건축아카데미
Academie Royale de Peinture et de Sculpture – 왕립 미술아카데미
academism – 아카데미즘
『*Adagia*』 – 『아다지아』
〈*Adoration of the Magi*〉 – 〈동방박사의 경배〉
Albaro – 알바로
Albert, Karl – 알베르트, 카를
Alberti, Leon Battista – 알베르티, 레온 바티스타
Albrecht, Carl – 알브레히트, 카를
Albrecht, Conrad Adolph von – 알브레히트, 콘라트 아돌프 폰
〈*The Alchemist*〉 – 〈연금술사〉
Aldrich, Henry – 올드리치, 헨리
〈*Alegia*〉 – 〈알레지아〉
Aleotti, Giovan Battista – 알레오티, 조반 바티스타
Alessi, Galezzo – 알레시, 갈레초
Alexandrus VI – 알렉산드로 6세
Alfieri, Benedetto Innocente – 알피에리, 베네데토 이노첸테
Alfonso II d'Este – 알폰소 데스테 2세
Algardi, Alessandro – 알가르디, 알레산드로
All Saints Church – 올 세인츠 교회
All Souls College – 올소울스칼리지
Altomünster – 알토뮌스터
Altstadt – 알트슈타트
Amalienburg Pavilion – 아말린부르크 별관
Amalienburg Residenz – 아말린부르크 별관
Ambergo di Carita – 암베르고디카리타
Ammannati, Bartolomeo – 아마나티, 바르톨로메오
Ancestral Hall – 선조 추모관
Ancient Baroque – 고대 바로크
Ancona – 안코나
Ancy-le-Franc – 앙시르프랑
Andrea de'Pazzi – 안드레아 데파치
Anet – 아네
Anglican Church – 영국 국교회=성공회
Anjou – 앙주
Antiquarium – 유물관
antithesis – 안티테제
Antonio da Sangallo il Giovanne – 안토니오 다상갈로 일조반네
Antonio da Sangallo il Vecchio – 안토니오 다상갈로 일베키오
Antonio di Pietro Abbondi – 안토니오 디피에트로 아본디
Archer, Thomas – 아처, 토머스
『*Architectura, von Ausstheilung Symmetria und Proportion der Fünft Seulen*』 – 『다섯 기둥의 대칭과 비례의 관점에서 본 건축』
『*Architecture ou Art de bien bastir*』 – 『건축 혹은 좋은 건축 기술』
『*Architettura Civile*』 – 『공공 건축』
『*Architettura Ecclesiastica*』 – 『종교 건축』
Arco dei Gavi – 가비 아치
Arezzo – 아레초
Argus Fresco – 아구스 프레스코
Ariccia – 아리차
Asam, Cosmas Damian – 아잠, 코스마스 다미안
Asam, Egid Quirin – 아잠, 에기트 크비린
Asam, Hans Georg – 아잠, 한스 게오르크
Aschaffenburg – 아샤펜부르크
Assisi – 아시시
auditory – 공연성
Augsburg – 아우크스부르크
Augustiner Stiftkirche – 아우구스티누스 관구 교회
Augustinerkirche – 아우구스티누스 교회
Augustusburg Residenz – 아우구스투스부르크 궁전
Augustus II – 아우구스투스 2세

Avignon－아비뇽
Avon－에이번

B

Baalbeck－발벡
Badenburg－바덴부르크
Bacon, Francis－베이컨, 프란시스
Bagnaia－바냐이아
Balbi, Crypta－발비 납골당
Balleroy, Château de－발루아 성채
Bank of England－잉글랜드 은행
Banquet House(Whitehall Palace)－연회당(화이트홀 궁전)
Banz－반츠
Barbaro, Daniel－바르바로, 다니엘
Barelli, Agustino－바렐리, 아구스티노
Bartolo, Taddeo di－바르톨로, 타데오 디
Basilica－바실리카
Bassano－바사노
Bassi, Martino－바시, 마르티노
〈Battle of Issus〉－〈이수스 전투〉
Beer, Franz－베어, 프란츠
Bell, Henry－벨, 헨리
Belvedere－벨베데레
Bellini, Gentile－벨리니, 젠틸레
Benediktiner-Abtei－베네딕트 수도원
Benediktiner-Abteikirche－베네딕트 수도원 교회
Beolco, Angelo－베올코, 안젤로
Berg-am-Lain－베르크암라인
Bernini, Giovanni Lorenzo－베르니니, 조반니 로렌초
Berrettini, Luca－베레티니, 루카
Bertotti-Scamozzi, Ottavio－베르토티－스카모치, 오타비오
Besançon－브장송
Bianco, Bartolomeo－비앙코, 바르톨로메오
Biblioteca Laurenziana－라우렌시오 도서관
Binago, Lorenzo－비나고, 로렌초
Bissone－비소네
Bleancourt, Château de－블레앙쿠르 성채
Blenheim Palace－블레님 궁전
Blois－블루아
Blondel, François－블롱델, 프랑수아
Blum, Hans－블룸, 한스
Boffrand, Germain－보프랑, 제르맹
Bohemia Chancellery－보헤미아 대사관
Bologna－볼로냐
Bonsignori, Stafano－본시뇨리, 스테파노
Borgo d'Ale－보르고달레
Borromeo, Cardinal Carlo－보로메오, 카를로 추기경
Borromini, Francesco－보로미니, 프란체스코
Bosco ai Frati, Monastero di－보스코아이프라티 수도원
Botticelli, Sandro－보티첼리, 산드로
Bourbon－부르봉
Bra－브라
Bramante, Donato－브라만테, 도나토
Brasenose College－브레즈노즈 칼리지
Brissac, Château de－브리삭 성채
Brosse, Salaomon de－드브로스, 살로몽
Bruchsal－브루흐잘
Bruegel, Jan the Elder－브뤼겔, 얀
Brühl－브륄
Brunelleschi, Filippo－브루넬레스키, 필리포
Bruni, Leonardo－브루니, 레오나르도
Buckinghamshire－버킹엄셔
Bude, Guillaume－뷔데, 기욤
Bullant, Jean－뷜랑, 장
Bullet, Pierre－뷜레, 피에르
Buon－부온
Buontalenti, Bernardo－부온탈렌티, 베르나르도
Burghley House－버글리 하우스

C

Cabinet de Reine－여왕의 방
Caen－캉
Calvinism－칼뱅주의
Cambridge, University of－케임브리지대학교
Campagna, Girolamo－캄파냐, 지롤라모
Canal des Deux-Mers－되메르 운하
Canaletto, Giovanni Antonio－카날레토, 조반니 안토니오
Candia, Castel－칸디아 성채
Capolago－카폴라고
Cappella Chigi－키지 예배당
Cappella Cornaro－코르나로 예배당
Cappella Cybo－치보 예배당
Cappella del Battesimo－세례 예배당
Cappella della Assunta－성모 승천 예배당
Cappella della Visitazione－성모 방문 예배당
Cappella di Immacolata Concezione－성 수태 예배당
Cappella Pellegrini－펠레그리니 예배당
Cappella Raimondi－라이몬디 예배당

Cappella Sforza－스포르차 예배당
Caprarola－카프라롤라
Caprese－카프레세
Caradosso－카라도소
Carignano－카리냐노
Carlone family－카를로네 가문
Carpaccio, Vittor－카르파치오, 비토리오
Carpi－카르피
Carpi, Duomo di－카르피 성당
Carrmire Gate－카마이어 게이트
Cartesian School－데카르트 학파
Casa Fontana－폰타나 저택
Cascade House－캐스케이드 하우스
Casino di Pius IV－비오 4세 별장
Castel Gandolfo－카스텔 간돌포
Castelli, Francesco－카스텔리, 프란체스코
Castle Howard－하워드 성채
Catholic Reformation－가톨릭 개혁 운동
Cattedrale degli Rupert e Virgil－잘츠부르크 성당
Cecil, Robert－세실, 로버트
Certosa－체르토사
Cesariano, Cesare－체사리아노, 체사레
Chapelle Bourbon－부르봉 예배당
Chapelle Royale－왕실 예배당
Chateau de Anet－아네 성채
Chambord－샹보르
Chambre de Henry Ⅱ－앙리 2세 아파트
Chantilly, Château de－샹틸리 성채
Chatsworth－채스워스
Chenonceaux－슈농소
Chieri－키에리
Chiesa del Carmine－카르미네 교회
Chigi Chapel－키지 예배당
Christ Church, Newgate Street－뉴게이트 거리의 예수 교회
Christ Church, Spitalfields－스피테일필즈의 예수 교회
Christian Humanism－기독교 인본주의
〈*Church Triumphant*〉－교회의 승리
Ciaccheri－치아케리
Cicero－키케로
〈*Circumcision*〉－〈시르쿰시지온〉
Ciompi Revolt－촘피 반란
Citta Ideale－이상도시
City Churches－시티 교회
Clagny, Château de－클라니 성채
Civic Humanism－시민 인본주의
Clemente Ⅶ－클레멘스 7세
Codice Mellon－멜론 본
Coducci, Mauro－코두치, 마우로
Cola da Caprarola－콜라 다카프라롤라
Colbert, Jean Baptiste－콜베르, 장 밥티스트
Colet, John－콜레, 존
College des Quatre Nations(=College Mazarin)－4개국 대학(마자랭 대학)
Collegio Borromeo－보로메오 콜레조
Collegio dei Nobili－노빌리 콜레조
Collegio di Propaganda Fide－프로파간다피데 콜레조
Collegio Elvetico－엘베티코 콜레조
Collezioni del Cardinal Alessandro Alabani－알레산드로 알라바니 컬렉션
Concorso Clementino－콘코르소 클레멘티노
La Consolata－라콘솔라타
Constantinople－콘스탄티노플
Constantinus－콘스탄티누스
Copernicus, Nicolaus－코페르니쿠스, 니콜라우스
Cornaro, Alvise－코르나로, 알비세
Cornaro, Cardinal Federico－코르나로, 추기경 페데리코
Cornigliano－코르닐리아노
Cortona－코르토나
Cortona, Pietro Berrettini da－다코르토나, 피에트로 베레티니
Cosimo (de'Medici)－코시모 (데 메디치)
〈*Cosimo de'Medici among the Artists*〉－〈예술가들로 둘러싸인 코시모 데 메디치〉
Cotte, Robert De－드코트, 로베르
Council of Trent－트렌토 공의회
Counter-Reformation－반(反)종교개혁
『*Cours d'Architecture*』－『건축 강의』
Cranach, Lucas the Younger－소 라쿠스 크라나흐
Cranach, Lucas the Elder－대 루카스 크라나흐
Croce di Cavaliere di Cristo－그리스도 기사단의 십자가
cryptoporticus－크립토포르티쿠스
Cuvillies, Francois de－퀴비예, 프랑수아 드

D

Dalmatia－달마티아
Dante, Alighieri－단테, 알리기에리
Daun-Kinsky Stadtpalais－다운킨스키 궁전
Davenant, William－대브넌트, 윌리엄
d'Aviler, Augustin-Charles－다빌레, 오귀스탱-샤를

『*de architectura*』–『건축십서』(비트루비우스)
Decker, Paul – 데커, 파울
Decorated Style – 장식 양식
Definitive Design – 최종안
degagement – 데가주망
Deism – 이신론(理神論)
〈*De Machinis*〉– 기계 개론
〈*Departure of the Ambassadors*〉–〈외교관들의 출발〉
Depfford – 뎁포드
『*De pictura*』–『회화에 관하여』
Derand, Francois – 데랑, 프랑수아
『*De re aedificatoria*』–『건축십서』(알베르티)
Descartes, Rene – 데카르트, 르네
『*Desegni d'Architettura Civile e ecclesiastica di Guarino Guarini e l'arte del maestro*』–『과리노 과리니의 공공 건축과 교회 건축 디자인 및 장인의 예술』
De Sphaera manuscript – 데스페라 필사본
detached column – 분리형 기둥
Dettelbach – 데텔바흐
Dientzenhofer, Christoph – 딘첸호퍼, 크리스토프
Dientzenhofer, Georg – 딘첸호퍼, 게오르크
Dientzenhofer, Johann – 딘첸호퍼, 요한
Dientzenhofer, Kilian Ignaz – 딘첸호퍼, 킬리안 이그나츠
Dientzenhofer, Leonhard – 딘첸호퍼, 레온하르트
Dientzenhofer, Wolfgang – 딘첸호퍼, 볼프강
Diessen – 디센
Dietterlin, Wendel – 디털린, 벤델
Dijon – 디종
Discalced Trinitarians(=Trinitarii Scalzi) – 맨발의 삼위일체회
distribution – 디스트리뷔시옹
La Divina Commedia –『신곡』
〈*Divine Providence*〉–〈신의 섭리〉
domed-basilica – 돔식 바실리카
Dome des Invalides(=Eglise de l'Hôtel des Invalides) – 앵발리드 돔(앵발리드 호텔 교회)
Domenico da Cortona – 도메니코 다코르토나
Dominikanischer-Abteikirche – 도미니크 수도원 교회
Donatello – 도나텔로
〈*Donation of Constantine*〉–〈콘스탄티누스의 기증〉
d'Orbay, François – 도르베, 프랑수아
Dorser – 도저
double experience – 이중적 경험
Dreifaltigkeitkirche – 성 삼위일체
Dreikönigskirche – 삼왕 교회
Dresden – 드레스덴
Du Bellays – 뒤벨레
Du Cerceau – 뒤세르소
Du Cerceau, Baptiste Androuet – 뒤세르소, 밥티스트 앙드루에
Du Cerceau, Jacques Androuet – 뒤세르소, 자크 앙드루에
Du Cerceau, Jacques Androuet fils – 뒤세르소, 자크 앙드루에 2세
Dulin, Pierre – 뒬랭, 피에르
Duomo – 두오모
Duomo di Firenze(=Santa Maria del Fiore) – 피렌체 돔(산타마리아델피오레)
Duomo di Mantova – 만토바 성당
Dürer, Albrecht – 뒤러, 알브레히트

E

Eastbury – 이스트베리
East Wing – 동익랑, 루브르 궁전 내
Ecole Royale de Peinture et de Sculpture – 왕립 미술학교
Ecouen, Château de – 에쿠앙 성채
Ecstasy of St. Teresa – 성 테레사의 환희
Edict of Nantes – 낭트 칙령
Effner, Joseph – 에프너, 요제프
Eger – 에거
Eglise de Sainte Marie de la Visitation – 성모 방문 교회
Eglise Sorbonne – 소르본 교회
El Deir – 엘데이르
『*The Elements of Architecture*』–『건축의 요소』
『*Elementa picturae*』–『회화의 요소』
Emanuel, Elector Maximilian – 에마누엘, 막시밀리안 선거후
〈*The Embassadors*〉–〈외교관〉
Emmanuel College – 이매뉴얼칼리지
Enrico Gonzaga Cardinal – 엔리코 곤차가 추기경
『*Entwurf einer historischen Architektur*』–『역사적 건축 개요』
Episcopalism – 감독제주의
Erasmus, Desiderius – 에라스무스, 데시데리우스
Erasmus, Georg Caspar – 에라스무스, 게오르그 카스파르
Estivale e Cortile della Mostra – 에스티발레와 모스트라 안마당
『*Euclides Adauctus*』–『에우클리데스 아다욱투스』
〈*Expulsion of Heliodorus*〉–〈헬리오도로스의 추방〉
〈*Expulsion of the Bonacolsi by the Gonzaga*〉–〈곤차가에 의한 보나콜시의 추방〉

F

Fancelli, Luca – 판첼리, 루카
〈*Fantastic Landscape with Ruins*〉–〈폐허가 있는 환상의 풍경〉

Fantastische Rekonstruktion – 환상적 복원
Federico Gonzaga, Duke – 페데리코 곤차가 대공
Felibien, Andre – 펠리비앙, 앙드레
Ferarra – 페라라
Ficino, Marsilio – 피치노, 마르실리오
Fifty New Churches – 50채의 새 교회
Filarete – 필라레테
Filippini – 필리피니
Fiorentino, Rosso – 피오렌티노, 로소
Firenze – 피렌체
『*The First and Chief Grounds of Architecture*』 – 『건축의 으뜸가는 주요 기초 사항』
Flamboyant – 플랑부아양
Fludd, Robert – 플러드, 로버트
Foglizzo – 폴리초
Fontainebleau – 퐁텐블로
Fontana, Carlo – 폰타나, 카를로
Fontana, Domenico – 폰타나, 도메니코
Fonte Moro – 모로 분수
Fortezza da Basso – 바소 성채
Fortezza papale – 교황 성채
Fountain of Trevi – 트레비 분수
Fra Giocondo – 프라 조콘도
Frain, Schloss – 프라인 성채
Francesca, Pietro della – 프란체스카, 피에트로 델라
Francesco di Giorgio Martini – 프란체스코 디조르조 마르티니
Franciscan Order – 프란체스코 수도회
Franz, Johann Philip – 프란츠, 요한 필립
Franz, Lothar – 프란츠, 로타르
Frascati – 프라스카티
Freart, Andre – 프레아, 앙드레
Freemason – 프리메이슨
Freising Cathedral – 프라이싱 성당
French Order – 프랑스 오더
frondeurs – 프롱드 당원
Fruttenbach der Ältere, Joseph – 대 요제프 프루텐바흐
Fugger Chapel – 푸거 예배당
Fulda – 풀다
Fürstenzell – 퓌르슈텐첼

G

Gabel – 가벨
Gabriel, Ange-Jacques – 가브리엘, 앙제-자크
Gabriel, Jacques – 가브리엘, 자크
Gaillon – 가용
Galerie d'Apollon – 아폴로 갤러리
Galerie Henry II – 앙리 2세 갤러리
Galilei, Galileo – 갈릴레이, 갈릴레오
Galleria Pamphilj – 팜필리 갤러리
Gallicanism – 갈리아주의
Gambello, Antonio – 감벨로, 안토니오
Garsten Kloster – 가르스텐 수도원
Gartenpalais – 정원 궁전
Gartenpalais Trauston – 트라우스톤 정원 궁전
Gaultier, Germain – 골티에, 제르멩
Genova – 제노바
gentleman – 젠틀맨
Gherardi, Antonio – 게라르디, 안토니오
Ghiberti, Lorenzo – 기베르티, 로렌초
Gibbs, James – 깁스, 제임스
Gilles, Pierre – 질, 피에르
Giocondo da Verona, Fra Giovanni – 조콘도 다베로나, 프라 조반니
Giorgio Vasari House – 조르조 바사리 하우스
Giotto di Bondone – 조토 디본도네
Giovanni di Antonio Buora – 조반니 디안토니오 부오라
Giovanni di Bicci – 조반니 디비치
Giovanni di Pedemuro – 조반니 디페데무로
Giuliano della Rovere, Cardinal – 줄리아노 델라로베레 추기경
Giulio Romano – 줄리오 로마노
Giulio Romano House – 줄리오 로마노 하우스
Golden House – 황금 주택
Gonzaga – 곤차가
Gössweinstein – 괴스바인슈타인
Grand Manner – 그랜드 매너
Grand Trianon – 그랑 트리아농
Great Fire of London – 런던 대화재
Great Model – 그레이트 모델
Great Schism – 대분리
Greenwich – 그리니치
Greenwich Palace(=Queen's House) – 그리니치 궁전(퀸스 하우스)
Gregorius XIII – 그레고리오 13세
Greising, Josef – 그라이싱, 요제프
Grignasco – 그리냐스코
Grimsthorpe Castle – 그림소프 성채
Grundt, Abraham Reuthner von – 그룬트, 아브라함 로이트너 폰
Guarini, Guarino – 과리니, 과리노
Guidetti, Guidetto – 귀데티, 귀데토
guild – 길드

Günzburg – 귄츠부르크

H

Hagia Sophia – 하기아 소피아
Habsburg – 합스부르크
Hampton Court Palace – 햄프턴 코트 궁전
Hardouin-Mansart, Jules – 아르두앙-망사르, 쥘
Hartenfels Chapel – 하르텐펠스 예배당
Hawksmoor, Nicholas – 호크스무어, 니콜라스
Heavenly Jerusalem – 하늘의 예루살렘
Heidelberg – 하이델베르크
Heinz, J. – 하인즈, J.
Heraeus, Carl Gustav – 헤라에우스, 카를 구스타프
Herculaneum – 헤르쿨라네움
hermetism – 은거주의
Hildebrandt, Johann Lucas von – 힐데브란트, 요한 루카스 폰
〈*Hill of Knowledge*〉 – 〈지식의 언덕〉
〈*History of St. Joseph*〉 – 〈성 요셉의 역사〉
Hobbes, Thomas – 홉스, 토머스
Hofbibliothek(=Imperial Library) – 제국 도서관
Hofburg – 호프부르크
Holbein, Hans – 홀바인, 한스
Holl, Elias – 홀, 엘리아스
Homeros – 호메로스
Homo ad Circulum – 원에 따른 인간
homo ad quadratum – 정사각형에 따른 인간
Hooke, Robert – 후크, 로버트
Hôtel Carnavalet – 카르나발레 호텔
Hôtel Conde – 콩드 호텔
Hôtel d'Avaux – 다보 호텔
Hôtel d'Angouleme – 앙굴렘 호텔(라무아뇽 호텔)
Hôtel de Bautru – 보트뤼 호텔
Hôtel de Carnavalet – 카르나발레 호텔
Hôtel de Chauvigny – 쇼비니 호텔
Hôtel de la Vrilliere – 라브리예르 호텔
Hôtel d'Escoville – 에스코빌 호텔
Hôtel de Soubise – 수비스 호텔
Hôtel du Sully – 쉴리 호텔
Hôtel Lambert – 랑베르 호텔
Hôtel Lamoignon – 라무아뇽 호텔
Hôtel Tambonneau – 탕보노 호텔
Hôtel Tubeuf – 튀뵈프 호텔
Houdon Cathedral – 우동 성당
House of Raphael(=Palazzo Caprini) – 라파엘로 하우스(카프리니 팔라초)
Howard, Thomas – 하워드, 토머스
humanism – 인본주의

I

『*L'Idea della architettura universale*』 – 『보편적 건축에 대한 고찰』
Il Gesu – 일제수
Il Saint-Louis – 일생루이
Immacolata Concezione – 성 수태 교회
individualism – 개인주의
Ingolstadt – 잉골슈타트
Innocent XI – 인노첸시오 11세
Instructiones fabricae et supellectillis ecclesiasticae – 기독교 구조물과 장식 부가물에 대한 지침
Isola – 이솔라
Istria – 이스트리아
『*Istruzione diverse concernanto l'officidio dell'Architetto Civile*』 – 『공공 건축가의 업무에 관한 이론들』

J

Jacobean Style – 제이콥 양식
James, John – 제임스, 존
Jansenism – 얀선주의
Janus Quadrifrons, Arch of – 네 얼굴의 야누스 아치
Jesuit Church – 예수회 교회
Jesuit Order – 예수회
Jones, Inigo – 존스, 이니고
Joseph I – 요제프 1세
Josephes Stüle – 요제프 1세를 위한 개선 아치
Julius II – 율리오 2세
Juvarra, Filippo – 주바라, 필리포

K

Käppelle Wallfahrskirche – 캐펠레 순례교회
Karl, Friedrich – 카를, 프리드리히
Karl VI – 카를 6세
Karlovy Vary – 카를로비바리
Karlskirche(=St. Charles Borromeo Church) – 카를 교회
Kensington Palace – 켄싱턴 궁전
Kepler, Johann – 케플러, 요한
Khazne al-Faroun(=Treasury of Pharaoh) – 카즈네 알 파룬(파라오의 보고)
Kimbolton Castle – 킴벌턴 성채
King's College – 킹스칼리지

King's College Chapel – 킹스칼리지예배당
King's Western – 킹스 웨스턴
Kirby Hall – 커비 홀
Klosterkirche – 수도원 교회
Koblenz – 코블렌츠
Kollegienkirche – 대학 교회
Köln – 쾰른
Königliches Schloss – 왕궁
Kunstakademie – 예술 아카데미

| L |

Labacco, Antonio – 라바코, 안토니오
Landsberg am Lech – 란츠베르크암레흐
Landshut – 란츠후트
〈*The Last Supper*〉(소 루카스 크라나흐 작품) – 〈최후의 만찬〉
Lassurance, Pierre – 라쉬랑스, 피에르
Laurana, Francesco – 라우라나, 프란체스코
Laurana, Luciano – 라우라나, 루치아노
Le Breton, Gilles – 르브르통, 질
Lebrun, Charles – 르브룅, 샤를
Lebrun, Liberal – 르브룅, 리베랄
Le Roy, Philibert – 르루아, 필리베르
Le Vau, Louis – 르보, 루이
Leibniz – 라이프니츠
Leipzig – 라이프치히
Lemercier, Jacques – 르메르시에, 자크
Le Muet, Pierre – 르뮈에, 피에르
Le No(s)tre, Andre – 르노트르, 앙드레
Leo X – 레오 10세
Leonardo da Vinci – 레오나르도 다빈치
Leopold I – 레오폴트 1세
Lepanto – 레판토
Le Pautre, Pierre – 르포트르, 피에르
Lescot, Pierre – 레스코, 피에르
Library of Trinity College – 트리니티칼리지 도서관
Libreria di San Marco – 산마르코 도서관
Lichtenstein – 리히텐슈타인
Ligorio, Pirro – 리고리오, 피로
Ligozzi – 리고치
Lindsey House – 린지 하우스
Lobkowitz, Juan Caramuel – 로브코비츠, 후안 카라무엘
Locke, John – 로크, 존
Loggetta – 로제타
Loggia de Servi – 세르비 로지아
Loggia del Capitaniato – 카피타니아토 로지아
Loggia del Giardino Valmarana – 발마라나 정원 로지아
Loggia of Pope Leo X – 교황 레오 10세의 로지아
Loggia of Psyche – 프시케 로지아
Lombardo, Pietro – 롬바르도, 피에트로
London Churches – 런던 교회
Lonedo – 로네도
Longhena, Baldassare – 롱게나, 발다사레
Longhi, Martino – 롱기, 마르티노
Longleat – 롱리트
Long Library and Woodstock Gate – 롱 라이브러리와 우드스톡 게이트
Lonigo – 로니고
L'Orme, Philibert de – 들로름, 필리베르
Lotter, Hieronymus – 로터, 히에로니무스
Loyola, St. Ignatius – 로욜라, 성 이그나티우스
Lucca Project – 루카 프로젝트
Lurago, Rocco – 루라고, 로코
Luther – 루터

| M |

Machiavelli, Nicolo – 마키아벨리, 니콜로
Maderno, Carlo – 마데르노, 카를로
Madonna dell Umilita – 마돈나델우밀리타
Madonna di San Biagio – 마돈나디산비아조
maestro rovinante – 마에스트로 로비난테
Maisons, Château de – 매종 성체
Mangone, Fabio – 망고네, 파비오
maniera – 마니에라
Mannheim Electoral Palace – 만하임 선거후 궁전
Mansarade – 망사라드
mansard roof – 망사르 루프
Mansart, François – 망사르, 프랑수아
Mansfeld-Fondi Garten Palais – 만스펠트-폰디 정원 궁전
Mantegna, Andrea – 만테냐, 안드레아
Mantova – 만토바
maqsurah dome – 마크수라 돔
Marly, Château de – 말리 성채
Marot, Jean – 마로, 장
〈*Marriage of the Virgin*〉 – 〈성처녀의 결혼〉
Mars Ultor, Temple of – 마르스 울토르 신전
Martin, Jean – 마르탱, 장
Martinus V – 마르티노 5세
Maruscelli, Paolo – 마루셸리, 파올로

the marvelous – 불가사의성
Masaccio – 마사초
Mascarino, Ottaviano – 마스카리노, 오타비아노
Massacre of St. Bartholomero's Day – 성 바르톨로메오의 대학살
Mathematic Humanism – 수학 인본주의
Mausoleum – 원형 무덤
Mazarin, Jules – 마자랭, 쥘
Mazenta, Giovanni – 마젠타, 조반니
Medici – 메디치
Melide – 멜리데
Melk Kloster – 멜크 수도원
mercantilism – 중상주의
Mespelbrunn, Julius Echter von – 율리우스 에흐터 본 메스펠브룬
Michelangelo(Buonaroti) – 미켈란젤로 (부오나로티)
Michelozzo di Bartolomeo – 미켈로초 디바르톨로메오
Milani – 밀라니
Monastery of La Carita – 라카리타 수도원
Monastery of San Giorgio Maggiore – 산조르조마조레 수도원
Monselice – 몬셀리체
Montano, Giovanni Battista – 몬타노, 조반니 바티스타
Montceaux, Château de – 몽소 성채
Montepulciano – 몬테풀치아노
Monumento a Giulio II – 율리오 2세 기념비
More, Thomas – 모어, 토마스
Morone, Domenico – 모로네, 도메니코
Morris, Roger – 모리스, 로저
Mugello – 무젤로
Münster – 뮌스터

| N |

Neoplatonism – 신플라톤주의
Neresheim – 네레샤임
Neuburg an der Donau – 노이부르크안데어도나우
Neumann, Johann Balthasar – 노이만, 요한 발타자르
Newcastle Monument – 뉴캐슬 기념비
New Market Palace – 뉴마켓 궁전
Newton, Issac – 뉴턴, 아이작
Nicholas V – 니콜라오 5세
noblesse de la robe – 법복 귀족
nominalism – 명분주의
Northamptonshire – 노섬턴셔
Northumbberland – 노섬벌랜드
Notre-Dame – 노트르담
Nürnberg – 뉘른베르크
Nymphenburg Schloss – 님펜부르크 성채

| O |

Obere Belvedere – 상벨베데레
Odolena Voda – 오돌레나보다
Old Clarendeon Building(=University Printing House) – 올드클래런든 빌딩(대학출판부 건물)
Old St. Paul's – 구 성 바오로
One – 일자
Oratorio di S. Filippo Neri – 성 필립보 네리 오라토리오
Oratorio di Santa Maria in Vallicella – 산타마리아인발리첼라 오라토리오
Orleans Wing – 오를레앙 익랑
Oropa – 오로파
Orti Farnesiani – 오르티 파르네시아니
Orvieto – 오르비에토
Osterhofen – 오스터호펜
Ospedale degli Innocenti – 피렌체 고아원
Ospedale del Michelozzo Ceppo – 미켈로초 체포 병원
Ospedale Maggiore – 오스페달레마조레
Ottobeuren – 오토보이렌
Oxford, University of – 옥스퍼드대학교

| P |

Pacheco, Francesco – 파체코, 프란체스코
Padova – 파도바
Pagodenburg – 파고덴부르크
Palace at Winchester – 윈체스터 궁전
Palais Cardinal de Richelieu(=Palais Royale) – 리슐리외 추기경 궁전(루아얄 궁전)
Palais de Versailles – 베르사유 궁전
Palais du Justice – 법원
Palais du Louvre – 루브르 궁전
Palais du Luxembourg – 뤽상부르 궁전
Palais du Parlement – 시의회 의사당
Palais Gallas – 갈라스 궁전
Palais Granvelle – 그랑벨 궁
Palais Klesheim – 클레샤임 궁전
Palais Schonbrunn – 쇤브룬 궁전
Palais Strattmann – 슈트라트만 궁전
Palais Werneck – 베르네크 궁전
Palais Zwinger – 츠빙거 궁전
Palazzina di Stupinigi – 스투피니지 팔라치나
Palazzo Balbi-Senarega – 발비세나레가 팔라초

Palazzo Baldasini－발다시니 팔라초
Palazzo Barbarano－바르바라노 팔라초
Palazzo Barberini－바르베리니 팔라초
Palazzo Bevilacqua－베빌라쿠아 팔라초
Palazzo Birago di Borgaro－비라고디보르가로 팔라초
Palazzo Branconio－브랑코니오 팔라초
Palazzo Canossa－카노사 팔라초
Palazzo Caprini－카프리니 팔라초(라파엘로 하우스)
Palazzo Carignano－카리냐노 팔라초
Palazzo Carpegna－카르페냐 팔라초
Palazzo Cervini－체르비니 팔라초
Palazzo Chiericati－키에리카티 팔라초
Palazzo Chigi-Odescalchi－키지오데스칼키 팔라초
Palazzo Communale－코무날레 팔라초
Palazzo Contucci-Del Monte－콘두치델몬테 팔라초
Palazzo Cornaro a San Polo－산폴로의 코르나로 팔라초
Palazzo Cornaro della Ca'Grande－코르나로델라카그란데 팔라초
Palazzo Cresenzi-Serlupi－크레센치세를루피 팔라초
Palazzo dei Conservatori－콘세르바토리 팔라초
Palazzo del Senatore－세나토레 팔라초
Palazzo del Te－테 팔라초
Palazzo della Farnesina－파르네시나 팔라초
Palazzo della Ragione－라조네 팔라초
Palazzo di Brera(=Jesuit College)－브레라 팔라초(예수회 대학)
Palazzo di Galeazzo Trissino－갈레아초 트리시노 팔라초
Palazzo di Parte Guelfa－파르테궬파 팔라초
Palazzo Doria Tursi－도리아투르시 팔라초
Palazzo Ducale, Urbino－우르비노 총독궁
Palazzo Ducale, Venezia－총독궁, 베네치아
Palazzo Dura-Pallavicini－두라팔라비치니 팔라초
Palazzo Farnese－파르네세 팔라초
Palazzo Floriano Antonini－플로리아노 안토니니 팔라초
Palazzo Fusconi-Pighini－푸스코니피기니 팔라초
Palazzo Giovanni Gaddi－조반니 가디 팔라초
Palazzo Gondi－곤디 팔라초
Palazzo Grimani a San Luca－산루카의 그리마니 팔라초
Palazzo Jacopo da Brescia－자코포다브레시아 팔라초
Palazzo Maccarani－마카라니 팔라초
Palazzo Madama－마다마 팔라초
Palazzo Marino－마리노 팔라초
Palazzo Massimo alle Colonne－마시모알레콜로네 팔라초
Palazzo Mattei di Giove－마테이디조베 팔라초
Palazzo Medici－메디치 팔라초
Palazzo Montecitorio－몬테치토리오 팔라초
Palazzo Municipio－시청사
Palazzo Nobili-Tarughi－노빌리타루기 팔라초
Palazzo Nuovo－누오보 팔라초
Palazzo Pesaro－페사로 팔라초
Palazzo Piccolomini－피콜로미니 팔라초
Palazzo Pompei－폼페이 팔라초
Palazzo Porto-Breganze－포르토브레간체 팔라초
Palazzo Porto-Festa－포르토페스타 팔라초
Palazzo Quirinale－퀴리날레 팔라초
Palazzo Rezzonico－레초니코 팔라초
Palazzo Rospigliosi-Pallavicini－로스필리오시팔라비치니 팔라초
Palazzo Rovere－로베레 팔라초
Palazzo Rucellai－루첼라이 팔라초
Palazzo Sacchetti－사케티 팔라초
Palazzo Sforza-Cesarini－스포르차체사리니 팔라초
Palazzo Strozzi－스트로치 팔라초
Palazzo Thiene－티에네 팔라초
Palazzo Trissino-Baston－트리시노바스톤 팔라초
Palazzo Uffizi－우피치 팔라초
Palazzo Valmarana－발마라나 팔라초
Palazzo Vecchio－베키오 팔라초
Palazzo Vettor Grimani－베토르 그리마니 팔라초
Palazzo Widmann－비드만 팔라초
Palladianism－팔라디오 양식
Palladio, Andrea－팔라디오, 안드레아
Palestrina－팔레스트리나
Palmanova－팔마노바
Panini, giovanni－파니니, 조반니
Parma－파르마
Patrizi, Francesco－파트리치, 프란체스코
Paulus Ⅲ－바오로 3세
Pavia－파비아
Pavia, Duomo di－파비아 성당
Pavillon de l'Horloge－시계관
Pazzi Chapel－파치 예배당
Pellegrini, Pellegrino－펠레그리니, 펠레그리노
Pellerhaus－펠러 하우스
Perpendicular Design－수직 양식
Perrault, Claude－페로, 클로드
Perugia－페루자
Peruzzi, Baldasare－페루치, 발다사레
Petra－페트라
Petrarca, Francesco－페트라르카, 프란체스코
Petrarchism－페트라르카주의

Piacenza－피아첸차
〈*The Piazza in front of the Church of John and Paul*〉－〈성 요한/성 바오로 교회 앞 광장〉
Piazza delle Erbe－에르베 광장
Piazza Pio II－비오 2세 광장
Piazza San Marco－산마르코 광장
Pienza－피엔차
Pilgrimage Church－순례교회
Pilinitz－필니츠
Pistoia－피스토이아
Pitti－피티
Pius II－비오 2세
Place Dauphine－도핀 광장
Place des Victoires－승리 광장
Place Royale－루아얄 광장
Place Vendome(=Place Louis-le-Grand)－방돔 광장(루이 대제 광장)
Pleasure Garden－놀이 정원
『*Les Plus Excellents Batiments de France*』－『프랑스의 우수 건축물』
『*The Poetics*』－『시학』
Poggio a Caiano－포조아카이아노
Politian－폴리티아누스
Pommersfelden－포메르스펠덴
Ponte Sant'Angelo－산탄젤로 다리
Pont Galerie－화랑 다리
Pont Neuf－뇌프 다리
Pöppelmann, Matthäus Daniel－푀펠만, 마태우스 다니엘
Porcelain Trianon－포르슬랭 트리아농
Porlezza－포를레차
Porta dei Borsari－보르사리 문
Porta dei Leoni－레오니 문
Porta del Molo－몰로 문
Porta, Giacomo della－델라포르타, 자코모
Porta Marzia－마르차 문
Porta Nuova－누오바 문
Porta Palino－팔리노 문
Porta San Zeno－산제노 문
Porte St.-Denis－생드니 성문
Portico dei Banchi－방키 주랑현관
Posthumus, Hermannus－포스트후무스, 헤르마누스
Pozzo, Andrea－포초, 안드레아
Prandtauer, Jacob－프란타우어, 야콥
Prato－프라토
pre-fire design－대화재 이전 안
『*Le premier Tome d'Architecture*』－『건축 제1서』
Premonstrarensian Klosterkirche－프레몬스트라렌시안 수도원 교회
Prevedari, Bernardo－프레베다리, 베르나르도
Primaticcio, Francesco－프리마티치오, 프란체스코
〈*La Princess d'Elide*〉－〈엘리드 공주〉
Prix de Rome－로마 상
the probable－개연성
Procuratie Nuove－프로쿠라티에누오베
Protestantism－신교
Proto-Baroque－프로토-바로크
Proto-Renaissance－프로토-르네상스

| Q |

『*I Quattro Libri dell'Architettura*』－『건축사서』
Queen Anne－안네 여왕
Queen Henrietta Maria－헨리에타 마리아 여왕
Queen's College－퀸스칼리지
Queen's Theater－퀸스 극장
『*Quinque Columnarum Exacta descriptio alque delineatio*』－『다섯 기둥 도록집』

| R |

Racconigi, Castello－라코니지 성
Radcliff Camera－레드클리프 방
Rainaldi, Carlo－라이날디, 카를로
Rainaldi, Girloamo－라이날디, 지롤라모
Raincy, Château de－랭시 성채
Rancare－란카레
Raphael－라파엘로
Rathaus－시청사
Redentore, Il－일레덴토레
Reformation－종교개혁
Regensburg－레겐스부르크
『*Regle Generalle d'Architecture des cinq manieres des colonnes.....*』－『다섯 종류의 칼럼에 관한 건축론.....』
『*La Regola delli cinque ordini d'architecture*』－『건축의 다섯 오더 규범집』
Reims－랭스
Residenz－레지던츠
Residenz Hofkirche－궁정 교회
Residenztheater－궁정극장
『*The Rhetorics*』－『수사학』
Reuwich, Erhard－레우비치, 에르하르트
rib-and-web－리브-앤-웹
Ricchino, Francesco Maria－리키노, 프란체스코 마리아

Ricci, Fray Juan-리치, 프라이 후안
Richelieu, Arman Jean du-리슐리외, 아르망 장 뒤
Richelieu, Château de-리슐리외 성채
Rimini-리미니
Rivius, Gualtherus-리비우스, 괄테루스
Rizzo, Antonio-리초, 안토니오
Robin, G.-로빈, G.
Rocca Paolina-로카 파올리나
Roncade, Village of-론카데 마을
Rosati, Rosato-로사티, 로사토
Rosenheim-로젠하임
Rosney, Château de-로스니 성채
Rosselli, Cosimo-로셀리, 코시모
Rosselino, Bernardo-로셀리노, 베르나르도
Rossi, Domenico-로시, 도메니코
Rotonda-로톤다
Rott-am-Inn-로트암인
Roveredo-로베레도
royal classicism-왕실 고전주의
Royal Hospital, Chelsea-왕립병원, 첼시
Royal Naval Hospital(=Royal Naval College), Greenwich-왕립 해군병원, 그리니치
Rucellai-루첼라이
Rusticucci, Cardinal Girolamo-루스티쿠치, 추기경 지롤라모

| S |

Sabatini, Rodolfo-사바티니, 로돌포
Sacchetti, Marcello-사케티, 마르첼로
the Sack-로마 대약탈
sacre rappresentazioni-성스러운 재현
Sagrestia Nuova-신 성물안치소
Sagrestia Vecchia-구 성물안치소
St. Alfege-세인트앨피지
St. Andrew, Holborn-홀본의 성 안드레아
St. Anne, Limehouse-라임하우스의 성 안나
St. Antholin, Watling Street-워틀링 거리의 세인트 앤솔린
St. Croix-생크루아
Sainte Anne-la-Royale-생트안라루아얄
St. Bride, Fleet Street-플리트 거리의 세인트브라이드
St. Clemens Danes-세인트클레멘스데인스
St.-Etienne du Mont-생테티엔뒤몽
St.-Eustach-생외스타슈
St. George, bloomsbury-블룸스베리의 성 제오르지오
St. George-in-the-East, Wapping-와핑의 성 제오르지오
St.-Germain-생제르맹
St.-Gervais-생제르베
St. James, Picadilly-피커딜리의 성 야고보
Saint James's Palace-세인트제임스 궁전
St. John's, Smith Square-스미스 광장의 성 요한
St. Lawrence, Jewry-유대인 구역의 성 라우렌시오
St. Magnus the Martyr-순교자 성 마뉴
St. Margaret Patterns-세인트마거릿패턴스
St. Martin-in-the Fields-광야의 성 마르티노
St. Mary at Hill-세인트메리앳힐
St. Mary-le-Bow, Cheapside-치프사이드의 세인트메리르보
St. Mary-le-Strand-세인트메리르스트랜드
St. Mary Woolnoth-세인트메리울노스
St. Michel-성 미카엘
St. Paul's-성 바오로
St. Paul's Church-성 바오로 교회
St. Peter's-성 베드로
St.-Remi-생레미
St. Stephen, Walbrook-월브룩의 성 스테파노
St. Teresa-성 테레사
St. Vedast, Foster Lane-포스터 레인의 세인트베대스트
Salzburg-잘츠부르크
San Benedetto al Polirone-산베네데토알폴리로네
San Bernardino-산베르나르디노
San Carlo-산카를로
San Carlo ai Carnati-산카를로아이카르나티
San Carlo alle Quatro Fontane-산카를로알레콰트로폰타네
San Domenico-성 도메니코
San Firenze-산피렌체
San Francesco(=Tempio Malatesta)-성 프란치스코
San Gaetano-산가에타노
San Geminiano-산제미니아노
San Giorgio in Bradia-산조르조인브라디아
San Giorgio Maggiore-산조르조마조레
San Giovanni alle Quatro Facce-산조반니알레콰트로파체
San Giovanni, Baptistery of-성 요한 세례당
San Giovanni Crisostomo-산조반니크리소스토모
San Giovanni dei Fiorentini-산조반니데이피오렌티니
San Giovanni in Case Rotte-산조반니인카세로테
San Giovanni in Laterano-라테라노 대성당(=성 요한 성당)
San Girolamo della Carita-산지롤라모델라카리타
San Giuseppe-성 요셉
Sankt Anna am Lechl-장크트안나암레흘
Sankt Clement-장크트클레멘트

Sankt Damiansburg Residenz – 장크트다미안스부르크 궁전
Sankt Emmeram – 장크트에메람
Sankt Florian – 장크트플로리안
Sankt Johannes – 성 요한
Sankt Johannes Nepomuk – 장크트요하네스네포묵
Sankt Lawrence – 성 라우렌시오
Sankt Mary Magdalene – 성 마리아 막달레나
Sankt Michael – 성 미카엘
Sankt Nicholas – 성 니콜라오
Sankt Petrus – 성 베드로
San Lorenzo – 성 라우렌시오
San Lorenzo in Damaso – 산로렌초인다마소
San Luigi dei Francesi – 산루이지데이프란체시
San Marcello al Corso – 코르소 거리의 성 마르첼로
San Marco – 성 마르코
San Martino – 성 마르티노
San Michele – 성 미카엘
Sanmicheli, Michele – 산미켈리, 미켈레
San Nicolo – 성 니콜라오
San Petronio – 산페트로니오
San Sebastiano – 산세바스티아노
Sansovino, Jacopo – 산소비노, 자코포
Santa Chiara – 산타키아라
Santa Cristina – 산타크리스티나
Santa Croce – 성 십자가
Sant'Agnese in Piazza Navona – 나보나 광장의 성 아그네스
Sant'Alessandro in Zebedia – 산탈레산드로인체베디아
Santa Lucia – 성 루치아
Santa Maria Assunta in Carignano – 카리냐노의 성모 승천 교회
Santa Maria d'Araceli – 산타마리아다라첼리
Santa Maria degli Angeli – 산타마리아델리안젤리
Santa Maria dei Fiorentini – 산타마리아데이피오렌티니
Santa Maria dei Miracoli – 산타마리아데이미라콜리
Santa Maria dei Sette Dolori – 산타마리아데이세테돌로리
Santa Maria del Giglio – 산타마리아델질리오
Santa Maria della Carceri – 산타마리아델라카르체리
Santa Maria della Consolazione – 산타마리아델라콘솔라조네
Santa Maria della Grazie – 산타마리아델라그라치에
Santa Maria della Pace – 산타마리아델라파체
Santa Maria della Salute – 산타마리아델라살루테
Santa Maria dell'Assunzione – 성모 승천 축일 교회
Santa Maria della Vittoria – 산타마리아델라비토리아
Santa Maria del Orto – 산타마리아델로르토
Santa Maria del Popolo – 산타마리아델포폴로
Santa Maria del Quartiere – 산타마리아델콰르티에레
Santa Maria di Loreta – 산타마리아디로레타
Santa Maria di Montesanto – 산타마리아디몬테산토
Santa Maria di Piazza – 산타마리아디피아차
Santa Maria Formosa – 산타마리아포르모사
Santa Maria in Campitelli – 산타마리아인캄피텔리
Santa Maria in Organo – 산타마리아인오르가노
Santa Maria in Via Late – 산타마리아인비아라테
Santa maria Maddalena – 산타마리아마달레나
Santa Maria Maddalena dei Pazzi – 산타마리아마달레나데이파치
Santa Maria Nascente – 산타마리아나첸테
Santa Maria Novella – 산타마리아노벨라
Santa Maria presso San Satiro – 산타마리아프레소산사티로
Santa Maria Scala Coeli – 산타마리아스칼라코엘리
Sant'Ambrogio – 성 암브로시오
Sant'Andrea – 성 안드레아
Sant'Andrea al Quirinale – 퀴리날레의 성 안드레아
Sant'Andrea della Valle – 산탄드레아델라발레
Sant'Andrea delle Fratte – 산탄드레아델레프라테
Sant'Andrea in Via Glaminia – 글라미니아 거리의 성 안드레아
Sant'Angelo, Castle – 산탄젤로 성
Santa Susanna – 성 수산나
Santa Teresa – 성 테레사
Santa Trinita – 성 삼위일체
Sant'Eligio degli Orefici – 산텔리조델리오레피치
Santi Ambrogio e Carlo al Corso – 코르소 거리의 성 암브로시오/성 가롤로
Santi Luca e Martina – 성 루카/성 마르티노
Santissima Annunziata – 산티시마아눈치아타
Santissima Sindone – 산티시마신도네
Santi Vincenzo ed Anastasio – 성 빈첸시오/성 아나스타시오
Sant'Ivo alla Sapienza – 산티보알라사피엔차
Santo Agostino – 성 아우구스티노
Santo Antonio dei Portoghesi – 산토안토니오데이포르토게시
Santo Filippo Neri – 성 필립보 네리
San Tommaso da Villanova – 산토마소다빌라노바
Santo Spirito – 성령 교회
San Zaccaria – 산차카리아
San Zeno, Cathedral of – 산제노 성당
Sardi, Giuseppe – 사르디, 주세페
Savona – 사보나
Scala d'Oro – 황금 계단
Scala Regia – 스칼라레자
Scamozzi, Gian Domenico – 스카모치, 지안 도메니코

Scamozzi, Vincenzo－스카모치, 빈첸초
Schedel, Hartmann－셰델, 하르트만
Schor, Philip－쇼어, 필립
Schleissheim, Schloss－슐라이샤임 성채
Schlüter, Andreas－슐뤼터, 안드레아스
Schönborn－쇤보른
〈*School of Athens*〉－〈아테네 학당〉
Schor, Philip－쇼어, 필립
Schwäbisch-Gmünd－슈배비쉬그뮌트
Schwaighof－슈바이크호프
『*Scietta di varii tempietti antichi*』－『다양한 고대 신전 모음』
Scuola Grande di San Marco－스쿠올라그란데디산마르코
Seaton Delaval－시애튼딜래벌
sequence－연속성
Serlio, Sebastiano－세를리오, 세바스티아노
Serlian motif－세를리오 모티프
『*settimo livro d'architectura nel quale si tratta di molti accidenti*』
－『건축칠서』
Sforza Court－스포르차 궁정
Sforzesco, Castel－스포르체스코 성채
Sheldonian Theater－셸더니언 극장
Shute, John－슈트, 존
Sismondo, Castello－시스몬도 성채
Sixtus Ⅳ－식스토 4세
Sixtus Ⅴ－식스토 5세
Smythson, Robert－스미슨, 로버트
Soignies－수아니에
Solari, Cristoforo－솔라리, 크리스토포로
Solomon, Star of－솔로몬의 별
Solomon, Temple of－솔로몬의 신전
Somerset House－서머셋 하우스
Sonntagberg－존탁베르크
Spini－스피니
SS. Paul et Louis－성 바오로/성 루이
Stadtpalais of Prince Eugene of Savoy－사보이의 오이겐 왕자 궁전
Stadtschloss－왕궁
Steinhausen－슈타인하우젠
Stonehenge－스톤헨지
Stowe－스토
Stradano, Giovanni－스트라다노, 조반니
Strada Nuova－스트라다누오바
Straubing－슈트라우빙
Strozzi－스트로치
Stuart Dynasty－스튜어트 왕조
『*Studio d'architecture civile*』－『공공 건축 연구』
Superga－수페르가
Surrey－서리
Sustris, Friedrich－주스트리스, 프리드리히

| T |

Taccola－타콜라
Talenti, francesco－탈렌티, 프란체스코
Talman, William－탤맨, 윌리엄
Tangier, Fortification of－탄지어 성채
Teatro Berga－베르가 극장
Teatro Farnese－파르네세 극장
Teatro Olympico－올림픽 극장
Teatro Uffizi－우피치 극장
Tempietto Barbaro－바르바로 템피에토
Tempietto di San Pietro in Montorio－몬토리오의 성 베드로 템피에토
Tempio Malatesta－말라테스타 신전
〈*Temple Interior*〉－〈신전 실내〉
Temple of Fortuna Primigenia－포르투나 프리미제니아 신전
Temple of Venus－비너스 신전
『*Templum Vaticanum*』－『템플룸 바티카눔』
Tesauro, Emanuele－테사우로, 에마누엘레
Theatine Order－테아틴 수도회
Theatinerkirche－테아틴 수도회 교회
Thorpe, Thomas－소프, 토머스
Thun-Hohenstein, Johann Ernst von－툰-호헨슈타인, 요한 에른스트 폰
Thynne, John－존 타인
Tibaldi, Pellegrino－티발디, 펠레그리노
Todi－토디
Torgau－토르가우
the Tories－토리 당
Torino－토리노
Trinität Kirche－삼위일체 교회
〈*Trinity*〉－〈삼위일체〉
Trinity College Chapel－트리니티칼리지 예배당
Trissino, Gian Giorgio－트리시노, 잔 조르조
Tudor Dynasty－튜더 왕조
Tusco-Romanism－투스코-로마니즘(토스카나 로마 고전주의)
『*Tutti l'opere d'architettura di Sebastiano Serlio Bolognese*』
－『볼로냐의 세바스티아노 세를리오 작품 전집』

| U |

Udine – 우디네
Uffizi – 우피치
ultima maniera – 울티마 마니에라
Universität Kirche – 대학 교회
Unter Belvedere – 하벨베데레
Urbano VIII – 우르바노 8세
Urbino – 우르비노
Ursuline–Abteikirche – 우르줄리네 수도원 교회
Utens, Giusto – 우텐스, 주스토
『*Utopia*』 – 『유토피아』

| V |

Val, Château de – 발 성채
Val–de Grace – 발드그라스
Valla, Lorenzo – 발라, 로렌초
Valois – 발루아
Vanbrugh, John – 밴브루, 존
Vanbrugh Castle – 밴브루 성채
van Heemskerck, Maerten – 반 헴스케르크, 메르텐
Vatican – 바티칸
Vasari, Giorgio – 바사리, 조르조
Vaux–le–Vicomte, Château de – 보르비콩트 성채
Venaria Reale, Castello di – 베나리아 레알레 성채
Vergilius – 베르길리우스
Verneuil, Château de – 베르뇌유 성채
Vernucken, Wilhelm – 페어누켄, 빌헬름
Verona – 베로나
Versailles – 베르사유
Vicenza – 비첸차
Vierzehnheiligen – 피어첸하일리겐
Vieux Louvre – 구 루브르
〈*View of the Doge's Palace and San Marco from the Canal*〉 – 〈운하에서 바라본 총독궁과 산마르코 광장〉
Vignola, Giacomo Barozzi da – 다비뇰라, 자코모 바로치
Vilanotto – 빌라노토
Villa Aldobrandini – 알도브란디니 빌라
Villa Almerico – 알메리코 빌라(로톤다)
Villa Angarano Bianchi Michiel – 안가라노 비안키 미키엘 빌라
Villa Barbaro – 바르바로 빌라
Villa Brignole–Sale – 브리뇰레살레 빌라
Villa Capra – 카프라 빌라(로톤다)
Villa Chiericati – 키에리카티 빌라
Villa di Vettor Pisani – 베토르 피사니 빌라
Villa Duodo e San Giorgio – 두오도 빌라와 성 제오르지오
Villa Emo Capodilist – 에모카포딜리스트 빌라
Villa Farnesia – 파르네시아 빌라
Villa Forni–Cerato – 포르니체라토 빌라
Villa Foscari – 포스카리 빌라
Villa Giovanni Domenico Spinole – 조반니 도메니코 스피놀라 빌라
Villa Giulia – 줄리아 빌라
Villa Giustiniani – 주스티니아니 빌라
Villa Godi – 고디 빌라
Villa Grimaldi – 그리말디 빌라
Villa Lante – 란테 빌라
Villalpando, Juan Bauttista – 후안 바우티스타 비얄판도
Villa le Volte – 레볼테 빌라
Villa Madama – 마다마 빌라
Villa Medici – 메디치 빌라
Villanova di Mondovi – 빌라노바디몬도비
Villa Poiana – 포이아나 빌라
Villa Saraceno – 사라체노 빌라
Villa Sarego – 사레고 빌라
Villa Verlato – 베를라토 빌라
Villa Vettor Pisani – 베토르 피사니 빌라
Villaverla – 빌라베를라
Villard de Honnecourt – 비야르 드 온쿠르
Vincennes, Château de – 뱅센 성채
Vincenzo de'Grandi – 빈첸초 데그란디
Viscardi, Giovanni Antonio – 비스카르디, 조반니 안토니오
『*La vite de piu eccelenti architetti, pittori, et scultori....*』 – 『거장 건축가, 화가, 조각가.....의 생애』
Vittone, Bernardo Antonio – 비토네, 베르나르도 안토니오
Vittoria, Alessandro – 비토리아, 알레산드로
Vitruvian theater – 비트루비우스식 극장
Vitruvius – 비트루비우스
Vitruvius Man – 비트루비우스 맨
『*Vitruvius Teutsch*』 – 『독일어 비트루비우스』
Vittorio Amedeo II – 아메데오 2세, 비토리오
Volterra, Francdsco da – 다볼테라, 프란체스코
Voralberg – 포랄베르크
votive church – 봉헌 교회
Vranx, Sebastian – 프랑크스, 세바스티안
Vries, Hans Vredeman de – 더프리스, 한스 프레더만

| W |

Waldsassen – 발트자센
Wallfartskirche – 순례 교회

wall-pillar church – 벽기둥 교회
War of Alliance – 동맹 전쟁
War of Colony – 식민지 전쟁
Warrant Design – 허가안
Weinbergkirche – 바인베르크 교회
Weissenstein, Schloss – 바이센슈타인 성채
Weltenburg – 벨텐부르크
Wessobrunn – 베소브룬
the Whigs – 휘그 당
Whitehall Palace – 화이트홀 궁전
Wien – 빈
Wies – 비스
Wittelsbach Dynasty – 비텔스바흐 왕조
Wolff, Jacob – 볼프, 야콥
Woodstock Manor – 우드스톡 매너
Wotton, Henry – 워튼, 헨리
Wren, Christopher – 렌, 크리스토퍼
Würzburg – 뷔르츠부르크

| Z |

Zecca – 조폐국
Zeughaus – 병기고
Zimmermann, Dominikus – 치머만, 도미니쿠스
Zimmermann, Johann Baptist – 치머만, 요한 밥티스트
Zocchi, Giuseppe – 초키, 주세페
Zuccalli, Enrico – 추칼리, 엔리코
Zweifalten – 츠바이팔텐